LEHRBUCH DER DRAHTLOSEN

NACHRICHTENTECHNIK

HERAUSGEGEBEN VON

NICOLAI v. KORSHENEWSKY UND WILHELM T. RUNGE
MÜNCHEN ULM/D.

FÜNFTER BAND

FERNSEHTECHNIK

ZWEITER TEIL

TECHNIK DES ELEKTRONISCHEN FERNSEHENS

SPRINGER-VERLAG BERLIN HEIDELBERG GMBH
1963

FERNSEHTECHNIK

ZWEITER TEIL

TECHNIK DES ELEKTRONISCHEN FERNSEHENS

BEARBEITET VON

K. BAUR · W. BERNDT . W. BRUCH . W. BURKHARDTSMAIER
W. BUSCHBECK · E. DIETRICH · H. W. FASTERT
H. GROSSKOPF · E. HENZE · R. HOFFMANN · K. JEKELIUS
P. A. MANN† · J. MÜLLER · P. G. ROTHE · F. SCHRÖTER
J. SCHUNACK · E. SCHWARTZ · R. THEILE

HERAUSGEGEBEN VON F. SCHRÖTER

MIT 618 ABBILDUNGEN

SPRINGER-VERLAG BERLIN HEIDELBERG GMBH
1963

URSPRÜNGLICH ERSCHIENEN BEI SPRINGER-VERLAG OHG, BERLIN/GÖTTINGEN/HEIDELBERG 1963
SOFTCOVER REPRINT OF THE HARDCOVER 1ST EDITION 1963

LIBRARY OF CONGRESS CATALOG CARD NUMBER 58—28367

ISBN 978-3-662-37178-7 ISBN 978-3-662-37893-9 (eBook)
DOI 10.1007/978-3-662-37893-9

Vorwort.

Seit dem Erscheinen des ersten Teilbandes sind sechs Jahre verflossen, ein Zeitraum, der gekennzeichnet ist durch fortschreitende Anpassung der Aufnahme-, Übertragungs- und Empfangsgeräte an die Anforderungen des rasch und ständig wachsenden Fernsehrundfunks, durch dessen internationale Vernetzung — Eurovision —, durch zwischenstaatliche Abmachungen über Wellenverteilung und Senderstandorte sowie durch die Entwicklung der Geräte- und Anlagenherstellung zu einem mächtigen Industriefaktor. In den USA sind gegenwärtig über 50 Millionen, in der Deutschen Bundesrepublik fast 7 Millionen Fernsehempfänger im Gebrauch. Die Einführung des Farbfernsehens liegt in den USA, Japan und UdSSR bereits einige Jahre zurück und ist, trotz aller wirtschaftlich gebotenen Zurückhaltung, auch im westlichen Europa nurmehr eine Frage der Zeit.

Diese kaum vorhersehbare Evolution hat ihren Niederschlag in einem ungeheuren Anschwellen der Fachliteratur gefunden, einer Tatsache, die es in Anbetracht des unaufhaltsamen Fortschreitens der technischen Entwicklung — man denke an die industrielle und die wissenschaftliche Anwendung des Fernsehens, an die Übertragung durch Satelliten, an die neue Technik der Programmspeicherung — zu einer schwierigen Aufgabe machte, den Zeitpunkt für das Abschließen des vorliegenden, der Technik des elektronischen Fernsehens gewidmeten zweiten Teilbandes richtig zu wählen und der Gefahr eines allzu natürlichen Anwachsens seines Umfangs und Preises ohne Verzicht auf eine vollständige Übersicht des Stoffes zu begegnen.

Der Herausgeber hofft, daß dies befriedigend gelungen ist, trotz beklagenswerter Eingriffe des Schicksals in den Ablauf der Erarbeitung des zweiten Teilbandes. Allzu früh ereilte ein plötzlicher Tod Dr. PAUL MANN, der es unternommen hatte, in knappster Form eine moderne Darstellung des Verstärkungsproblems im Fernsehen vom Standpunkt der Filtertheorie aus zu geben. Sein Beginnen ist von den Herren Dr. HENZE, P. G. ROTHE und Dr.-Ing. J. SCHUNACK insoweit fortgesetzt worden, daß die Darstellungsweise im wesentlichen gewahrt blieb. Berufliche Überlastung zwang Herrn Dr.-Ing. G. BRÜHL, die Abfassung des Kapitels über Richtfunkstrecken aufzugeben. Glücklicherweise waren die Herren Oberposträte Dipl.-Ing. J. MÜLLER, Dr.-Ing. R. DIETRICH und Dipl.-Ing. R. HOFFMANN vom Fernmeldetechnischen Zentralamt der Bundespost bereit, in die Bresche zu springen und die Bearbeitung der Fernsehleitungstechnik in einem allgemeineren Rahmen zu übernehmen (Kap. V). Hierbei, wie auch bei Kap. VII (Fernsehantennen), mußte jedoch die Beschreibung auf das spezifisch Fernsehtechnische beschränkt werden, um den Umfang des Buches nicht allzusehr zu vergrößern; es darf vorausgesetzt werden, daß die Technik der Leitungen, der Richtfunkstrecken und der Antennen dem Leser im grundsätzlichen aus anderen Fachbüchern bekannt ist. Ein breiterer Raum war hingegen der Ablenk- und Synchronisiertechnik, der Aufnahmetechnik, den Sendern und den Empfängern zu reservieren, also denjenigen Teilgebieten, in denen sich heute die industrielle Entwicklungstätigkeit konzentriert und das Bedürfnis nach einer umfassend unterrichtenden Darstellung besonders ausgesprochen vorliegt. Dabei ist zu bedenken, daß sich die einzelnen Kapitel gegenseitig ergänzen, so z. B. Kap. II und IX, III und X. Aus Raumgründen konnten aber in Kap. IX im wesentlichen nur die wichtigsten Randprobleme erörtert werden; diese Einschränkung rechtfertigt sich durch das Vorliegen und die Verbreitung zahlreicher anderer Spezialwerke über Fernsehempfänger sowie der Servicevorschriften des Fernsehgerätehandels. Die zu immer größerer Bedeutung gelangende Fernsehmeßtechnik ist Gegenstand eines besonderen Kapitels (X).

Eine auf Vollständigkeit Anspruch erhebende Übersicht über den Stand der Technik des elektronischen Fernsehens konnte an den wichtigsten Zukunftsfragen, insoweit sie im Bestehenden wurzeln und physikalisch fundierte Forderungen der augenblicklichen Praxis sind, nicht vorbeigehen. Außer der Darstellung des Farbfernsehens (Kap. XI) handelt es sich dabei um die zweifellos sehr ausbaufähigen Anwendungen des Fernsehens für Verkehrs- und Produktionskontrolle, Fernüberwachung und Eindringen in die Welt des Unsichtbaren, neben den bereits erfolgreich durchgeführten Einsätzen auf dem Gebiet der Forschung und des Unterrichts, z. B. in der Medizin. In dem abschließenden Kapitel XIII wird nicht nur die Bedeutung der Bildspeicherung für die Erschließung neuer Übertragungsverfahren im Fernsehen, sondern im Lichte der modernen Informationstheorie auch das Problem des wirklichen Frequenzbandbedarfs des belebten Fernsehbildes eingehend behandelt. Gerade die neueste Form der Übermittlung über größte terrestrische Entfernungen, nämlich durch Satelliten, wird in ihrer Weiterentwicklung auf Möglichkeiten der Bandverschmälerung nicht verzichten, wenn ein optisch einwandfreies weltweites Fernsehen bei bester Ausnutzung der Übertragungskapazität gefordert wird.

Der Herausgeber dankt allen seinen Mitarbeitern an diesem Buche für ihre hingebende Tätigkeit und für ihr Streben, auf knappem Raume Bestes zu bieten. Dem Springer-Verlag dankt er für die traditionell vorzügliche Ausstattung des Werkes. Möge es in den Kreisen, die es angeht, viele Freunde finden!

Neu-Ulm, Herbst 1962.

Fritz Schröter.

Inhaltsverzeichnis.

Berichtigungen zu Teilband 1.

S. 243, Legende zu Abb. 158b:
statt $(2m+1)$ Zeilen **lies** $(2a+1)$ Zeilen

S. 282, Lit. [*30*]:
statt Proc. Inst. Radio Engrs., N.Y. **lies** Proc. Inst. Electr. Eng. London

S. 293, 13. Zeile v. u.:
statt n-ten Harmonischen **lies** m-ten Harmonischen

S. 321, Gl. (V.61), im letzten Glied vor der Klammer:
statt cos **lies** $\cos 2\pi$

S. 383, 3. Zeile v. o.:
statt 4 HMz **lies** 4 MHz

S. 421, obere drei Gleichungen:
statt A **lies** A^2 (quadrierte Stromstärke)

S. 522, Gl. (VII.86):
statt $e^{-b/R}$ **lies** $e^{-2b/R}$

S. 522, Abb. 377 (Abszisseneinheit):
statt b/R **lies** $2b/R$

S. 523, Gl. (VII.88a):
statt $\frac{\pi\varepsilon_T}{j_{k_0}} = \frac{\pi T}{11600\cdot j_{k_0}}$ **lies** $\frac{j_{k_0}}{\pi\varepsilon_T} = \frac{11600\, j_{k_0}}{\pi T}$

I. Fernsehverstärkung.

Bearbeitet von Dr. P. A. MANN †, Dr. E. HENZE, Ulm/Donau, P. G. ROTHE Ulm/Donau, und Dr. J. SCHUNACK, Berlin.

1. Eigenschaften von Breitbandverstärkern.

1a. Einleitung, Notwendigkeit der theoretischen Betrachtung.

Je nachdem, in welchem Gliede einer Fernsehübertragungskette das elektrische Bildsignal eine Verstärkung erfährt, sprechen wir von hochfrequenter (HF-), zwischenfrequenter (ZF-) oder videofrequenter (VF-), d. h. am ungeträgerten Band der Bildabtastfrequenzen ausgeübter Verstärkung.

Stets muß dabei der Verstärker ein mehrere MHz breites Frequenzband mit konstanter Amplitude und Laufzeit übertragen. Bei der VF-Verstärkung muß besonders die der mittleren Bildhelligkeit entsprechende Gleichstromkomponente beachtet werden.

Im ersten Teil dieses Kapitels sollen kurz allgemeine Grundlagen der Breitbandverstärkung zusammengestellt werden, wobei auf Vollständigkeit kein Wert gelegt, sondern das Material im Hinblick auf die Anwendung beim Fernsehen ausgewählt wird. Die Übertragungseigenschaften eines Verstärkers sind durch die Koppelelemente zwischen den einzelnen Verstärkerstufen bedingt. Als Koppelelemente werden beim Fernsehen keine vielgliedrigen Filter verwendet. Die Methoden der Betriebsparametertheorie [1], Übertragungsfunktionen vorzuschreiben und diese Übertragungsfunktionen etwa in der Form eines reinen Reaktanzfilters zu realisieren, sind in der Fernsehtechnik wenig verbreitet. Hier sind meistens die Koppelelemente in ihrer Form vorgegeben, RC-Glieder, Schwingkreise, Bandfilter und einfache π-Glieder, und es ist gefragt, wie man diese zusammen mit Verstärkerröhren dimensionieren muß, um den Erfordernissen der Technik zu entsprechen. Als Verstärkerröhren finden fast ausschließlich Pentoden Verwendung. Ihre sehr kleine Gitter-Anoden-Kapazität — einige mpF — verhindert eine Rückwirkung vom Anodenkreis auf den Gitterkreis der gleichen Röhre. Der Innenwiderstand der Röhre ist groß gegen den Arbeitswiderstand im Anodenkreis. Die Verstärkung einer Stufe ist daher

$$G = \frac{U_2}{U_1} = S\,Z(j\,\omega), \tag{I.1.1}$$

worin S die Röhrensteilheit,
$Z(j\,\omega)$ der Übertragungswiderstand,
U_1 die zu verstärkende Spannung am Gitter der ersten Röhre und
U_2 die verstärkte Spannung am Gitter der zweiten Röhre sind.

Bei einem n-stufigen Verstärker gilt dann für die Gesamtverstärkung

$$G = \frac{U_n}{U_1} = S_1 S_2 \cdots S_n Z_1(j\,\omega)\,Z_2(j\,\omega)\cdots Z_n(j\,\omega). \tag{I.1.2}$$

Abweichungen von dieser Beziehung treten auf, wenn Rück- oder Gegenkopplungen innerhalb des Verstärkers vorliegen. Gegenkopplungen werden bevorzugt zur Linearisierung der dynamischen Kennlinie wie auch des Frequenzganges verwendet. Hierauf wird an anderer Stelle näher eingegangen.

Das gleiche gilt etwa für Transistorverstärker.

1b. Nullstellen und Pole.

Jeder Übertragungswiderstand $Z(j\omega) = Z(p)$ kann als Quotient eines Zähler- und Nennerpolynoms dargestellt werden, das sich jeweils bis auf eine Konstante c durch seine Nullstellen charakterisieren läßt.

$$Z(p) = \frac{g_1(p)}{g_2(p)} = c\,\frac{(p-p_1')(p-p_2')\cdots(p-p_m')}{(p-p_1)(p-p_2)\cdots(p-p_n)}. \tag{I.1.3}$$

Die Nullstellen des Nenners (sog. „Pole" des Übertragungswiderstandes) müssen aus Stabilitätsgründen sämtlich in der linken p-Halbebene liegen. Die Nullstellen des Zählers, also auch die Nullstellen des Übertragungswiderstandes, können rechts oder links von der imaginären Achse der p-Ebene auftreten. Pole und Nullstellen müssen stets in konjugiert komplexen Paaren vorkommen oder rein reell sein. Liegen alle Nullstellen in der linken p-Halbebene, so spricht man von einem Übertragungswiderstand mit kleinster Phasendrehung (sog. Minimum-Phasendrehfilter).

Ferner gilt stets, daß der Grad des Nennerpolynoms größer als derjenige des Zählerpolynoms ist, da der Übertragungswiderstand für hohe Frequenzen von den Röhrenkapazitäten gebildet wird und mit wachsender Frequenz gegen Null geht.

Wenn wir uns die Nullstellen und Pole vorgeben, dann ist die Verstärkung G bis auf eine multiplikative Konstante festgelegt, d. h., bis auf einen Faktor sind Selektion, Phasengang und Einschwingvorgang bestimmt.

1c. Untersuchung von VF- und ZF-Filtern.

Im folgenden untersuchen wir videofrequente und zwischenfrequente Filter. Zur Herleitung der Eigenschaften letzterer bedienen wir uns einer einfachen Frequenztransformation. Ersetzt man in einem videofrequenten Filter die Größe p durch $\frac{1}{2}\left(p + \frac{\omega_0^2}{p}\right)$, also ω durch $\frac{1}{2}\left(\omega - \frac{\omega_0^2}{\omega}\right)$, so bedeutet dies, daß an die Stelle eines induktiven Widerstandes $L\,p$ ein Reihenresonanzkreis mit einem induktiven Widerstand $\frac{L\,p}{2}$ und einem kapazitiven Widerstand $\frac{L\,\omega_0^2}{2p}$, an die Stelle eines kapazitiven Leitwertes $p\,C$ ein Parallelresonanzkreis mit dem kapazitiven Leitwert $\frac{p\,C}{2}$ und dem induktiven Leitwert $\frac{C\,\omega_0^2}{2p}$ tritt. Durch die Beziehung

$$\omega = \frac{1}{2}\left(\overline{\omega} - \frac{\omega_0^2}{\overline{\omega}}\right) \tag{I.1.4}$$

wird dann die Frequenz $\overline{\omega}$ im ZF-Bereich der Videofrequenz ω zugeordnet.

Der Frequenz $\omega = 0$ entspricht die Frequenz $\overline{\omega} = \omega_0$. Eine Videogrenzfrequenz $\pm\,\omega_g$ — wir müssen beim Videofrequenzspektrum positive und negative Frequenzen zulassen (vgl. Teilband 1, S. 166), die Amplitude symmetrisch, die Phase antisymmetrisch zur Frequenz $\omega = 0$ nach negativen Frequenzen hin fortsetzen — geht dadurch über in zwei Grenzfrequenzen:

$$\overline{\omega}_{g(1,2)} = \sqrt{\omega_0^2 + \omega_g^2} \pm \omega_g.$$

Ihr geometrischer Mittelwert $\sqrt{\overline{\omega}_{g(1)}\,\overline{\omega}_{g(2)}}$ ergibt gerade ω_0. Falls $\omega_g \ll \omega_0$, ist die Frequenztransformation angenähert linear:

$$\overline{\omega}_g = \omega_0 \pm \omega_g. \tag{I.1.5}$$

Ein VF-Verstärker ist in seiner einfachsten Form aus hintereinandergeschalteten Stufen entsprechend der Abb. (I.1) aufgebaut. Die zu verstärkende Spannung U_1 wird an das Gitter der verstärkenden Pentode gelegt. Der Anodenkreis dieser Röhre wird gebildet aus der Parallelschaltung der Eingangskapazität C_a, einer Widerstandsanordnung, die durch den umrahmten Kasten angedeutet ist und über die auch die Anodengleichspannung zugeführt wird, ferner aus dem aus der Koppelkapazität K und der Parallelschaltung des Gitterwiderstandes R_g und der Eingangskapazität C_g gebildeten Spannungsteiler. Hierbei hat die Koppelkapazität K die Aufgabe, die Anodengleichspannung der ersten Stufe vom Gitter

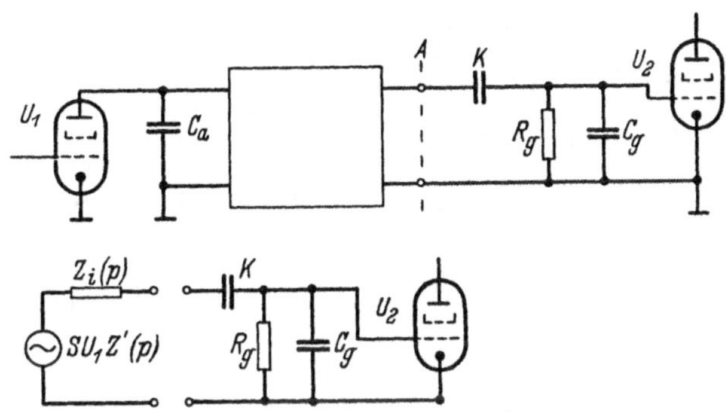

Abb. I.1. Ersatz einer Röhre mit nachfolgendem Netzwerk durch eine Ersatzspannungsquelle mit Innenwiderstand.

der zweiten Stufe fernzuhalten. Die verstärkte Spannung U_2 wird dem Gitter der folgenden Verstärkerröhre zugeführt. Solche Verstärker werden allgemein als RC-Verstärker bezeichnet.

Eine derartige Anordnung besitzt eine obere und eine untere Grenzfrequenz. Die obere Grenzfrequenz resultiert aus den Verlustkapazitäten C_a und C_g in Verbindung mit der oben angegebenen Widerstandsanordnung im Anodenkreis. Die untere Grenzfrequenz wird durch den Koppelkondensator K hervorgerufen, der den Gleichspannungsanteil der Fernsehsignale nicht durchläßt. Wir wollen zunächst den Einfluß von K prinzipiell untersuchen (vgl. Abb. I.1).

Denkt man die Schaltung nach Abb. I.1 bei A aufgetrennt, so kann man hier, um die Wirkung auf die folgende RC-Kombination zu studieren, eine Ersatzspannungsquelle und einen Innenwiderstand Z_i einführen. Ist $Z'(p)$ der Übertragungswiderstand des Vierpols, so hat man für die Ersatzspannung $S U_1 Z'(p)$ anzusetzen. Die Spannung am Gitter berechnet sich dann zu:

$$U_2 = \frac{S\,U_1 Z'(p)}{1 + \frac{C_g}{K} + \frac{1}{p R_g K} + \frac{Z_i(p)}{R_g} + p C_g Z_i(p)}. \tag{I.1.6}$$

Nun ist $C_g \ll K$, $|Z_i(p)| \ll R_g$. Wir vernachlässigen daher diese Größen. $Z_i(p)$ nimmt mit wachsendem p wegen der stets vorhandenen Parallelkapazität immer wie $1/p$ ab. Die Größe $|p\,Z_i(p)|$ ist demnach beschränkt, und wegen $C_g \ll K$ ist $|p\,C_g\,Z_i(p)|$ klein. Wir entwickeln daher den Nenner nach dieser

Größe und erhalten, wenn wir wiederum $Z_i(p)$ gegen R_g vernachlässigen,

$$U_2 = S U_1 Z(p) \frac{p R_g K}{1 + p R_g K}, \tag{I.1.7}$$

wobei $Z(p)$ jetzt den Übertragungswiderstand des mit der Gittereingangskapazität abgeschlossenen Filters bedeutet. Die Gl. (I.1.7) besagt nichts anderes, als daß wir die Rückwirkung der RK-Gliedkombination auf das Filter vernachlässigen. Da in (I.1.7) das Produkt zweier Filterfunktionen auftritt, deren Reihenfolge beliebig vertauscht werden kann, so ist die Schaltung der Abb. I.1 äquivalent mit der von Abb. I.2.

Wir wollen nun das Verhalten bei hohen Frequenzen betrachten. Der Verstärker soll Signale von sehr tiefer Frequenz aufwärts bis zu einigen MHz übertragen. Im Gebiet tiefer Frequenzen, bei denen der Koppelkondensator K noch keinen Verstärkungsverlust bedeutet, sei die Gesamtverstärkung G_0. Bei Erhöhung der Frequenz wird die Verstärkung infolge der Kapazitäten C_a und C_g kleiner. Dieser Abfall soll möglichst monoton erfolgen, und Erhöhungen über den Betrag G_0 sollen auch bei einer Einfügung von weiteren Schaltelementen vermieden werden. Bei der Grenzfrequenz ω_g soll die Verstärkung auf $\frac{1}{\sqrt{2}} G_0$, d. h. um 3 dB, abgefallen sein. Dieser Kreisfrequenz entspricht die Frequenz Δf. Die Größe

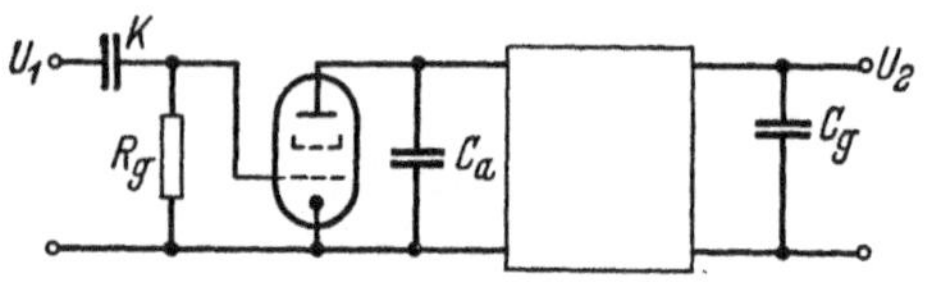

Abb. I.2. Der Zusammenhang zwischen U_1 und U_2 in der Abb. I.1 kann auch durch die hier gegebene Schaltung beschrieben werden.

$$G_0 \Delta f \tag{I.1.8}$$

ist ein Maß für die Güte eines Verstärkers und wird als „Verstärkungs-Bandbreite"-Produkt — abgekürzt GB-Produkt — bezeichnet. Besteht der Verstärker aus n Stufen, so stellt

$$G_0^{1/n} \tag{I.1.9}$$

die Verstärkung pro Stufe dar.

Größere GB-Produkte lassen sich erhalten, wenn man im Übertragungsbereich kleine Welligkeiten zuläßt. Im Fernsehen bevorzugt man aber Filter mit monotonem Amplitudengang. Hierauf wird noch an anderer Stelle eingegangen (vgl. Kap. IX).

1d. Der Einschwingvorgang.

Für einen Fernsehverstärker ist sein Einschwingvorgang charakteristisch. Er hängt vom Amplituden- und Phasengang der Übertragungsfunktion ab, das GB-Produkt ist kein Maß für die Güte des Einschwingvorganges. Legt man an die Eingangsklemmen einen sog. Spannungssprung an, also eine Spannung, die zur Zeit $t = 0$ vom Wert Null auf den Wert $U_0 = 1$ springt, so entsteht als Abbild dieser Sprungfunktion am Ausgang des Verstärkers eine entsprechende Zeitfunktion. Wir wollen sie mangels bestehender Nomenklatur den „Sprungausgang" nennen. Über die vorhandenen RK-Glieder läuft jedoch die Ausgangsspannung exponentiell auch wieder auf den Wert Null zurück. Jedenfalls können wir den Vorgang zerlegen in einen schnellen *Einschwingvorgang* und einen nach Maßgabe der Größe der RK-Glieder langsamen *Ausgleichsvorgang*. Der letztere kommt im ZF-Verstärker nicht vor, ist aber bei Videoverstärkern von grundlegender Bedeutung, handelt es sich dabei doch um den „Verlust der Gleichstromkomponente".

Häufig wird in theoretischen Untersuchungen linearer Schaltungen nicht die Sprungfunktion, sondern deren Differentialquotient, der sog. DIRAC-Impuls —

auch Stoßfunktion genannt —, als Anregungsfunktion zugrunde gelegt. Der am Ausgang auftretende Einschwingvorgang wird dann „Impulsausgang" genannt. Der Impulsausgang ist der Differentialquotient des Sprungausganges. Nur der schnelle Einschwingvorgang soll uns zunächst interessieren. Er läßt sich bekanntlich mit Hilfe der LAPLACE-Transformation berechnen, für die auf die Darstellungen [2] und [3] verwiesen sei.

2. Videofrequente Verstärkung von Einzelstufen.

In Abb. I.2 ist der wirksame Übertragungswiderstand aus den Kapazitäten C_g, C_a und der Impedanz des durch den Rahmen angedeuteten Bauelementes zusammengesetzt. Dieses ist so geschehen, daß die Bedingung gleicher Amplitude und Laufzeit der Ausgangssignale im verwendeten Frequenzbereich weitgehend erfüllt ist. In den Teilbildern a bis d der Abb. I.3 (Tabelle) sind einige gebräuchliche Formen der Schaltung angegeben. In der einfachsten Form (a) wird in den Anodenkreis ein Ohmscher Widerstand R eingefügt. Der durch die Parallelschaltung von C_a und C_g zu diesem Widerstand bestimmte Verstärkungsabfall bei hohen Frequenzen wird vermindert durch Einfügung weiterer Schaltelemente — besonders Selbstinduktionen, deren Widerstand mit wachsender Frequenz ansteigt. Hierbei ist zu beachten, daß die Größe dieser Selbstinduktionen den Frequenzgang der Verstärkung bei hohen Frequenzen nicht nur anhebt, sondern daß sogar eine Vergrößerung der Verstärkung über den Wert bei tiefen Frequenzen entstehen kann. Dieses ist besonders leicht ersichtlich aus der Anordnung (b). Sie stellt einen gedämpften Schwingungskreis dar, dessen Widerstand bei der Resonanzfrequenz über den Wert bei tiefen Frequenzen ansteigen kann. Die Dämpfung des Schwingkreises muß groß genug sein, um eine solche Überhöhung zu verhindern. Wird die Selbstinduktion so gewählt, daß gerade keine Überhöhung über den Wert bei tiefen Frequenzen auftritt und somit ein langsamer monotoner Abfall vorliegt, so spricht man von einer „maximal flachen" Bemessung. Die Bemessungsvorschrift hierfür ist in der Tabelle angegeben. In den Abb. I.3c und I.3d sind die Eingangskapazität C_a und die Ausgangskapazität C_g durch eine Selbstinduktion getrennt, die daher als Trenndrossel bezeichnet wird.

Für diese Schaltungen sind in der Tabelle (I.3) die wichtigen Größen zusammengestellt. Der Verstärkungsgang ist allgemein gegeben durch

$$G(p) = S\,Z(p) = A(\omega)\, e^{j\varphi(\omega)}, \tag{I.2.1}$$

worin $A(\omega)$ den Amplitudengang und $\varphi(\omega)$ den Phasengang der Verstärkung bedeutet. Bei der geforderten konstanten Laufzeit der zu verstärkenden Signale im Durchlaßbereich muß φ also proportional der Frequenz sein. Aus dem Amplitudengang und der Bedingung für den Abfall bei der Grenzfrequenz kann dann das GB-Produkt bestimmt werden. Das Einschwingverhalten wird durch den Sprungausgang dargestellt, der ebenfalls aus dem Übertragungswiderstand gewonnen werden kann. Er ist

$$F(t) = \frac{1}{2\pi j} \int_{-j\infty}^{+j\infty} G(p)\, \frac{e^{pt}}{p}\, dp. \tag{I.2.2}$$

Aus der Tabelle (Abb. I.3) können noch die folgenden Eigenschaften entnommen werden:

1. Die Verstärkung ist proportional dem Verhältnis S/C. Dieses hängt nur von den Eigenschaften der Röhre ab. Es muß aber auch die Kapazität der Schaltelemente zwischen den Röhren gegen Erde berücksichtigt werden. S/C stellt

bei einem RC-Verstärker ohne Entzerrung (Abb. I.3a) mit der Verstärkung 1 die Grenzfrequenz ω_g dar. Um hohe Verstärkungsgrade zu erreichen, muß also S/C möglichst groß gegenüber der Bandbreite des zu verstärkenden Signals sein. Heute stehen Spezialröhren — z. B. D 3a — mit $S/C = 230 \cdot 2\pi$ MHz zur Verfügung.

2. Bei maximal flachem Verlauf nimmt im Durchlaßbereich die Amplitude der Verstärkung ohne Entzerrung (a) mit ω^{-2}, bei Verwendung einer Anhebedrossel oder einer gedämpften Trenndrossel (b und d) mit ω^{-4} und bei einer ungedämpften Trenndrossel mit ω^{-6} ab.

Abb. I.3. Die zu verschiedenen Schaltungen von RC-Verstärkern mit Pentoden ge-
GB-Produkte $G_0 \Delta f$ und Sprungausgänge $F(t)$.

Schaltung	Übertragungswiderstand $Z(p)$	Amplitudengang $A(\omega)$
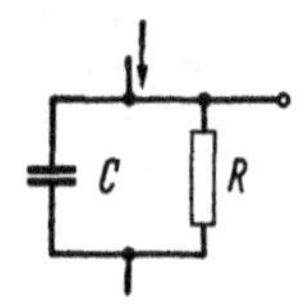 a) ohne Entzerrung	$\frac{R}{1+pRC}$	$\frac{R}{\sqrt{1+(R\omega C)^2}} = \frac{R}{\sqrt{1+\left(\frac{\omega}{\omega_g}\right)^2}}$ mit $\omega_g = \frac{1}{RC}$
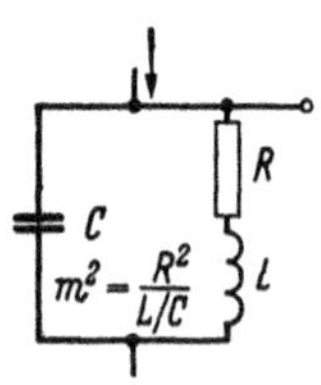	$\frac{R+pL}{1+pRC+p^2LC} = R\frac{1+\frac{pRC}{m^2}}{1+pRC+\frac{(pRC)^2}{m^2}}$	$R\sqrt{\frac{1+\frac{(\omega RC)^2}{m^4}}{\left(1-\frac{(\omega RC)^2}{m^2}\right)^2+(\omega RC)^2}}$
	optimales Einschwingverhalten (steilster Anstieg ohne Überschwingen) } $m^2 = 4$	
b) mit Anhebedrossel		maximal flacher Verlauf für $m^2 = 1+\sqrt{2}$: mit $\omega_g = \frac{1,72}{RG}$ $R\sqrt{\frac{1+\frac{(\omega RC)^2}{3+2\sqrt{2}}}{1+\frac{(\omega RC)^2}{3+2\sqrt{2}}+\frac{(\omega RC)^4}{3+2\sqrt{2}}}}$ $\approx R\frac{1}{\sqrt{1+\left(\frac{\omega RC}{1,55}\right)^4}}$ $= R\frac{1}{\sqrt{1+1,5\left(\frac{\omega}{\omega_g}\right)^4}}$ für $\frac{\omega}{\omega_g} < 1$

3. Das GB-Produkt kann durch die Entzerrung bis auf den doppelten Betrag des Wertes ohne Entzerrung vergrößert werden.
4. Der Sprungausgang hinter einem maximal flachen Verstärker muß nicht überschwingungsfrei sein.

Den Schaltungen der Tabelle (Abb. I.3) sind in der Abb. I.4 der Frequenzgang der Verstärkungsamplitude $A(\omega)$, in Abb. I.5 derjenige der Verstärkerlaufzeit φ/ω und in Abb. I.6 der Sprungausgang zugeordnet.

hörigen Übertragungswiderstände $Z(p)$, Amplitudengänge $A(\omega)$, Phasengänge $\varphi(\omega)$, (Für die Bezeichnungen vgl. [4].)

Phasengang $\varphi(\omega)$	GB-Produkt $G_0 \Delta f$	Sprungausgang $F(t)$
$-\operatorname{arctg}(\omega RC)$ $= -\operatorname{arctg}\left(\frac{\omega}{\omega_g}\right)$	$\frac{S}{2\pi C}$	$SR\left(1 - e^{\frac{-t}{RC}}\right)$ $= SR(1 - e^{-\omega_g t})$
$-\operatorname{arctg} \omega RC \left\{\left[1 - \frac{1 - \frac{(\omega RC)^2}{m^2}}{m^2}\right]\right\}$		für $m < 2$: $SR\left\{1 - e^{-\frac{m^2 t}{2RC}}\left[\cos\left(\frac{mt}{2RC}\sqrt{4 - m^2}\right) - \frac{2 - m^2}{m\sqrt{4 - m^2}}\sin\left(\frac{mt}{2RC}\sqrt{4 - m^2}\right)\right]\right\}$ für $m > 2$: $SR\left\{1 - e^{-\frac{m^2 t}{2RC}}\left[\mathfrak{Cof}\frac{mt}{2RC}\sqrt{m^2 - 4} - \frac{2 - m^2}{m\sqrt{m^2 - 4}}\mathfrak{Sin}\left(\frac{mt}{2RC}\sqrt{m^2 - 4}\right)\right]\right\}$
	$\frac{S}{2\pi C}\sqrt{2}$	$SR\left\{1 - e^{-\frac{2t}{RC}}\left(1 + \frac{t}{RC}\right)\right\}$
$-\operatorname{arctg}\left\{\frac{\omega}{\omega_g}\left(1 + 0{,}86\left(\frac{\omega}{\omega_g}\right)^2\right)\right\}$	$\frac{S}{2\pi C} \cdot 1{,}72$	

Fortsetzung

Schaltung	Übertragungswiderstand $Z(p)$	Amplitudengang $A(\omega)$
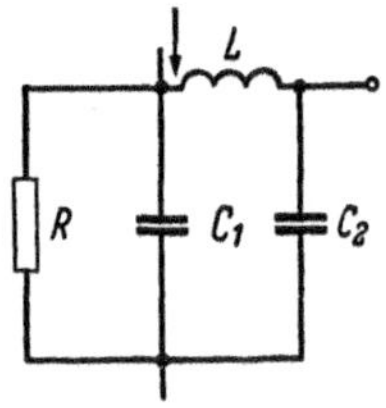	$\dfrac{R}{1+pR(C_1+C_2)+p^2LC_2+p^3RLC_1C_2}$	$\dfrac{R}{\sqrt{\begin{array}{l}1+\omega^2[R^2(C_1+C_2)^2-2LC_2]+\\+\omega^4[L^2C_2^2 \quad 2LC_1C_2R^2(C_1+C_2)]+\\+\omega^6(R^2L^2C_1^2C_2^2)\end{array}}}$
$C=C_1+C_2$	maximal flach für: $C_2=3C_1$ und $L=\frac{8}{3}R^2C_1$	mit $\omega_g=\dfrac{2}{RC}$
c) mit ungedämpfter Trenndrossel	$\dfrac{R}{1+pRC+\frac{1}{2}p^2(RC)^2+\frac{1}{8}p^3(RC)^3}$	$\dfrac{R}{\sqrt{1+\left(\frac{\omega}{\omega_g}\right)^6}}$
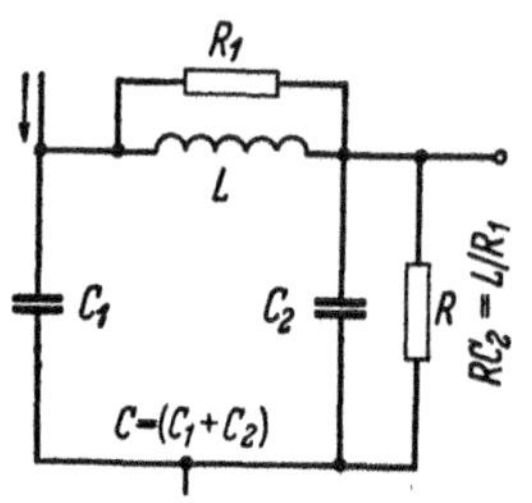	$\dfrac{R}{1+pR(C_1+C_2)+p^2LC_1}$	$\dfrac{R}{\sqrt{(1-\omega^2LC_1)^2+\omega^2R^2(C_1+C_2)^2}}$
		maximal flach für: $(R(C_1+C_2))^2=2LC_1$ mit $\omega_g=\dfrac{1}{\sqrt{LC_1}}=\dfrac{\sqrt{2}}{RC}$
d) mit gedämpfter Trenndrossel	$\dfrac{R}{1+pRC+\frac{1}{2}(pRC)^2}$	$\dfrac{R}{\sqrt{1+\left(\frac{\omega}{\omega_g}\right)^4}}$

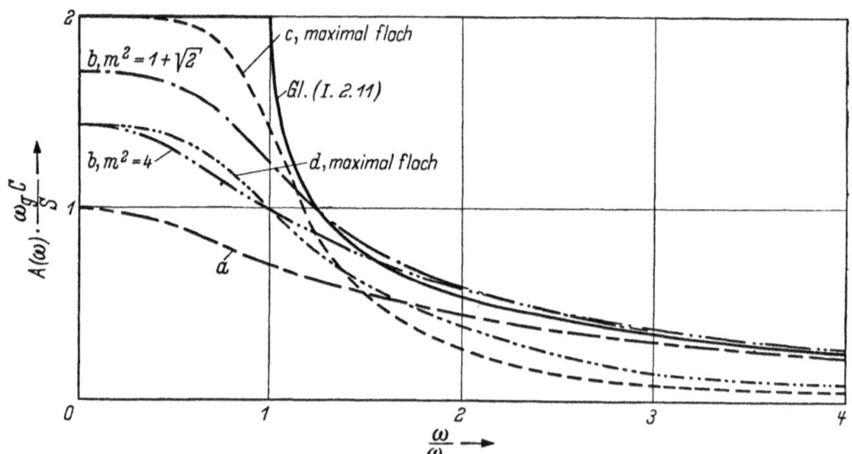

Abb. I.4. Der Amplitudengang der einstufigen Verstärker der Abb. I.3 bzw. der Gl. (I.2.11).

2a. Grenzen der Verstärkung bei beliebiger Kopplungsart.

Bei den in der Reihenfolge des Abschn. 2, Abb. I.3, angeführten Koppelelementen konnten wir feststellen, daß ihr GB-Produkt fortschreitend immer größere Werte annahm. In Abb. I.6 äußerte sich dies so, daß die Sprungausgänge zu immer größeren Endamplituden anwuchsen. Man kann demzufolge mit Recht

von Abb. I.3.

Phasengang $\varphi(\omega)$	GB-Produkt $G_0 \Delta f$	Sprungausgang $F(t)$
$-\operatorname{arctg}\left\{\left(\frac{2\omega}{\omega_g}\right)\left(\frac{1-\frac{1}{2}\left(\frac{\omega}{\omega_g}\right)^2}{1-2\left(\frac{\omega}{\omega_g}\right)^2}\right)\right\}$	$\frac{S}{2\pi C}\cdot 2$	$SR\left\{\left(1-e^{-\omega_g t}-\frac{2}{\sqrt{3}}e^{\frac{-\omega_g t}{2}}\sin\frac{\sqrt{3}}{2}\omega_g t\right)\right\}$
$-\operatorname{arctg}\left\{\frac{\omega R(C_1+C_2)}{1-\omega^2 L C_1}\right\}$		
$-\operatorname{arctg}\left\{\frac{\sqrt{2}\left(\frac{\omega}{\omega_g}\right)}{1-\left(\frac{\omega}{\omega_g}\right)^2}\right\}$	$\frac{S}{2\pi C}\sqrt{2}$	$SR\left\{1-\sqrt{2}e^{-\frac{\omega_g t}{\sqrt{2}}}\sin\left(\frac{\omega_g t}{\sqrt{2}}+\frac{\pi}{4}\right)\right\}$

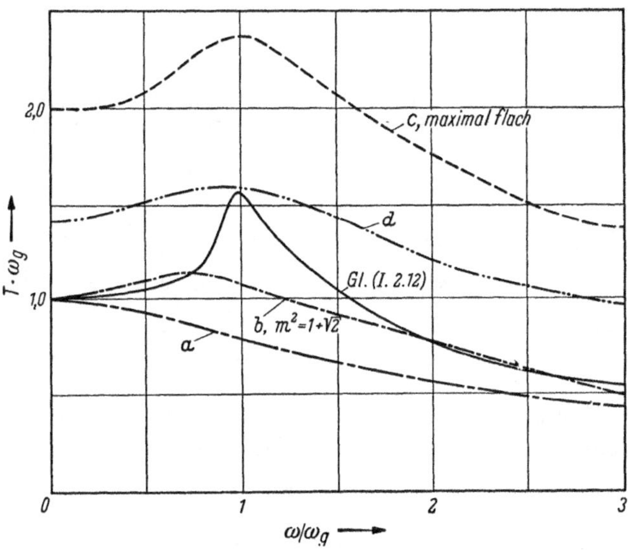

Abb. I.5. Der Laufzeitgang der einstufigen Verstärker der Abb. I.3 bzw. der Gl. (I.2.12).

fragen, ob es nicht Koppelelemente gibt, bei denen das GB-Produkt noch weiter zunimmt. Überlegungen von H. W. Bode [4] zeigen jedoch, daß dafür eine natürliche Grenze besteht. Bode beweist, daß bei Kopplung mittels eines *Zweipols* das GB-Produkt höchstens doppelt so groß werden kann wie bei einem RC-Verstärker ohne Entzerrung, d. h., daß es den Grenzwert

$$G_0 \Delta f = \frac{S}{2\pi C} 2 \tag{I.2.3}$$

annimmt. Bildet ein *Vierpol* beliebiger Art das Kopplungsglied, so kann dieses Produkt höchstens den Wert

$$G_0 \Delta f = \frac{S}{2\pi C} \frac{\pi^2}{2} \tag{I.2.4}$$

erreichen.

Wir wollen hier die optimale Dimensionierung für Zweipolkopplung angeben und betrachten als Koppelelement die Schaltung der Abb. I.7.

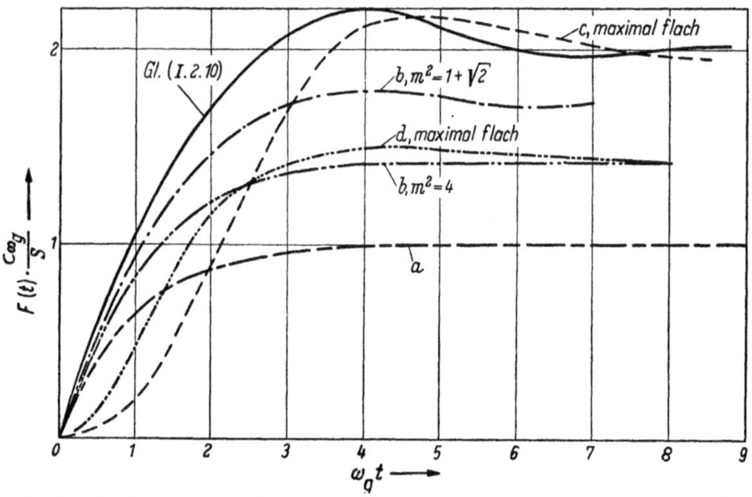

Abb. I.6. Der Sprungausgang der einstufigen Verstärker der Abb. I.3 und der Gl. (I.2.10).

Die links liegende Kapazität C denken wir uns in zwei gleich große Kapazitäten aufgeteilt. Dann besteht die Schaltung aus einem von einer Kapazität $C/2$

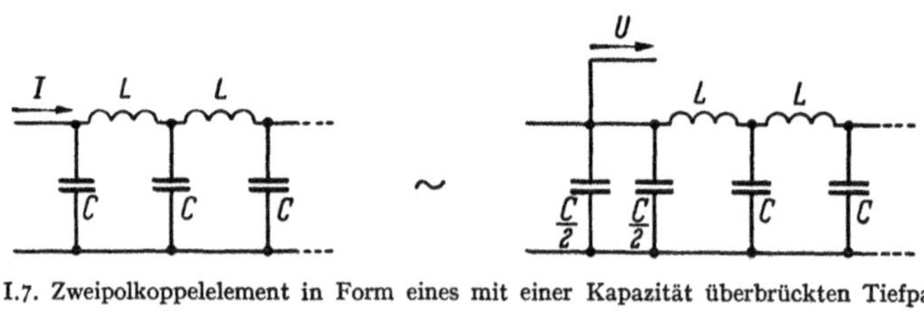

Abb. I.7. Zweipolkoppelelement in Form eines mit einer Kapazität überbrückten Tiefpasses.

überbrückten Tiefpaß. Dieser sei mit seinem Wellenwiderstand abgeschlossen. Da der Wellenwiderstand eines solchen Tiefpasses durch

$$\mathfrak{Z} = \frac{\sqrt{L}}{\sqrt{C\left(1 + \frac{p^2 L C}{4}\right)}} \tag{I.2.5}$$

gegeben ist, wird der Übertragungswiderstand:

$$Z(p) = \frac{\mathfrak{Z}}{1 + \frac{pC}{2}\mathfrak{Z}} = \sqrt{\frac{L}{C}} \frac{1}{\sqrt{1 - \frac{\omega^2 L C}{4}} + j\omega\sqrt{\frac{LC}{4}}}. \tag{I.2.6}$$

Für Frequenzen $\omega < \frac{2}{\sqrt{LC}}$ ist der Amplitudengang konstant; für $\omega > \frac{2}{\sqrt{LC}}$ verhält sich die Anordnung wie eine Kapazität. Die Grenzfrequenz ω_g — definiert durch den Abfall der Amplitude von $Z(p)$ um 3 dB — liegt bei $3/\sqrt{2LC}$. Das GB-Produkt bestimmt sich unter Verwendung von Gl. (I.2.6) zu:

$$G_0 \Delta f = \frac{S}{2\pi C} \frac{3}{\sqrt{2}}, \tag{I.2.7}$$

es ist somit doppelt so groß wie bei einer RC-Schaltung ohne Entzerrung. In der Praxis gibt es keine Abschlußimpedanz der Form Gl. (I.2.5.), denn Impedanzen müssen stets *rationale* Funktionen sein. Man ist daher auf eine Approximation von Gl. (I.2.5) angewiesen, die in einfachster Weise als Reihenschaltung eines Ohmschen Widerstandes und eines Parallelresonanzkreises verwirklicht wird. Ferner sollen die Schaltelemente verlustfrei sein. Angesichts dieser Schwierigkeiten ist

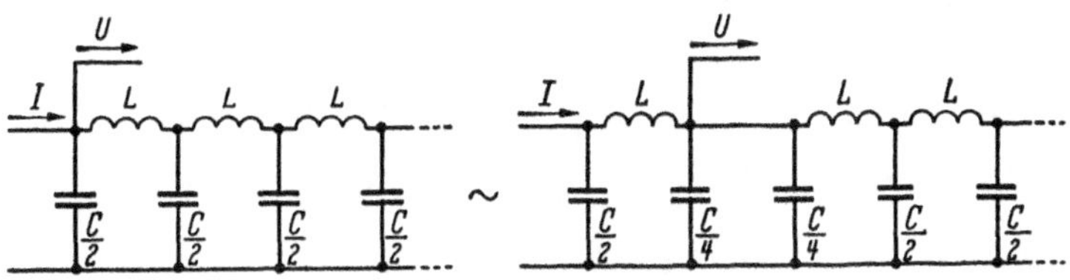

Abb. I.8. Vierpolkoppelelement, dessen Sekundärseite durch einen Tiefpaß gebildet wird.

der Vorzug der in Abb. I.7 dargestellten Schaltung gegenüber einer einfachen Anhebedrossel bei maximal flacher Dimensionierung nicht sehr bedeutend. Sie liegt im Idealfalle mit ihrem GB-Produkt um den Faktor $3/1{,}72 \cdot \sqrt{2} = 1{,}26$ höher.

Von H. A. Wheeler [5] stammt eine weitere Schaltung, die, ähnlich wie bei der behandelten Trenndrossel, die störenden Kapazitäten mit einer Längsdrossel zu einem π-Glied verbindet, als Belastungswiderstand aber wieder einen mit seinem Wellenwiderstand abgeschlossenen Tiefpaß verwendet (vgl. Abb. I.8).

Die Gesamtkapazität C ist zu gleichen Beträgen aufgeteilt. Für die Berechnung hat man zunächst den Übertragungswiderstand zu bilden. Der Wellenwiderstand ist, wie aus Abb. I.8 abzulesen, gegeben durch:

$$\mathfrak{Z} = \sqrt{\frac{2L}{C}} \frac{1}{\sqrt{1 + \frac{p^2 LC}{8}}}. \tag{I.2.8}$$

Der Übertragungswiderstand ergibt sich ebenfalls aus Abb. I.8:

$$Z(p) = \sqrt{\frac{2L}{C}} \frac{1}{\left(\sqrt{1 - \frac{\omega^2 LC}{8}} + j\frac{\omega}{2}\sqrt{\frac{LC}{2}}\right)^3}. \tag{I.2.9}$$

Für $\omega^2 < \frac{8}{LC}$ ist der Übertragungswiderstand konstant, für $\omega^2 > \frac{8}{LC}$ verhält er sich wieder wie eine Kapazität. Daher liegt die Grenzfrequenz bei

$$\omega_g = \frac{\sqrt[3]{2}(1 + \sqrt[3]{2})}{\sqrt{LC}}. \tag{I.2.10}$$

Um das GB-Produkt zu erhalten, drückt man L mit Hilfe der letzten Gleichung durch die Grenzfrequenz ω_g aus und findet:

$$G_0 \Delta f = \frac{S}{2\pi C} (\sqrt[6]{2})^5 (1 + \sqrt[3]{2}). \tag{I.2.11}$$

Dieser Wert kommt dem theoretisch möglichen Wert nach Gl. (I.2.4) nahe.

Wir wollen jetzt den Sprungausgang angeben, der zur Schaltung nach Abb. I.7 gehört. Er ist das Integral des Impulsausganges $E(t)$:

$$E(t) = \frac{2S}{C} \frac{1}{2\pi j} \int_{-j\infty}^{j\infty} \frac{e^{pt}\, dp}{p + \sqrt{p^2 + \frac{4}{LC}}}. \tag{I.2.12}$$

Aus einer Formelsammlung für die LAPLACE-Transformation entnimmt man den Wert dieses Integrals zu:

$$E(t) = \frac{2S}{C} \frac{J_1(2t/\sqrt{LC})}{2t/\sqrt{LC}} = \frac{2S}{C} \frac{J_1(\omega_g' t)}{\omega_g' t}, \qquad \omega_g' = \frac{2\sqrt{2}}{3} \omega_g, \tag{I.2.13}$$

denn $\frac{2}{\sqrt{LC}}$ ist gerade die Grenzfrequenz ω_g' des Tiefpasses. J_1 bedeutet die BESSELsche Funktion vom Index 1 [6]. Nun gilt für $J_1(x)$ stets die Darstellung:

$$J_1(x) = \frac{x}{2} \Lambda_1(x), \tag{I.2.14}$$

wo $\Lambda_1(x)$ eine bei JAHNKE-EMDE [7] tabellierte Funktion ist.

Der Sprungausgang hat daher die Form:

$$F(t) = \frac{S}{\omega_g' C} \int_0^{\omega_g' t} \Lambda_1(x)\, dx. \tag{I.2.15}$$

Er kann durch graphische Integration leicht aus $\Lambda_1(x)$ gewonnen werden.

Der Amplitudengang und die Laufzeit dieses WHEELER-Filters erster Art werden durch die folgenden Gleichungen beschrieben:

$$A(\omega) = \begin{cases} 2\dfrac{S}{\omega_g' C} & \text{für} \quad \omega < \omega_g' \\ 2\dfrac{S}{\omega_g' C} \dfrac{1}{\omega/\omega_g' + \sqrt{(\omega/\omega_g')^2 - 1}} & \text{für} \quad \omega > \omega_g', \end{cases} \tag{I.2.16}$$

$$\varphi(\omega) = \begin{cases} -\operatorname{arctg} \dfrac{\left(\dfrac{\omega}{\omega_g'}\right)}{\sqrt{1 - \left(\dfrac{\omega}{\omega_g'}\right)^2}} & \text{für} \quad \omega < \omega_g' \\ -\dfrac{\pi}{2} & \text{für} \quad \omega > \omega_g'. \end{cases} \tag{I.2.17}$$

Amplituden- und Laufzeitgang sowie der Sprungausgang nach den Gln. (I.2.16), (I.2.17), (I.2.15) sind wieder in den Abb. I.4, I.5 und I.6 wiedergegeben.

Bei der praktischen Anwendung sind das starke Überschwingen und die großen Laufzeitdifferenzen bei der Grenzfrequenz zu beachten.

Durch Anwendung der Methoden, die zu den bisher betrachteten Koppelgliedern führten, lassen sich weitere Kunstschaltungen herleiten, die den Zweck verfolgen, dem theoretischen Grenzwert der Verstärkung nach Gl. (I.2.4) noch näher zu kommen. Hierzu sei jedoch auf die Literatur verwiesen [8, 9].

3. Der mehrstufige Videoverstärker.

3a. Übersicht des Problems.

Im allgemeinen genügt die mit einer Verstärkerstufe erreichbare Amplitude der Verstärkung nicht, und es müssen daher mehrere Stufen hintereinandergeschaltet werden. Die einzelnen Stufen können nun untereinander gleich oder nach einem bestimmten Prinzip unterschiedlich dimensioniert werden, derart, daß der Gesamtverstärker bestimmte Eigenschaften hat.

Für speziell dimensionierte Koppelelemente wurden im Abschn. 2 die Sprungausgänge zusammengestellt. Das entsprechende Vorgehen ist beim mehrstufigen Verstärker im allgemeinen mühsam. Eine Frage läßt sich aber aus der Kenntnis des Sprungausganges bei Einzelstufen schon beantworten. Bei einem mehrstufigen Verstärker tritt ein überschwingfreier Sprungausgang sicher dann auf, wenn jede Einzelstufe schon überschwingfrei arbeitet. Was die Einschwingzeit betrifft, gibt es keine allgemein gültigen Regeln, nach denen sich die *Gesamt*-Einschwingzeit aus den Einschwingzeiten der Sprungausgänge der *einzelnen* Stufen zusammensetzt. Für gleich dimensionierte RC-Verstärkerstufen kann jedoch abgeleitet werden, daß die Einschwingzeit τ_n bei großer Stufenzahl n mit der Einschwingzeit τ einer einzelnen Stufe im Zusammenhang steht: $\tau_n = \sqrt{2n\tau^2}$; daß sich also, von einem Faktor abgesehen, das Quadrat der Gesamteinschwingzeit als Summe der Quadrate der Einzeleinschwingzeiten darstellen läßt (vgl. Teilband I, Kap. III, S. 130).

3b. Der mehrstufige Verstärker als Kaskade aus gleich dimensionierten RC-Einzelstufen ohne Entzerrung (Abb. I.3a).

Die Diskussion der Eigenschaften von Verstärkern, die aus gleich dimensionierten Einzelstufen bestehen, wie sie im Abschn. 2a wiedergegeben sind, wird hier im Falle des einfachen (unentzerrten) RC-Verstärkers vollständig durchgeführt. Bei einer n-stufigen Anordnung lautet der Verstärkungsfaktor:

$$G(p) = \left[\frac{RS}{1 + pRC}\right]^n. \tag{I.3.1}$$

Amplituden- bzw. Phasengang sind:

$$A(\omega) = \frac{(RS)^n}{[1 + \omega^2 R^2 C^2]^{n/2}}, \tag{I.3.2}$$

$$\varphi(\omega) = -n \operatorname{arctg} \omega (RC). \tag{I.3.3}$$

Der Verstärkungsabfall bei hohen Frequenzen nimmt mit steigender Stufenzahl zu. Die Bandbreite geht auf den Wert

$$\omega_{g,n} = \frac{1}{RC}\sqrt{2^{1/n} - 1} = \omega_{g,1}\sqrt{2^{1/n} - 1} \tag{I.3.4}$$

zurück.

Setzt man diese Größe in Gln. (I.3.2) und (I.3.3) ein, so entsteht:

$$A(\omega) = \frac{\left[\frac{S}{\omega_g C}\sqrt{2^{1/n} - 1}\right]^n}{\left[1 + \left(\frac{\omega}{\omega_g}\right)^2 (2^{1/n} - 1)\right]^{n/2}}, \tag{I.3.5}$$

$$\varphi(\omega) = -n \operatorname{arctg}\left(\sqrt{2^{1/n} - 1}\,\frac{\omega}{\omega_g}\right). \tag{I.3.6}$$

Abb. I.9 zeigt den Frequenzgang der Verstärkungsamplitude, Abb. I.10 den Laufzeitgang, Abb. I.11 den Einschwingvorgang eines n-stufigen Verstärkers.

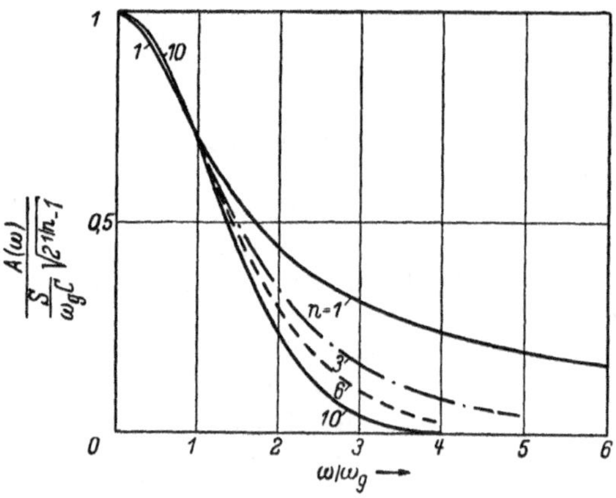

Abb. I.9. Amplitudengang eines n-stufigen RC-Verstarkers mit gleichen Koppelelementen.

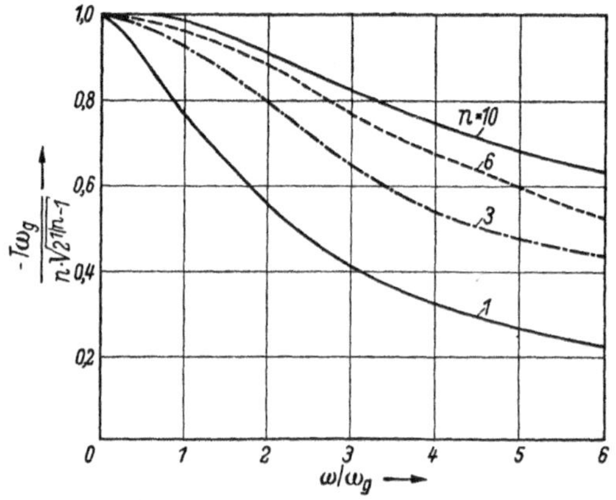

Abb. I.10. Laufzeitgang eines n-stufigen RC-Verstärkers mit gleichen Koppelelementen.

Aus Gl. (I.3.5) folgt die Gesamtverstärkung:

$$G_0 = \left(\frac{S}{2\pi\, \Delta f\, C} \sqrt{2^{1/n} - 1}\right)^n. \quad \text{(I.3.7)}$$

Für mehrstufige Verstärker — $n > 2$ — kann die Näherungsbeziehung

$$2^{1/n} - 1 \approx e^{-\frac{1}{n}\ln 2} - 1 \approx \frac{\ln 2}{n} \quad \text{(I.3.8)}$$

verwendet werden; sie liefert:

$$G_0 = \left(\frac{S}{2\pi\, C\, \Delta f} \sqrt{\frac{\ln 2}{n}}\right)^n. \quad \text{(I.3.9)}$$

Mit der Stufenzahl wächst G_0 infolge der Hintereinanderschaltung der Stufen, fällt aber infolge der Verkleinerung der Stufenverstärkung, die durch Verringerung der Ohmschen Widerstände im Anodenkreis realisiert werden muß, proportional $\frac{1}{\sqrt{n}}$.

Ähnlich verhält sich bei konstanter Verstärkung G_0 und konstantem S/C-Verhältnis die erreichbare Bandbreite:

$$\Delta f = \frac{S}{2\pi C} \sqrt{\frac{\ln 2}{n}}\, \frac{1}{G_0^{1/n}}. \quad \text{(I.3.10)}$$

Sie wächst von geringer Stufenzahl ausgehend mit Vergrößerung von n zunächst an, erreicht ein Maximum und fällt wieder ab. In diesem Bereich überwiegt dann der Einfluß der Verringerung der Stufenverstärkung denjenigen der Erhöhung der Stufenzahl. Das Maximum der Bandbreite wird für

$$n = \ln(G_0^2) \quad \text{(I.3.11)}$$

erreicht und nimmt den Wert

$$\Delta f_{\max} = \frac{S}{2\pi C} \sqrt{\frac{\ln 2}{e \ln(G_0^2)}} \approx \frac{S}{4\pi C}\, \frac{1}{\sqrt{\ln(G_0^2)}} \quad \text{(I.3.12)}$$

an. Über diesen Wert hinaus kann also die Gesamtverstärkung auch bei beliebiger Erhöhung der Stufenzahl nicht getrieben werden. Die Verstärkung einer einzelnen Stufe ist hierbei $\sqrt{e} = 1{,}65$ fach. Im Hinblick auf diesen geringen Betrag wird praktisch immer mit merklich kleineren Stufenzahlen gearbeitet. Ähnliche Überlegungen für den Phasengang und den Sprungausgang führen zu entsprechenden Ergebnissen.

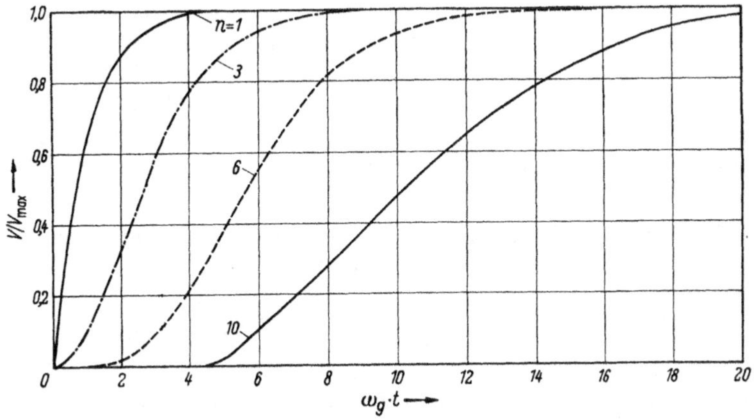

Abb. I.11. Einschwingvorgang eines n-stufigen RC-Verstärkers mit gleichen Koppelelementen.

3c. Verstärker mit n maximal flach dimensionierten gleichartigen Einzelstufen mit bedämpfter Trenndrossel (Abb. I.3d).

Verwenden wir im Koppelelement eine bedämpfte Trenndrossel (Abb. I.3d), so können wir bei geeigneter Dimensionierung erreichen, daß das Koppelelement selbst einen maximal flachen Amplitudengang besitzt.

Wir wollen besonders die Kopplung nach Abb. I.3d näher untersuchen; denn im ZF-Falle entspricht sie der Kopplung von Röhrenstufen über gleich dimensionierte Bandfilter.

Für n Stufen ergibt sich nach Abb. I.3d der Verstärkungsfaktor

$$G(p) = \left[\frac{R\,S}{1 + p\,R\,C + \frac{1}{2}(p\,R\,C)^2}\right]^n. \qquad \text{(I.3.13)}$$

Die Grenzfrequenz ω_g des Gesamtverstärkers folgt aus der 3 dB-Bedingung für den Amplitudengang:

$$\omega_g = \frac{\sqrt{2}}{R\,C}\sqrt[4]{2^{1/n} - 1} \approx \frac{\sqrt{2}}{R\,C}\sqrt[4]{\frac{\ln 2}{n}}. \qquad \text{(I.3.14)}$$

Gegenüber der Bandbreite eines Einzelfilters $\sqrt{2}/R\,C$ nimmt also bei n Stufen die Bandbreite mit der 4. Wurzel aus der Stufenzahl ab.

Mit diesem Befund lassen sich Betrachtungen über Amplituden- und Phasengang sowie über die maximale erreichbare Bandbreite anstellen, wie dies im Abschn. 3b geschehen ist. Die Ergebnisse sind ähnlicher Art.

Um den Sprungausgang $F(t)$ aus dem Impulsausgang $E(t)$ zu berechnen, benutzen wir den Verstärkungsfaktor nach Gl. (I.3.13) und erhalten:

$$E(t) = \frac{d\,F(t)}{d\,t} = \frac{(R\,S)^n}{2\pi j}\int\limits_{-j\infty}^{j\infty}\frac{e^{p\,t}\,d\,p}{[1 + p\,R\,C + \frac{1}{2}(p\,R\,C)^2]^n}, \qquad \text{(I.3.15)}$$

d. h.

$$E(t) = \frac{(R\,S)^n}{R\,C}\,e^{-x}\sqrt{2\pi}\,x^{n-\frac{1}{2}}\,\frac{J_{n-\frac{1}{2}}(x)}{(n-1)!}, \qquad x = \frac{t}{R\,C}. \qquad \text{(I.3.16)}$$

Da die halbzahligen BESSEL-Funktionen bis $J_{13/2}$ tabelliert sind (vgl. [7]), kann man den Impulsausgang für einen Verstärker bis zu sieben Stufen angeben und durch graphische Integration hieraus den Sprungausgang berechnen. Indessen erkennt man schon aus der Gl. (I.3.16), daß der Impulsausgang, des Auftretens der BESSEL-Funktion wegen, sein Vorzeichen in Abhängigkeit von der Zeit wechselt, was zu Überschwingen im Sprungausgang führt. Dieses Nachpendeln dauert um so länger, je höher die Stufenzahl n gewählt wird. Das steht im Gegensatz zum Verhalten eines RC-Verstärkers ohne Entzerrung, bei dem ein Überschwingen auch bei Hintereinanderschaltung mehrerer Stufen nicht auftritt.

3d. Der Videoverstärker als Kaskade mit verschieden dimensionierten Einzelstufen.

Wir sahen schon unter 3b, daß für den dort behandelten RC-Verstärker mit vorgegebenen Werten von Bandbreite und S/C-Verhältnis selbst bei beliebig großer Stufenzahl n eine obere Verstärkungsgrenze existiert, die niemals überschritten werden kann. Gleiches trifft zu für alle anderen Verstärker mit *gleich* dimensionierten Einzelstufen. S. BUTTERWORTH [*10*] stellte sich die Aufgabe, durch *verschiedene* Bemessung der Einzelstufen niederfrequente, also videofrequente, maximal flache Breitbandverstärker anzugeben, bei denen keine Verstärkungsbegrenzung mit der Stufenzahl auftritt. Als Koppelelemente benutzt BUTTERWORTH einfache Vierpole; durch eine Frequenztransformation (s. Abschn. 1) läßt sich ein solcher Tiefpaß in einen Bandpaß verwandeln. Unabhängig von BUTTERWORTH gab R. SCHIENEMANN [*11*] einen ZF-Verstärker an, der ebenfalls auf dem Prinzip maximaler Flachheit aufgebaut ist, dessen Koppelelemente aber aus einfachen Schwingkreisen verschiedener Resonanzfrequenz und Dämpfung bestehen.

Ein Amplitudengang, der einem nullstellenfreien Filter n-ten Grades entspricht, muß von der Form

$$A(\omega) \sim \frac{1}{\sqrt{1+\left(\frac{\omega}{\omega_g}\right)^{2n}}} \tag{I.3.17}$$

sein.

Bei der Frequenz Null verhält er sich wie $1 - \frac{1}{2}(\omega/\omega_g)^{2n}$. Es verschwinden an dieser Stelle daher $n-1$ Differentialquotenten bei der Differentiation nach ω^2. Das Wesentliche ist jedoch, daß es eine Übertragungsfunktion gibt, deren Amplitudengang der Gl. (I.3.19) entspricht. Betrachten wir zunächst die Funktion

$$f(\omega) = \left(\frac{\omega}{\omega_g}\right)^{2n} + 1\,. \tag{I.3.18}$$

Ihre $2n$ Nullstellen liegen auf dem Einheitskreis und lauten:

$$\frac{\omega}{\omega_g} = \sqrt[2n]{-1} = e^{j\frac{\pi}{2n}(2k-1)}, \qquad k = 1, 2, \ldots, 2n. \tag{I.3.19}$$

Für die Realisierung spielt nur der HURWITZ-Anteil dieses Polynoms eine Rolle; das ist derjenige Anteil, dessen Nullstellen nur in der oberen ω-Halbebene liegen.

Der Übertragungsfaktor hat daher die Nullstellenzerlegung

$$G(\omega) \sim \frac{1}{\prod\limits_{k=1}^{n}\left[\frac{\omega}{\omega_g} - e^{j\frac{\pi}{2n}(2k-1)}\right]}, \tag{I.3.20}$$

er besitzt sämtliche Pole in der linken p-Halbebene, sie liegen auf einem Halbkreis, dessen Radius gleich der Grenzfrequenz ω_g des Filters ist. Nun erhebt sich die Frage, durch welche Schaltungen man diese Polverteilungen realisieren kann.

Es ist bekannt, daß es, abgesehen von einem einfachen RC-Glied, dessen Pole stets auf der negativ-reellen p-Achse liegen, Schaltungen mit konjugiert-komplexen Polpaaren gibt, z. B. nach Abb. I.3b. Allerdings tritt hier auch eine Nullstelle auf. Kombiniert man eine Schaltung nach Abb. I.3b mit einer nach Abb. I.3a, so kann eine vorhandene Nullstelle durch einen Pol kompensiert werden und damit aus der Übertragungsfunktion verschwinden. Die Erzeugung eines einzigen Polpaares erfordert demnach zwei Röhrenstufen [*12*].

Man kann jedoch auch direkt von der allgemeinen Schaltung des RC-Verstärkers mit gedämpfter Trenndrossel — nicht dem Sonderfall der maximal flachen Anordnung — nach Abb. I.3d oder einer ihr äquivalenten Schaltung ausgehen und erhält auf diese Weise schon mit einer einzigen Röhrenstufe ein Polpaar.

Der Übertragungswiderstand der Tabelle (I.3d) hat zwei zueinander konjugiert komplexe Pole:

$$p_{1,2} = -\frac{R(C_1+C_2)}{2LC_1} \pm j\sqrt{\frac{1}{LC_1} - \left(\frac{R(C_1+C_2)}{2LC_1}\right)^2}. \tag{I.3.21}$$

Jede Stufe liefert zwei Pole, ein n-stufiger Verstärker somit $2n$ Pole, man hat hier n durch $2n$ zu ersetzen, d. h. es muß für das k-te Koppelglied gelten:

$$-\frac{R(C_1+C_2)}{2LC_1} + j\sqrt{\frac{1}{LC_1} - \left(\frac{R(C_1+C_2)}{2LC_1}\right)^2} = j\,\omega_g e^{j\frac{\pi}{2n}(2k-1)}. \tag{I.3.22}$$

Durch Aufspalten in Real- und Imaginärteil findet man hieraus

$$\frac{R(C_1+C_2)}{2LC_1} = \omega_g \sin\frac{\pi}{4n}(2k-1),$$

$$\sqrt{\frac{1}{LC_1} - \left(\frac{R(C_1+C_2)}{2LC_1}\right)^2} = \omega_g \cos\frac{\pi}{4n}(2k-1), \qquad k = 1, 2, \ldots, n. \tag{I.3.23}$$

Durch Quadrieren und Addieren folgt:

$$L = \frac{1}{\omega_g^2 C_1}. \tag{I.3.24}$$

Die Selbstinduktion L ist, sofern die Kondensatoren übereinstimmen, bei jeder Stufe gleich groß. Das heißt, die aus L und C gebildeten Resonanzkreise der verschiedenen Stufen sind auf die gleiche Frequenz abgestimmt. Aus der ersten Gleichung von (I.3.26) ergibt sich jetzt für die k-te Stufe

$$R^{(k)} = \frac{2}{\omega_g(C_1+C_2)} \sin\frac{\pi}{4n}(2k-1), \tag{I.3.25}$$

während für die Parallelwiderstände zur Drossel

$$R_1^{(k)} = \frac{C_1+C_2}{2\omega_g C_1 C_2} \, \frac{1}{\sin\frac{\pi}{4n}(2k-1)} \tag{I.3.26}$$

folgt. Das heißt, die aus L und C gebildeten Resonanzkreise gleicher Frequenz in den verschiedenen Stufen sind ungleichmäßig stark bedämpft. Die Gesamtverstärkung G_0 ist dann:

$$G_0 = S^n R^{(1)} R^{(2)} \cdots R^{(n)} = S^n \prod_{k=1}^{n} \sin\frac{\pi}{4n}(2k-1) \times \left(\frac{2}{\omega_g(C_1+C_2)}\right)^n. \tag{I.3.27}$$

Nun ist das Produkt gleich $\sqrt{2}/2^n$, und damit wird aus (I.3.27):

$$G_0^{1/n} \Delta f = \frac{S}{2\pi(C_1+C_2)} 2^{1/n}. \tag{I.3.28}$$

Mit wachsender Stufenzahl n strebt das GB-Produkt pro Stufe gegen den Grenzwert $G_0^{1/n}\,\Delta f = \frac{S}{2\pi C}$. Die Gesamtverstärkung ist also in der Tat nicht mehr begrenzt wie bei dem in 3b betrachteten RC-Verstärker ohne Entzerrung und bei ähnlichen Anordnungen mit gleicher Bemessung der Übertragungswiderstände in den einzelnen Stufen. Es tritt jedoch ein anderer Nachteil auf. Die Laufzeit im Übertragungsbereich ist für verzerrungsfreies Durchkommen von Fernsehsignalen nicht konstant genug, und es müssen daher zusätzliche Ausgleichsglieder verwendet werden, wie sie in Abschn. 6 behandelt sind. Bei der Trägerfrequenztelephonie, bei der es auf die exakte Einhaltung der Laufzeitbedingung nicht ankommt, sind solche Ausgleichsglieder nicht erforderlich.

Außer den nullstellenfreien, maximal flach dimensionierten Filtern spielen in der Verstärkertechnik die TSCHEBYSCHEFFschen Filter eine besondere Rolle. Sie sind ebenfalls nahezu erschöpfend behandelt und unterscheiden sich von den obigen Filtern maximaler Flachheit durch die Lage der Pole auf einer Halbellipse statt auf einem Halbkreis. Diese Polanordnung hat zur Folge, daß der Amplitudengang im Durchlaßbereich Schwankungen aufweist und im Sperrbereich stärker abnimmt als bei einem Filter maximaler Flachheit. Außerdem ist das GB-Produkt noch etwas höher als bei maximal flachen Filtern. Als ZF-Filter werden sie in Empfangsschaltungen für relativ schmale Bänder ihrer guten Selektivität wegen häufig verwendet (vgl. [*13*] bis [*15*]). Im Fernsehen dagegen vermeidet man sie, da hier eine Welligkeit des Amplitudenganges im Durchlaßbereich eine Deformation der Flanke des Sprungausganges verursacht.

4. Der Zwischenfrequenzverstärker im Fernsehempfänger.

ZF-Verstärker für Fernseh-Empfängerschaltungen werden stets als maximal flache Filter ausgebildet, da bei ihnen das GB-Produkt einen Höchstwert annimmt. Sie weichen somit von den in der Streckentechnik gebräuchlichen Filtertypen ab.

In I.1 war gezeigt worden, wie man ein videofrequentes Filter in ein ZF-Filter transformieren kann. Ein maximal flaches videofrequentes Filter ist charakterisiert durch eine Übertragungsfunktion:

$$g_1(p) = \prod_{k=1}^{n} \{p - j\,\omega_g\, e^{j\varphi_k}\}^{-1}, \qquad \text{(I.4.1)}$$

$$0 < \varphi_k < \pi; \qquad \varphi_k = \frac{\pi}{2n}(2k-1). \qquad \text{(I.4.2)}$$

Außer im Falle $\varphi_k = \pi/2$ treten stets konjugiert komplexe Polpaare auf. Durch die Frequenztransformation nach I.1 geht Gl. (I.4.2) über in:

$$g_2(p) = (2p)^n \prod_{k=1}^{n} \Big\{\Big(p - j\,\omega_g\, e^{j\varphi_k} + j\sqrt{\omega_0^2 + \omega_g^2 e^{j2\varphi_k}}\Big) \times$$
$$\times \Big(p - j\,\omega_g\, e^{j\varphi_k} - j\sqrt{\omega_0^2 + \omega_g^2 e^{j2\varphi_k}}\Big)\Big\}^{-1}. \qquad \text{(I.4.3)}$$

Wiederum kommen nur konjugiert komplexe Polpaare vor. Außerdem tritt eine n-fache Nullstelle auf. Nun ist der Übertragungswiderstand eines Schwingkreises gegeben durch:

$$Z(p) = \frac{p}{C\left(p + \frac{1}{2RC} + j\sqrt{\frac{1}{LC} - \frac{1}{4R^2C^2}}\right)\left(p + \frac{1}{2RC} - j\sqrt{\frac{1}{LC} - \frac{1}{4R^2C^2}}\right)}. \qquad \text{(I.4.4)}$$

Er besitzt eine einfache Nullstelle und ein Paar konjugiert komplexer Pole. Demzufolge ist es möglich, die Übertragungsfunktion nach Gl. (I.4.3) durch entkoppelte Hintereinanderschaltung von n Schwingkreisen zu erreichen.

Es muß dann für jeden Einzelkreis gelten:

$$j\left(\omega_g e^{j\varphi_k} + \sqrt{\omega_0^2 + \omega_g^2 e^{j2\varphi_k}}\right) = -\frac{1}{2R_k C_k} + j\sqrt{\frac{1}{L_k C_k} - \frac{1}{4R_k^2 C_k^2}}. \qquad (I.4.5)$$

Für die Kapazitäten C_k können wir überall die gleiche Größe C (Anodenkapazität + Gitterkapazität + Kapazität des Schaltelementes gegen Erde) einsetzen. Bildet man das Quadrat des absoluten Betrages bzw. den Realteil von Gl. (I.4.5), so gilt:

$$\frac{1}{L_k C_k} = \left(\omega_g e^{j\varphi_k} + \sqrt{\omega_0^2 + \omega_g^2 e^{j2\varphi_k}}\right)\left(\omega_g e^{-j\varphi_k} + \sqrt{\omega_0^2 + \omega_g^2 e^{-j2\varphi_k}}\right),$$

$$\frac{1}{2R_k C_k} = \omega_g \sin\varphi_k + \operatorname{Im}\sqrt{\omega_0^2 + \omega_g^2 e^{j2\varphi_k}} \qquad (I.4.6)$$

mit

$$\varphi_k = \frac{\pi}{2n}(2k-1), \qquad k = 1, 2, \ldots, n.$$

Diese Formeln gestatten, ein maximal flaches ZF-Filter zu dimensionieren, das nur aus Schwingkreisen aufgebaut ist. Die Bandbreite beträgt $2\omega_g$, während die in Gl. (I.4.6) vorkommende Frequenz ω_0 nach den Ausführungen in Abschn. 1 aus dem Zusammenhang

$$\omega_0^2 = \omega_1 \omega_2 \qquad (I.4.7)$$

bestimmt wird. Hier bedeuten ω_1 und ω_2 die untere bzw. obere Grenzfrequenz des ZF-Filters.

Unter Verwendung dieser Ergebnisse wird die Verstärkungsfunktion der n-stufigen Anordnung:

$$G(p) = \left(\frac{S}{2C}\right)^n \prod_{k=1}^{n} \frac{2p}{p^2 - 2p\, j\, \omega_g e^{j\varphi_k} + \omega_g^2}. \qquad (I.4.8)$$

Für die durch Gl. (I.4.7) definierte Mittenfrequenz ω_0 ergibt sich dann:

$$G_{\omega_0} = \left(\frac{S}{2\omega_g C}\right)^n. \qquad (I.4.9)$$

Das GB-Produkt je Stufe bei der ZF-Bandbreite Δf_{ZF} ist somit:

$$G_{\omega_0}^{1/n} \Delta f_{ZF} = \frac{S}{2\pi C}. \qquad (I.4.10)$$

Es ist unabhängig von der Stufenzahl und von der Lage der Mittenfrequenz. Wie im äquivalenten videofrequenten Falle ist also die Gesamtverstärkung nicht begrenzt.

Gl. (I.4.5) gibt an, wie die Pole in der p-Ebene verteilt sein müssen. Während diese Pole im videofrequenten Falle sämtlich auf einem Halbkreis um die Frequenz Null in der linken p-Halbebene gelegen sein müssen, liegen sie bei ZF-Filtern auf einer komplizierteren Kurve. Nur bei relativ schmalen Filtern ($\omega_g \ll \omega_0$) ist ihr Ort wiederum durch einen Halbkreis um die Mittenfrequenz ω_0 gegeben.

Die durch die beschriebene Frequenztransformation erzeugten Filter sind infolge der Nichtlinearität der Transformation notwendigerweise nicht mehr symmetrisch zu ihrer Bandmitte. Sie sind aber stets noch bei der Frequenz ω_0

maximal flach. Auf den ersten Anblick mag die Unsymmetrie des Filters störend erscheinen. Da es sich beim Fernsehempfang jedoch um eine Restseitenbandübertragung handelt, bei der keine Symmetrie in den Seitenbändern besteht und überdies der Träger nicht in der Filterbandmitte liegt, ist diese Transformation in der Tat zweckmäßig. Das dabei befolgte Verfahren gestattet jedenfalls, durch die Gln. (I.4.2), (I.4.6) die Größe der Schaltelemente exakt anzugeben. Hingegen entsteht bei einer linearen Frequenztransformation unter der Voraussetzung, daß die Pole zwar auf einem Halbkreis liegen sollen, aber verschiedenen Abstand voneinander besitzen können [*16*], ein mit normalen Rechenmethoden unauflösbares Gleichungssystem, das prinzipiell bei $2n$ Parametern (n Schwingkreise mit Resonanzfrequenz und Dämpfung) auch nicht mehr leisten kann. Ein von n Schwingkreisen gebildetes Filter hat also den Amplitudengang:

$$\frac{G(\omega)}{G(\omega_0)} = \frac{1}{\sqrt{1+\left(\frac{1}{2\omega_g}\right)^{2n}\left(\omega-\frac{\omega_g^2}{\omega}\right)^{2n}}}. \qquad \text{(I.4.11)}$$

In der Praxis wird n ungefähr zu 4 bis 6 gewählt, und an Stelle der Schwingkreise werden häufig Bandfilter benutzt, von denen jedes die Wirkung von zwei Einzelkreisen erzielen kann. Die ZF-Verstärker sind dementsprechend 3- bis 4-stufig.

In Abb. I.12 ist der Amplitudengang für $n = 5$ und für die in Deutschland genormten Bild- bzw. Ton-Zwischenfrequenzen von 38,9 bzw. 33,4 MHz wiedergegeben. Gleichzeitig ist die Lage der möglicherweise störenden Träger der

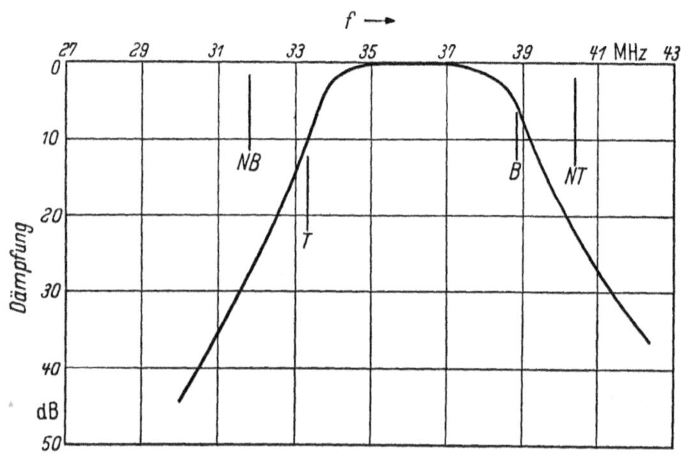

Abb. I.12. Der Dämpfungsgang eines fünfkreisigen SCHIENEMANN-Verstärkers mit einer Bandbreite von 5 MHz. *B* Bandgrenzen, *T* Tonträger, *NB* Nachbarbildträger, *NZ* Nachbartonträger.

Nachbarkanäle — Nachbarbildträger 31,9 MHz, Nachbartonträger 40,4 MHz — eingetragen. Die Dämpfung erreicht bei diesen Frequenzen noch nicht die vorgeschriebenen Beträge von 40 bzw. 36 dB, bezogen auf den Bildträger. Es ist daher notwendig, zusätzliche Selektionsmittel, sog. Saugkreise, zu verwenden. Sie werden als Resonanzkreise ausgebildet, die auf die Nachbarton- und Nachbarbildfrequenz abgestimmt und an die ZF-Kreise angekoppelt sind. Ferner wird meistens durch zwei auf die Eigentonfrequenz abgestimmte Schwingkreise das Hineinfallen der Tonfrequenzen in den Bildinhalt verhindert. Darauf wird im zweiten Teil dieses Kapitels noch eingegangen werden.

5. Einfluß des Laufzeitganges auf ein Fernsehsystem.

Bei der Übertragung einer Sprungfunktion oder eines Impulses über einen Verstärker ist darauf zu achten, daß die Laufzeit für alle Frequenzen gleich ist. Ist diese Bedingung nicht erfüllt, so verformt sich die Einschaltflanke bzw. der Impuls, selbst wenn alle Frequenzen im ursprünglichen Amplitudenverhältnis übertragen werden.

Unter Laufzeit ist im Videobereich die Phasenlaufzeit $\frac{\varphi}{\omega}$ und im geträgerten Bereich die Gruppenlaufzeit $\frac{d\varphi}{d\omega}$ zu verstehen.

Es sei die Übertragungsfunktion eines Filters, das nur Frequenzen innerhalb eines von $\omega_0 - \frac{\Delta\omega}{2}$ bis $\omega_0 + \frac{\Delta\omega}{2}$ sich erstreckenden Bandes durchläßt, gegeben durch $r(\omega)\, e^{j\varphi(\omega)}$, wo r den Betrag und φ die Phase darstellt, und es werde auf das Filter ein DIRAC-Stoß gegeben, bei dem ja alle Frequenzen gleich stark und mit gleicher Phase auftreten; dann hat die zugehörige Zeitfunktion die Form:

$$f(t) = \frac{1}{2\pi} \int\limits_{\omega_0 - \frac{\Delta\omega}{2}}^{\omega_0 + \frac{\Delta\omega}{2}} r(\omega)\, e^{j\varphi(\omega) + j\omega t}\, d\omega . \tag{I.5.1}$$

Entwickelt man Amplitude und Phase in eine TAYLOR-Reihe und bricht man beim zweiten Gliede ab, so findet man:

$$f(t) = r(\omega_0)\, e^{j\varphi(\omega_0) + j\omega_0 t} \frac{1}{2\pi} \int\limits_{-\frac{\Delta\omega}{2}}^{\frac{\Delta\omega}{2}} e^{j\omega(t + \varphi'(\omega_0))}\, d\omega +$$

$$+ r'(\omega_0)\, e^{j\varphi(\omega_0) + j\omega_0 t} \frac{1}{2\pi} \int\limits_{-\frac{\Delta\omega}{2}}^{\frac{\Delta\omega}{2}} \omega\, e^{j\omega(t + \varphi'(\omega_0))}\, d\omega + \cdots .$$

Bei schmalem Frequenzband $\Delta\omega$ und stetiger Amplitude $r(\omega)$ genügt es, den ersten Summanden zu betrachten. Durch Integration folgt:

$$f(t) = r(\omega_0)\, e^{j\varphi(\omega_0) + j\omega_0 t} \frac{\sin\frac{\Delta\omega}{2}(t + \varphi'(\omega_0))}{\pi(t + \varphi'(\omega_0))} . \tag{I.5.2}$$

Die Amplitude, also der absolute Betrag der Schwingungen, ist gegeben durch:

$$|f(t)| = r(\omega_0) \frac{\sin\frac{\Delta\omega}{2}(t + \varphi'(\omega_0))}{\pi(t + \varphi'(\omega_0))} . \tag{I.5.3}$$

Das Maximum tritt nicht zur Zeit $t = 0$ auf, zu der der DIRAC-Stoß erfolgte, sondern erst nach der Laufzeit:

$$\tau_0 = -\left.\frac{d\varphi}{d\omega}\right|_{\omega = \omega_0} . \tag{I.5.4}$$

Ist τ_0 für alle Frequenzen gleich groß, also $\varphi = -\omega\tau_0 + \text{konst.}$, so gibt es keine Phasenverzerrungen.

Phasenverzerrungen haben ebenso wie Amplitudenverzerrungen die Eigenschaft, daß das ein Signal seine Form verändert [*17*].

Wenn man also bei gegebenem Amplitudengang eines Filters dafür sorgt, daß die Laufzeitkurve möglichst konstant verläuft — die im Abschn. 6 zu besprechenden Phasenausgleichsglieder bieten hierzu eine Möglichkeit —, so ist das eine für alle Fälle gebotene Maßnahme, besonders dann, wenn im Übertragungsbereich des Verstärkers die Laufzeit starke Schwankungen aufweist. Dieser Fall liegt gerade in einem Fernsehempfänger vor, dessen Dimensionierung im Hinblick auf die Selektivität gegenüber den Nachbarkanälen vorgenommen werden muß. Besitzt an sich schon ein maximal flaches Filter eine nach den Bandkanten hin ansteigende Laufzeit, so bringen des weiteren die zugefügten Saugkreise, deren Dämpfung ja gering ist, in der Nähe ihrer Resonanzfrequenz starke Laufzeitänderungen mit sich.

Die besprochenen maximal flachen Filter und die angekoppelten Saugkreise gehören zum Typ der schon erwähnten Minimum-Phasendrehfilter, bei denen ein eindeutiger Zusammenhang zwischen Amplituden- und Phasengang besteht. Wenn also für die Selektion eines Fernsehempfängers bestimmte Toleranzen vorgeschrieben werden, so liegt notwendigerweise auch sein Phasengang innerhalb eines Toleranzschemas. Diese Eigenschaft macht es möglich, daß für alle Fernsehempfänger, die die Toleranzforderungen der Selektion erfüllen und Minimum-Phasendrehfilter enthalten, derselbe Phasenausgleich vorgenommen werden kann. Dieser braucht aber nun nicht an jedem einzelnen Empfänger ausgeführt zu werden, sondern kann schon in reziproker Form am Sender einmalig erfolgen. Eine derartige sog. „Phasenvorverzerrung“ am Sender verwandelt das gesamte Übertragungssystem Sender–Empfänger in ein solches von (nahezu) konstanter Laufzeit.

6. Phasenausgleichsglieder.

Kreuzglieder mit den komplexen Widerständen r_1 und r_2 in den beiden Zweigen (Abb. I.13) haben für $r_1 r_2 = R^2$ den konstanten Wellenwiderstand R [*18*]. Sind r_1 und r_2 reine Blindwiderstände, so wird das Kreuzglied dämpfungsfrei und stellt dann ein nur phasendrehendes Glied (einen sog. Allpaß) dar.

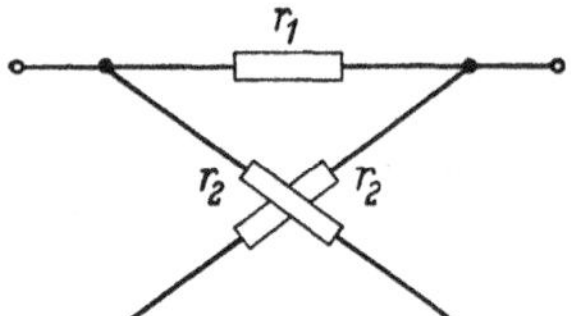

Abb. I.13. Kettenglied eines Kreuzvierpols.

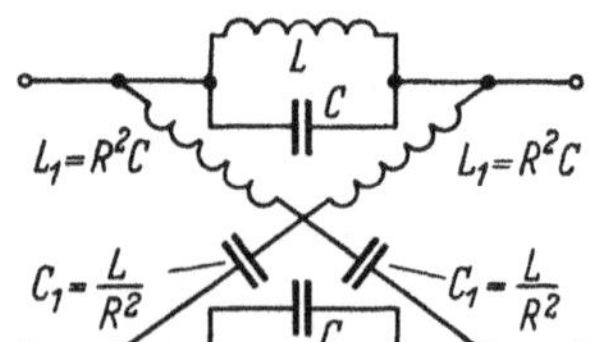

Abb. I.14. Kreuzglied aus Reihen- bzw. Parallelschwingkreisen.

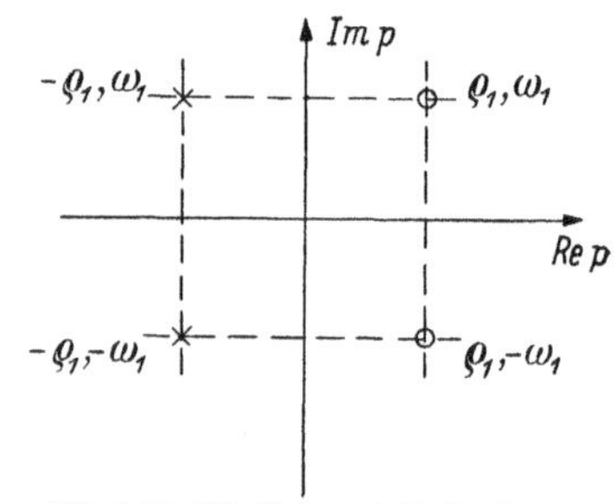

Abb. I.15. Die Pol- und Nullstellenverteilung eines Kreuzgliedes nach Abb. I.14.

× Pole, o Nullstellen.

Die Leitwertmatrix eines solchen Vierpols lautet:

$$\begin{pmatrix} \left(\frac{g_1+g_2}{2}\right) & \left(-\frac{g_1-g_2}{2}\right) \\ \left(\frac{g_1-g_2}{2}\right) & \left(-\frac{g_1+g_2}{2}\right) \end{pmatrix}, \qquad g_1 = \frac{1}{r_1}, \quad g_2 = \frac{1}{r_2}, \qquad \text{(I.6.1)}$$

demnach ist beim Abschluß des Filters mit R das Verhältnis von Ausgangs- zu Eingangsspannung:

$$\frac{U_2}{U_1} = \frac{R - r_1}{R + r_1}. \qquad \text{(I.6.2)}$$

Es sei $\frac{1}{r_1} = \frac{1}{pL} + pC$, dann ist auf Grund von $r_1 r_2 = R^2$:

$$r_2 = R^2 p C + \frac{R^2}{pL}. \tag{I.6.2}$$

Die Schaltung hat das Aussehen der Abb. I.14.

Führen wir r_1 und r_2 in Gl. (I.6.2) ein, so entsteht:

$$\frac{U_2}{U_1} = \frac{R - \frac{pL}{1 + p^2 LC}}{R + \frac{pL}{1 + p^2 LC}} = \frac{p^2 - \frac{p}{RC} + \frac{1}{LC}}{p^2 + \frac{p}{RC} + \frac{1}{LC}}. \tag{I.6.3}$$

Beim Übergang von p auf $j\omega$ ergeben sich in Zähler und Nenner konjugiert komplexe Zahlen. U_2/U_1 hat den Betrag 1 — das Kreuzglied ist ja verlustfrei — und den frequenzabhängigen Phasenwinkel φ. Das Übertragungsmaß des Kreuzgliedes kann durch Zerlegen von Nenner und Zähler nach ihren Nullstellen in der Form

$$e^{j\varphi(\omega)} = \frac{\left(p - \frac{1}{2RC} + j\sqrt{\frac{1}{LC} - \frac{1}{4R^2C^2}}\right)\left(p - \frac{1}{2RC} - j\sqrt{\frac{1}{LC} - \frac{1}{4R^2C^2}}\right)}{\left(p + \frac{1}{2RC} + j\sqrt{\frac{1}{LC} - \frac{1}{4R^2C^2}}\right)\left(p + \frac{1}{2RC} - j\sqrt{\frac{1}{LC} - \frac{1}{4R^2C^2}}\right)}. \tag{I.6.4}$$

geschrieben werden. Mit

$$p_1 = -\frac{1}{2RC} + j\sqrt{\frac{1}{LC} - \frac{1}{4R^2C^2}} = -\varrho_1 + j\omega_1$$

gilt auch

$$e^{j\varphi(\omega)} = \frac{(p + p_1)(p + p_1^*)}{(p - p_1)(p - p_1^*)}. \tag{I.6.5}$$

Der Übertragungsfaktor besitzt symmetrisch zueinander angeordnete Nullstellen in der rechten und Pole in der linken p-Halbebene (Abb. I.15). Nullstellen und Pole geben den gleichen Beitrag zur Gesamtphase zwischen U_2 und U_1. Der Phasenwinkel kann aus den obigen Beziehungen bestimmt werden:

$$\varphi = -2\,\mathrm{arctg}\,\frac{\frac{\omega L}{R}}{1 - \omega^2 LC} = -2\,\mathrm{arctg}\,\frac{2\omega\varrho_1}{\omega_1^2 + \varrho_1^2 - \omega^2}. \tag{I.6.6}$$

Er hat also den doppelten Betrag, den Zähler oder Nenner allein beitragen.

In Gl. (I.6.3) hat der Nenner den gleichen frequenzabhängigen Verlauf wie eine Verstärkerstufe mit gedämpfter Trenndrossel nach Abb. I.3d. Das Kreuzglied unterscheidet sich von dieser dadurch, daß erstens die Größe des Übertragungsmaßes nicht von der Frequenz abhängt und daß zweitens der Phasenwinkel doppelt so groß ist. Fügt man das Kreuzglied in einen Übertragungsweg mit einer Verstärkerstufe mit gedämpfter Trenndrossel rückwirkungsfrei ein, so wird der Amplitudengang nicht verändert, der Phasengang auf das Dreifache vergrößert.

Wir wollen nun eine spezielle Hintereinanderschaltung von Kreuzgliedern betrachten. Ihre Pol-Nullstellenverteilung sei nach Abb. I.16 gewählt. Sie haben die gleichen Realteile ϱ_1 bzw. $-\varrho_1$, liegen also auf Parallelen zur imaginären Achse, und zwar bei allen positiven und negativen ganzzahligen Vielfachen von ω_1 einschließlich des Wertes Null ($n = 0$). In diesem Glied ist $C = 0$, es ist also ein Kreuzglied erster Art, während die anderen Glieder als Kreuzglieder zweiter Art bezeichnet werden. Die ersten besitzen ein einziges Pol-Nullstellenpaar, die letzteren ein Pol-Nullstellenquadrupel.

Bei der Betrachtung wird von der Gl. (I.6.6) ausgegangen. Durch Differentiation folgt aus dieser die Gruppenlaufzeit für ein einzelnes Kreuzglied (Abb. I.17).

$$-\frac{d\varphi}{d\omega} = 2\varrho_1\left[\frac{1}{(\omega+\omega_1)^2+\varrho_1^2} + \frac{1}{(\omega-\omega_1)^2+\varrho_1^2}\right]. \tag{I.6.7}$$

Die gesamte Gruppenlaufzeit ergibt sich durch Summierung derjenigen der einzelnen Glieder und kann also geschrieben werden als

$$-\frac{d\varphi}{d\omega} = 2\varrho_1 \sum_{n=-\infty}^{+\infty} \frac{1}{(\omega+n\omega_1)^2+\varrho_1^2}. \tag{I.6.8}$$

Diese Summierung liefert nach Umformung und Verwendung einer bekannten Formel [6]

$$-\frac{d\varphi}{d\omega} = \frac{2\pi}{\omega_1} \sum_{n=-\infty}^{+\infty} \frac{\varrho_1 \frac{\pi}{\omega_1}}{\left(\frac{\omega\pi}{\omega_1}+n\pi\right)^2 + \left(\frac{\varrho_1\pi}{\omega_1}\right)^2} = \frac{2\pi}{\omega_1} \frac{\sinh 2\frac{\varrho_1\pi}{\omega_1}}{\cosh\frac{2\varrho_1\pi}{\omega_1} - \cos\frac{2\omega\pi}{\omega_1}}. \tag{I.6.9}$$

Die Gruppenlaufzeit ist nicht konstant (Abb. I.18), sondern schwankt um den mittleren Betrag

$$-\frac{d\varphi}{d\omega_{\text{mittel}}} = \frac{2\pi}{\omega_1} \operatorname{tgh} 2\frac{\varrho_1\pi}{\omega_1} \tag{I.6.10}$$

herum.

Die Schwankungen haben die Größe

$$\Delta\left(-\frac{d\varphi}{d\omega}\right) = \frac{4\pi}{\omega_1} \frac{1}{\sinh\left(2\pi\frac{\varrho_1}{\omega_1}\right)} \tag{I.6.11}$$

und sind um so kleiner, je größer $\frac{\varrho_1}{\omega_1}$ gewählt wird. Sie sind im ganzen Frequenzbereich gleich groß und wiederholen sich periodisch (Abb. I.18). Wird die Zahl der Glieder nach hohen Werten zu beschränkt, so fällt die Gruppenlaufzeitkurve zu hohen Frequenzen ab [19].

Aus Gl. (I.6.9) folgt durch Integration nach ω und anschließende Division durch ω die

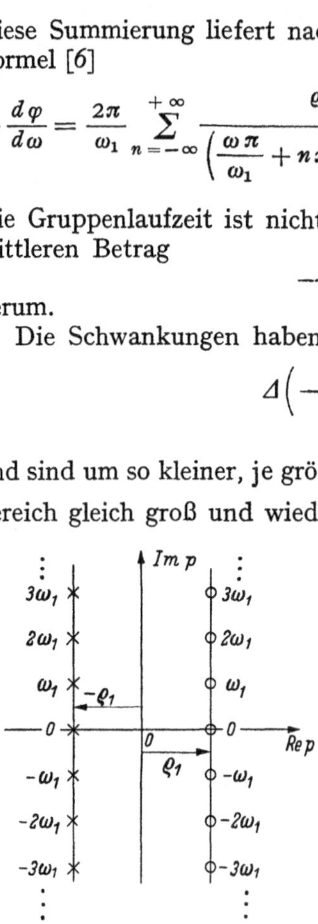

Abb. I.16. Pol- und Nullstellenverteilung einer Folge von Allpassen. × Pole, o Nullstellen.

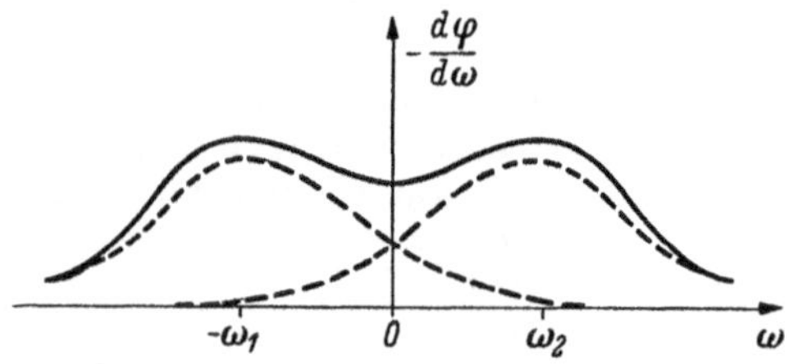

Abb. I.17. Der Laufzeitgang eines Kreuzgliedes nach Ab. I.13.

Laufzeit — im Gegensatz zur Gruppenlaufzeit als Phasenlaufzeit bezeichnet:

$$T = +\frac{\varphi}{\omega} = \frac{2}{\omega_1} \frac{\operatorname{arctg}\left\{\operatorname{cotgh}\left(\frac{\pi\varrho_1}{\omega_1}\right)\operatorname{tg}\left(2\pi\frac{\omega}{\omega_1}\right)\right\}}{\left(\frac{\omega}{\omega_1}\right)}. \tag{I.6.12}$$

Abb. I.19 zeigt T in Abhängigkeit von der Frequenz — beide in reduzierten Maßstäben angegeben — für verschiedene Werte von $\mathfrak{Cotg}\left(\frac{\pi\,\varrho_1}{\omega_1}\right)$ als Parameter. T schwankt um den mittleren Betrag 1, und zwar um so stärker, je kleiner ϱ_1/ω_1 ist. Die maximale Abweichung vom mittleren Wert tritt bei der Frequenz Null auf. Die Laufzeit wird hier

$$T_0 = \frac{4\pi}{\omega_1}\,\mathrm{cotgh}\,\frac{\pi\,\varrho_1}{\omega_1}\,. \tag{I.6.13}$$

Bei sehr großem ϱ_1/ω_1 wird die Laufzeit im ganzen Frequenzbereich praktisch konstant. Ein Vergleich von Gruppen- und Phasenlaufzeit, Abb. I.18 und I.19,

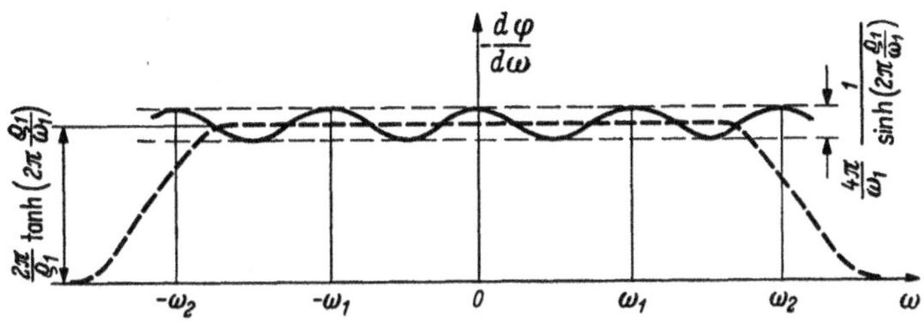

Abb. I.18. Der Gruppenlaufzeitgang zu einer Pol- und Nullstellenverteilung nach Abb. I.16.

zeigt den Vorteil der Betrachtung der Phasenlaufzeit gegenüber derjenigen der Gruppenlaufzeit im Videobereich. Gleich große Abweichungen der Gruppenlaufzeit von ihrem Mittelwert in verschiedenen Frequenzbereichen sind für Videoübertragungen nicht gleich zu bewerten, sondern auf den jeweiligen Frequenzbereich zu beziehen.

Gelegentlich tritt die Notwendigkeit auf, den Laufzeitgang eines Übertragungsstückes auszugleichen, d. h. den Phasengang zu linearisieren. Eine rechnerische Lösung ist für diesen Vorgang bisher nicht bekannt, es werden vielmehr experi-

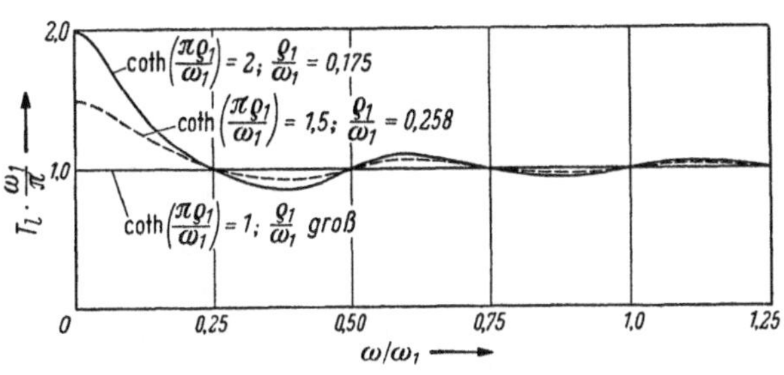

Abb. I.19. Phasenlaufzeit zur Pol-Nullstellenverteilung nach Abb. I.16.

mentelle Lösungswege beschritten [*20*]. Diese Aufgabe liegt z. B. bei der Sendervorverzerrung vor. Es wird der Gruppen- oder Phasenlaufzeitgang ermittelt, und es werden sodann empirisch aus vorliegendem Material eine oder mehrere Anordnungen ausgesucht, deren Phasengang den gewünschten Erfolg ergibt. Zur Verfügung stehen hierbei Kreuzglieder und überbrückte T-Glieder in ihren verschiedenen Formen.

Kreuzglieder sind in Anbetracht des Fehlens eines Nulleiters in der HF-Technik nicht besonders beliebt. Es ist daher angenehm, äquivalente Schaltungen zu besitzen, wie z. B. die überbrückten T-Glieder nach Abb. I.20 [*18*], deren Leitwertmatrix lautet:

$$\begin{pmatrix} \left(\frac{1}{Z_1} + \frac{1}{Z_3} \frac{Z_2 + Z_3}{2Z_2 + Z_3}\right) & \left(-\frac{1}{Z_1} - \frac{Z_2}{Z_3(2Z_2 + Z_3)}\right) \\ \left(\frac{1}{Z_1} + \frac{Z_2}{Z_3(2Z_2 + Z_3)}\right) & \left(-\frac{1}{Z_1} - \frac{1}{Z_3} \frac{Z_2 + Z_3}{2Z_2 + Z_3}\right) \end{pmatrix}. \tag{I.6.14}$$

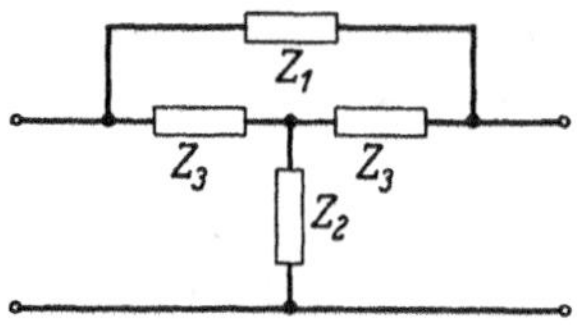

Abb. I.20. Überbrücktes T-Glied.

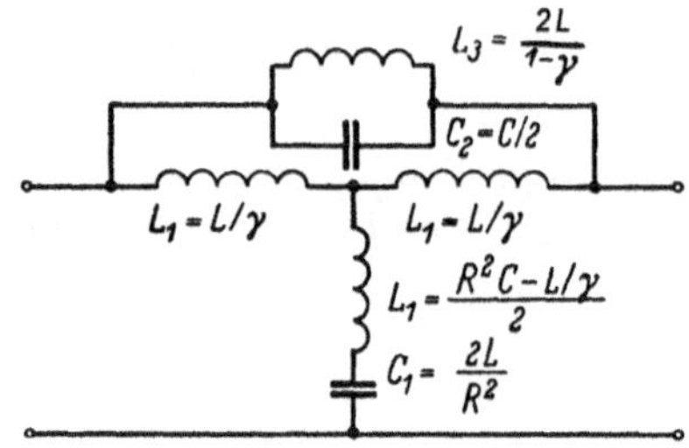

Abb. I.21. Zu einem Kreuzglied nach Abb. I.14 äquivalent überbrücktes T-Glied.

Soll ein Kreuzglied mit einem solchen überbrückten T-Glied äquivalent sein, so müssen die Matrizen Gl. (I.6.1) und Gl. (I.6.14) übereinstimmen. Man hat also:

$$g_1 = \frac{1}{r_1} = \frac{2}{Z_1} + \frac{1}{Z_3},$$

$$\frac{1}{g_2} = r_2 = 2Z_2 + Z_3. \tag{I.6.15}$$

Wir setzen mit einem frei zu wählenden Faktor γ

$$Z_3 = \frac{pL}{\gamma} \tag{I.6.16}$$

an; dann folgen aus Gl. (I.6.14) mit $\frac{1}{r_1} = \frac{1}{pL} + p\,C$ die Beziehungen:

$$\frac{1}{pL} + pC = \frac{2}{Z_1} + \frac{\gamma}{pL},$$

$$\frac{1}{Z_1} = \frac{1}{2}\left[\frac{1}{pL}(1-\gamma) + pC\right]. \tag{I.6.17}$$

Für Z_2 ergibt sich aus der zweiten Gleichung von (I.6.14)

$$2Z_2 = r_2 - r_3 = R^2\left(pC + \frac{1}{pL}\right) - \frac{pL}{\gamma},$$

$$Z_2 = \frac{1}{2}\left[\left(R^2C - \frac{L}{\gamma}\right)p + \frac{R^2}{pL}\right]. \tag{I.6.18}$$

Die Schaltung hat damit die Gestalt der Abb. I.21. Wollen wir jetzt ein Pol-Nullstellenquadrupel realisieren, das wir durch ϱ_1 und ω_1 charakterisieren können, so muß

$$C = \frac{1}{2\varrho_1 R}, \qquad L = \frac{1}{C}\,\frac{1}{\varrho_1^2 + \omega_1^2} = \frac{2\varrho_1 R}{\varrho_1^2 + \omega_1^2} \tag{I.6.19}$$

gelten. Die Schaltelemente in Abb. I.19 haben dann die Werte:

$$\left.\begin{aligned} L_1 &= \frac{2\varrho_1}{\omega_1(\varrho_1^2 + \omega_1^2)} R, & C_1 &= \frac{4\varrho_1}{\varrho_1^2 + \omega_1^2}\,\frac{1}{R}, \\ L_2 &= \left(\frac{1}{4\varrho_1} - \frac{\varrho_1}{\omega_1(\varrho_1^2 + \omega_1^2)}\right) R, & C_2 &= \frac{1}{4\varrho_1 R}. \\ L_3 &= \frac{4\varrho_1}{(1-\gamma)(\varrho_1^2 + \omega_1^2)} R, \end{aligned}\right\} \tag{I.6.20}$$

7. Übergang zu tiefen Frequenzen, Schwarzsteuerung.

Dem Vorteil, den die kapazitive Kopplung der Stufen des RC-Verstärkers in schaltungstechnischer Hinsicht bietet, nämlich der Möglichkeit, sämtliche Anoden und Kathoden an dieselbe Gleichstromquelle zu legen, steht als Nachteil gegenüber, daß eine direkte Übertragung der Gleichstromkomponente des Fernsehsignals, also der mittleren Bildhelligkeit, nicht möglich ist (vgl. Teilband 1, Kap. V, S. 283). Wir wissen aber bereits, welche große Wichtigkeit das verhältnisrichtige Durchkommen auch der tiefsten Steuerfrequenzen bis zur Grenze Null für die einwandfreie Bildwiedergabe hat. Da der Gleichstromverstärker bisher

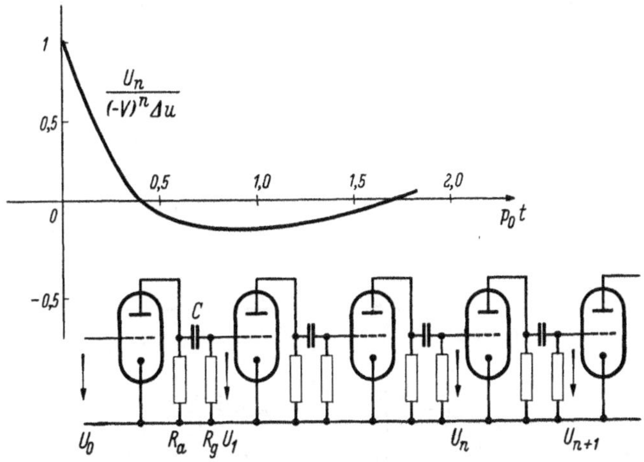

Abb. I.22. Einschwingvorgang des RC-Verstarkers.

für das Fernsehen keine Bedeutung erlangt hat, müssen wir den RC-Verstärker bei tiefen Frequenzen untersuchen — über sein Verhalten bei hohen Frequenzen vgl. 3b — und sodann die Kunstgriffe besprechen, mit deren Hilfe der im Verstärker verlorengegangene Gleichstromanteil wiedergewonnen werden kann.

Der Einfachheit halber betrachten wir das Einschwingverhalten eines RC-Verstärkers (vgl. 3b) aus lauter gleichen Stufen [21] (Abb. I.22). Für die erste Stufe gilt:

$$u_1(p) = -V u_0(p) \frac{p}{p + p_0}$$

mit

$$V = S \frac{R_a R_g}{R_a + R_g}; \qquad p_0 = \frac{1}{C(R_a + R_g)}. \tag{I.7.1}$$

Wählt man einen Sprung der Höhe Δu als Eingangsspannung, so ergibt sich dann für n Stufen:

$$u_n(p) = (-V)^n \frac{p^{n-1}}{(p + p_0)^n} \Delta u \tag{I.7.2}$$

oder als Zeitfunktion:

$$U_n(t) = (-V)^n \Delta u \sum_{m=1}^{n} \frac{1}{(m-1)!} \binom{n-1}{m-1} (-p_0 t)^{m-1} e^{-p_0 t}. \tag{I.7.3}$$

Der Einschwingvorgang ist für den Fall eines vierstufigen Verstärkers in Abb. I.22 dargestellt. Es sei bemerkt, daß seine Steilheit $\dot{U}_n$ für $t = 0$ den größten Betrag hat; es ist

$$\frac{\dot{U}_n(0)}{U_n(0)} = -n\,p_0. \tag{I.7.4}$$

Wir betrachten nun ein Fernsehsignal, das einen Sprung der mittleren Helligkeit aufweist. Dabei können die Einzelheiten der Helligkeitsänderung innerhalb einer Zeile unberücksichtigt bleiben. Wir legen also einen zeitlichen Verlauf nach Abb. I.23a zugrunde, die links einen Sprung von Schwarz nach Weiß, rechts von Weiß nach Schwarz zeigt. Bei steigender Helligkeit nimmt die

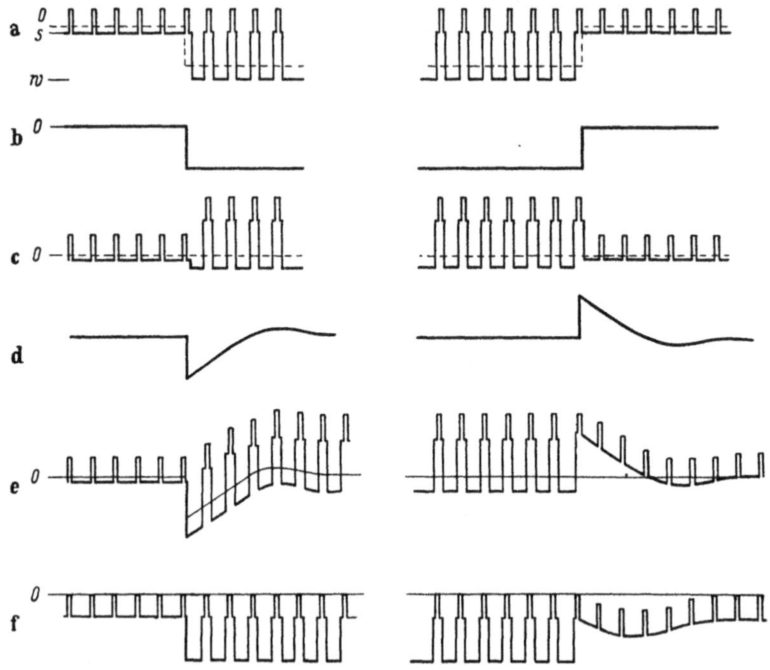

Abb. I.23 a—f. Unterdrückung und Wiederherstellung der Gleichstromkomponente.

Signalspannung in negativer Richtung zu. Man kann sich das Signal Abb. I.23a in eine Sprungkomponente Abb. I.23b und eine Komponente Abb. I.23c, die je Zeile den Mittelwert Null hat, zerlegt denken. Ein RC-Verstärker wird die zweite Komponente im wesentlichen unverändert übertragen, die Sprungkomponente aber durch den soeben berechneten Einschwingvorgang wiedergeben, wie dies Abb. I.23d darstellt. Damit ergibt sich das in Abb. I.23e gezeigte Gesamtsignal aus der Überlagerung von Abb. I.23c und I.23d.

Man kann die tiefen Frequenzen durch eine Schaltung nach Abb. I.24 anheben, um ein günstigeres Einschwingverhalten des RC-Verstärkers zu erhalten [*21*]. Zum Beispiel wird die Anfangstangente des Einschwingvorganges horizontal, wenn man $C_3 R_1 = C_2 R_2$ wählt. Eine wesentliche Verbesserung der Bildwiedergabe läßt sich auf diese Weise jedoch nicht erreichen.

Einen erheblichen Fortschritt bedeutet aber die im folgenden beschriebene Methode der sog. Schwarzsteuerung (vgl. Teilband 1, Kap. V, S. 285, Kap. VIII, S. 568), bei der mittels eines Kunstgriffes der im Verstärker verlorengegangene Gleichstromanteil am Verstärkerausgang oder an anderer geeigneter Stelle wieder zugesetzt wird. Die Schwarzsteuerung nutzt die periodische Wiederkehr von

Signalwerten im Fernsehsignal aus, die vom Bildinhalt unabhängig bleiben. Dies sind insbesondere die Signalamplitude während der Gleichlaufimpulse und diejenige an der hinteren Schwarzschulter. Entsprechend der jeweiligen Aufgabenstellung und dem vertretbaren Aufwand werden verschiedene Ausführungsformen verwendet. Sie gehen sämtlich im Prinzip davon aus, daß die während der Abtastung einer Zeile infolge Fehlens der Gleichstromkomponente im Verstärker hervorgerufenen Spannungsänderungen vor Beginn einer neuen Zeile behoben werden. Jede Zeile beginnt dann praktisch mit dem gleichen Signalbetrag für Schwarz, wie er etwa einem schwarzen Bildrand entspräche. Daher können zwischen dem wiedergegebenen Helligkeitsverlauf und dem Originalsignal mit korrektem Gleichstromanteil, beispielsweise dem bei Kathodenstrahlabtastung am Ausgang einer Vervielfacherfotozelle entstehenden, Verzerrungen der Signalspannung für Schwarz nur zwischen Anfang und Ende jeder Zeile auftreten. Das heißt, es wird die mittlere Helligkeit, eben der Gleichstromanteil, korrekt zurückgewonnen. Der noch verbleibende Fehler längs einer Zeile kann, wie aus den folgenden Überlegungen hervorgeht, vernachlässigbar klein gehalten werden. Die Kenntnis der Signalfunktion zu Zeiten, die um die Periode der Zeilenfrequenz auseinanderliegen, würde übrigens nach dem Abtasttheorem sogar die Wiederherstellung aller Frequenzen bis zur halben Zeilenfrequenz gestatten; diese Frequenzen dürften also in beliebigem Maße unterdrückt oder durch Störspannungen (z. B. Netzbrumm) verfälscht sein.

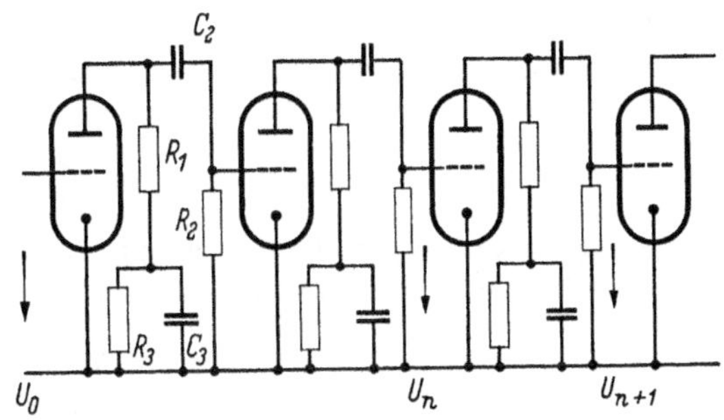

Abb. I.24. RC-Verstärker mit Tiefenentzerrung.

7a. Die einfache Schwarzsteuerung (Eindiodenklemmschaltung).

Die einfachste Schwarzsteuerung zeigt Abb. I.25. An der Anode der Röhre *Rö 1* liege ein Signal der Polarität gemäß Abb. I.23. Die Gleichstromkomponente, die entweder schon in vorhergehenden Stufen verlorengegangen ist oder sonst infolge der kapazitiven Ankopplung über den Kondensator *C* verlorengehen würde, gilt es, vermöge der Spitzengleichrichterwirkung der Diode *D* dadurch wiederherzustellen, daß die Spitzen der Synchronimpulse auf konstantem Potential gehalten werden. Setzen wir zunächst eine genügend gute Spitzengleichrichtung als erreichbar voraus, so machen konstante und ansteigende Helligkeiten keine Schwierigkeit, da die Impulsspitzen den Gleichrichter stets in den Durchlaßbereich steuern. Bei abnehmender Helligkeit jedoch, insbesondere im Falle eines Sprunges in der Richtung Weiß–Schwarz, kommt es leicht vor, daß die Impulsspitzenwerte nicht zur Öffnung des Gleichrichters hinreichen, wie dies Abb. I.23f. zeigt, wo der Einschwingvorgang eines Verstärkers mit Eindiodenschwarzsteuerung nach einem Schwarz-Weiß- und einem Weiß-Schwarz-Sprung dargestellt ist.

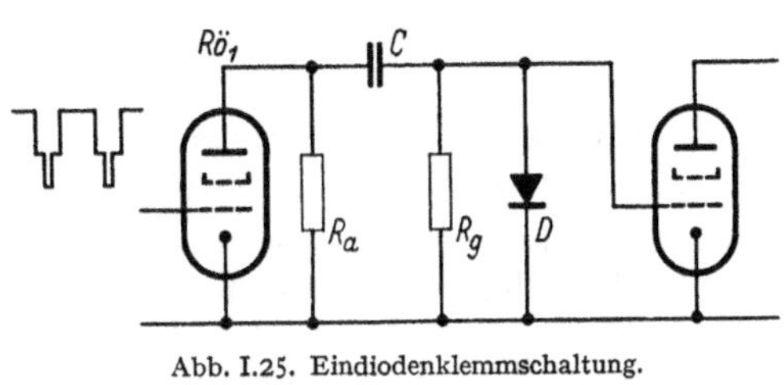

Abb. I.25. Eindiodenklemmschaltung.

Hinter dem Weiß-Schwarz-Sprung setzt die Schwarzsteuerung erst nach einer Entladung des Kondensators über mehrere Zeilen wieder ein. Wie ebenfalls aus Abb. I.23 ersichtlich, unterbleibt dieses „Ablösen", wenn die Zeitkonstante des Kopplungsgliedes der Schwarzsteuerung, $\tau_s = C(R_a + R_g)$, in Abb. I.25 so klein ist, daß die auf den Helligkeitssprung folgenden Synchronimpulse den Gleichrichter wieder öffnen.

Bezeichnet U_m die Maximalsteilheit des Einschwingvorganges des Verstärkers ohne Schwarzsteuerung, so muß offenbar

$$\left|\frac{U_b}{\tau_s}\right| > |\dot{U}_m| \tag{I.7.5}$$

gelten, wo U_b die Spannung über der Diode ist. Für einen n-stufigen Verstärker mit gleichen Kopplungszeitkonstanten $\tau = R\,C$ zwischen den einzelnen Stufen

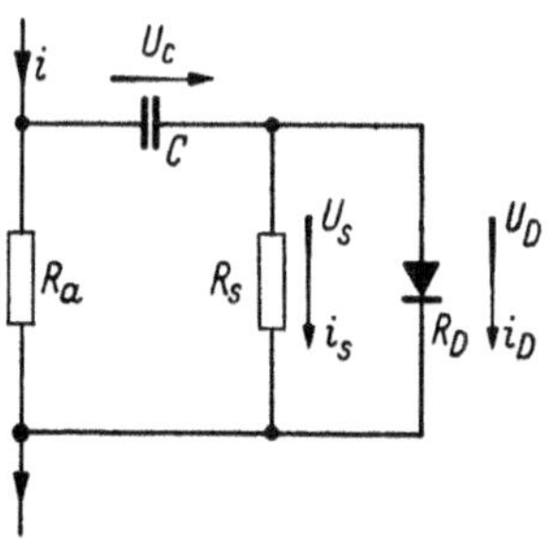

Abb. I.26. Zum Kompressionseffekt.

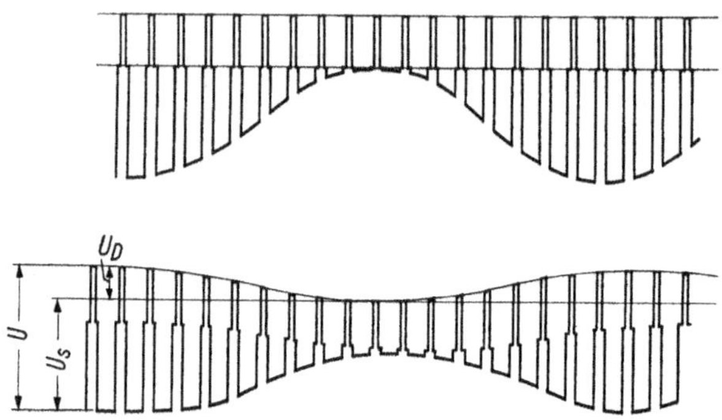

Abb. I.27. Kompressionseffekt bei der Eindiodenklemmschaltung.

gilt unter der Annahme, daß in einem BAS-Signal die Synchronimpulse etwa $^1/_4$ der Gesamtamplitude ausmachen, für das Verhindern der Ablösung die Bedingung:

$$\frac{\tau_s}{\tau/n} < \frac{4}{3}. \tag{I.7.5}$$

τ_s bestimmt den Helligkeitsabfall während einer Zeile. Soll dieser kleiner als 1% sein, so muß

$$\tau_s > 100 \cdot \frac{4}{3}\, T_{\text{Zeile}} = 100 \cdot \frac{4}{3} \cdot 64 \cdot 10^{-6}\,\text{s} \sim 8 \cdot 10^{-3}\,\text{s} \tag{I.7.6}$$

und damit die Koppelzeitkonstante $\tau > 6n \cdot 10^{-3}$ s werden. Bei einem vierstufigen Verstärker wird dann die untere Grenzfrequenz — definiert durch den Verstärkungsabfall auf $\sqrt{1/2}$ — ungefähr 15 Hz.

Die Unvollkommenheit der Spitzengleichrichtung gibt Anlaß zu weiteren Fehlern:

Aus Abb. I.26 findet man für einen von der Endröhre des Verstärkers gelieferten Rechteckstrom der Amplitude I, der Impulsdauer T_D in Durchlaßrichtung und der Impulsdauer T_S in Sperrichtung:

$$(I - i_D)\,R_a = U_C + U_D; \qquad -i_s R_a = U_C + U_S,$$

wenn die Kapazität des Kondensators so groß ist, daß sich seine Spannung U_C nicht ändert, und die Bedingung für das Ladungsgleichgewicht am Kondensator lautet:

$$i_D\,T_D + i_s\,T_S = 0.$$

Aus diesen Beziehungen folgt für $R_D \ll R_a \ll R_S$ das Gesamtsignal:

$$U = U_D - U_S \approx I R_a \left(1 - \frac{T_S}{T_D} \frac{R_a}{R_S}\right).$$

Man erkennt, daß die in Abb. I.27 dargestellten störenden Effekte auftreten:

1. Bei großer Gleichstromkomponente müssen die Spitzenamplituden weiter in den Durchlaßbereich ragen als bei kleiner, um das Ladungsgleichgewicht zu halten; sie werden also durch die Gleichstromkomponente moduliert. Dieser Effekt ist proportional R_D/R_S;

2. die Gesamtamplitude wird durch das Zusammenbrechen der Spannung in der Impulsspitze komprimiert auf Kosten der Amplitude der Synchronimpulse, und zwar proportional R_a/R_S;

3. diese Kompression führt dazu, daß der Schwarzwert entsprechend den Schwankungen der Gleichstromkomponente moduliert wird. Mit $R_D = 10^2\,\Omega$, $R_a = 10^3\,\Omega$, $R_S = 5 \cdot 10^5\,\Omega$, $T_S/T_D = 10$ ergibt sich: $U_D = 0{,}002\, I R_a$, $-U_S = 0{,}98\, I R_a$; d. h. die Schwankungen der Spitzenamplitude sind zu vernachlässigen, die Kompression ist gerade noch tragbar. Die Fehler mehrerer hintereinanderliegender Schwarzsteuerungen addieren sich.

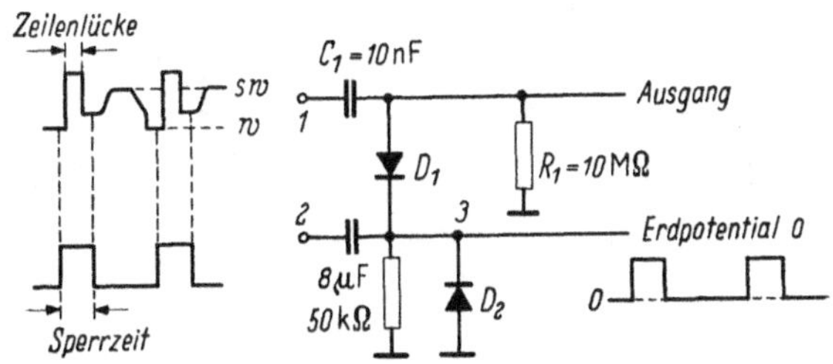

Abb. I.28. Schwarzsteuerung auf den dunkelsten Bildpunkt.

Berücksichtigt man die Nichtlinearität von R_D, so wird die Amplitude von U_D kleiner, die Modulation des Schwarzpegels durch den Kompressionseffekt hingegen größer. Infolge der Abhängigkeit der beschriebenen Effekte vom Tastverhältnis T_S/T_D stehen die Vertikalimpulse auf etwas anderen Pegelwerten als die Horizontalimpulse, da sie ja länger sind.

Manchmal ist es zweckmäßig, nicht, wie bisher angenommen, den Spannungswert der Zeilenlücke bzw. des Synchronsignals als Bezugspunkt für die Schwarzsteuerung zu verwenden, sondern eine Schwarzsteuerung auf den dunkelsten Bildpunkt vorzunehmen [*24*, *25*]. Eine dafür geeignete einfache Schaltung zeigt Abb. I.28. An der Klemme *1* wird das Videosignal zugeführt. Die Diode D_1 besorgt in der bekannten Weise die Spitzengleichrichtung. Da aber die Schwarzsteuerung während der Zeilen- bzw. Bildlücken außer Betrieb gesetzt werden muß, werden der Diode D_1 von einem niederohmigen Generator her über die Klemme *2* Sperrimpulse zugeführt und diese zweckmäßig etwas breiter als die Zeilenlücke gewählt. Die Diode D_2 hält außerhalb der Sperrzeit den Punkt *3* auf Erdpotential. Die Dauer der dunkelsten Stelle in einem Bilde kann sehr kurz sein; man muß also für eine möglichst kleine Aufladezeitkonstante sorgen, wenn diese Art von Schwarzsteuerung einwandfrei arbeiten soll. Es ist daher angebracht, das Signal aus einem Kathodenverstärker zu entnehmen und eine möglichst niederohmige Diode zu verwenden. Ferner ist es günstig, das schwarzgesteuerte Bildsignal recht kräftig ($\geqq 6$ V) zu machen. Für die Mindestgröße der Entladezeitkonstante $C_1 R_1$ ist der zulässige Helligkeitsabfall in vertikaler Richtung — man kann dafür etwa 3% ansetzen — maßgebend. Sie wird daher um ein Vielfaches größer als bei der am Ende jeder Zeile wirksamen Schwarzsteuerung. Ein weiterer Mangel der beschriebenen einfachen Schaltung ist der, daß infolge der Notwendigkeit einer kleinen Aufladezeitkonstante eine plötzliche Änderung des Helligkeitsminimums sofort die Gesamthelligkeit des

Bildes im Gegensinne beeinflußt. Diese unangenehme Erscheinung läßt sich aber durch geeignete Modifikation der Schaltung beheben [*25*].

7b. Die zweiseitige (getastete) Schwarzsteuerung.

Die Schaltung der getasteten Schwarzsteuerung besteht aus einer Brückenanordnung mit zwei oder vier Dioden (Abb. I.29 und I.30). An den Punkten *2* und *3* liegen Tastimpulse solcher Polarität, daß während der Impulsdauer die Dioden geöffnet sind. Der Diodenstrom lädt dann die Kondensatoren C_p auf, so daß in den Impulspausen an *2* und *3* Sperrspannungen von der ungefähren Höhe der Impulse liegen. Die am Lastwiderstand R_a der Vorröhre stehende Videospannung U_m, die kleiner sein muß als die Sperrspannung U_p, wird über den Koppelkondensator C_g dem Gitter der folgenden Röhre zugeführt. Zweckmäßig wählt man $U_p \approx 1{,}3\, U_m$. Ein Gitterableitwiderstand ist für diese Röhre nicht erforderlich, da das Gitter über die Klemmschaltung während der Impulse genügend entladen wird. Die Tastimpulse werden zeitlich so gelegt, daß sie mit denjenigen Stellen zusammenfallen, deren Werte geklemmt, also auf festem Potential gehalten werden sollen. Während die einseitige Schwarzsteuerung nur Spitzenspannungen auszunutzen gestattet, kann bei der zweiseitigen Schwarzsteuerung auch der tatsächliche Schwarzwert verwendet werden; meist wird die hintere Schwarzschulter geklemmt.

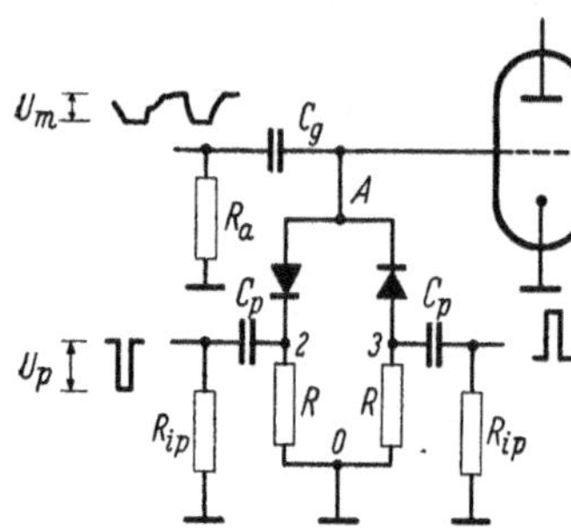

Abb. I.29. Zweidiodenklemmschaltung.

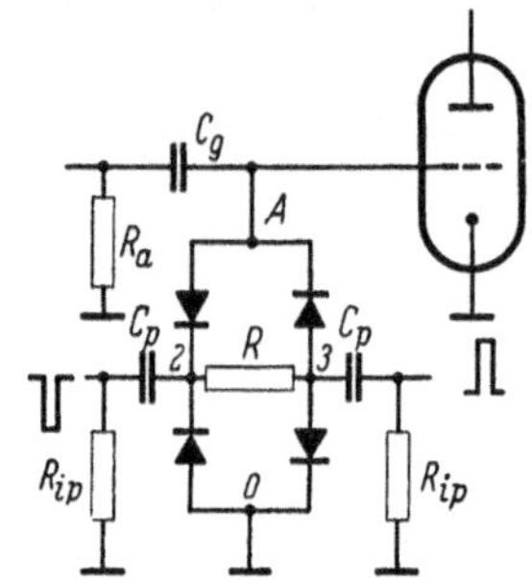

Abb. I.30. Vierdiodenklemmschaltung.

Wird die Schwarzsteuerung beim Farbfernsehen an einer Stelle der Verstärkerschaltung eingeführt, wo das Signal einen Farbhilfsträger enthält, der auch während des Klemmimpulses übertragen werden muß, so ist Vorsorge zu treffen, daß Farbhilfsträger und Klemmung sich nicht gegenseitig stören. Das geschieht am einfachsten dadurch, daß die in Abb. I.29 und I.30 mit *A* bezeichnete Verbindung durch einen auf den Farbhilfsträger abgestimmten gedämpften Parallelresonanzkreis ersetzt wird [*23*]. Da dieser einen hohen Widerstand für die Farbhilfsträgerfrequenz hat, läßt er sie ungehindert an das Gitter der nächsten Röhre gelangen. Für die Klemmung werden nur wesentlich tiefere Frequenzen benötigt, bei denen der Parallelkreis einen sehr kleinen Widerstand hat, so daß auch die Schwarzsteuerung nicht beeinträchtigt wird.

Die Dimensionierung der Klemmschaltung [*22*] ergibt sich aus folgenden Überlegungen: Während der Dauer τ der Klemmimpulse muß der Koppelkondensator C_g um die Potentialdifferenz Δu zwischen zwei aufeinanderfolgenden Zeilenaustastungen umgeladen werden. Je nach Polarität wird die dazu nötige Ladung $\Delta Q = \Delta u\, C_g$ aus dem einen oder dem anderen der Kondensatoren C_p entnommen. Daraus ergibt sich eine unterschiedliche Belastung der beiden Impulskreise, die aber das Brückengleichgewicht nicht merklich stören darf. Die durch ΔQ an C_p hervorgerufene Spannungsänderung

$$\Delta u_p = \frac{\Delta Q}{C_p} = \Delta u \frac{C_g}{C_p} \tag{I.7.9}$$

muß also klein bleiben gegenüber Δu. Das heißt, es muß $C_p \gg C_g$ sein. In der Praxis genügt es, $C_p = 10\,C_g$ zu wählen; der Fehler Δu wird dann auf etwa $\frac{1}{10}\Delta u$ reduziert. Damit die Umladung von C_g während der Klemmzeit τ erfolgen kann, muß die Umladezeitkonstante k merklich kleiner als τ sein. $k \approx 0{,}4\tau$ reicht aus. Für die Zweidiodenschaltung ist $k = C_g\left[R_a + \frac{1}{2}(R_d + R_{ip})\right]$, für die Vierdiodenschaltung $k = C_g\left[R_a + \frac{1}{2}\left(R_d + \frac{R_{ip} R_d}{R_{ip} + R_d}\right)\right]$, also etwas kleiner. Bei bekannten R_a, R_d, R_{ip} und τ ergibt sich damit eine obere Grenze für C_g. Eine untere Grenze für C_g erhält man meist nicht, wie bei der Eindioden-Schwarzsteuerung, aus dem zulässigen Helligkeitsabfall längs einer weißen Zeile, der

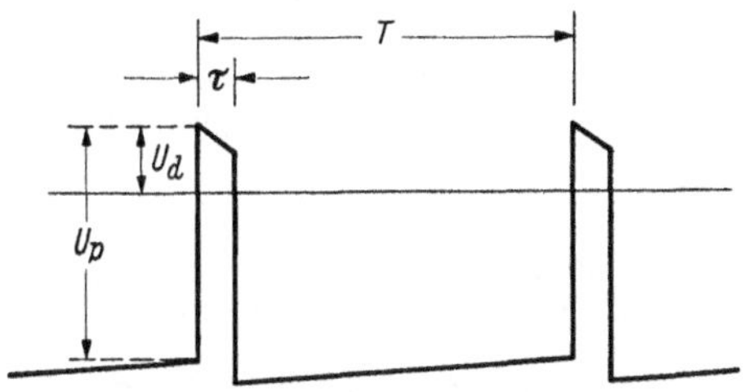

Abb. I.31. Spannungsverlauf am Punkt 3 der Klemmschaltung nach Abb. I.30.

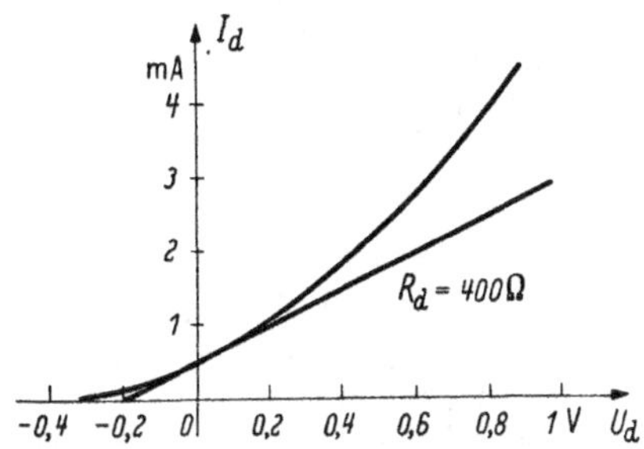

Abb. I.32. Diodenkennlinie.

stets genügend klein ist, weil als Gitterableitung nur der Isolationswiderstand auftritt. Vielmehr sind für die untere Grenze von C_g die schädlichen Kapazitäten maßgebend, denen gegenüber C_g groß sein soll. Also wird $C_{g\,\min} \approx 200$ pF. Der Wert des Ableitwiderstandes R folgt bei gegebener Klemmdauer τ aus dem Ladungsgleichgewicht am Kondensator C_p (Abb. I.31), also aus

$$\tau\, i_d = (T - \tau)\frac{U_p - U_d}{R} \approx T\frac{U_p}{R}, \qquad \text{(I.7.10)}$$

wo T die Zeilendauer und i_d den Diodenstrom bedeutet, zu

$$R \approx \frac{T}{\tau}\,\frac{U_p}{i_d}. \qquad \text{(I.7.11)}$$

Dieser Ausdruck für R gilt sowohl für die Zweidioden- als auch für die Vierdiodenschaltung, weil einerseits bei der Vierdiodenschaltung zwei Dioden parallel liegen (Faktor 1/2), andererseits statt der beiden Widerstände R der Zweidiodenschaltung nur einer auftritt, der doppelt so groß sein müßte (Faktor 2).

Ein Beispiel möge das Gesagte erläutern: Es sei: $T = 64\,\mu$s, $\tau = 2\,\mu$s, $U_m = 7{,}5\,V_s$, $R_a = 1$ kΩ, $R_d = 400\,\Omega$, $R_{ip} = 500\,\Omega$. Dann wird $U_p = 1{,}3\,U_m = 10$ V, $k = 0{,}4\tau = 0{,}8\,\mu$s, also mit $R_a + \frac{1}{2}(R_d + R_{ip}) = 1{,}45$ kΩ: $C_g \leqq 550$ pF, so daß man mit $C_g = 500$ pF gut auskommt.

Aus der Diodenkennlinie Abb. I.32 ergibt sich für $R_d = 400\,\Omega$ der Wert $i_d = 0{,}5$ mA. Damit wird $R \approx 640$ kΩ.

Ist der Schwarzwert des Videosignals mit Rauschen oder anderen Störspannungen behaftet, deren Schwingungsdauer in die Größenordnung der Klemmimpulsbreite fällt, so wirkt die Schwarztastung im wesentlichen auf den Augenblickswert der Störspannung am Ende der Tastung. Dieser Wert addiert sich zum Helligkeitswert der nächsten Zeile. Im Bilde erhält man also waagerechte Streifen, die außerordentlich viel stärker stören als das Rauschen, das sie verursacht. Um diesen Effekt zu vermeiden, muß man verhindern, daß die Ladung des Koppelkondensators C_g dem Wechsel der Störspannung folgen kann, d. h., es muß die Zeitkonstante k entsprechend groß sein, um so eine Integration über die Störspannung zu erreichen. Da die Umladezeitkonstante kleiner bleiben muß als die Tastdauer τ, ist letztere jedenfalls so lang wie möglich zu machen. Bei weißem Rauschen des Videosignals braucht man Zeitkonstanten $k > 10$ µs, um die Streifigkeit einigermaßen zu unterdrücken. Als Tastdauer τ stehen jedoch selbst dann, wenn nur ein Bildaustastgemisch ohne Synchronsignal übertragen werden soll, nicht mehr als etwa 7 µs zur Verfügung. Man ist daher auf einen Kompromiß angewiesen.

Schrifttum zum Kap. I.

[1] Vgl. die Arbeiten von W. Bader, W. Cauer und H. Piloty, zitiert in W. Cauer: Theorie der linearen Wechselstromschaltungen. Berlin: Akademie-Verlag 1954.

[2] Schouten, J. P.: Operatorenrechnung. Berlin/Göttingen/Heidelberg: Springer 1960.

[3] Wagner, K. W.: Operatorenrechnung, 2. Aufl. Leipzig: J. A. Barth 1950.

[4] Bode, H. W.: Network Analysis and Feedback Amplifier Design. New York: D. von Nostrand 1953.

[5] Wheeler, H. A.: Wide Band Amplifiers for Television, Proc. I. R. E. Bd. 27 (1939) S. 429—437.

[6] Magnus, W., u. F. Oberhettinger: Formeln und Sätze für die speziellen Funktionen der mathematischen Physik, 2. Aufl. Berlin/Göttingen/Heidelberg; Springer 1948.

[7] Jahnke-Emde: Tafeln höherer Funktionen, 4. Aufl. Leipzig: B. G. Teubner 1948.

[8] Valley, E., u. H. Wallman: Vacuum Tube Amplifiers; MIT Radiation Laboratory Series Vol. 18. New York: McGraw-Hill 1948.

[9] Fischer, F. J.: Verstärkung und Bandbreite von Videoverstärkern. A. E. Ü. Bd. 6 (1952) S. 309—315.

[10] Butterworth, S.: On the Theory of Filter Amplifiers. Wireless Engr. Bd. 7 (1930) S. 536—541.

[11] Schienemann, R.: Trägerfrequenzverstärker großer Bandbreite mit gegeneinander verstimmten Einzelkreisen. Telegr.- u. Fernspr.-Techn. Bd. 27 (1939) S. 1—7.

[12] Thomson, W. E.: Stagger-Tuned Low-Pass Amplifiers. Wireless Engr. Bd. 26 (1949) S. 357—359.

[13] Feldtkeller, R.: Einführung in die Theorie der Hochfrequenzbandfilter. Stuttgart: S. Hirzel 1953.

[14] Betzenhammer, B., u. E. Henze: Theoretische Untersuchungen über dreikreisige Bandfilter vom Tschebyscheffschen Typ. A. E. Ü. Bd. 8 (1954) S. 545 bis 552.

[15] Henze, E.: Bandfilter vom Tschebyscheffschen Typ mit beliebig vielen Kreisen. A. E. Ü. Bd. 9 (1955) S. 131—139.

[16] Händler, W.: Zur Dimensionierung von Trägerfrequenzverstärkern mit gegeneinander verstimmten Resonanzkreisen. A. E. Ü. Bd. 8 (1954) S. 253—258.

[17] Küpfmüller, K.: Die Systemtheorie der elektrischen Nachrichtenübertragung, 2. Aufl. Stuttgart: S. Hirzel 1952.

[18] Feldtkeller, R.: Einführung in die Vierpoltheorie der elektrischen Nachrichtentechnik, 5. Aufl. Stuttgart: S. Hirzel 1948.

[19] Darlington, S.: The Potential Analogue Method of Network Synthesis. Bell Syst. techn. J. Bd. XXX (1951) S. 315—365.

[20] Bünemann, D.: Der Laufzeitausgleich eines Fernsehsystems. A. E. Ü. Bd. 10 (1956) S. 10—18.

[21] Urtel, R.: Die Gleichstromkomponente des Fernsehsignals. SEG-Nachr. Beih., 1953, Nr. 4.

[22] Wolf, J.: Zur Dimensionierung der Klemmschaltung. Elektron. Rdsch. Bd. 9 (1955) Nr. 2, S. 53—56.

[23] McIlwain, K., u. Ch. E. Dean: Principles of Color Television. New York: John Wiley & Sons; London: Chapman & Hall 1956.

[24] Dillenburger, W.: Die Übertragung des Gleichstromwertes in Bildverstärkern. Funk und Ton Bd. 5 (1951) S. 505—513.

[25] Dillenburger, W.: Über die Schwarzpegelhaltung in Fernsehabtastgeräten. Techn. Hausmitt. NWDR Bd. 7 (1955) S. 217—223.

II. Synchronisier- und Ablenktechnik des Fernsehens.[1]

Bearbeitet von Dipl.-Ing. K. JEKELIUS, Kornwestheim b. Stuttgart.

1. Fernsehimpulsgeber.

Der Fernsehimpulsgeber dient zur Erzeugung aller Impulsfolgen, die für die Synchronisierung der Bildfeldzerlegung und die Unterdrückung des Bildsignals während der Abtast-Rücklaufzeiten benötigt werden.

Den Geräten der Studioanlagen werden diese Impulsfolgen meist einzeln über gesonderte Koaxialkabel zugeführt. Das normgerechte Synchron- (S-) und Austast- (A-) Signal wird im Austastmischgerät am Studioausgang zum Bildsignal (B) hinzugefügt, so daß erst von hier ab das charakteristische Signalgemisch (BAS-Signal) auftritt („Einkanalsynchronisierung“ [*2*]). Durch Einfügung zusätzlicher Laufzeitketten (oder durch entsprechenden Vorlauf der Synchronisierimpulse für die verschiedenen Bildgeber) müssen dabei die Laufzeiten der einzelnen Signale auf die entlang der Studioverkabelung auftretende maximale Ausbreitungsverzögerung (etwa 5 µs/km) abgeglichen werden.

Das mit dem Bildsignal gemeinsam übertragene und ausgestrahlte [*2*] Synchronisiersignal (S) muß eine möglichst einfache, billige und störunempfindliche Auswertung im Heimempfänger ermöglichen. Für die hochfrequente Ausstrahlung wurde daher bei der 625 Zeilen/7 MHz-Norm (GERBER-Norm) der in Abb. II.1 für die Umgebung des Vertikalimpulses dargestellte Aufbau des Fernsehsignals gewählt, mit Negativmodulation (vgl. Teilband 1, Anhang IV) und unterschiedlicher Impulsdauer für die Horizontal- (H-) bzw. Vertikal- (V-) Impulse („Zeilen“- bzw. „Bildimpulse“). Die Grundlage dieses *Synchronisierschemas* bilden der zeilenförmige Abtastmodus, die Bildfolgefrequenz von 25 Hz mit Zeilensprung 2:1 (vgl. Teilband 1, Kap. IV.10a), die Normung von 625 Zeilen je Bild ($625 = 5 \times 5 \times 5 \times 5$) sowie die in den Empfängern wirtschaftlich erzielbaren minimalen Rücklaufzeiten. Man beachte die ungerade Zeilenzahl ($2a + 1$), mit a = hoher ganzer Wert, die ein allen eingeführten Fernsehsystemen gemeinsames Merkmal ist.

Die Steigzeit der Impulsvorderflanken (0,2 ··· 0,4 µs) folgt einerseits aus den Genauigkeitsbedingungen für die Horizontalabtastung (0,1 ··· 0,2 µs je Bildpunkt), andererseits soll der Impulsanstieg durch die Grenzfrequenz der Übertragungsglieder (Überschwingen) möglichst wenig beeinflußt werden. Die Rückflanke der Impulse ist von untergeordneter Bedeutung. Die Impulsdauer ergibt sich aus Nebenaufgaben, wie Schwarzwerthaltung und automatische Verstärkungsregelung im Empfänger, die sich auf den Synchronwert beziehen und daher ausreichenden Energieinhalt der Horizontalimpulse erfordern. Zur Sicherung leichter Abtrennbarkeit des Vertikalimpulses ist seine Dauer wesentlich länger

---

[1] Verfasser setzt voraus, daß der Leser mit den nicht spezifisch fernsehtechnischen, allgemeinen Grundlagen der Impulstechnik vertraut ist und über ausreichende Praxis verfügt, um selber die Schaltungen zur Durchführung der besprochenen Verfahren an Hand der angegebenen Gesichtspunkte dimensionieren zu können. Zur diesbezüglichen Einführung wird auf die Literatur verwiesen [*1*].

als diejenige der Horizontalimpulse gewählt. Da die Zeilensynchronisierung auch während dieser Zeit aufrechterhalten werden muß, ist der Vertikalimpuls im Halbzeilenrhythmus unterbrochen (vgl. Abb. II.1). Die „vorderen Ausgleichsimpulse" sollen gleiche Anfangsbedingungen für die Trennschaltung in den beiden Halbbildern der Zeilensprungabtastung gewährleisten (Startpunkt der Anstiegsflanke beim Tiefpaßfilter nach Abb. II.8c bis e und damit Einsatzgenauigkeit des Vertikalgenerators). Die „hinteren Ausgleichsimpulse" sichern gleichmäßige Rückflanken der integrierten Vertikalsynchronimpulse, die bei einigen Kippgeneratoren die Ablenkamplitude mit beeinflussen. Beide Maßnahmen zusammen sind entscheidend für die Genauigkeit, mit der beim Zeilensprung die beiden Raster (Halbbilder, Felder) auf dem Bildschirm ineinanderkämmen, und damit für das Auflösungsvermögen in vertikaler Richtung. Die Dauer der Ausgleichsimpulse ist so bemessen, daß sie trotz doppelter Frequenz den gleichen mittleren Energieinhalt haben wie die Horizontalsynchronimpulse selber. Ihre Anzahl ergibt sich aus verschiedenen praktischen Gesichtspunkten (vgl. z. B. Abb. II.4 und Kap. II.4b).

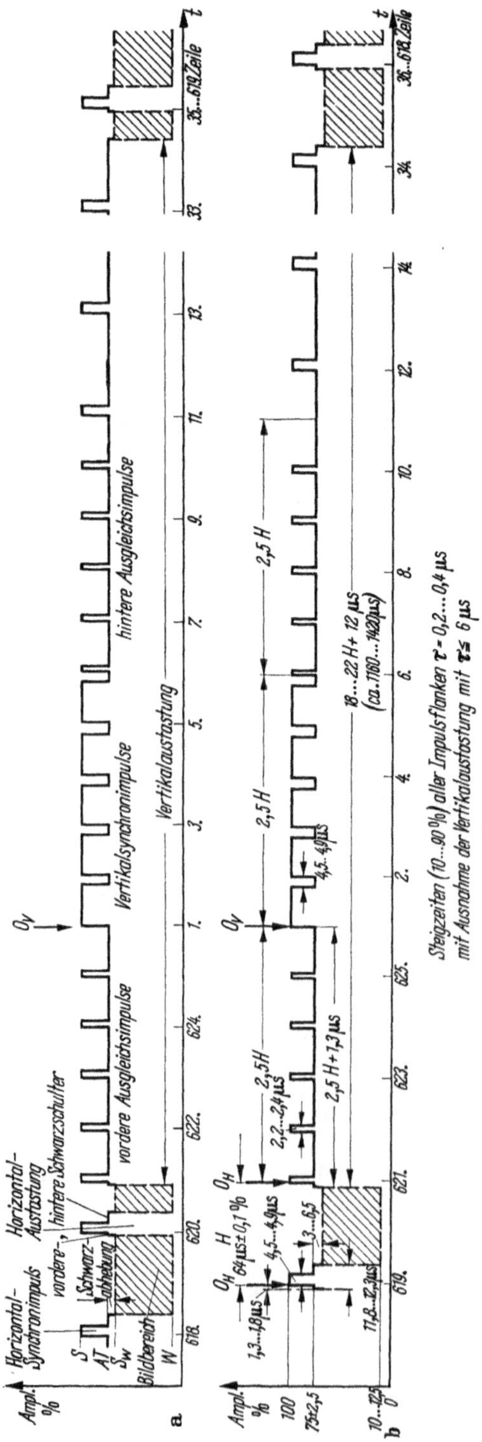

Abb. II.1 a u. b. Synchronisierschema der 625 Zeilen/7 MHz-Norm (Gerber-Norm) nach CCIR [3]. Ausschnitt aus dem demodulierten Fernsehsignal in der Umgebung des Vertikalimpulses für beide Halbbilder.

Bei der *Erzeugung* des normgerechten Synchron- und Austastsignals werden die zeilenfrequenten Synchron- und Austastimpulse für die Dauer des Vertikalimpulses unterbrochen. In die hierdurch entstehenden Lücken werden die zum Vertikalwechsel gehörenden Impulsgruppen eingefügt. Ihre Verschiebung innerhalb dieser Lücke zwischen gerad- und ungeradzahligen Halbbildern (vgl. Abb. II.1, Zeilensprung) ergibt sich automatisch durch das nicht ganzzahlige Verhältnis von Horizontal-

zu Vertikalfrequenz (15625 Hz : 50 Hz = 312,5 = Anzahl der Zeilen je Halbbild).

Der *grundsätzliche Aufbau* eines normgerechten Fernsehimpulsgebers ist in Abb. II.2 skizziert. Der Muttergenerator schwingt mit der doppelten Horizontalfrequenz ($2f_z$). Neben dem selbständigen Betrieb (*1*) mit z. Z. 0,1% Frequenzkonstanz, die z. B. durch einen einfachen Steuerquarz erreicht wird, ist Umschaltung auf den Ausgang eines „Synchronisators“ [*21*] vorgesehen (*2*). In diesem wird das erzeugte Synchronsignal mit demjenigen eines von außen zugeführten Fernsehsignalgemisches laufend verglichen. Weichen beide in Frequenz oder Phase voneinander ab, so wird der Muttergenerator und evtl. auch der Frequenzteiler in geeigneter Weise so lange beeinflußt, bis phasenstarrer Gleichlauf

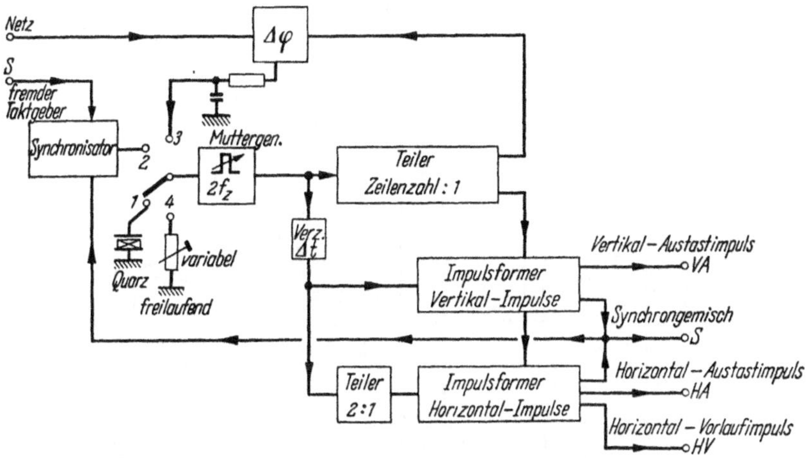

Abb. II.2. Grundsatzlicher Aufbau eines Fernsehimpulsgebers mit Umschaltmöglichkeit auf die Betriebszustände: *1* freilaufend mit Quarzgenauigkeit (z. Z. noch etwa 10^{-3}, später für Prazisionsoffset von Sendern etwa 10^{-5} und für Farbfernsehen etwa 10^{-6}), *2* Synchronisierung mit einem anderen Impulsgeber, *3* Synchronisierung mit dem Starkstromnetz. Dieser Aufbau ermaßigt den Aufwand für die Siebung in den Netzgeräten und erlaubt den Einsatz netzsynchroner Filmmaschinen und netzgespeister Studiobeleuchtung, sofern alle Netze des Empfangsgebietes miteinander synchronisiert sind, *4* freilaufend, variabel (z. B. für Versuchszwecke).

zwischen den beiden Synchronsignalen erreicht ist [*21*]. Diese „Fremdsynchronisierung“ ist z. B. bei Reportagesendungen oder Überblendung zwischen verschiedenen Studios notwendig. Der netzsynchrone Betrieb (*3*), bei welchem mittels Phasenregelung (vgl. Kap. II.4b) der Synchronismus zwischen Vertikal- und Netzfrequenz aufrechterhalten wird, genügt bezüglich Konstanz nicht den Forderungen, die der Offsetbetrieb von Fernsehsendern, störunempfindliche Synchronisierschaltungen in Empfängern und das Farbfernsehen stellen. Er wird daher im Laufe der Zeit verlassen werden. Für Versuchs- und Abgleichzwecke ist schließlich noch Umschaltung auf freilaufenden Muttergenerator möglich (*4*). Der Muttergenerator steuert einerseits den Frequenzteiler, andererseits über ein Verzögerungsglied (Δt), welches die Laufzeit der Synchronflanken durch den Frequenzteiler ausgleichen soll, den Impulsformer für die Vertikalimpulse sowie über eine Teilerstufe 2:1 den Impulsformer für die Horizontalimpulse.

Zum Aufbau des *Frequenzteilers* dienen wahlweise Binärstufen (z. B. Flip-Flop-Schaltungen) oder Kippteiler (z. B. synchronisierte Multivibratoren), wobei die Wahl entscheidenden Einfluß auf den Aufbau und den Impulsfahrplan des gesamten Impulsgebers besitzt. Binärteiler erfordern zehn Flip-Flop-Stufen ($2^{10} = 1024$) mit einer Rückstellung auf 625, die unschwer auch an andere Zeilenzahlen angepaßt werden kann, sowie einen vollständigen, damit aber auch ebenso anpassungsfähigen Impulsformerteil [5]. Kippteiler benötigen hingegen nur vier Teilerstufen ($5^4 = 625$) und gestatten den Aufbau eines vereinfachten Impulsformerteiles für die Vertikalimpulse (nur bei Fünfergruppen) [7]. Die Kippteilerschaltungen sind aber stets auf eine bestimmte Synchronisiernorm zugeschnitten, nur für einfache Teilverhältnisse geeignet und anspruchsvoll in bezug auf Innehaltung von Baustein-, Temperatur- und Spannungstoleranzen.

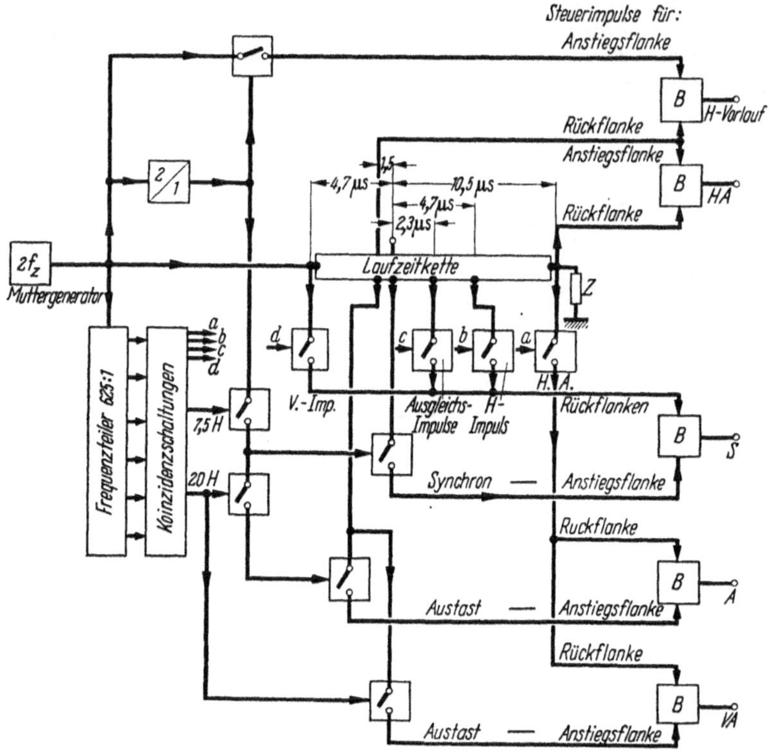

Abb. II.3. Blockschaltbild eines Impulsgebers mit Laufzeitkette für die Verzögerung der Impulsflanken des Muttergenerators, Torschaltungen zur zeitgerechten Auswahl und beidseitig gesteuerten Binärstufen (*B*) zum Zusammensetzen der Impulsgemische (nach G. Zaharis [4]). Die Torschaltungen sind durch Kontaktschalter, die Binärstufen jeweils mit *B* symbolisiert. Jedes der zusammengesetzten Impulsgemische (*S* = Synchronsignal; *A* = Austastsignal) wird also in je einer Binärstufe durch entsprechende Steuerung derselben unmittelbar erzeugt. Die Steuerung der Torschaltungen erfolgt über Koinzidenz zwischen den entsprechend ausgewählten Ausgangssignalen (Rechteckwechsel) der verschiedenen Teilerstufen, z. B. mittels „Und"-Schaltungen. Das Steuerprogramm ergibt sich aus Abb. II.1 (vgl. auch Abb. II.4 b). Die Formierung des Vertikalimpulses erfolgt über eine zweistufige Steuerung. Die Ausblendung eines jeden zweiten Taktimpulses durch die Torschaltung für die Synchron-Anstiegsflanke muß für das *S*-Signal während der Zeitdauer von 7,5 H und für das *A*-Signal während 20 H ausgesetzt werden. Die Steuerleitung wird daher über je eine zweite Torschaltung für diese Zeit unterbrochen.

(Eine beidseitig synchronisierte Binärstufe kann auf einen zweiten Steuerimpuls von der gleichen Seite nur dann reagieren, wenn sie zwischendurch von der anderen Seite her wieder zurückgekippt worden ist.)

In den beiden Impulsformern werden durch Verzögerungsglieder, Torschaltungen und Impulsgeneratoren die verschiedenen zeitlichen Impulslängen und -lagen zueinander festgelegt. Während die derart abgeleiteten Impulse in älteren Anlagen über Mischstufen selber zum Aufbau der verschiedenen Ausgangssignale dienten, werden sie jetzt nur noch zum Steuern von Torschaltungen verwendet, die dann die jeweils in richtigem Maße (z. B. durch Laufzeitketten) verzögerte Vorderflanke des Muttergeneratorimpulses durchlassen. Hiermit werden Beginn und Ende des gewünschten Impulses, z. B. in einer Binärstufe, festgelegt (vgl. Abb. II.3 und II.4). Die so ermöglichte weitgehende Verwendung der

a

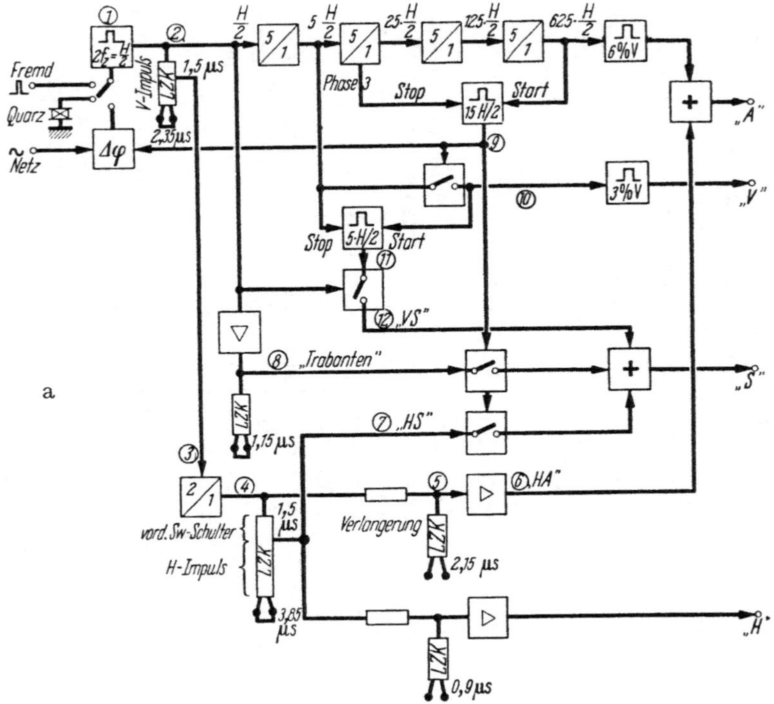

b

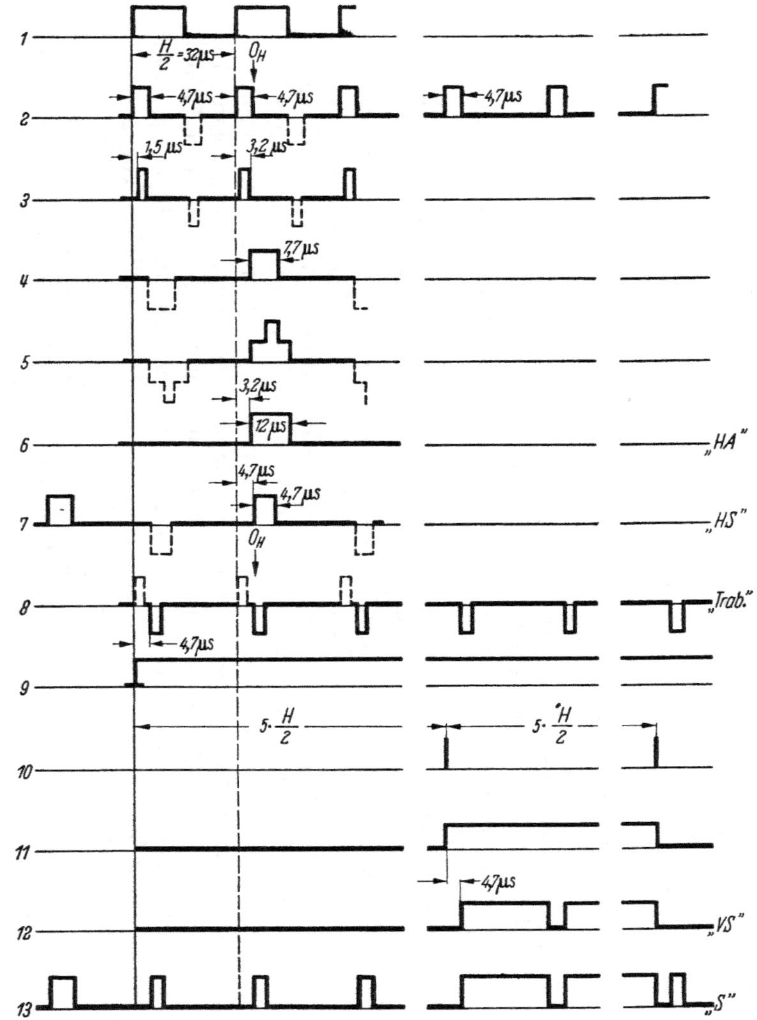

Abb. II.4 a u. b. Doppel-Impulsgeber I Tg 75 der Fernseh-GmbH. Das Blockschaltbild (a) ist an Hand des Impulsfahrplans (b) wohl leicht verständlich. Der Muttertakt (2) wird einerseits dem Teiler (4 Stufen je 5 : 1) und der Vertikalimpulserzeugung (*12* und *8*) zugeführt, andererseits um 1,5 μsek verzögert (vordere Schwarzschulter) für die Steuerung des Teilers 2 : 1 in der Horizontalimpulserzeugung verwendet. Die wesentliche Eigenart dieses Gerätes beruht in der Verwendung je einer (reflektierenden) Laufzeitkette (LZK) für die Definition einer jeden Impulsdauer und in der besonders einfachen Steueranordnung für das Zusammensetzen des Vertikalimpulses (*9*, *10*, *11*), die aber nur bei der Synchronisiernorm mit aus Fünfergruppen bestehenden Vertikalimpulsen anwendbar ist.

Der Impulsgeber ist im Hinblick auf minimalen Aufwand an aktiven Elementen, speziell für die Gerber-Norm, entworfen. Jeder der zwei in einem tragbaren Koffer untergebrachten vollständigen Impulsgeber enthält nur 27 Doppeltrioden vom gleichen Typ (E 90 CC). (Mit freundlicher Genehmigung der Fernseh-GmbH, Darmstadt.)

ursprünglichen Generatorflanke gewährleistet größte *Phasenstarrheit* innerhalb des Impulsgemisches. Waren die diesbezüglichen Forderungen für das Schwarz-Weiß-Fernsehen, mit zulässigen Phasenhüben für die Horizontalsynchronisierung von z. B. 0,3 µs über benachbarte Zeilen (Dimensionierung der Phasenregelung) und für die Vertikalsynchronisierung von etwa 10 µs über 0,1 s hinweg (Augenträgheit, Zeilensprung), bereits hart, so fordert das Farbfernsehen eine Phasenstarrheit von etwa 0,1 µs über 0,1 s (Offsetbedingung für den Farbhilfsträger) [*6*].

Die *Funktion* eines Impulsgebers mit rückstellbarem binärem Frequenzteiler und monostabilen Kippgeneratoren als Verzögerungsglieder ist zwar sehr übersichtlich, dafür aber der Aufwand relativ hoch [*5*].

Der Aufbau eines solchen universellen Impulsgebers soll mit Hilfe von Abb. II.3 erläutert werden [*4*]. Der Grundgedanke ist dabei, alle Stromschritte jedes Impulsgemisches mit je einer einzigen Binärstufe (Flip-Flop) zu erzeugen, deren Steuerimpulse aus den Vorderflanken der Mutterimpulse abgeleitet werden. Die gewünschte Phasenlage entsteht durch Verschieben eines Abgriffes entlang der zentralen Laufzeitkette. Aus dieser Impulsfolge doppelter Horizontalfrequenz greifen dann Torschaltungen, die über Koinzidenzanordnungen vom zentralen Frequenzteiler her gesteuert werden, die jeweils benötigten Flanken heraus. Die Konstanz innerhalb eines Impulsgemisches unterliegt damit nur dem Einfluß der Laufzeitkette und dem einer Binärstufe, während die mit sehr viel größerer Ungenauigkeit behafteten Signale des Frequenzteilers lediglich zur Auswahl dienen und somit unkritisch sind.

Ein Impulsgeber von bemerkenswert einfachem Aufbau, der unter den Gesichtspunkten größtmöglicher Stabilität und geringsten Röhrenaufwandes speziell für die GERBER-Norm (Dauer des Vertikalimpulses 2,5 H) entwickelt wurde, ist in Abb. II.4 dargestellt. Seine wesentlichsten Merkmale sind die beidseitig synchronisierten Multivibratorkippteiler (z. B. synchronisiert der dritte Taktimpuls das Umkippen, der fünfte das Zurückkippen des Fünferteilers) und die Definition der Impulszeiten mittels einzelner reflektierender Laufzeitketten. Die Leistungsaufnahme dieses Doppeltaktgebers aus dem Netz beträgt etwa 270 VA.

Die transistorisierte Ausführung desselben verwendet aus Platzgründen (!) statt der Laufzeitketten schwingkreisstabilisierte Univibratoren (monostabile Kippgeneratoren) und erfüllt die CCIR-Norm bei einer Leistungsaufnahme von nur 7 VA [*7*].

2. Mischer für das Signalgemisch.

Das normgerechte Fernsehsignalgemisch nach Abb. II.1 wird in Austastmischgeräten aus seinen Bestandteilen B, A und S zusammengesetzt (B Bildsignal, A Austastung, S Synchronisiersignal). Üblicherweise durchläuft jedes Videosignal zwei verschiedene Austastmischer, nämlich einen BA-Mischer in jeder Bildgebereinrichtung und einen BAS-Mischer im Endkontrollraum des Studios.

Der Austastmischer in der Bildgebereinrichtung dient zur Wegtastung der Störspannungen, die während der Rücklaufzeiten auftreten, und zur Schaffung eines sauberen Schwarzbezugswertes für die Klemmschaltungen in den nachfolgenden Geräten. Das Bildsignal verläßt den Bildgeber also in einem *provisorisch* ausgetasteten Zustand (BA-Signal).

Der Austastmischer am Studioausgang bewirkt eine erneute Austastung, mit den normgerechten Austastimpulsen in richtiger Phasenlage und mit „Schwarzabhebung", und fügt das Synchronsignal (S) hinzu. Das Videosignal wird somit vom Studio als „Einkanalgemisch" oder „BAS-Signal" mit definiertem Schwarzwert an die Übertragungsstrecke abgegeben.

Von den verschiedenen Möglichkeiten zur Einstellung des Schwarzwertes sei hier nur an die Gleichstromverstärkung und an die automatische Regelung auf den schwärzesten Bildpunkt erinnert. Für die Austastung hat sich als günstigste Lösung die additive Überlagerung mit Impulsen sehr viel größerer Amplitude unter anschließender Begrenzung durch Diodenschaltungen (scharfe Knickkennlinie) durchgesetzt. Dem so gewonnenen BA-Signal werden die Synchronimpulse dann mit richtiger Amplitude superponiert.

Neben den Austastmischern werden in einem Studio noch Bildmischer und oftmals recht komplizierte Überblend- und Trickmischer benötigt, deren Behandlung an dieser Stelle aber zu weit führen würde. Vgl. Kap. III (S. 91).

3a. Abschneidschaltungen für das Synchronsignal in Übertragungsgeräten.

Allen Fernsehnormen gemeinsam ist die Übertragung der Synchronisierimpulse in einem vom Bildsignal gesonderten Amplitudenbereich des Mischsignals, so daß sie mittels einfacher Amplitudenselektion wieder abgetrennt werden können. Abgesehen von Varianten üblicher Empfängerschaltungen in einfachen Übertragungsgeräten handelt es sich meistens um relativ aufwendige Anordnungen, zumal wenn das abgeschnittene Synchronsignal in gesäubertem Zustande dem Helligkeitssignal wieder zugesetzt werden soll (Impulsverbesserung an Übergabestellen, Fernsehsendern u. a. m.). Dieser Aufwand fällt bei Übertragungsgeräten im allgemeinen nicht so entscheidend ins Gewicht wie die Gewährleistung von Betriebssicherheit und Einhaltung der Toleranzen auch bei Überlagerung von Störungen nennenswerter Amplitude. Dem angelieferten Videosignal können z. B. folgende Störspannungen und Übertragungsfehler gleichzeitig anhaften:

1. Schwankungen des Eingangspegels um $\pm 10\%$;
2. veränderlicher Synchronanteil im Bereich 0,2 ··· 0,4 BAS infolge statischer oder dynamischer Linearitätsverzerrungen auf der Übertragungsleitung;
3. „Dachschräge" von $\pm 1\%$ BAS über eine Zeile tritt z. B. auf, wenn dem Signal eine Störspannung von 50 Hz etwa gleicher Amplitude überlagert wird (steilste Stelle der Störspannungskurve);
4. hochfrequente Störspannungen, Rauschen, Überschwingen, Reflexionen, Farbträgersynchronsignal („colour burst") u. a. m. mit z. B. $\pm 5\%$ BAS Amplitude.

Die optimale Lage des Abschneidpunktes ergibt sich aus den geforderten Toleranzen (Abb. II.1) für Impulsdauer und Phasenlage bei obigen Störwerten zu $0{,}135 \pm 0{,}005$ BAS (s. Abb. II.5a).

Die verschiedenen Gesichtspunkte für die *Dimensionierung* einer Abschneidschaltung sollen an Hand der in Abb. II.5b angegebenen Schaltung besprochen werden. Die Schaltung beginnt mit einer kräftigen Verstärkung, um den Signalpegel ausreichend groß gegenüber den Toleranzen und der Knickschärfe ($\pm 0{,}3$ V) technisch realisierbarer Schwarzwerthaltungen und Begrenzerschaltungen zu machen. Unter Einrechnung einer gewissen Aussteuerreserve für die Einschwingvorgänge der Gleichstromkomponente und überlagerte Störspannungen (Brumm), muß dabei praktisch die 4fache BAS-Amplitude mit einigermaßen linearer Amplitudenkennlinie verarbeitet werden können. In der anschließenden Kathodenstufe, die zur Erzielung eines kleinen Aufladewiderstandes für die nachfolgende Schwarzwerthaltung dient, muß einerseits auf Begrenzungseffekte infolge der niedrigen Schirmgitterspannung (Verbesserung durch Mitsteuerung), andererseits auf nichtlineare Übersteuerungen bei hohen Frequenzen infolge der relativ niedrig liegenden Grenzfrequenz des aus Kathodenwiderstand und Schaltkapazitäten gebildeten RC-Gliedes geachtet werden. Da hier nur der oberste Teil der Aussteuerkennlinie interessiert, ist diese Bedingung relativ leicht erfüllbar. Am schwierigsten ist die Dimensionierung der Schwarzwerthaltung. Ihre Konstanz und Störempfindlichkeit bestimmt weitgehend die Güte einer Abschneidschaltung. Die *Auflade*zeitkonstante dieses Spitzengleichrichters ist hier so klein gewählt, daß das Impulspotential am Spitzengleichrichter auch während der kurzen Horizontalimpulse ausreichend einschwingen kann. (Vermeidung des Einbruches während der Dauer der breiteren Vertikalimpulse.) Die Entladung des RC-Gliedes erfolgt gegen eine hohe Gleichspannung. Durch diese Vorbelastung wird folgendes erreicht:

Der bei veränderlicher Gleichstromkomponente des Videosignals während der Stromflußzeit im Spitzengleichrichter durch Spannungsabfall am Innen-

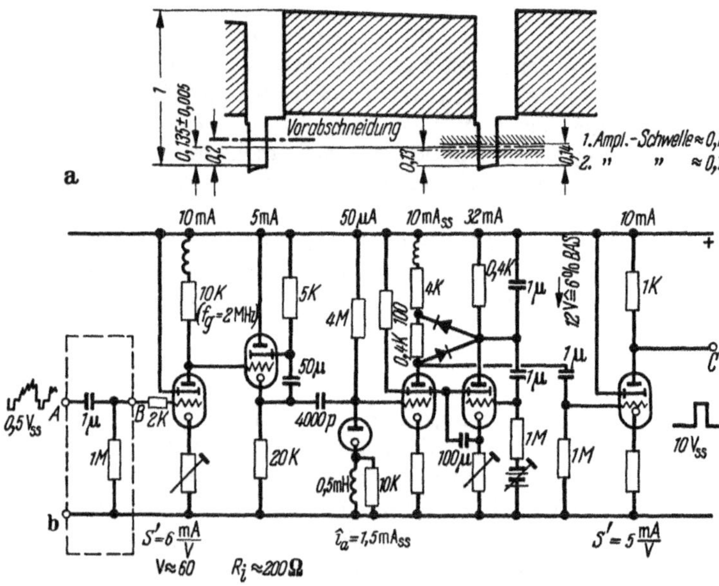

Abb. II.5 a u. b. Abschneidschaltung für Übertragungsgeräte.
a) Videosignal mit Angabe der günstigsten Lage der Begrenzungsschwellwerte; b) Schaltungsbeispiel fur den Abschneidkanal (*A*—*C*).

widerstand des Vorverstärkers hervorgerufene Kompressionseffekt der Synchronimpulse (Kap. I.7a) sowie das Eintauchen derselben in den Aussteuerbereich der nachfolgenden Abschneidstufe werden gleichmäßiger. Außerdem erholt sich die Schaltung nach Störungen rascher. Die *Entlade*zeitkonstante folgt aus der je Zeile maximal vorkommenden Dachschräge, wobei aber noch die Einhaltung der toleranzgerechten Impulsdauer hinter der Begrenzerstufe überprüft werden muß.

Um eine Aufladung der Schwarzwerthaltung auf die Spitzen überlagerter Störungen zu erschweren, kann (Abb. II.5) in Serie mit der Diode ein frequenzabhängiger Widerstand angeordnet werden. Der anschließende Diodenbegrenzer läßt sich als Brückenschaltung auffassen. Beide Brückenzweige bestehen aus einer Serienschaltung von Röhre und Widerstand und sind so dimensioniert, daß im gewünschten Abschneidpunkt Abgleich besteht. Der eine Brückenzweig wirkt als Verstärker für das BAS-Signal, der andere als niederohmiger Spannungsteiler (mit zusätzlicher Spannungsgegenkopplung). In der einen Brückendiagonalen wird die Betriebsspannung zugeführt, in der anderen liegen zwei bei etwas verschiedener Spannung schaltende Dioden. Bei Unsymmetrie der Brücke infolge Steuerung mit dem BAS-Signal wird eine von diesen leitend und bietet der Verstärkerstufe einen vernachlässigbar niedrigen Anodenwiderstand an. Der verstärkende Bereich, d. h. die Dicke der aus dem Synchronimpuls herausgeschnittenen Scheibe, ist über den zwischen den beiden Diodenabgriffen liegenden Teil des Anodenwiderstandes einstellbar.

Zum Abgleichen der Abschneidschaltung überlagert man z. B. einem Testsignal eine Brummspannung zwecks Überprüfung der Schwarzwerthaltung, ferner eine Störspannung von etwa 1,5 MHz zur Einstellung des richtigen Abschneidpunktes. Die Dauer des abgeschnittenen Impulses (an *C*) kann mit Hilfe des Frequenzganges in den verschiedenen Stufen sowie durch die gewählte Lage der Abschneidschwelle beeinflußt werden. Sind dem Eingangssignal sehr starke Störungen überlagert, so ergibt sich die Notwendigkeit zur Schwarzwerthaltung an der Vorverstärkerstufe (zwischen den Klemmen *A* und *B*). Signale von dementsprechend geringer Amplitude können aber nur mittels (getasteter) Klemmschaltungen zufriedenstellend auf dem Abschneidpunkt gehalten werden. Um nur bedingt stabile Rückkopplungskreise zu vermeiden, dürfen die Tastimpulse nicht vom Ausgang der Abschneidschaltung bezogen werden, sondern man muß das gesamte BAS-Signal verstärken und zur Tastung verwenden. Die Konstanz der Impulsdauer im abgeschnittenen Synchronsignal kann noch verbessert werden durch automatische Mitsteuerung der Abschneidschwelle, z. B. mittels entsprechender Veränderung der Gittervorspannung an der Spannungsteilerröhre im Begrenzer.

3b. Abschneidstufen für das Synchronsignal in Fernsehempfängern.

Die wichtigsten Gesichtspunkte für Auswahl und Dimensionierung dieser Schaltungen in den Empfängern sind: Massenproduktion, Störimmunität und das Fehlen besonderer Toleranzforderungen an den abgeschnittenen Impuls.

Weitere Randbedingungen sind: Zuverlässigkeit auch ohne Wartung; keine erschwerten klimatischen Forderungen, da Aufstellung in Wohnräumen; Schwarzwerthaltung abgesehen von Störeinflüssen unkritisch, da der Gleichstromwert im drahtlosen HF-Signal (Fernsehsignal) mit übertragen wird.

Wesentliche Unterschiede bestehen zwischen Schaltungen in Empfängern für positive Modulation (z. B. England) und solchen für negative Modulation (z. B. Staaten mit Gerber-Norm, UdSSR, USA), da die Auswirkung von Störimpulsen sowie die Art der Schwarzwerthaltung und automatischen Verstärkungsregelung in beiden Fällen verschieden sind. Statt der bei positiver Modulation einsetzbaren einfachen Begrenzerdiode mit *galvanischer* Ankopplung (Abb. II.6a) wäre im Falle der negativen Modulation eine aufwendigere und weniger stabile Brückenanordnung (Abb. II.6b) erforderlich, um den mit schwankender Signalamplitude stark veränderlichen Abschneidpegel automatisch nachzuführen.

Die Schwierigkeiten der Erhaltung jeweils richtiger Potentiallage der Abschneidschwelle bei galvanisch gekoppelten Begrenzerschaltungen können vermieden werden, wenn man die Abschneidschaltung nur wechselstrommäßig an den Videokanal ankoppelt und der ersten Begrenzerstufe eine eigene Schwarzwerthaltung gibt (z. B. Audionstufen nach Abb. II.6c und d). Dadurch wird die Potentiallage der Synchronimpulsspitze (Synchronwert) unabhängig von Pegelschwankungen festgehalten, und so erzielt man ähnlich vorteilhafte Potentialverhältnisse wie bei der positiven Modulation. Als wesentlicher Unterschied verbleibt aber die Richtung etwaiger überlagerter Störimpulse. Da diese im Mittel eine Erhöhung der Empfangsenergie darstellen (vgl. Anhang 4, IV, S. 758 in

Teilband 1), ragen sie bei negativer Modulation über das Potential der Synchronimpulsspitzen hinaus und verursachen eine Störung der Schwarzwerthaltung und der Begrenzervorspannung.

Aus Ersparnisgründen werden Schwarzwerthaltung und Begrenzung meist in einer Stufe vereinigt. Hierfür bieten sich die sog. „*Audionschaltungen*" an (Abb. II.6c, d), in denen die Gitter-Kathodenstrecke als Schwarzhaltediode und der untere Knick der Anodenstrom-Steuerkennlinie als Begrenzer ausgenützt werden (niedrige Anodenspannung ergibt kleinen Aussteuerbereich [*8*, *9*]). Je nach Polarität des Videosignals kann dabei am Gitter oder an der Kathode gesteuert werden. Da die Anodenspannung meist so niedrig gewählt wird, daß Anoden- und Gitterstrom fast gleichzeitig zu fließen beginnen, ist das Verhalten der Schaltung bei beiden Steuerungsarten nicht sehr unterschiedlich.

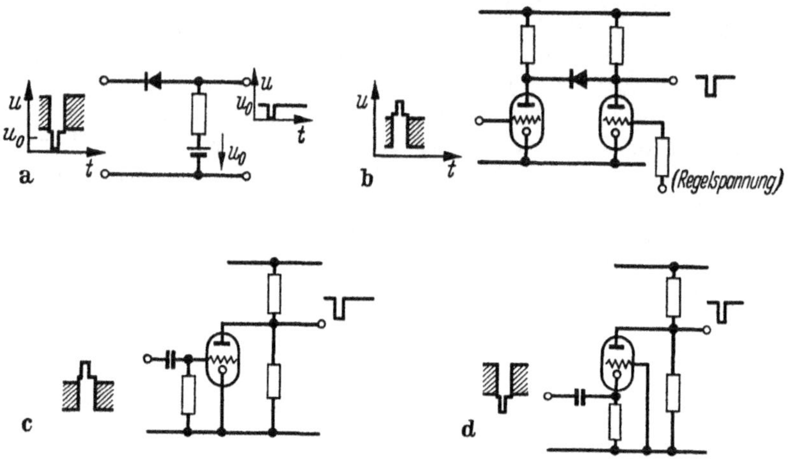

Abb. II.6 a—d. Grundschaltungen fur die erste Begrenzerstufe in Empfängern.
a) galvanisch gekoppelte Begrenzerdiode (bei Positivmodulation); b) galvanisch gekoppelte Brückenschaltung (bei Negativmodulation); c) Gitteraudion [*8*]; d) Kathodenaudion.

Außer der bisher besprochenen ersten Begrenzerstufe enthält die Abschneidschaltung eines Empfängers meist noch eine zweite, auf sie folgende, mit deren Hilfe auch das Impulsdach gesäubert und die Amplitude der Synchronimpulse stabilisiert wird. Diese zweite Begrenzerstufe wird im allgemeinen ebenfalls als Audion mit herabgesetzter Anodenspannung ausgeführt. Da die durch das erste Amplitudensieb hindurchgelassenen Störimpulse größerer Amplitude hier in den stromlosen Teil der Aussteuerkennlinie fallen und daher keine Verlagerung des Arbeitspunktes bewirken, sind die Anforderungen an diese Stufe sehr gering.

Das beherrschende Problem aller Abschneidschaltungen für Fernsehempfänger ist ihre Immunität gegenüber *Störungen*, die nachstehend in der Reihenfolge zunehmender Bedeutung besprochen werden sollen.

1. Das Empfängerrauschen überlagert sich auch den Flanken der Synchronimpulse und bewirkt nach deren Abschneidung und Begrenzung eine Zeitmodulation ihrer Flanken. Da das Rauschen etwa gleichförmige Spektralverteilung der Störenergie über das Empfangsband besitzt, während die Amplitude im Spektrum der Synchronimpulse mit zunehmender Frequenz abnimmt, um bei etwa 1,5 MHz, entsprechend der genormten Anstiegszeit von 0,3 µs, ganz zu verschwinden, ist eine Verbesserung des Signal/Rauschverhältnisses zu erreichen, wenn das BAS-Signal über ein Tiefpaßglied mit etwa 1,5 MHz Grenzfrequenz der ersten Begrenzerstufe zugeführt wird. (Optimalfilter nach N. Wiener.) Hierdurch wird auch das Farbträger-Synchronisiersignal („colour burst") ausreichend geschwächt.

2. Interferenzstörungen durch fremde Sender, Industriegeneratoren, UKW-Oberwellen u. a. m. wirken sich im allgemeinen stärker auf das Bildsignal als auf die Synchronisierung aus. Diese Art von Störungen erfordert daher keine besonderen Maßnahmen in der Abschneidschaltung.

3. Rasche Schwankungen der Empfangsamplitude, wie sie infolge Flugzeugfading oder schneller Betätigung des Kontrastreglers auftreten, stellen wesentliche Forderungen an die dynamischen Eigenschaften der Schwarzwerthaltung im Abschneidekanal. Auf die hierbei zu berücksichtigenden Faktoren ist im Zusammenhang mit der „Dachschräge" in 3a hingewiesen worden. Es kann aber im Empfänger aus Aufwandsgründen eine befriedigende Dimensionierung nicht so leicht gefunden werden. Infolge des sehr viel höheren Innenwiderstandes der Signalquelle findet hier eine ganz erhebliche Kompression der Synchronimpulse statt. Diese wird besonders unangenehm, weil im Empfang von vornherein mit weit größeren Schwankungen gerechnet werden muß.

4. Impulsstörungen treten vor allem bei jeder Funkenbildung auf, z. B. in Lichtschaltern, elektrischen Klingeln und in der Zündanlage von Verbrennungsmotoren; es kann aber auch bei unzureichend abgeschirmten Ablenkspulen oder anderen Impulserzeugern ein sehr breites Störspektrum abgestrahlt werden. Da dessen Energie einigermaßen konstant über den ganzen Fernsehkanal verteilt ist, äußern sich die Störungen in Form kurzer Nadelimpulse (Dauer etwa 0,1 µs, entsprechend 5 MHz Bandbreite) hinter dem Videogleichrichter, sofern sie nicht vorher durch Übersteuerung im ZF-Teil verbreitert worden sind. Weil nun ihre Amplitude sehr viel größer als diejenige der Synchronimpulse sein kann, rufen sie in solchem Falle einen kräftigen Gitterstrom in der ersten Audionstufe der Abschneidschaltung hervor. Dies kann eine so hohe Aufladung des Audion-RC-Gliedes zur Folge haben, daß die Synchronimpulse einiger nachfolgender Zeilen infolge zu langsam verlaufender Entladung nicht mehr in den Aussteuerbereich des Begrenzers hineinreichen und damit verlorengehen. Zur Verminderung dieses „Wegdrückeffektes" sind große Anstrengungen unternommen worden. Einige typische, hierfür entwickelte Schaltungen sind in Abb. II.7 zusammengestellt.

Die einfachste Möglichkeit zur *Störverminderung* bei vereinzelt auftretenden Störimpulsen besteht in einer Erhöhung des Innenwiderstandes der übertragenden Signalquelle, d. h. in der Ausnutzung der Kompressionswirkung, die, bei gleichem Pegel einsetzend, die zwar seltenen, jedoch mit sehr großer Amplitude einfallenden Störimpulse relativ stärker abschwächt als die Synchronimpulse. In gleichem Maße wird aber auch die Aufladezeitkonstante des Audions vergrößert, so daß man zu zwei verschiedenen Bemessungsvorschriften für die Horizontalsynchronimpulse (kurze Nutzimpulsdauer) bzw. die Vertikalsynchronimpulse (lange Nutzimpulse) gelangt [*13*]. Eine weitere Verbesserung kann erzielt werden, wenn dieser Innenwiderstand frequenzabhängig ausgebildet wird. Für die erste Begrenzerstufe führt dies zu einer Anordnung von zwei parallelgeschalteten Audionstufen der in Abb. II.7a dargestellten Form mit unterschiedlicher Dimensionierung der RC-Glieder [*10*]. Mittels zusätzlicher Diode können Parallelbegrenzer ähnlich Abb. II.7b aufgebaut werden, wobei die Vorspannung (U_0) z. B. aus der Verstärkungsregelspannung abgeleitet werden kann.

Eine zweite Möglichkeit zur Störungsverminderung besteht im Ausblenden der Störimpulse durch Tastung des Abschneidekanals, möglichst noch vor Eintritt in diesen. Hierzu sind bisher zwei Verfahren bekannt geworden: Vorwärts- und Rückwärtssperrung. Bei der *Vorwärtssperrung* wird das empfangene Signal durch einen Fühler auf ein bestimmtes Unterscheidungskriterium zwischen Synchronimpuls und Störung geprüft, und es werden an die Abschneidschaltung (z. B. über ein Stromtor) nur solche Signale weitergeleitet, die wahrscheinlich keine Störimpulse sind (Abb. II.7e). Als Unterscheidungskriterien kommen in Frage: 1. Amplitude; 2. spektrale Verteilung; 3. Periodizität.

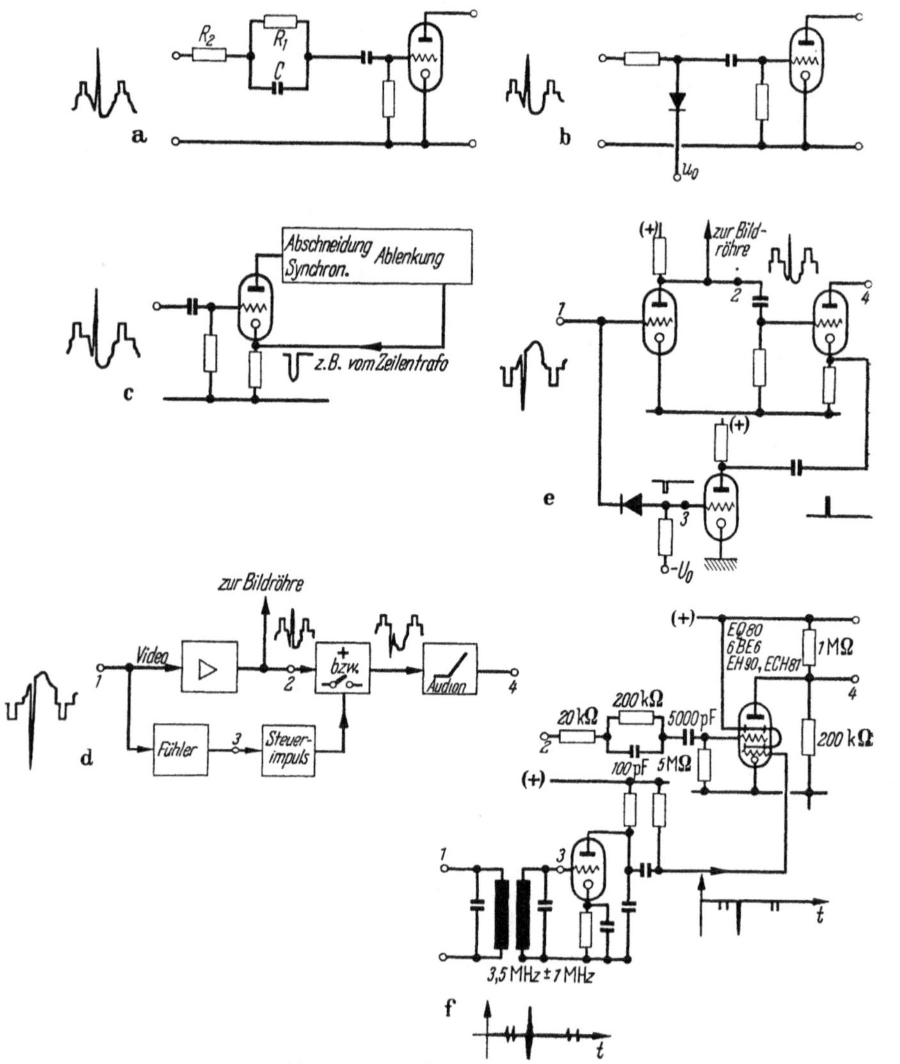

Abb. II.7 a—f. Maßnahmen zur Verminderung von Impulsstörungen.

a) Begrenzung am (frequenzabhangigen) Innenwiderstand der Signalquelle [*10*]; b) Parallel zum Audion angeordneter Begrenzer mit gesteuerter Ansprechschwelle (U_0); c) Ruckwärtssperrende Störaustastung; d) Vorwärtssperrende Störaustastung, Blockschaltbild; e) Schaltungsbeispiel zu d) mit Amplitudenfühler und Gegensteuerung im Audion (sog. „Störinverter"); f) Schaltungsbeispiele zu d) mit Frequenzselektion und Stromaustastung in Audionstufe mit „virtueller Kathode" vom Sättigungstyp [*12*].

1. Ein Schaltungsbeispiel, in welchem der *Amplitudenunterschied* ausgenutzt wird, veranschaulicht Abb. II.7e. Parallel zum normalen Videozug (*1*—*2*) liegt hier ein Begrenzer, dessen Vorspannung (U_0) z. B. der Regelspannung entnommen werden kann (*1*—*3*). Impulse, die den Synchronwert überschreiten, erzeugen an *3* einen Steuerimpuls. Dieser wird über eine Verstärkerröhre in entgegengesetzt

steuernder Richtung an die erste Begrenzerstufe herangeführt. Ist diese Gegenspannung etwas größer als die über den Videozug (*1*—*2*) ankommende Störsignalamplitude, so wird der Störimpuls überkompensiert, also in seiner Polarität umgekehrt. Daher heißen diese Schaltungen „Störinverter". Trennt man nun die grundsätzlichen Funktionen voneinander, so findet man, daß anstelle der Überkompensation am besten eine Torschaltung gewählt werden sollte, auf die das Audion als Begrenzer folgt, wie in Abb. II.7d dargestellt. Solche Anordnungen sollten dann richtiger „Störaustaster" genannt werden.

2. Ein Schaltungsbeispiel, in welchem die *spektrale Energieverteilung* ausgenutzt wird, zeigt Abb. II.7f [*12*].

Da das Spektrum der Synchronimpulse infolge begrenzter Anstiegszeit (etwa 0,3 μs) praktisch nur bis etwa 1,5 MHz reicht, die Störimpulse aber das volle Band belegen, kann ihr im Spektralbereich $3{,}5 \pm 1$ MHz auftretender Energieanteil als Ausschließungskriterium zur Sperrung des Abschneidkanals für eine der Einschwingzeit des Selektionsmittels entsprechende Zeitdauer (etwa 0,5 μs bei ± 1 MHz) verwendet werden. (Die Grundlaufzeiten auf den beiden Wegen müssen einander angeglichen werden!) Abb. II.7f zeigt außerdem eine verbesserte Ausführungsform der Audionstufe mit Austastung des Ruhestromes am Gitter *1* während der Störung und mit zusätzlich begrenzter Gitterstromaufladung am Audiongitter *3* infolge des Sättigungscharakters der durch Kathode, Gitter *1* und Gitter *2* gebildeten „virtuellen Kathode". Daß dieser Frequenzfühler auch auf die hohen Frequenzkomponenten des Bildsignals anspricht, ist ohne Belang, da während dessen Dauer die Abschneidstufe ohnehin gesperrt bleiben soll.

3. Die *Periodizität* der Synchronimpulse kann ausgenutzt werden, indem man das ankommende Videosignal mittels Laufzeitkette um eine ganze Zeilendauer verzögert und dann mit dem noch unverzögerten Signal der nächsten Zeile zur Koinzidenz bringt [*11*]. Da es sehr unwahrscheinlich ist, daß zwei Störimpulse genau im Abstand einer Zeilendauer voneinander auftreten, hält die Koinzidenzschaltung praktisch alle Störimpulse zurück, während die regelmäßig wiederkehrenden Synchronimpulse ungehindert hindurchgehen. Neben dem hohen Aufwand für die Laufzeitkette hat diese Methode den Nachteil, daß der Vertikalimpuls hinter der Koinzidenzanordnung um die Dauer einer Zeile verkürzt und verzögert erscheint.

Angesichts ihres geringen Aufwandes wird von der *Rückwärtssperrung* trotz ihrer Stabilitätsschwierigkeiten hin und wieder Gebrauch gemacht. Abb. II.7c zeigt das Prinzip. Kurz vor Auftreten des Synchronimpulses tastet ein Öffnungsstromstoß von etwas mehr als Synchronimpulsdauer die Abschneidschaltung auf, die dann für den Rest der Periode wieder gesperrt bleibt. Dieser Taststrom wird aus einer hinter der Abschneidschaltung liegenden Baugruppe, z. B. von dem Ablenksystem der Bildröhre, hergeleitet, so daß ein Rückkopplungsring entsteht. Die Störimmunität ist im eingeschwungenen Zustand sehr gut, jedoch dürfen die Störimpulse nicht zu häufig in die Öffnungszeiten, welche mit Rücksicht auf einen kurzen Einfangvorgang immerhin lang genug gewählt werden müssen, hineinfallen.

3c. Trennschaltungen für Vertikal- und Horizontalsynchronimpuls.

Alle derzeitigen Fernsehnormen verwenden die Impulsdauer als Unterscheidungsmerkmal zwischen Vertikal- (Bild-) und Horizontal- (Zeilen-) Impulsen. Der Vertikalimpuls darf die Horizontalsynchronisierung dabei aber nicht behindern. Ist er relativ kurz, so steht er demnach zwischen aufeinanderfolgenden

Horizontalimpulsen und ist kürzer als die halbe Zeilendauer. Ein breiterer Impuls muß im Takte der doppelten Zeilenfrequenz unterbrochen werden („serrated vertical pulse").

Die Abtrennung der *Horizontalimpulse* erfolgt stets mittels Differentiation (Synchronisierflanken) und anschließender Unterdrückung der von den Rückflanken hervorgerufenen Impulsnadeln entgegengesetzter Polarität (negativ in Abb. II.8b), weil letztere in der anschließenden Synchronisierschaltung nicht verwertet werden können. In der Umgebung des Vertikalimpulses tritt nach Abb. II.8b die Synchronflanke mit doppelter Frequenz auf. Dieser „Störung" muß bei der Dimensionierung der Synchronisierschaltung (z. B. für die Phasenregelung) Rechnung getragen werden.

Zur Abtrennung des Gleichlauftaktes für die *Vertikalablenkung* dienen Pulslängendiskriminatoren, die auf folgende Unterscheidungsmerkmale ansprechen können: Energieinhalt, Tastverhältnis, Impulsdauer, Impulsform (insbesondere Wiederholungen) usw. Die absolute Phasenlage des Synchronisierzeitpunktes ist dabei von untergeordneter Bedeutung, sie bestimmt lediglich, nach welcher Teilstrecke die bereits dunkel getasteten letzten Zeilen der beiden Halbbilder (Raster) abgebrochen werden. Wesentlich ist hingegen, daß die beiden Halbbilder mit einem Versatz von möglichst genau einer halben Zeile auf dem Bildschirm ineinanderkämmen (Zeilensprungabtastung). Die Phase, mit der die letzten Zeilen aufeinanderfolgender Halbbilder aufhören, muß daher exakt um die Dauer einer halben Zeilenperiode ($= 32\ \mu s$) differieren, und die Amplitude bzw. Verschiebung der Vertikalablenkung muß von Halbbild zu Halbbild auf wesentlich weniger als den halben Zeilenabstand konstant bleiben. Eine zeitliche Phasentoleranz von $10\ \mu s$ (entsprechend $^1/_3$ der halben Zeilendauer) binnen 0,1 s (Augenträgheit) ergibt eine Einsatzgenauigkeit von $1 \cdot 10^{-4}$, während $^1/_{10}$ Zeilenabstand einer Amplitudenkonstanz von ebenfalls $1 \cdot 10^{-4}$ über 0,1 s entspricht. Damit wird wohl verständlich, mit welcher Sorgfalt alle Störungen, insbesondere die zeilenfrequenten Einstreuungen, in Anbetracht ihrer verschiedenen Phasenlage in beiden Halbbildern, von der Vertikalsynchronisierung und -ablenkung ferngehalten werden müssen.

Der unterschiedliche Energieinhalt der Vertikal- und der Horizontalimpulse kann mittels linearer Integrationsglieder (RC-Glieder, stark gedämpfte Schwingkreise oder Resonanzübertrager) zur Trennung ausgenutzt werden. In Fernsehempfängern findet man meist einen mehrgliedrigen RC-Tiefpaß, dessen Glieder eine Zeitkonstante gleich der $1 \cdots 2$fachen Zeilendauer besitzen. Kleinere Zeitkonstante ergibt geringeren Amplitudenunterschied, größere beeinträchtigt aber bereits die Güte des Zeilensprunges, da der Störeinfluß des letzten Horizontalsynchronimpulses nicht rasch genug abklingt (vgl. Abb. II.8c). Diese „*Langzeitintegration*" ist nur bei Synchronisiernormen mit mehreren Ausgleichsimpulsen anwendbar. Sie läßt sich mit geringem Aufwand realisieren, stellt jedoch hohe Anforderungen an die Konstanz der Abschneidschwelle („*a*" in Abb. II.8), ist empfindlich gegen Brummspannungen und Einstreuungen von der Horizontalablenkung her und spricht gleichermaßen auf mehrfache kurze bzw. einzelne energiereiche Störimpulse, z. B. von Motorzündungen herrührend, an, sofern deren Energiedichte, über die Einschwingzeit gemittelt, vergleichbar mit derjenigen des Vertikalimpulses ist.

Eine Trennschaltung, die auf Ausgleichsimpulse nicht angewiesen ist, stellt die in Abb. II.8f veranschaulichte *Kurzzeitintegration* mit nichtlinearem RC-Glied dar. Die Röhre, im Ruhezustand sehr niederohmig, wird durch das Synchronsignal am Gitter gesperrt, so daß der Kondensator im Anodenkreis während der Impulsdauer etwa zeitproportional aufgeladen wird. Die Amplitude jedes

Sägezahnes ist proportional der zugehörigen Impulsdauer am Steuergitter. Diese Anordnung besitzt hohe Einsatzgenauigkeit und Unempfindlichkeit gegen zeilenfrequente Einstreuungen, nützt aber nur einen geringen Teil des breiten Vertikalimpulses aus und ist dementsprechend anfälliger gegenüber länger dauernden Störungen (Verbesserung durch nachgeschaltete Integrationsstufe).

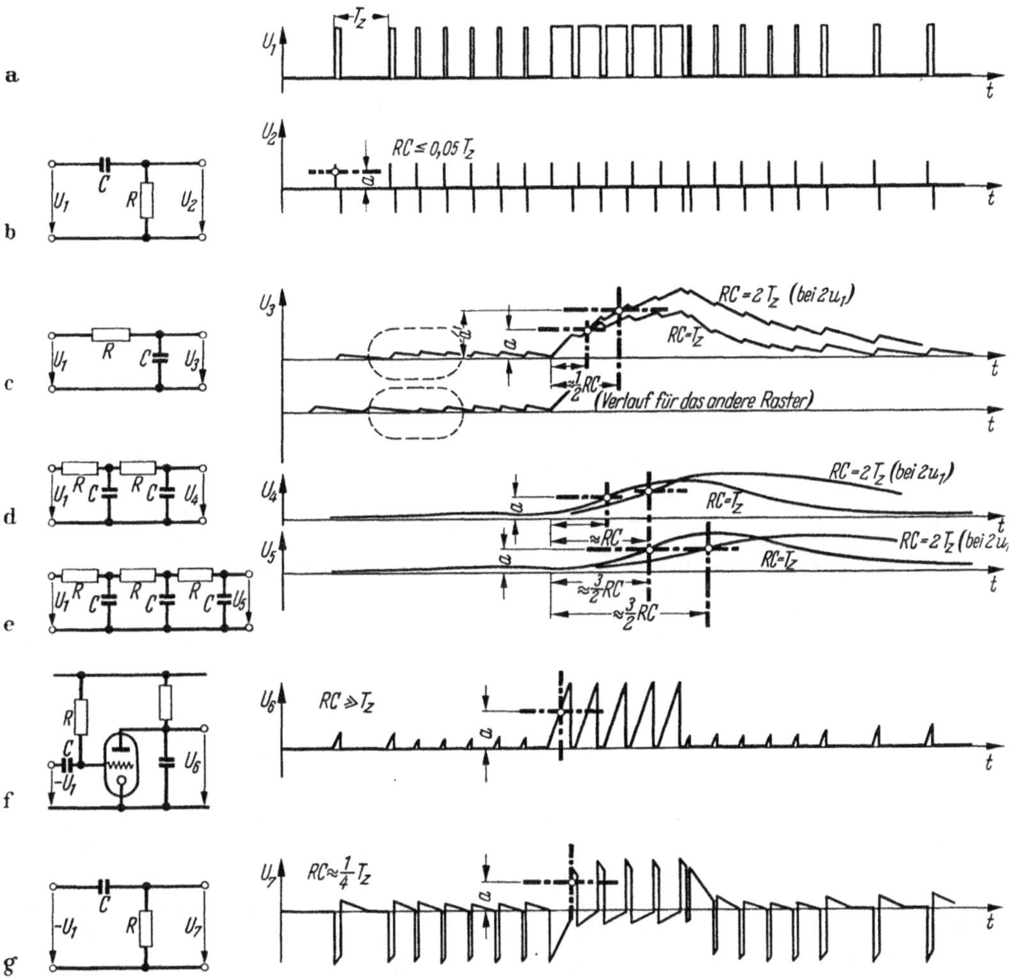

Abb. II.8 a—g. Trennschaltungen.

a) Synchronsignal am Ausgang der Abschneidschaltung; b) Trennung des Horizontaltaktes mittels Differentiation (a = Abschneidschwelle für den nachfolgenden Begrenzer); c) bis e) Gewinnung des Vertikaltaktes mittels linearer Integrationsglieder für zwei verschiedene Zeitkonstanten gezeichnet. Bei der graphisch ausgeführten Integration wurde näherungsweise die Kondensatorspannung jeweils als Urspannung für das nachfolgende RC-Glied angesetzt; f) Gewinnung der Vertikalimpulse mittels nichtlinearen Integrationsgliedes; g) Pulslängendiskrimination mittels Differenziergliedes (Rückfrontsynchronisierung).

Ebenfalls von Ausgleichsimpulsen unabhängig ist die sog. „*Rückfrontsynchronisierung*", nach Abb. II.8g, d. h. die Ableitung des Gleichlauftaktes aus der Rückflanke des breiteren Impulses mittels unvollkommen differenzierender Schaltkreise. Bei RC = $T_z/4$ (T_z Zeilendauer) erhält man mit etwa 50% den größten Unterschied zwischen den entsprechenden Rückfrontamplituden für die beiden verschiedenen zeitlichen Impulslängen. Die Einsatzgenauigkeit dieser

Schaltung ist bei ungestörtem Betrieb ausgezeichnet. Nachteilig sind der mäßige Amplitudenunterschied und eine relativ große Störempfindlichkeit (differenzierendes und nicht integrierendes Verfahren).

4a. Impulssynchronisierung.

Die Ablenkgeneratoren müssen in phasenstarrem Gleichlauf mit dem zugehörigen Synchronsignal gehalten werden. Die einfachste Lösung dieser Aufgabe besteht in unmittelbarer Beeinflussung des Kippgenerators durch die Synchronimpulse, wie z. B. aus der Oszillographentechnik bekannt. Die vorzeitige (synchronisierende) Einleitung des Kippvorganges kann durch Einspeisung zusätzlicher Energie in den Energiespeicher (selten) oder durch kurzzeitige Veränderung der Ansprechschwelle (Thyratron) oder durch additive Überlagerung des Gleichlaufimpulses an der Verbindungsstelle zwischen Energiespeicher und negativem Widerstand (Gasdiode, Multivibrator) erfolgen.

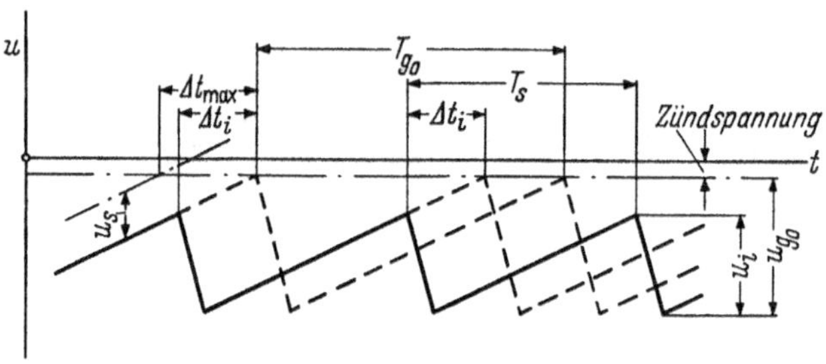

Abb. II.9. Zur Impulssynchronisierung von Kippgeneratoren: Oszillogramm an den Klemmen des negativen Widerstandes mit überlagerten Synchronimpulsen, u_{g0} bzw. T_{g0} sind Kippamplitude bzw. Periodendauer des unsynchronisierten Generators, u_s bzw. T_s sind Amplitude bzw. Periodendauer der Synchronimpulse, $\Delta t_i = T_{g0} - T_s$ ist die Synchronisierphase, Δt_{max} ist die maximal mögliche Synchronisierphase, d. h. der Synchronisierbereich.

Abb. II.9 zeigt den sägezahnförmigen Spannungsverlauf am Kippkondensator. Durch die überlagerten Synchronimpulse wird die „Zündspannung" (Ansprechschwelle) des negativen Widerstandes (Rückkopplungseinsatz der Generatorschaltung) vorzeitig erreicht (Δt_i), so daß die Periodendauer des frei schwingenden Generators (T_{g0}) an diejenige der Synchronimpulse (T_s) angeglichen werden kann. Die Generatoreigenfrequenz muß also stets niedriger als die Synchronisierfrequenz sein! Der Zusammenhang zwischen Amplitude, Synchronisierbereich (Δt_{max}) und Kurvenform der Kippschwingung wird durch die Synchronisierkennlinie angegeben.

Neben ausreichender Amplitude muß der Synchronimpuls auch genügende Dauer besitzen, um das Kippen bewirken zu können (Überwindung des labilen Gleichgewichtszustandes im Rückkopplungsring bei endlicher Grenzfrequenz infolge parasitärer Energiespeicher). Um nun eine störende Beeinflussung des Kippvorganges bei zu lange andauerndem Synchronimpuls zu vermeiden, wird letzterer meist über eine Diode eingekoppelt, so daß er sich nach Durchlaufen des laufzeitbehafteten Rückkopplungsringes selbst abschaltet.

Beim *Vertikal*ablenkgenerator ist Impulssynchronisierung allgemein üblich. Um geringe Störempfindlichkeit zu erzielen, wird der Synchronisierbereich möglichst klein gehalten, was andererseits eine hohe Stabilität des Generators erfordert.

Beim *Horizontal*ablenkgenerator der Fernseh-Heimempfänger wird nur selten Impulssynchronisierung benutzt, da die dem Signal überlagerten Störungen (Rauschen, Amplitudenschwankungen usw.) infolge der relativ geringen Flankensteilheit der Synchronimpulse eine Veränderung des Einsatzzeitpunktes um mehrere Bildpunktdauern hervorrufen können. Vertikale Kanten erscheinen dann „ausgefranst". Abgesehen von reinen Ortsempfängern werden für die Horizontalsynchronisierung daher stets träge, derartige Störungen weitgehend ausmittelnde Anordnungen, z. B. Phasenregelung, eingesetzt.

4b. Synchronisierung mittels Phasenregelung.

Der Fernempfang erfordert eine saubere Synchronisierung auch bei sehr stark durch Rauschen gestörten Empfangssignalen. Bei der großen Empfindlichkeit des Auges gegen Synchronisierfehler in aufeinanderfolgenden Zeilen (vertikale Kanten!), verschärft durch die Integration des Gesichtssinnes über etwa 0,1 s,

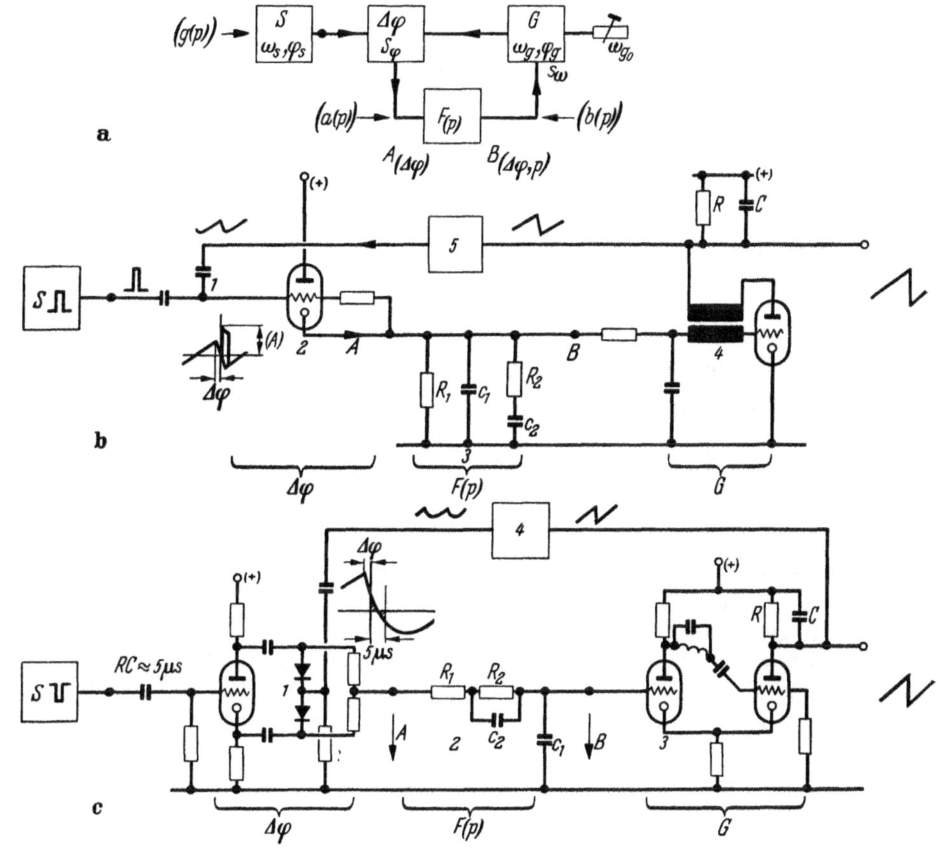

Abb. II.10a—c. Phasenregelschaltungen nach H. Lutz [*19*].

a) Blockschaltbild zum grundsatzlichen Aufbau. $a(p)$, $b(p)$ und $g(p)$ sind mögliche Störeinflusse; b) Unsymmetrischer Phasenmesser mit linearer Addition (*1*), Spitzengleichrichtung mit Gleichstromverstarker (*2*), Zweipolsiebglied (*3*), Generator mit großem Bedarf an Steuerleistung, z. B. Sperrschwinger (*4*), und Impulsformer fur die Vergleichsspannung (*5*); c) Symmetrischer Phasenmesser mit Bruckenmodulator als Torschaltung (*1*), Vierpolsiebglied (*2*), Generator mit geringer Steuerleistung, z. B. als kathodengekoppelter Multivibrator (*3*), und Impulsformer fur die Vergleichsspannung (*4*).

kann diese Forderung mittels Impulssynchronisierung nicht erfüllt werden. Die möglichst phasenstarre Synchronisierung des Horizontalgenerators erfolgt daher meist mittels *träger* Regelschaltungen, die unter den verschiedensten Bezeichnungen, wie „Phasenregelung", „Schwungradschaltungen", „Nachlaufsynchronisierung", „Mitnahme", „indirekte Synchronisierung" usw., bekannt geworden sind. In ihrer einfachsten Form (vgl. Abb. II.10) bestehen diese Schaltungen aus einem Phasenmesser ($\Delta\varphi$), in welchem die örtliche Generatorschwingung (ω_g, φ_g) mit den ankommenden Synchronimpulsen (ω_s, φ_s) verglichen wird, und einem mittels Gleichspannung regelbaren Generator (G), dem man die Ausgangsspannung ($A(\Delta\varphi)$) des Phasenmessers über ein glättendes Tiefpaßfilter RC zwecks Ausmittelung der Störungen in gegenkoppelndem Sinne zuführt ($B(\Delta\varphi\ p)$) [*14, 15*].

Nähert man die Regelkennlinie des Generators im interessierenden Bereich durch eine Gerade der Steigung S_ω an, so ergeben sich folgende Beziehungen:

$$S_\omega B = \omega_g - \omega_{g0} = \delta - \Delta\omega, \tag{II.1}$$

$$\delta = \omega_s - \omega_{g0}, \tag{II.2}$$

$$\Delta\omega = \frac{d\Delta\varphi}{dt} = \omega_s - \omega_g. \tag{II.3}$$

Der Spannungsverlauf am Glättungs-RC-Glied wird durch folgende Differentialgleichung wiedergegeben:

$$Ri + B = A \quad \text{mit} \quad i = C\frac{dB}{dt} \tag{II.4}$$

$$\text{und} \quad T = RC. \tag{II.5}$$

Damit erhält man die den Regelvorgang beschreibende Differentialgleichung:

$$\frac{d^2\Delta\varphi}{dt^2} + \frac{1}{T}\frac{d\Delta\varphi}{dt} + \frac{S_\omega}{T}A(\Delta\varphi) = \frac{\delta}{T}. \tag{II.6}$$

Je größer die Zeitkonstante (T) gewählt wird (gute Störintegration), um so geringer wird die Dämpfung des mit der Eigenfrequenz $\omega_0 = \sqrt{\frac{S_\omega}{T}\frac{A(\Delta\varphi)}{\Delta\varphi}}$ erfolgenden Einschwingvorganges. Im stationären, synchronisierten Zustand wird $B = A_0(\Delta\varphi)$ und damit die „*statische Regelkennlinie*“:

$$S_\omega A_0(\Delta\varphi) = \delta. \tag{II.7}$$

Die Phasendifferenz $\Delta\varphi$ ist mit 2π mehrdeutig, und damit muß auch die statische Regelkennlinie periodisch mit 2π sein. Die Kennlinie besteht daher aus Regelästen mit abwechselnd positiver und negativer Steigung, von denen der eine statisch stabil, der andere instabil ist. Um ausreichende Phasenstarrheit zu erhalten, muß der stabile Ast möglichst hohe Regelsteilheit besitzen. Bei linearer Annäherung in der Umgebung des stabilen Arbeitspunktes wird

$$A_0(\Delta\varphi) = S_\varphi \Delta\varphi_0 \tag{II.8}$$

und damit der stationäre Regelfehler

$$\Delta\varphi_0 = \frac{\delta}{S_\omega S_\varphi}. \tag{II.9}$$

Der notwendige ausregelbare Verstimmungsbereich ergibt sich als Summe der zu erwartenden Frequenzänderungen von Taktgeber (z. B. 1%) und örtlichem Ablenkgenerator (z. B. 2%), d. h. zu insgesamt 3% oder 500 Hz. Setzt man die zulässige Phasennachgiebigkeit zu 3% bzw. 2 µs an, so wird die erforderliche Regelsteilheit:

$$S_\omega S_\varphi = \frac{2\pi\, 500}{2\pi\, 0{,}03} \approx 1{,}6 \cdot 10^4 \frac{1}{\mathrm{s}},$$

entsprechend 160 Hz/% bzw. 250 Hz/µs.

Da Regelsteilheit und Frequenzkonstanz eines Generators zueinander gegenläufige Tendenz zeigen, wähle man bei Aufspaltung des Produktes $S_\omega S_\varphi$ eine geringe Generatorsteilheit (S_ω), z. B. in Gestalt eines schwingkreisstabilisierten Multivibrators oder eines Sinusgenerators mit Reaktanzsteuerung, bei entsprechend erhöhter Steilheit der Phasenmesserkennlinie (S_φ) in der Umgebung des Arbeitspunktes. Der Vergleich der beiden Schwingungen im Phasenmesser kann als Modulationsvorgang aufgefaßt werden: Die vom örtlichen Generator erzeugte Vergleichsspannung wird durch die meist relativ schmalen Synchronimpulse abgetastet. Die Form der statischen Regelkennlinie hängt daher wesentlich vom Kurvenverlauf dieser Vergleichsspannung ab, wobei insbesondere der steile Regelast um die Dauer des Synchronimpulses verbreitert wird. Weitere Einflüsse bringen noch die Nichtlinearitäten des Phasenmessers, der Generatorkennlinie und des etwa zwischengeschalteten Gleichstromverstärkers. Da der Zustandspunkt im stationär synchronisierten Betrieb auf der statischen Regelkennlinie liegt, ist der Verlauf derselben leicht punktweise ausmeßbar. Zwei hierfür geeignete Verfahren sind von H. LUTZ angegeben worden [*19*].

Im Einschwingvorgang kann sich der Zustandspunkt infolge Vorhandenseins der zwischen Phasenmesser und Generator eingeschalteten Energiespeicher (Tiefpaß $F(p)$) von der statischen Regelkennlinie entfernen. Ohne zunächst den Grad des Glättungsfilters festzulegen, erhält man mit den in Gl. (II.1 bis 9) und Abb. II.10a angegebenen Beziehungen und Störgrößen:

$$S_\omega\big(B + b(p)\big) = \delta - p\,\Delta\varphi, \qquad \text{(II.10)}$$

$$B = \big((A(\Delta\varphi) + a(p)\big)F(p), \qquad \text{(II.11)}$$

$$A(\Delta\varphi) = S_\varphi\,\Delta\varphi,$$

$$\Delta\varphi(p) = \frac{\delta - S_\omega\big(a(p)\,F(p) + b(p)\big)}{p + S_\omega S_\varphi F(p)}. \qquad \text{(II.12a)}$$

Die Lösung dieser linearen *Differentialgleichung* ergibt das Frequenzverhalten des dynamischen Regelvorganges bei verschiedenem δ, $a(p)$ und $b(p)$. Die Rücktransformation der Lösung in den Zeitbereich liefert schließlich den zeitlichen Ablauf der Regelung. Für $p = 0$ wird $F(p) = 1$ (Tiefpaß ohne Dämpfung für Gleichstrom), und mit $a = b = 0$ (keine Störgrößen) erhält man wieder Gl.(II.9). Als Glättungsfilter $\big(F(p)\big)$ werden ein- bzw. zweigliedrige RC-Filter gemäß den in Abb. II.10 angegebenen Schaltungen verwendet.

Mit $a = b = 0$ resultiert aus Gl. (II.12a) die LAPLACE-Transformierte der linearen Differentialgleichung in der gewohnten Form:

$$p\,\Delta\varphi(p) + S_\omega S_\varphi F(p)\,\Delta\varphi(p) = \delta. \qquad \text{(II.12b)}$$

Für das eingliedrige RC-Filter wird

$$F(p) = \frac{1}{1 + p\,T_1} \quad \text{mit} \quad T_1 = R_1 C_1, \qquad \text{(II.13)}$$

so daß die charakteristische Form der homogenen Differentialgleichung [Nenner in Gl. (II.12) gleich Null]

$$p^2 + \frac{1}{T_1}\,p + \frac{S_\omega S_\varphi}{T_1} = 0$$

die beiden Lösungen besitzt:

$$p_{1,2} = -\frac{1}{2T_1}\big(1 \pm \sqrt{1 - 4\alpha_1}\big), \quad \text{mit} \quad \alpha_1 = S_\omega S_\varphi T_1. \qquad \text{(II.14)}$$

Da die Glättungszeitkonstante groß gegen die Zeilendauer ($T_1 \gg 64$ µs) und die Regelsteilheit $S_\omega S_\varphi \geqq 1{,}6 \cdot 10^4$ 1/s sein muß, Gl. (II.9), wird $\alpha_1 > 1$, so daß eine aperiodische Dimensionierung der Regelschaltung bei eingliedrigem RC-Filter nicht möglich ist!

Für ein zweigliedriges RC-Filter nach Abb. II.10 ist:

$$\left.\begin{aligned} F(p) &= \frac{1 + p\,T_2}{(1 + p\,T_1)(1 + p\,T_2) + p\,T_3}, \quad \text{mit} \quad & T_1 &= R_1 C_1, \\ && T_2 &= R_2 C_2, \\ && T_3 &= R_2 C_1 \quad \text{f. Abb. II.10c}, \\ && &= R_1 C_2 \quad \text{f. Abb. II.10b}. \end{aligned}\right\} \quad \text{(II.15)}$$

Damit wird die zu Gl. (II.12) gehörende charakteristische Gleichung:

$$p^3 + \frac{T_1 + T_2 + T_3}{T_1 T_2} p^2 + \frac{1 + S_\omega S_\varphi T_2}{T_1 T_2} p + \frac{S_\omega S_\varphi}{T_1 T_2} = y^3 + A\,y^2 + B\,y + C = 0. \quad \text{(II.16)}$$

Nach Substitution mit $y = x - (A/3)$ erhält man die reduzierte Form $x^3 + a\,x + b = 0$, deren Lösungen aperiodisch sind, wenn die Diskriminante $(b/2)^2 + (a/3)^3 \leqq 0$ ist. Unter Verwendung der Normierungen $\alpha_v = S_\omega S_\varphi T_v$ gewinnt man hieraus für $4\alpha_1 - 1 \neq 0$ eine Bestimmungsgleichung der Zeitkonstante des zweiten RC-Gliedes für aperiodisches Verhalten:

$$\left.\begin{aligned} &\alpha_2^4 - 2\left(1 + \frac{\alpha_3}{4\alpha_1 - 1}\right)\alpha_2^3 - \left[5\alpha_3 - 2\alpha_1 - 1 + \frac{\alpha_3}{4\alpha_1 - 1}(\alpha_3 - 3)\right]\alpha_2^2 + \\ &+ 2\left[\frac{\alpha_3}{4\alpha_1 - 1}(5\alpha_3 + \alpha_1 - 1) - \alpha_1\right]\alpha_2 + (\alpha_1 + \alpha_3)^2 + \\ &+ \alpha_3\left[\alpha_1 + 2\alpha_3 + \frac{\alpha_3}{4\alpha_1 - 1}\left(4\alpha_3 + 2 + \frac{\alpha_1}{\alpha_3}\right)\right] \leqq 0. \end{aligned}\right\} \quad \text{(II.17)}$$

Unter der meist gültigen Voraussetzung $\alpha_3 \gg \alpha_1 \gg 1$ können die Koeffizienten dieser Gleichung vereinfacht werden:

$$\alpha_2^4 - \frac{\alpha_3}{2\alpha_1}\alpha_2^3 - 5\alpha_3\left(1 + \frac{\alpha_3}{20\alpha_1}\right)\alpha_2^2 + \frac{5\alpha_3}{2\alpha_1}\alpha_3\alpha_2 + \alpha_3^2\left(3 + \frac{\alpha_3}{\alpha_1}\right) \leqq 0. \quad \text{(II.18)}$$

Im interessierenden Bereich ist nun der Einfluß der Glieder ungerader Potenz meist in erster Näherung vernachlässigbar, so daß die Gleichung 4. Ordnung näherungsweise zu einer biquadratischen Gleichung vereinfacht werden kann:

$$\alpha_2^4 - 5\alpha_3\left(1 + \frac{\alpha_3}{20\alpha_1}\right)\alpha_2^2 + \alpha_3^2\left(3 + \frac{\alpha_3}{\alpha_1}\right) \leqq 0, \quad \text{(II.19)}$$

mit den positiven Wurzeln

$$\alpha_{2_0} = +\sqrt{\frac{5\alpha_3}{2}\left[1 + \frac{\alpha_3}{20\alpha_1} \pm \sqrt{\left(\frac{\alpha_3}{20\alpha_1}\right)^2 - \frac{3\alpha_3}{50\alpha_1} + \frac{13}{25}}\right]}.$$

Im Bereich zwischen diesen beiden Werten ist die Funktion $F(\alpha_2) <$ Null (Aperiodizitätsbedingung). Die Lage des Minimums ($\alpha_{2,\,\text{opt.}}$) erhält man hieraus zu

$$\alpha_{2,\,\text{opt.}} = +\sqrt{\frac{5\alpha_3}{2}\left(1 + \frac{\alpha_3}{20\alpha_1}\right)}, \quad \text{(II.20)}$$

und den Betrag der Funktion an dieser Stelle maximaler Stabilität zu

$$F(\alpha_{2,\,\text{opt.}}) = -\frac{3}{8}\alpha_3^2\left(\frac{26}{3} - \frac{\alpha_3}{\alpha_1}\right). \quad \text{(II.21)}$$

Da der Betrag dieses Minimums für aperiodisches Verhalten stets $<$ Null sein muß, folgt aus Gl. (II.21) die Bedingung:

$$\frac{\alpha_3}{\alpha_1} \leqq \frac{26}{3} \approx 9. \quad \text{(II.22)}$$

Durch Zuschalten eines zweiten RC-Gliedes kann die Phasenregelung also aperiodisch bedämpft werden. Der erzielbaren Integrationszeitkonstanten für die Rauschbefreiung sind damit von dieser Seite keine Grenzen gesetzt. (Die Begrenzung erfolgt vielmehr durch die nachfolgend behandelten nichtlinearen Effekte bei größeren Verstimmungen und durch die Auswirkung starker Impulsstörungen.)

Für $T_1 \gg 64\,\mu s$, $S_\omega S_\varphi \geqq 1{,}6 \cdot 10^4\,s^{-1}$ wird $\alpha_1 \gg 1$. Wählt man $\alpha_1 = 100$ (gute Rauschbefreiung) und $\alpha_3/\alpha_1 = 10$, so erhält man $\alpha_{2,\,\mathrm{opt.}} = 60$, in sehr guter Übereinstimmung mit praktischen Dimensionierungen, die empirisch auf Grund des Störverhaltens ermittelt worden sind.

Ein sinnvolles Maß für die erzielbare „Rauschbefreiung" ist die Frequenz*bandbreite* des Regelsystems (maximale Phasenauslenkung als Funktion der Störfrequenz). Angesichts der quadratischen Addition bei statistischen Vorgängen ist es im Falle der hier vorliegenden linearen Spannungs-Frequenzumsetzung im Regelgenerator (S_ω) zweckmäßig, den quadrierten Frequenzgang zu betrachten; als Bezugsgröße dient zweckmäßig der stationäre Phasenfehler ($p = 0$):

$$B = \frac{1}{|\Delta\varphi(0)|^2} \int_0^{\frac{1}{2}p_H} |\Delta\varphi(p)|^2\, dp. \tag{II.23}$$

Frequenzen oberhalb der halben Horizontalfrequenz ($\frac{1}{2}p_H$) können gemäß dem Abtasttheorem in der Rauschphasenmodulation des Synchronimpulses nicht mehr enthalten sein. Ausreichende Störbefreiung erhält man für Rauschbandbreiten unter 500 Hz [*19*], d. h. für eine Integrationszeit über mehr als 1 ms oder 20 Zeilen.

Die vorstehend besprochenen Zusammenhänge gelten nur für kleine Auslenkungen um den stationären „Arbeitspunkt". Bei *größeren* Auslenkungen hat man zu berücksichtigen, daß die statische Regelkennlinie eine periodische Funktion und somit die Differentialgleichung (II.6) in Wirklichkeit nichtlinear ist (im Falle sinusförmiger Regelkennlinie entspricht ihr Typus dem des gedämpften Pendels bei großer Auslenkung). Der Versuch einer geschlossenen analytischen Lösung für beliebige Kennlinienform verspricht daher keinen Erfolg. *Graphische Integrationsverfahren*, besonders nach der Theorie der „dynamischen Systeme", führen dagegen zu sehr anschaulichen Ergebnissen, sofern die Differentialgleichung nicht höher als 2. Ordnung ist [*20*]. Es kann daher auf diesem Wege nur die Schaltung mit einfachem RC-Glied untersucht werden.

Mit der Substitution

$$\frac{d\Delta\varphi}{d\tau} = T\,\Delta\omega$$

erhält man anstelle von Gl. (II.6) ein gekoppeltes System zweier Differentialgleichungen 1. Ordnung:

$$\frac{d\,T\,\Delta\omega}{d\tau} = -T\,\Delta\omega + T\,\delta - T\,S_\omega A(\Delta\varphi), \qquad \frac{d\Delta\varphi}{d\tau} = T\,\Delta\omega,$$

und nach Eliminierung der Zeit durch Division schließlich die für graphische Konstruktion geeignete Form:

$$\frac{d\,T\,\Delta\omega}{d\Delta\varphi} = -\frac{T\,\Delta\omega - T(\delta - S_\omega A(\Delta\varphi))}{T\,\Delta\omega}. \tag{II.24}$$

Singuläre Punkte sind offensichtlich $\Delta\omega = 0$; $S_\omega A(\Delta\varphi) = \delta$, d. h. also die Schnittpunkte zwischen der statischen Regelkennlinie und der $\Delta\varphi$-Achse (vgl. Abb. II.11). Pro Periode der statischen Regelkennlinie treten meist zwei derartige Schnittpunkte auf, die sich durch verschiedenes Vorzeichen der Kennliniensteigung voneinander unterscheiden. Der Charakter der singulären Punkte ist dementsprechend der eines Sattelpunktes (Q_1) bzw. eines stabilen Strudels

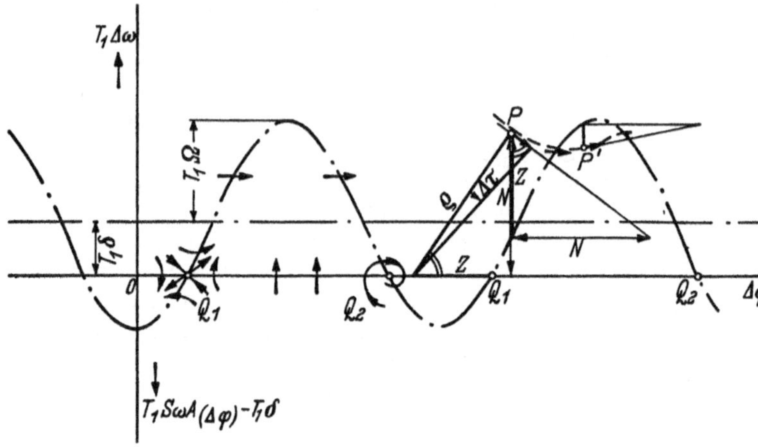

Abb. II.11.
Zur graphischen Integration des dynamischen Regelvorganges bei cosinusförmiger Regelkennlinie ($S_\omega A(\Delta\varphi) = \Omega \cos\Delta\varphi$): Es treten zwei singuläre Punkte auf. Q_1 = Sattelpunkt (labil), Q_2 = Strudel (stabil). Isoklinen sind die $\Delta\varphi$-Achse und die statische Regelkennlinie. Die Konstruktionsvorschrift ist für zwei Punkte (P u. P') angegeben:

$$\frac{d\,T\Delta\omega}{d\Delta\varphi} = -\frac{T\Delta\omega - T(\delta - S_\omega A(\Delta\varphi))}{T\Delta\omega} = \frac{Z}{N}\,.$$

(Q_2) [20]. Aus der „Zustandsgleichung" (II.24) kann noch leicht abgelesen werden, daß die $\Delta\varphi$-Achse von den Integralkurven senkrecht geschnitten wird, während diese in allen Schnittpunkten mit der statischen Regelkennlinie eine horizontale Tangente besitzen (Isoklinen). Die Gl. (II.24) ist als Richtungsfeld (Steigung der Integralkurven) leicht zu interpretieren. Wie in Abb. II.11 eingetragen, entspricht der Zähler dem Frequenzabstand des jeweiligen Zustandspunktes von der (negativen) statischen Regelkennlinie, die um die stationäre Verstimmung δ verschoben ist, während der Nenner den jeweiligen Abstand zur $\Delta\varphi$-Achse angibt.

Nach dem in [20] ausführlicher besprochenen Verfahren kann mit Hilfe des Richtungsfeldes, Gl. (II.24), schrittweise eine Konstruktion der Integralkurven durchgeführt werden.

Da sich diese mit Ausnahme der singulären Punkte nicht schneiden können, erhält man den besten Überblick über die

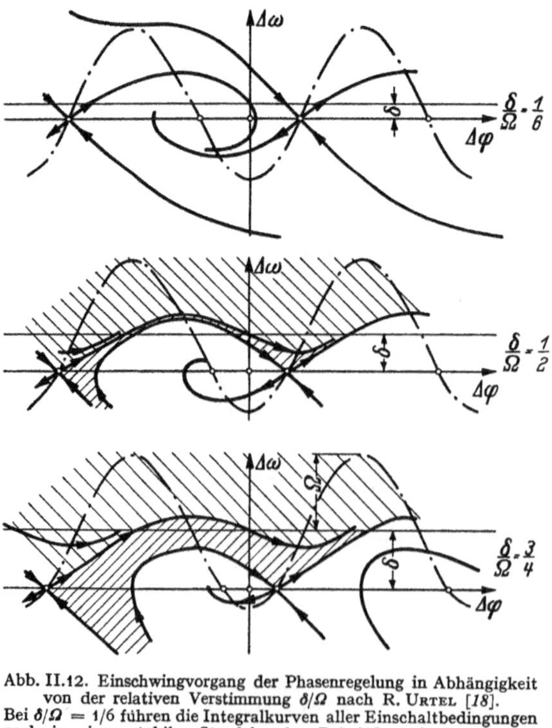

Abb. II.12. Einschwingvorgang der Phasenregelung in Abhängigkeit von der relativen Verstimmung δ/Ω nach R. Urtel [18].
Bei $\delta/\Omega = 1/6$ führen die Integralkurven aller Einschaltbedingungen noch in einen stabilen Strudelpunkt. Bei $\delta/\Omega = 1/2$ ist die eine Halbebene, bei $\delta/\Omega = 3/4$ sind auch schon große Teile der zweiten Halbebene abgeschnürt (Regelschwingungen).

Schar aller möglichen Integralkurven, wenn man zuerst die von den singulären Punkten ausgehenden sog. „*Separatricen*" konstruiert. Diese teilen dann die gesamte Zustandsebene in Gebiete mit unterschiedlichem charakteristischem Verhalten der Integralkurven ein. Als Beispiel sind in Abb. II.12 und II.13 die Separatricen bei cosinusförmiger Regelkennlinie für verschiedene Verhältnisse der Parameter: stationäre Verstimmung (δ), Zeitkonstante (T) und maximaler Regelhub (Ω) gezeichnet. Mit wachsender Verstimmung oder Zeitkonstante tritt dabei ein der linearen Theorie unbekanntes „Unterschneiden" der Separatricen auf. Maßgebend für das Stabilitätsverhalten ist offenbar das Produkt δT, mit dessen Anwachsen Anfangsbedingungen aus einem immer größer werdenden Gebiet nicht mehr auf einen stabilen Synchronisationspunkt (Strudel) führen, sondern in eine bestimmte Form von Regelschwingungen übergehen. Der mögliche Verstimmungsbereich (Ω) wird demnach in einen *statisch und dynamisch* stabilen „Fangbereich" und einen über diesen hinausgehenden, aber *nur noch statisch* stabilen „Haltebereich" oder „Ziehbereich" unterteilt. Somit kann bei einer im Haltebereich liegenden Verstimmung der Einschaltvorgang oder Einschwingvorgang nach Störung einer bereits bestehenden stabilen Synchronisation zu Anfangsbedingungen im instabilen Gebiet und damit zu stationären Regelschwingungen führen. Das Verhältnis zwischen Fang- und Haltebereich wird durch die Form der statischen Regelkennlinie wesentlich beeinflußt. Abb. II.14 zeigt den Fangbereich für verschiedene Regelkennlinien gleichen Haltebereichs und, mit Ausnahme der cosinusförmigen Kennlinie, auch gleicher Steilheit des stabilen Regelastes. Der Fangbereich wird hiernach um so größer, je weiter der instabile Regelast vom stabilen entfernt ist. Bei der Wahl der Form für die statische Regelkennlinie muß aber noch die *Störanfälligkeit* in Betracht gezogen werden. Im Synchronisierkanal treten Störimpulse in beliebigen Phasenlagen auf. Um die Auswirkungen derselben zu begrenzen, werden oft Phasenmesser bevorzugt, die über einen größeren Phasenbereich vermöge Begrenzungseffekten keinen Beitrag zur Regelspannung liefern. Diese Schaltungen besitzen aber schmale Kennlinien mit ungünstigem Verhältnis von Fang- zu

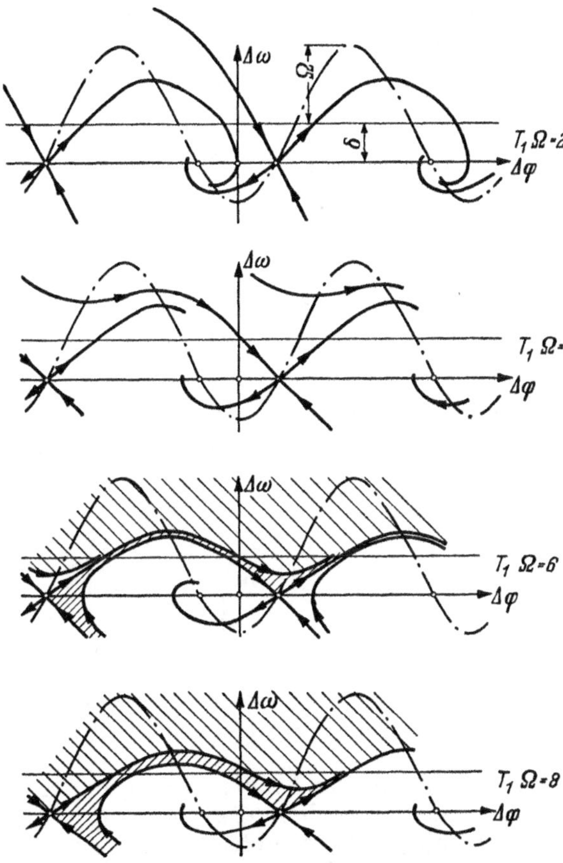

Abb. II.13. Einschwingvorgang der Phasenregelung in Abhängigkeit von der Glattungszeitkonstanten (T) bei $\delta/\Omega = 1/2$ nach R. Urtel [8]. (Um besser vergleichen zu können, ist das Konstruktionsergebnis aus der [$T\,\Delta\Omega - \Delta\varphi$]-Ebene jeweils in die [$\Delta\omega - \Delta\varphi$]-Ebene umgezeichnet. Mit größer werdender Zeitkonstante tritt also ebenfalls eine Unterschneidung der Separatricen auf.)

Haltebereich, so daß ein Kompromiß zwischen dynamischer Stabilität und Störanfälligkeit geschlossen werden muß.

Eine stets vorhandene Störung, nämlich die Folge der Vertikalimpulse, ist besonders zu berücksichtigen. Weil die Vertikalimpulse in zwei aufeinanderfolgenden Halbbildern verschiedene Phasenlage zur Horizontalablenkung haben, wirkt sich diese Störung in beiden Halbbildern auch verschieden aus, sofern ihre Dauer kein ganzzahliges Vielfaches der Zeilendauer ist. So tritt bei der Norm nach Abb. II.1, mit einer Dauer des Vertikalimpulses von 2,5 H und langzeitiger Integration in der Regelschaltung, ein „*Auffächern*“ vertikaler Linien am oberen Bildrande auf, das z. B. bei der US-Norm mit 3,0 H Dauer des Vertikalimpulses unbekannt ist. (Andererseits wird der Impulsgeber hierfür etwas komplizierter, vgl. Abb. II.3 gegen II.4.)

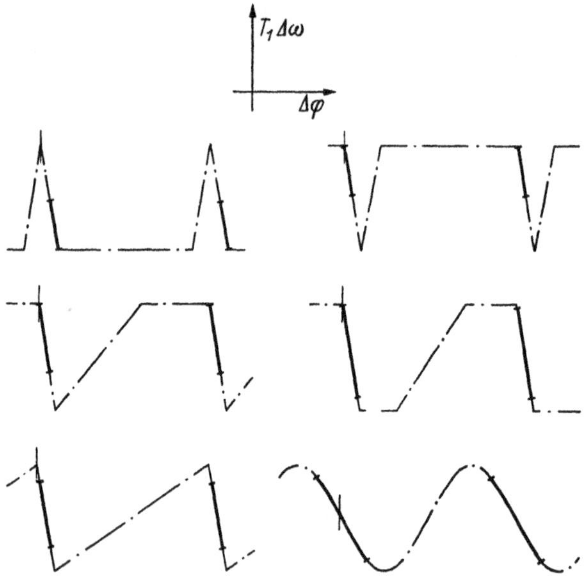

Abb. II.14. Einfluß der Kennlinienform auf das Stabilitatsverhalten. Der ausgezogene Teil des statisch stabilen Kennlinienastes (Haltebereich) ist jeweils dynamisch stabil (Fangbereich).

Die Phasenregelung mit zweigliedrigem RC-Filter ist bei Berücksichtigung der Nichtlinearität nicht mehr einfach zu behandeln. Sie zeigt praktisch den gleichen Abschnürungseffekt wie in Abb. II.12 und II.13. Ferner treten gleichermaßen Regelschwingungen von Anfangsbedingungen aus diesen abgeschnürten Gebieten heraus auf. Die Schaltungen zeigen auch etwa gleichen Unterschied zwischen Fang- und Haltebereich, wobei jedoch aus dem stabilen Strudelpunkt (Q_2) gemäß der Aperiodizitätsbedingung für rasche Vorgänge ein stabiler Knoten werden dürfte. Die hier abgeleiteten Beziehungen gelten auch für die *Farbträgersynchronisierung*, bei welcher lediglich die Eingangsspannungen für den Phasenmesser eine etwas andere Form haben (getastete Sinusfunktionen). Die resultierende Regelspannung ist sinusförmig (Vergleich zweier Sinusspannungen), und die Anforderungen sind um etwa eine Größenordnung höher als für die Ablenksynchronisierung, abgesehen von der Störanfälligkeit. Diese ist gering, weil die meisten Impulsstörungen durch die zur Abtrennung des Farbsynchronsignals (colour burst) dienende Torschaltung vom Regelkreis ferngehalten werden. Das impulsförmige Auftreten der Regelspannung erfordert aber eine große Regelzeitkonstante, so daß der Fangbereich sehr klein wird.

Eine gewisse Verbesserung des in diesem Abschnitt behandelten Stabilitätsverhaltens erzielt man mit Phasenmesserschaltungen, deren Zeitkonstante oder Regelsteilheit beim Auftreten von Regelschwingungen selbsttätig verringert wird, oder mit solchen Schaltungen, die bei größeren Frequenzabweichungen als Frequenzmesser arbeiten. Es sind auch schon Anordnungen vorgeschlagen worden, die beim Entstehen von Regelschwingungen eine zusätzliche gewaltsame Verstimmung bewirken, so daß die Regelschaltung zumindest kurzzeitig in den Fangbereich gelangt und somit nach Störung auch eines im Haltebereich liegenden Arbeitspunktes rasch wieder in den Synchronismus zurückfindet.

Wesentlich vollkommeneres Stabilitätsverhalten der Regelschaltung ist erreichbar, wenn zusätzlich zur Phasenregelung (Proportionalregler) auch noch die Frequenz geregelt wird (Integralregler). Hierfür kann z. B. von der Ausgangsspannung des Phasenmessers zusätzlich ein Stellmotor angetrieben werden, durch dessen Drehung die freie Generatorfrequenz (ω_{g0}) verändert wird, bis die Regelspannung und damit auch die Verstimmung und die Phasenabweichung Null werden. Die Schaltung stellt sich dann stets selbsttätig auf den stabilsten Arbeitspunkt im Fangbereich ein. Durch die Konstruktion kleinster, billiger Stellmotore sowie durch die Erfindung von wiederholt ablesbaren Energiespeichern mit nichtlinearer Kennlinie (Transfluxor, ferroelektrische Kondensatoren) ist der Einsatz derartiger *Proportional-Integral-Regler* auch in Fernsehempfängern diskutabel geworden. Diese Entwicklung ist jedoch noch zu sehr im Fluß, um hier zusammenfassend besprochen werden zu können. Jedenfalls ist aber zu erwarten, daß der Bedienungsknopf „Horizontalfrequenz" in den nächsten Jahren endgültig verschwinden wird.

4c. Synchronisierung von Fernsehimpulsgebern.

Wie in Abs. 1 erläutert, muß ein Fernsehimpulsgeber mit der Netzfrequenz oder mit einem anderen Impulsgeber phasenstarr synchronisiert werden können (vgl. Abb. II.2).

Die Netzsynchronisierung ist unproblematisch: Ein Phasenmesser liefert durch Vergleich der sinusförmigen Netzspannung mit dem Vertikalsynchronimpuls die gewünschte phasenabhängige Regelspannung. Diese wird dem mit doppelter Horizontalfrequenz schwingenden Muttergenerator zugeführt (phasenstarre Frequenzvervielfachung). Die Verhältnisse entsprechen völlig den in 4b dargelegten Beziehungen, aber mit weitaus geringeren Anforderungen.

Die Synchronisierung mit dem Gleichlaufsignal eines anderen Impulsgebers erfordert, zusätzlich zu einer sehr sauberen Phasenregelung des Muttergenerators nach Maßgabe des Phasenvergleiches der Horizontalimpulse beider Quellen, eine genaue Übereinstimmung der Vertikalimpulse, einschließlich der richtigen Halbbildfolge! Da Horizontal- und Vertikalimpuls über den Frequenzteiler des Impulsgebers phasenstarr miteinander gekoppelt sind, muß außer der Horizontalregelung noch ein Eingriff in den Frequenzteiler nach Maßgabe einer Koinzidenz der Vertikalimpulse erfolgen. In der Realisierung findet man sowohl eine Umschaltung des Teilerverhältnisses [*21a*] (z. B. Rückstellimpulse bei binärem Teiler) als auch die Zumischung oder Unterdrückung einzelner Impulse am Eingangssignal des Teilers [*21b*]. Maßgebend für die Wahl zwischen diesen beiden Möglichkeiten sind die geforderte Synchronisierzeit, die nicht nur zu Beginn der Übertragung, sondern nach jeder Störung benötigt wird, und die zulässige Beeinflussung nachfolgender Geräte. Darf die Dauer des Synchronisiervorganges bis zu 12,5 s betragen, so genügt für die Vertikalsynchronisierung die bloße Unterdrückung eines einzigen Mutterimpulses je Halbbild. Dieses Verfahren entspricht einer Umschaltung des Teilerverhältnisses von 625:1 auf 626:1. Demzufolge schreitet der Kippvorgang in jedem Halbbild um nur eine halbe Zeile fort und findet damit ohne weitere Vorkehrungen in das richtige Halbbild hinein. Die Änderung der Vertikalfrequenz ist so gering, daß alle nachfolgenden Geräte im Synchronismus gehalten werden. Ein rasches Einlaufen in den synchronisierten Zustand erhält man, wenn das Teilerverhältnis um einen größeren Betrag geändert werden kann. Besondere Vorkehrungen sind dann aber notwendig, um das Teilerverhältnis mit zunehmender Annäherung an den Phasenabgleich, z. B. stufenweise, dem Sollwert anzupassen. Eine weitere Beschleunigung kann hierbei dadurch erzielt werden, daß die

Koinzidenzschaltung (Phasenmesser) für die Vertikalimpulse richtungsabhängig ausgebildet wird. Die Anordnung kann alsdann stets den kürzesten Einlaufvorgang wählen, indem das Teilerverhältnis bedarfsweise vergrößert oder verkleinert wird. Sinnvoll ist diese Arbeitsweise besonders dann, wenn das fremde Synchronsignal Störimpulse mitbringt, die den Gleichlauf während der Sendung gefährden.

5. Schaltungseigenschaften des magnetischen Ablenksystems.

Die wichtigsten Gründe für die Bevorzugung der magnetischen Ablenkung im Fernsehen sind:

a) Ungestörte Überlagerung der beiden senkrecht aufeinanderstehenden Ablenkfelder (kurze Baulänge der Bildröhre).

b) Ungestörte Überlagerung von Ablenk- und Beschleunigungsfeld auch bei großen Ablenkwinkeln (geringe elektronenoptische Verzerrungen).

c) Trennung des Ablenksystems von der einem rascheren Verschleiß unterliegenden Bildröhre, deren Bau sich im Vergleich zur Röhre mit elektrostatischer Ablenkung vereinfacht.

d) Ablenkströme sind leichter schaltungsmäßig zu handhaben als hohe Ablenkspannungen. Möglichkeit unmittelbarer Speisung aus üblichen Allstromnetzteilen (200 V).

e) Die Beschleunigungsspannung der Bildröhre kann ohne großen Aufwand aus den Rücklaufspitzen der Horizontalablenkung gewonnen werden (doppelte Ausnutzung der Horizontalendstufe, geringer Siebmittelaufwand, automatische Strahlunterbrechung bei Ausfall der Ablenkung).

Die Dimensionierung und die Probleme des Ablenkfeldes sind in Kap. VII des 1. Teilbandes ausführlich dargestellt. In einem homogenen Magnetfeld der Feldstärke (H_0) und der Länge (L_0) wird bei einer Beschleunigungsspannung (U_a) des Elektronenstrahls der Ablenkwinkel γ_0 nach Gl. (VII.52):

$$\operatorname{tg}\gamma_0 = k\,H_0\,L_0 \quad \text{mit} \quad k = \sqrt{\frac{e}{2m\,U_a}}\,\mu_0 = \frac{0{,}373}{\sqrt{\frac{U}{[\mathrm{V}]}}}\,[\mathrm{A}]^{-1}. \qquad \text{(II.25)}$$

Bei bekanntem Ablenkvermögen (z. B. aus Abs. VII.4c, Abb. 358 bis 363, Teilband 1) erhält man nach Gl. (VII.54) die notwendige Durchflutung (Θ):

$$\Theta = \frac{H_0\,L_0}{A_m}\,\frac{\operatorname{tg}\gamma}{\operatorname{tg}\gamma_0} = \frac{\operatorname{tg}\gamma}{k\,A_m}. \qquad \text{(II.26)}$$

Die bei jeder Ablenkung aufzubauende maximale Feldenergie (E_m) im Volumen (V_m) des Ablenkraumes ergibt sich unter der Annahme $H = \Theta/l_m$ = räumlich konstant, mit l_m als mittlerer magnetischer Feldlinienlänge zu:

$$E_m = \frac{1}{2}\,\mu_0\,H^2\,V_m = \frac{m}{e\,\mu_0}\,U_a\left(\frac{\operatorname{tg}\gamma}{A_m}\right)^2 \frac{V_m}{l_m^2}, \qquad \text{(II.27)}$$

mit

$$\frac{m}{e\,\mu_0} = 4{,}55\cdot 10^{-6}\left[\frac{\mathrm{As}}{\mathrm{m}}\right].$$

Zum Beispiel[1] wird mit $U_a = 15$ kV; $\gamma \pm 50°$; $A_m = 1{,}5$; $V_m = 45\ \mathrm{cm}^3$; $l_m = 3{,}3$ cm

[1] Der Ablenkwinkel für die beiden Ablenkrichtungen ergibt sich aus dem üblicherweise für die Bilddiagonale angegebenen Winkel (β) und dem Bildformat ($1 : a$) durch trigonometrische Umformung

$$\operatorname{tg}\gamma = \frac{\operatorname{tg}\beta/2}{\sqrt{1+a^2}}.$$

(Rückschluß im Eisenjoch vernachlässigbar):

$$\Theta = 260\,\mathrm{A} \quad \text{und} \quad E_m = 1850 \cdot 10^{-6}\,\mathrm{VAs} \approx 2\,\mathrm{mWs}.$$

Die maximale Feldenergie kann auch aus dem Spitzenstrom (i) und der Induktivität der Ablenkspulen (L) bestimmt werden:

$$E_m = \frac{1}{2} i^2 L. \tag{II.28}$$

Diese maximale Feldenergie muß in jeder Periode des Ablenksägezahnes je einmal mit positivem und negativem Vorzeichen aufgebaut werden. Der Ausdruck:

$$N_m = f E_m \tag{II.29}$$

kann daher als ein Maß des Leistungsbedarfs für die magnetische Ablenkung angesehen werden [*23*]. Mit obigen Zahlen erhält man bei 50 Hz, entsprechend etwa für die Vertikalablenkung, $N_{m,v} \approx 0{,}1$ VA; bei 16 kHz, entsprechend etwa für die Horizontalablenkung, $N_{m,h} \approx 30$ VA als Vergleichszahl[1]. Die Blindleistung im Ablenkraum ergibt sich als Summe über alle Harmonischen und hat in diesem Falle keine sinnfällige Bedeutung (für sinusförmige Ablenkung mit gleichem maximalem Ablenkwinkel ist sie $N_B = 2\pi f E_m$, also etwa sechsmal so groß wie obige Vergleichszahl). Die im Ablenksystem auftretende Verlustleistung ist bei tiefen Frequenzen (Vertikalablenkung) praktisch nur durch den Wicklungswiderstand (R) der Ablenkspulen bedingt. Mit dem bekannten Formfaktor $\sqrt{3}$ zwischen Effektiv- und Spitzenwert ($\hat{i}$) bei sägezahnförmigem Strom folgt mit Gl. (II.28):

$$N_w = \frac{1}{3} \hat{i}^2 R = \frac{2}{3} \frac{E_m}{T}. \tag{II.30}$$

Die Zeitkonstante ($T = L/R$) der Ablenkspulen ergibt sich dabei aus den geometrischen Abmessungen der Spulen nach Abb. II.15 mit

$$L = \mu w^2 \frac{F_m}{l_m} \quad \text{und} \quad R = \varrho w^2 \frac{l_w}{\varphi_{\mathrm{Cu}} F_w}$$

zu

$$T = \frac{L}{R} = \frac{\mu}{\varrho} \varphi_{\mathrm{Cu}} \frac{F_m F_w}{l_m l_w} = \alpha \eta \varphi_{\mathrm{Cu}} \frac{1 - \left(\frac{d_i}{d_a}\right)^2}{1 + \frac{a}{L_0}} d_a^2. \tag{II.31}$$

---

[1] Bei elektrischer Ablenkung ergibt sich mit den in Kap. VII.4, Teilband 1, angegebenen Beziehungen für die maximale Feldenergie im Ablenkraum:

$$E_e = \frac{2\varepsilon_0 V_e U_a^2}{d^2 A_e^2} \operatorname{tg}^2 \gamma.$$

Mit d = Abstand der Ablenkplatten, $\varepsilon_0 \mu_0 = c^{-2}$ und $v = \sqrt{\frac{2e}{m}}\, U_a$ (Strahlgeschwindigkeit) erhält man hieraus mit Gl. (II.27) als Verhältnis des Energiebedarfs:

$$\frac{E_m}{E_e} = \left(\frac{c}{v}\right)^2 \frac{V_m}{V_e} \gg 1$$

unter der vereinfachenden Annahme $\frac{A_e}{A_m} \frac{d}{l_m} = 1$.

Der Energiebedarf im Ablenkraum ist damit bei elektrischer anstelle magnetischer Ablenkung fast zwei Größenordnungen niedriger.

Hierin bedeuten:

μ Permeabilität, etwa gleich μ_0, da das Feld wesentlich in Luft verläuft,
ϱ spezifischer Widerstand des Wickeldrahtes,
φ_{Cu} Füllfaktor des Wickelraumes ($\varphi_{Cu} \leqq 0{,}5$),
w Windungszahl,
F_m Querschnitt des magnetischen Flusses im Ablenkraum $F_m = d_a L_0$,
F_w Querschnitt der Wicklung $F_w = \eta \frac{\pi}{4} (d_a^2 - d_i^2)$,
η Anteil der betrachteten Wicklung am Gesamtwickelraum ($\eta < 0{,}25$),
l_m mittlere Feldlinienlänge. Da der Rückschluß im Eisenjoch vernachlässigt werden kann und das Ablenkfeld annähernd homogen ist, darf etwa eingesetzt werden:

$$l_m = \frac{1}{2} d_a,$$

l_w mittlere Windungslänge der Ablenkspulen $l_w = 2 (L_0 + a)$,
a mittlere Länge eines Wickelkopfes (z. B. kreisbogenförmiger Teil der Sattelspule nach Abb. II.16).

$$\alpha = \frac{\pi}{4} \frac{\mu_0}{\varrho} = 57 \left[\frac{\mathrm{s}}{\mathrm{m}^2}\right] \quad \text{für Kupferdraht.}$$

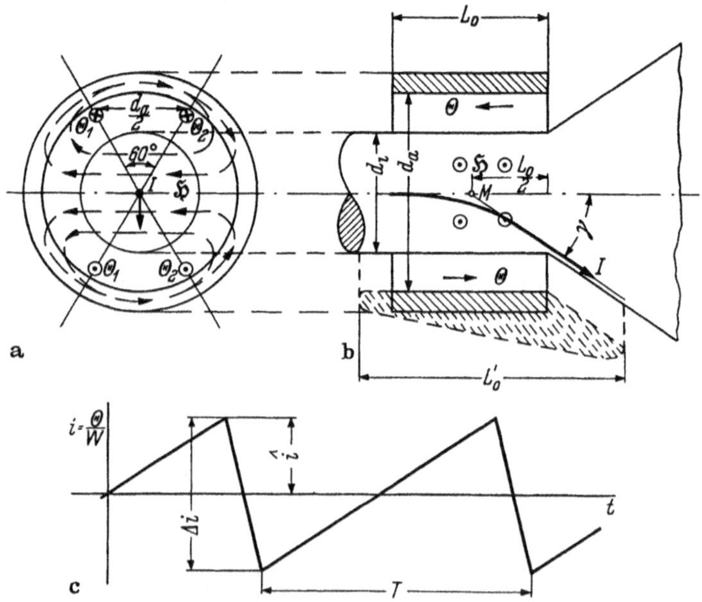

Abb. II.15a—c. Das magnetische Ablenksystem (für nur eine Ablenkrichtung gezeichnet): a) Querschnitt durch das Ablenksystem mit vier konzentrierten Stromfäden an der Innenseite des Joches. Bei Anordnung unter einem Winkel von 60° wird ein sehr gut homogenes Ablenkfeld erreicht (Näherung für die im Idealfall cosinusförmige Verteilung der Durchflutung). Bei Sattelspulen werden jeweils zwei dieser Stromfäden durch einen Wickelkopf an der Stirnseite des Joches miteinander verbunden, während bei Toroidspulen jeder Stromfaden auf der Außenseite des Joches zurückgeführt wird. (Dadurch wird im Außenraum ein Magnetfeld gleich großer Durchflutung erzwungen); b) Schematisierter Längsschnitt durch Ablenksystem und Bildröhre mit Angabe der wichtigsten Abmessungen sowie der zusammengehörigen Richtungen für Elektronenstrahl (I), Ablenkfeld ( ) und Durchflutung (Θ). Länge und Form des Ablenkjoches bestimmen einerseits das Ablenkvermögen (A_m), andererseits aber auch die Lage des scheinbaren Ablenkmittelpunktes (M) und damit die Gefahr der Ausblendung durch Anstoßen des Elektronenstrahls an der Glaswandung des Röhrenhalses. Optimale Verhältnisse ergeben sich daher bei trichterförmig aufgeweitetem Joch (gestrichelt, L_0'); c) Zeitlicher Verlauf des Ablenkstromes.

Die wesentliche Aussage von Gl. (II.31) besteht darin, daß die aus Leistungsgründen (II.30) möglichst groß anzustrebende Zeitkonstante praktisch nur auf dem Wege über die geometrischen Abmessungen des Wickelraumes beeinflußt werden kann. Mit den Zahlenwerten $\eta\,\varphi_{\mathrm{Cu}} = 0{,}05$; $d_a = 0{,}05$ [m]; $d_i/d_a = 0{,}8$; $a/L_0 = 1$ erhält man z. B.: $T = 1{,}2 \cdot 10^{-3}$ [s] ≈ 1 ms. Die praktisch erzielbaren Zeitkonstanten liegen damit nahe beim geometrischen Mittelwert zwischen den Periodendauern für die Vertikal- und die Horizontalablenkung, so daß das Ablenksystem für jene näherungsweise als Widerstand, für diese hingegen als Induktivität wirken wird. Mit obigen Zahlenbeispielen für die Ablenkenergie (2 mWs) und die Zeitkonstante (1 ms) erhält man als Richtwert für die zu erwartende Verlustleistung am Wicklungswiderstand nach Gl. (II.30) $N_w = 1{,}3$ W für jede Ablenkrichtung. Bei den Horizontalablenkspulen addieren sich der viel höheren Frequenz wegen zu obigem Wert noch Verluste durch Stromverdrängung, Wirbelströme, Hysterese und elektrische Ableitung, während in den Vertikalablenkspulen beim System nach Abb. II.16 dank der geringeren Windungslänge und dem größeren Ablenkvermögen nur etwa 70% obiger Verluste entstehen.

Diese Gesamtverlustleistung von etwa 3 W ruft eine erhebliche Übertemperatur des Ablenksystems hervor, die sich mit einer Erwärmungszeitkonstante von etwa $^1/_2$ Stunde sehr störend auf die Amplitude der Vertikal- und die Linearität der Horizontalablenkung auswirken kann. Während die Linearitätsverschlechterung meist in Kauf genommen wird, setzt sich die Kompensation der Amplitudenverringerung, z. B. durch Einbau eines Heißleiters mit gegenläufigem Temperaturgang in Serie zu den Vertikalablenkspulen, immer mehr durch. Eine Verbesserung der Wärmeableitung ist schwierig, da die Ablenkspulen einerseits möglichst dicht am Glashals der Bildröhre liegen sollten und andererseits zur Vermeidung von Störstrahlung eine Abschirmung der Wicklung erforderlich ist. Eine metallische Wärmeableitung würde außerdem erhöhte Wirbelstromverluste im Horizontalablenkfeld mit sich bringen.

Auf einige speziellere Schaltungseigenschaften des magnetischen Ablenksystems sei nur kurz hingewiesen: Symmetrische Ankopplung der Zeilenablenkspulen an den in 7b behandelten Zeilentransformator erbringt infolge gegenphasiger Kompensation wesentlich geringere Störstrahlung (auf Harmonischen der Horizontalfrequenz). Da der Hauptanteil der Feldlinienlänge des Ablenksystems in Luft verläuft, ist die magnetische Kopplung der einzelnen Windungen sowie der Spulenpakete untereinander nicht sehr fest. Stimmen die Resonanzfrequenzen der Spulenpakete unter sich nicht genau überein, so entstehen Ausgleichvorgänge zwischen ihnen [*35*]. Diese überlagern sich als Partialschwingungen dem Nutzfeld und bewirken eine periodische Geschwindigkeitsmodulation der Zeilenablenkung im Anschluß an den Rücklaufvorgang, daher das Erscheinen vertikaler Streifen in der linken Bildhälfte (der gleiche Effekt tritt auch im Zeilentransformator sowie in ähnlicher Form in den Bildablenkspulen nach Anstoß durch den Horizontalrücklauf auf). Infolge der geringen Kopplung kann ferner in den Ablenkspulen selber nicht transformiert werden (Einsparung des Zeilentransformators nach Herausführen einer Anzapfung der Spule also nicht möglich). Ebenso ist ein kräftiger Gleichstrom in einer der Ablenkspulen durch Gegenfluß in einer anderen, zur gleichen Ablenkrichtung gehörenden Spule zufriedenstellend nicht kompensierbar.

Der alte Wettstreit zwischen Sattelspule und Toroidsystem hat nun zu dem in Abb. II.16 veranschaulichten Kompromiß geführt. Bessere Ausnutzung des Wickelraumes (einfachere Spulenform, keine Wickelköpfe), gepaart mit höherem Ablenkvermögen (kein Überkreuzungspunkt, damit längere axiale Ausdehnung des Feldes), ergeben für die Toroidform etwa 30% geringere Verlustleistung bei besserer elektronenoptischer Qualität, so daß also für die Vertikalablenkung Toroidspulen am günstigsten sind.

Bei den Horizontalablenkspulen dagegen dominieren die Wirbelstromverluste, so daß aus diesem Grunde, wie auch aus Störstrahlungsgründen, das

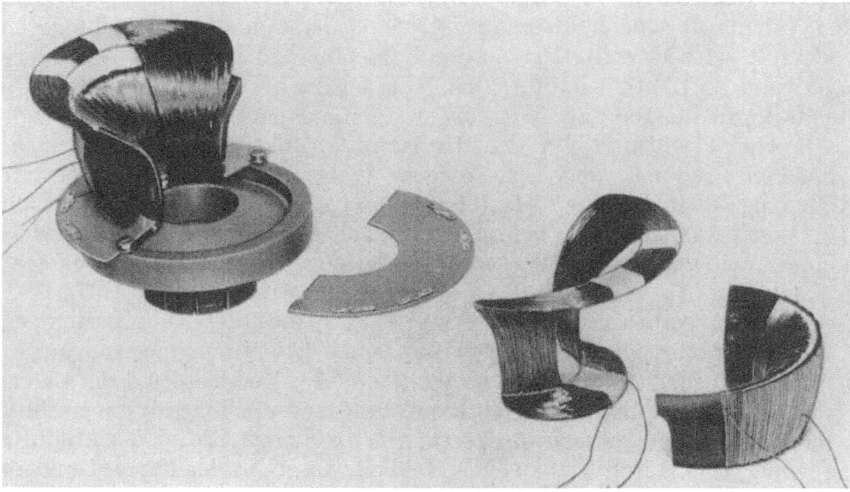

Abb. II.16. Aufbau eines modernen Ablenksystems fur 110° (±55° diagonal), *H* Sattelspulen, $L = 4{,}1$ mH, $R = 5{,}6\ \Omega$, $T = 0{,}7$ ms, $N_m = 27{,}6$ VA. *V* Toroidspulen, $L = 20{,}5$ mH, $R = 6{,}4\ \Omega$, $T = 3{,}2$ ms, $N_w = 0{,}45$ W.
Dieses System fur statisch fokussierte Bildröhren wird mittels Klemmring direkt am Bildröhrenhals befestigt. Gewicht insgesamt 460 g. (Mit freundlicher Genehmigung der Standard Elektrik Lorenz AG.)

Außenfeld der Toroidspulen sehr nachteilig wäre. Hier ist daher die Sattelspule überlegen [*24*].

6a. Vertikalablenkung für Bildwiedergaberöhren.

Die Vertikalablenkung verschiebt die durch die Horizontalablenkung entstehende Fächerebene des Elektronenstrahls gleichmäßig (zeitproportional) mit 20 ms Periodendauer von oben nach unten über den Leuchtschirm, um so die Zeilen zu einem gleichmäßigen rechteckigen Raster auseinanderzuziehen. Besondere Anforderungen an die *Kurzzeitkonstanz* (etwa $1 \cdot 10^{-4}$ über etwa 0,1 s) der Frequenz und der Amplitude sowie der Linearität (Gleichmäßigkeit der Kurvenform) resultieren dabei aus der genormten Zeilensprungabtastung (3c). Neben einer sehr gleichmäßigen Synchronisierung führen diese Anforderungen zu besonderen Vorkehrungen, um alle Einstreuungen von der Horizontalablenkung her, z. B. über das Ablenksystem, möglichst fernzuhalten. Man pflegt daher die steuernde Funktion von der Leistungsverstärkung abzutrennen und gelangt so zu einem Sägezahngenerator mit nachgeschalteter Verstärkerstufe. Der Sägezahngenerator soll möglichst niederohmig und stabil sein. Er wird von dem empfangenen Synchronsignal impulsmäßig im Takt gehalten (4a). Die Stabilisierung der Steuerspannung ist in 6c ausführlicher besprochen. Da die Impedanz der Ablenkspulen bei der Vertikalfrequenz (50 Hz) im wesentlichen ohmisch, mit nur geringer Serieninduktivität (= Ablenkfeld!) ist, stellt die nachgeschaltete *Endstufe* hauptsächlich ein lineares Verstärkerproblem. Die in den Ablenkspulen aufzubringende Wirkleistung beträgt ungefähr 1 W, Gl. (II.30), der Frequenzbereich geht von 50 Hz bis etwa 5 kHz (100. Harmonische), die Linearitätsforderung bis etwa 5% Abweichung der Sägezahnsteigung.

Entscheidend für die Dimensionierung der Endstufe sind die Mittel zur Fernhaltung des zum Arbeitspunkt des A-Verstärkers gehörenden Gleichstromes von den Ablenkspulen.

Die einfachste *Gleichstromabtrennung* erfolgt durch kapazitive Ankopplung. Um eine zeitunabhängige Stromteilung zu erhalten, müssen die Widerstände beiderseits des Koppelkondensators gleiche Zeitkonstante (L/R) besitzen, was zur Einschaltung einer größeren Drosselspule und zu unwirtschaftlich hohen Speisespannungen führt. Eine Vorverzerrung der Steuerspannung (Exponentialkomponente im Strom) ähnlich den in 6b besprochenen Beziehungen ist daher vorzuziehen.

Bei der echten Drosselkopplung wird der Gleichstrom über eine Drosselspule möglichst geringen Wicklungswiderstandes, aber hohen Wechselstromwiderstandes (Induktivität) parallel zu den Ablenkspulen abgeleitet. Die Gleichstromabtrennung ist unvollkommen und führt zu sehr teueren Wickelgütern. Praktisch angewendet wird daher z. Z. fast ausschließlich Transformatorkopplung. Außer völliger Gleichstromtrennung gestattet diese eine optimale Anpassung zwischen Ablenkspule und Endstufe. Wesentliche Verringerung der Übertragergröße bei gleichzeitiger Abnahme des mittleren Gleichstromes (Arbeitspunkt) ist möglich, wenn der Magnetisierungsstrom für die Hauptinduktivität (L_1) zusätzlich zu dem sägezahnförmigen Nutzstrom über die Endstufe eingespeist wird [*27*].

Ist die erforderliche entzerrende Parabelkomponente gering, so genügt dafür oftmals schon die Krümmung der Endstufenkennlinie (Kompensation linearer mit nichtlinearen Verzerrungen!) [*28*].

Die Dimensionierung der Vertikalablenkung erfolgt zweckmäßig in folgenden Schritten:

a) Kompromiß zwischen Übertragergröße (Parabelkomponente) und Endstufe (Spitzenstrom, Betriebsspannung, Leistungsbedarf) nach 6b,

b) Maßnahmen zur Erzeugung der notwendigen Parabelkomponente, insbesondere Wahl der Endstufe (Triode–Pentode) nach 6c,

c) Steuergenerator und Stabilisierung von Amplitude und Linearität des Ablenkstromes (Gegenkopplungsschaltungen) nach 6c,

d) Maßnahmen zur Beseitigung von Störeffekten, die infolge des raschen Rücklaufs auftreten (hohe Induktionsspannung, Ausschwingvorgänge).

6b. Dimensionierung der Vertikalendstufe mit Übertragerkopplung (nach [*30*]).

Unter Beschränkung auf die bei tiefen Frequenzen auftretenden Effekte erhält man das in Abb. II.17 wiedergegebene, nur für den Sägezahnhinlauf gültige Ersatzschaltbild der Endstufe. Vom sägezahnförmigen Ablenkstrom ausgehend bestehen folgende Beziehungen:

$$i_a = i_1 + i_2' \quad \text{mit} \quad i_2' = \Delta i' \frac{t}{T_v}, \quad \text{gültig für} \quad -\frac{1}{2} < \frac{t}{T_v} < +\frac{1}{2},$$

$$i_1 = I_0 + \frac{1}{L_1}\int u_2\, dt,$$

$$u_2 = R_2' i_2' + L_2' \frac{di_1'}{dt},$$

$$i_a = \frac{\Delta i}{\ddot{u}} \frac{t}{T_v}\left\{\frac{1}{2}\frac{T_v}{\tau_1}\frac{t}{T_v} + 1 + \frac{\tau_2}{\tau_1}\right\} + I_0. \tag{II.32}$$

I_0 ist ein konstanter Gleichstromwert, der überlagert werden muß, um einen ausreichenden Abstand vom unteren Knick der Endstufenkennlinie ($i_a(u_g)$) einzuhalten. Bei sehr großem Übertrager ist $I_0 \geqq \Delta i/2ü$, entsprechend dem mittleren Anodenstrom bei reinem Widerstands-A-Verstärker. Wird der Übertrager kleiner, so werden die negativen Stromwerte immer mehr durch die Parabelkomponente kompensiert, so daß I_0 abnimmt, während der Spitzenstrom ($i_{a\,\max}$) rasch ansteigt.

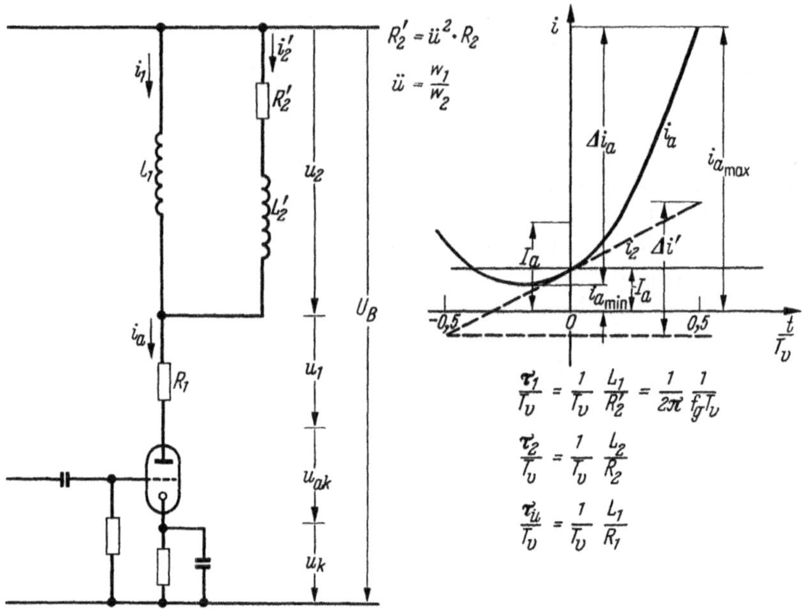

Abb. II.17. Ersatzschaltung der Vertikalendstufe mit Übertragerkopplung fur tiefe Frequenzen [30]. Das Übersetzungsverhältnis $ü$ ist das Verhältnis der primären zur sekundären Windungszahl (w_1/w_2) des Übertragers. L_1 bzw. R_1 sind die primärseitige Hauptinduktivität bzw. der Wicklungswiderstand des Ausgangsübertragers, L_2' bzw. R_2' entsprechen der mit $ü^2$ übersetzten Summe aus Ablenk- und Streuinduktivität bzw. aus den Widerständen der Ablenkspulen und der Sekundärwicklung des Übertragers. T_v ist die Periodendauer der Vertikalablenkung und entspricht auch etwa der Sägezahn-Hinlaufdauer. R_2 ist der OHMsche Widerstand der Vertikal-Ablenkspulen, vermehrt um den Widerstand der sekundarseitigen Übertragerwicklung. (Der skizzierte Stromverlauf ergibt sich etwa für $\tau_1/T_v = 0{,}12$; $\tau_2/T_v = 0{,}05$.)

Mit $\dfrac{d i_a}{d \frac{t}{T_v}} = 0$ erhält man aus Gl. (II.32) den Zeitpunkt für das Stromminimum:

$$\left.\frac{t}{T_v}\right|_0 = -\left(\frac{\tau_1}{T_v} + \frac{\tau_2}{T_v}\right) \tag{II.33}$$

und den Betrag dieses Minimums:

$$i_{a\,\min} = -\frac{\Delta i}{2ü}\,\frac{T_v}{\tau_1}\left(\frac{\tau_1}{T_v} + \frac{\tau_2}{T_v}\right)^2 + I_0. \tag{II.34}$$

Löst man nach I_0 auf und setzt diesen Wert zusammen mit $t/T_v = +1/2$ in Gl. (II.32) ein, so ergibt sich für den Betrag des Strommaximums:

$$i_{a\,\max} = \frac{\Delta i}{2ü}\,\frac{T_v}{\tau_1}\left(\frac{1}{2} + \frac{\tau_1}{T_v} + \frac{\tau_2}{T_v}\right)^2 + i_{a\,\min}. \tag{II.35}$$

Mit $\Delta i_a = i_{a\,\max} - i_{a\,\min}$, dem Stromhub in der Endstufe, läßt sich hieraus das notwendige Übersetzungsverhältnis ($ü$) ausrechnen:

$$ü = \frac{\Delta i}{\Delta i_a}\,\frac{1}{2\,\frac{\tau_1}{T_v}}\left(\frac{1}{2} + \frac{\tau_1}{T_v} + \frac{\tau_2}{T_v}\right)^2. \tag{II.36}$$

Setzt man schließlich Gl. (II.33) und Gl. (II.36) in Gl. (II.32) ein, so wird

$$i_a = \Delta i_a \left(\frac{\frac{t}{T_v} + \frac{\tau_1}{T_v} + \frac{\tau_2}{T_v}}{\frac{1}{2} + \frac{\tau_1}{T_v} + \frac{\tau_2}{T_v}} \right)^2 + i_{a\,\min}. \tag{II.37}$$

Die Gleichstromaufnahme der Endstufe erhält man durch Integration von Gl. (II.37) zu:

$$I_a = \Delta i_a \frac{\frac{1}{12} + \left(\frac{\tau_1}{T_v} + \frac{\tau_2}{T_v}\right)^2}{\left(\frac{1}{2} + \frac{\tau_1}{T_v} + \frac{\tau_2}{T_v}\right)^2} + i_{a\,\min}. \tag{II.38}$$

Für den Verlauf der Anodenspannung ergibt sich an Hand der Abb. II.17:

$$\begin{aligned} u_a &= U_B - u_K - u_1 - u_2 \\ &= U_B - u_K - i_a R_1 - 2\Delta i_a \ddot{u}^2 R_2 \frac{\tau_1}{T_v} \frac{\frac{t}{T_v} + \frac{\tau_2}{T_v}}{\left(\frac{1}{2} + \frac{\tau_1}{T_v} + \frac{\tau_2}{T_v}\right)^2} \end{aligned} \tag{II.39}$$

und für den Mittelwert der Anodenspannung:

$$U_a = U_B - U_K - I_a R_1 - 2\Delta i_a \ddot{u}^2 R_2 \frac{\tau_1}{T_v} \frac{\frac{\tau_2}{T_v}}{\left(\frac{1}{2} + \frac{\tau_1}{T_v} + \frac{\tau_2}{T_v}\right)^2}. \tag{II.40}$$

Die anodenseitige Aussteuerung folgt aus Gl. (II.37) und Gl. (II.39):

$$\begin{aligned} u_a = U_B - u_K + 2\Delta i_a \ddot{u}^2 R_2 \left(\frac{\frac{\tau_2}{T_v}}{\frac{1}{2} + \frac{\tau_1}{T_v} + \frac{\tau_2}{T_v}} \right)^2 - \\ - i_a R_1 \overset{(+)}{-} \frac{2\Delta i_a \ddot{u}^2 R_2 \frac{\tau_1}{T_v}}{\frac{1}{2} + \frac{\tau_1}{T_v} + \frac{\tau_2}{T_v}} \sqrt{\frac{i_a - i_{a\,\min}}{\Delta i_a}}. \end{aligned} \tag{II.41}$$

Die Aussteuerung im $i_a(u_a)$-Kennlinienfeld findet also längs einer wesentlich parabelförmig gekrümmten Kurve statt ($\ddot{u}^2 R_2 > R_1$). Die Größe τ_1/T_v bestimmt offensichtlich das Verhältnis zwischen Sägezahn- und Parabelkomponente im Anodenstrom; sie sei daher „Formfaktor" genannt.

Mit der unteren Grenzfrequenz f_g der Übertragerkopplung besteht die Beziehung:

$$f_g T_v = \frac{1}{2\pi \frac{\tau_1}{T_v}}. \tag{II.42}$$

Die in der Schaltung *einfachste Endstufe* erhält man, wenn die gekrümmte Röhrenkennlinie zur Erzeugung der Parabelkomponente herangezogen wird [*28*]. Das Stromminimum muß also mindestens in den Anfang des Sägezahnhinlaufs gelegt werden. Mit $\left.\frac{t}{T_v}\right|_0 = -\frac{1}{2}$ ergibt sich aus Gl. (II.33):

$$\left.\frac{\tau_1}{T_v}\right|_0 = \frac{1}{2} - \frac{\tau_2}{T_v}. \tag{II.43}$$

Diese Dimensionierung stellt den Grenzfall für die einfache, nicht gegengekoppelte Triodenendstufe dar, die z. B. in billigen Empfängern oft angewendet wird. Die Anodenspannung muß dann relativ hoch sein und z. B. aus der Boosterspannung (s. 7b) der Horizontalablenkung entnommen werden. (Wirkungsgrad!) Da sich die Röhrenkennlinie nur unvollkommen mit dem geforderten quadratischen Verlauf deckt, ist die mit dieser einfachen Endstufe erzielbare Ablenklinearität nicht sehr gut (Fehler 10 ··· 20%).

Die geringste *Stromaufnahme* der Vertikalendstufe erhält man nach Optimierung von Gl. (II.38) für:

$$\left.\frac{\tau_1}{T_v}\right|_{\text{opt.}} = \frac{1}{6} - \frac{\tau_2}{T_v}, \tag{II.44}$$

und hiermit aus Gl. (II.37):

$$\left. i_a \right|_{\text{opt.}} = \frac{9}{4}\,\Delta i_a \left(\frac{t}{T_v} + \frac{1}{6}\right)^2 + i_{a\,\min}, \tag{II.45}$$

und aus Gl. (II.38):

$$I_{a\,\text{opt.}} = \frac{1}{4}\,\Delta i_a + i_{a\,\min}. \tag{II.46}$$

Diese Dimensionierung, wichtig z. B. bei Speisung aus der Boosterspannung, ist also nur bei Ablenkspulen ausreichend kleiner Zeitkonstante möglich ($\tau_2/T_v < 1/6$, d. h. $L_2/R_2 < 3$ ms). Die erforderliche Parabelkomponente ist beträchtlich und verlangt einen größeren Aufwand in Steuerstufe und Gegenkopplung.

Der interessanteste Ansatz zur Wahl des Formfaktors zielt auf die *kleinstmögliche* Übertragergröße. Die Zeitkonstante ($\tau_ü$) einer Spulenwicklung hängt nämlich bei gleichen Kerndaten praktisch nur vom Wickelquerschnitt ab [vgl. auch Gl. (II.31)] und gibt damit ein direktes Maß für die Dimensionen des benötigten Ausgangsübertragers.

Durch Auflösung von Gl. (II.39) nach R_1 erhält man, weil $i_{a\max}$ und $u_{a\min}$ zugeordnete Werte darstellen:

$$\tau_ü = \frac{L_1}{R_1} = \frac{\tau_1 R_2 ü^2}{f(u_{a\min}, i_{a\max})},$$

$$\frac{\tau_ü}{T_v} = \frac{\left(\frac{1}{2} + \frac{\tau_1}{T_v} + \frac{\tau_2}{T_v}\right)^4}{\frac{1}{B}\frac{\tau_1}{T_v} - \left(\frac{1}{2} + \frac{\tau_1}{T_v} + \frac{\tau_2}{T_v}\right)^2} \cdot \frac{1 + \frac{i_{a\min}}{\Delta i_a}}{1 + 2\frac{\tau_2}{T_v}}, \tag{II.47}$$

mit

$$B = \frac{\left(1 + 2\frac{\tau_2}{T_v}\right)\Delta i^2 R_2}{4\,\Delta i_a (U_B - u_K - u_{a\min})}. \tag{II.48}$$

Die Größe B erfaßt, wie man sieht, die „Betriebsbedingungen", nämlich die Daten der Ablenkspulen Δi, R_2 (einschließlich des zunächst geschätzten Wicklungswiderstandes für den Übertrager) und τ_2/T_v, sämtlich gemessen auf der Sekundärseite des Ausgangsübertragers, sowie die Daten der Endstufe Δi_a, U_B, U_k (zunächst geschätzt) und $u_{a\min}$, auf der Primärseite gemessen.

Nun ist $\Delta i R_2$ der Spannungshub Δu am Belastungswiderstand und $2(U_B - U_K - u_{a\min})$ der primärseitige Spannungshub bei idealem A-Betrieb mit sehr großem Übertrager. Damit kann man für B auch schreiben:

$$B = b\left(1 + 2\frac{\tau_2}{T_v}\right)\frac{\Delta i\,\Delta u}{\Delta i_a \Delta u_a}, \quad \text{mit} \quad 0{,}25 \leqq b \leqq 0{,}5. \tag{II.49}$$

Die Größe B gibt demnach das Verhältnis zwischen primär- und sekundärseitiger Aussteuerung (Leistungsdreieck) an und ist damit ein Maß für die Anpassung zwischen Endstufe und Ablenkspulen. Bei idealem Übertrager sind die Aussteuerungen auf beiden Seiten durch das Übersetzungsverhältnis einander fest zugeordnet ($B = 0{,}5$), während mit kleiner werdendem Übertrager in diesem ein immer größerer Teil der Endstufenaussteuerung verlorengeht ($B < 0{,}5$). Durch Minimumbildung erhält man aus Gl. (II.47) den zum kleinsten Übertrager führenden Formfaktor:

$$\left.\frac{\tau_1}{T_v}\right|_{ü} = \frac{3}{4B} - \frac{1}{2} - \frac{\tau_2}{T_v} (\pm) \frac{3}{4B} \sqrt{1 - \frac{16}{9} B \left(1 + 2\frac{\tau_2}{T_v}\right)}. \tag{II.50}$$

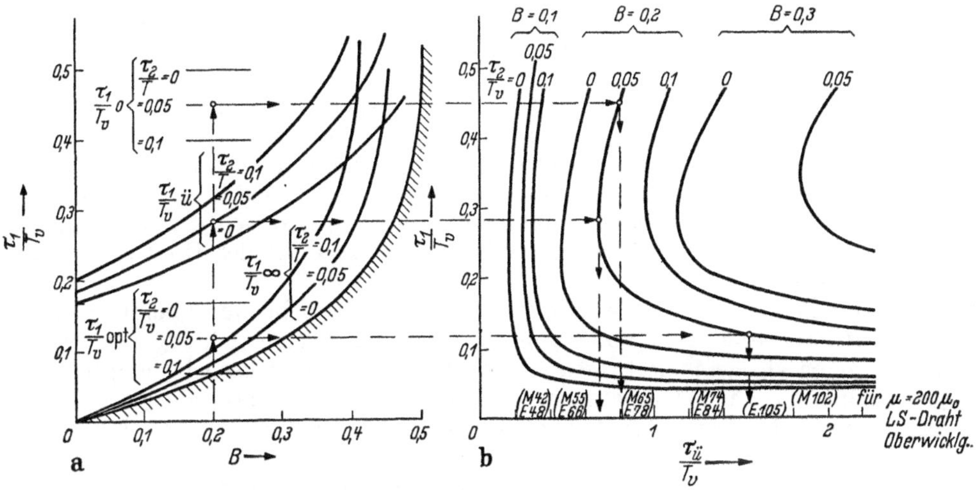

Abb. II.18a u. b. Diagramm zur Bestimmung der Realisierbarkeit und Größe des Ausgangsübertragers [30].
a) Formfaktor (τ_1/T_v) als Funktion der Betriebsbedingungen (B) nach Gl. (II.50) für verschiedene Zeitkonstanten der Ablenkspulen (τ_2/T_v) und besondere Dimensionierungsweisen.

$\left.\frac{\tau_2}{T_v}\right|_0$ horizontale Anfangstangente im Anodenstrom,

$\left.\frac{\tau_1}{T_v}\right|_{opt.}$ geringste Stromaufnahme,

$\left.\frac{\tau_1}{T_v}\right|_{ü}$ kleinster Übertrager,

$\left.\frac{\tau_1}{T_v}\right|_{\infty}$ Grenzkurve für unendlich großen Übertrager (Realisierbarkeitsgrenze);

b) Übertragerzeitkonstante ($\tau_ü/T_v$), entsprechend etwa der Übertragergröße, als Funktion des Formfaktors (τ_1/T_v), der Zeitkonstante der Ablenkspulen (τ_2/T_v) und der Betriebsbedingungen (B).

Diese Funktion ist in Abb. II.18a aufgezeichnet, wobei zu Vergleichszwecken die anderen Bemessungsmöglichkeiten nach Gl. (II.43) und Gl. (II.44) mit eingetragen sind. Bei niederen Werten von B liegt also der kleinste Übertrager nahe bei der geringsten Stromaufnahme, bei hohen Werten dagegen nahe bei der Dimensionierung für horizontale Anfangstangente im Anodenstrom.

Der Übertrager ist nur realisierbar, wenn der Nenner von Gl. (II.47) größer als Null ist:

$$B < \frac{\frac{\tau_1}{T_v}}{\left(\frac{1}{2} + \frac{\tau_1}{T_v} + \frac{\tau_2}{T_v}\right)^2}. \tag{II.51}$$

Diese *Realisierungsbedingung* ergibt eine Grenzkurve $\left(\frac{T_1}{T}\infty\right)$ in Abb. II.18a. In Abb. II.18b ist auch Gl. (II.47) selber aufgetragen. Wie man sieht, ist das

Minimum nicht sehr ausgeprägt, so daß man sich den gegebenen Übertragergrößen unschwer anpassen kann. Dagegen führt die Auslegung für geringste Stromaufnahme leicht zu sehr großen Übertragern und fällt dann in ein Gebiet starker Abhängigkeit vom Formfaktor. Die *Dimensionierung* des Ausgangsübertragers geht von den gegebenen Betriebsbedingungen B nach Gl. (II.48) und einem frei gewählten Formfaktor τ_1/T_v aus. Gl. (II.47) liefert die Übertragerzeitkonstante ($\tau_ü$) und über die Übertragernormen die Kerngröße (in Abb. II.18b in Klammern eingetragen). Das Übersetzungsverhältnis $ü$ ergibt sich aus Gl. (II.36) und hieraus mit R_2 nach Abb. II.17 die Primärinduktivität L_1. Der primärseitige Wicklungswiderstand R_1 folgt dann aus $\tau_ü$ und zur Kontrolle auch aus Gl. (II.39). Mittels Gl. (II.38) und Gl. (II.40) berechnet man schließlich anhand des Kennlinienfeldes der Endröhre die nötige Vorspannung U_k.

Von Gl. (II.37) ausgehend findet man nun ferner unter Einrechnung der Anodenrückwirkung nach Gl. (II.39) den erforderlichen Zeitverlauf für die Steuerspannung aus dem Kennlinienfeld der Endröhre. Ist die Permeabilität des Eisenkernes aussteuerungsabhängig, so daß sich der Formfaktor über eine Periode hinweg stark ändert, dann ist eine entsprechende Korrektur des Zeitverlaufs vorzusehen. Es sei ausdrücklich darauf hingewiesen, daß sich die Unterschiede zwischen Triode und Pentode als Endröhre erst hier bei der Dimensionierung des Steuerkreises ergeben.

Während des *Sägezahnrücklaufs* wird eine erhebliche Spannungsspitze induziert. Zu ihrer Dämpfung wird oftmals der Primärwicklung ein Serien-RC-Glied parallelgeschaltet, welches den Rücklauf aperiodisch bedämpft, ohne gleichzeitig für den langsameren Hinlauf des Sägezahnes eine wesentliche Belastung zu ergeben. Das Ausmaß der Bedämpfung ist durch die Forderung begrenzt, daß der Abklingvorgang noch während der Austastzeit beendet sein muß, da sonst die Zeilenabstände an der oberen Bildkante auseinandergezogen werden [*34*]. Zusätzlich zu diesem Abklingvorgang in der Hauptinduktivität des Übertragers treten aber noch Ausschwing- und Ausgleichsvorgänge in und zwischen Primär- und Sekundärseite auf, die durch die Streuinduktivität (lose Kupplung) ermöglicht und durch den raschen Rücklauf angestoßen werden. Ihre Vermeidung ist nur erreichbar, wenn der Energieinhalt und die Dämpfung auf beiden Seiten des Übertragers gleich groß gemacht werden können —, und zwar individuell für jedes Wicklungspaket, das selbständig schwingen könnte [*35*].

Diese meist schwer zu beeinflussenden Ausschwingvorgänge überlagern sich dem Ablenksägezahn und verursachen unregelmäßige Zeilenabstände in der Nähe des oberen Bildrandes. Weiteres Eingehen auf diese interessanten Störeffekte würde hier aber zu weit führen.

6c. Der Steuerkreis für die Vertikalendstufe mit Übertragerkopplung.

Unter Einbezug des Sägezahnrücklaufs, der vereinfachend als linear angenommen wird, erhält man die in Abb. II.19 aus ihren Komponenten hergeleiteten Zeitverläufe für Anodenstrom (i_a) und Anodenspannung (u_a) [*22*]. Aus dem Kennlinienfeld entnimmt man die hierfür nötige Steuerspannung. Sie wird im Falle einer Pentode als Endröhre (Stromeinspeisung) ähnlich $i_a(t)$ und bei einer Triode (niederohmige Spannungsspeisung) ähnlich $u_a(t)$ verlaufen. Die Sägezahngrundkomponente wird stets durch einen synchronisierten Kippgenerator erzeugt, der in Abb. II.20 vereinfacht als Entladeschalter für den Sägezahnkondensator (C_0) dargestellt ist. Praktisch eignet sich hierzu am besten der Sperrschwinger, da er während des Kippvorganges (Rücklaufzeit) sehr niederohmig und demzufolge

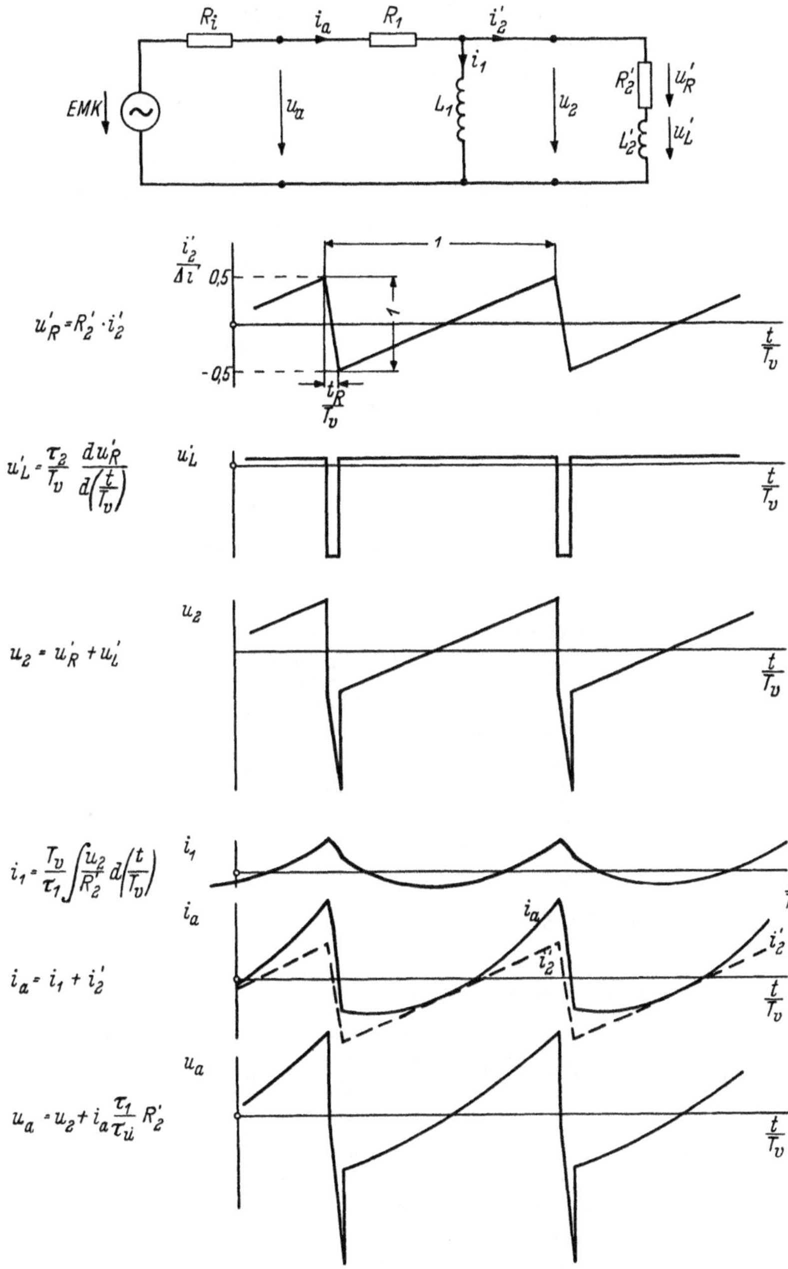

Abb. II.19.
Vereinfachte Ersatzschaltung für die Vertikalendstufe mit Übertragerkopplung. Strom- und Spannungsverlaufe fur

$$\frac{\tau_1}{T_v} = 0{,}3; \quad \frac{\tau_2}{T_v} = 0{,}05; \quad \frac{\tau_a}{T_v} = 0{,}7; \quad \frac{t_R}{T_v} = 0{,}1.$$

unempfindlich gegen Einstreuungen der Horizontalablenkung ist. Der Steuersägezahn wird meist nach dem Prinzip der „*mitlaufenden Ladespannung*" linearisiert. Man hält hierbei den Spannungsabfall am Ladewiderstand (R_0) und damit den Ladestrom für C_0 durch Einfügung einer Kompensationsspannung (Mitkopplung) möglichst konstant oder kompensiert ihn sogar über, zwecks Erzielung einer aufwärts gekrümmten Parabelkomponente (vgl. Abb. II.21). Das Ausmaß dieser Krümmung ist begrenzt, da für doppelte Steilheit auch doppelte Ladespannung (verglichen mit der Batteriespannung und nicht mit der Sägezahnamplitude!) wirksam sein muß. Die Herstellung der gewünschten Kurvenform wird daher durch zusätzliche Impulsformerschaltungen zwischen Steuer- und Endstufe oder im Wege der Gegenkopplung unterstützt, vor allem mit der Absicht, die darüber hinaus meist noch vorhandene Gegenkopplung überwiegend

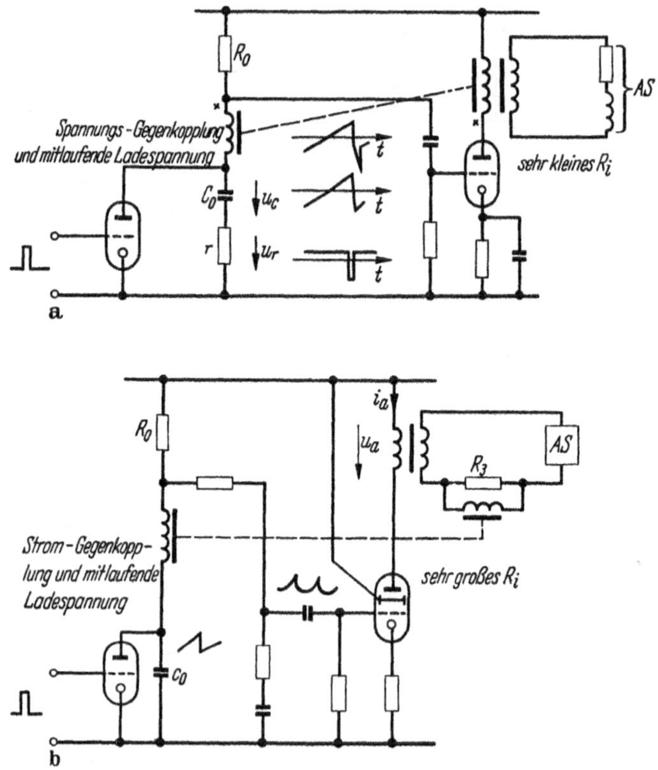

Abb. II.20a u. b. Grundschaltungen für die Vertikalendstufe (nach R. URTEL [22]).
a) Niederohmige Endstufe. Triode mit Spannungsgegenkopplung vom Ausgangsübertrager, die gleichzeitig auch als mitlaufende Ladespannung ausgenützt wird. b) Hochohmige Endstufe. Pentode mit Stromgegenkopplung vom Ablenkstrom (gleichzeitig auch mitlaufende Ladespannung für den Sagezahngenerator).

zur Stabilisierung und nicht zur Linearisierung des Ablenksägezahnes auszunutzen. Gelingt es, Vorverzerrung und Gegenkopplung so aufeinander abzustimmen, daß die Summe aus Generatorsägezahnform, Vorverzerrung und Gegenkopplung gerade die aus dem Kennlinienfeld der Endröhre ermittelte Steuerspannung für linearen Ablenksägezahn ergibt, so wird der Gegenkopplungsmechanismus nur zum Ausgleich von Schwankungen und untergeordneten Nichtlinearitäten (z. B. des Eisens) herangezogen (kurvenrichtige Gegenkopplung [*30*]). Diese Tendenz ist wichtig, da der erzielbare Gegenkopplungsfaktor praktisch stark begrenzt ist. Die mittlere Gleichspannung am Kondensator C_0, die etwa gleich der halben Sägezahnamplitude plus „Schwimmspannung" (Entladerestspannung) ist, muß nämlich merklich niedriger als die Ladespannung U_0 bleiben, weil sonst der Wert von R_0 so weit verringert werden müßte, daß er eine zu hohe Belastung für den Ausgangskreis wäre. (Durch mitlaufende Ladespannung kann nur die Wechselspannung, nicht aber die an R_0 stehende Gleichspannungskomponente kompensiert werden.) Praktisch ist die erzielbare Sägezahnamplitude bei mitlaufender Ladespannung etwa gleich U_0, z. B. 200 V_{ss} bei 200 V Batteriespannung. Damit wird bei dem Steuerspannungsbedarf von 10 V_{ss} üblicher Endröhren der maximal erzielbare Gegenkopplungsfaktor etwa 20 (26 dB). Durch Spannungsgegenkopplung (Abb. II.28a) wird die Ausgangsspannung stabilisiert, die Endstufe daher niederohmiger, wogegen sie bei Stromgegenkopplung hochohmiger wird (Abb. II.20b) [22].

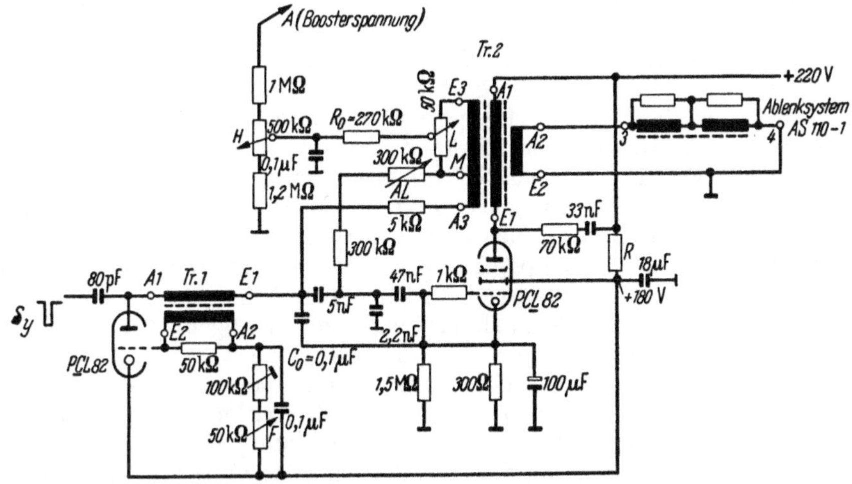

Abb. II.21. Beispiel einer praktisch ausgeführten Ablenkschaltung für 110°, 16 kV. Anodenblocking als Sägezahngenerator, mit Amplitudenstabilisierung durch Verwendung der Differenz aus Booster- und Schirmgitterspannung als Ladespannung für den Generator. Hochohmige Endstufe mit Spannungsgegenkopplung ($M - A_3$) und mitlaufender Ladespannung ($E_3 - A_3$). Das Potentiometer H (Ladespannung) regelt die Amplitude ohne wesentlichen Einfluß auf Frequenz und Linearität. Potentiometer L dient zur Einstellung der Linearität in der unteren Bildhälfte, Potentiometer AL dient dem gleichen Zweck im oberen Viertel des Bildes. Frequenzeinstellung mittels Potentiometer F.

Tr. 1: Kern M 42, Dyn. Bl. IV, ohne Luftspalt.
Wicklung A_1—E_1: 2500 Wdgn. 0,1 CuL
A_2—E_2: 2500 Wdgn. 0,1 CuL
(CuL = Kupferlackdraht)

Tr. 2: Kern EI 78, Dyn. Bl. III, Luftspalt 0,05 mm
Wicklung A_1—E_1: 4000 Wdgn. 0,15 CuL
A_2—E_2: 210 Wdgn. 0,6 CuL
A_3—M: 500 Wdgn. 0,1 CuL
M—E_3: 2000 Wdgn. 0,1 CuL

(Mit freundlicher Genehmigung der Standard Elektrik Lorenz AG.)

Die hochohmige Pentodenendstufe ist im allgemeinen vorzuziehen, da sie den Ablenkstrom auch bei Erwärmung der Spulen konstant beibehält und ihr Kennlinienfeld eine sehr viel weitere Aussteuerung zuläßt. Auch hat die niederohmige Triodenendstufe spürbare Nachteile: Der Serienwiderstand (r) zu C_0, der zur Erzeugung der Impulskomponente dient, macht den Kippgenerator einstreuempfindlich (Zeilensprung!), und die nötige Gegenkopplung zur Erzielung eines bestimmten Innenwiderstandes wird zusätzlich erhöht durch die Tatsache, daß der primärseitige Wicklungswiderstand des Ausgangsübertragers meist von etwa gleicher Größenordnung wie der übersetzte Spulenwiderstand (R_2') ist. Dagegen besitzt die an sich zur niederohmigen Endstufe gehörende Spannungsgegenkopplung (Abb. II.20a) den entscheidenden Vorteil, daß die Gegenkoppelspannung ohne besonderen Aufwand über eine zusätzliche Wicklung des Ausgangsübertragers erdfrei und mit fast beliebiger Amplitude unmittelbar erhalten werden kann, während die Steuerleistung im Strom-Gegenkopplungsweg begrenzt ist und daher meist einen zusätzlichen Verstärker erfordert.

Praktisch ausgeführte Schaltungen verwenden daher als Kompromißlösung eine weit aussteuerbare Pentode, jedoch mit Spannungsgegenkopplung; die

Endstufe bleibt dabei aber hochohmig. Der Temperatureinfluß wird durch einen Heißleiterwiderstand in Reihe mit den Ablenkspulen kompensiert.

In Abb. II.21 sind die Werte einer modernen Vertikalablenkschaltung für 110°-Bildröhren zusammengestellt.

7a. Horizontalablenkung für Bildwiedergaberöhren.

Die Ablenkspulen sind für zeilenfrequente Vorgänge wesentlich induktiv, wodurch die benötigte Blindleistung erhebliche Werte annimmt (vgl. 5). Die Auslegung der Horizontalendstufe nach üblichen Verstärkergesichtspunkten wurde daher frühzeitig verlassen und eine besondere, typisch impulstechnische Endstufenschaltung entwickelt. Heute arbeiten alle Horizontalendstufen als Impulsformer, wobei der aus Ablenkinduktivität und parasitären Kapazitäten gebildete Schwingkreis abwechselnd über eine gesteuerte Röhre aufgeladen und dann über einen nichtlinearen Dämpfungswiderstand (Diode) wieder entladen wird. Der Übergang von Auf- zu Entladung erfolgt dabei unter Zwischenschaltung einer schwach gedämpften Halbschwingung, so daß die Stromrichtung in der Induktivität für diese beiden aperiodischen Phasen entgegengesetzt ist. Die im Ablenkkreis fließende Gleichstromkomponente (I_0 in Abb. II.22b) wird dadurch kleiner als die Sägezahnamplitude. Sie entspricht den während einer Periode auftretenden Verlusten. Die bei der Vertikalablenkung so wichtigen Maßnahmen zur Gleichstromtrennung verlieren hier also an Bedeutung.

Die Endstufe hat im wesentlichen nur die Funktion eines (fremd-) gesteuerten Schalters. Eine unmittelbare Beeinflussung der Kurvenform des Ablenkstromes durch entsprechende Veränderung der Steuerspannung und damit auch eine Linearisierung mittels Gegenkopplung sind unmöglich. Der Vorgang läuft vielmehr nach eigenen Gesetzen ab und kann von außen nur durch Änderung der Randbedingungen oder des Zeitprogramms beeinflußt werden.

Die Grundschaltung der Horizontalendstufe ist der in Abb. II.22 angegebene, magnetisch aufgeladene Schwingkreis. Unmittelbar nach Schließen des Schalters liegt die volle Spannung U_0 an der Induktivität L. Der Strom i_L steigt daher zunächst nach der Gleichung $i_L = \frac{1}{L}\int u_L\,dt$ zeitproportional an. Über längere Zeiten betrachtet, erfolgt dieser Aufladevorgang bekanntlich nach einer Exponentialfunktion mit der Asymptote U_0/r und der Zeitkonstante L/r; r ist die Summe aller im Ladekreis liegenden Widerstände ($r = R + r_d$). Den größten Beitrag hierzu liefert der Durchgangswiderstand (r_d) des Schalters (evtl. transformierter Innenwiderstand von Endröhre oder Diode). Da in praktisch ausgeführten Schaltungen ohne Linearitätsentzerrung ein Linearitätsfehler von etwa 20% auftritt, was einer Zeitkonstante von etwa 250 µs entspricht, während die Zeitkonstante der Ablenkspulen allein etwa 1 ms beträgt, erhält man hieraus $r_d = 3R$. Die erforderliche „Hinlaufspannung" U_0 ergibt sich aus Gl. (II.27) und Gl. (II.28):

$$U_0 = L\frac{di_L}{dt} = L\frac{\Delta i}{t_H} = \sqrt{8\frac{m}{e\,\mu_0}\,\frac{V_m}{(A_m\,l_m)^2}\,L\,U_a}\;\frac{\operatorname{tg}\gamma_{\max}}{t_H}\,. \qquad \text{(II.52)}$$

Gesteuert von der Synchronisierflanke des empfangenen Synchronsignals, wird der Schalter geöffnet und unterbricht den Anstieg des Stromes. Da der Spulenstrom i_L Energieträger ist und daher keine Sprünge ausführen kann, fließt er in der Induktivität L weiter und lädt die den Ablenkspulen parallel liegende Kapazität C auf. Diese, durch Wickel-, Zusatz- und Erdkapazität gebildet, ist sehr klein, so daß der Schwingwiderstand des Kreises und folglich die entstehende Spannung sehr groß sind. Diese hohe Rücklaufspannung eignet sich besonders zur Ableitung der Beschleunigungsspannung U_a für die Bildröhre, da sie bei Ausfall der Ablenkung von selber mit verschwindet, so daß zusätzliche Mittel zur Verhütung des Strahleinbrennens in den Bildschirm entbehrlich sind. Nach dieser freien, schwach gedämpften Halbschwingung wird der Schalter über eine mit U_0 vorgespannte Diode automatisch wieder geschlossen, die freie Schwingung dadurch momentan unterbunden und die aufgespeicherte magnetische

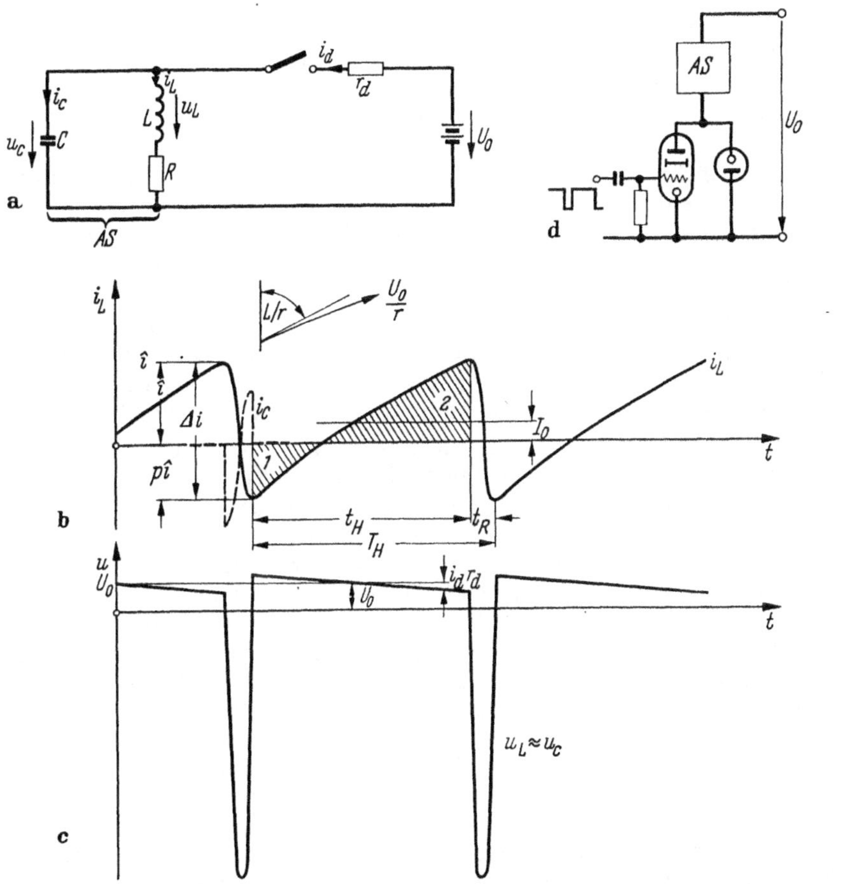

Abb. II.22 a—d. Strom- und Spannungsverlauf beim magnetischen Parallelschwingkreis.

a) Ersatzschaltbild fur die Grundschaltung der Horizontalablenkung, mit pendelnder Ablenkenergie (Energieruckgewinnung). AS = Ablenkspulen, r_d = Innenwiderstand des (elektronischen) Schalters. b) Zeitverlauf des Stromes (i_L) in der Ablenkinduktivitat (L) sowie des Stromes (i_c) in der Streukapazitat (C). Wahrend der Hinlaufzeit (t_H) verlauft der Strom i_L nach einer e-Funktion der Zeitkonstante L/r und nach der Asymptote U_0/r (mit $r = r_d + R$). Der Rucklauf (t_R) ist ein Ausschnitt aus einer schwach gedampften Cosinusschwingung (p). Die Flache (2) stellt die wahrend der Aufladephase aufgenommene Ladung, die Flache (1) die in die Batterie (U_0) zuruckfließende Ladung dar. Die Differenz beider Flachen ergibt die Gleichstromaufnahme I_0. c) Zeitverlauf der Spannung an den Ablenkspulen. d) Schaltungsmaßige Realisierung des bipolaren Schalters (r_d) mittels gesteuerter Schaltrohre und Diode (Stromruckgewinnung) nach A. D. Blumlein [36].

Energie aperiodisch, etwa zeitproportional, entladen. Da i_L negativ ist, wird diese Energie an die Quelle U_0 zurückgeliefert. Anschließend wird der induktive Speicher mit kontinuierlichem Übergang über die inzwischen auf Stromfluß gesteuerte Röhre wieder aufgeladen.

Infolge Dämpfung der freien Halbschwingung (Wirbelstrom- und Hystereseverluste, Leistungsentnahme durch die Hochspannungserzeugung) ist die negative Stromamplitude ($p\hat{\imath}$) im Vergleich zu der positiven Anfangsamplitude ($\hat{\imath}$) um etwa 20% niedriger, so daß die Auslenkung des Elektronenstrahls bei der in Abb. II.22d angegebenen Schaltung unsymmetrisch zur Ruhelage wird. Der Betrag dieser Unsymmetrie liegt gewöhnlich im Rahmen der ohnehin vorgesehenen Zentriermöglichkeiten, so daß kein zusätzlicher Aufwand für ihre Kompensation entsteht.

7b. Horizontalendstufen mit Energierückgewinnung.

Die bei Entladung des Schwingkreises zurückgewonnene Energie kann wieder an die Stromquelle abgegeben werden (Stromrückgewinnung) oder zur Speisung anderer Baugruppen dienen (Leistungsrückgewinnung); drittens kann sie zur Erhöhung der Hinlaufspannung ausgenutzt werden (Spannungsrückgewinnung).

Die älteste Form ist die *Stromrückgewinnung* [*36*]. Wie in Abb. II.22d angegeben, wird der bipolare Schalter durch eine gesteuerte Schaltröhre mit parallel liegender Diode realisiert. Die Funktion dieser sehr einfachen und übersichtlichen Schaltung wurde in 7a bereits erläutert. Vom praktischen Standpunkt aus hat sie aber einige wesentliche Nachteile. Die Diode wird mit hohen Impulsspannungen (Rücklaufspitze) in Sperrichtung beansprucht. Die gleiche Spannung liegt auch zwischen Kathode und Heizung, so daß spezielle, strahlungsgeheizte Kathoden entwickelt werden mußten. Aber auch die Schaltröhre bereitet Schwierigkeiten. Der Innenwiderstand einer Triode (etwa 1 kΩ) ist zu hoch. Als Ausweg bietet sich das R_{i_L}-Gebiet der Pentode an (etwa 0,1 kΩ) [*40*]. In diesem Stromübernahmebereich ist die Grundforderung nach anodenseitiger Steuerung erfüllt, hingegen müssen Vorkehrungen gegen eine Überlastung des Schirmgitters sowie gegen das Auftreten von Barkhausen-Kurz-Schwingungen getroffen werden [*50*]. Schließlich ergeben sich praktische Nachteile bei der Hochspannungserzeugung. Die Spannungsfestigkeit der verfügbaren Schaltröhren und Ablenksysteme läßt sich nicht erheblich über etwa 5 kV steigern, so daß man zur Gewinnung der Hochspannung aus dem Rücklaufimpuls spannungsvervielfachende Gleichrichterschaltungen (kapazitiv-parallele Ankopplung an die Wechselspannungsquelle bei Serienschaltung auf der Gleichspannungsseite) oder statt dessen einen gesonderten Hochspannungstransformator einsetzen mußte. Der erforderliche Aufwand und die Vergrößerung des Innenwiderstandes der Hochspannungsquelle ergaben jedoch so große Nachteile, daß die in dieser Richtung begonnene Entwicklung [*22*] zum Erliegen kam.

In Anbetracht der Gefahr parasitärer Schwingungen im Stromübernahmegebiet von Endpentoden [*50*] hat sich ein unter der Bezeichnung „*Viertelstromsteuerung*" bekannt gewordenes Verfahren [*37*] allgemeiner eingebürgert. Hierbei wird der mit Triode oder hochohmig betriebener Pentode bestückte Schalter künstlich dadurch niederohmig gemacht, daß während der Aufladephase ein Zusatzstrom über die Schaltdiode gezogen wird. Diese bleibt folglich während des gesamten Sägezahnhinlaufs stromführend und somit niederohmig (etwa 0,1 kΩ). Das Verfahren ist in Abb. II.23 näher erläutert. Die Diode ist über U_B positiv vorgespannt. Der z. B. als Urstrom gedachte Anodenstrom (i_a) verteilt sich auf Ablenkspule (i_L) und Diode (i_D). Soll die Diode während des Hinlaufs dauernd leiten, so muß demnach $i_a > i_L$ sein. Steuert man nun den Strom der Schaltröhre sägezahnförmig, so läßt sich erreichen, daß die Stromfläche unter i_a (mittlerer Anodenstrom) bei idealisierten Verhältnissen nur etwa gleich einem Viertel derjenigen Stromfläche wird, die bei ganz kurzer Sperrung der Röhre auftreten würde (i_a'). Daher die Bezeichnung „*Viertelstromsteuerung*".

Die „Hinlaufspannung" an den Ablenkspulen hängt auch vom Spannungsabfall an der Diode ab, so daß bei diesem Verfahren grundsätzlich die Möglichkeit besteht, die Linearität auf diesem Umweg über die Steuerspannung der Schaltröhre zu beeinflussen. Da der Innenwiderstand der Diode möglichst klein sein sollte, muß aber der über die Diode fließende Zusatzstrom merkliche Werte annehmen, wenn die Hinlaufspannung und damit die Linearität des Sägezahnstromes in den

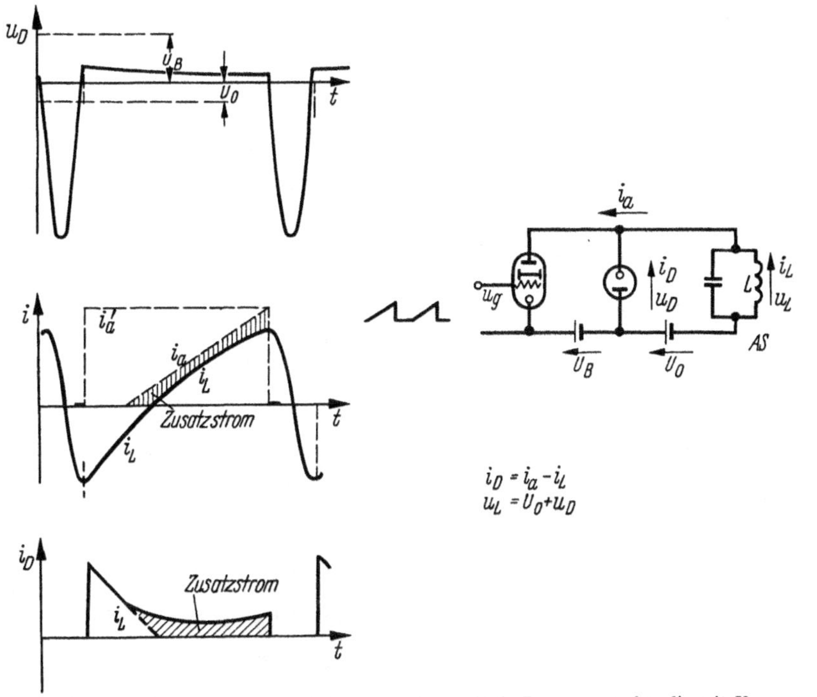

Abb. II.23. Realisierung des niederohmigen bipolaren Schalters mittels Zusatzstrom über die mit U_B vorgespannte Diode und Viertelstromsteuerung, nach R. ANDRIEU [37].

Ablenkspulen nennenswert verändert werden soll. Charakteristisch für Endstufen mit Viertelstrombetrieb ist daher die Notwendigkeit eines genaueren Abgleichs der Steuerspannung nebst einer größeren Leistungsaufnahme der Endstufe.

Wie nachstehend gezeigt, muß nur einer der Spannungsquellen ($U_B + U_0$, U_B oder U_0) von außen Leistung zugeführt werden (z. B. durch Netzanschluß), während die andere mit Hilfe der rückgewonnenen Ablenkenergie einfach durch einen großen Kondensator dargestellt werden kann. Wird in dieser Weise $U_B + U_0$ eingespeist, so spricht man von einer Schaltung mit „*Leistungsrückgewinnung*" [*38*], da zur Aufrechterhaltung einer stabilen Kondensatorspannung (U_0) Leistung an eine Nutzlast abgegeben werden muß. Die Schaltung ist in Abb. II.24 skizziert und ihre Funktion nach dem oben Gesagten wohl ohne weiteres verständlich. Gewisse Vorteile bietet diese, zwar mit schlechtem Wirkungsgrad arbeitende Stromversorgung, wenn aus ihr der Tonteil des Empfängers (billigere Siebmittel) oder, falls erforderlich (z. B. in transistorisierten Geräten), der gesonderte Hochspannungsgenerator für die Beschleunigungsspannung mitgespeist wird (Sicherung des Bildschirmes gegen Einbrennen des Elektronenstrahls bei Ausfall

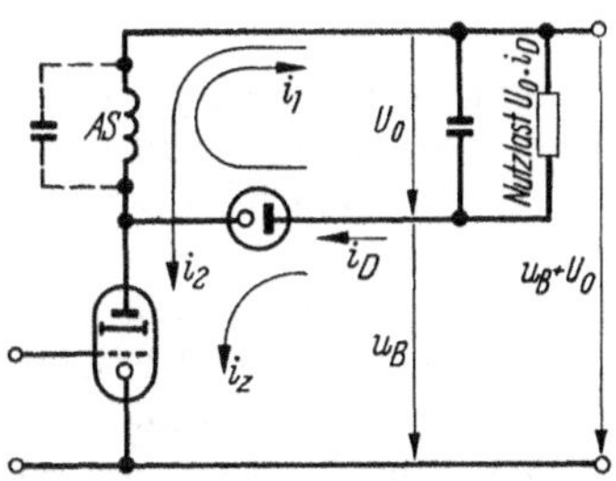

Abb. II.24. Erzeugung der Vorspannung (U_B) durch ein leistungsverbrauchendes RC-Glied (Horizontalendstufe mit Leistungsrückgewinnung) [*38*]. Die rückgewonnene Leistung kann über eine Nutzlast ($U_0 i_D$) abgenommen werden.

der Ablenkung). Wird nur U_B von außen her gespeist, so spricht man von einer Schaltung mit „*Spannungsrückgewinnung*“ [*39*]. Der von der rückgewonnenen Energie gespeiste Kondensator (C_0) wird im englischen Schrifttum „Booster“-Kondensator genannt. Wie in Abb. II.25b gezeigt, wird dieser Kondensator abwechselnd durch den Strom i_1 geladen und durch i_2 entladen. Nach Abb. II.22b sind die beiden Stromflächen (Q_1 und Q_2) ungleich. Die verschiedenen Schaltungen

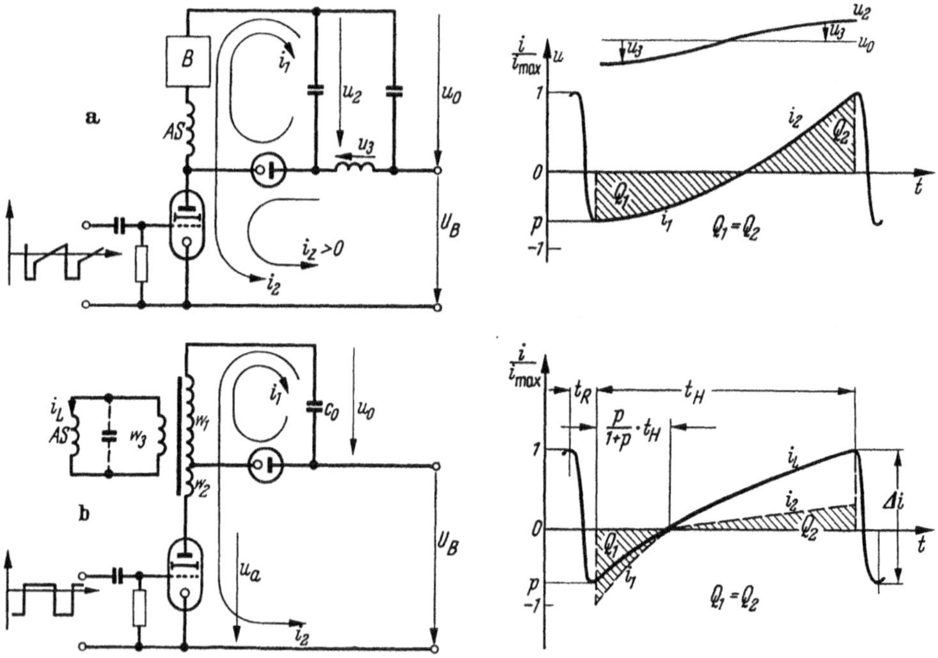

Abb. II.25a u. b. Spannungsrückgewinnung. Erzielung des Ladungsgleichgewichtes durch Veranderung der Stromkurve wahrend des Hinlaufs.

a) Aufwartskrümmung durch Einschaltung eines negativen Widerstandes (B) und eines abgestimmten Filters (u_2, u_3) [*22*].
b) Zeilentransformator. Röhren- (i_2) und Diodenstrom (i_1) fließen uber unterschiedliche Windungszahlen der Primärwicklung, so daß der Ablenkstrom (i_L) mit verschiedenen Übersetzungsverhaltnissen auf der Primärseite (w_1) erscheint. Das Übersetzungsverhältnis ist so gewählt, daß $Q_2 = Q_1$.

unterscheiden sich nun durch die Mittel, mit denen das Ladungsgleichgewicht wiederhergestellt wird. Es sind dies:

1. Veränderung der Stromkurve während des Hinlaufs, so daß $Q_1 = Q_2$ wird.

Lösung a.

Aufwärtskrümmung des Ablenksägezahnes nach Abb. II.25a. Die technische Realisierung ist nicht bekannt, erscheint aber möglich durch Einschalten eines negativen Widerstandes (B = Bogentyp, da Stromrückkopplung) in Serie zu den Ablenkspulen (AS), unterstützt durch Veränderung der Hinlaufspannung (U_2), etwa mittels eines abgestimmten Filters in Reihe mit der Diode, die durch einen kräftigen Zusatzstrom (i_z) gesteuert wird [*22*].

Lösung b.

Unterschiedliche Übersetzung des Dioden- (i_1) und des Röhrenstromes (i_2) nach Abb. II.25b. Dieses Verfahren wird heute fast ausschließlich, und zwar mit Hilfe des sog. „Zeilentransformators“, angewendet. Es ist besonders vorteilhaft, da es gestattet, die Daten der Ablenkspulen unschwer an die der Endröhre optimal anzupassen, und darüber hinaus eine bequeme Möglichkeit zum Speisen anderer Verbraucher bietet (Hochspannungserzeugung aus dem hinauftransformierten Rücklaufimpuls, Tastimpulse für Synchronisierung, Verstärkungsregelung usw.). Das Übersetzungsverhältnis zwischen Röhren- und Diodenabgriff folgt aus der Bedingung gleicher Stromflächen, z. B. bei Annahme eines linearen Sägezahnes (vgl. Abb. II.25b) zu:

$$Q_1 = \frac{w_3}{w_1} p\, i_{\max} \frac{p}{1+p} t_H. \tag{II.53}$$

$$Q_2 = \frac{w_3}{w_1 + w_2} i_{\max} \frac{1}{1+p} t_H. \tag{II.54}$$

Mit $Q_1 = Q_2$ ergibt sich hieraus nach Umformung:

$$\frac{w_1}{w_2} = \frac{p^2}{1-p^2}. \tag{II.55}$$

Diesem Windungsverhältnis entspricht auch die Aufteilung der Hinlaufspannung über die Transformatorwicklung.

Seitdem strahlungsgeheizte Dioden verfügbar sind, wird der Zeilentransformator meist als Spartransformator [*45*] ausgebildet (Abb. II.25b), um alle nicht unbedingt nötigen Wicklungen nennenswerten Energieinhaltes zu vermeiden. Ähnlich wie im Vertikalausgangsübertrager (6b) treten auch hier im Anschluß an das abrupte Abfangen des Rücklaufvorganges in den verschiedenen Wicklungen Ausschwing- und Ausgleichsvorgänge als Folge unvollkommener Kopplung auf, die auf den Ablenkstrom direkt oder über eine Innenwiderstandsbeeinflussung der Diode einwirken und eine Geschwindigkeitsmodulation der Zeilenablenkung hervorrufen; diese erscheint wiederum in Gestalt vertikaler Streifen am linken Bildrande [*49*].

Besonders einfach gestaltet sich hier die Hochspannungserzeugung: Die Wicklung des Spartransformators wird fortgesetzt, bis der Rücklaufimpuls ausreichend hochtransformiert ist. Dieser Wicklungsteil muß besonders kapazitätsarm ausgeführt werden. Zur Verminderung der Störwirkung seiner Ausschwingvorgänge wird er meist über eine größere Streuinduktivität an den Hauptfluß angekoppelt. Um einen geringen Innenwiderstand in einem begrenzten Strombereich zu erzielen, kann die Hochspannungswicklung durch entsprechende Wahl der geometrischen Abmessungen angenähert auf die dritte Harmonische der Rücklauffrequenz abgestimmt werden.

Die Einstellung der Ablenkamplitude kann durch Verändern der Stromversorgung (U_B), der Ansteuerung der Endröhre (Steueramplitude, Zusatzstrom, Vorspannung), durch Umschaltung des Übersetzungsverhältnisses oder durch Belastung mit einer, z. B. parallel zu den Ablenkspulen liegenden, veränderlichen Induktivität bewirkt werden.

Der Abgleich der Ablenklinearität erfolgt: a) bezüglich Krümmung des Sägezahnes beispielsweise durch Einschaltung einer stark nichtlinearen Induktivität, die bis in den fallenden Teil der $\mu(H)$-Kurve vormagnetisiert ist, in Reihe mit den Ablenkspulen (Abb. II.26), b) bezüglich des Tangensfehlers bei großen Ablenkwinkeln und flachem Bildschirm beispielsweise durch Wahl eines relativ kleinen Boosterkondensators [*45*], wodurch der Hinlaufspannung (U_0) eine Restwelligkeit (Parabelbögen) überlagert bleibt.

2. Entdämpfung der freien Halbschwingung während des Rücklaufs ($p > 1$).

Lösung a.

Negativer Widerstand vom Dynatrontypus (D) parallel zu den Ablenkspulen, nach Abb. II.27b. Praktisch realisiert z. B. bei einigen selbstschwingenden Ablenkendstufen (s. Abs. 8a).

Lösung b.

Koppelschwingungen nach Abb. II.27c. Die Energiezufuhr erfolgt während der freien Halbschwingung aus einem zusätzlichen, durch den Röhrenstrom

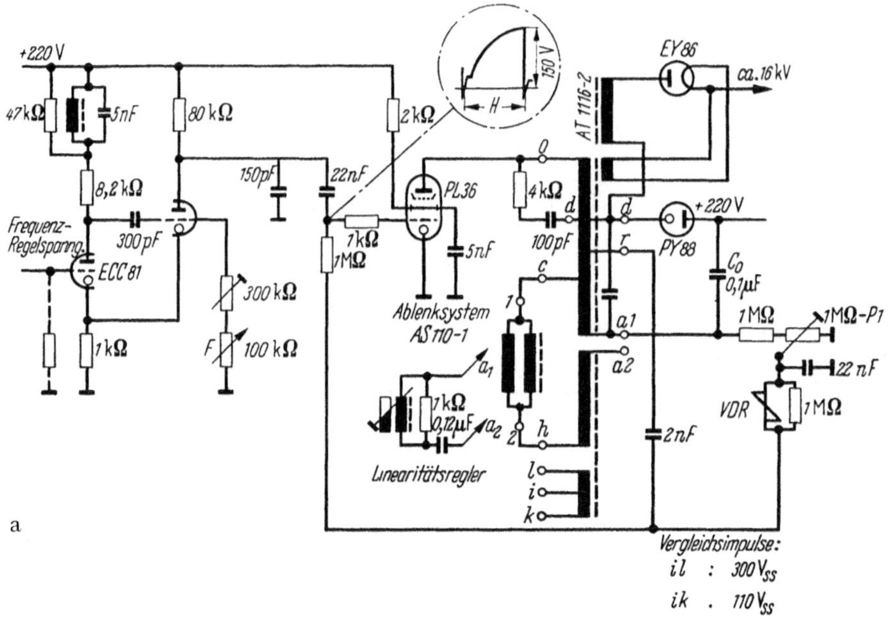

a

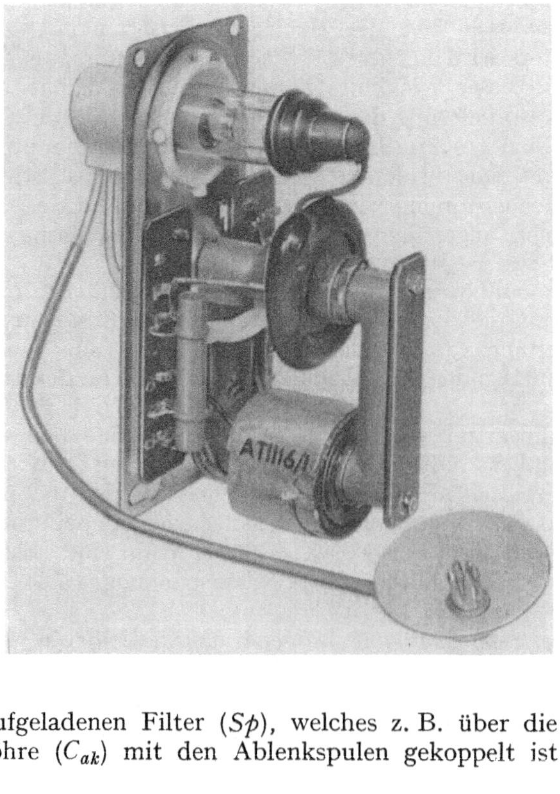

b

Abb. II.26a u. b. Schaltungsbeispiel fur eine Ablenkendstufe mit Zeilentrafo fur 110° bei 16 kV.

a) Horizontalgenerator (ECC 81), Schaltrohre (PL 36), Ruckgewinnungsdiode mit Strahlungsheizung (PY 88) und Hochspannungsgleichrichter (EY 86). Automatische Amplitudenregelung durch Ruckfuhrung der gleichgerichteten Rucklaufspitze (r-2 nF-VDR) als Vorspannung fur die Endrohre und Linearitatseinstellung mittels nichtlinearer, permanentmagnetisch vormagnetisierter Induktivitat ($a_1 - a_2$). Die Pentode wird oberhalb des Stromverteilungsgebietes betrieben, so daß keine Barkhausen-Kurz-Schwingungen entstehen. b) Ausfuhrungsbeispiel fur einen Zeilentrafo. Stromaufnahme 110 mA bei 220 $V_{=}$, Rucklaufzeit 13 μs, maximale Betriebstemperatur 85° C, maximale Belastung des Boosterkondensators 1 mA. (Mit freundlicher Genehmigung der Standard Elektrik Lorenz AG.)

aufgeladenen Filter (Sp), welches z. B. über die Anodenkapazität der Schaltröhre (C_{ak}) mit den Ablenkspulen gekoppelt ist und etwa gleiche Resonanzfrequenz wie diese besitzt [47]. Die Größe dieses zusätzlichen Energiespeichers richtet sich nach dem gewünschten Spannungsverhältnis U_B/U_0 und dem zulässigen Zusatzstrom (i_z). Die Spule des Zusatzfilters kann auch als Transformator zur Hochspannungserzeugung ausgebildet werden. Nach Unterbrechung des Röhrenstromes setzt ein schwach gedämpfter Ausschwingvorgang vermöge der in der Induktivität des Filters gespeicherten Energie ein. Während der ersten Halbwelle liegen die beiden Schwingkreise in Reihe mit der Anodenkapazität (C_{ak}) der Schaltröhre und dem Innenwiderstand der Batterie, die als verkoppelnde äußere Rückführungen wirken (Abb. II.27d). Die Abstimmung des Filters muß nun so erfolgen, daß der über die äußere Kopplung fließende Ausgleichsstrom in dem Augenblick am stärksten ist, in welchem die Rückgewinnungsdiode leitend wird. Sobald dies eintritt, unterbricht die Diode die Reihenschaltung der beiden Kreise und damit auch ihre Verkopplung. Während die aperiodische Entladung des Ablenksystems in den Boosterkondensator (C_0) hinein dank der durch den Ausgleichsstrom transportierten Energie bei größerer Amplitude beginnt, pendelt die im Zusatzfilter verbliebene Energie gedämpft aus. Abgesehen von dem damit verbundenen höheren Leistungsverbrauch kann dieses Auspendeln in den Ablenkkreis übergreifen und eine unerwünschte Geschwindigkeitsmodulation der Ablenkung hervorrufen (Partialschwingungen). Diese Schaltung hat sich daher nicht durchsetzen können.

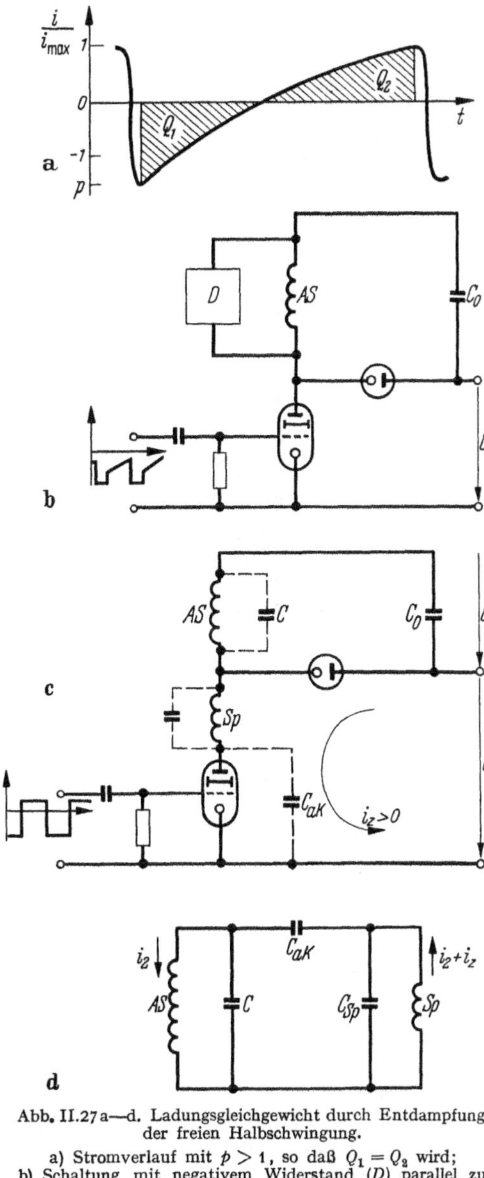

Abb. II.27a—d. Ladungsgleichgewicht durch Entdampfung der freien Halbschwingung.

a) Stromverlauf mit $p > 1$, so daß $Q_1 = Q_2$ wird; b) Schaltung mit negativem Widerstand (D) parallel zu den Ablenkspulen; c) Schaltung mit Energiezufuhr aus einem Speicherfilter (Sp) über eine Koppelschwingung nach S. I. Tourshou [47]; d) Ersatzschaltbild für die Zeit der Koppelschwingung (Rucklaufzeit).

3. *Zeilensynchroner Zerhacker*, bei dem ein Teil der Ablenkschaltung für die Energieumformung mit ausgenützt wird [46, 48].

In Serie mit der Schaltröhre liegt ein Übertrager, dessen Sekundärwicklung über eine Gleichrichterstrecke an den Boosterkondensator angeschaltet ist (Abb. II.28a). Je nach Polung der Übertragerwicklung erhält man dabei zwei verschiedene Funktionsweisen. Wählt man sie so, daß sich bei Abschaltung des Röhrenstromes eine freie Halbschwingung, wie bei den Ablenkspulen, ausbilden kann, so wirkt der Übertrager wie eine speichernde Induktivität (Q_0), und der Vorgang läuft sehr ähnlich dem der Rückgewinnung aus den Ablenkspulen ab (Abb. II.28b). Im Abschaltzeitpunkt ist in der Hauptinduktivität dieses sekundärseitig leerlaufenden Übertragers die dem Strom $i_2 + i_{sp}$ entsprechende Feldenergie gespeichert. Da die Dämpfung dieses Kreises während der anschließenden freien Halbschwingung gering ist, setzt die Entladung des Energiespeichers in den Boosterkondensator hinein auch mit etwa dieser selben Stromstärke ein (i_0); sie geht dann aber relativ steil vor sich, weil die Induktivität klein und die Gegenspannung groß ist ($di/dt = U_0/L$). Ist der Entladestrom abgeklungen (Stromfläche Q_0), so bleibt dieser Kreis in Ruhe, bis die Schaltröhre öffnet. Wird die Röhre rechteckig gesteuert (wie in Abb. II.28a angedeutet), so fließt neben dem

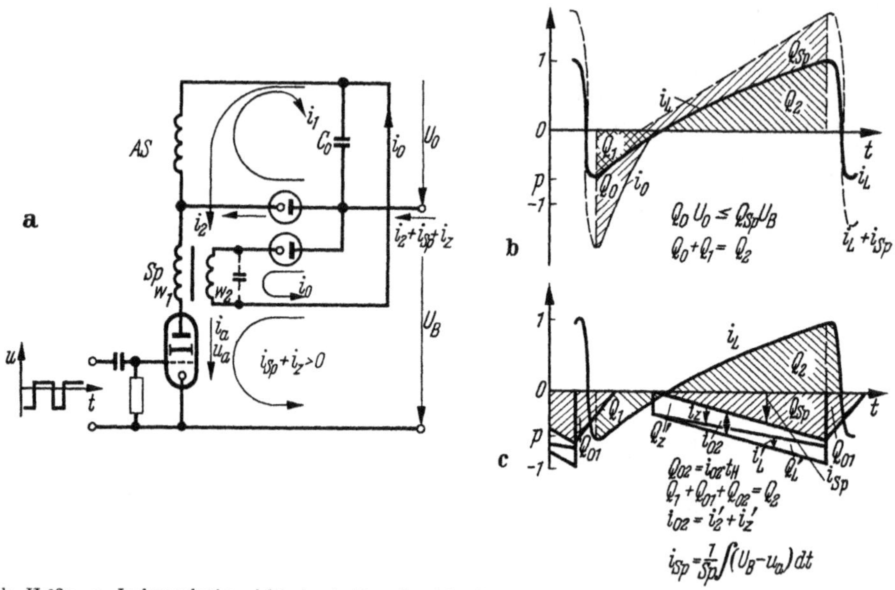

Abb. II.28a—c. Ladungsgleichgewicht durch Energiezufuhr in den Boosterkondensator aus einem Speicherübertrager (Sp) über eine zusätzliche Diode nach R. URTEL [46].

a) Schaltung mit Speicherübertrager; b) Stromverlauf bei gegenphasig gepolter Wicklung, so daß sich die freie Halbschwingung ausbilden kann; c) Stromverlauf bei gleichphasig gepolter Wicklung.

Ablenkstrom (i_2) ein so großer Zusatzstrom (i_{sp} mit Ladung Q_{sp}), daß der Anstieg des Gesamtstromes vermöge des Induktionsgesetzes dem U_B die Waage hält. Der von U_B zu liefernde Gleichstrom folgt aus der oberhalb der Zeitachse liegenden Stromfläche $Q_2 + Q_{sp}$. Bei dieser Polung wirkt also der Übertrager wie ein Energiespeicher, der während der zweiten Hälfte des Ablenksägezahnes (Aufladephase) primärseitig über die Schaltröhre aufgeladen wird ($i_2 + i_{sp}$), während die Entladung im Anschluß an die freie Halbschwingung über die zusätzliche Diode erfolgt (i_0). Die während des Rücklaufs an den beiden Kreisen auftretenden Spannungsspitzen addieren sich, so daß die Spannungsbelastung der Schaltröhre zunimmt. Beide Kreise sind wie in Abb. II.27 über die Anodenkapazität der Schaltröhre verkoppelt, so daß auch eine Entdämpfung durch Koppelschwingung erfolgt. Die nach Ablauf der Koppelschwingung im Energiespeicher verbleibende Energie pendelt aber nicht ungenützt aus, sondern wird über den zusätzlichen Gleichrichter als i_0 in den Boosterkondensator aperiodisch entladen. Abgesehen vom besseren Wirkungsgrad entfällt daher noch die genaue Abgleichforderung für die Resonanzfrequenzen. Auch in dieser Anordnung kann der speichernde Übertrager (Sp) in Fortsetzung der Primärwicklung eine kapazitätsarme Hochspannungswicklung erhalten.

Bei anderer Polung der Übertragerwicklung (s. Abb. 28c) setzt die aperiodische Entladung der mit ihrem Magnetisierungsstrom i_{sp} geladenen Hauptinduktivität des Übertragers *Sp* bereits im Abschaltzeitpunkt der Schaltröhre ein (Q_{01}). Mit Freigabe des Stromflusses über die Schaltröhre liegt die Batteriespannung, vermindert um die Anodenspannung (u_a), an der Primärwicklung des Übertragers. Der die Boosterspannung (U_0) übersteigende Teil dieser mit dem Verhältnis (w_2/w_1) übersetzten Impulsspannung bewirkt einen Kurzschlußstrom (i_{02}), der in den Boosterkondensator hineinfließt und nur durch die Spannungsdifferenz und die auf seinem Wege liegenden Widerstände bestimmt ist. Die erreichbare Boosterspannung (U_0) ist hier wie beim Zeilentransformator durch das Übersetzungsverhältnis festgelegt. Eine Hochspannungserzeugung mittels transformierender Zusatzwicklung auf *Sp* ist bei dieser Polung des Übertragers nicht möglich, da in *Sp* kein Rücklaufimpuls auftritt.

Im Gegensatz zur Vertikalendstufe und allen übrigen Impulsbausteinen ist eine unmittelbare *Transistorisierung* der vorstehend besprochenen Schaltungen für die Horizontalablenkendstufe nicht ohne weiteres möglich. Der Grund hierfür liegt in der Verquickung zwischen Horizontalablenkung und Hochspannungserzeugung und in der Durchschlagsempfindlichkeit der Transistoren. Da die Entwicklung auf diesem Gebiet noch zu sehr im Flusse ist, sollen hier nur einige grundsätzliche Gesichtspunkte und Entwicklungstendenzen aufgezeigt werden.

1. Halbleiterelemente eignen sich vor allem für den Aufbau sehr niederohmiger Schalter, ohne daß hierbei Barkhausen-Kurz-Schwingungen oder ähnliche Störungen auftreten. Folglich dürfte die Viertelstromsteuerung in transistorisierten Schaltungen voraussichtlich keine Bedeutung mehr haben. Die unmittelbare Zusammenschaltung zwischen Endstufe und niederohmigen Ablenkspulen wird vorherrschen.

2. Da die Durchschlagsspannung von Halbleitern sehr viel kritischer ist als bei Röhren, müssen die vorstehend besprochenen Schaltungen sehr niederohmig ausgelegt werden (10- bis 100fach geringere Spannungen bei entsprechend stärkeren Strömen). Hierbei treten die Knickspannungen der Dioden (0,3 V bei Germanium, 0,7 V bei Silizium) bereits begrenzend in Erscheinung. Man arbeitet daher auch an neuen Schaltungen, bei denen an den Schalttransistoren während des Rücklaufs keine hohen Spannungen mehr auftreten. Solche Anordnungen lassen sich, z. B. über duale Umwandlung, aus den in 7b beschriebenen Endstufenschaltungen entwickeln. Statt eines Parallelschwingkreises wird ein Serienkreis aufgeladen und entladen und an Stelle der Stromunterbrechung zur Einleitung des Rücklaufs ein Transistorschalter geschlossen.

3. Infolge zu geringer Kopplung läßt sich das Übersetzungsverhältnis in Impulsübertragern (z. B. Zeilentransformator) nicht beliebig steigern. Die Hochspannung muß daher mittels gesonderter Generatoren erzeugt werden. Die Möglichkeiten hierzu sowie die nötigen Sicherheitsvorkehrungen werden in 8c kurz besprochen.

4. Neben diesen Entwicklungen wird auf Bildröhren mit geringerem Leistungsbedarf hin gearbeitet. Eine (mäßige) Steigerung der Ablenkempfindlichkeit kann durch bestimmte Formgebung des Röhrenhalses sowie durch niedrigere Strahlgeschwindigkeit im Ablenkraum in Verbindung mit „Nachbeschleunigung" erreicht werden.

5. Mit den heute verfügbaren Halbleiterelementen und Bildröhren kann noch keine befriedigende Horizontalendstufe für normale Heimempfänger aufgebaut werden. Die erzielbaren Ablenkwinkel und Hochspannungswerte sind zu klein, die Rücklaufzeiten zu groß.

8a. Selbstschwingende Ablenkendstufen.

Die Entwicklung selbstschwingender Endstufen resultiert aus dem Wunsch nach Einsparung des üblichen Steuergenerators. Man nutzt die Verstärkerfunktion der Endstufenröhre aus, um diese mittels Rückkopplung zugleich als Kippgenerator zu betreiben. Außer dem klassischen Transformatorkipp [*52*] findet man alle übrigen Generatortypen (z. B. Multivibrator, Phantastron usw.). Ihrer Funktion nach lassen sich diese Schaltungen etwa folgendermaßen einteilen:

1. Die Ablenkspulen sind schwingungsbestimmend. Infolge ihrer geringen Eigenzeitkonstante sind die Ablenkspulen nur für die horizontalfrequenten Vorgänge als Induktivität (oder Parallelschwingkreis) wirksam. Zwecks Einbeziehung als zeitbestimmendes Element in den Generator muß die Endstufe, von den Klemmen der Ablenkspule aus gesehen, Dynatroncharakter (Spannungsmitkopplung) aufweisen [*62*]. Man gelangt so zum sog. „Trafokipp", dessen Schwingungsablauf aus Kippsprüngen der Spannung und exponentiellen Verläufen des Spulenstromes zusammengesetzt ist. Die hierfür benutzten Verstärkerelemente (z. B. Röhren) müssen starke Stromaussteuerung und erhebliche Gitterbelastung gestatten.

2. Die Ablenkspulen liegen außerhalb des Rückkopplungskreises. Da diese Gruppe weder an die Zeitkonstante der Ablenkspulen noch an eine Kennlinie vom Dynatrontyp gebunden ist, können solche Generatoren auch für die Vertikalablenkung verwendet werden. Der Aufbau entspricht denjenigen üblicher Kippschwinger. Für die Vertikalablenkung müssen Generatoren mit sägezahnförmigem Verlauf des Anodenstromes ausgewählt werden, z. B. der kathodengekoppelte Multivibrator, das Phantastron. Für die Horizontalablenkung eignen sich hingegen besonders Generatoren, bei denen die Endröhre wie ein gesteuerter Schalter wirkt, wie z. B. der gittergekoppelte Multivibrator, das Transitron, der Transformatorkipp [*62*].

3. Selbsttätige Umschaltung zwischen Mit- und Gegenkopplung. Diese Schaltungen gehen aus den vorstehend besprochenen Generatoren durch Einfügung eines zusätzlichen Gegenkopplungsweges zur Linearisierung des Sägezahnhinlaufs hervor [*53*]. Die Umschaltung erfolgt z. B. mittels vorgespannter Dioden. Gegenüber den vorstehend besprochenen Generatorschaltungen treten hier sehr viel geringere Belastungen (keine Zusatzströme, kein Gitterstrom) bei erheblich verbesserter Qualität auf. Die Funktion, auf die hier aus Raumgründen nicht eingegangen werden kann, ist von R. Urtel [*53*] ausführlich beschrieben worden.

Der Einsatz selbstschwingender Endstufen ist trotz immer wiederkehrender Versuche auf wenige Anwendungsfälle beschränkt geblieben. Die wesentlichen Gründe hierfür liegen vermutlich in der Komplexität der Anordnungen, in der Einschränkung des Kompromißspielraumes durch Mehrfachausnützung eines und desselben Schaltelementes und in der etwas schwierigen Synchronisierung.

8b. Besonderheiten der Ablenkung für Bildaufnahmeröhren.

In Anbetracht der besseren elektronenoptischen Qualität, der Trennung von Ablenkorganen und Röhre sowie der leichteren Handhabung hat sich auch auf der Bildaufnahmeseite die magnetische Ablenkung allgemein durchgesetzt. Da der Kreis der auf diesem Spezialgebiet arbeitenden Techniker sehr begrenzt ist, sollen hier nur die wesentlichen Abweichungen gegenüber der vorstehend besprochenen, auf den Fernsehempfänger zugeschnittenen Technik dargelegt werden.

1. Quantitative Randbedingungen. Die geringe Stückzahl der Produktion läßt Aufwandsfragen gegenüber den Anforderungen an höchste Qualität und Stabilität stark zurücktreten. Ablenkenergiebedarf (bis zu 100 μWs), Ablenkwinkel (bis zu 20°) und Beschleunigungsspannung (bis zu 1 kV) haben kleine Werte im Vergleich zum Fernsehempfänger. Wirkungsgrad, Energierückgewinnung und Schaltungsaufwand sind deshalb nicht entscheidende Gesichtspunkte, so daß ein wesentlich größerer Spielraum für Gegenkopplungsanordnungen zur Stabilisierung besteht. Dafür liegen die Anforderungen an Linearität, Amplitude und Bildlage oft hart an der Realisierungsgrenze, selbst unter Einrechnung fachmännischer Bedienung und regelmäßiger Wartung.

2. Abschirmung. Eine sorgfältige Abschirmung des Ablenkraumes gegen äußere Störfelder ist erforderlich. Der Abfall der magnetischen Feldenergie sowohl zur Photokathode hin als auch in Richtung gegen die Fokussierspule und das Strahlerzeugungssystem muß möglichst steil sein.

3. Beschleunigungsspannung. Die Anodenspannung der Aufnahmeröhren wird nicht aus den Rücklaufimpulsen der Horizontalablenkung gewonnen. Ihre Restwelligkeit ist daher nicht unbedingt synchron und ihre Amplitude nicht proportional mit der Ablenkamplitude, weshalb sich Schwankungen in der Ablenkschaltung stärker bemerkbar machen. Außerdem müssen Schutzvorkehrungen gegen das Einbrennen auf der Speicherplatte bei Ausfall der Ablenkbewegung getroffen werden [*59*].

4. Speisung über Kabel. Um die eigentliche Kamera möglichst klein ausführen zu können und unnötige Erwärmung von ihr fernzuhalten, wird die Steuerstufe, oft auch die gesamte Ablenkschaltung, getrennt im Kamerakontrollgestell untergebracht. Die Ablenkströme müssen dann über das Kamerakabel zugeführt werden. Um dieses Kabel widerstandsmäßig abgeschlossen betreiben zu können, ist den Ablenkspulen ein komplementärer Widerstand parallelzuschalten, wobei der am Kabeleingang erforderliche Strom entsprechend dieser frequenzabhängigen Stromteilung vorverzerrt werden muß.

5. Vertikalablenkung. Die Ablenkung für Bildaufnahmeröhren mit *geradem Aufbau* (Abb. II.29) erfolgt nach ähnlichen Gesichtspunkten wie in 6 beschrieben, nur mit wirksameren Mitteln zur Gegenkopplung. Für Bildaufnahmeröhren

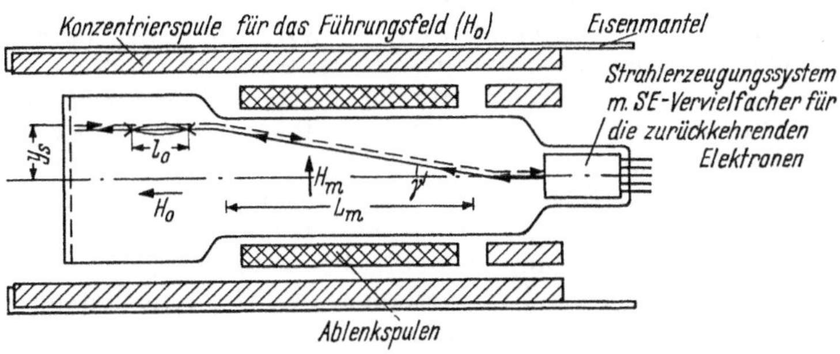

Abb. II.29. Zur Ablenkung von Bildaufnahmeröhren vom Wendelstrahltyp (z. B. Orthikon) $H_m = H_0 \operatorname{tg}\gamma$ nach Bd. 1, Gl. (VII. 135). $\operatorname{tg}\gamma = Y_s/L_m$ und $H_0 = 16{,}9 \cdot \sqrt{\bar{U}}/l_0$ nach Bd. 1, Gl. (VII. 132) (z. B. $H_0 = 6000$ A/m; $Y_s/L_m = 0{,}25$; $H_m = 1500$ A/m; $V_m = 70\ \text{cm}^3$ ergibt nach Gl. (II.27) $E_m = 0{,}1$ mWs). Die Konzentrierspule behindert eine optimale Ausbildung der Ablenkspulen.

mit *schräg angesetztem Hals* (Ikonoskoptyp, Abb. II.30) muß der Ablenksägezahn eine kräftige negative Parabelkomponente enthalten, deren Amplitude vom mittleren Auftreffwinkel und vom Ablenkwinkel abhängt (besondere Form des Tangensfehlers). Die Mittel hierzu sind in 6c besprochen.

6. Horizontalablenkung. Die Ablenkung für Bildaufnahmeröhren mit *geradem Aufbau* (Abb. II.29) bringt wiederum nichts grundsätzlich Neues, während der Tangensfehler bei *schrägem Aufbau* (Abb. II.30) eine trapezförmige Verzerrung des Rasters bewirkt. Diese muß dann durch eine von der Vertikalablenkung gesteuerte Amplitudenmodulation (Sägezahn + Parabel) des Horizontalsägezahnes [*54*] kompensiert werden, was z. B. durch entsprechende

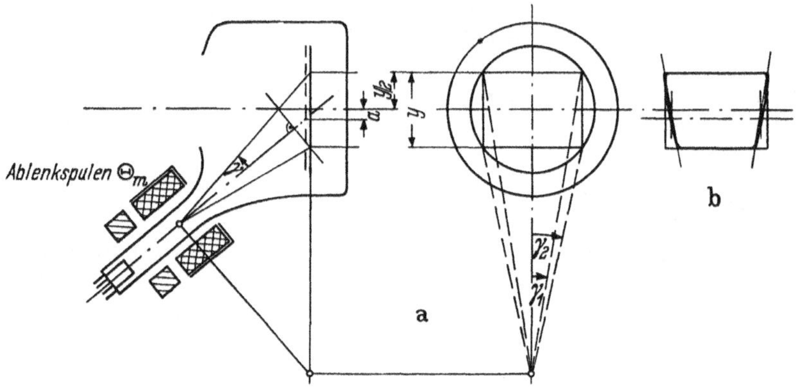

Abb. II.30a u. b. Zur Ablenkung von Bildaufnahmeröhren mit schräg angesetztem Hals (z. B. Ikonoskop).

$$\Theta_m = \frac{\tan\gamma}{k A_m} \text{ nach Gl. (II.26)}$$

(z. B. $U_a = 1000$ V; $\gamma = 10°$; $A_m = 1{,}5$; $V_m = 20\ \text{cm}^3$; $l_m = 1{,}5$ cm ergibt nach Gl. (II.27) $E_m = 6\ \mu$W s).
a) Schnitt und Draufsicht zur Erläuterung des Tangensfehlers in der Vertikalablenkung ($a \neq 0$) und der Trapezverzerrung in der Horizontalabtastung im Falle einer konstant gehaltenen Ablenkamplitude ($\gamma_1 > \gamma_2$); b) Begrenzung der Bildfläche, die bei linearem Sägezahnstrom konstanter Amplitude in beiden Ablenkrichtungen abgetastet werden würde. Diese Rasterverzerrungen müssen durch gegenläufige Modulation der Ablenkströme ausgeglichen werden.

Variation der Hinlaufspannung (U_0) erreicht werden kann. Schwierigkeiten bereitet dabei die rasche Umsteuerung vom Maximal- auf den Minimalwert während des Vertikalrücklaufs (etwa 1 ms) [*55*].

8c. Verschiedenes. Hochspannungserzeugung.

Zusätzlich zu der vorstehend behandelten Erzeugung der Ablenkströme gehören fallweise Nebenaufgaben in das Arbeitsgebiet des Ablenktechnikers. Sie seien hier nur kurz angedeutet. Um die Zeilenstruktur zu verwischen und Interferenzstörungen mit der Zeilenstruktur zu vermeiden (s. unter „Mehrdeutigkeiten" und „Fremdkomponenten", Kap. V, Teilband 1) kann eine hochfrequente *Querablenkung* des bildschreibenden Elektronenstrahls um etwa Zeilenbreite eingeführt werden („Spot Wobble") [*56*]. Ihre Realisierung ist dank dem kleinen Ablenkwinkel und den geringen sonstigen Anforderungen trotz der hohen Frequenz von etwa 15 MHz unproblematisch. Sie benötigt aber besondere Ablenkspulen. Diese dynamische Strahlverbreiterung ist konkurrierenden statisch-elektronenoptischen Maßnahmen überlegen, da ein bereits im Strahlerzeugungssystem elliptisch verbreiterter Elektronenstrahl vom anschließend durchlaufenen Ablenkfeld zu stark deformiert werden würde. Die Entzerrung der bei homogenem Ablenkfeld auftretenden *Kissen- und Trapezverzeichnung* auf dem Bildschirm (vgl. Teilband 1, Kap. VII.3b, 4b, 4c) durch zusätzliche Permanentmagnete, die Kompensation des bei relativ flachen Bildschirmen auftretenden *Tangensfehlers* durch passende S-förmige Krümmung der Ablenksägezähne sowie die Beseitigung des gleichzeitig auftretenden Schärfeunterschiedes zwischen Bildmitte und -rand durch eine *dynamische Zusatzfokussierung* sind weitere Grenzgebiete zwischen Ablenktechnik und Elektronenoptik, die von beiden Seiten her bearbeitet werden müssen.

Die Steuerspannungen für die in der Regel vorgenommene zusätzliche *Rücklaufaustastung* des Elektronenstrahls können ohne weiteres den Ablenkschaltungen über Begrenzerdioden entnommen werden.

Eine wesentliche Vermehrung und Erschwerung der Ablenkaufgaben bringt das *Farbfernsehen* [*57*]. Je nach dem System der Farbbildröhre sind Probleme der Rasterdeckung (Einzelröhren mit optischer Überlagerung), der dynamischen Konvergenz (Röhre mit mehreren Elektronenstrahlen) sowie gewisser zusätzlicher Ablenkbewegungen oder gesteuerter Ablenkgeschwindigkeit, einschließlich deren Synchronisierung (Einstrahlröhren) zu lösen. Einiges hierzu siehe in Kap. X, Teilband 1. Neuartige Ablenkaufgaben sind entstanden im Zusammenhang mit der Entwicklung von flachen *Bildröhren* (seitlicher Halsansatz, Gabor-Röhre), von *elektrolumineszierenden Platten* sowie von *Speicherröhren* im Zusammenhang mit bandbreitesparenden und codierten Fernsehsystemen, die ein gezieltes Schreiben und Löschen der Bildinformation fordern.

Zur Beschleunigung des Elektronenstrahls wird in den Bildschreibröhren eine *Hochspannung* von etwa 20 kV benötigt. Während hinsichtlich des Vorstadiums von Durchschlägen (Sprüheinsatz, Kriechströme) die aus der Hochspannungstechnik bekannten Dimensionierungsgesichtspunkte voll berücksichtigt werden müssen (wenn auch unter Zugrundelegung einfacherer Umwelteinflüsse und geringerer Lebensdauer), können die Sicherheitsfaktoren sehr viel kleiner gewählt werden, weil der Innenwiderstand der Spannungsquelle recht hoch und die Siebkondensatoren klein sind.

Die Erzeugung der *Hochspannung aus dem Rücklaufimpuls* der Horizontalablenkung hat sich in der Empfängertechnik allgemein durchgesetzt [*60*]. Bei Schaltungen mit Strom- und Leistungsrückgewinnung treten unangenehme Forderungen an die Hochspannungsfestigkeit der Ablenkspulen, an die Endstufe sowie an den Innenwiderstand der erforderlichen Vervielfacherstufen auf [*22*]. Arbeitet man mit Spannungsrückgewinnung, so besteht meistens die Möglichkeit transformatorischer Übersetzung der Rücklaufamplitude auf den gewünschten Hochspannungswert. Die dazu erforderliche kapazitätsarme Hochspannungswicklung des Übertragers kann zwecks Erzielung eines geringen Innenwiderstandes (z. B. 3 MΩ) in einem gewissen Bereich auf die dritte Harmonische der Rücklauffrequenz abgestimmt werden [*61*]. Andere oder zusätzliche Möglichkeiten zur Konstanthaltung der Hochspannung sind: Regelung der Gittervorspannung der Endröhre, gesteuerte Bedämpfung der Rücklaufschwingung oder Nebenschlußbelastung des Boosterkondensators.

Gesonderte Hochspannungsgeneratoren sind notwendig, wenn die Amplitude des Rücklaufimpulses nicht ausreicht (Projektionsempfänger, transistorisierte Schaltungen) [*58*]. Die einfachste Anordnung hierfür besteht in einer Nachbildung des normalen Betriebszustandes (zeilenfrequente Speisung) mit einem handelsüblichen Zeilentransformator. Dieser *Impulsbetrieb* bietet den Vorteil leichter Synchronisierbarkeit mit der Horizontalablenkung, wodurch keine schwierigen Entkopplungsforderungen (betreffs Einstreuung, Restwelligkeit) entstehen.

Allgemeiner einsetzbar und mit besserem Wirkungsgrad und Innenwiderstand zu verwirklichen sind *Sinusgeneratoren*. Die Wahl ihrer Frequenz ist nach unten durch die Größe der Siebmittel, nach oben durch die Realisierbarkeit des Hochspannungsübertragers (Eigenresonanz, Übersetzungsverhältnis bei endlichem Streugrad) sowie durch die auftretenden Verluste begrenzt; sie liegt zumeist im Bereich 10 ··· 100 kHz. (Bei Verwendung üblicher Zeilentransformatoren als abgestimmte Hochspannungskreise muß die Heizwicklung der Gleichrichterröhre neu dimensioniert werden, da anderer Effektivwert.) Die praktisch erreichbare Hochspannung ist kleiner als die 100fache Batteriespannung (Begrenzung durch den magnetischen Streugrad). Höhere Hochspannungen erfordern Vervielfacherkaskaden, in denen mehrere wechselstromseitig parallel liegende Gleichrichterstrecken gleichstromseitig in Reihe geschaltet sind. In Anbetracht der daraus folgenden Erhöhung des Innenwiderstandes ist die Anzahl dieser Vervielfacherstufen auf drei bis fünf Gleichrichterstrecken beschränkt.

Bei gesonderten Hochspannungsgeneratoren sind Schutzvorkehrungen gegen die Einbrennwirkung des Elektronenstrahls erforderlich [*59*]. Fällt die Ablenkung in einer oder beiden Richtungen aus, so konzentriert sich nämlich die Strahlleistung auf einen so kleinen Bereich des Bildschirmes, daß die erzeugte Verlustwärme nicht ausreichend abgeführt werden kann und der Leuchtphosphor an dieser Stelle beschädigt wird. Dem zu begegnen, muß dann der Elektronenstrahl *gesperrt* werden. Dies kann z. B. durch eine hohe negative Vorspannung geschehen, die im normalen Betriebszustand durch eine aus den Rücklaufimpulsen gewonnene Gegenspannung aufgehoben wird.

Schrifttum zum Kap. II.

[*1*] a) MILLMAN, J., u. H. TAUB: Pulse and Digital Circuits. New York: McGraw Hill 1956 (erscheint demnächst in deutscher Übersetzung im Verlag Berliner Union). — b) R. URTEL: Manuskript der Vorlesung „Fernseh- und Impulstechnik". Herausgeg. v. d. Fachschaft Elektrotechnik a. d. TH Stuttgart, 1950. — c) F. KIRSCHSTEIN u. G. KRAWINKEL: Fernsehtechnik. Stuttgart: S. Hirzel 1952.

[*2*] URTEL, R., D. v. OETTINGER u. G. WEISS: Über die Einkanalsynchronisierung im Fernsehen. Telegr.- u. Fernspr.-Techn. Bd. 27 (1938) S. 158—166.

[*3*] CCIR: Documents of the IX-th plenary assembly Los Angeles 1959 Vol. I. Genf: Intern. Telecommun. Union 1960.

[*4*] ZAHARIS, G.: Television Synchronizing Generator. Electronics, N. Y. (Mai 1950) S. 991.

[*5*] APPELT, H.: Impulszentrale und Monoskopanlage. Radio Mentor (1951) Nr. 9, S. 440.

[*6*] THOMPSON, R. D.: High Stability TV Sync Generator. Conv. Record Inst. Radio Engrs. (1957) Teil 7, S. 3.

[*7*] LEGLER, E.: Transistorgeräte in der Fernseh-Studio-Technik. Radio Mentor Bd. 25 (März 1959) S. 166—169.

[*8*] (Abschneidstufe mit Gitteraudion.) DBP 967256, Brit. Prior. 10. 2. 1933.

[*9*] RAPPOLD, A., u. W. REINHARD: (Abschneidstufe mit veränderlicher Kennlinienlänge.) D. Pat. Anm. 21 a 1, 35/10 L 8379, angem. 23. 2. 1951.

[*10*] (Zwei verschiedene Abschneidstufen für *H*- und *V*-Impulse, gitterseitig parallelgeschaltet.) Brit. Pat. 441 847.

[*11*] WHEELER, H. A.: (Störbefreiung mittels Torschaltung, die vom vorhergegangenen Synchronimpuls über ein Verzögerungsglied gesteuert wird.) D. Pat. Anm. 21 a 1, 35/21, H 5435, USA Prior. 21. 10. 1938.

[*12*] JANSSEN, P. J. H., u. W. SMEULERS: (Störinverter mit Mehrgitterröhre, wobei deren erstes Steuergitter den Sättigungsstrom einstellt, der von den im Signal enthaltenen Frequenzanteilen im Bereich 2 ··· 4 MHz gesperrt wird.) DBP 975563, 21 a 1, 33/50, N 10843, Nlde. Prior. 29. 6. und 14. 10. 1954.

[*13*] LÜDICKE, E.: Über das Verhalten der Synchronisierung in Fernsehrundfunkempfängern bei Anwesenheit von Störungen. A. E. Ü. Bd. 12 (1958) H. 1, S. 8—14.

[*14*] URTEL, R.: Mitnahme und Synchronisierung von Schwingungen. Z. techn. Phys. Bd. 19 (1938) S. 460.

[*15*] KIRSCHSTEIN, F.: Mitnahme selbsterregter Schwingungen. Elektr. Nachr.-Techn. Bd. 20 (1943) S. 29.

[*16*] WENDT, K. R., u. G. L. FREDENDALL: Automatic frequency and phase control of synchronism in TV receivers. Proc. Inst. Radio Engrs., N. Y. Bd. 31 (1943) S. 7.

[*17*] NEETESON, P. A.: Fernseh-Empfangstechnik (2). Schwungradsynchronisierung von Sägezahngeneratoren Bd. VIII B der Bücherreihe über Elektronenröhren. Philips techn. Bibliothek 1953.

[18] URTEL, R.: Eigenschaften und graphische Behandlung der Schaltungen zur Phasenregelung. Mehrere interne Berichte der C. Lorenz AG, SL 47, 1951—1953.
[19] LUTZ, H.: Die Bewertung der Güte der Horizontalsynchronisierung von Fernsehempfängern. A. E. Ü. Bd. 11 (1957) S. 461.
[20] JEKELIUS, K.: Über die Untersuchung nichtlinearer Systeme mit einem oder zwei Energiespeichern. Nachrichtentechn. Fachberichte 21 (1960) S. 93—98.
[21] a) Federal Telecommun. Laboratories: Remote Sync Hold, FTL 87 A Kurzbeschreibung, Sept. 1953.
b) Fernseh-GmbH: Synchronisator und Separator A 75, Datenblatt und Kurzbeschreibung, Nov. 1957.
[22] URTEL, R.: Die Ablenktechnik des Fernsehens. VDE-Fachberichte, Bd. 15 (1951).
[23] LUTZ, H.: Ablenkmittel für 90°-Fernseh-Bildröhren. Radio Mentor (1958) H. 3, S. 147.
[24] FISCHER, B., u. H. LUTZ: Die Ablenkmittel der 110°-Bildröhren. SEL-Nachr. Bd. 7 (1959) H. 1, S. 41.
[25] BYCER, B. B.: Design considerations for scanning yokes. Tele Tech, Aug. 1950 S. 32.
[26] BÄHRING, H.: Ablenksysteme für Bildröhren. Techn. Hausmitt. NWDR. Nov./Dez. 1952, S. 219.
[27] BEDFORD, A. V.: (Vertikal-Endstufe mit frequenzabhängiger Gegenkopplung in der Kathode.) Brit. Pat. 401990, USA Prior. 28. 5. 1932.
[28] BÄHRING, H.: (Übertragerkopplung. Speisung mit linear und quadratisch ansteigendem Strom. Erzeugung der Parabelkomponente durch die Röhrenkennlinie.) D. Pat. Anm. 21g 38, F 4459, angem. 24. 5. 1937.
[29] EMMS, E. T.: The Theory and Design of TV Frame Output Stages. Electr. Engng. März 1952, S. 96.
[30] JEKELIUS, K.: Dimensionierung der Vertikal-Endstufe. Interner Bericht der C. Lorenz AG, SL 47—22, vom 21. 4. 1952. Vortrag: FTG-Tagung Sept. 1954.
[31] BLUMLEIN, A. D.: (Gegenkopplung von der Anode der Endröhre über zwei RC-Glieder, die so bemessen sind, daß die Gegenkopplungsspannung gleich dem in den Ablenkspulen fließenden Strom ist.) DBP 973547, 21 g 38, E 2323, Brit. Prior. 29. 4. 1936 und 17. 4. 1937.
[32] URTEL, R., u. W. REINHARDT: (Gegenkopplung und mitlaufende Ladespannung über gleiche Wicklung vom Ausgangsübertrager abgenommen.) DBP 899695, angem. 4. 11. 1949.
[33] WHALLEY, W. B. u. a.: Stabilizing Vertical Deflection Amplitude. (Berechnung der RC-Glieder nach [31].) Electronics, N. Y. März 1952, S. 116.
[34] COCKING, W. T.: Frame flyback suppression. Wireless Wld, Vol. 61 (1955) Nr. 1, S. 33.
[35] JEKELIUS, K.: Innere Kapazität einer Spulenwicklung mit vielen Windungen. Diplomarbeit TH Stuttgart, 1950. Frequenz Bd. 5/3 (1951) S. 70.
[36] BLUMLEIN, A. D.: (Stromrückgewinnung mit Diode parallel Triode.) Brit. Pat. 400976, angem. 4. 4. 1932.
[37] ANDRIEU, R.: (Zeilenablenkschaltung mit Pentode und vorgespannter Diode mit Zusatzstrom.) DBP 889 309, angem. 5. 2. 1935.
[38] —: (Leistungsrückgewinnung.) DBP 872388, 21 g 38 T 2247, angem. 25. 9. 1935.
[39] SCHLESINGER, K.: (Horizontalablenkung mit Zeilentrafo, Boosterkondensator und Linearisierungsnetzwerk.) USA Pat. Appl. 688895, angem. 7. 8. 1936.
[40] REINHART, W.: (Pentode im R_{i_L}-Gebiet als Schaltröhre.) Schweiz. Pat. 231162, D. Prior. 7. 3. 1941.
[41] MULERT, T., u. R. URTEL: Strahlablenkung und Hochspannungserzeugung des Einheitsempfängers E 1. Telegr. u. Fernspr.-Techn. Bd. 28 (1939) S. 257.
[42] SCHADE, O. H.: Magnetic Deflection Circuits for Cathode Ray Tubes. RCA-Rev. Bd. 8 (Sept. 1947) S. 506.
[43] SCHADE, O. H.: Characteristics of high-efficiency deflection and high-voltage supply systems for Kinescopes. RCA-Rev. März 1950, S. 3.
[44] BOERS u. A. G. W. UITJENS: Practical Considerations on Lime Time Base Output Stages with Booster Circuit. Electronic Appl. Bull. Bd. 12/8 (Aug. 1951) S. 137.
[45] ANDRIEU, R.: Die Zeilenablenkschaltung mit Spartransformator. Telefunkenztg. Bd. 25 (1952) H. 6, S. 107.
[46] URTEL, R.: (Nachladen des Boosterkondensators aus Serieninduktivität zur Schaltröhre mit Sekundärwicklung und zusätzlichem Gleichrichter.) DBP 969270, 21a 1, 35/20, angem. 26. 10. 1951.

[47] Tourshou, S. I.: (Aufwärtskrümmung des Ablenksägezahnes durch Filter und Koppelschwingung während des Rücklaufes mit Speicherinduktivität, die gleichzeitig Primärwicklung des Hochspannungstransformators ist.) D. Pat. Anm. 21a 1, 35/20, R 1572, USA Prior. 30. 4. 1949.
[48] Lutz, H.: (Horizontal-Ablenkschaltungen.) Vortrag auf der Jahrestagung 1954 der FTG.
[49] Beauchamp, K. G.: Spurious Line Scan Resonances, Common Types and their Remedies. Wireless Wld. März 1955, S. 109.
[50] —: The PL 36 Line Outpout Pentode. (Barkhausen-Schwingungen im Stromübernahmegebiet.) Electronic Appl. (1956/57) Nr. 2, S. 41.
[51] —: (Selbstschwingende Endstufe mit Trafokopplung und Hochspannungserzeugung aus den Rücklaufimpulsen.) D. Pat. Anm. 21 a 1, 35/20, F 4531, angem. 19. 11. 1935.
[52] Mulert, T., u. H. Bähring: Transformator-Kippgeräte. Hausmitt. der Fernseh-AG H. 1 (1939) S. 82.
[53] Urtel, R.: Neue selbsterregte Generatoren für die Ablenkströme. Bull. S. E. V. Bd. 17 (1949) S. 641.
[54] —: (Trapezentzerrung durch kontinuierliche Steuerung der Ablenkamplitude durch die Ablenkbewegung in der anderen Richtung.) DBP 952102, 21 a 1, 35/20, R 4943, USA Prior. 30. 9. 1932.
[55] Mulert, T.: (Ablenkschaltung für Fernsehkameras mit Trapezentzerrung.) Z. der Fernseh-AG Bd. 6 (1939) S. 218.
[56] Blumlein, A. D.: (Empfangsseitige Verbreiterung der Zeilen — spot wobble?) D. Pat. Anm. 21 a 1, 32/20, E, 2362, UK Prior. 7. 6. 1937.
[57] Obert, M. I.: Deflection and Convergence of the 21" Color Kinescope. RCA-Rev. März 1955, S. 140.
[58] Valeton, I. I. P.: Zum Projizieren großer Fernsehbilder erforderliche Hochspannungsgeneratoren. Philips techn. Rdsch. Bd. 14/1 (Juli 1952) S. 1.
[59] —: (Unterdrückung des Elektronenstrahls bei fehlender Ablenkung.) Brit. Pat. 402181.
[60] —: (Hochspannungserzeugung in Fernsehempfängern durch Ausnutzung des Rücklaufimpulses.) USA Pat. 2051372, angem. 1931.
[61] Recker, H.: Der Zeilentrafo mit abgestimmter Hochspannungswicklung. NTZ (1958) H. 3, S. 147.
[62] Urtel, R.: Erzeugung von Schwingungen mit wesentlich nichtlinearen negativen Widerständen. Nachrichtentechn. Fachberichte 13 (1958), Fr. Vieweg u. Sohn, Braunschweig.

III. Fernsehaufnahmetechnik.

Bearbeitet von Professor Dr. RICHARD THEILE, München.

1. Überblick.

In diesem Kapitel werden Einrichtungen, Geräte und Anlagen beschrieben, mit denen am Sendeort die elektrooptische Umwandlung erfolgt und das normgerechte Fernsehsignal geformt wird. Wie Abb. III.1 erkennen läßt, kann man

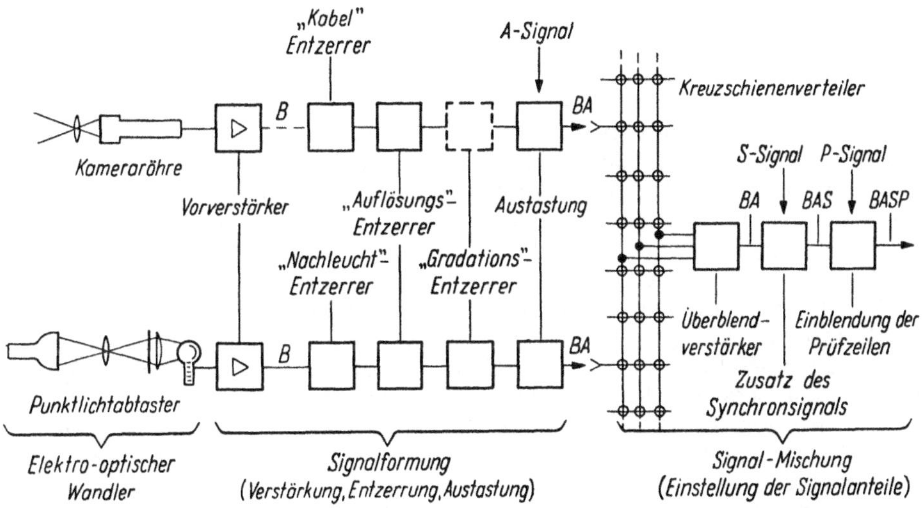

Abb. III.1. Schema der Erzeugung, Verstärkung, Formung und Mischung der Signale in der Fernsehaufnahmetechnik.

den zu behandelnden Teil des gesamten Fernsehsystems in drei größere Funktionsabschnitte unterteilen.

Am Anfang stehen die *elektrooptischen Wandler*, die aus der Ortsverteilung des „optischen Zustandes" der Bildvorlage (Lichtbild der zu übertragenden Szene oder Schwärzungsverteilung eines photographischen Bildes) die zugeordnete Zeitfolge der elektrischen Impulse, das Bildsignal B, ableiten. Allgemeine Grundlagen, Aufbau, Wirkungsweise und Betriebseigenschaften dieser Umwandlungseinrichtungen sind vom Verfasser in den Kap. VIII und IX des 1. Teilbandes dieses Buches ausführlich dargestellt und dürfen somit als bekannt vorausgesetzt werden. Es soll jedoch an geeigneter Stelle (z. B. im Abschnitt 4 dieses Kapitels) ein kurzer Überblick über den jetzigen Stand der Technik dieser interessanten und typisch neuen Hilfsmittel der Fernsehaufnahmetechnik gegeben und an Hand von Literaturhinweisen das Wichtigste aus der neueren Entwicklung seit Erscheinen des 1. Teilbandes nachgetragen werden. Zur Bildsignalumwandlung dienen heute in der Praxis nur noch die Punktlichtabtastung und die Aufnahme durch Röhren mit Ladungsspeicherung. Auf diese Verfahren wird sich die Beschreibung daher beschränken.

An die elektrooptischen Wandler schließen sich Geräte zur *Signalformung* an (s. Abb. III.1). Sie dienen der Verstärkung, Entzerrung und „Austastung" des Signals in den Rücklaufzeiten des Abtastvorganges. Die Entzerrung bezieht sich auf verschiedene Qualitätsparameter: auf die Verbesserung der Horizontalauflösung durch Anheben der hohen Frequenzen im Bildsignal, auf den Ausgleich der Signalverformungen durch den oft langen Kabelweg zwischen Kamera und Steuer- (Kontroll-) Gerät, auf die Entzerrung der Effekte, die vom Schirmnachleuchten der Abtaströhre bei der Punktlichtabtastung herrühren, und auf die Korrektur der Gradation bei Wandlern mit linearer Übertragungskennlinie. Am Ende der Signalformung stehen BA-Signale zur Verfügung.

Eine dritte Gerätegruppe der Fernsehaufnahmetechnik dient der *Signalmischung*. Dazu gehören die Einrichtungen für die Auswahl des jeweils zu sendenden Signals aus einer Vielzahl der an einem Programm beteiligten Bildquellen (mehrere Kameras, Dia- bzw. Filmgeber). Es sind die Kreuzschienenverteiler und Überblendverstärker, die in der Regel vom Mischpult aus fernbedient werden. Ebenso gehören zu den Mischgeräten die Einrichtungen am Ausgang des Studios zur Addition des Synchronsignals S und gegebenenfalls auch der sog. Prüfzeilen P (am Ende der Vertikalaustastimpulse), die zur laufenden Überwachung des Übertragungsweges und Mitsendung eines Weißimpulses als Richtwert für automatische Pegelstabilisierungen eingeblendet werden können (s. Kap. X „Fernsehmeßtechnik", S. 430ff.). So entsteht schließlich das BAS- bzw. BASP-Signal, das von der Produktionsstätte des Fernsehprogramms an die Übertragungsstrecken abgegeben wird.

Das Schema Abb. III.1 führt zu einer zweckmäßigen Unterteilung des Inhaltes in dem vorliegenden Kapitel. Der Schwerpunkt liegt in der Beschreibung der Geräte und Anlagen für die *Punktlichtabtastung* und die Bildübertragung mit *Ladungsspeicher-Kameraröhren*. Die Geräte zur Mischung — weil unabhängig von der Art der Signalquelle — können danach gemeinsam behandelt werden. Die beiden Gruppen der Bildgebergeräte enthalten gewisse, wiederholt angewendete Schaltungsprinzipien und Kombinationen für die Signalformung, so daß es zweckmäßig erscheint, einen zusammenfassenden Überblick über diese gemeinsam benutzten Hilfsmittel voranzustellen und die Hauptabschnitte 3 und 4 auf das Typische der jeweiligen Abtastart zu beschränken.

2. Schaltungstechnische Hilfsmittel für die Signalformung im Videofrequenzband.

In bezug auf die Schaltungstechnik können die Kenntnisse vorausgesetzt werden, die in anderen einschlägigen Kapiteln, hauptsächlich I und II, Fernsehbandverstärkung, Impuls- und Ablenktechnik vermittelt wurden. Zum Überblick sollen kurz anhand von Beispielen die wichtigsten Grundschaltungen zusammengestellt werden, aus denen sich die vielstufigen Übertragungsanlagen zur Signalverstärkung und Signalformung — je nach den Gegebenheiten in gewissen Varianten — zusammensetzen.

2a. Signalverstärkung.

Die Baustufen zur Videoverstärkung in den Anlagen der Aufnahmetechnik sind meist zweckmäßig dimensionierte RC-Verstärker mit den entsprechenden Maßnahmen zur Entzerrung an den Enden des breiten Frequenzbandes. Abb. III.2 zeigt die typischen Schaltungen zur Erweiterung des Übertragungsbereichs nach hohen Frequenzen hin. Vorherrschend sind in der Praxis die Korrekturschaltungen im Anodenkreis der Verstärkerröhre. Dabei begnügt man sich im Hinblick auf Toleranzen bei Röhrenwechsel usw. mit der ersten Stufe (Serieninduktivität L_a), höchstens noch mit der von L_a und der definierten Parallelkapazität C_L gebildeten 2. Stufe der optimalen Entzerrung, wie sie ein unendlich vielgliedriges Netzwerk ermöglichen würde. In besonderen Fällen, z. B. bei größerer Eingangskapazität der zu treibenden nächsten Röhre, findet man oft zusätzlich die Trennung der Kapazitäten vom Anodenkreis der einen (C_1) zum Gitterkreis der anderen (C_2) durch eine Serieninduktivität (L_T, häufig gedämpft mit R_T) oder auch die Zwischenschaltung einer Kathodenverstärkerstufe. Zur Anhebung der hohen Frequenzen benutzt man ferner Schaltungen mit Gegenkopplung in einer oder über mehrere Ver-

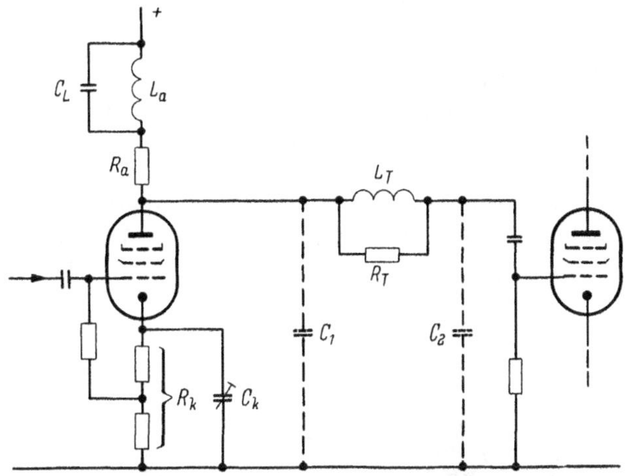

Abb. III.2. Schema einer Videoverstärkerstufe mit Entzerrungsschaltungen für das obere Ende des Frequenzbandes.

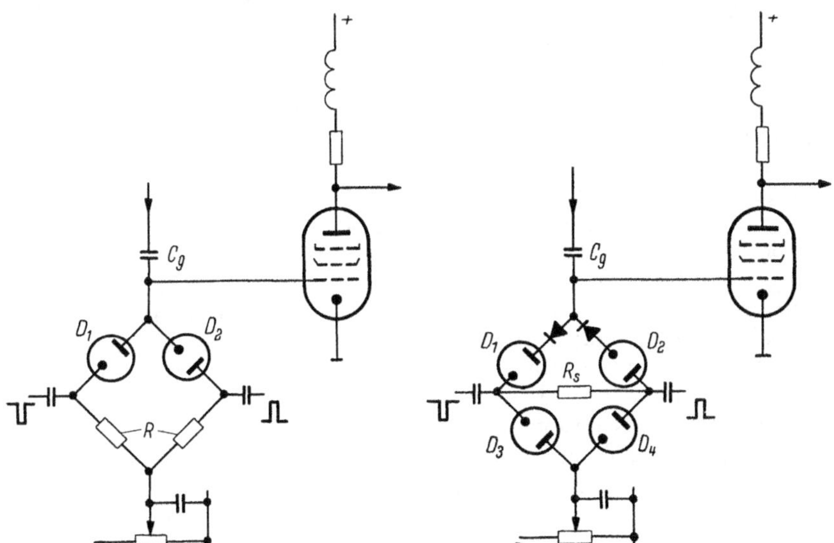

a b

Abb. III.3. Schaltungen für getastete Schwarzsteuerung (Klemmschaltungen).

stärkerstufen. Die einfache Korrektur durch frequenzabhängige Stromgegenkopplung im Kathodenkreis einer Stufe ist in Abb. III.2 angedeutet.

Ein Fernsehbild ist nur einwandfrei, wenn der Signalmittelwert (Gleichstromkomponente) miterfaßt wird [*1*]. Von einer direkten Übertragung dieses Signalanteils (z. B. über Gleichspannungsverstärker) sieht man aber in der Praxis ab. Die dem Fernsehsignal eigentümlichen periodischen Austastlücken ermöglichen nämlich einfache Schaltungen, um bei RC-gekoppelten Verstärkern den Signalmittelwert an jeder gewünschten Stelle des Übertragungsweges wieder einzuführen. Es ist die Technik der getasteten Schwarzsteuerung durch periodische „Klemmung" des Signalpegels innerhalb der zeilenfrequenten Horizontalaustastlücken (Klemmschaltungen [*1*, *2*]). Die Tastimpulse dieser Frequenz werden aus dem vom Impulsgeber (s. Kap. II, S. 35ff.) gelieferten H-Signal abgeleitet.

Viel verwendet man Schaltungen nach Abb. III.3a mit zwei Dioden. Die Anordnung mit vier Dioden nach Abb. III.3b hat demgegenüber den Vorteil größerer Immunität gegen Amplitudenschwankungen der Tastimpulse. Der naheliegende Ersatz der Hochvakuumdioden durch Halbleiterdioden hat sich bisher noch nicht durchsetzen können, weil der Sperrwiderstand erheblich kleiner ist oder unzulässig streut und das Aussuchen zusammenpassender Exemplare teuer und im Betrieb unvorteilhaft ist. Wohl fügt man jedoch öfters Halbleiterdioden am Gitterende der Tastschaltung in Serie hinzu, um bei Erhaltung des hohen Sperrwiderstandes der Röhrendiode die kapazitive Belastung zu verringern (s. Abb. III.3b). Allerdings zeigt diese Schaltung geringfügige Verzerrungen gewisser Signalformen [*3*], so daß gegebenenfalls ein Kompromiß zwischen dem Vorteil des Bandbreitegewinnes durch die Kapazitätsreduktion und der geringen Qualitätsminderung zu schließen ist. Die Serienschaltung von Halbleiterdioden ist hauptsächlich für Anlagen zu empfehlen, in denen mit möglichst geringem Aufwand eine hohe Verstärkung erreicht werden soll.

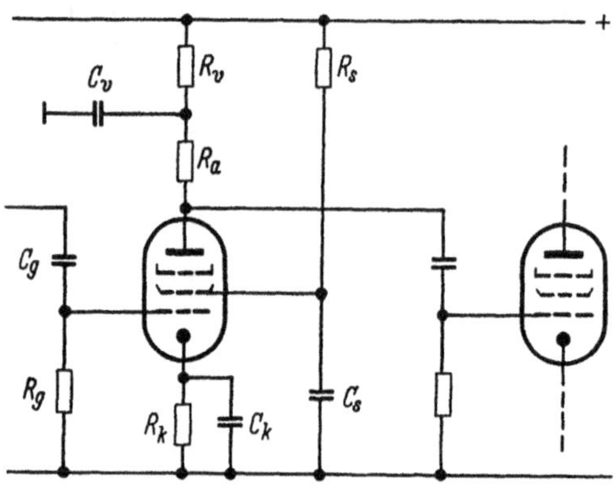

Abb. III.4. Schema einer Videoverstärkerstufe mit Schaltelementen, deren Dimensionierung für die Übertragung der mittleren und tiefen Frequenzen maßgebend ist.

Für die Übertragung der tiefen Frequenzen im RC-Verstärker ist die Dimensionierung der Zeitkonstanten im Gitter- (C_g, R_g), Kathoden- (C_k, R_k, S_k), Schirmgitter- (C_s, R_s) und Anodenkreis (C_v, R_v, R_a) maßgebend (s. Abb. III.4). Die optimale Dimensionierung dieser RC-Glieder im Hinblick auf niederfrequente Einschwingvorgänge und Stabilität (bei mehrstufigen Verstärkern mit zentralem Netzgerät) wird durch die Anwendung getasteter Schwarzwerthaltung sehr erleichtert [*1*]. Auch aus diesen Gründen sind Klemmschaltungen in den Videoverstärkerketten unerläßlich, die außerdem noch überlagerte langsame Störungen des Signals (z. B. Netzbrumm) ausregeln.

In den Geräten der Videotechnik finden wir ferner oft Kathodenverstärkerschaltungen, insbesondere am Ausgang von Schaltungsabschnitten, wo die Signale zur Weiterleitung (z. B. vom Regieraum zur Endkontrolle) an Kabel abgegeben und häufig auch an mehrere Stellen verzweigt werden. Es ist dann zur Sicherheit gegen Störungen durch Reflexionen auf den Leitungsstücken nötig, das Kabel auch am Speisepunkt mit dem Wellenwiderstand Z richtig abzuschließen. Besonders interessant sind in dieser Schaltungsklasse Anordnungen nach Abb. III.5 mit einer Gegenkopplung vom Ausgang auf eine Vorstufe. Dadurch kann der Innenwiderstand des Verstärkerausganges vernachlässigbar klein gemacht werden, so daß der Verbraucher über einen ausgewählten und konstanten Widerstand Z angeschlossen wird (im Gegensatz zu dem angepaßten, aber bei Röhrenalterung veränderlichen Innenwiderstand der Kathodenstrecke einfacher Schaltungen). Der Endverstärker hat dann meist zur Vermeidung von Instabilitäten Gleichstromkopplung, wie es Abb. III.5 erkennen läßt.

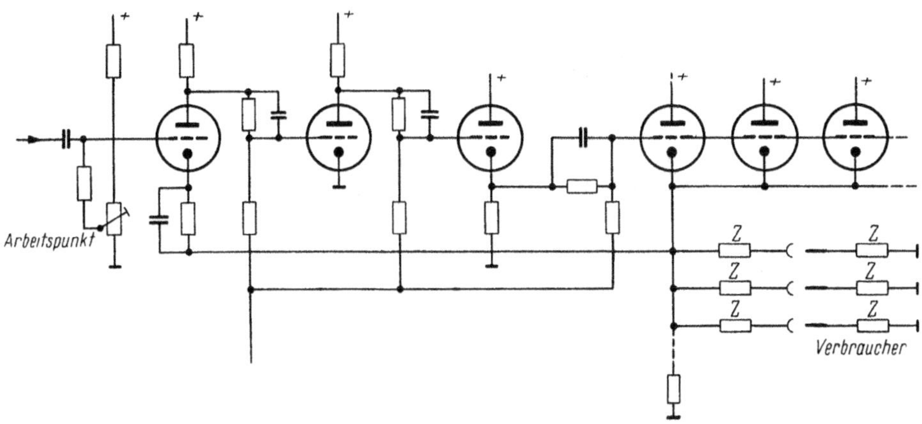

Abb. III.5. Videoendverstarkerschaltungen mit kleinem Innenwiderstand durch Gegenkopplung vom Ausgang zu Vorstufen (Kabelverstärker).

2b. Signalformung.

Die bisher besprochenen Schaltungen beziehen sich auf den normalen Fall der verzerrungsfreien Verstärkung, bei der innerhalb des Bereichs der Videosignale eine lineare Arbeitsweise ohne störende Fehler im Amplituden- und Phasengang mit der Frequenz gefordert wird. Der an die elektrooptischen Wandler anschließende Übertragungsteil soll aber zugleich das Signal formen, d. h. Entzerrungen zum Ausgleich von Mängeln herbeiführen, in besonderen Fällen (z. B. im industriellen Fernsehen) evtl. auch durch zusätzliche Verzerrungen gewisse Effekte erzeugen.

Zur Gradationsentzerrung verwendet man Verstärkerstufen mit nichtlinearer Übertragungskennlinie. Abb. III.6 zeigt verschiedene Beispiele. Meist handelt es sich um Dehnung der Halbtonstufen nach dem Schwarzwert hin; die differentielle Verstärkung der gewünschten Schaltung muß also mit der Amplitude veränderlich sein, und zwar so, daß sie von „Schwarz" aus abnimmt. Im Verfahren nach Abb. III.6a sind drei Verstärkerröhren anodenseitig parallelgeschaltet, die Steuergitter erhalten verschieden große Amplituden des BA-Signals negativer Polarität, die am Anodenwiderstand der Vorröhre einstellbar abgegriffen werden [*4*]. Die Gitterableitwiderstände sind direkt mit der Kathode verbunden. Nach Art der „Audionschaltung" der früheren Rundfunkempfangstechnik stellt sich eine von der Signalamplitude abhängige, verschieden große negative Gittervorspannung ein, so daß die Röhren, je nach der Amplitudenregelung, bei zum „Weißwert" hin wachsender Amplitude mit abnehmender Steilheit arbeiten bzw. bei höheren Amplituden ganz gesperrt werden. Bei kleinen Amplituden hingegen verstärken alle drei Stufen, und je nach der Einstellung der Abgriffe am Anodenwiderstand der Vorröhre kann eine vorgegebene Gradationsentzerrung approximiert werden. Die Anordnung gemäß Abb. III.6b arbeitet mit einem nichtlinearen Anodenwiderstand [*5*], die in den deutschen Studiogeräten sehr häufig benutzte Schaltung nach Abb. III.6c bewirkt die nichtlineare Übertragung mit Hilfe eines Mehrfachspannungsteilers, der aus Ohmschen Widerständen und verschieden stark vorgespannten Halbleiterdioden zusammengesetzt ist [6]. Natürlich muß am Eingang der Schaltungen Abb. III.6b und 6c der „Schwarzwert" mit Hilfe einer Klemmschaltung konstant gehalten werden.

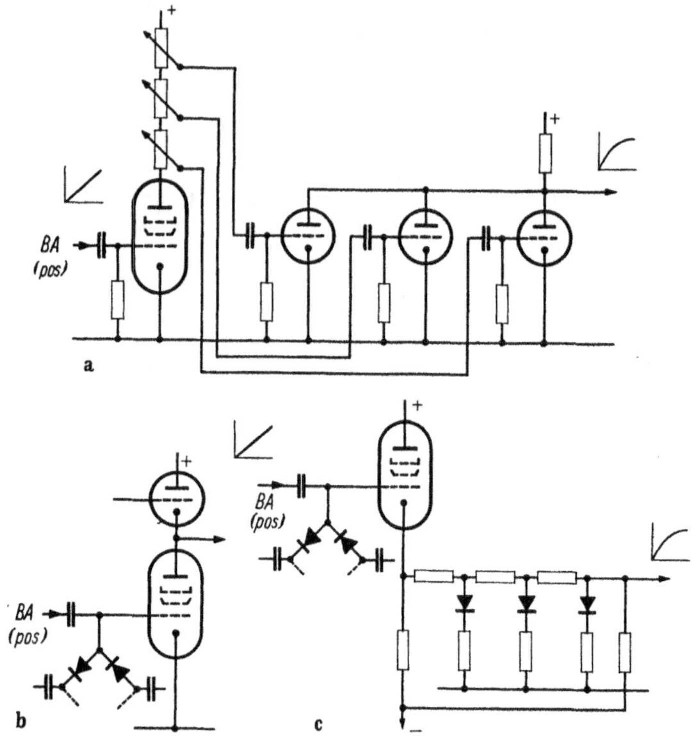

Abb. III.6 a—c. Schaltungen für nichtlineare Amplitudenübertragung zur Gradationsentzerrung.

In der Praxis ist eine stetige Regelung der Gradation (d. h. des Grades der eingeführten Nichtlinearität) bei konstanter Gesamtamplitude des Signals erwünscht. Man erreicht dies mit Hilfe von Zweikanalschaltungen nach Abb. III.7, mit einem linearen und einem nichtlinearen Übertragungszweig und einer Mischeinrichtung über gekoppelte Amplitudenregler, die so abgestimmt sind, daß die Amplitude eines Schwarz-Weiß-Sprunges bei der Gradationsregelung konstant bleibt.

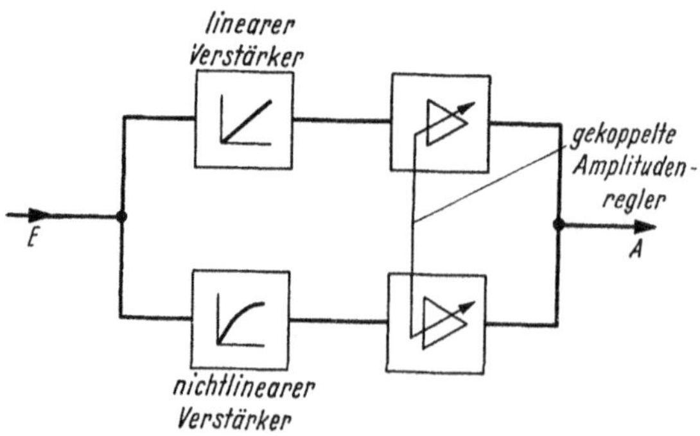

Abb. III.7. Schaltung für veränderliche Gradationsentzerrung bei konstanter Ausgangsamplitude.

Eine andere Gruppe von Entzerrerschaltungen dient in den Fernsehaufnahmegeräten der Beeinflussung des Frequenzganges, insbesondere zum Ausgleich von Verlusten an Bildqualität, die bei der elektrooptischen Umwandlung entstehen. Durch Fehler der Optik und der Elektronenoptik, durch Nachbarschaftseffekte in den Bildflächen usw. nimmt die Modulationstiefe des Signals bei Übertragung einer Strichstruktur mit zunehmender Feinheit ab, und zwar schon innerhalb des Bereichs der durch die Zeilen-

bzw. Bildpunktzahl der Norm gegebenen Zeichnungsschärfe (d. h. innerhalb des Videofrequenzbandes). Diese Fehler können nachrichtentechnisch als Dämpfung der hohen Frequenzen ohne Phasenfehler interpretiert werden. Die Kompensation dieses Frequenzganges ist mit konventionellen Entzerrungsmitteln umständlich. Man kann zwar die hohen Frequenzen mit verhältnismäßig einfachen Schaltungsmaßnahmen im Verstärker anheben, muß aber die damit zwangsläufig verbundenen Phasenfehler in einem zusätzlichen Entzerrer ausgleichen, was besonders aufwendig und umständlich ist, wenn die Gesamtentzerrung variabel sein soll. Man verwendet daher statt solcher Korrekturen, die auf dem Umweg der Interpretation der Verzerrung als Amplituden- und Phasenfehler des Frequenzgemisches abgeleitet sind, originelle neue Schaltungstechniken, die aus der Vorstellung der direkten Wirkung auf den Zeitablauf des Signals erdacht und entwickelt wurden. Als interessantes Beispiel hierfür sei etwas genauer das elegante Verfahren der Differenzierentzerrung [7,8] beschrieben.

Die auszugleichenden Qualitätsverluste (Dämpfung der hohen Frequenzen) kann man beim Fernsehen anschaulicher als Abflachung von scharfen Übergängen zwischen Halbtonstufen (z. B. eines Schwarz-Weiß-Sprunges) kennzeichnen. Aufgabe der Korrektur ist, die Steilheit des Überganges (Abb. III.8 oben) zu vergrößern, ohne daß zeitliche Verschiebungen auftreten, d. h. mit Erhaltung der richtigen Lage der Kante. Abb. III.8 zeigt deutlich, daß dies durch Subtraktion des zweiten Differentialquotienten, d. h. durch die Signalformung

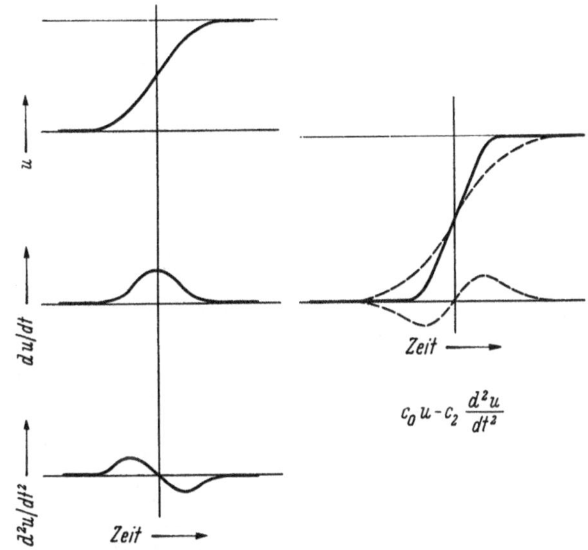

Abb. III.8. Anschauliche Darstellung der Arbeitsweise eines Differenzierentzerrers. Versteilerung eines abgeflachten Signalverlaufs durch Subtraktion eines Hilfssignals, das als zweiter Differentialquotient vom Signal selbst abgeleitet wird. Links: Signal, erster und zweiter Differentialquotient. Rechts: Steileres Signal durch Subtraktion einer passend gewählten Amplitude des Hilfssignals.

$$c_0 u - c_2 \frac{d^2 u}{d t^2},$$

möglich ist. Es leuchtet ein, daß durch eine solche Mischung (Zweikanalschaltung) die Amplitude einer Sinusschwingung mit wachsender Frequenz zunehmend beeinflußt werden kann, ohne die Phasenlage zu ändern (doppelte Differenzierung einer Sinusschwingung liefert wieder eine Sinusschwingung). Die Entzerrung kann durch Regelung der Amplitude des Zusatzsignals stetig dosiert werden. Dem unscharfen Bild wird gleichsam ein Signal überlagert, das nur an den scharfen Kanten (durch Differenzierung) entsteht und diese dadurch betont. (Eine Verfeinerung dieser Korrekturmethodik ist durch Hinzunahme weiterer geradzahliger Differentialquotienten möglich [7], in der praktischen Anwendung jedoch kaum nötig.)

Abb. III.9 zeigt als Beispiel die Schaltung eines einfach aufgebauten Differenzierentzerrers [8]. Die doppelte Differenzierung des Signals u geschieht hier mit einer einzigen Verstärkerröhre. Die erste Differentiation erfolgt durch die Zeitkonstante $R_k C_k$ im Kathodenkreis. Man findet unter Bezug auf Abb. III.9 für den Kathodenstrom i_k die Differentialbeziehung [8]:

$$i_k + \frac{C_k}{S_k}\frac{d i_k}{d t} = C_k \frac{du}{dt} + \frac{1}{R_k} u. \qquad \text{(III.1)}$$

Die Differentiation soll im wesentlichen nur im Bereich der oberen Frequenzen des Videobandes, d. h. bei den schnellsten Signaländerungen wirksam sein, das kann durch passende Dimensionierung von R_k und S_k gut erreicht werden.

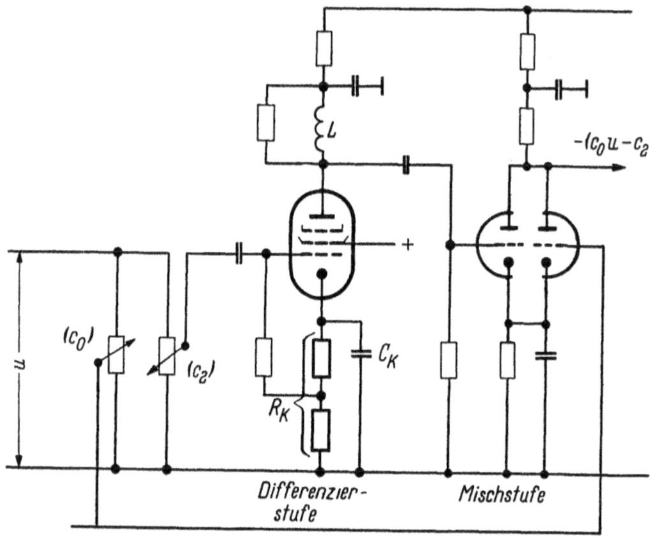

Abb. III.9. Schaltschema eines einfachen Differenzierentzerrers zur Verbesserung der Horizontalauflösung in Fernsehbildern. Die doppelte Differentiation erfolgt mit nur einer Verstarkerrohre.

R_k muß groß genug sein, um die Störkomponente des direkten Signals u klein gegen das gewünschte du/dt zu halten, andererseits muß C_k niedrig sein, damit in dem Korrekturbereich für die Änderungsgeschwindigkeit des Signals die Störkomponente mit di_k/dt (links in der Gleichung) ebenfalls gering bleibt. Die zweite Differentiation erfolgt über die Induktivität L im Anodenkreis, wobei in ausreichender Näherung der negative zweite Differentialquotient $-d^2u/dt^2$ entsteht.

Abb. III.10 illustriert die Leistungsfähigkeit dieser Schaltung durch vergrößerte Ausschnitte der Übertragung des Universaltestbildes. Sie zeigt den mit Frequenzmarken bezifferten „Besen" oben ohne Entzerrung (Bildgeber absichtlich etwas unscharf eingestellt) und unten mit Differenzierentzerrung, die ohne sichtbare Phasenfehler nur die Amplitude der hohen Frequenzen und damit den Detailkontrast verstärkt.

Für den gleichen Zweck gibt es in der Praxis noch ein anderes Schaltungsprinzip, das in Abb. III.11 schematisch dargestellt ist [9, 10]. Es handelt sich ebenfalls um eine Zweiwegmischschaltung, in der die am Eingang und am Ausgang einer verlustlosen Leitung bestimmter Länge liegenden Signalspannungen voneinander abgezogen werden. Die Leitung ist am Eingang mit dem Wellenwiderstand abgeschlossen, am Ausgang offen; die Ausgangsspannung ist dann konstant und mit der Eingangsspannung phasengleich, die sich aus dem treibenden

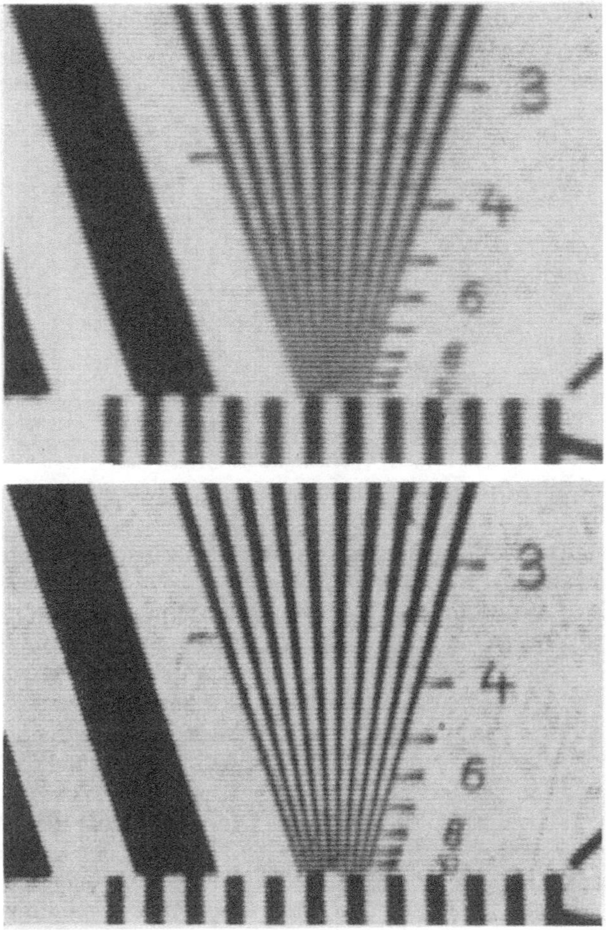

Abb. III.10. Verbesserung der Auflosung von Fernsehbildern durch Differenzierentzerrung nach Abb 9. Vergroßerter Ausschnitt der Ubertragung eines Testbildes, oben ohne, unten mit Entzerrung.

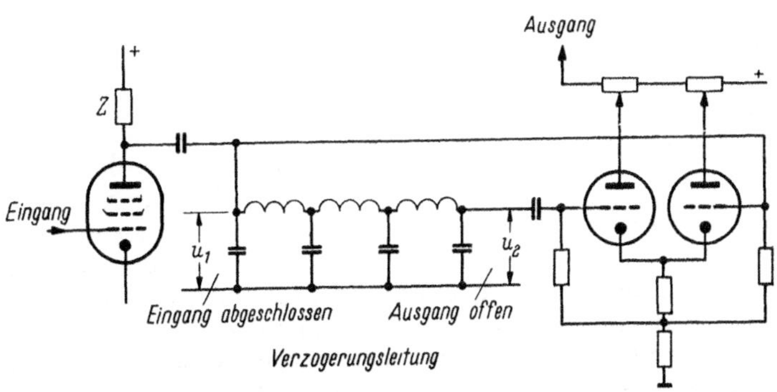

Abb. III.11. Schaltschema zur Verbesserung der Horizontalauflosung eines Fernsehbildes durch Mischung der Signale am Ein- und Ausgang einer verlustfreien Leitung bestimmter Lange, deren Anfang mit dem Wellenwiderstand Z abgeschlossen und deren Ende offen ist („Cosinus"-Entzerrer).

Generatorsignal und seinem am Ende reflektierten Echo zusammensetzt. Die resultierende Eingangsspannung ist jedoch frequenzabhängig, weil die konstante Laufzeit eine mit der Frequenz zunehmende Phasenverschiebung des Rücksignals bedingt. Wenn man die Länge der Leitung so bemißt, daß die Laufzeit nicht länger

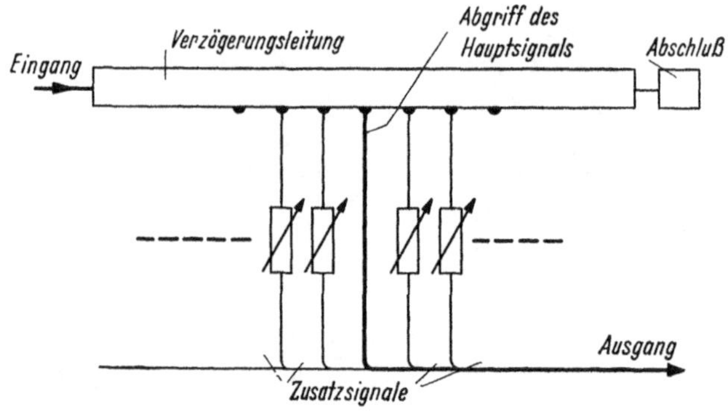

Abb. III.12. Schema eines „Echo"-Entzerrers (time-equalizer).

als eine Viertelperiode der höchsten Videofrequenz ist, so nimmt die Amplitude der Eingangsspannung u_1 im Übertragungsbereich mit wachsender Frequenz stetig ab. Die Subtraktion der veränderlichen Eingangsspannung u_1 von der phasengleichen und konstanten Ausgangsspannung u_2 gibt die gewünschte Amplitudenanhebung nach hohen Frequenzen hin. Die einfache quantitative Formulierung dieser Subtraktionsmethode führt zu der Anstiegsfunktion $(1 - K \cos \omega \tau)$ (K Konstante der Mischschaltung, τ Laufzeit der Leitung), weshalb die Anordnung hierzulande „Cosinus"-Entzerrer genannt wird. Im Schaltschema Abb. III.11 ist die Leitung durch eine mehrgliedrige Laufzeitkette ersetzt. Ein- und Ausgangsspannung liegen an den Steuergittern von zwei Verstärkerröhren, die zur Subtraktion der beiden Signale zusammengeschaltet sind, wobei die Signalanteile durch Regelung der Anodenwiderstände auf richtige Dosierung der Entzerrung abgestimmt werden können.

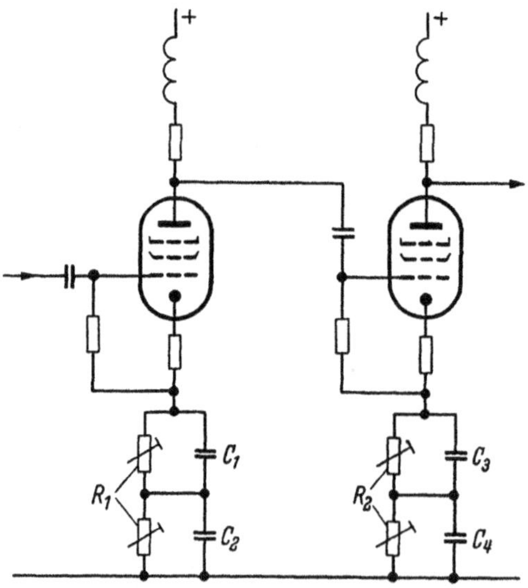

Abb. III.13. Schaltung zur Kompensation der Signalverzerrungen durch das Schirmnachleuchten im Punktlichtabtaster bei komplizierter Abklingfunktion.

Die beschriebenen Maßnahmen zur Amplitudenkorrektur nach hohen Frequenzen hin können natürlich die Bildschärfe nur in horizontaler Richtung verbessern. In vertikaler Richtung elektrisch zu entzerren ist demgegenüber sehr viel schwieriger. Es liegen zwar geistvolle Vorschläge für eine solche Erweiterung mit Wobbel-, Zeilenspeicher- und Subtraktionsverfahren vor [*11, 12*]; der Aufwand ist jedoch relativ groß, und solche Entzerrer sind noch nicht allgemein gebräuchlich. Die Entzerrung in horizontaler Richtung ist wohl auch vergleichsweise wichtiger, weil verschiedene zusätzliche Fehler im gesamten Übertragungsprozeß praktisch nur die Auflösung in dieser Richtung beeinträchtigen.

Erwähnt sei noch ein anderes interessantes Entzerrungsprinzip für Videosignale, das hauptsächlich für die Kabel- und Richtfunkübertragungstechnik entwickelt wurde [*13, 14*]. Es ist der „Echo"-Entzerrer nach Abb. III.12. Er leitet ebenfalls die Korrektur direkt aus den Ursachen der Verzerrung im zeitlichen Signalverlauf ab und dient zur Kompensation von Störungen, die durch Reflexionen, z. B. an ungenügend abgeschlossenen Kabelstücken, entstehen. Der Ausgleich erfolgt durch künstliche „Echos" einstellbarer Stärke und Phase relativ zum eigentlichen Signal. Praktisch geschieht dies nach Abb. III.12 mit Hilfe einer verzerrungsfreien Verzögerungsleitung, an der Zusatzsignale vor und hinter dem Abgriff des Hauptsignals abgezweigt und ihm beigemischt werden können.

Ein letztes Beispiel von Entzerrerschaltungen zeigt Abb. III.13. Es ist eine typische Anordnung, wie man sie in den Geräten mit Punktlichtabtastung zur Korrektur des Schirmnachleuchtens findet. Die einfachen, in Teilband 1, Kap. IX, S. 581, angegebenen Abhilfen reichen zur vollständigen Entzerrung der vielfältigen Komponenten des Nachleuchtens nicht ganz aus. Man muß daher meist zwei Stufen mit zwei RC-Gliedern unterschiedlicher Zeitkonstante im Kathodenkreis hintereinanderschalten, um die notwendige Differentiation in einem weiten Zeitbereich variabel dosieren zu können.

2c. Signalmischung.

Ein wesentlicher Prozeß in der Formung des Fernsehsignals ist die Zusammensetzung des Leuchtdichtesignals B mit den Austast- und Synchronimpulsen zum BAS-Signal. Abb. III.14 zeigt eine Skizze des so entstehenden Horizontaloszillogramms mit den Angaben der charakteristischen Werte. Das vom Bildgeber kommende B-Signal muß zunächst während der für den Rücklauf der Abtastung normgemäß zugelassenen Zeitintervalle ausgetastet werden. Dies geschieht mittels des vom Impulsgeber gelieferten A-Signals. Vor der Abgabe an die Fernsehstrecken oder an den Sender müssen weiterhin die Synchronimpulse S dem BA-Signal in richtiger Lage und Amplitude zugemischt werden. Hierzu dienen Addier- und Mischschaltungen. Abb. III.15 zeigt als Beispiel eine typische Anordnung zur Austastung des B-Signals. Das A-Signal wird mit relativ großer Amplitude zu dem am Schwarzwert festgeklemmten B-Signal über zwei

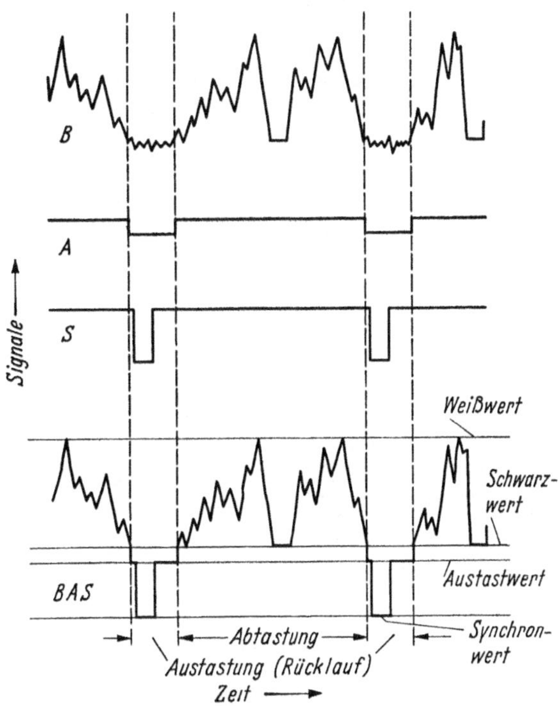

Abb. III.14. Zusammensetzung des BAS-Videosignals und Kennzeichnung der charakteristischen Signalwerte.

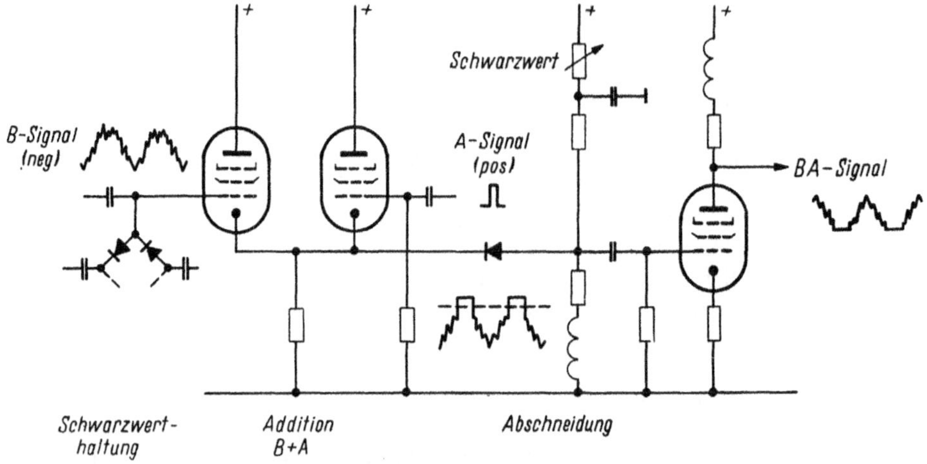

Abb. III.15. Schaltung zur Austastung des B-Signals.

Verstärkerröhren mit gemeinsamem Kathodenwiderstand hinzuaddiert, und eine Abschneidschaltung reduziert die A-Amplitude auf den für die „Schwarzabhebung" gegebenen Normwert.

Das Hinzufügen der Synchronisierzeichen geschieht hingegen meist als reine Addition des bereits auf richtige Amplitude geregelten Impulses, wie in Abb. III.16 erläutert. Im Beispiel Abb. III.16a erfolgt die Addition im Anodenkreis der dort parallel arbeitenden Röhren für BA- und S-Signal, im Beispiel Abb. III.16b wird das S-Signal über das Schirmgitter der BA-Verstärkerröhre zugemischt.

Zu den vorstehend beschriebenen Grundschaltungen kommen noch verschiedene Spezialschaltungen und Abwandlungen. Der Überblick mußte sich auf die wichtigsten Grundtypen beschränken. In der modernen Entwicklung findet man natürlich schon vielfach den Ersatz von Verstärkerröhren

a

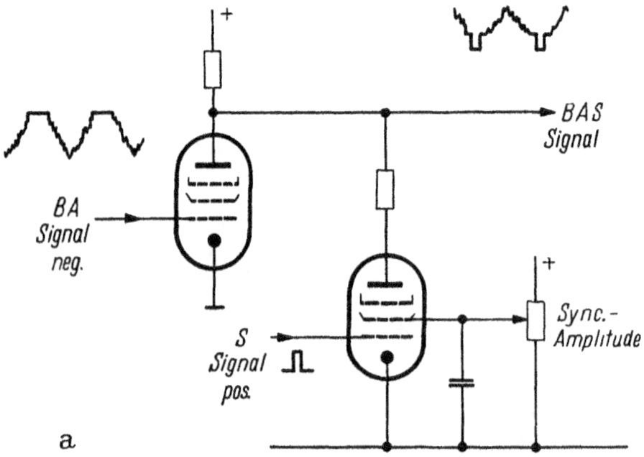

b

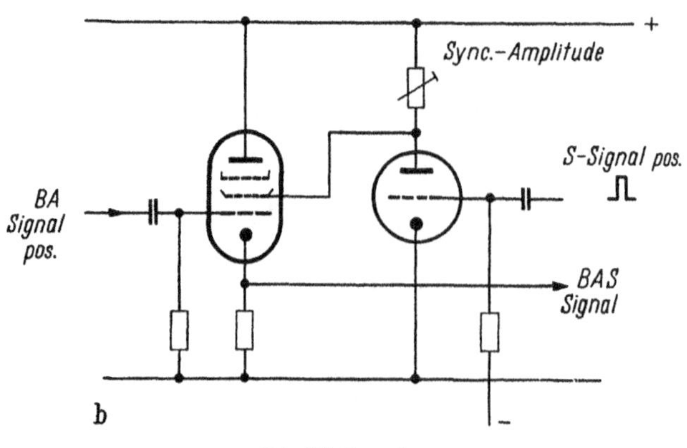

Abb. III.16a u. b.
Schaltungen zur Addition des Synchronsignals S zum BA-Signal.

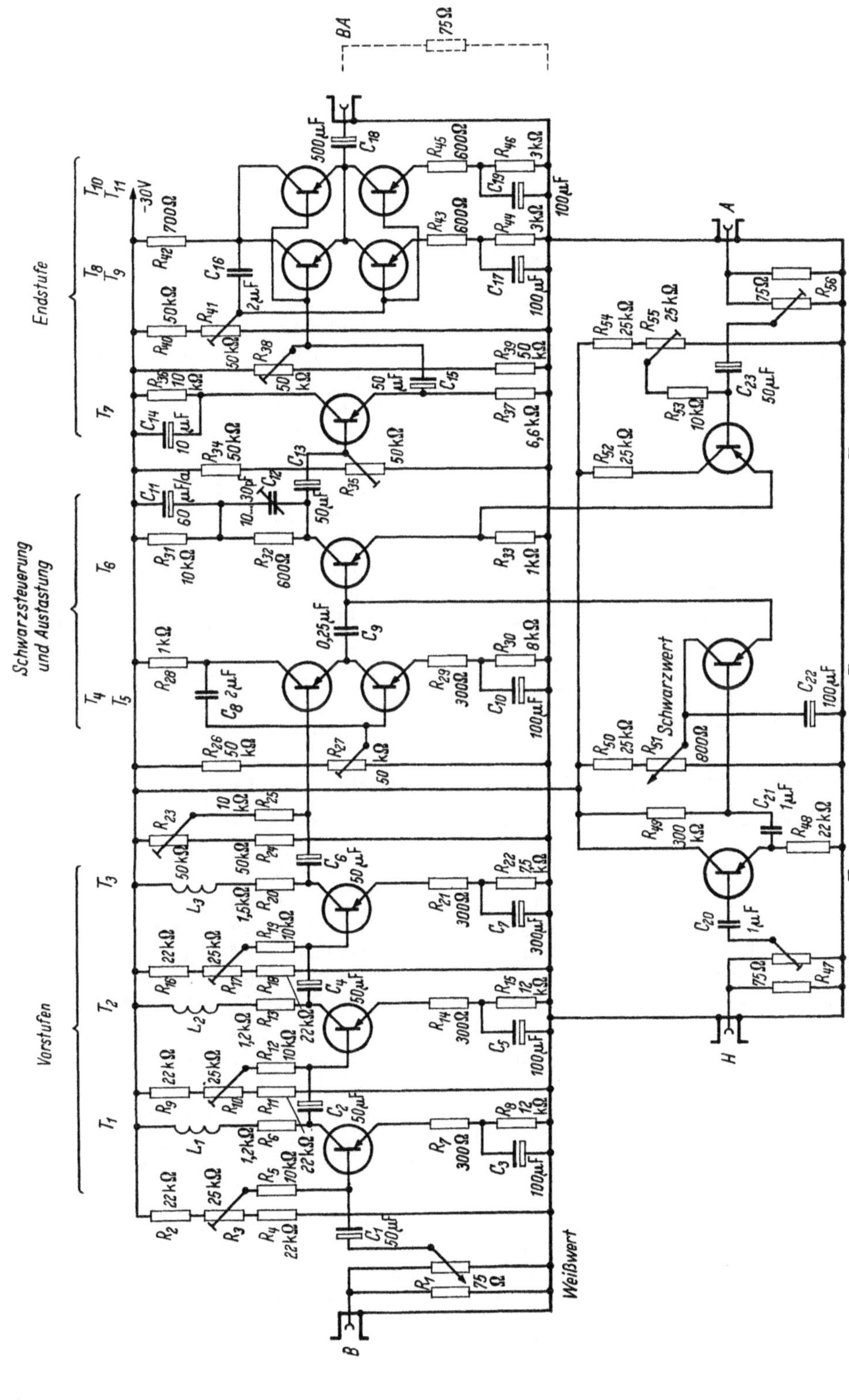

Abb. III.17. Schaltbild eines Transistor-Videoverstärkers mit getasteter Schwarzsteuerung, Austastung und einstellbarem Schwarzwert.

durch *Transistoren,* zunächst bei transportablen Geräten oder Impulsgeberzentralen; das Beispiel der Abb. III.17 zeigt, daß man einen vollständigen Videoverstärker mit Austastung und Klemmschaltung ausschließlich mit Transistoren aufbauen kann, wobei bezüglich der Einzelheiten auf die Originalveröffentlichung [*15*] verwiesen sei. Für große stationäre Anlagen bringt der Übergang zu Transistoren die bekannten Vorteile der erheblich geringeren Wärmeentwicklung, was bei der vielstufigen Fernsehübertragungs- und -verstärkertechnik die Klimatisierung der Arbeitsräume vereinfacht.

3. Geräte mit Punktlichtabtastung.

Die in den Kap. VIII und IX des 1. Teilbandes ausführlich erklärte Punktlichtabtastung wird in der modernen Fernsehaufnahmetechnik möglichst viel verwendet, da sie einfach, betriebssicher und wirtschaftlich ist und zahlreiche technische Vorzüge hat. Die Bildqualität ist hervorragend, die Auflösung z. B. besser als bei jedem anderen Verfahren, die Übertragungskennlinie nicht vom Bildinhalt abhängig (allerdings linear). Der Schwarzwert ist konstant und entspricht dem Signalwert während der Austastung, Störsignale sind kaum vorhanden und treten vor allem nicht zum Schwarzwert hin auf. Die Verteilung der statistischen Störschwankungen auf die Amplitudenstufen des Bildsignals ist günstig [*16*]. Für den Betrieb sind von besonderem Vorteil die einfache Bedienung, Wartung und Justierung sowie die relativ geringen Betriebskosten. Leider ist die Anwendung des Verfahrens auf die Übertragung relativ kleiner Bildvorlagen oder Szenen im Dunkeln begrenzt, so daß man im Studio die Punktlichtabtaster nur zur Übertragung von Diapositiven oder anderen (undurchsichtigen) Bildvorlagen und von Kinofilmen anwenden kann. Diese Geräte werden im folgenden beschrieben. Zunächst aber sollen einige, für jede Art von Abtastern mit bewegtem Leuchtfleck geltende Vorbemerkungen gemacht werden.

3a. Allgemeines über Optik und Verstärkertechnik der Punktlichtabtaster.

I. Wirkungsgrad der optischen Anordnung. Um den Einfluß der Optik auf die elektrooptische Umwandlung quantitativ übersehen zu können, ist in Abb. III.18 der Strahlengang für die beiden Fälle der Durchleuchtungs- und der Reflexionsabtastung skizziert. Aus den Störabstandsberechnungen des Kap. VIII im 1. Teilband geht hervor, daß der primäre Photostrom i_s für einen „weißen" Bildpunkt, je nach den Forderungen für die Bildgüte, zwischen 10^{-8} und 10^{-7} A liegen muß. Daraus kann man die Größe des notwendigen Bildpunktlichtstromes Φ_2, der auf die Photozelle trifft, ermitteln, und zwar mit Hilfe des lichtelektrischen Wirkungsgrades. Moderne Photoschichten liefern etwa 50 bis 150 μA/Lumen; das führt zu Lichtströmen Φ_2 von der Größenordnung eines Millilumens, die bei „weißen" Bildelementen aus der Emission des Leuchtfleckes über die Optik zur Photozelle gelangen müssen. Die Kathodenstrahlröhre wird mit der Strahlleistung N_E betrieben. Von ihrem Leuchtfleck geht ein nach dem Lambertschen Gesetz verteilter Lichtstrom Φ_0 aus, der mit guter Näherung N_E proportional ist, d. h. $\Phi_0 = \eta_L N_E$; η_L gibt als Umwandlungskonstante den Wirkungsgrad an. Die Optik verwertet von Φ_0 nur den kleinen Teil $\Phi_1 = \eta_A \Phi_0$. Dieser auf ein Flächenelement konzentrierte Lichtstrom trifft die zu übertragende Bildvorlage, von der mit dem Wirkungsgrad η_S der Sammlung des durchgehenden bzw. reflektierten Lichtes schließlich der Anteil $\Phi_2 = \eta_S \Phi_1$ aufgenommen wird. Man kann also für ein „weißes" Bildelement, über alles gesehen, ansetzen:

$$\Phi_2 = \eta_L N_E \eta_A \eta_S . \tag{III.2}$$

Hierbei ist η_L eine physikalische Konstante (s. Kap. VI des 1. Teilbandes), die bei den praktisch verwendeten Röhren in der Größenordnung eines Prozentes liegt. Um mit möglichst kleiner Strahlleistung N_E auszukommen (wichtig für gute Punktschärfe und Lebensdauer der Röhre), müssen also die optischen Bedingungen optimal gewählt werden. Leider bringt die Abbildung große Verluste. Die

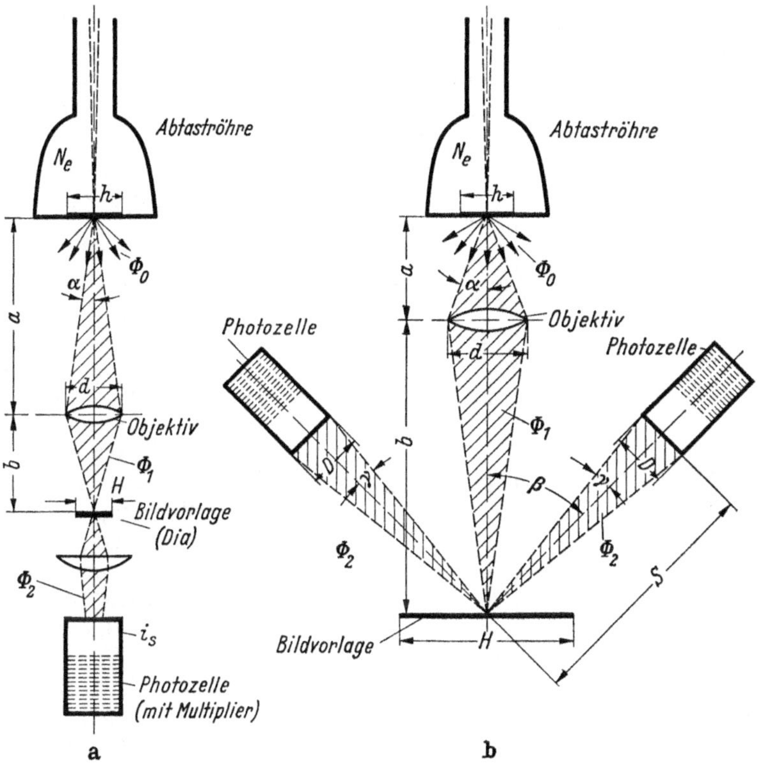

Abb. III.18a u. b. Zur Ermittlung des vom Leuchtschirm ausgenutzten Lichtstromes im Punktlichtabtaster bei Übertragung durchsichtiger (a) und undurchsichtiger (b) Bildvorlagen.

Berechnung zeigt, daß der Wirkungsgrad η_A sehr stark vom Abbildungsmaßstab $v = H/h$ abhängt. Man findet [17] unter Voraussetzung kleiner Winkel α (siehe Abb. III.18):

$$\Phi_1 = \eta_A \, \Phi_0 = T_A \frac{d^2}{4a^2} \Phi_0, \tag{III.3}$$

wo T_A der Durchlässigkeitsfaktor, d der Durchmesser des Objektivs und a dessen Abstand vom Leuchtschirm ist (der Lichtfluß Φ_1 entspricht dem Produkt aus der Lichtstärke Φ_0/π und dem ausgenutzten Raumwinkel $\pi d^2/4a^2$). Dieses Ergebnis kann man für die Praxis durch Einführung der allgemeineren Daten der Abbildung, d. h. der Brennweite f des Objektivs, und des Abbildungsmaßstabes $v = H/h$ noch zweckmäßiger darstellen:

$$\eta_A = \frac{1}{4} T_A \left(\frac{d}{f}\right)^2 \Psi(v), \tag{III.4}$$

wo $\Psi(v)$ eine Funktion nach Abb. III.19 ist, die mit dem Abbildungsmaßstab v wächst, bei kleinen Werten etwa proportional v^2, bei großen Werten hingegen asymptotisch gegen Eins geht. Diese Feststellung ist von Bedeutung; Abb. III.19 zeigt an einem Beispiel ($h = 80$ mm), wie sehr sich der Lichtfluß bei gleicher Öffnung des Objektivs mit dem Abbildungsmaßstab ändert. Es kommt also nicht nur auf die Wahl hochwertiger Objektive mit großer relativer Öffnung d/f an, vielmehr sollte auch der Abbildungsmaßstab groß sein. Das bedeutet z. B. bei vorgegebener Bildgröße eine Überlegenheit von Röhren mit kleinem Bildschirm. Sichtbarkeit der Schirmstruktur und Belastung der Schirmfläche ziehen hier allerdings eine Grenze und zwingen zu Kompromissen.

Der Wirkungsgrad η_S ist im Falle der Durchleuchtung (Diaabtastung) sehr gut [*18*]. Bei der Reflexionsabtastung (Episkop) treten hingegen z. T. erhebliche Verluste auf. Unter Bezug auf Abb. III.18b und [*17*] findet man bei Annahme des LAMBERTschen Gesetzes für die von der angeleuchteten Bildvorlage ausgehende Strahlung

$$\Phi_2 = \eta_S \, \Phi_1$$
$$= \frac{1}{4} \cos\beta \, R \frac{D^2}{S^2} \, \Phi_1$$

(R Reflexionsfaktor, andere Symbole siehe in der Abbildung). Der Koeffizient η_S erreicht bei einer ausgeführten Anordnung für variablen Abbildungsmaßstab [*17*] mit $D = 10$ cm, $S = 30$ cm, $\beta = 45°$ und $R = 0{,}5$ nur etwa 1%. In Anlagen mit fester Bildgröße können durch Verwendung einer Photometerkugel (ULBRICHTsche Kugel) im Aufnahmeraum der Photozellen bessere Werte erzielt werden [*19, 20*].

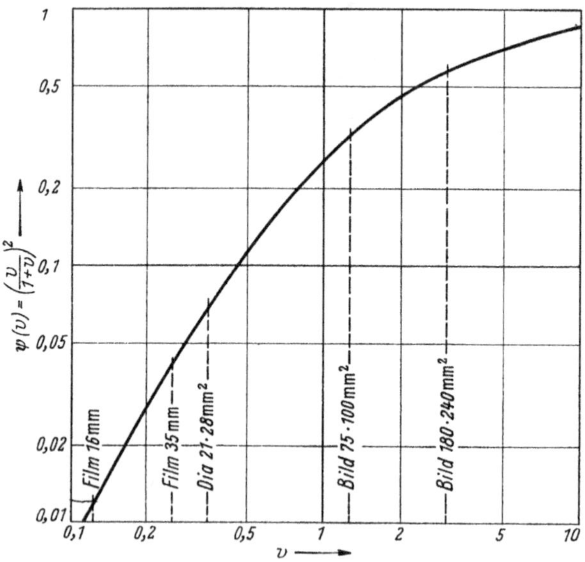

Abb. III.19. Zur Abhängigkeit des Wirkungsgrades η_A der optischen Abbildung von dem Abbildungsmaßstab $v = H/h$. Beispiele gelten für eine Rasterbreite von $h = 80$ mm.

Beim Vergleich von Dia- und Epiabtastung findet man in der Praxis einen gewissen Ausgleich im Produkt $\eta_A \eta_S$. Im Falle der Durchleuchtung handelt es sich in der Regel um Vorlagen geringer Flächenmaße (Kleinbilddias), so daß durch die Verkleinerung des Rasters η_A niedrig liegt. Dafür ist aber, wie bereits erwähnt, η_S hoch. Bei der episkopischen Übertragung undurchsichtiger Bildvorlagen hingegen ist meistens eine Vergrößerung des Rasters vorhanden, so daß η_A zunimmt (s. Abb. III.19); dafür treten jedoch stärkere Verluste bei der Sammlung des von der abgetasteten Fläche nach allen Seiten diffus zerstreuten Lichtes ein. In beiden Fällen genügen für die Leistung der Abtaströhre zur Erzeugung des notwendigen Signalstromes einige Watt, und man erreicht dabei einen Störabstand von der Größenordnung 100 : 1.

II. Signalformung. Die Videoverstärkeranlagen für Punktlichtabtaster enthalten Schaltungen zur Gradationsentzerrung (Ausgleich der linearen Übertragungskennlinie mit Rücksicht auf die nichtlineare Steuerkennlinie der Bildschreibröhren) sowie zur Kompensation des Schirmnachleuchtens. Weiterhin findet man als typische Maßnahme noch die Verwendung von Verstärkern mit automatischer Verstärkungsregelung, da insbesondere bei Filmübertragungen, aber auch bei der Veränderung des Abbildungsmaßstabes im Fernsehepiskop, der Eingangssignalpegel größere Schwankungen aufweist (unterschiedliches Filmmaterial bei eiliger Zusammenstellung von Sendungen, z. B. im aktuellen Dienst).

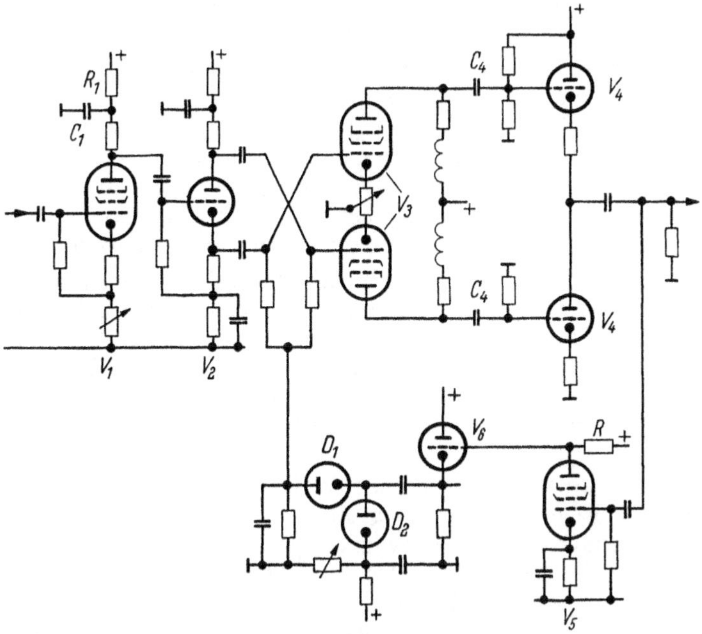

Abb. III.20.
Beispiel einer Schaltung für automatische Verstärkungsregelung zur Konstanthaltung der Signalamplitude [21].

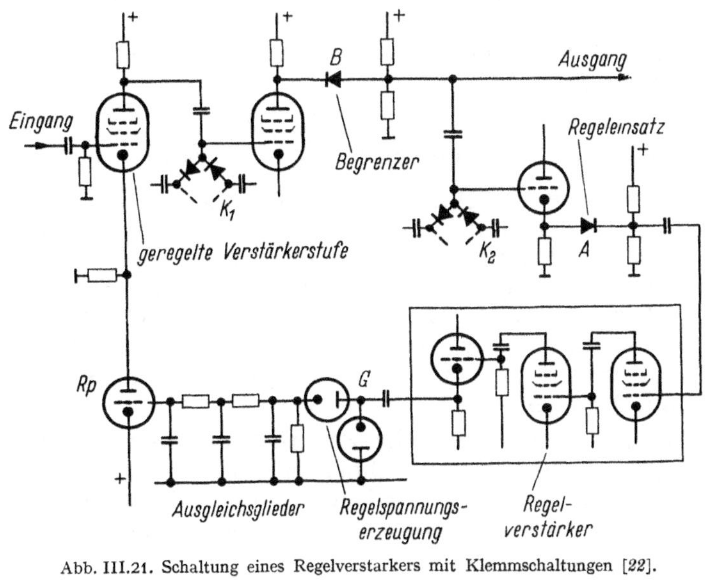

Abb. III.21. Schaltung eines Regelverstärkers mit Klemmschaltungen [22].

Beispiele für ausgeführte Regelverstärker, die auch für andere Zwecke der Pegelhaltung im Fernsehbetrieb benutzt werden können, zeigen die Abb. III.20 und III.21. Die Anordnung nach Abb. III.20 [21] ist universell, d. h. für jede Signalart anwendbar; sie arbeitet ohne Klemmschaltungen, weshalb besondere

Maßnahmen im Bereich der tiefen Frequenzen erforderlich sind. Die Regelung erfolgt daher in einer Gegentaktstufe, und zwar durch Änderung der Gittervorspannung, die aus dem Ausgangssignal durch Spitzenwertgleichrichter gewonnen wird. Um Regelschwingungen zu vermeiden, wird der Übertragungsfaktor nach niederen Frequenzen hin durch kleine Zeitkonstanten im Gitterankopplungskreis reduziert; der notwendige Ausgleich geschieht in der Tiefenanhebung mit $R_1 C_1$ in der ersten Verstärkerstufe (V_1) vor dem Regelkreis. Die beiden Teilspannungen der Gegentaktstufe (V_3) werden in einer interessanten Addierschaltung (V_4) zur Ausgangsspannung gemischt. In der zur Erzeugung der Regelspannung dienenden Gleichrichterschaltung D_1, D_2 sorgt eine einstellbare Vorspannung dafür, daß die Regelung erst oberhalb eines Grenzwertes einsetzt, d. h. sobald der Sollwert der Eingangsspannung eben überschritten wird.

Die Anordnung nach Abb. III.21 [*22*] arbeitet mit einer Klemmschaltung (K_1), für deren Betrieb die nötigen Impulse aus den vom Impulsgeber her stets vorhandenen H-Signalen abgeleitet werden. Die Regelung kann demnach in einer einfachen Stufe erfolgen, nämlich in der ersten, und zwar durch Veränderung ihrer Gittervorspannung über eine kathodenseitig parallelgeschaltete Röhre (R_p), deren Steuergitter die aus dem Spitzenwertgleichrichter (G) gewonnene Regelspannung über Ausgleichsglieder zugeführt wird. Ein Begrenzer (B) schneidet auftretende, sehr kurzzeitige, schmale Weißspitzen ab, die infolge endlicher Ansprechzeit der Regelung mit zu großer Amplitude übertragen werden und womöglich den Sender übersteuern würden (im Bereich des für den Intercarrierbetrieb notwendigen Restträgers). Der verzögerte Einsatz des Regelvorganges wird durch eine Abschneidschaltung (A) mit einstellbarer Vorspannung im Zweige der Signalverstärkung für die Regelspannungserzeugung erreicht; an der vor der Abschneidschaltung liegenden Kathodenverstärkerstufe ist der Schwarzwert dementsprechend durch eine zweite Klemmschaltung (K_2) stabilisiert. Die Dimensionierung der Regelverstärkerschaltungen erfordert im übrigen gute Kompromisse zwischen Ansprechzeit und Konstanz der Verstärkung innerhalb einer Vertikalabtastperiode.

3b. Punktlichtabtaster zur Übertragung von Diapositiven und Kinofilmen.

Ein Diageber mit Punktlichtabtastung gehört heute zur Grundausrüstung jedes Fernsehstudios. Sein Aufbau ist unkompliziert und eine einfache Kombination der in den vorstehenden Abschnitten erklärten Hilfsmittel, womit über die normale Anlage genug gesagt ist. Abb. III.22 zeigt die Ansicht eines vielverwendeten Gerätes (Fernseh-GmbH, Darmstadt). Die Abtaströhre befindet sich hinter der Frontplatte im Innern; über dem Bedienpult erkennt man das Magazin zur Aufnahme mehrerer Dias, die durch Fernsteuerung mit Drucktaste nacheinander zur Übertragung kommen.

Interessant sind die Varianten der Punktlichtabtastung für Spezialzwecke. Hervorragend geeignet ist dieses Verfahren für das Farbfernsehen, weil nämlich die Abtastung (Bildzerlegung) *vor* der photoelektrischen Umwandlung stattfindet und daher keine Deckungsschwierigkeiten auftreten wie bei der Bildaufnahme mit drei Kameraröhren.

Abb. III.23 zeigt das Schema eines Farbfernseh-Punktlichtabtasters für Diapositive. Die spektrale Aufspaltung des Strahlenganges erfolgt erst hinter der Bildvorlage durch ein System von dichroitischen Spiegeln und Umlenkung auf die drei den Grundfarben zugeordneten Photozellen. Abb. III.24 veranschaulicht die Ausführung eines solchen optischen Farbteilers [*23*].

Für die Übertragung von Kinofilmen [*24*] sind besondere optische Anordnungen nötig, um die Teilbildfolge des Films mit dem Abtastschema des Fernsehens in passende Verbindung zu bringen. In Abb. III.25 ist dieses Schema für die beiden Fernsehsysteme mit 50 Hz und 60 Hz Vertikalfrequenz skizziert. Bei 50 Hz entfallen zwei Halbbilder auf $^1/_{25}$ s, mit vertikalen Austastlücken von etwa 1,2 ··· 1,4 ms; bei 60 Hz sind es fünf Halbbilder in $^2/_{24}$ s, mit etwas kürzeren Austastlücken (Toleranz 0,8 ··· 1,3 ms). Der Kinofilm enthält 24 Teilbilder/s; man läßt jedoch für das Fernsehsystem mit 50 Hz Vertikalfrequenz zur Erleichterung der Anpassung eine etwas schnellere Wiedergabe, und zwar mit 25 Bildern/s, zu.

Die Punktlichtabtastung von Kinofilmen kann grundsätzlich mit Schrittschaltung des Films wie in der normalen Kinematographie erfolgen. Diese optisch sehr günstige Anordnung erfordert jedoch eine sehr schnelle Schaltung innerhalb der für die Bildabtastung ungenutzten Zeit der Vertikalaustastung. Ein so rasch arbeitender Transportmechanismus ist bisher nur bei 16 mm-Schmalfilm gelungen [*25*] und praktisch nur zur Bild*aufzeichnung* (Näheres im Kap. IV, S. 156ff.) eingesetzt worden [*26*]. Allerdings wurden in jüngster Zeit neue Entwicklungen auch für die Film*abtastung*, und zwar mit pneumatischen Hilfsmitteln,

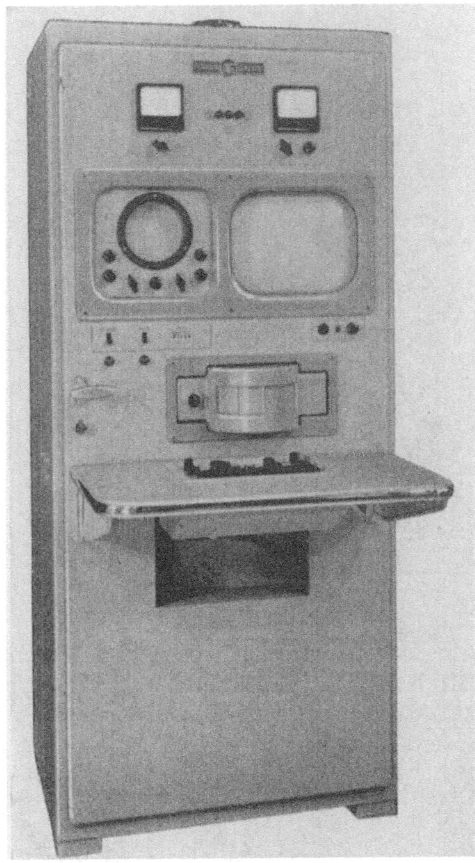

Abb. III.22. Ansicht einer Fernsehübertragungsanlage für Diapositive mit Punktlichtabtastung (Fernseh-GmbH, Darmstadt).

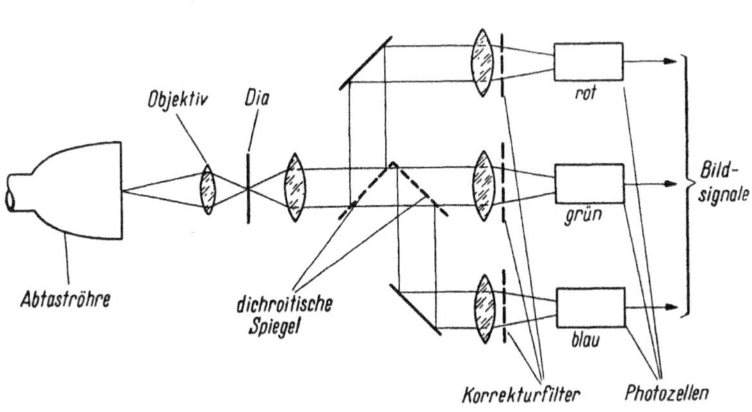

Abb. III.23. Punktlichtabtastung von Diapositiven für Farbfernsehen.

in betriebsreifer Form demonstriert [27]. Wenn damit für Schmalfilm eine praktische Technik der Schnellschaltung wohl erwartet werden kann, so ist das für 35 mm-Normalfilm noch fraglich.

Abb. III.24. Praktische Ausführung eines Farbteilers mit dichroitischen Spiegeln [23].

Im Laufe der Fernsehentwicklung ist oft versucht worden, die Schwierigkeiten des Anpassens der Zeilensprungabtastung an die Bildfolge des Kinofilms mit optischen Ausgleichsvorrichtungen zu überwinden, bei denen die gleichförmige, nicht ruckartige Filmbewegung kompensiert und das Bild in der Projektionsebene zum Stehen gebracht wird. Am meisten wurde hierfür früher der Mechau-Projektor eingesetzt, dessen Schema Abb. III.26 zeigt [28]. Ein rotierender Kippspiegelkranz läuft quer zum Strahlengang und gleicht kontinuierlich (in Überblendung von einem zum nächsten Spiegel) durch eine gesteuerte Kippung die stetige Bewegung des Films aus. Synchronismus zwischen Filmantrieb und Fernsehraster ist bei idealem Ausgleich nicht erforderlich, und die Abtastung kann nach irgendeiner Norm erfolgen. Die Anforderungen an die Präzision der Optik und Mechanik sind jedoch außerordentlich hoch. Deshalb wohl haben alle derartigen Geräte zur Fernsehabtastung von Filmen mit optischem Ausgleich den Wett-

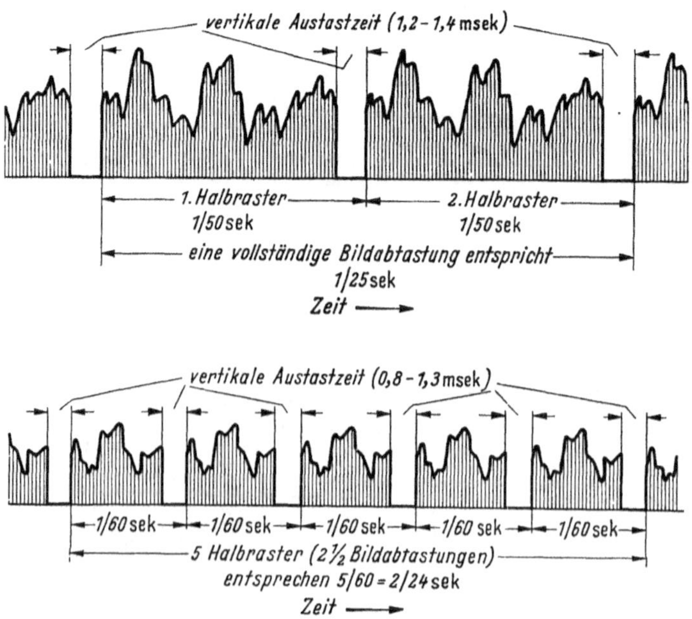

Abb. III.25. Schema des V-Oszillogramms des BA-Fernsehsignals; oben bei 50 Hz, unten bei 60 Hz Vertikalfrequenz.

bewerb mit anderen Verfahren im praktischen Betriebe nicht durchhalten können. Auch die in Abb. III.27 dargestellte, genial verbesserte Anordnung mit elektronisch gesteuerter Korrektur der Restfehler des Ausgleichssystems [*29*], die in den Laboratorien der Bell-Telephone in USA entwickelt wurde, hat nicht zu einer Serienkonstruktion geführt. Die Nachsteuerung erfolgt hier über einen Umlenkspiegel, dessen Neigung elektromagnetisch verändert werden kann. Zur Ableitung des Steuersignals überwacht ein Photozellendiskriminator dauernd den Ausgleich mit Hilfe der über den gleichen optischen Weg rückwärtslaufenden Abbildung der Filmperforation, die von einer Hilfslichtquelle beleuchtet wird.

Der von der Kinotechnik her bekannte optische Ausgleich der Filmbewegung mittels Polygonprismen ist ebenfalls zur Filmabtastung im Fernsehen in Betracht gezogen und verwendet worden [*30*], und es sind Spezialausführungen bekannt, die sich in der Praxis bewähren [*31*].

Für Fernsehsysteme mit 50 Hz-Vertikalfrequenz gibt es jedoch ein sehr einfaches Verfahren zur Punktlichtabtastung eines gleichmäßig fortbewegten Films [*32*] bis [*35*], das große Bedeutung erlangt hat.

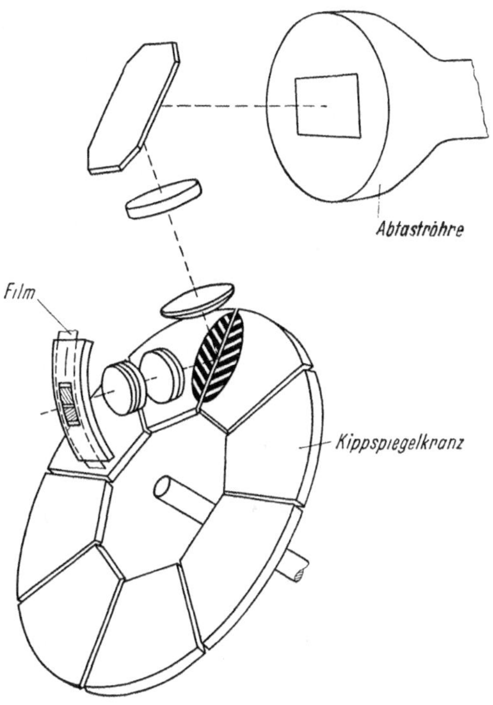

Abb. III.26. Optischer Ausgleich der Filmbewegung mit Kippspiegelkranz (MECHAU-Projektor).

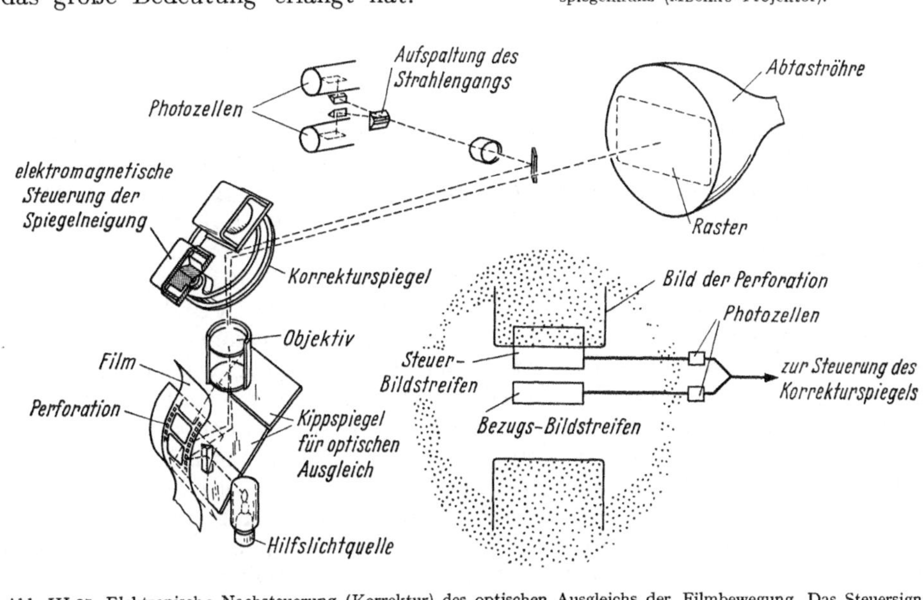

Abb. III.27. Elektronische Nachsteuerung (Korrektur) des optischen Ausgleichs der Filmbewegung. Das Steuersignal für den Korrekturspiegel wird aus dem Bildstand der über den gleichen optischen Weg abgebildeten Perforationslöcher abgeleitet. (Entwicklung Bell-Telephone Laboratories, USA [*29*].)

Abb. III.28 zeigt das Abtastschema. Der kontinuierliche Transport des Films ist mit der Fernsehabtastung synchronisiert, derart, daß 25 Bilder in der Sekunde ablaufen. Diese stetige Bewegung übernimmt die Hälfte des Vertikalablenkhubes, der Rastervorschub auf dem Leuchtschirm der Abtaströhre die andere Hälfte; das Zeilenraster hat dementsprechend nur die halbe Vertikalamplitude, d. h. ein Seitenverhältnis von 8 : 3. Die Abbildung des Rasters auf dem Film geschieht über eine Doppelwegoptik mit genau festgelegtem Abstand der beiden Achsen. Wechselblenden geben periodisch, von Halbbild zu Halbbild umschaltend, jeweils nur einen Abbildungskanal frei. Verfolgt man den Weg eines Filmbildchens, so wird — wie in Abb. III.28 gezeichnet — während der ersten fünfzigstel Sekunde eines Vollbildes das eine Zeilensprungfeld über die obere, während der zweiten fünfzigstel Sekunde das andere Zeilensprungfeld über die untere Optik abgetastet. Das Verfahren arbeitet nur einwandfrei, wenn die beiden optischen Wege in jeder Beziehung (Abbildungsmaßstab, Öffnung, Ausleuchtung usw.) sehr genau identisch sind. Anderenfalls entstehen Schärfeverluste, und vor allem tritt ein sehr störendes 25 Hz-Flimmern auf. Hohe mechanische und optische Präzision wird also auch hier gefordert, aber in der Praxis beherrscht. Moderne Geräte dieser Art enthalten sogar automatisch gesteuerte Einrichtungen zur Korrektur der Filmschrumpfung, die in den Abstand der beiden Abbildungswege eingeht.

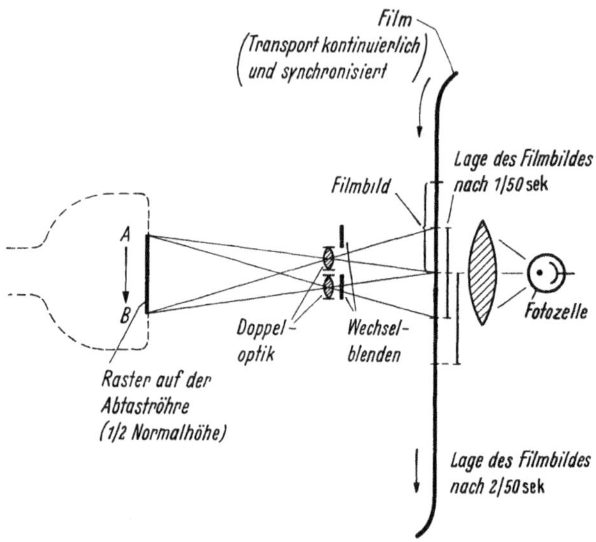

Abb. III.28. Fernsehfilmubertragung durch Punktlichtabtastung bei kontinuierlich laufendem Film mit Doppeloptik (fur Fernsehnormen mit 50 Hz Vertikalfrequenz).

Das Verfahren ist allerdings an eine einfache Relation der Halbbildzahl zur Filmbildzahl gebunden, die bei 50 Hz Vertikalfrequenz 2 : 1 beträgt; bei 60 Hz-Vertikalfrequenz ist die Mehrfachabtastung viel schwieriger, weil nach Abb. III.25 ein Verhältnis 5 : 2 vorliegt. Man hat analoge Anordnungen mit kontinuierlichem Filmlauf und sprungartiger Lageänderung des Rasters auf dem Schirm der Abtaströhre vorgeschlagen, aber in der Praxis des Schwarz-Weiß-Fernsehens verzichtet man in den Ländern mit 60 Hz-Vertikalfrequenz, wie z. B. in USA, meist auf die Punktlichtabtastung zugunsten der Abtastung mit Speicherröhren (früher Ikonoskop, jetzt Vidikon). Allerdings ist für das Farbfernsehen, wo die Punktlichtabtastung die bereits erwähnten Vorteile bietet (Abtastung vor der Farbteilung), in letzter Zeit wieder eine universell für 50 Hz und 60 Hz verwendbare Anlage mit Rasterverschiebung bekannt geworden [*36*]. Natürlich treten bei der Farbfilmabtastung noch zusätzliche Probleme auf [*37*], aber man wird, ihrer grundsätzlichen Vorteile wegen, gerade für diesen Zweck die Punktlichtabtastung bevorzugen.

Ansichten einer Anlage zur Punktlichtabtastung von 35 mm-Kinofilmen zeigt Abb. III.29. Es ist ein von der Fernseh-GmbH hergestellter Filmabtaster, der mit dem in Abb. III.28 skizzierten Verfahren arbeitet und in den Studios der Bundesrepublik viel verwendet wird.

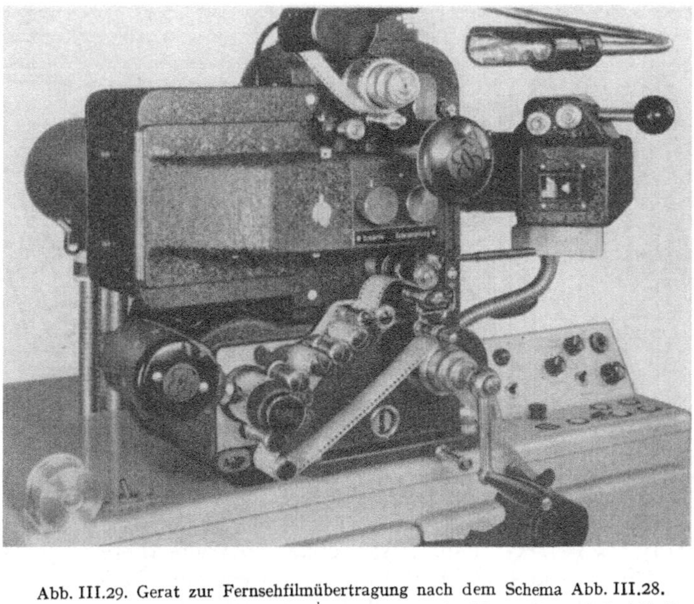

Abb. III.29. Gerat zur Fernsehfilmübertragung nach dem Schema Abb. III.28.
Oben: Gesamtansicht. Unten: Filmlauf, Photozellengehäuse abgeklappt (Fernseh-GmbH, Darmstadt).

3c. Punktlichtabtaster zur Übertragung von undurchsichtigen Bildvorlagen (Fernsehepiskop).

Das Punktlichtverfahren wurde im elektronischen Fernsehen anfangs auch oft als Reflexionsabtastung nach Abb. III.18 zur Übertragung kleiner Szenen,

Abb. III.30. Fernseh-Gegensehanlage mit Punktlichtabtastung (1938, Telefunken-GmbH).

z. B. einzelner Personen (Ansage), eingesetzt, weil man damals noch keine genügend empfindlichen Aufnahmeröhren hatte. Insbesondere bei Fernsehsprechgeräten (Kap. XII, S. 504) [38] hat man von der Reflexionsmethode viel Gebrauch

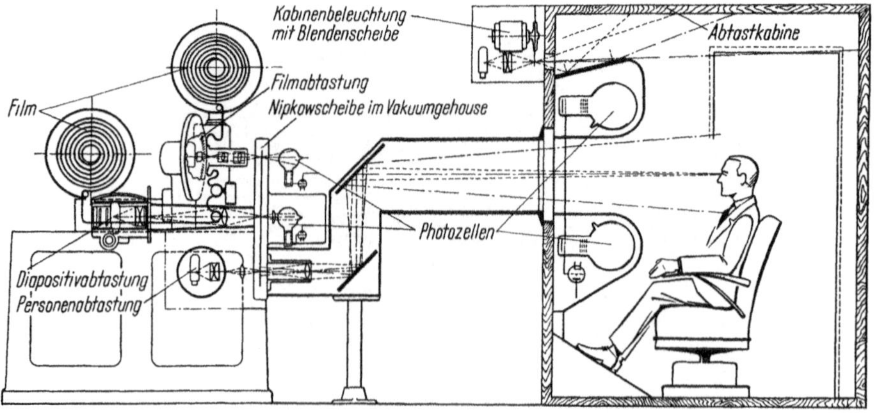

Abb. III.31. Fernsehübertragung von Personen nach dem Verfahren der Punktlichtabtastung (1938. Universalabtaster, Fernseh-GmbH).

gemacht. Abb. III.30 zeigt eine 1938 gebaute Anlage dieser Art (Telefunken-GmbH) [38]. Die Person sitzt im Raume rechts vor dem Telephon; man erkennt eine der beiden großflächigen Photozellen (mit Sekundäremissionsvervielfachung).

Die Abtaströhre befindet sich in dem mit dem Projektionsobjektiv abgeschlossenen Gehäuse, darüber der Schirm für das Fernbild des Gesprächspartners. Diese Geräte lieferten ausgezeichnete Bildqualität, mußten aber im Dunkeln betrieben

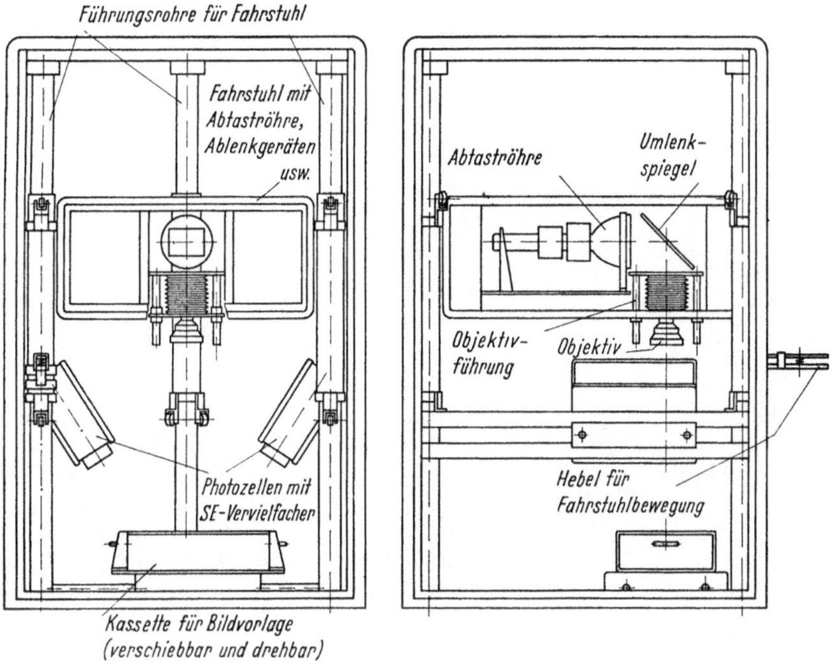

Abb. III.32. Aufbauskizze eines Fernsehepiskops.

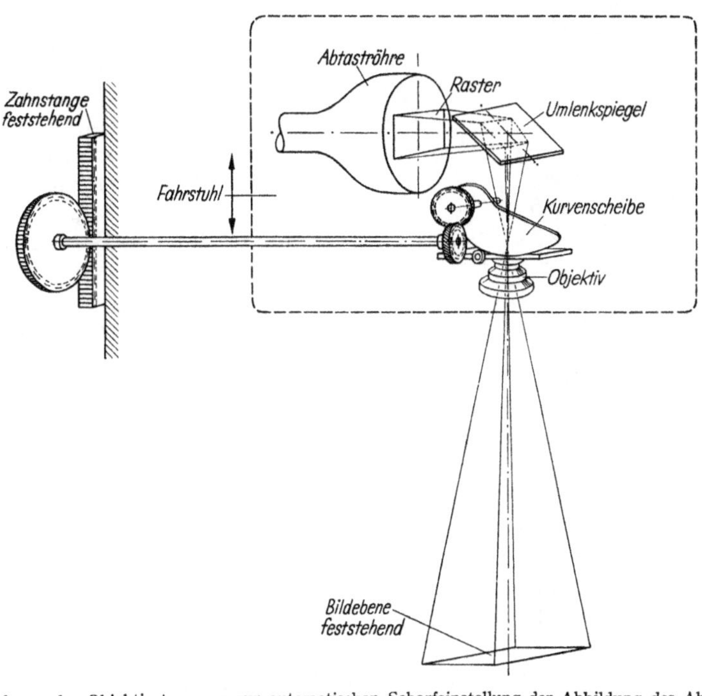

Abb. III.33. Schema der Objektivsteuerung zur automatischen Scharfeinstellung der Abbildung des Abtastrasters bei Änderung des Abbildungsmaßstabes im Fernsehepiskop.

werden, weil jedes zusätzliche Raumlicht den Störabstand durch den Schroteffekt des hinzukommenden Gleichstromes in den Photozellen verdirbt. Eine gewisse Abhilfe gewährt dabei der Kunstgriff impulsartiger Beleuchtung während der Vertikalaustastzeit mit synchroner Sperrung der Photozellen. Ein anderes hervorragendes Entwicklungsprodukt aus der mechanischen Epoche des Fernsehens (1938) veranschaulicht das Schema Abb. III.31. Es ist ein Universalabtaster mit Punktlichtabtastung durch Projektion einer rotierenden Nipkow-Lochscheibe, der auch zur Personenübertragung umgeschaltet werden konnte (Fernseh-GmbH) [*39*]. Er arbeitete mit 441 Zeilen und benötigte nur eine 750 Watt-Projektionsglühlampe.

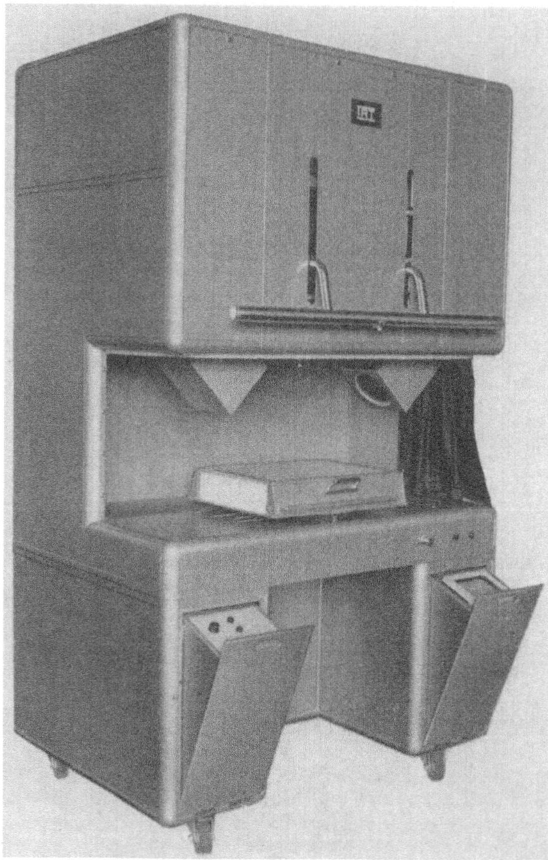

Abb. III.34. Ansicht eines Fernsehepiskops (Versuchsgerät IRT [*40*]).

Neuerdings wurde wieder auf die Vorteile der Punktlichtabtastung zur Übertragung undurchsichtiger Bildvorlagen hingewiesen [*17*]; solche Vorlagen werden hauptsächlich im aktuellen Dienst als Funkbilder, Ausschnitte aus Tageszeitungen, Photos für Reisebeschreibungen, Skizzen, Titel usw. angeboten. Zur Anfertigung von Diapositiven ist meist keine Zeit, auch bringt dies oft Qualitätsminderungen. Darum wurde als Mustergerät ein Fernsehepiskop entwickelt, das verschiedene für den Betrieb sehr zweckmäßige Vorkehrungen enthält, wie z. B. eine in relativ weitem Spielraum stetig veränderliche Abbildungsfläche, dabei automatische Konstanthaltung der Abbildungsschärfe und des Signalpegels, so daß man „Fahraufnahmen" bei einer großen Bildfläche in Detailausschnitten durchführen kann. Abb. III.32 zeigt den Aufbau dieses Versuchsgerätes. Die horizontal liegende Abtaströhre (Philips-Valvo MC 13–16 bzw. RCA 5 AUP 24) mit 6 cm × 8 cm Rastergröße ist zusammen mit den elektronenoptischen und optischen Hilfsmitteln in einem Fahrstuhl untergebracht, dessen Auf- und Abwärtsbewegung die Projektion des Abtastrasters auf der unten liegenden Kassette (zur Aufnahme und zum Wechsel der Bildvorlage) zwischen 7,5 cm × 10 cm und 18 cm × 24 cm stetig verändert. In Sonderfällen kann durch Rasterverkleinerung auf dem Leuchtschirm der Abtaströhre das Format auf 3,7 cm × 5 cm reduziert werden. Die automatische Scharfabbildung des Rasters in der Bildebene wird bei jeder beliebigen Höhenlage des Fahrstuhls durch Steuerung des Objektivs mittels Kurvenscheibe nach Abb. III.33 erzielt. In einer zweiten Konstruktion [40] wird bei Änderung des Abbildungsmaßstabes zugleich die Lage der Photozellen derart verstellt, daß die Aufnahmebedingungen an die Bildgröße angepaßt bleiben und der Signalpegel trotz veränderter Abmessungen des Rasters gut konstant gehalten wird. Dann braucht die elektrische Regelung im Videoverstärker nur in Extremfällen, wie bei plötzlichem Wechsel des mittleren Reflexionsvermögens der Bildvorlage, anzusprechen. Abb. III.34 zeigt die Ansicht des verbesserten Gerätes [40], das auch einen Sucher enthält, und zwar in Form eines kleinen Empfängers

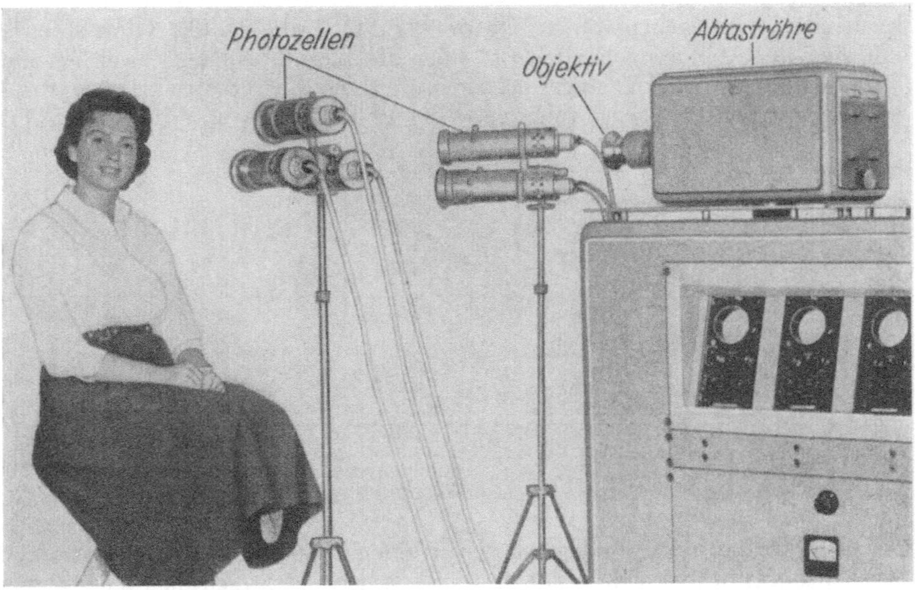

Abb. III.35. Versuchsanlage zur Farbfernsehubertragung nach dem Verfahren der Punktlichtabtastung [42].

(rechts unten, herausklappbar) zur direkten örtlichen Überwachung des abgegebenen Fernsehbildes. Die Betriebserfahrungen mit diesen Versuchsausführungen sind recht ermutigend, und ein solches Episkop wird wohl in Zukunft zur Grundausrüstung des modernen Fernsehstudios gehören.

Die historischen Anlagen für Personenübertragung nach Abb. III.30 und Abb. III.31 sind für das Farbfernsehen wieder aktuell geworden („Vitascan") [41]. Wie beim Farbfernseh-Diaabtaster (s. Abb. III.23) besteht auch hier der Vorteil, daß die Farbzerlegung *nach* der Bildpunktabtastung erfolgt. Somit gibt es keine Deckungsschwierigkeiten der Information in den drei Grundfarben. An die Stelle der einfachen Photozelle treten Kombinationen von je drei Photozellen mit abgestimmten Farbfiltern; eine Versuchsanlage zeigt Abb. III.35. Für hochwertige Vitascananlagen zur Abtastung von Gegenständen und Personen müssen besondere Anordnungen der Photozellentripel gewählt werden, um farbige Schatten zu vermeiden [42].

4. Geräte mit Fernsehaufnahmeröhren.

Hauptzweck des Fernsehens ist die Übertragung von belebten Szenen aus dem Studio oder die Reportage vom Orte irgendeines sehenswerten Geschehens aus (Theater, Sport, aktuelle Berichterstattung). Diese Aufgaben konnten nur mit Hilfe der Ladungsspeicher-Kameraröhren gelöst werden, deren Grundlagen,

Aufbau und Wirkungsweise in den Kap. VIII und IX des 1. Teilbandes ausführlich beschrieben sind. Im folgenden behandeln wir die zum Betrieb solcher Bildgeberröhren notwendigen Geräte und Anlagen. Hierzu einige Vorbemerkungen über die optischen Grundlagen der Fernsehaufnahme sowie über die Betriebseigenschaften der genannten Spezialröhren und die neuesten Fortschritte ihrer Entwicklung.

4a. Grundlagen der Optik für die Fernsehaufnahme. Beziehungen zwischen Lichtstrom und Tiefenschärfe.

Die Kameraröhren erfordern auf der Photokathode ein Lichtbild mit ausreichender Beleuchtungsstärke. Dieses vermittelt die Optik. Obwohl es sich um einfache Abbildung handelt, ist über die Zusammenhänge zwischen Lichtstrom und Tiefenschärfe einiges zu sagen, weil sich die Verhältnisse im Fernsehen von der gewohnten Betrachtungsweise der Photographie unterscheiden [*43, 44*].

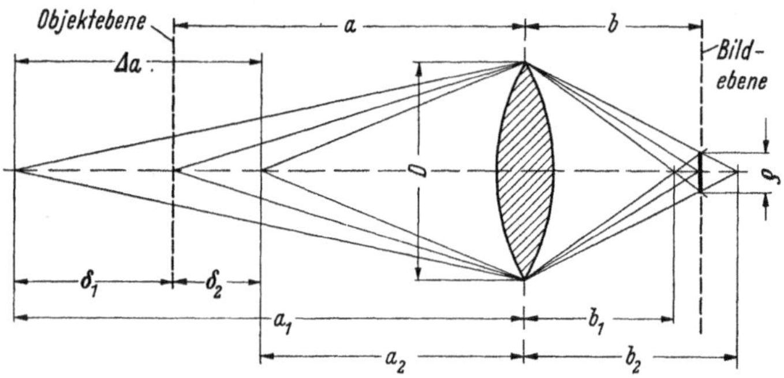

Abb. III.36. Zur Berechnung des Tiefenscharfebereichs $T = \Delta a/a$ einer optischen Abbildung.

Zur Schwärzung einer photographischen Schicht kommt es auf die Größe der Beleuchtungsstärke an, d. h. auf die Flächendichte der Lichtquanten. Im Fernsehen hingegen ist bei vorgegebener Norm die Stärke des Lichtstromes im Bildfeld maßgebend, der unabhängig von der Größe der Bildfläche eine bestimmte Zahl von Elektronen auslöst. Der Lichtstrom hängt von der Öffnung des Objektivs und damit von der zugelassenen oder gewünschten *Tiefenschärfe* der Abbildung ab. Wenn man dieses Kriterium fernsehtechnisch auf die Zeilenbreite bzw. Bildhöhe bezieht, kommt man zu einfachen Zusammenhängen, die kurz abgeleitet werden sollen.

Abb. III.36 zeigt den abbildenden Strahlengang mit Scharfeinstellung der Objektebene auf der Bildebene. Objekte im Bereich $\Delta a = \delta_1 + \delta_2$ werden im Bereich der Bildweite $b_2 - b_1$ abgebildet; in der Bildebene ergibt sich der Unschärfekreis ϱ. Wir definieren als Tiefenschärfe T den bezogenen Bereich

$$T = \frac{\Delta a}{a}$$

und finden nach elementaren Berechnungen des Strahlenganges:

$$T = 2\,\frac{\dfrac{D}{\varrho}\,\dfrac{h}{H}}{\left(\dfrac{D}{\varrho}\,\dfrac{h}{H}\right)^2 - 1}, \qquad \text{(III.5)}$$

wo nach Abb. III.37 die praktisch interessierenden Größen, D absolute Öffnung des Objektivs, H Objekthöhe, h Bildhöhe, eingeführt wurden. Da das Fernsehen eine zur Bildgröße relative, aber (im Gegensatz zur körnigen Photoschicht) vom Format weitgehend unabhängige Auflösung besitzt, ist es sinnvoll, die Unschärfe ϱ

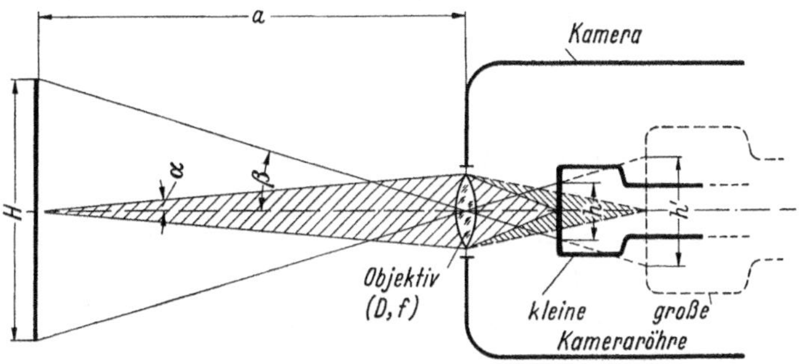

Abb. III.37. Charakteristische Kenngrößen der Optik einer Fernsehaufnahme.

auf die Dimension des Bildelementes, d. h. die der Zeilenbreite und damit also bei genormter Zeilenzahl auf die Bildhöhe zu beziehen. Wir setzen demgemäß

$$\varrho = p\,h$$

und finden:

$$T = 2\,\frac{\dfrac{D}{p\,H}}{\left(\dfrac{D}{p\,H}\right)^2 - 1} = \frac{2Q}{Q^2 - 1}\,. \qquad \text{(III.6)}$$

Aus dieser universellen, in Abb. III.38 aufgetragenen Beziehung kann man im Einzelfall alles ableiten.

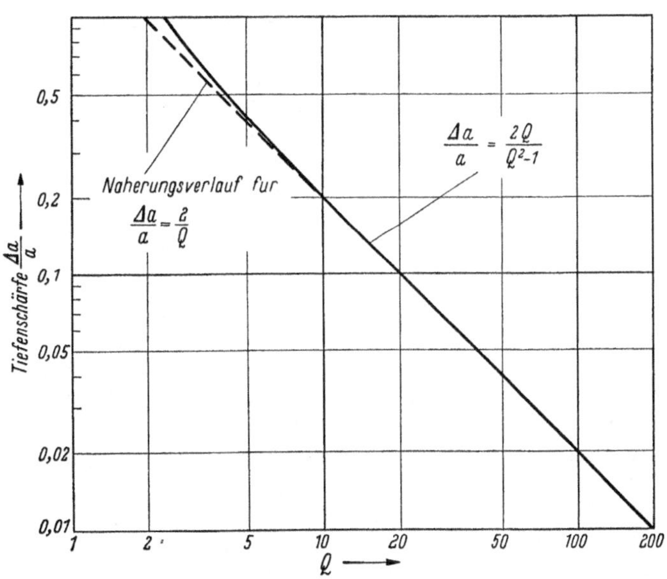

Abb. III.38. Darstellung der relativen Tiefenschärfe T von dem Kennwert Q.

T ist konstant, wenn Q konstant ist. Den Quotienten Q kann man nach Abb. III.37 sehr anschaulich darstellen durch Einführung des Szenenaufnahmewinkels β und des kleinen Winkels α der Öffnung des elementaren Strahlenbündels, das von einem Punkt des Objektes ausgeht. Mit

$$\tan\alpha = \frac{1}{2}\,\frac{D}{a} \quad \text{und} \quad \tan\beta = \frac{1}{2}\,\frac{H}{a}$$

findet man

$$Q = \frac{1}{p}\,\frac{\tan\alpha}{\tan\beta}. \tag{III.7}$$

Dieses einfache Ergebnis lehrt, daß bei vorgegebener relativer Tiefenschärfe nur das Tangensverhältnis der beiden charakteristischen Winkel α und β maßgebend ist. Vergleicht man Aufnahmekameras bei konstantem Szenenwinkel β, so kommt es bei gleicher Aufnahmeentfernung a nur auf die absolute Öffnung des Objektivs an. Ändert man die Brennweite f des Objektivs, z. B. bei Vergleich einer kleinen mit einer größeren Kameraröhre nach Abb. III.37, so muß zur Erhaltung der optischen Bedingungen im Aufnahmeraum die relative Öffnung der längeren Brennweite kleiner sein. Das geht auch aus einer einfachen Erweiterung des Quotienten Q hervor:

$$Q = \frac{D}{pH} = \frac{1}{pH}\,\frac{D}{f}\,f. \tag{III.8}$$

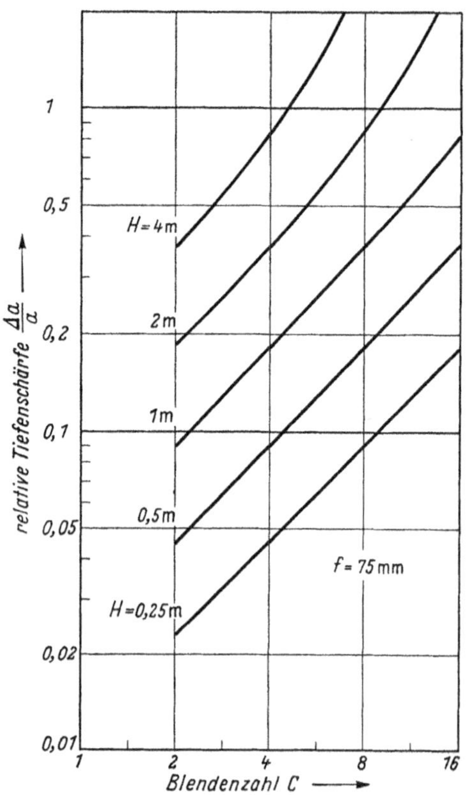

Abb. III.39. Relative Tiefenscharfe T in Abhängigkeit von der Blendenzahl C eines Objektivs mit 75 mm Brennweite bei verschiedener Szenenhöhe H.

Wenn p und H vorgegeben sind, muß zur Konstanthaltung von Q und damit von T die relative Öffnung D/f der Brennweite f umgekehrt proportional sein, d. h. die sog. Blendennummer des Objektivs muß proportional mit f zunehmen.

Nach diesen Erkenntnissen spielt die Größe der Photokathode bei Festliegen der optischen Verhältnisse im Aufnahmeraum für die Empfindlichkeit keine Rolle, weil Aufnahmewinkel und relative Tiefenschärfe den Lichtstrom bestimmen, der unabhängig von der Brennweite des Objektivs und von der Bildgröße auf der Photoschicht ein dem Lichtstromwert entsprechendes Bildsignal erzeugt (s. Abb. III.37). Natürlich gilt dies, technisch gesehen, nur in einem gewissen Bereich, da eine abnorme Bildgröße auf der Photoschicht Nachteile in anderer Beziehung haben kann und da der gleiche Lichtfluß, z. B. bei kleinen Bildflächen, nicht mehr zu erreichen ist, weil sich die relative Öffnung von optischen Systemen nicht beliebig groß herstellen läßt. Dieser Gesichtspunkt ist besonders dann von Bedeutung, wenn die Tiefenschärfe technisch uninteressant und nur die Sammlung eines möglichst großen Lichtstromes wichtig ist, wie z. B. bei Anwendung des Fernsehens zur Lichtverstärkung schwach leuchtender Bilder (Röntgenbildverstärkung). Hier sind große Photoschichten der Kameraröhren von Vorteil, und man hat dafür in jüngster Zeit besondere Röhren mit etwa 70 mm Durchmesser der Photoschicht gebaut [*45*]. Bei so großen Bildflächen ist die Fernsehmethode in bezug auf die Lichtempfindlichkeit den handelsüblichen photographischen Schichten weit überlegen [*43*].

Die dargelegten Zusammenhänge der einfachen Strahlenoptik enthalten die notwendigen Grundformeln zur Behandlung der besonderen mit der Fernsehübertragung gegebenen Verhältnisse. Als Beispiel einer speziellen Berechnung zeigt Abb. III.39 die Abhängigkeit der Tiefenschärfe T von der Blendenzahl C der relativen Öffnung einer vielfach benutzten Optik mit 75 mm Brennweite bei verschiedener Szenenhöhe H.

Für die Praxis ist ferner die Berechnung der für eine optimale Übertragung notwendigen Leuchtdichte bzw. der Beleuchtungsstärke auf der zu übertragenden Szene interessant. Man kann diese Werte aus der Empfindlichkeit der Kameraröhre bestimmen. Sie wird objektiv und physikalisch sinnvoll als derjenige Lichtstrom Φ angegeben, welcher für eine optimale Übertragung (d. h. richtige Ausnutzung des möglichen Arbeitsbereichs der Röhre) notwendig ist; dabei bezieht man die Angabe auf die Amplitudenstufe „Weiß" im gesamten Bildfeld.

Den Lichtstrombedarf der Röhre kann man geometrisch-optisch in einfacher Weise auf die notwendige Szenenbeleuchtung E umrechnen:

$$E = \frac{4}{R\,A}\,\frac{\Phi}{F}\,(1+m)^2\,C^2, \qquad \text{(III.9)}$$

wo C die Blendenzahl der abbildenden Optik (reziproke relative Öffnung), R der Reflexionsfaktor des angestrahlten Objektes (Mittelwert $\approx {}^1/_2$), A der Durchlässigkeitsfaktor der Optik, F die Fläche der Photoschicht der Aufnahmeröhre und m das lineare Maß der Abbildung der Szene auf die Photoschicht (fast immer Verkleinerung, m meist $\ll 1$) ist. Für eine bestimmte Kameraröhre sind F und Φ festgelegt. Die Mindestbeleuchtungsstärke der Szene wird also durch die Tiefenschärfeforderung T, d. h. durch die damit gegebene Blendenzahl C, vorgeschrieben. Ist aus anderen Gründen mehr Beleuchtung erwünscht oder bei Außenübertragungen vorhanden, so kann der Überschuß ohne — bisweilen unerwünschte — Vergrößerung der Tiefenschärfe durch ein neutrales Filter abgefangen werden, das die Durchlässigkeit A des Abbildungsweges verringert.

Mehrere neuere Untersuchungen galten dem Einfluß der Güte der Optik auf die Qualität des Fernsehbildes [*46*] bis [*48*]. Es zeigt sich, daß in den hochzeiligen Fernsehsystemen die Fehler der Optik bei großen Öffnungen merklich werden.

4b. Betriebseigenschaften der Kameraröhren.

Seit Erscheinen des 1. Teilbandes sind zwar keine neuen Röhrentypen hinzugekommen, die vier dort beschriebenen Röhren: Superikonoskop, Superorthikon, C. P. S.-Emitron (Orthikon) und Vidikon, sind aber verbessert und weiterentwickelt worden, weshalb hier über den derzeitigen Stand dieser Technik ein kurzer Überblick gegeben werden soll [*49*].

Das Superikonoskop wird in einigen deutschen Fernsehstudios nach wie vor viel verwendet, weil es Bilder von hervorragender Qualität mit gutem Störabstand liefert (besonders wichtig als notwendige Qualitätsreserve bei der Programmaufzeichnung). Die vom Verfasser entwickelte Methode zur Berieselung der Speicherplatte mit langsamen Elektronen [*50*] ist heute eine geläufige Technik. Abb. III.40 zeigt Schema und Aufbau des von der Fernseh-GmbH hergestellten Superikonoskops, sog. „Rieselikonoskops". Ein bekannter Nachteil dieses Röhrentyps ist der relativ hohe Lichtstrombedarf, weil die Verstärkung des Signals ohne Sekundäremissionsvervielfacher durch direkte Auswertung der Stromimpulse in der an den Verstärker angekoppelten Signalplatte erfolgt. Durch Verbesserung der Vorverstärker [*51*] konnte jedoch die Reserve im Störabstand erhöht werden, so daß eine Verringerung der Gesamtkapazität der Speicherplatte von etwa 7000 pF auf etwa 4000 pF tragbar erschien, die sich in einer entsprechenden Verringerung des Lichtstrombedarfs auswirkt (s. S. 129, Tabelle). Allerdings treten bei der kleineren Speicherkapazität die Detailstörsignale [*52, 53*] stärker hervor, so daß die Beibehaltung dieser Kapazitätsreduktion neuerdings wieder fraglich erscheint. Eine echte und wesentliche Erhöhung der Empfindlichkeit ist jedoch mit der Einführung der neuen Multialkali-Photoschichten [*54*] möglich, deren Ausbeute mindestens das Doppelte der normalen Schichten (Cäsium-Antimon) erreicht.

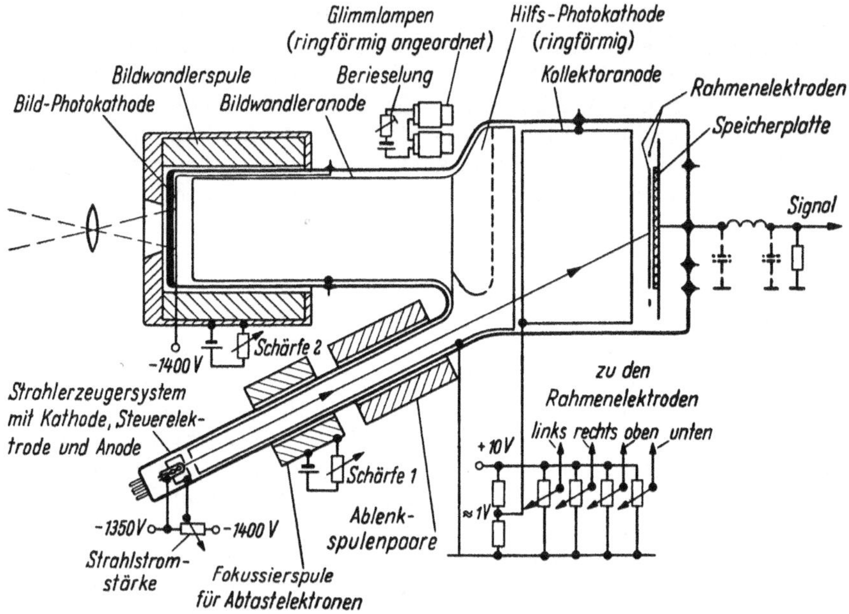

Abb. III.40. Aufbau und Betriebsschema einer Superikonoskoprohre mit Berieselung der Speicherplatte durch langsame Elektronen (Fernseh-GmbH, Darmstadt).

Die interessanteste, empfindlichste und in der Welt weitaus am meisten verwendete Kameraröhre ist das *Superorthikon* (Image-Orthicon), dessen vollständiges Betriebsschema Abb. III.41 zeigt. Die Röhre wurde weiter verbessert, mehrere Typen mit abgestufter Speicherkapazität, angepaßt an die verschiedenen Verwendungszwecke, sind verfügbar. Aufbau und Mechanismus der Signalerzeugung im Superorthikon sind im Teilband 1 ausführlich behandelt; zur Orientierung sei auch auf eine später veröffentlichte Beschreibung verwiesen [*55*].

In letzter Zeit wurden die oft noch sehr störenden charakteristischen Übertragungsfehler dieses Röhrentyps genauer analysiert [*56*]. Sie treten an Helligkeitssprüngen in Form von Randlinien und Kantenverschleifungen auf, wie Abb. III.42 links in einem vergrößerten Ausschnitt eines Fernsehbildes erkennen läßt. Die scharfen Randlinien sind die Folge zusätzlicher Ladungsspeicherung in den Koppelkapazitäten zwischen den Bildelementen, weshalb sie besonders stark bei kleinen Speicherkapazitäten (großer Abstand des Netzes von der Glashaut) hervortreten. Die Verschleifungen von Hell-Dunkel-Übergängen, vor allem in vertikaler Richtung, entstehen andererseits infolge zusätzlicher Ablenkung des abtastenden Elektronenstrahlbündels durch die vom Bildladungsrelief selbst herrührenden (und mit dessen Abbau veränderlichen) transversalen Feldstärken in der Nähe der Speicherplatte. Diese Fehler können praktisch beseitigt werden

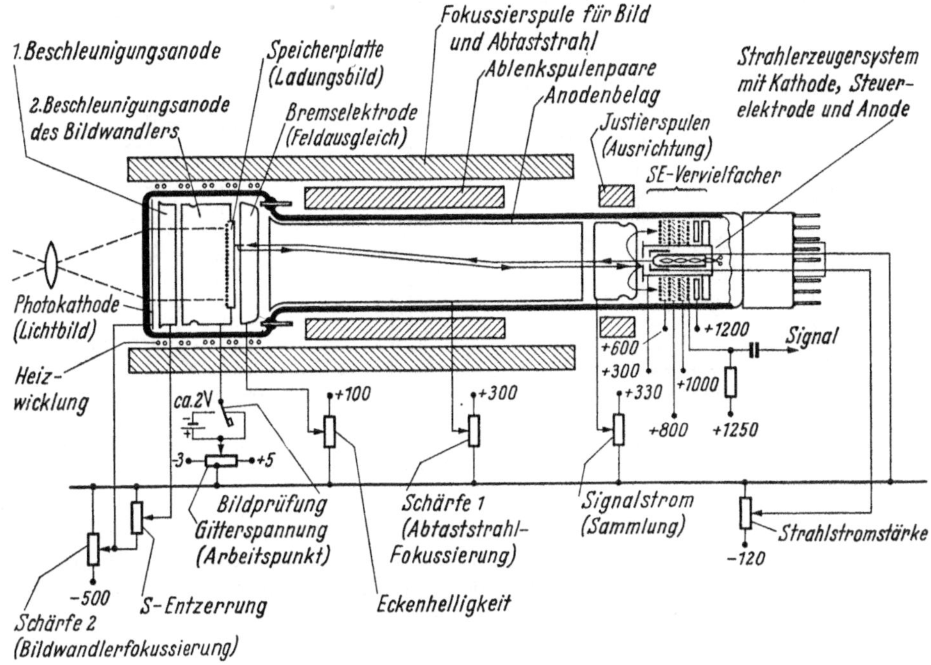

Abb. III.41. Aufbau und Betriebsschema der Superorthikonrohre (mit 3 Zoll Durchmesser).

Abb. III.42. Vergrößerte Ausschnitte von Fernsehbildern, ubertragen durch Superorthikonrohren mit verschiedenen Elektrodenanordnungen im Abtastraum (s. Abb. 43).

Links: Typische Verzerrungen durch Randlinieneffekte, Kantenverschleifungen und Geometriefehler bei Rohren ohne Feldnetz. Rechts: Naturlichere Bildwiedergabe bei Röhren mit Feldnetz.

durch eine genügend große Feldstärke des Bremsfeldes im Raum vor der Speicherplatte. Man erreicht eine solche mit dem „Feldnetz“ vor der Glashaut, das man früher zunächst zur Vermeidung von Störungen durch Ionen vorgeschlagen hat. Abb. III.43 zeigt links die technologisch einfachere Anordnung mit einer ringförmigen Bremselektrode und rechts die kompliziertere mit Feldnetz. In Erkenntnis der Vorteile für die Bildqualität werden die neueren Röhren von den meisten Herstellerfirmen mit Feldnetz gebaut. Der dabei zweifellos größere

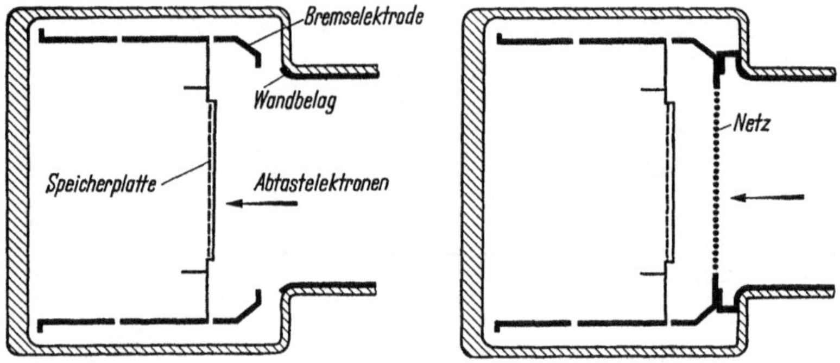

Abb. III.43. Verschiedene Anodenanordnungen in der Nähe der Speicherplatte von Superorthikonröhren. Links: Ringelektrode (Bremselektrode) und Wandbelag. Rechts: Feldnetz.

Aufwand scheint gerechtfertigt, weil die charakteristischen, oft entstellenden Verzerrungen kleiner Details weitgehend reduziert sind und die Wiedergabe sehr viel natürlicher wird. Dies bestätigt die Vergleichsaufnahme Abb. III.42 rechts, die mit einer Feldnetzröhre gemacht wurde.

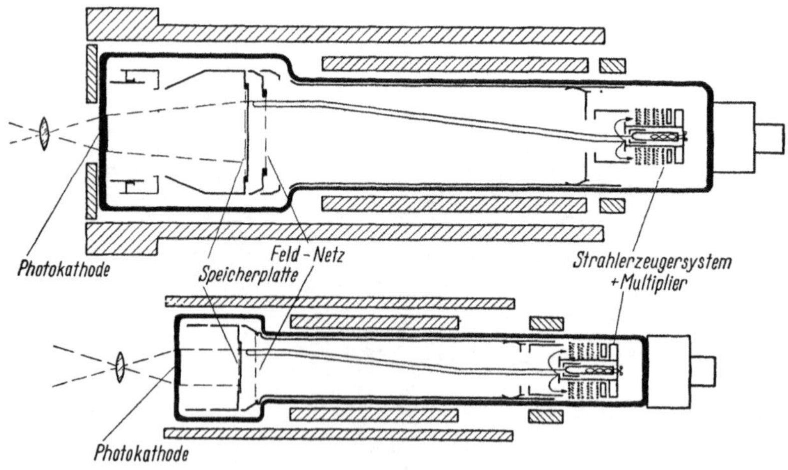

Abb. III.44. Superorthikon-Kameraröhren verschiedener Größe (3 Zoll und $4^1/_2$ Zoll Durchmesser).

Eine andere Weiterentwicklung der Superorthikonröhre trägt ebenfalls zur Steigerung der Bildqualität bei, nämlich die Vergrößerung der Speicherfläche, die eine weitere Verringerung der restlichen Störerscheinungen (auch der Haloeffekte) im Verhältnis der Vergrößerung bringt, eine Erhöhung der Speicherkapazität zuläßt und die Auflösung verbessert. Abb. III.44 zeigt die neue Ausführung im Schema [*57, 58*], im Vergleich zur Normalausführung mit 3 Zoll Durchmesser. Wie ersichtlich, hat man die Größe der Bildfläche auf der Photokathode beibehalten, aber im Bildwandlerteil eine elektronenoptische Vergrößerung mit Hilfe eines verstärkten Magnetfeldes nahe bei der Photoschicht vorgenommen. Demzufolge kann die optische Ausrüstung der Kamera für beide Röhren gleich sein. Obwohl man bei sorgfältiger Einstellung aller Betriebsparameter mit der normalen Röhre fast die gleiche Bildqualität erreicht, bietet die größere, mit $4^1/_2$ Zoll Durchmesser, gewisse Reserven und im Betrieb erweiterte Toleranzen. Das ist wichtig für die moderne Entwicklung, die auch im Fernsehen zur Automatisierung und Vereinfachung der Handhabung (Personalersparnis) strebt. Die früher nur für Versuche gebaute größere Röhre wird daher seit einiger Zeit serienmäßig gefertigt (English Electric Valve Co., England, und Radio Corporation of America, USA) und z. B. in England und Italien, vor allem im Studio, mit bestem Erfolge ständig eingesetzt.

Auch das C. P. S.-Emitron (Orthikontyp), dessen Betriebsschema Abb. III.45 zeigt, ist in den letzten Jahren weiter verbessert worden [*59*]. Nach Hinzufügen

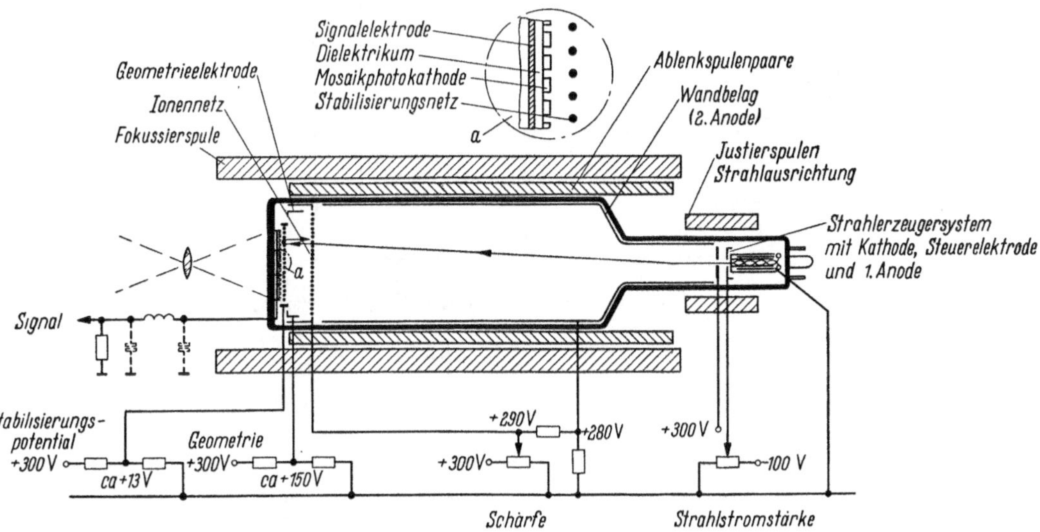

Abb. III.45. Aufbau und Betriebsschema der C. P. S.-Emitron-Kamerarohre (Orthikontyp).

eines feinmaschigen Netzes dicht vor der Speicherplatte (siehe Abb. III.45, links oben, im vergrößerten Teil eines Schnittes durch das Speichersystem) arbeitet die Röhre jetzt auch bei extremer Überbelichtung völlig stabil. Die Empfindlichkeit wurde durch Verwendung der hochempfindlichen Multialkali-Photoschichten [*54*] etwa verdoppelt. Die Bildqualität ist hervorragend, vor allem frei von Störsignalen. Dennoch scheint dieser Röhrentyp keine größere Verbreitung zu finden, denn auch mit der empfindlicheren Photokathode ist der Lichtbedarf immer noch zu hoch. Nachteilig ist außerdem die relativ große Bildfläche, die langbrennweitige und damit unhandlichere Optiken nötig macht.

Eine viel benutzte Fernsehaufnahmeröhre, insbesondere in Kleinanlagen, ist das Vidikon. In dieser Röhre wird der innere lichtelektrische Effekt ausgenutzt. Aufbau und Betriebsschaltung zeigt Abb. III.46. Störend sind nach wie vor die Nachzieherscheinungen bei geringen Lichtströmen. Man hat deren Ursachen in verschiedenen Arbeiten diskutiert und auch einige Fortschritte erzielt [*60*] bis [*66*]. Dennoch ist nach dem heutigen Stande der Technik die im Fernsehrundfunk verlangte Bildqualität nur bei relativ großen Lichtmengen erreichbar. So findet man das Vidikon z. B. in Geräten zur Filmabtastung, vor allem in den Ländern mit 60 Hz-Vertikalfrequenz (USA, Japan, usw.), wo die Punktlichtabtastung — wie in 3b erklärt — nur in Verbindung mit komplizierten optischen bzw. mechanischen Hilfsmitteln anwendbar ist. Auch bei Außenübertragungen im Freien, bei Sonnenschein, und im Studio, zur Übertragung von Szenen ohne größere Bewegungen, ist das Vidikon brauchbar. Die Hauptanwendung findet jedoch diese kleinste und billigste Speicherröhre in Klein-

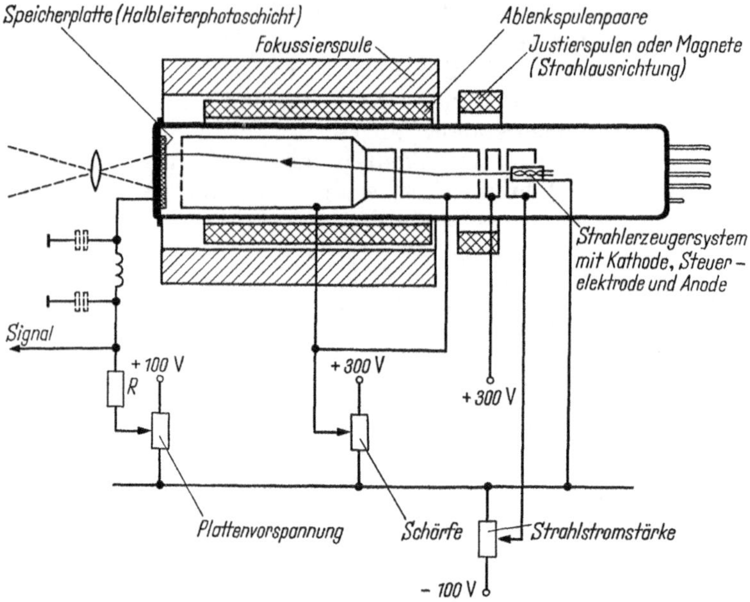

Abb. III.46. Aufbau und Betriebsschema der Vidikon-Kamerarohre.

anlagen für industrielle und wissenschaftliche Anwendungen des Fernsehens (s. Kap. XII). Zu dem Normaltyp mit 1 Zoll Durchmesser sind noch zwei andere Ausführungsformen hinzugekommen, eine Miniaturröhre mit $^1/_2$ Zoll Durchmesser für besonders kleine Kameraanlagen und eine größere Versuchsröhre mit 2 Zoll Durchmesser für bestmögliche Bildqualität [*65*].

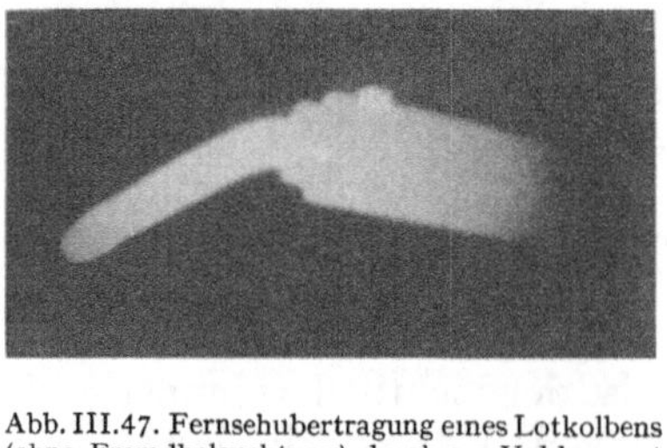

Abb. III.47. Fernsehubertragung eines Lotkolbens (ohne Fremdbeleuchtung) durch ein Vidikon mit infrarotempfindlicher Photoschicht (PbS) (Aufnahme W. Heimann, P.T.W., Wiesbaden).

Interessant und aussichtsreich sind Sonderentwicklungen für Fernsehen im unsichtbaren Lichtwellengebiet. Während die Röhren mit äußerem Photoeffekt höchstens bis zur Wellenlänge von 1,2 μm arbeiten können, liegen diese Grenzen bei den Substanzen mit innerem lichtelektrischem Effekt erheblich weiter im Infrarot. Die Entwicklung von Spezialröhren hat bereits zu beachtlichen Erfolgen geführt [*67, 68*]. Abb. III.47 zeigt ein Beispiel der interessanten Ergebnisse des Infrarotfernsehens unter Benutzung einer von den Physikalisch-Technischen Werkstätten, Wiesbaden (W. Heimann), hergestellten Röhre mit geeignet präparierter Bleisulfidschicht.

Die wesentlichen Betriebseigenschaften der vier besprochenen Kameraröhren sind in den Kurvendarstellungen Abb. III.48 bis 50 und in der Tabelle auf S. 129 zusammengefaßt [*49*]. Angegeben sind Mittelwerte aus Messungen an verschiedenen Röhren verschiedener Hersteller im Laboratorium und im Betrieb. In Einzelfällen sind natürlich (auch bei Sonderkonstruktionen der gleichen Röhrentype) Abweichungen vorhanden; die angegebenen Werte wollen und können nur die typischen Eigenschaften kennzeichnen.

Abb. III.48 zeigt in gewohnter Darstellung den Bereich des Modulationsgrades des Fernsehsignals (ohne elektrische Entzerrung natürlich) bei Übertragung eines Schwarz-Weiß-Streifenmusters als Funktion der in Frequenzen angegebenen Feinheit des Musters, bei Abtastung nach der 625 Zeilen-Norm (5 MHz entsprechen rund 400 Bildelementen, bezogen auf die Bildhöhe). Man sieht, daß die Kameraröhren bis zur Videobandgrenze von 5 MHz noch eine gut verwertbare Information liefern, darüber hinaus nimmt jedoch die Modulationstiefe merklich ab. Die Auflösung der 3″ Superorthikonröhre konnte durch Kompensation oder Abschirmung des „Übersprechens“ der Ablenkfelder in den Bildwandlerteil gesteigert werden [*69*].

In horizontaler Richtung kann die Auflösung durch Entzerrung im Verstärker (ohne Phasenfehler, wie im zweiten Abschnitt dieses Kapitels erklärt) verbessert werden, sofern es der Störabstand zuläßt. Das ist vor allem beim Vidikon, das ein kräftiges Signal abgibt, möglich.

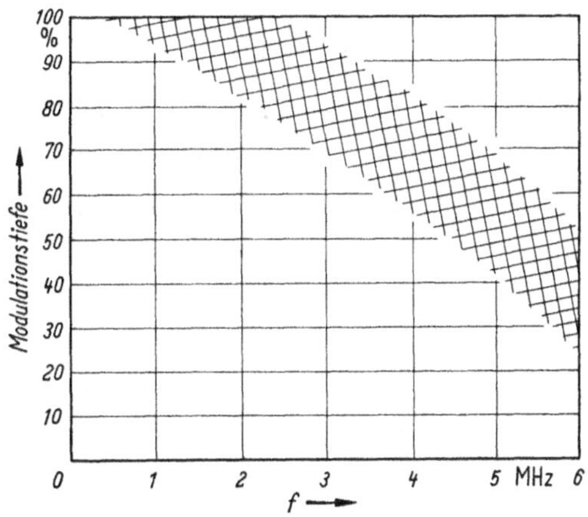

Abb. III.48. Zur Auflosung der Fernsehaufnahmeröhren. Die Kennlinien der verschiedenen Röhren liegen je nach Typ und Einstellung etwa in dem schraffierten Bereich.

Die Übertragungskennlinien der Kameraröhren sind in Abb. III.49 in doppelt logarithmischer Darstellung der Abhängigkeit des abgegebenen Signalstromes vom Lichtstrom aufgetragen. Der etwa optimale Arbeitspunkt für „Weiß“ ist als Ende des Arbeitsbereichs nach oben mit einem Punkt markiert. Man erkennt links oben die Kennlinien der Superorthikonröhren, die infolge der Sekundäremissionsverstärkung des Signals im Innern der Röhre bei höheren Ausgangsströmen liegen. Die für die Empfindlichkeit und den Störabstand maßgebenden Auf- und Entladeströme der Speicherplatte sind natürlich sehr viel kleiner; sie zeigen sich mittelbar in der Lage des Arbeitsbereichs auf dem Abszissenmaßstab, d. h. in den niedrigen Werten des zum Betriebe ausreichenden Lichtstromes. Die Übertragungskennlinien sind im oberen Bereich gekrümmt im Sinne des notwendigen Ausgleichs für die nichtlineare Lichtsteuerkennlinie der Kathodenstrahlröhre im Empfangsgerät. Bei Röhren mit ausreichendem Störabstand im Signal wendet man aber im praktischen Betriebe für den unteren Bereich oft eine zusätzliche elektrische Entzerrung im Verstärkerteil an.

Die Kameraröhren ohne Multiplier liefern Signalströme von der Größenordnung einiger zehntel Mikroampère. Die Endwerte liegen bei Lichtströmen zwischen 3 und 7 Millilumen, mit Ausnahme der Filmübertragung mittels Vidikon, wofür einige hundert Millilumen nötig sind. Die Kennlinie des C. P. S.-Emitrons ist linear; eine Gradationsentzerrung muß hier also durch Signalverformung erfolgen. Günstig verläuft die Kennlinie des Superikonoskops, die ohne weitere Entzerrung im Empfänger eine ausgezeichnete Halbtonwiedergabe ermöglicht. Eine Besonderheit des Vidikons ist der große Arbeitsbereich mit gleichmäßiger Krümmung der Kennlinie.

Abb. III.50 zeigt die Spektralempfindlichkeit der in den Kameraröhren verwendeten Photoschichten im relativen Maßstab (Angaben der Röhrenhersteller).

Die Wiedergabe farbiger Objekte entspricht etwa der Tonwertabstufung einer Photoaufnahme auf panchromatischem Material, mit Ausnahme des Super-

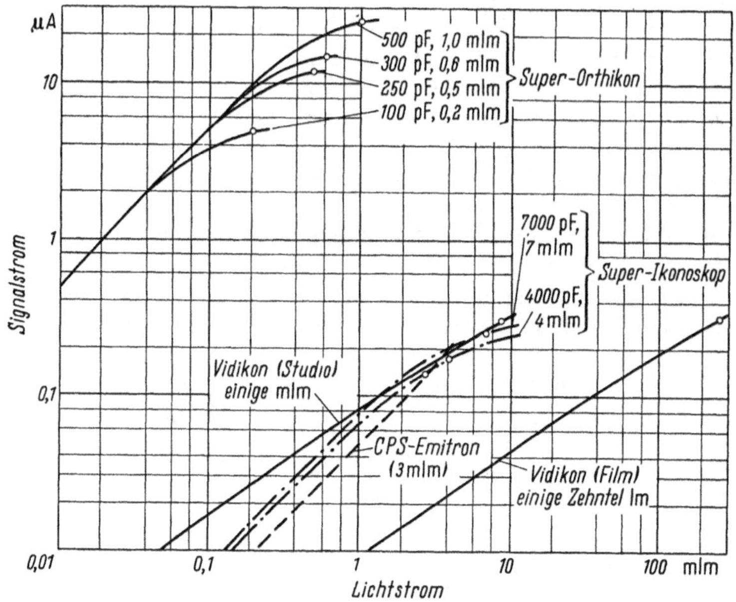

Abb. III.49. Übertragungskennlinien der verschiedenen Fernsehaufnahmeröhren.

ikonoskops, das aber in der Weiterentwicklung durch die Einführung der Multialkali-Photoschicht auch eine größere Rotempfindlichkeit erhalten wird.

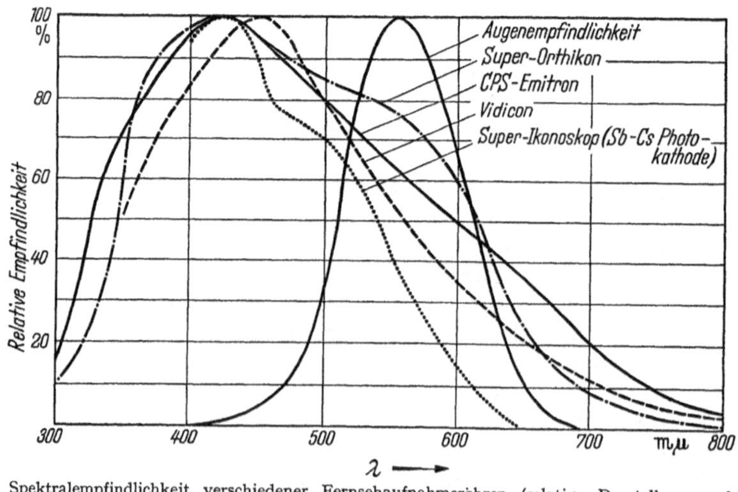

Abb. III.50. Spektralempfindlichkeit verschiedener Fernsehaufnahmeröhren (relative Darstellung nach Herstellerangaben, Maximum jeweils als 100% angenommen).

Weitere Richtwerte für die Betriebsdaten der vier Kameraröhren zeigt die Tabelle, deren Einzelheiten ohne nähere Erklärung verständlich sind. Der Störabstand wurde als im Betriebszustand subjektiv empfundenes Verhältnis des Signals zu den statistischen Störschwankungen angegeben, unter Berücksichtigung von deren Verteilung im Frequenzband sowie in der Amplitudenskala und mit Anwendung der bei zu geringer Modulationstiefe notwendigen Anhebung der hohen Frequenzen [70]. Die Werte in dieser Reihe der Tabelle sollen vor allem dem relativen Vergleich dienen.

Rohrentyp	C. P. S.-Emitron	Superorthikon 3"		Superorthikon 4½"		Superikonoskop (mit Berieselung)		Vidikon 1"
Kapazität der Speicherplatte in pF (gesamtes Bildfeld)	etwa 1000	100	250	300	500	7000	4000	einige Tausend pF
Lichtstrom in mlm für „Weiß“ (optimale Aussteuerung)	3	0,2	0,5	0,6	1,0	7	4	einige mlm (Studio) bis einige 100 mlm (Film)
		Gleiche Photokathodenempfindlichkeit vorausgesetzt (etwa 50 μA/lm)				Bei Empf. der Photokathode von etwa 80 μA/lm		
Bildgröße auf der Photokathode in mm²	34 × 45	24 × 32				12 × 16		9 × 12
Blendenzahl für gleiche Tiefenschärfe und gleichen Bildaufnahmewinkel (relativer Vergleich)	f: 8	f: 5,6				f: 2,8		f: 2,0
Signalstrom für den Schwarz-Weiß-Sprung in μA		am Ausgang des SE-Vervielfachers (Verstärkung ≈ 500)						
	0,15	5	12	15	25	0,25	0,18	0,3
Kennlinienverlauf	linear	linear bis gekrümmt				gekrümmt		gekrümmt
Modulationstiefe bei 5 MHz bezogen auf 0,5 MHz in % Bildmitte	50	65				50		50
Bildrand	25	35				25		25
Störabstand (mit Entzerrung und bewertet)	50	25	38	42	55	80	50	120
Störsignale in % des Schwarz-Weiß-Sprunges: 1. Abschattierungen des Bildhintergrundes	—	± 5				±10		± 5
2. Ungleichmäßigkeiten der Modulationstiefe	±10	±10				±10		±15
Sonstige Störeffekte	—	Haloerscheinungen Mikrophonie „Einbrenneffekt“ Flimmern Randlinien (bei Röhren kleiner Speicherkapazität) Kantenverschleifungen, Verzeichnungen heller Flächen (bei Röhren ohne Feldnetz)				Detailstörsignale		„Nachziehen“ Flimmern

4c. Fernsehkamera.

In der Fernsehkamera sind alle Vorrichtungen enthalten, die unmittelbar mit der Bildaufnahmeröhre in Verbindung stehen. Wie das vereinfachte Schema Abb. III.51 zeigt, gehören dazu die Elektronenoptik der Röhre und das Objektivsystem, die Suchereinrichtung und verschiedene Betriebsgeräte, die in der Nähe der Röhre sein müssen. Dicht an den Signalkontakt der Röhre muß sich der Vorverstärker anschließen; aber auch die Geräte zur Ablenkung (H und V) und zur Erzeugung der verschiedenen Betriebsspannungen (B), wie z. B. der Hochspannung für den SE-Vervielfacher im Superorthikon und der Impulse zur Austastung des Strahlstromes (oder der Speicherelektrode im Falle des Superorthikons) usw., sind normalerweise in der Kamera eingebaut. Aus der Vielzahl der Probleme, Konstruktionsrichtlinien usw. sollen im folgenden einige besonders interessante behandelt werden.

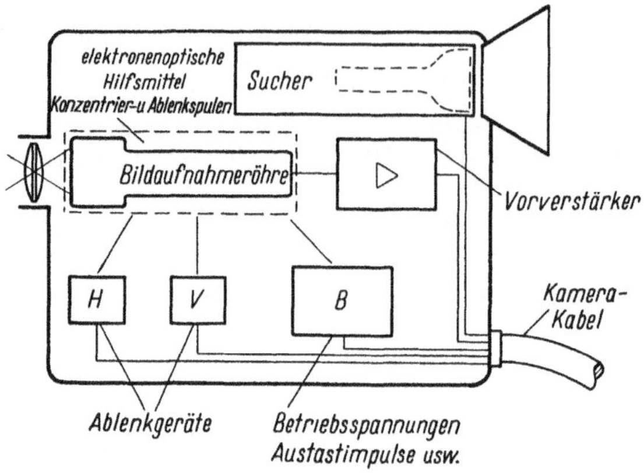

Abb. III.51. Blockschema der Geräte in einer Fernsehkamera.

4c.1. Vorverstärker. Bei Röhren mit direkter Signalableitung von der Speicherplatte kommt es im Kameravorverstärker darauf an, daß an seinem Eingang den kleinen Signalen möglichst wenig Störschwankungen zugesetzt werden. Wie die Berechnungen des Störabstandes in Kap. VIII des 1. Teilbandes gezeigt haben, ist es dann vorteilhaft, einen großen Signalwiderstand (Größenordnung $10^6\ \Omega$) zu verwenden. Die dabei am Eingang entstehenden linearen Verzerrungen des Signals müssen im Verstärkungsvorgang kompensiert werden. Dies kann nach der Schaltung Abb. III.52 durch eine reziprok arbeitende Verzerrung in einer Verstärkerstufe, z. B. durch entsprechende Dimensionierung des Kathodenkreises, erfolgen. Die Verzerrung der Eingangsspannung U_e ist in der gewohnten komplexen Schreibweise ($p = j\,\omega$) gegeben als

$$U_e = \frac{R}{1 + p\,R\,C}\, i_s.$$

Die Frequenzabhängigkeit der Verstärkung der zweiten Stufe in der Schaltung Abb. III.52a ist mit dem Übertragungsfaktor

$$G(p) = \frac{1 + p\,R_k C_k}{1 + p\,\dfrac{R_k C_k}{1 + S_k R_k}} \left(1 + p\,\frac{L_a}{R_a}\right)$$

(S_k Steuersteilheit des Kathodenstromes) gegeben. Faßt man alle Konstanten der Verstärkung in V_0 zusammen, so erhält man für die Ausgangsspannung:

$$U_a = V_0 R\, i_s \frac{1 + p\,R_k C_k}{1 + p\,R\,C} \cdot \frac{1 + p\,\dfrac{L_a}{R_a}}{1 + p\,\dfrac{R_k C_k}{1 + S_k R_k}}. \tag{III.10}$$

Eine Kompensation ist also möglich, wenn die Zeitkonstante $R_k\,C_k$ im Kathodenkreis gleich der Eingangszeitkonstante RC und (für das obere Ende des Frequenzbandes)

$$\frac{L_a}{R_a} = \frac{R_k C_k}{1 + S_k R_k} \approx \frac{C_k}{S_k} \tag{III.11}$$

gewählt wird. Obwohl diese einfache Schaltung gut arbeitet, bevorzugt man zur Kompensation der Verzerrung durch den großen Signalwiderstand, zumindest für den unteren Bereich des Frequenzbandes, Gegenkopplungsschaltungen direkt auf den Verstärkereingang nach Abb. III.52b und c. Diese Schaltungen haben auch den Vorteil, daß der dynamische Arbeitswiderstand, auf den die Kameraröhre arbeitet, klein ist und daher die in gewissen Röhren vorhandenen Schwankungen des inneren Widerstandes bei wechselndem Lichtstrom oder Strahlstrom keinen Einfluß mehr auf den Abgleich der Kompensation ausüben [*71, 51*].

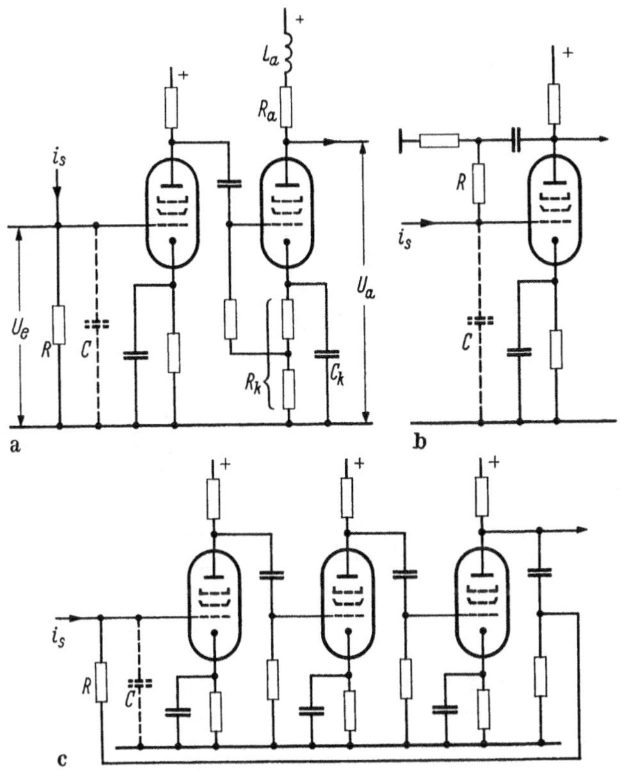

Abb. III.52a—c. Schaltungsbeispiele fur Fernsehkamera-Vorverstärker zur Kompensation der linearen Verzerrungen, die durch Verwendung des (im Interesse großen Störabstandes) hohen Signalwiderstandes R entstehen.

Die Gegenkopplung erfolgt von der Anode der ersten oder der dritten Röhre meist direkt über den Signalwiderstand. Im Falle des mehrstufigen Verstärkers sind die üblichen Maßnahmen zur Stabilisierung erforderlich, d. h. passende Gestaltung der Übertragungsfunktion außerhalb des normalen Arbeitsbereiches [*71*]. Bei einem sehr großen Signalwiderstand ist die Kompensation im ganzen zu verstärkenden Frequenzband mit einer einzigen Schaltung schwer zu erzielen. Man teilt daher oft den Bereich auf. Wichtig ist nur, daß die Kompensation durch Gegenkopplung bis zum mittleren Frequenzgebiet erfolgt, d. h. soweit sich die Impedanzschwankungen der Röhre auswirken können. Im höheren Frequenzbereich sind zur Fortsetzung des Ausgleichs die einfachen Schaltungen, z. B. nach Abb. III.52a, sehr gut brauchbar.

Die erste Stufe des Vorverstärkers ist bei direkter Signalableitung von der Speicherplatte besonders kritisch. Ihre Dimensionierung und Ankopplung an die Kameraröhre müssen derart sein, daß die im Eingang zugesetzten statistischen Schwankungen möglichst klein bleiben. Hierzu sind Verstärkerröhren mit sehr großer Steilheit in zweckentsprechender Verwendung erforderlich, vorzugsweise zwei Trioden in Cascodeschaltung. Die im Kap. VIII, S. 565 des 1. Teilbandes angegebene Schaltung zur Trennung der Kapazitäten bei Ankopplung der Röhre an den Verstärker wird heute durchweg benutzt. Das erfordert eine weitere Korrektur des Frequenzganges, die — wie in Abb. III.53 gezeigt — z. B. auch im Kathodenkreis einer folgenden Verstärkerröhre durchgeführt werden kann. Dazu dient ein gedämpfter Sperrkreis L_k, R_k, C_k, der in Beziehung zu den Schaltelementen L_s, R_s und den vor und hinter L_s liegenden Kapazitäten dimensioniert werden muß [*51*].

Im Vorverstärker ist der Ersatz der Röhren durch Transistoren in der ersten Stufe schwierig und mit Verlust im Störabstand verbunden. Beim Entwickeln leicht transportabler Anlagen mit Vidikonröhren — die eine gute Reserve im Störabstand (s. Tabelle) haben — hat man mit ausgesuchten Drifttransistoren gute Erfolge erzielt und vollständig transistorisierte Vorverstärker mit sehr geringer Leistungsaufnahme aufbauen können [*72*, *73*].

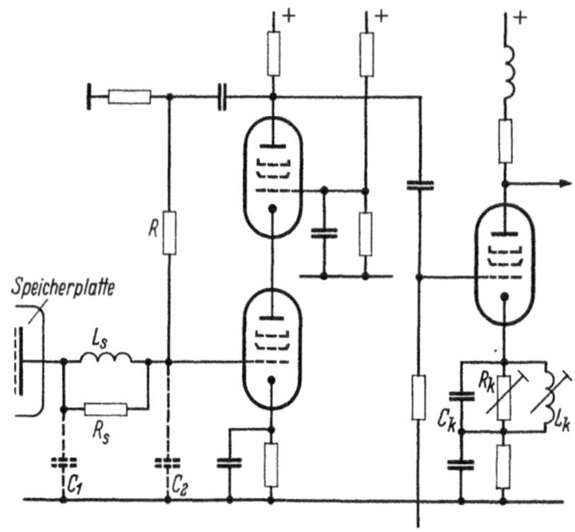

Abb. III.53. Beispiel einer Cascode-Eingangsschaltung fur Fernsehkamera-Vorverstarker.

4c.2. Kamerasucher. Eine viel diskutierte Einrichtung der Fernsehkamera ist der Sucher, den der Kameramann zum Auswählen des richtigen Bildausschnittes für die Aufnahme und zur Kontrolle der Scharfeinstellung der Optik benötigt. Es gibt zwei verschiedene Ausführungsformen [*74*, *75*]: den optischen Sucher, ähnlich dem von Photo- und Filmkameras, und den elektronischen Sucher in Gestalt eines kleinen in die Kamera eingebauten Fernsehempfängers. Die ersten Ikonoskop-Fernsehkameras wurden mit optischen Suchern ausgerüstet; bei dem hohen Lichtstrombedarf dieser jetzt überholten Röhre und dem großen Bildformat lieferte eine Paralleloptik helle Bilder ausreichender Größe zur direkten Betrachtung auf der Mattscheibe. Schwierigkeiten entstanden nach dem Einsatz der neuen Kameraröhrentypen mit erheblich größerer Empfindlichkeit. Der für die Erzeugung des optischen Sucherbildes verfügbare Lichtstrom war sehr viel geringer, und für die hoch empfindliche Superorthikonröhre wurde bald der elektronische Sucher überall eingeführt.

In der deutschen Nachkriegsentwicklung blieben jedoch die für Studioaufnahmen eingesetzten Superikonoskop-Anlagen vorerst beim optischen Sucher (zunächst sämtlich, später teilweise). Doch wird erwartet, daß sich — wohl auch im Zuge der Vereinheitlichung — der elektronische Sucher künftig überall durchsetzt.

Es gibt viele Argumente für das eine und das andere Prinzip. Nur einige wesentliche Gesichtspunkte der Wertung seien kurz angegeben: Als besonderer Vorzug des optischen Suchers wird betont, daß man über den markierten Teil des übertragenen Bildfeldes hinaus ein Umfeld sehen kann, was die Auswahl des richtigen Ausschnittes zweifellos erleichtert. Das Bild des optischen Suchers ist außerdem homogen und schärfer als das Fernsehbild selbst. Das Erkennen der besten Einstellung gelingt ohne längeres Einpendeln dank besonderer Hilfsmittel, wie sie in Spiegelreflex-Photoapparaten erfolgreich eingeführt wurden, z. B. durch den Schnittbildmeßsucher. Dabei hat man auch Vielfachfelder solcher

Anordnungen in Betracht gezogen, die als Vollbildmeßsucher die richtige Einstellung überall und nicht nur in der Mitte erkennen lassen [*75*]. Obwohl als Ausführungsform auch einäugige Spiegelreflex-Fernsehkameras mit Bildwandler zur Lichtverstärkung vorgeschlagen wurden, findet man den optischen Sucher vorzugsweise als Parallelobjektiv, das mit hoher Präzision mitgeführt wird und einen automatischen Parallaxenausgleich haben muß. Das Sucherobjektiv hat meist volle Öffnung und zeigt daher die richtige Scharfeinstellung genauer an. Aber — und damit kommen wir zu den Nachteilen — es läßt nicht den richtigen Tiefenschärfenzustand des Fernsehaufnahmeobjektivs erkennen. Die Deckung des Sucherbildes mit dem Aufnahmebildfeld verlangt sehr große optisch-mechanische Präzision und auch besondere Stabilität im elektronenoptischen Teil der Kameraröhre, weil sich z. B. jede Verschiebung des Rasters auf der Speicherplatte als Lagefehler bemerkbar macht. Die Konstruktion des Objektivrevolvers ist schwierig, weil man Objektivpaare unterbringen muß. Die Normalausführung enthielt deshalb nur zwei derartige Paare (zwei Brennweiten zum Wechsel); allerdings sind auch Revolver mit vier Objektivpaaren hergestellt worden [*76*]. Bei Objektiven mit veränderlicher Brennweite (Varioptiken) wird die Anwendung des optischen Suchers allerdings sehr schwierig.

Der elektronische Sucher liefert ein stets ausreichend helles Bild mit einstellbarer Leuchtdichte, das auch gelegentlich von mehreren Personen betrachtet werden kann. Es ist genau das gleiche Bild, das zur Sendung gelangt. Ein solcher Sucher ist unabhängig vom optischen System, zeigt z. B. in jeder Stellung einer Varioptik richtig an und kann keinen Parallaxenfehler haben. Es ist in manchen Fällen von großem Vorteil, daß der Kameramann unverzüglich die Auswirkung irgendeiner außergewöhnlichen Ursache im Bildfeld auf die Fernsehaufnahme und -sendung erkennt, so z. B. das Auftreten eines Halos oder Geisteffektes in Superorthikonröhren bei stark in die Kamera einstrahlenden Lichtern. Er kann dann sofort durch geringen Stellungswechsel korrigieren. Als Nachteil gilt andererseits, daß die Scharfeinstellung im elektronischen Sucher schwieriger, das Fernsehbild sicherlich gröber als das optische Sucherbild und das Schärfemaximum meist nur durch mehrfaches „Einpendeln" der Einstellung zu erreichen ist. Es sind allerdings Hilfseinrichtungen vorgeschlagen worden, mit denen sich dieser Nachteil weitgehend abschwächen läßt. Das Auffinden der optimalen Schärfe gelingt sehr viel leichter, wenn man zur Modulation der Sucherröhre nur — oder stark bevorzugt — die hohen Frequenzen des Fernsehsignals ausnutzt [*77*], z. B., indem mit einem Handschalter am Griff der Kamera kurzzeitig eine mehrfache Differenzierung des Signals eingeschaltet wird (über Differenzierentzerrung s. Abschnitt 2).

4c.3. Optische Ausrüstung der Fernsehkamera. Die optische Ausrüstung der Fernsehkamera dient zum Entwerfen des Lichtbildes auf der Photokathode in der richtigen gewünschten Größe (d. h. mit dem gewünschten Bildaufnahmewinkel), zur Fokussierung durch Relativbewegung zwischen Optik und Kameraröhre sowie zur Regelung und Einstellung von Lichtstrom und Tiefenschärfe [*78*].

Die erste Aufgabe wird entweder mit Wechseloptiken auf einem Objektivrevolver oder durch Verwendung einer Varioptik [*79*] gelöst. Zweck des Einsatzes und Kosten können entscheiden, welche Lösung vorteilhafter ist. Höchste Bildqualität erreichte man bisher nur mit normalen Objektiven fester Brennweite; allerdings wurden in letzter Zeit die Varioptiken so verbessert, daß der Unterschied kaum noch ins Gewicht fällt. Roh geschätzt, kostet aber eine Varioptik mindestens das Doppelte eines Dreifachobjektivsatzes. Die Verwendung von Varioptiken kann Fahraufnahmen nicht immer ersetzen, denn die Wirkung der Varioptik ist eine konforme variable Vergrößerung des Bildes, während bei der echten Fahraufnahme sich die Perspektive ändert, d. h. das gegenseitige Größenverhältnis der Dinge. Natürlich kann man mit der Varioptik auch Fahraufnahmen bei festgehaltener Brennweite machen, und es mag durchaus sein, daß die Kamera der Zukunft nur noch eine hochwertige Varioptik mit sehr weitem Variationsbereich enthält als Universalausführung für Studio- und Außenübertragungen [*80*].

Die Einstellung der Schärfe des optischen Bildes geschieht in der Fernsehkamera durch Bewegung der Optik und/oder der Bildgeberröhre bzw. der Fokussierspule, die auf einem in Richtung der optischen Achse verschiebbaren Schlitten montiert ist. Diese Bewegung bewirkt ein großer Drehknopf an der Seite der Kamera über eine veränderliche, an die Brennweite angepaßte Übersetzung [*81, 82*] oder alternativ eine Motorservosteuerung, wobei mit dem Knopf nur ein leicht verstellbares Potentiometer betätigt zu werden braucht [*83*].

Von besonderer Bedeutung ist die Regelbarkeit des Lichtstromes. Die Bildgeberröhren arbeiten nur in einem relativ kleinen Bereich optimal, der bei allen Veränderungen im Gesichtsfeld gut eingehalten werden muß, z. B. auch wenn während der Aufnahme (insbesondere bei Außenübertragungen) das Bild durch Schwenken der Kamera von einer hellen zu einer dunklen Szene wechselt. Die Lichtstromregelung kann durch Verstellen der Irisblende im Objektiv erfolgen; eine solche Blendenregulierung verändert aber auch die Tiefenschärfe. Der Lichtstrom allein kann jedoch ohne Einfluß auf die Tiefenschärfe durch variable oder Stufenfilter dosiert werden. Besonders erwähnt sei ein Lichtstromregler mit absorbierender Flüssigkeit zwischen zwei Planglasplatten, deren Abstand mit Hilfe eines kleinen Motors ferngesteuert wird [*84*]. Damit ist eine stetig regelbare Lichtschwächung im Verhältnis 1 : 1000 möglich.

In den im Betriebe eingesetzten Kameraanlagen findet man verschiedene Kombinationen und Konzeptionen der Bedienung und Zuordnung der Einstellungen, entweder zur Kamera oder zum (entfernt im zentralen Kontrollraum liegenden) Kamerakontrollgerät am anderen Ende des Kabels. Im Fernsehrundfunk gibt es hauptsächlich zwei Grundtypen: 1. Lichtstromregulierung durch ferngesteuerte *Blenden*einstellung vom Kontrollgerät aus, mit Stufenfiltereinschaltung an der Kamera selbst zur Anpassung des Regelbereichs an die Szenenbeleuchtung und die gewünschte Tiefenschärfe (z. B. [*82*]), oder 2. Dosierung des Lichtstromes durch variables Licht*filter*, gleicherweise ferngesteuert, aber Bedienung der Stufenfilter- und Blendenwahl unmittelbar an der Kamera [*81*]. In Sonderfällen, z. B. im industriellen Fernsehen, sind je nach dem Einsatzzweck viele andere Kombinationen zweckmäßig, so etwa auch die totale Fernsteuerung der Kamera einschließlich der Höhen- und Seitenschwenkbewegung.

Die optische Ausrüstung einer Fernsehkamera für *Farbfernsehen* ist erheblich umfangreicher. Da es bisher nicht gelungen ist, eine brauchbare Kameraröhre zu entwickeln, die gleichzeitig drei den Grundfarben entsprechende Signale erzeugt, muß man in den modernen Simultan-Farbfernsehsystemen (z. B. NTSC-Verfahren) Kameras mit drei Aufnahmeröhren verwenden, auf deren Photokathoden identische Lichtbilder der Szene in ausgewählten Lichtwellenbereichen durch Filter (Rot, Grün, Blau) entworfen werden. Abb. III.54 zeigt das Schema der Optik in der RCA-Farbfernsehkamera [*85*]. Der normale Objektivrevolver wird beibehalten, die Szene jedoch zunächst auf einer Feldlinse fokussiert und sodann erst über eine 1 : 1-Abbildung (mittels zweier gegeneinandergestellter Objektive hoher Qualität) und über den Farbspiegelteiler auf der Photokathode der drei Aufnahmeröhren entworfen. Schrägstehende Planglasplatten im Hauptstrahlengang hinter der Feldlinse und vor der Röhre mit dem blauen Farbauszug dienen zur Korrektur des Astigmatismus, den der Farbteiler verursacht. Weiterhin sind Farb- und Intensitätskorrekturfilter eingebaut. Die Zwischenabbildung ermöglicht durch Fernsteuerung der Blenden des hierfür vorgesehenen Objektivpaares eine für alle Optiken des Revolvers wirksame Lichtflußregelung. Eine andere Ausführung der Optik findet sich in einer neueren Farbfernsehkamera der E.M.I. Ltd., England, mit drei Vidikonröhren [86], bei der jede Röhre ein eigenes, fest eingebautes Objektiv ($f = 8$ cm, relative Öffnung 1,4) hat; vor dem Farbspiegelteiler können außerdem verschiedene positive oder negative Systeme als gemeinsame Zusatzoptik eingeschaltet werden zwecks Änderung der Bildgröße bzw. des Bildaufnahmewinkels.

Besonders schwierig ist in der Farbfernsehkamera mit drei Aufnahmeröhren die notwendige Deckung der drei optischen Bilder mit den elektronisch geschriebenen Rasterflächen. Dazu muß naturgemäß auch die Elektronenoptik (Bildwandlerfokussierung, Ablenkung, Rasterlage) genau identisch sein. Mit entsprechendem Aufwand an Spezialschaltungen, sorgfältiger Justierung und

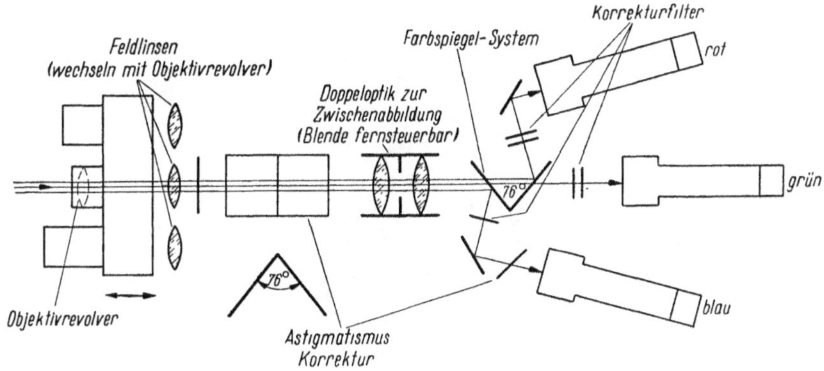

Abb. III.54. Schema der Optik einer Farbfernsehkamera mit 3 Superorthikonröhren [85].

Bedienung werden diese Probleme heute im praktischen Betriebe gemeistert. Viel einfacher ist natürlich die Kamera für das sog. Sequentialsystem mit alternierend farbig übertragenen Teilrastern, das für Fernsehen in Industrie und Wissenschaft vielfach im Gebrauch ist. Als neues Element tritt hierfür nur eine synchronisiert umlaufende Farbfilterscheibe in den Strahlengang einer normalen Schwarz-Weiß-Fernsehkamera mit einer einzigen Bildgeberröhre und Optik (vgl. hierzu Kap. XI.2b, S. 442).

4c.4. Beispiele der technischen Ausführung. Die konstruktiv-technische Ausführung der Fernsehkamera ist je nach dem Verwendungszweck sehr verschieden. Abb. III.55 zeigt eine moderne Form mit Superorthikonröhre für den Fernsehrundfunk-Studio- und -Reportagebetrieb (Fernseh-GmbH [81]). Die Kamera ist etwa 41 cm hoch, 36 cm breit und 55 cm lang, wiegt etwa 40 kg und hat einen Fünffach-Revolverkopf für vier Objektive in Schnellwechselfassung sowie einen Prüfbildprojektor, der durch ein fünftes Objektiv ersetzt werden kann. Wichtig ist, daß man auch im Betriebszustand an alle Schaltungen zwecks Überprüfung, Messung und Reparatur leicht herankommen kann und daß die Kameraröhre leicht auswechselbar ist. Wie das untere Bild in Abb. III.55 erkennen läßt, sind daher die Schaltelemente auf herausklapp- und schwenkbaren Chassis aufgebaut, und die Kameraseitenwände können weit nach unten geöffnet werden.

Die Kamera ist mit dem erwähnten Flüssigkeits-Lichtstromregler [84] versehen und hat einen elektronischen Sucher mit einer Bildgröße von 9 cm × 12 cm. Verschiedene Zusatzeinrichtungen sind vorhanden, wie z. B. eine Heiz- und Kühlvorrichtung zur schnellen Erreichung und Stabilisierung der Betriebstemperatur der Superorthikonröhre, die ja nur in einem relativ engen Temperaturintervall optimal arbeitet. Gerade für Außenübertragungen ist eine solche Vorkehrung

Abb. III.55. Moderne Superorthikon-Fernsehkamera fur Studio- und Außenubertragungen (Fernseh-GmbH, Darmstadt).

unentbehrlich, um einwandfreien Betrieb im strengen Winter wie im heißen Hochsommer zu ermöglichen.

Ein anderes Zusatzgerät für die Superorthikonkamera ist der sog. Orbiter [*87*], eine Einrichtung zur langsam kreisenden Verschiebung des elektronischen Abbildes im Bildwandlerteil der Röhre, um das „Einbrennen“ einer lange Zeit gleichbleibenden Elektronenverteilung auf der Speicherfläche zu vermeiden. Das Kreisen ist so langsam (etwa 1 Periode/min), daß es praktisch nicht wahrgenommen wird; es kann durch Mitbewegung des Abtastrasters auch vollständig kompensiert werden.

An der Kamera sind weiterhin Signalisierungs- und Verständigungseinrichtungen für die Rücksprache des Kameramannes mit der technischen Kontrolle und der Regie vorgesehen.

Aufwendiger und größer ist die in Abb. III.56 gezeigte Farbfernsehkamera (Radio Corporation of America, USA; Schema s. Abb. III.54), die drei Superorthikonröhren mit den zugehörigen Spulensätzen usw. enthält.

Andererseits gibt es auch kleine Superorthikonkameras, wie sie die Abbildung III.57 veranschaulicht (Fernseh-GmbH [88]), für den Einsatz des Fernsehens in Industrie und Wissen-

Abb. III.56. Farbfernsehkamera mit drei Superorthikonrohren (Radio Corporation of America, USA).

Abb. III.57.
Einfache Superorthikonkamera mit Motorgetriebe zur Ferneinstellung des Objektivs (Fernseh-GmbH, Darmstadt).

schaft. Die nur etwa 22 kg wiegende Kamera ist ungefähr 33 cm × 25 cm × 47 cm groß, enthält keinen Sucher und nur ein Objektiv, dessen Entfernungs- und Blendeneinstellungen jedoch vom Kontroll- bzw. zentralen Betriebsgerät aus

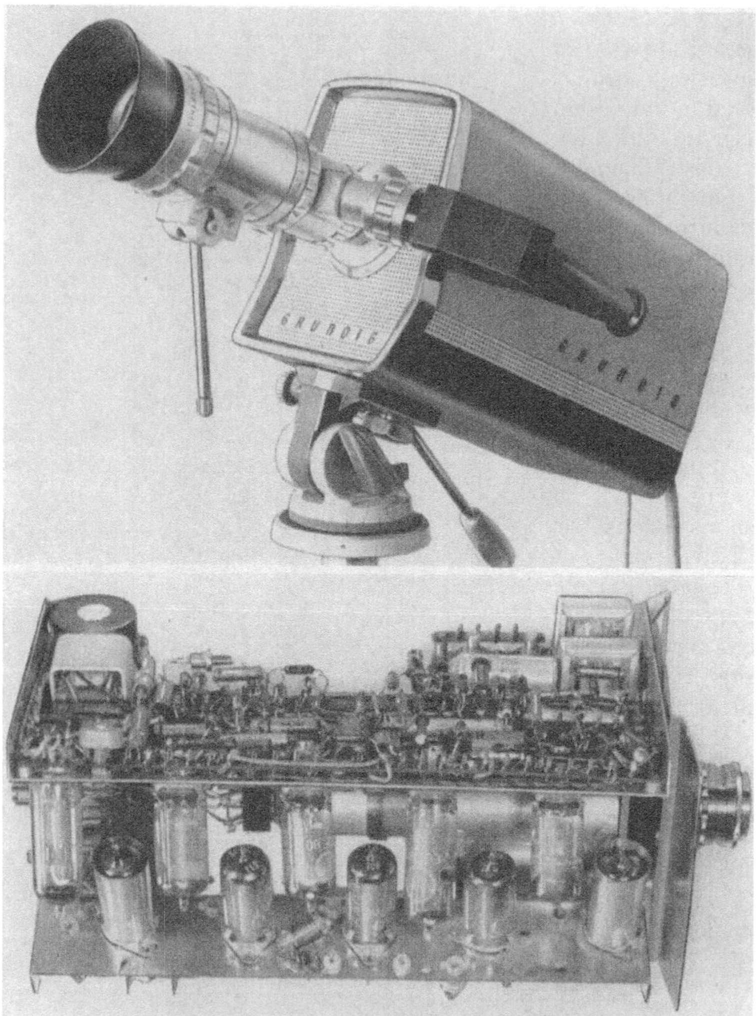

Abb. III.58. Fernsehkameraanlage mit Vidikon (Grundig-Radiowerke GmbH, Fürth/Bayern).

ferngesteuert werden können. Die elektrische Schaltung ist auf zwei ausklappbaren Chassis verteilt.

Kleinanlagen zur Fernsehübertragung bei ausreichender Objektbeleuchtung werden vorzugsweise mit dem Vidikon ausgerüstet. Abb. III.58 zeigt die besonders einfache Ausführung eines solchen „Fernauges" (Grundig-Radiowerke GmbH, Fürth/Bayern [*89*]), bei dem alle Schaltungseinheiten in der Kamera untergebracht sind und nur noch ein zusätzliches Netzanschlußgerät zur Stromversorgung außen angeschlossen werden muß. Die Kamera gibt ein trägermoduliertes Bildsignal ab, das einem normalen Fernsehempfänger zugeführt werden kann. Es ist also kein besonderes Kontroll- oder Sichtgerät notwendig; die Anlage ist dadurch sehr billig (Größenordnung: ohne Optik doppelter Preis eines guten Fernsehempfängers). Die Kamera wiegt etwa 5 kg und ist etwa 13 cm × 17 cm × × 29 cm groß, ihre Leistungsaufnahme beträgt nur 100 VA.

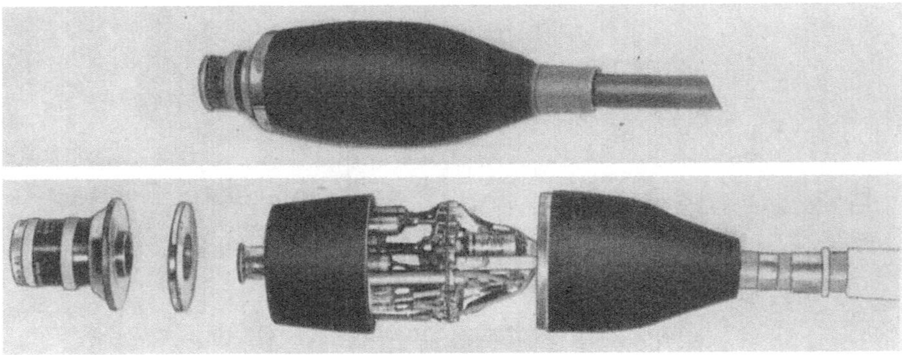

Abb. III.59.
Miniaturfernsehkamera mit kleinem Vidikon (PTW-Resistron 135) (Grundig-Radiowerke GmbH, Fürth/Bayern).

Abb. III.59 zeigt eine Kleinstfernsehkamera, die zur okularen Inspektion der Wandfläche eines Bohrloches konstruiert wurde (Grundig-Radiowerke GmbH, Fürth/Bayern [*90*]). Die „Kamera" ist mit dem Miniaturvidikon PTW-Resistron 135 von nur 13,5 mm Durchmesser ausgerüstet, enthält außer dessen Spulensatz zwei Kleinströhren für den Vorverstärker (Cascodeschaltung mit Kabelausgangsstufe) und ferner eine Röhre für die Austastung mit den notwendigen Schaltelementen. Weiteres über Spezialformen s. Kap. XII, S. 504 ff.

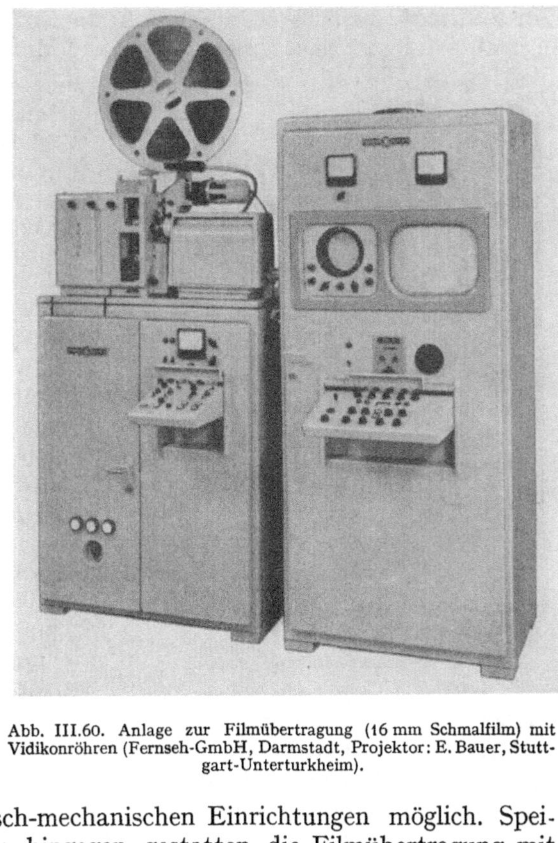

Abb. III.60. Anlage zur Filmübertragung (16 mm Schmalfilm) mit Vidikonröhren (Fernseh-GmbH, Darmstadt, Projektor: E. Bauer, Stuttgart-Unterturkheim).

Fernsehkameras werden hauptsächlich für Direktaufnahmen von Szenen im Studio oder im Freien eingesetzt. Aber auch zur Filmübertragung werden Kameraröhren mit Ladungsspeicherung seit ihrer Entstehung verwendet. Das trifft besonders zu für die Länder, die eine Fernsehnorm mit 60 Hz-Vertikalfrequenz eingeführt haben. Dort ist, wie im Abschnitt 3 erläutert, die Punktlichtabtastung nur mit relativ komplizierten optisch-mechanischen Einrichtungen möglich. Speichernde Fernsehaufnahmeröhren hingegen gestatten die Filmübertragung mit gewöhnlicher Schrittschaltung (Greifer und Malteserkreuz), weil dank der Ladungsspeicherung das Lichtbild nicht dauernd vorhanden zu sein braucht. Es muß nur sichergestellt sein, daß die Lichtsumme, die für die Speicherladung maßgebend ist, an jeder Stelle des Bildes innerhalb der Zeit zwischen zwei auf-

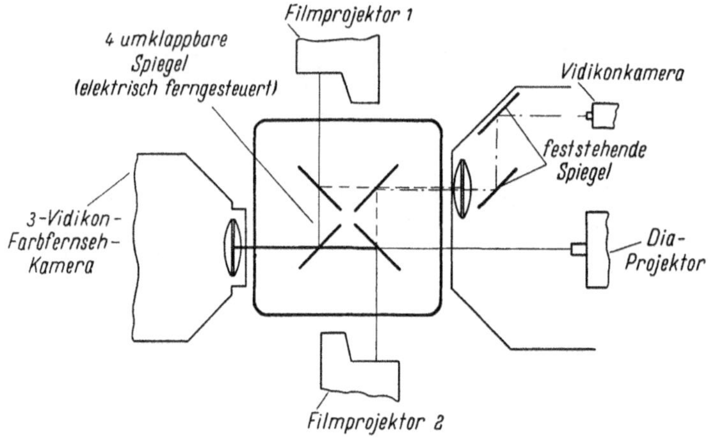

Abb. III.61. Schema der optischen Multiplexeinrichtung TP-15 der Radio Corporation of America [93].

einanderfolgenden Abtastungen konstant bleibt. Das Lichtbild kann also in Abschnitten mit Dunkelpausen aufprojiziert werden [91]. Dieses Prinzip der Filmabtastung ist neuerdings durch das Vidikon auch für Fernsehen mit 50 Hz-Vertikalfrequenz interessant geworden, da diese Röhre bei den zur Verfügung stehenden hohen Lichtströmen ausgezeichnete Bildqualität liefert und die Verwendung konventioneller Projektoren für den Filmtransport möglich macht. Auch in Deutschland stehen seit einiger Zeit Vidikon-Filmabtaster im Wettbewerb mit den ausgezeichneten Punktlichtabtastanlagen nach Abb. III.28 und III.29. Beide Verfahren haben Vor- und Nachteile; die Weiterentwicklung ist noch nicht abzusehen; durch Einführung größerer Vidikonröhren mit 2 Zoll Durchmesser hat jedoch der Kameraabtaster ernsthafte Aussichten gewonnen. Abb. III.60 zeigt die technisch vollkommene Ausführung der Filmabtastgeräte mit Vidikonkamera. Die dargestellte Anlage ist eine Einrichtung zur Übertragung von 16mm-Schmalfilmen (Fernseh-GmbH, Darmstadt, Projektor von E. Bauer, Stuttgart-Untertürkheim [92]). In der Mitte erkennt man den Projektor und die Vidikonkamera mit einem Aufsatz zur Abtastung von Kleinbilddias, wozu der Strahlengang mit einem Hebel umgeschaltet werden kann.

Abb. III.62. Ansicht des optischen Multiplexers TP-15 der Radio Corporation of America.

Die Mehrfachverwendung einer Vidikonkamera für verschiedene Bildprojektoren ist in vielen Studiobetrieben, vor allem des Auslandes, eine beliebte Technik.

Man hat fernsteuerbare Umlenkspiegelsysteme als optische Multiplexer entwickelt, von denen Abb. III.61 im Schema ein typisches Beispiel für Farbfernseh-Film- und -diaübertragungen mit einer normalen und einer 3fach-Vidikonfarbfernsehkamera zeigt [*93*]. Das System besteht aus vier Oberflächenspiegeln, die über Motoren in der gewünschten Kombination eingestellt werden können. So sind z. B. unmittelbare Übergänge zwischen einer Dia- und zwei Filmprojektionen für beide Kameras möglich. Abb. III.62 gibt die Ansicht des optischen Multiplexers nach Abb. III.61 (Multiplexer TP-15 der Radio Corporation of America, USA) wieder, Abb. III.63 eine andere, ebenfalls fernsteuerbare Anordnung mit einem Dia- und zwei Kinoprojektoren und dem Bedienungsgerät der (hinten versteckt liegenden) Vidikonkamera (Fernseh-GmbH, Projektoren von Bell &

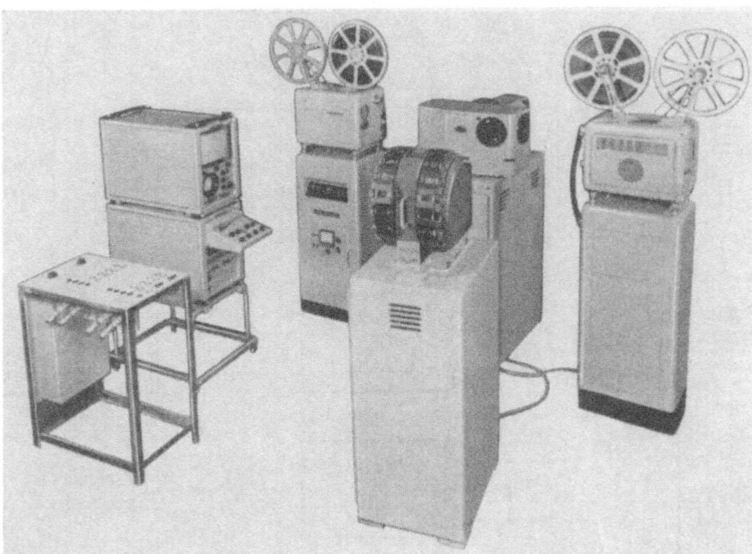

Abb. III.63. Optischer Multiplexer mit Dia- und Filmprojektoren (Fernseh-GmbH, Darmstadt, Filmprojektoren: Bell & Howell, Diaprojektor: RCA).

Howell, Diawechsler von der RCA). Als besonderer Vorzug der Vidikonkamera bei Dia- und Filmübertragung wird mit Recht der weite Arbeitsbereich betrachtet, in dem gerade diese Kameraröhre gute Bildqualität liefert. Dennoch ist es zweckmäßig, den Kontrast in dem auf die Photoschicht fallenden Lichtbild innerhalb gewisser optimaler Grenzen zu halten. Dies kann durch Regelung des Projektorlichtes geschehen, z. B. mittels einer drehbaren Filterscheibe mit verschiedener Lichtabsorption auf ihrem Umfang [*94*] oder auch mittels Steuerung der Intensität der Lichtquelle selber [*95*]. Zur automatischen Konstanthaltung der Aussteuerung kann das regelnde Signal vom Bildsignal abgeleitet werden.

4d. Kamerakontrollgeräte.

Zum Betriebe einer Fernsehkamera gehören bei den größeren Anlagen des Fernsehrundfunks ein Verstärker- und ein Kontrollgerät, die im Studionebenraum oder im Übertragungswagen zusammen mit den entsprechenden Geräten der anderen Kameras aufgestellt sind. Jede Kamera ist mit ihrem Gerät durch ein flexibles, vieladriges Kabel verbunden, über das die Weiterleitung des Videosignals erfolgt und umgekehrt die Betriebsspannungen, Impulse usw. zugeführt werden. Viele Einstellungen und Bedienungsgriffe der Aufnahmeröhre werden also vom anderen Ende des Kabels aus ferngesteuert, um den Kameramann zu entlasten, dessen Aufgabe vornehmlich im Einhalten des jeweils richtigen Standortes der Kamera, in der Wahl des richtigen Szenenausschnittes und in der Scharfeinstellung des Lichtbildes auf der Photokathode der Aufnahmeröhre besteht.

Abb. III.64 zeigt im Schema die Einzelfunktionen des Kamerakontrollgerätes. Ein wichtiger Teil dient der Verstärkung und Formung des Signals mit den im zweiten Abschnitt dieses Kapitels beschriebenen schaltungstechnischen Hilfsmitteln. Der Ausgang dieser Schaltung liefert mehrere BA-Signale und zum Anschluß von Kontrollempfängern meist auch BAS-Signale. Des weiteren werden im Kontrollgerät die Betriebsspannungen für die Kamera erzeugt und die zur

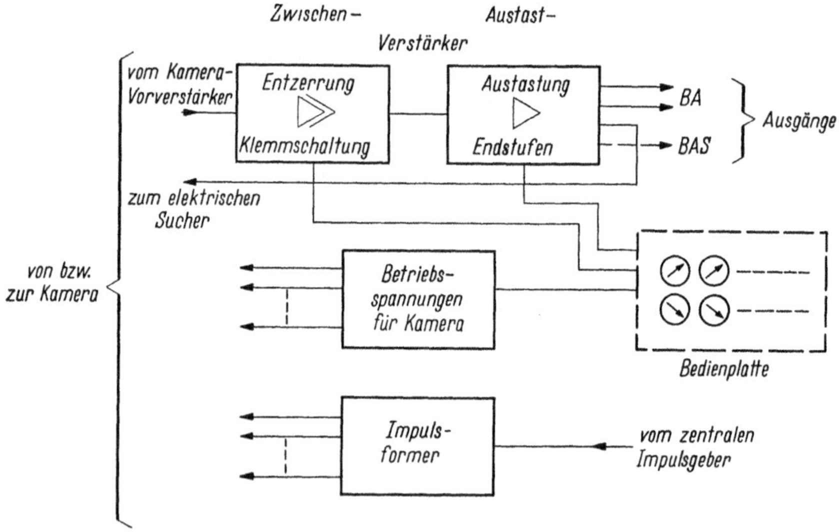

Abb. III.64. Schema eines Kamerakontrollgerätes.

Ablenkung, Austastung usw. notwendigen Impulse aus den vom zentralen Taktgeber entnommenen Steuerspannungen abgeleitet. Die Einstellorgane für die Funktionen der Kameraröhre, für den Lichtstrom und für die Signalparameter (Schwarzwert–Weißwert usw.) sind in der Regel auf einer Bedienplatte zusammengefaßt. Ihre Betätigung erfolgt auf Grund der Beobachtung des Fernsehbildes und der Signalform in einem stets an das Kontrollgerät angeschlossenen Monitorempfänger mit Bildröhre und Oszillographen.

Die Konstruktion von Kamerakontrollgeräten gibt Abb. III.65 in zwei verschiedenen typischen Formen wieder: links als Einheit (Schrank) für stationäre Studioanlagen und rechts in der universellen Kofferbauweise (Fernseh-GmbH [*81*]). Abb. III.66 zeigt nochmals einzeln die Verstärkereinheit der Kofferausführung mit dem herausgeklappten Bedienpult. Wie man sieht, sind auch hier die Schaltungen zur Überprüfung, Reparatur usw. im Betriebszustand durch das Herausklappen der Chassis gut zugänglich.

Die Bedienung erfordert nach diesem Aufbauprinzip eine Person zur Handhabung der Kamera und eine zweite am Verstärkerkontrollgerät. Es gibt jedoch in der modernen Entwicklung Bestrebungen, diesen Aufwand zu reduzieren und in Anbetracht des stabileren Arbeitens der neuen Kameraanlagen mehrere Kontrollgeräte nur von einer Person bedienen zu lassen [*82*], die auf einer zentralen

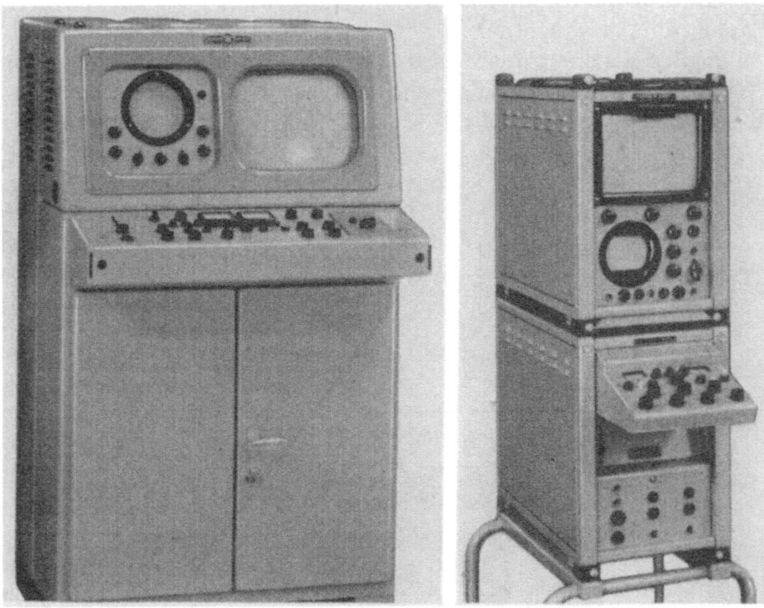

Abb. III.65. Ansicht verschiedener Ausfuhrungsformen von Kamerakontrollgeraten (Fernseh-GmbH, Darmstadt).

Steuerplatte die wichtigsten Größen für alle Kameras reguliert und nachstellt (z. B. Lichtstrom, Schwarzwert und Weißwert). Je nach Qualitätsforderungen,

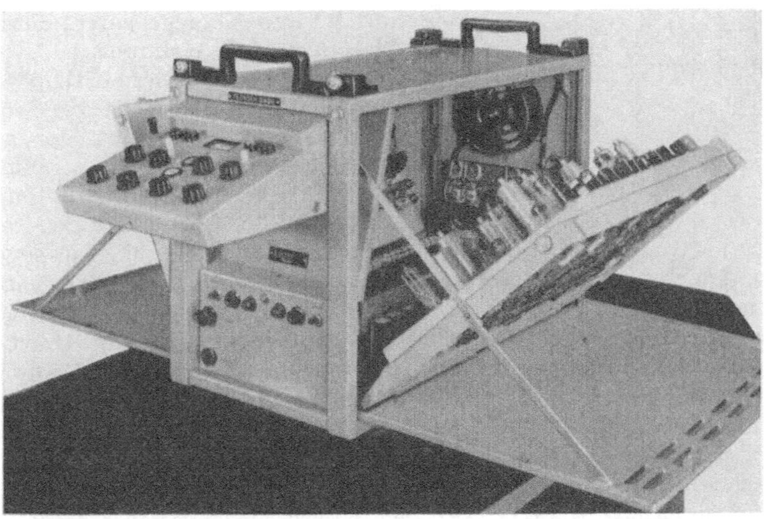

Abb. III.66. Verstärkereinheit eines Kamerakontrollgerates in Kofferbauform (Fernseh-GmbH, Darmstadt).

Produktionsweise und Auffassung der technischen Regie findet man daher in der Praxis allerlei Varianten der Gerätezusammenstellung.

5. Hilfsmittel für die Produktion von Fernsehprogrammen.

5a. Bildmischeinrichtungen.

Zur Produktion von Fernsehprogrammen werden, je nach Art und Umfang der Sendung, die Ausgänge der in den vorstehenden Abschnitten beschriebenen Bildsignalquellen (Lichtstrahlabtaster, Kameras) zweckentsprechend kombiniert. Meist sind mehrere Kameras, Film- und Diageber beteiligt, die jeweils zur rechten Zeit auf den Sendeweg geschaltet werden. Man braucht daher im Regie- und Schaltraum Verteiler- und Mischeinrichtungen, deren Schaltungstechnik kurz beschrieben werden soll.

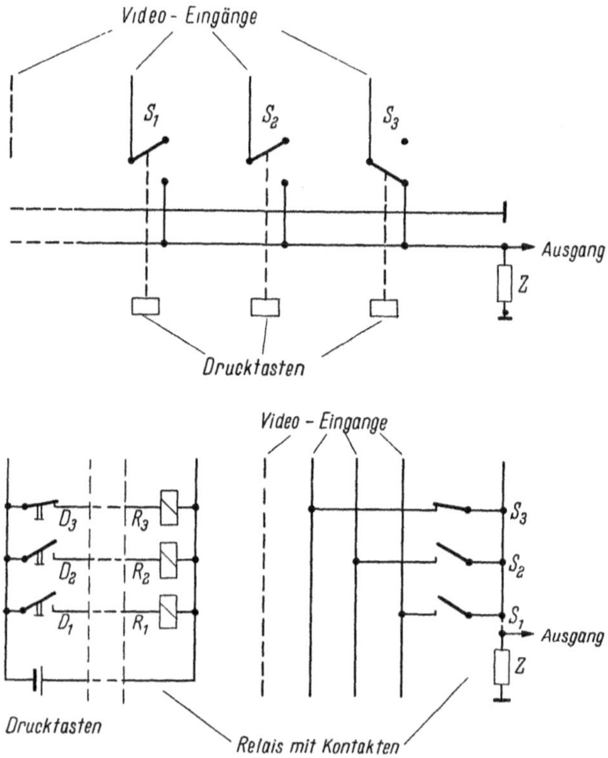

Abb. III.67. Videosignal-Wahlschalter mit direkter und Relaisschaltung.

5a.1. Kreuzschienenverteiler. Meist wird eine Vorauswahl mit Hilfe von Kreuzschienenverteilern getroffen, in deren Feldern mehrere ankommende Videoleitungen (BA-Signale) in beliebiger Kombination auf einige weitergehende Leitungen geschaltet werden können. Die Auswahl kann durch direkte mechanische Betätigung der Schalter erfolgen oder auch von einem entfernt liegenden Schaltpult aus über Relais R, wie in Abb. III.67 angedeutet. Ferner sind elektronische Schalter nach Abb. III.68 verwendbar, die z. B. mit Umschaltung der negativen Gittervorspannung von Verstärkerröhren oder der Vorspannung einer Diodenanordnung arbeiten [*96*]. Da die Video-Zubringerleitungen nicht immer am Verteiler enden und dort abgeschlossen, sondern oft noch zu anderen Geräten weitergeführt werden, sind am Eingang Maßnahmen zur Vermeidung von Stoßstellen im Leitungswege notwendig. Das erreicht man in sinnvoller Weise durch einen Filtereingang (Spulenleitung) derart, daß in den kapazitiven Zweig des Filters die Eingangskapazität des am Verteiler angeschalteten Verstärkereinganges eingeht, die in der Ruhestellung durch Zusatzkapazitäten ersetzt wird. Dies ist eine allgemeine Praxis der Videotechnik. Man spricht daher im Falle des Verteilerschaltfeldes oft von einer „Filterkreuzschiene".

5a.2. Überblendverstärker. Auf den Kreuzschienenverteiler folgt zur Umschaltung oder stetigen Überblendung bzw. Mischung der ausgewählten Bildsignalquellen ein „Mischverstärker". Über dessen technische Gestaltung und vor allem über die Ausführung seines Bedienungspultes bestehen unterschiedliche Auffassungen [*97, 98, 99, 100*]. Bewährt haben sich z. B. Anordnungen mit mehreren Reglern zur additiven Mischung der einzelnen Signale [*101*]. Dabei ist allerdings darauf zu achten, daß im Moment der Überblendung keine nennenswerten Überschreitungen des Pegels im Ausgangssignal auftreten, die zu Übersteuerungen führen (zur Sicherheit sieht man meist einen Regelverstärker nach der Mischschaltung vor). Abb. III.69 veranschaulicht, als Beispiel, ein bewährtes Schaltprinzip der Überblendverstärkung für zwei Stufen. Geregelt bzw. getastet werden die Bremsgitter von Pentoden, deren Anoden parallelgeschaltet sind und an deren Steuergittern die verschiedenen Bildsignale liegen. Diese können nun durch momentanes Wegnehmen der negativen Sperrspannung mittels Drucktasten, die sich wechselseitig auslösen, „hart" umgeschaltet werden. Andererseits kann eine allmähliche (weiche) Überblendung bei entsprechender Stellung der Schalter S_{11}, S_{21}, ...

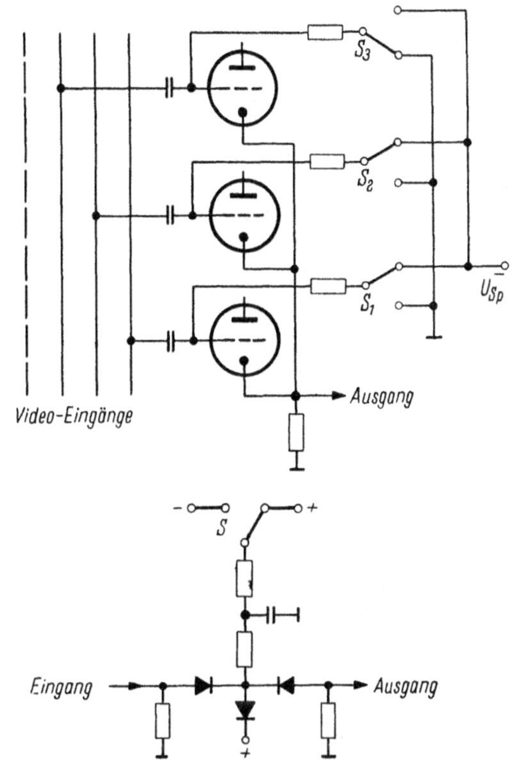

Abb. III.68. Videosignal-Wahlschalter mit elektronischen Schaltelementen (Röhren und Dioden).

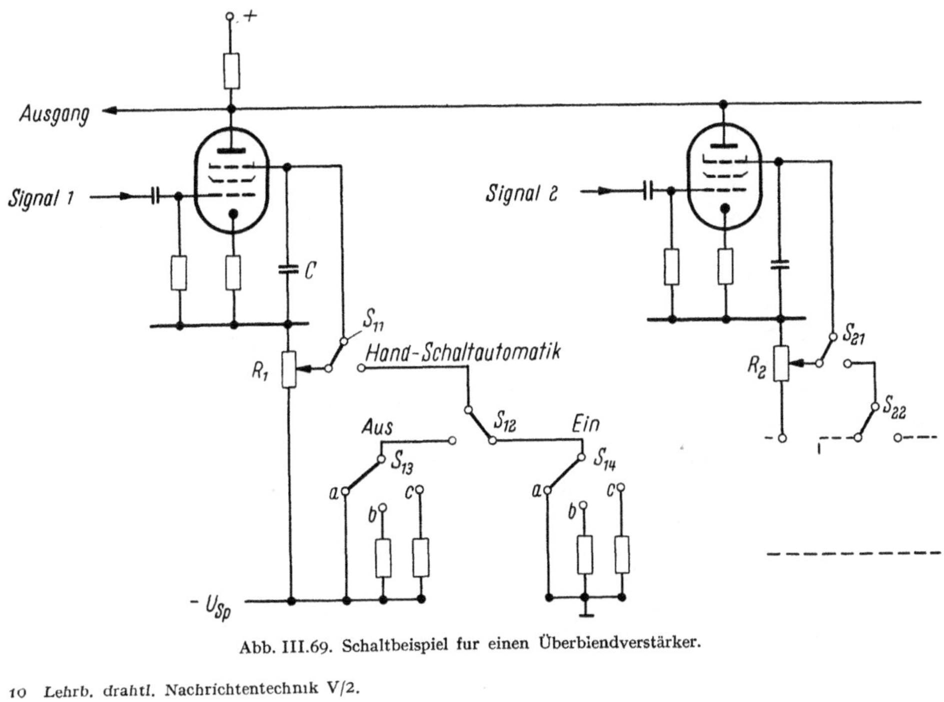

Abb. III.69. Schaltbeispiel fur einen Überbiendverstärker.

durch Betätigung der Regler $R_1, R_2, \ldots$ vorgenommen werden. Der Ablauf der Überblendung läßt sich auch automatisch durch Auf- und Entladevorgänge des Parallelkondensators C steuern. S_{11} wird hierzu nach S_{12} durchgeschaltet, und die negative Vorspannung U_{sp} wird durch S_{12} am Bremsgitter und an C zu- oder abgeschaltet. Mit S_{13} und S_{14} können verschiedene Zeitkonstanten dieser Abläufe und der dadurch gesteuerten Signalüberblendung eingestellt werden. Erfahrungsgemäß wird jedoch die Handregelung bevorzugt, weil die künstlerische Gestaltung des Programms sehr unterschiedliche Überblendungstechniken erfordert und die Automatik leicht maschinell-stereotyp wirkt.

Alles Regeln und Schalten geschieht bei den Überblendverstärkern, wie auch im Beispiel der Abb. III.69 gezeigt, durch das Ändern von *Gleich*spannungen, die in einfacher Weise über beliebig lange Kabelleitungen an- und abgeschaltet und überallhin zugeführt werden können. Das erspart unerwünschte Kabelwege und

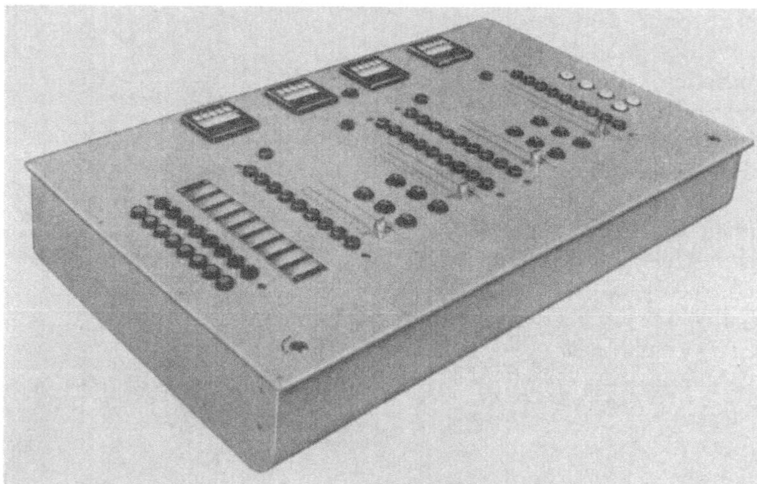

Abb. III.70. Ansicht eines Mischpultes fur die Fernsehprogrammgestaltung (Fernseh-GmbH, Darmstadt).

-schleifen für die Videoverbindungen im Studio und ermöglicht eine zweckentsprechende Aufstellung der Geräte. So befindet sich am Regiepult selbst nur der Bedieneinsatz des Bildmischers. Abb. III.70 zeigt eine typische Ausführung, wie sie in deutschen Studios verwendet wird [*101*]. Es handelt sich um das Schalt- und Reglerfeld eines Bildmischers mit vier Überblendstufen. Man erkennt die vier Flachbahnregler zur Handbedienung, daneben die Drucktasten für die automatische Überblendung. Weiterhin sind auf diesem Pult die Drucktasten zur Vorauswahl der Signalquellen durch Schalten der Filterkreuzschiene untergebracht. Der im Photo Abb. III.70 gezeigte Bediensatz enthält außerdem hinter den Reglern noch Anzeigefelder für die Stellung der Objektivrevolver der angeschlossenen Kameras.

5a.3. Trickmischer. Ähnlich wie in der Filmtechnik will man auch bei Fernsehprogrammen Trickeffekte einblenden. Hierfür bieten elektronische Schaltgeräte reizvolle Möglichkeiten [*97*], [*102*] bis [*104*]. Zur einfachen Superposition zweier Bilder genügt bereits der normale Überblendverstärker. Besondere Tricks erreicht man aber erst durch Schaltungen, die auf Teilen der Bildfläche das eine, außerhalb dieser das andere Bild erscheinen lassen. Dazu benutzt man die „Inlay“- und die „Overlay“-Mischung [*102*]. Das Inlayverfahren arbeitet mit Tastung zweier Bildsignale, die — wie in Abb. III.71 skizziert — z. B. von zwei Kameras kommen können. Die Mischung erfolgt mittels eines elektronischen Schalters *S*. Das Tastsignal wird z. B. von einem steuerbaren Impulsgenerator T_1 entnommen. Im Zeitablauf eines oder mehrerer Zeilenraster wird jeweils die eine oder die andere Bildsignalquelle eingeschaltet. Ein einfaches Nebeneinander zweier Bilder auf dem Schirm (Zwiegespräch zweier Partner von verschiedenen Orten) kann leicht durch rechteckförmige Tastimpulse von Horizontalfrequenz herbeigeführt werden. Mit komplizierten Impulsformen (Kombination von *H*- und *V*-Impulsfolgen) sind die verschiedensten Variationen beim Einsetzen des einen Bildes

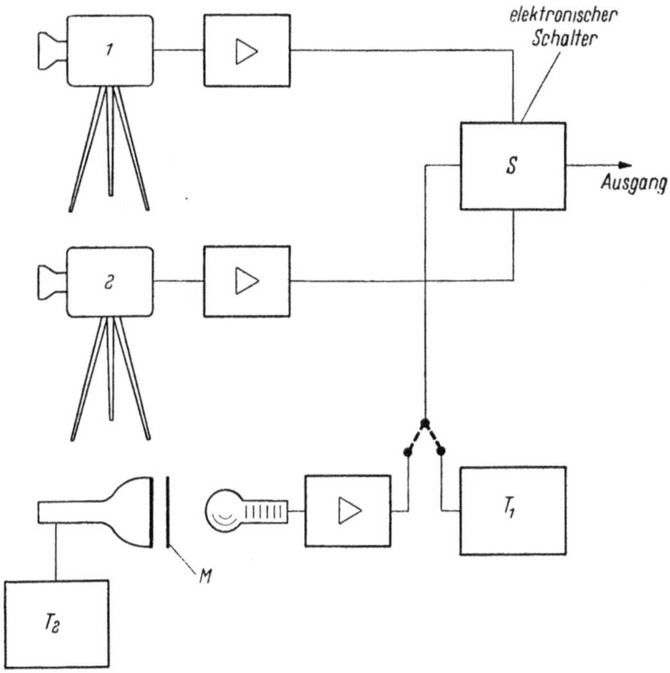

Abb. III.71. Schema der Trickschaltung nach dem „Inlay"-Verfahren.

in das andere möglich. Durch Phasenänderung beider Impulsarten kann man dieses Einsetzen variieren, so z. B. „rollende Schnitte" in horizontaler, vertikaler oder auch diagonaler Richtung erzeugen, zum anderen Bilde über einen aus der Mitte herauswachsenden rhombischen Ausschnitt übergehen (s. Abb. III.72) und vieles mehr [*105, 106*]. Wie in Abb. III.71 angedeutet, können die Tastimpulse auch von irgendeiner Schwarz-Weiß-Bildvorlage *M* mit Hilfe einer zusätzlichen Fernsehaufnahmeeinrichtung, z. B. mittels Punktlichtabtaster, abgeleitet werden. Eine Modulation dieses Abtasters (T_2) erhöht noch die Vielfalt der Trickformen.

Noch wirkungsvoller, aber schwerer durchzuführen, ist die „Overlay"-Technik, deren Prinzip Abb. III.73 erläutert. Die Tastsignale werden hierbei von der Modulation des einen Bildes selbst abgeleitet, indem durch Verstärkung und Begrenzung eine Silhouette erzeugt wird. Innerhalb dieser Silhouette wird nach der Mischung *S* das Bild aus der einen Quelle und außerhalb das aus der anderen Quelle sichtbar. Eine solche Technik vermag z. B. eine Person vor einem beliebigen Bildhintergrund erscheinen zu lassen, ohne daß dieser, wie bei einfacher Signaladdition, durch die Person „hindurchschiene" (es ist sozusagen eine

Abb. III.72. Beispiel einer „Inlay"-Trick-Mischung (Aufnahme Fernsehstudio NDR, Hamburg).

elektronische Rückprojektionstechnik). Schwierigkeiten bereiten dabei die Vermeidung von störenden Randlinien an den Umtaststellen und die Tatsache, daß bei der angewandten Begrenzungsmethode das „Vordergrundsignal" nur in dem oberen Bereich der Halbtöne liegen darf und der übrige Teil des Signals in oder nahe bei dem Schwarzwert liegen muß. Man hat versucht, die Erzeugung des „Silhouetten"-Tastsignals durch geeignete Farbgestaltung bzw. Beleuchtung der Szene und durch (mittels Filter) selektiv gemachte Farbempfindlichkeit der Kameraröhre zu erleichtern, jedoch führt dies zu relativ komplizierten Anordnungen (zwei Aufnahmeröhren [*102*]).

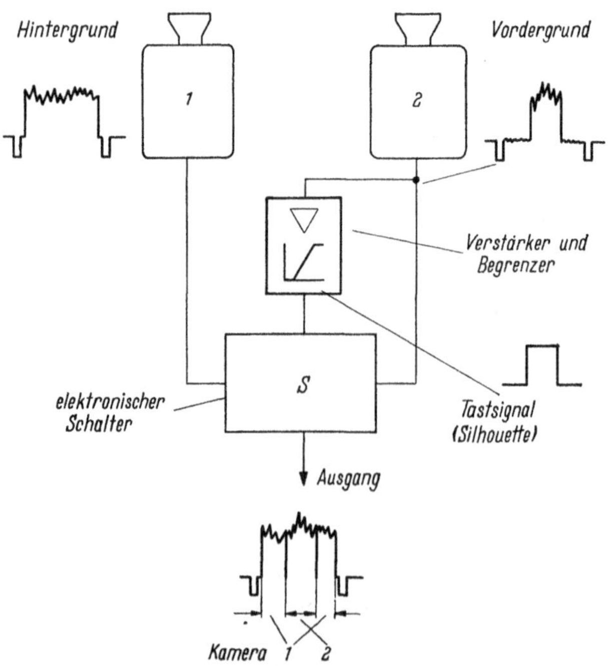

Abb. III.73. Schema der Trickschaltung nach dem „Overlay"-Verfahren.

Zur Trickmischung gehört das Einblenden von beweglichen Markierungszeichen in das Fernsehbild, wie z. B. die Erzeugung eines kleinen, auf der Spitze stehenden Dreiecks, das mit einem kardanisch gelagerten Steuerhebel über das gesamte Bildfeld hin und her verschoben werden kann (Lichtzeigergerät [*107*]).

Auch die aus der Filmtechnik bekannten Abbildungstricks können im Fernsehen durch Vorsätze vor die Kamera verwirklicht werden, wie z. B. die Bildvervielfachung durch mehrflächige Prismen, Spiegel usw. In diesem Zusammenhang sei noch auf die künstliche Kulissendarstellung durch optische Rück- oder Aufprojektion auf das zu übertragende Bildfeld [*108, 109*] hingewiesen.

5b. Signalmischer.

An die Bild- (evtl. Trick-) Mischung schließt sich die Funktion des Signalmischers an, worin dem auszusendenden BA-Signal die Synchronisierzeichen S zugesetzt werden. Das Bildsignal wird hierzu meist nochmals ausgetastet, um die genaue durch die Norm gegebene Signalform (richtige Lage der sog. „Schwarzschulter") zu erzeugen. Werden, wie erwähnt, Regelverstärker eingeschaltet, so dürfen diese nur bei Übersteuerung ansprechen, um zu verhindern, daß gewollte Amplitudenänderungen bei den Mischvorgängen automatisch ausgeglichen werden. Das Ausgangs-BAS-Signal wird an einem hochwertigen Kontrollgerät überwacht, insbesondere auf richtige Einstellung der charakteristischen Signalwerte und ihrer gegenseitigen Verhältnisse.

Ein weiterer Mischer dient gegebenenfalls der Einblendung laufender Prüfzeilenmeßsignale (vgl. Kap. X.2f, S. 446ff.) in das den Fernsehstrecken zugeführte BAS-Signal.

5c. Automatische Programmschaltung.

Neuerdings wird versucht, den Ablauf der vielen Schaltvorgänge beim Einsatz mehrerer Bildsignalquellen zur Programmgestaltung zu automatisieren. Interessenten finden Einzelheiten in den verschiedenen Fachveröffentlichungen zu diesem Thema [*110*] bis [*114*].

5d. Fernsehbetriebsanlagen.

Zur Durchführung einer einfachen Fernsehaufnahme genügt die Zusammenschaltung der entsprechenden, aus der Darstellung dieses Kapitels bekannten Geräte. Für die Gestaltung größerer Programme hingegen sind umfangreiche Komplexe mit vielen zusätzlichen Hilfseinrichtungen und -anlagen erforderlich, wie z. B. mehrere Studios und bewegliche Kamerazüge (Übertragungswagen) zur Außenaufnahme. Der technische Aufbau dieser Anlagen wirft viele Probleme auf, wie z. B. die Art und Anordnung der Szenenbeleuchtung, die sehr anpassungsfähig und regelbar sein muß, die Klimatisierung der Aufnahmeräume und die Zuordnung der Hilfsräume (Bild-Ton-Regie, Beleuchtungssteuerpult, Kamerakontrolle usw.). Die Verbindung der einzelnen Videogeräte untereinander und ihre Versorgung mit den vom zentralen Impulsgeber gelieferten Steuersignalen (H-, V-, A- und S-Signale) erfordern eine sorgfältige Planung. Bei langen Wegen müssen die Laufzeiten abgestimmt werden, damit bei Umschaltungen und Überblendungen die Signale trotzdem zeitlich zusammenpassen. Weiterhin sind Vorrichtungen zur Synchronisierung des örtlichen Impulsgebers mit einem von außen zugeführten Signalgemisch nötig, wenn mehrere Produktionszentren an dem Programm beteiligt sind (Synchronisator-Separator [*115*]).

Die Gestaltung eines Studiobetriebes hängt sehr von den Gegebenheiten, von der Art der Programmsendung (z. B. Direktsendung oder Vorproduktion) und vom Umfang der zu erfüllenden Aufgaben ab. Man findet daher in der Praxis eine große Vielfalt der Ausführung, deren Einzelheiten im Rahmen dieses kurzen Berichtes über die Technik der unmittelbar zur Fernsehaufnahme eingesetzten Geräte nicht beschrieben werden können.

Abb. III.74. Einblick in Fernsehstudios (links: Bayerischer Rundfunk, rechts: Westdeutscher Rundfunk).

Der näher interessierte Leser findet diesbezüglich im Schrifttum eingehende Berichte und Beschreibungen, so z. B. in den Büchern [*116*] bis [*118*] aus der reichen Praxis der Fernsehtechnik in den USA, in der Zeitschrift der European Broadcasting

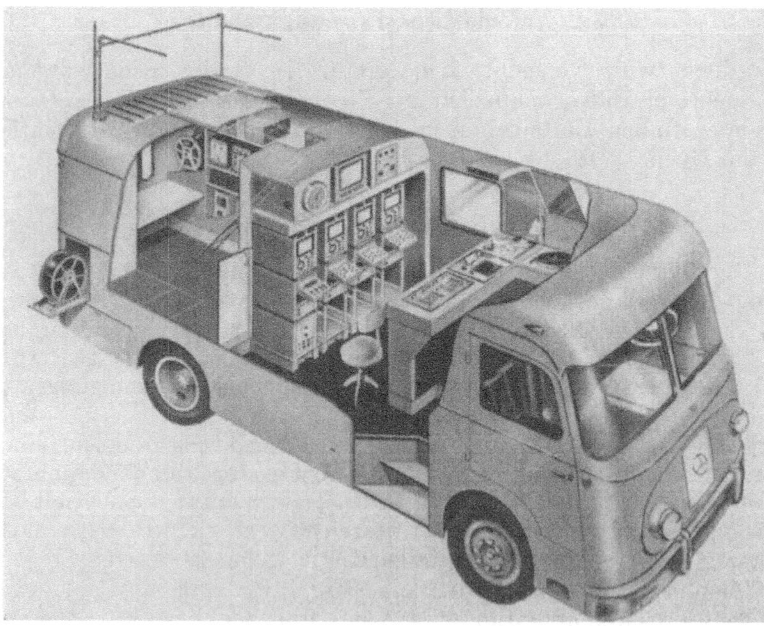

Abb. III.75. Übertragungswagen mittlerer Größe für Fernsehaußenaufnahmen mit 3 Superorthikon-Kameraanlagen (Fernseh-GmbH, Darmstadt [*119*]).

Union (E. B. U.-Review) über europäische Studios sowie, was die deutschen Anlagen betrifft, in den einschlägigen Fachorganen, insbesondere in der Hauszeitschrift der Arbeitsgemeinschaft der Rundfunkanstalten der Bundesrepublik Deutschland (ARD), den Rundfunktechnischen Mitteilungen und in den Mitteilungen der Industrie (z. B. Kurzmitteilungen der Fernseh-GmbH).

Eine orientierende Vorstellung über Produktionsstätten und Anlagen der Fernsehbetriebe vermitteln die Abb. III.74 bis III.76. Abb. III.74 zeigt Einblicke in zwei Studios der Bundesrepublik (Studio des Bayerischen Rundfunks, München, und des Westdeutschen Rundfunks, Köln). In Abb. III.75 sieht man einen Übertragungswagen mittlerer Größe für drei Superorthikonanlagen mit einem kombinierten Regie- und Technikraum, mit Raum für den Sprecher im ausgebauten Fahrerhaus und mit Geräteraum im rückwärtigen Wagenteil (Fernseh-GmbH, Darmstadt [*119*]). Abb. III.76 zeigt schließlich die kleinste Übertragungseinheit in Form eines Reportagegerätes, das von einer Person getragen werden kann und über einen kleinen Sender drahtlos mit einer ortsfesten Station in Verbindung steht (Fernseh-GmbH, Darmstadt [*120*]).

Abb. III.76. Tragbare Fernsehkamera mit Vidikon (Fernseh-GmbH [*120*]).

Die Technik der Fernsehaufnahme hat einen beachtlich hohen Stand erreicht. Viele Einzelheiten sind bereits in den sog. Pflichtenheften des Rundfunks festgelegt. Dennoch bleibt die Weiterentwicklung in vollem Gange. Zweckmäßige „Aufbaurichtlinien" zur Vereinheitlichung der Geräte werden erarbeitet. Der bereits erwähnte Übergang zu Transistoren eröffnet neue Möglichkeiten hinsichtlich Ersparnis an Raum, Gewicht und Leistungsverbrauch [*121, 122*], und es wird in Zukunft noch manche neue Ausführungsform der Geräte und Anlagen zur Fernsehaufnahme und -programmherstellung geben.

Schrifttum zum Kap. III.

[*1*] Urtel, R.: Die Gleichstromkomponente des Fernsehsignals. SEG-Nachr. Bd. 1 (1953) Nr. 4, S. 47—53.

[*2*] Wolf, J.: Zur Dimensionierung der Klemmschaltung. Elektron. Rdsch. (1955) S. 53—56.

[*3*] Dillenburger, W., u. E. Sennhenn: Über die Verwendung von Serienschaltungen einer Germanium- mit einer Hochvakuumdiode zur Schwarzpegelhaltung in Fernsehgeräten. Frequenz Bd. 10 (1956) S. 283—286.

[*4*] v. d. Poel, F. H. J., u. J. J. P. Valeton: Der Lichtpunktabtaster. Philips techn. Rdsch. Bd. 15 (1954) S. 181/82.

[*5*] Amos, S. W., u. D. C. Birkinshaw: Television Engng. Bd. 4, Kap. 6. London: Iliffe and Sons 1958.

[*6*] Dillenburger, W.: Fernsehkamera mit Speicherröhre mit gekrümmter Kennlinie. Elektron. Rdsch. Bd. 11 (1957) S. 145.

[*7*] Gouriet, G. G.: Spectrum equalization, use of differentiating and integrating circuits. Wireless Engr. Bd. 30 (1953) S. 112—123.

[*8*] Theile, R.: Anwendung der Differenzierentzerrung im Fernsehen. A. E. Ü. Bd. 9 (1955) S. 247—254.

[*9*] Dennison, R. C.: Aperture Compensation for Television Cameras. RCA-Rev. (1953) S. 569—585.

[10] Dillenburger, W.: Schaltungen zur Aperturblendenkorrektur in Fernsehaufnahmegeräten. Frequenz Bd. 9 (1955) S. 181—188.
[11] Schroeder, A. C., u. W. G. Gibson: Television Vertical Aperture Compensation. J. S. M. P. T. E. Bd. 64 (1955) S. 660—670.
[12] Gibson, W. G., u. A. C. Schroeder: A vertical aperture equalizer for Television. J. S. M. P. T. E. Bd. 69 (1960) S. 395—401.
[13] Linke, J. M.: A variable time-equalizer for videofrequency waveform correction. Proc. Instn electr. Engrs. Bd. 99 (1952) S. 427—435.
[14] Müller, J.: Über ein Verfahren zur Entzerrung von Fernsehübertragungen durch willkürlich zugesetzte Echos. FTZ Bd. 7 (1954) S. 199—204.
[15] Anders, H.: Ein Transistor-Videoverstärker mit getasteter Schwarzsteuerung, Austastung und einstellbarer Schwarzabhebung. Rundfunktechn. Mitt. Bd. 2 (1958) S. 224—233.
[16] Theile, R., u. H. Fix: Zur Definition des durch die statistischen Schwankungen bestimmten Störabstandes im Fernsehen. A. E. Ü. Bd. 10 (1956) S. 98—104.
[17] Theile, R., u. F. Pilz: Die Übertragung undurchsichtiger Bildvorlagen im Fernsehen nach dem Punktlichtabtastverfahren (Fernsehepiskop). Rundfunktechn. Mitt. Bd. 2 (1958) S. 54—63.
[18] Zschau, H.: Fernsehoptik. Techn. Hausmitt. NWDR Bd. 5 (1953) S. 217—223.
[19] Stier, H., P. Lindner u. E. Kosche: Die Lichtpunktabtastung und die Übertragung episkopischer Bildvorlagen. Nachrichtentechn. Bd. 5 (1956) S. 537—541.
[20] van Ginkel, H.: Lichtpunktabtaster für Farbfernsehen. Philips techn. Rdsch. Bd. 21 (1959/60) S. 246—263.
[21] Schroeder, J. O.: A video automatic gain-control amplifier. RCA-Rev. Bd. 17 (1956) S. 558—562.
[22] Dillenburger, W.: Über die Pegelhaltung in Fernsehübertragungsanlagen. Frequenz Bd. 9 (1955) S. 42—49.
[23] Mayer, N.: Experimente zum Farbfernsehen. Rundfunktechn. Mitt. Bd. 2 (1958) S. 75—85.
[24] Theile, R.: Filmabtastung im Fernsehen. A. E. Ü. Bd. 8 (1954) S. 305—317.
[25] Isom, W. R.: Fast cycling intermittent for 16 mm/film. J. S. M. P. T. E. Bd. 62 (1954) S. 55—64.
[26] Pemberton, M. E.: 16 mm-Anlage für Fernsehaufzeichnung. Elektron. Rdsch. Bd. 12 (1958) S. 129—131.
[27] Möller, R.: Ein neuer Filmprojektor (Schnellschaltwerte für 16 mm). Vortrag, gehalten auf der 8. Jahrestagung der Fernsehtechnischen Gesellschaft in Stuttgart, Sept. 1960, wird in den FTG-Mitteilungen veröffentlicht.
[28] Schröter, F.: Die Bedeutung des Bildausgleichsprojektors als Fernsehgeber. Telegr.- u. Fernspr.-Techn. Bd. 27 (1938) S. 534.
[29] Jensen, A. G., R. E. Graham u. C. F. Mattke: Continous motion picture projector for use in television film scanning. J. S. M. P. T. E. Bd. 58 (1952) S. 1—21.
[30] Grabke, H.: Die Grenzen des optischen Ausgleichs mit Polygonprismen in bezug auf Flimmerfreiheit, Teilbilddeckung und relative Öffnung. Rundfunktechn. Mitt. Bd. 1 (1957) S. 65—72.
[31] Traub, E. H., u. J. F. Fisher: Continous film scanner for monochrome or color. Electronics, N. Y. Bd. 27 Aug. (1954) S. 152—157.
[32] v. Felgel-Farnholz, R.: Filmübertragungsanlage für Fernsehsendungen. Kinotechn. Bd. 6 (1952) S. 168.
[33] Nuttal, T. C.: The development of a high quality 35 mm/film scanner. J. Inst. Electr. Engrs. (III A) Bd. 99 (1952) S. 136—144.
[34] Holman, H. E., u. W. P. Lucas: A continuous motion system for televising motion picture film. J. Inst. Electr. Engrs. (III A) Bd. 99 (1952) S. 95—108.
[35] Lindner, P.: Filmgeber im Fernsehstudio. Nachrichtentechn. Bd. 3 (1953) S. 441—442.
[36] Holman, H. E., G. C. Newton u. S. F. Quinn: A flying spot film scanner for colour television. J. Inst. Electr. Engrs. (III A) Bd. 104 (1957) S. 317—328.
[37] Emmerich, G.: Optische Probleme bei Leuchtfleckfarbabtastern. Nachrichtentechn. Bd. 10 (1960) S. 290—295.
[38] Schröter, F.: Die Technik der Fernsehsprechgeräte. Telefunken-Hausmitt. Bd. 20 (1939) S. 3—23.
[39] Thöm, K.: Mechanischer Universalabtaster für Personen-, Film- und Diapositivübertragungen. Hausmitt. der Fernseh-A.G. Bd. 1 (1938) S. 6—12.
[40] Theile, R., u. F. Pilz: Weiterentwicklung des Fernsehepiskops. Rundfunktechn. Mitt. Bd. 2 (1958) S. 290—292.

[41] Haines, J. H., u. G. R. Tingley: Live flying spot color scanner. Electr. Engng. Bd. 75 (1956) S. 528—533.
[42] Mayer, N.: Punktlichtabtastung für undurchsichtige farbige Vorlagen. Rundfunktechn. Mitt. Bd. 3 (1959) S. 123—131.
[43] Theile, R.: Photographie und Fernsehen, eine vergleichende Betrachtung. Umschau Bd. 60 (1960) S. 579—583.
[44] Lindner, P., u. E. Kosche: Lichtstrom und Tiefenschärfe bei der Fernsehaufnahme. Nachrichtentechn. Bd. 5 (1955) S. 338—340.
[45] Garthwaite, E., u. D. G. Haley: An X-Ray Image Amplifier using an Image Orthicon Camera Tube. J. Brit. Inst. Radio Engrs. Bd. 19 (1959) S. 615—623.
[46] Below, F., u. H. Grabke: Einfluß der Optik auf das Fernsehbild. Techn. Hausmitt. NWDR (1955) S. 171—173 — Das Objektiv in der Fernsehtechnik und seine Übertragungseigenschaften nach Amplituden- und Phasengang. Rundfunktechn. Mitt. Bd. 3 (1959) S. 145—152.
[47] Frenzel, D.: Der Einfluß der Optik eines Fernsehaufnahmegerätes auf den Frequenzgang des Fernsehsystems. Rundfunktechn. Mitt. Bd. 2 (1958) S. 20—28 — Neue Messungen zur Bestimmung der Übertragungseigenschaften von Objektiven vom Standpunkt der Fernsehtechnik. Rundfunktechn. Mitt. Bd. 3 (1959) S. 235 bis 241.
[48] Dillenburger, W.: Der Einfluß der Optik auf die Modulationstiefe in Fernsehabtastgeräten. Frequenz Bd. 9 (1955) S. 293—296.
[49] Theile, R., u. H. Fix: Fernsehbildaufnahmeröhren, eine vergleichende Betrachtung der heute verfügbaren Kameraröhren. Radio Mentor Bd. 25 (1959) S. 448 bis 452.
[50] Cope, J. E., L. W. Germany u. R. Theile: Improvements in design and operation of image iconoscope type camera tubes. J. Brit. Inst. Radio Engrs. Bd. 12 (1952) S. 139—149.
[51] Dillenburger, W.: Vorverstärker für Bildstromgeneratoren. Kurzmitt. Fernseh-GmbH (1955) Sonderheft 2.
[52] Dillenburger, W.: Signalverzerrungen bei dem Superikonoskop. A. E. Ü. Bd. 13 (1959) S. 63—75.
[53] Kaufmann, A.: Untersuchungen an Superikonoskop-Bildaufnahmeröhren unter Anwendung eines speziellen Prüfgerätes. Rundfunktechn. Mitt. Bd. 5 (1961) S. 27—34.
[54] Sommer, A. H.: Multi-alkali photocathodes. Trans. Inst. Radio Engrs., NS-3 (1956) S. 8—12; Rev. sci. Instrum. Bd. 26 (1955) S. 725.
[55] Theile, R.: Die Superorthikon-Fernsehkameraröhre. Elektron. Rdsch. Bd. 10 (1956) S. 153—157, 193—197 u. 225—226.
[56] Theile, R., u. F. Pilz: Übertragungsfehler der Superorthikon-Fernsehkameraröhre. A. E. Ü. Bd. 11 (1957) S. 17—32.
[57] Hendry, E. D., u. W. E. Turk: An improved image orthicon. J. S. M. P. T. E. Bd. 69 (1960) S. 88—91.
[58] Brothers, D. C.: The testing and operation of $4^1/_2$ inch image orthicon tubes. J. Brit. Inst. Radio Engrs. Bd. 19 (1959) S. 777—805.
[59] Gibbons, D. J.: The tri-alkali stabilized C. P. S. Emitron, a new television camera tube of high sensitivity, im Buch „Advances in Electronics and Electron Physics", Vol. XII, S. 203—218. New York and London: Academic Press 1960.
[60] Heimann, W.: Zum Problem der Nachwirkungserscheinungen im Vidikon. A. E. Ü. Bd. 10 (1956) S. 73—76.
[61] Redington, R. W.: The transient responses of photoconductive camera tubes employing low velocity scanning. Trans. Inst. Radio Engrs., ED-4 (1957) S. 220 bis 225.
[62] Kunze, C.: Zur Frage der Trägheitserscheinungen in Fernsehröhren vom Vidikontyp. Hochfrequenztechn. u. Elektroakustik Bd. 66 (1957) S. 84—89.
[63] Heijne, L.: The lead oxide vidicon. Acta Electronica Bd. 2 (1957/58) S. 124 bis 131.
[64] Miller, L. D., u. B. H. Vine: Improved developmental one-inch vidicon for television cameras. J. S. M. P. T. E. Bd. 67 (1958) S. 154—156.
[65] Heimann, W.: Möglichkeiten zur Verringerung der Nachwirkungserscheinungen bei Kameraröhren vom Typ Vidikon. A. E. Ü. Bd. 13 (1959) S. 221—225.
[66] Lubszynski, H. G., S. Taylor u. J. Wardley: Some Aspects of Vidicon Performance. J. Brit. Inst. Radio Engrs. Bd. 20 (1960) S. 323—334.
[67] Heimann, W.: Elektronenoptische Bildwandler und Fernsehkameraröhren. Phys. Bl. Bd. 16 (1960) S. 227—233.

[68] TAYLOR, S.: An infrared-sensitive television camera tube, im Buch „Advances in Electronics and Electron Physics", Vol. XII, S. 263—275. New York and London: Academic Press 1960.
[69] FIX, H., u. W. HABERMANN: Zur Frage der Auflösungsverminderung beim Superorthikon durch Übersprechen der Ablenkfelder in den Bildwandlerteil. Rundfunktechn. Mitt. Bd. 3 (1959) S. 76—80.
[70] FIX, H., u. A. KAUFMANN: Die spektrale Zusammensetzung der statistischen Schwankungen bei zur Zeit üblichen Fernsehkameraanlagen. Rundfunktechn. Mitt. Bd. 4 (1960) S. 60—65.
[71] COPE, J. E., u. R. THEILE: Impedance changes in image iconoscopes. Wireless Engr. Bd. 28 (1951) S. 3—11.
[72] ANDERS, H.: Vorverstärker für Vidikonkameras mit Drifttransistoren. Rundfunktechn. Mitt. Bd. 4 (1960) S. 66—73.
[73] LEGLER, E.: Tragbare Fernsehreportageanlage. Rundfunktechn. Mitt. Bd. 3 (1959) S. 253—256.
[74] ZSCHAU, H.: Optischer Sucher — Elektronischer Sucher. Kurzmitt. Fernseh-GmbH, H. 6/7 (1955) S. 75—79.
[75] LINDNER, P., u. E. KOSCHE: Ein neuer optischer Meßsucher für Fernsehkameras. Nachrichtentechn. Bd. 6 (1956) S. 538—544 — Eine einäugige Spiegelreflex-Fernsehkamera. Techn. Mitt. BRF Bd. 2 (1958) S. 7—10.
[76] MICHAEL, W.: Eine neue Fernsehkamera mit optischem Sucher. Kurzmitt. Fernseh-GmbH, Sonderheft 10 (1959) S. 1—8.
[77] THEILE, R.: Verfahren und Einrichtung zur besseren Erkennung der Schärfeeinstellung der Optik und Elektronenoptik in Fernsehanlagen oder ähnlichen elektrooptischen Geräten. DBP 1 014 588.
[78] LINDNER, P., u. E. KOSCHE: Optisch-mechanische Gesichtspunkte für die Gestaltung von Fernsehkameras. Techn. Mitt. BRF Bd. 2 (1960) S. 52—60.
[79] KINGSLAKE, R.: The development of the zoom lens. J. S. M. P. T. E. Bd. 69 (1960) S. 534—544.
[80] N. N.: Equipement de prises de vue directes. L'Onde Électr. Bd. 39 (1959) S. 888.
[81] GÜNTHER, J.: Deutsche Fernsehkameraanlagen. Kurzmitt. Fernseh-GmbH, Sonderheft (1955) S. 14—25 — Image-Orthikonkamerazüge. Kurzmitt. Fernseh-GmbH (1958) S. 412—420.
[82] PARTINGTON, G. E.: The design of a $4^1/_2$-inch image orthicon camera channel. J. S. M. P. T. E. Bd. 69 (1960) S. 92—98.
[83] POURCIAN, L. L.: Television camera equipment of advanced design, J. S. M. P. T. E. Bd. 60 (1953) S. 166—180.
[84] MÖLLER, R.: Lichtstromregler für Fernsehkameras. Kurzmitt. Fernseh-GmbH, Sonderheft 1 (1955) S. 26—28.
[85] SACHTLEBEN, L. T., D. J. PARKER, G. L. ALLEE u. E. KORNSTEIN: Image Orthicon Color television camera optical system. RCA-Rev. (1952) S. 27—33.
[86] JAMES, I. J. P.: A vidicon camera for industrial colour television. J. Brit. Inst. Radio Engrs. Bd. 19 (1959) S. 165—182.
[87] BENDALL, S. L., u. K. SADASHIGE: RCA Orbiters extend image orthicon life in color and monochrome operation. Broadcast News Bd. 98 (1957) S. 46—51. — F. BENDER: Die Erzeugung von Drehfeldern niedriger Frequenz durch Transistorschaltungen für die Rasterbewegung im Superorthikon (Orbiter). Vortrag, gehalten auf der 8. Jahrestagung der Fernsehtechnischen Gesellschaft in Stuttgart, Sept. 1960.
[88] Fernsehen in Industrie und Wissenschaft. Kurzmitt. Fernseh-GmbH (1958) S.371/72.
[89] MAYER, W.: Das neue Grundig-Fernauge FA 40. Grundig Techn. Mitt. Bd. 8 (1959) S. 37—40; Bd. 7 (1960) S. 37—41.
[90] SCHULTZ, K.: Die Fernsehbohrlochsonde. Funktechn. (1958) S. 224.
[91] MAYER, N.: Filmabtastung mit dem Vidikon. Elektron. Rdsch. Bd. 9 (1955) S. 283—287.
[92] Vidikonkamerazüge, Filmprojektorschränke. Kurzmitt. Fernseh-GmbH (1957) Heft 15/16, S. 278—303.
[93] LIND, A. H., u. B. F. MELCHIONNI: Optical multiplexing in television film equipment. J. S. M. P. T. E. Bd. 65 (1956) S. 140—145.
[94] SADASHIGE, K., u. B. F. MELCHIONNI: Control of light intensity in television projectors. J. S. M. P. T. E. Bd. 64 (1955) S. 416—419.
[95] SENNHENN, E.: Automatische Weiß- und Schwarzwertregelung bei Vidikonfilmabtastern. Elektron. Rdsch. Bd. 13 (1959) S. 319—323.

[96] MARSDEN, B.: A television master switcher. J. Brit. Inst. Radio Engrs. Bd. 20 (1960) S. 47—54.
[97] BRETZ, R.: Techniques of television production. New York, Toronto, London: McGraw-Hill Book Comp., Inc. 1953.
[98] BIRKINSHAW, D. C.: Betriebserfahrungen in den Lime-Grove-Fernsehstudios der British Broadcasting Corporation, London. A. E. Ü. Bd. 9 (1955) S. 311—325.
[99] BRUNNER, F.: Über Bildmischeinrichtungen in Fernsehstudioanlagen. Rundfunktechn. Mitt. Bd. 1 (1957) S. 23—27.
[100] UHLENBROK, G.: Bildüberblendeinrichtungen im Fernsehstudio. Techn. Mitt. BRF Bd. 4 (1960) S. 43—51.
[101] Bildmischer. Kurzmitt. Fernseh-GmbH (1955) S. 153—157.
[102] SPOONER, A. M., u. T. WORSWICK: Special effects for television studio productions. J. Inst. Electr. Engrs. Bd. 100 (1953) Teil I, S. 288—298.
[103] LINDNER, P.: Über die Tricktechnik bei der Fernsehaufnahme. Bild u. Ton Bd. 9 (1956) S. 174—179.
[104] STUMP, G.: Die Arbeitsweise und Anwendung einer Trickmischeinrichtung im Fernsehen. Rundfunktechn. Mitt. Bd. 3 (1959) S. 180—183.
[105] GROLL, H.: Ein neues Fernsehmischpult mit Tricküberblendungseinrichtung. Funktechn. (1953) S. 232—234.
[106] MAJOR, R. P.: New special effects system. Broadcast News Bd. 106 (1959) S. 48—54.
[107] Lichtzeigergerät LZ 50. Kurzmitt. Fernseh-GmbH (1956) S. 201—205.
[108] STEPPUTAT, U.: Methoden der Hintergrundprojektion im Fernsehen. Rundfunktechn. Mitt. Bd. 3 (1959) S. 266—270.
[109] KOSCHE, E.: Hintergrundgestaltung durch Aufprojektion. Techn. Mitt. BRF Jg. 4 (1960) S. 138—144.
[110] ANGUS, A. C.: Automatic programm control for television broadcasting. J. S. M. P. T. E. Bd. 66 (1957) S. 746—749.
[111] MALY, R., u. G. FÖRSTER: Fernsteuerung und Automatisierung von Fernsehanlagen. Kinotechnik Bd. 13 (1959) S. F 61—F 66.
[112] MAJOR, R. P.: RCA Automation equipment for T. V. stations. Broadcast News Bd. 103 (1959) S. 14—19.
[113] PARTINGTON, G. E.: Automation of television programme switching. J. Brit. Inst. Radio Engrs. (1960) S. 181—196.
[114] GERMANY, L. W.: Neue Aufgaben beim Entwurf von Videoschaltanlagen. Rundfunktechn. Mitt. 4 (1960) S. 145—152.
[115] Synchronisator und Separator. Kurzmitt. Fernseh-GmbH, Darmstadt (1955) H. 8, S. 139—142.
[116] CHINN, H. A.: Television Broadcasting. New York, Toronto, London: McGraw-Hill Book Comp., Inc. 1953.
[117] FINK, D. G.: Television Engineering Handbook. New York, Toronto, London: McGraw-Hill Book Comp., Inc. 1953.
[118] DUSCHINSKY, W. J.: TV Stations, a guide for Architects, Engineers and Management. New York: Reinhold Publishing Corp. 1954.
[119] Fernsehübertragungswagen. Kurzmitt. Fernseh-GmbH (1957) H. 17/18.
[120] LEGLER, E.: Tragbare Fernsehreportageanlage. Rundfunktechn. Mitt. Bd. 3 (1959) S. 253—256.
[121] FIX, H.: Die Verwendung von Transistoren in der Videotechnik. Rundfunktechn. Mitt. Bd. 2 (1958) S. 10—17.
[122] LEGLER, E.: Transistorgeräte in der Fernsehstudiotechnik. Radio Mentor Bd. 25 (1959) S. 166—169.

IV. Aufzeichnung von Fernsehprogrammen.

Bearbeitet von Professor Dr. RICHARD THEILE, München.

Im Fernsehrundfunkbetrieb wurden sehr bald Programmaufzeichnungen und Vorausproduktionen notwendig, um Sendungen zu wiederholen, um Aufnahmen auch an Orten durchzuführen, die nicht an das Zubringer-Streckennetz angeschlossen sind, und ferner um die Schwierigkeiten zu vermeiden, die bei der Direkt- (live-) Sendung mit der Verpflichtung einer Reihe von Darstellern für eine bestimmte, meist abends liegende Sendezeit gegeben sind. Die Beschreibung der für die Konservierung der Fernsehbildfolge benutzten Methoden, Geräte und Anlagen beschränkt sich hier auf die in der heutigen Praxis benutzten Einrichtungen (Mitteilungen über künftige Möglichkeiten zur Speicherung von Fernsehbildern bringt Kap. XIII, S. 526ff.). Fernsehprogramme können grundsätzlich auf zweierlei Art, als *Bild*aufzeichnung oder als *Signal*aufzeichnung, gespeichert werden.

Die *Bild*aufzeichnung erfolgt mit den Hilfsmitteln der Photographie als Aufnahme der Fernsehbildfolge vom Schirm einer hochwertigen Bildröhre auf Kinofilm. Dieses naheliegende Verfahren unter Benutzung der geläufigen Filmtechnik wurde bald mit gutem Ergebnis in den Sendebetrieben eingeführt. Grundsätzliche Vorzüge der Bildaufzeichnung sind darin zu sehen, daß die Aufnahmen auch rein optisch wiedergegeben werden können und daß die Fernsehübertragung mit beliebiger Abtastnorm möglich ist (wichtig für Programmaustausch zwischen Ländern, in denen nicht die gleiche Fernsehnorm verwendet wird).

Die Speicherung auf Kinofilm enthält jedoch im Vergleich zur direkten Sendung einen zusätzlichen elektrooptisch-photochemischen Umwandlungsprozeß, der die Bildgüte oft deutlich mindert. In der hochzeiligen direkten Fernsehübertragung liegt man meist schon bei dem einfachen Umsatz des Kamerabildes in das Signal an der Grenze der annehmbaren Bildgüte und hat wenig Reserven, so daß sich jede zusätzliche Verschlechterung wesentlicher Parameter durch die Aufzeichnung als merklicher Qualitätsverlust auswirkt. Ein weiterer Nachteil der Bildaufzeichnung auf Kinofilm ist, daß die im Fernsehen durch die 50 Teilbilder (Zeilensprungraster) sehr kohärente Wiedergabe von Bewegungsvorgängen auf die kinematographisch bedingte niedrigere Filmbildwechselzahl (25/s) reduziert wird, so daß bei schnellen (an die 50 Teilbilder angepaßten) Schwenkaufnahmen der Fernsehkamera Bildstörungen auftreten können. Man kann daher verstehen, daß seit Aufkommen der technisch brauchbaren *Signal*aufzeichnung auf Magnetband in den letzten Jahren eine ernste und auf lange Sicht in den meisten Fällen überlegene Konkurrenz zur photographischen Bildaufzeichnung entstand. Die magnetische Bildbandaufnahme hat sich in der Tat in beachtlich kurzer Zeit bewährt und durchgesetzt. Viele Vorzüge, wie z. B. die vollständige Erhaltung der Teilbildfolge und der hervorragende Bildstand, lassen solche Aufnahmen bei der Wiederaussendung kaum noch als Wiederholung einer Zwischenaufzeichnung erscheinen.

Die folgenden Abschnitte berichten über die technischen Einzelheiten der Bild- bzw. der Signalaufzeichnung.

1. Fernsehbildaufzeichnung auf Kinofilm.

Die Probleme sind verwandt mit der Fernsehabtastung von Kinofilmen; auch hier muß man die Normen des Fernsehrasters mit denen der Kinematographie in passende Verbindung bringen [*1*] bis [*4*].

1a. Kinematographische Methodik.

Mit Hinweis auf die Abb. III.25 des vorstehenden Kapitels über Fernsehaufnahmetechnik sei daran erinnert, daß im Fernsehsystem mit 50 Hz-Vertikalfrequenz zwei Teilbilder („Felder" oder Halbraster) auf ein Filmbild entfallen, bei 60 Hz-Vertikalfrequenz fünf Halbbilder auf zwei Filmbilder. Eine wichtige Rolle spielt dabei die für die Signalübermittlung tote Vertikalaustastzeit, die bei 50 Hz die Dauer von 1,2 bis 1,4 ms hat.

1a.1. Verfahren zur vollständigen Aufzeichnung des Fernsehbildes (Vollbildaufzeichnung). Die erstrebenswerte lückenlose Aufzeichnung und vollständige Ausnutzung der Fernsehinformation ist nur mit relativ komplizierten kinematographischen Einrichtungen möglich. Sie gelingt z. B. mit Hilfe des optischen Ausgleichs, der in Kap. III im Zusammenhang mit der Punktlichtabtastung bereits eingehend diskutiert wurde (vgl. auch die Abb. III.26 und III.27). Anlagen mit dem dort im Schema dargestellten Mechau-Projektor wurden z. B. zur Aufzeichnung auf 35 mm-Film im Fernsehbetrieb der British Broadcasting Corporation eingesetzt [*1, 5*]. Eine allgemeine Benutzung des optischen Ausgleichs zur Filmaufzeichnung ist jedoch nicht bekannt.

Naheliegend ist auch die umgekehrte Verwendung der ebenfalls im Kap. III ausführlich beschriebenen Punktlichtabtastung des kontinuierlich laufenden Films mit umschaltender Doppeloptik nach Abb. III.28. Eine entsprechende Anlage (Hersteller: Fernseh-GmbH, Darmstadt) wurde vor einigen Jahren zur Aufzeichnung auf 35 mm-Normalfilm im Fernsehbetrieb des früheren NWDR mit Erfolg eingesetzt. Es sind jedoch keine weiteren Geräte dieser Art gebaut worden. Die Anforderungen an die Präzision der Mechanik und Optik sind, wie bei den Anordnungen mit optischem Ausgleich, sehr hoch; unter anderem muß z. B. auch der Schrumpfzustand des Films berücksichtigt werden. Die Lichtausbeute ist weiterhin gering, da Leuchtschirme mit sehr kurzer Nachleuchtdauer benötigt werden, denn die Aufzeichnung arbeitet mit einer Relativbewegung zwischen Bildschirm und Film, so daß ein längeres Nachleuchten Verwischungen hervorruft.

Eine ideale Vollbildaufzeichnung ermöglicht die Schnellschrittschaltung des Films innerhalb der Vertikalaustastzeit, wie sie schon im Kap. III in Verbindung mit der Punktlichtabtastung erwähnt wurde. Die Bedenken hinsichtlich einer Überbeanspruchung des Films, insbesondere der Perforation, sind insofern geringer, als der Film zur Aufzeichnung nur einmal vom Schaltmechanismus erfaßt wird, während die Abtastung in der Regel häufiger erfolgt. In der modernen Entwicklung sind Geräte mit Schnellschaltung zur Aufzeichnung auf 16 mm-Film mit Erfolg gebaut worden und laufend im Einsatz. Ein Konstruktionsprinzip für Schnellschaltmechanismen besteht in der Hintereinanderschaltung eines Greiferorgans mit einem Übersetzergetriebe zur beschleunigten Drehung des Greiferantriebes, sobald der Film erfaßt wird. Ein solches Kombinationssystem wurde bereits vor längerer Zeit vorgeschlagen [*6*] in der in Abb. IV.1 veranschaulichten Form der Kupplung eines Malteserkreuzantriebes mit einem Greifersystem über ein Zwischengetriebe, das die Drehzahl erhöht. Ein ähnliches Beschleunigungsgetriebe wird in dem Filmtransport der Marconi-Vollbildaufzeichnungsanlage BD 679 verwendet [*7*]. Es ist in Abb. IV.2 schematisch dargestellt. Man erkennt vorn den Greiferrahmen *F* mit den Saphirgreiferspitzen *G*. Die Längsbewegung des Greiferrahmens wird von dem 96°-Bogendreieck *E* gesteuert, das seinerseits vom Synchronmotor *A* über zwei Doppelkurbelgetriebe *C* und *D* mit versetzter Zwischenwelle mit 3000 Umdr./min angetrieben wird. Da nur 25 Schaltungen in der Sekunde benötigt werden, sorgt die Kupplung *H* mit der steuernden Nockenscheibe *I* für eine Drehbewegung des Greifers, so daß dieser nur bei jeder zweiten Umdrehung zum Eingriff in den Film kommt, mit dem Vorteil einer Verringerung des effektiven Zugwinkels um 2 : 1, also auf 48°. Der eine Arm der Hebelgetriebe *C* und *D* ist gabelförmig geschlitzt zur Aufnahme des am anderen Hebel befestigten

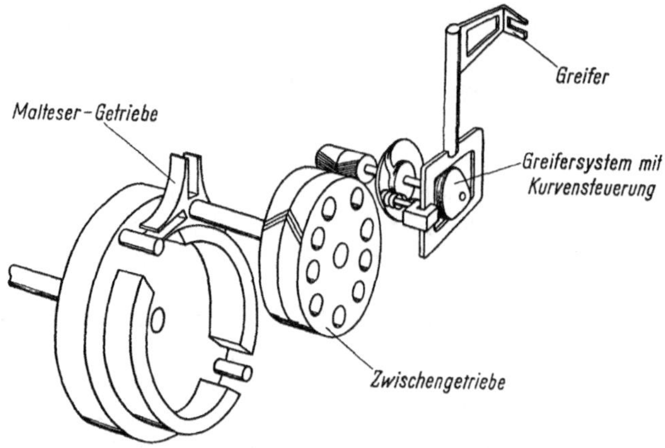

Abb. IV.1. Getriebe zur schnellen Schrittschaltung eines Kinofilms mit einem Malteserkreuz, das über ein Zwischengetriebe ein Greifersystem antreibt [6].

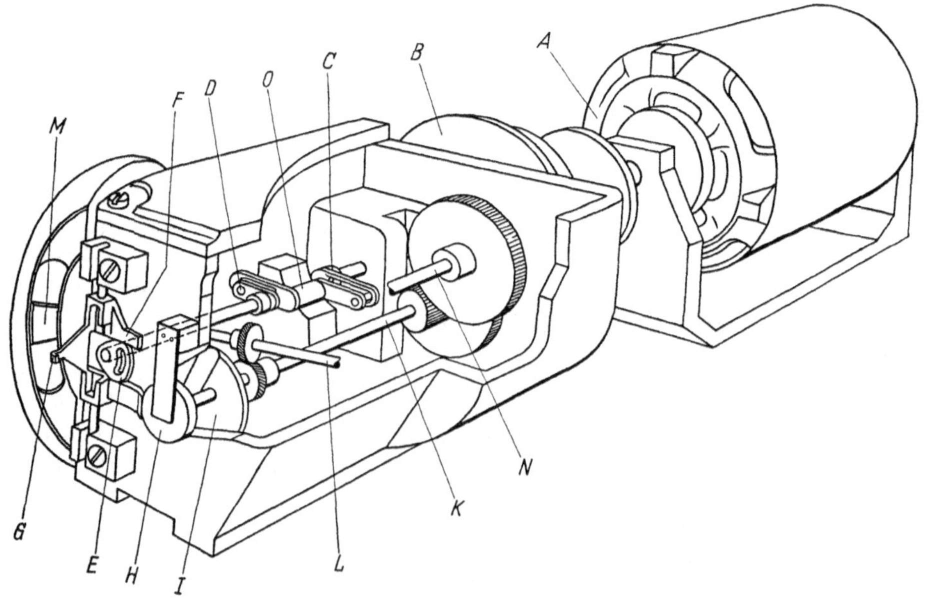

Abb. IV.2. Dreistufiges Beschleunigungsgetriebe zur schnellen Schrittschaltung eines Kinofilms mit Greifersystem [7]. *A* Synchronmotor, *B* Schwungrad, *C* und *D* Doppelkurbelgetriebe, *E* 96°-Bogendreieck, *F* Greiferrahmen, *G* Greifer mit Saphirspitze, *H* Schaltkupplung, *I* Nockenscheibenwelle, *L* Welle für Zahnrollen, *O* Zwischenwelle.

Stiftes. Die erreichte Beschleunigung hängt vom Versatz der Zwischenwelle *O* zur Hauptwelle ab und kann mit diesem leicht eingestellt werden. Man gewinnt in jedem Hebelgetriebe etwa 2 : 1, so daß der Zugwinkel damit auf 12° reduziert wird; das entspricht einer Schaltzeit von 1,3 ms. Um eine Belichtung des

Films während der Transportzeit zu vermeiden, ist eine zweiflügelige Blende *M* vorgesehen, deren Welle über ein Getriebe gekoppelt mit 1500 Umdr./min läuft.

Andere aussichtsreiche Konstruktionen für Schnellschaltgetriebe arbeiten pneumatisch [*8*, *9*]. In der Anordnung Abb. IV.3 wird der Film durch einen Sperrgreifer festgehalten. Beim Ausklinken der Sperre zum Transport wird er durch Preßluft in eine Kammer gezogen, wobei sich die Druckkräfte auf die ganze Filmfläche verteilen. Nach dem Transport fällt der Sperrgreifer in das folgende Loch, und die Nachwickeltrommel fördert den Film aus der Kammer. Ähnlich beschaffen ist das Schnellschaltwerk nach Abb. IV.4, dessen einwandfreies Funktionieren auf der Tagung der Fernsehtechnischen Gesellschaft 1960 in Stuttgart eindrucksvoll demonstriert wurde [*9*]. Das System arbeitet mit kontinuierlichem Sog und mit einem Bildklemmfenster, das nur kurzzeitig geöffnet wird. In der Zeit zwischen zwei Schnellschaltungen wird eine Vorratsschleife über einer Kurvenfläche erzeugt und festgeklemmt. Einzelheiten erläutern die in Abb. IV.4 skizzierten Diagramme.

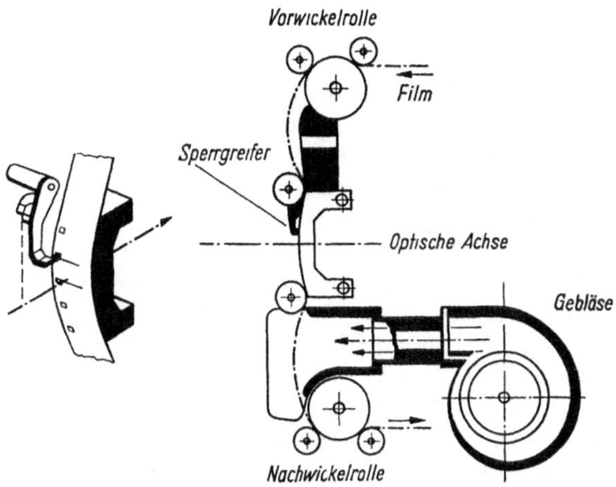

Abb. IV.3. Filmschrittschaltung mit Druckluft [*8*].

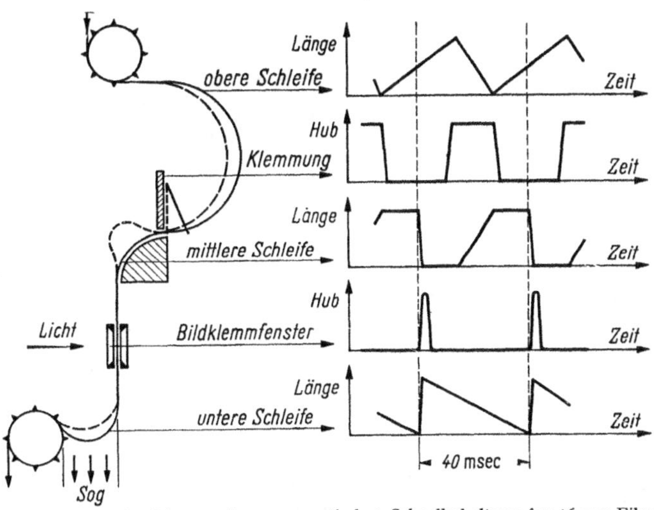

Abb. IV.4. Neuere Ausfuhrung einer pneumatischen Schnellschaltung fur 16 mm-Film [*9*].

Die Schnellschaltung des Films ist bisher nur für 16 mm-Schmalfilme gelungen. Im Hinblick auf die sehr erfolgreiche Technik der magnetischen Bildaufzeichnung wird sich die photographische Aufzeichnung in Zukunft aus Qualitätsgründen auf 35 mm-Normalfilm konzentrieren. Jedoch steht noch nicht fest, ob ein Schnelltransport bei diesem Filmformat einwandfrei gelingt. Bis dahin werden wohl die anderen, einfacheren Verfahren mit gewissen Verlusten in der Aufzeichnung vorherrschen.

Zum Abschluß des Überblickes über die Möglichkeiten zur Vollbildaufzeichnung sei noch auf eine Methode hingewiesen, die ein vollständiges Schreiben beider Halbraster mit Hilfe der Speicherwirkung des Schirmnachleuchtens unter Verwendung eines normalen Schrittschaltwerkes ermöglicht [*3*]. Bei einem hinreichend lang nachleuchtenden Fluoreszenzschirm geht die während einer längeren Filmtransportzeit geschriebene Information nicht verloren, sondern wirkt später als Nachleuchtbild auf den Film ein. Allerdings muß durch entsprechende synchronisierte Hellsteuerung der als Nachleuchtbild photographierte Teil — abgestuft entsprechend der durch die endliche Schreibzeit des Rasters gegebenen Zeitdifferenz — mit höherem Modulationsgrad geschrieben werden, damit das direkt einwirkende und das als Nachbild vorhandene Raster den Film etwa gleich stark bestrahlen. Dies exakt zu erreichen, ist schwierig, und die erforderliche Nachleuchtzeit ist bereits so lang, daß bei schnellen Bewegungen Störungen auftreten bzw. daß Kompromisse gefunden werden müssen. So hat auch dieses Verfahren keine größere Verbreitung gefunden.

1a.2. Verfahren mit unvollständiger Ausnutzung des Bildsignals. Ist die Schaltzeit des Films größer als die Vertikalaustastzeit und das Nachleuchten des Bildschirmes relativ zur Vertikalperiode kurz, so wird das Videosignal in gewissen Zeitintervallen nicht aufgezeichnet. Das auf dem Film entstehende Bild enthält dann nicht mehr in allen Teilen beide Halbraster. Abb. IV.5 zeigt in Abhängigkeit vom reziproken Schaltverhältnis *S*, auf wieviel Prozent der Bildfläche ein zweites Halbraster ausfällt. Die Darstellung gilt für die Vertikalfrequenz 50 Hz und für eine Austastzeit von 1,2 ms. Bei $S = 1:33{,}3$ liegt die Grenze der Schnellschaltung, d.h. bei diesem Schaltverhältnis wird gerade noch die vollständige Information aufgezeichnet. Bei $S = 1:2$ dagegen ist auf der ganzen Fläche nur noch ein Halbraster vorhanden. Die Verteilung der Bildverluste zwischen diesen Grenzwerten ist nach Abb. IV.5 sehr ungleichmäßig. Der Gewinn ist von einem gewissen Schaltverhältnis ab (etwa 1 : 10) relativ gering. Man kann daher in Sonderfällen den Hauptteil des Fernsehbildes unter Inkaufnahme kleiner Randverluste bereits mit technisch (auch bei 35 mm-Normalfilm) durchführbarem Schaltverhältnis nahezu vollständig konservieren, jedoch wird eine normale Fernsehrundfunk-Programmaufzeichnung solche Verluste nicht immer zulassen. Man ist eher bereit, auf ein Halbraster ganz zu verzichten, das andere dann aber vollständig aufzuzeichnen.

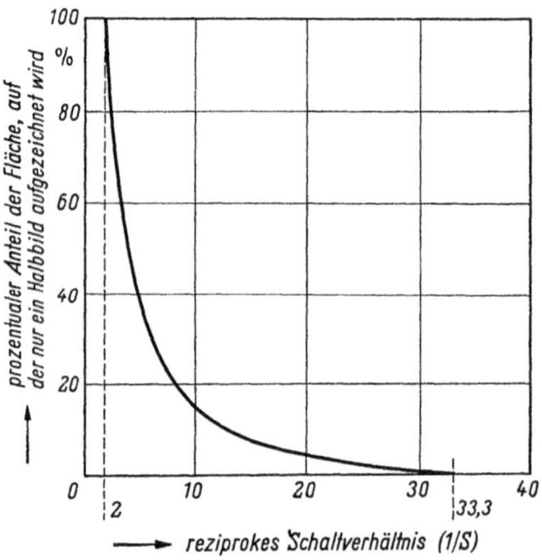

Abb. IV.5. Verluste in der Bildaufzeichnung (Flächenverlust eines Halbbildes) in Abhängigkeit vom Schaltverhältnis bei Schrittschaltung des Films.

So hat bei 50 Hz-Vertikalfrequenz eine Arbeitsweise besondere Bedeutung erlangt, bei der ein ganzes Halbbild unterdrückt und der Film in der dadurch gewonnenen Zeit fortbewegt wird (Halbbildverfahren). Aus dem in Abb. IV.6 oben schematisch als Vertikaloszillogramm gezeigten BA-Signal wird mit Hilfe einer rechteckförmigen Ausblendspannung (25 Hz) jedes zweite Zeilenfeld weggetastet (dies kann auch mit einer synchron laufenden Blende geschehen). Der

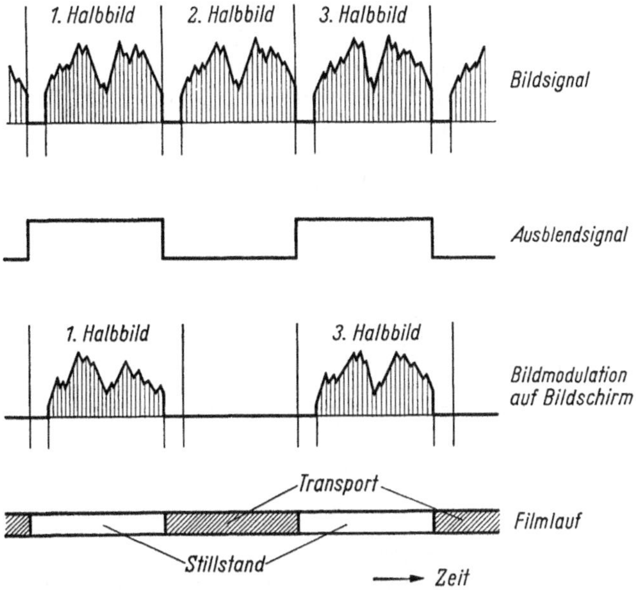

Abb. IV.6. Aufzeichnung von Fernsehbildern mit Schrittschaltung des Films und Aufnahme nur jedes zweiten Halbbildes (Halbbildverfahren).

Filmtransport erfolgt ruckweise, und da für diesen Vorschub die Dauer eines Halbbildes, das ist $^1/_{50}$ s, zur Verfügung steht, können einfache, betriebssichere Mechanismen mit bestem Bildstand benutzt werden. Diese filmkinematischen Vorteile werden jedoch mit dem Verlust der halben Bildinformation erkauft, was eine Verringerung der (Vertikal-) Auflösung und des Störabstandes bedingt. Immerhin wird das vollständige Bildfeld einheitlich, wenn auch nur mit halber Zeilenzahl aufgezeichnet. Um bei seiner Abtastung Interferenzstörungen durch das Hervortreten der gröberen Zeilenstruktur zu vermeiden, verbreitert man durch hochfrequente Wobbelung die Zeilenspur, so daß die ganz-Fläche des Leuchtschirmes der Bildschreibe röhre ausgefüllt ist. Abb. IV.7 zeigt die Wirkung einer solchen Wobbelung mit etwa 15 MHz im halben Raster eines 625 Zeilen-Systems. Da der Leuchtfleckdurchmesser mit zunehmender Aussteuerung des Elektronenstrahls größer wird, ist es zweckmäßig, die Wobbelamplitude mit der Signalamplitude so zu verändern, daß die gewobbelte Zeile bei allen Graustufen etwa gleich breit bleibt.

Abb. IV.7.
Stark vergrößerter Ausschnitt aus einem Fernsehhalbbild; oben ohne, unten mit Zeilenwobbelung.

Im Fernsehsystem mit 60 Hz-Vertikalfrequenz liegen die Verhältnisse günstiger. Hier sind einfache Schrittschaltungen möglich, mit erheblich geringeren Verlusten an Signalinformation, nämlich durch Unterdrückung je eines von fünf Halbrastern [*10, 11*]. Es bleiben dann immer noch für die zwei Filmbilder, die in der Zeit der fünf Teilraster zur Verfügung stehen, vier Teilraster übrig, d. h. jedes einzelne Filmbild kann ein vollständiges Zeilensprungraster aufnehmen. Die Schrittschaltung muß allerdings rascher erfolgen, nämlich in der halben Zeit eines Teilrasters; die Aufnahmefrequenz ist dann 24 Vollbilder/s. Wie aus dem Schema Abb. IV.8 hervorgeht, ist freilich eine Auftrennung der Aufzeichnung eines Halbbildes unvermeidlich, was die technische Durchführung erschwert und bei raschen Bewegungen gewisse Störeffekte hervorruft. Je nach Phasenlage des Filmtransportes zum Fernsehraster treten eine oder zwei Trennstellen im Bilde auf. Die Skizze Abb. IV.8 veranschaulicht z. B. eine beliebige asymmetrische

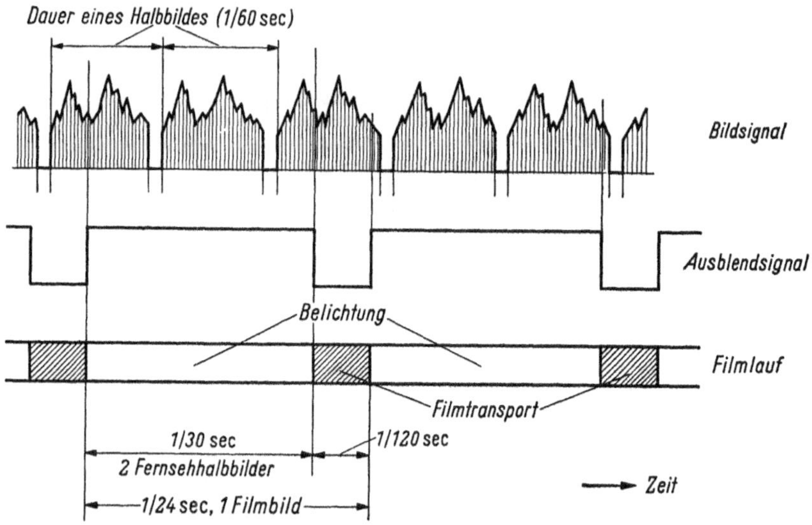

Abb. IV.8. Verfahren zur Aufzeichnung von Fernsehbildern mit Schrittschaltung des Films bei 60 Hz-Vertikalfrequenz und Unterdruckung eines von 5 Halbbildern.

Phasenlage mit zwei derartigen Trennstellen. Während der Belichtung wird jeweils von dem einen Halbraster ein Teil, sodann das andere Halbraster vollständig und schließlich der Rest des ersten Halbrasters aufgezeichnet, danach erfolgen die Ausblendung und der Filmvorschub. Die Trennstellen müssen sich sauber aneinanderfügen, da es sonst Fugen mit halber Zeilenzahl oder Überlappungen gibt. Der Verschluß muß also bei optischer Ausblendung sehr exakt arbeiten. Vorteilhaft ist die Ausblendung des Bildes auf rein elektronischem Wege durch Tastung des schreibenden Elektronenstrahls in der Bildröhre, mit Ableitung des Austastsignals über Zeilenzählschaltungen [*11*].

Die soeben beschriebene Methodik läßt sich nicht auf Systeme mit 50 Hz-Vertikalfrequenz übertragen, weil kein überschüssiges Halbbild zur Verfügung steht (die Vertikalfrequenz verhält sich zur Filmbildwechselzahl wie 4 : 2 und nicht wie 5 : 2). Man hat jedoch vorgeschlagen, ein Halbbild doppelt zu verwenden, d. h. es auf zwei aufeinanderfolgende Filmbildfelder zu schreiben [*12*]. Dadurch gewinnt man den Zeitraum eines Halbbildes zur Fortschaltung des Films. Die technische Durchführung eines solchen Vorschlages ist in Abb. IV.9 skizziert. Man benötigt eine Doppeloptik, die zwei übereinanderliegende Bilder im richtigen Format auf dem Film entwirft. Dieser wird jeweils erst nach zwei Filmbilddauern ($^2/_{25} = ^1/_{12,5}$ s) mit doppeltem Hub weitergeschaltet. Für diese Verschiebung steht $^1/_{50}$ s zur Verfügung. Die beiden Objektive werden durch synchron betätigte Verschlüsse nach dem in Abb. IV.9 unten angegebenen Zeitplan für die Dauer von zwei Halbbildern geöffnet und geschlossen, und zwar um eine Halbbilddauer phasenversetzt. In dem Zeitintervall der Öffnung beider Objektive erfolgt die Doppelverwendung des einen Halbbildes, in dem Intervall der Unterbrechung beider Lichtwege vollzieht sich der Filmtransport.

Eine geläufige Technik ist allerdings auch aus diesen Vorschlägen nicht entstanden, vor allem wohl deshalb, weil ähnlich wie bei den Verfahren mit optischem Ausgleich oder mit Doppeloptik und kontinuierlich laufendem Film sehr hohe Anforderungen an die optisch-mechanische Präzision gestellt werden und dadurch die Konkurrenz mit einfacheren Methoden erschwert ist. Letzteres gilt auch für

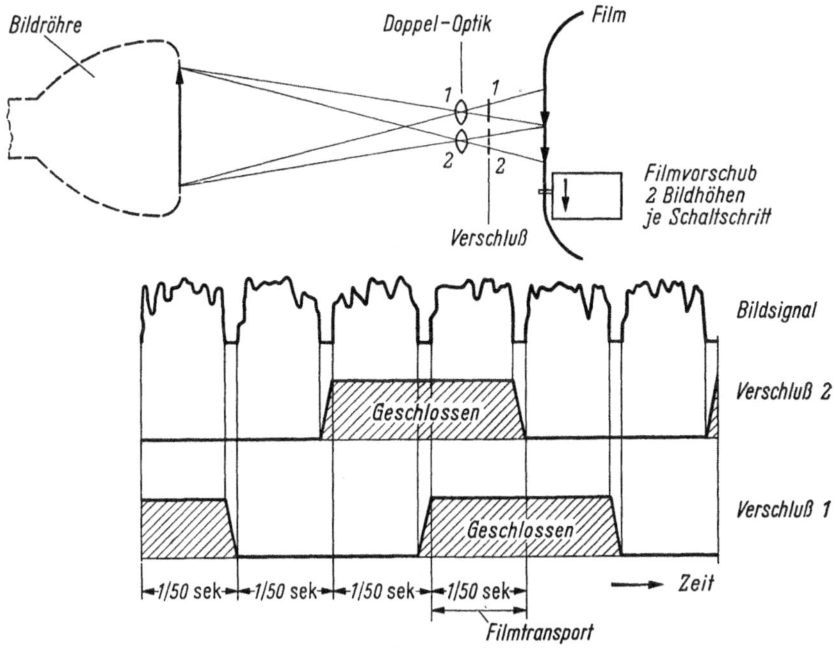

Abb. IV.9. Aufzeichnung von Fernsehbildern mit vollstandigem Zeilensprungraster bei 50 Hz-Vertikalfrequenz mit Doppeloptik und Schrittschaltung (doppelter Schalthub) des Films [*12*].

weitere Vorschläge zur kinematographischen Fernsehbildaufzeichnung (z. B. als Zweifilmverfahren, Aufnahme von nur $16^2/_3$ Bildern/s und Ergänzung der fehlenden Bilder durch Verdoppelung im Kopierprozeß, Speicherung durch Aufnahme eines impulsförmig „ausgeleuchteten" Fluoreszenzschirmes u. a. m., vgl. Literatur [*1*] bis [*4*]). Im laufenden Betrieb werden heute nur einige der einfachen im vorangehenden Abschnitt beschriebenen Verfahren verwendet, so z. B. in der Bundesrepublik ausschließlich das Halbbildverfahren und die Aufzeichnung mit Schnellschrittschaltung auf 16 mm-Film [*13*]. Bevor Beispiele praktisch eingesetzter Anlagen gezeigt werden, seien aber zunächst noch die photographischen Probleme der Bildaufzeichnung (Wahl des Filmmaterials usw.) diskutiert.

Es sind auch schon Vorschläge zur Filmbildaufzeichnung im Farbfernsehen gemacht worden, und zwar nicht auf Farbfilm, sondern als Aufnahme auf Schwarz-Weiß-Film, entweder in Form von Mehrfachteilbildern für die einzelnen Farbsignalkomponenten [*14*] oder als Registrierung auf Linsenrasterfilm [*15*].

1b. Photographische Probleme.

Die Leistungsfähigkeit des photographischen Umwandlungsvorganges der Bildaufzeichnung auf Kinofilm ist begrenzt durch die endliche Zahl von „Bausteinen" (Silberkörnern), die zum Speichern der Information verfügbar sind und von deren Größe, Zahl und Verteilung die scharfe Reproduktion von Konturen und Kanten, die Abstufung der Halbtöne, der Störabstand im abgelesenen Signal und die Gleichmäßigkeit der Wiedergabe glatter, einförmig getönter Flächen abhängen. Die allgemeinen Grundlagen der photographischen Bildtechnik sind in der Literatur ausführlich dargestellt. Für das Folgende sei insbesondere auf die Arbeiten [*16*, *17*] verwiesen. Wir beschränken uns deshalb auf die Probleme der Auswahl des richtigen Filmformates und des Materials.

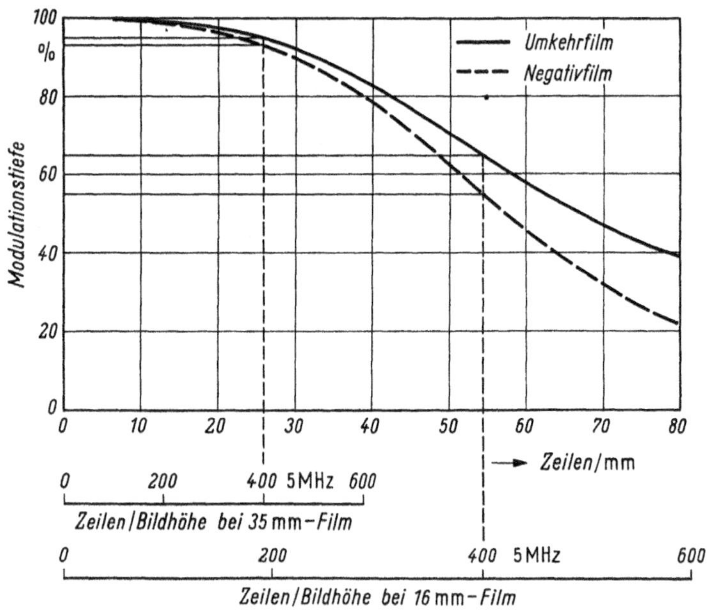

Abb. IV.10. Auflösung photographischer Schichten. Typischer Verlauf der Abhangigkeit der Modulationstiefe des Durchlaßvermögens von der Zahl der Zeilen je mm bei Abbildung einer Schwarz-Weiß-Streifenstruktur.

Wesentliche Qualitätsparameter für die Bildgüte sind Auflösung, Körnigkeit und Gradation. Diese Eigenschaften werden mittelbar auch von der Filmempfindlichkeit beeinflußt und im Gesamtprozeß der Aufzeichnung ferner dadurch, daß vom Lichtbedarf die Qualität des Bildes auf dem Schirm der Bildschreibröhre sowie die Güte der optischen Abbildung abhängen (verschieden große elektronenoptische und optische Fehler).

Das Ganze ist also ein komplexes Problem und führt zu Kompromissen in Berücksichtigung der gegenseitigen Abhängigkeit der Güteparameter. Hinzu kommen im technischen Einsatz wirtschaftliche Probleme (Höhe der laufenden Betriebskosten). So ist eine Hauptfrage die des Filmformates [*18*]. Natürlich ist der 35 mm-Normalfilm dem 16 mm-Schmalfilm überlegen in bezug auf Auflösung, Körnigkeit und Bildstand (geringere Toleranz der Perforation relativ zur Bildgröße), aber die Betriebskosten sind zwei- bis dreimal größer.

Abb. IV.10 zeigt den typischen Verlauf der Auflösungskurve für hochempfindliche Photofilme (etwa um 20° DIN), wie sie für die Zwecke der Fernsehaufzeichnung verwendet werden. In der Darstellung ist die Modulationstiefe der Transparenz bei Aufnahme einer Schwarz-Weiß-Strichstruktur zunehmender Feinheit in Abhängigkeit von der Strichzahl je mm aufgetragen (schwarze und weiße Zeilen der Strichstruktur einzeln gerechnet). Zusätzlich ist als Abszissenmaßstab zum Vergleich die Zahl der Zeilen pro Bildhöhe eines Fernsehbildes auf dem Format eines 35 mm- und eines 16 mm-Films angegeben.

Für die Übertragung nach der 625 Zeilen-Norm ist durch die Frequenzbandbegrenzung auf 5 MHz auch die maximale Auflösung definiert (400 Zeilen/Bildhöhe). Man erkennt, daß bei dem 16 mm-Format im oberen Frequenzbereich bis zu dieser Grenze bereits ein merklicher Abfall der Modulationstiefe des Bildsignals feiner Strukturen vorhanden ist, der etwa in der Größenordnung der Auflösungsverluste in den elektrooptischen Umwandlungsorganen (Kameraröhren, vgl. Kap. III, Abb. III.48) liegt. Die Erfahrung bestätigt auch, daß die Schärfe eines 16 mm-Filmbildes etwa der einer 625 Zeilen/5 MHz-Fernsehübertragung entspricht.

Abb. IV.10 lehrt weiter, daß bei dem 35 mm-Filmformat eine große Modulationstiefe bis zur Grenzfrequenz von 5 MHz vorhanden ist, mit ausreichender Reserve bei hinzukommenden Verlusten durch Toleranzen in der Verarbeitung, wie z. B. im Kopierprozeß. Schließlich läßt Abb. IV.10 erkennen, daß die Auflösung von Umkehrfilmen besser ist. Man sollte daher, insbesondere bei Verwendung des Schmalfilms, mit diesem Material arbeiten; allerdings erhält man dann Positivunikate, von denen zwar Umkehrkopien gezogen werden können, aber verbunden mit weiterer Qualitätseinbuße. Die gezeigten Kurven stellen den derzeitigen Stand der Technik des im Betrieb verwendeten hochempfindlichen Materials dar. Fortschritte sind hier noch möglich; indessen ist nach Ansicht der Fachleute in absehbarer Zeit nicht mit großen Änderungen dieser Sachlage zu rechnen.

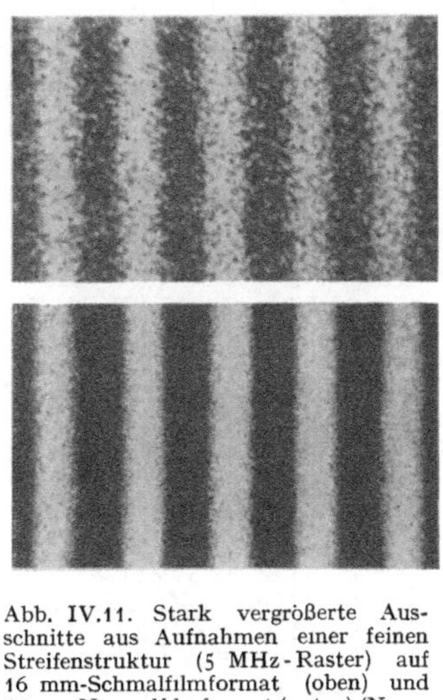

Abb. IV.11. Stark vergrößerte Ausschnitte aus Aufnahmen einer feinen Streifenstruktur (5 MHz-Raster) auf 16 mm-Schmalfilmformat (oben) und 35 mm-Normalfilmformat (unten) (Negativfilm 21° DIN).

Ein anderer Gesichtspunkt zur Auswahl des Filmformates ist die Körnigkeit, die in den Störabstand des Fernsehsignals (Verhältnis des Nutzsignals zum Mittelwert der unregelmäßigen statistischen Störschwankungen) eingeht. Die Wiedergabe einer gleichmäßig getönten Fläche weist eine Rauhigkeit auf, davon herrührend, daß die Schwärzung eines Bildelements als Mittelwert der auf den elementaren Flächenteil entfallenden Menge geschwärzter Silberkörner gegeben ist. Je nach Größe bzw. Zahl und Verteilung der Körner wird dieser Mittelwert von Bildelement zu Bildelement unregelmäßig schwanken, ähnlich wie der Mittelwert der Elektronenzahl pro Bildelement im Fernsehsignal. Abb. IV.11 zeigt die körnige Struktur im stark vergrößerten Ausschnitt der Photographie eines 5 MHz-Strichrasters auf 16 mm- und 35 mm-Filmformat bei einem hochempfindlichen Negativmaterial (21° DIN) und gibt eine Vorstellung von der Unregelmäßigkeit. Man muß dabei den Mittelwert der Körner innerhalb der Fläche eines Bildelements (Zeilenbreite mal Balkenbreite der 5 MHz-Struktur) abschätzen. Vergleiche mit der Störstruktur in Fernsehbildern ergeben, daß die Körnigkeit einer Aufnahme auf 16 mm-Film ungefähr der eines Fernsehbildes durchschnittlicher Qualität entspricht, während das 35 mm-Filmbild im Störabstand überlegen ist. Ferner erweist sich der Umkehrfilm als weniger körnig (vor allem in den Lichtern), wie Abb. IV.12 anschaulich zeigt. Bekanntlich hängt die Körnigkeit mit der Lichtempfindlichkeit des Films zusammen. Weniger empfindliches Material ist natürlich in dieser Beziehung vorteilhafter, dann treten aber die Fehler in der Optik und Elektronenoptik der Aufzeichnungsanlage infolge des gesteigerten Lichtbedarfs deutlicher hervor, so daß bisher die besten Kompromisse bei den höher empfindlichen Emulsionen liegen, etwa im Bereich 17° bis 21° DIN.

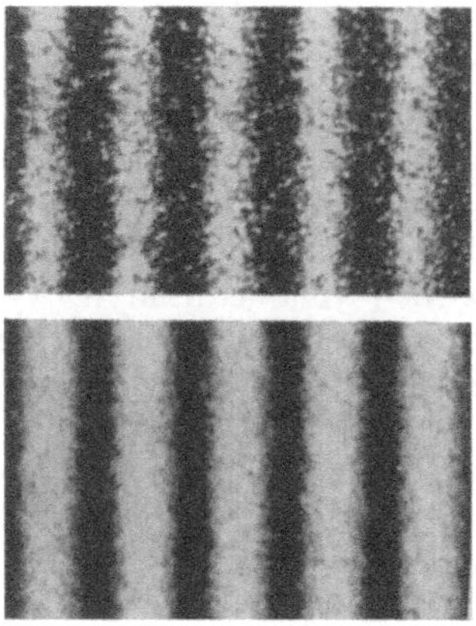

Abb. IV.12. Stark vergrößerte Ausschnitte aus Aufnahmen einer feinen Streifenstruktur (5 MHz-Raster) auf Negativfilm 21° DIN (oben) und Umkehrfilm 21° DIN (unten) bei 16 mm-Filmformat.

Faßt man die hier qualitativ skizzierten Tatbestände zusammen, so kommt heraus, daß die direkte Bildaufnahme auf 16 mm-Film in den wesentlichen Qualitätsparametern — Auflösung und Körnigkeit — in der Größenordnung der entsprechenden Werte etwa der Güte einer Fernsehdirektübertragung (625 Zeilen) mittlerer Qualität äquivalent ist, daß man also für die Aufzeichnung eines Programms, bei der beide Umwandlungstechniken in Serie geschaltet sind, bereits mit merkbaren Qualitätsverlusten rechnen muß, insbesondere weil noch andere Qualitätseinbußen im gesamten Umwandlungsprozeß hinzukommen, wie z. B. die Auflösungsverminderung durch Streueffekte im Leuchtschirm der Bildschreibröhre. Vom Bildinhalt, von der Bedeutung und Art der Sendung hängt ab, ob man die verringerte Bildgüte in Kauf nehmen kann. Hochwertige, teure Produktionen wird man auf dem Normalfilmformat mit der ausreichenden Qualitätsreserve (und auch mit dem besseren Bildstand!) aufzeichnen, weil die höheren Kosten relativ nicht so sehr ins Gewicht fallen und man jede Qualitätsverringerung vermeiden wird, um den Genuß der Darbietung nicht durch technische Mängel zu beeinträchtigen.

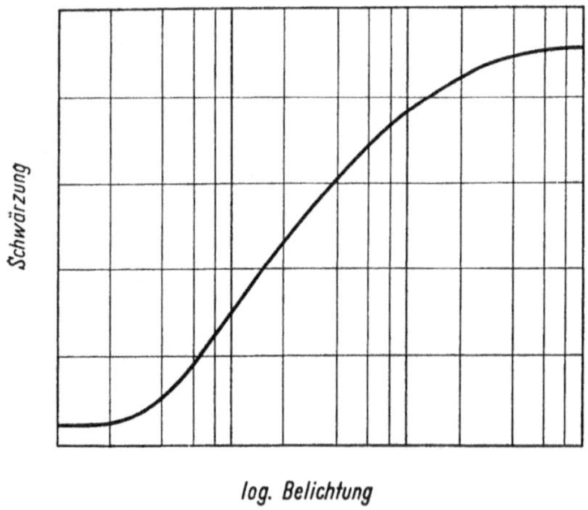

Abb. IV.13. Typischer Verlauf der Schwarzungskennlinie photographischer Schichten.

Eine besondere Eigenschaft der photographischen Speicherung des Fernsehbildes ist die Nichtlinearität der Übertragungskennlinie (Schwärzungskurve), deren typischen Verlauf Abb. IV.13 zeigt. Im Zusammenwirken mit der gleichfalls nichtlinearen Steuerkennlinie der Bildschreibröhre, von deren Leuchtschirm das Bild abphotographiert wird, ist eine halbtonrichtige Aufnahme nur mit einer kompensierenden Gradationsentzerrung im Verstärker möglich; auch müssen Schwarz- und Weißwert im Leuchtschirmbild auf bestimmte, von der photographischen Emulsion abhängige Pegel eingestellt werden.

Gute Ergebnisse der Bildaufzeichnung auf Film bedingen also genaue Einhaltung des optimalen Arbeitsbereichs der Umwandlung. Daher müssen geeignete Vorrichtungen zur Eichung und Überwachung der Aussteuerung des Leuchtschirmbildes vorgesehen werden; auch wurde die Entwicklung einer besonderen

Meßtechnik zur Auswertung und Kontrolle der photographischen Aufzeichnung notwendig. Auf ein universell verwendbares Meßgerät, mit dem die Eigenschaften des Films durch Abtastung nach Art des Ausblendverfahrens (Dissector) quantitativ erfaßt werden können, sei besonders hingewiesen [*19*].

Die photographische Aufnahme des Fernsehbildes vom Leuchtschirm kann in bezug auf die Polarität des Signals und Bildes in verschiedenen Varianten erfolgen. In Anlehnung an die normale Lichtbildtechnik wird das Fernsehbild auf dem Leuchtschirm meist als Positiv erzeugt. Auf Umkehrfilm liefert dies direkt ein für den normalen Filmabtaster geeignetes Positiv, allerdings nur dieses „Unikat". Von der Aufnahme auf Negativfilm müssen entweder Kopien hergestellt werden, wobei dann beliebig viele Abzüge erhalten werden können (bei dem 16 mm-Format nicht ohne merkbare Qualitätseinbuße); das Negativ kann aber als Unikat auch mit entsprechender Gradationsentzerrung fernsehtechnisch direkt abgetastet werden. In den letzten Jahren wurde ferner die Gewinnung eines Positivunikats durch Schreiben eines negativen Bildes auf dem Röhrenleuchtschirm und Photographie auf Negativfilm mit gutem Erfolge erprobt [*20*] und für verschiedene Sendungen im deutschen Fernsehrundfunk benutzt. Eine solche Aufzeichnungsart, die bereits bei dem Zwischenfilm-Projektionsverfahren [*24*] Verwendung fand, hat gewisse Vorzüge in bezug auf die Gleichmäßigkeit des Bildhintergrundes (Schwankungen der Emulsionsdicke verursachen geringere Streuung der Transparenz als bei Umkehrfilm), die Verarbeitungstechnik ist einfacher und wirtschaftlicher; zudem ist im Leuchtschirmbild der Einfluß des Streulichtes auf den Detailkontrast weniger schädlich. Das Verfahren hat jedoch nicht nur Vorzüge: So ist eine besonders genaue Einhaltung der entsprechend umgestellten, relativ steilen Gradationsentzerrung des Steuersignals notwendig. Auch wird der Schwarzwert von den Ungleichmäßigkeiten des Leuchtschirmes (Wolkenstruktur) direkt beeinflußt. Weiterhin ist unbequem, daß die unmittelbare subjektive Gütebeurteilung des Leuchtschirmbildes sehr erschwert wird.

1c. Gerätetechnik.

Die Abb. IV.14 und IV.15 zeigen Beispiele der im Fernsehbetrieb der Bundesrepublik eingesetzten Geräte zur Bildaufzeichnung auf Kinofilm. In der Anlage nach Abb. IV.14 (Marconi's Wireless Telegraph Co., England [*7*]) wird das Schnellschaltwerk nach Abb. IV.2 verwendet. Die Filmspulen fassen 800 m Länge, so daß die ununterbrochene Aufzeichnung eines Programms bis zur Größenordnung einer Stunde möglich ist. Besondere Entwicklungsarbeit war für Maßnahmen erforderlich, Störungen durch Schichtabsatz bei einem solchen Dauerbetrieb zu vermeiden. Der synchrone Antrieb wird durch direkte Steuerung des Motors mit den verstärkten Gleichlaufimpulsen des Fernsehsystems erreicht.

Die Anlage Abb. IV.15 (Fernseh-GmbH, Darmstadt [*21*]) arbeitet mit Halbbildaufzeichnung für beliebig langen, pausenlosen Betrieb durch Verwendung von zwei Filmaufnahmekameras und optische Strahlenteilung, so daß beide Kameras das Fernsehbild gleichzeitig aufnehmen können und eine Überblendung von der einen zur anderen ohne jeden Verlust möglich ist. An die Filmkameras (Arriflex 16 mm oder 35 mm, Arnold & Richter KG, München) können Kassetten mit einem Fassungsvermögen von 120 m bei 16 mm-Film bzw. 300 m bei 35 mm-Film angesetzt werden; sie gestatten eine Aufnahme von etwa 10 min für die einzelne Kamera. Diese Zeit ist mehr als ausreichend zum Wechsel des Films in der jeweils untätigen Kamera. Die Strahlenverzweigung der Abbildung des Rasters der Bildröhre auf die beiden Filmebenen geschieht mit Hilfe einer sehr gut durchdachten exzentrischen Anordnung der Objektive, die Trapezverzerrungen ver-

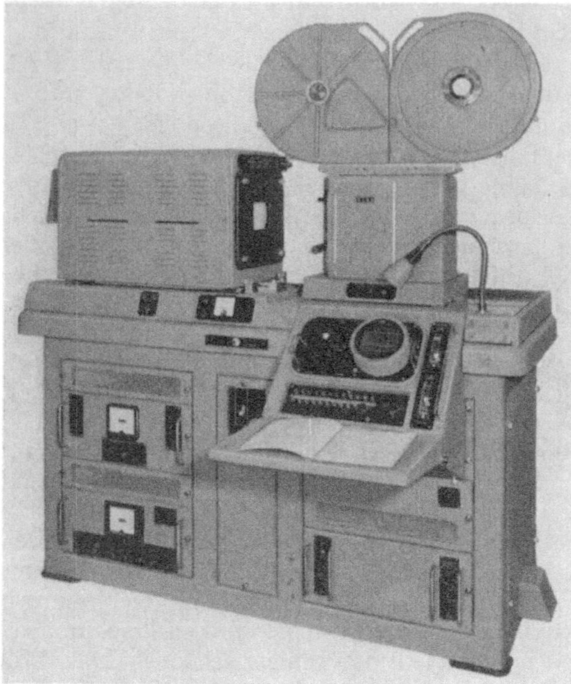

Abb. IV.14. Anlage zur Fernseh-Vollbildaufzeichnung auf 16 mm-Schmalfilm mit Schnellschrittschaltung nach Abb. IV.2 (Marconi's Wireless Telegraph Co., England [7]).

Abb. IV.15. Anlage zur kontinuierlichen Fernsehprogrammaufzeichnung auf Kinofilm (16 mm und 35 mm) nach dem Halbbildverfahren (Fernseh-GmbH, Darmstadt [21]).

meidet. Abb. IV.16 zeigt den Strahlengang dieser Optik, die aus einem gemeinsamen Umlenkspiegel S_p, zwei Prismen P_o und P_u und den beiden Objektiven L_o und L_u besteht. Die Anlage für 16 mm-Film arbeitet mit zwei Xenon-Objektiven

(Jos. Schneider & Co., Bad Kreuznach) von 28 mm Brennweite und $f:2$ Öffnung, die im Betrieb auf $f:4$ abgeblendet sind. Bezüglich der vielen interessanten Einzelheiten der Konstruktion und der elektrischen Ausrüstung sei auf die Originalarbeit verwiesen [*21*].

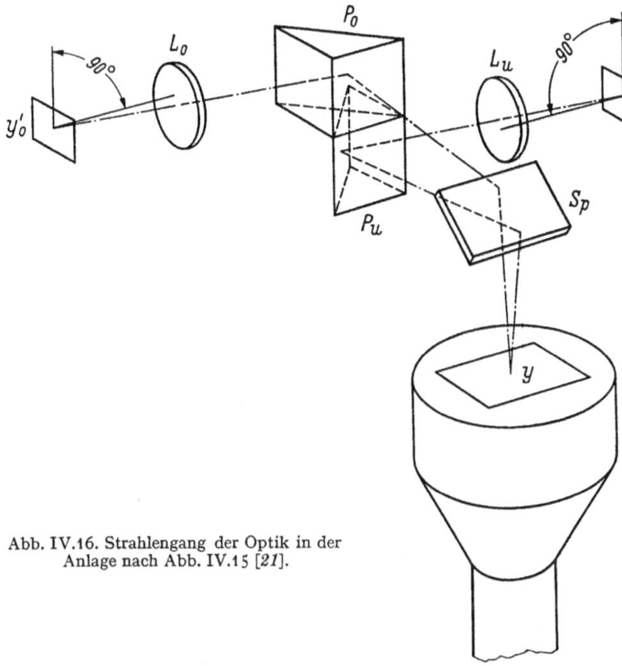

Abb. IV.16. Strahlengang der Optik in der Anlage nach Abb. IV.15 [*21*].

Die Bildqualität hängt entscheidend von der Leistungsfähigkeit der Kathodenstrahlröhre ab, auf deren Leuchtschirm das Fernsehbild vom Videosignal geschrieben wird. Deshalb werden in den Aufzeichnungsanlagen Sonderkonstruktionen der Röhre verwendet, die — abweichend von den nicht zuletzt auch wirtschaftlich

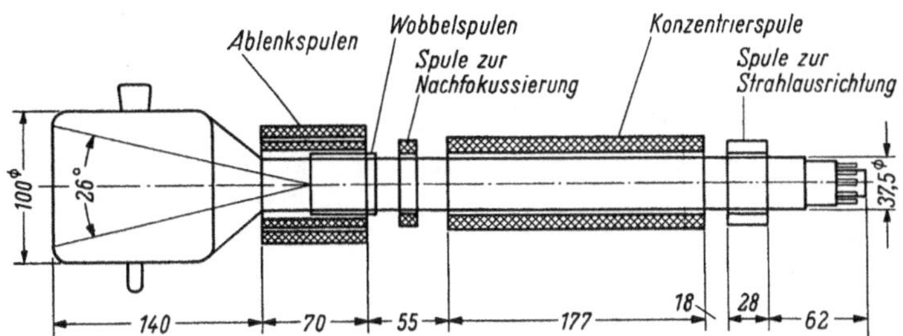

Abb. IV.17. Schema der Bildwiedergaberöhre mit elektronenoptischen Zusatzeinrichtungen fur die Anlage nach Abb. IV.15 [*22*] (Maße in mm).

bedingten Dimensionierungsregeln normaler Empfänger-Bildwiedergaberöhren — mit langer Konzentrierspule und Planschirm ausgerüstet sind, mit kleinem Ablenkwinkel arbeiten und dadurch bestmögliche Schärfe des schreibenden Elektronenstrahlbündels ergeben (bezüglich elektronenoptischer Grundlagen siehe Kap. VII und X des 1. Teilbandes dieses Buches). Als Beispiel ist in Abb. IV.17 die in der Anlage nach Abb. IV.15 eingesetzte Röhre im Schema dargestellt [*22*].

Sie hat 100 mm Schirmdurchmesser und ist etwa einen halben Meter lang. Zusätzlich zu der langen Konzentrierspule und dem hinreichend davon entfernten Ablenkspulensystem sind noch die Wobbelspule (zur Verbreiterung der Zeilen, wie in Abb. IV.7 gezeigt) und eine Korrekturspule vorhanden, die zur Nachfokussierung des Elektronenstrahlbündels bei der Ablenkung dient, um die Randschärfe zu erhalten, die sonst der Bildfeldwölbung wegen geringer wäre.

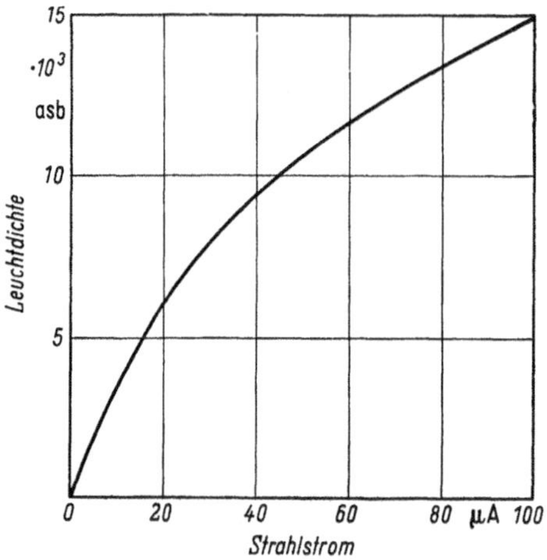

Abb. IV.18.
Lichtsteuerkennlinie der Bildröhre nach Abb. IV.17 [22].

Die Röhre wird mit 28 kV betrieben, die Stromdichte im Brennfleck auf dem Leuchtschirm ist so groß, daß die Leuchtdichte bereits im Arbeitsbereich von 100 μA nicht mehr linear mit dem Strahlstrom zunimmt, wie das Diagramm Abb. IV.18 zeigt. Man begrenzt daher die Aussteuerung auf einen Strahlstromwert von etwa 50 μA und muß die im oberen Teil dieses Bereiches dann immer noch vorhandene Nichtlinearität im Verstärker für die Steuerspannung ausgleichen. Eine Gradationsentzerrung ist ohnehin erforderlich, um den angebotenen ,,Kontrast" von etwa 100 : 1 im Signal tonwertrichtig auf den kleineren Kontrastumfang des Leuchtschirmbildes zu reduzieren, ferner auch um den Einfluß der nichtlinearen Steuercharakteristik der Bildröhre sowie die Krümmung der Schwärzungskurven zu kompensieren (Abb. IV.13). Die hierfür notwendige Gesamtentzerrungskurve für die Anlage mit der Röhre nach Abb. IV.17 und der Charakteristik nach Abb. IV.18 hat dann für die Aufnahme von positiven Schirmbildern den in Abb. IV.19 gezeigten typischen Verlauf. Das angelieferte Bildsignal U_k muß in ein Steuersignal U_A für die Kathodenstrahlröhre dergestalt umgewandelt werden, daß die differentielle Verstärkung in den kleinen und großen Amplitudenstufen größer ist als im Mittelbereich (*S*-förmige Entzerrung).

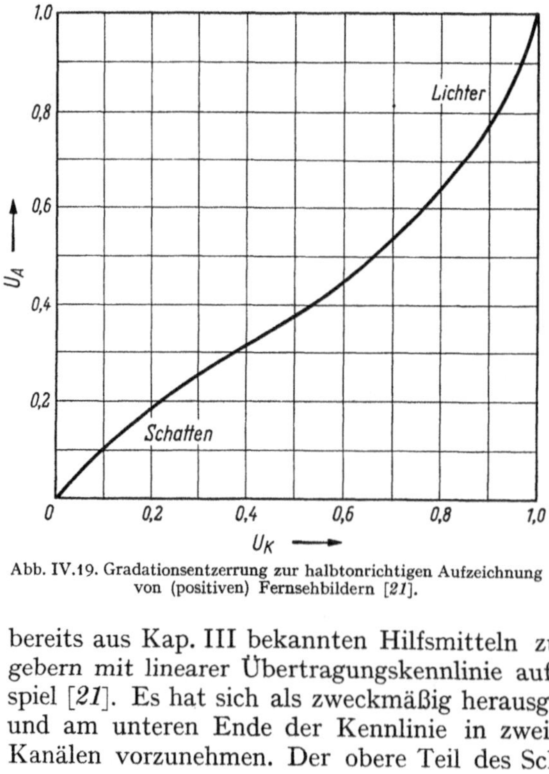

Abb. IV.19. Gradationsentzerrung zur halbtonrichtigen Aufzeichnung von (positiven) Fernsehbildern [21].

Schaltungen für eine solche Entzerrung werden mit den bereits aus Kap. III bekannten Hilfsmitteln zur Gradationskorrektur bei Bildgebern mit linearer Übertragungskennlinie aufgebaut. Abb. IV.20 zeigt ein Beispiel [21]. Es hat sich als zweckmäßig herausgestellt, die Entzerrung am oberen und am unteren Ende der Kennlinie in zwei getrennten, parallel arbeitenden Kanälen vorzunehmen. Der obere Teil des Schaltbildes dient zur Dehnung des

Signals in den Schattenpartien mittels einer steilen, negativ vorgespannten Röhre V_2, auf deren Steuergitter das Bildsignal mit negativer Polarität einwirkt (abgenommen von der Kathode der Eingangsstufe V_1). Die Anoden von V_1 und V_2 sind parallelgeschaltet; durch Veränderung der negativen Vorspannung an V_2 kann der Grad der Dehnung des Signals im unteren Tonwertbereich verändert und passend eingestellt werden. Im Nebenschluß zu V_2 liegt ferner die Röhre V_6; sie wird von einem in den „Lichtern" gedehnten Signal gesteuert, das in ähnlicher Weise durch eine Röhre mit kurzer, steiler Kennlinie (V_5)

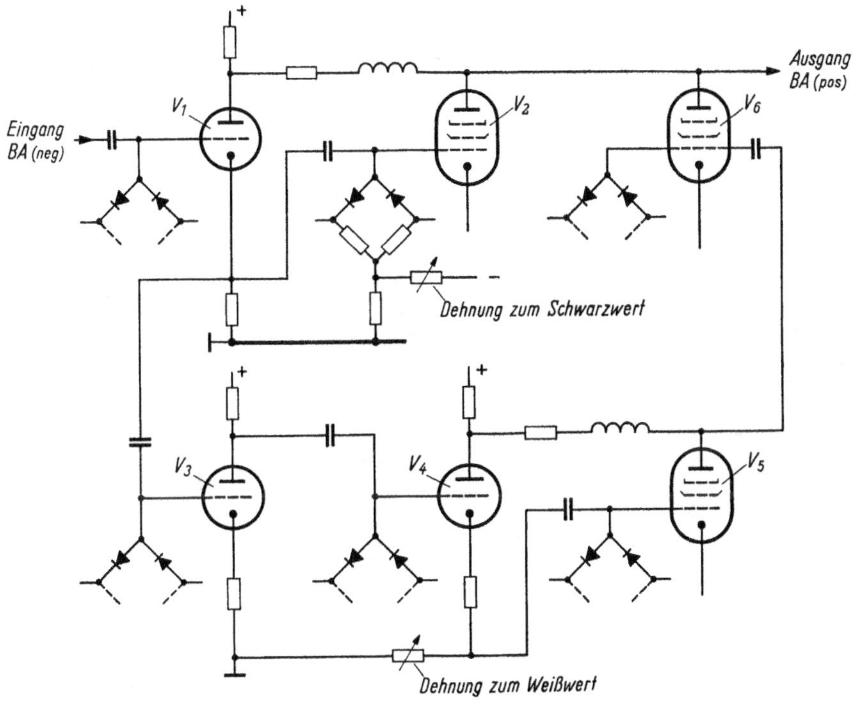

Abb. IV.20. Schaltung zur Gradationsentzerrung für die Fernsehbildaufzeichnung [21].

erzeugt wird, auf die das Signal nach Umkehr in V_3 über die Kathodenverstärkerstufe V_4 mit positiver Polarität einwirkt. Klemmschaltungen dienen zur Konstanthaltung der Arbeitspunkte auf dem Austastwert.

Für die Aufzeichnung eines negativen Leuchtschirmbildes auf Negativfilm ist natürlich eine andere Gradationsentzerrung notwendig, die mit ähnlichen Schaltungsprinzipien durchgeführt werden kann.

Der Steuerverstärker für die Aufzeichnungsröhre enthält weiterhin einen Entzerrer zur Verbesserung der horizontalen Auflösung (durch Anheben der hohen Frequenzen im Bildsignal ohne Phasenfehler, wie in Kap. III beschrieben). Damit können die hauptsächlich durch Lichtstreuung im Fluoreszenzschirm entstehenden Kontrastverluste feiner Details kompensiert werden.

Die Anlagen zur Aufzeichnung von Fernsehbildern auf Kinofilm sind stets mit den entsprechenden Einrichtungen zur Aufnahme des zugehörigen Tones gekoppelt. Dessen Aufzeichnung erfolgt heute durchweg auf Magnetfilm. Eine zusammenfassende Darstellung der vielen interessanten Probleme und Lösungen der bildsynchronen Tonaufzeichnung, bei Film und Fernsehen allgemein, findet man im Schrifttum [23].

Das auf dem entwickelten Bildfilm fixierte Programm kann nicht nur zu irgendeiner Zeit gesendet werden, sondern auch zur Großprojektion dienen (Zwischenfilmempfang). Vgl. Teilband 1, Kap. X.3a, S. 685—691. Die Entwicklungen solcher Geräte in der Pionierzeit des Fernsehens sind beachtlich [*24*]. Man konnte bereits damals die Zeitverzögerung zwischen Signalaufnahme und Wiedergabe auf etwa 1 min beschränken. Die Theaterprojektion von Fernsehbildern mit Zwischenfilm wurde auch später wieder diskutiert [*25*], jedoch ist im Hinblick auf andere erfolgreiche Verfahren, wie z. B. das Eidophorprinzip, diese ziemlich aufwendige Technik nicht weiterentwickelt worden.

Zum Abschluß dieses Abschnittes sei noch auf eine Technik hingewiesen, bei der das Fernsehen nur mittelbar in die Aufnahme eingeschaltet ist. Um die Verluste der über die Fernsehkamera führenden photoelektrischen Umwandlung

Abb. IV.21. Filmkamera (35 mm) mit Vidikon-Fernsehkamera (Electronic-Cam-Verfahren). Die Fernsehkamera überträgt das auf den Film fallende Lichtbild auf ein Kontrollgerät im Regieraum, von wo aus der Ablauf der Kamera ferngesteuert werden kann [*27*].
(Video-Arriflex, Arnold & Richter KG, München, Fernsehkamera: Fernseh-GmbH, Darmstadt).
Links Gesamtansicht, rechts Filmkamera mit geöffneter Seitenwand. Die Optik für die Abzweigung von Licht zur Fernsehkamera aus dem Sucherstrahlengang ist deutlich zu erkennen.

zu vermeiden, ist frühzeitig vorgeschlagen worden, das Bild *direkt* auf der Filmemulsion aufzuzeichnen, an die Kinokamera jedoch eine Fernsehkamera anzubauen, die das jeweils aufgenommene Bild am Regiepult zeigt, so daß bei Einsatz mehrerer Filmkameras in ähnlicher Weise zentral, vom Regisseur gesteuert, gearbeitet werden kann, wie bei der direkten Fernsehaufnahme mit Kameraröhren. Diese Technik der direkten optischen Filmaufnahme mit Fernsehsucher wurde als „Electronic-Cam"-TV-Filmsystem [*26*] vor einigen Jahren bekannt und wird mit bestem Erfolg in der Bundesrepublik zur Herstellung von Fernsehfilmen eingesetzt (Bavaria-Atelier-GmbH, München, [*27*]). Abb. IV.21 zeigt eine für dieses Verfahren modifizierte Filmkamera (Arriflex-Kamera 35 mm, Arnold & Richter KG, München) mit dem Zusatz der kleinen Vidikon-Fernsehkamera (Fernseh-GmbH, Darmstadt). Der von der Umlaufblende bei Unterbrechung der Filmbelichtung in den optischen Sucher der normalen Kamera reflektierte Lichtstrom wird so aufgespalten, daß etwa 75% zur Erzeugung des Fernsehbildes auf die Photoschicht des Vidikons fallen und 25% für den optischen Sucher erhalten bleiben. Abb. IV.21 links zeigt den Gesamtaufbau, das Bild rechts mit geöffneter Seitenplatte läßt die Optik der Lichtstromzuführung zur Fernsehkamera erkennen.

Die in vielen Einzelheiten gut durchkonstruierten Filmfernsehkameras arbeiten zusammen mit den elektronischen Geräten für die Fernsehröhren und mit Einrichtungen zur Schaltung, Markierung usw. in einer wohldurchdachten Regietechnik [27]. Die Bildqualität ist hervorragend, weil die Fernsehübertragung nur indirekt, als Regiehilfsmittel, benutzt wird, aber in der aufgezeichneten Bildfolge selber gar nicht und nur einmal bei deren Sendung im Filmabtaster zur Anwendung kommt. Bei Verwendung von 35 mm-Film ist die Qualitätsreserve der photographischen Speicherfläche hinreichend groß, und es ist bekannt, daß 35 mm-Film mit Punktlichtabtastung die bestmöglichen Fernsehbilder liefert.

Man darf wohl die Prognose wagen, daß die Bildaufzeichnung auf Kinofilm vom Leuchtschirm einer Fernsehbildröhre aus an Bedeutung verliert zugunsten der direkten Filmaufnahme der Szene mit der Electronic-Cam-Technik, die sich

Abb. IV.22. „Talleytrack"-Fernsehaufzeichnung auf Kinofilm (Cinema-Television Ltd., London [28]).

zur Vorproduktion von Fernsehprogrammen auch auf lange Sicht bewähren wird. In allen Fällen aber, in denen auf eine unmittelbar als optisches Bild (d. h. auch ohne fernsehtechnische Abtasteinrichtungen) verwertbare Programmaufzeichnung verzichtet werden kann, steht andererseits als große Konkurrenz die Signalspeicherung auf Magnetband gegenüber, die in den letzten Jahren eine beachtliche Vollkommenheit und Betriebsicherheit erreicht hat.

In Überleitung zur Besprechung dieser hochinteressanten, neuen Verwendung des Magnetbandes sei bemerkt, daß auch Vorschläge zur Durchführung einer *Signal*aufzeichnung mit elektrooptischen Mitteln bekannt sind und Systeme dieser Art erprobt wurden, wie z. B. das Talleytrackverfahren [28] nach Abb. IV.22. Bei diesem findet man noch eine gewisse, wenn auch verzerrte Zuordnung der Signale zur Bildgeometrie. Das auf dem Leuchtschirm einer Bildröhre in der üblichen Art geschriebene Fernsehbild wird auf einem 35 mm-Kinofilm fixiert, der sich kontinuierlich in Zeilenrichtung mit einer Bildbreite Vorschub je Halbbilddauer bewegt. Es ergibt sich eine Konfiguration von Halbrasterpaketen in Form von Parallelogrammen nach Abb. IV.22. Im Gegensatz zur Bildaufzeichnung, bei der im Falle der Vollbildaufnahme die beiden Bewegungsphasen untrennbar für die spätere Abtastung verschmelzen, werden die Teilraster in Sequenz voneinander getrennt aufgenommen. Die Wiedergabe erfolgt in der gleichen

Anordnung durch Punktlichtabtastung mit einem unmodulierten Raster auf dem Röhrenschirm, wobei durch sinnreich erdachte Steuerungsverfahren die Abtastung auf der richtigen Spur bleibt.

Dieses und andere interessante Verfahren zur photographischen Signalaufzeichnung mit Erhaltung der Halbbildfolge haben jedoch in der Fernsehpraxis keine Verwendung gefunden, und zwar wohl deshalb, weil die Technik der Aufzeichnung auf Magnetband zur rechten Zeit betriebsreif wurde und entscheidende Vorteile bietet.

2. Fernsehsignalaufzeichnung auf Magnetband.

2a. Allgemeines, Vorentwicklungen.

Die Speicherung niederfrequenter elektrischer Signale auf Magnetbändern ist heute eine hochentwickelte Technik. Die physikalischen Grundvorgänge und die apparativen Einzelheiten sind im Schrifttum ausführlich dargestellt; insbesondere sei auf das im gleichen Verlag kürzlich erschienene Werk „Technik der Magnetspeicher" [*29*] verwiesen. Die folgenden Ausführungen müssen sich — in Voraussetzung der Grundkenntnisse der Magnetbandtechnik — auf die Beschreibung der neuesten, praktisch bewährten Geräte beschränken, mit denen die Erweiterung der Magnetbandaufzeichnung auf die *hochfrequenten* Fernsehsignale sehr vollkommen gelungen ist.

Im Laufe der Entwicklung wurde für die Tonaufnahme allgemein die Registrierung durch Fixierung entsprechender Magnetisierungszustände auf einem schmalen, 6,35 mm (= $^1/_4''$) breiten Band eingeführt, das über einen quer zur Laufrichtung liegenden Spalt des „Magnetkopfes" läuft, d. h. die Signalaufzeichnung erfolgt als Longitudinalschrift in Richtung der Bandbewegung (Abb. IV.23).

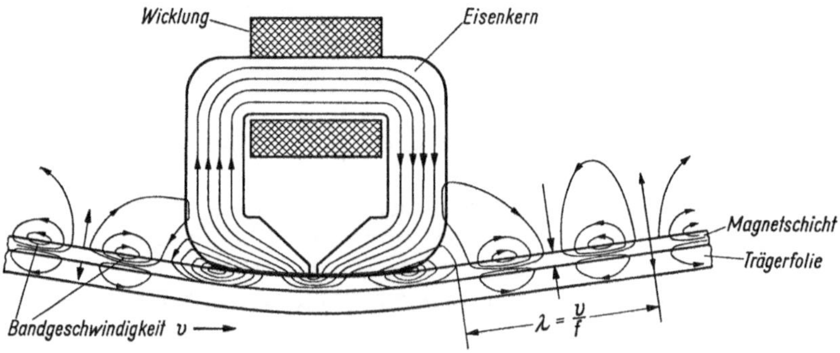

Abb. IV.23. Übliche Longitudinalschrift auf Magnetband. Der aufgezeichneten Frequenz f entspricht im Magnetogramm die Wellenlange $\lambda = v/f$.

Der zeitliche Verlauf des Signals wird in eine Ortsverteilung des magnetischen Zustandes auf dem Bande umgesetzt, und umgekehrt erzeugt bei der Wiedergabe die Magnetisierung durch Ablauf des Bandes über dem schmalen Spalt in dem Magnetkopf wieder den ursprünglichen Zeitverlauf des Signals. Zeitintervalle werden in Ortsdifferenzen (Abstände) umgesetzt und umgekehrt. Eine bestimmte Frequenz entspricht einer bestimmten Wellenlänge auf dem Magnetband (Abb. IV.23). Diese elementare Feststellung weist auf Schwierigkeiten und Probleme des Vorganges hin. So erfordert eine einwandfreie Übertragung hohe Präzision der Kinematik, konstante und gleiche Bandgeschwindigkeit bei Aufnahme und Wiedergabe sowie einen ausreichend hohen Bandflächendurchlauf pro Zeiteinheit. Der Bandverbrauch nimmt zu mit der Frequenzbandbreite, da die aufgezeichneten Wellenlängen hinreichend groß gegenüber der Spaltweite sein müssen (Spaltfunktion); auch muß der mit abnehmender Wellenlänge wachsende Verlust des Nutzflusses in tragbaren Grenzen bleiben. Die Breite der Spur ist für den Störabstand (Rauschen) von Bedeutung.

Es ist interessant, die Daten und die Leistungsfähigkeit der Tonbandgeräte zu zitieren, um die Größe des Sprunges zu ermessen, der für die Aufzeichnung von Fernsehsignalen nötig war. In den Studiogeräten des Hörrundfunks ist heute eine Bandgeschwindigkeit von 38 cm/s üblich, die mehr als ausreicht zur Aufnahme des Tonfrequenzbandes von 30 Hz bis 15 kHz. Die Konstanz der Bandgeschwindigkeit ist besser als $0{,}2\%_{ss}$, der Störabstand (Signal- zu Effektivwert der Störschwankungen) liegt über 60 dB, und der Klirrfaktor bleibt meist in der Größenordnung 1%. Die Spaltbreite der Magnetköpfe beträgt etwa 10 μm, eine 15 kHz-Schwingung erzeugt eine Wellenlänge von etwa 25 μm. Bei Amateurgeräten mit 9,5 cm/s Bandgeschwindigkeit werden Spaltbreiten von wenigen μm verwendet, so daß man mit guten Bändern auch noch Frequenzen bis zu etwa 15 kHz gut übertragen kann, die Laufkonstanz ($\leqq 0{,}5\%_{ss}$) und der Störabstand ($\geqq 45$ dB) sind allerdings geringer. Bei 4,75 cm/s Bandgeschwindigkeit ist die Aufzeichnung noch bis etwa 8 kHz möglich; als Grenzleistungsfähigkeit ist daher etwa die „Dichte" von 2000 Wellenlängen auf 1 cm Bandlänge anzusehen.

Die Forderungen für einwandfreie Magnetschrift von Fernsehsignalen sind demgegenüber außerordentlich hoch. Das Frequenzband ist mehrere hundert Mal breiter als bei Tonfrequenzsignalen, und die Laufkonstanz muß erheblich größer sein, da bei der Signalaufzeichnung — im Gegensatz zur optischen Bildaufzeichnung — die Gleichlaufsignale mitregistriert werden und alle Laufschwankungen in die zeitliche Lage der für den Empfänger maßgebenden Synchronisierimpulse eingehen (Zeitfehler von 0,1 μs bedingen im 625-Zeilen-Fernsehsystem bereits Verschiebungen von der Ausdehnung eines Bildelementes).

Vorschläge zur Konstruktion und zur Dimensionierung von Magnetbandgeräten für Fernsehsignalaufzeichnungen gibt es etwa seit einem halben Jahrhundert [*30*]. Praktisch erfolgreich bearbeitet wurde das Gebiet jedoch erst im letzten Jahrzehnt, und erst vor wenigen Jahren fand diese Technik mit der hervorragend gelungenen Entwicklung der Querspuraufzeichnung auf breitem Band Eingang in die Fernsehbetriebe.

Die Entwicklung verlief etwa folgendermaßen (s. Abb. IV.24): Naheliegend war zunächst, das Problem durch das „Hochgeschwindigkeitsverfahren" (Abb. IV.24 links) zu lösen, d. h. in Form der konventionellen Aufzeichnung der Signale auf schmalen Bändern ($^1/_4$ und $^1/_2$ Zoll) mit sehr hoher Bandgeschwindigkeit und extrem kleinem Spalt (etwa 1 μm) in den Magnetköpfen (Radio Corporation of America [*31*] bis [*33*]). Geräte dieser Art wurden sogar zur Registrierung von Farbfernsehprogrammen (mit mehreren Spuren für die Teilkomponenten des Signals) eingesetzt. Der Bandlängenverbrauch ist dabei jedoch enorm, und die gesuchte Lösung lag zu dicht an der Grenze des Möglichen. Bei einer Bandgeschwindigkeit von 6 m/s wurde als Grenzfrequenz 3,5 MHz erreicht; das ist für die hochzeiligen Fernsehsysteme noch zu knapp. Immerhin verdienen diese ersten Pionierleistungen anerkennende Erwähnung; sie haben den Weg für die Weiterentwicklung bereitet und manches Teilproblem erfolgreich gelöst, so z. B. die Konstanthaltung des Bandlaufes durch sinnvoll konstruierte elektronische Stabilisierungsverfahren. Auch eine ähnliche Methode zur Aufzeichnung der Fernsehsignale auf $^1/_2$ Zoll breitem Magnetband bei einer Geschwindigkeit von 5 m/s, mit Aufteilung des Frequenzbandes auf zwei Kanäle und Magnetisierungsspuren (0 bis 100 kHz in FM, 100 kHz bis 3 MHz in AM), hatte nur vorübergehenden Erfolg („Vera“, BBC [*34*]), obwohl die Leistungsfähigkeit für das 405-Zeilen-System gerade ausreichte.

Der Hauptnachteil der Longitudinalaufzeichnung mit nur eindimensionaler Ausnutzung der Speicherfläche ist die große Bandmenge, selbst für ein kurzes Programm (für nur 15 min Spieldauer brauchte man bei der noch unzureichenden Geschwindigkeit von 6 m/s bereits Rollen von etwa 50 cm Durchmesser!). In

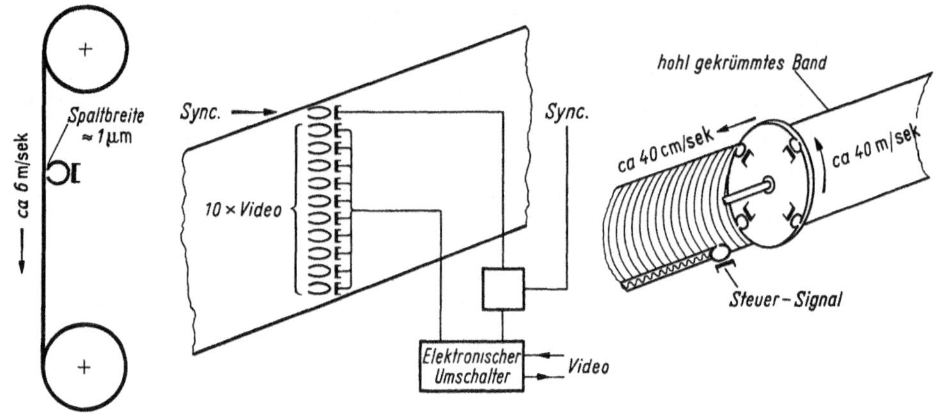

Abb. IV.24. Methoden zur Aufzeichnung von Fernsehsignalen auf Magnetband.
Links: Einspuraufzeichnung mit hoher Bandgeschwindigkeit. Mitte: Mehrspuraufzeichnung und Frequenzbandunterteilung. Rechts: Querspuraufzeichnung (unterbrochene Einzelspur) auf breitem Band.

einer anderen Entwicklungsrichtung versuchte man diesen Nachteil zu reduzieren, und zwar durch Mehrspurregistrierung (mehrere parallele Längsspuren) unter Aufteilung des aufzuzeichnenden breiten Frequenzbandes in einzelne entsprechend schmälere Teilbänder und Zusammensetzung in analoger Weise bei der Wiedergabe nach Abb. IV.24 Mitte (Bing Crosby Enterprises [*35*]). Im Verhältnis der Unterteilung bzw. der Spurenzahl kann dann die Bandgeschwindigkeit reduziert werden. Die Entwicklungsarbeit zielte auf ein 10-Spurverfahren mit $^1/_2$ Zoll-Magnetband, das mit etwa 2,5 m/s Geschwindigkeit ablief. Trotz genialer Lösung dieser Frequenzbandaufteilung und -synthese durch ein Impuls-Samplingverfahren scheiterte die Einführung an vielen Schwierigkeiten dieses komplizierten Systems, vor allem an den Störungen, die durch Schwankungen und Schwingungen des Bandes in der korrekten Wiederzusammensetzung aller Teilkomponenten auftreten.

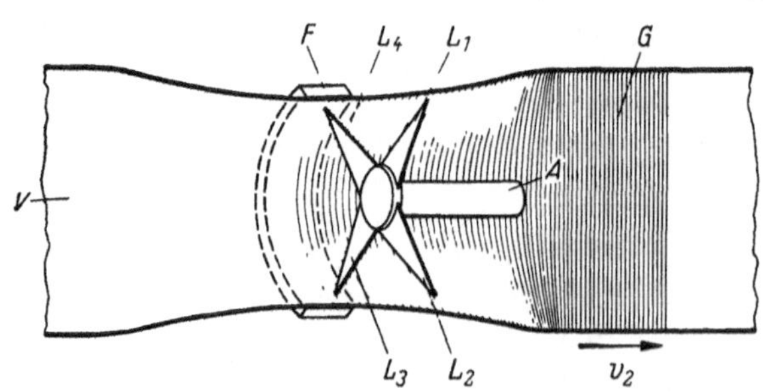

Abb. IV.25.
Vorschlag zur Bildtelegraphie mit Querzeilenschrift auf gekrummtem Band mit vier umlaufenden Tastern L_1 — L_4 (entnommen aus [*36*]).

Eine andere Technik zur vollen Ausnutzung der verfügbaren Bandfläche hatte bald den entscheidenden Erfolg; es ist die Aufzeichnung des Signals längs Querspuren mit hoher Schreibgeschwindigkeit (etwa 40 m/s) auf einem breiten, mit normaler Tonbandgeschwindigkeit (etwa 40 cm/s) senkrecht zur Spurlage transportierten Band (Abb. IV.24 rechts). Die zwangsläufig mit einer solchen Schrift verbundenen Unterbrechungen der Spur machen bei der Fernsehaufzeichnung keine besonderen Schwierigkeiten, weil das Signal ohnehin typische „Austastzeiten“

(von etwa 18% Zeilendauer in dem 625-Zeilen-System) hat, innerhalb welcher der Übergang von der einen Spur zur anderen ohne Störung erfolgen kann. Das Prinzip einer Querschrift mittels „Taster", die über die gekrümmte Bandfläche rotieren, findet sich bereits unter den Vorschlägen zur Durchführung der Bildtelegraphie, wie die (aus dem 1932 erschienenen Handbuch der Bildtelegraphie dieses Verlages entnommene) Abb. IV.25 erkennen läßt [*36*]. Nach der Beschreibung dieser Anordnung sind „zwei oder mehr in zyklischer Folge über die Breite der Fläche hinwegstreichende Taster notwendig, will man das (Bildtelegraphie-) Gerät für ein einziges Band einrichten, ohne dieses in der Zone der Zerlegung übermäßig krümmen zu müssen". Die Beschriftung und Abtastung eines Magnetbandes zur Fernsehsignalaufzeichnung nach einem solchen Verfahren wurde erstmals in den Laboratorien der Ampex Corporation (Redwood City, California, USA) mit sensationellem Erfolg durchgeführt, und es entstanden dort in kurzer Zeit praktisch einsatzfähige Geräte [*37, 38*]. Auch die Radio Corporation of America (USA) nahm die Entwicklung und Produktion von Geräten mit dieser magnetischen Querspurbeschriftung auf [*39, 40*]. Im folgenden Abschnitt sollen wesentliche Merkmale des Verfahrens näher beschrieben werden.

2b. Querspuraufzeichnung auf breitem Magnetband.

2b.1. Normen der Signalschrift auf dem Band. Verwendet wird ein etwa 50 mm (2 Zoll) breites Spezialband (Mylar) mit vorzugsweise transversaler Orientierung der Magnetpartikel (d. h. quer zur Bandlänge) und mit besonderen Oberflächeneigenschaften [*41*]. Wie Abb. IV.24 rechts zeigt, werden die Querspuren von Magnetköpfen geschrieben, die peripher auf einer sehr hochtourig rotierenden Scheibe sitzen. Diese hat etwa 5 cm Durchmesser, trägt am Umfang vier genau um 90° versetzte, winzig kleine Magnetköpfe und läuft mit einer Umdrehungszahl/s, die einem ganzzahlig Vielfachen der Vertikalfrequenz f_v entspricht; im Fernsehsystem mit $f_v = 60$ Hz sind es 240 U/s, bei $f_v = 50$ Hz 250 U/s. Daraus folgt eine Schreibgeschwindigkeit von etwa 40 m/s, so daß bei Spaltbreiten von wenigen μm Frequenzen bis zu 10 MHz aufgezeichnet und wiedergegeben werden können. Die Länge der Querspuren entspricht einem Winkelbereich der Scheibendrehung von mehr als 90°, etwa 120°. Bei der Aufnahme werden alle Köpfe mit dem Signal dauernd beschickt, so daß in den Umschaltgebieten die Information überlappend doppelt geschrieben wird, um eine einwandfreie Umschaltung bei der Abtastung sicherzustellen. Auf eine Querspur fallen im 90°-Sektor 16 oder 17 Zeilen (525-Zeilen-Norm) bzw. 15 oder 16 Zeilen (625-Zeilen-Norm).

Das Band läuft an der rotierenden Kopfscheibe mit einer Vorschubgeschwindigkeit von etwa 40 cm/s vorbei. Pro Viertelumdrehung der Scheibe sind das etwa 0,4 mm. Dieser Betrag steht maximal für die Spurbreite zur Verfügung. Um eine ausreichende Sicherheit zur Entkopplung der nebeneinanderliegenden Spuren und eine eindeutige Abtastung zu erreichen, wurde für die Magnetisierung nur eine Schriftbreite von 0,25 mm gewählt mit ungenutzten Sicherheitsabständen von 0,14 mm dazwischen.

Von der Gesamtbreite des 50,8 mm breiten Bandes werden für das Fernsehsignal nur etwa 46 mm benutzt; an den Rändern liegt auf der einen Seite die Aufnahmespur des Begleittones, der etwa 24 cm von der Kopfscheibe entfernt aufgeschrieben wird, auf der anderen Seite wird die Frequenz der Kopfscheibentourenzahl (240 bzw. 250 Hz) als Steuerspur registriert, die bei der Wiedergabe das für die elektronischen Regel- und Schaltvorgänge notwendige Bezugssignal liefert. Weiterhin steht noch eine schmale (etwa 0,5 mm breite) sog. Merkspur

„Cue track" zur Verfügung zwecks Markierung besonderer Stellen des Bandes (z. B. bei dem elektronischen Bildschnitt, auch zur Aufnahme besonderer zusätzlicher Signale usw.).

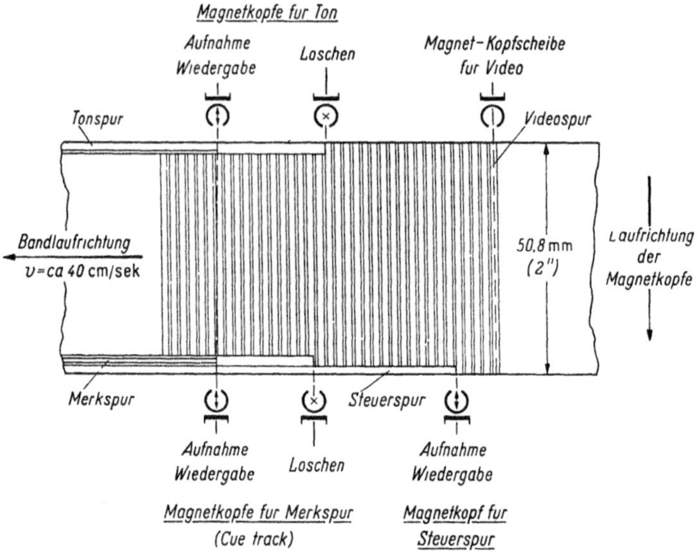

Abb. IV.26. Schema der Querspurschrift zur Aufzeichnung von Fernsehsignalen (mit Zusatzsignalen) auf etwa 50 mm (2") breitem Magnetband.

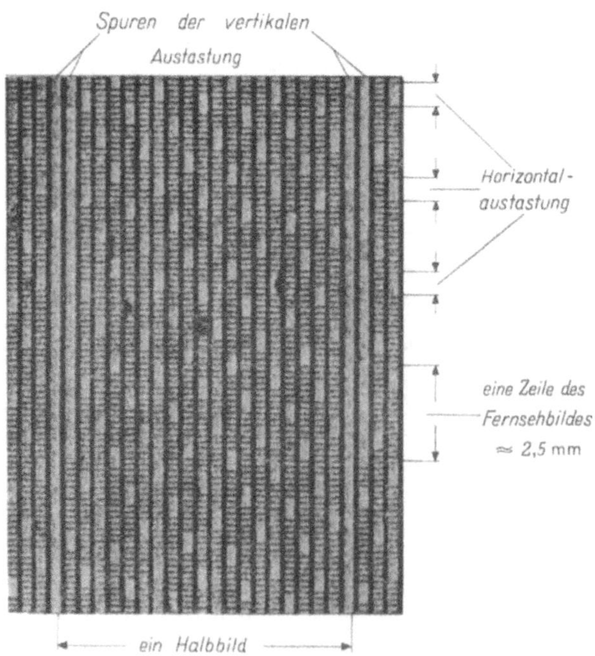

Abb. IV.27.
Sichtbar gemachte Aufzeichnung nach Abb. IV.26 eines 625-Zeilen-Fernsehbildes (Bildinhalt: Rechteckwechsel 250 kHz). Der vergrößerte Ausschnitt gibt etwa 1,3 cm² der Bandfläche wieder. Die Unsauberkeiten sind keine Mängel der Aufzeichnung, sondern Fehler der Methode der Sichtbarmachung (Behandlung mit einer Suspension feiner magnetischer Partikel).

Abb. IV.26 zeigt schematisch das gesamte Magnetogramm mit den Maßen und Toleranzangaben des Normvorschlages für die Anpassung der Querspuraufzeichnung an die 625-Zeilen-Norm. (Die Spurbreite ist in diesem Schema nicht maßstäblich, sondern zur deutlichen Skizzierung größer gewählt.) Abb. IV.27 zeigt einen vergrößerten Ausschnitt (etwa 1 cm × 1,3 cm) der sichtbar gemachten Aufzeichnung eines 625-Zeilen-Fernsehsignals (250 kHz-Rechtecksignal). Die Spuren liegen beachtlich genau. Man erkennt an den längeren weißen Streifen die Horizontalaustastlücken sowie zwei Ausschnitte des sehr viel längeren Vertikalaustastintervalls. Es beeindruckt, daß in einer Spur von $^1/_4$ mm Breite und nur 2,5 mm Länge die Information einer ganzen Zeile des Fernsehbildes enthalten ist, die in unserem Heimempfänger fast einen halben Meter lang wiedergegeben wird.

Es ist interessant, den Flächenbedarf dieser Bildband-Aufzeichnungstechnik zur Magnetbandtonschrift sowie zur photographischen Bildaufzeichnung in Vergleich zu setzen. Zur Aufnahme des Signals eines Vollbildes wird in $^1/_{25}$ s

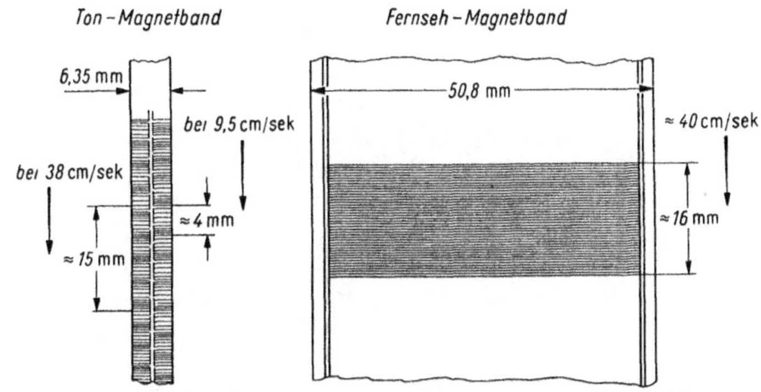

Abb. IV.28. Lange bzw. Flache des in $^1/_{25}$ s ablaufenden Magnetbandes bei der Tonaufzeichnung auf 6,35 mm-Band im Vergleich zur Fernsehaufzeichnung nach Abb. IV.26.

(= 40 ms) etwa 16 mm Bandlänge verbraucht; das entspricht etwa 7,5 cm² Bandfläche. Wie Abb. IV.28 zeigt, benötigt in der gleichen Zeit die Tonbandaufnahme im Rundfunkbetrieb mit 38 cm/s Geschwindigkeit 15 mm Länge der vollen Spurweite des 6,35 mm breiten Bandes (etwa 1 cm²) und bei halber Spurbreite mit 9,5 cm/s Bandgeschwindigkeit 4 mm Länge (etwa $^1/_8$ cm²). Die sehr viel größere Informationsmenge des Fernsehsignals wird also auf einer relativ

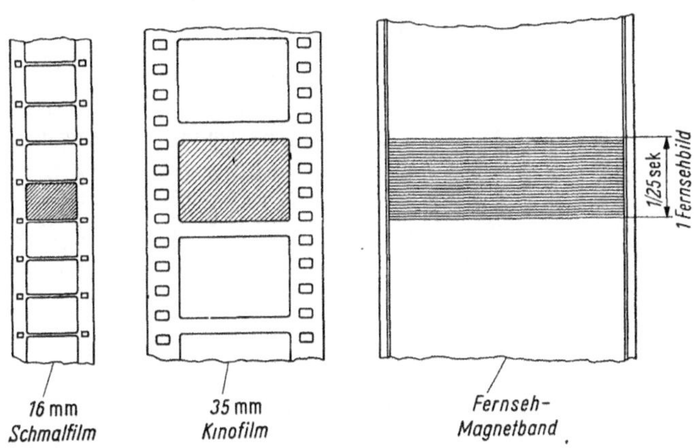

Abb. IV.29. Flache eines Filmbildes bei 16 mm- und 35 mm-Format im Vergleich zur Flache fur die Aufzeichnung eines Fernsehbildes auf Magnetband nach Abb. IV.26.

kleinen Fläche untergebracht. Im Vergleich zur Bildaufzeichnung auf Kinofilm ist der Flächenverbrauch für ein Vollbild größer, etwa doppelt so groß wie bei Normalfilm, wie dies Abb. IV.29 in verhältnisrichtiger Skizze illustriert. Will man hierauf Kostenrechnungen gründen, darf jedoch die Löschbarkeit der Magnetbandaufnahme und die Wiederverwendbarkeit des Bandes nicht übersehen werden, die je nach der Zahl der mit dem gleichen Band durchgeführten Neuaufnahmen diese Technik immer rationeller macht [*42*].

2b.2. Praktische Lösung der Bandführung. Das Problem der Bandführung über die Magnetkopfscheibe ist in den Geräten sehr elegant gelöst [37]. Die notwendige Hohlkrümmung des Bandes wird mit einem schmalen, konkav

Abb. IV.30. Gekrümmte Bandführung über einen konkaven Führungsschuh mit Aussparungen auf der Führungsfläche, durch die mit Unterdruck das Band pneumatisch an die Führung gesaugt wird (Ampex VR 1000).

geformten Führungsschuh erreicht. In der Fläche der Führung sind Schlitze ausgespart, durch die das Band pneumatisch mit Unterdruck angezogen wird und die passende Krümmung erhält (Abb. IV.30). Diese Anordnung liegt der

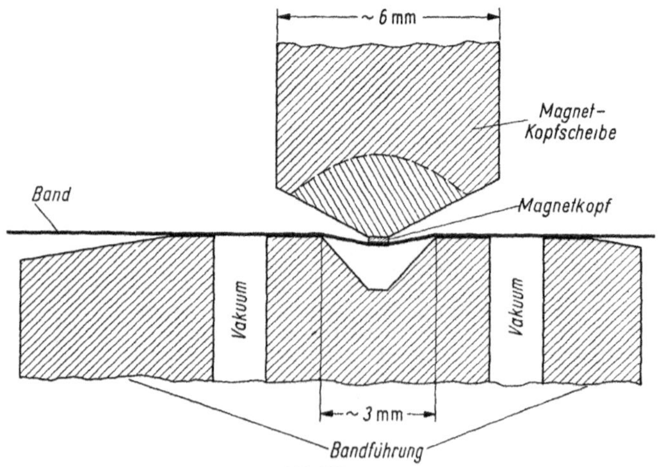

Abb. IV.31.
Schnitt durch Bandführung und gegenüberliegende Magnetkopfscheibe (vergrößerter Ausschnitt, Anlage Abb. IV.30).

Magnetkopfscheibe genau gegenüber, wie es ein skizzierter vergrößerter Ausschnitt in Abb. IV.31 zeigt. Man erkennt die beiden Schlitze der Bandführung, die mit einer Vakuumpumpe in Verbindung stehen. Die Magnetköpfe drücken leicht in das so angesaugte und fest geführte Band ein. Der richtige Andruck ist von großer Bedeutung. Er kann durch Einstellung der Entfernung zwischen Bandführung und Kopfscheibe von Hand oder automatisch reguliert werden.

Die mit dem Andruck gegebene geringe Dehnung des Bandes muß bei Aufnahme und Wiedergabe genau gleich sein, sonst ergeben sich charakteristische Störungen im Fernsehbild nach Abb. IV.32. Hier äußern sich die Schwierigkeiten, die im Prinzip einer Signalaufzeichnung mit der Zeit–Ort-Umwandlung liegen.

Bei der Wiedergabe durch Abtastung einer Spur mit richtiger, elektronisch stabilisierter Winkelgeschwindigkeit der Kopfscheibe werden die Zeitintervalle zwischen zwei Zeilensynchronimpulsen bei zu starkem Andruck bzw. bei zu großer Dehnung des Bandes länger, bei zu kleinem Andruck, d. h. zu geringer Dehnung, werden sie kürzer. Diese Fehler summieren sich im Laufe der Abtastung einer Spur, so daß an den Umschaltstellen von einem der vier Magnetköpfe auf den folgenden Sprünge entstehen, weil der nachfolgende Magnetkopf die Überlappungsstelle zu früh oder zu spät erreicht. (Die Umdrehung der Scheibe wird ja unabhängig vom Spurinhalt konstant gehalten, wodurch der Mittelwert aller Zeilenperioden festliegt.)

Im Fernsehempfänger, der in der Regel mit Nachlaufsynchronisier-Schaltungen für die H-Frequenz arbeitet (s. Kap. IX, S. 354ff.), treten dann die in

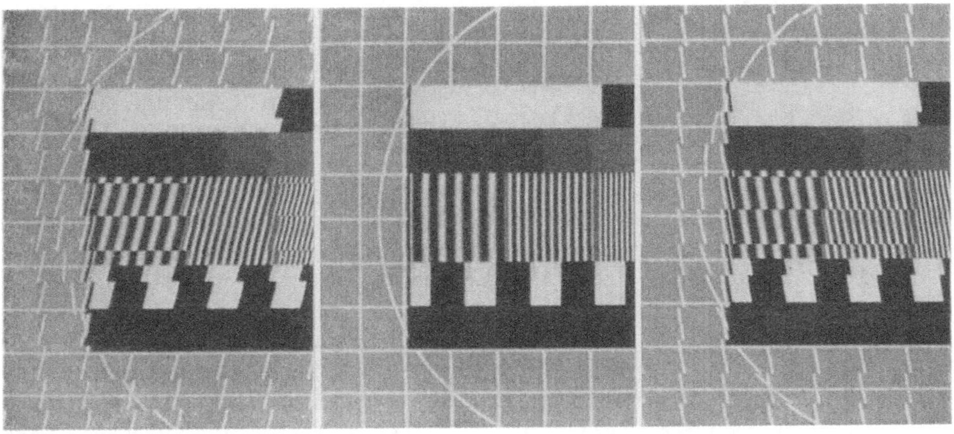

Abb. IV.32. Typische Verzerrungen im Fernsehbild infolge falschen Andruckes der Kopfscheibe an das Magnetband bei der Wiedergabe. Links: Andruck zu klein. Mitte: richtig. Rechts: zu groß.

Abb. IV.32 veranschaulichten Bildstörungen auf, derart, daß die Zeilen, die von der Abtastbewegung jeweils eines Kopfes stammen, durch die später bzw. früher einsetzenden Synchronimpulse in horizontaler Richtung sägezahnförmig versetzt erscheinen. Bei der Aufzeichnung wird der Andruck nach Eichung mit einem Bezugsband richtig eingestellt; bei der Wiedergabe ist die automatische Andruckregelung üblich, die durch Auswertung der bei der Kopfumschaltung entstehenden Stoßsignale auf ein elektromechanisches Steuersystem mit Stellmotor arbeitet.

Die Magnetkopfscheibe muß mit großer Präzision hergestellt werden. Die Spalte der vier Magnetköpfe müssen in einer Ebene liegen, sonst haben die Spuren ungleichen Abstand. Ganz besonders wichtig ist die genaue Lage der um 90° versetzten Spaltmitten auf dem Umfang der Scheibe. Bei Abweichungen treten Zeitfehler insofern auf, als die einzelnen Zeilenpakete, die auf einen Viertelkreis fallen, zu früh oder zu spät zur Abtastung kommen.

Geschehen Aufnahme und Wiedergabe mit der gleichen Magnetkopfscheibe, so machen sich bei gleicher Phasenlage der Scheibendrehung zu den Spuren die Fehler nicht bemerkbar. Wohl aber zeigen sie sich bei dem in der Praxis vorherrschenden Normalfall der Aufnahme und Wiedergabe mit verschiedenen Anlagen bzw. Kopfscheiben. Abweichungen von der rechtwinkligen Lage der Köpfe zueinander verursachen Verzerrungen gerader, vertikal liegender Linien im Fernsehbild in Form eines mäanderförmigen Versatzes von einem Zeilenpaket zum anderen. Man hat zunächst versucht, die erforderliche Präzision durch genaue mechanische Justierung der Köpfe zu erreichen [*43*]. Bald aber wurden elektronische Korrekturmittel eingesetzt, und zwar in Form von Verzögerungsketten mit veränderbarer Laufzeit in den Schaltkreisen der einzelnen Magnetköpfe [*44*], mit denen die als Zeitfehler auftretenden restlichen Ungenauigkeiten der Justierung individuell ausgeglichen werden können.

Abb. IV.33.
Störung des Fernsehbildes durch Streifen bei fehlerhaftem Magnetkopf.

Mit elektronisch steuerbaren Laufzeitschaltungen gelingt sogar eine *automatische* Korrektur solcher Zeitfehler durch Bezug auf eine zeitlich sehr konstante Impulsfolge, z. B. auf die Horizontalimpulse des örtlichen Impulsgebers des Fernsehsystems [*45*].

Auch die elektromagnetischen Eigenschaften der vier Magnetköpfe müssen weitgehend identisch sein, ebenso die zugeordneten Schaltkreise. Es werden sonst im Fernsehbild charakteristische, in Abb. IV.33 an einem krassen Beispiel gezeigte, streifenförmige Verzerrungen verursacht durch unterschiedliche Signalamplitude, verschiedenen Frequenzgang und vor allem durch ungleichen Störabstand in solchen Zeilenpaketen, die mit fehlerhaften Köpfen übertragen werden. In einem gewissen Grade können die Unterschiede durch entsprechende Schaltungsmittel in den zugeordneten Magnetkopfverstärkern ausgeglichen werden.

Abb. IV.34. Ansicht einer Magnetkopfscheibe mit vier justierbaren Ferritköpfen (Ampex-Corporation).

Abb. IV.34 zeigt eine moderne Ausführung der Kopfscheibe (Ampex-Corporation). Sie trägt vier Ferritmagnetköpfe. Diese lassen eine längere Benutzungsdauer zu als die bisher üblichen Alfenolmagnetköpfe, die im Mittel nur etwa 100 Stunden lang aushalten. Die Kopfscheibe sitzt auf der Welle eines Präzisionsdrehstrommotors, der von einem Leistungsverstärker angetrieben wird. Wie Abb. IV.34 erkennen läßt, sind auf der anderen Seite der Achse Schleifringe angebracht, über die während der Rotation die elektrische Verbindung zu den einzelnen Köpfen hergestellt wird.

Motor, Kopfscheibe und Unterdruckbandführung bilden eine auswechselbare Einheit, die man in der Abb. IV.35 links erkennt (Aufbau der Anlage VR 1000

Abb. IV.35. Bandführung, Magnetköpfe und Antrieb der Anlage VR 1000 der Ampex-Corporation. Das Band lauft von links nach rechts.

der Ampex-Corporation). Das Band läuft von links über einen Löschkopf ein, mit dem eine evtl. vorhandene Aufzeichnung auf der gesamten Breite gelöscht werden kann. Danach passiert es die Magnetkopfscheibe sowie am Rande den zusätzlichen Magnetkopf zur Aufnahme bzw. Abtastung der Steuerspur (vgl. Abb. IV.26) und erreicht dann die Führung mit Lösch- und Aufnahme/Wiedergabekopf für die Tonaufzeichnung und Aufnahme/Wiedergabekopf für die Merkspur. Rechts erkennt man die Achse zum Bandantrieb mit Andruckrolle und schließlich den Zähler für den Bandverbrauch. In dieser Ausführung liegen — ähnlich wie bei Tonbandgeräten — die Spulen zur Aufnahme des Bandes horizontal auf der Geräteplatte. Sie haben normal 32 cm Durchmesser und fassen die Länge für ununterbrochenen einstündigen Betrieb. Abb. IV.36 zeigt eine andere Konstruktion mit vertikaler Anordnung und Bandlauf von oben nach unten (Anlage TRT-1 der Radio Corporation of America).

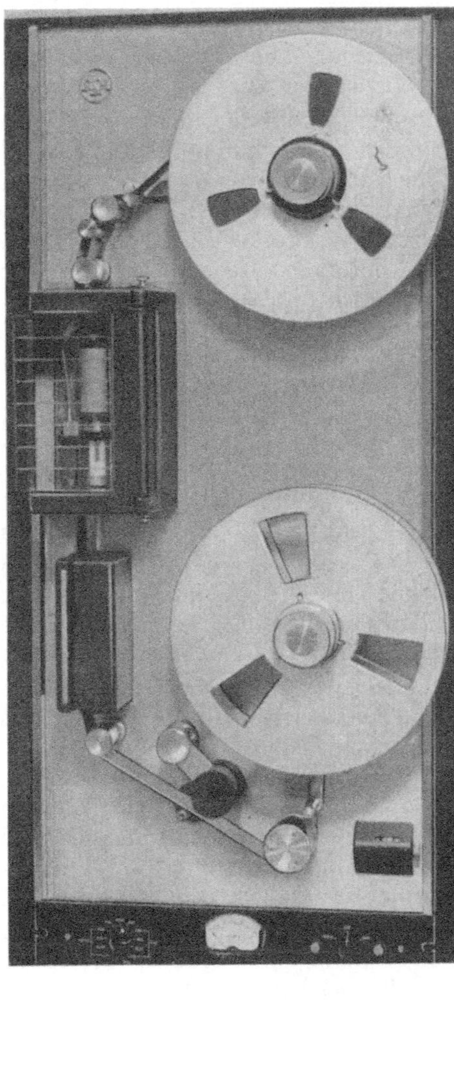

Abb. IV.36. Bandfuhrung, Magnetköpfe und Antrieb der Anlage TRT 1 der Radio Corporation of America. Das Band läuft von oben nach unten.

2b.3. Elektromechanische Steuersysteme für den Kopfscheiben- und Bandantrieb. Die hohen Anforderungen an den genauen Ablauf der Aufzeichnung und Abtastung der Spuren auf dem Magnetband sind nur mit Hilfe einer Reihe von automatischen Steuer- und Regelvorgängen zu erfüllen, deren Prinzipien im folgenden angedeutet werden. Wichtig ist besonders die Erhaltung der richtigen Spurlage, vor allem bei der Wiedergabe. Laufen die Magnetköpfe nicht genau über die Spur, so treten zunächst Verluste im Störabstand auf; bei krassen Abweichungen kann sogar das Signal vollständig ausfallen. (Benachbarte Spuren haben verschiedenen Informationsinhalt!)

Die Innehaltung der Spurlage wird durch elektromechanische Verkettung des Bandantriebes mit der Rotation der schreibenden und abtastenden Magnetkopfscheibe erreicht. Hierfür muß ein Signal zur Verfügung stehen, das von der sich drehenden Scheibe direkt abgenommen wird. Die Abnahme geschieht, je nach Hersteller der Anlage, entweder photoelektrisch (Ampex [*37*]) oder elektromagnetisch (RCA [*39*]). Ein solches Signal kann auch als Phasenbezug ausgenutzt werden, um wiederkehrende Teile des Fernsehsignals (z. B. den Beginn der Vertikalaustastung) immer an der gleichen Stelle innerhalb der Magnetbandbreite aufzuzeichnen. Das von der Magnetkopfscheibe abgeleitete Signal wird längs der Steuerspur (Abb. IV.26) auf dem Band mit aufgeschrieben und liefert bei der Wiedergabe das nötige Bezugssignal für die Regelvorgänge.

Abb. IV.37 zeigt im Schema die Vorgänge bei Aufnahme und Wiedergabe (für Fernsehsysteme mit 50 Hz Vertikalfrequenz). Die Magnetkopfscheibe wird bei der Aufzeichnung (Abb. IV.37 oben) von dem rechts oben eingeführten Gleichlaufsignal von 50 Hz, z. B. von dem V-Impuls des zu speichernden Videosignals, gesteuert. Der Vervielfacher erzeugt daraus den Takt 250 Hz für den Leistungsverstärker L_K, der den Magnetkopfmotor M_K speist und auf synchronen Lauf mit dieser Frequenz bringt. (Der mit 250 Hz synchrone Antrieb der Scheibe kann auch durch geregelte Dosierung einer höherfrequenten Betriebsspannung des mit dieser selbst nicht synchronisierten Motors erfolgen [*40*].) Der auf der Motorwelle angebrachte Signalgeber K liefert ein ihrer Rotation in Frequenz und Phase genau zugeordnetes 250 Hz-Steuersignal, das über den Magnetkopf S auf der Steuerspur aufgeschrieben wird und außerdem nach Frequenzteilung über einen Leistungsverstärker den Motor für den Bandtransport antreibt. Dadurch geschieht der Vorschub des Bandes in richtiger Relation zur Bewegung der Scheibe. Bei der Aufzeichnung kann der Bandantrieb auch direkt von dem 50 Hz-Eingangssignal gesteuert werden.

Die bereits erwähnte Herbeiführung einer bestimmten Phasenstellung der Magnetkopfscheibe zum 50 Hz-V-Signal kann über die Vergleichsschaltung V_K erreicht werden, die ein Stellsignal für den zwischen Vervielfacher und L_K eingeschalteten Phasenschieber Φ liefert.

Die richtige Spurlage bei der Wiedergabe (Abb. IV.37 unten) wird ermöglicht durch Vergleich des von der Rotation der Magnetkopfscheibe K abgeleiteten Signals mit dem über den Magnetkopf S von der Steuerspur, d. h. vom Bandlauf abgenommenen Takt (Vergleichsschaltung V_B in Abb. IV.37 unten). Hiermit wird automatisch die bei der Aufnahme eingeprägte Relation aufrechterhalten. Der Vergleich wirkt auf den Bandablauf (beschleunigend, haltend oder verzögernd) durch Regelung der Frequenz des nominell mit 50 Hz schwingenden Oszillators O, dessen Signale über L_B den Motor M_B antreiben.

Der Motor M_K der Magnetkopfscheibe wird wieder über L_K durch ein am Wiedergabeort verfügbares (vervielfachtes) 50 Hz-Signal (V-Signal des Studioimpulsgebers) gesteuert.

Mit V_K und Φ kann für Überblendungen von der Aufzeichnungsanlage zu einem direkten Signalgeber (Kamera) des Studios eine feste Relation der Winkelstellung der Magnetkopfscheibe zur Phasenlage des 50 Hz- (V-) Signals hergestellt werden, so daß die zeitliche Lage des V-Impulses im abgetasteten Signal mit der im Studio-Fernsehimpulssystem gut übereinstimmt. Eine unmittelbare,

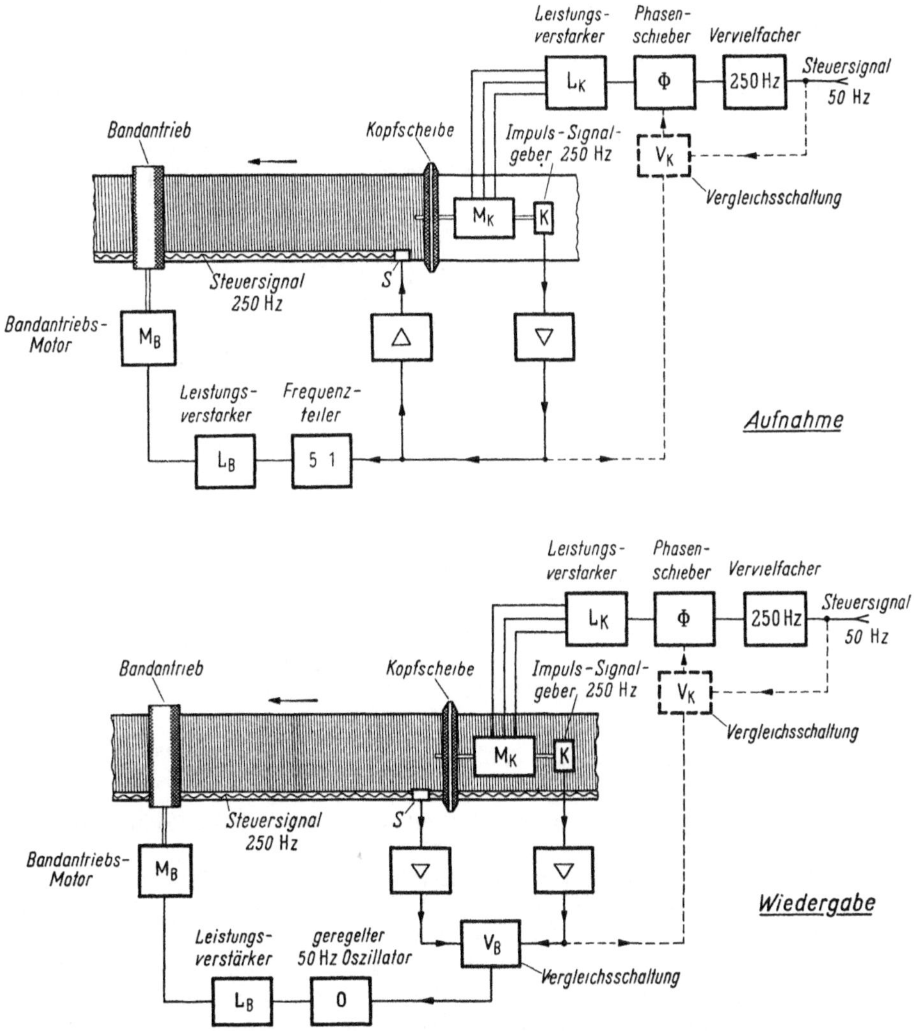

Abb. IV.37. Allgemeines Schema der Steuerkreise für Kopfscheiben- und Bandantrieb bei Aufnahme (oben) und Wiedergabe (unten).

stoßfreie Überschaltung oder sogar Mischung wurde aber erst durch Erweiterung der beschriebenen Vergleichsmethode auf die Koinzidenz der *Horizontal*impulse des vom Band entnommenen Signals mit denen des Studioimpulssystems möglich. Abb. IV.38 zeigt als Beispiel dieser modernen Regeltechnik das Blockschaltbild des sog. „Intersync"-Systems der Ampex-Geräte [*45*]. Man erkennt die (mechanisch gesteuerte) Grobregelung und die elektronische Feinregelung der Phase des durch Vervielfachung des V-Signals aus dem Studioimpulsgeber gewonnenen Steuersignals für den Motor der Magnetkopfscheibe. Die Grobregelung wird durch den Phasenvergleich des V-Signals betätigt; die Kontakte B_1 und B_2 sind entsprechend geschaltet, bis die Koinzidenz im groben stimmt. Dann schalten diese Kontakte automatisch um auf die im Schema gezeigte Lage, wobei auf die Grob- und Feinregelung das Ergebnis des H-Signalvergleiches wirksam wird.

Abb. IV.38 zeigt außerdem noch die Stabilisierungsschaltung zur schnelleren Ausregelung von Schwankungen der Drehzahl der Magnetkopfscheibe sowie im unteren Teil die Regelschaltung des Bandantriebes, die in den ersten Sekunden (Hochlauf) durch Auswertung des Vergleichs der halben Vertikalfrequenz (Bildfrequenz) des Studioimpulsgebers mit einem (für die Bandschneidetechnik) zusätzlich auf der Steuerspur aufgezeichneten 25 Hz-Impuls arbeitet. Bezüglich

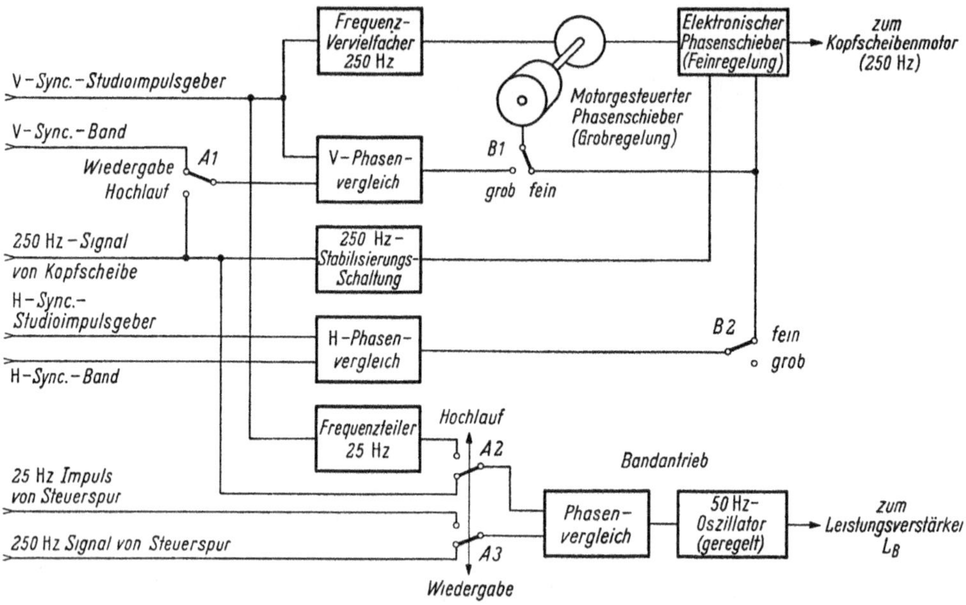

Abb. IV.38. Schema der genauen Verkettung des Signals mit den Synchronisierimpulsen eines örtlichen Impulsgebers bei der Wiedergabe vom Band (Intersyncverfahren, Ampex-Corporation).

Einzelheiten dieser und anderer Regelschaltungen sei auf das Schrifttum verwiesen [*45*, *46*].

2b.4. Modulationssystem. Für den Erfolg der magnetischen Aufzeichnung war eine zweckentsprechende Art und Dimensionierung des Übertragungssystems entscheidend. Direktes Schreiben der Videosignale stößt auf viele Schwierigkeiten. Notwendig erschienen zwei Maßnahmen: Die Aufzeichnung als Modulation einer Trägerfrequenz und die Wahl der Frequenzmodulation für diese Transponierung [*40*, *47*, *48*]. Die Verschiebung des Videobandes durch Trägermodulation ist unumgänglich, weil die magnetische Aufzeichnung grundsätzlich den weiten Videofrequenzbereich, d. h. ein großes Verhältnis der höchsten zur tiefsten Frequenz, schwer verarbeiten kann (bei optimaler Betriebsweise im Bereich mittlerer und hoher Frequenzen werden die induzierten Amplituden der sehr tiefen Frequenzen zu klein). Die Wahl der Frequenzmodulation war ein kühner Schritt, denn es mußte ein ungewöhnlich kleines Verhältnis des Hubes zur Modulationsfrequenz benutzt werden, was die konventionellen Vorteile dieser Modulationsart zur Verbesserung des Störabstandes weniger zur Wirkung kommen läßt. Die Frequenzmodulation war jedoch eine zwingende Notwendigkeit, um Bildstörungen durch Amplitudenschwankungen zu vermeiden (Begrenzertechnik). Schwankungen dieser Art treten z. B. auf bei der Umschaltung von einem Magnetkopf zum anderen und bei geringen Abweichungen der Abtastung von der richtigen Spurlage, ferner durch unterschiedliche Materialeigenschaften des Bandes. Die Frequenzmodulation macht außerdem die volle Aussteuerung der magnetischen Speicherung im gesamten Hubbereich möglich.

Im Hinblick auf die Grenzen der Schreibfrequenz bei der magnetischen Aufzeichnung muß das Trägerfrequenzband niedrig liegen, der Bereich des Frequenzhubes schließt daher dicht am oberen Ende des Videobandes an. Wie in Abb. IV.39 links ersichtlich, werden die charakteristischen Werte des Videosignals in entsprechend zugeordnete Frequenzlagen umgesetzt. Die Tabelle zeigt die derzeit gewählten Normen, oben die amerikanische Festlegung (S. M. P. T. E.-Empfehlung), darunter eine Empfehlung, die von der zuständigen Arbeitsgruppe der UER für den Programmaustausch innerhalb der Länder mit 625-Zeilen-Systemen gegeben wurde, und schließlich noch einen Vorschlag, der von der Bundesrepublik (ARD) für die optimale Wahl der Frequenzlagen bei dem 625-Zeilen-/5 MHz-Fernsehsystem gemacht wurde. Für diese letzten Werte sind rechts unten die

	f_{sync}	f_{Aust}	$f_{weiß}$	
SMPTE (USA)	4,3	5,0	6,8	MHz
UER-Empfehlung (625-Zeilen)	5,0	5,5	6,8	MHz
ARD-Vorschlag (625-Zeilen)	5,1	5,8	7,6	MHz

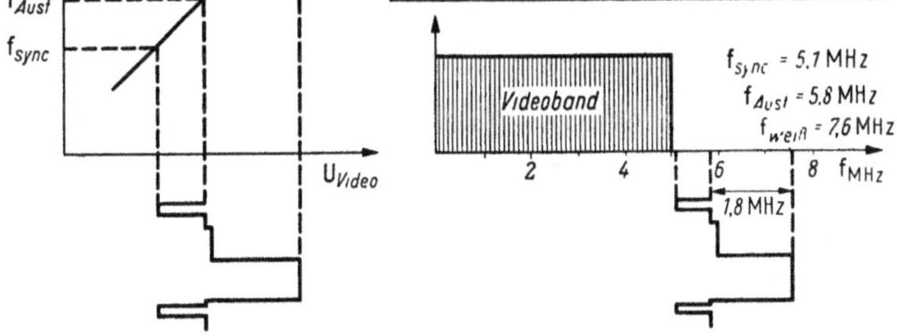

Abb. IV.39. Frequenzlage charakteristischer Signalwerte im FM-Übertragungssystem der magnetischen Aufzeichnung.

Frequenzlagen des Hubbereichs relativ zum Videoband skizziert. Der Hubbereich ist bei normaler Bildmodulation am dichtesten besetzt, bei Übertragung feiner Strukturen bzw. scharfer Kanten entstehen natürlich weiterreichende Seitenbänder [*49*], wobei das untere im Prozeß der Aufzeichnung voll zur Wirkung kommt, im oberen jedoch die Grenzleistungsfähigkeit von Magnetkopf und Band erreicht wird [*48*]; insgesamt ist die Übertragung der 5 MHz-Grenzfrequenz des Videosignals in den modernen Geräten gut möglich.

Das allgemeine Schema des Modulationssystems zeigt Abb. IV.40. Das AM-Videosignal wird in FM umgesetzt. Das verstärkte FM-Signal gelangt in Parallelschaltung über die Schleifkontakte gleichzeitig an alle vier Magnetköpfe, so daß gewisse Teile des Signals (in der Nähe der Spurumschaltung) doppelt aufgeschrieben werden. Bei der Wiedergabe entsteht das Signal mit gewissen Überlappungen sequential in Zeitintervallen von $^1/_{1000}$ s an den einzelnen Magnetköpfen. Mit einem elektronischen Umschalter (getastete Torschaltungen) wird daraus ein kontinuierliches Summensignal zusammengesetzt. Die Umschaltung ist synchronisiert durch Steuerung mit dem von der Magnetkopfscheibe abgenommenen Signal (*K* in Abb. IV.37) und erfolgt zeitlich so, daß der Übergang von der einen Spur zur nächsten stets nur während der Horizontalaustastlücke stattfindet [*39*, *50*]. Nach Begrenzung wird das FM-Signal demoduliert, wobei das ursprüngliche Videosignal wiederersteht, dessen Synchronimpulse in einem nachfolgenden Verstärker („processing amplifier") regeneriert werden.

Die technische Durchführung der Frequenzmodulation ist kritisch, weil das Videofrequenzband und das Band der FM dicht benachbart liegen (das untere

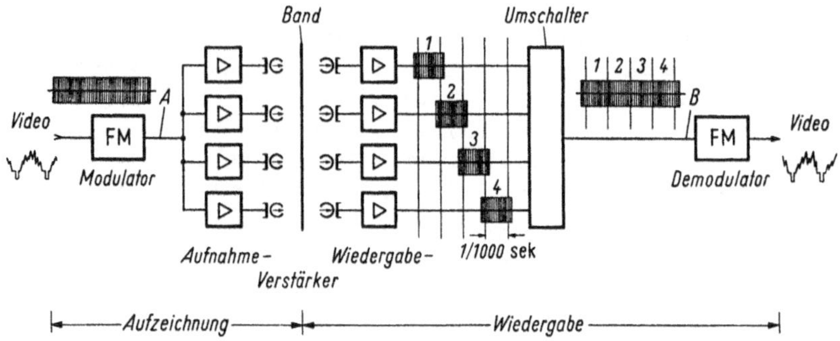

Abb. IV.40. Allgemeines Schema des Modulationssystems für magnetische Bildaufzeichnung und der Umschaltung der Magnetköpfe bei der Wiedergabe.

Seitenband der FM ragt in den Videobereich hinein). Daher können z. B. Übersprecheffekte auftreten. Dennoch benutzte man zunächst sehr einfache Verfahren, wie die Steuerung eines Multivibrators zur Frequenzmodulation und die Demodulation durch Addition des FM-Signals zu einem gleichen, aber zeitlich verschobe-

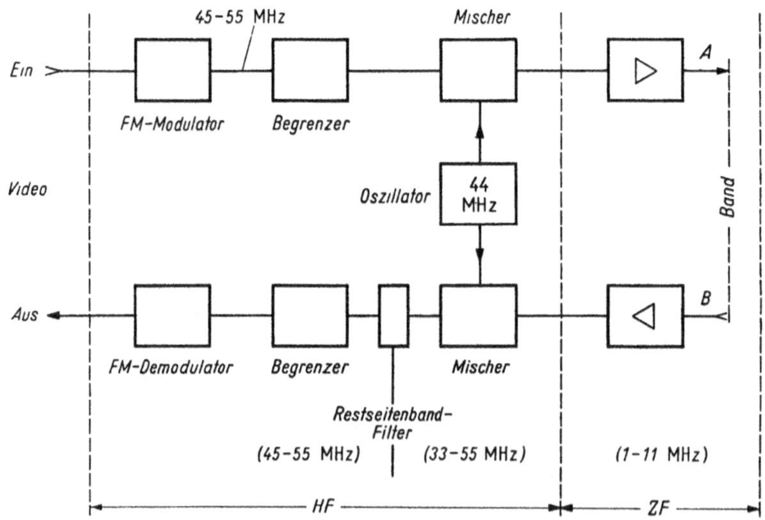

Abb. IV.41.
Blockschaltbild eines FM-Umsetzer-Modulator-Demodulator-Systems fur magnetische Bildaufzeichnung [51].

nen Signal (Laufzeitdemodulator). Im Modulator ging man aber bald zur Umsetzertechnik über: Die Modulation erfolgt in konventioneller Weise im hochfrequenten Bereich (z. B. 50 MHz), und das Modulationsprodukt wird mit Hilfe eines Oszillators in die vorgesehene Lage (s. Abb. IV.39) transponiert. Eine eingehende neuere Untersuchung lehrte, daß die Anwendung des Umsetzerprinzips auch bei der Demodulation viele Vorteile bringt und daß mit einer doppelten Umsetzung die bislang noch störenden Übersprecheffekte und Moirèstörungen bei feinen Bildstrukturen — hervorgerufen durch Nichtlinearitäten, Asymmetrie in den Begrenzerstufen usw. — praktisch beseitigt werden können [*51*]. Abb. IV.41 zeigt die für diese Untersuchungen entwickelte Modulations- und Demodulationsanordnung, die vor bzw. hinter den zwischen *A* und *B* in Abb. IV.40 liegenden Teil der Übertragung eingesetzt wird. Der gleiche Oszillator (44 MHz) dient bei der Aufnahme zur Umsetzung des im hohen Frequenzbereich modulierten Signals in die untere Frequenzlage und bei der Wiedergabe zur Rückumsetzung von

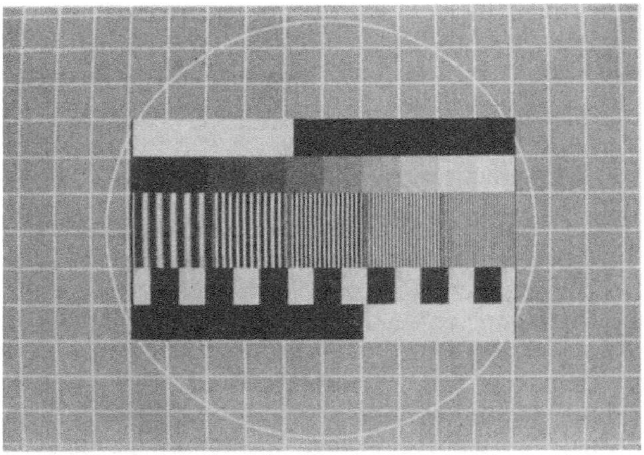

Abb. IV.42. Beispiel der mit magnetischer Signalaufzeichnung erreichbaren Bildgute. Photo eines 625-Zeilen-Fernsehbildes, das die Aufzeichnung eines Testbildes wiedergibt (Modulationssystem nach Abb. IV.41 [*51*]).

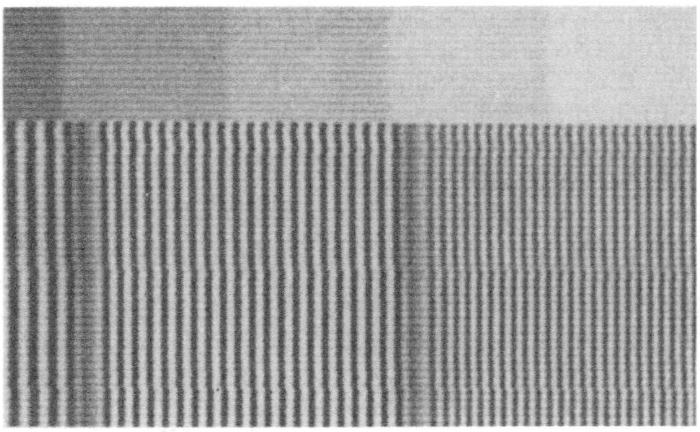

Abb. IV.43. Vergrößerter Ausschnitt aus Abb. IV.42 (Frequenzgruppen 4 MHz und 5 MHz).

unten nach oben, wo dann die Demodulation in konventioneller Weise einwandfrei erfolgt.

Die Photos, Abb. IV.42 und IV.43, beweisen die mit einer solchen Modulationstechnik erzielte hohe Bildgüte. Es sind Aufnahmen von der Wiedergabe einer Aufzeichnung des „Universaltestbildes“ (s. Kap. X). Man sieht, daß der magnetische Aufzeichnungsprozeß die Bildqualität kaum verschlechtert und die optimale Güte eines 625-Zeilenbildes weitgehend erhalten bleibt. Die Amplitudenübertragung läßt sich mit 100% Modulationstiefe bis zur Grenzfrequenz 5 MHz erreichen. Der Störabstand beträgt bei Abtastung der Aufzeichnung eines idealen, d. h. störschwankungsfreien Signals (z. B. elektronisches Testbild) etwa 26 dB, gemessen als Verhältnis der Signalamplitude zum Spitzenwert der statistischen

Schwankungen (entspricht etwa 40 dB, bezogen auf den Effektivwert). Zur Verbesserung des Störabstandes verwendet man, analog zu anderen Übertragungsverfahren, eine Amplitudenanhebung der hohen Signalfrequenzen vor der Aufzeichnung, mit entsprechender Kompensation nach der Abtastung (Pre- und De-emphasis). Es ist zu hoffen, daß die genauere Erforschung dieser Kompensationsmöglichkeiten eine weitere Vergrößerung des Störabstandes erbringt, z. B. auch durch ihre Einführung im Zwischenfrequenzteil, in dem ohnehin der von der Magnetkopfresonanz herrührende Frequenzgang durch entsprechende Schaltmittel ausgeglichen wird [*51*].

Die Gradation wird durch den magnetischen Aufzeichnungsprozeß praktisch nicht verändert, die Übertragungskennlinie ist weitgehend linear.

2c. Stand der Technik, Weiterentwicklungen.

Die Geräte zur magnetischen Signalaufzeichnung nach dem Querspurverfahren sind bereits ausgereifte Konstruktionen mit hohem Bedienungskomfort. Abb. IV.44 und IV.45 zeigen Beispiele vollständiger Anlagen.

Ihre guten Übertragungseigenschaften bezüglich Auflösung, Störabstand und Gradation haben in vielen Fällen dazu geführt, daß diese Art der Programmspeicherung die Aufnahme auf Kinofilm überlegen (insbesondere gegenüber dem 16 mm-Schmalfilm) ersetzen konnte. So ist die magnetische Signalaufzeichnung aus dem modernen Fernsehbetrieb nicht mehr hinwegzudenken.

Die Zusammenstellung eines Programms aus Einzelaufzeichnungen bzw. das Herausschneiden irgendwelcher Teile aus einer Aufnahme ist allerdings schwieriger als in der Kinofilmtechnik. Obwohl kluge Leute sagen, daß man den Schnitt grundsätzlich vermeiden und ein längeres Programm wie bei „Live"-Sendung in einem Gang aufnehmen sollte, hat man für Sonderfälle auch das Problem der Schneidetechnik mit gutem Erfolg gelöst. Der Schnitt wird kurz hinter den Vertikalimpuls (in Laufrichtung gesehen) gelegt, um den Einfluß auf den Vorgang der Vertikalsynchronisierung klein zu halten [*52*]. Zur Erkennung dieser Stellen wird auf der Steuerspur zusätzlich zu den 250 Hz-Signalen im Zeitabstand $^1/_{25}$ s (Bilddauer) ein kurzer Impuls aufgeschrieben, den man durch geeignete Behandlung mit einer Suspension (wie bei der Besprechung von Abb. IV.27 bereits erwähnt) in wenigen Sekunden sichtbar machen kann [*53*]. Im übrigen ist der saubere Schnitt Angelegenheit einer präzisen Mechanik des Schneidegerätes. Ohne solche optische „Entwicklung" des magnetischen Zustandes arbeitet eine neue Schneidelehre, bei der das Einrichten der Lage des Magnetbandes für den Schnitt durch Abtasten der Steuerspur des Bandes mit einem kleinen rotierenden Magnetkopf erfolgt [*54*]. Die richtige Lage wird auf dem Schirm einer Oszillographenröhre an der Lage des charakteristischen Signals des Schneidimpulses erkannt. Sehr aussichtsreich erscheint in diesem Zusammenhang auch die Entwicklung elektronischer Verfahren, die ein sprungfreies Fortsetzen der Aufzeichnung auf einem Band ermöglichen, auf dem bereits bis zu einer bestimmten Länge eine andere Aufnahme gemacht wurde [*55*].

Auch das Problem der magnetischen Speicherung und Wiedergabe von NTSC-Farbfernsehsignalen ist mit dem Querspurprinzip gelöst worden, und zwar zunächst mit Hilfe von Zusatzgeräten, mit denen bei der Wiedergabe die Farbinformation von dem Mischsignal abgetrennt bzw. das Farbfernsehsignal in seine *Komponenten zerlegt wird*, um die restlichen, störenden Zeitschwankungen in sinnvoller Weise mit Hilfe eines am Empfangsort verfügbaren konstanten Farbhilfsträgersignals zu kompensieren bzw. das Signal mit konstantem Träger neu zu codieren [*56, 57*]. Inzwischen ist es aber gelungen, die von einer normalen Anlage

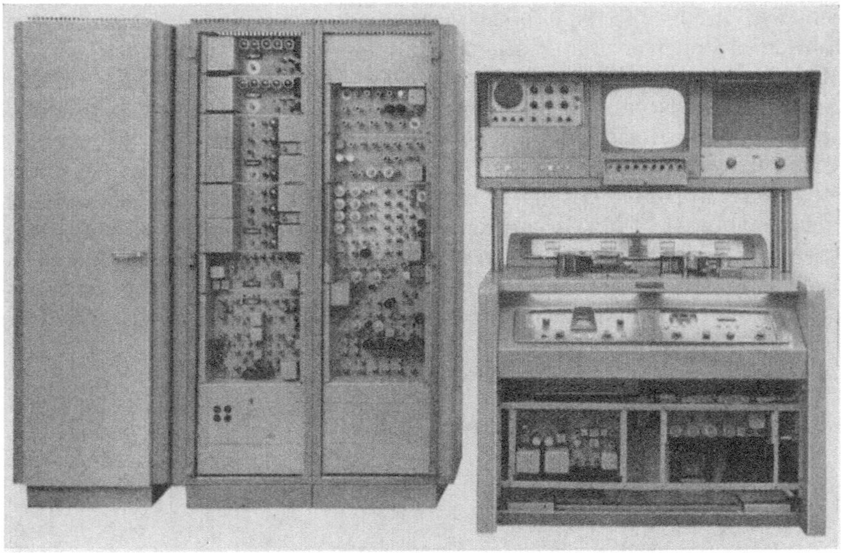

Abb. IV.44. Gesamtansicht der Aufzeichnungsanlage VR 1000 B der Ampex-Corporation.

Abb. IV.45. Gesamtansicht der Aufzeichnungsanlage TRT 1 B der Radio Corporation of America.

abgegebenen, in der Zeitlage noch geringfügig schwankenden Signale mittels elektronisch gesteuerter Laufzeitketten durch Bezug auf konstante Vergleichsimpulse in hohem Grade zu stabilisieren. Diese Technik wurde bereits im Zusammenhang mit der Kompensation der 90°-Fehler in der Magnetkopfanordnung erwähnt [*45*]. Man erreicht hiermit bei Bezug auf die örtlichen Sync-Signale eine Stabilität von der Größenordnung 0,01 μs. Schaltet man eine weitere solche Stufe elektronischer Laufzeitsteuerung hinzu, die aus dem Vergleich der Nullphasenlage des „Farbburst"-Signals mit der einer sehr genau eingehaltenen, am Ort erzeugten Farbträgerschwingung gesteuert wird, so kann eine Konstanz von der Größenordnung weniger Grade der Farbhilfsträgerschwingung erzielt werden [*58*]. Mit einer solchen Technik ist eine Signalaufspaltung bei der Wiedergabe

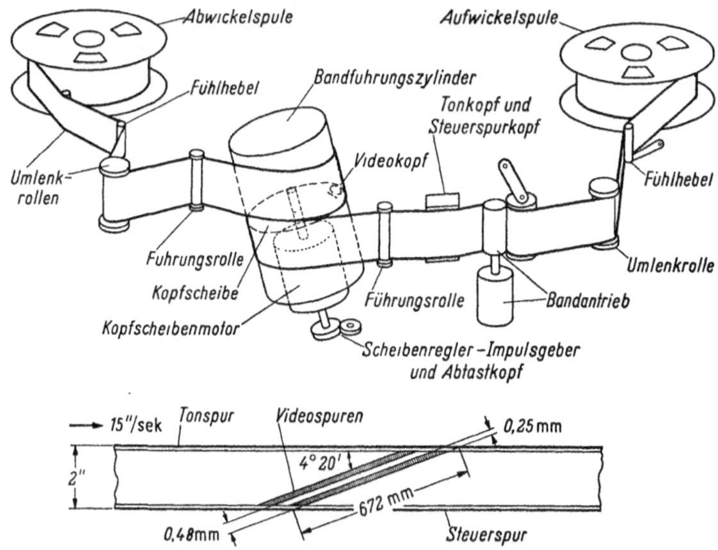

Abb. IV.46. Schema einer Fernsehsignalaufzeichnung auf Magnetband in Form schräg liegender Spuren durch Führung des Bandes über eine Kopfscheibe mit geneigter Achse [*60*].

von Farbfernsehaufzeichnungen nicht mehr nötig (keine Bandbreiteverluste), und es ist sehr wahrscheinlich, daß sich diese direkte Übertragungsart allgemein durchsetzen wird. Durch die Hintereinanderschaltung aller vorstehend genannten Regelungs- und Steuerverfahren hat man die für ein elektromechanisches Gerät erstaunlich hohe Zeitkonstanz von (absolut ausgedrückt) besser als 10^{-8} s erreicht!

Die Technik der Fernsehsignalaufzeichnung auf Magnetband hat zwar einen hohen Stand erlangt, Weiterentwicklungen sind aber laufend im Gange. Neue, kleinere Geräte wurden angekündigt, mit vollständigem Ersatz der Röhren durch Transistoren, mit weiterem Ausbau des Bedienungskomforts und verbesserten Aufbauprinzipien, die Reparatur und Wartung der Anlagen erleichtern.

Aber auch die Forschung und Entwicklung anderer Schreibarten ist durch den glänzenden Erfolg der dichten Querspurschrift auf breitem Bande belebt worden. Zum Beispiel wird an Geräten gearbeitet, die mit nur einem Magnetkopf eine ähnlich dichte Aufzeichnung ermöglichen. — Auch hier findet man Vorläufer in der Schreibtechnik der Bildtelegraphie [*59*]. — Abb. IV.46 zeigt ein Beispiel neuer Entwicklungen. Das Magnetband läuft in einer Windung über einen Führungszylinder, in welchem etwas geneigt eine Scheibe mit dem schreibenden Kopf rotiert [*60*]. Man erhält dann das unten skizzierte Schriftbild in Form von zur Transportrichtung schräg liegenden Spuren. Ein Halbbild kann so z. B. mit einem Magnetkopf ohne Unterbrechung aufgezeichnet werden, der Spurwechsel erfolgt in der Vertikalaustastlücke. Solche Geräte sind in mancher Beziehung einfacher, allerdings ist die bisher erreichte Bildgüte (Stabilität des Signals) geringer, so daß sie zunächst nur für Fernsehanlagen im Kurzschlußbetrieb (closed circuit) angeboten werden. Schließlich sei noch auf sog. Einbildspeicher mit magnetischer Aufzeichnung hingewiesen, etwa in Form einer rotierenden Trommel [*61*] mit Magnetschicht oder als Magnetfolie [*62*].

Schrifttum zum Kap. IV.

[*1*] Kemp, W. D.: Television recording. J. Instn. electr. Engrs. (III A) Bd. 99 (1952) S. 115—127.

[*2*] Theile, R., u. A. Brosch: Fernsehbildaufzeichnung auf Kinofilm. A. E. Ü. Bd. 9 (1955) S. 141—154.

[*3*] Angel, Y.: Considérations sur le fonctionnement des vidigraphes. L'Onde Électr. Bd. 34 (1954) S. 958—973.

[*4*] Lindner, P.: Bildspeicherung im Fernsehen auf 16 mm-Film. Nachrichtentechn. Bd. 6 (1956) S. 49—53.

[*5*] Birkinshaw, D. C.: Operating experience with the B. B. C. television studios at Lime Grove. A. E. Ü. Bd. 9 (1955) S. 311—325.

[*6*] Isom, W. R.: Fast cycling intermittent for 16 mm-film. J. S. M. P. T. E. Bd. 62 (1954) S. 55—63.

[*7*] Pemberton, M. E.: 16 mm-Anlage für Fernsehaufzeichnung. Elektron. Rdsch. Bd. 12 (1958) S. 129—131.

[*8*] Wengel, R. W.: Pneumatic pulldown 16 mm-projector. J. S. M. P. T. E. Bd. 62 (1954) S. 384—390.

[*9*] Möller, R.: Ein neuer Filmprojektor. Vortrag, gehalten auf der 8. Jahrestagung der Fernsehtechnischen Gesellschaft in Stuttgart, Sept. 1960, wird in den FTG-Mitteilungen veröffentlicht; siehe auch das Referat von C. Reuber in: Radio Mentor Bd. 26 (1960) S. 868/69.

[*10*] Fraser, R. M.: Motion picture photography of television images. RCA-Rev. Bd. 9 (1948) S. 201—217.

[*11*] Gillette, F. N., G. W. King u. R. A. White: Video program recording. Electronics, N. Y. Bd. 23 (Okt. 1950) S. 90—95.

[*12*] Kemp, W. D., u. C. Duddington: Brit. Pat. Appl. No. 23216/50; s. auch [*1*].

[*13*] Goldmann, J., u. H. Funk: Filmaufzeichnung von Fernsehsendungen in der Bundesrepublik Deutschland. Rundfunktechn. Mitt. Bd. 2 (1958) S. 129—136.

[*14*] Hughes, W. L.: Recent improvements in black-and-white film recording for color television use. J. S. M. P. T. E. Bd. 65 (1956) S. 359—364.

[*15*] Evans, C. H., u. R. B. Smith: Color kinescope recording on embossed film. J. S. M. P. T. E. Bd. 65 (1956) S. 365—372.

[*16*] Frieser, H.: Untersuchungen über die Wiedergabe kleiner Details durch photographische Schichten. Photogr. Korresp. Bd. 91 (1955) S. 69—77; Bd. 92 (1956) S. 51—60 u. 183—190.

[*17*] Schade, O. H.: Image gradation, graininess and sharpness in television and motion picture systems. J. S. M. P. T. E. Bd. 56 (1951) S. 137—177; Bd. 58 (1952) S. 181—222; Bd. 61 (1953) S. 97—164.

[*18*] Brosch, A.: Fernsehtechnische Untersuchungen an Kinofilmen. Kinotechn. Bd. 12 (1958) S. 206—209.

[*19*] Goldmann, J.: Ein Gerät zur Messung von Transparenz, Auflösung und Körnigkeit von photographischen Schichten erscheint in Rundfunktechn. Mitt.

[*20*] Bühler, J.: Filmaufzeichnung nach dem Negativverfahren. Kino-Technik Bd. 16 (1962), S. 3—7.

[*21*] Dillenburger, W., u. H. Zschau: Beitrag zur Fernsehbildaufzeichnung auf Film. Kurzmitt. Fernseh-GmbH, Sonderheft 3 (Mai 1956) S. 1—20.

[*22*] Dillenburger, W.: Messungen an einer neuen Röhre zur Bildaufzeichnung. Elektron. Rdsch. Bd. 13 (1959) S. 115—118.

[*23*] Gondesen, K. E.: Verfahren und Geräte der bildsynchronen Tonaufzeichnung bei Film und Fernsehen. Beitrag in F. Winckel: Technik der Magnetspeicher. Berlin/Göttingen/Heidelberg: Springer 1960.

[*24*] Schubert, G., W. Dillenburger u. H. Zschau: Das Zwischenfilmverfahren. Hausmitt. Fernseh-A.G. Bd. 1 (1939) S. 65—72, 162—171 u. 202—210.

[25] GARMAN, R. L., u. B. FOULDS: Some commercial aspects of a new 16 mm intermediate film television system. J. S. M. P. T. E. Bd. 56 (1951) S. 219—226.
[26] CADDIGAN, J. L., u. TH. T. GOLDSMITH JR.: An electronic-film combination apparatus for motion-picture and television production. J. S. M. P. T. E. Bd. 65 (1956) S. 7—15.
[27] JETTER, A.: Electronic-Cam, ein neues Aufnahmeverfahren für Film und Fernsehen. Rundfunktechn. Mitt. Bd. 5 (1961) S. 101—107.
[28] Cinema-Television Limited, London, The Talleytracksystem of telerecording, Firmendruckschrift 1957.
[29] Technik der Magnetspeicher, herausgegeben von F. WINCKEL. Berlin/Göttingen/Heidelberg: Springer 1960.
[30] ATORF, H.: 45 Jahre Fernbildübertragung mit Magnetbandtechnik. Kinotechn. Bd. 9 (1955) S. 81—88.
[31] OLSON, H. F., W. D. HOUGHTON, A. R. MORGAN, J. ZENEL, M. ARTZT, J. G. WOODWARD u. J. T. FISCHER: A system for recording and reproducing Television signals. RCA-Rev. Bd. 15 (1954) S. 3—17.
[32] WEHDE, H.: Verwendung der Magnetspeichertechnik für Fernsehaufzeichnung. Beitrag im Buch „Technik der Magnetspeicher". Berlin/Göttingen/Heidelberg: Springer 1960.
[33] OLSON, H. F., W. D. HOUGHTON, A. R. MORGAN, J. A. ZENEL, J. G. WOODWARD u. M. ARTZT: A magnetic tape system for recording and reproducing standard FCC color television signals. RCA-Rev. Bd. 17 (1956) S. 330—392.
[34] The BBC vision electronic recording apparatus. Bericht der B.B.C., Research Department, Kingswood Warren, England, 1958, s. auch „Neues Gerät für die magnetische Bildaufzeichnung". Elektron. Rdsch. Bd. 12 (1958) S. 207.
[35] MULLIN, J. T.: Enregistrement magnétique des signaux video. L'Onde Électr. Bd. 34 (1954) S. 765—770.
[36] SCHRÖTER, F.: Die Zerlegungsmethoden der Fernbildschrift, Kap. 1 im Handbuch der Bildtelegraphie und des Fernsehens. S. 8. Berlin: Springer 1932.
[37] GINSBURG, CH. P.: Comprehensive description of the Ampex video tape recorder. J. S. M. P. T. E. Bd. 66 (1957) S. 177—182.
[38] v. BRAUNMÜHL, H. J., u. O. SCHMIDBAUER: Fernsehaufzeichnung auf Magnetband nach dem Ampexverfahren. Rundfunktechn. Mitt. Bd. 1 (1957) S. 186 bis 190.
[39] GREVER, J. L.: How the RCA video tape recorder works. Broadcast News Nr. 100 (1958) S. 6—13.
[40] BERNSTEIN, J. L.: Video tape recording. New York: J. F. Rider Publisher, Inc. 1960.
[41] v. BEHREN, R. A.: Magnetic tape for video recording. J. S. M. P. T. E. Bd. 67 (1958) S. 734—737.
[42] v. BRAUNMÜHL, H. J.: Stand der Entwicklung und Anwendungsmöglichkeiten des Ampex-Verfahrens zur magnetischen Aufzeichnung von Fernsehsignalen. Rundfunktechn. Mitt. Bd. 3 (1959) S. 61—65.
[43] GINSBURG, CH. P.: Interchangeability of videotape recorders. J. S. M. P. T. E. Bd. 67 (1958) S. 739—743.
[44] HAESELER, L. W.: Considerations in obtaining quadratur alignment in TV tape recorders. Broadcast News Nr. 105 (1959) S. 26—29.
[45] HARRIS, A.: Time base errors and their correction in magnetic television recorders. J. S. M. P. T. E. Bd. 70 (1961) S. 489—494.
[46] LIND, A. H.: Transistors and TV tape recorders. Vortrag International Television Symposium, Mai 1961, Montreux.
[47] ANDERSON, CH. E.: The modulation system of the Ampex video tape recorder. J. S. M. P. T. E. Bd. 66 (1957) S. 182—184.
[48] ANDERSON, CH. E.: Signal translation through the Ampex videotape recorder. J. S. M. P. T. E. Bd. 67 (1958) S. 721—725.
[49] CAMBI, E.: Trigonometric components of a frequency-modulated wave. Proc. Inst. Radio Engrs., N. Y. Bd. 36 (1948) S. 42—49.
[50] DOLBY, R. M.: Rotary-head switching in the Ampex video tape recorder. J. S. M. P. T. E. Bd. 66 (1957) S. 184—188.
[51] FIX, H., u. W. HABERMANN: Ein Umsetzer-Modulator-Demodulator in UKW/FM-Technik für magnetische Bildaufzeichnungsanlagen. Rundfunktechn. Mitt. Bd. 4 (1960) S. 222—231.
[52] MACHEIN, K. R.: Techniques in editing and splicing video tape recordings. J. S. M. P. T. E. Bd. 67 (1958) S. 730/31.

[53] ROIZEN, J.: Electronic marking and control for rapid location of vertical blanking area for editing video-tape recordings. J. S. M. P. T. E. Bd. 67 (1958) S. 732/33.
[54] SCHÜRER, I.: Ein neues Verfahren zum Schneiden von Videobändern. Rundfunktechn. Mitt. Bd. 5 (1961) S. 240—243.
[55] MACHEIN, K. R.: A new electronic editing system for television tape. Vortrag International Television Symposium, Mai 1961, Montreux.
[56] LIND, A. H.: Color processing in RCA video tape recorder. Broadcast News Nr. 99 (1958) S. 6/7.
[57] ANDERSON, CH. E., u. J. ROIZEN: A color videotape recorder. J. S. M. P. T. E. Bd. 68 (1959) S. 667—671.
[58] ROIZEN, J.: The technical aspects of recording N. T. S. C. Color. International TV Technical Review Bd. 2, Nr. 22 (1961) S. 31—33.
[59] Handbuch der Bildtelegraphie und des Fernsehens, herausgegeben von F. SCHRÖTER. Berlin: Springer 1932.
[60] NORIKAZU SAWAZAKI, MOTOI YAGI, MASAHIRO IWASAKI, GENYA INADA u. TAKUMA TAMAOKI: A new video-tape recording system. J. S. M. P. T. E. Bd. 69 (1960) S. 868—871.
[61] SCHUT, TH. G., u. W. J. OOSTERKAMP: Die Anwendung elektronischer Gedächtnisse in Radiologie. Elektron. Rdsch. Bd. 14 (1960) S. 19/20.
[62] BODENSTEIN, C., u. R. OTTO: Der Folienspeicher, ein Gerät zur Aufzeichnung von Fernsehsignalen. Rundfunktechn. Mitt. Bd. 6 (1962) S. 102—105.
[63] WALTER, H.-G.: Aufzeichnung und Wiedergabe von Standbildern mit dem Folienspeicher. Rundfunktechn. Mitt. Bd. 6 (1962) S. 106—110.

V. Fernsehübertragungen auf Leitungen.

Bearbeitet von Dr. J. MÜLLER, Dipl.-Ing. R. HOFFMANN
und Dipl.-Ing. E. DIETRICH, Darmstadt.

1. Die allgemeinen Übertragungsbedingungen.

1a. Einleitung.

Zur Übertragung von Fernsehbildern auf Leitungen dienen sowohl Richtfunk- als auch Kabelstrecken, deren Arbeitsweise, vom systemtechnischen Standpunkt aus betrachtet, grundverschieden ist. Während z. B. die Dezimeterrichtfunkverbindungen Frequenzmodulation verwenden, arbeiten die verschiedenen Kabelübertragungssysteme mit Amplitudenmodulation entweder im Restseitenbandbetrieb, wie die vom CCITT empfohlenen Kabelweitverkehrssysteme, oder mit einer Zweiseitenbandmodulation, wie das von der Deutschen Bundespost entwickelte 21 MHz-Trägersystem für Fernsehortsleitungen.

Da alle diese verschiedenen Systeme, entweder einzeln oder hintereinandergeschaltet, Fernsehsignale übertragen sollen, müssen sie bezüglich der resultierenden Bildqualität die gleichen Bedingungen erfüllen. Sie werden daher auch unabhängig davon, welche Wandlungen und Umsetzungen ein Fernsehsignal auf dem Übertragungswege erfährt, zwischen Videoeingang und -ausgang als „Fernsehleitung“ betrachtet und müssen demzufolge mit den gleichen Meßverfahren geprüft werden.

Bei der Festlegung der an solche Fernsehleitungen zu stellenden Anforderungen sind im wesentlichen zwei Gesichtspunkte zu berücksichtigen. Grundbedingung ist, daß die durch lineare und nichtlineare Verzerrungen sowie durch statistische und periodische Störungen hervorgerufenen Bildfehler nach Möglichkeit unter der Wahrnehmbarkeitsgrenze liegen. Andererseits muß bei der Bemessung von Toleranzen der wirtschaftliche Aufwand in Betracht gezogen werden, der seinerseits vom Stande der Technik abhängt. Bei der Angabe von Pflichtwerten für eine Fernsehübertragung erstrebt man daher den besten Kompromiß zwischen dem fernsehtechnischen Wunschbild (keine bemerkbaren Bildfehler) und dem technisch-wirtschaftlich vernünftigen Aufwand für die Erstellung der Übertragungssysteme.

Mit Rücksicht auf den Programmaustausch von Land zu Land mußte dieser Kompromiß auf internationaler Ebene gefunden werden. Durch langwierige Verhandlungen im Rahmen des CCIR und des CCITT, der beratenden Komitees der Internationalen Fernmelde-Union, ist es nach etwa zehnjähriger Arbeit gelungen, zwischenstaatliche Empfehlungen für die Anforderungen an Fernsehleitungen für das Schwarz-Weiß-Fernsehen auszuarbeiten und die erforderlichen Prüf- und Meßverfahren zu vereinheitlichen und festzulegen.

In dem folgenden Teil 1 dieses Kapitels sollen daher die Übertragungseigenschaften einer Fernsehleitung im allgemeinen, unabhängig davon, ob es sich um Richtfunk- oder Kabelsysteme handelt, besprochen und die vom CCIR und CCITT empfohlenen Übertragungsbedingungen für Fernsehweitverbindungen [*1*] angegeben werden.

1b. Das Fernsehsignal an den Videoend- und -zwischenpunkten einer Leitung.

Das Videosignal (Signalgemisch) besteht aus dem Bildsignal und dem Synchronsignal (Abb. V.1). Gemessen vom Austastwert als Bezugspegel soll der nominelle Weißwert des Bildsignals 0,7 V_{ss} und der nominelle Synchronwert 0,3 V_{ss} betragen, so daß sich an allen Videoend- und -zwischenpunkten einer Leitung die Gesamtamplitude des Videosignals zu 1 V_{ss} ergibt.

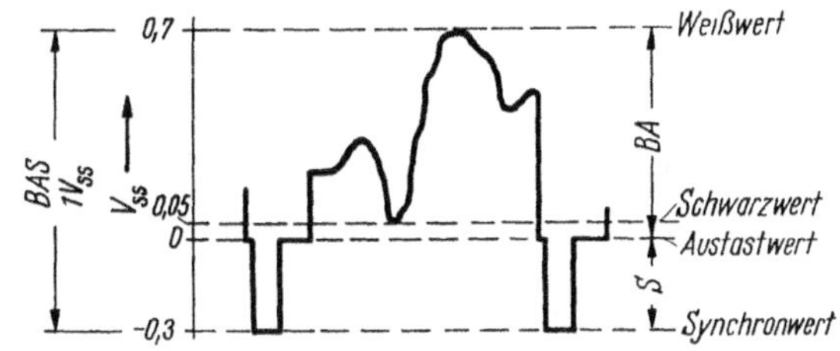

Abb. V.1. Das genormte Videosignal.

Die Polarität ist, unabhängig vom Übertragungssystem, positiv gegen Erde. Der Gleichstromwert, der der mittleren Bildhelligkeit entspricht, braucht nicht mitübertragen zu werden.

Eingangs- und Ausgangswiderstand R der Leitung und der eingeschalteten Geräte sollen unsymmetrisch gegen Erde 75 Ω betragen. Um beim Zusammenschalten mehrerer Anlagen mittels Koaxialkabel Reflexionen zu vermeiden, die als Mitfluß wahrnehmbare Fehler im Fernsehbild verursachen könnten, dürfen der Eingangs- und der Ausgangswiderstand R' der Geräte nur so weit von ihrem Nennwert 75 Ω abweichen, daß die Rückflußdämpfung a_r in beiden Fällen mindestens 24 dB beträgt. Sie ist definiert als

$$a_r = 20 \log \frac{75 + R'}{75 - R'} \text{ dB}. \tag{V.1}$$

1c. Der hypothetische Bezugskreis.

Während bei einer zusammengesetzten Fernsehleitung die unter 1b genannten Bedingungen für alle „Videopunkte" (d. h. Punkte, wo das Bildsignal in Videofrequenzlage erscheint) unabhängig von der Streckenlänge gelten, muß für die eigentlichen *Übertragungs*eigenschaften, die von der Länge und der Anzahl der Modulationsabschnitte der Gesamtleitung abhängen, ein Leitungs*normal* festgelegt werden, für das die gestellten Anforderungen Gültigkeit haben.

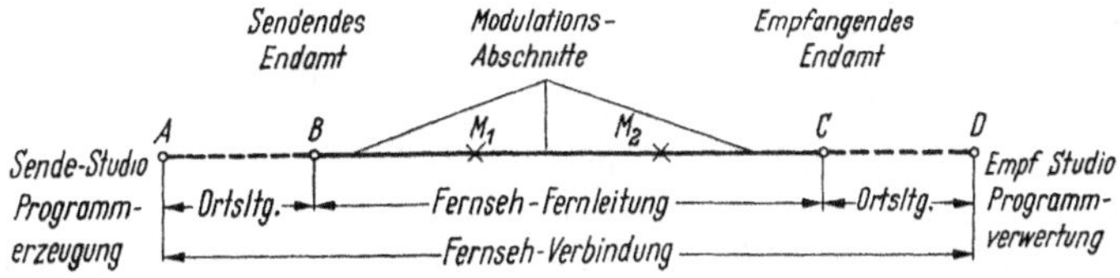

Abb. V.2. Aufbau einer Fernsehverbindung mit hypothetischem Bezugskreis.

Man versteht unter einer Fernseh*verbindung* den Leitungsstromkreis, der die sendende Stelle A (Studio, Außenkamera usw.) mit dem empfangenden Ende D (Fernsehrundfunksender, übernehmendes Studio usw.) verbindet (Abb. V.2). Sie setzt sich zusammen aus den Ortsleitungen AB bzw. CD und der Fernsehfernleitung BC, die aus einer Anzahl von nationalen oder auch internationalen Übertragungsstrecken (Modulationsabschnitten) bestehen kann. Diese eingefügte Fernleitung BC bezeichnet man als hypothetischen Bezugskreis, wenn sie folgende Voraussetzungen erfüllt: 1. Ihre Gesamtlänge soll 2500 km betragen; 2. durch zwei „Videozwischenpunkte" soll sie in drei gleich lange Modulationsabschnitte von je etwa 840 km aufgeteilt werden; 3. die drei Teilkreise werden eingerichtet und ohne zusätzliche Gesamtentzerrung zusammengeschaltet; 4. die Fernleitung *BC* darf weder einen Normwandler noch ein Impulsverbesserungsgerät enthalten.

Dieser so definierte hypothetische Bezugskreis, der sich sowohl aus Kabel- als auch aus Richtfunkstrecken zusammensetzen kann und lediglich als mögliches Beispiel einer Fernsehfernleitung gedacht ist, soll vor allem als Grundlage für die Planung und Entwicklung von Fernsehleitungsnetzen dienen.

1d. Die Einfügungsdämpfung.

Eine Fernsehleitung von der Form des hypothetischen Bezugskreises muß vor der Inbetriebnahme so eingeregelt sein, daß die Einfügungsdämpfung nicht größer als ± 1 dB ist. Sie ist definiert als das in dB ausgedrückte Verhältnis der gemessenen Weißwerte am Ausgang und Eingang der Leitung.

Beim Fernsehen können, wie bei jeder Nachrichtenverbindung, auch zeitliche Schwankungen der Verstärkung im übertragenden System auftreten, die z. B. durch Änderungen der Netzspannung oder durch Temperaturabhängigkeiten hervorgerufen werden und sich nachteilig auf die Konstanz der Bildqualität auswirken. Zur Sicherung der Stabilität ist daher vom CCIR gefordert worden, daß bei Fernsehleitungen von der Länge des Bezugskreises die Schwankungen der Einfügungsdämpfung (Pegelschwankungen) für kurze Zeiten (z. B. 1 s) $\pm 0{,}3$ dB und für längere Zeiten (z. B. 1 Std.) ± 1 dB nicht überschreiten.

1e. Störspannungen.

Bei jeder Nachrichtenübertragung treten Störspannungen auf, die die Qualität des Nutzsignals mindern. Man unterscheidet drei Arten von Störungen, und zwar statistische, periodische und impulsförmige Störungen. Während die statistischen Störspannungen — kurz auch in Anlehnung an die Akustik als „Rauschen" bezeichnet — physikalisch gegeben und grundsätzlich nicht zu vermeiden sind, entstehen die periodischen und impulsförmigen Störungen durch apparative Unzulänglichkeiten in den Übertragungseinrichtungen selbst oder durch Einstreuen von außen her. Bei der Entwicklung von Fernsehanlagen und bei der Netzplanung muß also darauf geachtet werden, daß sowohl das Rauschen als auch die periodischen und etwaigen impulsartigen Störeffekte in dem auf den Leitungen übertragenen Videosignal möglichst unter der Wahrnehmbarkeitsgrenze bleiben.

In vielen Ländern sind daher Untersuchungen über die Wahrnehmbarkeit und Erträglichkeit von Rauschstörungen gemacht worden.

Nach neueren Messungen [*5*] hat sich dabei als Wahrnehmbarkeitsgrenze für ein gleichförmiges Rauschspektrum von 30 Hz ··· 5 MHz ein Störabstand von 47 dB und für dreieckförmiges Rauschen ein solcher von etwa 40 dB ergeben. Der Rauschabstand ist dabei definiert als das in dB ausgedrückte Verhältnis des Weißwertes in V_{ss} zum Effektivwert des Rauschens. Da also einerseits der subjektive Störeindruck im Fernsehbild von der spektralen Zusammensetzung des Rauschens abhängig ist, andererseits aber auch die dem Übertragungssystem eigene Rauschverteilung durch dessen Art wesentlich bestimmt wird — Kabelsysteme mit Amplitudenmodulation zeigen im allgemeinen ein etwa gleichförmiges Rauschspektrum, während bei frequenzmoduliertem Richtfunk grundsätzlich dreieckförmiges Rauschen entsteht —, wurden jene Störabstände auch als Funktion der Frequenz untersucht [*2*] bis [*5*].

Auf Grund dieser Messungen ist es dann trotz der großen in der Verschiedenheit der gegenwärtigen Fernsehnormen begründeten Schwierigkeiten gelungen, im Rahmen des CCIR und CCITT ein einheitliches, einfaches Rauschbewertungsfilter festzulegen, das allen Fernsehnormen annähernd gerecht wird. Es besteht aus einem überbrückten T-Glied, dessen Dämpfungsverlauf in Abb. V.3 im normierten Frequenzmaßstab wiedergegeben ist. Für die 625-Zeilen-Normen und die englische 405-Zeilen-Norm beträgt dabei die Zeitkonstante $T = 0{,}33 \cdot 10^{-6}$ s, während für den französischen 819-Zeilen-Standard, seiner 10 MHz Bandbreite wegen, ein $T = 0{,}166 \cdot 10^{-6}$ s einzusetzen ist. Gemessen mit einem derartigen Bewertungsfilter liegt dann die Wahrnehmbarkeitsgrenze von statistischen Störungen, unabhängig vom speziellen Rauschspektrum des Übertragungssystems, für die 625-Zeilen-/5 MHz-Norm bei einem Störabstand von etwa 54 dB [5].

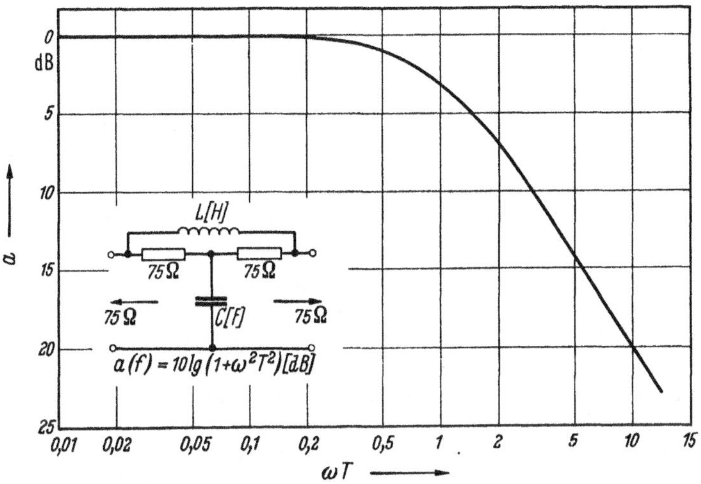

Abb. V.3. Rauschbewertungskurve mit Filter nach CCIR mit normiertem Frequenzmaßstab.

Für den hypothetischen Bezugskreis wurde daher vom CCI festgelegt, daß der zulässige Rauschabstand bei den verschiedenen Übertragungssystemen, über ein solches Filter „bewertet" im Frequenzbereich von 10 kHz bis zur oberen Grenzfrequenz f_c des Systems gemessen, mindestens folgende Werte erreichen soll:

Tabelle 1. *Rauschabstände für den Bezugskreis (bewertet gemessen).*

Zeilenzahl/f_c (MHz)	405/3	625/5	625/6	819/10
Rauschabstand (dB)	50	52	57	50

Um der zeitlichen Abhängigkeit des Rauschabstandes, bedingt durch Signalschwund bei Richtfunkstrecken, Rechnung zu tragen, wurde außerdem vereinbart, daß die Werte der Tab. 1 für nicht mehr als 1% der Dauer irgendeines Monats unterschritten werden dürfen. Für 0,1% dieser Zeit dürfen sie sich noch um 4 dB vermindern.

Während der Störabstand im Falle statistischer Störungen auf Effektivwerte bezogen wird, ist er für *periodische Störungen* definiert als das in dB ausgedrückte Verhältnis des Weißwertes zum *Spitzenwert* des Störsignals. Nach dieser Definition hat sich durch Teste ergeben, daß die Wahrnehmbarkeitsgrenze für selektive periodische Störungen (langsam durchlaufende Interferenzstreifen im Fernsehbild) im Bereich von 1 kHz ⋯ 1 MHz etwa bei 53 dB liegt und dann bis zur Bandgrenze etwa linear auf 25 dB abfällt [6, 7].

Auf derartigen Untersuchungen basierend, ist dann für Einzelfrequenzstörungen im Bande 1 kHz ··· 1 MHz der notwendige Störabstand international für *alle* Normen, unabhängig von Zeilenzahl und Bandbreite, zu 50 dB festgelegt worden. Ebenso wird für alle Normen gefordert, daß der Abstand für Netzbrummstörungen einschließlich ihrer niederen Harmonischen, nicht geringer sein darf als 30 dB. Die vom CCI für den hypothetischen Bezugskreis und für die verschiedenen Fernsehsysteme empfohlenen Störabstandswerte bei Einzelfrequenzstörungen oberhalb 1 MHz sind in Abb. V.4 eingetragen.

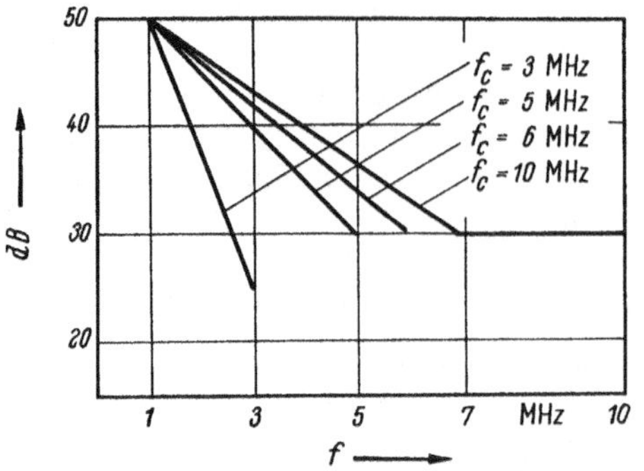

Abb. V.4. Störabstände für periodische Störungen in Abhängigkeit von der Frequenz oberhalb 1 MHz bei den verschiedenen Fernsehnormen.

Für impulsförmige Störungen, die unregelmäßig und nicht häufig auftreten, wird vom CCI ein Minimalwert von 25 dB angegeben. Dabei ist der Störabstand durch die für periodische Störungen gegebene Definition bestimmt.

1f. Nichtlineare Verzerrungen.

Um einen Überblick darüber zu gewinnen, wie sich die nichtlinearen Verzerrungen von Übertragungssystemen auf die Qualität eines Schwarz-Weiß-Fernsehbildes auswirken, und nicht zuletzt um Anhaltspunkte für die Aufstellung von Pflichtwerten für Fernsehleitungen zu erhalten, sind subjektive Teste durchgeführt worden [*8*]. Sie haben ergeben, daß die visuelle Wahrnehmbarkeitsgrenze von nichtlinearen Verzerrungen im BA-Signalbereich sowohl von der Art des Bildinhaltes als auch vom Verlauf der Aussteuerkennlinie nahezu unabhängig ist. Diese Grenze liegt im Mittel etwa bei einem Linearitätsmaß $S_{\min}/S_{\max} = 0{,}45$, wobei $S_{\min}$ und $S_{\max}$ die minimale und maximale Steilheit der Aussteuerkennlinie bedeuten.

Bei der Festlegung von Toleranzen für Fernsehleitungen muß aber natürlich in Betracht gezogen werden, daß die für die Wahrnehmbarkeitsgrenze noch zulässigen nichtlinearen Verzerrungen auf alle an der Fernsehübertragung beteiligten Einzelglieder der Kette aufgeteilt werden müssen. Vom CCI ist daher für den hypothetischen Bezugskreis, unabhängig von der Fernsehnorm, ein Linearitätsmaß $= 0{,}8$ im Bildbereich empfohlen worden. Die nichtlinearen Verzerrungen werden mit einem international genormten Testsignal gemessen, das aus einer Sägezahnzeile mit drei aufeinanderfolgenden Schwarz- bzw. Weißzeilen besteht. Dem Sägezahn ist eine kleine Meßspannung hoher Frequenz überlagert, die am Ende der Leitung durch einen Bandpaß abgesiebt und auf dem Oszillographenschirm als Steilheitsänderung ausgewertet wird (s. Kap. X.3).

Da die nichtlinearen Verzerrungen, insbesondere bei Richtfunkstrecken mit Frequenzmodulation, frequenzabhängig sein können [*8* bis *10*], andererseits aber die Nichtlinearität bei den höheren Frequenzen des Videobereiches auf die Gradation eines Fernsehbildes keinen wesentlichen Einfluß hat, wurde beschlossen, das Linearitätsmaß auf eine Meßfrequenz (Überlagerungsfrequenz) von $0{,}2\,f_c$ zu beziehen (f_c = Grenzfrequenz des Systems). Wenn es sich auch als sehr nützlich erwiesen hat, die nichtlinearen Verzerrungen bei anderen Meßfrequenzen ebenfalls zu kennen, so ist doch bisher im Rahmen des CCI eine Toleranz für eine Frequenz $> 0{,}2\,f_c$ noch nicht festgelegt worden.

1g. Lineare Verzerrungen.

Es gibt zwei Möglichkeiten, die linearen Verzerrungen eines Übertragungssystems zu definieren. Entweder ermittelt man, wie in der Akustik und Fernsprechtechnik üblich, den Verlauf von Dämpfung und Gruppenlaufzeit in Abhängigkeit von der Frequenz (Messungen im eingeschwungenen Zustand, Frequenzfunktion), oder man mißt das Einschwingverhalten eines Übertragungssystems für ein genormtes Prüfsignal (Zeitfunktion). Im Fernsehbetrieb wendet man vorzugsweise die zweite Methode an, weil es darauf ankommt, das Bildsignal möglichst formgerecht zu übertragen, und weil die subjektiv bemerkbaren Bildfehler, wie Kantenschärfe und Verschmierungen, Plastik, Fahnen usw., sich verhältnismäßig leicht zu den objektiven, meßbaren Verformungen eines gegebenen Prüfsignals in Beziehung setzen lassen.

Dieser Zusammenhang tritt besonders klar bei der Sprungfunktion oder, bildmäßig betrachtet, bei der Schwarz-Weiß-Kante hervor. Über die Wahrnehmbarkeit von Überschwingen, Reflexionen, Zeitkonstantenfehlern (Dachschrägen) usw. im Fernsehbild sind Untersuchungen angestellt worden, deren Ergebnisse in einem Toleranzschema für den übertragenen Spannungssprung festgehalten wurden [*11*] (s. auch Teilband I, Anhang 3, S. 742).

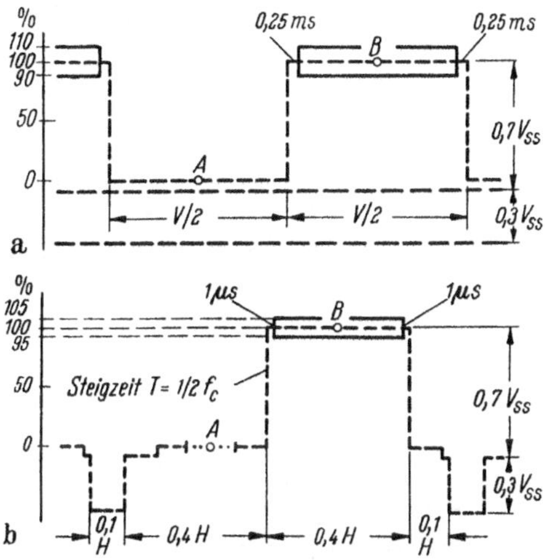

Abb. V.5a u. b. Die international empfohlenen Prüfsignale (gestrichelt) und Toleranzen.
a) für die halbe Teilbilddauer; b) für die halbe Zeilendauer.

Bezugnehmend auf derartige Untersuchungen konnten vom CCIR für alle Fernsehnormen die Einschwingverzerrungen über die halbe Teilbild- und Zeilendauer einheitlich festgelegt werden. Die zulässigen Abweichungen von den genormten Prüfsignalen sind in Abb. V.5a und b eingetragen. Sie sollen, bezogen auf die Sprungamplitude AB, für den *vertikalfrequenten* Rechteckwechsel $\leqq \pm 10\%$ und für den *horizontalfrequenten* Rechteckimpuls $\leqq \pm 5\%$ sein.

Für die Messung der kurzzeitigen Einschwingverzerrungen im Zeitbereich von $0 \cdots \pm 1$ μs verwendet man — mit Ausnahme des englischen 405-Zeilen-Systems — das gleiche Prüfsignal wie in Abb. V.5b, wobei man aber zur Ermittlung von Steigzeit und Überschwingen, mit Hilfe einer entsprechenden Zeitdehnung im Oszillographen, die Sprungkennlinie selbst und ihre Umgebung betrachtet. In Abb. V.6 sind die vom CCIR für die kurzzeitigen Einschwingverzerrungen des Bezugskreises empfohlenen Toleranzschemen im normierten Maßstab wiedergegeben. Als Einheit für die Zeitachse ist dabei die für den Bezugskreis zugelassene Steigzeit T_e angenommen. Die ausgezogenen Grenzen gelten für die Systeme mit einer Videobandbreite von 10 MHz und 5 MHz, die gestrichelten für die 625-Zeilen-/6 MHz-Norm. Für das in England gebräuchliche 405-Zeilen-/3 MHz-System verwendet man zur Messung der kurzzeitigen Einschwingverzerrungen einen $\sin^2$-Impuls mit der Impulshalbwertszeit $1/f_c$, der in den punktierten Bereich der Abb. V.5b zusätzlich eingefügt wird. Dann gilt für den Bezugskreis das in Abb. V.7 angegebene Toleranzschema. Außerdem muß das Verhältnis der Sprungamplitude des Rechteckwechsels zur Amplitude des $\sin^2$-Impulses innerhalb der Grenzen $1 \pm 0{,}2$ liegen [*1*, *12*].

Wenn auch die Form des Einschwingvorganges die linearen Verzerrungen des Übertragungssystems eindeutig bestimmt, so ist es doch zweckmäßig, auch die *Dämpfungs- und Gruppenlaufzeitverzerrungen* in Betracht zu ziehen, weil ihre

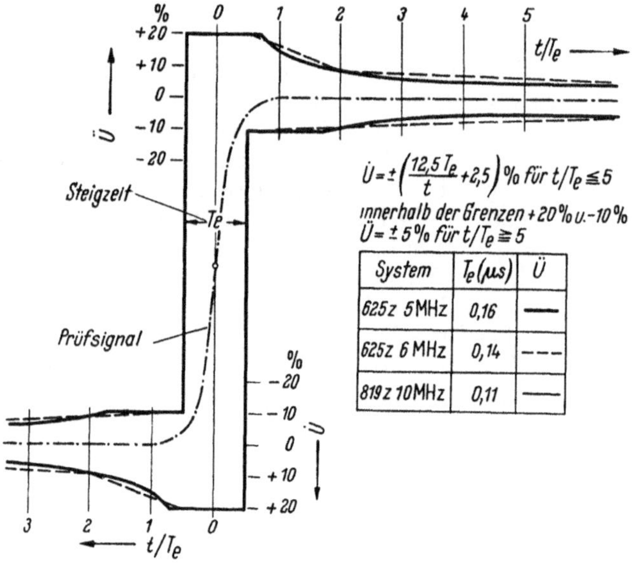

Abb. V.6.
Toleranzschema für die kurzzeitigen Einschwingverzerrungen mit normiertem Zeitmaßstab; Prüfsignal nach Abb. V.5b.

Kenntnis wertvolle Hinweise für die Dimensionierung von Schaltelementen bei der Neuentwicklung von Fernsehübertragungsanlagen gibt. Außerdem hat sich gezeigt, daß besonders die Bestimmung des Dämpfungsverlaufes im Betrieb ein

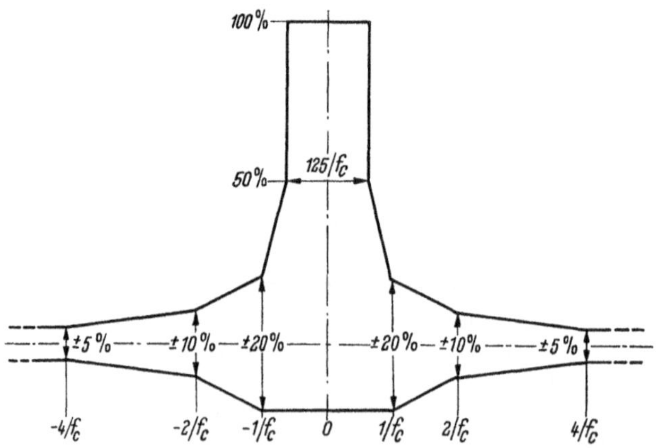

Abb. V.7. Toleranzschema für den $\sin^2$-Impuls mit Flankenhalbwertszeit von $1/f_c$ (englisches Prüfsignal).

gutes Kriterium für die Qualität einer Leitung darstellt und das Auffinden von Fehlern erleichtert.

Da es aber unmöglich ist, ihrer gegenseitigen Abhängigkeit wegen, bindende Toleranzen sowohl für das Einschwingen als auch für den eingeschwungenen Zustand festzulegen, hat man sich im CCIR entschlossen, die für das Einschwingverhalten angenommenen Toleranzschemen als maßgebend anzusehen, während die im folgenden angegebenen Frequenzgangcharakteristiken (Abb. V.8a und b) international nur als Hinweis und nicht als Empfehlung zu betrachten sind.

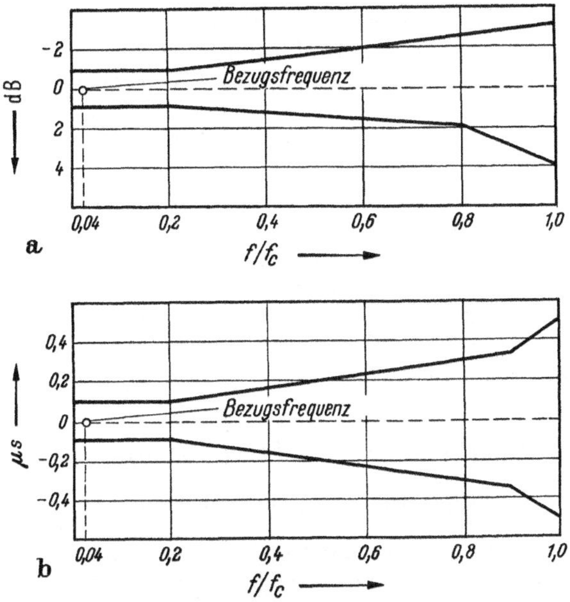

Abb. V.8a u. b. Toleranzen fur die Dämpfung (a) und Gruppenlaufzeit (b) in Abhängigkeit von der Frequenz (normierter Maßstab).

1h. Anforderungen an Fernsehleitungen beliebiger Länge.

Die in diesem Abschnitt zusammengestellten Anforderungen gelten als Qualitätsmerkmale nur für eine Fernsehleitung, die die oben aufgeführten Bedingungen

Tabelle 2. *Zusammenstellung der Toleranzen für die Übertragungseigenschaften von Fernsehleitungen.*

Eigenschaft		Bezugskreis nach CCIR 2500 km	1 Modulationsabschnitt 840 km [1]	Fernsehortsleitung 25 km [1]	Dimension
Zeitliche Schwankungen	1 s	±0,3	±0,3	±0,1	dB
	1 Std.	±1,0	±0,5	±0,2	dB
Rauschabstand	(bewertet)	52	57	65	dB
Störabstand für periodische Störungen	Netzbrumm	30	40	40	dB
	1 kHz ··· 1 MHz	50	55	64	dB
	5 MHz	30	35	40	dB
Nichtlineare Verzerrungen	Bildbereich	0,8	0,93	0,95	$S_{min}/S_{ma.}$
	Synchronbereich	0,33 ··· 0,21	0,31 ··· 0,27	0,31 ··· 0,29	V_{ss}
Einschwingverzerrungen	10 ms	±10	±3	±2	%
	25 µs	± 5	±2	±0,5	%
	Überschw. [2]	+16; −10	+8; −5	+3; −2	%
	Steigzeit	0,16	0,13	0,12	µs
Dämpfungsverlauf, Toleranzen bei:	4 MHz	−2,5; +2	−0,8; +0,7	±0,2	dB
	5 MHz	−3; +4	−1; +1,3	±0,3	dB

[1] Nicht international empfohlen.
[2] Hierunter sind die Amplituden des 1. und 2. Überschwingens zu verstehen.

für einen hypothetischen Bezugskreis erfüllt. Sie stellen einen ersten Schritt zur Klärung des allgemeinen Problems dar, Toleranzen für Fernsehleitungen beliebiger Art, Länge und Zusammensetzung festzulegen.

Wenn auch auf diesem Gebiet an verschiedenen Stellen theoretische und experimentelle Arbeiten [*13, 14*] durchgeführt worden sind und die einzelnen Fernmeldeverwaltungen für den internen Betrieb mehr oder weniger verbindliche Toleranzen für Teilkreise angegeben haben, so reicht doch das vorhandene Material noch nicht aus, um internationale Toleranzwerte für Leitungsabschnitte beliebiger Art und Länge zu empfehlen.

Tab. 2 gibt eine Übersicht über die Toleranzen für den Bezugskreis und gilt für die 625 Zeilen/5 MHz-Norm. Die in den Spalten 3 und 4 eingetragenen Werte für einen Modulationsabschnitt und Fernsehortsleitungen von 25 km haben keine internationale Gültigkeit. Sie sind unter der Annahme teils linearer, teils quadratischer Additionsgesetze und unter Berücksichtigung einer technisch möglichen Realisierung von den Toleranzwerten des Bezugskreises abgeleitet und haben daher vorläufigen Charakter.

2. Kabelleitungen für Fernsehübertragungen.

2a. Kabelarten und Übertragungssysteme.

Kabeltypen und deren Eigenschaften. Die ältesten Fernsehübertragungen auf größere Entfernung erfolgten über besonders verlustarme *koaxiale* Kabel. In den Jahren 1936 und 1937 wurden die ersten Fernsehverbindungen dieser Art in Deutschland und in den USA erstellt. Grundsätzlich kann für die Übertragung breiter Frequenzbänder jeder Kabeltyp verwendet werden, soweit nicht durch Einschalten von Pupinspulen das Frequenzband nach oben begrenzt wird. Unbespulte Adern haben keine Grenzfrequenz; ihre Dämpfung α steigt allerdings sehr stark mit der Frequenz an (Abb. V.9). Zur Entdämpfung müssen in bestimmten Abständen — entsprechend einer Dämpfung von etwa 5 ··· 7 N — Verstärker eingeschaltet werden (N = Neper). Um diese Verstärkerfelder möglichst lang machen zu können, wird man starkdrähtige Kabel mit verlustarmem Dielektrikum bevorzugen. Der koaxiale Aufbau eines solchen Kabels hat im Vergleich zum *symmetrischen* geschirmten noch den besonderen Vorteil, daß bei gleicher Leitungsdämpfung sein Durchmesser nur 0,6mal so groß wie der des symmetrischen Typs zu sein braucht. Die durch den Hauteffekt bedingte Schirmwirkung des Koaxial-

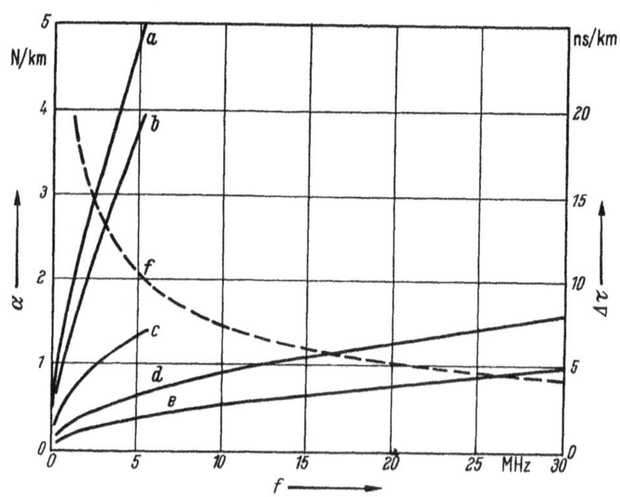

Abb. V.9. Dämpfung und Gruppenlaufzeitverzerrung verschiedener Kabel nach V [*26*]. ——— α – – – – $\Delta\tau$ (bezogen auf $f = \infty$).
a 2×0,6 mm ⌀, *b* 2×0,8 mm ⌀ } symmetrisch, papierisoliert (Fernsprechortskabel),
c 2×1,3/7,4 mm ⌀ symmetrisch, polyäthylenisoliert, geschirmt (Videospezialkabel),
e 5/18 mm ⌀, *d* und *f* 2,6/9,5 mm ⌀ } Koaxialkabel mit verlustarmem Dielektrikum.

kabels reicht allerdings nur bis zu Frequenzen von etwa 50 kHz herab [*15*]. Aus dem gleichen Grunde steigt die Gruppenlaufzeit τ mit abnehmender Frequenz im unteren Frequenzgebiet sehr stark an, während hier die Dämpfung abfällt (Abb. V.9); Laufzeit- und Dämpfungsentzerrung werden dann schwierig und um so aufwendiger, je länger die Kabelleitung ist.

Übertragungsverfahren. Infolgedessen zieht man es vor, das Videosignal auf einem Koaxialkabel in einer höheren Frequenzlage zu übertragen, d. h. sein Band auf eine *Trägerfrequenz* aufzumodulieren. Der zusätzliche Aufwand für die Modulatoren und Demodulatoren entsteht nur einmal und ist unabhängig von der Streckenlänge. Die Kombination von Koaxialkabel und Trägerfrequenzsystem wird also für Weitverbindungen besonders wirtschaftlich sein. Für Ortsleitungen dagegen kommt auch die unmittelbar *videofrequente* Übertragung über ein geschirmtes symmetrisches Kabel in Betracht. Ungeschirmte symmetrische Adern sind hierfür in Anbetracht ihrer Störanfälligkeit bei hohen Frequenzen nur in besonderen Fällen geeignet. Die größeren Kosten für Kabel und Entzerrer bei der videofrequenten Übertragung werden durch das Wegfallen der Frequenzumsetzer ausgeglichen. Mit besonderen Kunstgriffen gelingt es allerdings auch, über kurze Längen von Koaxialkabeln videofrequent zu arbeiten. In der Praxis haben sich daher verschiedene Trägerfrequenzsysteme für Orts- und Weitverkehrsverbindungen sowie Videofrequenzsysteme für Ortsverbindungen herausgebildet, für die unter 2b bzw. 2c einige Beispiele gegeben werden.

Reflexionen. Kabelleitungen für die Übertragung von Fernsehbildern müssen in besonders hohem Maße homogen sein, d. h. die bei der Kabelherstellung unvermeidlichen Schwankungen der Leiterdurchmesser und der wirksamen Dielektrizitätskonstante des Isolators sollen in engen Grenzen gehalten werden. Die Lötstellen zwischen zwei Fertigungslängen müssen besonders sorgfältig ausgeführt und die Ein- und Ausgangswiderstände der Zwischen- und Endverstärker sehr gut an den Wellenwiderstand des Kabels angepaßt werden. Denn an solchen Stellen wird jeweils ein Teil der Nutzleistung reflektiert; durch mehrfache Hin- und Herreflexion wird ein *Mitfluß* erzeugt, der sich dem Nutzsignal zeitlich nachfolgend überlagert und Anlaß zu Empfangsbildern mit verwaschenen oder mehrfachen Bildkonturen gibt. Seine Amplitude darf daher höchstens 1% des Nutzsignals betragen (s. Anhang 3.B.I zu Bd. V/Teilband 1 sowie [*16*]).

2b. Trägerfrequenz-Übertragungssysteme.

Frequenzlage. Da die Leitungsdämpfung eines Koaxialkabels mit der Frequenz zunimmt, erscheint es im Hinblick auf große Verstärkerabstände zweckmäßig, in möglichst niedriger Frequenzlage zu arbeiten (Abb. V.10: Systeme CCI, 4 MHz [*18, 21*]; CCI, 6 MHz [*18*]; USA, L 1 [*17*]). Dämpfung und Laufzeit zeigen hier allerdings eine ziemlich starke Frequenzabhängigkeit (Abb. V.9), so daß ihre Entzerrung einigen Aufwand nötig macht. Außerdem ist dabei zur Umsetzung des Videobandes in die Übertragungslage eine zweistufige Modulation erforderlich. Systeme, die in einer höheren Frequenzlage arbeiten, vermeiden diese Nachteile auf Kosten eines geringeren Verstärkerabstandes (Abb. V.10: Systeme CCI, 12 MHz [*18*]; Deutschland, TV 21; England mit Trägern bei 6 MHz [*20*] und 15 MHz [*22*]; USA L 3 [*19*]). Diese Systeme haben den weiteren Vorteil, daß in dem frei bleibenden unteren Frequenzbereich bei Bedarf einige hundert Fernsprechkanäle untergebracht werden können, die hinsichtlich der Laufzeitentzerrung geringere Ansprüche stellen. Jedoch kann auch ohne eine solche zusätzliche Ausnutzung ein System mit hoher Frequenzlage sehr wirtschaftlich sein, wenn es auf Ortsverbindungen beschränkt bleibt. So ist z. B. der

Verstärkerabstand beim Ortsleitungssystem TV 21 zwar nur halb so groß wie beim 6 MHz-System des CCI, die Aufwendungen für die Entzerrung sowie für die Modulations- und Demodulationsschaltungen sind jedoch derart niedrig, daß die

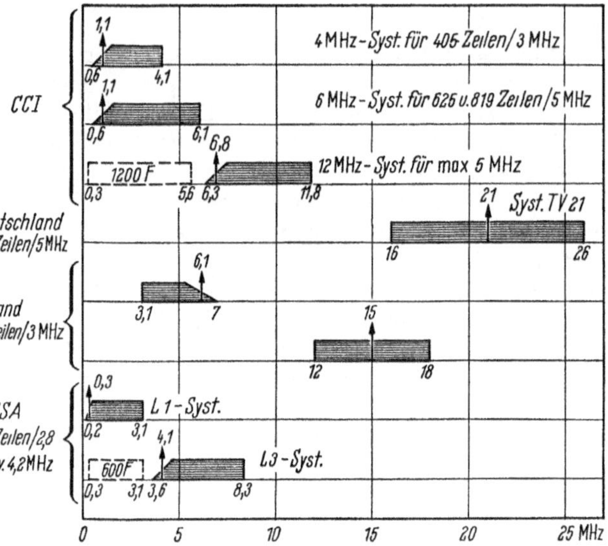

Abb. V.10. Frequenzlage verschiedener Trägerfrequenzsysteme.

Anlagekosten dieses Systems bis etwa 30 km weit unter denen des 6 MHz-Systems liegen. Unter Einschaltung von Frequenzweichen können beide Systeme auf einem gemeinsamen Koaxialkabel betrieben werden.

Modulationsart, Seitenbänder, Trägerlage. Um das Produkt aus Bandbreite und Verstärkung und damit den Verstärkeraufwand möglichst klein zu halten, wendet man bei Kabelübertragungen *Amplitudenmodulation* an. Man kann dies tun, da hier im Gegensatz zur drahtlosen Verbindung nicht mit wesentlichen Dämpfungsschwankungen und Störeinstrahlungen zu rechnen ist. Am wirtschaftlichsten ist die Einseitenbandübertragung, wie in der Trägerfrequenztelephonie allgemein üblich. Da beim Fernsehen jedoch ein Videofrequenzband bis zu einigen Hz herunter voll durchgelassen werden muß, ist das Ausfiltern nur eines Seitenbandes nicht möglich. Man muß vielmehr einen Rest des Trägers und des anderen Seitenbandes mit übertragen. Am günstigsten hinsichtlich der Verzerrungen ist die *Restseitenbandmethode* mit NYQUIST-Filter. Näheres hierüber siehe Kap. IV.4d in Bd. V/Teilband 1. Ob man den Träger an das obere oder untere Ende des auf der Strecke verfügbaren Frequenzbandes legt, hängt von verschiedenen Faktoren ab. Im ersten Falle liegt der Träger im Bereich höherer Leitungsdämpfung, also in einem Gebiet stärkeren Rauschens, das durch die mit der Frequenz zunehmende Verstärkung in den Leitungsverstärkern bedingt ist. Nach der Demodulation entsteht daher ein vorwiegend niederfrequentes Rauschen, das sich im Fernsehempfangsbild besonders ungünstig bemerkbar macht [5]. Legt man den Träger demzufolge an das untere Bandende, so besteht die Gefahr, daß etwaige durch Nichtlinearitäten erzeugte Harmonische der Trägerfrequenz in das obere Seitenband fallen und nach der Demodulation auffällige Störmuster im Empfangsbild hervorrufen. Da aber die Klirrdämpfung der Leitungsverstärker schon mit Rücksicht auf die alternative Übertragung einiger hundert Fernsprechkanäle sehr hoch sein muß, werden diese Störungen gut beherrscht. Bei den neueren Restseitenbandsystemen liegt daher der Träger durchweg am unteren Bandende (Abb. V.10).

Modulationsgrad. Während man bei der Zweiseitenbandübertragung einen Modulationsgrad von $m = 1$ anwenden kann (Abb. V.11), ohne daß grundsätzlich Verzerrungen des Einschwingvorganges auftreten, darf man im Falle der Restseitenbandmethode und bei einem Bandbreitenverhältnis des Restseitenbandes zum voll übertragenen Seitenband wie 1 : 10 bis zu höchstens etwa $m = 0{,}4$ gehen (s. Kap. IV.7c in Band V/Teilband 1). Diese Bedingung gilt jedoch nur für eine einfache Gleichrichterdemodulation. Will man den mit einem geringen Modulationsgrad verbundenen verringerten Störabstand vermeiden, ohne die Trägerleistung und damit die Leistung der Verstärkerausgangsstufen zu erhöhen, so läßt sich die für die Restseitenbandverzerrungen verantwortliche *Quadraturkomponente* durch eine *Synchrondemodulation* mit einem multiplikativ phasenrichtig zugesetzten Träger, den man aus dem ankommenden Signal gewinnt, eliminieren. In diesem Falle kann man sogar über einen Modulationsgrad von $m = 1$ hinausgehen und gewinnt damit eine weitere Verbesserung des Störabstandes. Der Modulationsgrad wird dann in ECR-Werten (ECR = „excess carrier ratio") angegeben. Diese sind durch das Verhältnis der halben Gesamtamplitude Spitze–Spitze des Trägers zur Modulationsamplitude Spitze–Spitze definiert. Das Charakteristische an einem derartigen Modulationsverfahren ist, daß z. B. bei einem ECR = 0,65 die Amplituden für Austast- und Weißwert gleich groß sind, aber eine um 180° verschobene Phase aufweisen.

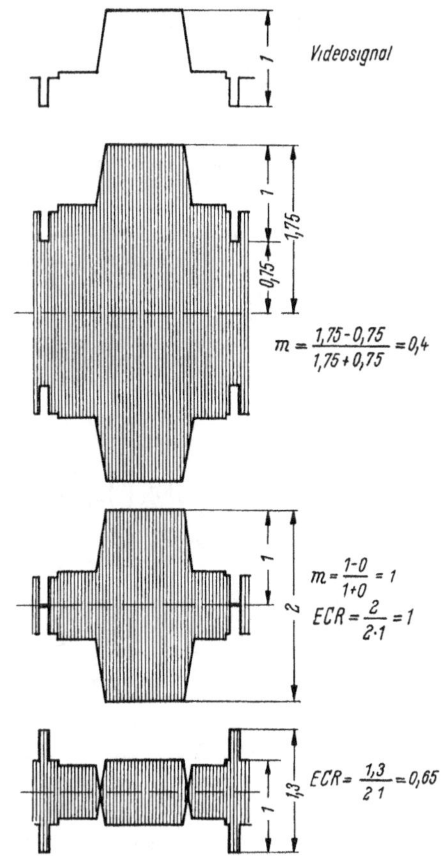

Abb. V.11. Trägerfrequentes Signalgemisch bei verschiedenen Modulationsgraden, aber gleicher Videosignalamplitude.

System TV 1. Als Beispiel für eine Restseitenbandübertragung in der unteren Frequenzlage mit einem ECR = 0,65 sind in den Abb. V.12 und V.13 Blockschaltbilder der Sende- und Empfangsumsetzer des in Deutschland für die 625-Zeilen-Norm und 5 MHz Videobandbreite entwickelten Systems TV 1 (CCI: 6 MHz-System, Abb. V.10) wiedergegeben. Der Verstärkerabstand auf dem Koaxialkabel 2,6/9,5 beträgt 9 km. Der *Sendeumsetzer* enthält zwei Modulationsstufen M_1 und M_2. Das bei der ersten Aufmodulierung des Videobandes von 5 MHz auf den Träger T_1 von 14 MHz entstehende obere Seitenband wird durch das Nyquist-Filter mit einer Flankenbreite von 1 MHz im ZF-Verstärker größtenteils unterdrückt. Das verbleibende untere Seitenband 9 ··· 14 MHz und das obere Restseitenband 14 ··· 14,5 MHz werden einem zweiten Träger T_2 von 15,056 MHz aufmoduliert, der über einen Hilfsmodulator M aus einem 14 MHz- und einem hochkonstanten 1,056 MHz-Generator hergeleitet wird. Das dabei entstehende untere Seitenband wird ausgefiltert; es hat die gewünschte Übertragungslage von 0,556 ⋯ 6,056 MHz. Vor der ersten Modulationsstufe befinden sich eine Klemmschaltung und ein Regler für den Austastwert, mit dessen Hilfe die Vorspannung der Modulatordioden eingestellt und damit der Modulationsgrad bestimmt wird. Am Ausgang der Schaltung liegt u. a. ein Vorentzerrer, der die Amplituden der

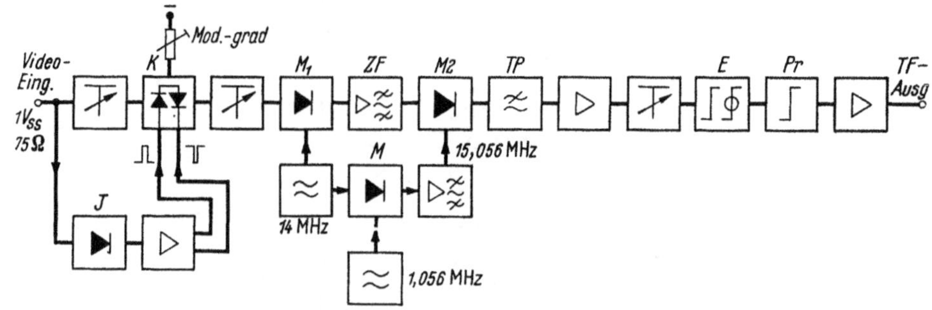

Abb. V.12. Sendeumsetzer des Systems TV 1.

K Klemmschaltung mit Regler fur den Modulationsgrad zur Festlegung des Arbeitspunktes auf der Modulationskennlinie, *J* Amplitudensieb und Impulsformer zur Erzeugung der Klemmimpulse, M_1 Modulation auf den Träger T_1 von 14 MHz, *ZF* Restseitenband- (Nyquist-) Filter und Verstärker für das Zwischenfrequenzband 9 ⋯ 14,5 MHz, *M* Hilfsmodulator zur Erzeugung des Tragers T_2 von 15,056 MHz, M_2 Modulation auf den Träger T_2 von 15,056 MHz, *TP* Ausfilterung des unteren Seitenbandes von T_2 von 0,556 ⋯ 6,056 MHz, *E* Dämpfungs- und Laufzeitentzerrer für die gesamte Umsetzerschaltung, *Pr* Präemphase, d. h. Anhebung der hohen Frequenzen zur Verbesserung des Rauschabstandes.

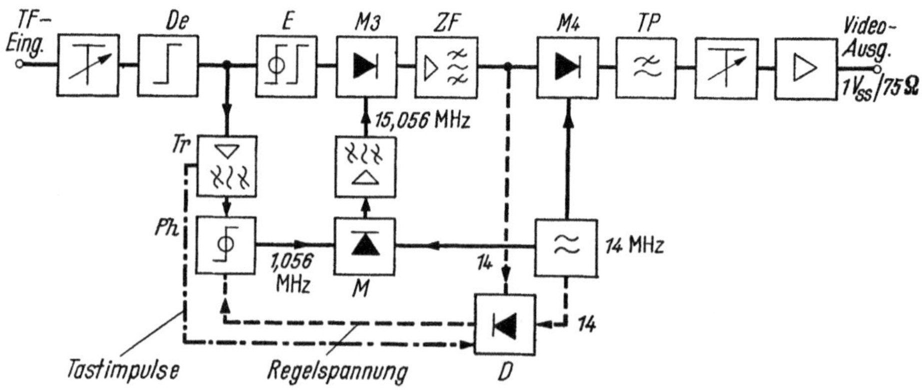

Abb. V.13. Empfangsumsetzer des Systems TV 1.

De Deemphase, d. h. Rückentzerrung des durch die Präemphase verursachten Frequenzganges, *Tr* Trägerrückgewinnung durch Ausfilterung des Trägers von 1,056 MHz und Erzeugung von Tastimpulsen aus dem ankommenden Signal, *Ph* Phasenregler fur die Nachregelung der Phasenlage des zurückgewonnenen Trägers, *D* Diskriminator zur Erzeugung der Regelspannung für den Phasenregler, *M* Hilfsmodulator für die Erzeugung des Trägers von 15,056 MHz, M_3 Demodulation mit Tragerzusatz von 15,056 MHz, *ZF* Restseitenbandfilter und Verstärker für das Zwischenfrequenzband 9 ⋯ 14,5 MHz, M_4 Demodulation mit Trägerzusatz von 14 MHz, *TP* Ausfilterung des Videofrequenzbandes, *E* Dämpfungs- und Laufzeitentzerrer für die gesamte Umsetzerschaltung.

höheren Frequenzen anhebt, um für diese den Rauschabstand zu verbessern („Präemphase"). Gleichzeitig erscheint der Träger mit relativ geringerer Amplitude. Die Gefahr, daß er Oberwellen erzeugt, wird dadurch wesentlich vermindert. Seine Frequenz wurde mit 1,056 MHz so gewählt, daß sie in die Mitte der Frequenzlücke zwischen den Übergruppen 4 und 5 des Fernsprechsystems V 960 zu liegen kommt und somit in diesem keine Störungen hervorrufen kann.

Im *Empfangsumsetzer* wird das geträgerte Videosignal in den Stufen M_3 und M_4 nacheinander mit 15,056 bzw. 14 MHz demoduliert. Die Hauptschwierigkeit besteht hier in der Herstellung der phasenrichtig zuzusetzenden Trägerschwingungen. In der Stufe der *Trägerrückgewinnung* wird aus dem ankommenden Signal die Trägerschwingung von 1,056 MHz während der Synchronimpulse, bei denen sie immer in der gleichen Phasenlage erscheint, ausgefiltert. Sie gelangt über einen *Phasenregler* zum Hilfsmodulator M; dort werden aus ihr und einer örtlich erzeugten Frequenz von 14 MHz die 15,056 MHz für M_3 gewonnen. Der 14 MHz-Generator liefert zugleich den Träger für die Demodulation in M_4. Dessen richtige Phasenlage wird dadurch erreicht, daß ein Diskriminator die Phase des Trägers, der nach der Demodulation in M_3 nun mit einer Frequenz von 14 MHz im Signal erscheint, mit der Phase des örtlich erzeugten 14 MHz-Trägers vergleicht und bei Abweichungen eine Regelgleichspannung für den Phasenregler liefert, der die Phase des zurückgewonnenen 1,056 MHz-Trägers nachstellt. Tastimpulse aus der Anordnung zur Trägerrückgewinnung sorgen dafür, daß dieser Phasenvergleich nur während der Dauer der Synchronimpulse vorgenommen wird, da nur dann eindeutige Phasenverhältnisse vorliegen [*23*].

Die Technik der Leitungsverstärker und ihrer Regelung durch Pilotfrequenzen, der Fernspeisung, Fernsteuerung und Fernüberwachung der unbemannten Zwischenstellen ist grundsätzlich die von den Vielkanal-Fernsprechsystemen her bekannte [*24*]. Für den Fernsehbetrieb ist lediglich eine zusätzliche *Laufzeitentzerrung* im Übertragungsband erforderlich, um unzulässige Einschwingverzerrungen zu vermeiden (s. Kap. IV.4e und Anhang 3.B.III in Bd. V, Teilband 1). Die dann noch im Videoband verbleibenden restlichen Dämpfungs- und Laufzeit- bzw. Einschwingverzerrungen werden mit Hilfe eines *Echoentzerrers* am Ausgang des Empfangsumsetzers ausgeglichen (s. Kap. IV.8a und Anhang 3.B.II in Bd. V, Teilband 1).

Da die mittlere der drei Pilotfrequenzen, die zur automatischen Verstärkungsregelung der Zwischenverstärker dienen, in das übertragene Fernsehband hineinfällt, muß ihre Höhe mit Rücksicht auf etwaige Störungen im Empfangsbild sehr sorgfältig gewählt werden. Auch die mögliche Einführung eines späteren Farbträgers war dabei zu berücksichtigen. Es kommt also nur eine Lage zwischen den durch die Vielfachen der Zeilenfrequenz erzeugten Spektrallinien der Schwarz-Weiß-Information und denen der Farbinformation in Betracht. Die gewählte Frequenz von 4,092 MHz liegt etwas oberhalb der 194. Oberwelle der Zeilenfrequenz. Zur Sicherung sowohl gegen Bildstörungen als auch gegen Störungen der Pilotregelung — z. B. bei unzulässigen Abweichungen der Zeilenfrequenz — werden hinter den Sende- und vor den Empfangsumsetzer Pilotsperren geschaltet, die allerdings bei bestimmten Testfiguren Anlaß zu „*Ringing*"-*Erscheinungen* im Empfangsbild geben können [*25*]. Diese entstehen durch Unstetigkeiten im Amplituden- oder Phasen-Frequenzgang, die durch das Einschalten der Sperrfilter verursacht sind, und werden durch im Bildsignal enthaltene Spektralfrequenzen, die in der Gegend der Sperrfrequenz liegen, angeregt. Sie äußern sich als eine dem Mehrfachecho ähnliche Bildstörung hinter krassen Helligkeitssprüngen, insbesondere wenn diese — wie z. B. bei einem senkrechten Gitter — mit einer der Sperrfrequenz entsprechenden Regelmäßigkeit aufeinanderfolgen. Art und Intensität der Störung sind abhängig von der Amplitude, dem Rhythmus und der Dauer der Anregung.

System TV 21. Als Beispiel für eine Zweiseitenbandübertragung in relativ hoher Frequenzlage wählen wir das in Deutschland für die 625-Zeilen-Norm und 5 MHz Videobandbreite entwickelte Ortsleitungssystem TV 21 (Abb. V.10) [*26, 27*]. Der Verstärkerabstand darf auf den Koaxialkabeln der Typen 2,6/9,5 bzw. 5/18 bis zu 4,5 bzw. 8 km betragen. Bei der hohen Trägerfrequenz von 21 MHz wird für Modulation und Demodulation jeweils nur eine Stufe benötigt. Der Modulationsgrad beträgt $m = 0{,}8$; der verbleibende Restträger soll einerseits eine Sicherheit gegen Synchronimpulskompression bei etwaigen Übersteuerungen bieten und hat andererseits den Vorteil, daß bei der hier zulässigen einfachen Gleichrichterdemodulation der untere, gekrümmte Teil der Gleichrichterkennlinie gemieden wird. Da im Bereich von 16 ··· 26 MHz Dämpfungs- und Laufzeitgang des Kabels relativ flach verlaufen (Abb. V.9), die relative Bandbreite also gering ist, bereitet die Entzerrung keine Schwierigkeiten. Der vierstufige Leitungsverstärker hat mit Hilfe von variablen frequenzabhängigen Gliedern im Kathodenkreis der ersten Stufe sowie in den Stufenkopplungen einen Frequenzgang erhalten, der je nach Einstellung demjenigen einer Kabellänge von 3,5 ··· 4,5 km entgegengsetzt ist. Die sich summierenden restlichen Verzerrungen mehrerer Verstärkerfelder können durch Zusatzentzerrer in Form überbrückter T-Glieder ausgeglichen werden. Dem TV 21 entsprechende Ortsleitungssysteme mit einem Träger von 15 MHz sind in England und USA entwickelt worden (Abb. V.10) [*22*].

Systeme für Fernsehdrahtfunk und Schulfernsehen. Sie arbeiten entweder mit mehreren, verschiedenen Trägerfrequenzkanälen (z. B. aus Band I) — je nach Anzahl der Programme — auf einem einzigen Koaxialkabel [*28, 30*] oder mit mehreren Kanälen gleicher, aber tieferer Frequenzlage auf einer entsprechenden Anzahl symmetrischer Kabeladern [*29*].

2c. Videofrequenz-Übertragungssysteme.

Systeme für symmetrische Kabel. Mit Rücksicht auf eine möglichst hohe Unempfindlichkeit gegen Störfelder sind für videofrequente Übertragungen prinzipiell symmetrische Kabel am besten geeignet (vgl. 2a). Zum Schutz gegen hochfrequente Einstreuungen werden diese zusätzlich mit einem Schirm versehen; doch werden gelegentlich auch ungeschirmte Adern verwendet.

System A 2 A. Dieses in den USA für Ortsverbindungen mit 525 Zeilen und 4,5 MHz Videobandbreite entwickelte System [*31*] benutzt ein Kabel mit zwei polyäthylenisolierten Adern von 1,3 mm Durchmesser und einem Schirm von

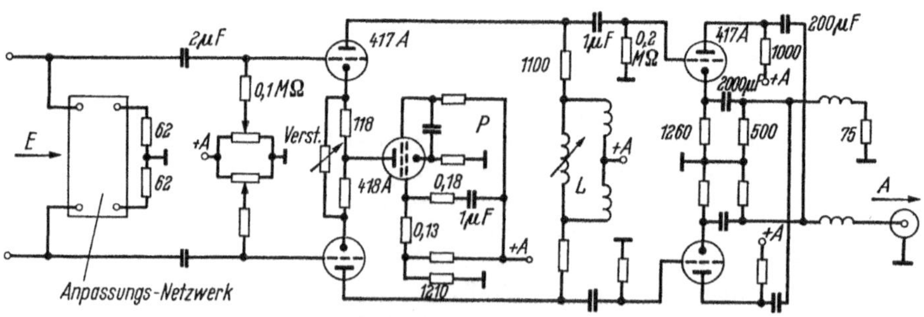

Abb. V.14. Empfangsverstärker des Systems A 2 A nach V [*31*].
E Symmetrischer Leitungseingang 124 Ω, P Pentodenschaltung zur Unterdruckung von gleichphasigen Störspannungen aus dem Kabel sowie von niederfrequenten Störungen (5 ··· 20 Hz) aus dem Netz, L Kompensationsspulen zum Ausgleich schädlicher Schalt- und Röhrenkapazitäten, A koaxialer Ausgang 75 Ω.

7,4 mm Durchmesser. Die Leitungsdämpfung beträgt 1,3 N/km bei 4,5 MHz, der Wellenwiderstand 124 Ω. Um die Vorteile der Kabelsymmetrie voll auszunutzen, sind auch die Leitungsverstärker streng symmetrisch, d. h. in Form von hintereinandergeschalteten Gegentaktstufen (Röhren 417 A in Abb. V.14), aufgebaut. Weitere Vorteile dieser Schaltung sind ein kleinerer Klirrfaktor der geradzahligen Harmonischen sowie geringere Anforderungen an den Innenwiderstand der Anodenstromquelle, so daß man auf elektronische Regelung in den Netzgeräten verzichten kann; magnetische Stabilisierung reicht aus. Entsprechend den sehr unterschiedlichen Leitungslängen eines Ortsnetzes sind verschiedene Verstärkertypen entwickelt worden. Während man bis zu 5,6 km Verstärker mit horizontalem Frequenzgang zusammen mit passiven Entzerrern benutzt, werden bei Feldern bis zu 7,7 km mit Rücksicht auf ausreichenden Rauschabstand solche mit bei den höheren Frequenzen ansteigendem Gang eingesetzt. Noch längere Strecken werden in mehrere Verstärkerfelder aufgeteilt. Um die Verstärker infolge der sehr niedrigen Dämpfung bei tiefen Frequenzen nicht zu übersteuern, wird vor den am Leitungsanfang liegenden Sendeverstärker ein Vorentzerrer geschaltet, der diese Frequenzen entsprechend dämpft. Eine spezielle Klemmschaltung am Ausgang des letzten Verstärkers sorgt für die Reduzierung von additiven Brummstörungen und für die Korrektur des Frequenzganges über alles im unteren Frequenzbereich.

Um etwaige auf den beiden Kabeladern gleichphasig auftretende Störspannungen zu unterdrücken, ist in der ersten Stufe der Empfangsverstärker ein hoher, für beide Röhren gemeinsamer Kathodenwiderstand in Form einer Pentode (418 A) vorgesehen (Abb. V.14), der nur für diese Störspannungen, nicht aber für die gegenphasigen Nutzspannungen, eine starke Gegenkopplung darstellt. Die Verwendung einer Röhre anstelle eines Ohmschen Widerstandes hat den Vorteil, daß deren Impedanz für den Anodengleichstrom gering, für die Ströme der Störfrequenz jedoch hoch ist. Diese Röhre dient außerdem zur Kompensation von niederfrequenten Störspannungen, die aus dem Netz herrühren und durch Nichtlinearitäten auf das Bildsignal aufmoduliert werden könnten. Man führt einen dosierten Teil der Störspannung, die der Anodengleichspannung superponiert ist, dem Röhrengitter mit einer derartigen Polarität zu, daß die aus dieser Steuerung resultierenden Anodenwechselströme sich mit den gegenphasigen, dem Anodenstrom von der Quelle aus überlagerten Störströmen gerade aufheben. Wie das Beispiel von Abb. V.14 weiterhin zeigt, kann die symmetrische Verstärkerschaltung auch für den Übergang von symmetrischen auf koaxiale Kabel verwendet werden. Hierzu dient eine geeignete wechselseitige Verkopplung der Anoden und Kathoden beider Gegentaktröhren der Ausgangsstufe (rechts in Abb. V.14). Dazu ist dem an der Ausgangsklemme liegenden Kathodenausgang der einen Röhre über einen Kondensator von 200 μF der Anodenausgang der anderen Röhre parallelgelegt. Aus Symmetriegründen wird der Kathodenausgang dieser Röhre entsprechend geschaltet und mit einem Widerstand von 75 Ω abgeschlossen.

Analog bietet der symmetrische Sendeverstärker durch starke gemeinsame Gegenkopplung im Kathodenkreis jeder Stufe die Möglichkeit des Überganges von koaxialen auf symmetrische Kabel. Bisweilen wird an dieser Stelle auch ein Videoübertrager entsprechender Bandbreite benutzt. Ein dem A 2 A ähnliches System ist in Japan entwickelt worden [*32*].

Entzerrerverstärker 98 A. Dieser ebenfalls streng symmetrisch aufgebaute Leitungsverstärker ist in England für die gelegentliche Übertragung von Fernsehprogrammen (405 Zeilen, 3 MHz) über gewöhnliche Fernsprechortskabel entwickelt worden [*33*]. Deren 0,6 mm oder 0,8 mm starke Adern sind zwar symmetrisch, aber — abgesehen vom Bleimantel — ungeschirmt, so daß besondere Maßnahmen zur Unterdrückung von Störungen notwendig werden. Die Ursache solcher Störungen liegt in Wähl- oder Fernschreibimpulsen auf Nachbaradern sowie in Einstrahlungen von elektromedizinischen Geräten oder von Sendern im Kurz- bis Langwellenbereich. Da diese Störspannungen meist mit gleicher Phase auf beiden Adern auftreten, können sie von der gegenphasigen Nutzspannung getrennt und unterdrückt werden. Hierzu dient einmal der schon erwähnte gemeinsame Kathodenwiderstand (R_K in Abb. V.15), der hauptsächlich bei den tieferen Frequenzen wirksam ist, sowie eine vor den Verstärker in die ankommende Leitung geschaltete Bifilardrossel für die höheren Störfrequenzen. Durch sorgfältige Auswahl einer störarmen Ader sowie durch Einsatz eines Sendeverstärkers — notfalls mit Preemphase für die höheren Frequenzen — kann der Einfluß von Störspannungen noch weiter vermindert werden.

Der Dämpfungsgang des Kabels wird durch einen entzerrenden Verstärkungsgang ausgeglichen. Hierzu dienen Gegenkopplungswiderstände R in den Kathodenleitungen (Abb. V.15), die durch eine Kapazität C im Querzweig mehr oder weniger überbrückt werden. Je nach Einstellung des R-Abgriffes zwischen O und K erhält man einen steileren oder flacheren Anstieg der Verstärkung. Die Frequenz, bei der dieser Anstieg beginnt, liegt um so tiefer, je größer C ist. Durch Hintereinanderschalten von neun derartigen Stufen, deren letzte drei mit einer zusätzlichen Induktivität L im Querzweig versehen sind, kann der Verstärkungs-

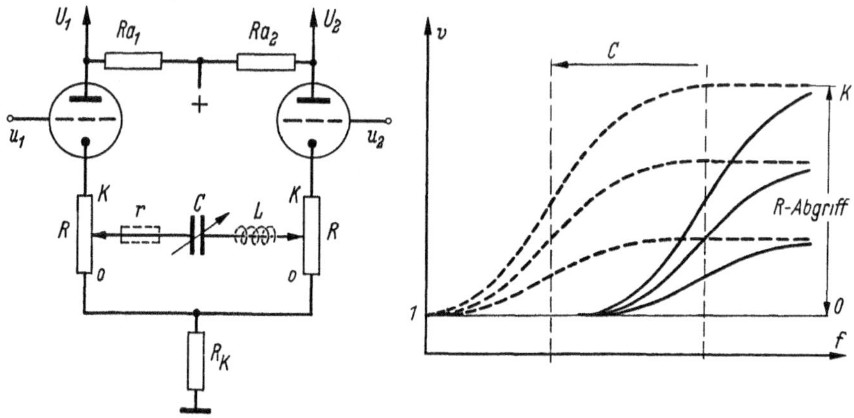

Abb. V.15. Gegentaktstufe des Entzerrerverstarkers 98 A.

R_K Gemeinsamer Kathodenwiderstand zur Unterdruckung gleichphasiger Störspannungen aus dem Kabel, R Gegenkopplungswiderstände, C, L, r Brückenglied zur Einstellung des Frequenzganges der Gegenkopplung, v Verstärkungsgrad als Funktion der Frequenz f fur verschiedene Einstellungen der Gegenkopplung.

gang — im Vergleich zu einem passiven Vierpolentzerrer — relativ leicht den verschiedensten Kabellängen und Kabelarten angepaßt werden. Der maximale Verstärkerabstand beträgt etwa 2 km. Eine zehnte Stufe verstärkt frequenzunabhängig, die elfte ist eine Kathodenausgangsstufe und enthält einen zusätzlichen Phasenentzerrer für die höchsten Frequenzen. Ein solcher entzerrender Verstärker hat vor dem frequenzunabhängigen mit vorgeschaltetem, passivem Entzerrervierpol den weiteren Vorteil eines größeren Nutzpegels an seinem Eingang, so daß Eigenrauschen, Brumm und Mikrophonie weitgehend unterdrückt werden. Ein dem englischen System ähnliches ist in den Niederlanden für 625 Zeilen und 5 MHz entwickelt worden [*34*].

Systeme für Koaxialkabel. Die mit abnehmender Frequenz sich verringernde Schirmwirkung des Koaxialkabels drückt sich quantitativ in einer Zunahme des Kopplungswiderstandes zwischen einem äußeren Störstromkreis und dem inneren Nutzstromkreis aus. Diese Zunahme kann durch eine magnetische Schirmung des Außenleiters mit Eisenbändern nach tieferen Frequenzen hin verschoben werden. Bei der Frequenz O geht der Kopplungswiderstand in den Gleichstromwiderstand des Kabelaußenleiters über [*15*, *35*]. Das bedeutet, daß z. B. durch das Starkstromnetz bedingte Erdpotentialdifferenzen der betriebsmäßig geerdeten Endgeräte gleichphasige Störströme auf dem Außen- bzw. Innenleiter erzeugen. Der hier entstehende Spannungsabfall wird — bei Anpassung der Endgeräte an den Wellenwiderstand des Kabels — je zur Hälfte an diesen Endgeräten als Störspannung erscheinen. Auf ähnliche Weise kommen Störungen durch Nebensprechen aus benachbarten Koaxialpaaren zustande. Zur Abhilfe gibt es drei Möglichkeiten:

1. Koaxialdrosseln an jedem Leitungsende sollen die gleichphasigen Störströme reduzieren. Diese Drosseln bestehen aus einem Kern von hochpermeablen Blechen mit Luftspalt und einer Wicklung von flexiblem Koaxialkabel geringen Durchmessers. Auf diese Weise konnte z. B. die Brummspannung von 50 Hz und deren Harmonischen auf einer Kabellänge von 1,6 km um 30 dB gesenkt werden [*36*]. Nachteilig ist die durch die Drosseln verursachte erhöhte Leitungsdämpfung. Im ganzen gesehen hat sich das Verfahren jedoch sehr bewährt, so daß man z. B. in England seit einiger Zeit dazu übergegangen ist, Fernsehortsverbindungen nur noch mit niederfrequenter Übertragung über Koaxialkabel einzurichten.

2. Videoübertrager trennen das Kabel auf beiden Seiten von Erde ab, so daß nur noch sehr geringe Störströme über die Kapazität dieser Übertrager oder über die Kapazität zwischen Außenleiter und Kabelmantel eingekoppelt werden können. Allerdings lassen sich derartige Breitbandübertrager nur schwer realisieren; sie bringen leicht zusätzliche Einschwingverzerrungen, die besonders entzerrt werden müssen. Das in Japan für die 525-Zeilen-Norm und 4 MHz Videobandbreite entwickelte Ortsleitungssystem CV [*37*] weist trotzdem eine hohe Übertragungsqualität auf. Der maximale Verstärkerabstand beträgt 11 km beim Koaxialkabel vom Typ 2,6/9,5. Die Dämpfung der aus Erdpotentialdifferenzen herrührenden Brummspannung erreichte z. B. 52 dB auf einer Kabellänge von 9 km.

3. Röhrenschaltungen. Bis zu einem gewissen Grade können Brummspannungen durch Klemmschaltungen unterdrückt werden. Andererseits brauchen nach einem Patent von R. Urtel [*38*] Frequenzen bis zur halben Zeilenfrequenz überhaupt nicht übertragen zu werden. R. Rasch hat vorgeschlagen [*39*], das sendeseitige Endgerät nicht an den Wellenwiderstand des Kabels anzupassen, sondern seinen Ausgangswiderstand mit Hilfe einer Röhrenstufe möglichst hochohmig zu machen. Die Störspannung wird sich infolgedessen so aufteilen, daß der größte Anteil am Sender- und nur ein sehr geringer am Empfängerende erscheint. So konnte die Störamplitude z. B. bei einem Versuch auf einem Koaxialkabel des Typs 5/18 von 80 m Länge um 30 dB gedämpft werden. Nachteilig ist bei diesem Verfahren die Möglichkeit von Reflexionen am nicht angepaßten Kabeleingang. Allerdings genügt es für die Störungsdämpfung bei tiefen Frequenzen, wenn der Sender nur für deren Bereich hochohmig ausgebildet, für die höheren Frequenzen dagegen gut an den Wellenwiderstand angepaßt wird. R. Dombrowsky [*40*] schlägt vor, den Außenleiter am empfangsseitigen Kabelende nicht direkt, sondern über ein Potentiometer an die geerdete Masse des Empfängergehäuses zu legen. Der Schleifer des Potentiometers wird mit der Kathode der ersten Verstärkerröhre verbunden und so eingestellt, daß im Anodenkreis dieser Stufe eine Kompensation der am Gitter auftretenden Brummspannung eintritt. Die so erzielbare Dämpfung der Brummspannungen wird mit 55 dB angegeben.

3. Richtfunklinien für Fernsehübertragungen.

3a. Einleitung.

Da man beim Fernsehbild mit etwa 5 MHz Bandbreite zu rechnen hat, kommen für seine Übertragung auf dem Funkwege nur kürzeste Wellen in Betracht. Vorteilhaft ist dabei, daß die Strahlenergie mit Hilfe von Richtantennen sehr stark gebündelt werden kann, so daß sich schon mit Sendeleistungen von wenigen

Watt (üblich 1 ··· 5 W) verhältnismäßig große Entfernungen überbrücken lassen. Die Reichweite dieser ultrafrequenten Wellen ist im wesentlichen auf die Zone der optischen Sicht beschränkt, so daß man bei längeren Strecken, die über diesen Bereich hinausgehen, Zwischenstellen einfügen muß, an denen das Signal aus der einen Richtung aufgenommen, verstärkt und zur nächsten Station hin weitergestrahlt wird. Auf diese Weise können sich Fernsehrichtfunklinien über mehrere 1000 km erstrecken, wobei die einzelnen Funkfelder, je nach den topographischen Gegebenheiten, etwa 40 ··· 80 km lang sind. In Anbetracht der Vorteile hinsichtlich Linearität, Störbefreiung und Pegelkonstanthaltung, die auch bei schwankender Funkfelddämpfung (Schwund) gewährleistet sein muß, verwendet man bei Richtfunksystemen vornehmlich die Frequenzmodulation. Dabei sind die Systeme so ausgelegt, daß sie sich ebenso für Fernsprechen wie für Fernsehen eignen. Die neueren Formen erlauben neben der Übermittlung des Bildes die des Begleittones. Die künftige Entwicklung sieht zusätzlich die gleichzeitige Übertragung von mehreren hundert Ferngesprächen vor.

3b. Aufbau einer Richtfunklinie.

Das Blockschaltbild einer Linie, bestehend aus Sende- und Empfangsendstelle sowie aus einer Zwischenstelle, zeigt Abb. V.16. In der Senderichtung wird das Videosignal in Frequenzmodulation einer Zwischenfrequenz (ZF), die

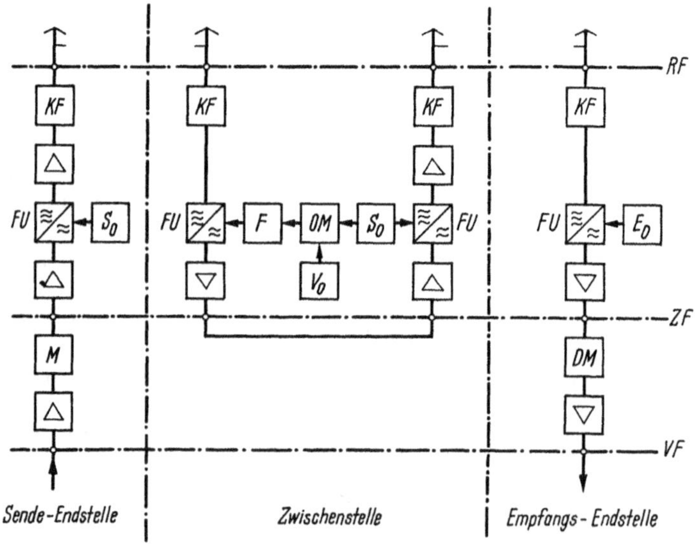

Abb. V.16. Blockschaltbild einer Richtfunklinie.
KF Kanalfilter, *FU* Frequenzumsetzer, *M* Modulator, *DM* Demodulator, *F* Filter, S_0 Senderoszillator, E_0 Empfangsoszillator, V_0 Versetzungsoszillator, *OM* Oszillatormischstufe.

jetzt international auf 70 MHz festgelegt ist, aufmoduliert. Ältere Systeme [*41, 42*] waren im 2 GHz-Bereich für die Zwischenfrequenz 105 MHz, und teilweise auch 75 MHz, ausgelegt. Das frequenzmodulierte Gemisch wird mittels eines Frequenzumsetzers in den radiofrequenten Wellenbereich (RF) verlagert und nach Verstärkung durch eine Triode oder eine Wanderfeldröhre über Filter der Sendeantenne zugeführt. Auf der Zwischenstelle wird das radiofrequente Signal von der Empfangsantenne aufgenommen, über eine Mischstufe wieder in den ZF-Bereich transponiert, verstärkt und auf den gleichen Wert begrenzt, der am Ausgang des Modulators der Sendeendstelle herrscht. Anschließend wird in einer weiteren Umsetzerstufe das Signal aus der ZF-Ebene in die RF-Ebene zurückverlagert und nach RF-Verstärkung über Filter der für die weiterführende Richtung bestimmten Sendeantenne zugeleitet. Auf der Empfangsendstelle wird im Anschluß an den ZF-Verstärker über einen Demodulator das ursprüngliche Videosignal zurückgewonnen.

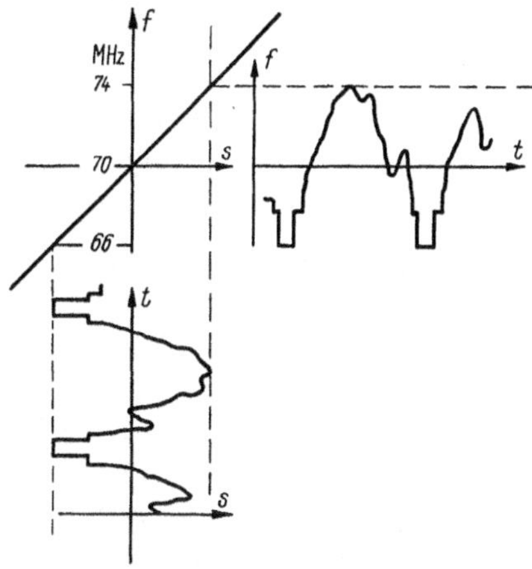

Abb. V.17.
Frequenzmodulation bei einer Fernsehzeile.

Durch internationale Empfehlungen des CCIR ist sichergestellt, daß Systeme verschiedener Herkunft, besonders bei der Übergabe an den Landesgrenzen, ohne Schwierigkeiten zusammenarbeiten können, und zwar gehen die Vereinbarungen so weit, daß eine Zusammenschaltung sowohl in der Basisbandebene (Videobereich) wie auch in der Zwischenfrequenz oder in der Radiofrequenz (Übernahme in der Luft) durchführbar ist.

Die wesentlichsten Angaben für die Durchschaltung in der Basisbandebene sind bereits unter 1b gemacht. Für die Zusammenschaltung in der ZF-Ebene sind neben Übergabepegel (am Ausgang eines Gerätes 0,5 V, am Eingang 0,3 V) und Wellenwiderstand (75 Ω, unsymmetrisch) auch die Grunddaten der Modulation festzulegen. Abb. V.17 zeigt, wie die Amplitudenschwankungen eines Videosignals in proportionale Frequenzschwankungen umgesetzt werden. Der Frequenzhub, gemessen von Spitze zu Spitze, ist international zu 8 MHz vereinbart worden, und zwar ist bei den Systemen in der Bundesrepublik einheitlich die Polarität des Videosignals so gewählt, daß die Synchronimpulse stets nach der Seite der tieferen Frequenzen liegen (vgl. Abb. V.17). In manchen Ländern

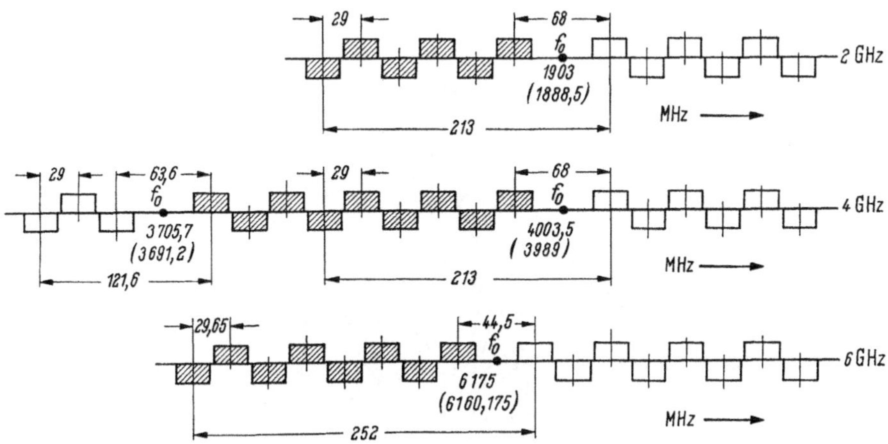

Abb. V.18. Frequenzplane fur 2-, 4- und 6 GHz-Bereiche.

wechselt die Polung von Funkfeld zu Funkfeld, so daß hinsichtlich der Polarität bei Zusammenschaltung über die Landesgrenzen hinweg jeweils noch besondere Vereinbarungen getroffen werden müssen.

Für das Zusammenspiel verschiedener Systeme über ein gemeinsames Funkfeld hinweg wurden vom CCIR mehrere Frequenzschemen empfohlen, und zwar

Abb. V.19. Ansicht einer Muschelantenne.

für Bereiche bei 2 und 4 GHz sowie, im Hinblick auf künftige Systeme, bei 6 GHz. Die Frequenzpläne, die auf mehrere Richtfunklinien mit Hin- und Rückleitung abgestellt sind, zeigt Abb. V.18. Die Breite des RF-Bandes beträgt etwa 30 MHz. Zwischen den Sende- und Empfangsfrequenzen ist zur Erleichterung der Trennung eine Frequenzlücke vorgesehen. Auf einer Zwischenstelle werden die Sender einer Linie, die für Hin- und Herübertragung ausgelegt ist, in beiden Richtungen mit gleicher Frequenz betrieben. Ebenso arbeiten die zugehörigen Empfänger aus beiden Richtungen jeweils auf gleicher Frequenz. Dies ist nur möglich, wenn die Rückendämpfung der Antennen in der Größenordnung 60 dB liegt. Von Hornparabolantennen oder Muschelantennen (Abb. V.19) wird diese Bedingung für den gesamten rückwärtigen Sektor erfüllt. Abb. V.20 zeigt als Beispiel das Diagramm einer Muschel-

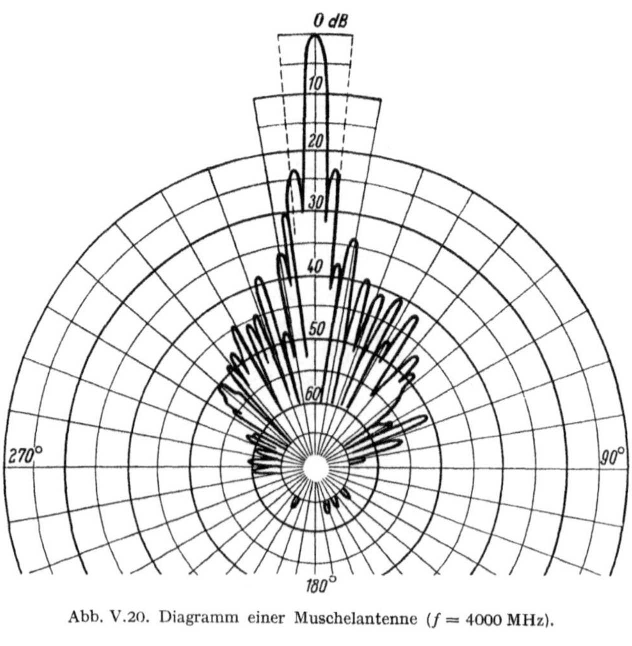

Abb. V.20. Diagramm einer Muschelantenne ($f = 4000$ MHz).

antenne mit etwa 7 m²-Abstrahlfläche. Bilden auf einer Zwischenstelle die Strahlrichtungen einen Winkel von weniger als 90°, so müssen die Sendefrequenzen u. U. etwas gegeneinander verschoben werden, um ausreichende Entkopplung zwischen den Strahlungsfeldern zu erzielen. Hierfür ist vom CCIR eine Versetzung um 14,5 MHz empfohlen worden. Die entsprechenden versetzten Mittenfrequenzen sind in Abb. V.18 eingeklammert angegeben.

Zwischen benachbarten RF-Bändern einer Richtung, die ohne Bandlücke aneinandergefügt sind und sich sogar etwas überlappen können, wird die erforderliche Entkopplung durch Verwendung verschiedener Polarisation (horizontal und vertikal) erreicht. Trennung mit Hilfe einer Polarisationsweiche ergibt eine Entkopplung von etwa 45 dB. Bei 2 und 4 GHz stehen, wie aus Abb. V.18 hervorgeht, in einem 400 MHz umfassenden Band in jeder Richtung 6 RF-Bänder zur Verfügung; bei 6 GHz sind es je Richtung sogar 8 RF-Bänder, in einem 500 MHz breiten Bereich. Kanalweichen und Ausnutzung beider Polarisationsrichtungen ermöglichen den gleichzeitigen Betrieb sämtlicher Kanäle eines Bereiches über zwei Antennen. Drei Kanäle können mit Hilfe von Simultanweichen in Hin- und Herrichtung auch an einer einzigen Antenne betrieben werden. In der Deutschen Bundesrepublik ist das Gebiet von 3,6 ··· 3,8 GHz ebenfalls für Breitbandsysteme (je 3 Bänder für beide Richtungen) vorgesehen. Die Mittenfrequenzen f_0 der einzelnen Bereiche sind so gewählt, daß bei voll belegtem System Intermodulationsprodukte der Art $2f_1 - f_2$, $3f_1 - 2f_2$ und so fort sowie Vielfache der Versetzungsfrequenz von Hin- und Herrichtung (bei 2 und 4 GHz z. B. 213 MHz, bei 6 GHz 252 MHz) möglichst mehr als 5 MHz Abstand von der Mitte der Einzelbänder haben. Ebenso liegen zur Erzielung ausreichender Spiegelselektion in den Empfängern die Spiegelfrequenzen nicht in der Nähe von Trägern anderer Kanäle des Systems.

Das CCIR empfiehlt oberhalb 470 MHz für feste Dienste eine Frequenzkonstanz von $3 \cdot 10^{-4}$. Um diese Forderung über längere Strecken und Zeiten einhalten zu können, wurde mit der deutschen Industrie vereinbart, für den Modulator eine maximale Abweichung von ± 200 kHz zuzulassen und für Sender und Empfänger der Endstellen ebenfalls ± 200 kHz. Die Abweichung der Versetzungsfrequenz (bei 2 und 4 GHz je 213 MHz) vom Sollwert darf bei der einzelnen Zwischenstelle nicht mehr als ± 20 kHz betragen. Dabei ist vorausgesetzt, daß auf den Zwischenstellen die Sender- und Empfängeroszillatoren, wie in Abb. V.16 angedeutet, mit Hilfe eines Versetzungsoszillators über eine Oszillatormischstufe miteinander verkoppelt sind.

Da bei einer Frequenzkonstanz von $3 \cdot 10^{-4}$ im 4 GHz-Bereich gelegentlich Frequenzabweichungen von $\pm 1,2$ MHz auftreten können, ist es notwendig, besonders auch die ZF-Verstärker entsprechend breit auszulegen. Um auf den Linien die Forderung hinsichtlich Linearität und Amplitudenverlauf nach 1 f und 1 g zu erfüllen, sind die Laufzeit- und die Amplitudenverzerrungen im gesamten ZF-Bereich möglichst niedrig zu halten. Abb. V.21 läßt erkennen, welche Fortschritte in dieser Hinsicht bei der Entwicklung des 4 GHz-Systems gegenüber älteren 2 GHz-Systemen gemacht wurden. Die hohe Linearisierung erreicht man durch besondere Laufzeitentzerrer, die drei- und teilweise fünfstufig aufgebaut sind und jedem ZF-Verstärker zugeordnet werden. Man kann auch, wie in einigen Ländern mit Erfolg durchgeführt, die Entzerrer abschnittweise — jeweils nach vier bis fünf Zwischenstellen — einbauen.

Um auch beim FM-Modulationsvorgang eine ausreichende Linearität zu erzielen, macht man anstelle der bei älteren Systemen verwendeten Reaktanzrohrschaltungen jetzt häufig von den günstigen Modulationseigenschaften des Reflexklystrons Gebrauch. Indem man die Signalspannung der Reflektorspannung überlagert, wird das Reflexklystron in seiner Frequenz moduliert. Die prozentuale Frequenzabweichung vom Sollwert beträgt bei einem Klystron, das bei etwa 4 GHz schwingt, für einen Frequenzhub von ± 4 MHz nur etwa $\pm 1\,\%$.

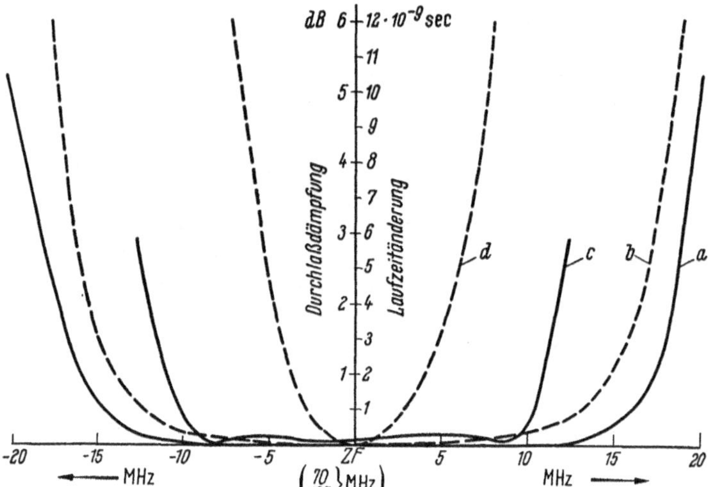

Abb. V.21. Laufzeit- und Durchlaßkurven einer Zwischenstelle.
a Durchlaßkurve bei 4 GHz; *b* Durchlaßkurve bei älterem 2 GHz-System; *c* Laufzeitkurve bei 4 GHz; *d* Laufzeitkurve bei älterem 2 GHz-System.

In diesem kleinen Bereich ergibt sich daher eine Frequenzmodulation hoher Linearität, die durch Einschalten einer frequenzabhängigen Last („Pulling"-Netzwerk) in einfacher Weise sogar noch gesteigert werden kann [*43*]. Ein zweites Reflexklystron mit einem um 70 MHz niedrigeren unmodulierten Träger bildet mit der Frequenz des Modulationsklystrons in einer Mischstufe am Ausgang des Modulators die gewünschte **ZF** von 70 MHz. Um diese in ihrer Mittellage genau festhalten zu können, wird über einen Diskriminator eine Richtspannung erzeugt, zum Zwecke, die Reflektorspannung des zweiten Klystrons jeweils so zu verändern, daß die ZF von 70 MHz erhalten bleibt. In Richtfunksystemen für Reportage (Zubringerstrecken) und für Industriefernsehen wird auf der Sendeseite zur Vereinfachung der Anlagen bei der Modulation das zweite Klystron und damit der Umweg über die ZF eingespart. Außerdem wird bei jeder Zwischenstelle bis zum Videosignal demoduliert. Die vom CCIR zugelassene Frequenztoleranz kann für jedes Funkfeld voll in Anspruch genommen werden, da im Gegensatz zu den Linien des Weitverkehrs sich die Frequenzabweichungen von Zwischenstelle zu Zwischenstelle längs einer Linie nicht addieren. Unter Verwendung von rauscharmen Wanderfeldröhren sind im Ausland Weitverkehrssysteme entwickelt worden, die auch auf der Zwischenstelle nicht mehr in der ZF-Ebene verstärken, sondern diese Operation in einem radiofrequenten Durchgangsverstärker vollbringen. Dabei ist allerdings zur Erzielung der Entkopplung die auf der Zwischenstelle erforderliche

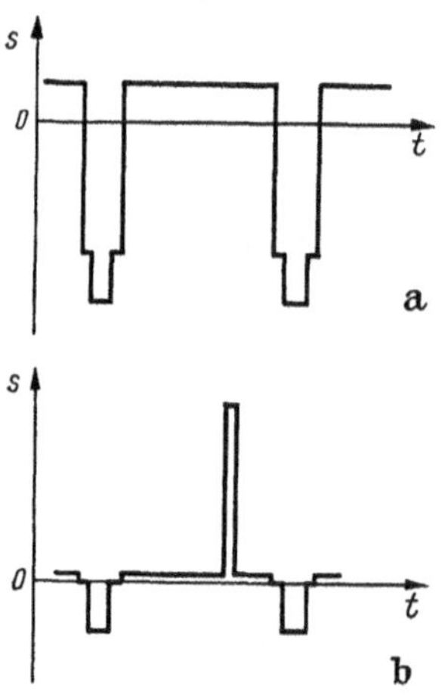

Abb. V.22a u. b. Fernsehzeilen.
a) Weißbild; b) Schwarzbild; mit weißem Streifen.

Frequenzversetzung, entsprechend den Frequenzplänen nach Abb. V.18, ebenfalls notwendig.

Da der Gleichstromwert auf der Richtfunklinie nicht mitübertragen wird, muß sich beispielsweise das Potential der Synchronimpulsspitzen bei einem Sprung von Schwarz auf Weiß nach Abb. V.22 stark verlagern. Das Übertragungssystem müßte also über einen unnötig großen Bereich linear sein; denn der Frequenzhub würde sich das einemal mehr nach niederen und das anderemal mehr nach höheren Frequenzen hin verlagern, über den Bereich ± 4 MHz der Helligkeitssteuerung im Bilde also hinausgehen. Um dies zu vermeiden, sieht man am Modulator eine Klemmschaltung vor, die das Potential der Synchronimpulsspitzen [42] festlegt. Außerdem sorgt eine automatische Frequenzregelung dafür, daß der Bodenpegel des Synchronimpulses stets einer Zwischenfrequenz von 66 MHz entspricht (Abb. V.17). In neueren Anlagen verwendet man, ähnlich wie bei den Richtfunklinien, die der Sprachübertragung dienen, eine Preemphase [44], die am Eingang des Systems die höheren Frequenzen stark anhebt und die tiefen Frequenzen absenkt. Auf diese Weise wird das dreieckförmig verlaufende Rauschspektrum, das bei der Frequenzmodulation am Ausgang zu erwarten wäre [45], in ein gleichmäßiges,

$L(\mu H)$	$C(pF)$	$R_1(\Omega)$	$R_2(\Omega)$	$R_3(\Omega)$
9,54	1695	300	75	18,75

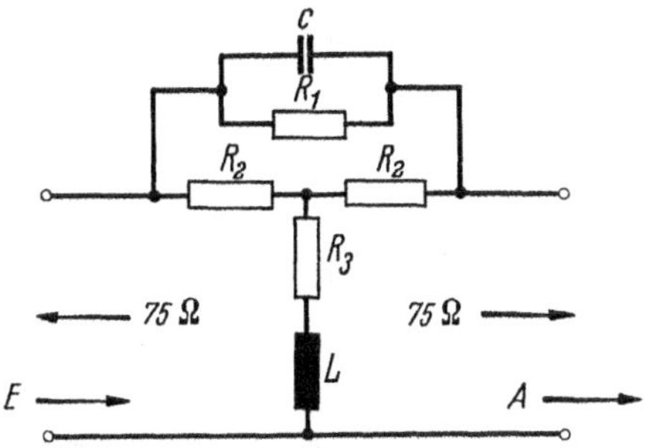

Abb. V.23. Preemphasenetzwerk fur Fernsehen (14 dB). Eingang und Ausgang 75 Ω.

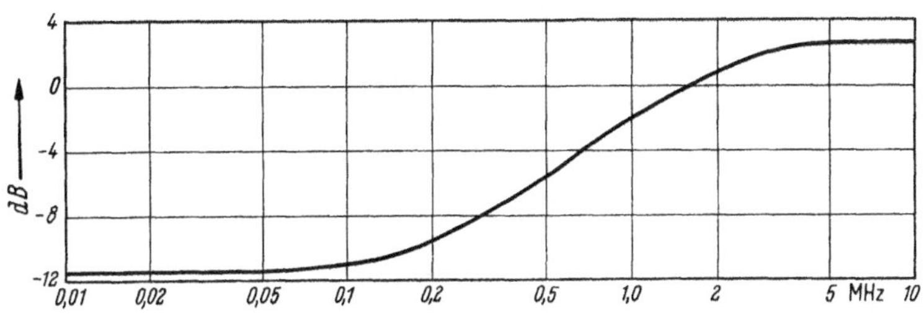

Abb. V.24. Frequenzgang des Preemphasenetzwerkes.

über den ganzen Bereich verteiltes Rauschen verwandelt. Es ist im CCIR empfohlen worden, für Fernsehen eine Preemphase zu verwenden, die die oberen Frequenzen im Vergleich zu den unteren um 14 dB anhebt. Das entsprechende Netzwerk und den Verlauf der Kurve zeigen die Abb. V.23 und V.24. Die Preemphase für Fernsprechübertragung ist anders. Hier wird die Aussteuerung der oberen Fernsprechkanäle um 4 dB angehoben und die der unteren Kanäle um 4 dB gesenkt. Während man bei Sprache in den oberen Kanälen durch Preemphase einen echten Gewinn an Rauschabstand erzielt, erhält man beim Fernsehen durch die in 1 e näher beschriebene, unterschiedliche Rauschbewertung sogar eine geringe Minderung des Geräuschabstandes [44]. Trotzdem macht man von der Preemphase Gebrauch, da durch sie der Gleichstromwert nahezu verschwindet und im wesentlichen nur noch die Änderungen des Signals übertragen werden, so daß die Klemmschaltung am Modulator sich erübrigt. Abb. V.25 zeigt als Beispiel den Verlauf eines Sägezahnes mit und ohne Preemphase. Man sieht besonders an den Synchronimpulsen, wie unter der Wirkung der differenzierenden Eigenschaften des Preemphasenetzwerkes die steilen Vorder- und Rückflanken durch kurze Stöße entgegengesetzter Richtung ersetzt werden. Am Ende der Richtfunklinie wird durch eine Deemphase der Amplitudenverlauf des ursprünglichen Signals wiederhergestellt. Die relative Absenkung der tiefen Frequenzen durch die Preemphase erhöht die Anforderungen an die Richtfunksysteme hinsichtlich Brummfreiheit ganz beträchtlich. Jedoch lassen sie sich durch geeignete Maßnahmen, wie Übergang zu Gleichstromheizung bei einigen kritischen Röhren und sorgfältige zusätzliche Abschirmungen, beherrschen.

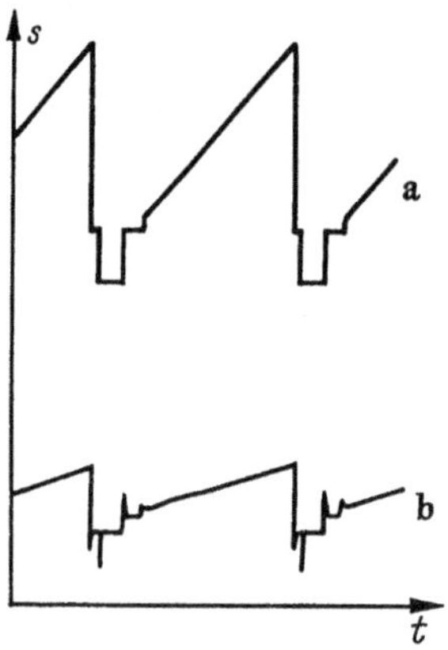

Abb. V.25a u. b. Fernsehzeile: Sagezahn. a) ohne Preemphase; b) mit Preemphase.

3c. Übertragungseigenschaften der Richtfunklinien.

Ein sehr wesentlicher Faktor für die Beurteilung der Übertragungsqualität einer Richtfunklinie ist der Rauschabstand. Bedenkt man, daß der hierfür unter 1e angegebene Wert von 52 dB in nicht mehr als 1% der Zeit irgendeines Monats unterschritten werden darf, so ist bei der Berechnung der Funkfelddämpfung mit Rücksicht auf die unvermeidlichen Schwundeinbrüche ein gewisser Zuschlag vorzusehen. Wie hoch dieser sein muß, hängt von den jeweiligen Ausbreitungsverhältnissen ab und läßt sich im voraus ohne langwierige, umfangreiche Messungen nicht exakt ermitteln. Die Erfahrung lehrt, daß auf 50 ··· 60 km langen Strecken, die nicht gerade über Gelände verlaufen, das für die Ausbreitung besonders ungünstig ist (z. B. See), obige Bedingungen für den Rauschabstand sicher eingehalten werden, wenn für den Schwund zu der Dämpfung, die der Freiraumausbreitung entspricht, ein Zuschlag von etwa 10 dB eingeplant wird.

Im Mittel wird mit einer Funkfeldlänge von 46,5 km gerechnet. Somit ergeben sich für den 2500 km langen Bezugskreis 54 Funkfelder. Die Dämpfung zwischen Kugelstrahlern errechnet sich bei Freiraumausbreitung aus der Formel [*46*]:

$$a_k = 122 + 20 \cdot \log_{(10)} \frac{r/\text{km}}{\lambda/\text{cm}}. \tag{V.2}$$

Mit der Entfernung $r = 46{,}5$ km und der Wellenlänge $\lambda = 7{,}5$ cm (4 GHz) ergibt sich z. B. für das einzelne Funkfeld:

$$a_k = 122 + 20 \cdot \log_{(10)} \frac{46{,}5}{7{,}5} = 138\,\text{dB}.$$

Einschließlich 10 dB Schwundreserve ist also zwischen Kugelstrahlern für den Funkweg eine Dämpfung von $138 + 10 = 148$ dB einzuplanen. Nimmt man an beiden Enden der Strecke Antennen mit je 40 dB Gewinn und Energieleitungen einschließlich Polarisationsweichen mit 1 dB Dämpfung an, so ist in einem Funkfeld zwischen Gerätausgang auf der Sendeseite und Geräteingang auf der Empfangsseite mit folgendem Dämpfungswert zu rechnen:

$$148 - 2 \cdot 40 + 2 \cdot 1 = 70\,\text{dB}.$$

Da der zulässige Rauschabstand für 2500 km = 54 Funkfelder global mit 52 dB angegeben ist, muß er, bezogen auf das einzelne Funkfeld, um $10 \cdot \log_{(10)} 54 \approx 18$ dB erhöht werden, um daraus den Systemwert S der eigentlichen Funkanlage bestimmen zu können.

Diese Kenngröße, die sich aus Sendeleistung, Modulationsart (Hub), Empfängerrauschzahl, zu übertragender Frequenzbandbreite und Rauschbewertungsfaktor herleitet [*46*], stellt für jedes System eine Konstante dar. Sie ist gleich der Summe aus Rauschabstand (bezogen auf ein Funkfeld) plus Dämpfung zwischen Gerätausgang auf der Sendeseite und Geräteingang auf der Empfangsseite. Nach obigem Zahlenbeispiel für 4 GHz-Anlagen ist der kleinste noch zulässige Systemwert:

$$S = 52 + 18 + 70 = 140\,\text{dB}.$$

Die Geräuschanteile für die Endgeräte der Modulation und Demodulation konnten in dieser Rechnung vernachlässigt werden, da sie in einem 840 km langen Modulationsabschnitt (s. 1c) nur einmal enthalten sind und der Geräuschabstand für Modulator/Demodulator allein, wie Messungen gezeigt haben, größer als 65 dB ist. Also fällt das Geräusch aus Modulation und Demodulation bei Ketten aus vielen Funkfeldern nicht ins Gewicht. Auf kurzen Strecken hingegen, mit nur wenigen Funkfeldern, sind diese Vorgänge rauschbestimmend. Infolgedessen beträgt hier der Geräuschabstand nur wenig mehr als bei den Endgeräten allein.

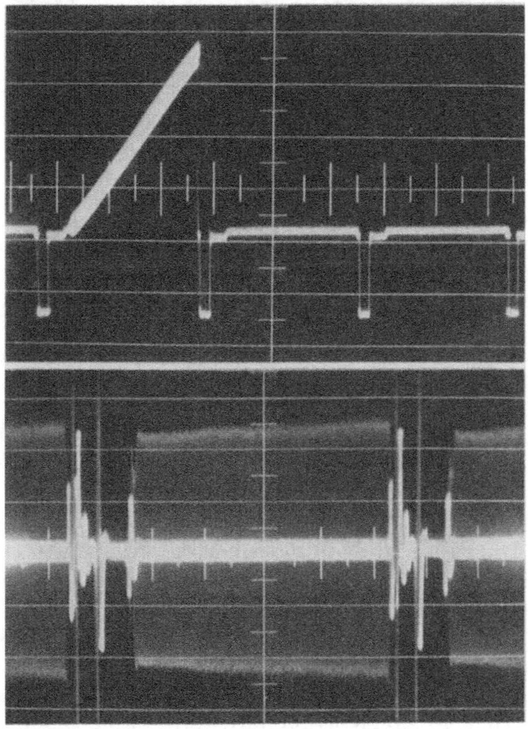

Abb. V.26a u. b. Ergebnis einer Messung des Linearitatsmaßes gemaß 1 f am Ende einer 2000 km langen Linie.

a) Sagezahnzeile, mit 1 MHz uberlagert, und aufeinanderfolgende Schwarzzeilen; b) Amplitudenverlauf der 1 MHz-Schwingung innerhalb der Sagezahnzeile.

Das in der Bundesrepublik noch weit verbreitete 2 GHz-System, das in den Jahren 1950/52 entwickelt wurde, als die Zusammenhänge zwischen Rauschverteilung und Bewertung beim Fernsehen ungenügend bekannt waren, hat einen Systemwert $S = 130$ dB, wobei der Rauschabstand unbewertet gemessen worden und das Rauschspektrum infolge der Frequenzmodulation ohne Preemphase als rein dreieckförmig anzusehen ist. Unter Berücksichtigung von Antennen mit etwa 33,5 dB Gewinn und einer Kabeldämpfung von 1,5 dB je Antennenzuführung sowie Schwundreserven von 10 dB verbleibt für eine damals zugrunde gelegte 1000 km lange Linie mit rund 20 Funkfeldern ein Rauschabstand von 39 dB, was entsprechend 1e einem bewertet gemessenen Rauschabstand von etwa 53 dB entspricht. Die weiteren, an Richtfunklinien zu stellenden fernsehtechnischen Anforderungen sind unter 1f und 1g aufgeführt. Bei den in der Bundesrepublik eingesetzten 4 GHz-Richtfunkanlagen für Fernsehübertragung im Weitverkehr werden die geforderten Bedingungen mit ausreichender Reserve erfüllt. Die Abb. V.26a zeigt als Beispiel das Ergebnis einer Messung des Linearitätsmaßes gemäß 1f mit dem „Schwarzen Sägezahn", überlagert mit 1 MHz, am Ende einer aus drei Modulationsabschnitten bestehenden, rund

2000 km langen Linie. Die Abb. V.26b veranschaulicht im Bereich der eigentlichen Sägezahnzeile nach entsprechender Absiebung die Amplitudenschwankungen der 1 MHz-Schwingung, woraus sich in diesem Falle für das Linearitätsmaß ein Wert von $m/M = 0{,}94$ ergibt. Den Verlauf der kurzzeitigen Einschwingverzerrungen auf der gleichen Strecke zeigt Abb. V.27. Wie man aus dem Oszillogramm ersieht, hält sich der Einschwingvorgang gut innerhalb der Grenzen des Toleranzschemas, entsprechend Abb. V.6 in 1 g.

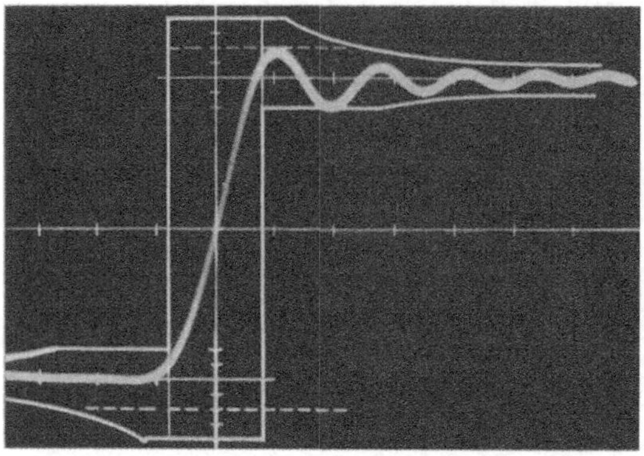

Abb. V.27. Einschwingvorgang entsprechend Abb. V.6 am Ende einer 2000 km langen Linie.

3d. Gleichzeitige Übertragung von Bild und Ton sowie einer Pilotfrequenz.

Die große Breitbandigkeit der Richtfunkanlagen ermöglicht bei neueren Systemen neben der des Bildes die zusätzliche Übertragung des Tones [*47*]. Hierfür dient ein Hilfsträger von 7,5 MHz. Er wird vor dem Modulator dem Videosignal, dessen Bandbreite nur bis etwa 5 MHz reicht, zugefügt und durch den Ton frequenzmoduliert, mit einem nominalen Hub von 140 kHz eff. Die Bandbreite des Tonspektrums kann je nach Wunsch auf 10···15 kHz ausgedehnt werden. Die Amplitude des unmodulierten Hilfsträgers ist so gewählt, daß sich bei der Zwischenfrequenz und damit auch bei der Radiofrequenz ein Hub von 300 kHz eff. einstellt. Auf der Empfangsseite werden am Ausgang des Demodulators Bild- und Tonband wieder getrennt. Die ursprünglichen Tonfrequenzen gewinnt man dann durch Demodulation des Hilfsträgers mittels Diskriminator mit anschließendem Ausgangsverstärker. Ein- und Ausgangspegel sowie Scheinwiderstand für den Tonkanal entsprechen den für Rundfunkleitungen in der Kabeltechnik üblichen Werten.

Zur Überwachung des Richtfunksystems wird eine Pilotfrequenz übertragen, die bei 8,5 MHz liegt. Sie ermöglicht mit Hilfe von verhältnismäßig aufwendigen zusätzlichen Einrichtungen [*48*] bei Ausfällen gleichzeitig die Schnellumschaltung auf einen Ersatzweg, um Störungen in der Übertragung weitgehend zu vermeiden. Die Umschaltzeit hängt vornehmlich von der Übertragungsgeschwindigkeit auf den Steuerleitungen ab. Sie beträgt bei langsam eintretender Störung teilweise weniger als 1 ms; bei abruptem Ausfall liegt sie in der Größenordnung 50 ms.

3e. Fernsehrichtfunksysteme im Ausland.

Von den ausländischen Richtfunksystemen für Fernsehübertragung interessieren vor allem das TD 2-System [*49*] und das TH-System [*50*] in den USA.

Das TD 2-System arbeitet bei 4 GHz mit 20 MHz-RF-Bandbreite je Übertragungsweg und benutzt als Senderendstufe eine „Microwave“-Triode (416a) mit verhältnismäßig niedriger Anodenspannung (250 V). Auf diese Weise ist es im Gegensatz zu anderen Systemen mit Betrieb aus Wechselspannungsnetzen möglich, die Anlagen direkt aus Batterien zu speisen, was erheblich zur Betriebssicherheit beiträgt.

Das TH-System, das vorerst auf einigen Versuchsstrecken eingesetzt ist, arbeitet im 6 GHz-Bereich und entspricht in seinem Frequenzplan dem Schema nach Abb. V.18. In der Senderendstufe wird hier eine Wanderfeldröhre benutzt.

Beim TH-System werden erstmalig auf jeder Station sämtliche Oszillatorfrequenzen für Hin- und Rückrichtung in einer gemeinsamen Frequenzzentrale erzeugt und von einem Quarz (14,8259 MHz) abgeleitet, so daß sie durchweg starr miteinander verkoppelt sind und hohe Konstanz aufweisen.

Das TH-System ist so breitbandig ausgelegt, daß neben dem Bild gleichzeitig mehrere hundert Ferngespräche übertragen werden können. Wird es allein für Telephonie ausgenutzt, so ergeben sich bis zu 1800 Fernsprechkanäle.

Die in England und Frankreich gebräuchlichen Systeme sind dank der engen internationalen Zusammenarbeit in ihren technischen Daten ebenfalls auf die Empfehlungen des CCIR abgestellt. Sie sind in der Literatur [*51*, *52*] ausführlich behandelt.

Schrifttum zum Kap. V.

[*1*] Empfehlung 267 der CCIR-Vollversammlung Los Angeles 1959.

[*2*] Kilvington, T., D. L. Judds u. L. R. Meatyard: An Investigation of the Visibility of Noise in Television Pictures. Radio Report Nr. 2289 of the British Post Office Engineering Deptt., Juli 1953.

[*3*] Christopher, H. N., u. J. N. Barstow: Measurement of Random Monochrome Video Interference. Trans. Amer. Inst. electr. Engrs. Vol. 73, Part 1, Comm. and Electr. (1954) S. 735—741.

[*4*] Maarleveld, F.: Measurements on the Visibility of Random Noise in a 625-Line Monochrome Television System. Report Nr. 107 R. L. der holländischen PTT, Aug. 1957.

[*5*] Müller, J., u. E. Demus: Ermittlung eines Rauschbewertungsfilters für das Fernsehen. NTZ Bd. 12 (1959) H. 4, S. 181—186.

[*6*] Grosskopf, H., u. R. Suhrmann: Über die Sichtbarkeit sinusförmiger Störungen im Fernsehbild. Rundfunktechn. Mitt. Bd. 1 (1957) S. 45—52.

[*7*] Müller, J.: Die Eigenschaften von Fernsehleitungen und deren Messung. „Der Fernmelde-Ingenieur" Bd. 10 (1956) H. 9.

[*8*] Müller, J.: Über die nichtlinearen Verzerrungen von Fernsehleitungen. A. E. Ü. Bd. 11 (1957) S. 485—494.

[*9*] Brühl, G.: Einige typische Merkmale der Fernsehübertragung mit Frequenzmodulation. A. E. Ü. Bd. 9 (1955) S. 63—68.

[*10*] Brühl, G.: Die Erfassung der charakteristischen Größen einer Fernseh-FM-Richtfunkstrecke durch Messungen zwischen Videoeingang und Videoausgang. FTZ Bd. 8 (1955) S. 362—366.

[*11*] Müller, J.: Über den Zusammenhang von Einschwingverhalten und Bildgüte bei Fernsehübertragungssystemen. FTZ Bd. 6 (1953) S. 320—324.

[*12*] Lewis, N. W.: Waveform Responses of Television Links. Proc. Inst. electr. Engrs. Bd. 101 (1954) Teil 3, S. 258—270.

[*13*] Lewis, N. W.: Waveform Computations by the Time-Series Method. Proc. Inst. electr. Engrs. Bd. 99 (1952) Teil 3, S. 294—305.

[*14*] Dobesch, H., u. H. Sulanke: Über die Additionsgesetze von Dachabfall, Anstiegszeit und Überschwingen, insbesondere in Verstärkerschaltungen. Nachrichtentechnik Bd. 10 (1960) S. 3—14.

[*15*] Wuckel, G.: Breitbandkabel. Jb. elektr. Fernmeldewesens Bd. 1 (1937) S. 380—415.

[*16*] Kaden, H.: Über das Verhalten von Kabeln mit Wellenwiderstandsschwankungen bei Fernseh- und Meßimpulsen. A. E. Ü. Bd. 7 (1953) S. 157—162 u. 191—198.

[*17*] Morrison jr., L. W.: Television Terminals for Coaxial Systems. Trans. Amer. Inst. electr. Engrs. Bd. 68 (1949) S. 1193—1199.

[*18*] Comité Consultatif International Télégraphique et Téléphonique: IIe Assemblée Plénière New Delhi 1960, Rotbuch Bd. III, 3. Teil, Abschnitt 7.

[*19*] Elmendorf, C. H., R. D. Ehrbar, R. H. Klie u. A. J. Grossma: The L 3-Coaxial System. Bell Syst. techn. J. Bd. 32 (1953) S. 781—832.

[*20*] Kilvington, T., F. J. M. Laver u. H. Stanesby: The London-Birmingham Television-Cable System. Proc. Inst. electr. Engrs. Bd. 99 (1952) Teil I, S. 44—62.

[*21*] Halsey, R. J., u. H. Williams: The Birmingham-Manchester-Holme Moss-Television-Cable System. P. O. E. E. J. Bd. 46 (1953/54) S. 118—121 u. 171—176.

[*22*] a) Rendall, A. R. A., u. S. H. Padel: The Broadcasting House-Crystal Palace Television Link. Proc. Inst. electr. Engrs. Bd. 103 (1956) Teil B, S. 644—650.
b) Schimpf, L. G.: Transistorized Carrier System for TV. Bell Lab. Rec. Bd. 38 (1960) S. 253—255.

[23] Barthel, K.: Fernsehübertragung auf Kabelstrecken. A. E. Ü. Bd. 9 (1955) S. 341—349.
[24] Ebenau, W., u. O. Schmitt: Die Streckenausrüstung für das kombinierte Trägerfrequenzfernkabel der Form 17a. NTZ Bd. 11 (1958) S. 250—257.
[25] Rasch, R.: Betriebserfahrungen mit neuen Fernsehverbindungen über Koaxialkabel. NTZ Bd. 12 (1959) S. 452—456.
[26] Hoffmann, R., R. Dombrowsky, M. Lange und R. Rasch: Die Technik der Fernsehübertragung auf Kabeln bei der Deutschen Bundespost. Fernmeldepraxis Bd. 37 (1960) S. 533—552 u. 635—640.
[27] Hoffmann, R.: Die Fernsehortskabelanlage in Westberlin. NTZ Bd. 10 (1957) S. 209—211.
[28] Anton, I. R.: Fernsehdrahtfunk. ÖTF Bd. 7 (1953) S. 57—66.
[29] Kinross, R. I., u. K. A. Russel: H. F. Distribution System — Some Aspects of their Design and Operation. International Television Conference, London 1962 (Inst. of El. Engineers), Conference Digest, S.188—193.
[30] Warmann, W. C.: Washington County Educational Closed-Circuit Television Network. J. S. M. P. T. E. Bd. 66 (1957) S. 677—679.
[31] Doba, St., u. A. R. Kolding: A New Local Video Transmission System. Bell Syst. techn. J. Bd. 34 (1955) S. 677—712.
[32] Aoki, S., O. Kameda, Y. Yokose u. T. Uchino: Video-Pair Cable System. Rep. of ECL. NTT Bd. 4 (1956) S. 20—25.
[33] Sewter, J. B., u. D. Wray: A Balanced Equalizer-Amplifier for Transmitting Video Signals over Telephone Lines. Electronic Engineering Bd. 27 (1955) S. 422—429.
[34] Appeldorn, J., u. C. Bakker jr.: Transmissie van Videosignalen over Lokale Telefoonkabels. Het PTT-Bedrijf Bd. 8 (1957/58) S. 87—94.
[35] Krügel, L.: Mehrfachschirmung flexibler Koaxialkabel. Telefunkenztg. Bd. 30 (1957) S. 207—214.
[36] Granger, S. H.: The New Independent-Television Network. P. O. E. E. J. Bd. 48 (1956) S. 191—197.
[37] Maeda, K.: Coaxial Cable Video Transmission System. Japan Telecom. Rev. Bd. 1 (1959) Nr. 2.
[38] Urtel, R.: Verfahren zur Unterdrückung der Gleichstromkomponente in Fernsehsignalen. DBP Nr. 937779 vom 12. 1. 1956.
[39] Rasch, R.: Eine neue Methode zur Unterdrückung von niederfrequenten Störsignalen auf Fernsehkabeln. NTZ Bd. 12 (1959) S. 416—418; DBP angem., D 25205 VIIIa/21a 2-36/05 vom 21. 3. 1957.
[40] Dombrowsky, R.: Schaltungsanordnung zur Unterdrückung von Störsignalen in erdunsymmetrischen Verbindungsleitungen. DBP angem., D 31 726 VIIIa/21a 2 vom 23. 10. 1959.
[41] Appelt, C. H., K. Christ u. K. Schmid: Die Dezimeterwellen-Richtfunkgeräte der Fernsehübertragungsstrecke Köln—Frankfurt (Main)—Neustadt. FTZ Bd. 6 (1953) S. 406—410.
[42] Behling, H., G. Brühl u. W. Willwacher: Die Dezimeterrichtfunkanlage FREDA I. Telefunkenztg. Bd. 26, Nr. 98 (1953) S. 4—22.
[43] Schuon, E., u. H.-J. Butterweck: Die Linearisierung der Frequenzmodulationskennlinie eines Reflexklystrons. A. E. Ü. Bd. 12 (1958) H. 3, S. 99—108.
[44] Holzwarth, H.: Wirkungsweise und Vorteile der Preemphasis bei der Richtfunkübertragung von Fernsehprogrammen. Nachrichtentechn. Fachberichte Bd. 6 (1957) S. 117—120.
[45] Kaiser, R.: Richtfunkübertragungstechnik. „Der Fernmelde-Ingenieur", Bd. 12 (1958) H. 3 S. 24—32.
[46] Kaiser, R.: Richtfunkübertragungstechnik. „Der Fernmelde-Ingenieur", Bd. 12 (1958) H. 5, S. 19—23.
[47] Gehrke, H.: Tonkanalzusatzeinrichtung für 4 GHz-Richtfunkstrecken. SEL-Nachr. Bd. 7 (1959) H. 3, S. 129—133.
[48] Bartels, K.: Automatische Ersatzschaltung für Breitbandrichtfunksysteme. SEL-Nachr. Bd. 7 (1959) H. 3, S. 133—139.
[49] Roetken, A. A., K. D. Smith u. R. W. Friis: The TD-2 Microwave Radio Relay System. Bell. Syst. techn. J. Bd. 30 (Okt. 1951) S. 1041—1077.
[50] McDavitt, M. B.: 6000 Mc/s Radio Relay System for broad-band long haul service in the Bell-System. Alta Frequ. (Okt. 1957) H. 5, S. 428—446.
[51] Electr. Engng. Bd. 30, No. 363 (Mai 1958) S. 225—302.
[52] Electrique Bd. 37, No. 368 (Nov. 1957) S. 915—946.

VI. Fernsehsender.

Bearbeitet von Dr.-Ing. W. Burkhardtsmaier, Berlin,
und Dr.-Ing. W. Buschbeck, Ulm.

1. Aufbau und Anforderungen.

Der Begriff „Fernsehsender" umfaßt im allgemeinen zwei völlig getrennte Sendeanlagen, für die Bildübertragung und den begleitenden Ton, deren hochfrequente Signale, sofern beide Anlagen nicht auf getrennte, voneinander entkoppelte Antennen arbeiten, außerdem über eine „Bild-Ton-Weiche" (combiningfilter) auf eine gemeinsame Antenne zusammengeführt werden müssen (Bild-Ton-Weiche: s. Kap. VII, S. 289ff.).

Der vorliegende Beitrag beschränkt sich weiterhin auf Fernseh-Rundfunksender; Sendeanlagen für Richtfunkstrecken sind Gegenstand des Kap. V, S. 196ff.

Der Bildsender (Abb. VI.1) umfaßt in seinem HF-Teil die Erzeugung der HF samt Vervielfachern, Verstärkern, ferner die modulierte Stufe und etwa darauf

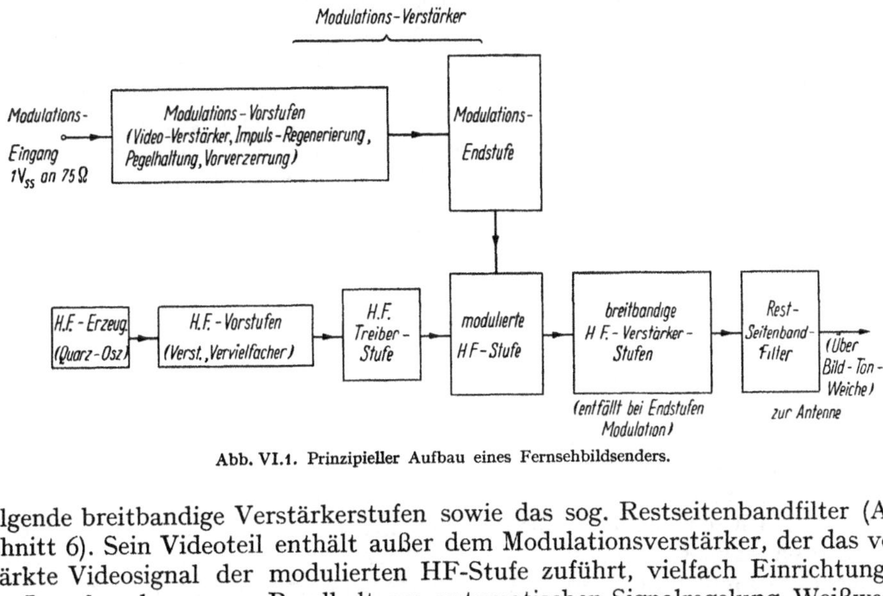

Abb. VI.1. Prinzipieller Aufbau eines Fernsehbildsenders.

folgende breitbandige Verstärkerstufen sowie das sog. Restseitenbandfilter (Abschnitt 6). Sein Videoteil enthält außer dem Modulationsverstärker, der das verstärkte Videosignal der modulierten HF-Stufe zuführt, vielfach Einrichtungen zur Impulsverbesserung, Pegelhaltung, automatischen Signalregelung, Weißwertbegrenzung, ferner verschiedene Vorentzerrer für das Signal (Abschnitt 7). Der Bildsender wird amplitudenmoduliert. In den meisten Ländern (mit Ausnahme von England, Frankreich und einem Teil Belgiens) wird die auch vom CCIR empfohlene negative Modulation angewendet, bei der 75% „Schwarz" und 10% „Weiß" bedeuten, während die über 75% liegenden Amplitudenwerte lediglich zu Synchronisierzwecken dienen. In den folgenden Abschnitten wird, sofern nicht besonders angegeben, stets auf diese Modulationsart Bezug genommen. Als Nennleistung des Bildsenders gilt die Spitzenleistung.

Der Fernsehtonsender ist meistens frequenzmoduliert und ähnelt in seinem Aufbau weitgehend den üblichen UKW-Tonrundfunksendern. Der Frequenzhub, der bei diesen letzteren 75 kHz beträgt, ist jedoch auf 50 kHz reduziert worden. Die für den Tonsender festgelegten Leistungen variieren von $^1/_2$ bis zu $^1/_5$ der Bildsenderleistung. (In Europa wird letztgenannter Wert bevorzugt.) Für frequenzmodulierte Tonsender ist hinsichtlich des erzielbaren Signal-Rausch-Verhältnisses auch diese Leistung noch sehr reichlich. Es sind daher vielfach Bestrebungen im Gange, die Tonsenderleistung weiter herabzusetzen, was namentlich im Falle von Fernsehkanalumsetzern, bei denen Bild- und Tonsendung den gleichen HF-Zug durchlaufen, hinsichtlich Übersprechen wesentliche Erleichterungen bringen würde. Da infolge der Verwandtschaft zum UKW-Tonrundfunksender sich kaum besondere Gesichtspunkte ergeben, wird der Fernsehtonsender in den folgenden Ausführungen nicht mehr gesondert behandelt.

Beim Bildsender wird die Wahl besonderer Schaltungen und Röhren im wesentlichen durch die große Bandbreite bestimmt, die gegenüber allen anderen Rundfunksendungen um mindestens eine Größenordnung höher liegt [*1*].

Weitere Unterschiede gegenüber anderen Sendern ergeben sich dadurch, daß das menschliche Auge auf Unvollkommenheiten der Übertragung anders reagiert als das Ohr. Dieses registriert z. B. die Phasenlage zweier Töne zueinander so gut wie gar nicht, beim Bild treten jedoch störend sichtbare Verzerrungen von Impulsen auf, falls die Laufzeit im ganzen Übertragungsbereich nicht konstant bzw. die Phase nicht frequenzlinear bleibt [*2*].

Der durch die HF-Filterung des unteren Seitenbandes unvermeidlich hervorgerufene ungewollte Phasengang muß deshalb entzerrt werden [*3*]. Darüber hinaus kann auch der im Empfänger durch die NYQUIST-Flanke entstehende Phasengang durch entsprechende zusätzliche Vorentzerrung bereits im Sender kompensiert werden, allerdings unter der Voraussetzung annähernd gleichen Phasenganges für sämtliche teilnehmenden Empfänger [*4*].

Schwankungen der mittleren Bildhelligkeit werden vom Auge als sehr störend empfunden, so daß auch die tiefen Frequenzen bis zum Gleichstrom im Fernsehsignal einwandfrei mit übertragen werden müssen; dies stellt insbesondere an den Modulationsverstärker und die Stromversorgung besondere Anforderungen [*5*].

Die Linearität der Kennlinie wird beim Tonsender durch den Klirrfaktor gekennzeichnet; beim Bildsender wird die Steilheit der Kennlinie innerhalb des Bildsignalbereiches toleriert.

Ein besonderes Problem ist die Filterung des unteren Seitenbandes auf hohem Leistungsniveau (im Falle von Endstufenmodulation) [*6*].

Von Wichtigkeit ist beim Bildsender auch die pegelabhängige Phasenänderung der Hochfrequenz, die, falls vorhanden, Anlaß zu einer frequenzunabhängigen Störphasenmodulation gibt [*7*]. Beim Schwarz-Weiß-Bildsender würde eine solche Phasenmodulation im Falle des allgemein üblichen Differenzträger-Ton-Empfanges (bei dem Bild- und Tonsendung empfangsseitig den gleichen Hochfrequenztrakt durchlaufen) nach der Demodulation der frequenzmodulierten Tonsendung als Störgeräusch in Erscheinung treten. Beim Farbfernsehen (NTSC-Verfahren) würde eine pegelabhängige Phasenmodulation des bei etwa 4 MHz liegenden Farbhilfsträgers, dessen Amplitude die Farbsättigung und dessen Phase den Farbton bestimmt, Farbverfälschungen bringen [*8*].

Die Entwicklung von Bildsendern bedeutete stets eine gewisse Pionierleistung der Technik, nämlich den Vorstoß in ein für andere Zwecke bisher nicht oder wenig erschlossenes Frequenzgebiet bei großen Bandbreiten und hohen Dauerleistungen.

So waren die ersten leistungsstarken UKW-Sender Fernsehsender im jetzigen Band I (in Europa 41 ··· 68 MHz) [9]; ähnlich waren die Verhältnisse beim Vorstoß in das Band III (174 ··· 223 MHz) [10, 11].

Heute kann die Entwicklung in diesen Bändern praktisch als abgeschlossen gelten; Röhren bis zu 50 kW sind verfügbar, und mit Hilfe parallelgeschalteter Senderstufen könnten Sender von 100 kW Leistung und mehr gebaut werden.

Eine ähnliche Entwicklung ist z. Z. im Frequenzgebiet des Bandes IV/V (in Deutschland 470 ··· 790 MHz) zu verzeichnen, wobei allerdings in diesem Falle ein zusätzlicher Anstoß für die Durchbildung leistungsstarker Dauerstrichsender durch die Überreichweitenverbindungen (Scattering) erfolgte. Für diese Bänder sind ebenfalls Röhren für 10 ··· 20 kW Leistung bereits verfügbar; solche mit höherer Leistung sind in Entwicklung und laufen z. T. bereits im Versuchsbetrieb.

Neben Trioden und Tetroden werden hier vorteilhaft Klystrons als Endverstärker verwendet [12, 13]. Im Zuge der Weiterentwicklung ist es durchaus möglich, daß in Zukunft auch andere Laufzeitröhren Verwendung finden werden. Zum Beispiel sind Wanderfeldröhren im Frequenzgebiet um 3000 MHz auf dem Markt (Varian VA-87), die bei Impulsspitzenleistungen von über 2 MW, also mittleren Leistungen von einigen kW, einen Frequenzbereich von 400 MHz überbrücken, allerdings mit z. Z. noch niedrigem Wirkungsgrad.

Die wirklich benutzten Senderleistungen sind in den Bändern I und III heute vielfach kleiner, als es der Stand der Technik ermöglichen würde. Die Strahlungsleistung ist in den europäischen Ländern auf 100 kW begrenzt. Aus rein wirtschaftlichen Gründen investiert man nur einen Bruchteil der zugelassenen Strahlungsleistung im Sender, um durch entsprechenden Antennengewinn die geforderte ERP-Leistung zu erhalten.

Im Band III sind deshalb in Europa Senderleistungen von einigen 100 W bis zu 10 kW üblich; in den USA gibt es aber Sender bis zu 50 kW; im Band I, wo ein höherer Antennengewinn mehr Aufwand kostet, sind auch in Europa, insbesondere in England, Sender der letztgenannten Leistungsklasse eingesetzt.

Im Band IV/V sind in Deutschland Sender von 10 und 20 kW in Betrieb und bis zu 50 kW geplant; in den USA arbeiten seit längerer Zeit schon Sender von 12, 25 und 50 kW, wobei die letzteren durch Parallelschaltung von zwei bzw. vier Einzelsendern gebildet werden; ein 100 kW-Sender läuft im Versuchsbetrieb.

Eine besondere Abart des Fernsehsenders bilden die sog. „Fernsehkanalumsetzer“ [14]. Diese werden in schlecht versorgten Gebieten, besonders in gebirgigem Gelände, wo der normale Empfang infolge von zu schwacher Feldstärke oder von Reflexionen unmöglich ist, eingesetzt. Durch gemeinsame Frequenzumsetzung von Bild und Ton auf eine Zwischenfrequenz oder direkt auf die gewünschte Kanalfrequenz erspart man sich die Trennung von Bild und Ton und ein neues Restseitenbandfilter.

2. Leistungsverstärkung bei großen Bandbreiten.

2a. Bandbreite, Röhrenleistung und Leistungsverstärkung.

Die europäische CCIR-Norm verlangt eine Bandbreite von 5 MHz für den Videokanal. In der HF-Stufe, in der die Modulation erfolgt, entstehen demnach Seitenbandfrequenzen mit einer Breite von insgesamt 10 MHz; hiervon muß jedoch das untere Seitenband nur bis zu einem Abstand von —0,75 MHz vom Träger übertragen werden (Restseitenbandmodulation). Die im Pflichtenheft der ARD[1] tolerierte Durchlaßkurve für Fernsehbildsender zeigt Abb. VI.2; der gesamte Durchlaßbereich für den Hochfrequenzteil des Senders kann damit auf 6 MHz begrenzt werden, wenn man den Ausgangskreis der Hochfrequenzstufen auf die Bandmitte (2 MHz oberhalb des Trägers) abstimmt. Um jedoch im Falle mehrerer Hochfrequenzverstärkerstufen die in einem großen Teil verhältnismäßig eng tolerierte Durchlaßkurve mit Sicherheit einhalten zu können, ist es vorzuziehen, die Einzelstufen mit etwas größerer Bandbreite (etwa 8 MHz) auszulegen und ein getrenntes Filter zu verwenden. Ist die modulierte Stufe bereits die Endstufe des Senders, so empfiehlt sich die Anwendung einer noch etwas größeren Bandbreite, da bei wesentlicher Störung der Symmetrieverhältnisse in bezug auf den Träger durch Nichtlinearitäten pegelabhängige, also mit der mittleren Bildhelligkeit variierende Rückwirkungen des unteren auf das obere Seitenband entstehen können. Grundsätzlich sind in HF-Verstärkerstufen gegen die Trägerfrequenz versetzte Kreise zulässig; die hierdurch bedingte Phasenmodulation entsteht auf jeden Fall doch bei der Restseitenbandfilterung. Da in den Schwingkreisen nur reine Abzweigschaltungen verwendet werden, sind mit der Einhaltung der Gesamtdurchlaßkurve des Senders auch der Phasengang und die dadurch bedingte Phasenmodulation bestimmt.

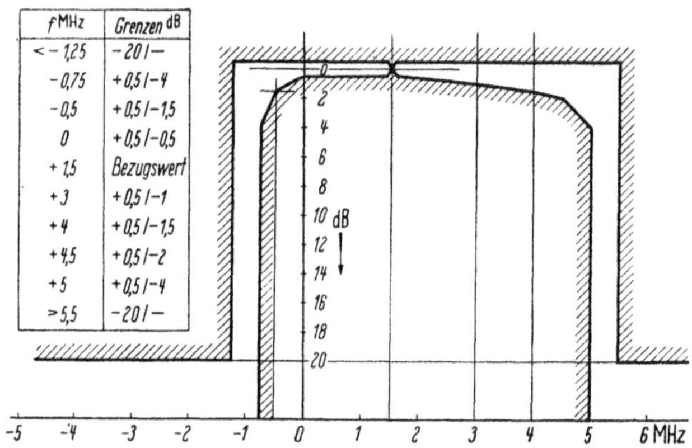

Abb. VI.2.
Toleranzschema nach ARD für das Seitenbandspektrum des Bildsenders.

Die Leistung, die eine Röhre unter diesen Bedingungen abgeben kann, ist bei üblichen Trioden und Tetroden im Fernsehband I und III meist wesentlich kleiner als die optimale Röhrenleistung.

Bekanntlich ist (für prozentual kleine Verstimmungen) bei der gesamten Halbwertsbreite Δf_{ges} der Außenwiderstand R_a eines parallel bedämpften Kreises mit dem Resonanzblindwiderstand X_0 gegeben durch:

$$R_a = \frac{f_0 X_0}{\Delta f_{\text{ges}}} = \frac{1}{2\pi \Delta f_{\text{ges}} C_a}. \qquad \text{(VI.1)}$$

Die Kapazität C_a ist dabei durch Röhrenausgangs- und zusätzliche Schaltungskapazität bestimmt. Bei Leistungsröhren entspricht dies Arbeitswiderständen im Bereich von etwa 300 ··· 1000 Ω.

So ist z. B. bei der 12 kW-Triode RS 722 $C_a \approx 50$ pF (Abb. VI.3a), somit bei 8 MHz Bandbreite, der Arbeitswiderstand nur etwa 400 Ω. (Optimaler Arbeitswiderstand etwa 1800 Ω. Dabei wäre $N_R \approx 35$ kW bei $\Delta f_{\text{ges}} = 1{,}8$ MHz.)

Bei dem durch die Bandbreite gegebenen Arbeitswiderstand ist die maximale Leistung durch den zulässigen Strom bestimmt. Bei modernen Röhren ist aber vielfach nicht die Emissionsgrenze maßgebend, sondern die mit wachsender Aussteuerung entstehende Gitterverlustleistung. Eine weitere Leistungsbegren-

[1] Arbeitsgemeinschaft der Rundfunkanstalten der Bundesrepublik Deutschland; Pflichtenheft 5/21.

zung stellt im UKW-Gebiet der über C_{GA} auf das Gitter abfließende Blindstrom dar, der im obigen Beispiel bei 200 MHz bereits Werte von 100 A erreicht. Insbesondere bei Röhren für das Band IV/V erfordert dies besondere Kühlungsmaßnahmen für die Gitter- bzw. Schirmgitter-Anschlußstelle.

Im UKW-Gebiet sind somit hohe Stromergiebigkeit bei geringen Gitterverlusten und kleine Röhrenkapazitäten die charakteristischen Forderungen der Sendertechnik an den Röhrenbau. Zwecks günstiger Leistungs*verstärkung* und geringen Modulationsaufwandes muß außer der Stromergiebigkeit auch die Steilheit möglichst groß werden. Spannungsfestigkeit und zulässige Anodenverluste sind dabei zunächst von untergeordneter Bedeutung.

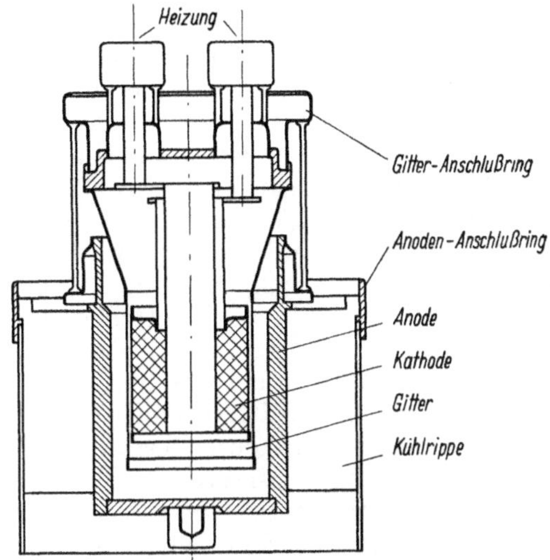

Abb. VI.3a. Schnittzeichnung der Fernseh-UKW-Sendetriode RS 722 (Hersteller: Telefunken-G.m.b.H.).

Versucht man die — in bezug auf den Röhrenbau einander teilweise widersprechenden — Breitbandforderungen im Mittel möglichst gut zu erfüllen, so kommt man zu Röhren mit gedrängten Abmessungen und kleinsten Elektrodenabständen (insbesondere Gitter-Kathode) [*15*], die zwecks Vermeidung allzu störender Laufzeiteffekte für das Fernsehband IV/V sogar unumgänglich sind. Andererseits vermindern sich dadurch die zulässige Verlustleistung und die Spannungsfestigkeit. Führt man dies so konsequent wie möglich durch, so kommt man zu Röhren, die auch im schmalbandigen Betrieb keine größere Leistung abgeben können als unter Fernsehbedingungen. Für negative Bildmodulation, bei der die Spitzenleistung nur impulsmäßig auftritt, kann im Grenzfalle die zulässige Dauerstrichleistung bei Schmalbandbetrieb sogar geringer werden als die Nennleistung beim Fernsehbetrieb (s. Tab. VI.1).

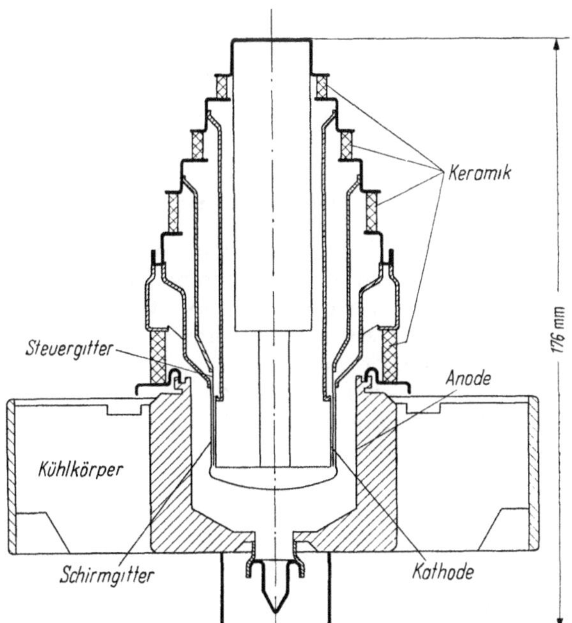

Abb. VI.3b. Querschnitt durch die UHF-Sendetetrode RS 1032 C (Hersteller: Siemens & Halske A.-G.). Aus [*59*].

Die bei hohen Frequenzen größer werdenden Verluste in den Isolationsmaterialien führen zu hohen spezifischen Belastungen. Diese erzwingen den

Übergang von Glas zu Keramik; auch die sonst im Senderbau in Anbetracht der umfangreichen Rückkühlanlagen unbeliebte Wasserkühlung ist bei Fernsehröhren oft nicht zu vermeiden. Immerhin gibt es Röhren bis zu 50 kW Fernsehbildleistung im Band I und bis zu 10 kW im Band IV/V mit Luftkühlung (Abb. VI.3 b) [*59*].

In diesem Band werden für große Leistungen neben Trioden und Tetroden auch Klystrons mit Vorteil als Hochfrequenzverstärker eingesetzt. Deren theoretischer Grundwellenstromgehalt, der praktisch allerdings nicht ganz erreicht wird, ist maximal das 1,16fache des Gleichstromes. In bezug auf die Spannung können Klystrons (im Gegensatz zu gittergesteuerten Röhren) bis zur vollen Gleichspannung (Restspannung Null!) ausgefahren werden. Als Beispiel diene ein Klystron für 16 kV und 2 A Gleichstrom, dem man einen HF-Strom von etwa 1,3 A_{eff} bei einer Spannung von etwa 11 kV_{eff} entnehmen kann; der für die Röhre optimale Arbeitswiderstand wird dabei mit etwa 8,5 kΩ um eine Größenordnung höher als für Trioden oder Tetroden. Er wird durch die mindestens um eine Größenordnung kleinere Ausgangskapazität ermöglicht (einige pF), die ja nur durch zwei Rohre von etwa 25 mm Durchmesser in 20 ··· 25 mm Abstand zusätzlich der Kammerkapazität gebildet wird. (Weitere Bandbreitenvergrößerung bei Mehrkammerklystrons durch versetzte Abstimmung der Zwischenkammern.)

Die Senderausgangsleistung vermindert sich gegenüber der Röhrenleistung um die Verluste im Schwingkreis und in den Ausgangskreisen. Diese Kreisverluste sind in den Fernsehbändern I und III geringfügig, weil bei der hier prozentual noch großen Bandbreite das Blindleistungsverhältnis der Schwingkreise notwendigerweise klein ist. Erst an der oberen Grenze des Bandes IV/V sind, um wesentliche Schwingkreisverluste zu vermeiden, Kreisgüten von 500 bis 1000 erforderlich.

Maßgebend für die Zahl der HF-Stufen in einem Sender ist die erzielbare *Leistungsverstärkung*. Diese ist (ähnlich wie bei Spannungsverstärkern) vom S/C-Verhältnis der Röhren abhängig.

2b. Leistungsverstärkung bei Gitterbasisschaltung.

Die in den Leistungsstufen von Fernsehsendern verwendeten Röhren sind entweder Trioden kleinen Durchgriffs, Tetroden oder Klystrons, in jedem Falle also Röhren mit geringer Rückwirkung und somit hohem Innenwiderstand, der in 1. Näherung als ∞ angesetzt werden kann.

Der Anodenstrom $J_a = S\,U_1$ fließt bei Gitterbasisschaltung durch die HF-Speisespannungsquelle. Somit ist die von dieser (außer der eigentlichen elektronischen Gitterleistung) zu liefernde Nutzleistung $N_1 = U_1 \cdot J_a = S\,U_1^2$ und der Eingangswiderstand R_E der gesteuerten Stufe:

$$R_E = \frac{U_1}{J_a} = \frac{1}{S}. \tag{VI.2}$$

In dem schon vorher erwähnten Beispiel der RS 722 ist die Steilheit im B-Punkt $S_B \approx 30$ mA/V, also $R_E \approx 35\ \Omega$. Der bei Gitterbasisschaltung in praktisch allen Fällen auftretende niedrige Eingangswiderstand, der ursprünglich der Einführung dieser Schaltung hindernd im Wege stand, ist im UKW-Gebiet vorteilhaft, da er in einem Größenbereich liegt, für das sich Wellenwiderstände konzentrischer Leitungen leicht realisieren lassen, so daß Anpassung möglich ist.

Wir wollen zunächst als Anodenkreis einen einfachen, lediglich durch den Außenwiderstand R_a bedämpften Schwingungskreis betrachten. Wie später gezeigt wird, läßt sich die Resonanzkurve durch Verwendung von zwei- oder mehrkreisigen Anordnungen bis zur Stelle der Leistungshalbwertsbreite (3 dB-Punkte) praktisch auf den Resonanzwert anheben, so daß die Ausnützung eines einzelnen Kreises bis zum Halbwert der Leistung möglich ist.

Die im Außenwiderstand insgesamt umgesetzte Leistung ist:

$$N_2 = J_a^2 R_a = \frac{U_1^2 S}{2\pi \varDelta f_{\text{ges}} C_a}. \tag{VI.3}$$

Somit ergibt sich als Leistungsverstärkung:

$$V_L = \frac{N_2}{N_1} = \frac{U_1^2 S^2}{2\pi \varDelta f_{\text{ges}} C_a S U_1^2} = \frac{1}{2\pi \varDelta f_{\text{ges}}} \frac{S}{C_a}. \tag{VI.4}$$

Die *Leistungs*verstärkung ist daher bei einer geforderten Bandbreite $\varDelta f_{\text{ges}}$ unabhängig von der absoluten Größe der Trägerfrequenz f_0 und nur proportional dem Wert S/C_a, d. h. proportional dem gleichen Wert, der bei einem Verstärker ohne Leistungsübergang die maximale *Spannungs*verstärkung bestimmt.

In unserem Beispiel ergibt sich damit bei $C_a = 50$ pF und $\varDelta f_{\text{ges}} = 8$ MHz: $V_L \approx 12$.

Voraussetzung für die Gültigkeit dieser Beziehung ist eine wesentlich größere Bandbreite des Eingangskreises, die bei Gitterbasisschaltung praktisch stets gegeben ist. Für $C_E = 100$ pF wird $\varDelta f_{E\text{ges}} = 45$ MHz, wobei zu beachten ist, daß diese große Bandbreite nicht durch Verlustdämpfung, sondern durch in den Verbraucherwiderstand übergehende Nutzleistung bedingt ist.

2c. Leistungsverstärkung bei Kathodenbasisschaltung.

Wir betrachten den Idealfall verschwindend kleiner Kathodeninduktivität, also vernachlässigbaren Leistungsüberganges (s. 3b 2). In diesem Falle muß der Gitterkreis künstlich bedämpft werden. Dieser bildet zusammen mit dem Anodenkreis der vorhergehenden Röhre im einfachsten Fall eine zweikreisige Schaltung, für die bei optimaler Kopplung die Spannungswerte an den 3dB-Bandgrenzen des — als Einzelkreis betrachteten — ersten Kreises etwa auf den Resonanzwert angehoben werden (s. 2f 1).

Im Falle der optimalen Kopplung muß der zweite Kreis (Gitterkreis, siehe Abb. VI.6) gemäß Abb. VI.7a eine doppelt so große Dämpfung wie der erste und damit, für sich genommen, die doppelte Bandbreite aufweisen.

Es muß also sein:

$$R_E = \frac{1}{2\pi\, 2\varDelta f_{\text{ges}} C_E}.$$

Somit ist

$$N_1 = \frac{U_1^2}{R_E} = U_1^2\, 4\pi \varDelta f_{\text{ges}} C_E; \qquad I_a = S U_1, \tag{VI.5}$$

also

$$N_2 = I_a^2 R_a = \frac{U_1^2 S^2}{2\pi \varDelta f_{\text{ges}} C_a}. \tag{VI.6}$$

Dies bedeutet eine Leistungsverstärkung von

$$V_L = \frac{1}{4\pi \varDelta f_{\text{ges}}} \frac{S}{C_E} \frac{1}{2\pi \varDelta f_{\text{ges}}} \frac{S}{C_a} \approx 3 \cdot 12 = 36 \tag{VI.7}$$

(entsprechend obigem Beispiel).

Die Annahme eines verschwindenden Leistungsüberganges ist, wie spätere Betrachtungen zeigen werden, auch bei Kathodenbasisschaltung nie ganz erfüllt. Dies bedeutet jedoch nur, daß die Zusatzbedämpfung entsprechend geringer gemacht werden kann.

2d. Leistungsverstärkung bei Klystrons.

Abb. VI.4 zeigt das Ersatzschaltbild eines Zweikammerklystrons. Bezüglich der Ableitung muß auf die einschlägige Literatur verwiesen werden [16, 17]. Das Klystron verhält sich bei nicht zu großen Aussteuerungen wie eine Pentode mit komplexer Steilheit, deren (reeller) Betrag

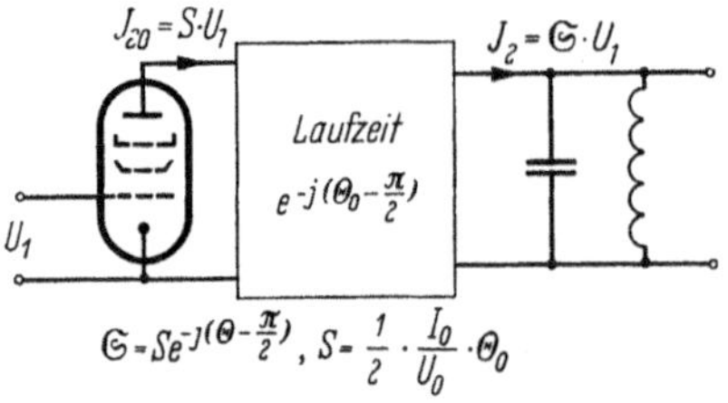

Abb. VI.4.
Ersatzschaltbild eines Zweikammerklystrons.

$$S = \frac{1}{2} \frac{I_0}{U_0} \Theta_0 \tag{VI.8}$$

ist.

Hierbei ist U_0 die Kollektorspannung, I_0 der Strahlstrom und Θ_0 der Laufzeitwinkel zwischen den beiden Kammern ($\Theta_0 = \omega t_0$).

Da Eingangs- und Ausgangskammer im allgemeinen exakt übereinstimmend ausgeführt werden, kann man für die Leistungsverstärkung die gleiche Betrachtung wie in 2c ansetzen und erhält mit $C_a = C_E = C$:

$$V_L = \frac{1}{8\pi^2} \frac{1}{(\Delta f_{\text{ges}})^2} \frac{S^2}{C^2} = \frac{1}{2} R_a^2 S^2. \tag{VI.9}$$

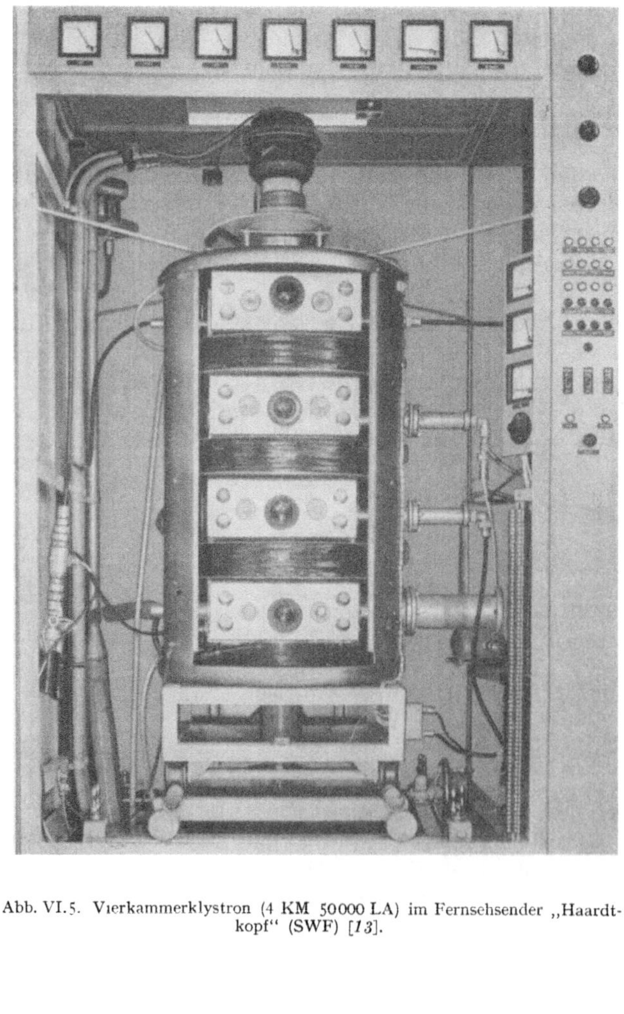

Abb. VI.5. Vierkammerklystron (4 KM 50000 LA) im Fernsehsender „Haardtkopf" (SWF) [13].

Bei $S \approx 0{,}4$ mA/V und $R_a \approx 10$ kΩ (s. auch Tab. VI.1) ergibt sich eine Leistungsverstärkung von 8.

Ein Zweikammerklystron wäre also in bezug auf Leistungsverstärkung einer Triode keineswegs überlegen. Das völlige Fehlen von Rückkopplungen zwischen den Kammern macht es jedoch möglich, durch mehrere hintereinandergeschaltete Kammern in einer Röhre die Gesamtverstärkung um Größenordnungen zu erhöhen. In erster Näherung verhält sich auch hierbei das Klystron noch wie mehrere in Reihe geschaltete Pentodenstufen mit jeweils gleichen Anodenkreisen. Gegenseitige Verstimmung der Einzelkreise erlaubt dann entsprechend geringere Bandbreiten dieser Einzelkreise und höhere

Tabelle VI.1. *Zusammenstellung einiger Leistungsröhren für Fernsehsender ab etwa 10 kW.*

Röhrentyp	Hersteller	Röhrenart	Fernsehband	empfohlene Schaltung	Bildsenderleistung[6] kW	Dauerleistung schmalbandig [kW]	Steilheit[1] mA/V	Ausgangskapazität[2] pF	Eingangskapazität[2] pF	Ungefähre[6] Leistungsverstärkung bei $f = 8$ MHz
BW 165	EEV	Triode	I	GB	25	50	16	30	47	6
4 W 20000 A	Eimac	Tetrode	I, III	KB	25	15	30	23	125	30
Gl 6251	GE	Tetrode	I, III	GB	25	25	25	27	75	11
TBL 6/20	Philips	Triode	I, III	GB	12	17	30	29	65	12
TBL 12/100	Philips	Triode	I	GB	50	100	25	86	116	5
6166	RCA	Tetrode	I, III	GB, KB	12	10	18	24	44 bzw. 104	9 bzw. 15
6806	RCA	Tetrode	IV, V	KB	28	25	55	27	355	30
RS 1011	Siemens	Triode	I, III	GB	12	20	30	35	80	11
RS 1032 C	Siemens	Tetrode	IV, V	GB	11	7	40	27	62	16
RS 722	Telefunken	Triode	I, III	GB	12	35	30	36	80	11
4 KM 50000 LA, LQ	Eimac	4-Kammer-klystron	IV, V	—	12	12	0,4[3]	~2[4]	~2[4]	8[5]
VA 833 B, C	Varian	4-Kammer-klystron	IV, V	—	12	12	0,8[3]	~3,5[4]	~3,5[4]	10[5]

[1] Ungefährer Wert der dynamischen Steilheit bei Betrieb als linearer B-Verstärker.
[2] Werte der Röhrenkapazitäten ohne Schaltungskapazität.
[3] Ungefährer Wert der dynamischen Steilheit zwischen je zwei Kammern (s. Abschnitt 2d).
[4] Aus den Kammerabmessungen geschätzter resultierender Wert.
[5] Ungefährer Wert der Verstärkung zwischen zwei Kammern. Bei gegenseitiger Verstimmung und entsprechend geringerer Bandbreite (etwa 5 MHz) der Einzelkreise ergibt sich für Vierkammerklystrons insgesamt eine Leistungsverstärkung von etwa 3000.
[6] Da die Angaben der Röhrenhersteller sich z. T. auf unterschiedliche Bandbreite beziehen, erfolgte entsprechende Umrechnung; die Tabellenangaben können deshalb mit gewissen Ungenauigkeiten behaftet sein.

Verstärkungen. Praktisch erreicht man — bei Fernsehbandbreite — mit Dreikammerklystrons Leistungsverstärkungen bis zu etwa 2 ··· 400, bei Vierkammerklystrons bis zu etwa 3 ··· 5000.

Auch ein Sechskammerklystron, das mit 20 MHz Bandbreite noch eine derartige Verstärkung besitzt, wurde bereits gebaut (Eimac 6 K 50000 LQ); in Anbetracht der bei vielen Kreisen komplizierten Abstimmung dürfte jedoch für normale Fernsehsender das Optimum beim Vierkammerklystron liegen.

Abb. VI.5 zeigt ein solches Klystron (Eimac 4 KM 50000 LA) für das Fernsehband IV. Es arbeitet mit 17 kV Kollektorspannung und 1,7 A Stromstärke; zur Fokussierung des Elektronenstrahls wird außerdem eine Magnetspulenanordnung mit etwa 800 W Leistungsaufnahme benötigt.

2e. Zusammenstellung einiger für Fernsehsender geeigneter Leistungsröhren.

Tab. VI.1 enthält für mehrere Leistungsröhren ab 10 kW die wichtigsten Daten für den Fernsehbetrieb sowie die vom Röhrenhersteller empfohlene Schaltung. Bei Trioden kommt nur Gitterbasisschaltung in Betracht, da infolge der großen Gitter-Anoden-Kapazität bei Kathodenbasisschaltung die Vermeidung von Blindrückwirkungen zu großen Schwierigkeiten führt. Tetroden werden sowohl in Gitter- wie in Kathodenbasisschaltung betrieben. Bei ersterer werden Leistungsverstärkungen bis 15, bei letzterer bis 30 erreicht.

Dieser bei optimaler Bemessung der Röhre nicht allzu große Unterschied erklärt, daß die hinsichtlich Schaltung und Herstellung einfachere und im Wirkungsgrad etwas günstigere Triode mit der Tetrode durchaus konkurrieren kann. Die in bezug auf Blindrückwirkung wesentlich unempfindlichere Gitterbasisschaltung wird auch bei Tetroden angewendet. Steuergitter und Schirmgitter sind für Hochfrequenz miteinander verbunden. Hierdurch wird die zwischen diesen beiden Gittern liegende Kapazität, die bei Kathodenbasisschaltung einen beträchtlichen Teil der Eingangskapazität ausmacht, unwirksam, die hochfrequenzleitende Verbindung der beiden benachbarten Gitter ist einfacher als die Verbindung zwischen Schirmgitter und Kathode, und die wirksame Steilheit wird auf den Betrag $S(1 + D_{SK})$ erhöht.

Für Fernsehen geeignete Tetroden können heute bis zu etwa 25 kW Leistung hergestellt werden. Bei noch größeren Leistungen ist die Abführung der Schirmgitterverlustwärme zu schwierig, so daß nur noch Trioden in Betracht kommen. Die höchste mit einer Triode im Fernsehband IV/V bis jetzt erreichte Leistung beträgt etwa 100 kW (Super-Power-Triode der RCA).

2f. Ausführung der Schwingkreise.

2f.1. Schaltungen. Im einfachsten Falle wird der Anodenkreis durch einen Parallelresonanzkreis gebildet, wobei die Nutzleistung, um zusätzliche Blindleistung zu sparen, am besten induktiv ausgekoppelt wird. Ein solcher einfacher Kreis, der den Anforderungen der Toleranzkurve nach Abb. VI.2 entspricht, müßte eine Halbwertsbreite von etwa 10 MHz aufweisen. Der einfache Kreis wird seiner leichteren Abstimmung wegen, wo irgend möglich, angewendet.

Durch Mehrkreisanordnungen kann bekanntlich die Durchlaßkurve wesentlich verbessert werden [*18*].

Betrachten wir zunächst den Fall einer Zweikreisanordnung (Zwischenkreissender). Im Falle der besonders kritischen Endstufe ist man in der Wahl der Blindwiderstände des Kreises II, also auch der Dämpfung d_2, völlig frei. Die Kopplung $\varkappa$ zwischen den Kreisen I und II und die Dämpfung d_2 sollen so gewählt werden, daß der Arbeitswiderstand der Röhre stets der gleiche bleibt. Der Kopplungsgrad ist durch das Verhältnis $a = \varkappa/d_2$ bestimmt. Bekanntlich bedeutet $a = 1$, also $\varkappa = d_2$, die kritische Kopplung. Im folgenden soll nun für einige praktisch in Frage kommende Werte von a die Amplituden- und Phasenkurve am Ausgang des Kreises II ermittelt werden. Um die Rechnung nicht unnötig zu komplizieren und um unübersichtliche Ausdrücke zu vermeiden, sei angenommen, daß der Kopplungswiderstand X_K zwischen den beiden Kreisen in dem für die Modulation in Frage kommenden Frequenzgebiet als konstant betrachtet werden darf. Diese Voraussetzung ist in den Fernsehbändern III und IV/V ohnehin bereits bei Anwendung einer einfachen induktiven oder kapazitiven Kopplung praktisch erfüllt und ließe sich auch im Band I durch Anwendung einer gemischten induktiv-kapazitiven Kopplung realisieren. Weiterhin sei angenommen, daß der Innenwiderstand R_i der Röhre groß genug ist, um die durch ihn bewirkte Zusatzdämpfung des Kreises I gegenüber der übertragenen Nutzdämpfung zu vernachlässigen. Abb. VI.6 zeigt das der Rechnung zugrunde gelegte Schema.

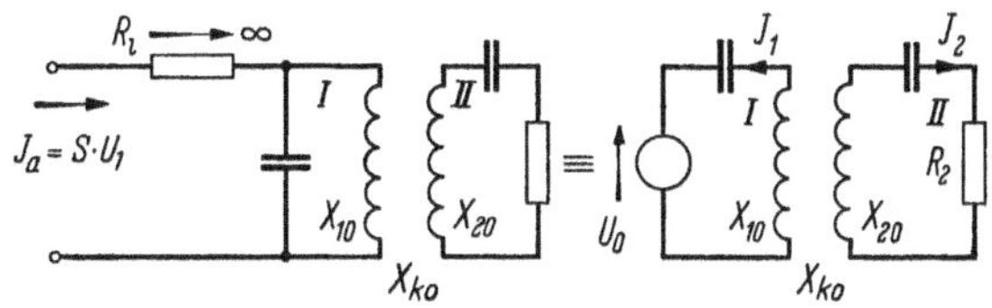

Abb. VI.6.
Zweikreisanordnung zur Verbesserung der Frequenzdurchlassigkeit.

Aus den KIRCHHOFFschen Gleichungen:

$$j X_{10} v J_1 + j X_{K0} J_2 = U_0,$$

$$j X_{K0} J_1 + (R_2 + j X_{20} v) J_2 = 0,$$

$$v = \frac{\omega}{\omega_0} - \frac{\omega_0}{\omega} \dots \text{ Verstimmungsmaß,}$$

ergibt sich als Ausgangsspannung am Widerstand R_2:

$$U_2 = R_2 J_2 = U_0 \frac{-\dfrac{X_{K0}}{X_{10} X_{20}} R_2}{\dfrac{R_2 v}{X_{20}} - j\left(\dfrac{X_{K0}^2}{X_{10} X_{20}} - v^2\right)} = -U_0 \varkappa d_2 \sqrt{\frac{X_{20}}{X_{10}}} \frac{1}{d_2 v - j(\varkappa^2 - v^2)}. \tag{VI.10}$$

Voraussetzungsgemäß soll bei der Resonanzfrequenz der Außenwiderstand der Röhre, also auch der in den Kreis I übertragene Wirkwiderstand $R_{21} = X_{K0}^2/R_2$, stets gleich sein. Der Außenwiderstand der Röhre ist

$$R_a = \frac{X_{10}^2}{R_{21}} = \frac{X_{10}^2}{X_{K0}^2} \cdot R_2 \cdot \frac{X_{20}}{X_{20}} = \frac{d_2}{\varkappa^2} X_{10}$$

oder mit

$$d_1 = \frac{X_{10}}{R_a} \quad \dots \quad \varkappa^2 = d_1 d_2.$$

Definitionsgemäß ist $\varkappa = a\, d_2 = a\, \varkappa^2/d_1$ und $a^2 = \varkappa^2/d_2^2 = d_1/d_2$.

Für den Innenwiderstand ∞, d. h. bei Stromeinspeisung, ist

$$U_0 = -j X_{10} J_a = -j S X_{10} U_1,$$

also

$$U_2 = -j S X_{10} U_1 \frac{d_1}{a} \frac{d_1}{a^2} \frac{1}{d_2 v - j(d_1^2/a^2 - v^2)}$$

oder endlich

$$\frac{U_2}{U_1} = S \frac{\sqrt{X_{10} X_{20}}}{a^3} \frac{1}{\left(\dfrac{1}{a^2} - \dfrac{v^2}{d_1^2}\right) + j \dfrac{1}{a^2} \dfrac{v}{d_1}}. \tag{VI.11}$$

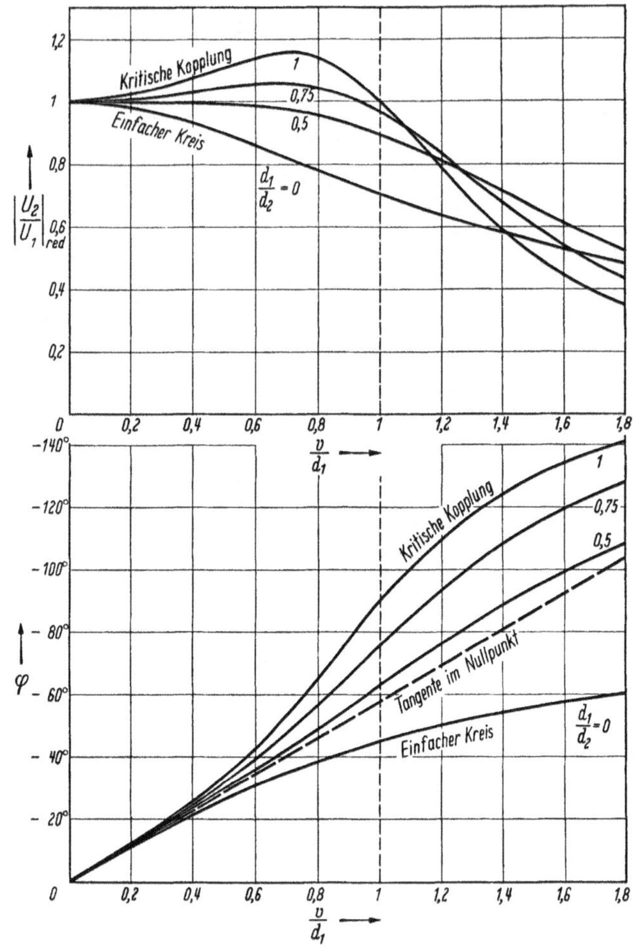

Abb. VI. 7a. Amplituden- und Phasengang des Zweikreisfilters.

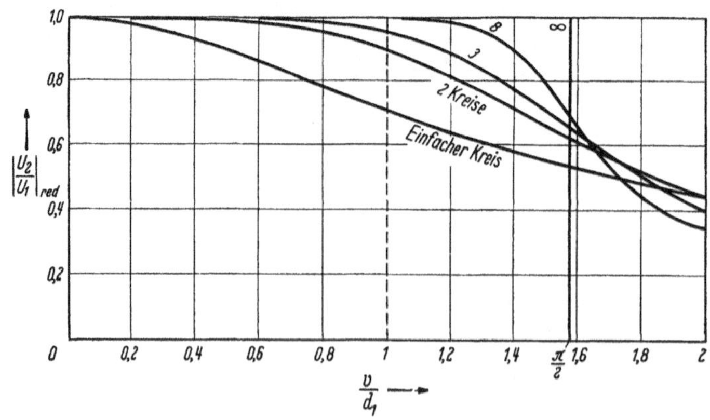

Abb. VI. 7b. Bandbreitenverbesserung durch Mehrkreisanordnungen (Grenzkurven ohne Überhöhung) [19].

In Abb. VI. 7a sind die Amplituden- und Phasenkurven für einige Kopplungswerte zwischen der kritischen Kopplung und dem Falle des einfachen Schwingungskreises eingetragen. Im Gegensatz zum Tonrundfunk ist, wie bereits eingangs betont, für Fernsehsender ein mit der Modulationsfrequenz linearer Phasengang wichtig. Aus vierpoltheoretischen Überlegungen geht hervor, daß gleichbleibendem Amplitudengang ein linearer Phasengang entspricht, solange keine überbrückten T-Glieder verwendet werden, deren Umrechung auf Π- oder einfache T-Glieder negative Induktivitäten oder Kapazitäten ergeben würde. Dieses Gesetz wird durch Abb. VI.7a bestätigt.

Rein theoretisch läßt sich die Amplitudenkurve durch Vermehrung der Kreiszahl weiter verbessern, wie Abb. VI.7b zeigt, die für den Fall gerade noch keine Überhöhung ergebender Grenzkurven berechnet ist [*19*]. Bei Vergrößerung der Kreiszahl wäre die Ausnützung eines einfachen Schwingkreises sogar über die durch die Leistungshalbwertsbreite gegebene Grenze (normierte Frequenz: $v/d_1 = 1$) hinaus möglich. (Bei sechs Kreisen bis etwa zur normierten Frequenz 1,40, bei unendlich vielen Kreisen bis zu $\pi/2$.) Mit Rücksicht auf erhöhten Aufwand, Kreisverluste, Abstimmungsschwierigkeiten und zeitliche Konstanz der Einstellung geht man aber praktisch in der Regel über zwei Kreise nicht hinaus und begnügt sich demnach mit der Ausnützung eines Bandes, das etwa der Leistungshalbwertsbreite des einfachen Röhrenkreises entspricht.

2f.2. Realisierung. Während im Fernsehband I die Verwendung konzentrierter Schaltelemente noch weitgehend möglich ist, wird im Fernsehband III der Anodenschwingkreis bei großen Leistungen fast immer durch eine koaxiale, an ihrem Ende kurzgeschlossene Leitung mit dem Eingangsblindwiderstand

$$Z \operatorname{tg} \frac{2\pi l}{\lambda_0} = \frac{1}{2\pi f_0 C_a} \qquad \text{(VI.12)}$$

dargestellt [*20*], wobei C_a die Ausgangskapazität der Röhre (einschließlich verteilter Kapazitäten) bedeutet. Die Länge l liegt in den Gebieten

$$2n\frac{\lambda}{4} \leqq l \leqq (2n+1)\frac{\lambda}{4}.$$

Hiervon ist praktisch nur die erste, sog. $\lambda/4$-Abstimmung ($n = 0$) brauchbar, da in den anderen Fällen die durch die zusätzlichen $\lambda/2$-Leitungen bedingte Blindleistung die Bandbreite verringert. Der Wellenwiderstand muß zwecks Vermeidung zusätzlicher Kapazitäten so hochohmig wie möglich sein. Dabei wird allerdings die Länge l sehr klein. Da man noch Raum für die Auskopplung benötigt und ein Teil der Induktivität bereits innerhalb der Röhre liegt, ist man zu Kompromissen gezwungen. Es genügt, Z so zu wählen, daß die Leitungslänge $\lambda/8$ nicht übersteigt. Um nicht an Bandbreite zu verlieren, muß die Abstimmung induktiv, etwa durch einen verschiebbaren Kurzschluß erfolgen. Abb. VI.8 zeigt eine Ausführungsform, aus der auch die Zuführung der Gleichspannung ersichtlich ist. Im Band IV/V muß bereits die Konstruktion der Röhre die Möglichkeit der $\lambda/4$-Abstimmung noch gewähren (s. Abb. VI.3b). Der Sekundärkreis läßt sich durch konzentrierte Schaltelemente, wie in Abb. VI.6 gezeichnet, höchstens noch im Band I darstellen. Im Band III, und vor allem im Band IV/V,

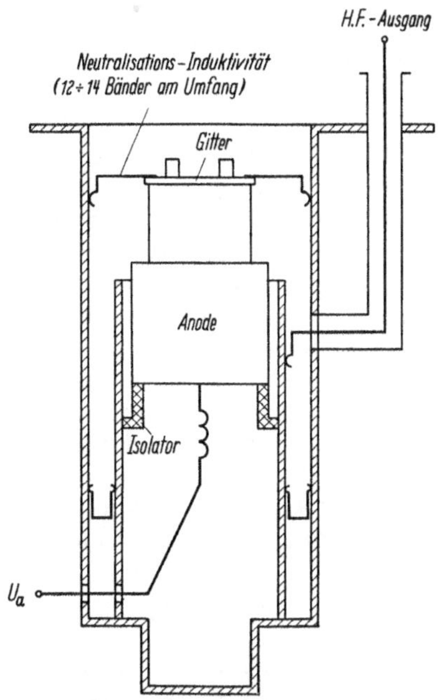

Abb. VI.8. Schwingkreisanordnung einer 10 kW-Fernsehsenderstufe für Band III (schematisch).

ergeben sich für die Kapazität des zweiten Kreises bei einem Belastungswiderstand von 60 Ω Werte von etwa 1 pF und darunter, die verteilter Erdkapazitäten wegen nicht mehr realisierbar wären. Ausführbare Schaltungen erhält man

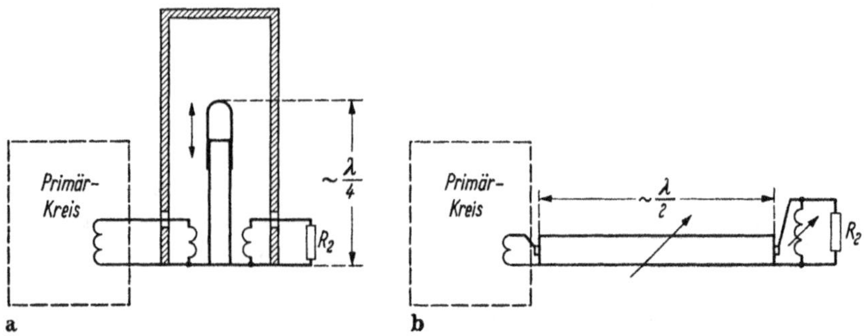

Abb. VI.9a u. b. Ausführungsmöglichkeiten des Sekundärkreises bei Zweikreisanordnungen.

durch Transformation des Belastungswiderstandes auf etwa 5 ··· 10 Ω. Der Sekundärkreis kann dann beispielsweise durch einen koaxialen $\lambda/4$-Topfkreis nach Abb. VI.9a oder durch eine zwischengeschaltete koaxiale Leitung von annähernd $\lambda/2$ Länge (Abb. VI.9b) dargestellt werden.

3. Wahl der Röhrenschaltung und Neutralisation bei Trioden und Tetroden.

3a. Eintakt- oder Gegentaktschaltung.

Mit Rücksicht auf die erforderliche Bandbreite erweisen sich von vornherein solche Schaltungen als besonders geeignet, die bei gegebener Wirkleistung möglichst wenig Blindleistung verlangen. Man beschränkt deshalb selbstverständlich die Schaltungskapazitäten auf ein Minimum. Am besten gelingt dies mit einem als konzentrische Leitung ausgebildeten Schwingkreis, bei dem die Röhrenanode — gegebenenfalls über einen Blockkondensator — bereits einen Teil des Innenleiters bildet, so daß die mechanische Halterung der Röhre im feldfreien Inneren dieses Innenleiters vorgenommen werden kann (s. z. B. Abb. VI.8).

Zusätzliche Blindleistung entsteht unvermeidlich durch die Neutralisationsschaltung. Exakte Neutralisation [*21*] bis [*23*] ist bei den hohen Betriebsfrequenzen der Fernsehsender aus Stabilitätsgründen eine zwingende Forderung; bei ungenauer Neutralisation würde außerdem in der modulierten HF-Stufe eine pegelabhängige Phasenänderung der Hochfrequenz und damit Phasenmodulation auftreten, weil die durch Blindkopplung entstehende Zusatzspannung im Ausgangskreis, unabhängig vom Modulationszustand der Röhre, annähernd um 90° gegen die verstärkte HF-Spannung verschoben ist.

Die unerwünschte Kopplung zwischen steuernder und gesteuerter Stufe wird durch diejenige Interelektrodenkapazität bewirkt, welche zwischen dem Anschlußpunkt der steuernden Wechselspannung und der Anode der Verstärkerröhre liegt. Bei der klassischen Kathodenbasisschaltung ist dies also C_{AG}, bei Gitterbasisschaltung C_{AK}. In geeignet gebauten Trioden ist C_{AK} um eine bis zwei Größenordnungen kleiner als C_{AG} und beträgt auch in Hochleistungsröhren höchstens einige pF. Die geringste zusätzliche Blindleistung ist bei der üblichen frequenzunabhängigen Brückenneutralisation in Gitterbasis-Gegentaktschaltung vorhanden [*21*], da hierbei die zur Kompensation der Blindrückwirkung erforderliche gegenphasige Brückenspannung ohne zusätzlichen Blindleistungsaufwand zur Verfügung steht. Die Gegentaktschaltung hat ferner den Vorteil, daß man sowohl gitter- wie anodenseitig in den Spulenmitten Punkte zur Verfügung hat, die keine oder nur eine ganz geringe HF-Spannung gegenüber der Basis aufweisen und daher ohne wesentliche Verdrosselungsschwierigkeiten oder zusätzliche große Blockkondensatoren die Zuführung der speisenden Gleich- sowie der Bildmodulationsspannung ermöglichen. Der Modulationsaufwand wird damit beachtlich verringert. Der Nachteil des Gegentaktes ist, daß stets eine gerade Anzahl von Röhren je Stufe erforderlich wird, was zusammen mit der erhöhten Zahl von Schaltelementen die Kosten vergrößern kann. Außerdem werden bei Fernsehsendern die Antennen fast immer über Kabel, also erdunsymmetrisch, angeschlossen, so daß am Senderausgang ein breitbandiges Übergangsglied von Erdsymmetrie auf Erdunsymmetrie erforderlich wird.

Im Falle offenen Röhrenaufbaus können bei Vorhandensein geeigneter Röhren die Vorteile des Gegentaktes überwiegen. Dies trifft insbesondere für das Fernsehband I zu, in dem aus Gründen des geringen Frequenzabstandes von Modulations- und Trägerfrequenz die Verblockung besonders schwierig wird. Auch kann hier die Entsymmetrierung noch durch einfache induktive Ankopplung des Sekundärkreises ohne zusätzlichen Aufwand erfolgen.

Im Band IV/V, im allgemeinen auch noch im Band III, ist jedoch die Eintaktschaltung vorzuziehen, da jede Röhre einen in sich geschlossenen Schwingkreisaufbau verlangt.

3b. Neutralisation.

Bei Eintakt erfolgt die Neutralisation, da gegenphasige Spannungen von vornherein nicht zur Verfügung stehen, meist unter Verzicht auf Frequenzunabhängigkeit mit Hilfe einer sog. Basisinduktivität. Trotz der großen Bandbreite des Bildsenders ist, wie später gezeigt werden wird, die prozentuale Abweichung der höchsten Seitenbandfrequenz auch im Band I noch so klein, daß die Neutralisation über den ganzen Seitenbandbereich genügend gewahrt bleibt.

3b.1. Neutralisation bei Gitterbasisschaltung von Trioden. Abb. VI.10 zeigt diese Schaltung schematisch und zunächst unter Vernachlässigung der Röhrenkapazitäten. Die steuernde Spannung U_1 und die Ersatzspannung U_2 der gesteuerten Stufe liegen in Serie an der Summe von Innen- und Außenwiderstand. Der Anodenstrom J_a des Hauptsenders durchfließt also den Steuersender, der somit einen Teil der Nutzleistung liefert.

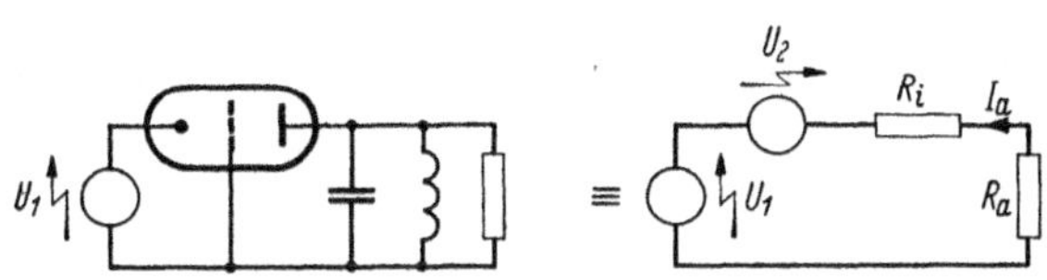

Abb. VI.10.
Gitterbasisschaltung (unter Vernachlässigung der Röhrenkapazitäten).

Der Anodenwechselstrom hat die Größe:

$$J_a = \frac{U_1 + U_2}{R_i + R_a} = \frac{U_1(1+\mu)}{R_i + R_a}.$$

Der vom Steuersender abgegebene Wirkleistungsanteil ist

$$N_{12} = U_1 J_a = \frac{U_1^2(1+\mu)}{R_i + R_a},$$

die vom Hauptsender gelieferte Leistung:

$$N_2 = U_2 J_a \frac{R_a}{R_i + R_a} = \frac{\mu(1+\mu)\, U_1^2 R_a}{(R_i + R_a)^2}.$$

Somit ist das Verhältnis der übertragenen zu der vom Hauptsender hergegebenen Leistung:

$$\frac{N_{12}}{N_2} = \frac{R_i + R_a}{\mu R_a} = \frac{1 + R_a/R_i}{\mu} = \frac{1}{V} = \frac{U_1}{U_a}, \qquad \text{(VI.13)}$$

also einfach der reziproke Quotient der Spannungsverstärkung. Sind die Röhrenkapazitäten, wie es tatsächlich der Fall ist, nicht zu vernachlässigen, so kann die Neutralisation, d. h. die Entkopplung von steuernder und gesteuerter Stufe, durch Einfügung einer kleinen Induktivität zwischen Gitter und Basis für eine einzige Frequenz exakt durchgeführt werden, wie in Abb. VI.11a anschaulich erläutert.

Bei Ersatz des durch die inneren Röhrenkapazitäten gegebenen Dreiecks durch den analogen Stern erhält man das Schema Abb. VI.11b. Wird die Sternkapazität $C_2 = C_{MG}$ durch die Kompensationsinduktivität L_K bei der mittleren Betriebswelle auf Serienresonanz abgestimmt, so ist der Sternpunkt M mit der Basis B kurzgeschlossen. Man erhält dann das Schema Abb. VI.11c, das bei Abstimmung der Anodenkreisinduktivität L auf die Sternkapazität C_3 und der Gitterkreisinduktivität auf C_1 in das ursprüngliche Schema Abb. VI.10 übergeht.

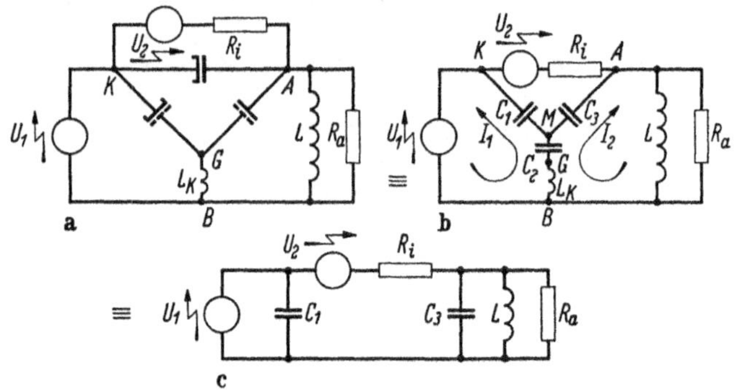

Abb. VI.11a—c. Basisneutralisation bei Gitterbasisschaltung.

Die Schaltungen unterscheiden sich voneinander jedoch dadurch, daß die steuernde Spannung zwischen Gitter und Kathode nicht mehr einfach U_1 ist, sondern vom Steuer- *und* Hauptsender geliefert wird. Diese Spannung soll nun [unter der Voraussetzung: $R_i \gg (X_1 + X_3)$] berechnet werden:

Die Kreisspannung ist

$$U_K = (U_1 + U_2)\frac{R_a}{R_i + R_a}.$$

Der vom Steuersender stammende Stromanteil beträgt (s. Abb. VI.11b):

$$J_1 = \frac{U_1}{-jX_1},$$

der von der Kreisspannung gelieferte:

$$J_2 = \frac{U_a}{-jX_3}.$$

Somit ist die Steuerspannung:

$$U_{St} \approx -j(X_1 + X_2)J_1 - jX_2J_2 = \frac{X_1 + X_2}{X_1}U_1 + \frac{X_2}{X_3}\frac{R_a}{R_i + R_a}(U_1 + U_2). \tag{VI.14}$$

Nun ist

$$U_2 = \mu U_{St} = SR_i U_{St}.$$

Daher wird

$$\frac{U_2}{SR_i} = U_1\left(\frac{X_1 + X_2}{X_1} + \frac{X_2}{X_3}\frac{R_a}{R_i + R_a}\right) + U_2\frac{X_2}{X_3}\frac{R_a}{R_i + R_a}$$

oder:

$$U_2\left(\frac{1}{SR_i} - \frac{X_2}{X_3}\frac{R_a}{R_i + R_a}\right) = U_1\left(1 + \frac{X_2}{X_1} + \frac{X_2}{X_3}\frac{R_a}{R_i + R_a}\right).$$

Demzufolge ergibt sich der Strom J_3 im Nutzwiderstand R_a zu:

$$J_3 = \frac{U_1 + U_2}{R_i + R_a} = U_1 \left[\frac{1}{R_i + R_a} + \frac{1 + \frac{X_2}{X_1} + \frac{X_2}{X_3} \frac{R_a}{R_i + R_a}}{\frac{R_i + R_a}{S R_i} - \frac{X_2}{X_3} R_a} \right]. \qquad \text{(VI.15)}$$

Dieser für endlichen Innenwiderstand R_i ziemlich unanschauliche Ausdruck wird wesentlich übersichtlicher im Falle von sehr hohem R_i:

$$\lim_{R_i \to \infty} J_3 = \frac{(1 + X_2/X_1)\, U_1 S}{1 - X_2/X_3 S R_a}. \qquad \text{(VI.16)}$$

Hiernach wird einmal die Eingangsspannung U_1 im Verhältnis $\frac{C_1 + C_2}{C_2}$ erhöht; andererseits ist auch eine der Verstärkung SR_a proportionale Rückkopplung vorhanden, die in Abhängigkeit von C_3/C_2 wirksam wird. Damit ist zugleich gezeigt, daß bei großen koppelnden Kapazitäten, also hohen Werten von X_2, schließlich ein Punkt erreicht wird, an dem der Nenner zu Null wird, d. h. sogar schon bei der Betriebswelle Selbsterregung auftritt.

Damit ist die praktische Anwendung der Basisneutralisation von vornherein auf Schaltungen mit kleinen koppelnden Kapazitäten, bei Trioden also auf Gitterbasisschaltung beschränkt (Kathodenbasisschaltung nur bei Tetroden).

3b.2. Neutralisation und Leistungsübergang bei Tetrodenverstärkern. Die für Bildsender dank ihrer höheren Leistungsverstärkung, ihrer leichteren Neutralisation und ihrer in einem weiten Bereich gitterstromlosen Aussteuerbarkeit auch gern verwendete Tetrode pflegt man in der normalen Kathodenbasisschaltung bei Eintaktsendern, zwecks Vermeidung zusätzlicher Kapazitäten, gleichfalls durch Einschaltung einer kleinen Induktivität zu neutralisieren. Diese wird dann aber zweckmäßiger in die Schirmgitterzuleitung gelegt. Die Wirkung dieser Maßnahme ist in hohem Grade abhängig davon, ob man die induktive Reaktanz der

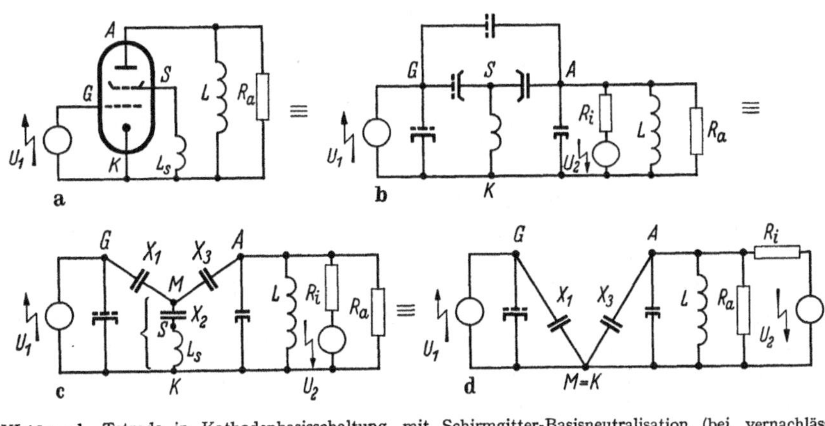

Abb. VI.12a—d. Tetrode in Kathodenbasisschaltung mit Schirmgitter-Basisneutralisation (bei vernachlässigbarer Kathodeninduktivität).

Kathodenzuleitung noch vernachlässigen kann. Betrachten wir zunächst diesen Fall (Abb. VI.12a).

Gelingt es, die Kathode ohne Zwischenschaltung merklicher Blindwiderstände zur Basis zu machen, so können für eine mittlere Frequenz, wie die Abb. VI.12c und VI.12d zeigen, die steuernde und die gesteuerte Stufe bezüglich Blind- und Wirkleistung voneinander entkoppelt werden. Leistungsübergang findet also nicht statt. Dagegen ist geringe Gegenkopplung über den Schirmgitterdurchgriff vorhanden, da die von Steuer- und Hauptsender gelieferten Ströme den Sternkondensator X_2 gegensinnig durchfließen. Dieser Zustand kann auch bei nicht vernachlässigbaren Längen der Kathodenzuleitung erzwungen werden, wenn man die Verbindung zwischen Kathode und Basis auf $\lambda/2$ ergänzt. Wird die Kathodeninduktivität aber nicht kompensiert, dann ergeben sich Verhältnisse, wie sie Abb. VI.13 zeigt.

Die durch zwei Gitter hindurchgreifende Kapazität C_{AK} ist so klein, daß ihre Wirkung vernachlässigt werden kann. Dann erhält man für den Fall eingestellter Neutralisation das Schema Abb. VI.13d. Wird das Eingangsgebilde durch den

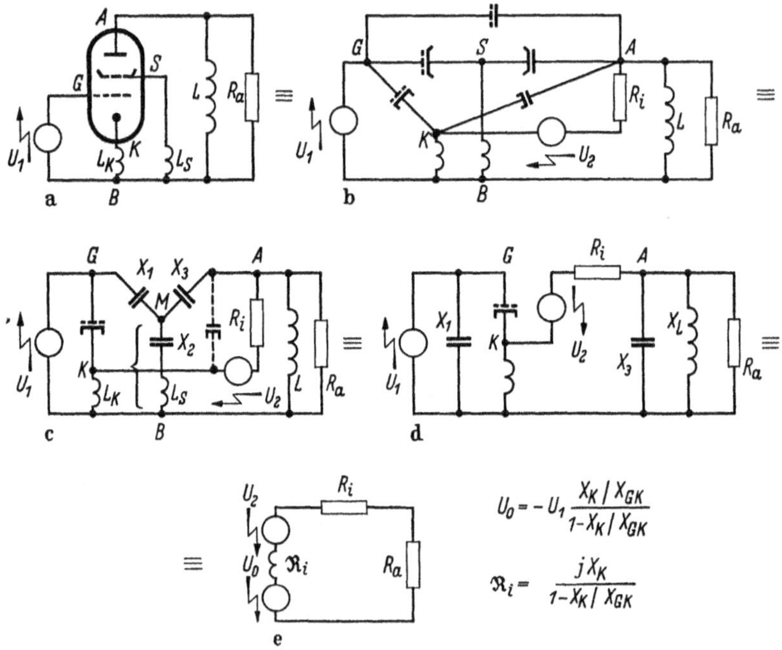

Abb. VI.13 a—e. Tetrode in Kathodenbasisschaltung mit Schirmgitter-Basisneutralisation (bei nicht vernachlässigbarer Kathodeninduktivität).

äquivalenten Zweipol ersetzt, so entsteht endgültig Abb. VI.13e. Arbeitet man, wie wohl immer in praktischen Fällen, mit Frequenzen unterhalb der durch Gitter-Kathode-Kapazität und Kathodeninduktivität gebildeten Eigenwelle λ_{g0}, so dreht sich die Phase der Ersatz-EMK U_0 gegenüber U_1 um 180°. U_0 wird also gleichphasig mit U_2. Der Leistungsübergang ist dann in Analogie zur neutralisierten Gitterbasisschaltung positiv und einfach gegeben durch das Verhältnis U_0/U_2. Die oberhalb der Gittereigenwelle induktive Innenimpedanz des Ersatzzweipols wird vom Anodenstrom des Hauptsenders durchflossen, der gegenüber dem vom Steuersender gelieferten Strom um 90° phasenversetzt ist. Der Steuersender wird somit durch den Hauptsender verstimmt bzw. phasenmoduliert. U_0 wird für $X_K = X_{GK}/2$, d. h. für eine Welle $\lambda = \sqrt{2}\,\lambda_{g0}$, zu $-U_1$, der Leistungsübergang in diesem Falle also ebenso groß wie bei der Gitterbasisschaltung. Für kürzere Wellen überschreitet er diesen Betrag.

Betreibt man die Tetrode in Steuergitter-Schirmgitter-Basisschaltung (Steuergitter und Schirmgitter hochfrequent verbunden), was die Eingangskapazität praktisch auf die Hälfte reduziert (weil die Kapazität zwischen den Gittern infolge des hochfrequenten Kurzschlusses unwirksam wird) und die wirksame Steilheit im Verhältnis $(1 + D_{SK})$ erhöht, so wird der Leistungsübergang jedenfalls auf einen definierten Wert beschränkt. Hinsichtlich Steilheit, Leistungsverstärkung und Restneutralisation sind zweifellos gewisse Vorteile gegenüber der Triode gleicher Leistung vorhanden. Es darf aber nicht vergessen werden, daß die Tetrode komplizierter und auch teuerer ist.

3c. Verhalten der Basisneutralisation im Seitenbandbereich.

Wie bereits mehrfach betont, ist die Basis-Neutralisation eine ausgesprochene Einwellenneutralisation. Sie läßt sich exakt also nur auf einer einzigen Frequenz durchführen, die bei modulierten Stufen die Trägerfrequenz sein sollte, bei Verstärkern aber eine Frequenz in der Gegend der Bandmitte sein kann. Dementsprechend ist die äußerste Seitenbandfrequenz um +5 MHz bzw. ±3 MHz von der Neutralisationsfrequenz entfernt (deutsche Norm). Da die Verschlechterung der Neutralisation an den Bandgrenzen dann am größten ist, wenn die Seitenbandfrequenzen den prozentual größten Frequenzabstand besitzen, wollen wir ein praktisches Beispiel für Gitterbasisschaltung bei den längsten Wellen des Fernsehbandes I betrachten. Es sei:

$$\lambda = 6\,\text{m}\,(f_0 = 50\,\text{MHz}). \quad \text{Röhre RS 722:}\ \mu = 62{,}5, \quad R_i = 2300\,\Omega,$$
$$R_a = 330\,\Omega, \quad C_{GK} = 80\,\text{pF}, \quad C_{AG} = 36\,\text{pF}, \quad C_{AK} = 1\,\text{pF};$$

demgemäß:

$$X_1 = 40\,\Omega, \quad X_2 = 3200\,\Omega, \quad X_3 = 90\,\Omega.$$

Die entsprechenden Sternwiderstände (Abb. VI.11b) sind dann:

$$W_1 = 38{,}5\,\Omega, \quad W_2 = 1{,}08\,\Omega, \quad W_3 = 86{,}5\,\Omega.$$

Die Abb. VI.14 zeigt das Ergebnis der Rechnung für Amplitude und Phase. Die Kontrolle des Phasenganges ist angebracht, da die Kopplung bei nicht exakter Neutralisation durch ein überbrücktes T-Glied dargestellt wird. Die Rechnung ist für einen einfachen, nicht kompensierten Anodenkreis durchgeführt, und zwar unter folgenden Annahmen:

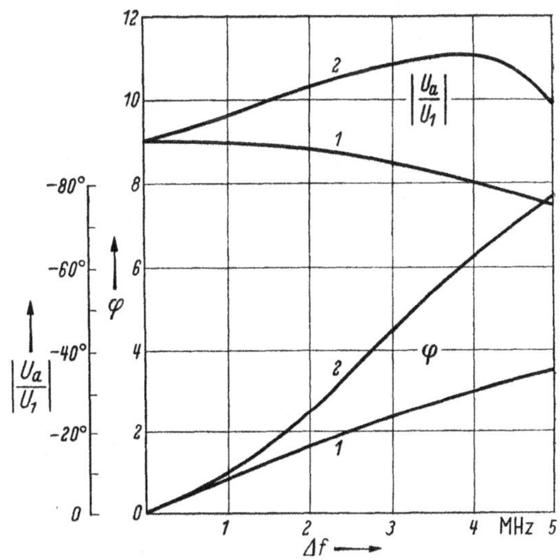

Abb. VI.14. Verstärkung im Seitenbandbereich, Neutralisation bei Träger ($\Delta f = 0$).
1 Gitter unmittelbar über Neutr.-L geerdet; *2* Gitter über Block ($C_B = 130$ pF) und Neutr.-L geerdet.

1. Direkte Erdung des Gitters über die Kompensationsinduktivität (realisierbar nur bei Kathodenvorspannungs-Modulation, s. Abschnitt 4b),
2. Vorhandensein einer Serienkapazität von 130 pF zwischen Gitter und Basis (Fall der Gittervorspannungs-Modulation).

Bei der Gittervorspannungs-Modulation kann nämlich das Gitter nicht direkt über die Neutralisationsinduktivität mit der Basis verbunden werden. Der hochfrequente Schluß kann nur über einen zusätzlichen Blockkondensator erfolgen, an den die Modulationsspannung geführt wird. Dieser Kondensator liegt zur Sternkapazität C_{MG} in Serie. Der resultierende Serienwert beider Kapazitäten muß bei der Neutralisationswelle auf Reihenresonanz abgestimmt werden. Die Neutralisationsinduktivität erhöht sich also gegenüber dem unter 1. behandelten Fall (bei 130 pF von 1,08 Ω auf 25,6 Ω!).

Wie man sieht, hebt die im oberen Seitenbandbereich durch den zusätzlichen Blockkondensator bewirkte verstärkte Rückkopplung die Amplitudenkurve an. Dieser Effekt läßt sich nur durch Vergrößerung des Gitterblocks, folglich durch vermehrten Modulationsaufwand, herabsetzen. Jedoch erreicht die prozentuale Frequenzabweichung nur im Band I Werte, die diese Erscheinung wesentlich werden lassen.

4. Die Modulation von Fernsehsendern.

4a. Wahl der Modulationsmethode.

Bei modernen Rundfunksendern großer Leistung werden nur solche Modulationsverfahren verwendet, die sowohl bei reinem Träger als auch im modulierten Zustand guten Wirkungsgrad aufweisen. Anodenmodulation der Endstufe, DOHERTY-Modulation und Ampliphasenmodulation umreißen etwa den Komplex solcher Modulationsverfahren für AM-Sender. Auch bei Fernsehsendern großer Leistung ist der Wirkungsgrad eine maßgebende Größe; seine Beachtung führt jedoch infolge der im Vergleich zu Tonrundfunksendern abnorm großen Bandbreite zu gänzlich andersartigen Folgerungen als beim schmalbandigen Sender. Der Wirkungsgrad ist bei Modulation im Steuerkreis der HF-Röhre am günstigsten (Abb. VI.15); deshalb wird hier die sonst als veraltet zu betrachtende Gitterspannungs-Modulation bzw. werden Abarten derselben fast allein verwendet [*18*]. Nur bei Modulation in Stufen sehr kleiner Leistung ist auch Anodenmodulation möglich.

Leistungsbedarf der Endstufe des Modulationsverstärkers. Mit Rücksicht auf die notwendige Mitübertragung der Gleichstromkomponente muß die Endstufe des Modulationsverstärkers als Widerstandsverstärker ausgeführt werden. Ihre Belastungskapazität C_L setzt sich zusammen aus der Ausgangskapazität der Stufe selbst, der Kapazität der Zuleitungen zur modulierten HF-Stufe und deren Eingangskapazität einschließlich des zur Siebung der HF notwendigen Blockkondensators. Der Gesamtwert von C_L liegt bei HF-Stufen über 1 kW bereits in der Größenordnung einiger 100 pF. Ist die Modulationsstufe z. B. eine Pentode in Kathodenbasisschaltung, so bestimmt sich ihr Arbeitswiderstand mit Rücksicht auf die notwendige Bandbreite zu:

$$R_a \leqq \frac{1}{2\pi f_{gr} C_L} \quad \ldots \quad (f_{gr} = 5\ \text{MHz}). \qquad \text{(VI.17)}$$

Das Gleichheitszeichen bedeutet bei der Grenzfrequenz einen Amplitudenabfall um 3 dB. Dies wäre für den Videozweig allein nicht zulässig, um die Toleranzkurve nach Abb. VI.2 für den gesamten Sender einzuhalten. Ähnlich, wie es im HF-Teil mittels gekoppelter Kreise geschieht, läßt sich jedoch auch im Videoteil durch Zufügung von Kompensationsspulen eine Verbesserung erreichen, die einen genügend geradlinigen Amplitudengang gewährleistet.

Der Widerstand R_a bestimmt die Leistungsaufnahme der Modulationsstufe. Wegen des R_{iL} der Röhre bzw. infolge Gitterstromes (auf der Seite kleiner Restspannungen, entsprechend dem Weißwert) und mangelnder Linearität des Kennlinienfeldes (auf der anderen Seite) muß die Speisespannung U_B größer als die Signalspannung U_{SS} sein. Der maximale Strom, den die Stromquelle (für die hier betrachtete negative Modulation) liefern muß, ist bei Anoden- und Gittervorspannungs-Modulation der mittlere Strom bei weißem Bild. Bei Kathodenvorspannungs-Modulation wäre die Polarität des Videosignals umgekehrt, der maximale Strom also bei schwarzem Bild von ungefähr gleicher Größe.

Die von der Stromquelle abzugebende Leistung ist somit:

$$N_B = U_B I_{\text{mittel}} = K \frac{U_{SS}^2}{R_a}. \tag{VI.18}$$

Der Faktor K wird selbst bei Röhren mit sehr günstigem Aussteuerbereich immer wesentlich größer als 1 sein. Nehmen wir eine HF-Stufe mit 10 kW HF-Leistung an, die z. B. im Falle der RS 722 eine Anodenspannung von 3,6 kV benötigt. Wollte man hier in der Anode modulieren, so ergäbe sich für die Modulationsstufe bei $K = 1{,}5$ und $C_L = 300$ pF eine Leistungsaufnahme von

$$N_B = 1{,}5 \cdot 3600^2 \cdot 2\pi \cdot 5 \cdot 10^6 \cdot 300 \cdot 10^{-12}\,\text{W} \approx 180\,\text{kW},$$

also einem Vielfachen der Hochfrequenzausgangsleistung. Bei Gittermodulation der gleichen Röhre, in welchem Falle die zum Modulieren notwendige Spannung nur etwa den zehnten Teil ausmacht, erhalten wir immer noch den Betrag von 1,8 kW. Die erforderliche Leistung wird also beim Fernsehsender im wesentlichen durch Spannung und Kapazität (d. h. Blindstrom und nicht Wirkstrom!) bestimmt. Dabei ist außerdem zu bedenken, daß in den meisten Schaltungen aus Gründen der erforderlichen Stabilisierung der Stromquelle (und zusätzlich oft notwendiger, ebenfalls stabilisierter Spannungen zur Herstellung des richtigen Gleichspannungspegels an der modulierenden Elektrode) tatsächlich noch wesentlich mehr Stromquellenleistung benötigt wird.

Nur für eine einzige Schaltung, nämlich die unter 4b erläuterte Kathodenmodulation, bei der die modulierende Spannung zwar im Steuerkreis der modulierten HF-Röhre liegt, aber der gesamte Anodenstrom vom Modulationsverstärker gezogen werden muß, ergibt sich eine Wirkleistung, die auch bei schmalbandigem Betriebe nicht kleiner sein würde.

Die Modulation sollte somit möglichst im Steuerkreis der zu modulierenden Röhre vorgenommen werden. Da die Spannung quadratisch, die Kapazität aber nur linear in die Modulationsleistung eingeht, ist für diese fast allein die Röhrensteilheit der modulierten Stufe maßgebend und nur in viel geringerem Maße deren Eingangskapazität.

Linearität der Modulation. Die Modulation im Steuerkreis hat leider den Nachteil geringer Linearität, insbesondere bei kleinen Pegeln. Die typische Modulationskennlinie für Gittervorspannungs-Modulation ist selbst bei einer idealisierten, absolut linearen Röhrenkennlinie mit scharfem B-Punktknick im unteren Teil verrundet (Abb. VI.21 b).

Die günstigste Linearität erhält man, wenn man die Röhre so weit aussteuert, daß etwa beim Austastwert „B-Betrieb" herrscht und der Synchronimpuls bereits in Richtung „A-Betrieb" verläuft. Gegenkopplungen zur Verbesserung der Linearität lassen sich des breiten Frequenzbandes wegen nur in den seltensten Fällen anwenden. Gewöhnlich wird in einer vorhergehenden Verstärkerstufe kleiner Leistung die Kennlinie so vorentzerrt, daß im Gesamteffekt die Aussteuerung hinreichend geradlinig vor sich geht.

Vermeidung von Phasenmodulation. Wie schon im Abschnitt 1 bemerkt, ist es bei FM-Tonmodulation zur Vermeidung von Störungen im Differenzträgerempfang erforderlich, die ungewollt auftretende pegelabhängige Phasenmodulation der HF des Bildsenders klein zu halten. (Kleiner als etwa 6° zwischen „Schwarz" und „Weiß" [7] s. auch Abschnitt 3a und 5b.) Die Praxis hat gezeigt, daß Gitterspannungs-Modulation in dieser Hinsicht günstiger ist als Anodenspannungs-Modulation. Es ist möglich und praktisch durchgeführt worden, diese pegelabhängige Phasenmodulation mittels Diodenmodulation in Form von Gegenphasenmodulation in einer noch unmodulierten HF-Vorstufe bis zu einem gewissen Grade zu kompensieren.

4b. Gitter- oder Kathodenvorspannungs-Modulation.

Wir wollen uns im folgenden auf die im Gebiet größerer Leistungen allein vertretbare Modulation im Steuerkreis beschränken, die bei einer in Gitterbasisschaltung arbeitenden modulierten Röhre entweder an der Kathode oder am Gitter angreifen kann (Abb. VI.15). Diese beiden Schaltungen sind in ihrer Wirkungsweise nicht, wie es zunächst scheinen könnte, völlig identisch. Bei der Kathodenmodulationsschaltung (Abb. VI.15a) wird die Modulationsröhre wie im Falle der Vorröhrenmodulation vom Anodenstrom der modulierten HF-Röhre durchflossen. Je nachdem, ob eine Modulatorröhre mit kleinem oder mit großem Innenwiderstand gewählt wird, ist der Vorgang physikalisch verschieden. Betrachten wir

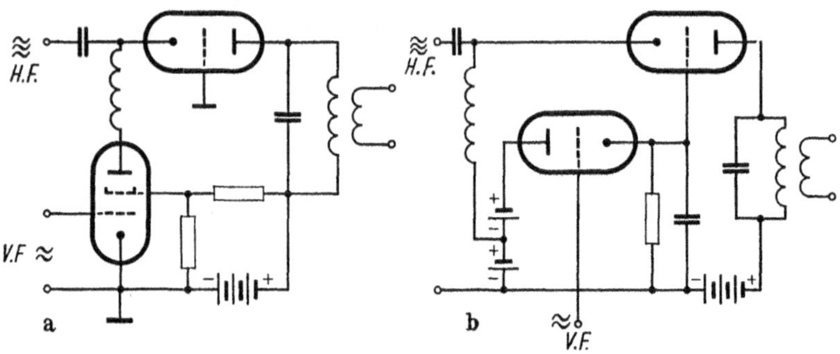

Abb. VI.15 a u. b. Kathoden- und Gittervorspannungs-Modulation.

zunächst den letzteren Fall, der in seinem Grenzzustand (Mehrgitterröhre) einer Stromeinspeisung gleichkommt.

Der Widerstand, auf den die Modulatorröhre arbeitet, läßt sich dabei folgendermaßen abschätzen:

Ist bei Oberstrich gerade B-Betrieb vorhanden und zur Aussteuerung des Spitzenstromes $\hat{I}_{aSp}$, also des Anodengleichstromes I_{aSp}/π die Gitterscheitelspannung $\hat{U}_g$ erforderlich (somit $\hat{I}_{aSp} = S\,\hat{U}_g$), so ist bei genügend starrer Steuerspannungsquelle auch die zur Durchmodulation erforderliche Spannung gleich $\hat{U}_g$ und somit der scheinbare Widerstand der Modulatorröhre $R_M = \pi\,\hat{U}_a/\hat{I}_{aSp} = \pi/S$. Diesem Wirkwiderstand liegen Kapazitäten parallel, deren Blindwiderstand X_M bei der höchsten Modulationsfrequenz aus Gründen der Frequenzdurchlässigkeit etwa den Wert R_M nicht unterschreiten darf. Sie sind gegeben durch die Modulatorröhren, durch die modulierte Stufe und vor allem durch die auf Hochspannung liegende Heizung. Die Anwendung dieser Modulationsmethode setzt also — bei vorgegebenen Kapazitäten — eine bestimmte Mindeststeilheit voraus. Die Kathodenmodulation wird besonders vorteilhaft, wenn sie auf zusätzliche geregelte Spannungsquellen verzichten kann. Dies ist dann der Fall, wenn die minimale Anodengleichspannung der Modulatorröhren gerade der kleinsten erforderlichen Gittervorspannung der modulierten HF-Röhre entspricht. Allerdings ist dieser Zustand bei zulässiger Stromausnutzung im allgemeinen nur durch eine Vielzahl parallelgeschalteter Modulatorröhren erreichbar.

Physikalisch gesehen, vollzieht sich der Modulationsvorgang wie folgt:

Bei gitterseitiger Beaufschlagung der Modulatorröhre verändert sich deren Spannung zwischen Anode und Kathode so, daß der Anodenstrom der modulierten Röhre entsprechend der Charakteristik der Modulatorröhre variiert. Im unteren, gekrümmten Teil der Gittervorspannungs-Modulationskennlinie wird also die modulierende Spannung stärker als linear verändert, so daß die Modulationscharakteristik etwas linearer werden muß als bei reiner Vorspannungsmodulation. Dies dürfte der Hauptgrund für die Bevorzugung von Pentoden als Modulatorröhren bei Kathodenmodulation sein. Die durch die „Vorröhrenschaltung" der Modulatorröhre zusätzlich gegebene geringe Anodenmodulation bleibt dank dem unterspannten Zustand der modulierten Röhre praktisch ohne Einfluß. Verwendet man als Modulator eine Röhrentype niedrigen Innenwiderstandes, so handelt es sich auch bei der Kathodenmodulations-Schaltung um eine normale Gittervorspannungs-Modulation. Diese wird dann aber zweckmäßigerweise besser auf der Gitterseite vorgenommen. Da in diesem Falle der Anodenstrom der modulierten Stufe nicht mehr durch die Modulatorröhren abfließen muß, kommt man mit einer geringeren Anzahl von Röhren aus und kann diese außerdem zur Erzielung des aus Bandbreitegründen erforderlichen kleinen Innenwiderstandes als Kathodenverstärker in Anodenbasisschaltung betreiben (Abb. VI.15b). Allerdings sind dann zusätzliche geregelte Spannungsquellen zur Herstellung der richtigen Gleichspannungswerte nicht zu vermeiden. Es ist jedoch vielfach möglich, diese Spannungen zur Speisung von Hochfrequenz- oder Videovorstufen mitzubenutzen.

Zusammenfassend läßt sich sagen, daß sich am einfachsten die reine Gittervorspannungs-Modulation mit üblichen Röhren ohne besonderen Aufwand durchführen läßt. Kathodenmodulation erfordert, wenn sie überhaupt möglich sein soll, eine bestimmte Minimalsteilheit der HF-Röhre und im allgemeinen eine Vielzahl parallelgeschalteter Röhren in der Modulationsstufe. Die dieser Schaltung innewohnende Gegenkopplung nötigt zu besonderer Aufmerksamkeit hinsichtlich Frequenzdurchlässigkeit; unter Umständen müssen frequenzabhängige Kennlinienvorentzerrungen im Modulationsvorverstärker vorgesehen werden, was bei Gittervorspannungs-Modulation überflüssig ist. Jedoch bringt die Kathodenmodulation, wenn Röhren mit günstigen Kenndaten zur Verfügung stehen beachtliche Vorteile in der Leistungsaufnahme (Ersparnis zusätzlicher Spannungsquellen).

Beide Modulationsarten werden praktisch verwendet, und es scheint nicht ausgeschlossen zu sein, daß mit weiter verfeinerter Röhrentechnik die Kathodenmodulation Vorteile bringen wird. Während noch 1952 die Gittervorspannungs-Modulation dominierend war [*18*], sind heute beide Verfahren etwa gleich häufig in Gebrauch.

4c. Kathodenverstärker als Modulationsendstufe.

Als Verstärkerstufe kleinen Innenwiderstandes bietet sich bei Gittervorspannungsmodulation besonders der Kathodenverstärker an. Da er keine Spannungsverstärkung besitzt, wirkt er sozusagen als „Kapazitätstransformator" und erleichtert die Spannungsverstärkung in der vorhergehenden Stufe wesentlich. Mit der nicht einmal sehr großen Röhrensteilheit von 10 mA/V ergibt sich bereits ein R_i von 100 Ω, so daß (bei einer höchsten Modulationsfrequenz von 5 MHz) eine Kapazität von 300 pF vertragen werden kann.

Der Arbeitswiderstand des Verstärkers ist deshalb eine zunächst frei wählbare Größe. Der Verstärker muß jedoch in der Lage sein, den durch die Lastkapazität C_L gegebenen Blindstrom zu liefern; die Aussteuerung erfolgt dann bei hohen Frequenzen nicht nach der Widerstandsgeraden, sondern längs einer entsprechenden Ellipse. Eine wesentliche Erleichterung bedeutet es, daß die Synchronimpulse keine sehr hohen Frequenzen beinhalten. Die Ellipsenaussteuerung muß daher nur für den Bildbereich berücksichtigt werden. Eine solche Ellipse ist in Abb. VI.16 in das U_A, I_a-Kennlinienfeld einer Röhre für Negativgittervorspannungs-Modulation eingetragen. Rechnet man für den Bildbereich des Signals etwa $^2/_3$ der Gesamtspannung U_{SS} (wobei eine leichte Voranhebung der Synchronimpulse mit berücksichtigt ist, s. 7c), so ist der Blindstrom im Bildbereich, von Spitze zu Spitze gerechnet:

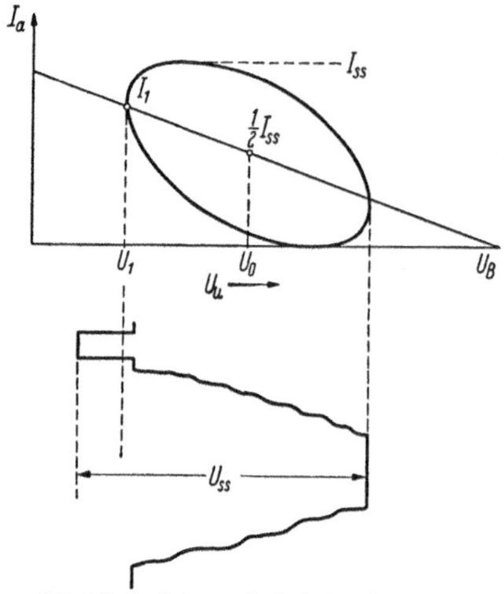

Abb. VI.16. Leistungsbedarf des Kathodenverstärkers bei sin-förmiger Beaufschlagung.

$$I_{SS} \approx \frac{2}{3} U_{SS}\, 2\pi f_{gr} C_L. \qquad \text{(VI.19)}$$

Damit die zugehörige Ellipse noch ganz im Positiven bleibt, muß bei einem Arbeitspunkt, dessen Spannung dem mittleren Bildwert entspricht, mindestens der Strom $I_0 = \frac{1}{2} I_{SS}$ gezogen werden. Unter Festhaltung dieses Arbeitspunktes sind verschiedene Widerstandsgeraden möglich, die jeweils zu verschiedenen Speisespannungen und Leistungen führen. Erstrebenswert ist die Minimalleistung. Die Gleichung der Arbeitsgeraden lautet:

$$I = I_0 \frac{U_B - U}{U_B - U_0}.$$

Die aufzuwendende Leistung errechnet sich für einen Spannungswert U_1, der einem über die Zeile gemittelten Wert für schwarzes Bild entspricht und etwa dem dauernd vorhanden gedachten Austastwert gleichgesetzt werden kann. Dann gilt:

$$I_1 = I_0 \frac{U_B - U_1}{U_B - U_0}.$$

Somit wird

$$N = U_B I_1 = I_0 \frac{U_B - U_1}{U_B - U_0} U_B.$$

Diese Leistung wird für

$$U_B = U_0 (1 + \sqrt{1 - U_1/U_0}) \qquad \text{(VI.20)}$$

zu einem Minimum.

Unter dem Vorbehalt der nur sehr annähernd durchführbaren Rechnung erhalten wir, wie ein quantitativer Überschlag zeigt, beim optimal bemessenen Kathodenverstärker nur etwa den halben Leistungsbedarf wie bei einem Spannungsverstärker (Gl. VI.18).

4d. Stabilisierungsschaltungen.

Da trotz des schwankenden Bildinhaltes alle Pegel konstant zu halten sind, muß die Spannungsquelle der Modulationsendstufe einen niedrigen und für alle Frequenzen möglichst gleichbleibenden Innenwiderstand haben. Elektronische Stabilisierung ist hier meist unvermeidlich, was zusätzlichen Leistungsaufwand bedingt. Die Stabilisierung der Verstärkerstufen wird erleichtert durch Verwendung jeweils eines gemeinsam gespeisten Kathoden- und eines Spannungsverstärkers mit gleichen Röhren, da deren Anodenströme bei Aussteuerung gegensinnig verlaufen und die Summe im Mittel im wesentlichen konstant bleibt [24]. Kurzzeitige, durch die Lade- und Entladevorgänge der kapazitiven Last bedingte Unsymmetrien können mittels eines Siebkondensators im Netzgerätausgang überbrückt werden.

Die Weiterentwicklung dieser Schaltungen führt zu sog. Verstärkern mit Nebenschlußregelung [*24*]. Kennzeichnend für diesen in England bei Fernsehsendern [*26, 27*] praktisch verwendeten Verstärkertyp, der als röhrengeregelter Spannungs- und Kathodenverstärker gebaut werden kann, ist die Verwendung einer Röhre als Belastungswiderstand, deren Gitterspannung aus dem Röhrenstrom bezogen wird. Es sind stets zwei Röhren in Serie geschaltet; der Verstärker entspricht also einer Kaskodeschaltung mit Stromgegenkopplung eines Systems. Die Abb. VI.17a und VI.17b zeigen den Spannungs- und den Kathodenverstärker

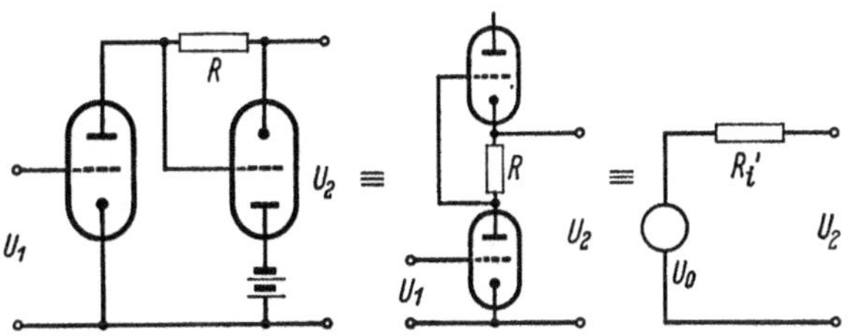

a

$$U_0 = \frac{\mu}{2} \cdot U_1 \cdot \frac{1+\mu\frac{R}{R_i}}{1+\frac{\mu+1}{2}\cdot\frac{R}{R_i}}\,, \quad R_i' = \frac{R_i}{2}\cdot\frac{1+\frac{R}{R_i}}{1+\frac{\mu+1}{2}\cdot\frac{R}{R_i}}$$

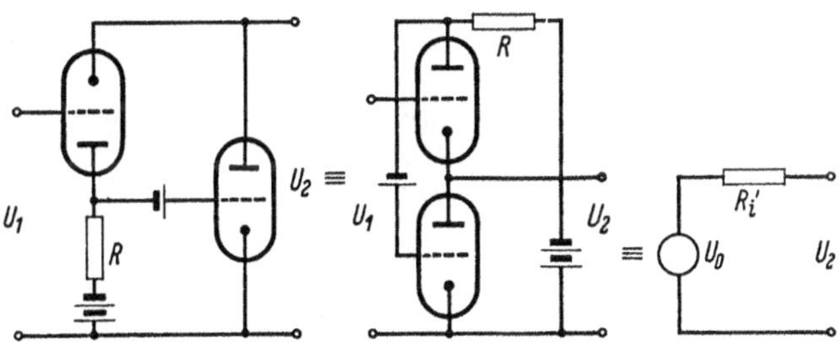

b

$$U_0 = \mu U_1 \frac{1+\mu\frac{R}{R_i}}{\mu+2+\frac{R}{R_i}(\mu^2+\mu+1)}\,, \quad R_i' = \frac{R_i}{\mu+2}\cdot\frac{1+\frac{R}{R_i}}{1+\frac{R}{R_i}\cdot\frac{\mu^2+\mu+1}{\mu+2}}$$

Abb. VI.17a u. b. Verstärker mit Nebenschlußregelung [*24*].
a) Spannungsverstärker; b) Kathodenverstärker.

nebst ihrem Ersatz-Zweipol unter der Annahme gleicher Röhrendaten für beide Systeme.

Von diesen beiden Schaltungen ist besonders diejenige nach Abb. VI.17b der kleinen erzielbaren Innenwiderstände R_i' wegen von Interesse.

Nachstehende Tabelle zeigt ein praktisches Beispiel für einige Werte von R/R_i:

S (A/V)	μ	R_i Ω	R Ω	U_0/U_1	R_i' Ω
$10 \cdot 10^{-3}$	20	2000	50	0,925	63,1
			100	0,931	48,8
			200	0,938	34,2
			500	0,948	19,7
			1000	0,949	12,9
			2000	0,950	9,5

Da man mit Rücksicht auf die Röhrenkapazitäten R nicht höher als etwa 800 Ω wählen darf, kann man mit einem minimalen $R_i' \approx 15$ Ω rechnen, während zwei parallelgeschaltete Systeme der gleichen Röhrentype in einfacher Anodenbasisschaltung den merklich höheren Innenwiderstand von 40 Ω aufweisen würden. Abb. VI.18 zeigt die elektronische Stabilisierung eines derartigen Modulationsendverstärkers für einen endstufenmodulierten 50 kW-Sender [*25*].

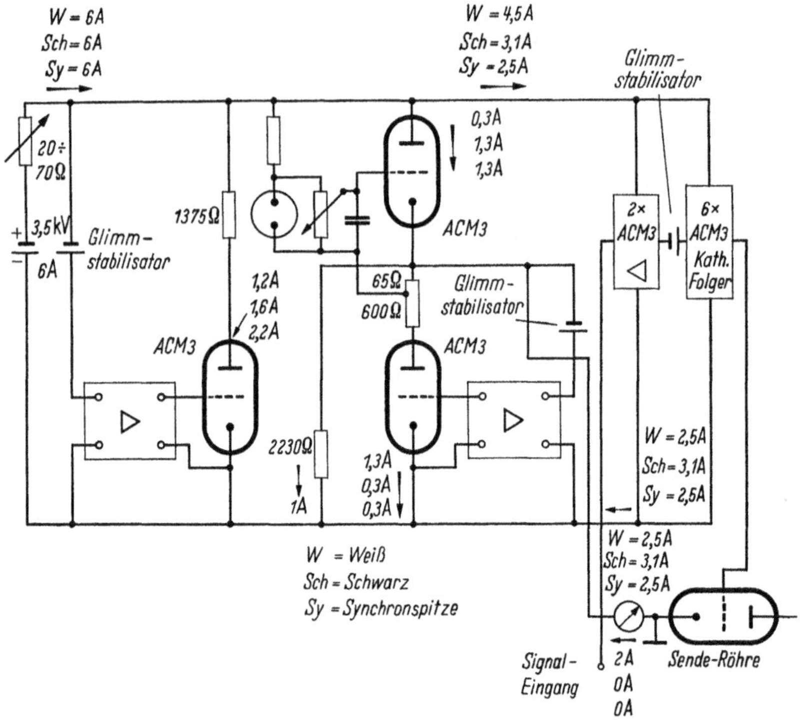

Abb. VI.18. Stabilisierung des Endstufenmodulators beim 50 kW-Sender „Holme Moss" (vereinfacht) (nach V. J. Cooper IEE Conv. 1952) [*25*].

4e. Wahl der Modulationsstelle im Sender.

Endstufenmodulation. Als solche wird beim Fernsehsender die Modulation am Gitter oder an der Kathode der HF-Endstufe bezeichnet. Ein derart betriebener Sender ist gekennzeichnet durch einen verhältnismäßig aufwendigen Modulationsverstärker, dafür aber durch einfache HF-Vorstufen (weil nur die Endstufe breitbandig zu sein braucht) sowie durch ein Restseitenbandfilter konstanten Innenwiderstandes. Da im Modulationszug alles fest eingestellt sein kann, benötigt diese Bauart die geringstmögliche Anzahl hochfrequenter Justierungen.

Die folgende Tab. VI.2 zeigt für vier verschiedene Sender den Leistungsbedarf der Modulationsstufe, wobei im Falle des Kathodenverstärkers auch die vorhergehende Spannungsverstärkerstufe inbegriffen ist. Da es sich um verschiedene Fabrikate handelt, sind selbstverständlich gewisse Differenzen durch Dimensionierung für unterschiedliche Bandbreite erklärbar.

Neben dem effektiven Leistungsunterschied zwischen Gitter- und Kathodenmodulation ersieht man auch aus dieser Zusammenstellung, wie sehr es beim Modulationsverstärker auf die Steilheit der HF-Röhre ankommt. Die verhältnismäßig geringe Modulationsleistung unter 4 wird dadurch erreicht, daß im Endverstärker 2 bzw. 2×2 Röhren in Gegentakt geschaltet sind [*28*] (kleine

Tabelle VI.2.

	Senderleistung	Modulationsart	Fabrikat	Modulations-endstufe	Leistung	Röhrenbestand HF-Endstufe
1	50 kW[1]	Gitter-vorspannung	Marconi	Kathoden-verstärker	21 kW	2mal BW 165
2	2 kW[2]	Gitter-vorspannung	Tele-funken	Kathoden-verstärker	1,3 kW	1mal RS 732
3	10 kW	Kathoden-spannung	Siemens	Spannungs-verstärker	<1 kW[3]	1mal RS 1011
4	10 kW Bd. I 5 kW Bd. III	Gitter-vorspannung	Philips	Spannungs-verstärker	700 W	4- bzw. 2mal QB 5/3500

[1] Bandbreite auch für CCIR-Norm ausreichend.
[2] Modulationsverstärker dimensioniert für 3 kW HF-Leistung.
[3] Zusätzliche Leistung der Anodenspannungsquelle der HF-Stufe für die dazu in Serie liegende Modulationsstufe.

Blockkapazität!) und sehr steile Tetroden verwendet werden. Der unter 2 angegebene Modulationsverstärker wäre seinen Daten nach ohne weiteres auch in der Lage, die Senderendstufe nach 4 im Gitter zu modulieren.

Vorstufenmodulation. Kennzeichen des vorstufenmodulierten Senders sind ein kleiner Modulationsverstärker, dafür aber eine Anzahl breitbandiger HF-Verstärkerstufen, die zur Einhaltung der Durchlaßbedingungen einer sorgfältigen Einstellung bedürfen, besonders wenn sie einen Teil der Restseitenbandfilterung mit übernehmen. Auch im Falle der Vorstufenmodulation wird fast immer Gitter- oder Kathodenvorspannungs-Modulation verwendet, nur in den seltensten Fällen Anodenmodulation.

Vergleich zwischen Vor- und Endstufenmodulation. Des verhältnismäßig hohen Leistungsbedarfes der Modulationsendstufe wegen ist, im Gegensatz zum schmalbandigen amplitudenmodulierten Rundfunksender, der gesamte Senderwirkungsgrad bei Vorstufenmodulation besser [*29, 18, 25*].

Ein Vergleich zwischen zwei etwa gleich großen Sendern, die ungefähr zur selben Zeit und im selben Land (England) entstanden, bei denen also etwa die gleiche Röhrentechnik vorausgesetzt werden darf, ist vor einiger Zeit von Bevan [*30*] angestellt worden und in Tab. **VI.3** angeführt.

Trotz des deutlich vorteilhafteren Wirkungsgrades der Vorstufenmodulation ist vielfach doch die Endstufenmodulation beliebter. Da die betriebsmäßige Einstellung und Erhaltung der Qualitätswerte bei Fernsehsendern besondere Sorgfalt erfordert, verdient hier dasjenige Prinzip den Vorzug, das die einfachste Einstellung ergibt. Dies ist die Endstufenmodulation.

Außerdem wird im Zuge der Entwicklung zu immer steileren Röhren die Überlegenheit im Wirkungsgrad beim vorstufenmodulierten Sender wohl geringer werden, als die Tab. **VI.3** zeigt.

Tabelle VI.3. *Vergleich zwischen Vorstufen- und Endstufenmodulation (bei positiver Bildmodulation).*

	Vorstufenmodulation	Endstufenmodulation
Spitzenleistung	70 kW	50 kW
Zahl der Röhren ab 1 kW	14	18
Leistungsaufnahme		
bei „Weiß"	145 kW	160 kW
bei „Schwarz"	70 kW	110 kW
Bandbreite		
der HF-Stufen	8,7/8,7/5,6/4,3 MHz	4,6 MHz

Andererseits ist aber der endstufenmodulierte Sender ein relativ starres Gebilde, das bei Ausfall der Endstufe keinerlei Reservemöglichkeiten zuläßt; auch bedeutet jeder Sender einer neuen Leistungsklasse eine vollständige Neuentwicklung.

Die fortschreitende Technik scheint daher (abgesehen von Klystronsendern) in eine Richtung zu zielen, die man vielleicht als „Leistungsstufen-Modulation" bezeichnen kann.

In jedem Falle wird erst in einer Leistungsstufe (etwa bei 1 bis einigen kW) moduliert. Daraufhin folgen, je nach Bedarf, eine bis zwei weitere Verstärkerstufen, so daß mit *einem* Grundkonzept durch zusätzliche Erweiterungen eine ganze Leistungsstufenreihe abgedeckt ist. Im Störungsfalle ist dann Rückschaltung auf zeitweilig kleinere Leistung möglich.

4f. ZF-Modulation.

Eine in letzter Zeit für Sender in den Bändern IV/V diskutierte und auch ausgeführte Modulationsart soll hier nicht unerwähnt bleiben, nämlich die ZF-Modulation [*31*]. Sie ist hauptsächlich bei Verwendung von Mehrkammerklystrons als Endverstärker von Vorteil [*13*], da diese Röhren selbst bei Ausgangsleistungen von 10 ··· 50 kW nur wenige Watt Steuerleistung benötigen. Man kann hierbei mit Vorteil die Modulation bei Pegeln unter 1 W auf einer ZF (z. B. wie bei Empfängern auf 38,9 MHz) ausführen. Damit läuft die bei Fernsehsendern besonders kritische modulierte Stufe auf fester Frequenz, so daß man viel leichter zusätzliche Linearisierungsmaßnahmen durchführen kann. Auch Restseitenbandfilterung (s. 6) und ein Teil der Phasen- und Kennlinienvorentzerrung (s. 7d und 7e) können dann im Zuge der festen ZF bewerkstelligt werden. Ein weiterer Vorteil ist, daß ein so ausgelegter Sender durch Abschaltung des Modulators und Ansteuerung der folgenden ZF-Stufe aus einem Umsetzer oder Ballempfänger ohne den sonst notwendigen Übergang in den Videobereich betrieben werden kann.

Der besondere Vorteil dieses Verfahrens ergibt sich durch die nachfolgende Klystronverstärkerstufe. Durch die nochmals notwendige Umsetzung von der ZF auf die Senderendfrequenz entstehen Nebenwellen im Abstand von 38,9 MHz und Vielfachen hiervon, deren Dämpfung bei breitbandigen Trioden- und Tetrodenverstärkern zusätzlichen Aufwand erfordert (nach ARD-Pflichtenheft: Strahlungsleistung $<1\,\mu W$). Das Klystron kommt dieser Forderung entgegen, da es außerhalb seiner Durchlaßbandbreite einen sehr steilen Verstärkungsabfall aufweist und bei Frequenzen, die 10 ··· 20 MHz vom Träger entfernt liegen, bereits um 80 ··· 100 dB im Vergleich zu diesem gedämpft ist.

5. Die modulierte Stufe im Zusammenhang mit der hochfrequenten Treiberstufe.

5a. Anforderungen an den Innenwiderstand der Treiberstufe.

Wie in Abschnitt 3 gezeigt, ist praktisch bei allen in Fernsehsendern angewandten Verstärkerschaltungen Leistungsübergang unvermeidlich. Die naturgemäß im Anodenstrom der modulierten Stufe neben dem Trägerstrom auftretenden Seitenfrequenzströme durchfließen bei Gitterbasisschaltung die EMK-Quelle des Steuersenders. Da diese EMK aber nur für die Trägerfrequenz existiert und ein Energieaustausch allein zwischen Spannungen und Strömen der gleichen Frequenz möglich ist, kann Leistungsübergang ausschließlich für den Träger erfolgen. Jedoch ergibt sich daraus, daß die Seitenbandströme durch den Innenwiderstand der Treiberstufe fließen, ohne weiteres die Folgerung, daß dieser

Widerstand entweder sehr klein oder wenigstens innerhalb des Frequenzbandes konstant sein muß. Da zwischen der Treiberröhre und der Gitter-Kathoden-Strecke der modulierten Stufe noch transformierende Schaltungselemente liegen, ist der maßgebliche Wert des Innenwiderstandes der an der eigentlichen Gitter-Kathoden-Strecke (im Innern der Röhre) auftretende. Die für den Innenwiderstand genannte Bedingung ist nicht gleichbedeutend mit der Forderung einer breitbandigen Steuerstufe, verlangt aber eine spezielle Dimensionierung [*26, 25, 11*].

Die einfachste Lösung ist zweifellos durch eine zusätzliche Parallelbedämpfung der Gitter-Kathoden-Strecke der modulierten Stufe gegeben, die, wenn direkt nicht mehr möglich, auch in $\lambda/2$-Abstand vor dem Gitter angebracht sein kann. Diese Methode ist wirtschaftlich nur vertretbar, wenn die Modulation in einer Stufe kleiner Leistung erfolgt oder nur geringe übergehende Leistung vorhanden ist. Bei Modulation einer Triode in Gitterbasisschaltung würde für die Treiberstufe fast ebensoviel Leistung benötigt wie für die modulierte Stufe selbst. Um diese Schwierigkeit zu umgehen, kann man trotz schmalbandiger Treiberstufe und relativ hohen Röhreninnenwiderstandes dennoch konstanten Innenwiderstand der Ersatz-EMK an der Anschlußstelle der modulierten Stufe durch eine Anordnung nach Abb. VI.19 erhalten [*32*]. Bei Träger ist der vom Punkt A aus gesehene Innenwiderstand gleich $R_{i\,St}$, bei den Seitenfrequenzen übernimmt allmählich der Serienwiderstand $R = R_{i\,St}$ diese Funktion. Sind die Dämpfungen d_1 und d_2 gleich groß, so ist der Ersatzinnenwiderstand frequenzunabhängig konstant. Voraussetzung der Wirksamkeit dieser Schaltung ist allerdings, daß der Treiberinnenwiderstand auch im Seitenbandbereich seinen Wert beibehält, was bei unterspanntem A- oder B-Betrieb selbstverständlich der Fall ist. Bei überspannt schwingendem Steuersender bleibt der (sehr kleine) Innenwiderstand aber nur so lange erhalten, wie beide Seitenbänder amplituden- und phasenmäßig unverzerrt vorhanden sind und somit den Trägervektor nur in seiner Größe beeinflussen.

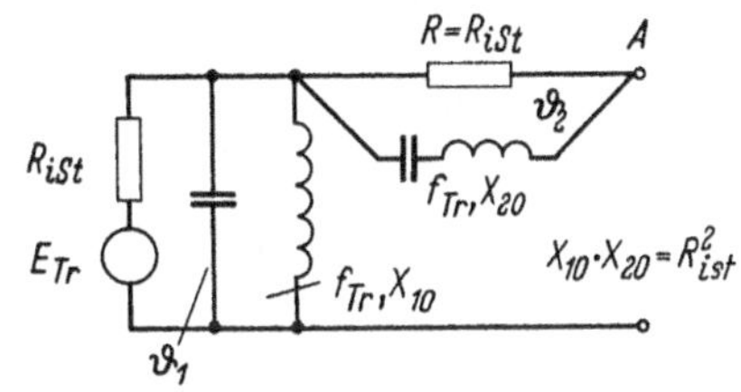

Abb. VI.19.
Schaltung mit konstantem Innenwiderstand des Treibers (bezogen auf Punkt A) [*32*].

Der Anodenstrom einer mittels Gittervorspannung modulierten Röhre schwankt zwischen Oberstrich (Synchronspitze) und Weißpegel etwa in den Grenzen 10 : 1, im gleichen Verhältnis also bei lastunabhängig starrer Gitterwechselspannung die übergehende Leistung und damit der Gitter-Kathoden-Ersatzwiderstand R_g am Eingang der modulierten Stufe. Im Falle eines hohen — auch frequenzkonstanten — Innenwiderstandes der Treiberstufe würde nun die bei Entlastung hochlaufende Gitterwechselspannung eine erhöhte Modulationsspannung und damit Modulationsleistung bedingen. Deshalb ist es am günstigsten, eine möglichst starre Gitterwechselspannung anzustreben; somit muß sein:

$$R_{i\,St} \ll R_{g\,\text{synchr}}.$$

Dieses Ziel kann auf zwei prinzipiell verschiedenen Wegen erreicht werden:

1. Kleiner Innenwiderstand der Treiberröhre. Dieser läßt sich (da Kathodenfolger nur in Ausnahmefällen vertretbar sind) am leichtesten durch überspannten Betrieb erzielen. Bei Entlastung einer im Grenzzustand schwingenden Röhre durchschneiden sich Anoden- und Gitterwechselspannung in dem Sinne, daß das Gitter zeitweilig größere positive Spannung gegen die Kathode aufweist als die Anode. Der dadurch hervorgerufene Einbruch in der Mitte des Anodenstromverlaufs läßt dessen Grundharmonische schnell abfallen, so daß sich die

Anodenwechselspannung bei einem nur wenig höheren Werte stabilisiert. Der (auf die Grundharmonische bezogene) Effekt entspricht bei üblichen Trioden einer scheinbaren Vergrößerung des Durchgriffes auf etwa 25 ··· 30% mit einer entsprechenden Reduktion des Innenwiderstandes. Beispiel: zwei parallele Röhren 4X 250 B (je Röhre: Anodenverlustleistung 250 W, $N_{\mathrm{HF}} = 350$ W ··· C-Betrieb, $S = 12$ mA/V): $R_i \approx \frac{10^3}{24 \cdot 0{,}26} = 160\,\Omega$. Unter Berücksichtigung des durch die fast völlige Entlastung bei Weißpegel stark ansteigenden Gitter- und Schirmgitterstromes (Verlustleistungsgrenze!) ist die maximal entnehmbare Oberstrichleistung bei $U = 1200$ V ($\hat{U}_a = 820$ V) etwa 330 W, entsprechend einem $R_a = 1030\,\Omega$. Nimmt man für Weißpegel im Grenzfalle $R_a = \infty$ an, so ergibt sich als Spannungsschwankung:

$$\frac{U_{a\,\max}}{U_{a\,\min}} = \frac{160 + 1030}{1030} \approx 1{,}15.$$

Bei einer Übergangsleistung von 250 W und zusätzlicher Parallelbedämpfung mit 80 W würde die Spannungsschwankung auf etwa 10% zurückgehen. Bei Leistungsverstärkung der modulierten Stufe von etwa 1 : 10 kann man hiermit also etwa eine 2 ··· 3 kW-Stufe modulieren.

2. Sehr hoher Innenwiderstand der Treiberstufe. Auch der sehr hohe Innenwiderstand einer Mehrgitterröhre kann unter Verwendung eines widerstandsreziproken Netzwerkes ($\lambda/4$-Leitung oder deren quasistationäre Ersatzschaltungen) zur Konstanthaltung der Gitterwechselspannung ausgenutzt werden. Mit einer $\lambda/4$-Leitung gilt:

$$U_1 = J_2 Z = \frac{U_2}{R_2} Z = U_0 - J_1 R_i = U_0 - \frac{U_2}{Z} R_i.$$

Bezeichnen wir $R_{g\,\mathrm{synchr}}$ mit R_2, $R_{g\,\mathrm{weiß}}$ mit $m R_2$, so ist:

$$U_0 = U_{2\min}\left(\frac{R_i}{Z} + \frac{Z}{R_2}\right) = U_{2\max}\left(\frac{R_i}{Z} + \frac{Z}{m R_2}\right) \quad \text{oder:} \quad \frac{U_{2\max}}{U_{2\min}} = \frac{1 + \frac{Z^2}{R_i R_2}}{1 + \frac{Z^2}{m R_i R_2}}. \tag{VI.21}$$

Der Wellenwiderstand Z wird so gewählt, daß der Verbraucherwiderstand R_2 auf den Außenwiderstand R_a transformiert wird, also gilt: $Z^2 = R_a R_2$. Damit wird

$$\frac{U_{2\max}}{U_{2\min}} = \frac{1 + \frac{R_a}{R_i}}{1 + \frac{R_a}{m R_i}}. \tag{VI.22}$$

Beispiel: Bei Restspannungen über 350 V ist der Innenwiderstand zweier paralleler Röhren 4×250 B in B-Betrieb 60 kΩ. Da die Treiberstufe bei „Weiß" praktisch kurzgeschlossen ist, kann mit Rücksicht auf die in diesem Zustande auftretenden hohen Anodenverluste die Oberstrichleistung auch nicht größer gewählt werden als im Falle 1. Somit wird für $R_a = 1030\,\Omega$ und $m = 10$

$$\frac{U_{2\max}}{U_{2\min}} = 1{,}016,$$

was eine erhebliche Verbesserung gegenüber dem Falle 1 bedeutet.

Die beiden Schaltungen unterscheiden sich in physikalischer Hinsicht im wesentlichen dadurch, daß die Röhre im Falle 1 bei Modulation auf „Weiß" praktisch leerläuft, während sie im Falle 2 beinahe auf einen Kurzschluß arbeitet. Die folglich bei 2 stets unterspannt schwingende Röhre hat einen viel kleineren Oberwellengehalt als die überspannt schwingende, bei der durch Resonanzstellen im Gitterkreis Unregelmäßigkeiten in der Modulationscharakteristik hervorgerufen werden können. Außerdem bedingen die bei 1 im Rhythmus der Modulation sich ändernden Gleichströme geregelte Stromquellen mit niedrigem oder wenigstens für alle Videofrequenzen gleichbleibendem Innenwiderstand, während bei 2 praktisch I_a und I_g konstant bleiben. Auch ergibt der bei 1 sich stärker ändernde Grundwellenstromgehalt des Gitterstromes Rückwirkungen auf die Vortreiberstufe, die bei 2 praktisch entfallen.

5b. Eigenschaften der Transformationsschaltung zwischen Treiber und modulierter HF-Stufe im Seitenbandbereich.

Die Anodenwechselspannung des Treibers ist meist wesentlich größer als die zu liefernde Gitterwechselspannung. Abb. VI.20 zeigt zwei Beispiele, wie die

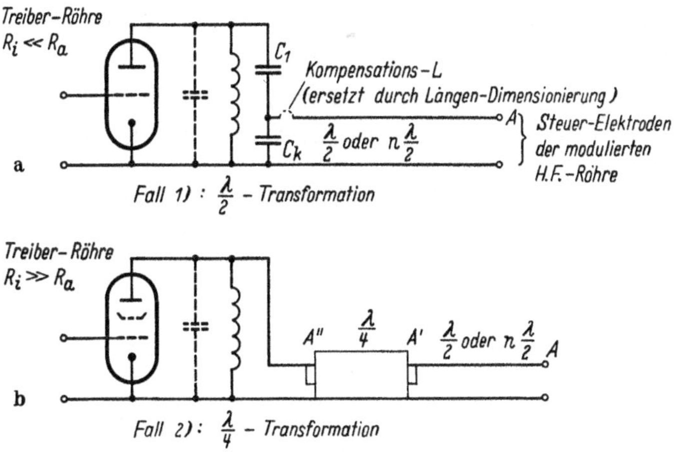

Abb. VI.20 a u. b.
Prinzipielle Möglichkeiten der Transformationsschaltung zwischen Treiberstufe und modulierter HF-Stufe.

Herabtransformation entweder durch kapazitive Spannungsteilung oder mit Hilfe eines $\lambda/4$-Transformators geschehen kann; die konstruktiv bedingte Verbindungsleitung zwischen den Stufen ist dann $n\frac{\lambda}{2}$ oder $\left(n\frac{\lambda}{2}+\frac{\lambda}{4}\right)$ lang. Diese beiden Fälle sollen im folgenden durch die Bezeichnung „$\lambda/2$-“ und „$\lambda/4$-Transformation“ unterschieden werden. Beim Träger sei die Innenwiderstandsbedingung in beiden Fällen erfüllt. Im Seitenbandbereich ist im $\lambda/2$-Falle der Schwingkreis durch den sehr niedrigen Röhreninnenwiderstand so stark bedämpft, daß im Punkt A wesentlich nur der Blindwiderstand der Parallelschaltung von C_K und C_1, also ein kleiner Wert, wirksam wird. (Er verkleinert sich sogar mit wachsender Blindleistung des Treibers.) Im Gegensatz hierzu ist der Widerstand im Punkt A' bei $R_i = \infty$ allein durch den Schwingkreis gegeben. Dieser kann bei weiter abliegenden Seitenfrequenzen so niedrig werden, daß durch die Transformation der $\lambda/4$-Leitung in A' ein hoher Wert erscheint. Die $\lambda/4$-Transformationsschaltung erfordert also kleine Blindleistung im Treiber, was ein schwerwiegender Nachteil dieser sonst sehr günstigen Schaltung ist.

Besondere Beachtung verlangt die pegelabhängige Phasenänderung, die durch die Laständerung bei Modulation entstehen kann. (Vermeidung von Störgeräuschen bei Zwischenträgerempfang!) Sie ist in den Bändern III und IV/V schwer zu vermeiden, da die Laständerung zwischen Gitter und Kathode, also an einer nicht direkt zugänglichen Stelle im Inneren der Röhre geschieht. Die dem veränderlichen Widerstand R_g parallel liegende Kapazität C_{GK} wird, wie die Umrechnung auf Reihenschaltung zeigt, transformiert und verstimmt bei Laständerung den Gitterkreis. Dieser Fehler entfällt jedoch, wenn die Kapazität durch eine entsprechende Parallelinduktivität bei der Trägerfrequenz zum Sperrkreis ergänzt wird, was auch in $\lambda/2$-Entfernung vor dem Gitter exakt möglich ist.

An dieser Stelle kann eventuell auch eine Zusatzdämpfung angebracht werden. Weicht das Phasenmaß α der auf $n\frac{\lambda}{2}$ ergänzten Gitterzuleitung vom Werte $n\pi$ ab, so wird der Phasenwinkel φ zwischen U_1 und U_2:

$$\tan\varphi = \frac{X_g}{R_g}\,\frac{\frac{Z}{X_g}\tan\alpha}{1-\frac{Z}{X_g}\tan\alpha}. \tag{VI.23}$$

Dieser von R_g abhängige Wert wird nur für $\alpha = n\pi$ exakt zu Null.

Beispiel für den Einfluß nicht exakten Längenabgleichs: Die Leitung sei 10% länger als $\frac{\lambda}{2}$, $Z = 30\,\Omega$, $C_{GK} = 20$ pF, $f_0 = 200$ MHz. Bei Änderung von R_g in den Grenzen $90 \cdots 900\,\Omega$ (entsprechend 3 kW-Triode RS 732) schwankt der Phasenwinkel um $\Delta\varphi = \pm 3{,}7°$.

Der Wellenwiderstand der Anschlußleitung braucht dem Wellenwiderstand der Gitter-Kathode-Zuleitung innerhalb der Röhre nicht ganz genau zu entsprechen. Der größte Fehler ist zu erwarten, wenn die eine Leitung z. B. $\lambda/8$, die andere $\frac{3\lambda}{8}$ lang ist. Dann wird für $Z_1 = m\,Z_2$ die Spannung

$$U_1 = -U_2\left(\frac{m+1}{2} - j\,\frac{m-1}{2}\,\frac{Z_2}{R_2}\right). \tag{VI.24}$$

Beispiel: $Z_1 = 30\,\Omega$, $Z_2 = 20\,\Omega$, im übrigen die Werte des obigen Beispiels. Der Phasenfehler hat die Größe: $\Delta\varphi \approx \pm 2{,}3°$. Man sieht, daß übermäßige Genauigkeit weder hinsichtlich des Längenabgleichs noch bezüglich des Wellenwiderstandes der Verlängerungsleitung erforderlich ist.

5c. Ersatzschema der gittermodulierten Gitterbasisschaltung auf der Eingangsseite.

Zur Festlegung der zulässigen Innenimpedanz des Treibers wollen wir den Modulationsvorgang anhand einer geknickten geradlinigen Röhrenkennlinie unter Beschränkung auf kleine Modulationsgrade m betrachten. Bei einer dem B-Punkt entsprechenden Vorspannung ist die Grundharmonische (bei widerstandsloser Abflußmöglichkeit für höhere Harmonische) exakt gleich der Hälfte der ausgesteuerten Halbsinus-Kurve. Modulation nach unten, also Verschiebung des Arbeitspunktes nach links (Abb. VI.21), läßt die Anodenstromkurve zu sin-Kuppen entarten, deren wirksame Grundwellensteilheit leicht durch FOURIER-zerlegung gefunden werden kann (s. Abb. VI.21). Der nur schwach gekrümmte Verlauf gestattet für kleine Modulationsgrade ohne weiteres die Annäherung durch eine Gerade.

Ausgehend von irgendeinem Grauwert mit der Grundwellensteilheit $S_0^{(1)}$ ist dann bei Modulation:

$$S = S_0^{(1)}(1 + m\cos n\,t),$$

wobei der Modulationsgrad m ein Maß für die prozentuale Änderung des jeweils eingestellten Ausgangswertes ist.

Der Innenwiderstand des Steuersenders wird bei Gitterbasisschaltung vom Anodenstrom der gesteuerten Röhre durchflossen und wirkt daher in gegenkoppelndem Sinn (analog dem Kathodenwiderstand einer normalen stromgegen-

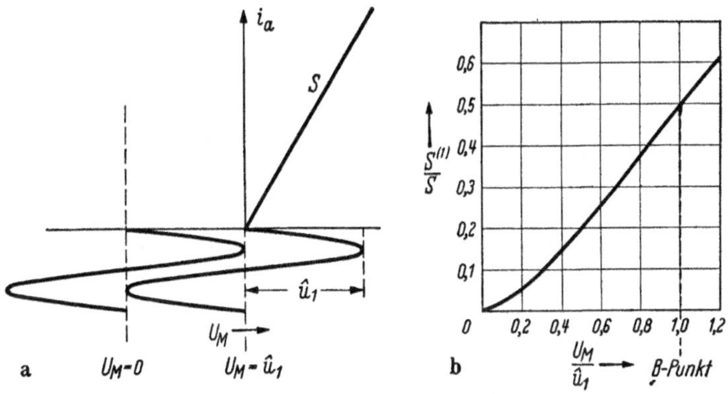

Abb. VI.21 a u. b. Grundwellensteilheit bei idealer geknickter Kennlinie.

gekoppelten Verstärkerröhre in Kathodenbasisschaltung). Die Wirkung dieser Stromgegenkopplung läßt sich durch Vergrößerung des Innenwiderstandes R_i der gesteuerten Stufe auf

$$R_i' = R_i + (\mu + 1)\, R_K \quad (R_K = R_{i\,\text{Steuerst}}) \tag{VI.25}$$

berücksichtigen.

Beweis:

$$U_{St} = \frac{J_a}{S} = U_1 - J_a R_K - D\, J_a (R_a + R_K),$$

daraus:

$$J_a = \frac{\mu\, U_1}{\frac{\mu}{S} + R_K(\mu + 1) + R_a} = \frac{\mu\, U_1}{R_i' + R_a}, \quad \frac{\mu}{S} = R_i. \tag{VI.26}$$

Mit dieser Erkenntnis ergibt sich ein Ersatzschema der Gitterbasisschaltung, wie es Abb. VI.22a zeigt.

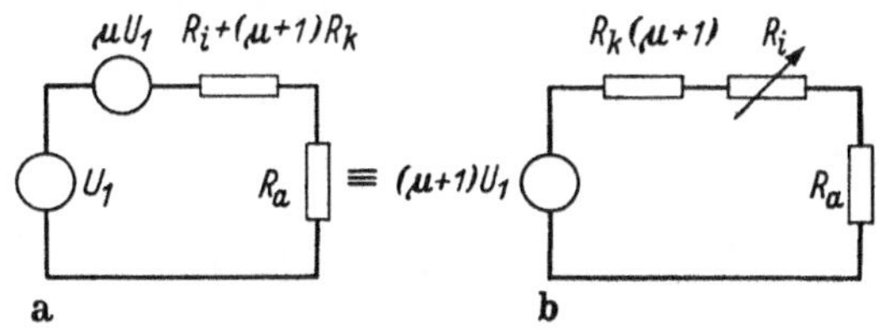

Abb. VI.22 a u. b. Vorspannungsmodulierte Gitterbasisschaltung bei endlichem Innenwiderstand des Treibers.

Durch die Steilheitsmodulation wird R_i moduliert (Abb. VI.22.b). Wir erhalten:

$$i_a = (\mu + 1)\, \hat{U}_1 \cos\omega t \frac{1}{(\mu + 1)\, R_K + R_a + \frac{\mu}{S_0^{(1)}(1 + m \cos n\, t)}} \approx$$

$$\approx (\mu + 1)\, \hat{U}_1 \cos\omega t \frac{1 + m \cos n\, t}{(\mu + 1)\, R_K + R_{i0} + R_a}\left[1 - m \frac{(\mu + 1)\, R_K + R_a}{(\mu + 1)\, R_K + R_{i0} + R_a} \cos n\, t\right].$$

Unter Vernachlässigung quadratischer Glieder von m und höherer Harmonischer der Niederfrequenz wird

$$i_a \approx (\mu + 1)\,\hat{U}_1 \cos\omega t \frac{1 + m \dfrac{R_{i0}}{(\mu+1) R_K + R_{i0} + R_a} \cos n t}{(\mu+1) R_K + R_{i0} + R_a}.$$

Somit ist:

Für den Träger

$$J_{a\,Tr} = \frac{(\mu+1)\,U_1}{(\mu+1) R_K + R_{i0} + R_a}. \qquad \text{(VI.27)}$$

Für die Seitenbänder

$$J_{a\,SB} = \frac{m}{2} (\mu + 1)\,U_1 \frac{R_{i0}}{[(\mu+1) R_K + R_{i0} + R_a]^2}. \qquad \text{(VI.28)}$$

Einflüsse auf die Geradlinigkeit der Frequenzdurchlässigkeitskurve, bedingt durch $R_K = R_{i\,St}$, sind nur dann verschwindend, wenn entweder R_K im gesamten Seitenbandbereich konstant oder

$$R_K \ll \frac{R_{i0} + R_a}{\mu + 1}$$

gehalten wird (s. Abb. VI.22b).

Diese Forderung ist außerordentlich scharf und bei $\lambda/4$-Transformation nur in Ausnahmefällen zu erfüllen.

Die für $J_{a\,SB}$ gewonnene Beziehung wird etwas übersichtlicher für den Fall der Stromeinspeisung: $R_i \to \infty$, $\mu \to \infty$:

$$\lim_{\mu\to\infty,\ R_i\to\infty} J_{a\,SB} = \frac{m}{2} \frac{U_1 \dfrac{1}{S_0^{(1)}}}{\left(R_K + \dfrac{1}{S_0^{(1)}}\right)^2} = \frac{m}{2} \cdot \frac{U_1 S_0^{(1)}}{(R_K S_0^{(1)} + 1)^2}. \qquad \text{(VI.29)}$$

Dieser Ausdruck zeigt, daß die Frequenzdurchlässigkeitskurve nur dann unbeeinflußt bleibt, wenn stets

$$R_K = R_{i\,St} \ll \frac{1}{S_0^{(1)}}$$

ist. Im Gebiet dunkler Grautöne, wo $S_0^{(1)}$ die größten Werte erreicht, muß also $R_{i\,St}$ merklich kleiner als etwa 100 Ω bleiben.

Beispiel einer $\lambda/4$-Transformationsschaltung. Da die Anforderungen an den Innenwiderstand des Treibers bei $\lambda/4$-Transformation am größten sind, sei ein entsprechendes Beispiel durchgerechnet. Es sei wie im Beispiel aus 5b: $R_g = 90 \cdots 900\,\Omega$, Zusatzdämpfungswiderstand $R_Z = 300\,\Omega$, also der Lastwiderstand $R_L = 69\,\Omega$. Der Wellenwiderstand des $\lambda/4$-Transformationsgliedes muß daher sein:

$$X_{0\,Tr} = \sqrt{1030 \cdot 69} = 267\,\Omega.$$

Unter Voraussetzung einer Anordnung nach Abb. VI.23 erhält man für $m = n = 1$ bei $f_0 = 200$ MHz für die Modulationsfrequenz 6 MHz:

$$R_1 = -j\,195\,\Omega,\quad R_2 = +j\,129\,\Omega,\quad R_3 = 3{,}6 + j\,32{,}5\,\Omega,\quad R_4 = R_{i\,St} = 330 - j\,74\,\Omega.$$

Würde man das Transformationsglied zwecks Ersparnis des Gleichstromblocks mit induktivem Quer- und kapazitivem Längsglied ausführen, ergäbe dies:

$$R_1 = j\,458\,\Omega,\quad R_2 = j\,116\,\Omega,\quad R_3 = 3{,}46 + j\,32\,\Omega,\quad R_4 = R_{i\,St} = 345 - j\,13\,\Omega.$$

Im besonders empfindlichen Gebiet in der Nähe des Schwarzpegels ist $\frac{R_{i0} + R_a}{\mu + 1} \approx 150\,\Omega$, $R_{i\,St}$ also auf jeden Fall zu groß. Durch Einführung einer bei der

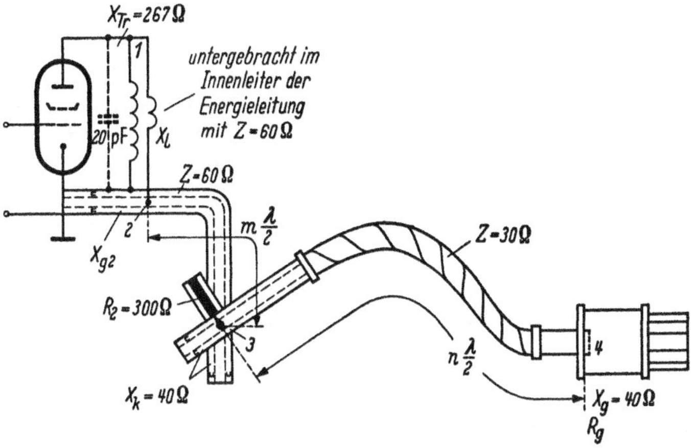

Abb. VI.23. Transformationsglied und Zusatzdämpfung im Leitungszug zwischen Treiber- und modulierter Stufe.

Trägerfrequenz verschwindenden selektiven Dämpfung nach Abb. VI.24 erhält man für den Fall einer Gitterzuleitung von 60 Ω Wellenwiderstand und einer Zusatzdämpfung von $R_6 = 4{,}1 + j\,4{,}1\,\Omega$ bei $\Delta f = 6$ MHz für das Transformationsglied mit Querkapazitäten: $R_4 = R_{i\,St} = 190 - j\,112\,\Omega$. Bei Verkleinerung des Zuleitungswellenwiderstandes auf 20 Ω würde $R_{i\,St} = 93 - j\,82\,\Omega$. Diese Werte wären ausreichend niedrig.

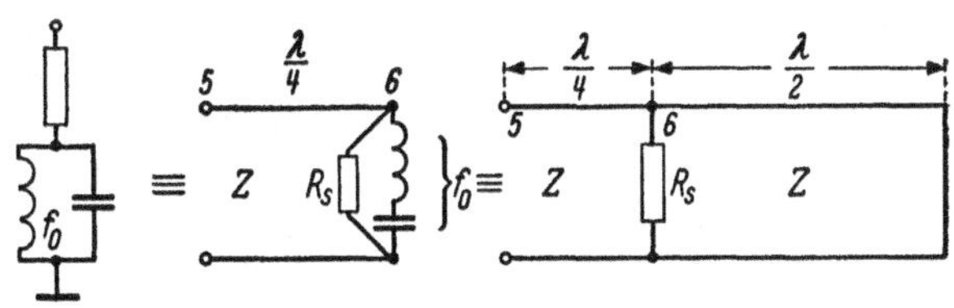

Abb. VI.24.
Selektivdämpfung für das Seitenbandgebiet und duales Äquivalent.

5d. Zusammenfassung.

Die statisch gemessene Amplitudenkonstanz des Steuersenders beim Durchlaufen der Modulationslinie beweist nur das Vorhandensein eines genügend kleinen Innenwiderstandes $R_{i\,St}$ bei der Trägerfrequenz und ist damit eine notwendige, aber durchaus noch nicht hinreichende Bedingung für das Verhalten des Steuersenders.

Die $\lambda/4$-Transformation ist in bezug auf Oberwellen und Rückwirkungen auf davorliegende Stufen wesentlich günstiger als die $\lambda/2$-Transformation, erfordert aber zur Herstellung des niedrigen $R_{i\,St}$ der Seitenbänder eine umfangreichere, schwierig einzustellende Schaltung.

Die Vor- und Nachteile der beiden Schaltungen liegen auf so verschiedenen Gebieten, daß man im Einzelfall entscheiden muß, welche Schaltung günstiger ist. Beide sind in Sendern praktisch ausgeführt worden.

6. Restseitenbandfilter.

Die in den Normen festgelegte Unterdrückung eines Teiles des unteren Seitenbandes kann nur durch ein Filter im Hochfrequenzteil des Senders bewirkt werden, da bei der Modulation zunächst immer beide Seitenbänder entstehen. Gemäß Abb. VI.2 ist ein Bandpaß mit 5,75 MHz Durchlaßbreite und einer

Flanke von beiderseits höchstens 0,5 MHz Breite erforderlich. Falls die Modulationsstufe und evtl. darauf folgende Verstärkerstufen genügend linear sind, ist jedoch die Filterung für Frequenzen in größerem Abstand als 5 MHz zu beiden Seiten des Trägers einfacher bereits im Videoteil des Senders zu erreichen.

Für das hochfrequente Filter genügt dann eine Bandsperre mit einem Sperrbereich von nur 3,75 MHz (—5 bis —1,25 MHz unterhalb des Trägers) [*6*], deren Flankensteilheit außerdem nur am oberen Ende des Sperrbereiches (—1,25 bis —0,75 MHz) der tolerierten Durchlaßkurve entsprechen muß. Als vorteilhaft erweist sich vielfach die Kombination eines Bandpasses — der am Ausgang der Hochfrequenzstufen zur optimalen Breitbandausnutzung der Röhre meist ohnehin benötigt wird (s. Abschnitt 2) — mit einer dann entsprechend schmäleren Bandsperre.

6a. Restseitenbandfilter beim endstufenmodulierten Sender.

Die für Fernsehsender charakteristische Ausführung des Filters ergibt sich beim endstufenmodulierten Sender. Der Innenwiderstand der modulierten HF-Stufe ist meist groß gegenüber ihrem Belastungswiderstand; außerdem ist er bei Gittervorspannungs-Modulation pegelabhängig veränderlich. Eine Anpassung der Stromquelle an den Verbraucher würde daher mit untragbaren Leistungsverlusten verbunden sein. Eine Ausführung als Filter mit vorgegebener Kurzschlußstromdämpfung wäre bei genügend hohem Innenwiderstand prinzipiell denkbar. Da dann aber im Sperrbereich starke Schwankungen des Filtereingangswiderstandes auftreten und im Anodenstrom beide Seitenbänder gleichmäßig enthalten sind, könnten durch nichtlineare Effekte (z. B. anodenseitige Übersteuerung) starke Rückwirkungen auf den Amplitudengang im Durchlaßbereich entstehen. Zur Vermeidung solcher Rückwirkungen ist es notwendig, das Filter mit annähernd konstantem Eingangswiderstand für alle Frequenzen von —5 bis +5 MHz beiderseits des Trägers auszuführen. Solche Filter können auch als Frequenzweichen mit einem Eingang und zwei Ausgängen aufgefaßt werden, wobei die Energie im Sperrbereich in einem Absorber am zweiten Ausgang der Weiche vernichtet wird.

In Abb. VI.25 sind einige einfache Grundformen solcher Filter angegeben, bestehend aus je einem Hoch- und Tiefpaßzweig, sowie eine speziell für das Restseitenbandfilter zugeschnittene Ausführung mit drei Dämpfungspolen im Sperrbereich und drei Nullstellen im Durchlaßbereich [*28, 33*]. Die im Absorber vernichtete Leistung bleibt sehr gering; selbst bei voller Durchsteuerung des Senders von 10 ··· 70% mit *einer* Modulationsfrequenz beträgt die Amplitude eines Seitenbandes nur 15% der Spitzenamplitude, die Leistung also 2,25% der Sendernennleistung. Zu beachten ist, daß eine Dämpfungsnullstelle des Filters auf die Bildträgerfrequenz gelegt werden muß, da sonst bei dieser Frequenz wesentliche Verluste im Absorber auftreten können.

6b. Ausführungsformen von Filtern konstanten Eingangswiderstandes.

Eine Ausführung in der Art von Abb. VI.25d ist wenig gebräuchlich, da der Abgleich nach Filterkurve und Eingangswiderstand kompliziert ist. Man versucht, einfache und womöglich gleichartige Kreise zu verwenden. Deshalb wird oft eine Ausführung nach Abb. VI.25a bzw. b bevorzugt, wobei des konstanten Eingangswiderstandes wegen mehrere derartige Filter ohne gegenseitige Rückwirkung hintereinandergeschaltet werden können. Die Filterflanke mit den dort gezeichneten Schaltelementen ist natürlich viel zu flach. Der angegebene Blindwiderstand jX bzw. Z^2/jX (entsprechend den normierten Werten jX/Z und Z/jX) kann aber selbstverständlich jeder beliebige realisierbare Zweipol sein.

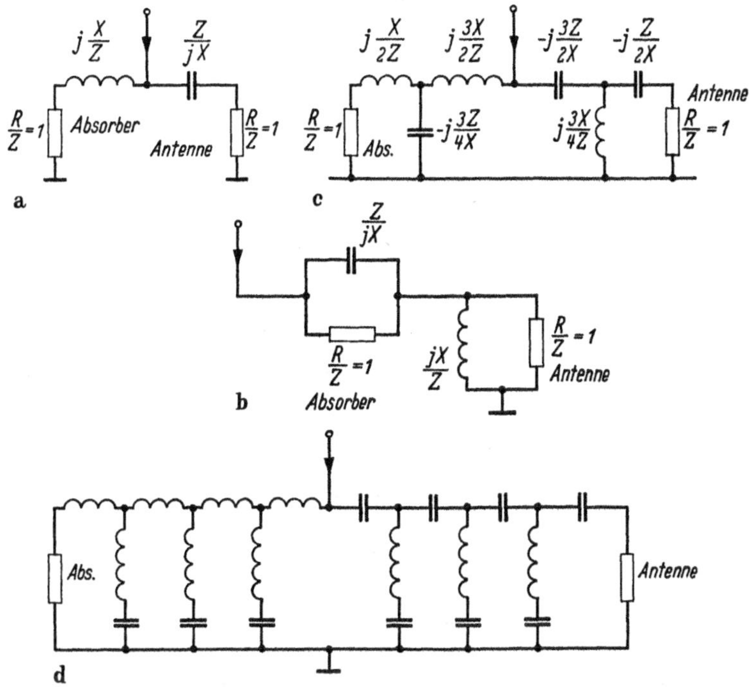

Abb. VI.25 a—d. Filter konstanten Eingangswiderstandes.

a) und b) einfachste (zueinander duale) Grundformen; c) und d) Erweiterungen (3 Dämpfungspole im Sperrbereich, 3 Nullstellen im Durchlaßbereich). Fur alle Impedanzen ist der normierte Wert angegeben [28, 33].

Als solcher kommt insbesondere ein lose angekoppelter Resonanzkreis in Betracht, der die geforderte Nullstelle beim Bildträger sowie einen scharfen Dämpfungspol in der Nähe des Trägers ermöglicht. Abb. VI. 26a und b zeigen

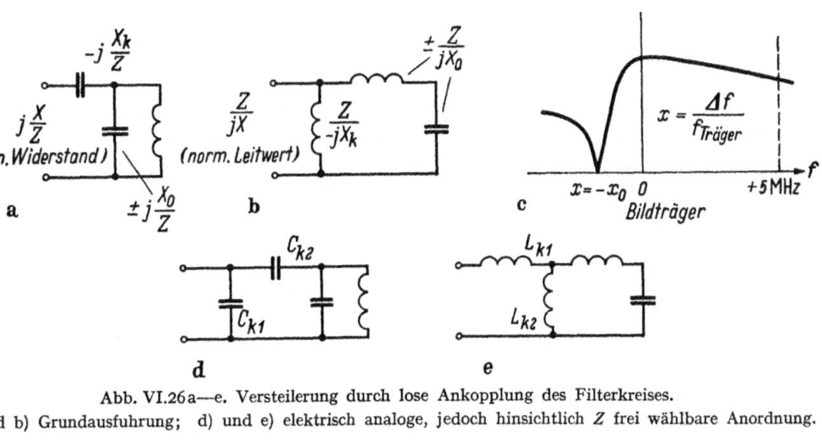

Abb. VI.26a—e. Versteilerung durch lose Ankopplung des Filterkreises.

a) und b) Grundausfuhrung; d) und e) elektrisch analoge, jedoch hinsichtlich Z frei wählbare Anordnung.

die dazugehörige Prinzipschaltung für den normierten Widerstandswert jX/Z und seinen (aus der dualen Schaltung erhaltenen) reziproken Wert Z/jX; die damit erzielbare Filterkurve gibt Abb. VI.26c wieder.

Zur Bemessung der Filterkreise. Nimmt man die Koppelkapazität C_K bzw. -induktivität L_K nach Abb. VI.26a, b als über einen Fernsehkanal praktisch konstanten Widerstand bzw. Leitwert an, dessen Größe durch die normierte Zahl $K = X_K/Z$ bzw. Z/X_K bestimmt ist, so erhält man mit x und x_0 gemäß Abb. VI.26c:

$$j\frac{X}{Z} = \frac{K(x+x_0)}{jx} = \frac{K}{j} + \frac{Kx_0}{jx} \cdots x = \frac{\Delta f}{f_{Tr}};$$

und für die Filterkurve gemäß einer Schaltung nach Abb. VI.25a (rechter Zweig):

$$\frac{U_{\text{Ant}}}{U_{\text{Sender}}} = \frac{x+x_0}{\sqrt{(x+x_0)^2 + \frac{1}{K^2}x^2}}. \qquad \text{(VI.30)}$$

Die Größe K definiert die Resonanzschärfe des Filterkreises. Läßt man am oberen Ende des Bildbereichs eine Dämpfung von etwa 1 dB zu, so ergibt sich für einen Dämpfungspol im Abstand $-1{,}5$ bzw. -4 MHz vom Träger ein ungefährer Wert für K von 2 bzw. 1,4, bezogen auf einen normierten Antennenwiderstand $= 1$. Der relative Frequenzabstand zum Träger ist für $\Delta f = -1{,}5$ MHz:

$$x_0 \approx \frac{1}{40} \quad \text{für} \quad f_{Tr} = 60\,\text{MHz} \qquad \text{(Band I)}$$

$$\approx \frac{1}{140} \quad \text{für} \quad f_{Tr} = 210\,\text{MHz} \qquad \text{(Band III)}$$

$$\approx \frac{1}{500} \quad \text{für} \quad f_{Tr} = 750\,\text{MHz} \qquad \text{(Band IV/V)}.$$

Um diesen Frequenzabstand einzuhalten, ergeben sich für den Resonanzkreis des Filters normierte Blindwiderstände (bzw. Leitwerte) $X_0/Z = 2Kx_0$, also von $K/20$ bzw. $K/70$ und $K/250$; bei $K = 2$ und einem Antennenwiderstand von 60 Ω sind dies Widerstandswerte von 6 Ω, 1,7 Ω und 0,48 Ω für Abb. VI.26a bzw. 600 Ω, 2100 Ω, 7500 Ω für Abb. VI.26b. Da weiterhin am Dämpfungspol mindestens 20 dB gefordert werden, darf der normierte Wert des verbleibenden Ohmschen Restwiderstandes bei dieser Frequenz nicht größer als $^1/_{10}$ sein; daraus folgen für die Mindestgüte des Resonanzkreises Werte

$$Q_{\min} = \frac{10K^2}{X_0/Z} = 400,\ 1500,\ 5000 \text{ für Band I, III, IV/V}.$$

Die so errechneten Werte lassen sich zumindest für Band III und IV/V nicht unmittelbar realisieren. Als Resonanzkreise benutzt man an ihrem Ende kurzgeschlossene oder offene $\lambda/4$- bzw. $\lambda/2$-Leitungen (oder entsprechende Hohlraumkreise). Um die geforderten Gütewerte bei möglichst günstiger Raumausnutzung zu erreichen, muß dabei der Wellenwiderstand in der Nähe des optimalen Wertes von 78 Ω bleiben. Damit ist aber auch der Resonanzblindwiderstand des Kreises bestimmt [z. B. $\frac{4}{\pi}Z$ bei einer am Ende kurzgeschlossenen, $\frac{\pi}{4}Z$ bei einer am Ende offenen $\lambda/4$-Leitung]. Um diese Dimensionierungsgröße frei wählbar zu erhalten, kann die Schaltung nach Abb. VI.26a und b entsprechend VI.26d und VI.26e abgeändert werden. Es ist leicht nachzuweisen, daß die Eingangsimpedanz dieser Schaltungen den gleichen Frequenzverlauf hat wie im Falle der Abb. VI.26a und VI.26b. Die Größe K wird nun aber durch die Parallelschaltung der beiden Kapazitäten C_{K1} und C_{K2} bestimmt, während sich der Blindwiderstand des Resonanzkreises zur Einhaltung des geforderten Frequenzabstandes im wesentlichen durch die Serienschaltung von C_{K1} und C_{K2} ergibt. Mit der

Wahl des Verhältnisses von C_{K1} und C_{K2} bei vorgegebener Summe hat man es also in der Hand, den Resonanzblindwiderstand des eigentlichen Resonanzkreises bezüglich der Güte optimal zu wählen. Die räumlichen Abmessungen der Resonanzkreise sind außer durch die erforderliche Güte in vielen Fällen auch durch die auftretende Maximalspannung bedingt.

Im Band IV/V darf man bei Filtern in Koaxialleitungstechnik unter Umständen die für Güte oder Spannungsfestigkeit erforderliche Größe nicht mehr verwenden, weil Mehrdeutigkeiten infolge auftretender neuer Resonanzstellen durch Hohlrohrwellentypen auf jeden Fall vermieden werden müssen. (Eindeutigkeit ist gesichert bei Einhaltung der Bedingung: $\frac{D+d}{2}\pi < \lambda_{\min}$.) In solchen Fällen müssen Hohlraumfilter verwendet werden.

Schaltung des Filters. Nach Abb. VI25a und b müssen für eine Filteranordnung zwei verschiedene, zueinander reziproke Blindwiderstände realisiert werden. Außerdem liegen bei einigen Blindwiderständen beide Pole an Hochfrequenzspannung. Erwünscht wären gleichartige Widerstände, deren einer Pol geerdet ist. Beides läßt sich mittels $\lambda/4$-Leitungen erreichen, wobei wegen des relativ schmalen Bandes eines Fernsehkanals die $\lambda/4$-Bedingung über den ganzen Kanal praktisch erfüllt ist. Der reziproke Wert einer Impedanz kann einfach durch Vorschaltung einer $\lambda/4$-Leitung gebildet werden (Abb. VI.27a); die Serienschaltung eines Widerstandes zu einem gegen Erde liegenden läßt sich (als duale Schaltung) nach Abb. VI.27b mittels dreier $\lambda/4$-Leitungen ebenfalls in eine Parallelschaltung umwandeln. Mit solchen Umformungen durch zusätzliche $\lambda/4$-Leitungen kann man eine Vielzahl von Filterschaltungen gewinnen, die — zusammen mit zwei jeweils exakt gleichen Filterkreisen — im Hoch- und Tiefpaßzweig sämtlich die gleiche Filterkurve bei konstantem Eingangswiderstand ergeben [34].

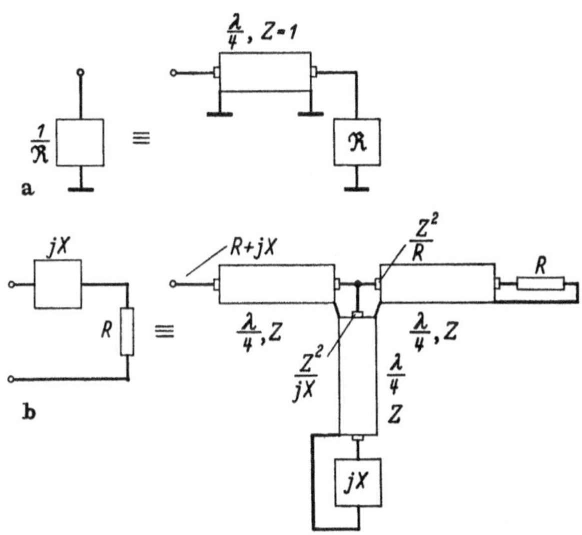

Abb. VI.27a u. b. Umwandlung.
a) einer Impedanz in ihren reziproken Wert; b) einer Serienschaltung von Impedanzen in eine Parallelschaltung.

Abb. VI.28a und b zeigen zwei Möglichkeiten, deren Ableitung nach dem oben Gesagten unmittelbar verständlich ist. Weitere Möglichkeiten ergeben sich, wenn man vier $\lambda/4$-Leitungen gleichen Wellenwiderstandes Z zu einem sog. Hybrid nach Abb. VI.29a zusammenschließt [20]. Sind die beiden Belastungswiderstände $R_A = R_W = R$ am Punkt *3* und *4* gleich dem Wellenwiderstand Z der $\lambda/4$-Leitungen und die beiden Impedanzen $\Re$ an den Punkten *2* und *3* jeweils gleich groß, so ist der Eingangswiderstand, unabhängig von der Größe $\Re$, immer konstant $= Z$. Der Beweis hierfür kann so geführt werden, daß man sich das Hybrid an der Stelle der EMK aufgeschnitten denkt (s. Abb. VI.29b) und von beiden Seiten aus mit der gleichen EMK einspeist. Für abwechselnden Kurzschluß der linken und rechten EMK kann man die entsprechenden Teilströme errechnen und dann durch Anwendung des Überlagerungssatzes den Gesamtstrom erhalten. Es genügt dabei, den Beweis für $\mathfrak{R} = 0$ und $\mathfrak{R} \to \infty$ zu führen, wobei für $\mathfrak{R} = 0$ die Behauptung unmittelbar evident ist. Für $\mathfrak{R} = 0$ geht die ganze Senderleistung in den Absorber; für $\mathfrak{R} \to \infty$ geht sie in die Antenne.

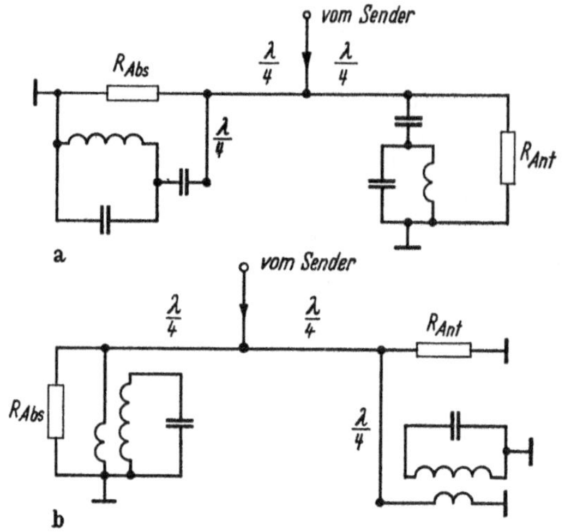

Abb. VI.28a u. b. Restseitenbandfilter konstanten Eingangswiderstandes mit einem Dampfungspol und einer Nullstelle bei Bildträgerfrequenz.

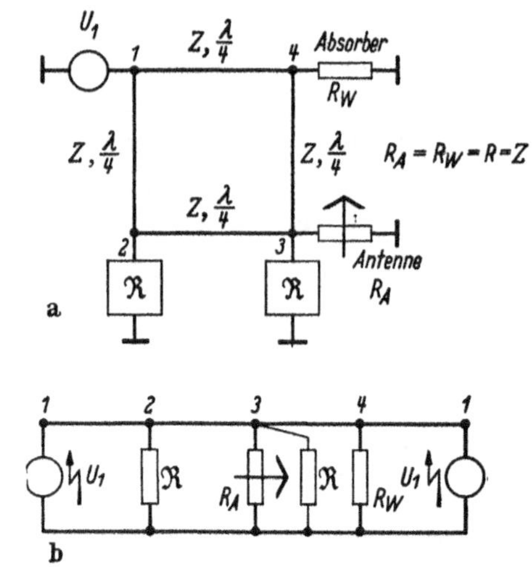

Abb. VI.29 a u. b. Hybrid, bestehend aus $4\lambda/4$-Leitungen gleichen Wellenwiderstandes Z [20].
a) Schaltung; b) Beweis der Konstanz des Eingangswiderstandes Z.

Stellt $\mathfrak{R}$ wieder einen lose angekoppelten Resonanzkreis dar, dessen Widerstand bei der Trägerfrequenz unendlich groß und bei der Sperrfrequenz gleich Null ist, so ergibt sich exakt die gleiche Filterkurve wie bei den Schaltungen nach Abb. VI.28a und b.

Eine weitere Anordnung zeigt Abb. VI.30, in der das Hybrid eines Parallelschaltungs-Netzwerkes benutzt wird (s. auch Abschnitt 9b). Die Wellenwiderstände der einzelnen Zweige müssen in diesem Falle gemäß den Angaben der Abb. VI.30

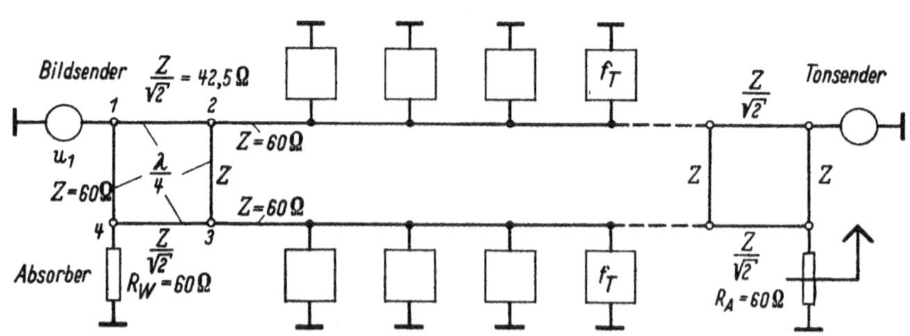

Abb. VI.30. Hybrid eines Parallelschaltungsnetzwerkes, zugleich als Bildtonweiche benutzbar [35].

verschieden sein. Es sind nur gleichartige Abschlußwiderstände an den Punkten *2* und *3* erforderlich, um am Punkt *1* Anpassung zu erzeugen. Man erkennt dies auf Grund einer analogen Betrachtung wie oben. Sind die Abschlußwiderstände reine Blindwiderstände, so muß demnach die ganze Leistung in den Absorber am Punkt *4* abfließen, der bei Anpassung der Abschlußwiderstände leistungsfrei bleibt. Somit können die zur Restseitenbandfilterung erforderlichen Kreise einfach an die Ausgangsleitungen angeschlossen werden.

Die Schaltung nach Abb. VI.30 ist deshalb wichtig, weil sie gleichzeitig als Bild-Ton-Weiche benutzt werden kann (Doppelbrückenweiche) [*35*]. Speist man aus den beiden Ausgängen spiegelsymmetrisch ein zweites Hybrid, so vereinigt sich die in der Mitte geteilte Energie wieder an einem Punkt, wo der Antennenwiderstand angeschlossen werden kann. Der vierte Punkt des zweiten Hybrids dient dann zum Anschluß des Tonsenders (s. auch Kap. VII). Zwei weitere an beliebiger Stelle angeordnete Filterkreise im Mittelteil, deren Kurzschlußfrequenz auf den Tonträger abgestimmt ist, sorgen dafür, daß dieser vom Tonsender direkt zur Antenne geleitet wird.

Filteranordnungen mit einem einzigen Dämpfungspol reichen nicht aus, um im ganzen zu sperrenden Bereich 20 dB Dämpfung zu erzeugen; man benötigt hierzu mindestens drei Dämpfungspole, die etwa einen Abstand von $-1{,}4$, $-2{,}1$ und $-3{,}9$ MHz vom Träger haben müssen.

Bei den Schaltungen nach Abb. VI.28 und VI.29 sind drei derartige vollständige Filteranordnungen, jeweils mit Filterkreisen und Absorbern, in Serie erforderlich .Die Gesamtfilterkurve entspricht dan dem Produkt der einzelnen Filterkurven. Bei der Schaltung nach Abb. VI.30 genügt es jedoch, wenn man die einzelnen Filterkreise jeweils in $\lambda/4$-Abstand voneinander anbringt, wobie dann der Absorber am Punkt *4* die Leistung bei allen drei Dämpfungspolen aufnimmt. Die so resultierende Filterkurve entspricht allerdings nicht genau dem Produkt der Einzelfilterkurven. Die Abb. VI.31a zeigt ein ausgeführtes Restseitenbandfilter.

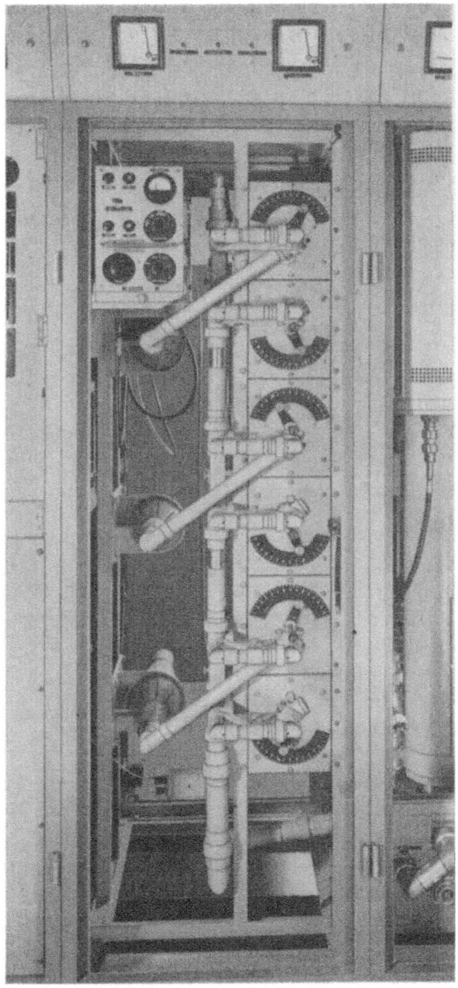

Abb. VI.31a. Restseitenbandfilter fur Fernsehband III (Telefunken), maximale Durchgangsleistung 3 kW.

6c. Filter bei Vorstufen- und ZF-Modulation.

Bei einem vorstufenmodulierten Sender liegt es nahe, die Koppelschaltungen zwischen zwei HF-Stufen, die nach Abschnitt 2 mit Vorteil als zwei- oder mehrkreisige Bandpaßfilter ausgelegt werden, zur Restseitenbandfilterung mit heranzuziehen. Die Erzielung der gesamten notwendigen Filterung würde allerdings sehr viele Stufen erfordern. Mit einem zweikreisigen (optimalen, nicht überhöhenden) Bandfilter, dessen Durchlaßbereich so schmal wie möglich (5,75 MHz) gemacht wird, erhält man in der Entfernung $-1{,}25$ MHz vom Träger nur etwa 1,7 dB Dämpfung (s. Abb. VI.7b bei $v/d_1 = 1{,}17$). Um 20 dB zu erzielen, würden also zwölf solcher Filter notwendig werden. Aber selbst bei einem typischen vorstufenmodulierten

Sender wird man im allgemeinen nicht mehr als vier bis fünf breitbandige HF-Stufen vorsehen. Man kann deshalb auf diese Weise nur einen Teil der Restseitenbandfilterung erreichen, insbesondere für die weiter vom Träger abliegenden Frequenzen.

Die Übernahme eines Teiles der Restseitenbandfilterung durch die Bandfilterkreise der Verstärkerstufen zwingt jedoch den Entwickler dazu, deren Bandbreite möglichst knapp zu dimensionieren, was wiederum eine sehr exakte Abstimmung dieser Kreise erfordert. Im Gegensatz zu den in 6a und 6b beschriebenen Sperrkreisfiltern im Senderausgang gehen bei den zwischen den einzelnen Verstärkerstufen gelegenen Bandfilterkreisen die Röhrenkapazitäten in die Abstimmung und damit in die Filterkurve ein, was gelegentliche Nachstimmung erforderlich macht. Außerdem setzt diese Lösung sehr gute Linearität der HF-Verstärkerstufen voraus, da durch Nichtlinearitäten das bereits gefilterte Seitenband wieder neu entstehen kann.

Weitere Möglichkeiten für die Ausführung von Restseitenbandfiltern ergeben sich im Band IV/V bei Verwendung von Mehrkammerklystrons als Endverstärker.

Abb. VI.31 b. Versuchsausfuhrung eines Restseitenbandfilters (39 MHz) (Telefunken).

Da vor der Endstufe dann sehr kleine Leistungen vorhanden sind, ist es ohne Einbuße an Wirkungsgrad möglich, den Sender an das Filter anzupassen, so daß dessen übliche Formen verwendet werden können. Besonders interessant ist hierbei der Fall, daß die Modulation an einer ZF vorgenommen wird (s. Abschnitt 4f); das Filter kann dann auf diese ZF fest abgestimmt werden. Abb. VI.31 b zeigt eine Versuchsausführung eines derartigen Filters.

7. Hochfrequenz- und Videovorstufen.

7a. HF-Vorstufen.

Störungen zweier Gleichkanalsender werden beachtlich vermindert, wenn ihre Bildträgerfrequenzen um ein einfaches Teilverhältnis der Zeilenfrequenz (z. B. $^1/_3$, $^2/_3$, $^5/_{12}$ oder ähnlich) gegeneinander versetzt werden („Zeilenoffset"). Zur Einhaltung der Zeilenoffsetbedingungen ist eine Frequenzkonstanz von etwa ± 500 Hz notwendig. Bei der Planung der Fernsehsendernetze in Europa war es notwendig, in erheblichem Umfang auf Gleichkanalsendung zu fußen, und daher die Einbeziehung des Zeilenoffsetverfahrens unbedingt erforderlich. Die angegebene Frequenzkonstanz ist deshalb im allgemeinen für Fernsehsender üblich.

Wird die Bildwechselfrequenz in den Offset mit einbezogen (Präzisionsoffset) [*36*], so kann eine weitere Störverminderung um etwa 10 dB erhalten werden. Die bei Versatzfrequenzen, entsprechend dem Zeilenoffset plus Vielfachen der Bildwechselfrequenz, liegenden Störungsminima können aber nur bei Werten der Frequenzkonstanz innerhalb weniger Hertz eingehalten werden, was im Band IV/V Genauigkeiten der Größe $5 \cdot 10^{-9}$ erfordert.

Da Gleichkanalsender jedoch nur in wenigen Fällen mit Präzisionsoffset betrieben werden müssen, werden Fernsehsender nur in Sonderfällen mit dieser extremen Frequenzkonstanz ausgestattet.

Die in der Quarzstufe erzeugte Hochfrequenz liegt im allgemeinen in einem Frequenzgebiet, in dem man Schwingquarze mit hoher Genauigkeit leicht herstellen kann, nämlich zwischen einigen und 10 MHz. In den darauffolgenden schmalbandigen Hochfrequenzstufen wird üblicherweise auf die Endfrequenz vervielfacht und entsprechend verstärkt. Das einzige eigentliche Problem, das man bei der Vervielfachung beachten muß, ist die Vermeidung von Nebenwellen (gemäß Pflichtenheft der ARD: $\leqq 1\ \mu$W). Diese treten bei der ersten Vervielfachung bereits im Abstand der Quarzfrequenz auf und müssen schon innerhalb des Vervielfachers genügend unterdrückt werden, da die späteren breitbandigen Endverstärkerstufen keinerlei Siebung mehr ergeben.

7b. Videovorstufen.

Das am Eingang des Senders auf 1 V_{SS} an 75 Ω genormte Videosignal muß bis zum Gitter der modulierten Stufe gewöhnlich auf mehrere 100 V verstärkt werden. Da die dabei entstehenden Leistungsprobleme bereits im Abschnitt 4 und allgemeine Fragen der Videoverstärkung im Kapitel I dieses Teilbandes besprochen sind, sollen im folgenden nur einige speziell den zum Sender gehörigen Videoverstärker betreffende Fragen behandelt werden [*20*].

7c. Kennlinienvorentzerrung.

Die für die (nach Möglichkeit lineare) Modulationskennlinie einzuhaltenden Toleranzen zeigt Abb. VI.32. Verzerrungen treten bei Gittermodulation hauptsächlich im unteren Teil der Kennlinie auf. Da aber die Senderöhren aus Gründen des Wirkungsgrades möglichst bis zur Leistungsgrenze ausgenutzt werden sollen, bedeuten der mit größeren Pegeln stark anwachsende Gitter- und Schirmgitterstrom sowie die Annäherung an die Sättigungsgrenze auch eine Abkrümmung des oberen Teiles der Kennlinie. Diese ist bei Klystronverstärkern eine BESSEL-Funktion 1. Ordnung und daher im oberen Teil ebenfalls stark abgeflacht. Anstelle der infolge des breiten Frequenzbandes sehr schwierigen Gegenkopplung wird bei Fernsehsendern meist eine Vorentzerrung im Videoteil bei Pegeln der Größenordnung 10 V bevorzugt. Mittels geeignet vorgespannter Dioden oder parallelgeschalteter Röhren wird der Arbeitswiderstand oder die Steilheit der

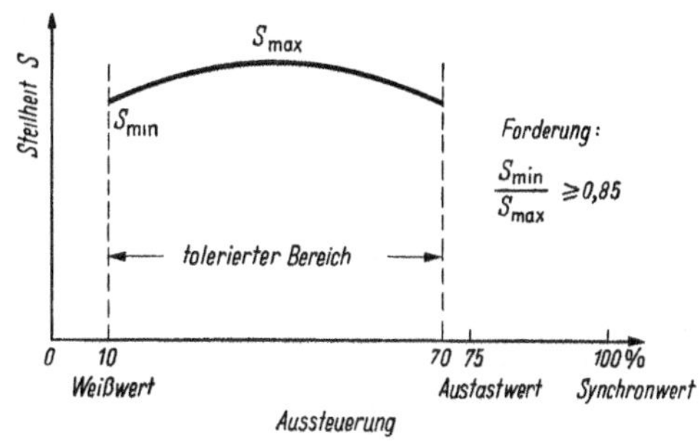

Abb. VI.32. Toleranz für die Linearität der Modulationskennlinie (nach ARD).

Verstärkerstufe innerhalb des Bildbereichs variiert. (Übliche Schaltungen siehe Abb. VI.33.)

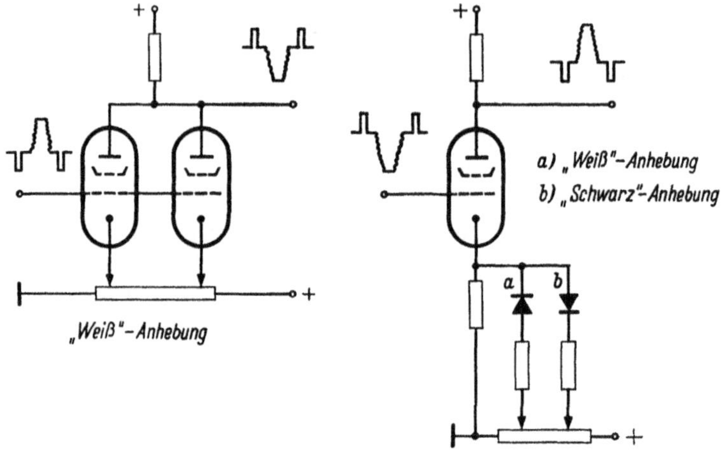

Abb. VI.33. Prinzipschaltungen fur Kennlinienvorentzerrung.

7d. Phasenvorentzerrung.

Phasenverzerrung, d. h. nicht frequenzproportionaler Phasenverlauf, bezogen auf die Phase des Trägers, entsteht durch Seitenbandunsymmetrie des HF-Übertragungssystems und durch Bandbegrenzungen im HF- oder Videoteil. Beim Schwarz-Weiß-Fernsehen führt vor allem die Unsymmetrie zu so wesentlichen Bildverschlechterungen (s. auch Teilband 1, Kap. IV.7a bzw. Abb. VI.34), daß eine Entzerrung des Phasenverlaufs notwendig wird [*38*]. Beim Farbfernsehen muß in Anbetracht der Phasennutzmodulation des Farbhilfsträgers auch der obere Teil des Videobandes entzerrt werden.

In Deutschland wird z. Z. das gesamte System: Sender + Empfänger senderseitig vorentzerrt, wobei ein normierter Empfänger (Nyquist-Meßdemodulator) [*3, 4, 39*] zugrunde gelegt wird. Auf Grund internationaler Vereinbarungen wird in Zukunft im Sender nur ein definierter Anteil des Empfängers mit entzerrt werden [*40*].

Im Videoteil soll die Phasenlaufzeit $T = \varphi/\omega$ oder die Gruppenlaufzeit $\tau = d\varphi/d\omega$ innerhalb des geforderten Bandes nach Möglichkeit konstant bleiben [*41*]. Da durch Frequenzumsetzung relative Verhältnisse bekanntlich nicht berührt werden, geht nach der Modulation die videofrequente Phasenlaufzeit T in eine Laufzeit $\tau_0 = \frac{\varphi - \varphi_0}{\omega - \omega_0} = \frac{\Delta\varphi_0}{\Delta\omega_0}$ über, die als auf den Träger bezogene Gruppenlaufzeit bezeichnet werden kann.

Solange im HF-Teil kein zusätzlicher Phasengang hinzukommt, ist diese trägerbezogene Gruppenlaufzeit $\tau_0 \equiv T$ und daher gleich der Phasenlaufzeit im Videoteil. Die differentielle Gruppenlaufzeit $\tau = d\varphi/d\omega$ wird durch die Modulation nicht beeinflußt. Durch hochfrequente Filter (im Sender und Empfänger) wird aber der Gang von Phasen- und Gruppenlaufzeit bezüglich des Trägers unsymmetrisch bzw. verschieden. Sind die trägerbezogenen Gruppenlaufzeiten und damit die Phasen sowie die Amplituden an der Stelle der beiden Seitenbänder bekannt, so kann die Phase und damit die Phasenlaufzeit des demodulierten Signals bestimmt werden. Ist nur die differentielle Gruppenlaufzeit gegeben, so muß die Phasenlaufzeit durch Integration ermittelt werden, was die Kenntnis des gesamten Verlaufs der Gruppenlaufzeit bis zur fraglichen Frequenz voraussetzt. Im folgenden seien so kleine Modulationsgrade zugrunde gelegt, daß die im Falle größerer Modulationsgrade bei der Demodulation unvermeidlich entstehenden Quadraturverzerrungen vernachlässigt werden können.

Gehören zum Träger $\cos\omega_0 t$ die beiden Seitenbänder

$$m_{1,2}\cos[(\omega_0 \pm \Delta\omega)t \pm \varphi_{1,2}],$$

so ist die Hüllkurve (bei kleinem m) durch

$$M\cos(\Delta\omega t + \varphi) = m_1\cos(\Delta\omega t + \varphi_1) + m_2\cos(\Delta\omega t + \varphi_2) \qquad \text{(VI.31)}$$

gegeben, und es ist

$$M = \sqrt{m_1^2 + m_2^2 + 2m_1 m_2\cos(\varphi_2 - \varphi_1)},$$

$$\tan\varphi = \frac{m_1\sin\varphi_1 + m_2\sin\varphi_2}{m_1\cos\varphi_1 + m_2\cos\varphi_2}. \qquad \text{(VI.32)}$$

Bei einem kombinierten System aus Videofrequenzen mit Übertragung über einen hochfrequenten Träger begreift man also die Zusammenhänge am besten, wenn man von der videofrequenten Phasenlaufzeit T ausgeht, diese über den HF-Teil als trägerbezogene Gruppenlaufzeit weiter verfolgt und nach Demodulation auf die Phasenlaufzeit zurückgeht. Aus dem Endergebnis läßt sich wieder eine entsprechende Gruppenlaufzeit ableiten, die aber nicht aus der differentiellen Gruppenlaufzeit im HF-Teil hervorgeht.

Die Phasenvorentzerrung — sei sie im videofrequenten oder im hochfrequenten Teil des Senders — gilt nach den obigen Bemerkungen exakt nur für kleine Modulationsgrade, also kleine Amplitudensprünge; bei großen Sprüngen kommen Klirrfaktorverzerrungen (Quadraturverzerrungen) hinzu. Deren Entzerrung würde eine zusätzliche nichtlineare Phasenvorentzerrung erforderlich machen [*42*]. Abb. VI.34b und c zeigen bei einem phasenentzerrten System den Einschwingvorgang für den Amplitudensprung 50/70% und 10/70%. Auch der große Sprung ist gegenüber dem nicht vorentzerrten System ganz wesentlich verbessert.

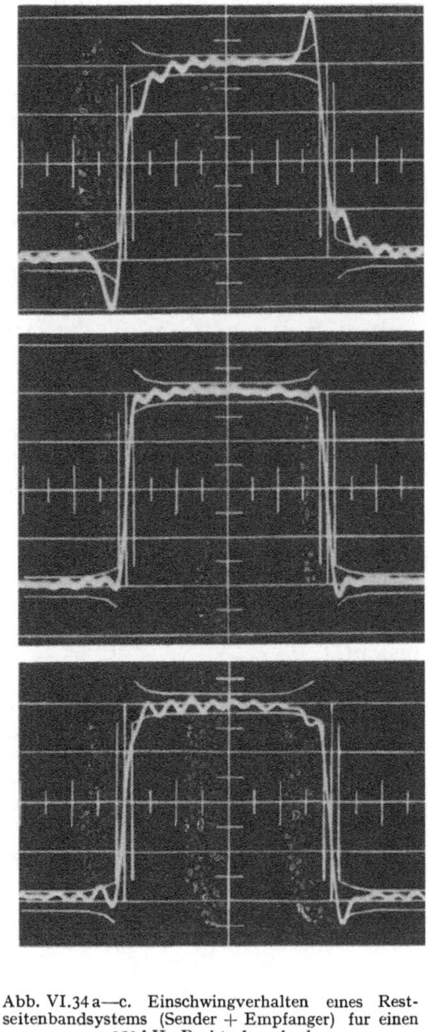

Abb. VI.34a—c. Einschwingverhalten eines Restseitenbandsystems (Sender + Empfänger) für einen 250 kHz-Rechteckwechsel.

a) ohne Phasenvorentzerrung; b) mit Phasenvorentzerrung (kleiner Sprung: 50 auf 70%); c) mit Phasenvorentzerrung (großer Sprung: 10 auf 70%) [*31*].

Man begnügt sich deshalb mit der linearen Phasenvorentzerrung. Würde diese im HF-Teil des Senders erfolgen (d. h. würde dort auf $\varphi_1 = \varphi_2$ entzerrt), so wäre $M = m_1 + m_2$, so daß nach der Demodulation bei richtig eingestellter NYQUIST-Flanke exakt das gleiche Signal wie im symmetrischen Zweiseitenbandbetrieb entstehen würde. Allerdings wird in Anbetracht des sonst kaum tragbaren

Aufwandes die Phasenvorentzerrung gewöhnlich in den *Videostufen* des Senders eingeführt. Zwangsläufig ist dann aus Gründen der nur trägersymmetrisch möglichen Entzerrung im HF-Teil $\varphi_1 \neq \varphi_2$. Das bedeutet, daß im Bereich der NYQUIST-Flanke, (wo beide Seitenbänder vorkommen) die Gesamtamplitude $M \neq m_1 + m_2$ ist, was einen Amplitudenfehler nach der Demodulation mit sich bringt, obwohl alle Teile des Systems ihren richtigen Amplitudengang besitzen. Dieser Fehler ist jedoch so gering, daß er sich in der Bildgüte kaum bemerkbar macht; daher kann auf seine Entzerrung, die grundsätzlich möglich wäre, verzichtet werden.

Die Entzerrung selbst geschieht durch eine Anzahl überbrückter T-Glieder nach Abb. VI.35, von denen beim Schwarz-Weiß-Fernsehen, je nach den Anforderungen, etwa 3 bis 6 benutzt werden.

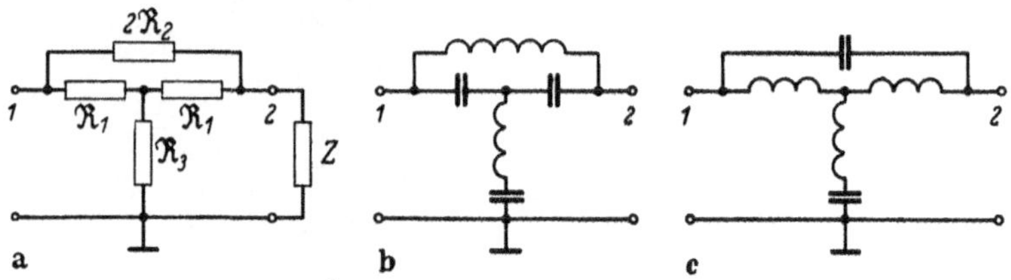

Abb. VI.35 a—c. Überbrückte T-Glieder als Phasenvorentzerrungsfilter.

Soll die Schaltung nach Abb. VI.35 ([*43*] bis [*45*]) Allpaßcharakter haben, so ergibt sich als Bedingung hierfür:

$$\frac{1}{2}\mathfrak{R}_1 + \mathfrak{R}_3 = Z^2\left(\frac{1}{2\mathfrak{R}_1} + \frac{1}{2\mathfrak{R}_2}\right).$$

Der einfachste Fall eines Allpasses ist durch die Übertragungsfunktion

$$\frac{U_2}{U_1} = \frac{(j\omega - p_0)(j\omega - p_0^*)}{(j\omega + p_0)(j\omega + p_0^*)} = e^{-j\varphi} \qquad \text{(VI.33)}$$

gegeben, wobei

$$p_0 = \gamma_0 + j\omega_0$$

bedeutet.

Hieraus ergibt sich:

$$\cot\frac{\varphi}{2} = j\,\frac{e^{j\varphi}+1}{e^{j\varphi}-1} = \frac{\gamma_0^2 + \omega_0^2 - \omega^2}{2\omega\gamma_0}.$$

Setzt man

$$\omega_R^2 = \gamma_0^2 + \omega_0^2$$

und

$$K = \frac{\omega_R}{2\gamma_0},$$

so wird

$$\cot\frac{\varphi}{2} = K\left(\frac{\omega_R}{\omega} - \frac{\omega}{\omega_R}\right),$$

$$\varphi = 2\operatorname{arc\,cot}\left[K\left(\frac{\omega_R}{\omega} - \frac{\omega}{\omega_R}\right)\right]. \qquad \text{(VI.34)}$$

Mit ω von 0 bis ∞ geht demnach φ von 0 bis 2π.

Führt man eine normierte Frequenz $\Omega = \omega/\omega_R$ ein, so lassen sich alle diese Phasengänge durch eine einparametrige Kurvenschar nach Abb. VI.36 darstellen; hierbei ist jeweils ein frequenzlinearer Phasengang so hinzugefügt, daß sich für $\omega = 0$ die Phasen- bzw. Gruppenlaufzeit 0 ergibt.

Aus obiger Formel lassen sich Phasen- und Gruppenlaufzeit allgemein leicht gewinnen. Zur Bemessung der zugehörigen Einzelglieder dient folgendes:

Aus der Vierpoltheorie läßt sich ableiten, daß

$$\cot\frac{\varphi}{2} = K\left(\frac{\omega_R}{\omega} - \frac{\omega}{\omega_R}\right) = \frac{j(\mathfrak{R}_1 + 2\mathfrak{R}_3)}{Z} = jZ\left(\frac{1}{\mathfrak{R}_1} + \frac{1}{\mathfrak{R}_2}\right) \quad \text{(VI.35)}$$

ist. Abb. VI.35b und c sind somit Realisierungen dieser Phasengänge. Dabei ist ω_R einmal gleich der Serienresonanzfrequenz, wenn man die Punkte *1* und *2* kurzschließt und gegen Erde mißt, sowie gleich der Parallelresonanzfrequenz zwischen den Punkten *1* und *2*, wenn man $\mathfrak{R}_3$ öffnet.

Für K gilt die Beziehung:

$$K^2 = \frac{Z^2}{\mathfrak{R}_1 \mathfrak{R}_2}. \quad \text{(VI.36)}$$

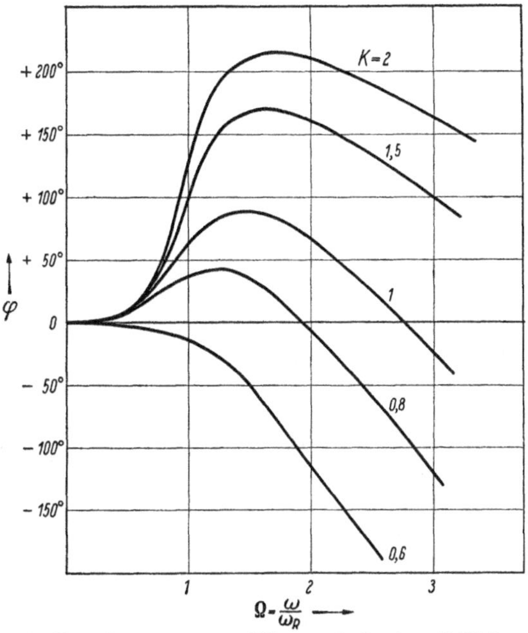

Abb. VI.36. Phasengang $\varphi = f(\Omega)$ von überbruckten T-Gliedern (nach Abb. VI.35).

Damit läßt sich aus gegebenem Z, ω_0 und γ_0 bzw. Z, ω_R und K die Dimensionierung ableiten.

Abb. VI.37 zeigt die zu entzerrende Phasenlaufzeitkurve für Sender und Empfänger. Es ist leider keine Methode bekannt, die gestattet, diese bzw. eine beliebige andere Funktion in eine Reihe von durch Einzelglieder herstellbaren Teilfunktionen zu entwickeln. Die optimale Phasenvorentzerrung sucht man deshalb durch Probieren. Mit einer Anzahl umschaltbarer Vorentzerrungsfilter läßt sich die richtige Entzerrung für einen gegebenen Sender leicht finden, wenn man den zugehörigen Einschwingvorgang betrachtet und ihn in das Toleranzschema nach Abb. VI.34 zu bringen sucht.

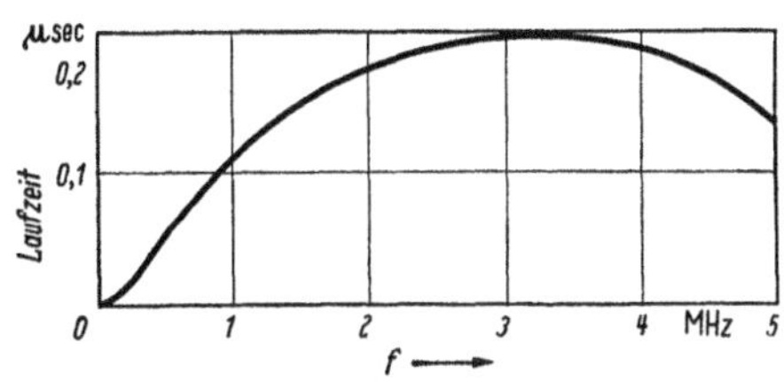

Abb. VI.37. Ungefahrer Verlauf der erforderlichen Phasenvorentzerrung (Sender + Empfänger).

7e. Pegelhaltung.

Das am Sender ankommende Signalgemisch hat keinen definierten Gleichstrompegel; gewöhnlich wird es auch zunächst durch einen Wechselstromverstärker weiter übertragen.

Zur Kennlinienvorentzerrung, die definierte Pegel erfordert, muß deshalb eine Schwarzwerthaltung eingeführt werden, die, um die Toleranzen für den Sender einzuhalten, mittels getasteter Dioden (Klemmschaltung) ([*5*], [*46*] bis [*48*]) erfolgt. Die Endstufe des Modulationsverstärkers muß gleichstromführend mit dem Gitter bzw. der Kathode der HF-Röhre verbunden sein; spätestens am Gitter der Modulationsendstufe muß deshalb eine weitere getastete Schwarzwerthaltung stattfinden. Die dazwischenliegenden Verstärkerstufen können grundsätzlich als Wechselstromverstärker geschaltet sein; jedoch wird, je höher die Pegel sind, desto mehr die Gleichstromverstärkung vorgezogen, weil infolge der verschiedenen Bildinhalte beim Wechselstromverstärker ein wesentlich größerer linearer Aussteuerbereich verlangt wird.

7f. Signalverbesserung.

Das am Sender über Richtfunkstrecken ankommende BAS-Signal ist oft mit Pegelschwankungen und Störspannungen behaftet, die vor der Verarbeitung im Sender eine Qualitätsverbesserung wünschenswert machen. Obwohl dies nicht direkt Aufgabe des Senders ist, werden die hierzu benutzten Geräte doch oft dem Sender zugeordnet, und es sollen deshalb wenigstens die wesentlichen Punkte kurz gestreift werden.

Die wichtigste Aufgabe ist die Synchronimpulsverbesserung [*49*]. Zwei Verfahren werden hierbei praktisch angewandt. Beim ersten werden Signal und Impulse zunächst voneinander getrennt; in einem Impulszweig wird aus einem Stück der ursprünglichen Impulse durch Verstärken und Abschneiden ein neues Impulsgemisch hergestellt und dieses dem Signal wieder zugesetzt. Der Vorteil dieses Verfahrens ist, daß alle Störspannungen, die über dem Schwarzwert hinausgehen, abgeschnitten werden und nicht zur Aussendung gelangen; nachteilig sind der nicht geringe Aufwand und die diffizile Einstellung der richtigen Impulsphase beim Wiederzusetzen.

Bei einem einfacheren Verfahren wird nur im Gebiet der Synchronimpulse die Verstärkerkennlinie versteilert bzw. eine Rückkopplung zum Einsatz gebracht, so daß die Impulse stark angehoben werden; in einer folgenden Stufe erfolgt eine Begrenzung, die wieder konstante Impulse der gewünschten Höhe ergibt. Allerdings werden bei diesem Verfahren Störspannungen, die in das Pegelgebiet der Synchronimpulse fallen, nicht unterdrückt, sondern unter Umständen sogar etwas verstärkt wieder ausgestrahlt. Schaltungen zum ersten Verfahren können als (aus der Impulstechnik) bekannt vorausgesetzt werden. Für das zweite Verfahren zeigt Abb. VI.38 eine einfache Ausführungsform.

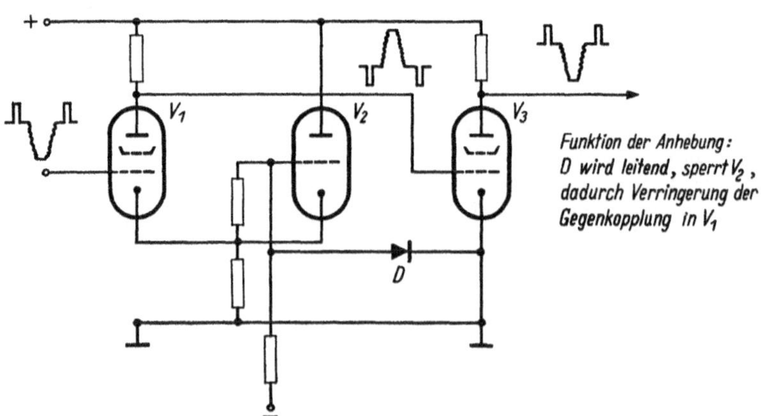

Abb. VI.38. Prinzipschaltung zur Anhebung der Synchronimpulse [*25*].

Bei beiden Verfahren ist eine einwandfreie Schwarzwerthaltung mit getasteten Dioden erforderlich. Dabei ist zu beachten, daß die zur Tastung der Klemmschaltung notwendigen Impulse aus dem mit Störspannungen behafteten ankommenden Signal erzeugt werden müssen. Eine dafür geeignete Schaltung zeigt

Abb. VI.39. Das ankommende BAS-Signal (weiß negativ) wird zunächst durch eine einfache Pegelhaltung mit seiner Synchronspitze auf ungefähr gleichen Pegel gebracht und der Bildamplitudenbereich in der ersten Verstärkerstufe zum großen Teil abgeschnitten. Die Synchronimpulse werden dann auf etwa 50 V verstärkt,

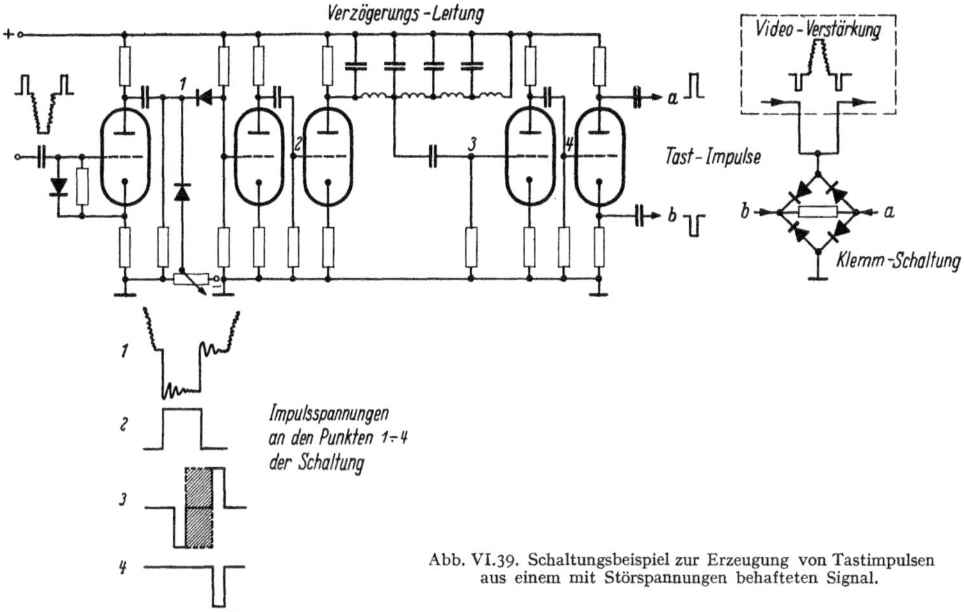

Abb. VI.39. Schaltungsbeispiel zur Erzeugung von Tastimpulsen aus einem mit Störspannungen behafteten Signal.

wobei durch entsprechend geringe Bandbreite des Verstärkers etwaige Störspannungsspitzen weitgehend unterdrückt werden. Anschließend wird durch eine zweite Spitzenwerthaltung auf einem Pegel, der gegen Null leicht negativ liegt, sowie durch Sperrung positiver Signalwerte über eine Diode ein kleines Stück aus dem Synchronimpuls herausgeschnitten und weiter verstärkt; hierdurch wird die Wahrscheinlichkeit der Beeinflussung durch Störspannungen stark gemindert.

Nach nochmaliger Verstärkung und Begrenzung erfolgt dann die Erzeugung der Tastimpulse für die Schwarzwerthaltung in üblicher Weise durch Differentiation oder über eine am Ende kurzgeschlossene Laufzeitkette.

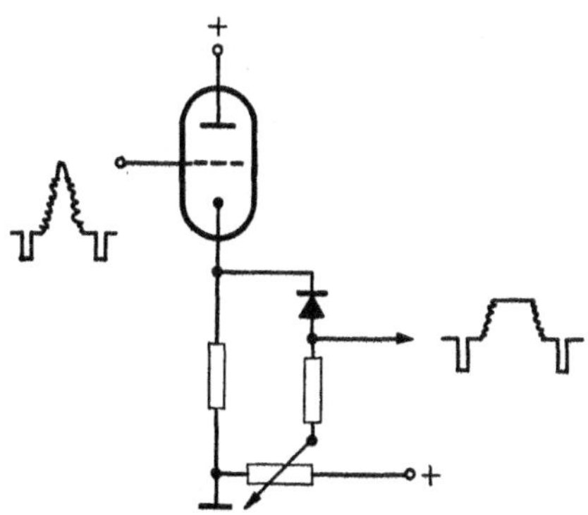

Abb. VI.40. Schaltung zur Weißwertbegrenzung.

Als weitere Aufgabe der Signalverbesserung ist die Weißbegrenzung zu nennen [*58*] (Schaltungsbeispiel Abb. VI.40). Um Störungen des Differenzträger- Tonempfanges zu vermeiden, muß ein bestimmter Restpegel von 10% am Sender unbedingt gehalten werden. Gelegentliche Übersteuerungen vom Studio aus bzw. Pegelschwankungen durch Streckeneinflüsse bis zum Sender müssen also hier abgeschnitten werden.

Die Anwendung einer Prüfzeile [*50*], die den Bezugspegel „Weiß" enthält, ermöglicht auch eine automatische Verstärkungsregelung am Eingang des Senders. Zur Zeit ist eine solche Prüfzeile in Deutschland in Einführung begriffen;

sie wird jedoch vom Sender nicht mit ausgestrahlt, vielmehr nach ihrer Verwendung zur Verstärkungsregelung wieder aus dem Bildsignal entfernt.

Die normale Reihenfolge der verschiedenen Verbesserungen ist so, daß zuerst die automatische Verstärkungsregelung, dann die Impulsverbesserung und Weißbegrenzung vorgenommen wird; im eigentlichen Sender folgt dann die Phasen- und Kennlinienvorentzerrung.

8. Ausgeführte Fernsehsenderanlagen.

8a. 10 kW-Sender für Band I (s. auch [*25*, *26*, *51*]).

Abb. VI.41 zeigt das Blockschaltbild eines 10 kW-Fernsehsenders für Band I (47 ··· 68 MHz) (Hersteller: Telefunken-GmbH).

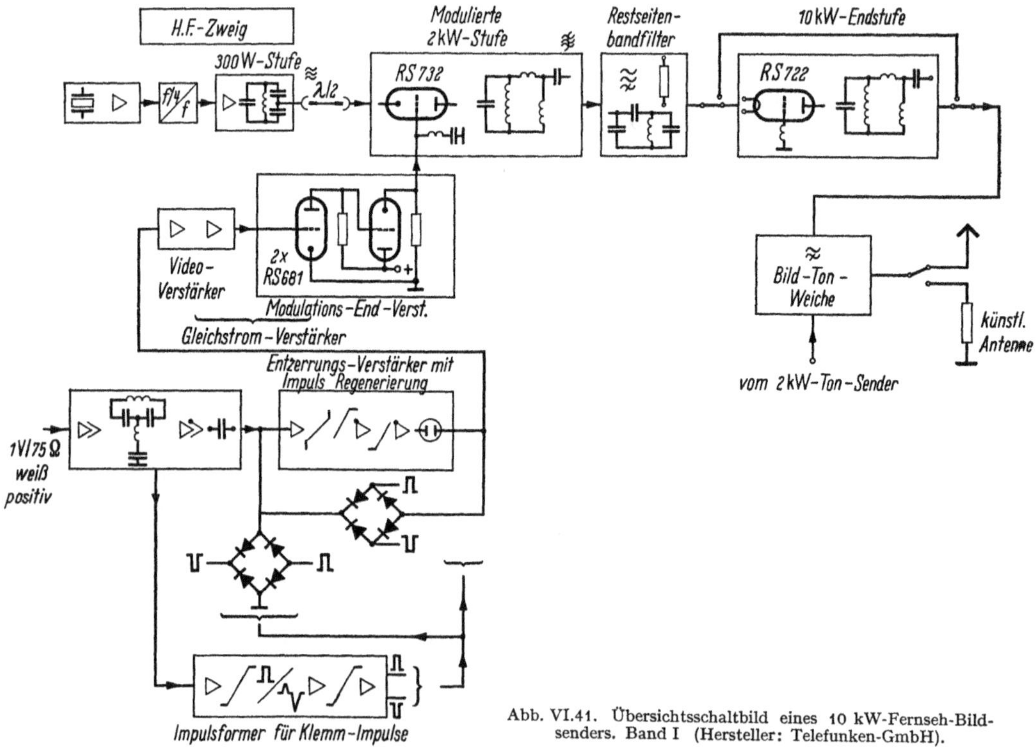

Abb. VI.41. Übersichtsschaltbild eines 10 kW-Fernseh-Bildsenders. Band I (Hersteller: Telefunken-GmbH).

Er arbeitet mit Gittervorspannungs-Modulation in der vorletzten HF-Stufe, die eine Leistung von 2 kW abgibt. Die darauffolgende 10 kW-Endstufe ist ein reiner Verstärker. Beide Stufen sind mit je einer Gitterbasistriode RS 732 bzw. RS 722 (Abb. VI.3a) bestückt und arbeiten in Eintaktschaltung. Die Basisneutralisation in der Endstufe ist breitbandig über das ganze Band I. Da in der 2 kW-Stufe das Gitter mit Rücksicht auf die hier zugeführte Modulationsspannung nicht direkt an Erde liegen darf, wird dort die Basisneutralisation durch eine Serienschaltung von L und C hergestellt. Dadurch wird sie weniger breitbandig, ist aber auch im Band I noch über einen Fernsehkanal ausreichend gewährleistet.

Die Induktivität des Anodenschwingkreises wird bei der 2 kW-Stufe noch durch eine aus einigen Windungen bestehende Spule, bei der 10 kW-Stufe aber durch eine mittels Federschiebers abstimmbare Bandleitung gebildet. Die Auskopplung der Leistung erfolgt jeweils über einen Sekundärkreis. Zwischen beiden Stufen befindet sich das Restseitenbandfilter, das als Filter konstanten Eingangswiderstandes mit drei Dämpfungspolen (gemäß Abschnitt 6, Abb. VI.28) ausgeführt ist; seine Schwingkreise sind koaxiale Topfkreise. Abb. VI.42 zeigt die beiden beschriebenen HF-Stufen mit dem dazwischenliegenden Restseitenbandfilter. Der 2 kW-Teil ist also ein selbständiger Sender, dessen Leistung durch die anschließende 10 kW-Stufe vergrößert werden kann. Eine Umgehungsmöglichkeit der Endstufe für Reservebetrieb ist in der Schaltung vorgesehen.

Abb. VI.42. Modulierte 2 kW-Stufe, Restseitenbandfilter und 10 kW-Endstufe eines Fernsehsenders fur Band I (Telefunken-GmbH)

Die hochfrequente Treiberstufe gibt eine Leistung von etwa 300 W ab. Sie schwingt überspannt; die Leitungslänge zur modulierten Stufe ist auf $\lambda/2$ abgeglichen. Vor der Treiberstufe befinden sich einige Vervielfacherstufen zum Zwecke, die in einer Quarzstufe erzeugte Frequenz von $f/4$ zu vervierfachen und zu verstärken.

Der Sender ist abstimmbar innerhalb des ganzen Bereichs des Bandes I. Hierbei muß beachtet werden, daß ein sehr rascher Frequenzwechsel, wie er z. B. bei Kurzwellensendern erforderlich ist, bei Fernsehsendern nicht benötigt wird. So ist z. B. Umklemmen von Spulenabgriffen oder Austausch kleinerer Einzelteile durchaus erlaubt. Im Gegensatz zum Ausland, wo Fernsehsender vielfach als Festfrequenzsender geliefert werden, wird jedoch in Deutschland ein grundsätzlich durchstimmbarer Sender gefordert.

Die Endstufe des Modulationsverstärkers ist ein Kathodenverstärker, dessen Ausgang direkt zum Gitter der modulierten Hochfrequenzstufe führt. Zusammen mit der davorliegenden Verstärkerstufe ist er als selbststabilisierender Gleichstromverstärker (s. Abschnitt 4d) ausgebildet. Eine ähnliche, kleinere Doppelstufe ist, ebenfalls als Gleichstromverstärker, davorgeschaltet. Diese Stufen verstärken ein Signal von etwa 20 V_{SS} auf die zur Modulation notwendigen 200 V_{SS}.

Die Modulationsvorstufen beginnen mit einem Wechselstromverstärker, der auch die Phasenvorentzerrungsfilter enthält. Daran schließt sich ein Gleichstromverstärker, innerhalb dessen bei einem Pegel von etwa 20 V_{SS} eine Kennlinienvorentzerrung (Anhebung bei Schwarz und bei Weiß) sowie eine Impulsverbesserung durch Anhebung und nachfolgende Begrenzung der Impulse stattfindet. Auch die Weißbegrenzung ist hierin enthalten. Parallel hierzu ist ein Impulsformer angeschlossen. Er erzeugt aus der angelieferten Synchronimpulsflanke Tastimpulse, die in einer Klemmschaltung am Eingang und Ausgang des vorerwähnten Entzerrungsverstärkers den Austastpegel definiert festhalten.

Der zugehörige frequenzmodulierte Tonsender hat eine Leistung von 2 kW; seine Endstufe ist weitgehend ähnlich der 2 kW-Stufe des Bildsenders ausgebildet. Die HF-Ausgänge beider Sender werden über eine Bild-Ton-Weiche zusammengeschaltet und zur Antenne geführt.

Die Überwachungseinrichtungen befinden sich am Sender selbst. In einem Kontrollgerät können Bild und zugehöriges Oszillogramm an verschiedenen Stellen des Senders — für den HF-Teil über entsprechende Meßdemodulatoren — überwacht werden. Die Ingangsetzung des Senders geschieht von einem gemeinsamen Schaltfeld aus, wo auch die Signalisierung des Betriebszustandes sowie etwaiger Störungen erfolgt; Ferneinschaltung ist vorgesehen.

Einschließlich Kontrollgestell und Stromversorgung umfaßt der Bildsender acht Schränke, der Tonsender zwei Schränke von je 600 mm Breite und 800 bis 1000 mm Tiefe.

8b. 10 kW-Sender für Band III (s. auch [*20, 11, 52*]).

Abb. VI.43 zeigt die Gesamtansicht eines 10 kW-Senders in Band III (Hersteller: C. Lorenz A.-G.).

Bei diesem Sender erfolgt die Modulation am Gitter der 10 kW-Endstufe. Für die Schwingkreise dieser Stufe wurde die Topfkreisbauweise gewählt.

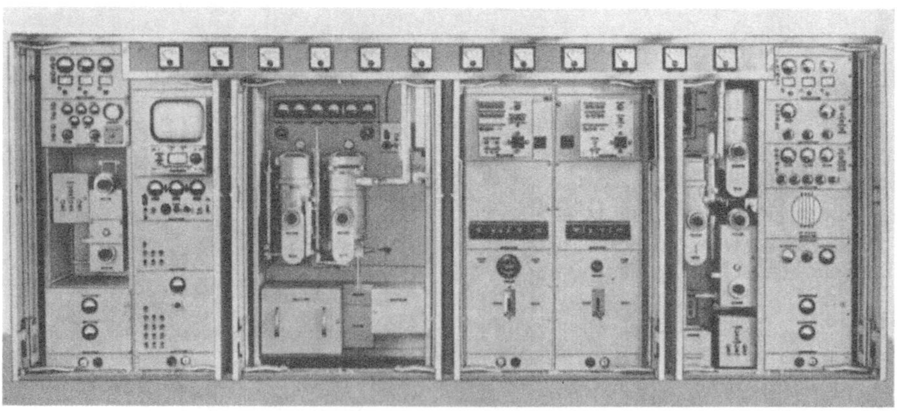

Abb. VI.43. Gesamtansicht eines 10 kW-Fernsehsenders fur Band III (Hersteller: C. Lorenz A.-G.) [*20*].

Abb. VI.44a zeigt einen schematischen Schnitt durch den zylindrischen Aufbau, Abb. VI.44b das zugehörige Ersatzschaltbild mit konzentrierten Elementen. Die Endröhre RS 1011 arbeitet in Gitterbasisschaltung. Im Anodenschwingkreis A liegt der Gleichspannungsblock C_a, der als Fassung der Röhre ausgebildet ist und anodenseitig durch eine Drossel die Gleichspannung zugeführt erhält. Dieser Kondensator dient gleichzeitig als Koppelkondensator zum Sekundärkreis B, aus dem die Energie durch eine einstellbare Koppelschleife entnommen wird.

Die Endstufe ist mittels des Saugkreises S basisneutralisiert.

Die Treiberstufe arbeitet ebenfalls in Gitterbasisschaltung und ist mit der 3 kW-Triode RS 1071 bestückt. Die Amplitudenkonstanz der Treiberstufe während der Modulation wird durch überspannten Betrieb und $\lambda/2$-Transformation gewährleistet. Die erforderliche Treibersteuerleistung, 250 W bei der Endfrequenz, wird in vier Vorstufen erzeugt. Der Vervielfacher enthält einen quarzerregten Verdoppler und anschließend zwei Verdreifacherstufen.

Abb. VI.45 zeigt das Blockschaltbild des ganzen Senders. Das Restseitenbandfilter ist grundsätzlich ähnlich wie bei dem in 8a beschriebenen Sender mit konstantem Eingangswiderstand und mit drei Dämpfungspolen ausgeführt, jedoch mit Abwandlung als Ringschaltung nach Abschnitt 6, Abb. VI.29.

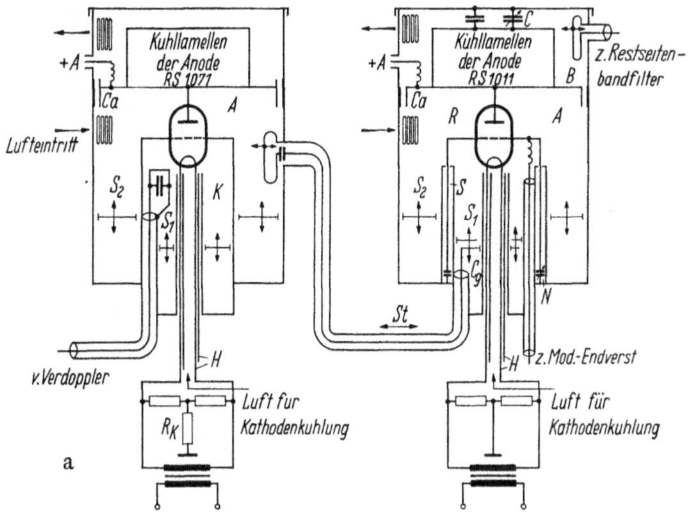

a

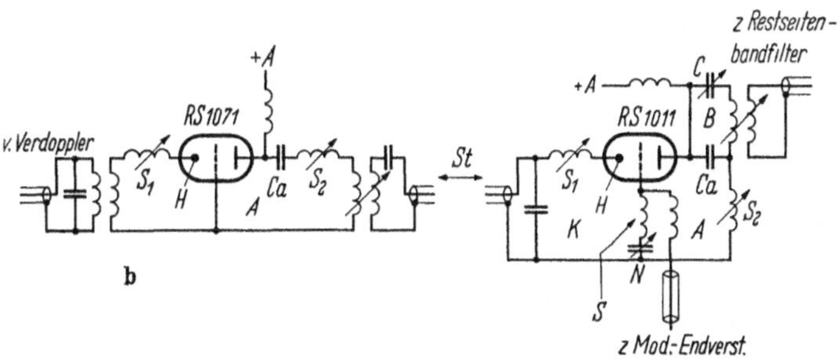

b

Abb. VI.44a u. b. Treiber- und Endstufe eines 10 kW-Fernsehsenders fur Band III (Hersteller: C. Lorenz A.-G.) [20]. a) Schematischer Aufbau; b) Ersatzschaltbild.

Der Modulationsendverstärker ist ein zweistufiger Gleichstromverstärker, der als Vorstufe einen Spannungsverstärker (acht Röhren RS 1003) und als Ausgangsstufe einen Kathodenverstärker (zehn Röhren RS 1003) enthält. Trotz weitgehenden Ausgleichs der entnommenen Ströme werden an die Stromquelle hohe Anforderungen hinsichtlich Kleinheit des Innenwiderstandes und dessen Konstanz über den ganzen videofrequenten Bereich gestellt (elektronische Stabilisierung). Die zur Aussteuerung erforderlichen 20 V_{SS} werden von einem 5 stufigen Vorverstärker geliefert, innerhalb dessen die Kennlinienvorentzerrung, die Impulsregenerierung und -beschneidung sowie die Weißbegrenzung erfolgen. Parallel dazu liegt eine Schaltung, in der die zur Pegelhaltung notwendigen Tastimpulse sowie Hilfsimpulse zu Prüf- und Meßzwecken erzeugt werden.

Um bei stark verrauschtem Eingangssignal (wobei der Impulsteil unter Umständen nicht mehr arbeiten kann) oder bei Störungen im Modulationsvorverstärker einen Notbetrieb aufrechterhalten zu können, ist ein getrennter Reserveverstärker vorgesehen, der nur eine einfache Spitzenwerthaltung enthält.

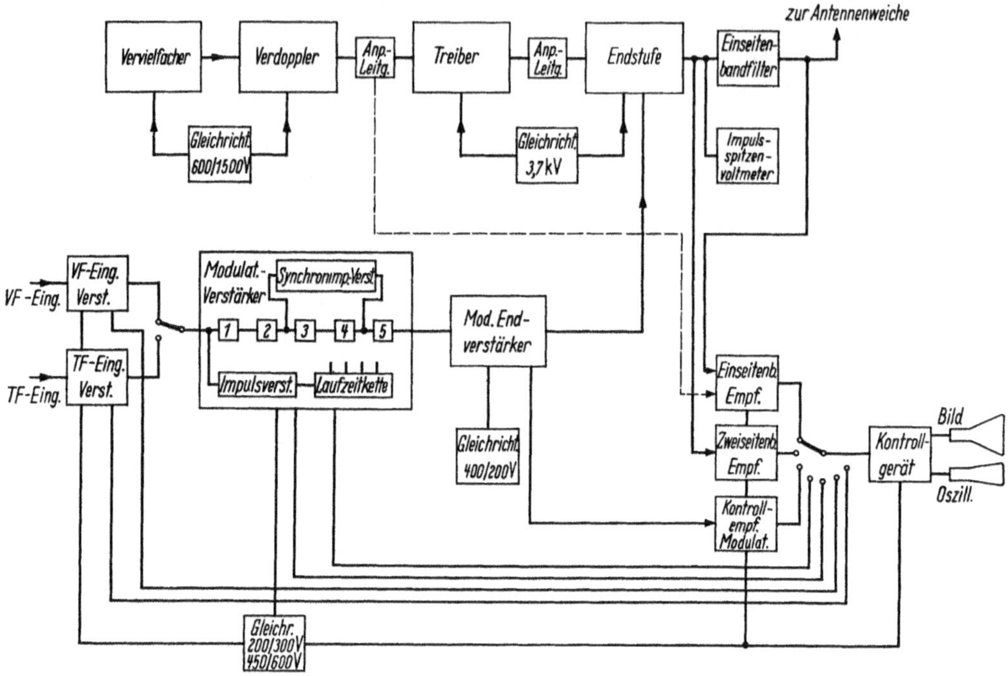

Abb. VI.45. Blockschaltbild eines Fernsehbildsenders fur Band III (Hersteller: C. Lorenz A.-G.) [*20*].

Die Tonsenderendstufe entspricht in ihrem Aufbau vollkommen der Treiberstufe des Bildsenders. Davor liegen Vervielfacher- und Verstärkerstufen. Die Ausgangsfrequenz liefert ein selbsterregter Oszillator, der durch eine Reaktanzröhre frequenzmoduliert wird. Die Mittenfrequenz wird durch Vergleich mit einer quarzstabilisierten Frequenz über einen Nachstimmverstärker konstant gehalten.

8c.1. 10 kW-Tetrodenfernsehsender für Band IV/V (s. auch [*63*]). (Hersteller: Siemens & Halske A. G.). Der grundsätzliche Aufbau eines Fernsehsenders für Band IV/V wird nicht anders als bei den vorher beschriebenen, wenn man gittergesteuerte Röhren zur Verfügung hat. Abb. VI.3b zeigt eine moderne Hochleistungstetrode RS 1032 C der Siemens & Halske A. G., die bis zum oberen Ende des Bandes V eine Bildsenderleistung von 11 kW abgeben kann; sie wird wie entsprechende Röhren für Band I und III mit Preßluft gekühlt. In Gitter-Schirmgitter-Basisschaltung betrieben, benötigt sie eine Treiberleistung von etwas weniger als 1 kW.

Zur Ansteuerung der Endstufe eines 10 kW-Senders (mit einer RS 1032 C) oder eines 20 kW-Senders (2 × RS 1032 C) dient ein 2 kW-Sender. Abb. VI.46 zeigt die Gesamtansicht des 20 kW-Senders.

In der 2 kW-Stufe wird ebenfalls eine Tetrode, RS 1022 C, verwendet; sie wird am Gitter moduliert, wobei die letzte Stufe des Modulationsverstärkers als 16gliedriger Kettenverstärker aufgebaut ist. Die Treiberstufe des Bildsenders ist mit einer Triode TBL 2/400 (Philips) bestückt. Restseitenbandfilter und Bild-Ton-

Weiche sind in einem Komplex nach Art der Doppelbrückenweiche (Prinzip s. Abschnitt 6b) vereinigt (zweiter Schrank von rechts).

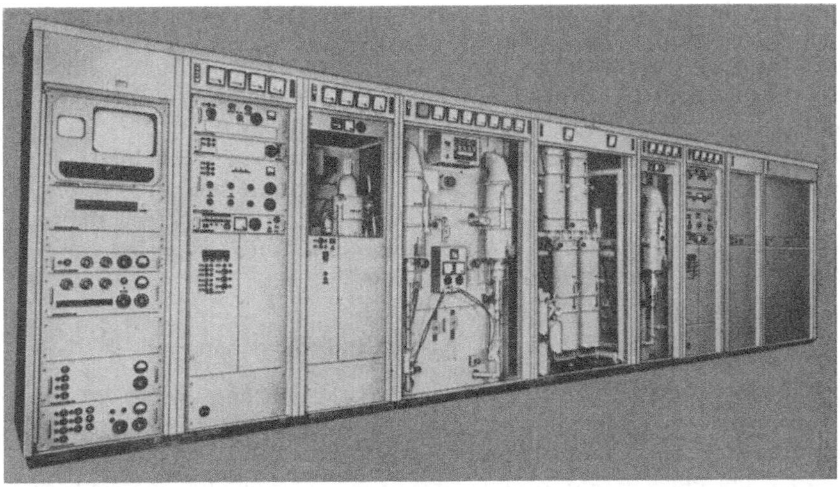

Abb. VI.46. Gesamtansicht des 20 kW-Fernsehsenders mit zwei modernen Hochleistungstetroden RS 1032 C. (Hersteller: Siemens & Halske A.-G.) [*63*].

In den Modulationsvorstufen erfolgt wiederum die Entzerrung der Kennlinie und die Verbesserung des Signals. Abb. VI.47 zeigt das Prinzip des Regenerier-

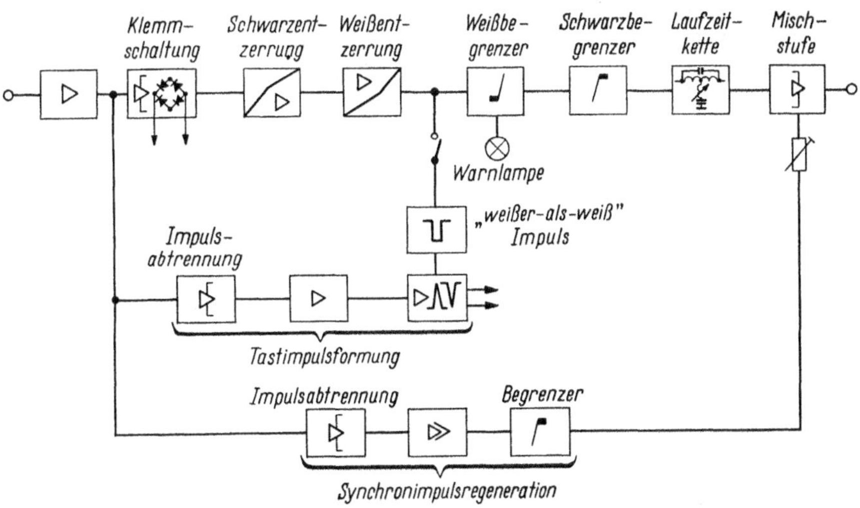

Abb. VI.47.
Prinzipschaltbild der Impulsregenerierung eines 10 kW-Fernsehsenders. (Hersteller: Siemens & Halske A.-G.) [*63*].

gerätes, wobei die Synchronimpulse vollständig vom Signal abgeschnitten, in einem getrennten Zweig verstärkt und sodann wieder dem auszustrahlenden Gemisch zugesetzt werden.

8c.2. 10 kW-Klystronfernsehsender (s. auch [*13, 64*]). Wesentlich anders wird der Senderaufbau in Band IV/V, wenn als Endröhre ein Klystron verwendet wird. Abb. VI.5 zeigt eine 10 kW-Klystron-Endstufe für Band IV, die mit einem Vierkammerklystron 4 KM 50000 LA (Eimac) bestückt ist. Das Klystron ist in dem Aufbau mit seiner Kathode nach oben angeordnet. Die Schwingkreise der vier Kammern befinden sich außerhalb des Vakuums und können auf Frequenzen zwischen 400 und 610 MHz abgestimmt werden. Ein ähnliches Klystron, 4 KM 50000 LQ, überdeckt den oberen Bereich von Band V (610 ··· 960 MHz).

Als Treiberleistung werden weniger als 5 W benötigt, so daß der vor dem Klystron liegende Teil verhältnismäßig wenig aufwendig wird. Die Vorstufen können nach dem herkömmlichen Konzept (z. B. Gitterspannungsmodulation in einer der Vorstufen) ausgeführt werden, wobei das Restseitenbandfilter zweckmäßig vor die Klystronendstufe gelegt wird. Im Falle des betrachteten Südwestfunk-Senders sind Modulation und Restseitenbandfilterung bereits auf einer festen Zwischenfrequenz von 38,9 MHz vorgesehen.

8d. Wirkungsgrad, Kühlung, Stromversorgung.

Bei voller Spannungsaussteuerung und *B*-Betrieb beträgt der Wirkungsgrad einer gittergesteuerten Röhre etwa 70%. Im Fernsehbildsender wird der großen Bandbreite wegen mit verhältnismäßig niedrigen Anodenspannungen gearbeitet (4 ··· 5 kV bei einer 10 kW-Stufe), so daß zur Vermeidung einer übermäßigen Gitter- oder Schirmgitterstromübernahme eine prozentual hohe Restspannung erforderlich ist. Als Wirkungsgrad bei Spitzenleistung werden im allgemeinen Werte von etwa 55% erreicht. Bei einem Bildsignal, bestehend aus Austastwert plus Synchronimpulse, ergeben sich dann ungefähr 40%, so daß z. B. eine 10 kW-Endstufe bei diesem Signal etwa 15 kW aufnimmt. Derartige Werte werden mit modernen Tetroden auch noch im Band IV erreicht. Die Gesamtleistungsaufnahme eines 10 kW-Senders, einschließlich des Tonsenders und der zugehörigen Kühlaggregate, liegt bei Austastwert plus Synchronimpulse bei etwa 35 ··· 40 kW, bei mittlerem Graubild in der Gegend von 30 kW.

Bei einem Klystronsender ist der Endstufenwirkungsgrad schlechter. Bei einer Kollektorspannung von 17 kV mit einem Strom von 1,7 A ergibt sich für den Kollektor eine Leistungsaufnahme von etwa 29 kW, die unabhängig vom Bildinhalt konstant bleibt. Durch die kleineren Vorstufen wird jedoch die Gesamtaufnahme nicht im gleichen Maße größer; für den ganzen Sender beträgt sie etwa 45 kW, wobei es keinen wesentlichen Unterschied ausmacht, ob man den Tonteil mit einer Tetrode oder mit einem für die entsprechende Leistung bemessenen Klystron bestückt. Da die Endröhre bei Ton immer voll ausgesteuert ist, erhält man hier auch mit dem Klystron einen Wirkungsgrad von etwa 40%.

Die Leistungsröhren werden, soweit möglich, mit Preßluft gekühlt. Eine 10 kW-Triode benötigt etwa 10 m³/min. Bei Klystrons ist des schlechteren Wirkungsgrades und der geringen Kollektoroberfläche wegen Wasserkühlung notwendig; man sucht jedoch den Wirkungsgrad dieser Röhren noch zu verbessern („depressed collector"), wodurch bei ihnen Luftkühlung ebenfalls möglich würde.

Die Ausgangsleistung eines Fernsehsenders muß auch innerhalb längerer Zeiträume auf etwa 0,5 dB konstant gehalten werden. Um Änderungen infolge Netzspannungsschwankungen zu vermeiden, ist meistens für die gesamte Anlage ein auf einige Prozent geregeltes Netz erforderlich.

Bei Klystron-Bildendstufen sowie beim Tonsender sind dank der konstanten Belastung weitere Maßnahmen nicht erforderlich.

In Videostufen und insbesondere in HF-Endstufen des Bildsenders, die mit Trioden oder Tetroden bestückt sind, schwankt jedoch die Belastung des Gleichrichters zwischen Schwarz- und Weißbild fast von Vollast bis Leerlauf. Während in den Videostufen hierfür meist eine elektronische Stabilisierung vorgesehen wird, möchte man eine solche des großen Aufwandes wegen für die Endstufengleichrichter umgehen. Man versucht, entweder durch Überdimensionierung den Innenwiderstand des Gleichrichters möglichst klein zu halten oder ihn wenigstens durch Einfügen geeigneter Dämpfungen über den ganzen Videobereich hinweg konstant zu machen [*53*]. Auch Gegenkopplungen sind zu diesem Zweck angewendet worden, wobei Änderungen der Anodenspannung der Endstufe über eine Videostufe ausgeregelt werden [*54*].

Bei Gleichstromzuleitungen können die HF-Blockkapazität an der HF-Stufe und die Zuleitungsinduktivität zur Stromversorgung Sperrkreise bilden, deren Resonanzfrequenz im Videobereich liegt und die daher für diesen keinen Stromfluß gestatten. Dies würde zu einer Gegenmodulation der Anodenspannung und damit zu Einbrüchen in der Frequenzcharakteristik führen. Falls man die Resonanzlage nicht oberhalb des Videobereichs verschieben kann, muß durch geeignete Dämpfung dafür gesorgt werden, daß keine hohen Resonanzwiderstände entstehen.

Abb. VI.48. Silizium-Hochspannungsgleichrichter 18 kV, 2 A fur einen 10 kW-Klystron-Fernsehsender (Sudwestfunk).

Die Hochspannungs-Gleichstromquellen der Fernsehsender werden fast nur mit Trockengleichrichtern bestückt; Röhrengleichrichter sind im Hinblick auf die langen Anheizzeiten bei Röhrenwechsel oder nach Spannungsausfällen unbeliebt. Zur Zeit werden meistens Selengleichrichter benutzt. Deren Wirkungsgrad ist jedoch nicht befriedigend, und es besteht daher die Tendenz zur Einführung moderner Siliziumgleichrichter, die einen Wirkungsgrad von fast 100% haben. Abb. VI.48 zeigt einen solchen Silizium-Hochspannungsgleichrichter für 18 kV und 2 A, der in dem oben erwähnten 10 kW-Klystronsender des Südwestfunks verwendet wird.

9. Spezielle Arten von Fernsehsendern.

9a. Fernsehkanalumsetzer.

Fernsehumsetzer sind Sender von meist sehr kleiner Leistung, die ihr Eingangssignal von einem anderen Fernsehsender direkt empfangen und es ohne Abbereitung auf Videofrequenz in einen anderen Kanal umsetzen, verstärken und wieder ausstrahlen [*14, 55*]. Sie werden vor allem in bergigem Gelände eingesetzt und versorgen im allgemeinen nur ganz kleine Gebiete, in denen entweder zu wenig Feldstärke vorhanden oder infolge von Vielfachreflexionen ein einwandfreier Empfang unmöglich ist. Normalerweise werden dazu in den Fernsehbändern I und III Leistungen von 50 mW bis zu etwa 10 W benötigt; im Band IV/V sind die Leistungen etwa um eine Größenordnung höher. In Ausnahmefällen sind Umsetzer bis zu ungefähr 1 kW sinnvoll.

Die kleine Leistung, meist verbunden mit stark gebündelter Ausstrahlung, gestattet mehrfache Benutzung eines und desselben Fernsehkanals, ohne daß Gleichkanalstörungen der Umsetzer untereinander bzw. durch Fernsehsender größerer Leistung zu befürchten sind.

Der Vorteil der Umsetzer ist, daß durch gemeinsame Übertragung von Bild und Ton mittels derselben Röhre und Vermeidung der Abbereitung auf Videofrequenz steile Filter unnötig werden und daher die Qualität im umgesetzten Signal weitgehend erhalten bleibt. Auch Hintereinanderschaltung mehrerer Umsetzer ist deshalb möglich und bereits ausgeführt worden.

Damit bei dieser gemeinsamen Umsetzung von Bild und Ton keine Kreuzmodulationsprodukte entstehen, ist allerdings eine sehr gute Linearität der Verstärkerstufen notwendig. Die Röhren dürfen deshalb nur in ihrem linearen Kennlinienteil ausgesteuert werden; soweit die Leistung es zuläßt, arbeitet man außerdem im A-Betrieb und verwendet B-Betrieb nur in den Endleistungsstufen. Die hauptsächlich störenden Kreuzmodulationsprodukte sind die zwischen Bild- und Tonträger, in einem Abstand von 5,5 MHz vom Bildträger und Vielfachen hiervon erzeugten. Die Linearitätsanforderungen entsprechen etwa den für Kurzwellen-Einseitenbandsender üblichen.

Bei gemeinsamer Übertragung von Bild und Ton mit einem Leistungsverhältnis von 5 : 1 ist die höchste auftretende Gesamtamplitude das 1,45fache der Bildsenderamplitude. Die Spitzenleistung, bis zu der die Röhre ausgefahren wird, beträgt also das 2,1fache der Bildsender-Nennleistung. Dies zusammen mit der Linearitätsforderung bedingt, daß in solchen Umsetzern die Röhren hinsichtlich ihrer Leistungsabgabe etwa dreifach überdimensioniert werden müssen.

Ein weiteres Umsetzerproblem ist die Vermeidung von Nebenwellen, die durch die Oszillatorfrequenz und deren Mischprodukte höherer Ordnung mit den Signalfrequenzen entstehen. Bei direktem Umsatz von Empfangs- auf Sendefrequenz, wobei die Oszillatorfrequenz jeweils ein Vielfaches einer quarzstabilisierten Frequenz von 7 MHz beträgt, ist aus diesem Grunde nicht jede beliebige Transformation in einen anderen Kanal möglich; es müssen bestimmte Kanäle ausgenommen werden. Für Umsetzer sehr kleiner Leistung bleibt jedoch der direkte Umsatz am einfachsten und wird daher häufig angewandt. In Anbetracht ihres außerordentlich kleinen Versorgungsbereichs besteht weiterhin die Forderung, daß solche Umsetzer unbedient funktionieren und im Freien aufgestellt werden können. Um bei Ausfall eine Reserve zu haben, sieht man vielfach zwei Umsetzer parallel in aktiver Reserveschaltung vor (s. auch 9b), wobei die Oszillatorfrequenzen der beiden Einzelanlagen miteinander phasenstarr synchronisiert sind. Abb. VI.49 zeigt das Prinzipschema eines solchen Umsetzers für 50 mW Leistung im Band III, Abb. VI.50 die Ausführung [*60*].

Bei höheren Leistungen wird oft zunächst auf eine Zwischenfrequenz umgesetzt. Durch geeignete Wahl dieser Zwischenfrequenz, üblicherweise im Gebiet von etwa 40 · · · 100 MHz, läßt sich die Umsetzung jedes beliebigen Fernsehkanals auf einen anderen, auch innerhalb verschiedener Bänder, ohne störende Nebenwellen erreichen. Schwierig bleibt nur die Umsetzung auf einen Nachbarkanal. Wenn zwecks Erhaltung der Qualität relativ große Bandbreiten von 8 ··· 9 MHz und keine steilen Filter verwendet werden, besteht dann die Gefahr von Rückkopplungen vom Ausgang auf den Eingang des Umsetzers.

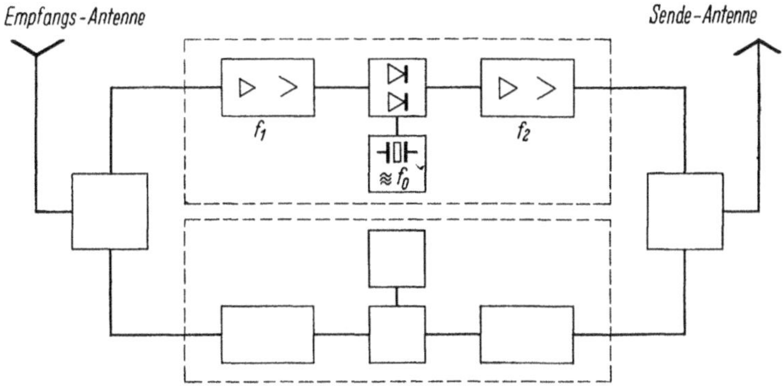

Abb. VI.49. Prinzipschema eines Fernsehkanalumsetzers mit aktiver Reserve [*60*].

Durch günstige Frequenzplanung lassen sich aber derartige Umsetzungen in den allermeisten Fällen vermeiden.

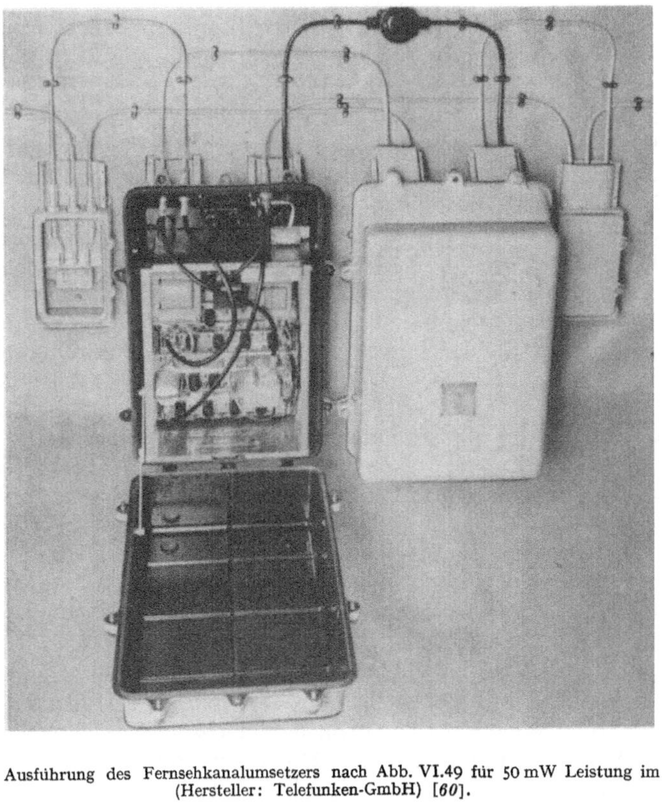

Abb. VI.50. Ausführung des Fernsehkanalumsetzers nach Abb. VI.49 für 50 mW Leistung im Band III (Hersteller: Telefunken-GmbH) [*60*].

Die Verwendung einer ZF erleichtert auch eine automatische Verstärkungsnachregelung, die schwankender Ausbreitungsverhältnisse wegen beim Umsetzer fast immer notwendig ist.

Wenn die Umsetzerleistungen 100 W wesentlich überschreiten, wird die gemeinsame Übertragung von Bild und Ton infolge der schlechten Röhrenausnutzung unwirtschaftlich. Zweckmäßig werden dann Bild und Ton getrennt, am besten wiederum in einer Zwischenfrequenz. Die beiden getrennten Signalausgänge werden auf zwei voneinander entkoppelte Antennen gegeben oder, wie beim normalen Fernsehsender, über eine Bild-Ton-Weiche zusammengeschaltet. Der Aufwand für solche Frequenzumsetzer wird also viel höher; trotzdem bleiben durch die Vermeidung der Videoab- und -wiederaufbereitung noch wesentliche Vorteile bestehen.

9b. Parallelschaltung von Fernsehsendern (aktive Reserve).

Wo zur Herstellung großer Leistungen keine geeigneten Röhreneinheiten vorhanden sind, müssen in einer Stufe mehrere Röhren in Parallel- oder Gegentaktschaltung verbunden werden. Dies ist besonders im Band I vielfach üblich; auf gewisse dabei bestehende Vorteile der Gegentaktschaltung wurde bereits im Abschnitt 3 hingewiesen. Auch im Band III und IV sind Sender — insbesondere Erstausführungen, für die noch keine geeigneten Leistungsröhren vorhanden waren — mit bis zu acht parallelgeschalteten Röhren in *einem* Topfkreis aufgebaut worden. Durch gleichmäßige Verteilung derselben auf einem Kreise entsteht eine allseitig symmetrische Anordnung. Bei den bekannten Ausführungen arbeiten die Röhren anodenseitig auf einen gemeinsamen Schwingkreis, während gitterseitig sowohl die hochfrequente Anpassung wie die Zuführung der Gleichspannung für jede Röhre getrennt erfolgt [*56*].

Angesichts der Schwierigkeiten der Einzelabstimmung ist es jedoch im vorliegenden Falle, insbesondere bei Frequenzen des Bandes III und höheren, vorzuziehen, vollständige Stufen bzw. Sender zusammenzuschalten. Geschieht dies über ein Netzwerk, das die beiden Sender voneinander entkoppelt, so hat man eine „aktive Reserve". Bei Ausfall einer Endstufe bzw. eines Senders bleibt der andere Teil ohne Rückwirkung im Betrieb. Aktive Reserve wird gern angewendet, um an Bedienungspersonal zu sparen bzw. wenn Sender auf hohen Bergen und in einsamem Gelände ganz unbedient arbeiten sollen. Falls die aktive Reserve nicht für den ganzen Sender besteht, wird sie vielfach durch eine sog. passive *Vorstufenreserve* ergänzt. Bei Ausfall der Betriebsvorstufe wird automatisch auf eine zweite, bereitstehende Reservestufe umgeschaltet.

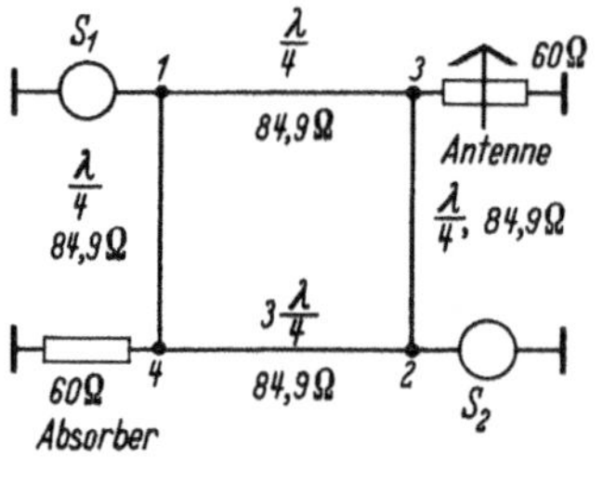

Abb. VI.51. Hybrid zur Parallelschaltung zweier Sender (Posthumusbrücke) (aktive Reserve) [*57*].

Das entkoppelnde Parallelschaltungs-Netzwerk zur Zusammenschaltung zweier Senderstufen ist im allgemeinen eine Brücke bzw. ein Hybrid aus $\lambda/4$-Leitungen. Eine dafür brauchbare Ausführungsform ist bereits im Abschnitt 6 (Abb. VI.30) angegeben worden. Eine andersartige Ausbildung der Brücke zeigt Abb. VI.51 [*57*]. Die Wellenwiderstände der einzelnen Leitungsstücke betragen jeweils 84,9 Ω; drei der Leitungen haben die Länge $\lambda/4$, die vierte $3\lambda/4$. Die entkoppelnde Wirkung dieser Brücke kann mit einer ähnlichen Betrachtung, wie sie in Abschnitt 6 für das dort angegebene Hybrid angestellt wurde, leicht nachgewiesen werden. Andere Möglichkeiten siehe [*61, 62*].

Die Erscheinung, daß bei Ausfall eines Senders die Leistung des anderen sich auf Antenne und Lastausgleichswiderstand gleichmäßig aufteilt, die Antennenleistung also auf $^1/_4$ zurückgeht, ist allen solchen Brückenschaltungen gemeinsam.

Durch Umgehung der Brücke läßt sich die zusätzliche Absorberleistung vermeiden; die Antennenleistung beträgt dann die Hälfte der betrieblichen Normalleistung. Der Vorteil der Brücke ist jedoch, daß die Zusammenschaltung der beiden Sender dank der Rückwirkungsfreiheit sehr einfach erfolgen kann und daß auch bei völligem Ausfall eines derselben keine Betriebsunterbrechung eintritt.

Eine andere Art rückwirkungsfreier Parallelschaltung von Senderstufen erhält man durch Anschaltung auf entkoppelte Antennenhälften. Fällt ein Sender aus, so geht die Feldstärke auf die Hälfte, die ausgestrahlte Leistung also ebenfalls auf $^1/_4$ zurück. Dies erklärt sich dadurch, daß gleichzeitig mit dem Ausfall des einen Senders auch der Antennengewinn halbiert wird. Erst nach Zusammenschaltung der beiden Antennenhälften auf einen Sender läßt sich mit diesem die Ausstrahlung der halben Betriebsleistung erreichen.

9c. Farbfernsehsender.

Mit der Einführung des Farbfernsehens werden sowohl auf der Studio- wie auf der Empfangsseite umwälzende Änderungen erforderlich. Der Sender selbst ist jedoch nur wenig betroffen. Weder bei dem amerikanischen NTSC-System, das in abgewandelter, auf die europäische Frequenzbandbreite zugeschnittener Form auch für Deutschland vorgeschlagen wurde, noch bei dem Konkurrenzsystem „Secam" ist eine Erhöhung der Bandbreite gegenüber der Schwarz-Weiß-Sendung erforderlich. Der Sender erhält das bereits aufbereitete, kombinierte Farbfernsehsignal und ist in der Lage, es genau so zu verstärken und auszustrahlen wie ein Schwarz-Weiß-Signal. Lediglich einige funktionelle Bedingungen müssen etwas verschärft werden. Bei dem bereits seit längerer Zeit laufenden Farbfernsehbetrieb in den USA hat sich gezeigt, daß die Erfüllung dieser Bedingungen durch geringe Zusatzmaßnahmen am Sender möglich ist.

Deren wichtigste sind folgende:

a) Der Farbhilfsträger, der im abgewandelten NTSC-System etwa bei 4,43 MHz, also ziemlich am oberen Ende des Videobandes, liegen wird, beinhaltet die Farbinformation als Amplituden- und Phasenmodulation (Kap. XI). Während beim

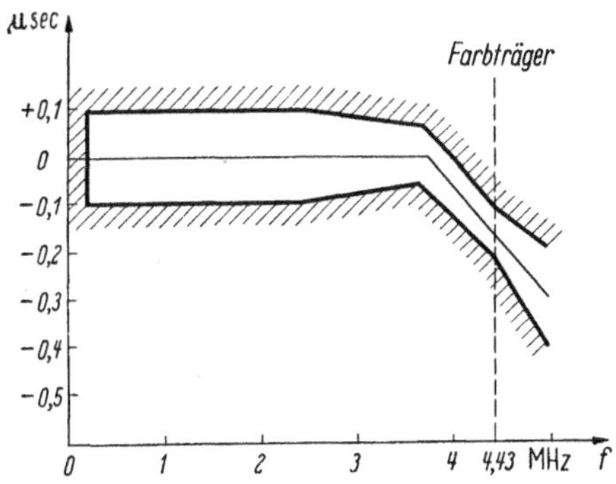

f [MHz]	τ [µsec]	Grenzen [µs]
0,2	Bezugswert	—
0,2 . 2,5	0	± 0,1
3,7	0	± 0,07
4,43	−0,17	± 0,05
5	−0,3	± 0,1

Abb. VI.52. Toleranzschema für die Gruppenlaufzeit eines Fernsehbildsenders (insbesondere für Farbfernsehen).

Schwarz-Weiß-Fernsehen die Phasenentzerrung des Systems am oberen Ende des Bandes nur grob zu erfolgen braucht, muß sie bei Farbübertragung im ganzen Bereich der Modulationsfrequenzen des Hilfsträgers, also etwa zwischen $3^1/_2$ und 5 MHz oberhalb des Hauptbild- oder Luminanzträgers, exakt vorhanden sein. Abb. VI.52 zeigt eine hierfür vorgeschlagene Toleranzkurve. Dies macht beim Sender die Hinzufügung einer Anzahl von Phasenvorentzerrungsfiltern im Videoteil erforderlich.

b) Eine vom Pegel abhängige Phasenänderung des Hilfsträgers, die bei verschiedener Grundhelligkeit des Bildes den Farbton verändern würde, muß vermieden werden. Diese Bedingung verschärft jedoch nicht die für den Schwarz-Weiß-Bildsender zur Vermeidung von Störungen des Differenzträgerempfanges gestellte Forderung. Auf die zu ihrer Erfüllung notwendigen Vorkehrungen im Sender wurde in mehreren Abschnitten dieses Kapitels bereits hingewiesen. Auch die pegelabhängigen Amplitudenänderungen des Farbhilfsträgers müssen gering gehalten werden. Dies bedeutet, daß die Steilheit der Modulationskennlinie, gemessen mit Modulationsfrequenzen in der Gegend des Farbhilfsträgers, möglichst gleichmäßig sein soll. Die für Schwarz-Weiß-Sender bereits geltenden Anforderungen müssen auch hier nur wenig verschärft werden, und zwar besonders in der Richtung, daß der lineare Bereich der Senderkennlinie noch bis in das Gebiet der Synchronimpulse hineinreichen muß.

c) Beim Schwarz-Weiß-Sender darf die Amplituden-Frequenz-Kurve in der Gegend des Farbhilfsträgers bereits eine gewisse Neigung zeigen. Beim Farbfernsehen muß sie hier jedoch nochmals möglichst flach verlaufen. Es ist im allgemeinen ohne große Schwierigkeiten möglich, eine entsprechende Einstellung des Senders vorzunehmen.

d) Das Farbfernsehsignal enthält auf der hinteren Schwarzschulter zum Zwecke der Synchronisierung des Empfangsdetektor-Ozillators einige Schwingungen der Frequenz des Farbhilfsträgers. Dies ist bei der Anwendung von Klemmschaltungen zur Schwarzsteuerung sowie auch für eine eventuell notwendige Impulsregenerierung zu beachten. Die Vorschaltung eines Sperrkreises für die Hilfsträgerfrequenz hat sich bei Klemmschaltungen im allgemeinen als ausreichend erwiesen.

Falls andere Farbfernsehsysteme als das NTSC-System oder das Secam-System eingeführt werden sollten, können sich, insbesondere wenn vergrößerte Bandbreite gefordert wird, auch für den Sender weitergehende Änderungen ergeben.

Schrifttum zum Kap. VI.

[1] Runge, W. T.: Fernsehsendertechnik: in Leithäuser/Winkel: Fernsehen. Berlin/Göttingen/Heidelberg: Springer 1953.

[2] Schröter, F., R. Theile u. G. Wendt: Fernsehtechnik, Erster Teil (Kapitel IV). Berlin/Göttingen/Heidelberg: Springer 1956.

[3] Hopf, H.: Laufzeitausgleich für die Restseitenbandübertragung im Fernsehen. Rundfunktechn. Mitt. Bd. 2 (1958) H. 4.

[4] Griese, H. J.: Die Kontrolle der Fernsehsender mit dem Nyquist-Meßdemodulator. A. E. Ü. Bd. 9 (1955) H. 5.

[5] Urtel, R.: Die Gleichstromkomponente des Fernsehsignals. SEG-Nachrichten Bd. 1 (1953) Nr. 4.

[6] Burkhardtsmaier, W.: Hochfrequente Filterprobleme beim Fernsehsender. Techn. Hausmitt. NWDR Bd. 5 (1953).

[7] Griese, H. J.: Qualitätsgrenzen des Differenzträgertonempfanges. FTZ Bd. 8 (1955) H. 7.

[8] Piening, J.: Über Entstehung und Messung pegelabhängiger Phasen- und Amplitudenänderungen bei der Hilfsträgerübertragung im Farbfernsehen. NTZ Bd. 11 (1958) H. 2.

[9] Buschbeck, W.: Die Fernsehsendung in: F. Schröter: Fernsehen. Berlin: Springer 1937.

[10] Hamilton, E. G.: Television Transmitter Design. Communications Mai—August 1948.

[11] Burkhardtsmaier, W.: Entwicklungsprobleme des Fernsehsenders. Telefunkenztg. Bd. 24 (1951) H. 93.

[12] Dain, J.: Ultra-High-Frequency Power Amplifiers IEE, Paper Nr. 2734 R, Nov. 1958.

[13] Kolarz, A., u. A. Schweisthal: Fernsehgroßsender für die Bereiche IV/V (Haardtkopf). Rundfunktechn. Mitt. Bd. 3 (1959) H. 1.

[14] KOLARZ, A.: Frequenzumsetzer als Kleinstsender. Rundfunktechn. Mitt. Bd. 1 (1957) H. 2.
[15] LAW, R. R., W. B. WHALLEY u. R. P. STONE: Developmental Television Transmitter For 500 ··· 900 Mc. RCA-Rev. Bd. IX (1948) S. 4.
[16] WARNECKE, R., u. P. GUÉNARD: Les Tubes Electroniques à commande par Modulation de Vitesse. Paris: Gauthier-Villars 1951.
[17] HAMILTON, R. DONALD, J. K. KNIPP u. J. B. HORNER KUPER: Klystrons and Microwave Triodes. New York/Toronto/London: McGraw-Hill Book Company, Inc. 1948.
[18] LEYTON, E. MC. P., E. A. NIND u. W. S. PERCIVAL: Low-level-Modulation Vision Transmitters, with special reference to the Kirk O'Shotts and Wenvoe Stations. Proc. Inst. electr. Engrs. Bd. 100 (1953) S. 67.
[19] GREEN, E.: Exact Amplitude Frequency Characteristics of Ladder Networks. Marconi Rev. Bd. XVI (1953) Nr. 108.
[20] HEINECKE, E., H. HORNUNG, R. URTEL, K. JEKELIUS, A. LINNEBACH, H. BOSSE u. W. CRONE: Die 10 kW-Fernsehsenderanlage Feldberg (Taunus). FTZ Bd. 6 (1953) H. 8 u. 9.
[21] BUSCHBECK, W.: Grundlagen der Neutralisation. Hochfrequenztechn. u. Elektroakustik Bd. 63 (Okt. 1944) H. 1.
[22] BEVAN, P. A. T.: High Power Television Transmitters. Electr. Engng. (Mai 1947).
[23] BEVAN, P. A. T.: Earthed Grid-Power-amplifiers. Wireless Engr. 1949, Nr. 309/310.
[24] COOPER, V. J.: Shunt-regulated amplifiers. Wireless Engr. 1951/28.
[25] COOPER, V. J.: High Power Televisions Transmitter Technique with particular reference to the Transmitter at Holme Moss. Proc. Inst. electr. Engng. Bd. 99, III A (1952) Nr. 18.
[26] NIND, E. A., u. E. MC. P. LEYTON: The Vision Transmitter for the Sutton Coldfield Television Station. Proc. Inst. electr. Engng. Bd. 98, III (1951) Nr. 56.
[27] BEVAN, P. A. T., u. H. PAGE: The Sutton Coldfield Television Broadcasting Station. Proc. Inst. electr. Engng. Bd. 98, III (1951) Nr. 56.
[28] ITERSON, TENNISSEN, u. VAN DER VORM LUCARDIE: New Range of Television Transmitters/Transmitter Design/Video correction equipment/Vestigial Sideband Filters. Philips Telecom. Rev. Bd. 20 (1959) H. 3.
[29] COOPER, V. J.: A Comparison of High Level with Low Level Modulation for Television Transmitters. Marconi Rev. Bd. XV (1952) Nr. 106.
[30] BEVAN, P. A. T.: Television Broadcasting Stations. Proc. Inst. electr. Engng. Bd. 99, III A (1952) Nr. 18.
[31] KLOPF, P.: Fernsehlaborsender im Zwischenfrequenzbereich. Rundfunktechn. Mitt. Bd. 2 (1958) H. 6.
[32] COOPER, V. J.: Modulationsschaltung für ein breites Frequenzband. DBP Nr. 951459 vom 31. 10. 1956.
[33] CAUER, W.: Theorie der linearen Wechselstromschaltungen Bd. I, S. 449ff. und S. 508ff. Leipzig: Akademische Verlagsgesellschaft 1941.
[34] CORK, E. C.: The Vestigial Sideband Filter for the Sutton Coldfield Television Station. Proc. Inst. electr. Engng. Bd. 98, III (1951) Nr. 56.
[35] HOLLE, J.: Durchstimmbare Weichen konstanten Eingangswiderstandes mit Restseitenbandfilter für Fernsehbild- und -tonsender. Frequenz Bd. 13 (1959) H. 4.
[36] HOPF, H.: Untersuchungen zum Betrieb von Fernsehsendern mit Präzisionseffset der Trägerfrequenzen. Rundfunktechn. Mitt. Bd. 2 (1958) H. 6.
[37] DILLENBURGER, W.: Modulationsgeräte und Demodulatoren zur Übertragung von Fernsehbildern über Kabel. FTZ Bd. 7 (1954) H. 11.
[38] GRIESE, H. J., u. P. KLOPF: Über die Bedeutung von Phasenfehlern für die Bildgüte bei Fernsehübertragungen. Elektron. Rdsch. (1956) H. 8.
[39] GRIESE, H. J.: Möglichkeiten zur Entzerrung der Restseitenbandübertragung des Fernsehens. FTZ Bd. 8 (1955) H. 2.
[40] VAN WEEL, A.: Phasenlinearität von Fernsehempfängern. Philips techn. Rdsch. (1956) H. 9.
[41] KIRSCHSTEIN, F., u. H. KRIEGER: Über die Bedeutung von Phasen- und Gruppenlaufzeit. FTZ Bd. 11 (1958) H. 2.
[42] BÜNEMANN, D., u. W. HÄNDLER: Der Schwarz-Weiß-Sprung bei der Restseitenband-Fernsehübertragung. A. E. Ü. Bd. 10 (1956) H. 11.
[43] PETERS, J.: Phasenvorentzerrung beim Fernsehsender u. Empfänger. Techn. Hausmitt. NWDR H. 7/8 (1955).

[44] BÜNEMANN, D.: Der Laufzeitausgleich eines Fernsehsystems. A. E. Ü. Bd. 10 (1956) H. 1.
[45] MENZER, E., u. H. VÖLKEL: Zur Dimensionierung von Phasenkorrekturgliedern für Fernsehübertragungsanlagen. FTZ Bd. 6 (1953) H. 12.
[46] DILLENBURGER, W.: Über die Pegelhaltung in Fernsehübertragungsanlagen. Frequenz Bd. 9 (1955) H. 2.
[47] WOLF, J.: Zur Dimensionierung der Klemmschaltung. Elektron. Rdsch. (1955) H. 2.
[48] DILLENBURGER, W., u. E. SENNHENN: Über die Verwendung von Serienschaltungen einer Germanium- mit einer Hochvakuumdiode zur Schwarzpegelhaltung in Fernsehgeräten. Frequenz Bd. 10 (1956) H. 9.
[49] VOGT, K. H.: Entwicklung eines Gerätes zur Impulsverbesserung bei Fernsehsignalen. FTZ Bd. 5 (1954) H. 2.
[50] FRÖLING, H. E.: Das Prüfzeilenverfahren beim Fernsehen. Techn. Hausmitt. NWDR (1955) H. 7/8.
[51] ANGERMÜLLER, E.: Techn. Einrichtungen des Fernsehturmes auf dem Ochsenkopf. Rundfunktechn. Mitt. Bd. 3 (1959) H. 1.
[52] HUBER, A.: Techn. Planung u. techn. Einrichtungen der Fernsehsenderanlage Wendelstein. A. E. Ü. Bd. 10 (1956) Beiheft April 1956.
[53] BLUMLEIN, A. D.: Brit. Pat. Nr. 421 546, Dez. 1934.
[54] BLUMLEIN, A. D.: Brit. Pat. Nr. 458 585, März 1935.
[55] PICK, B.: Frequenzumsetzer für Bd. I, III u. IV als Fernsehsender. Techn. Hausmitt. NWDR Bd. 8 (1956).
[56] LAPPIN, L. S., u. J. R. BENNETT: A New Ultra-High-Frequency Television Transmitter. RCA-Rev. Bd. XI (1950) H. 2.
[57] BROWN, G. H., W. C. MORRISON, W. L. BEHREND u. J. G. REDDECK: Method of multiple operation of Transmitter Tubes Particularly adapted for Television Transmission in the ultrahigh-frequency band. RCA-Rev. Bd. X (1949) H. 2.
[58] DILLENBURGER, W.: Anwendung u. Schaltungstechnik von Begrenzern in Fernsehgeräten. Frequenz Bd. 12 (1958) H. 8.
[59] KLEEN, W.: Neue gittergesteuerte Röhren für UHF-Fernsehsender. A. E. Ü. Bd. 13 (1959) H. 11.
[60] FISCHER, K., H. I. FREISSE, u. W. MARKS: Klimafestigkeit, Betriebssicherheit u. Reserveschaltung von Fernsehfrequenzumsetzern. Telefunkenztg. Bd. 32 (1959) H. 123.
[61] BUSCHBECK, W: Entkopplungsbrücken zur Parallelschaltung von Sendern des Kurzwellen- und UKW-Bereiches. NTZ (1961) H. 11.
[62] BURKHARDTSMAIER, W., u. W. BUSCHBECK: Entkopplungsbrücken zur Parallelschaltung von Sendern des Kurzwellen- und UKW-Bereiches. NTZ (1962) H. 4.
[63] FINKBEIN, U., J. HOLLE u. S. TOBIES: Tetrodenfernsehsender für das Band IV/V. ETZ-A 81 (1960) H. 9.
[64] BURKHARDTSMAIER, W.: Klystron-Fernsehsender im Frequenzbereich 470 bis 790 MHz (Band IV/V), Telefunkenztg. Bd. 34 (1961) H. 132.

VII. Fernsehsendeantennen.

Bearbeitet von Dr.-Ing. K. Baur, Ulm/Donau,
und Dr. phil. nat. Dipl.-Ing. W. Berndt, Ulm/Donau.

1. Die Anforderungen an die Fernsehantenne.

1a. Der Übertragungsweg.

Die Sendeantennenanlagen des Fernsehrundfunks weisen typische, auf anderen Gebieten der Funksendung nicht wiederkehrende Merkmale auf. Die Fernsehempfangsantennen werden in Kapitel IX behandelt.

Die Fernsehrundfunk-Sendeanlage muß eine über eine große Geländefläche verstreute Teilnehmerschaft mit einem Programm versorgen, das sowohl einen Fernseh- als auch einen Höranteil enthält. Die Antennen stellen zusammen mit dem Übertragungsmedium das Bindeglied zwischen den Senderausgängen für Bild und Ton und den Empfängereingängen dar. Der Übertragungsweg zwischen Sender und Empfänger besteht daher beim Fernsehrundfunk aus folgenden Teilen:

A) Sendeantennenanlage, umfassend:
   1. Energieleitungen vom Bild- und Tonsender zur eigentlichen Sendeantenne,
   2. Entkopplungseinrichtung (z. B. Frequenzweiche) für den Anschluß des Bild- und des Tonsenders an die gemeinsame Antenne,
   3. eigentliche Sendeantenne einschließlich ihrer inneren Verkabelung;

B) Übertragungsstrecke;

C) Empfangsantennenanlage, umfassend:
   1. Empfangsantenne,
   2. gegebenenfalls Antennenverstärker,
   3. Energieleitung zum Empfänger.

1b. Mehrfachwege.

Die wichtigste Anforderung an die gesamte Übertragungsstrecke ist die, daß es für die Wellenstrahlung nur einen einzigen und eindeutigen Weg gibt. Etwaige zweite oder dritte Wege mit einer von dem ersten abweichenden Länge müssen eine im Verhältnis zum Hauptweg erheblich größere Dämpfung haben.

Die Notwendigkeit dieser Forderung wird klar, wenn man die Geschwindigkeit des Elektronenstrahls betrachtet, der auf dem Schirm der Bildröhre im Empfänger das Fernsehbild schreibt. Für ein Bild, das in $^1/_{25}$ s voll übertragen wird, 600 Zeilen besitzt und 0,4 m breit ist, ergibt sich auf dem Leuchtschirm eine Schreibgeschwindigkeit von 6 km/s; das ist $^1/_{50000}$ der Wellenausbreitungsgeschwindigkeit. Treten also gleichzeitig zwei Übertragungswege mit einer Längendifferenz von 50 m auf, so wird der gleiche Bildpunkt zweimal im horizontalen Abstand von 1 mm geschrieben. Das bedeutet bereits eine unerwünschte Unschärfe des Bildes. Bei größeren Laufzeitdifferenzen erscheint eine deutliche Wiederholung des Bildinhaltes. Diese sog. „Geisterbilder“ sind eine bekannte

Störung auf den Fernsehbildschirmen. Daher die Bedingung, daß alle neben dem Hauptweg auftretenden Mehrfachwege eine gegenüber dem Hauptweg große Dämpfung besitzen.

Ein zweiter Übertragungsweg kann auftreten:

1. Im Übertragungsmedium durch Zurückstrahlung an Bergen, Türmen, Häusern, Masten;

2. an den Energieleitungen durch nicht vollkommen echofreien Anschluß der Antenne;

3. durch Mantelwellen auf den Antennenträgern und Speisekabeln.

Die Gefahr von Nebenwegen schließt bei der Übertragung von Fernsehbildern die Verwendung von Wellenlängen aus, an deren Ausbreitung die Ionosphäre noch mitwirkt. Damit ist die längste für das Fernsehen noch brauchbare Welle auf etwa 8 m festgelegt. Im Frequenzverteilungsplan von Atlantic City ist dem Fernsehrundfunk als kürzeste Wellenlänge etwa $\lambda = 30$ cm zugewiesen worden.

Mehrfachwege lassen sich am wirksamsten dadurch unterdrücken, daß man der Sendeantenne und der Empfangsantenne ein horizontal scharf gebündeltes Richtdiagramm gibt. Der Sender muß aber im allgemeinen, da er in der Mitte seines Versorgungsgebietes liegt, ein horizontales Rundstrahldiagramm besitzen. die am Empfänger tragbare Bündelung ist durch den dafür erforderlichen Antennenaufwand stark begrenzt.

Reflexionen innerhalb der Energieleitungen sind dadurch zu vermeiden, daß die Kabel von der Industrie hinreichend gleichmäßig hergestellt werden. Über die Theorie der Leitungsechos und praktische Toleranzen für diese s. Teilband I, Anhang.

Aus Gründen des Senderwirkungsgrades weicht der Innenwiderstand eines Fernsehbildsenders stets erheblich vom Wellenwiderstand der Energieleitung ab. An diese muß daher die Sendeantenne in hohem Grade reflexionsfrei angepaßt sein. Man verlangt von den heutigen Fernsehsendeantennen, daß die zurückfließende Amplitude unter 5% liegt. Ein vom Sender ausgehender Bildpunktimpuls kann also zunächst mit 5% an der Antenne reflektiert werden. Nach seinem Rücklauf über die Energieleitung werden maximal 100% im Sender zurückgeworfen; er wird also insgesamt mit $\sim 5\%$ der dem Bildpunkt eigenen Amplitude nochmals ausgestrahlt werden. Seine Laufzeitverzögerung entspricht dem doppelten Wert der elektrischen Länge der Energieleitung. Diese Amplitude wird als oberste zulässige Grenze angesehen.

Unter Mantelwellen versteht man die auf der Oberfläche eines antennentragenden Mastes oder Standrohres fließenden Hochfrequenzströme, die von der Antennenschwingung herrühren. Auf gleiche Weise wie längs eines Mastes oder Standrohres können sie auf dem Außenmantel von koaxialen oder abgeschirmten Energieleitungen auftreten. Auch bei offenen Zweidrahtleitungen bezeichnet man in erweitertem Sinn die gleichphasige Komponente der in den beiden Leitungen fließenden Ströme als Mantelwelle.

Mantelwellen können am Fußpunkt des Mastes oder am Endpunkt des Kabelaußenmantels reflektiert werden und rücklaufend wieder zur Antenne gelangen, wo sie mit einer unzulässigen Zeitverzögerung ausgestrahlt werden. Auch kann die direkt abgestrahlte Mantelwelle zu unerwünschten Mehrfachwegen Anlaß geben. In der Praxis werden die Mantelwellen durch Mittel, wie Sperrtöpfe, Symmetrierung oder sorgfältige Entkopplung, hinreichend vermindert.

Die Gefahr von Mehrfachwegen wird mit steigender Frequenz größer. Im Übertragungsraum wächst die Zahl der wirksam reflektierenden Gegenstände. Homogenität der Energieleitungen und Ausbildung von Kabelendverschlüssen für richtigen Wellenwiderstand sind nur mit größerem Aufwand zu verwirklichen, und die Mantelwellen sind bei den hohen Betriebsfrequenzen schwerer zu übersehen und zu beseitigen. Tunlichst benutzt man daher die Frequenzbänder I und III.

1c. Bündelung und Gewinn.

Die Fernsehrundfunk-Sendeantenne soll gewöhnlich in der Horizontalebene nach allen Seiten strahlen; durch vertikale Bündelung kann man aber bei der gleichen ausgestrahlten Leistung die ferne Leistungsdichte in der Horizontalebene erheblich steigern. Hierzu ordnet man eine Mehrzahl gleichartiger Antenneneinheiten übereinander an, so daß die vertikale Gesamtausdehnung der Anlage mehrere Wellenlängen groß ist. Durch angenähert gleichphasige Speisung dieser Einheiten erhält man eine Summierung der Feldstärken in der Horizontalebene, während unter anderen Erhebungswinkeln, die für die Übertragung nicht interessieren, weniger Leistung ausgestrahlt wird. Die Leistungszunahme am Empfangsort, wenn man einmal als Sendeantenne einen Elementardipol und dann eine bündelnde Antenne verwendet, heißt der „Gewinn“ g der letzteren [1].

Der Gewinn ist im wesentlichen abhängig von der Bauhöhe der Antenne im Verhältnis zur Wellenlänge. Bei horizontaler Rundstrahlung und vertikaler Bündelung gilt für $\frac{n\,d}{\lambda} \gg 1$ und $\frac{d}{\lambda} < 1$:

$$g = \frac{4}{3}\, n\, \frac{d}{\lambda} = \frac{4}{3}\, \frac{H}{\lambda}. \qquad \text{(VII.1)}$$

Hierin ist n die Zahl der übereinander angeordneten Antenneneinheiten, d deren gegenseitiger Abstand, λ die Betriebswellenlänge und $H = n\,d$ die Gesamthöhe der Antenne [2].

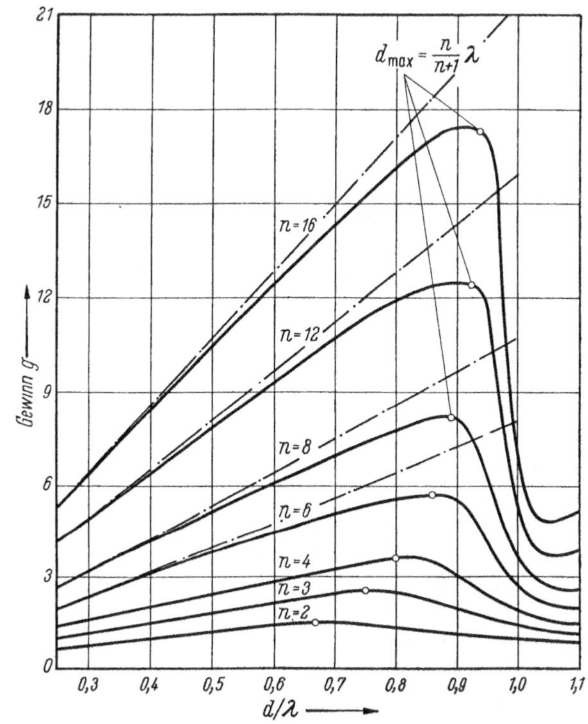

Abb. VII.1. Der Gewinn g einer vertikal bundelnden Antenne aus n im Abstand d übereinander angeordneten, horizontal rundstrahlenden Elementen, die gleichphasig und gleich stark schwingen, als Funktion von d/λ. Der fur $n \to \infty$ bis $(d/\lambda) = 1$ gültige Ausdruck $g = 4nd/3\lambda$ ist strichpunktiert eingezeichnet. Er wird schon bei kleinen n gut angenahert, solange d/λ hinreichend klein bleibt.

In Abb. VII.1 ist der Gewinn g in Abhängigkeit vom gegenseitigen Abstand d für 2 bis 16 übereinander angeordnete Antennen wiedergegeben. Man sieht, daß bis zu einem Abstand von etwa $^1/_2$ Wellenlänge die Formel (VII.1) mit genügender Genauigkeit zutrifft. Auch darüber hinaus tritt noch eine erhebliche Erhöhung des Gewinnes ein, wenn d wächst. Als Höchstwert von d gilt mit guter Näherung:

$$d_{\max} = \frac{n}{n+1}\,\lambda. \qquad \text{(VII.2)}$$

Bei Antennen, die über einen breiten Frequenzbereich arbeiten, ist für diesen Höchstwert die kürzeste Betriebswelle maßgebend. So wählt man beispielsweise im Fernsehband III für die beiden Randfrequenzen die Abstände $d = 0{,}7\,\lambda$ und $0{,}9\,\lambda$. Damit ändert sich auch der Gewinn über das Fernsehband III annähernd im gleichen Verhältnis.

1d. Wetterschutzmaßnahmen.

Bei der konstruktiven Ausführung von Fernsehantennen ist besonders auf Rauhreif und Vereisung Rücksicht zu nehmen. Die unteren Antennenteile sind durch die von den oberen abfallenden Eisbrocken gefährdet.

Durch Rauhreif und vor allem durch Vereisung kann die Anpassung der Antenne an die Energieleitung stark verändert werden. An Isolatoren, besonders wenn sie an hochohmigen Anschlußpunkten liegen, können beachtliche Nebenschlüsse auftreten. Der Einfluß von Eis ist vorwiegend dielektrischer Art. Schmelzendes Eis mit der Dielektrizitätskonstante $\varepsilon = 80$ übt eine stärkere Wirkung aus als hartgefrorenes Eis oder gar Rauhreif mit seiner wesentlich kleineren Dielektrizitätskonstante. Um die Vereisung zu beseitigen, zu verhindern oder zu entfernen, führt man Teile der Antenne, besonders die Isolatoren, durch ihre Umgebung elektrisch beheizbar aus, s. Abschnitt 6. Man kann aber auch ohne elektrische Heizung, durch Umhüllen der gesamten Antenne oder ihrer empfindlichen Teile, bei richtiger Formgebung die Wettereinflüsse hinreichend ausschalten.

Gegen Regen müssen alle Teile einer Fernsehantenne unempfindlich sein. Kunststoffisolatoren sind durch besondere Maßnahmen vor Schäden zu bewahren, die vom Ultraviolett des Sonnenlichtes hervorgerufen werden.

1e. Die Bandbreite.

Als Maß für die Bandbreite b einer Antenne verwendet man das Verhältnis der Randfrequenzen f_1 und f_2, innerhalb deren die Antenne mit hinreichender Anpassung betrieben werden soll:

$$b = \frac{f_2}{f_1}. \qquad \text{(VII.3)}$$

Für einen einzelnen Fernsehkanal liegt b, je nach der verwendeten Betriebsfrequenz, zwischen 1,01 und 1,15.

Eine Antenne, deren Bandbreite für einen Fernsehkanal ausreicht und die durch Abstimmittel oder durch mechanische Änderungen auf andere Kanäle umgestellt werden kann, wird „umstimmbar", nicht aber „breitbandig" genannt. Letztere Bezeichnung soll solchen Antennen vorbehalten bleiben, die ohne Nachstimmung über eine größere Bandbreite benutzbar sind. Man kann heute Antennen mit einer Bandbreite von 1,15, ja sogar bis zu 1,6 bauen, deren Reflexionsfaktor über den ganzen Bereich 5% nicht überschreitet.

In den USA kann eine einmal zugeteilte Betriebsfrequenz mit größerer Zuverlässigkeit lange Zeit beibehalten werden. Dort ist daher das Interesse an Fernsehantennen, deren Bandbreite eine größere Zahl von Fernsehkanälen ohne Nachstimmung überstreicht, geringer als in Europa, wo man das Verhalten von Nachbarsendern, die zur Einhaltung ihrer Sollfrequenz nicht verpflichtet sind, in Rechnung stellen muß. Aus diesem Grund wird in Europa die Fernsehsendeantenne mit sehr großer Bandbreite stark bevorzugt.

Die Bandbreite von Fernsehantennen ist um so größer, je geringer die Frequenzabhängigkeit ihres Scheinwiderstandes am Anschlußpunkt der Energieleitung ist. Der Blindwiderstand ist für eine mittlere Frequenz des umfaßten Bandes Null. Der Wirkwiderstand wird vorwiegend durch den Strahlungswiderstand bestimmt, der von den Längs- und Querabmessungen der Antenne abhängt. Für einen gegebenen Antennentyp kann er nur wenig in seinem Frequenzgang beeinflußt werden, wenn man von der OHMschen Bedämpfung durch Zusatzwiderstände mit Rücksicht auf den Wirkungsgrad zunächst absieht. Den Frequenzgang des Wirkanteils kann man durch Ausnutzung der Strahlungskopplung zwischen mehreren Antennen oder zwischen einer Antenne und einem oder mehreren Reflektoren korrigieren. Hiermit ist immer eine Beeinflussung des Frequenzganges des Blindanteils verbunden. Damit ist die Kompensation der Blindwiderstände in jedem Falle die wichtigste Methode der Bandverbreiterung.

Für die Erhöhung der Bandbreite einer Fernsehantenne gibt es grundsätzlich folgende Möglichkeiten:

1. Zusätzliche Wirkwiderstände, z. B. Schluck-Ende oder Abschlußwiderstand;

2. geeignete äußere Formgebung der Antenne, also Verhältnis von Dicke zu Länge und Querschnittsänderung zu Länge;

3. Kompensation des Blindwiderstandsganges der Antenne mittels einer Einrichtung, die einen entgegengesetzten Frequenzgang hat;

4. Ausnützung der Strahlungskopplung zwischen zwei oder mehreren Antennen;

5. Wahl des günstigsten Abstandes zur Reflektorfläche.

2. Breitbandige Antenneneinheiten.

2a. Antennen mit Schluck-Ende.

Die OHMsche Bedämpfung einer Antenne ist eine sehr radikale Methode zur Vergrößerung der Bandbreite. Sie kommt mit Rücksicht auf den Wirkungsgrad nur in seltenen Fällen, und zwar vornehmlich für Fernsehempfangsantennen der höheren Frequenzbereiche in Frage. Die Bedämpfung wird ausgeführt als Schluck-Ende, indem man $\lambda/4$ von den Antennenenden entfernt einen OHMschen Widerstand einfügt. Abb. VII.2 zeigt zwei Beispiele von Antennenelementen mit Schluck-Enden, a) einen linearen Dipol, b) eine V-Antenne. In beiden Fällen bildet der Widerstand den mehr oder weniger vollkommenen Abschluß einer Dipolhälfte mit dem angenäherten Wellenwiderstandswert des Dipols. Es entstehen daher vorwiegend fortschreitende Wellen auf den beiden Antennenhälften.

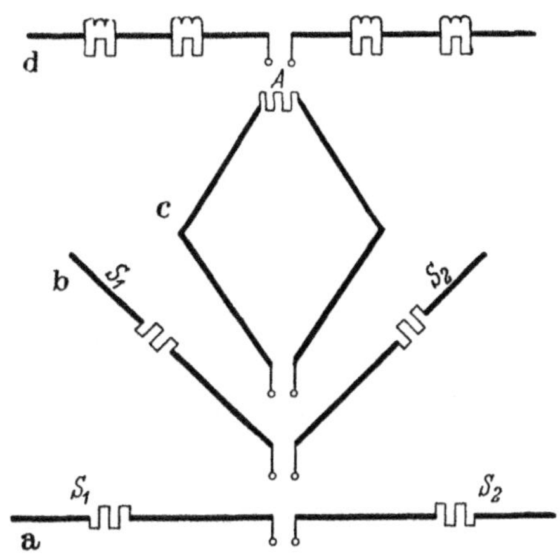

Abb. VII.2a—d. Antennenelemente mit Schluck-Enden.
a) linearer Dipol; b) V-Antenne; c) Rhombusantenne; d) linearer Dipol mit frequenzabhängigen Sperrgliedern zum Abtrennen der außeren Dipolteile.

Wenn man die beiden Enden der V-Antenne einander wieder nähert, so kann man auf die Schluck-Enden verzichten und an ihrer Stelle einen Abschlußwiderstand, wie bei der bekannten Rhombusantenne nach Abb. VII.2c, verwenden.

Die Bandbreite aller dieser Antennen wird weniger von den Anpassungswerten als vielmehr von den mit der Frequenz sich ändernden Richtcharakteristiken begrenzt. Um hierfür einen kleinen Frequenzgang zu erreichen, kann man parallel zu den Widerständen Induktivitäten anordnen, die so dimensioniert sind, daß sie für die kürzeren Wellenlängen die Enden der Dipole praktisch absperren. Eine solche Antenne mit mehreren derartigen Schaltelementen zeigt Abb. VII.2d.

Alle vier in Abb. VII.2 gezeigten Antennentypen werden als Empfangsantennen für die Fernsehbänder IV und V vorgeschlagen, wo mit ihnen im Gegensatz zu den Bändern I und III eine handliche Dimensionierung möglich ist.

Auch bei Vertikalantennen wird eine Verbesserung durch zusätzliche Widerstände in Verbindung mit einem Schluck-Ende erzielt. In Abb. VII.3a ist eine breitbandige Vertikalantenne mit mehreren Belastungswiderständen vor einem Schluck-Ende in Gestalt einer horizontalen Dachkapazität dargestellt. Der Vertikalstrahler hat hier einen sehr großen Umfang im Vergleich zu seiner Länge.

Er besitzt einen geringen „Schlankheitsgrad". Hier ist schon der Einfluß der im nächsten Abschnitt näher behandelten äußeren Formgebung auf die Bandbreite einer Antenne berücksichtigt.

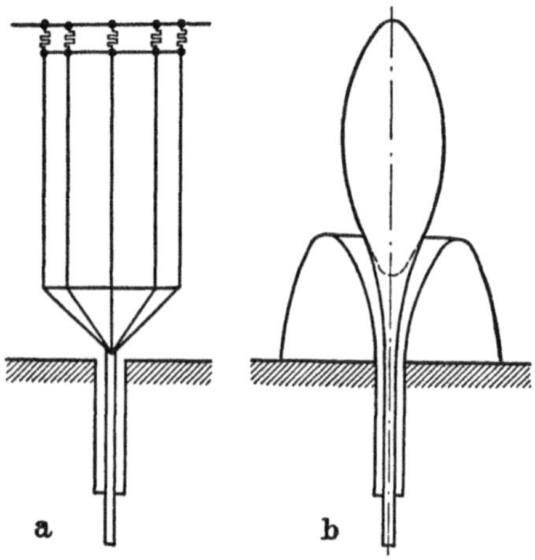

Abb. VII.3 a u. b.
Verbesserung der Bandbreite von Antennen.
a) durch Schluck-Ende (Telefunken); b) durch äußere Formgebung (LINDENBLAD).

2b. Einfluß der äußeren Formgebung.

In der Entwicklung von Breitbandfernsehantennen ist der sog. LINDENBLAD-Strahler ein markanter Meilenstein [3]. Abb. VII.3b zeigt ihn in seiner ursprünglichen Ausführungsform als Vertikalstrahler über Erde, der etwa in der Mitte gespeist wird. Damit ergibt die obere, am Ende offene Annenhältenfte eine

a b c d

Abb. VII.4a—d. Vertikale Breitbandantennen.
a) Zylinderkonusantenne; b) Doppelkonusantenne; c) Scheibenkonusantenne („Discon"-Antenne); d) Mehrfachkonusantenne (besonders günstig) [4].

Kapazität C, die untere, am Ende mit Erde abgeschlossene Hälfte eine Induktivität L im Speisepunkt. Die Strahlungswiderstände beider Hälften sollen gleich sein und den Wert $R = \sqrt{L/C}$ besitzen. LINDENBLAD hat durch umfangreiche experimentelle Arbeiten eine Form gefunden, bei der diese Widerstandsbedingung wie auch die Kompensation der kapazitiven mit der induktiven Antennenhälfte über einen größeren Frequenzbereich (1 : 1,27) erfüllt ist.

In den meisten Fällen müssen die vertikalen UKW-Antennen auf Masten oder Standrohren angebracht werden. In diesen Fällen benötigt man zur Verhinderung des Auftretens von Mantelwellen Sperrtöpfe, die über einen großen Frequenzbereich den Hauptanteil der Feldlinien auf sich ziehen und vom Standrohr fernhalten [*16*]. Die Art der Sperrtopfausbildung übernimmt man auch für den Dipolteil und kommt so zu weiteren breitbandigen Antennenformen. Derartige vertikal polarisierte Breitbandantennen sind in Abb. VII.4 zusammengefaßt.

Bei symmetrischen Dipolen geht die Form in ähnlicher Weise auf die Bandbreite ein. Abb. VII.5 zeigt eine Zusammenstellung der auf diesem Gebiet bekannt gewordenen Lösungen.

Der Grundgedanke aller dieser optimalen Lösungen ist eine möglichst gute Konstanthaltung des Wellenwiderstandes vom Einspeisungspunkt bis zu einer Entfernung, die etwa in der Mitte des Strahlers oder kurz davor liegt. Von dort ab wird ein allmählich steigender Wellenwiderstand angestrebt, was gleichbedeutend mit einer Querschnittsverringerung ist. In allen Fällen, in denen die äußere Formgebung mechanische Schwierigkeiten bereitet, begnügt man sich mit einem zylindrischen Querschnitt (Abb. VII.5a) und kompensiert den verbleibenden Blindwiderstand durch Schaltelemente entgegengesetzten Frequenzganges.

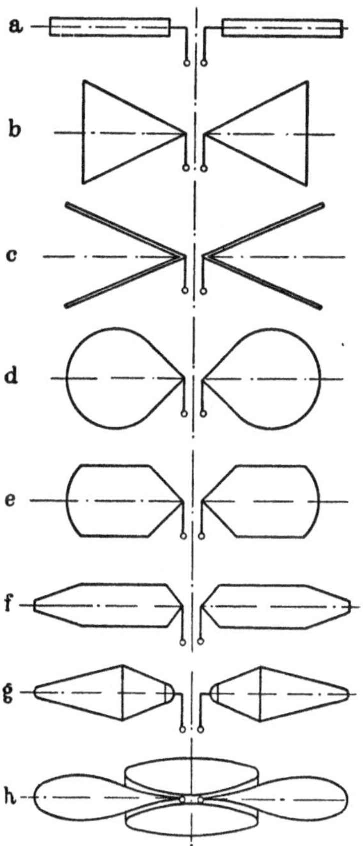

Abb. VII.5a—h. Horizontale Breitbandantennen. Fur Fernsehantennen von Bedeutung gewordene Ausfuhrungsformen: a), g) und h) rotationssymmetrische Vollblechstrahler (h = LINDENBLAD-Strahler) [*6*]; c) Kafig- oder Reusenform aus Draht oder Stäben; b), d), e) und f) ebene Ausfuhrung aus vollem oder gelochtem Blech [*5*].

2c. Kompensationsschaltungen für Dipole.

2c.1. Kompensierte Halbwellendipole. Der Eingangsscheinwiderstand des im Strombauch angeschlossenen Halbwellendipols hat in der Umgebung der Abstimmlage etwa den gleichen Frequenzgang wie ein Serienresonanzkreis (Abb. VII.6a). Um in einem gewissen Frequenzbereich die Blindkomponente kompensieren zu können, schaltet man quer zu den Eingangsklemmen einen Parallelresonanzkreis mit entgegengesetztem Frequenzgang. Bei Fernsehantennen wird der Parallelresonanzkreis entweder durch eine kurzgeschlossene $\lambda/4$-Leitung oder durch eine am Ende offene $\lambda/2$-Leitung ersetzt, die ja beide Parallelresonanzcharakter haben. Durch Wahl des Wellenwiderstandes der Kompensationsleitung kann man den Kompensationsgrad dosieren. Man kann sie als Paralleldrahtleitung oder als Koaxialleitung ausbilden und muß sie, wie die Abb. VII.6b und c zeigen, den Anschlüssen des Halbwellendipols parallelschalten.

Eine häufig vorkommende Ausführungsform des kompensierten Halbwellendipols mit Blindschwanz ist die Kombination mit einer Symmetrierschleife, auch

EMI-Schleife genannt (Abb. VII.6d). Diese Schleife bewirkt zugleich den Übergang vom symmetrischen Dipol auf eine koaxiale Speiseleitung und die Kompensation durch eine $\lambda/4$-Leitung.

Will man den Frequenzbereich, in dem die Kompensation wirksam ist, noch weiter ausdehnen, so muß man Schaltungen verwenden, bei denen auch für die Randfrequenzen eine Kompensation des Blindwiderstandes eintritt.

H. O. ROOSENSTEIN hat 1937 [7] die Ergänzung von Antennen zu vollständigen Kettenleitergliedern vorgeschlagen: Der Halbwellendipol wird durch Hinzu-

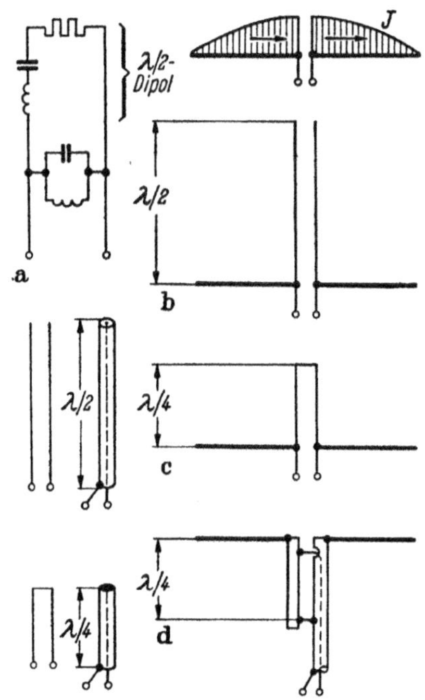

Abb. VII.6a—d.
Kompensation von Halbwellendipolen.
a) Ersatzschaltung; b) Dipol mit offener $\lambda/2$-Leitung (deutsch: „Blindschwanz"); c) Dipol mit geschlossener $\lambda/4$-Leitung (engl.: „Stub"); d) Symmetrier-(EMI)-Schleife wirkt als kurzgeschlossene $\lambda/4$-Leitung.

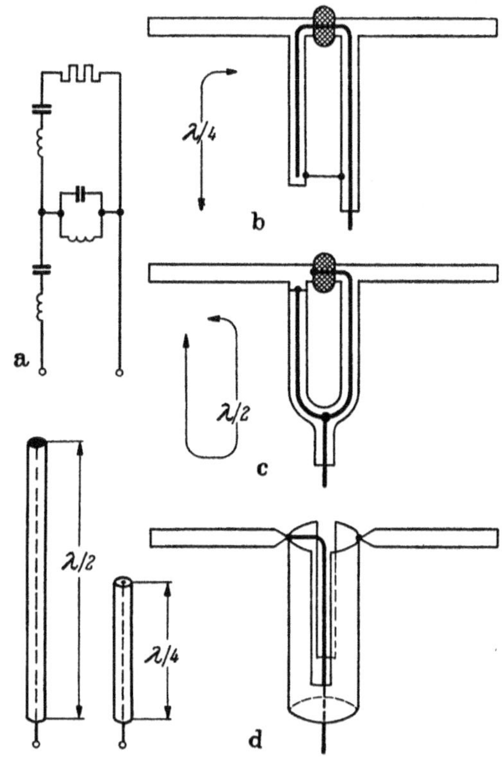

Abb. VII.7a—d. Kompensation von Halbwellendipolen.
a) durch Erganzung zu einem T-Glied; b) der freie Schenkel der EMI-Schleife dient zur Aufnahme der offenen $\lambda/4$-Leitung; c) die kurzgeschlossene $\lambda/2$-Kompensationsleitung hat einen Teil mit der Speiseleitung gemeinsam; d) Halbschalensymmetrierung, entstanden aus c) durch Verschmelzung der beiden Hälften der $\lambda/4$-Kompensationsleitung.

schalten eines weiteren Serienresonanzgliedes zu einem T-Glied ergänzt (Abb. VII.7a). Dem Serienresonanzglied entspricht in der Praxis eine am Ende offene $\lambda/4$-Leitung oder eine am Ende kurzgeschlossene $\lambda/2$-Leitung. Drei Ausführungsformen dieser T-Gliedkompensation, vereinigt mit Symmetrierschleifen, zeigen Abb. VII.7b bis d.

Ein weiterer einfach kompensierter Halbwellendipol ist der Faltdipol. Seine Entstehung ist in Abb. VII.8 skizziert und beruht darauf, daß aus Potentialgründen das Blindschwanzende geerdet werden kann wie am Kurzschlußende der EMI-Schleife.

Diese Entstehung des Faltdipols aus dem einfachen Halbwellendipol mit Blindschwanz läßt erkennen, daß der Faltdipol ein einfach kompensierter Halbwellendipol ist. Durch das Faltprinzip wird der Anschlußwiderstand auf den vierfachen Wert transformiert, wenn die Durchmesser der beiden Dipolrohre gleich sind. Sind sie verschieden, so erhält man abweichende Widerstandswerte. Dadurch ist der Faltdipol als Empfangsantenne mit Anschlußmöglichkeit für Bandleitungen von 240 ··· 300 Ω Wellenwiderstand besonders geeignet.

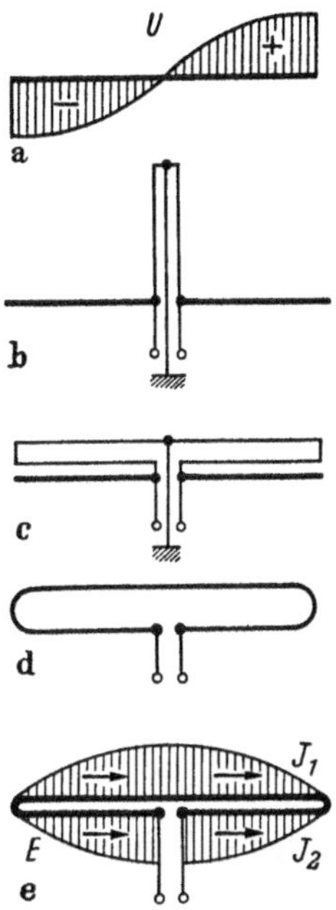

Abb. VII.8 a—e. Entstehung des Faltdipols aus einem kompensierten Lineardipol.

a) Spannungsverteilung des Halbwellendipols mit Potential Null in der Mitte; b) Dipole mit Blindschwanz können daher in der Mitte geerdet werden; c) Aufklappen der beiden Blindschwanzteile nach der Seite; d) Vereinigung geeigneter Blindschwanzleitungen mit dem Dipol selbst; e) Stromverteilung bei gleichem Durchmesser der Dipolrohre.

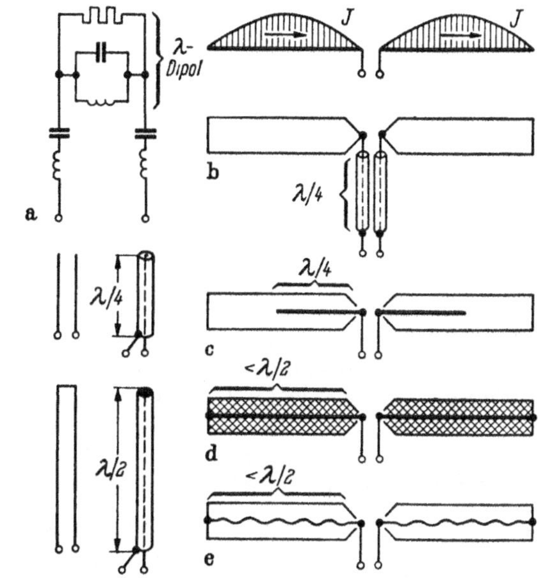

Abb. VII.9a—e. Kompensation von Ganzwellendipolen.

a) Ersatzschaltung; b) Kompensationsleitungen im Innern der Energieleitungen; c) offene λ/4-Kompensationsleitungen in den Dipolen; d) kurzgeschlossene λ/2-Kompensationsleitungen in den Dipolen; durch Dielektrikum verkurzt, weil dicke Dipole kurzer als λ/2 sind; Methode zur Erzielung eines kleinen Wellenwiderstandes; e) kurzgeschlossene λ/2-Kompensationsleitungen in den Dipolen; durch dünndrahtige Wendel verkurzte Leitungen; Methode zur Erzielung eines großen Wellenwiderstandes.

2c.2. Kompensierte Ganzwellendipole. Der Ganzwellendipol ist eine Linearantenne von der Ausdehnung einer Wellenlänge. Durch sein Stromminimum an der Speisestelle in der Mitte der Antenne ist der Eingangswiderstand groß. Sein Wirkanteil ist im Resonanzfalle am größten und fällt zu beiden Seiten dieses Punktes symmetrisch ab. Daher liefern Ganzwellendipole bessere Breitbandeigenschaften als Halbwellendipole, bei denen die Wirkwiderstände unsymmetrisch zur Resonanz liegen.

Der Ganzwellendipol wirkt in der Nähe seiner Resonanzfrequenz wie ein Parallelschwingkreis (Abb. VII.9a) und kann durch Serienresonanzkreise mit entgegengesetztem Blindwiderstandsverlauf kompensiert werden. Die Serienschwingkreise werden gebildet durch am Ende offene λ/4-Leitungen oder am Ende kurzgeschlossene λ/2-Leitungen. Praktische Ausführungsbeispiele zeigen Abb. VII.9b bis e.

Auch beim einfach kompensierten Ganzwellendipol kann eine Ergänzung zum vollständigen Kettenleiterglied, hier zu einem π-Glied, erfolgen. Ersatzschaltung und praktische Ausführung s. Abb. VII.10.

Aus der in Abb. VII.11a gezeichneten Spannungsverteilung auf dem Ganzwellendipol erkennt man, daß in den Punkten der Spannungsminima, also in der

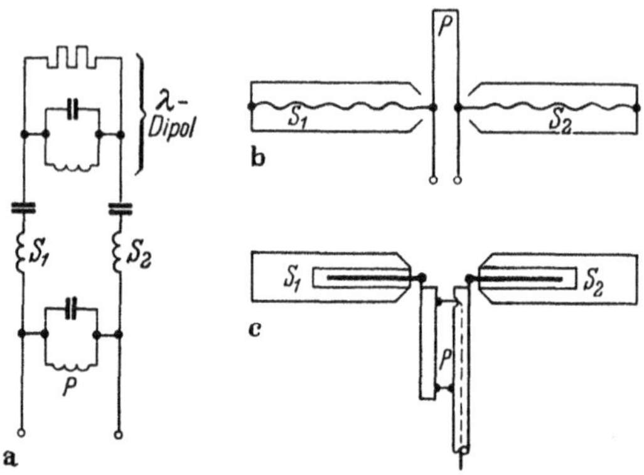

Abb. VII.10a—c. Kompensation von Ganzwellendipolen durch Ergänzung zu einem π-Glied.
a) Ersatzschaltbild, S_1, S_2 Serienglieder, P Parallelkreis; b) Dipol mit symmetrischem Ausgang; c) Dipol mit EMI-Schleife und Koaxialausgang [8]. Äquivalente Schaltelemente sind mit dem gleichen Buchstaben bezeichnet.

Mitte jeder Dipolhälfte, eine Verbindung mit Masse hergestellt werden kann, ohne daß sich in der Spannungs- und Stromverteilung etwas ändert. An diesen Punkten werden die Ganzwellendipole meist mit elektrisch leitenden Stützen mechanisch gehalten, und es liegt auch nahe, in diese Halterungen die Antennenspeisung zu verlegen, wie in Abb. VII.11c bis f gezeigt.

2c.3. Kompensierte Unipole. Beim Unipol kann außer der Energieleitung und dem Strahler selbst auch die Reflektorfläche zur Aufnahme von Kompensationsleitungen dienen. Beispiele sind in Abb. VII.12 dargestellt. Durch die Anordnung von $\lambda/4$ oder $\lambda/2$ langen, unsymmetrisch am Fußpunkt gespeisten Antennen auf einer Reflektorfläche wird der Frequenzgang gegenüber einem symmetrischen Dipol nicht wesentlich verändert, weil die Reflektorfläche dessen Symmetrie- bzw. Spiegelebene ist. Dagegen wird der Einfluß sowohl auf den Widerstand einer Antenne als auch auf ihr Diagramm erheblich, wenn die Reflektoren nicht mehr in den Symmetrieebenen liegen. Dies rührt her von der nunmehr wirksamen Strahlungskopplung zwischen Antenne und Reflektor und wird ebenfalls zur Blindwiderstandskompensation ausgenutzt. Die Art und der Grad der Kompen-

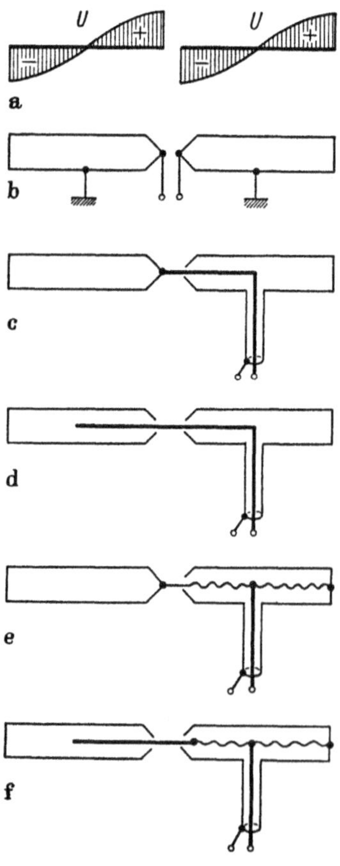

Abb. VII.11a—f. Speisung von Ganzwellendipolen.
a) Potentialverteilung auf der Antenne; b) Möglichkeit der Erdung; c) Speisung durch eine metallische Stütze [9]; d) Kompensation des Blindwiderstandsganges durch offene $\lambda/4$-Leitung in Serienschaltung [10]; e) desgl. durch kurzgeschlossene $\lambda/2$-Leitung, deren eine Halfte von der koaxialen Speiseleitung mitbenutzt wird [11]; f) Zweifache Kompensation des Blindwiderstandsganges.

sation hängen ab von der Lage, der Größe, der Form und dem Abstand der Reflektoren. Auf diese wird im nächsten Abschnitt eingegangen.

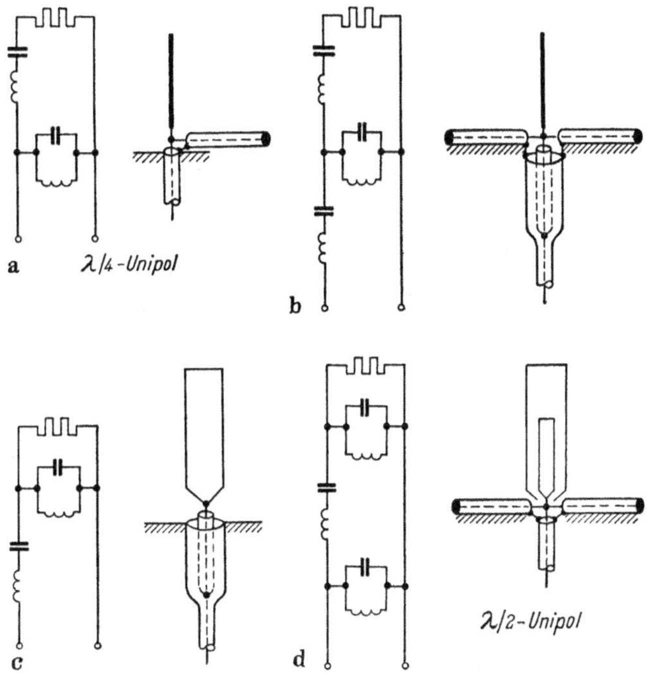

Abb. VII.12a—d. Kompensation von Vertikalantennen:
a) λ/4-Unipol, einfach kompensiert; b) λ/4-Unipol, zweifach kompensiert (*T*-Glied); c) λ/2-Unipol, einfach kompensiert; d) λ/2-Unipol, zweifach kompensiert (π-Glied). Durch Verlegen der Kompensationsleitungen in die Energieleitungen oder die Strahler selbst vermeidet man sicher Streukapazitäten gegen Erde. Die in der Reflektorebene liegenden Koaxialleitungen können auch als λ/4-lange Stäbe das Gegengewicht selber bilden.

2d. Strahlungsgekoppelte Reflektoren.

2d.1. Ebene und geformte Reflektorflächen (Abb. VII.13). Die Reflektorflächen dienen in erster Linie dem Zwecke einseitiger Unterdrückung der Strahlung. Sie sind daher in der Fernsehtechnik bei den Empfangsantennen üblich, für die eine gewisse Richtwirkung meist unerläßlich ist. Gleiches gilt für gerichtetes Senden. Aber auch bei den im Fernsehrundfunk benutzten Rundstrahlsendern werden Reflektorflächen angebracht, und zwar vorwiegend rund um Gittermaste herum. Hier hat der Reflektor die Aufgabe, die dahinterliegenden Konstruktionsteile der Maste gegen die Dipole abzuschirmen, so daß ihre Anpassungseigenschaften von der Anbringungsart unabhängig werden.

In dem für den Fernsehrundfunk vorgesehenen Frequenzbereich werden die Reflektorflächen nur sehr selten aus Vollblech gefertigt. Man benutzt vielmehr entweder gelochte Bleche oder Maschendraht. Oft begnügt man sich mit Stäben oder Drähten, die in der Polarisationsrichtung der Dipole, also parallel zu ihnen, stehen. Dazu senkrecht orientierte Stäbe sind nämlich elektrisch unwirksam und werden nur zur Erhöhung der mechanischen Festigkeit in kleinem Umfange eingefügt. Ähnliche Kompensationseffekte wie mit Flächen kann man auch mit einzelnen Stäben erreichen.

2d.2. Reflektoren und Direktoren. Die Reflektorstäbe werden entweder als Reflektoren oder als Direktoren bezeichnet. Direktoren liegen vor dem Dipol,

Reflektoren hinter ihm. Für das Zustandekommen einer ausgeprägten Richtwirkung müssen die Ströme in den Reflektoren und Direktoren zusammen etwa von gleicher Stärke sein wie der im Dipol fließende. Ferner müssen die Phasen dieser Ströme die den Abständen entsprechenden Werte haben. Diese optimalen Werte für Strom und Phase werden durch richtige Abstandswahl und Abstimmung der Stäbe erreicht. Reflektoren werden auf ein gegenüber der mittleren Betriebswellenlänge etwas längeres λ abgestimmt, sind also auch in ihren mechanischen Abmessungen länger als der gespeiste Halbwellendipol (siehe Abb. VII.14a). Der gegenseitige Abstand liegt zwischen 0,2 λ und 0,3 λ. Direktoren werden auf eine kürzere Welle abgestimmt und sind demgemäß kürzer als der Dipol. Ihr Abstand vom Strahler beträgt etwa 0,1 λ (s. Abb. VII.14b).

Die Kombination mit einem Reflektor und mit einem oder mehreren Direktoren ist die bekannte YAGI-Antenne

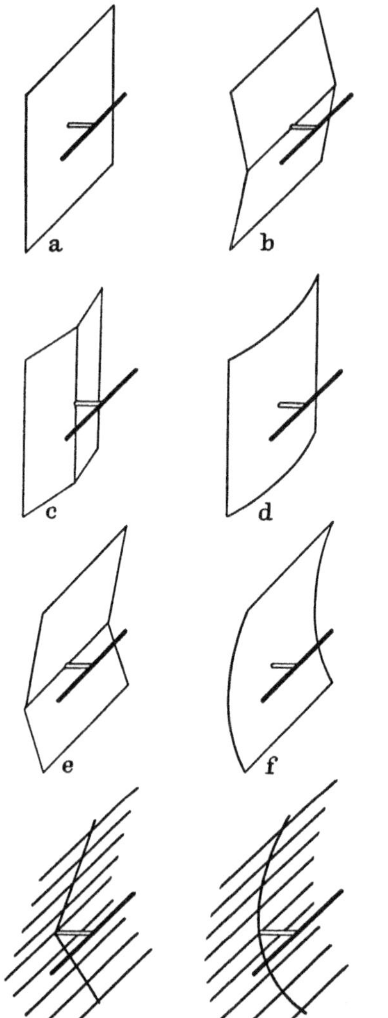

Abb. VII.13a—h. Formen von ebenen, gewinkelten und gebogenen Reflektorflächen [13].

Die nach außen gebogenen und geknickten Flächen dienen zur Erzielung einer besseren Rundstrahlung. Bei höheren Frequenzen werden statt Winkelreflektoren auch Zylinderparaboloide benutzt. Die Flächen müssen die Dipole um wenigstens $\lambda/10$ überragen, wenn die rückwärtige Ausblendung wirksam sein soll.

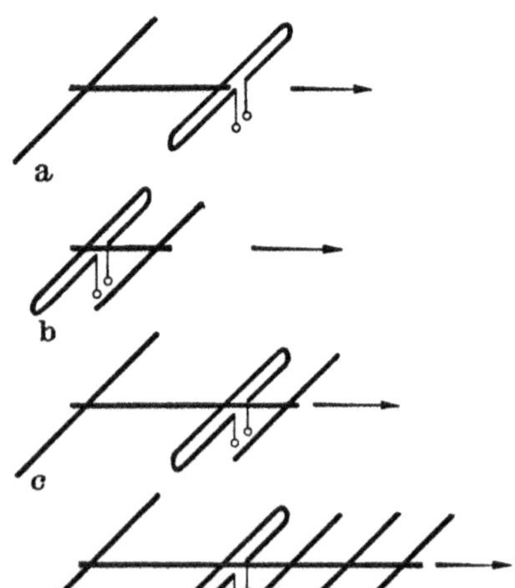

Abb. VII.14a—d. Faltdipole.

a) mit Reflektor; b) mit Direktor; c) und d) YAGI-Antennen. Bei c) kann man z. B. die Aufgabe des Direktors und des Reflektors insofern auftrennen, als man die Strahlungskopplung zwischen Dipol und Direktor zur Blindwiderstandskompensation benutzt und durch den Reflektor den Masteinfluß verringert.

(s. Abb. VII.14c und d). Sie zählt zur Kategorie der Längsstrahler, weil ihre Hauptstrahlung in Antennenlängsrichtung erfolgt. Das Gegenstück zum Längsstrahler ist der Querstrahler, weil bei dieser Antennenart die Strahlung quer zur Antennenfläche gerichtet ist; auch wird im Gegensatz zur YAGI-Antenne beim Querstrahler *jedes* Antennenelement gespeist. Gleich bleibt bei beiden jedoch die

Wirkung der Strahlungskopplung der einzelnen Antennenelemente untereinander auf den Eingangswiderstand, und bei geschickter Abstandswahl der Elemente wird eine Verbesserung der Bandbreite gegenüber dem Einzelelement erzielt.

2e. Eigenschaften der Querstrahlergruppen.

2e.1. Die Zweiergruppe. Zwei gleichphasig gespeiste Halbwellendipole, die parallel zueinander angeordnet sind, werden als Zweiergruppe bezeichnet. Bei einer solchen kann man die Strahlungskopplung zwischen den beiden Halbwellendipolen, deren gegenseitiger Abstand gleich der halben mittleren Betriebswellenlänge ist, zur Bandverbreiterung ausnutzen. Dieser Effekt kann durch richtige Dimensionierung von Reflektorstäben oder durch Anordnung der Zweiergruppe vor einer ebenen Reflektorwand noch verbessert werden. Der optimale Abstand der beiden Halbwellendipole von einer Reflektorwand beträgt etwa 0,3 λ.

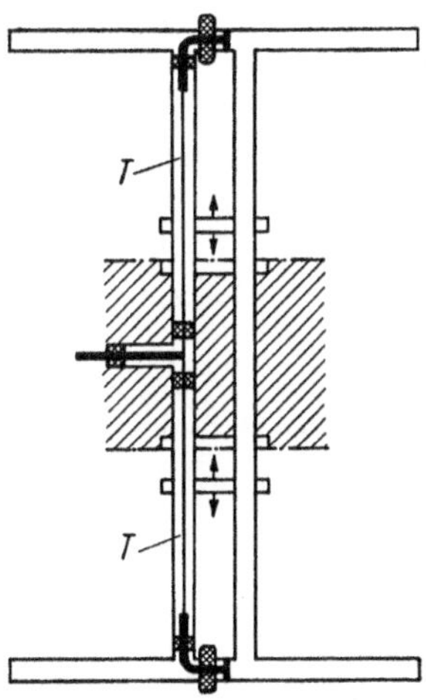

Abb. VII.15. Zweiergruppe mit Speiseschema.

Abb. VII.16. Antennenkombination aus zwei Doppel-YAGI-Antennen (Telefunken).

Die eigentliche Zweiergruppe mit im Strombauch gespeisten Halbwellendipolen wird oft, wie Abb. VII.15 zeigt, mit einer doppelten Symmetrierschleife vereinigt. Im Inneren dieser sog. EMI-Schleife ist dann noch Platz für zwei je $\lambda/4$ lange Transformationsleitungen T, die am Kabelanschlußpunkt einen Widerstand von 60 Ω herstellen. Am meisten verbreitet sind Zweiergruppen dieser Art in der Ausführungsform der sog. Doppel-YAGI-Antenne (Abb. VII.16).

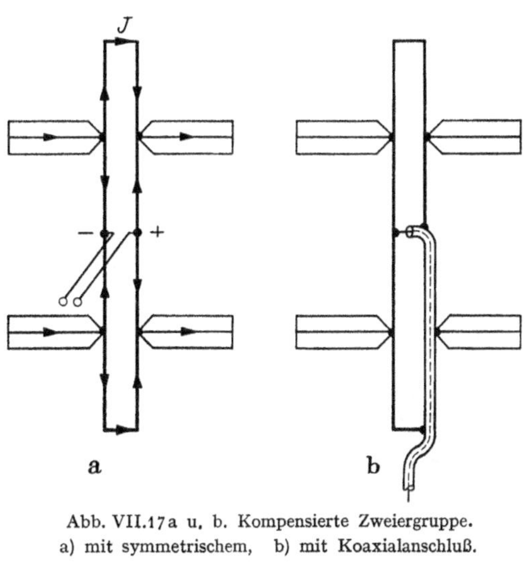

Abb. VII.17a u. b. Kompensierte Zweiergruppe. a) mit symmetrischem, b) mit Koaxialanschluß.

Abb. VII.17a erläutert das Prinzip der kompensierten Zweiergruppe mit den Stromrichtungen auf den Speiseleitungen, Kompensationsleitungen und Dipolhälften. Eine einfache Anschlußmöglichkeit an ein Koaxialkabel zeigt Abb. VII.17b.

2e.2. Vierer- und Achtergruppen. Die Zweiergruppe ist in Verbindung mit Reflektoren die Grundlage für viele Breitband-Antennenelemente der Fernsehsendetechnik. Man kann bei der Anwendung dieses Prinzips zwei Grundformen unterscheiden. Die erste arbeitet mit im Strombauch gespeisten Halbwellendipolen, die, wie oben gezeigt, mittels Symmetrierschleifen oder auf andere Weise kompensiert und in der Regel mit Reflektoren und Direktoren vereinigt sind. Die zweite Form besteht aus im Spannungsmaximum gespeisten Ganzwellendipolen, die in den meisten Fällen für sich allein nicht

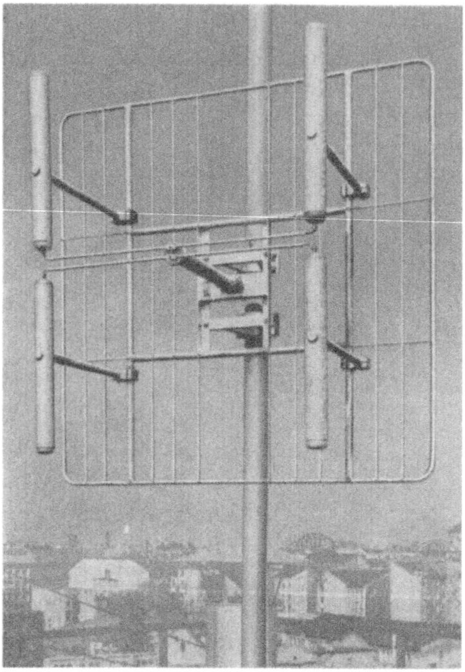

Abb. VII.18.
Vierergruppe als vorgebundeltes Antennenelement fur Fernsehband III, vertikal aufgebaut (Telefunken), vertikale und horizontale Halbwertsbreite etwa 30°.

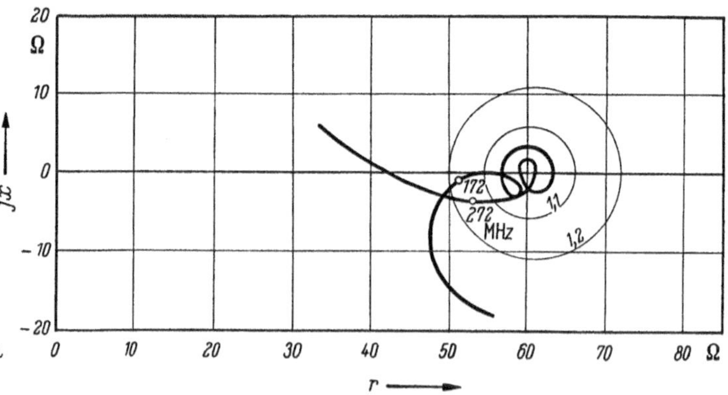

a

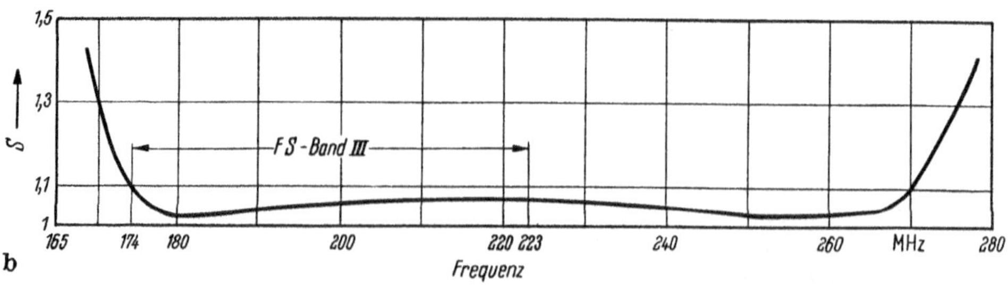

b

Abb. VII.19a u. b. Bandbreite der Vierergruppe. Widerstandsortskurve.

kompensiert sind, dafür aber im optimalen Abstand vor einer Reflektorwand liegen. Für die Einspeisung entsteht so aus den beiden Zweiergruppen eine Vierergruppe, wenn man die Gruppenbezeichnung nach der Zahl der in der Kombination vorkommenden Halbwellendipole wählt.

Ein in beiden Hauptebenen etwa gleich stark vorgebündeltes Antennenelement ist diese Vierergruppe (s. Abb. VII.18). In Anbetracht der sehr großen Ähnlichkeit zwischen beiden Diagrammen kann die Vierergruppe in den verschiedensten Kombinationen sowohl für horizontale als auch für vertikale Polarisation verwendet werden, ohne daß am grundsätzlichen Aufbau und an der Verkabelung etwas geändert zu werden braucht [*15*].

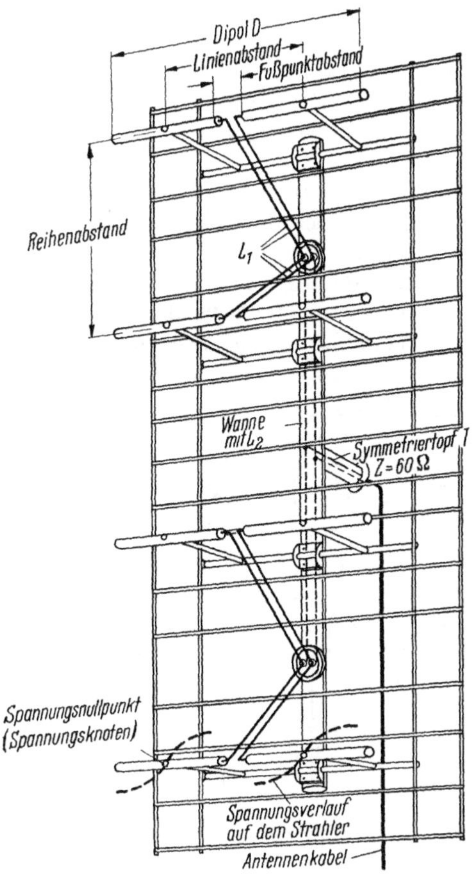

Abb. VII.20. Achtergruppe fur Fernsehband III (Siemens) mit Speiseschema.

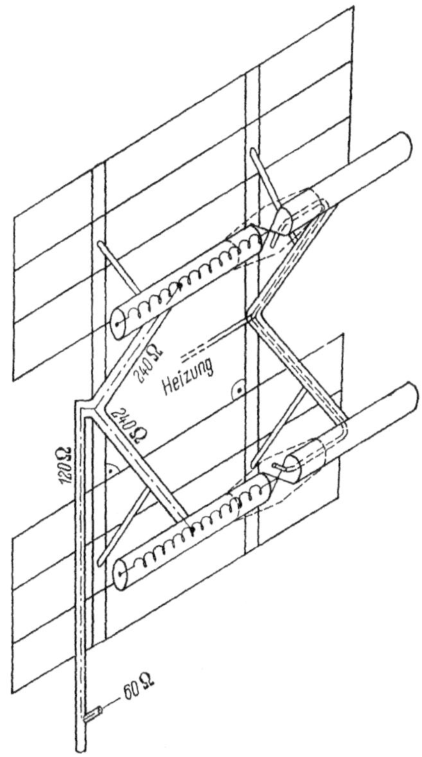

Abb. VII.21. Vierergruppe fur Fernsehband I mit Speisung durch die Dipolstützen.

Bei der Vierergruppe werden die vier Halbwellendipole bzw. die beiden Ganzwellendipole über eine symmetrische Parallelrohrleitung gespeist, die gleichzeitig zur Transformation des Antennenwiderstandes dient. In der Mitte ist eine Symmetrierleitung angeschlossen, die als kompensierte Halbschalenanordnung nach Abb. VII.7d ausgebildet ist. Sie ist durch ein metallisches Rohr nach außen abgeschirmt, während die Parallelrohrleitung nur im Bedarfsfalle durch eine Isolierstoffhülle gegen Vereisungseinflüsse geschützt wird. Wie Abb. VII.19 zeigt, umfaßt die Bandbreite einer solchen Vierergruppe mit 1,55 bei Fehlanpassungen von $U_{max}/U_{min} < 1{,}1$ den Frequenzbereich 174 ··· 270 MHz. Diese Bandbreite wird durch Ausnutzung der Strahlungskopplung zwischen den Dipolen und der Reflektorfläche sowie durch die kompensierende Wirkung der Symmetrierschleife erreicht. Beide Einflüsse drücken sich in der mehrfachen Schleifenbildung des Widerstandsdiagramms aus.

Die größte heute benutzte Einheit unter den vorgebündelten Antennenelementen ist die Achtergruppe. Sie besteht aus zwei parallel gespeisten Vierergruppen. Sie wird in den Bändern I, III und IV in jeweils besonders ausgeführten Konstruktionen angewendet.

Abb. VII.20 zeigt den Aufbau einer weit verbreiteten Achtergruppe für das Fernsehband III. Die Dipole und ihre Speiseleitungen können bei dieser Ausführung gegen den Einfluß von Eis und Rauhreif durch Hüllen aus schweißbarem Kunststoff geschützt werden [*17, 18*]. Die im Fernsehband I verwendeten Vierer- und Achtergruppen sind von ähnlicher Konstruktion. In diesem Bande scheint jedoch eine Speisung der Dipole über ihre Mittelstützen, wie sie bereits in Abb. VII.11 prinzipiell erläutert ist, mechanische Vorteile zu bringen (siehe Abb. VII.21) [*19*] bis [*21*].

2e.3. Die Schmetterlingsantenne („Bat-Wing-Antenna"). Eine weitere Anteneinheit mit Querstrahlereigenschaften ist die Schmetterlingsantenne, deren Entstehung sich leicht aus Abb. VII.17 ableiten läßt. Das Speisesystem einer kompensierten Zweiergruppe mit der Stromverteilung nach Abb. VII.17a hat eine elektrische Gesamtlänge von etwa 1 λ. Das zeigt auch die dazugehörige, in Abb. VII.22a gezeichnete Spannungsverteilung in Gestalt von zwei gleichphasigen

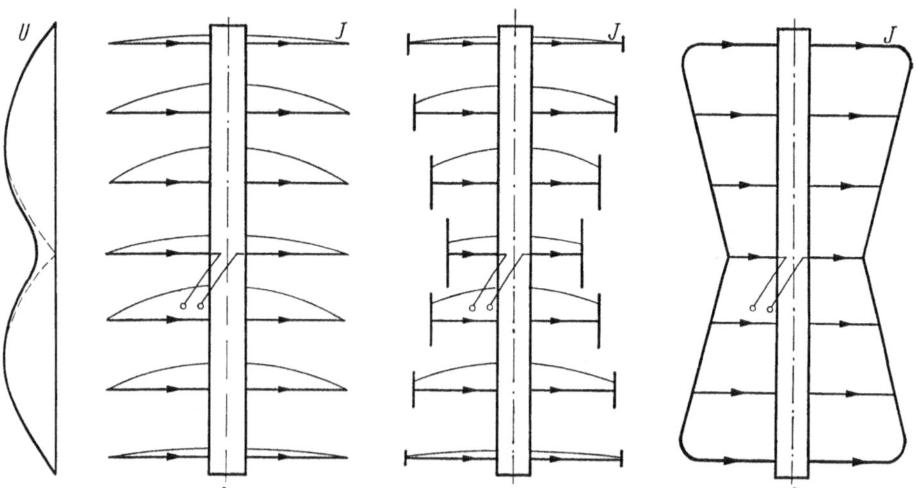

Abb. VII.22a—d. Entstehung und Wirkungsweise der Schmetterlingsantenne:
a) Spannungsverteilung U auf der Speiseleitung; b) Stromverteilung J auf gleich langen $\lambda/4$-Antennen; c) Stromverteilung J auf verschieden langen, mit Endkapazitäten versehenen Antennen; d) Schmetterlingsantenne mit Strompfeilen J.

Sinushalbwellen. In ihrer Mitte bleibt eine Restspannung, die von einer der stehenden Welle überlagerten fortschreitenden Welle herrührt.

Nach einem in der Antennentechnik bekannten Prinzip kann man nun das symmetrische Speisesystem anstatt mit zwei Halbwellendipolen im $\lambda/2$-Abstand auch mit einer wesentlich größeren Anzahl von gleichmäßig über die ganze Länge *verteilten Dipolen* belasten, wie aus Abb. VII.22b ersichtlich ist. Die Ströme, die in den einzelnen Dipolen fließen, haben infolge der verschieden großen Speisespannung entsprechend ungleiche Werte. Durch Wahl unterschiedlicher Längen der eingeschalteten Dipole kann aber die jedem derselben zugeführte Leistung dosiert werden. Die verkürzten Dipole mit ihren kleinen Fußpunktwiderständen müssen dann zur Erhaltung der Resonanz mit größeren Dachkapazitäten versehen sein, wie sie gemäß Abb. VII.22c durch vertikale Leiter gebildet werden. Dadurch wird erreicht, daß auch für die beiden letzten Dipole noch ein ausreichender Teil der Senderleistung übrigbleibt. Denkt man sich nun die Dachkapazitäten der einzelnen Dipole an ihren Enden zu einer geschlossenen Umrandungskurve zusammenwachsend, so entsteht die Form der in Abb. VII.22d gezeichneten Schmetterlingsantenne. Ihre endgültige und allgemein bekannte, selbsttragende und sehr stabile Ausführungsform aus untereinander verschweißten Rohren wurde experimentell gefunden.

Da die Breitbandeigenschaften ähnlich denen der Zweiergruppe sind, findet man auch hier Doppel- und Vierfachkombinationen [*14*]. Die Schmetterlingsantenne hat ferner den Vorteil, infolge der Spannungsverteilung an ihren Enden ohne Isolatoren am Mast befestigt werden zu können. Ihre Länge ist meist nur etwa 0,8 λ.

2e.4. Der Rohrschlitzstrahler. Nach dem gleichen Prinzip wie die Schmetterlingsantenne ist der Rohrschlitzstrahler abgeleitet. Die für das Strahlungsdiagramm maßgebende Stromverteilung wird durch ein Speiseschema nach Abb. VII.23a erzeugt. Wenn man die zugehörige Antennenanordnung zu einem Zylinder umbiegt, erhält man den Einschlitzstrahler (Abb. VII.23b), bestehend aus einem Rohr mit Speiseschlitz. Diese Antenne eignet sich besonders bei der Verwendung von Rohrmasten als Antennenträger.

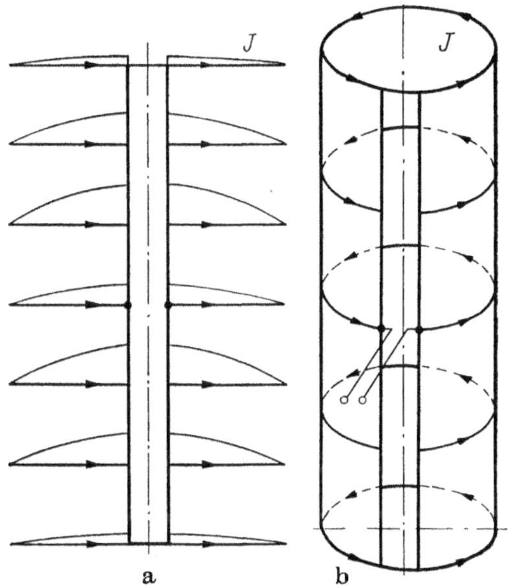

Abb. VII.23a u. b.
Rohrschlitzstrahler mit den dazugehörigen Antennenströmen J.
a) Schlitzeinspeisung; b) Einschlitzstrahler.

2f. Kompensation bei der Speisung mehrerer Antennen.

Es kommt in der Technik der Fernsehsendeantennen häufig vor, daß zwei gleichartige entkoppelte Antennen über Energieleitungen gespeist werden, die eine Längendifferenz von $\lambda/4$ aufweisen. Vor allem der nächste Abschnitt handelt davon. Wie aus der Leitungstheorie bekannt ist, verwandelt sich bei kleinen Fehlanpassungen eine Blindwiderstandskomponente durch eine $\lambda/4$-Transformation in die entgegengesetzte. Die so behandelte eine Antenne ist somit in der Lage, die Blindkomponente der anderen zu kompensieren, ein Prinzip, das schon Lindenblad 1938 bei der Antenne auf dem *Empire State Building*, New York, angewandt hat [*12*].

3. Rundstrahldiagramme.

Unter den Versorgungsaufgaben des Fernsehrundfunks steht die Rundstrahlung in der Horizontalebene an erster Stelle. Sie wird im wesentlichen erzeugt durch geeignete Zusammenschaltung der in den voraufgehenden Abschnitten besprochenen Antenneneinheiten. Man benutzt zwei Arten dieser Zusammenschaltung. Sie sind unter dem Namen Ringstrahler und Drehkreuzstrahler bekannt. Außer der Anordnung der Antenneneinheiten und ihrer Speisung kommt es zur Erzielung genügender Rundheit des Diagramms noch auf ihre Entkopplung untereinander und mit den Antennenträgern an. Erwünscht ist auch die Entkopplung übereinander angebrachter Antennen, um die Voraussage des Vertikaldiagramms zu erleichtern.

3a. Ringstrahler.

3a.1. Ringe mit horizontalen Dipolen. Um den Trägermast herum werden als regelmäßiges Vieleck mehrere gleiche Halb- oder Ganzwellendipole angebracht. Ihre Speisung erfolgt mit gleicher Amplitude und mit einer Phase, die einer der folgenden beiden Bedingungen genügt. Entweder herrscht über den gesamten

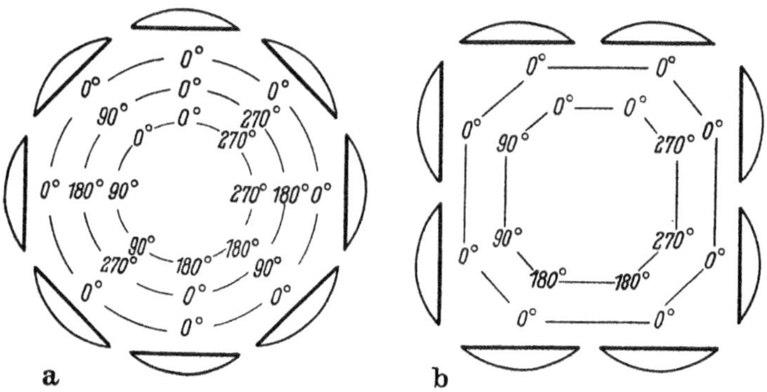

Abb. VII.24 a u. b. Ringstrahler aus 8 Halbwellendipolen mit verschiedenartiger Speisung: Parameter im Inneren der Figur gibt die Speisephasen der Dipole wieder.
a) achteckige Ausführung; b) quadratische Ausführung.

Umfang Gleichphasigkeit, oder die Phasen der einzelnen Antenneneinheiten schreiten stetig mit dem Azimut um 90° fort, wie es Abb. VII.24a angibt. Dabei kann die Phase im Uhrzeigersinn wie im Gegenuhrzeigersinn umlaufen; auch können je zwei oder mehr aufeinanderfolgende Dipole gleiche Phase haben. Es

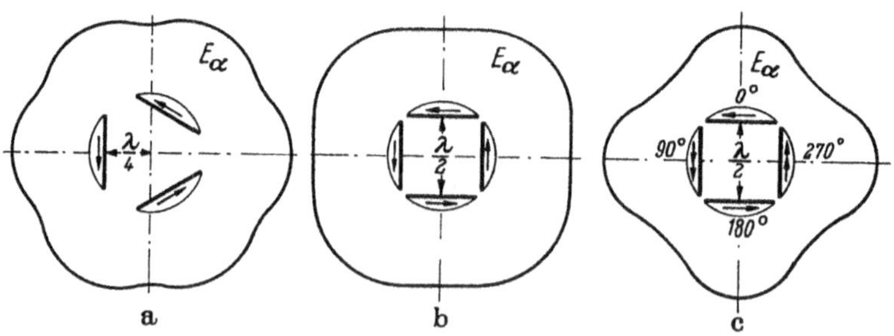

Abb. VII.25a—c.
Aus Halbwellendipolen zusammengesetzte Ringstrahler mit ihren Richtdiagrammen in der Ringebene (Horizontalebene).
a) und b) gleichphasige Speisung der Dipole, Drehfeldspeisung; einfache Pfeile: Phasen 0° oder 180°, doppelte Pfeile: Phasen 90° oder 270°.

muß sich nur bei einem vollen Umlauf wieder die Anfangsphase ergeben. Man spricht bei dieser Art der Speisung von Drehfeldspeisung. Weiter können je zwei aufeinanderfolgende Dipole in gleicher Richtung liegen (Abb. VII.24b). Sind sie Halbwellendipole, so können beide zu Ganzwellendipolen zusammengefaßt werden. Es ist also eine Vielzahl von Kombinationen möglich. Ob die gewählte

Kombination gut ist oder nicht, entscheidet lediglich das Aussehen des Horizontaldiagramms. In Abb. VII.25 a, b und c sind die drei einfachsten Ringstrahlertypen mit ihren Horizontaldiagrammen dargestellt. Besonderer Wert ist dabei

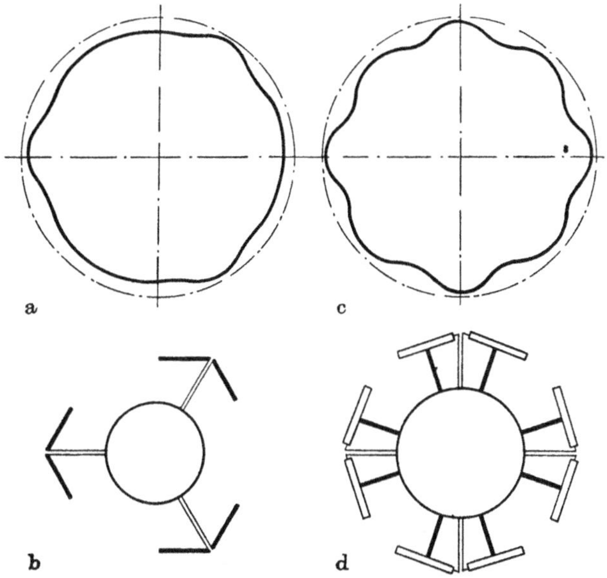

a c b d

Abb. VII.26a—d. Geknickte Dipole an Rohrmasten mit den zugehörigen Richtdiagrammen in der Horizontalebene. a) und b) Halbwellendipole; c) und d) Ganzwellendipole.

auf die Bedingung zu legen, daß der Ringdurchmesser etwa $\lambda/2$ betragen soll. Muß er etwas weiter gemacht werden, etwa weil der Trägermast an Umfang zu groß ist, so kann eine Verbesserung des Diagramms noch durch Knicken der Dipole erzielt werden. Abb. VII.26 zeigt Beispiele mit dicken, innen besteigbaren Rohrmasten. Diese haben nebenbei den Vorteil, gleichzeitig für die Dipole als Reflektor dienen zu können. Je weiter der Ringdurchmesser wächst, um so mehr leidet darunter das Runddiagramm. Im Beispiel der Abb. VII.27, das eine weit verbreitete Ringstrahlertype zeigt, ist man schon hart an der Grenze dessen, was man für den Betrieb noch zulassen kann. Die Verbeulung des

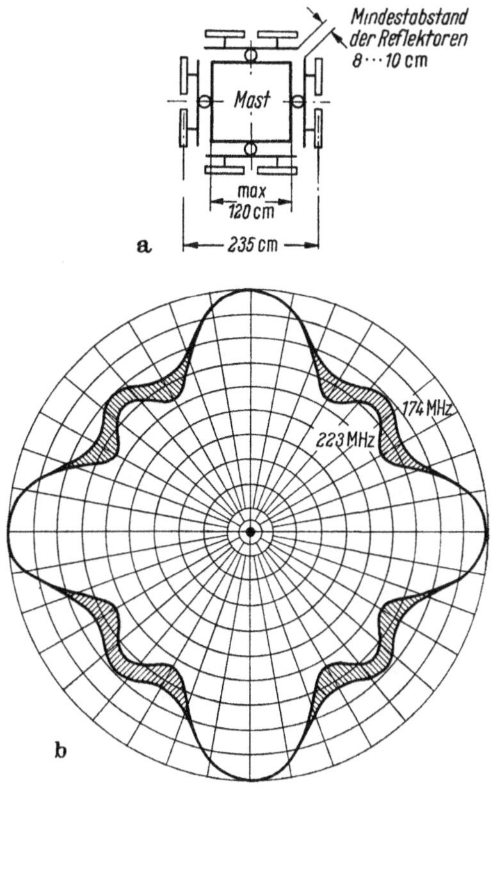

a b

Abb. VII.27 a u. b.
a) Ringstrahler für das Fernsehband III, bestehend aus vier gleichphasig gespeisten Ganzwellendipolen vor ebenen Reflektorflächen (Siemens); b) Richtdiagramme in der Horizontalebene für die Grenzfrequenzen des Bandes III.

Diagramms in den Ebenen zwischen den Antenneneinheiten kommt von dem immer größer werdenden elektrisch wirksamen Abstand A zwischen ihren Phasen-

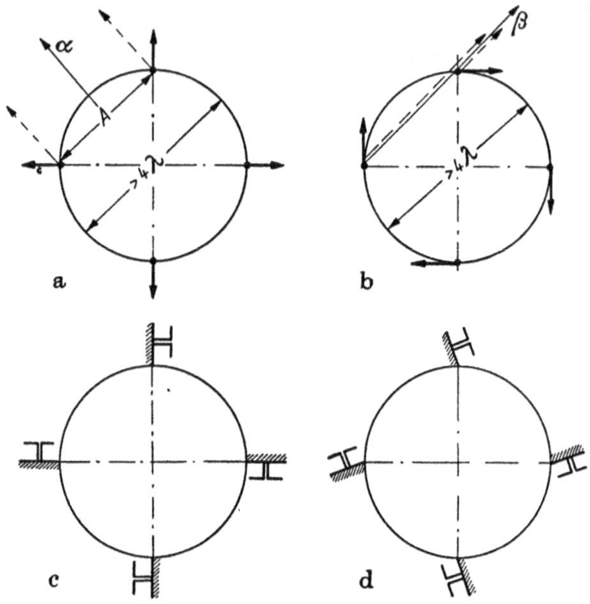

Abb. VII.28a—d. Prinzip der Skew-Antenne (A Abstand der Phasenzentren).
a) radiale Abstrahlung, b) tangentiale Abstrahlung der Antennenelemente, c) und d) Ausführungsformen einer Skew-Antenne mit leicht gegeneinander versetzten Abstrahlwinkeln; gestrichelte Pfeile bedeuten interferierende Strahlen.

zentren (s. Abb. VII.28a). Zur Verbesserung des Diagramms gibt es in der Praxis zwei Methoden. Entweder belegt man den Ring mit mehr Dipolen und steigert den antennenseitigen Aufwand ins beliebige oder man verwendet das von der amerikanischen Firma Andre vorgeschlagene Skew-Prinzip, s. 3a.2.

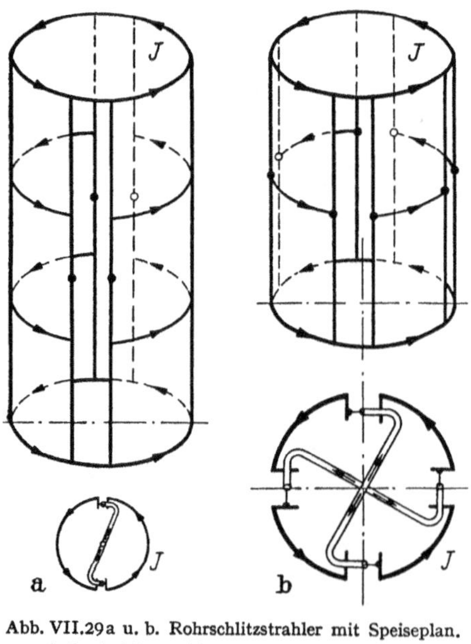

Abb. VII.29a u. b. Rohrschlitzstrahler mit Speiseplan.
a) Zweischlitzstrahler; b) Vierschlitzstrahler.

3a.2. Skew-Antennen. In Abb. VII.28b ist das Prinzip erläutert. Die Abstrahlung der Antenneneinheiten erfolgt einigermaßen tangential zum Ring. Im Gegensatz zur Richtung α in Abb. VII.28a ist jetzt die Richtung β diejenige, in die von zwei benachbarten Antenneneinheiten etwa die gleiche Strahlungsleistung geschickt wird. Die Strahlung ist deshalb für Interferenzerscheinungen anfällig. Der Vorteil dieser Anordnung ist der, daß der Abstand A zwischen den zwei interferierenden Strahlen klein gehalten werden kann. Abb. VII.28c und d stellen mögliche Ausführungsformen der Skew-Antenne dar.

3a.3. Rohrschlitzstrahler. Zu den Ringstrahlern mit gleichphasiger Einspeisung auf dem ganzen Umfang gehören auch die sog. Rohrschlitzstrahler. Da der in Abschnitt 2e.4 besprochene Einschlitzstrahler bei häufig unvermeidbar großem Rohrdurchmesser kein Runddiagramm mehr liefert, erzwingt man die Gleichphasigkeit der Ringströme durch Mehrschlitzeinspeisung nach Abb. VII.29a und b.

Die Horizontaldiagramme der Ein-, Zwei- und Vierschlitzstrahler sind in Abbildung VII.30 dargestellt und miteinander verglichen. Hiernach hat der Einschlitzstrahler eine einseitige Richtwirkung, der Zweischlitzstrahler eine zweiseitige, und erst der Vierschlitzstrahler liefert ein nahezu kreisrundes Diagramm in der Horizontalebene. Nach einem bewährten Prinzip kann man aber bei mehreren übereinander angeordneten Schlitzstrahlern durch Versetzen ihrer Schlitze gegeneinander ein Diagramm der Gesamtabstrahlung erzielen, dessen Rundheit wesentlich besser ist als die eines einzelnen Schlitzstrahlers. Dazu müssen die Elemente der Einschlitzstrahler um 180°, die der Zweischlitzstrahler um 90° und die der Vierschlitzstrahler um 45° gegeneinander verdreht sein.

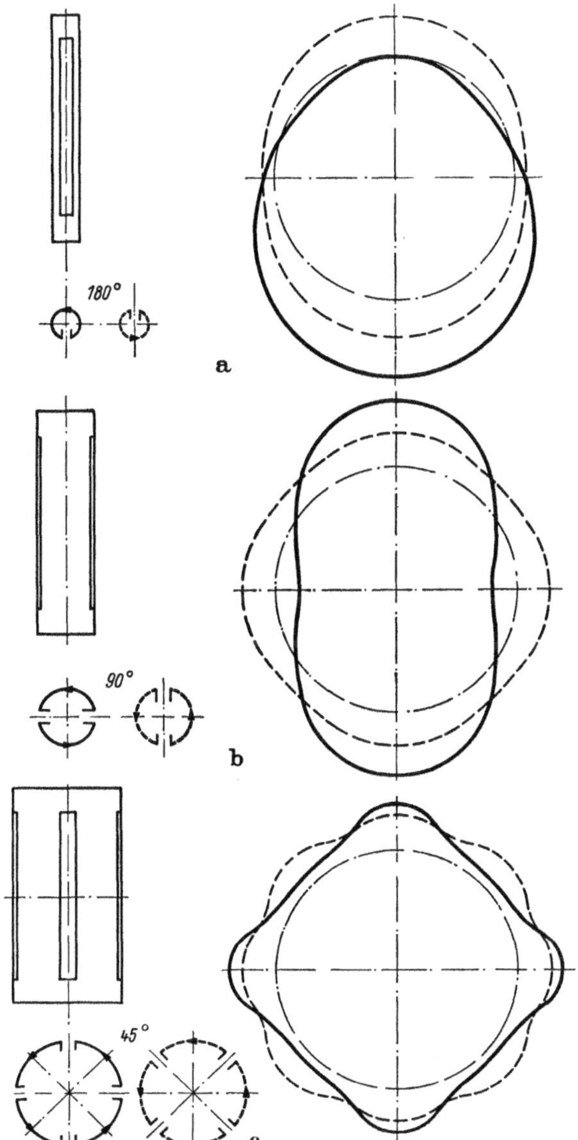

Abb. VII.30a—c. Verbesserung der Rundheit der Horizontaldiagramme von Rohrschlitzstrahlern durch gegenseitiges Verdrehen übereinanderliegender Rohrschlusse.

a) Einschlitzstrahler (Verdrehung 180°); b) Zweischlitzstrahler (Verdrehung 90°); c) Vierschlitzstrahler (Verdrehung 45°); ausgezogene Linie: einfaches Diagramm; gestrichelte Linie: zusammengesetztes Diagramm.

3a.4. Vertikalantennen mit Drehfeldspeisung. Das Prinzip der Drehfeldspeisung eignet sich auch für vertikal polarisiert strahlende Antennen. Derartige Vertikalantennen sind besonders anfällig gegen den Einfluß des Trägermastes, da dessen Hauptausdehnung ja gleichfalls senkrecht steht. Hier tritt zur Frage der Rundheit des Horizontaldiagramms die sog. Entkopplung des Trägermastes als wichtige Aufgabe hinzu. Abb. VII.31a zeigt eine Lösung derselben, bei der vier Dipole, und zwar hier Faltdipole, um einen Gittermast herum angeordnet sind. Die mit der Bezeichnung NOSW versehenen Dipole werden in Drehfeldspeisung erregt. Das Horizontaldiagramm gibt Abb. 31 b wieder.

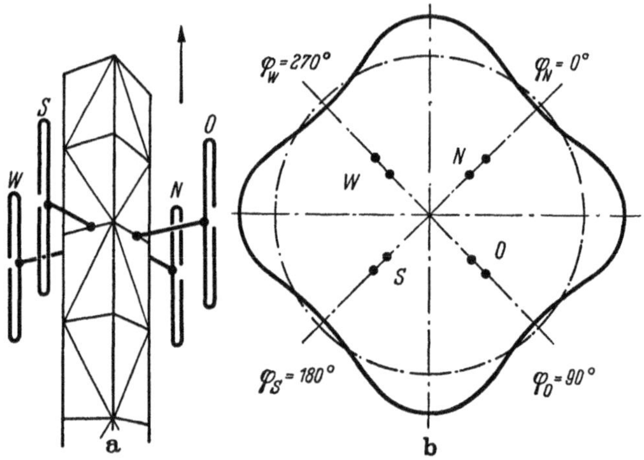

Abb. VII.31 a u. b. Vertikalantenne aus Faltdipolen in Drehfeldspeisung mit Richtdiagramm in der Horizontalebene.

3b. Drehkreuzstrahler (Turnstile).

Als Drehkreuzstrahler bezeichnet man Antennen, bei denen meist Halbwellendipole oder Schmetterlingsantennen rechtwinklig zueinander, also in Kreuzform, angeordnet sind und mit 90° Phasendifferenz gespeist werden. Mit sehr kurzen Horizontaldipolen in TURNSTILE-Anordnung erhält man ein exakt kreisrundes Diagramm, wie aus Abb. VII.32a ersichtlich. In der Praxis sind die Elementarstrahler meistens etwa $\lambda/2$ lang. Sie zeigen dann nach Abb. VII.32b eine geringe Abweichung von der Rundheit im Horizontaldiagramm. Bei sehr hohen Trägermasten steigt deren Durchmesser im Verhältnis zur Wellenlänge, so daß die Kreuzstrahler mit ihren Schwerpunkten immer weiter aus der Mittenachse herausrücken. Je mehr das der Fall ist, um so unrunder wird das Horizontaldiagramm, wie dies die Abb. VII.32c und d eindeutig erkennen lassen. Auch in diesen Fällen ergibt sich die Möglichkeit, durch Versetzen verschiedener Einheiten von Drehkreuzstrahlern um 45° die Rundheit des Gesamtstrahlungsdiagramms in der Horizontalebene befriedigend wiederherzustellen (s. Abb. VII.32e und f).

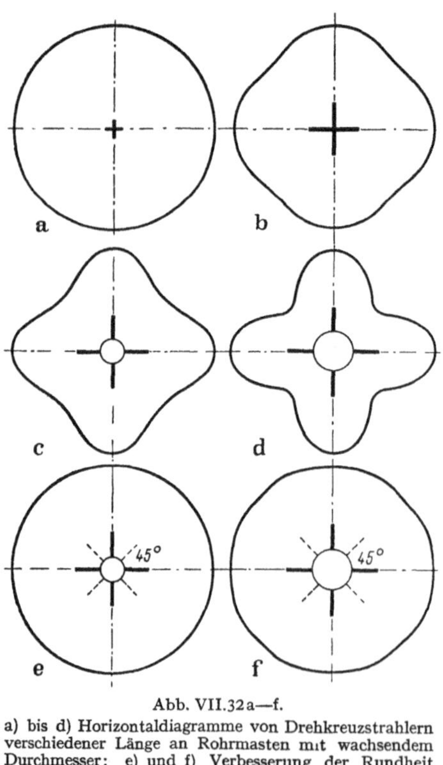

Abb. VII.32a—f.
a) bis d) Horizontaldiagramme von Drehkreuzstrahlern verschiedener Länge an Rohrmasten mit wachsendem Durchmesser; e) und f) Verbesserung der Rundheit der Horizontaldiagramme durch gegenseitiges Verdrehen übereinanderliegender Drehkreuzstrahler um 45°.

3c. Entkopplung zwischen Antennen und Antennenträgern.

Man unterscheidet im wesentlichen zwei Arten von Entkopplung. Die eine beruht auf der Polarisation der Strahlungen. Die andere nimmt für die Entkopplung die Nullstellen des Richtdiagramms zu Hilfe. Wie bereits erwähnt, wird die abschattende Wirkung der Nullstellen in bezug auf den Trägermast durch Reflektorflächen oder Stabreflektoren erzielt. Die Nullstellenentkopplung übereinander angeordneter Antennen verwendet die natürlichen Nullstellen der Dipolstrahler oder die durch geeignete Zusammenschaltung aktiver Strahler erzeugten Nullstellen.

3c.1. Polarisationsentkopplung bei Vertikalantennen. Abb. VII.33a zeigt einen vertikalen Halbwellendipol mit seiner charakteristischen Strom- bzw. Spannungsverteilung. Die Mittelebene eines solchen Dipols, nämlich die Ebene senkrecht zur Dipolachse, die ihn in zwei gleich lange Teile trennt, ist in Abb. VII.33b durch eine schraffierte Rechteckfläche *ABCD* dargestellt. Diese Mittelebene hat die bemerkenswerte Eigenschaft, daß in ihr irgendein Leiter, gleichgültig in welcher Richtung, vorhanden sein kann, ohne daß eine Kopplung zwischen diesem Leiter und dem senkrecht auf *ABCD* stehenden symmetrischen

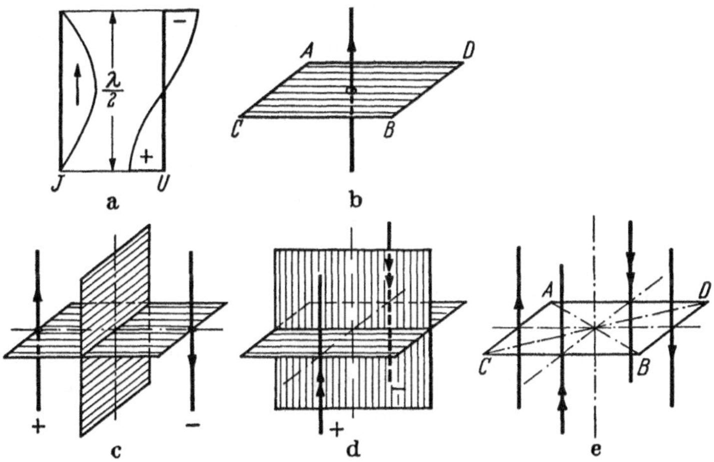

Abb. VII.33 a—e.
Polarisationsentkopplung von vertikalen Antennen und Antennengruppen (Doppelpfeil: 90° Phasenverschiebung).

Dipol auftritt. Die Fläche *ABCD* wird daher mit Recht als die neutrale Ebene des Dipols bezeichnet.

Wenn nun entsprechend Abb. VII.33c zwei gleichartige, vertikale und einander parallele Halbwellendipole gegenphasig miteinander kombiniert werden, so erhält man zusätzlich eine weitere neutrale Ebene, in der ebenfalls wieder irgendein anderer Leiter entkoppelt zu den Dipolen angeordnet sein kann. Diese zweite neutrale Ebene liegt in der Mitte zwischen den beiden gegenphasigen Dipolen und ist gewissermaßen die Spiegelebene für jeden derselben.

Abb. VII.33d zeigt die gleiche Anordnung, jedoch um 90° gegenüber Abb. VII.33c verdreht, wobei die senkrechte Mittelachse bestehenbleibt. Wenn man die beiden Gruppen nach Abb. VII.33c und d unter Wahrung der gemeinsamen Mittelachse zusammenwachsen läßt, ergibt sich Abb. VII.33e. Wie man sieht, liegen die durch einen einfachen Pfeil gekennzeichneten Dipole in der neutralen Ebene des mit zwei Pfeilen versehenen Dipolpaares. Damit sind beide Dipolpaare voneinander entkoppelt. Als neutrale Bereiche bleiben nur noch die Ebene *ABCD* und ihre strichpunktierte Mittelsenkrechte übrig. In *beiden* kann man weitere Antennen entkoppelt anordnen bzw. Haltemechanismen vorsehen. Vor allem ist auch der in der neutralen Achse liegende Trägermast entkoppelt.

3c.2. Polarisationsentkopplung bei Horizontalantennen. Bei horizontalen Dipolen bestehen die gleichen Bedingungen für die gegenseitige Entkopplung wie bei vertikalen. Deshalb kann Abb. VII.34a, b, d und e aus Abb. VII.33 sofort übernommen werden. Die beiden Dipole nach Abb. VII.34a und b können völlig voneinander entkoppelt zum Drehkreuzstrahler nach Abb. VII.34c und ebenso

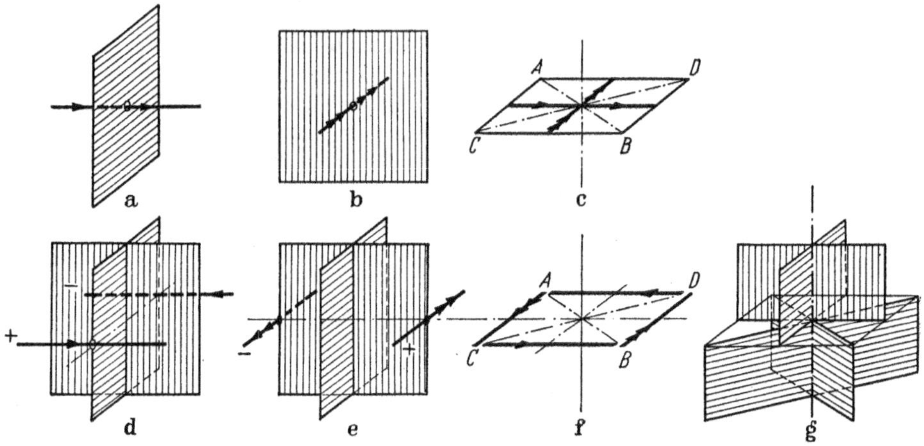

Abb. VII.34 a—g. Polarisationsentkopplung von horizontalen Antennen und Antennengruppen, Drehkreuz- und Ringstrahler. Der Drehkreuzstrahler *c* hat eine neutrale Vertikalachse. Der Ringstrahler *f* hat zwei (bei gleichphasiger Speisung vier) neutrale Vertikalebenen (s. Abb. *g*), in denen die Antennen des Drehkreuzstrahlers entkoppelt angeordnet sein können.

die Dipolanordnungen nach Abb. VII.34d und e zum Ringstrahler nach Abb. VII.34f kombiniert werden.

Wie Abb. VII.34c zeigt, hat der Drehkreuzstrahler eine vertikale neutrale Achse, während dem Ringstrahler nach Abb. VII.34f die zwei neutralen Ebenen von Abb. VII.34d und e bleiben. Lediglich wenn der Ringstrahler phasengleich gespeist wird, kommen noch einmal zwei neutrale Ebenen unter 45° nach Abb. VII.34g hinzu.

Die Darstellung der neutralen Ebenen des Ringstrahlers nach Abb. VII.34g zeigt, daß ein in diesen Ebenen angeordneter Drehkreuzstrahler nach Art von

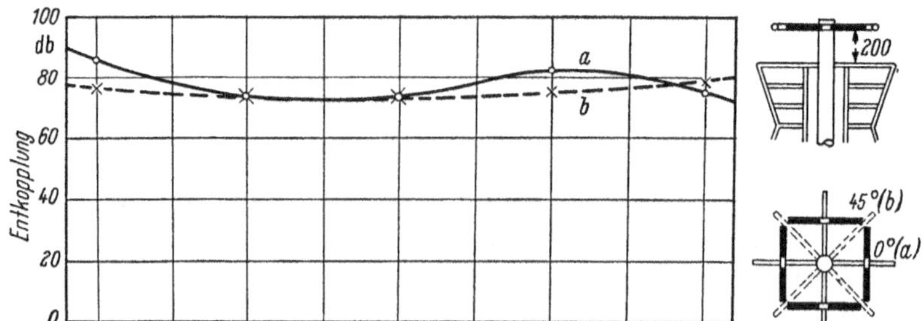

Abb. VII.35. Entkopplung zwischen Drehkreuzantenne und Ringstrahler. Gemessene Werte für zwei um 45° verschiedene Orientierungen.

Abb. VII.34c vom Ringstrahler entkoppelt ist. Außerdem sind beide Antennenarten, Drehkreuz- sowie Ringstrahler, entsprechend den gemeinsamen neutralen, vertikalen Achsen auch vom senkrechten Trägermast entkoppelt.

Die Entkopplung zwischen den soeben beschriebenen Antennentypen und ihren Trägerteilen ist nur dann exakt wirksam, wenn die räumliche Ausdehnung der Strahler, vor allem der Mastquerschnitte, klein im Verhältnis zur Wellenlänge ist. Die letztgenannte Bedingung ist nur selten streng zu erfüllen, und es bleibt meist noch ein Rest an Kopplung zurück. Im allgemeinen genügen aber Entkopplungswerte von 30 ··· 40 dB den gestellten Anforderungen.

In Abb. VII.35 ist die gemessene Entkopplung zwischen einem Drehkreuzstrahler und einem Ringstrahler wiedergegeben. Bei Antennen mit sehr großem Gewinn ändert sich die Entkopplung entsprechend der Zahl der einzelnen Elemente. Bei ineinander verschachtelten Antennen kann sie bis auf etwa 60 dB, je nach Ausführung und Genauigkeit des symmetrischen Aufbaus der einzelnen Antennensysteme, ansteigen. Dagegen hat die Entkopplung meist höhere Werte, wenn ein Ringstrahler und ein Drehkreuzstrahler, beide mit hohem Antennengewinn, an einem gemeinsamen Tragemast übereinander angeordnet werden.

3c.3. Einfluß des vertikalen Richtdiagramms auf die Entkopplung. Wird der Abstand der Antennen, die übereinander angebracht sind, groß im Verhältnis zur Wellenlänge, so ist die Entkopplung auch noch von der Art des Strahlungsdiagramms abhängig. Übereinander angeordnete Antennen sind nämlich von einem gewissen Abstand an genügend entkoppelt, wenn die eine derselben oder am besten beide im Vertikaldiagramm Nullstellen nach oben und unten aufweisen. Da die meisten Strahleranordnungen eine endliche Ausdehnung in der Horizontalen haben, ist eine breite Nullstelle, beispielsweise eine quadratische, kubische oder eine solche von noch höherer Ordnung, besonders günstig. Je geringer die gegenseitige Entfernung der beiden Antennen ist — ein möglichst kleiner Abstand ist aus wirtschaftlichen Erwägungen fast immer erwünscht —, um so breiter muß die Nullstelle sein.

Es gibt Antennensysteme, die allein schon auf Grund ihres Aufbaus eine Nullstelle nach oben und unten aufweisen, wie z. B. alle Vertikalantennen und die horizontal polarisierten Ringstrahler in gleichphasiger Speisung. Dagegen haben z. B. die Drehkreuzantennen und horizontal polarisierten YAGI-Antennen keine beidseitigen Nullstellen. Die beiden letztgenannten kombiniert man daher gern zu zweien übereinander im Abstand einer halben Wellenlänge und erzielt so bei gleichphasiger Speisung eine Nullstelle nach oben und unten.

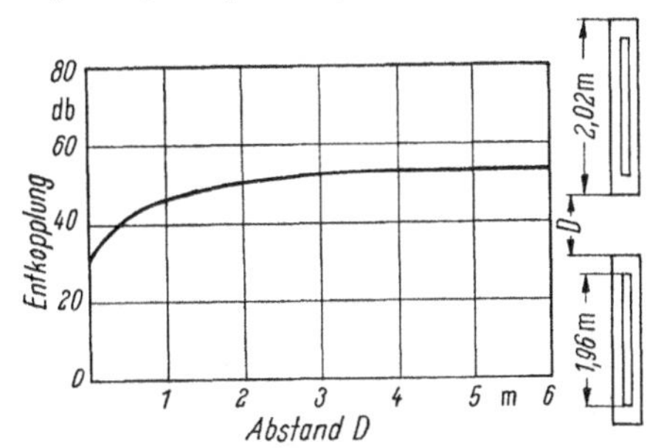

Abb. VII.36.
Entkopplung zwischen zwei übereinander angeordneten Einschlitzrohrstrahlern, gemessen bei 200 MHz.

Schlitzrohrstrahler, besonders solche mit symmetrisch liegenden Schlitzen, also Zweischlitz- und Vierschlitzstrahler, haben eine besonders ausgeprägte Diagramm-Nullstelle nach oben und unten, eignen sich also gut zur Kombination in Anordnung übereinander. In Abb. VII.36 ist die Entkopplung zwischen zwei dieser Weise angebrachten Einschlitzrohrstrahlern in Abhängigkeit von der Entfernung voneinander aufgetragen. Selbst bei einem lichten Abstand von nur einem halben Meter beträgt die Entkopplung noch 40 dB, ist also für die praktischen Bedürfnisse meist ausreichend.

4. Die Sendeantennen des Fernsehrundfunks.

4a. Vertikal polarisierte Sendeantennen.

Die ersten deutschen Fernsehsendungen erfolgten im heutigen Band I mit einfachen ungebündelten Vertikalantennen. Im Jahre 1934 reichte zur Abstrahlung eines 180-Zeilen-Bildes noch ein einfacher Stabunipol völlig aus, der in Verbindung mit einem zweiten gleichartigen, für den Tonsender erforderlichen, im Abstand von nur etwa einer halben Wellenlänge auf einem gemeinsamen Gegengewicht aufgebaut wurde (Abb. VII.37). Als dann Antennen mit größerer Bandbreite geschaffen wurden, konnten der Bild- und der Tonsender auf eine einzige Antenne arbeiten. Für diese Zusammenschaltung wurden die Bild-Ton-Weichen oder Diplexer entwickelt.

In den USA war eine der ersten Fernsehantennen der von LINDENBLAD angegebene Strahler, der, wie bereits in Abb. VII.3b gezeigt, durch eine besondere Formgebung die erforderliche

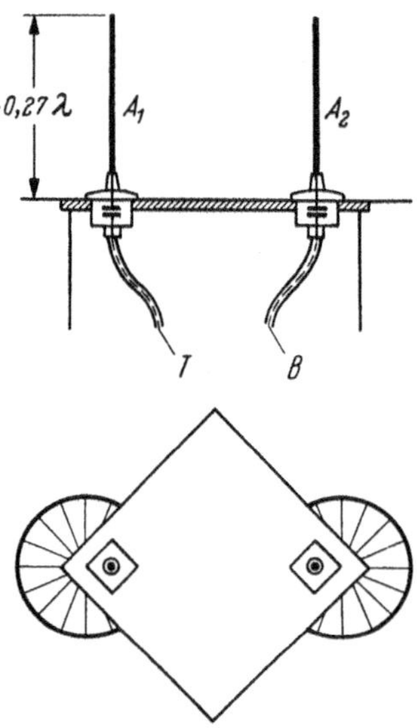

Abb. VII.37.
Antennen für Bild- und Tonsender auf dem Funkturm Berlin-Witzleben (Telefunken) 1934. An den äußeren Ecken des Turmpodestes wurden ringförmige Gegengewichte angebracht, um den Abstand so groß wie möglich halten zu können. Jeder Antennenstab war etwas länger als $\lambda/4$, um dem Fußpunktwiderstand einen Wirkanteil von 60 Ω zu geben. Der verbleibende induktive Blindanteil wurde mit einem Drehkondensator im Fußpunkt kompensiert.

Abb. VII.38.
Vertikalantenne, bestehend aus Einheitsfeldern, die um einen Gittermast herum angeordnet sind (Marconi). Die Strahler sind als Halbwellendipole mit Symmetrierschleife ausgebildet.

Bandbreite erzielte. In England wurden schon sehr früh im Fernsehband I vertikal polarisierte, in Drehkreuzspeisung um einen Trägermast herum angeordnete Antennen benutzt (Abb. VII.31a). Heute werden auch vertikal polarisierte Antennen meist aus Einheitsfeldern mit Reflektorflächen aufgebaut. Abb. VII.38 zeigt eine Ausführungsform der Marconi-Gesellschaft. Zur Erzielung einer genügend großen Bandbreite bevorzugt man heute für vertikal polarisierte Sendeantennen das Viererfeld, wie es als vorgebündeltes Antennenelement in Abb. VII.18 dargestellt ist.

Die vertikale Polarisation ist bei den Fernsehsendeantennen heute in großem Umfange durch die horizontale Polarisation abgelöst, weil bei dieser eine einfachere Ausscheidung von Mehrfachwegen möglich ist.

4b. Horizontal polarisierte Sendeantennen.

Eine der ältesten und für Fernsehsender besonders typischen Antennen ist der Drehkreuzstrahler, der mit Hilfe von Schmetterlingsantennen gebildet wird (Super-TURNSTILE). Er ist zuerst von der RCA angegeben worden und in Amerika außer im Fernsehband I auch im Fernsehband III weit verbreitet. In Deutschland hat er sich eigentlich nur für das Fernsehband I durchsetzen können, und zwar in einer Sonderausführung der Firma Telefunken in Verbindung mit einem innen besteigbaren Rohrmast, s. Abb. VII.39.

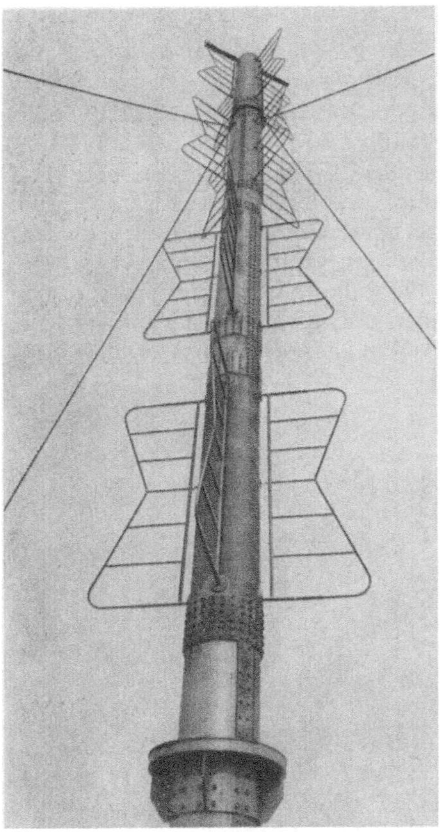

Abb. VII.39. Schmetterlings-Drehkreuzantenne fur Fernsehband I an innen besteigbarem Rohrmast (Telefunken). Zur Erreichung größerer Rundheit des Horizontaldiagramms ist die obere gegen die untere Halfte der Antenne um 45° verdreht.

Abb. VII.40. Achterfelder mit Reflektorflachen an einem Rohrmast (Siemens).

Im Laufe der Entwicklung gewannen die höheren Frequenzen des Fernsehbandes III, später die der Bänder IV und V mehr an Bedeutung, während gleichzeitig die Abstände zwischen den Sendern und den Antennen der immer höher werdenden Türme wegen ständig zunahmen. Damit wurde die doppelte Verlegung der Energieleitungen zu den Antennen, die mit dem Prinzip der Brückenweiche

(Diplexer) fest verknüpft waren, immer unzweckmäßiger, so daß schließlich die Filterweiche mit nur einem Kabel die bevorzugte Ausführungsform der Antennenspeisung darstellte (Abschnitt 4e). In Verbindung mit einer solchen Filterweiche gewannen selbstverständlich alle diejenigen Antennen an Bedeutung, welche eine 90°-Speisung in zwei entkoppelten Ebenen nicht mehr erforderten. Das sind vor allem solche, die sich aus vorgebündelten Antenneneinheiten zusammensetzen.

Abb. VII.41. Vereisungssicher verkleidete Achterfelder mit Isolierstoffhullen.

Der erste Antennentyp dieser Art war die sog. Supergainantenne der RCA (Abb. VII.49). An die Stelle der Halbwellendipole sind in letzter Zeit vorwiegend Ganzwellendipole getreten.

Zu dieser Klasse gehören auch das in Deutschland besonders weit verbreitete Achterfeld (s. Abb. VII.20 und VII.40) und das Viererfeld von Telefunken (Abb. VII.18).

In besonders wettergefährdeten und vereisungsbedrohten Gegenden werden auch die größten Antennenelemente mit isolierenden Schutzhüllen umgeben (Abb. VII.41).

Die Schlitzrohrstrahler (Abb. VII.42) werden besonders dort gern verwendet, wo gleichzeitig große Windstärken und hohe Vereisungs-

Abb. VII.42. Vierschlitzstrahler fur das Fernsehband III vor der Montage. Der im Vordergrund sichtbare Versteifungsring hat runde Öffnungen fur die Speiseleitungen und eckige fur die Warmluftzufuhrung zur Enteisung.

gefahr aufzutreten drohen. Eine weitere Ausführungsform mit Rundstrahlung ist die von der General Electric Co. in den USA entwickelte Helixantenne. Sie besteht aus einer an der Mitte gespeisten gegenläufigen Doppelwendel (s. Abb. VII.43). Infolge der gegen λ großen Längsausdehnung solcher Wendeln entstehen auf ihnen fortschreitende Wellen, so daß die Phasen der Antennenströme den Azimutwinkeln proportional sind. Damit ist eine genügende Rundheit des Horizontaldiagramms gewährleistet.

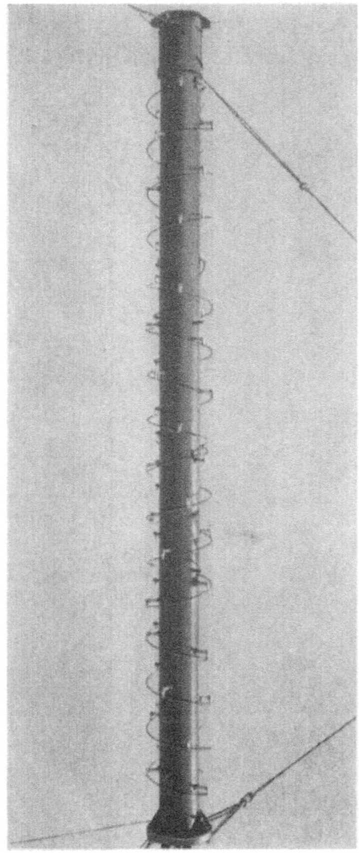

Abb. VII.43. Wendelantenne (General Electric Co.) für das Fernsehband IV.

4c. Besondere Versorgungsaufgaben.

Mit zunehmender Höhenausdehnung der Antenne wird die Strahlung in der Vertikalebene immer mehr gebündelt. Bei Antennen mit dem Gewinn 12 und mehr muß man daher darauf achten, daß durch außergewöhnliche Windbelastung, einseitige Sonneneinstrahlung, allmähliches Nachgeben der Fundamente und andere Einflüsse keine Schrägstellung des Antennenträgers eintreten kann, die einen Winkel von 0,5° übersteigt. Darüber hinaus ist aber schon bei der Planung der Umstand zu berücksichtigen, daß, wie Abb. VII.44a zeigt, eine parallel zum Erdboden ausgerichtete Sendekeule das Versorgungsgebiet überhaupt nicht optimal versorgen kann und leicht zu Überreichweiten Anlaß gibt. Vielmehr ist die Strahlungskeule nach Abb. VII.44b etwas zur Erde abzusenken, je nach den gestellten Versorgungsbedingungen.

Man erzielt die abgesenkte Strahlungsverteilung dadurch, daß man die untere und die obere Hälfte der Antennen nach Abb. VII.40 z. B. mit bestimmten Phasendifferenzen speist, die in der Größenordnung von 20 ··· 40° liegen. Das

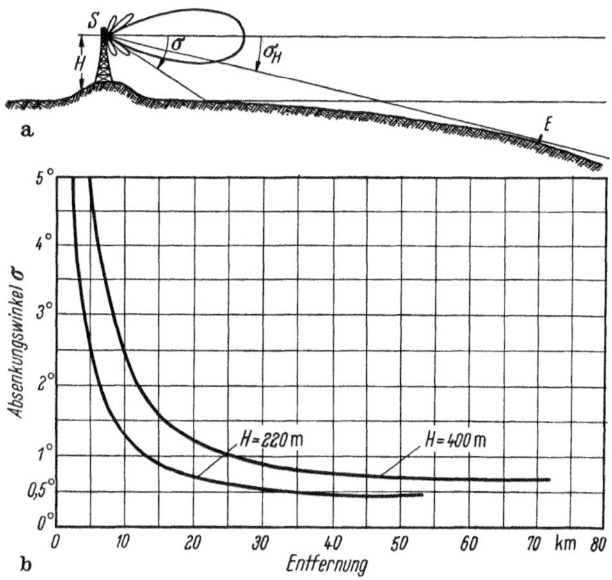

Abb. VII.44a u. b. Absenkungswinkel in Abhängigkeit von der Entfernung unter Berucksichtigung der Erdkrümmung:

a) Schematische Darstellung; b) Diagramm fur den Absenkungswinkel; H Höhe des Senders S uber dem Boden.

gleiche Resultat wird bei den Antennen mit Drehfeldspeisung auch dadurch erreicht, daß man bei gleichphasiger Speisung beider Hälften die obere gegen die untere um einen entsprechenden räumlichen Winkel verdreht.

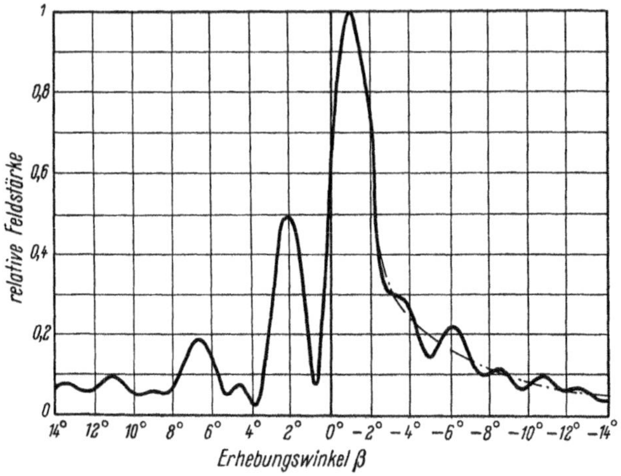

Abb. VII.45. Gemessenes Vertikaldiagramm eines Rohrschlitzstrahlers (RCA) mit 1° Absenkungswinkel und Nullstellenauffüllung bis in die Nahe der für die Versorgung günstigen Cosecanskurve (strichpunktiert).

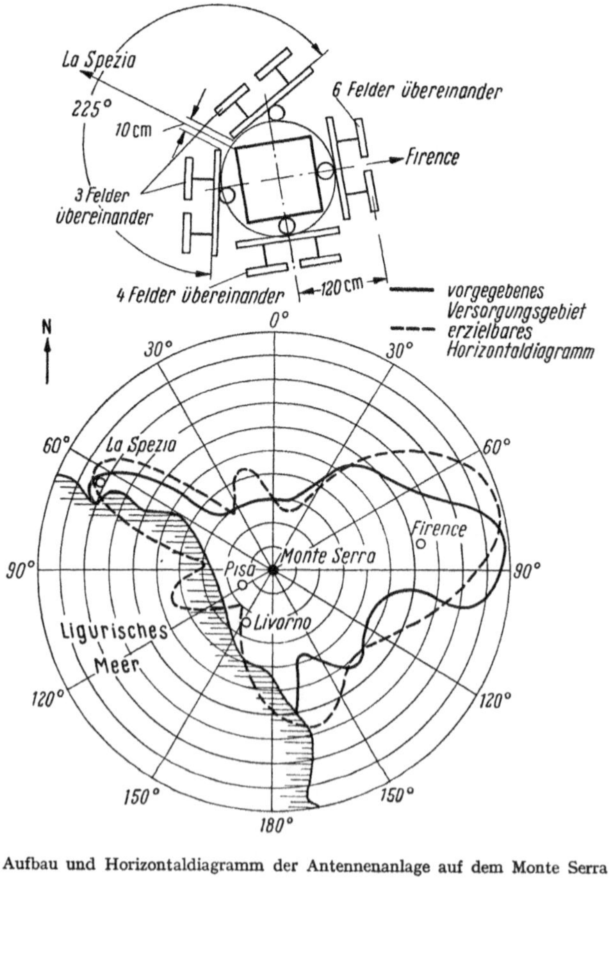

Abb. VII.46. Aufbau und Horizontaldiagramm der Antennenanlage auf dem Monte Serra (Siemens).

In geringer Entfernung vom Sender kann es vorkommen, daß sich der Empfänger gerade in einer Nullstelle des Diagramms befindet (σ in Abb. VII.44a). Die dann am Empfangsort trotzdem noch vorkommende Feldstärke rührt von irgendwelchen reflektierenden Gegenständen her und stört oft die Bildgüte. Man zieht es unter solchen Umständen vor, durch geeignete Maßnahmen die Nullstellen zwischen den Maxima aufzufüllen. Dies wird beispielsweise dadurch erreicht, daß man die obere Hälfte der Antenne mit einer anderen Stromamplitude speist als die untere. Selbstverständlich geht die zum Auffüllen der Nullstellen verwendete Strahlungsleistung dem Hauptmaximum verloren. Der Gewinn solcher Antennen liegt daher im allgemeinen etwa 10% unter dem der Normalausführung. In Abb. VII.45 ist ein Beispiel gezeigt.

Besondere Versorgungsaufgaben für Fernsehsendeantennen liegen auch dann vor, wenn die Teilnehmer nicht gleichmäßig um die Sendeanlage herum verteilt, sondern nur in einzelnen Sektoren des Gesamtumfanges wohnen. Diese Aufgabe tritt in vielen Fällen an den Landesgrenzen auf, besonders dann, wenn diese bergig sind oder Küstenstreifen darstellen.

Die in den voraufgehenden Abschnitten beschriebenen Antennenelemente lassen, wenn sie nicht gleichmäßig um einen Tragemast herum angeordnet sind, eine nahezu beliebige Anzahl von verschiedenartigen unrunden Horizontaldiagrammen zu. Ein markantes Beispiel gibt Abb. VII.46 wieder.

4d. Kombinierte und verschachtelte Sendeantennen.

Von kombinierten Antennen spricht man, wenn längs eines gemeinsamen Trägermastes Antennen für verschiedene Dienste bzw. Frequenzbereiche angeordnet sind. Eine verschachtelte Antennenanordnung ist ein Sonderfall der kombinierten, bei dem Antennen verschiedener Dienste in raumsparender Durch-

Abb. VII.47a. Kombinierte Antennenanlage auf dem Funkturm Berlin-Witzleben (1951). Schmetterlingsdrehkreuzantenne fur Fernsehband III mit Ringstrahler für UKW-Rundfunk verschachtelt. An der Spitze Vertikalantenne für UKW-Fahrzeugfunk (Telefunken).

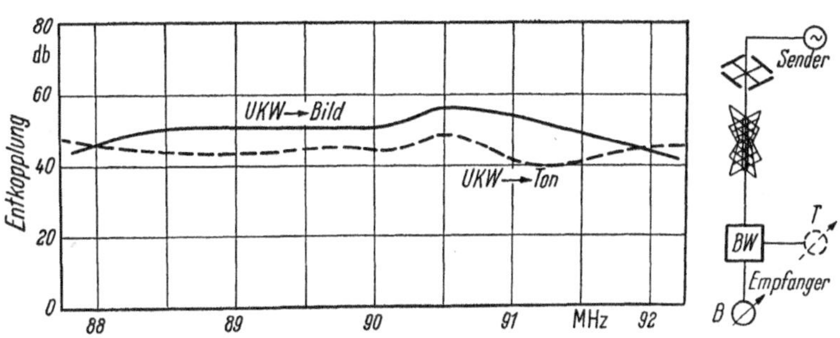

Abb. VII.47b. Gemessene Entkopplung zwischen dem UKW- und Fernsehteil. Rechts das Schema fur die Meßanordnung.

dringung innerhalb der gleichen Höhenlage längs eines gemeinsamen Trägermastes angebracht sind. Zwei solcher verschachtelter Kombinationsantennen

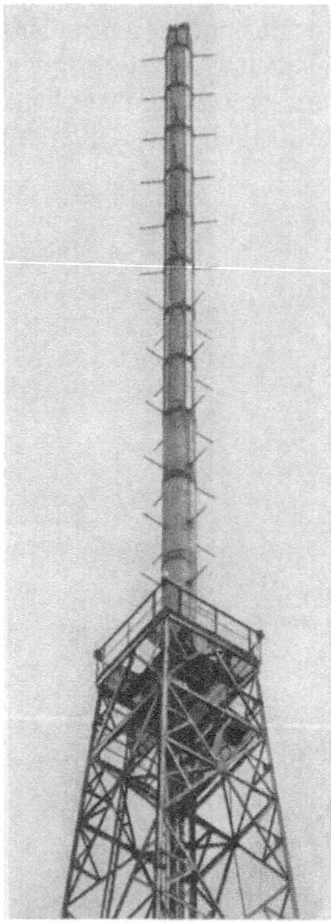

Abb. VII.48a. Verschachtelte Fernseh-UKW-Antenne auf dem Bielstein (Teutoburger Wald). Achtfach-Schlitzrohrstrahler fur Fernsehband III und Drehkreuzstrahler fur UKW-Rundfunk, beide mit einem Gewinn von 12 (Telefunken).

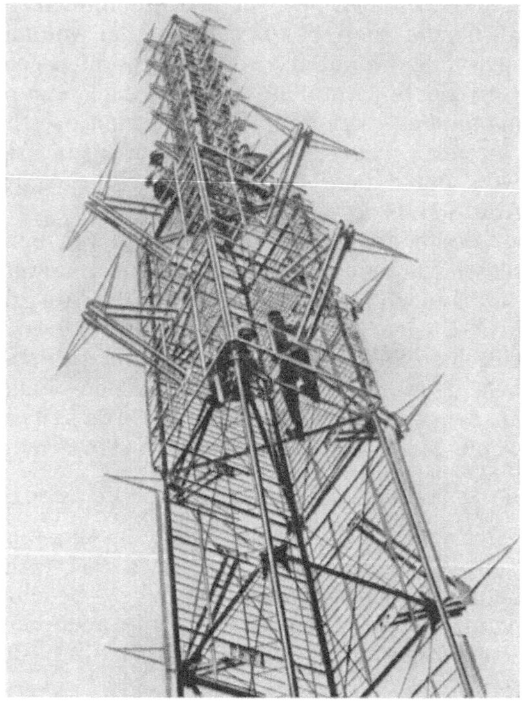

Abb. VII.49.
Supergainantenne fur zwei Fernsehsender (RCA), Band III oben, Band I unten

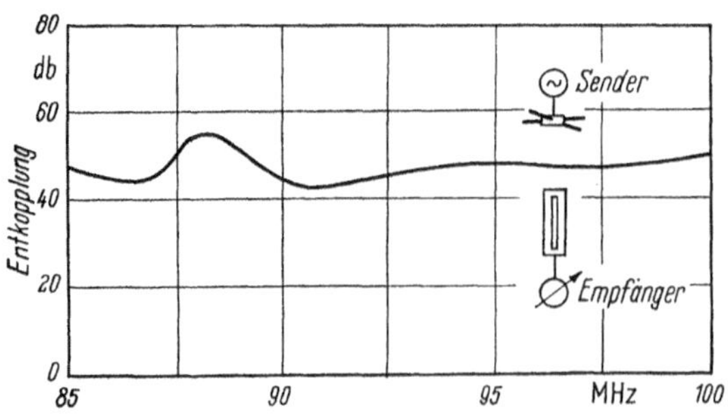

Abb. VII.48b.
Gemessene Entkopplung zwischen UKW- und Fernsehteil.

sind in Deutschland im Laufe der letzten Jahre ausgeführt worden.

Die erste Antenne mit raumsparender Durchdringung wurde 1951 auf dem Funkturm in Berlin-Witzleben errichtet (Abbildung VII.47a). Der Fernsehteil besteht aus vier übereinander angeordneten Ebenen von Drehkreuzschmetterlingen. Den UKW-Teil bilden drei Ringstrahler, sog. Krukenkreuzstrahler. Abb. VII.47b zeigt die Entkopplung zwischen dem UKW-Teil dieser Antenne und dem Fernsehteil in Abhängigkeit von der Frequenz.

Wie aus Abb. VII.47a ferner ersichtlich, ist in der Achse des gemeinsamen Trägermastes dieser Antenne auf dem Funkturm Witzleben eine weitere vertikale

Antenne angebracht, die dem Funksprechdienst im UKW-Bereich dient. Auch sie genügt in ihrer axialen Anordnung den Bedingungen der Entkopplung.

Eine zweite verschachtelte Anlage mit erheblich höherem Gewinn für beide Teile arbeitet auf der Sendestelle Bielstein im Teutoburger Wald. Die von Telefunken berechnete und gelieferte Antenne hat eine Gesamthöhe von 32 m und steht frei auf einem Gitterturm, wie Abb. VII.48a zeigt. Die Fernsehantenne ist als Vierschlitzstrahler ausgebildet. Aus dem Rohrmast mit den abgedeckten Schlitzen ragen $\lambda/4$-Stäbe als Strahler für den UKW-Teil heraus.

Die in Abb. VII.48b wiedergegebenen Entkopplungswerte zwischen 40 und 60 dB sind mehr als ausreichend.

Antennenkombinationen für mehrere Fernsehsender werden heute in großer Zahl in den USA angewendet. Abb. VII.49 zeigt zwei übereinander angebrachte Supergainantennen der RCA. Der obere Teil arbeitet im Fernsehband III, der untere im Band I.

4e. Die Bild-Ton-Weichen (Diplexer).

Ein wesentlicher Bestandteil der modernen Fernsehsendeantenne ist die Bild-Ton-Weiche. Mit ihrer Hilfe werden die Energie des Bildsenders und die des Tonsenders über eine einzige Antenne abgestrahlt.

4e.1. Eigenschaften der verschiedenen Weichentypen. Man kennt unter den Bild-Ton-Weichen zwei grundsätzlich verschiedene Typen, die im allgemeinen unter den Bezeichnungen „Brückenweichen“ und „Filterweichen“ bekannt geworden sind. Das besondere Kennzeichen der Brückenweichen ist, daß sie *zwei* Ausgänge zu den Antennen haben. Sie setzen Antennen mit zwei voneinander entkoppelten

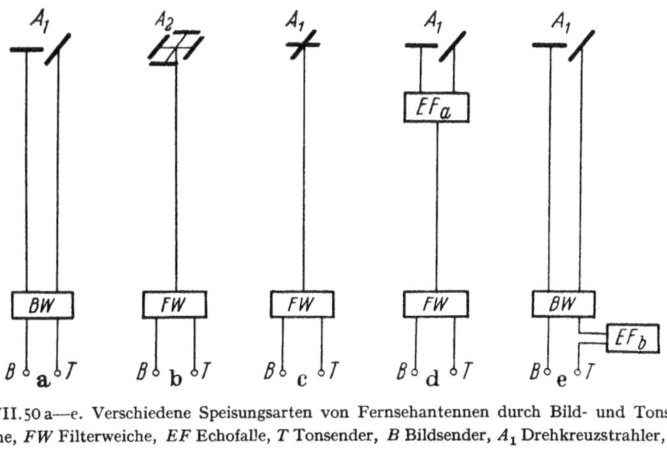

Abb. VII.50a—e. Verschiedene Speisungsarten von Fernsehantennen durch Bild- und Tonsender.
BW Bruckenweiche, *FW* Filterweiche, *EF* Echofalle, *T* Tonsender, *B* Bildsender, A_1 Drehkreuzstrahler, A_2 Ringstrahler.

gleichartigen Hälften voraus, die mit einer Phasendifferenz von 90° gespeist werden. Demgegenüber haben die Filterweichen nur einen Antennenausgang und können also mit jeder denkbaren Antennenform verbunden sein.

Abb. VII.50 gibt eine schematische Übersicht über die bei den heutigen Fernsehrundfunksendern zur Anwendung kommenden Weichentypen mit den dazugehörigen Antennen. Man erkennt zwei Antennenanlagen mit zwei Kabeln und drei weitere mit nur einem Kabel zwischen Antennenanlage und Sendergebäude.

Die Brückenweiche, im englischen Sprachbereich meist kurz „Diplexer“ genannt, wird im deutschen vielfach als Zweikabelweiche bezeichnet, weil sie stets zwei Kabel zur Antenne erfordert. Alle anderen Bild-Ton-Weichen, die mit einem einzigen Kabel zur Antenne auskommen, werden unter dem Namen „Einkabelweichen“ zusammengefaßt. Da sie zur Trennung des Bildsenders vom Tonsender Filterkreise haben müssen, heißen sie allgemein auch Filterweichen. Der entsprechende englische Ausdruck „notch-diplexer“ kennzeichnet den scharfen Einschnitt (notch) in der Durchlaßkurve dieser Weichen für den Frequenzbereich des Tonsenders.

In Abb. VII.50d und e sind Kombinationen von Brücken- bzw. Filterweichen mit einem dritten Weichentyp, der Echofalle, skizziert. Das Kennzeichen beider Anordnungen besteht darin, daß sie Spezialantennen mit entkoppelten Hälften, wie bei der Brückenweiche, erfordern.

4e.2. Die Brückenweiche [*22, 23*]. Sie ist im Prinzip eine WHEATSTONEsche Brücke in einer für die vorliegende Aufgabe der Fernsehtechnik zweckmäßigen Abwandlung (Abb. VII.51).

In der Praxis werden sowohl der Bild- als auch der Tonsender über 60ohmige Koaxialkabel oder Leitungen

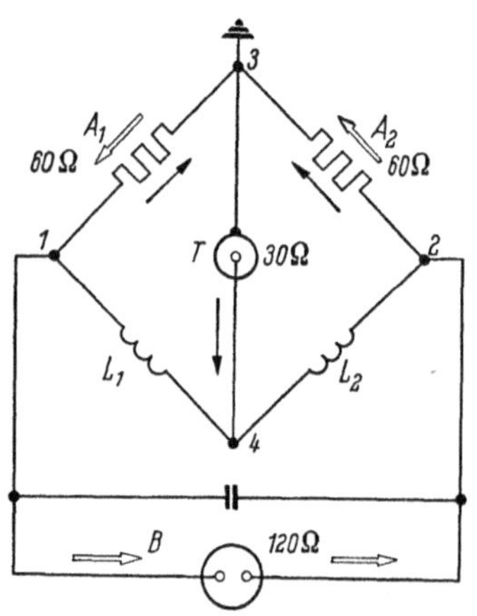

Abb. VII.51. Prinzip der Brückenweiche.
B Bildsender, T Tonsender, A_1, A_2 Antennenwiderstände, durch Kabel an die Brücke transformiert; einfache Pfeile: Stromrichtung des Tonträgers, Doppelpfeile: Stromrichtung des Bildträgers. Für die Bildträgerfrequenz wird L_1 und L_2 ein Kondensator von so bemessener Kapazität parallelgeschaltet, daß Resonanz entsteht. Dann wird B mit 120 Ω belastet. Der Parallelresonanzkreis wird in der Praxis mit $\lambda/4$-Leitungen ausgeführt. Für die Tonfrequenz ist die Wirkung von L_1 und L_2 gegen A_1 und A_2 klein. Schließlich wird T mit 30 Ω belastet, und zwar endunsymmetrisch, da 3 an Masse liegt.

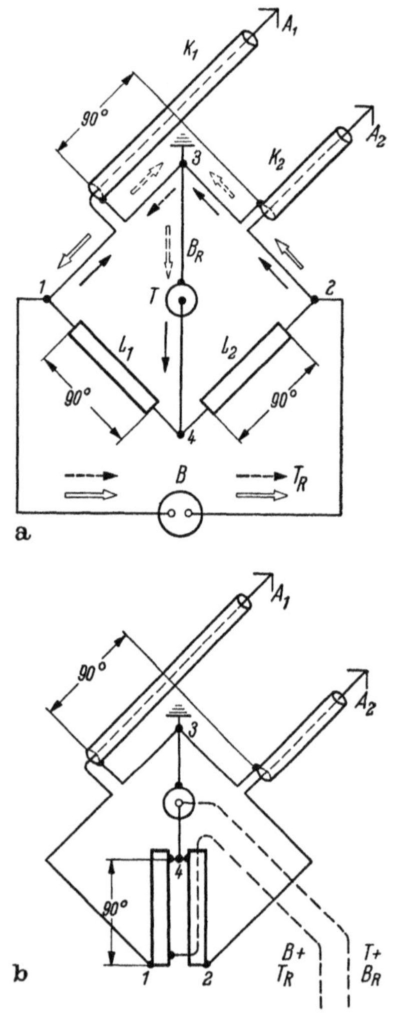

Abb. VII.52 a u. b. Wirkungsweise der Brückenweiche. B Bildsender, T Tonsender, A_1, A_2 Antennenebenen, K_1, K_2 Antennenkabel, B_R Bildecho, T_R Tonecho, L_1, L_2 $\lambda/4$-Leitungen für Bildträger; einfache Pfeile: Stromrichtung des Tonträgers (Gleichtakt), doppelte Pfeile: Stromrichtung des Bildträgers (Gegentakt), gestrichelte Pfeile: reflektierte Ströme. Die Symmetrierschleife in b) übernimmt die Aufgabe der $\lambda/4$-Leitungen L_1 und L_2.

an die Brückenweiche gelegt, wodurch Transformationsleitungen von 30 Ω auf 60 Ω bzw. von 120 Ω auf 60 Ω am Brückeneingang erforderlich werden. Außerdem muß der Bildsender über eine Symmetrierschleife, wie dies Abb. VII.52b zeigt, mit der Brücke verbunden werden. In Abb. VII.53 sind die beiden bevorzugten praktischen Ausführungsformen der Brückenweiche dargestellt, die erste mit EMI-Schleifen- und die zweite mit Halbschalensymmetrierung.

Wie die Abb. VII.52a erkennen läßt, erfolgt am Ausgang der Brückenschaltung vom Tonsender her eine Gleichtaktspeisung, vom Bildsender her eine Gegentaktspeisung der beiden Antennenkabeleingänge. Bei gleicher Länge der beiden Antennenkabel würde das verschiedene Strahlungsdiagramme für die Ton- bzw. Bildsenderfrequenzen ergeben, da im ersten Falle die beiden Antennenhälften gleichphasig, im zweiten aber gegenphasig erregt wären. Um gleichartige Strahlungsdiagramme zu erhalten, verwendet man Antennen, deren entkoppelte Hälften mit einer gegenseitigen Phasendifferenz von $\pm 90°$ gespeist werden. Hierzu ist das eine der beiden Verbindungskabel zwischen Brückenweiche und Antenne um $\lambda/4$ kürzer zu machen als das andere. Dann erfolgt die Drehfeld-

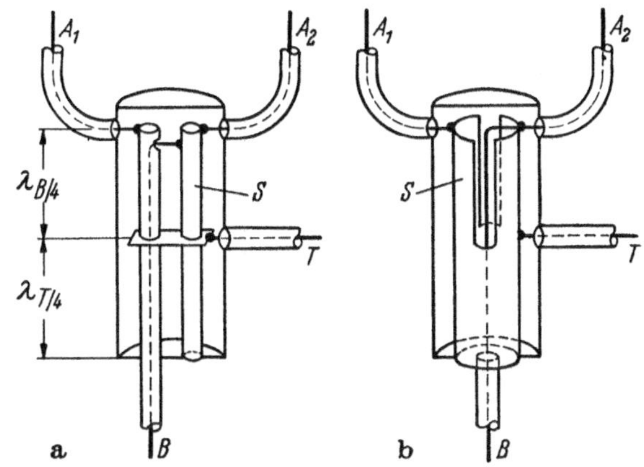

Abb. VII.53 a u. b.
Bruckenweichen mit EMI-Schleifen- (a) und mit Halbschalensymmetrierung (b) des Bildsenderanschlusses.
B Anschluß des Bildsenders, T Anschluß des Tonsenders, A_1, A_2 Anschlüsse der Antennenebenen, S Symmetrierung.

speisung des Tons gerade in umgekehrter Richtung zum Bild, was auf die Feldstärke ja keinen Einfluß hat.

In Abb. VII.52a sind neben den einfachen und den doppelten Pfeilen noch weitere punktierte Einfach- und Doppelpfeile gezeichnet, welche die von den Antennenhälften reflektierten Spannungen bzw. Ströme darstellen. Man erkennt, daß die reflektierte Energie, die dem Tonsender entstammt, im Brückenzweig des Bildsenders erscheint, während auf der anderen Seite die reflektierte Energie, herrührend vom Tonsender, im Zweige des Bildsenders wiederkehrt.

4e.3. Die Filterweiche [*22*] bis [*27*]. Die Filterweiche ist aus zwei zu einer Einheit zusammengewachsenen Brückenweichen entstanden. In Abb. VII.54a ist das Schaltbild der Filterweiche in Übereinstimmung mit der Darstellungsweise der Brückenweiche von Abb. VII.52 und VII.53 gezeichnet.

Die Filter F_1 und F_2 sind auf die Frequenz des Tonträgers abgestimmt. Sie haben für diese Frequenz an ihrem Ausgang *0* bzw. *0'* einen sehr hohen Widerstand, sind aber mit den beiden Brückenschaltungen über je eine Rohrleitung verbunden. Diese Leitungen sind für die Frequenz des Tonträgers $\lambda/4$-lang, so daß für diese an ihrem Ende Kurzschluß herrscht. Die Punkte *2* und *3* bzw. *2'* und *3'* sind dann miteinander direkt verbunden. Diesen Zustand zeigt Abb. VII.54b, die also für die Trägerfrequenz des Tonsenders gilt. Die beiden $\lambda/4$-Leitungen K_1 und K_2 transformieren den Kurzschlußzustand zwischen Punkt *2* und *3* auf einen Leerlaufzustand zwischen den Punkten *1'* und *3'*, so daß die

Brücken zwischen *1'* und *3'* bzw. *1* und *3* unterbrochen sind. Der Tonsender *T* arbeitet über *1* und *2* direkt auf die Antenne *A*, während Reste des Bildfrequenz-

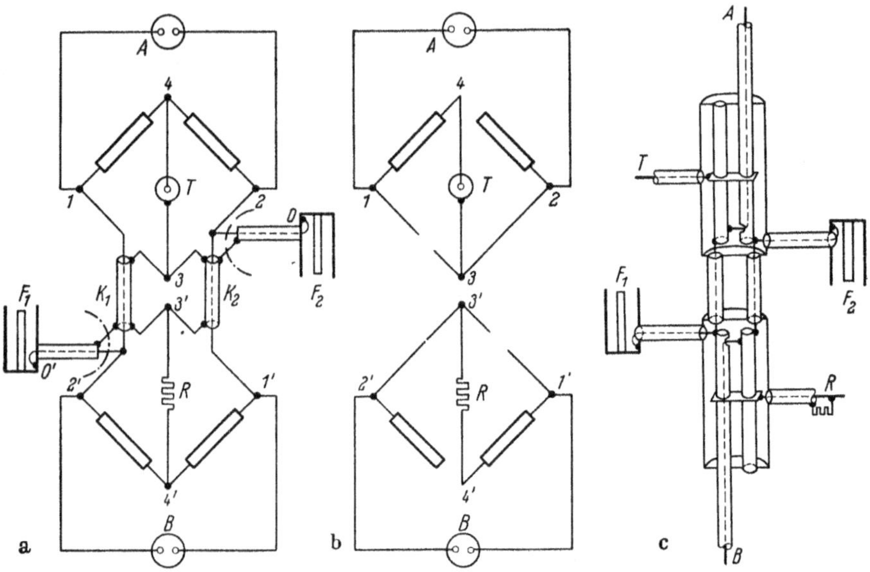

Abb. VII.54 a—c. Schaltung (a), Ersatzschaltung für Tonträger (b) und Aufbau (c) einer Filterweiche (notch-diplexer). *B* Bildsender, *T* Tonsender, *R* Widerstand, *A* Antennenanschluß, F_1, F_2 Filterkreise, abgestimmt auf die Tonfrequenz, K_1, K_2 $\lambda/4$-Leitungen für die Tonfrequenz.

bandes, soweit sie noch im Tonband liegen, im Widerstand *R* vernichtet werden, da auch der Bildsender *B* in Abb. VII.54b über *3'* und *4'* direkt mit *R* verbunden ist.

Für alle Frequenzen außerhalb des Tonträgers stellen die Filter F_1 und F_2 an ihren Ausgängen *0* und *0'* praktisch Kurzschlüsse dar, erscheinen also eine Viertelwellenlänge weiter an den Punkten *2* bzw. *2'* in Abb. VII.54a als sehr hohe Widerstände. Sie wirken für die Frequenzen des Bildsenders so, als ob sie in *2* bzw. *2'* abgeschaltet wären. Dieser Zustand wird durch die strichpunktierten Halbkreise in Abb. VII.54a angedeutet. Hier durchlaufen die Bildfrequenzen von *B* aus die beiden durch K_1 und K_2 verbundenen völlig symmetrischen Brückenschaltungen bis zur Antenne *A* ohne irgendeinen Einfluß auf den Tonsender *T* oder den Widerstand *R*.

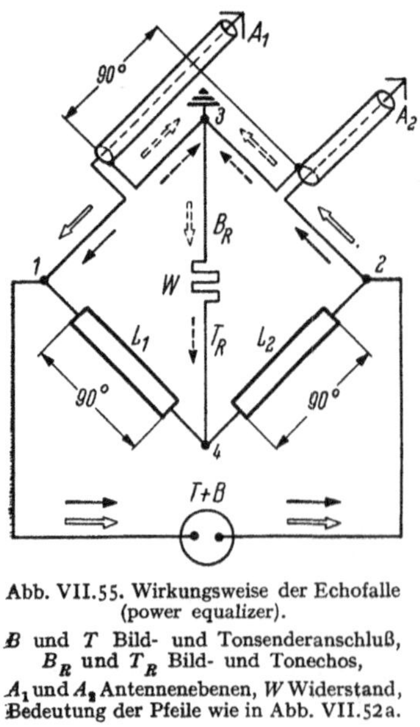

Abb. VII.55. Wirkungsweise der Echofalle (power equalizer).
B und *T* Bild- und Tonsenderanschluß, B_R und T_R Bild- und Tonechos, A_1 und A_2 Antennenebenen, *W* Widerstand, Bedeutung der Pfeile wie in Abb. VII.52a.

Ein dem Aufbau der Brückenweiche nach Abb. VII.53a entsprechendes Ausführungsbeispiel einer Filterweiche ist in Abb. VII.54c dargestellt.

Die Filterweiche befindet sich stets im Senderhaus. Da von ihr nur *ein* Kabel zur Antenne geht, kann grundsätzlich jede denkbare Antennenart verwendet werden, soweit sie die für das zu übertragende Fernsehbild erforderliche Bandbreite hat.

4e.4. Die Echofalle [*28*]. Ihr Name rührt daher, daß die von den Antennen reflektierten Anteile der Ton- oder Bildsendeenergie, also die Echos, in einer sog. „Falle“ vernichtet werden. Da in der Echofalle gleichzeitig die Amplituden der Ströme in den beiden Ebenen der Drehkreuzantenne stabilisiert werden, wird eine solche Weichenanordnung auch „power equalizer“ genannt. Die Echofalle nutzt die Eigenschaft der Brückenweiche aus, die reflektierte Welle des einen Senders im Brückenzweig des anderen erscheinen zu lassen (s. Abb. VII.52a).

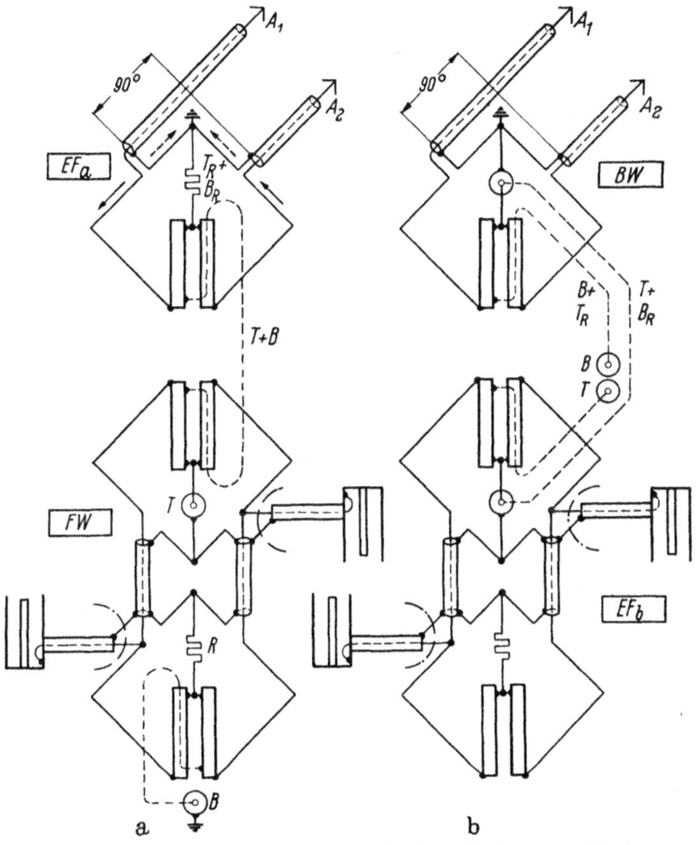

Abb. VII.56a u. b. Anwendungsformen der Echofalle (power equalizer).
a) Echofalle EF_a über ein Kabel mit Filterweiche *FW* verbunden; b) Echofalle EF_b über zwei Kabel mit Brückenweiche *BW* verbunden (s. auch Abb. VII.50).

In Abb. VII.55 ist die Wirkungsweise schematisch wiedergegeben. Sie zeigt, wie in dem Widerstand *W* die reflektierten Leistungen, die sowohl vom Ton- als auch vom Bildsender herrühren, verbraucht werden $(T_R + B_R)$. Zwischen den Punkten *1* und *2* verursachen die reflektierten Ströme keine Spannungen. An diese Punkte wird die von der Filterweiche herkommende Zuleitung, über die sowohl der Ton- als auch der Bildträger $(T + B)$ zugeführt werden, angeschlossen. Die von den Antennen reflektierten Ströme werden auf solche Weise von der Filterweiche ferngehalten. Die Gesamtschaltung zeigt Abb. VII.56a.

Es gibt aber auch noch eine andere, seltene Ausführung, bei der eine Abart der Echofalle mit einer Brückenweiche kombiniert ist. Das Grundsätzliche ist in Abb. VII.56b wiedergegeben. Beide Ausführungsformen der Echofalle (EF_a und EF_b) sind in der Abb. VII.56 nebeneinander dargestellt.

Schrifttum zum Kap. VII.

[1] FRÄNZ, K.: Lehrbuch der drahtlosen Nachrichtentechnik, v. KORSHENEWSKY-RUNGE, II, Antennen und Ausbreitung, bearb. v. K. FRÄNZ und H. LASSEN, S. 241.
[2] Ebenda, S. 255.
[3] LINDENBLAD, E. NILS: Television Transmitting Antenna for Empire State Building. RCA-Rev. Bd. 3 (1939) Nr. 4.
[4] GREIF, R.: Eine Breitbandreusenantenne von 3 ··· 30 MHz für mobile Dienste. Rohde & Schwarz-Mitt. Nr. 5 (1954) S. 289—292.
[5] WOLTER, H.: Strahlungsdämpfung, Widerstände und Richtdiagramme von Überbreitbandantennen. Z. angew. Phys. Bd. IV, H. 2 (1952) S. 60—70.
[6] MEINKE, H.: Ein neuer Weg zur Lösung der Breitbandantenne. NTZ Bd. 10 (1957) S. 594—601.
[7] ROOSENSTEIN, H. O.: DBP 872579 vom 13. 5. 1937.
[8] BUSCHBECK, W.: DBP 890070 vom 1. 6. 1942.
[9] KAUFMANN, H.: DBP 863102 vom 12. 4. 1942.
[10] BUSCHBECK, W.: Kompensation von Dipolantennen im Fußpunkt. ZWB-Ber.[1]): Ausgewählte Fragen über Theorie und Technik von Antennen, H. 2 (1943) S. 72—87.
[11] s. [10].
[12] RCA (Lindenblad): D. Pat. Anm. R 110 555 vom 10. 7. 1940.
[13] BECKER, R.: UKW- und Fernsehsendeantennen für Rund- und Richtstrahlung, die die Oberfläche eines Rohrmastes als Reflektor benutzen. Telefunkenztg. Bd. 32 (1959) H. 124, S. 83—92.
[14] BERNDT, W. E.: DBP 946238 vom 15. 8. 1954.
[15] BERNDT, W. E.: Kombinierte Sendeantennen für Fernseh- und UKW-Rundfunk (Teil I). Telefunkenztg. Bd. 25 (1952) H. 96, S. 158—168.
[16] ROOSENSTEIN, H. O.: Fernsehempfangsantennen. Telefunken-Hausmitt. Bd. 20 (1939) H. 81, S. 13—24.
[17] STÖHR, W.: Antennen für UKW-Rundfunk und Fernsehen. Frequenz Bd. 8 (1954) S. 240—248.
[18] LAUB, H.: Fernsehsendeantennen. S. & H.-Z. Bd. 32 (1958) H. 9, S. 643—649.
[19] GREIF, R.: Neuere Entwicklungen auf dem Gebiet des Antennenbaus, 1. Teil. Rohde & Schwarz-Mitt. Nr. 9 (1957) S. 105—123.
[20] HUBER, F. R., u. L. THOMANEK: Rundstrahlantennen mit Phasenspeisung. Rohde & Schwarz-Mitt. Nr. 9 (1957) S. 86—95; ferner: Neuere Untersuchungen über die Anwendung der Phasenkompensation. Rohde & Schwarz-Mitt. Nr. 10 (1958) S. 136—145.
[21] GREIF, R.: Fernsehsendeantennen für UHF-Frequenzbänder IV und V. Rohde & Schwarz-Mitt. Nr. 13 (1960) S. 301—322.
[22] BERNDT, W. E.: Kombinierte Sendeantennen für Fernseh- und UKW-Rundfunk (Teil II). Telefunkenztg. Bd. 26 (1953) H. 101, S. 268—279.
[23] BECKER, R.: Elektrische Hochfrequenzweichen. Telefunkenztg. Bd. 26 (1953) H. 101, S. 280—291.
[24] SCHAFFER, G.: Frequenzweichen zum Betrieb von Fernsehbild- und -tonsendern an gemeinsamer Antenne. Rohde & Schwarz-Mitt. Nr. 4 (1953) S. 210—221.
[25] LINNEBACH, A.: Restseitenbandfilter und Diplexer für Fernsehsender Band III. Radio Mentor Bd. 22 (1956) H. 3, S. 126.
[26] SOSIN, B. M.: A Combining Filter for Vision and Sound Transmission. Proc. Inst. Electr. Engrs. Teil III, Bd. A 99 (1952) No. 18, S. 253—269.
[27] SAYER, W. H., u. I. M. DE BELL: Television Antenna Diplexers. Electronics, N. Y. Vol. 23 (Juli 1950) S. 74—76.
[28] MASTERS, R. W.: A Power-Equalizing Network for Antennas. Proc. Inst. Radio Engrs., N. Y. Bd. 37 (1949) S. 735—738.

[1]) ZWB Zentralstelle für Wissenschaftliches Berichtswesen der Deutschen Versuchsanstalt für Luftfahrt e.V., Mühlheim (Ruhr).

VIII. Fernsehversorgung und Fernsehnetzplanung.

Bearbeitet von H. W. Fastert, Hamburg,
und Dr. rer. nat. habil. E. Schwartz, Hamburg.

1. Einleitung.

Als Träger hochwertiger drahtloser Fernsehsendungen sind nur die Wellenlängen des UKW-, VHF- und UHF-Bereichs brauchbar und verfügbar: eine genügend hohe Zahl von Programmkanälen, mit der Möglichkeit hochfrequenter Vorselektion im Empfängereingang, ist nur in diesem Gebiet erhältlich. Der modulierenden Videobandbreite von 5 MHz entspräche ein Wellenlängenspektrum, das abwärts schon bis zu $\lambda = 60$ m reichen würde. Die Trägerfrequenz muß daher ein Vielfaches von 5 MHz sein, also mindestens im KW- oder UKW-Bereich liegen.

Im Kurzwellenbereich würden ionosphärische Echos, zeitlich variable selektive Schwundeffekte und tote Zone eine praktische Fernsehversorgung unmöglich machen. Von derartigen schädlichen Begleiterscheinungen sind, innerhalb des geometrischen Horizontes der Sendeantenne, die UKW-, VHF- und UHF-Bereiche frei, und es können dann grundsätzlich nur Interferenzen zwischen dem direkten Strahl und einem Umwegstrahl (z. B. Reflexionen an mitschwingenden Leitern) im Empfangsbild (etwa als sog. „Geister") stören.

Aus dem quasioptischen Verhalten der UKW wurde seinerzeit ein Fernsehversorgungsplan hergeleitet, der die praktische Reichweite mit der Grenze der optischen Sicht, von der Sendeantenne aus gesehen, gleichsetzte. So schien es möglich, über beliebig weite Gebiete sogar ein Netz von Gleichkanal-UKW-Sendern mit vertikal gebündelter Rundstrahlung zu legen, vorausgesetzt, daß die Flächen freier Sicht von benachbarten Sendern sich nicht überlappten. Später erwies sich dieses Idealbild einer Versorgung großer Räume als trügerisch: Das (nicht einmal seltene) Auftreten von UKW-Überreichweiten, bedingt vor allem durch die Mitwirkung der Troposphäre bei der Freiraumausbreitung, hat dann zu einer viel komplizierteren Anordnung der UKW-Sender, bezüglich Aufstellung wie Frequenzverteilung, geführt. Von den wesentlichsten Überlegungen und Ergebnissen dieser neuzeitlichen Netzplanung für den Fernsehbetrieb handelt das folgende.

Bezüglich der allgemeinen, von der Art des übertragenen Signals unabhängigen Ausbreitungseigenschaften des hier interessierenden Wellenbereichs wird auf das Schrifttum verwiesen [*1*] bis [*3*]. In zahlreichen Untersuchungen, von der bekannten Theorie von B. van der Pol und H. Bremmer [*4*] ausgehend, wurden die zusätzlichen Einflüsse des Geländes (Rauhigkeit, Beugung), der Antennenhöhe, der atmosphärischen Gradienten von Temperatur und Feuchtigkeitsgehalt (Inversionen, korrigierter Erdradius $= 4R/3$) bestimmt. Daraus ergibt sich ein so komplexes Bild der Ausbreitungsverhältnisse, daß bei der Planung von Fernsehnetzen nur die statistische Methode zum Ziele führen kann. Alle vorstehend erwähnten Eigenarten des Fortpflanzungsmediums äußern sich aber in dem ganzen betrachteten Frequenzgebiet bei schmal- oder breitbandigen

Übertragungen im gleichen Sinne, wenn auch nicht in gleichem Maße (siehe weiter unten).

Da der Fernsehempfang sich überwiegend innerhalb des Weichbildes größerer Siedlungen abspielt, interessiert hier zunächst der Verlauf der vom Sender ausgestrahlten Feldstärke innerhalb des optischen, besser gesagt des „geometrischen" Sichtbereichs.

1a. Feldstärkewerte innerhalb der optischen Sicht.

Liegt die Empfangsantenne innerhalb des Horizontkreises der Sendeantenne oder ist die Empfangsantenne jenseits des Horizontes so hoch angebracht, daß sie die Sendeantenne „sieht", so entsteht die Feldstärke am Empfangsort im wesentlichen durch Zusammenwirken des direkten Strahls mit dem einmal am Erdboden reflektierten. Gesamtfeldstärke E und Freiraumfeldstärke E_{pr} verhalten sich dann wie

$$\frac{E}{E_{pr}} = (1 + \delta R' e^{2\pi j \Delta/\lambda}). \qquad \text{(VIII.1)}$$

Hier bedeutet δ den Divergenzfaktor, der durch die Erdkrümmung verursacht ist. R' ist der Reflexionskoeffizient der Erdoberfläche und daher von den Materialeigenschaften des Bodens abhängig [*5*]. Es geht darin ferner die Erdkrümmung (Reflexionswinkel) stark mit ein. Der Quotient Δ/λ ist die Wegdifferenz der beiden interferierenden Strahlen, gemessen in Wellenlängen; direkter und gespiegelter Strahl addieren sich im Empfänger.

Bei der Reflexion einer elektromagnetischen Welle am Erdboden wird je nach der Phasenlage beider Strahlen zueinander das Signal verstärkt oder geschwächt. Für den Fall ebener Erde und im Verhältnis zur Entfernung D zwischen Sender und Empfänger kleiner Antennenhöhen h_1 bzw. h_2 folgt der Gangunterschied beider Strahlen aus

$$d_1 = \sqrt{D^2 + (h_2 - h_1)^2}; \qquad d_2 + d_3 = \sqrt{D^2 + (h_2 + h_1)^2}, \qquad \text{(VIII.2)}$$

wo d_1 die Länge des direkten Strahls bedeutet und d_2, d_3 die Abschnitte des reflektierten Strahls vor bzw. hinter dem Reflexionspunkt am Boden. Aus der Wegdifferenz der Strahlen ergibt sich unter der Voraussetzung $h_1 + h_2 \ll D$ die Beziehung:

$$d_2 + d_3 - d_1 = d_4 = \frac{2 h_1 h_2}{\lambda}. \qquad \text{(VIII.3)}$$

Bei horizontaler Polarisation der ausgesendeten Welle erfolgt die Reflexion mit einem Phasensprung von 180°. Ein Minimum der Strahlintensität tritt also ein, wenn der Gangunterschied beider Strahlen gleich einer oder mehreren Wellenlängen ist. Das erste Minimum liegt somit in dem Abstand vom Ausstrahlungspunkt

$$D_0 = \frac{2 h_1 h_2}{\lambda}.$$

Bei vertikaler Polarisation findet die Auslöschung statt, wenn die Gangdifferenz zwischen beiden Strahlen ein ungerades Vielfaches von $\lambda/2$ beträgt. Erstes und zweites Minimum entstehen dann in den Entfernungen

$$D_1 = \frac{4 h_1 h_2}{\lambda} \quad \text{bzw.} \quad D_2 = \frac{4 h_1 h_2}{3\lambda}.$$

Der hiernach unter Annahme einer *ebenen* Ausbreitungsfläche zu erwartende Verlauf der Feldstärke ist durch Messungen über *Seewasser* bestätigt worden [*6*].

1b. Unebenes Gelände.

Im Fernsehrundfunk breiten sich die Wellen zumeist über Land aus. Hierbei ist der Erdboden, mit Ausnahme sehr kleiner Erhebungswinkel, als wellenoptisch „rauh“ zu betrachten, und zur Unebenheit des Geländes kann sich der Einfluß von Häusern, Bäumen, Büschen, Bodenfurchen und anderen Gebilden mit streuender, brechender und absorbierender Wirkung addieren. Diese macht sich besonders in der Nähe des Senders bemerkbar. Infolgedessen wird der indirekte, reflektierte Strahl meistens erheblich geschwächt. Das Divergenzgesetz der mit $1/r^2$ abfallenden Feldstärke bleibt jedoch erhalten [7]. Größere Unebenheit der

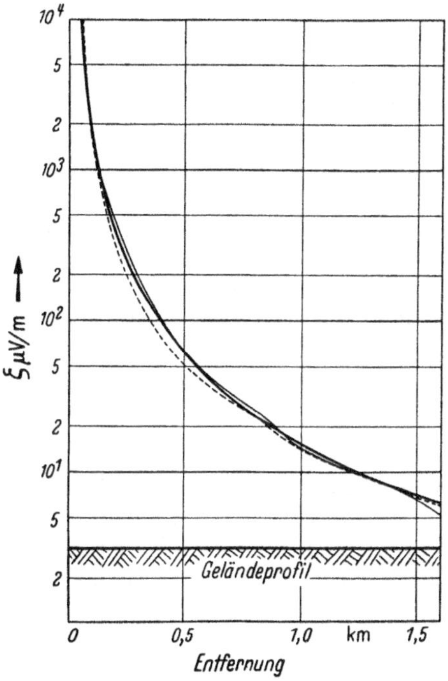

Abb. VIII.1. Feldstärkeregistrierungen nach J. Grosskopf über ebenem Gelände bei horizontaler Polarisation und 96 MHz. Die Kurve bestätigt die Abhängigkeit der Feldstärke mit $1/r^2$.

Stark durchgezogene Kurve: theoretischer Verlauf. Schwach durchgezogene Kurve: Messung bei Fahrt vom Sender weg. Punktierte Kurve: Messung bei Fahrt zum Sender hin.

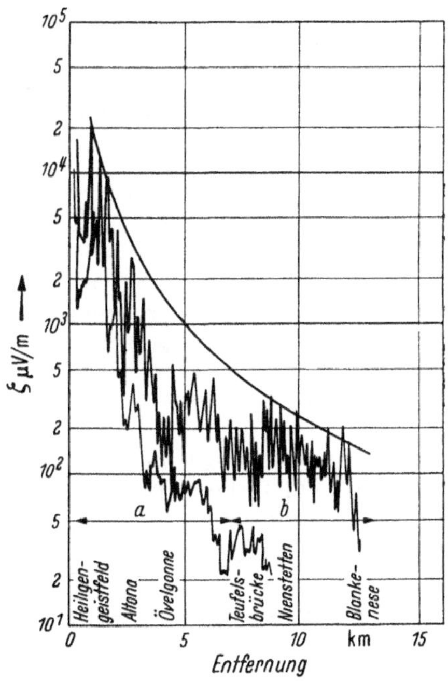

Abb. VIII.2. Feldstärkeregistrierung im Stadtgebiet von Hamburg bei 60 MHz und vertikaler Polarisation nach J. Grosskopf.

Glatte Kurve $1/r^2$, starke Schwankungskurve Vertikalkomponente, schwache Schwankungskurve Horizontalkomponente.

Ausbreitungsfläche ergibt durch komplizierte Interferenzen mit dem direkten Strahl oft eine durchgreifende, unübersichtliche Abweichung vom theoretischen Feldstärkeverlauf, der aber im wesentlichen unter den $1/r^2$ entsprechenden Werten bleibt, Abb. VIII.1 und 2, [7] bis [9]. An Berghängen oder -kämmen (die als beugende Kanten wirken) liefern Unebenheiten des Bodens zusätzliche typische Reflexionen. Abb. VIII.3 zeigt Sender und Empfänger auf erhöhten Standorten mit dazwischenliegender Talsenke. Dann sind im allgemeinen vier Strahlen von S nach E und umgekehrt denkbar. Bei der Untersuchung derartiger spezieller Ausbreitungsprobleme findet man die kritische Fläche, von der aus zusätzliche Strahlen zum Empfänger führen können, durch die Konstruktion der sog. *Laufzeitellipse*. In einer Schar konfokaler Ellipsen, die sendende und empfangende Antenne zu gemeinsamen Brennpunkten haben und die man sich als reflektierend denken muß, besitzen sämtliche Strahlengänge, die vom Sender über beliebige

Punkte einer Ellipse führen, die gleiche Laufzeitdifferenz gegenüber dem direkten Strahl. Wenn das reflektierend wirkende Gelände sich diesen Ellipsen anschmiegt, wird man entsprechende Werte der Empfangsfeldstärke erwarten müssen, die unter oder über der Freiraumfeldstärke liegen. Ausgezeichnet sind dann diejenigen beiden Ellipsen, auf deren Umfang die entstehende Laufzeitdifferenz gleich der Dauer einer halben bzw. einer ganzen Wellenlänge ist. Berücksichtigt man seitlich zum normalen Höhenschnitt von Sender und Empfänger gelegene Bodenreflexionen, so sind viele interferierende Strahlen verschiedener Intensität möglich. Man geht in solchen Fällen besser vom „Laufzeitellipsoid" (Rotationsellipsoid) aus. Bei der Ermittlung aller derjenigen geneigten Flächenteile, die sich einem Laufzeitellipsoid fester Wegdifferenz anschmiegen, sind die einzelnen reflektierenden Bezirke um so kritischer, je näher sie entweder zum Sender oder zum Empfänger hin liegen. Die Geländezonen, die zu Strahleinfällen von schräg außerhalb des normalen Höhenschnittes Anlaß geben, sind aber quantitativ schwer zu erfassen, weil auch die Meßtischblätter keine direkten Angaben über die auftretenden Neigungswinkel liefern. Das Verfahren der individuellen Behandlung von Hangreflexionen findet hier seine praktische Grenze.

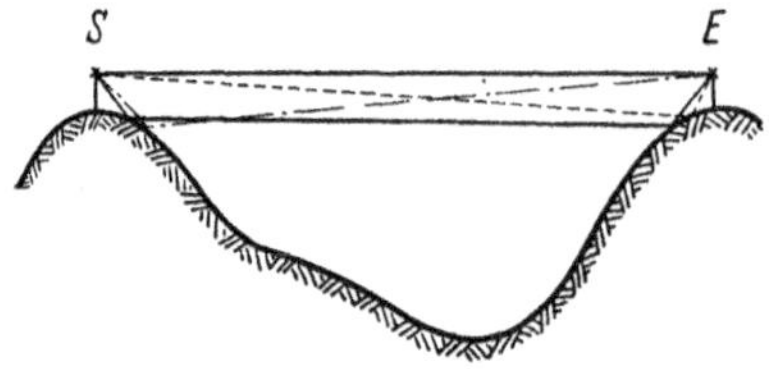

Abb. VIII.3. Gelandeprofil fur Hangreflexionen in Sender- bzw. Empfangernähe nach J. GROSSKOPF.

1c. Einfluß der Beugung.

KIRCHHOFFS Theorie der Beugung von Lichtwellen gestattet auch die Berechnung der Feldstärke von Hochfrequenzwellen beim Übergang über beugende Kanten oder Schneiden (Gebirgsgrate). Es sei E_0 die Freiraumfeldstärke am Empfangspunkt, E die wahre dort auftretende Feldstärke, h die Höhe der beugenden Kante über der geraden Verbindungslinie von Sender und Empfänger, $d_1 \gg \lambda$ der Abstand des Senders, $d_2 \gg \lambda$ der Abstand des Empfängers von der Kante und v ein normierter Parameter:

$$v = h\sqrt{\frac{2}{\lambda}\cdot\left(\frac{1}{d_1}+\frac{1}{d_2}\right)}. \qquad \text{(VIII.4)}$$

Wir nehmen im folgenden Zylinderwellen und eine im Verhältnis zu λ sehr große Kantenlänge an. Die gebeugte Feldstärke hinter der Kante ist dann gegeben durch:

$$E = E_0\frac{e^{j\pi/4}}{\sqrt{2}}\cdot\int\limits_0^\infty e^{\frac{-j\pi v^2}{2}}\,dv = E_0\frac{e^{j\pi/2}}{\sqrt{2}}\left[\frac{1}{2}-C(v)-j\left(\frac{1}{2}-S(v)\right)\right], \qquad \text{(VIII.5)}$$

worin

$$C(v)=\int\limits_0^v\cos\left(\frac{\pi}{2}v^2\right)dv \quad \text{und} \quad S(v)=\int\limits_0^v\sin\left(\frac{\pi}{2}v^2\right)dv. \qquad \text{(VIII.6)}$$

Trägt man $C(v)$ und $S(v)$ in die komplexe Zahlenebene ein, so erhält man als Ortskurve die bekannte CORNU-Spirale (Abb. VIII.4), wobei der Parameter v gleich der Bogenlänge ist. Mit wachsendem positivem oder negativem v läuft diese Ortskurve in die beiden Punkte $\frac{1}{2}(\pm 1 + j)$ der komplexen Ebene ein. So ergibt sich, daß E proportional ist zur Länge des in dem einen Spiralursprung entspringenden Vektors, dessen Ende auf der CORNU-Spirale entlangläuft. Für positive v liegt der Empfangspunkt im geometrischen Schatten des beugenden Hindernisses. Abb. VIII.5 zeigt die Lage von Sender S, Empfänger E und Kante A, Abb. VIII.6 den Gang des E-Vektors hinter dieser in Abhängigkeit von v. Für negative v gilt annähernd:

$$E = E_0\left(\frac{1}{2\pi} + \sqrt{\frac{\lambda}{d} \cdot \frac{1}{\vartheta}}\right), \quad (d \gg \lambda), \tag{VIII.7}$$

wo ϑ den Beugungswinkel im Bogenmaß angibt. E wird also umgekehrt proportional dem Beugungswinkel und der Quadratwurzel aus dem Abstand von der Kante. Nahe der Schattengrenze ändert sich (VIII.7) in:

$$E = E_0\left(\frac{1}{2} + \sqrt{\frac{d}{2\lambda}} \cdot \vartheta\right). \tag{VIII.8}$$

Hierbei ist die beugende Kante stets idealisiert als scharfe Schneide gedacht, die so hoch und steil aus der Umgebung herausragt, daß einfallender und abgebeugter Strahl ohne Berührung mit dem Erdboden verlaufen.

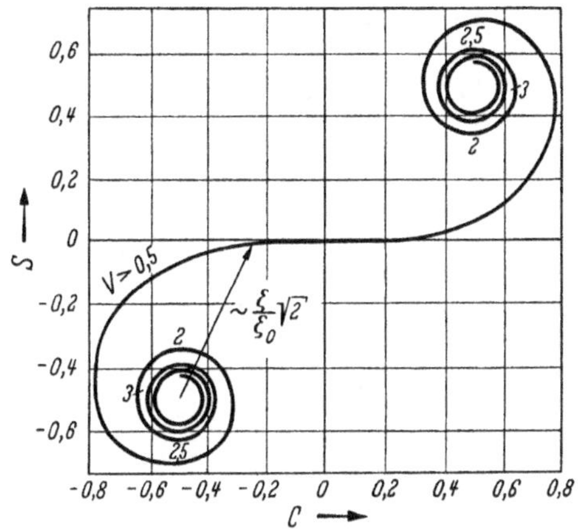

Abb. VIII.4. CORNU-Spirale.

In Arbeiten von K. H. KALTBEITZER [8] sowie von E. BAUERMEISTER und W. KNÖPFEL [9] ist diese Idealisierung durch den realen Fall ersetzt und die

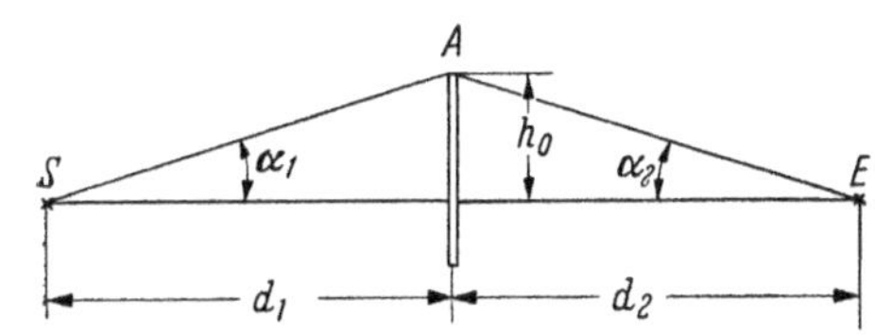

Abb. VIII.5. Beugung an einer Schneide A. S Sender, E Empfanger.

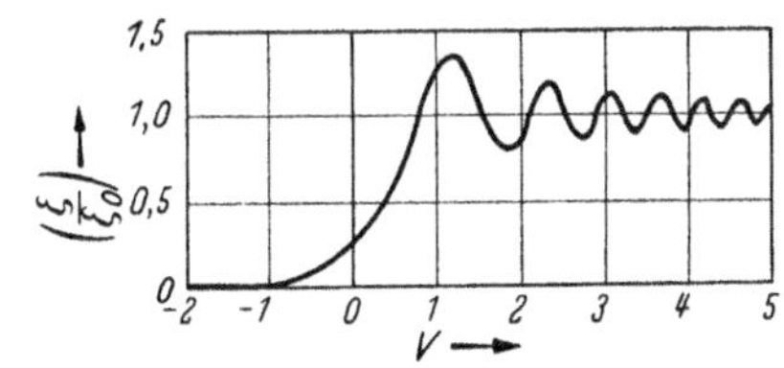

Abb. VIII.6. Beugungsamplitude (Feldstarkeverhaltnis) als Funktion des normierten Parameters v.

Gesamterscheinung bei bodennaher Schneide und infolgedessen stattfindenden Reflexionen an der Erdoberfläche vor und hinter jener untersucht worden.

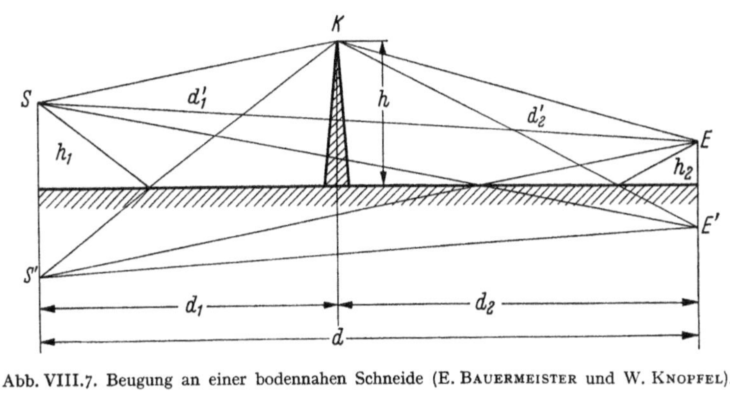

Abb. VIII.7. Beugung an einer bodennahen Schneide (E. BAUERMEISTER und W. KNOPFEL).

Angenommen wurden wiederum Zylinderwellen und eine Länge der Schneide, die groß ist im Verhältnis zum Durchmesser des Laufzeitellipsoids an dieser

Stelle. Abb. VIII.7 veranschaulicht diesen Fall (S Sender, E Empfänger, K Lage der Kante). Mit besonderer Beachtung des Weges von S über K nach E haben die genannten Autoren verschiedene Geländeschnitte durchgerechnet. Reflexionen oder Kantenbeugungen werden kritisch vor allem innerhalb des Laufzeitellipsoids (1. FRESNEL-Zone), eine Feststellung, die auch für die Errichtung von *Richtfunkstrecken* wichtig ist. Kann man sich bei derartigen Rechnungen nicht auf den einfachen vertikalen Geländeschnitt beschränken, so werden die Bedingungen einer zuverlässigen Behandlung des Problems meist so kompliziert, daß für die Praxis doch nur die statistische Methode in Frage kommt.

1d. Einfluß der Atmosphäre.

Nur die Troposphäre beeinflußt den Strahlengang der ultrakurzen Wellen, $\lambda <$ etwa 8 m, durch *Brechung* (nicht durch Absorption!) erheblich; die Einwirkung der Ionosphäre kann praktisch außer acht gelassen werden. Absorption wird erst im Zentimeterbereich bemerkbar. Es ist die inhomogene Höhenschichtung von Luftdruck und Luftfeuchtigkeit, die normalerweise den Funkstrahl aus seiner geradlinigen Bahn nach dem Erdboden hin krümmt. Durch Einführung eines äquivalenten Erdradius $= 4R/3$ wird die brechende Gesamtwirkung der Atmosphäre summarisch eliminiert [*10*, *7*]. Einzelheiten s. [*1*]. Über den Einfluß von Inversionen (Umkehr des normalen Höhengradienten der Lufttemperatur) siehe weiter unten.

G. ECKARDT und H. PLENDL [*10*] haben im Hinblick auf die Fernsehversorgung mit ihren bodennahen Empfangsantennen gezeigt, daß der Berührungspunkt der hierbei besonders interessierenden Erdtangente weit außerhalb der direkten (geometrischen) Sicht liegt. Auch diese Tatsache ist bei der Planung von Fernsehnetzen zu berücksichtigen.

Der im Normalfall negative Höhengradient der Lufttemperatur kann sich durch nächtliche Auskühlung erdnaher Schichten ins Positive umkehren. Kältere Luft ist aber ein dichteres Medium als wärmere. Diese Wirkung addiert sich daher zu derjenigen der Druckabnahme und unterstützt (verstärkt) die Zurückkrümmung des Funkstrahls zur Erde hin. Die Korrektur des Erdradius mit dem Faktor 4/3 wird dann mehr oder weniger hinfällig. Bei normalem (negativem) Höhengradienten der Temperatur wirkt das Dichterwerden des Luftmediums infolge Abkühlung desselben der Zurückbiegung des Strahles durch die höhenabhängige Druckabnahme entgegen, und es gilt dann i. M. $R_{\text{Korr}} = 4R/3$.

1e. Einfluß der Frequenz, Dezimeterwellenbereich.

Mit der Verdichtung des Fernsehbetriebes sind die Erschließung und die Durchforschung des Dezimeterwellenbereiches (Bereiche IV und V; 470 ··· 790 MHz) dringend geworden. Hier sind nun die Geländeeinflüsse erheblich und mit wachsender Frequenz immer ausgeprägter. Die gemessenen Empfangsfeldstärken E sind viel kleiner als die nach v. D. POL und BREMMER für Ausbreitung über glatte kugelförmige Erde theoretisch zu erwartenden. Während z. B. bei 50 MHz Berechnung und Messung noch gut übereinstimmen, lag E bei 800 MHz um etwa 20 dB niedriger. Hauptsächlich ist daran die Rauhigkeit des reflektierenden Erdbodens schuld.

Nach J. A. SAXTON [*11*] sind deswegen an den Erwartungswerten Korrekturen anzubringen; vgl. Abb. VIII.8 bis VIII.10. Abb. VIII.8 zeigt die Abweichung des Medianwertes der Empfangsfeldstärke von der Theorie in dB. Die Gerade enthält einen empirischen Geländedämpfungsfaktor als Funktion der Frequenz.

Gemäß Abb. VIII.9a liegt, nach VAN DER POL und BREMMER, bis jenseits des Senderhorizontes die größere Feldstärke bei der höheren Frequenz (monotoner Anstieg von E mit dieser). Eine Umkehr dieser Beziehung ist sichtlich erst weit außerhalb des Horizontkreises zu erwarten. In Abb. VIII.9b ist zu den Kurven der Abb. VIII.9a der aus Abb. VIII.8 entnommene empirische Geländedämpfungsfaktor hinzugefügt. Der Unterschied des Frequenzganges innerhalb des Horizontes hat sich weitgehend ausgeglichen; E ist für 50 MHz sogar schon nahe beim Sender höher als für 800 MHz. Am Horizont aber ist das monotone Absinken von E

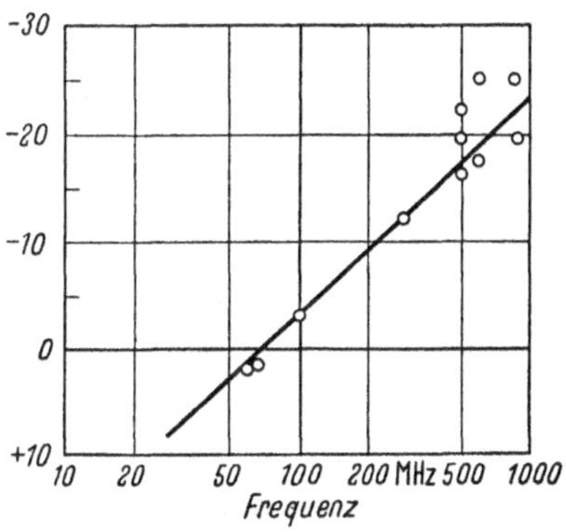

Abb. VIII.8. Abweichung der beobachteten Medianwerte der Feldstärke über unebenem Gelände von den theoretischen Werten bei glatter, kugelförmiger Erde als Funktion der Frequenz (dB).

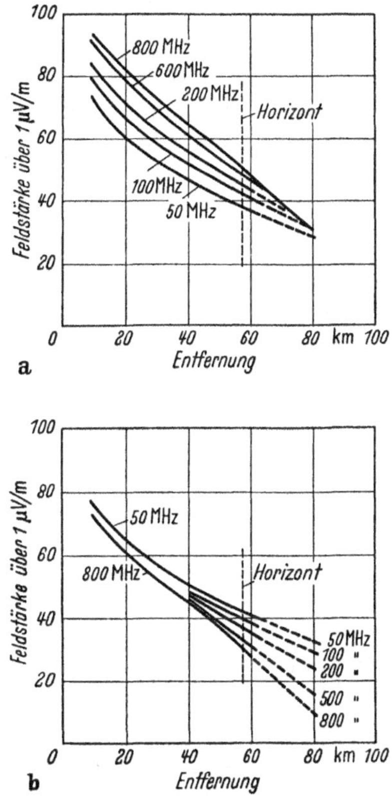

Abb. VIII.9 a u. b. Feldstärkekennlinien, obere Kurven (a) theoretisch berechnete Feldstärken für glatte, kugelförmige Erde, untere Kurven (b) mit dem empirischen Geländefaktor nach Abb. VIII.8 korrigiert. Effektiv abgestrahlte Leistung 1 kW, Höhe der Empfangsantenne 10 m, Höhe der Sendeantenne 100 m.

mit zunehmender Frequenz bereits ausgeprägt; der Geländeeinfluß hat also von hier ab das theoretische Verhalten ins Gegenteil verkehrt.

Wälder und belaubte Bäume rufen erhebliche Zusatzdämpfungen hervor; vgl. Abb. VIII.10: im Bereich I etwa 0,02 dB/m, im Bereich III etwa 0,05 dB/m, in den Bereichen IV/V etwa 0,2 dB/m [*11*]. Unterholz und Bodenbewuchs wirken weniger durch Absorption als durch Anheben der Reflexionsfläche vom Boden. Nach Abb. VIII.10 verwischt sich der Einfluß der Polarisationsrichtung, der bei 100 MHz noch einen Unterschied von 0,04 dB/m ausmacht, nach den höheren Frequenzen hin immer mehr.

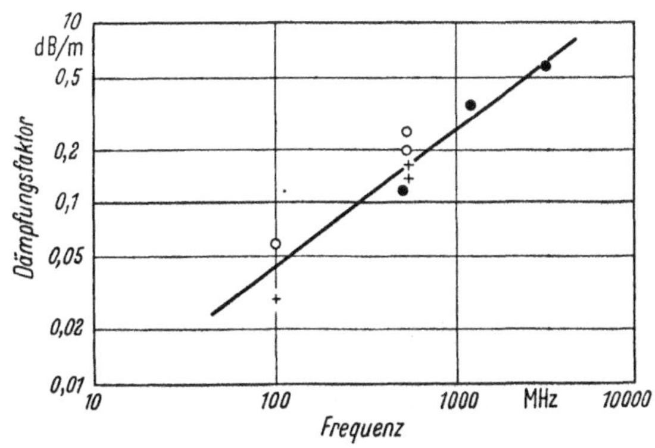

Abb. VIII.10. Ausbreitungsdämpfung von Wäldern in vollem Laub als Funktion der Frequenz. Kreise: vertikale Polarisation. Kreuze: horizontale Polarisation.

Die Ähnlichkeit zwischen den („quasioptischen“) Dezimeterwellen und den Lichtstrahlen ist immerhin schon so groß, daß man in vielen Fällen den geeigneten Standort für die Antenne mittels einer Punktlichtquelle zu bestimmen sucht, die über ein Reliefmodell des zu versorgenden Geländes bewegt wird. Aus der Verteilung von Licht und Schatten über dem Relief wird dann die erreichbare Versorgung abgeschätzt, einschließlich der Empfangsgüte [*12*, *13*]. Die Schattenlänge dürfte bei Dezimeterwellen etwa halb so groß sein wie bei Licht, d. h. auch diese HERTZschen Wellen werden noch merklich in die Schattenzone hinein gebeugt.

2. Troposphärische Streuung, Laufzeiteinflüsse.

Wo die Richtantennendiagramme eines Senders und eines Empfängers für Dezimeterwellen sich in der Troposphäre gegenseitig durchdringen, kann nach H. T. FRIIS, A. B. CRAWFORD und D. C. HOGG [*14*], H. G. BOOKER und W. F. GORDON [*15*] u. a. selbst bei starker Neigung der Bündel gegeneinander merkliche und verwertbare Sendeenergie zum Empfänger hin „gestreut“ werden („Scatter“). Soviel man weiß, sind Sitz der Streuung turbulente Zonen, im optischen Sinne „Schlieren“. Der energetische Wirkungsgrad einer solchen „Forward-Scatter“-Nachrichtenverbindung ist freilich so klein, daß sehr große Sendeleistungen und

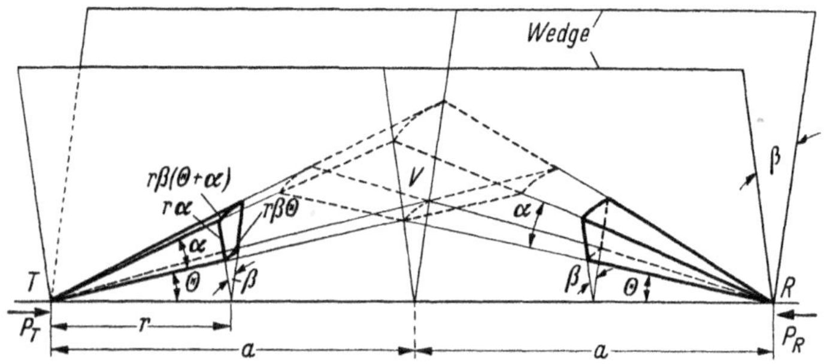

Abb. VIII.11. Zur Berechnung des Streuvolumens bei zwei Antennen.

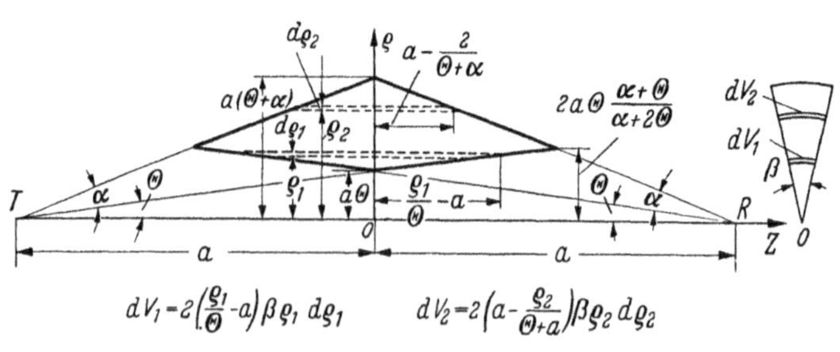

Abb. VIII.12. Integration uber alle streuenden Elementarflachen innerhalb des Streuvolumens.

enge Bündelung, d. h. großer Antennenaufwand, oft auch Diversityempfang (Zusammenschaltung mehrerer örtlich getrennter Empfänger) erforderlich sind. Unter diesen Bedingungen bleibt das Empfangssignal verhältnismäßig konstant.

Eine jüngere, vereinfachende Theorie [*14*] fußt auf dem Modell eines Streuprozesses, der ausschließlich an *ebenen* Unstetigkeitsflächen der Troposphäre entsteht. Dabei wird unterschieden zwischen großer, mittlerer und kleiner Ausdehnung solcher Streuebenen, verglichen mit dem gemeinsamen Volumen beider sich überkreuzenden Strahlungskeulen. Einbezogen werden Reflexionsflächen, die nicht senkrecht zur Höhenschnittebene beider Stationen liegen. Die Abbildungen VIII.11 und VIII.12 veranschaulichen die Grundlagen der Berechnung, deren Ergebnis mit dem Versuch gut übereinstimmt. In Wirklichkeit dürften aber doch die troposphärischen Verhältnisse nicht so einfach und vor allem die maßgebenden Verteilungen auch nicht so regelmäßig diskontinuierlich sein.

Dauernde Bildung und Umbildung von Schlieren tritt in allen Schichten der Atmosphäre auf. Diese Turbulenz kann sowohl die troposphärische Streuausbreitung als auch allgemein solche auf Laufzeitunterschieden beruhenden Bildstörungen im Fernsehempfang erklären, bei denen ein mit dem direkten Strahl interferierender Umwegstrahl nennenswerte Teilenergien des Signalimpulses mit sich führt. Jenseits des Senderhorizontes sind derartige Störungen bemerkbar. Ist das Scatter-Volumen sehr ausgedehnt und die Turbulenz darin lebhaft, oder treten bei der normalen (erdnahen) Ausbreitung zwischen Sender und Empfänger lokale Inversionen oder anomale Kondensationszonen (z. B. Eiswolken) auf, so hängt das Empfangsergebnis davon ab, welche Laufzeitstreuung durch entstehende Umwege von erheblicher Signalenergie resultiert. Einer Wegdifferenz von 300 m würde 1 µs, d. h. eine Strecke von zehn Bildpunkten auf dem Leuchtschirm, entsprechen, aber zum Hervorrufen von Kantenunschärfe reichen natürlich Bruchteile von 1 µs aus. Hier geht also die Bandbreite der Modulation des Signals in die Erscheinungen ein, und es ist deshalb gerade im Hinblick auf die Erstellung von Scatter-Fernsehverbindungen (wie in Zukunft von Fernsehübertragung mittels Satelliten) die Reduktion der Frequenzbandbreite ein ernstes Anliegen der Entwicklung.

Geländeeinflüsse können durch Strahlumwege in gleicher Weise zu derartigen Bildstörungen führen, vor allem wenn in der Nähe des Senders eine stark reflektierende größere Fläche liegt, die für einen relativ erheblichen Teil der insgesamt empfangenen Impulsleistung eine Verzögerung der betrachteten Größenordnung verursacht.

3. Fernsehnormen.

Ein praktischer Fernsehrundfunkbetrieb setzt voraus, daß das Fernsehsignal hinsichtlich seiner Ablenkfrequenzen, HF-Trägerlagen, Modulationsart, Bandbreite usw. standardisiert wird. Hierbei muß zwischen erzielbarer Bildqualität und dem notwendigen technischen Aufwand, insbesondere dem der Empfangsseite, ein geeigneter Kompromiß gefunden werden.

Gegenwärtig haben für das Fernsehen in den UKW-Bereichen I und III fünf verschiedene Fernsehnormen auf der Erde Verbreitung gefunden, von denen vier in Europa vertreten sind.

Abb. VIII.13 zeigt die Verbreitung der fünf verschiedenen, in den Bereichen I und III verwendeten CCIR-Fernsehnormen. Das Fehlen einer einheitlichen Fernsehnorm in kulturell und geographisch benachbarten oder zusammenhängenden Gebieten ist bedauerlich. Es entstehen nicht nur beim Programmaustausch über eine Normengrenze hinweg Schwierigkeiten und Qualitätseinbußen durch Normenwandler, sondern es werden auch durch gegenseitige Überlappung von Fernsehkanälen zusätzliche Störungen verursacht, die die Fernsehversorgung nachteilig beeinflussen können.

Diese Störmöglichkeiten sind bereits bei der Planung von Fernsehsendernetzen und bei der Berechnung der versorgten Gebiete zu berücksichtigen.

In den für das Fernsehen in naher Zukunft einzusetzenden Dezimeterwellenbändern (Bereiche IV und V) ist es für die europäische Rundfunkzone auf der Wellenkonferenz 1961 in Stockholm gelungen, die unterschiedlichen Normen

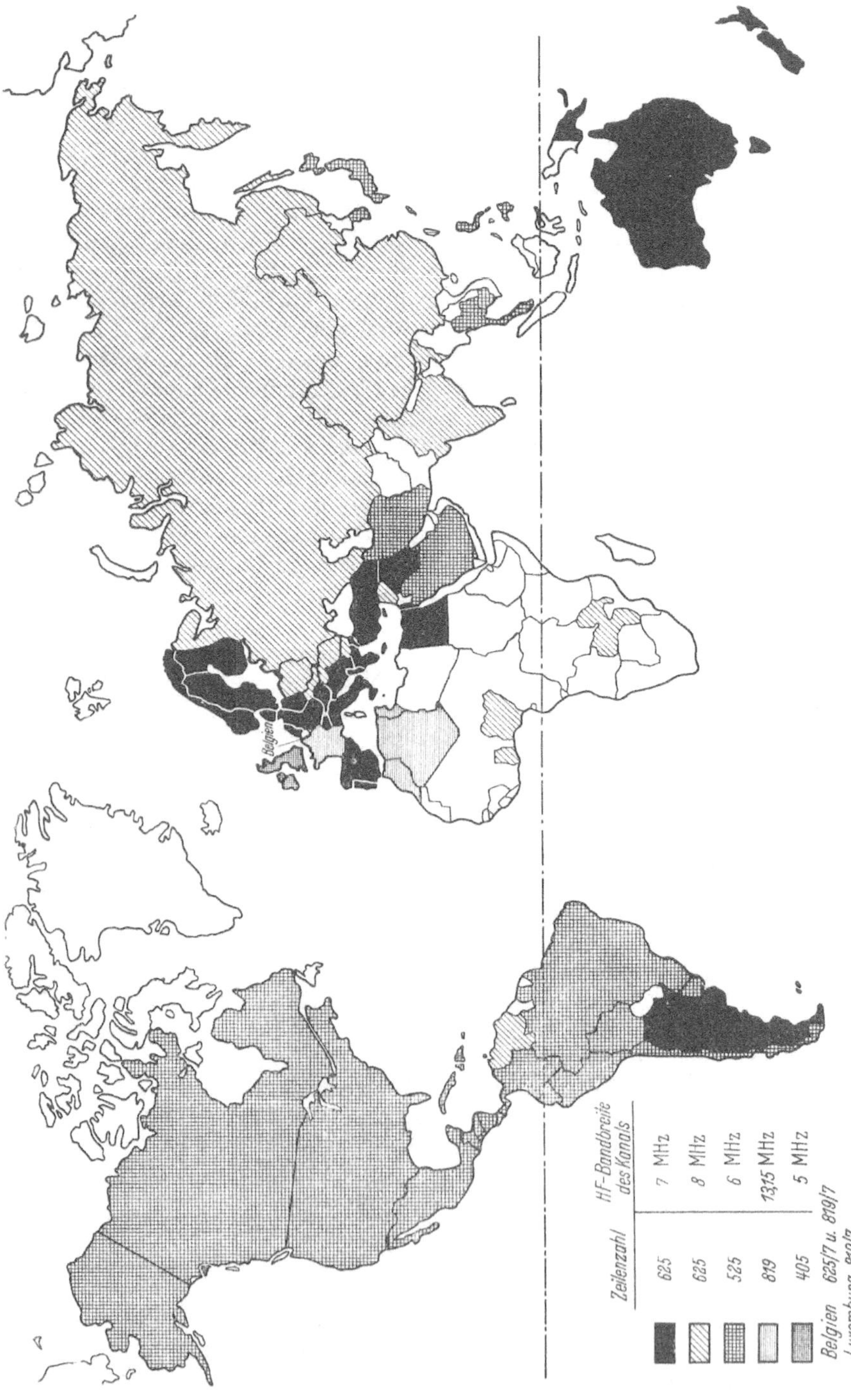

Abb. VIII.13. Verbreitung der Fernsehnormen der Bereiche I und III [22].

weitgehendst anzugleichen. Es ist vorgesehen, für Europa in diesen Wellenbändern eine einheitliche Zeilenzahl von $Z = 625$ bei einer Kanalrasterung von 8 MHz einzuführen. Lediglich die Breite des Restseitenbandes, die Modulations- und Leistungsverhältnisse beim Tonträger und die Zwischenfrequenzen der Empfänger weisen Unterschiede auf.

Die Normierung auf ein einheitliches 625-Zeilen-8 MHz-Fernsehsystem hat ermöglicht, daß die Aufstellung des europäischen Fernsehnetzplanes für die Bereiche IV und V nach dem in Teil 7 dieses Kapitels beschriebenen Verfahren [*16*] erfolgen konnte, welches die optimale Ausnutzung des verfügbaren Frequenzbandes gestattet.

4. Störabstände.

Ein in das Empfangsband fallender Störträger erzeugt im allgemeinen auf dem Leuchtschirm der Bildröhre ein ruhendes oder bewegtes Interferenzstreifenmuster. Dessen Stärke, Breite, Richtung und Bewegung hängen infolge des periodischen Bildaufbaus von den Verhältniswerten Störfrequenz/Ablenkfrequenz ab. Der Frequenzgang der Mindeststörabstände für die Sichtbarkeit bzw. für die Grenze eben ausreichender Bildgüte ist daher periodisch mit der Zeilenfrequenz f_z und der Bildwechselfrequenz f_b [*17*].

Die entstehenden störenden „Moiré“-Erscheinungen sind bei den sog. Störungen 1. Art besonders deutlich, wenn für die Störfrequenz die Beziehung gilt:

$$f_1 = m f_z \pm 2n f_b \quad \text{mit} \quad n \leqq f_z/4 f_b.$$

Diese f_1 entsprechen genau den von MERTZ und GRAY (Teilband 1, Kap. V) angegebenen FOURIER-Komponenten eines Fernsehbildes. Die Störungen 2. Art liefern die Minima des Störeindruckes. Sie liegen mitten zwischen den einzelnen f_1, nämlich bei:

$$f_2 = m f_z \pm (2n + 1) f_b \quad \text{mit} \quad n \leqq f_z/4 f_b.$$

Um z. B. bei Gleichkanalbetrieb die vorstehende Beziehung für die Versorgung nach dem Verfahren des „Präzisionsoffset“ oder „Bildoffset“ auszunutzen, müßte man die Trägerfrequenzen der Sender und die Taktgeber der Fernsehstudios genügend genau stabilisieren. Da dies bisher noch nicht sicher möglich ist, hat einstweilen für die Versorgungsplanung allein die Periodizität der Störabstandskurve mit f_z Bedeutung. Hier liegen die am stärksten erscheinenden Störfrequenzen bei den ganzzahligen Vielfachen von f_z, d. h. bei

$$f_1' = m f_z,$$

während die Minima f_2 mitten zwischen den f_1 auftreten, nämlich bei den ungeradzahligen Vielfachen der halben Zeilenfrequenz

$$f_2' = (m + \tfrac{1}{2}) f_z.$$

Bei der Anwendung auf die Planung spricht man schlechthin von „Offset“ oder „Zeilenoffset“.

Bei den zahlreich vorliegenden technisch-psychologischen Messungen des Verlaufes der Störabstandskurven für ausreichende Bildgüte wurde im allgemeinen der visuelle Eindruck mit einer Normstörung verglichen. Als solche wurde ein Störabstand von 30 dB bei einem Versatz der Trägerfrequenzen gleich $^2/_3$ der Zeilenfrequenz festgelegt. Dieser Versatz von $2 f_z/3$ hat für die praktische Frequenzplanung besondere Bedeutung.

4a. Störabstände für die einzelnen Störungsfälle.

Wie im Kap. IX näher ausgeführt, wird die Empfindlichkeit der Fernsehempfänger, wie jeder Art von Funkempfänger überhaupt, durch das Rauschen des Eingangskreises begrenzt. Zu dem (thermischen) Eigenrauschen der Antenne und der anschließenden Übertragungsglieder addieren sich äußere Störkomponenten verschiedenen Ursprungs. Sehr wesentlich sind dabei die auf Interferenz mit fremden Trägern beruhenden Störungen. Folgende Übersicht möge unter Hinweis auf die entsprechenden Ausführungen in Kap. IX an dieser Stelle genügen.

4a.1. Mindestfeldstärke für ausreichenden Störabstand gegen das Rauschen. Die für ausreichende Empfangsqualität notwendige mittlere Feldstärke ist unter Berücksichtigung von kosmischem Rauschen und mittlerer Werte von Empfängerrauschen, Empfangsantennengewinn und Kabelverlusten festzulegen. Die Mindestfeldstärke beträgt nach [*23*]

für Bereich I	47 dB,
für Bereich II	53 dB,
für Bereich IV	62 dB
und für Bereich V	67 dB.

4a.2. Gleichkanalstörungen. Für Gleichkanalbetrieb ist im Nichtoffset ein Störabstand von 45 dB einzuhalten. Für den in der Praxis am häufigsten verwendeten Offset von $2f_z/3$ verbessert sich der Bedarf an Störabstand auf 30 dB.

4a.3. Störungen von überlappenden bei verschiedenen Normen auftretenden Kanälen. Diese Störabstände lassen sich aus der Kurve der Abb. VIII.14 entnehmen. Bei Störungen durch Ton- oder durch Farbträger ist dabei entsprechend

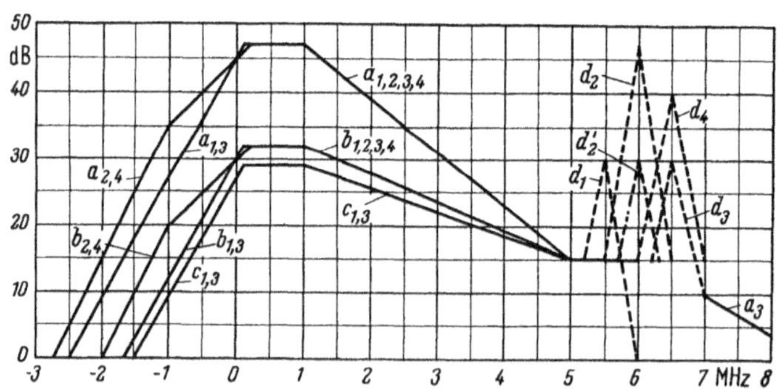

Abb. VIII.14.
Mindeststörabstande der 625-Zeilensysteme [*23*]. (Index 1: allgemein, 2: England, 3: I. B. T. O., 4: Frankreich). Kurve a: Störung des Bildes ohne Offset. Kurve b: Storung des Bildes beim 2/3-Zeilen-Offset. Kurve c: Störung des Bildes bei 1/2-Zeilen-Offset. Kurve d: Störung des Tones. (Fur England: d_2 bei Amplitudenmodulation, d_2' bei Frequenzmodulation des Tontragers.)

das Leistungsverhältnis dieser Träger zu berücksichtigen. Fallen gleichzeitig mehrere Träger eines Kanals in das Band des Nutzsenders, so wird im allgemeinen der Störabstand des am stärksten störenden Trägers als maßgebend angesehen.

4a.4. Störungen durch Spiegelfrequenzen. Die Störabstände für die an der Frequenz der Empfängeroszillatoren gespiegelten Träger lassen sich sinngemäß aus der Abb. VIII.14 entnehmen, wenn man von den Kurvenwerten die Spiegelfestigkeit der Empfänger (vgl. Kap. IX) subtrahiert. Für die Bereiche IV und V kann beispielsweise mit einer mittleren Spiegelfestigkeit von etwa 40 dB gerechnet werden.

4a.5. Nachbarkanalstörungen. Abb. VIII.14 liefert entsprechend die Werte für Störungen durch Nachbarkanäle.

4a.6. Oszillatorstörungen (Empfängeroszillatoren, s. Kap. IX). Diese Störungen treten auf, wenn zwei Fernsehsender gleichzeitig empfangen werden und einer derselben eine Einstellung des Oszillators erfordert, die in das Nutzband des anderen Senders fällt. Die Beeinträchtigung der Versorgungsverhältnisse ist abhängig von der Einsatzdichte der Geräte, die den störenden Kanal empfangen. Sie ist daher der Berechnung unzugänglich. Auch wenn sämtliche eingesetzten Empfänger den von den Fernmeldeverwaltungen vorgeschriebenen Strahlungsbedingungen (Kap. IX) genügen, sind Störungen zu befürchten, weshalb solche Fälle bereits von der Planungsseite vermieden werden sollten.

5. Fernsehversorgung.

Ob eine Sendung störungsfrei empfangen werden kann oder nicht, hängt von den am Empfangspunkt herrschenden Feldstärkewerten der Nutz- und der Störsender ab. Im allgemeinen wird, wie vorstehend gezeigt, deren Wellenausbreitung durch wechselnde troposphärische Bedingungen und durch eine Vielzahl von beugenden und reflektierenden Faktoren, die einer exakten Rechnung nicht zugänglich sind, beeinflußt.

Für die Berechnung der Feldstärken in praktischen Fällen sind daher die von B. van der Pol und H. Bremmer angegebenen Formeln [4] nicht ausreichend, so daß auf empirisch gefundene Werte zurückgegriffen werden muß. Jeder Feldstärkevoraussage kommt in Anbetracht des statistischen Charakters derartiger Unterlagen nur eine wahrscheinlichkeitstheoretische Bedeutung zu. Die Berechnung von Versorgungsgebieten muß daher nach Methoden der mathematischen Statistik erfolgen.

In den Abb. VIII.15a bis c sind empirische Feldstärkekurven, die für die Aufstellung des europäischen Frequenzplanes in den Bereichen IV und V zugrunde gelegt wurden, dargestellt. Es handelt sich um örtliche Mittelwerte der Feldstärke, die in 50%, 10% und 1% der Zeit überschritten werden. Sie gelten für Ausbreitung über Land. Führen wesentliche Teile des Ausbreitungsweges über See, so können erheblich höhere Feldstärkewerte erwartet werden (Abb. VIII.16), die für teils über See, teils über Land gehende Strecken noch durch Anwendung der Kurven der Abb. VIII.17 zu korrigieren sind.

Die Erfahrung hat gezeigt, daß die Verteilung der Feldstärke sowohl in Abhängigkeit von der Zeit als auch vom Ort in guter Näherung logarithmisch normal ist. Das heißt: Bedeutet F die Feldstärke in dB, ist also

$$F = 20 \log \frac{E}{E_0}, \quad \text{mit} \quad E_0 = 1\,\mu\text{V/m}, \qquad \text{(VIII.9)}$$

so ist die zeitliche bzw. örtliche Verteilungsfunktion V_T bzw. V_L, d. h. die Wahrscheinlichkeit dafür, daß die Feldstärke den Wert F unterschreitet, gegeben durch:

$$V_{T,L}(F) = \frac{1}{\sqrt{2\pi}\,\sigma_{T,L}} \int_{-\infty}^{F} e^{-\frac{(F-\overline{F}_{T,L})^2}{2\sigma_{T,L}^2}}\, dF. \qquad \text{(VIII.10)}$$

Hierin bedeuten $\overline{F}_{T,L}$ den zeitlichen bzw. den örtlichen Mittelwert der Feldstärke.

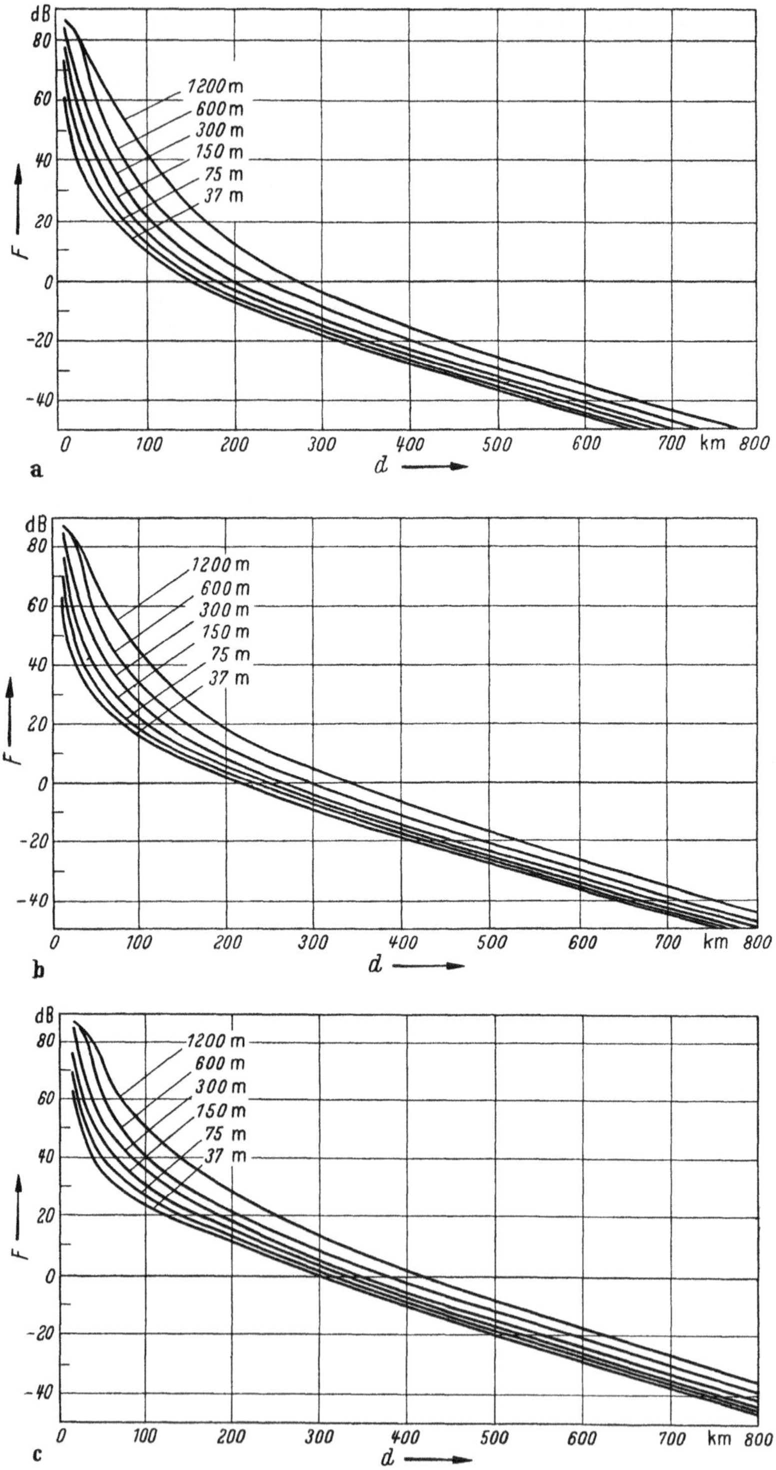

Abb. VIII.15a–c. Feldstärkekurven für Bereiche IV und V bei Ausbreitung über Land [23]: a) 50% der Zeit; b) 10% der Zeit; c) 1% der Zeit.

Die Zeitstreuung σ_T ist abhängig von der Entfernung und von der effektiven Antennenhöhe; sie kann durch Differenzbildung den Kurven der Abb. VIII.15 entnommen werden. Für die Ortsstreuung σ_L nimmt man in erster Näherung

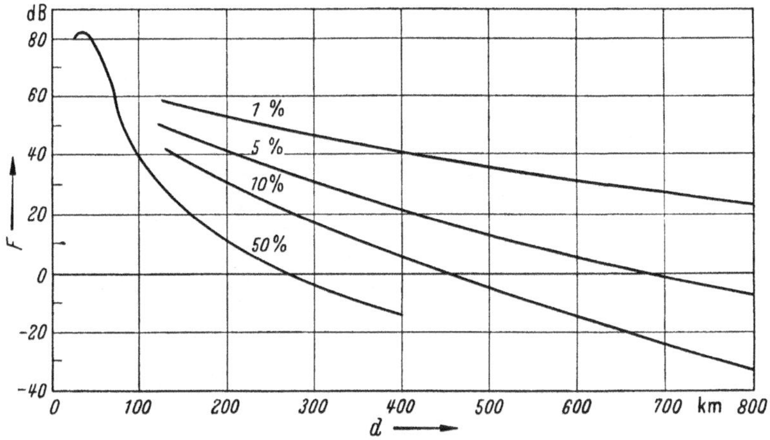

Abb. VIII.16. Feldstärkekurven für Bereiche IV und V bei Ausbreitung über See [23].

an, daß sie lediglich von der Struktur des Geländes abhängt. Man rechnet je nach Rauhigkeitsgrad mit

$$\sigma_L = 8 \text{ bis } 16\,\text{dB}. \qquad \text{(VIII.11)}$$

Alle Werte beziehen sich grundsätzlich auf eine mittlere Höhe der Empfangsantennen von 10 m über dem Boden.

Für die graphische Darstellung von statistischen Zusammenhängen wählt man zweckmäßigerweise, und besonders dann, wenn die Verteilungsfunktionen

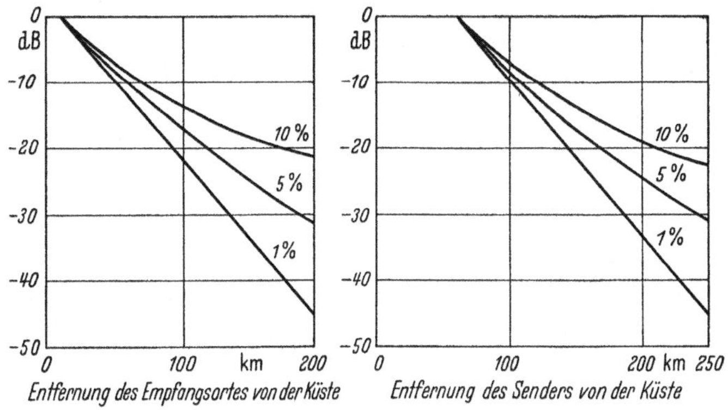

Abb. VIII.17. Korrekturen bei Ausbreitung uber Land und See [23].

normal sind, das sog. Wahrscheinlichkeitspapier. In diesem sind die Skalen der Wahrscheinlichkeiten, im Maßstab der Umkehrfunktion der GAUSSschen Fehlerfunktion entsprechend, aufgetragen, so daß die Normalverteilung in eine Gerade übergeht.

Eine Feldstärkeverteilung, die den Gesetzen (VIII.10) genügt, erscheint als eine Schar paralleler Geraden mit den Zeitprozenten als Parameter (Abb. VIII.18).

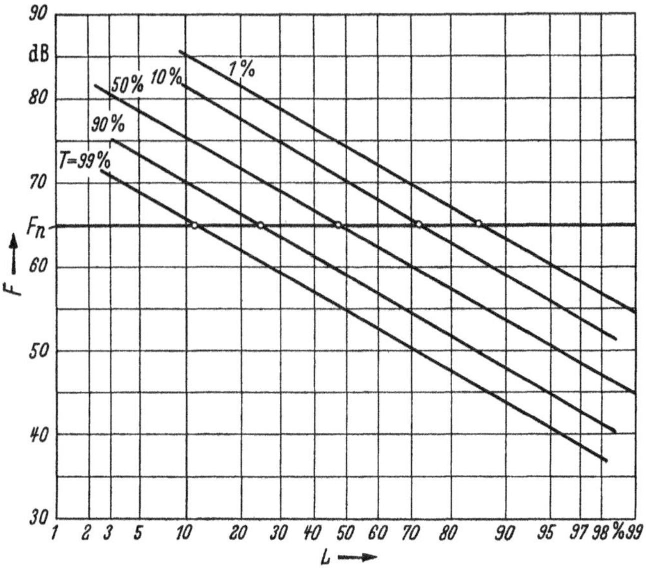

Abb. VIII.18. Statistische Verteilung der Feldstärke.

5a. Versorgungsbild eines Senders, der nur durch das Rauschen beeinträchtigt wird.

In der Abb. VIII.18 ist die für ausreichenden Schutz gegen Rauschstörungen notwendige Mindestfeldstärke F_n als zur Abszisse parallele Gerade eingetragen, d. h. es wird angenommen, daß alle Empfänger die gleiche Empfindlichkeit haben und daher die Streuung dieses Wertes gleich Null ist. Es läßt sich an dem angeführten Beispiel sofort ablesen, welcher Anteil der Orte L in einem vorgegebenen Prozentsatz der Zeit T versorgt ist. Die hierdurch bestimmte Funktion $L(T)$ wird in einem Koordinatensystem mit Wahrscheinlichkeitsteilung auf beiden Achsen wiederum zu einer Geraden (Abb. VIII.19). Ein sinnvolles Maß für die Güte der Versorgung wäre das Integral S:

$$S = \int_0^1 L(T)\, dT. \qquad \text{(VIII.12)}$$

S hat die Dimension Fläche mal Zeit. Multipliziert man S mit der Empfängerdichte, so erhält man die gesamten Empfangsstunden, die innerhalb der Einheitsfläche möglich sind. Im gegebenen Beispiel entspricht S der Fläche, die links und unterhalb der Geraden in Abb. VIII.19 liegt. Da das Flächenelement bis auf einen Maßstabsfaktor

$$dF = \frac{1}{2\pi\sigma^2}\, e^{-\frac{T^2}{2\sigma_T^2}}\, e^{-\frac{L^2}{2\sigma_L^2}}\, dT\, dL \qquad \text{(VIII.13)}$$

ist, ergibt sich:

$$S = \frac{1}{2\pi\sigma^2} \int_0^1 \int_0^{T(L)} e^{-\frac{T^2+L^2}{2\sigma^2}}\, dT\, dL. \qquad \text{(VIII.14)}$$

Nach einfacher Umformung erhält man, wenn man als Abkürzung einführt:

$$\Phi(x) = \frac{1}{2\pi} \int\limits_{-\infty}^{x} e^{-\frac{x^2}{2}}\, dx, \qquad \text{(VIII.15)}$$

$$S = \Phi\left(\frac{F_0 - F_n}{\sqrt{\sigma_L^2 + \sigma_T^2}}\right). \qquad \text{(VIII.16)}$$

In der Praxis geht man meist von der Annahme aus, daß Empfänger, die in einem bestimmten vorgegebenen Mindestprozentsatz der Zeit T_a keinen Empfang haben, z. B. $T_a = 90\%$ oder 99%, infolge zu geringer Gesamtqualität abgeschaltet werden und deshalb bei der Integration (VIII.12) nicht mit berücksichtigt werden dürfen. Die untere Integrationsgrenze ändert sich daher entsprechend:

$$S(T_a) = \int\limits_{T_a}^{1} L(T)\, dT. \qquad \text{(VIII.17)}$$

Führt man die Vereinfachung noch einen Schritt weiter und gibt zur Kennzeichnung der Versorgungsqualität lediglich den Prozentsatz der Orte an, die mindestens in T_a-Prozent der Zeit Empfang haben, so erhält man:

$$L(T_a) = \Phi\left(\frac{F(T_a) - F_n}{\sigma\sqrt{2}}\right). \qquad \text{(VIII.18)}$$

In diesem Sinne unterscheidet man die folgenden Versorgungsgrade:

A: mit $L \geqq 70\%$ $T_a = 99\%$,

B: mit $L \geqq 50\%$ $T_a = 99\%$,

C: mit $L \geqq 45\%$ $T_a = 90\%$.

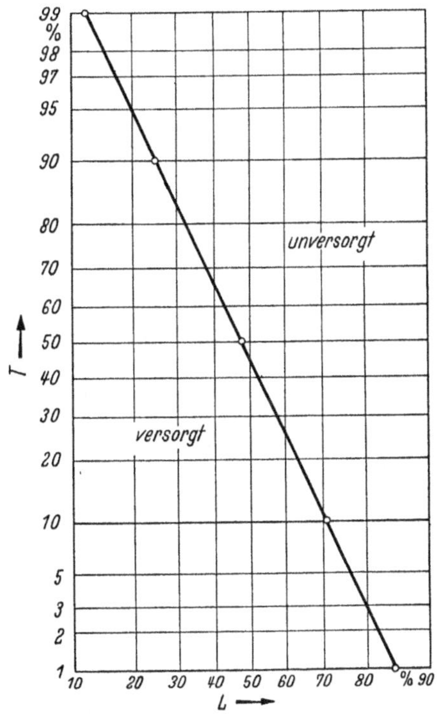

Abb. VIII.19. Abhangigkeit von örtlicher und zeitlicher Versorgungswahrscheinlichkeit.

Die oben durchgeführten Betrachtungen sind jetzt entsprechend zu erweitern für den Fall, daß einer oder mehrere Störsender den Empfang beeinträchtigen.

5b. Versorgungsbild eines Senders, der durch einen Störsender beeinträchtigt wird.

Alle im folgenden mit dem Index 0 versehenen Größen beziehen sich auf den empfangenen, durch Abstimmung (Kanalwahl) ausgewählten Sender. Der Index $i = 1, \ldots, n$ bezeichne die Störsender. Die zeitlichen und örtlichen Erwartungswerte der Feldstärke der beiden Sender seien

$$\overline{F}_0 \quad \text{und} \quad \overline{F}_1. \qquad \text{(VIII.19)}$$

Die örtlichen und zeitlichen Schwankungen beider Signale werden durch die Streuungen σ_L, σ_{T0} und σ_{T1} gekennzeichnet.

Zu berechnen ist dann die örtliche Wahrscheinlichkeit dafür, daß für einen vorgegebenen Zeitprozentsatz T_a der für einwandfreien Empfang notwendige Mindeststörabstand A_1 eingehalten wird.

In der mathematischen Statistik gilt für zwei Verteilungsfunktionen $V_1(x)$ und $V_2(y)$ ganz allgemein der Satz über die Verteilung V_3 der Summe der Zufallsvariablen x und y:

$$V_3(x+y) = \int_0^1 V_1(x)\, dV_2(y). \tag{VIII.20}$$

Dabei gilt für die Mittelwerte:

$$\overline{x+y} = \overline{x} + \overline{y} \tag{VIII.21}$$

und für die Streuungen:

$$\sigma_{x+y}^2 = \sigma_x^2 + \sigma_y^2. \tag{VIII.22}$$

Im Sonderfall, daß V_1 und V_2 normal verteilt sind, gehorcht auch V_3 einer Normalverteilung. Folglich ist die örtliche Verteilung des zeitlichen Mittelwertes der Differenz der Feldstärken eines empfangenen und eines störenden Senders normal mit dem Mittelwert

$$\Delta\overline{F} = \overline{F}_0 - \overline{F}_1 \tag{VIII.23}$$

und der Streuung

$$\sqrt{\sigma_L^2 + \sigma_L^2} = \sigma_L \sqrt{2}. \tag{VIII.24}$$

Für die T_a-Prozentzeitwerte ist lediglich für den Mittelwert einzusetzen:

$$\Delta F + \sqrt{\sigma_{T_1}^2 + \sigma_{T_2}^2}\, R(T_a). \tag{VIII.25}$$

Hierbei ist R die Umkehrfunktion von Φ. Mit den auf Grund der Senderdaten und Senderentfernungen, und gegebenenfalls aus dem Gewinn der Empfangsantenne, zu bestimmenden Größen läßt sich dann sofort die örtliche Wahrscheinlichkeit berechnen:

$$L(T_a) = \Phi\left(\frac{F_0 - \overline{F}_1 - A_1 + \sqrt{\sigma_1^2 + \sigma_2^2}\, R(T)}{\sigma_L \sqrt{2}}\right). \tag{VIII.26}$$

6. Die Berechnung der Versorgungswahrscheinlichkeit bei Anwesenheit von mehr als einer Störquelle.

Im allgemeinen Falle ist der Empfang eines Senders den Einflüssen von mehreren Störsendern ausgesetzt, deren Felder zu einem resultierenden Störfeld zusammengefaßt werden müssen. Diejenige Feldstärke, die der Nutzsender haben müßte, um trotz Anwesenheit der Störsender in T_a % der Zeit ausreichende Empfangsqualität zu gewährleisten, wird „T_a %-Schutzfeldstärke" genannt. Dort, wo die Schutzfeldstärke und die tatsächlich erzielte Feldstärke miteinander übereinstimmen, liegt die Grenze des Versorgungsgebietes eines Senders.

Bei Anwesenheit mehrerer Störer erscheinen auf dem Bildschirm im allgemeinen auch mehrere sich überlagernde Störmuster. Die Frage, in welchem Maße der Störeindruck in einem solchen Falle gesteigert wird, ist von der psychologischen Meßtechnik noch nicht eindeutig beantwortet. Die meisten Autoren vertreten die Ansicht, daß eine quadratische Addition der momentanen Störfeldstärken:

$$E_{\text{res}} = \sqrt{\sum E_i^2} \tag{VIII.27}$$

der vernünftigste Ansatz ist.

Leider ist es nicht möglich, die örtliche Verteilungsfunktion des resultierenden Störfeldes durch einen geschlossenen Ausdruck anzugeben, so daß auf graphische und numerische Methoden zurückgegriffen werden muß. Es gibt eine Anzahl von Näherungsverfahren [*18*], die sich in praktischen Fällen für die Berechnung der örtlichen Versorgungswahrscheinlichkeit gut bewährt haben. Das einfachste und in der Planungspraxis am häufigsten angewendete Verfahren besteht darin, alle Versorgungswahrscheinlichkeiten L_i, d. h. die Wahrscheinlichkeiten, die sich bei Anwesenheit von nur einem, nämlich dem i-ten Störer ergeben, miteinander zu multiplizieren:

$$L(T_a) = \prod_{i=1}^{N} L_i(T_a). \tag{VIII.28}$$

Eine solche Multiplikation von Wahrscheinlichkeiten ist strenggenommen nur dann erlaubt, wenn alle Variablen unkorreliert sind. Das ist jedoch bereits vom

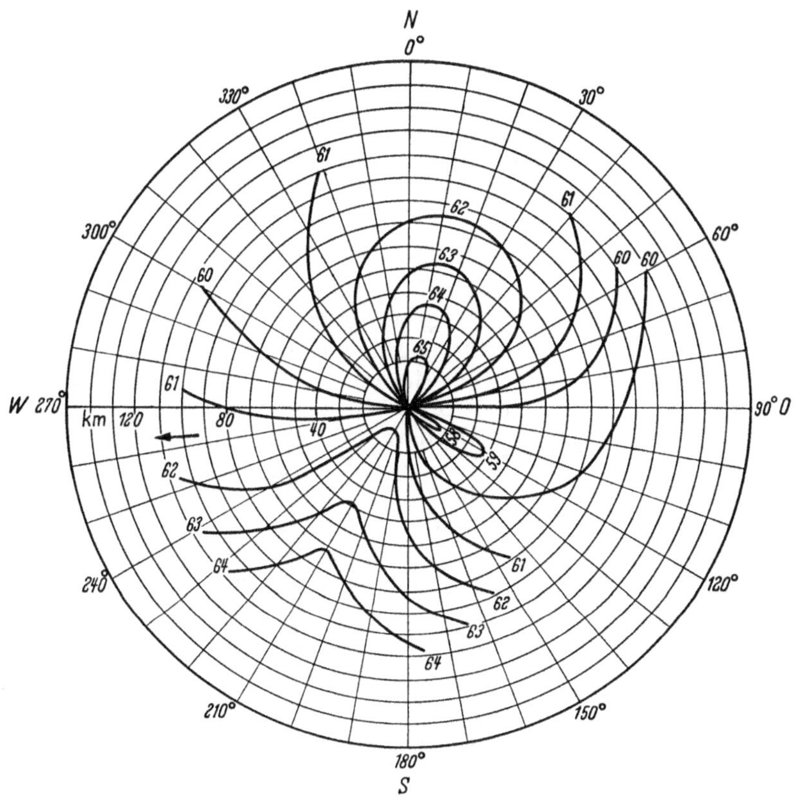

Abb. VIII.20. Beispiel fur den Verlauf der Schutzfeldstarke im Versorgungsgebiet eines Senders.

mathematischen Ansatz her nicht der Fall. Alle Wahrscheinlichkeiten L_i enthalten nämlich als korrelierendes Glied gemeinsam die örtliche Schwankung des Nutzsenders, so daß die resultierende Versorgungswahrscheinlichkeit geringer ist als bei strenger Durchführung.

Auf Grund der dargelegten Betrachtungsweise ist die Reichweite eines Senders nicht durch eine scharfe, eindeutige Grenze bestimmt, sondern die Versorgungswahrscheinlichkeit sinkt mit wachsender Entfernung vom Nutzsender allmählich von 100% auf 0%.

Abb. VIII.20 zeigt die Schutzfeldstärke eines Senders in Polarkoordinaten.

7. Planung von Sendernetzen.

Die folgenden Betrachtungen werden am Beispiel von Sendernetzen in den UKW-Bereichen IV und V durchgeführt. In diesen Bereichen ist es nämlich bei der großen Zahl der verfügbaren Frequenzkanäle besonders schwierig, wenn nicht gar unmöglich, optimale Frequenzpläne ohne Anwendung mathematischer Methoden aufzustellen. Die nachfolgend erläuterten systematischen Verfahren lassen sich jedoch auch auf jede Art von Netzen anwenden, die Information verbreiten sollen, wenn man die Parameter entsprechend ändert.

In den UKW-Bereichen IV und V ($470 \cdots 960$ MHz) stehen $C = 61$ Kanäle von je 8 MHz Bandbreite für das Fernsehen zur Verfügung, wenn man zunächst davon absieht, daß ein Teil der europäischen Fernmeldeverwaltungen die obere Grenze des Bereichs auf 790 MHz herabgesetzt hat.

Die Anzahl N der für eine ausreichende Flächenbedeckung notwendigen Fernsehsender eines Gebietes, wie z. B. Mitteleuropa, ist ein Vielfaches der zur Verfügung stehenden Frequenzkanäle C, so daß jeder Kanal entsprechend oft, d. h. im Mittel N/C-mal, eingesetzt werden muß. Gleichkanalstörungen neben Nachbar-, Oszillator- und Spiegelkanalstörungen sind daher grundsätzlich unvermeidbar. Es ist die Aufgabe der Sendernetzplanung, diese Störungen durch sinnvolle Zuordnung der Frequenzkanäle zu den Senderstandorten so klein zu machen, daß die Versorgung optimal wird.

7a. Idealisierte Netze.

Bevor ein praktischer Kanalverteilungsplan entworfen werden kann, muß die Lösung der oben dargelegten Aufgabe zunächst für einen idealisierten Fall gefunden werden. Es wird hierfür angenommen, daß die Senderstandorte ein homogenes zweidimensionales Punktgitter bilden. Die Behandlung solcher idealisierter Netze ist mathematisch möglich. Man findet Zusammenhänge für optimale Senderdichte und Kanalbedarf sowie Schemata der Kanalzuordnung, die dann in erster Näherung für die unregelmäßig gegliederten Sendernetze der Praxis übernommen werden können.

Die Untersuchung idealisierter Netze hat je nach der Formulierung der Aufgabenstellung auf zwei Methoden geführt, nämlich die Lösung für die sog. absoluten und die für die relativen Mindestentfernungen.

7b. Absolute Mindestentfernungen.

Auf Grund gegebener Störabstände für die verschiedenen möglichen Störfälle und unter Berücksichtigung von Ausbreitungsdaten haben einige Autoren Entfernungen festgelegt, die in einem Netz von zwei sich störenden Sendern nicht unterschritten werden dürfen [*19*], damit die Störwirkungen in vernünftigen Grenzen bleiben (s. Tab. 1).

Gefragt wird nun nach der maximalen Senderdichte, die für eine feststehende Anzahl von verfügbaren Frequenzkanälen möglich ist; oder anders formuliert, wieviel Kanäle müßten vorhanden sein, um eine bestimmte vorgegebene Senderdichte auszunutzen, wenn alle Mindestentfernungen eingehalten sind?

Die Abb. VIII.21 zeigt das die geometrische Anordnung der Senderstandorte bestimmende (x, y)-Koordinatennetz, welches durch die Seiten d_1, d_2, d_3 des verstärkt gezeichneten Elementardreiecks festgelegt wird. Die Entfernung S_1 des Koordinatenursprungs von einem Punkt mit den Koordinaten (x_1, y_1) ist dann gegeben durch:

$$S_1^2 = x_1(x_1 + y_1)\, d_1^2 + y_1(x_1 + y_1)\, d_2^2 - x_1 y_1 d_3^2. \tag{VIII.29}$$

Tabelle 1. *Mindestentfernungsbedingungen in km für Netze mit Sendern großer, mittlerer und kleiner Leistung* [19] (GERBER-Norm, Schwarz-Weiß).

störender Sender	groß	groß	mittel	groß	klein
gestörter Sender	groß	mittel	groß	klein	groß
0 (Nicht-Offset)	420	280	280	150	150
$\left(\frac{1}{12}\text{-Offset}\right)$	375	225	225	125	125
$\left(\frac{2}{12}\text{-Offset}\right)$	337,5	200	200	100	100
$\left(\frac{3}{12}\text{-Offset}\right)$	280	150	150	70	70
$\left(\frac{4}{12}\text{-Offset}\right)$	250	125	125	60	60
$\left(\frac{6}{12}\text{-Offset}\right)$	225	105	105	60	60
$\pm$ 1 Nachbarkanal	90	70	70	60	60
$\pm$ 5 Oszillator	100	60	60	50	50
$+10$ Tonspiegel	70	25	60	5	50
$+11$ Bildspiegel	150	60	75	25	60

Es wird jetzt angenommen, daß die Kanalverteilung, d. h. die Zuordnung der einzelnen Frequenzkanäle c zu den Standorten, linear nach der Gleichung erfolgt:

$$c = a\,x + b\,y \pm n\,C. \qquad \text{(VIII.30)}$$

In dieser Gleichung sind alle Größen ganze Zahlen; n ist so einzusetzen, daß c gerade sämtliche in Frage kommenden C verschiedenen Frequenzkanäle durchläuft. Damit alle Werte tatsächlich angenommen werden, muß man noch fordern, daß a, b, C teilerfremd sind.

Bei der Beschränkung auf den linearen Fall gemäß Gl. (VIII.30) wird eine große Anzahl von möglichen Kanalverteilungen von vornherein vernachlässigt. Diese Beschränkung auf lineare Verteilungen ist jedoch berechtigt, da die Untersuchung von nichtlinearen Verteilungen [20] zu keinen Verbesserungen in der erzielten Versorgung führte.

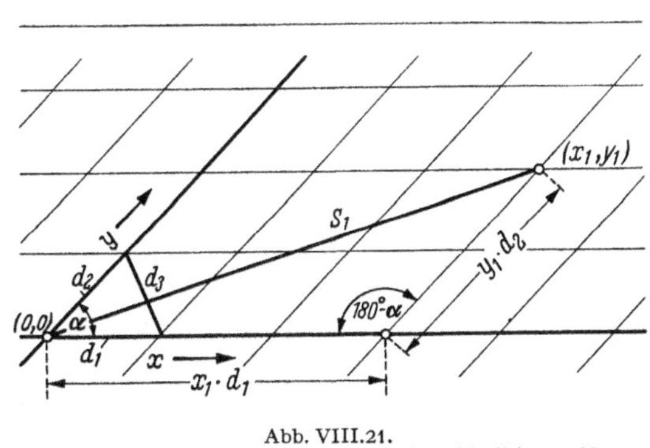

Abb. VIII.21.
(x, y)-Koordinaten der Senderstandorte eines idealisierten Netzes.

Für lineare Kanalverteilungen kann sehr leicht ein Überblick über alle überhaupt möglichen Lösungen gegeben und deren beste ausgesucht werden. Grundsätzlich werden unter dieser Voraussetzung aus Symmetriegründen alle Standorte gleichwertig behandelt, so daß es genügt, die Entfernungen der Störsender von einem einzigen als Nutzsender angesehenen Sender, z. B. von dem am Koordinatenursprung gelegenen, zu untersuchen. Diese Störsender mit der Kanalzahldifferenz Δc_i zum Nutzsender liegen an den Stellen mit den Koordinaten x_i, y_i, die man findet durch Lösung der Gleichung:

$$\Delta c_i = a\,x_i + b\,y_i \pm n\,C. \qquad \text{(VIII.31)}$$

Insbesondere geht diese Beziehung für Gleichkanalstörer in die homogene Form $c_i = 0$ über. Hierfür wäre z. B. $x_0 = a$, $y_0 = -b$ eine Lösung $(n = 0)$. Ist speziell x_1, y_1 eine Lösung der homogenen Form für $n = 1$, so erhält man sämtliche Lösungen durch Bildung aller Linearkombinationen:

$$\begin{aligned} x_i &= \mu\, x_0 + \nu\, x_1 \\ y_i &= \mu\, y_0 + \nu\, y_1 \end{aligned} \qquad \mu, \nu = \text{ganz}. \tag{VIII.32}$$

Das Netz der Gleichkanäle ist bei linearen Kanalverteilungen also wiederum ein lineares Punktgitter. Das Lösungsgebilde für die inhomogene Form (VIII.31) erhält man, indem man eine beliebige Lösung x_i, y_i von (VIII.31), die man leicht durch Probieren findet, zu dem Lösungsgebilde der homogenen Gleichung addiert.

Sollen nun alle Mindestentfernungen $S(\Delta c_i)$ eingehalten werden, so kommt man durch Einsetzen in (VIII.29) zu einem System von Ungleichungen:

$$S_i^2 \leqq x_i(x_i + y_i)\, d_1^2 + y_i(x_i + y_i)\, d_2^2 - x_i\, y_i\, d_3^2 \tag{VIII.33}$$

für alle Lösungen x_i, y_i von (VIII.31) und alle Störbedingungen i.

Nach einfacher Umformung findet man:

$$1 \leqq \left(\frac{x_i}{S_i}\right)^2 d_1^2 + \left(\frac{y_i}{S_i}\right)^2 d_2^2 + \frac{x_i}{S_i}\,\frac{y_i}{S_i}\,(d_1^2 + d_2^2 - d_3^2). \tag{VIII.34}$$

Das ist für festgehaltene d_j der Außenraum einer Ellipse im $(x/s, y/s)$-Koordinatensystem.

Eine Lösung des Systems von Ungleichungen (VIII.33) wird daher durch eine Ellipse gekennzeichnet, die keinen der Punkte $(x_i/S_i,\ y_i/S_i)$ einschließen darf.

Die Hauptachsen einer solchen Ellipse sind die Reziprokwerte der Quadrate der Lösungen $\lambda_{1,2}$ des charakteristischen Polynoms

$$\begin{vmatrix} d_1^2 - \lambda & \dfrac{d_1^2 + d_2^2 - d_3^2}{2} \\ \dfrac{d_1^2 + d_2^2 - d_3^2}{2} & d_2^2 - \lambda \end{vmatrix} = 0. \tag{VIII.35}$$

Man erhält für die Ellipsenfläche F:

$$\frac{\pi}{F} = \lambda_1\, \lambda_2 = d_1^2\, d_2^2 - \frac{1}{4}\,(d_1^2 + d_2^2 - d_3^2). \tag{VIII.36}$$

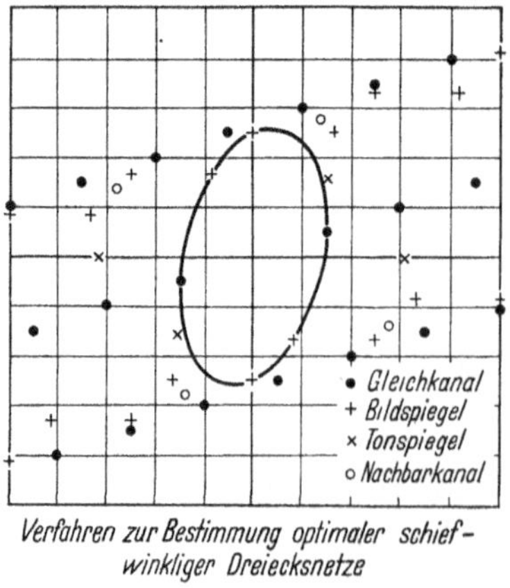

Abb. VIII.22. Ellipse mit größter Fläche zur Losung des Ungleichungssystems VIII.33.

Dieser Ausdruck ist gleich dem Quadrat der Fläche des von den Seiten d_j gebildeten Elementardreiecks des idealisierten Grundnetzes. Um eine möglichst große Senderdichte zu erzielen, ist demnach die Fläche F der Ellipse möglichst groß zu machen.

Die Lösung des Problems verlangt also, anschaulich gesprochen, folgendes: in ein System von gegebenen Punkten x_i/S_i, y_i/S_i soll eine Ellipse mit möglichst großer Fläche hineingelegt werden, die keinen dieser Punkte einschließt. Das ist an einem Beispiel in Abb. VIII.22 gezeigt. Im allgemeinen liegen genau drei Punkte auf der Peripherie, für die in dem Ungleichungssystem (VIII.33) dann das *Gleichheits*zeichen gilt. Die die Geometrie des Netzes bestimmenden Dreieckseiten d_j können dann mit Hilfe der KRAMERschen Regel aus den drei Gleichungen ausgerechnet werden.

Man erhält:

$$d_j = \sqrt{\frac{D_j}{D}} \tag{VIII.37}$$

mit

$$D = \begin{vmatrix} x_1^2 & y_1^2 & -x_1 y_1 \\ x_2^2 & y_2^2 & -x_2 y_2 \\ x_3^2 & y_3^2 & -x_3 y_3 \end{vmatrix}, \tag{VIII.38a}$$

$$D_1 = \begin{vmatrix} S_1^2 & y_1^2 & -x_1 y_1 \\ S_2^2 & y_2^2 & -x_2 y_2 \\ S_3^2 & y_3^2 & -x_3 y_3 \end{vmatrix}, \tag{VIII.38b}$$

$$D_2 = \begin{vmatrix} x_1^2 & S_1^2 & -x_1 y_1 \\ x_2^2 & S_2^2 & -x_2 y_2 \\ x_3^2 & S_3^2 & -x_3 y_3 \end{vmatrix}, \tag{VIII.38c}$$

$$D_3 = \begin{vmatrix} x_1(x_1+y_1) & y_1(x_1+y_1) & S_1^2 \\ x_2(x_2+y_2) & y_2(x_2+y_2) & S_2^2 \\ x_3(x_3+y_3) & y_3(x_3+y_3) & S_3^2 \end{vmatrix}. \tag{VIII.38d}$$

Dabei sind die x_j, y_j, S_j $(j = 1, 2, 3)$ die zu den drei Peripheriepunkten gehörenden Koordinaten bzw. Mindestentfernungen. Die mathematische Operation ist hier nichts weiter als eine affine Abbildung des Ausgangsnetzes auf das Netz mit der maximalen Senderdichte, wobei die Ellipse (Abb. VIII.22) in den Einheitskreis übergeführt wird.

Es läßt sich zeigen, daß alle überhaupt möglichen linearen Kanalverteilungen durch affine Abbildungen ineinander übergehen können [*21*]. Das Ausgangsnetz kann daher ohne Einfluß auf das Ergebnis willkürlich ausgewählt werden.

In dem Sonderfall, daß die Mindestentfernungen für Gleichkanäle dominieren $(S_0 \gg S_i, i = 1, 2, \ldots)$, erhält man bei der Durchführung des Verfahrens für das Gleichkanalgitter ein gleichseitiges Dreiecksnetz mit den Seitenlängen S_0. Die maximal erzielbare Senderdichte V wird dann:

$$V = \frac{C}{S_0^2} \frac{2}{3} \sqrt{3}.$$

Da die anderen Störungen $(i \geqq 1)$ keine Rolle mehr spielen, bleibt jedoch die relative Lage verschiedener Kanäle und damit die eigentliche Struktur der Netze unbestimmt. Zur Optimalisierung sind daher jetzt die Mindestentfernungen unter dem Gesichtspunkt ihrer Relationen zueinander zu betrachten.

7c. Relative Mindestentfernungen.

Man kommt nunmehr zu folgender Fragestellung: Auf welche Arten kann man ein gegebenes, gleichseitiges Gleichkanalgitter durch Hinzunahme weiterer Standorte und Kanäle zu einem linearen, idealisierten Sendernetz mit C Kanälen ergänzen?

Zur Beantwortung gehen wir aus von einem Koordinatennetz, dessen ganzzahlige Punkte mit den Gleichkanälen $c = 0$ übereinstimmen. Es seien (x, y) die

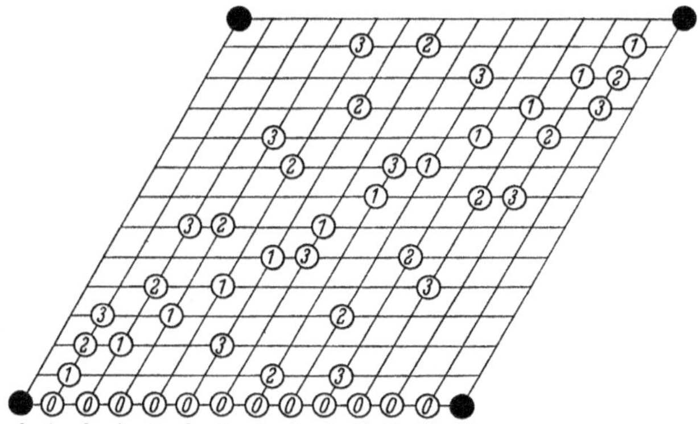

0	1	2	3	4	5	6	7	8	9	10	11	12	13
0	2	4	6	8	10	12	1	3	5	7	9	11	13
0	3	6	9	12	2	5	8	11	1	4	7	10	13
0	4	8	12	3	7	11	2	6	10	1	5	9	13
0	5	10	2	7	12	4	9	1	6	11	3	8	13
0	6	12	5	11	4	10	3	9	2	8	1	7	13

Abb. VIII.23. Mögliche Kanalanordnungen fur $C = 13$.

Koordinaten eines anderen Kanals. Verlängert man seine Verbindungslinie zum Nullpunkt auf das C-fache, so kommt man, da das Netz linear sein soll, auf

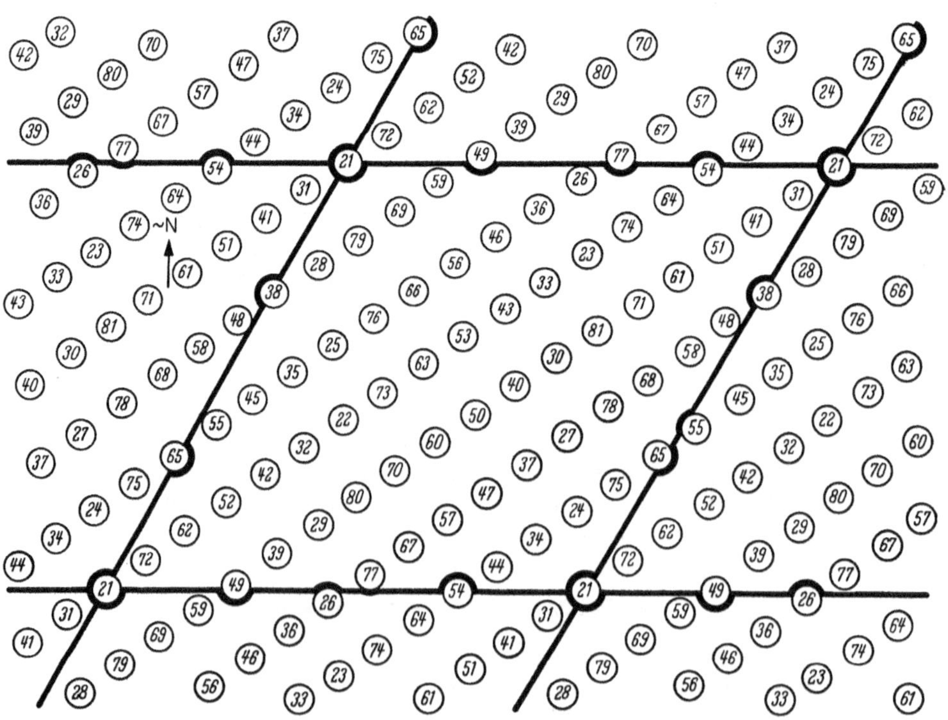

Abb. VIII.24. Für die Aufstellung des Stockholmer Plans 1961 zugrunde gelegte theoretische Kanalanordnung [23].

die Koordinaten eines Kanals mit $c = 0$. Man kann hieraus unmittelbar folgern, daß unter den angegebenen Voraussetzungen Punkte mit Koordinaten der Form $(x = a/C, y = b/C)$, wo a und b ganze Zahlen sind, Senderstandorte sein können.

Man kann ferner beweisen, daß es genügt, ein Wertepaar a, b, mit a und b teilerfremd, festzulegen, um alle Senderstandorte eindeutig zu bestimmen. Es ist daher sehr leicht, sich schnell über die überhaupt möglichen Anordnungen einen Überblick zu verschaffen. Für $C = 13$ sind es z. B. deren vier, die in der Abb. VIII.23 durch (0) bis (3) gekennzeichnet sind.

Jede so erhaltene Geometrie kann man dann auf die folgende Art durchnumerieren:

$$1d, 2d, 3d, \ldots,$$

wobei man, wenn d und C teilerfremd sind und alle über C hinausgehenden Zahlen entsprechend oft um C vermindert werden, sämtliche Kanäle $1 \leqq c \leqq C$ erhält. In der Abb. VIII.23 sind die bei $C = 13$ möglichen Numerierungen entlang der Abszisse angegeben. Man erhält auf solche Weise hier 24 verschiedene Kanalverteilungen.

Da die Anzahl der möglichen Kanalverteilungen mit wachsender Kanalzahl schnell zunimmt, benutzt man zu ihrer Aufstellung und zur Auswahl der optimalen Netze zweckmäßigerweise einen Elektronenrechner. Die optimalen Lösungen sind dabei naturgemäß diejenigen, bei denen die störenden Kanäle möglichst nahe an den Schwerpunkten der Dreiecke zu liegen kommen. Abb. VIII.24 zeigt den für die Entwicklung eines praktischen Frequenzplanes in den Bereichen IV und V als Grundlage dienenden theoretischen Kanalverteilungsplan.

8. Dichtenanpassung.

Bei der Anwendung der theoretischen Ergebnisse auf die Praxis müssen die idealisierten Netze derart verzerrt werden, daß die praktischen Senderstandorte mit den Gitterpunkten des idealisierten Netzes zusammenfallen. Das geschieht am zweckmäßigsten in zwei Schritten.

Die tatsächlichen Erfordernisse der Fernsehversorgung sind theoretischen Methoden nicht voll zugänglich. Die Struktur eines praktischen Sendernetzes richtet sich nach gebietsweise z. T. stark unterschiedlichen orographischen und politischen Gegebenheiten. Sendeantennen müssen vorzugsweise auf Bergspitzen errichtet werden und in günstiger Position zu Bevölkerungszentren liegen. Die Anzahl der von einem Standort abgestrahlten Programme ist in benachbarten Gebieten unter Umständen verschieden. Im ersten Schritt muß daher das theoretische Netz an die aus den praktischen Erfordernissen sich ergebende Senderdichte angepaßt werden. Diese „Dichtenanpassung" geschieht, indem man zunächst ohne Kenntnis der Struktur des theoretischen Netzes über das Gebiet, für das ein Frequenzplan zu entwerfen ist, ein Dreiecksnetz legt. Seine Maschenweite gibt dabei den mittleren Gleichkanalabstand wieder, der aus der in den Teilgebieten für die Fernsehversorgung verfügbaren Kanalzahl einerseits und der erforderlichen Senderzahl andererseits resultiert. Dies ist für den westlichen Teil der europäischen Rundfunkzone in Abb. VIII.25 durchgeführt worden.

Der zweite Schritt umfaßt dann die Zuordnung der Kanalnummern nach dem Schema der theoretischen Grundraute zu den einzelnen Teilrauten der Abb. VIII.25 unter Vermeiden größerer örtlicher Verschiebungen.

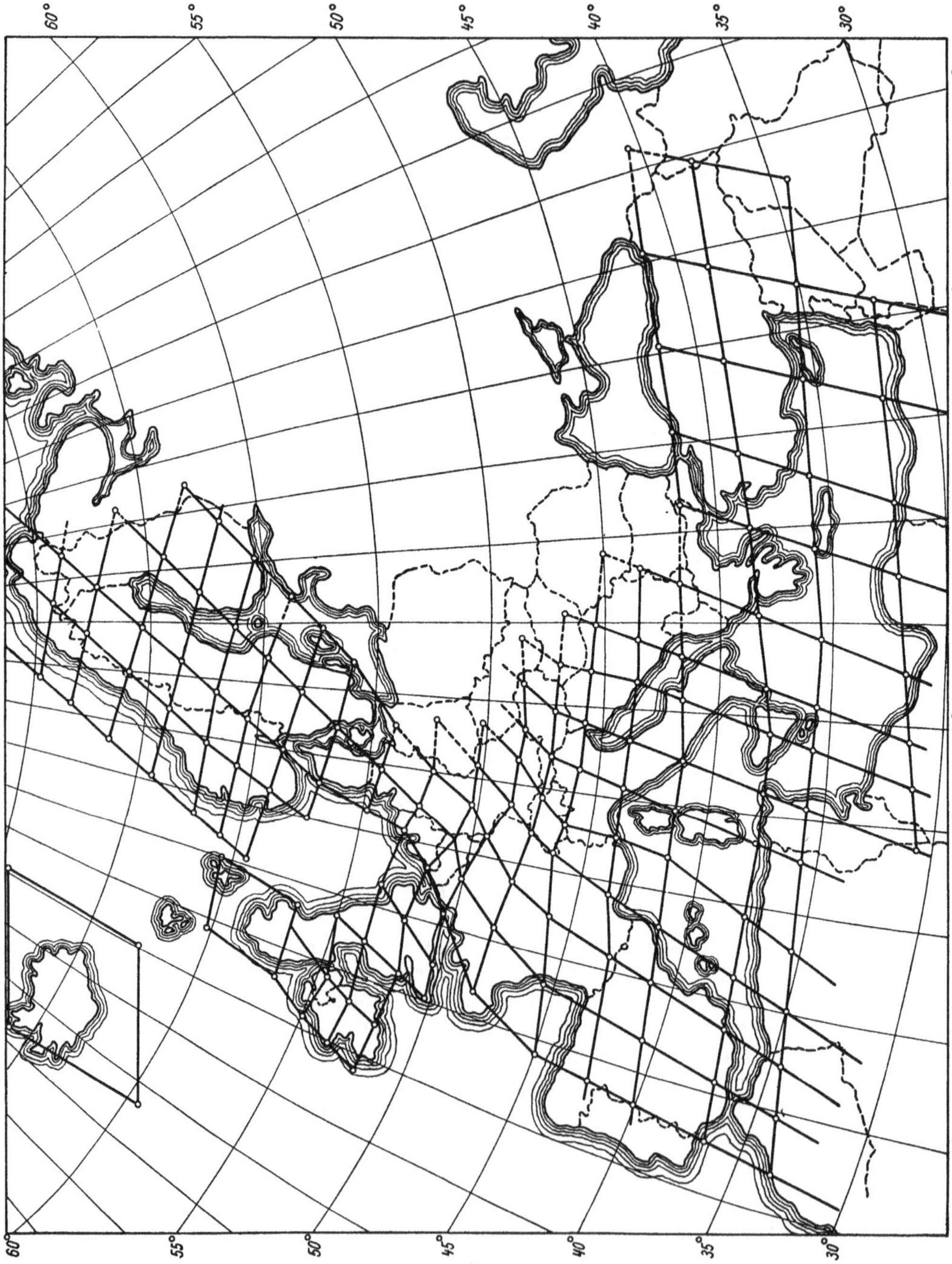

Abb. VIII.25. Dichtenanpassung für Europa [24].

Schrifttum zum Kap. VIII.

[1] Lehrbuch der drahtlosen Nachrichtentechnik, herausgeg. v. N. v. KORSHENEWSKY und W. T. RUNGE, Band II, Antennen und Ausbreitung, bearb. v. K. FRÄNZ und H. LASSEN, s. Teil „Ausbreitung elektromagnetischer Wellen".
[2] NESTEL, W.: Die bisherigen Erfahrungen über die Ausbreitungsverhältnisse und Möglichkeiten der praktischen Verwendung der ultrakurzen Wellen. Bericht für die Lilienthal-Gesellschaft, Berlin 1942.
[3] GERTH, F., u. W. SCHEPPMANN: Untersuchungen über die Ausbreitungsvorgänge ultrakurzer Wellen. Z. Hochfrequenztechn. Bd. 33 (1929) S. 22.
[4] VAN DER POL, B., u. H. BREMMER: Ergebnisse einer Theorie über die Fortpflanzung elektromagnetischer Wellen über eine Kugel endlicher Leitfähigkeit. Hochfrequenztechn. u. Elektroakustik Bd. 51 (1938) H. 6, S. 181—188.
[5] MCPETRIE, I. S.: The reflection coefficient of the earth's surface for radio waves. J. Instn. electr. Engrs. Bd. 13 (1938) S. 210.
[6] SCHÖBE, W.: Feldstärkeatlas für Ausbreitung über See (unter Mitarbeit von W. MAGNUS und A. WALTHER). Telefunken-Bericht EF 10 (Dez. 1944) neuvervielfältigt vom Institut für praktische Mathematik der TH-Darmstadt (Okt. 1945).
[7] GROSSKOPF, J.: Ultrakurzwellenausbreitung im Bereich von 30 ··· 100 MHz. Fernmeldetechn. Z. Bd. 4 (1951) S. 411, 441—451.
[8] KALTBEITZER, K. H.: Zur UKW-Ausbreitung über irregulärem Gelände; Theorie, praktische Ergebnisse und Messungen. Mitt. Rundfunktechn. Inst. (1952) Nr. 6, Sept.
[9] BAUERMEISTER, E., u. W. KNÖPFEL: UKW-Feldstärkevorhersage in gebirgigem Gelände. Techn. Hausmitt. NWDR Bd. 4 (1952) S. 67—73.
[10] ECKART, G., u. H. PLENDL: Die Überwindung der Erdkrümmung bei Ultrakurzwellen durch die Strahlenbrechung in der Atmosphäre. Hochfrequenztechn. u. Elektroakustik Bd. 52 (1938) S. 44—58.
[11] SAXTON, J. A.: Basic ground-wave propagation characteristics in the frequency band 50 and 800 Mc/s. Proc. Inst. electr. Engrs. Bd. III/101 (1954) Nr. 72, S. 211—214.
[12] TAYLOR, J. P.: UHF in Portland. Broadcast News Vol. 71 (1952) S. 16—33.
[13] TAYLOR, J. P.: More reports on UHF coverage. Broadcast News Vol. 72 (1953) S. 8—11.
[14] FRIIS, H. T., A. B. CRAWFORD u. D. C. HOGG: A reflection theory for propagation beyond the horizon. Bell Syst. techn. J. Vol. 36 (1957) S. 627—644.
[15] BOOKER, H. G., u. W. E. GORDON: An elementary theory of scattering in the troposphere. NFL symposium on tropospheric wave propagation. Naval Electronics Lab. Rep. Vol. 173 (1949) S. 25—29.
[16] EDEN, H., H. W. FASTERT und K. H. KALTBEITZER: Verfahren zum Entwurf optimaler Sendernetze für die Fernsehversorgung in den Bereichen IV und V. Rundfunktechn. Mitteilungen 4 (1960) S. 1.
[17] HOPF, H.: Untersuchungen zum Betrieb von Fernsehsendern mit Präzisionsoffset der Trägerfrequenzen. Rundfunktechn. Mitteilungen 2 (1958) S. 265—276.
[18] Report of the Ad Hoc Committee, For the Evaluation of the Radio Propagation Factors Concerning the Television and Frequency Modulation Broadcasting Service in the Frequency Range between 50 and 250 Mc. Federal Communications Commission, Washington D. C. (July 1950) Volume II.
[19] EDEN, H., u. K. H. KALTBEITZER: Mindestentfernungen zwischen interferierenden Fernsehsendern. Rundfunktechn. Mitteilungen 3 (1959) S. 271.
[20] MAARLEVELD, F.: Sendernetze mit nichtlinearer Kanalverteilung. Rundfunktechn. Mitteilungen 4 (1960) S. 57.
[21] FASTERT, H. W.: Die mathematischen Grundlagen der theoretischen Sendernetzplanung. Rundfunktechn. Mitteilungen 4 (1960) S. 48.
[22] RINDFLEISCH, H.: Der gegenwärtige Ausbau des Fernsehrundfunks im In- und Ausland. Rundfunktechn. Mitteilungen 3 (1959) S. 219.
[23] Technical Data used by the European VHF/UHF Broadcasting Conference Stockholm 1961. International Telecommunication Union, Genf (1961).
[24] Report by the Ad Hoc Committee for Density Adaption, International Telecommunication Union, European VHF/UHF Broadcasting Conference Stockholm 1961, Doc. 97 (16. 6. 1961), Annex 6.

IX. Fernsehempfänger.

Bearbeitet von Dipl.-Ing. W. Bruch, Hannover.

1. Einführung.

Die beim Entwurf eines Fernsehempfängers zu lösenden Aufgaben sind so vielseitig, daß es im Rahmen dieses Kapitels ausgeschlossen ist, sie auch nur angenähert geschlossen und vollzählig zu behandeln. Die grundsätzlichen fernsehtechnischen Probleme und Schaltungen sind in anderen Teilen dieses Buches so

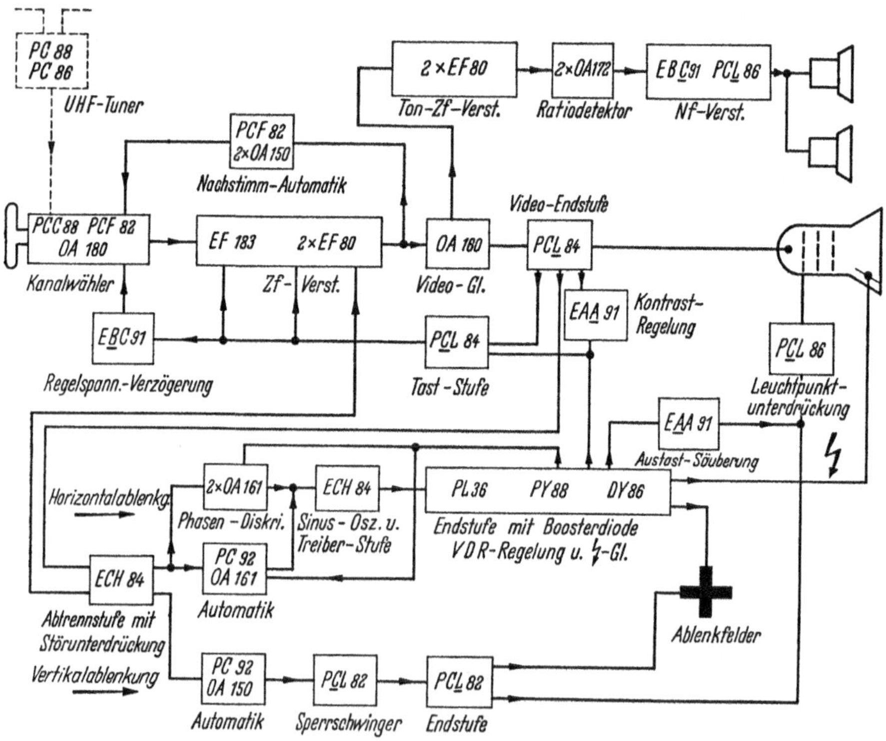

Abb. IX.1.
Blockschema eines Fernsehempfängers mittleren Aufwandes. In den Blockfeldern sind die Röhrentypen eingetragen.

weit dargelegt, daß ihre spezielle Abwandlung auf Fernsehempfänger leicht möglich ist. Daher wurden bei der Stoffauswahl besonders die Randgebiete berücksichtigt.

Über Fernsehempfänger ist bereits eine umfangreiche Literatur erschienen; auf einige Standardwerke, auf die der Leser zurückgreifen kann, sei hingewiesen [1] bis [4].[1]

[1] Auch die Serviceschriften der Fernsehempfänger-Hersteller dürfen bei diesem Hinweis nicht vergessen werden. Sie enthalten viele Angaben über neuere Schaltungen, die an dieser Stelle nicht zu finden sind (Serviceanleitungen der Firmen Blaupunkt, Grundig, Philips und Telefunken wurden für die Auswahl der Schaltungsbeispiele benutzt).

Ein Fernsehempfänger kann in Funktionsbausteine zerlegt werden. Abb. IX.1 zeigt das Blockschema in einzelne Funktionsbausteine aufgeteilt, wie sie nachstehend beschrieben werden. Bei modernsten, in gedruckter Schaltungstechnik ausgeführten Geräten werden mehrere Bausteine dieser Art noch auf einer gedruckten Platte zu einer vollständigen funktionsfähigen Einheit zusammengesetzt. Aus mehr oder weniger solchen Einheiten besteht dann der fertige Empfänger, bei dem meistens ein Klappchassis alle Bauteile für die Messung bei Reparatur im Betriebszustand zugänglich macht.

Die in den heutigen Fernsehempfängern vorgesehenen Wellenbereiche sind die Bänder I und III sowie IV und V (s. Tab. 1, S. 374). Für die Bezeichnung dieser Bereiche haben sich amerikanische Abkürzungen eingebürgert, die hier übernommen werden: Für Band I und III: VHF (Very High Frequencies); für Band IV und V: UHF (Ultra High Frequencies).[1]

1.1. Allgemeine und konstruktive Gesichtspunkte.

Das von der Antenne kommende Signal wird in einem Kanalwähler, der umschaltbar oder kontinuierlich verstimmbar die Wahl des gewünschten Senders ermöglicht, auf die Zwischenfrequenz (ZF) des Empfängers umgesetzt. Abb. IX.2

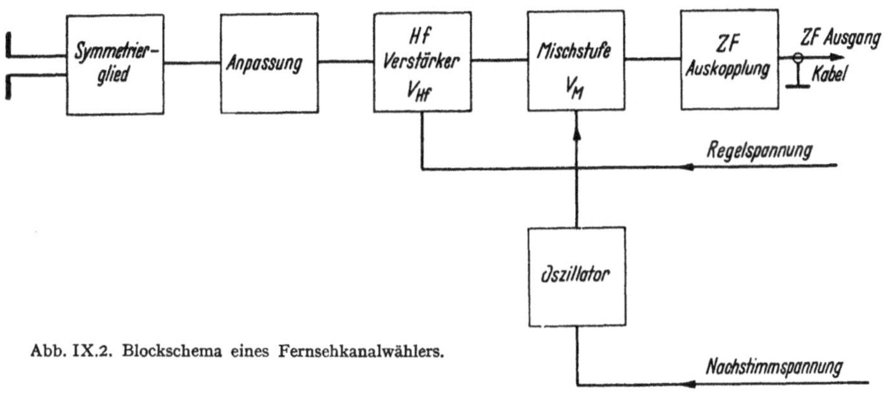

Abb. IX.2. Blockschema eines Fernsehkanalwählers.

zeigt das Prinzipschema des Kanalwählers. Ein Symmetrierglied paßt die symmetrische Antenne an den unsymmetrischen Eingang an. Ein Anpassungswandler transformiert das Antennen-R in Leistungs- oder Rauschanpassung auf den Eingangswert des Hochfrequenzverstärkers mit einer Leistungsverstärkung V_{HF}; er entkoppelt Oszillator und Mischstufe (mit der Mischleistungsverstärkung V_M) von der Antenne. Eine ZF-Auskopplung transformiert den Ausgangswiderstand des HF-Teiles auf die Eingangsimpedanz der Kabelverbindung zum ZF-Verstärker. Dem HF-Verstärker kann eine Regelspannung zugeführt werden zur Verhinderung des Übersteuerns der Mischstufe, dem Oszillator eine Nachstimmspannung zur automatischen Frequenznachregelung.

Die entscheidenden Entwicklungsmaßnahmen am Kanalwähler beziehen sich immer auf die Erreichung des optimalen Signal/Rausch-Verhältnisses, auf reflexionsfreie Anpassung, Entkopplung des Oszillators von der Antenne und einfache Umschaltung der Kanäle. Zwei Arten der Umschaltung sind durchführbar: entweder mit Spulen, an denen Abgriffe geschaltet werden (Abb. IX.3) (diese

[1] Zwischen Band I und III liegt das Band II, im deutschen Sprachgebrauch mit UKW bezeichnet.

Lösung hat sich in Europa nicht durchgesetzt) oder mittels des sog. Trommelwählers (Abb. IX.4a und IX.4b), in den für jeden Kanal eigene Spulen ein-

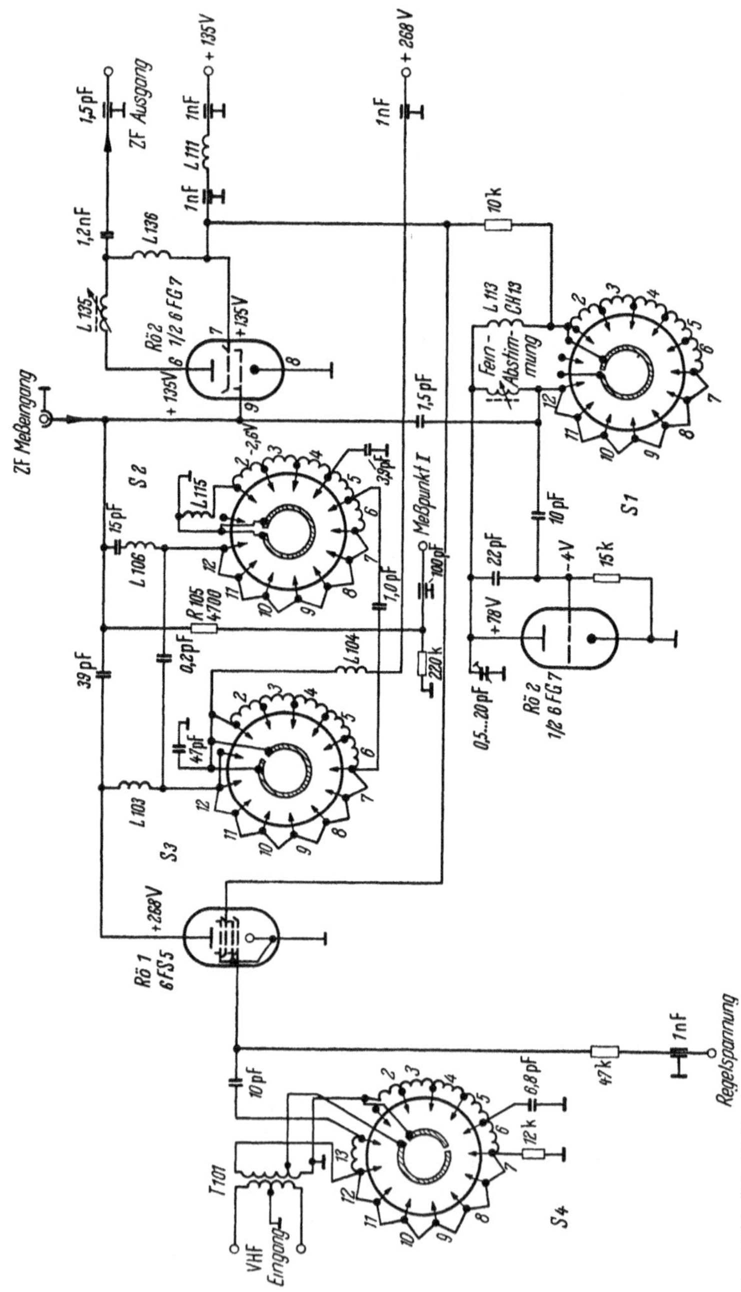

Abb. IX.3. Schaltbild eines Kanalwählers, bei dem die Abstimmkreise mit Abgriffen auf die einzelnen Kanäle umgeschaltet werden. (In den USA üblicher Kanalwähler, Schaltbild: General Electric Co.)

gesetzt sind. In seinen teureren Ausführungen sind alle Spulen auf auswechselbaren Segmenten angeordnet, in den einfacheren nur die Bandfilter und Oszillatorspulen auswechselbar. Auf die Trommelkanalwähler wollen wir uns hier beschränken; ihre Schaltungstechnik kann sinngemäß auch auf andere Wählerformen übertragen werden.

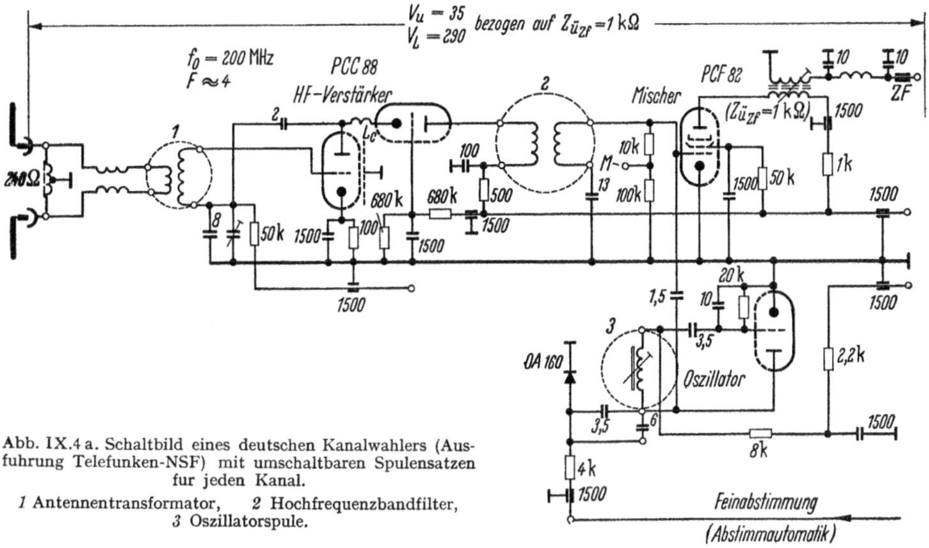

Abb. IX.4a. Schaltbild eines deutschen Kanalwahlers (Ausfuhrung Telefunken-NSF) mit umschaltbaren Spulensatzen fur jeden Kanal.
1 Antennentransformator, *2* Hochfrequenzbandfilter, *3* Oszillatorspule.

1.2. Rauschen und Empfängerempfindlichkeit.

1.2a. Rauschquellen. Bei sehr kleiner Eingangsspannung wird im Fernsehempfänger „Rauschen" (Störschwankungen) sichtbar. Antenne, Eingangsschaltung, Eingangsröhre, Mischstufe und unter Umständen anschließende ZF-Stufe wirken als Rauschquellen. Ein Empfänger ist um so „empfindlicher", je geringer sein Eigenrauschen ist.[1]

1.2b. Rauschkenngrößen der Schaltung. Jeder Widerstand liefert nach NYQUIST [5] eine mittlere Rausch-EMK mit dem quadratischen, über lange Zeiten genommenen Mittelwert (Abb. IX.5a, Spannungsquellenersatzbild):

$$\overline{e^2} = 4kT_0 R\Delta f \qquad \text{(IX.1)}$$

oder einen Kurzschlußstrom (Abbildung IX.5b, Stromquellenersatzbild):

$$\overline{i^2} = 4kT_0 G\Delta f, \qquad \text{(IX.2)}$$

Abb. IX.4b. Trommelkanalwähler nach Schaltbild IX.4a. Links die auswechselbaren Segmente, enthaltend je einen Oszillator und ein Bandfilterspulenpaar. Rechts auf der Scheibe die Antennentransformatoren.

[1] Der eingebürgerte Ausdruck „Rauschen", aus dem Hörempfang übernommen, wird im folgenden bewußt beibehalten, obwohl die statistischen Schwankungen der Signalspannung, die hier gemeint sind, sich im Fernsehbilde als unhörbare Fluktuationen der Punktleuchtdichte („Helligkeitsrauschen") äußern.

K = BOLTZMANN-Konstante $= 1{,}38 \cdot 10^{-23}$ J/°K, T_0 = absolute Temperatur ($kT_0 = 4 \cdot 10^{-21}$ Ws für Zimmertemperatur), R = Widerstand in Ohm, G = Leitwert $1/R$, Δf = Bandbreite in Hz.

Auch der Innenwiderstand des Signalgenerators rauscht unvermeidlich, wie jeder OHMsche Widerstand, mit seinem Ersatzwiderstand R_g. Dazu kommt das Rauschen der Eingangsschaltung und der Röhre; es entscheidet, wie gering das dem Empfänger zugeführte Eingangssignal werden darf, wenn am Ausgang das Nutzsignal noch genügend über dem Rauschen liegen soll. Da es sich um nicht korrelierte Schwankungen handelt, müssen ihre quadratischen Mittelwerte, also praktisch die Rauschleistungen, addiert werden. Zweckmäßig rechnet man daher mit Leistungsverstärkungen.

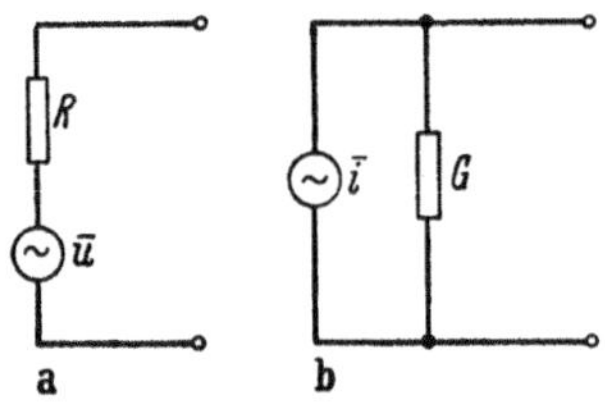

Abb. IX.5a u. b. Rauschen eines Widerstandes. a) Spannungsquellenersatzbild; b) Stromquellenersatzbild.

Als Rauschmaß benutzt man heute fast ausnahmslos die von H. T. FRIIS [6] definierte Geräuschzahl (F-Zahl, „Noise-Figure"). Sie gibt an, wievielmal größer die von der ganzen Schaltung am Ausgang gelieferte Rauschleistung P_{n2} ist als die von der Signalquelle allein gelieferte Rauschleistung.

Ist V die Leistungsverstärkung der Anordnung, so wird die dem Eingang angebotene Rauschleistung P_{n1} am Ausgang VP_{n1}, also

$$F V P_{n1} = P_{n2} \quad \text{oder} \quad F = \frac{P_{n2}}{V P_{n1}}. \tag{IX.3}$$

Dieses so definierte F erlaubt, alle Rauschleistungen auf den Eingang zu beziehen und als fiktive, einem rauschfreien Verstärker im Eingang angebotene Rauschleistung zu deuten.

Dann ist die scheinbar am Eingang vorhandene gesamte Rauschleistung $P_{n1\,(\text{tot})}$ gegeben durch:

$$P_{n1\,(\text{tot})} = F P_{n1}.$$

Sie kann auch als Summe von zwei Rauschleistungen:

$$P_{n1\,(\text{tot})} = F_z P_{n1} + P_{n1}$$

dargestellt werden. F_z nennen wir die Zusatzrauschzahl, d. h. die Rauschleistung, die sich zu dem Rauschen des Generators addiert. Es ist $F = 1 + F_z$. Der Generator rauscht mit der Leistung 1 und die übrige Schaltung mit der Leistung F_z. Nun ist F eine reine dimensionslose Zahl; sie kann auch in dB angegeben werden:

$$F_{\text{dB}} = 10 \log F.$$

Je kleiner F wird, um so besser ist die Eingangsschaltung. Würde nur der Generator rauschen, hätten wir $F = 1$, $F_z = 0$.

Die in Deutschland meist gebrauchten, von K. FRÄNZ [7] eingeführten kT_0-Zahlen stimmen mit F überein. Die F_z-Zahl gibt uns auch die einfache Möglichkeit, die Rauschspannung einer Verstärkerkaskade zu berechnen (Abb. IX.6). Es läßt sich wieder ein rauschfreier Verstärker mit der Verstärkung $V_{(\text{tot})}$ bilden, mit zwei Ersatzrauschquellen am Eingang. Wir erhalten

$$F = 1 + F_{z(HF)} + \frac{F_{z(M)}}{V_{(HF)}} + \frac{F_{z(ZF)}}{V_{(HF)} V_{(M)}} + \cdots \tag{IX.4}$$

Diese Gleichung zeigt die Notwendigkeit hoher HF-Leistungsverstärkung und evtl. auch hoher Mischverstärkung, um die Einflüsse weiterer Stufen zum Verschwinden zu bringen.

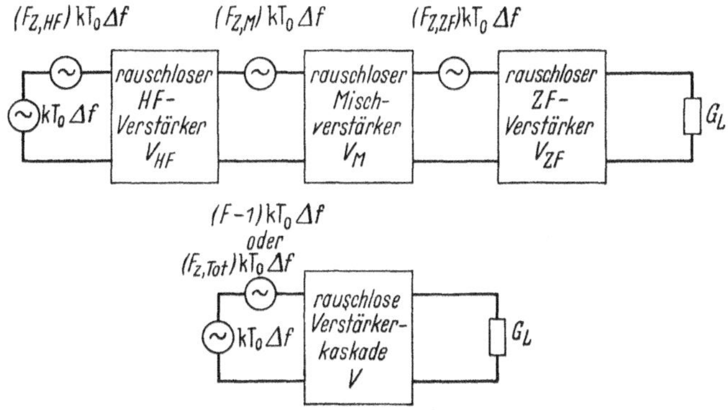

Abb. IX.6. Ersatzbild der rauschenden Verstarkerkaskade eines Fernsehempfangers, dargestellt durch eine rauschlose Verstärkerkaskade und eine Ersatzrauschquelle im Eingang.

1.2c. Rauschen bei höheren Frequenzen. Bei mittleren Frequenzen kann das gesamte Rauschen der Röhre durch einen äquivalenten Rauschwiderstand R_n beschrieben werden, den man sich mit T_0 rauschend als alleinige Rauschquelle am Gitter vorstellt. Von etwa 10^8 Hz ab treten zusätzliche Rauscherscheinungen in der Röhre auf, die berücksichtigt werden müssen. Der Strom, den die Elektronen in der Gitterelektrode induzieren, wirkt auf den Eingangskreis zurück, bei tiefen Frequenzen rein kapazitiv. Bei höheren Frequenzen kommt durch die Laufzeiteffekte mehr und mehr eine reelle Komponente hinzu, die sich wie ein Dämpfungswiderstand R_e im Eingangskreis auswirkt. Der im Gitter induzierte Elektronenstrom verursacht eine zusätzliche Rauschkomponente etwa in der Größe, als würde

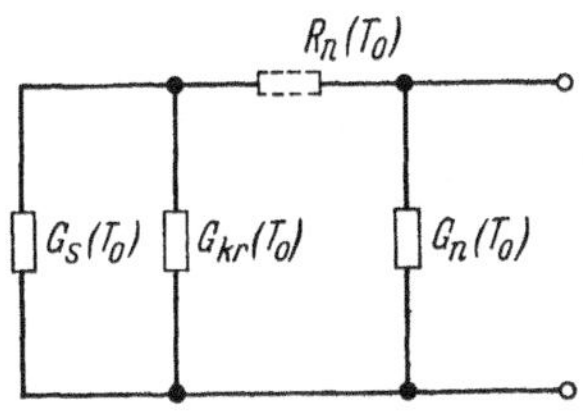

Abb. IX.7. Rauschersatzbild der Eingangsschaltung einer neutralisierten Triode bei hohen Frequenzen.

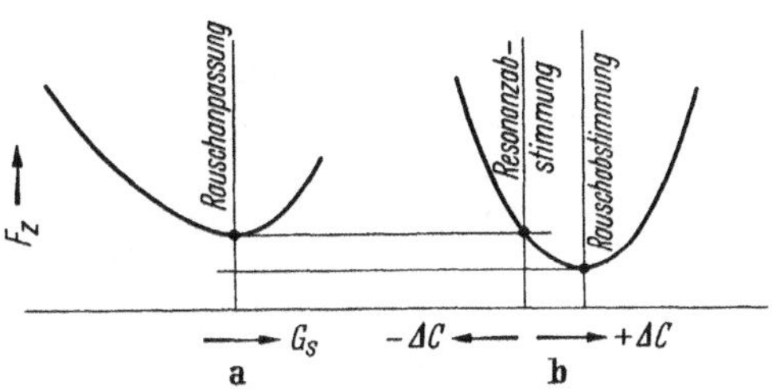

Abb. IX.8a u. b. Die Zusatzrauschzahl F_z einer Röhreneingangsschaltung bei hohen Frequenzen und a) Rauschanpassung; b) Rauschanpassung plus Rauschabstimmung.

R_e mit 5facher Raumtemperatur rauschen: $R_n = 5\,R_e$; $G_n = \frac{1}{5}G_e$. Das Rauschersatzbild der Eingangsschaltung einer neutralisierten Triode zeigt Abb. IX.7.

Die prinzipiellen Rauscheigenschaften der Eingangsschaltung bei hohen Frequenzen sind kurz etwa folgende: Wird die Anpassung variiert, so daß der transformierte Generatorleitwert G_s sich verändert, so läßt sich bei festgehaltener Frequenz f_0 ein eindeutiges Minimum der Rauschzahl finden, genannt *Rauschanpassung* (Abb. IX.8a). Wird bei Rauschanpassung außerdem der Kreis aus der Resonanz heraus verstimmt, so gibt es wieder ein Minimum (Abb. IX.8b), genannt *Rauschabstimmung*. Der Resonanzleitwert des Kreises G_{kr} kann für eine prinzipielle Betrachtung vernachlässigt werden. Dann wird im Falle von Rauschanpassung und Rauschabstimmung bei f_0 die elektronische Rauschzahl $F_{z\min}$ eine

Kenngröße der Röhre bei dieser Frequenz. Die Bedingung für die Rauschanpassung ist dann

$$F_{z(\min)} = 2\sqrt{R_n G_n^*}; \qquad G_n^* = G_n(f_0). \tag{IX.5}$$

Da der elektronische Leitwert G_e mit dem Quadrat der Frequenz zunimmt, steigt auch die elektronische Rauschzahl der Röhre in einem großen Gebiet linear mit der Frequenz an. Daher ist die Rauschzahl für $F_{z(\min)}$

$$F_{z(\min)} = 2\frac{f}{f_0}\sqrt{R_n G_n^*}. \tag{IX.6}$$

Die Bedingung für Rauschanpassung lautet dann:

$$G_{s(\mathrm{opt})} = \frac{f}{f_0}\sqrt{\frac{G_n^*}{R_n}}. \tag{IX.7}$$

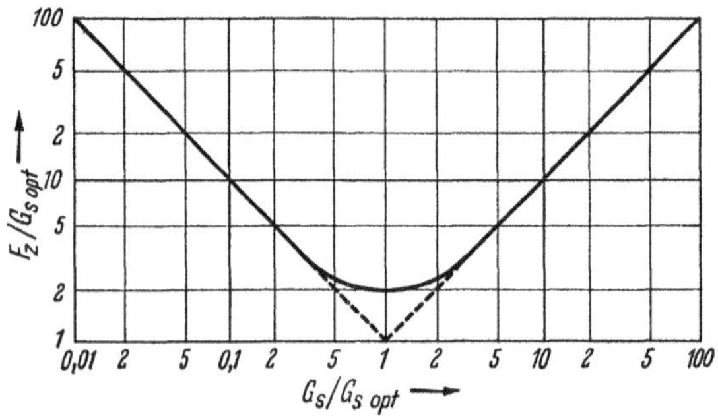

Abb. IX.9. Vergrößerung der F-Zahl bei Abweichung von der Rauschanpassung.

Beim Fernsehen kann im allgemeinen nicht auf Rauschanpassung abgestimmt werden; vielmehr ist Leistungsanpassung notwendig, um Reflexionen zu vermeiden. Der transformierte Generatorwiderstand muß dann sein:

$$G_s = G_{kr} + G_e.$$

Die Vergrößerung von F infolge der Abweichung von der Rauschanpassung ist in Abb. IX.9 dargestellt. Für die genaue Berechnung ist die ausführliche Theorie von H. Rothe und Mitarbeitern [8], die auch die Korrelationsanteile des

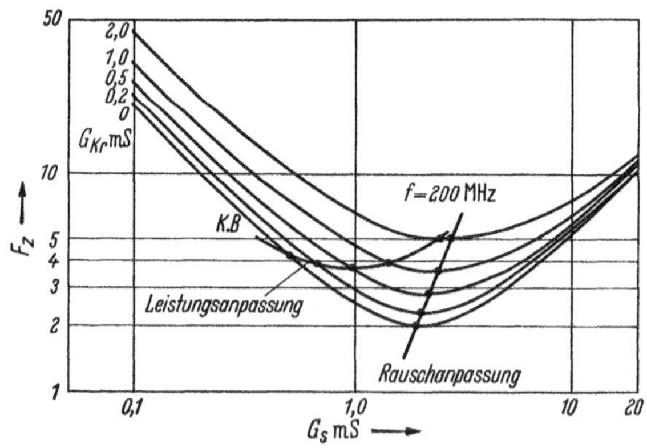

Abb. IX.10. Zusatzrauschzahl F_z einer Triode PCC 84 als Funktion des auf den Kreis transformierten Leitwertes der Signalquelle bei Berücksichtigung verschiedener Kreisguten. $F_{z(\min)}$ ist für Rauschanpassung und Leistungsanpassung der Kathodenbasisstufe eingezeichnet.

Rauschens berücksichtigen, zu benutzen. Danach ist:

$$F_z = \frac{G_{kr} + G_n}{G_s} + R_n\left(G_s + 2G_{kr} + \frac{G_{kr}^2 + \omega\,\Delta C_{\min}^2}{G_s}\right). \tag{IX.8}$$

(Das letzte Glied enthält die Korrelationsanteile.)

In Abb. IX.10 ist F_z für eine Triode PCC 84 als Funktion des transformierten Leitwertes der Signalquelle und unter Berücksichtigung der Kreisgüten dargestellt. Resonanzabstimmung und Rauschabstimmung in Kathodenbasis-(KB)-Schaltungen sind eingezeichnet.

1.2d. Erforderliche Spannung am Empfängereingang. Ein Signal/Rausch-Verhältnis von α erfordert eine Antennensignalspannung von

$$U_{\text{Ant}} = \sqrt{4 \cdot 10^{-21} R_A - \Delta f F_{TA} m_1 m_2 \alpha}. \qquad \text{(IX.9)}$$

Hier ist m_1 ein Faktor, der den Modulationsgrad des Bildes zwischen Schwarz und Weiß berücksichtigt ($m_1 \approx 0{,}6$); $m_2 = \sqrt{2}$ ein Faktor, der auf das Restseitenbandverfahren Rücksicht nimmt. R_A ist der Ersatzwiderstand der Antenne, die Bedeutung des Index T_A geht aus 1.2e hervor.

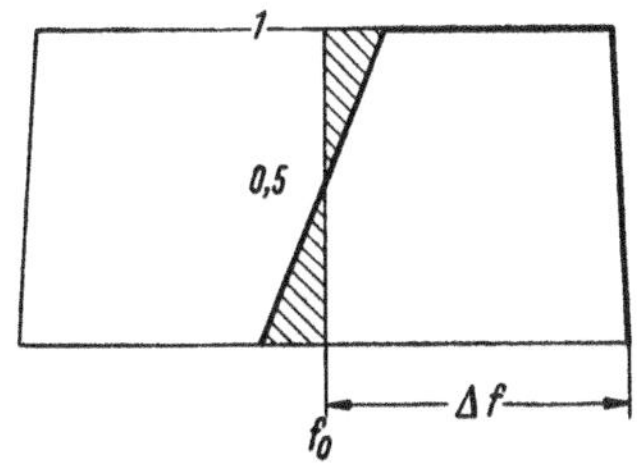

Abb. IX.11. Fernsehempfang mit NYQUIST-Flanke.

Beim Restseitenbandverfahren (Abb. IX.11) wird dem Empfänger nur die halbe Rauschleistung des Zweiseitenbandbetriebes zugeführt, die Rauschspannung also um $1/\sqrt{2}$ kleiner. Durch die NYQUIST-Flanke wird die Nutzspannung halbiert, so daß im Endeffekt dem Empfänger für gleiches Verhältnis Signal/Rauschen $m_2 = \sqrt{2}$ mal mehr Spannung zugeführt werden muß.

1.2e. Einfluß des frequenzabhängigen Rauschens aus dem Raume. Bei den obigen Betrachtungen war zunächst ein Generator mit dem Innenwiderstand R_S angenommen. Die Antenne nimmt Rauschen aus dem Raume auf; für sie kann daher ein fiktiver Innenwiderstand R_A eingeführt werden, der ähnlich wie der Generatorinnenwiderstand R_S rauscht, aber nun nicht mehr mit Raumtemperatur T_0. Ein wesentlicher Anteil dieses Rauschens kommt aus der Milchstraße

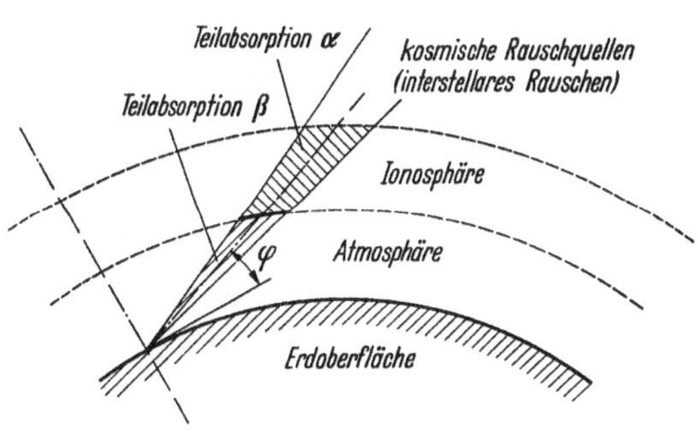

Abb. IX.12. Das von der Antenne aufgenommene kosmische Rauschen. Ein Teil des Rauschens wird in der Ionosphäre, ein weiterer Teil in der Atmosphäre absorbiert. Es ist vom Öffnungswinkel und der Richtung der Antenne abhangig.

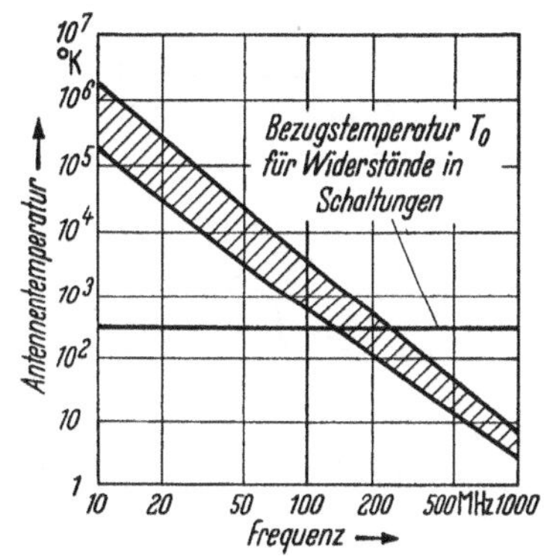

Abb. IX.13. Scheinbare Antennenrauschtemperatur F_{TA}, gemessen in °K, in Abhangigkeit von der Frequenz. Mit ihr kann das von der Antenne in die Schaltung gelieferte Rauschen in den einzelnen Fernsehbereichen näherungsweise bestimmt werden.

oder allgemein aus dem Kosmos, es wird in der Atmosphäre frequenzabhängig absorbiert und nimmt daher nach den hohen Frequenzen hin außerordentlich schnell ab (Abb. IX.12). Bei niedrigeren Frequenzen kommt dazu noch das Rauschen aus der Ionosphäre und der Atmosphäre sowie das sog. „man made"-Rauschen äußerer örtlicher Störfelder. Bei etwa 180 MHz entspricht die Antennentemperatur gerade der Raumtemperatur T_0.

Zur Beurteilung eines Fernsehempfängers im drahtlosen Betriebe muß dieses Rauschen auf jeden Fall beim Empfang der Kanäle des Bandes I berücksichtigt werden. Der mittlere Verlauf der scheinbaren Antennentemperatur ist in Abb. IX.13 dargestellt. Wir erhalten ein neues frequenzabhängiges F_{TA}, das von dem mit einem Rauschgenerator gemessenen $(F_{z\,(\mathrm{tot})})$ abweicht:

$$F_{TA} = \frac{T_A}{T_0} + F_{z\,(\mathrm{tot})}. \qquad \text{(IX.10)}$$

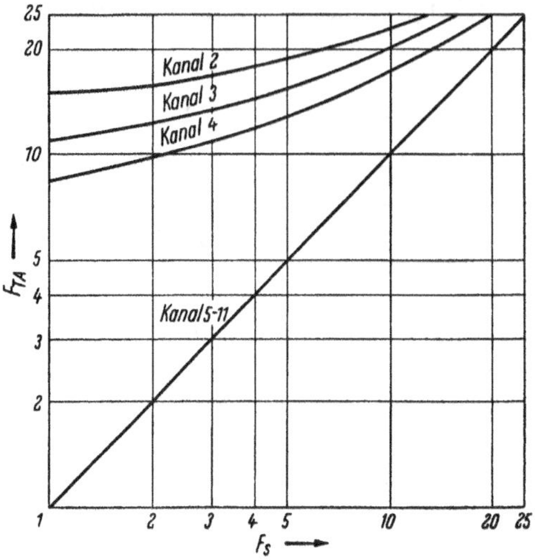

Abb. IX.14. Rauschzahl F_{TA} eines an eine Antenne angeschlossenen Fernsehempfängers in verschiedenen Fernsehkanälen, der mit einem Rauschsignalgenerator gemessen die Rauschzahl F_S hat.

In Abb. IX.14 ist unter Berücksichtigung von Messungen der RCA und der amerikanischen NBS das resultierende F_{TA} für die deutschen Fernsehkanäle aufgezeichnet. Aus dieser Darstellung geht hervor, daß bei kleinen Rauschzahlen in den Kanälen 2 ··· 4 der interstellare Anteil im Vergleich zum Rauschen des Geräteinganges überwiegt. In Band IV und V ist das Antennenrauschen praktisch verschwunden, die Rauscheigenschaften des Empfängers werden fast ausschließlich durch die Schaltung bestimmt. (Mindeststörabstände bei der Fernsehnetzplanung s. Kap. VIII, S. 327 ff.)

1.3. Die Hochfrequenzstufe.

1.3a. Die Eingangsdaten. Aus Rauschgründen ist es ratsam, in der HF-Stufe mit einer Triode zu arbeiten. Die normale Kathodenbasisschaltung erfordert eine sorgfältige Neutralisation, die bei der Umschaltung auf die einzelnen Kanäle mit geändert werden muß; sie wird daher ungern verwendet. Die Gitterbasisstufe, Abb. IX.15, benötigt keine Neutralisation, hat aber einen niedrigen Eingangswiderstand, nämlich:

$$R_{\mathrm{Eing}\,GB} = \frac{R_i + R_a}{S\,R_i + 1} \approx \frac{1}{S}. \qquad \text{(IX.11)}$$

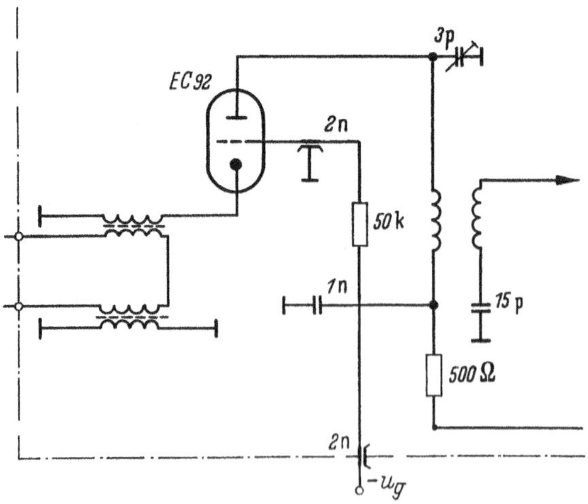

Abb. IX.15. Gitterbasis-Eingangsschaltung mit Breitbandeingang.

Bei den üblichen Trioden liegt $R_{\mathrm{Eing}\,GB}$ im Bereich 150 ··· 250 Ω. Die von einer 240 Ω-Antennenleitung kommende Spannung kann dann nicht mehr hinauftransformiert werden, sondern zur Anpassung eher noch herab. Die Bandbreite des Kreises, der entsteht, wenn die Eingangskapazität durch eine parallelgelegte Induktivität zu einem Schwingkreis ergänzt wird, ist:

$$B = \frac{1}{2\pi C R_{\mathrm{Eing}\,GB}}. \qquad \text{(IX.12)}$$

Ein praktisches Beispiel: Eine Röhre hat in dieser Schaltung 240 Ω Eingangswiderstand (durchaus normaler Wert). Dann kann die Antenne direkt an den Eingang gelegt werden. Aus der Parallelschaltung von Antennen- und Eingangswiderstand resultiert ein dämpfendes R von 120 Ω für den Kreis. Dieser hat bei einer Eingangskapazität von 7 pF somit eine Bandbreite von

$$B = \frac{1}{2\pi\, 7 \cdot 10^{-12}\, 120} \approx 190\,\mathrm{MHz}.$$

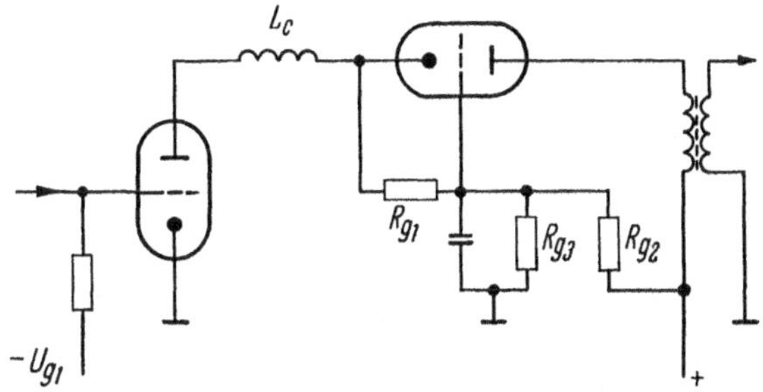

Abb. IX.16. Schema der Cascodeschaltung.

Dies bedeutet, daß der Kathodenkreis, wenn er auf 130 MHz abgestimmt ist, beim Empfang von Stationen zwischen 44 und 216 MHz nicht geändert zu werden braucht. Die Schaltung zeigt *keine Selektion*, d. h. sämtliche Fernsehsender sowie alle UKW-, Polizeifunk- und ähnlichen Störsender liegen im Durchlaßband und können Störungen hervorrufen. Trotzdem wird sie gelegentlich verwendet.

Um zu einem höheren Eingangswiderstand zu kommen, der Selektion und Hochtransformation der Antennenspannung erlaubt, wird eine Kathodenbasistriode vor den Eingang einer solchen Gitterbasistriode geschaltet (Abb. IX.16).

Für dieses System der zwei in Reihe liegenden Röhren wurde die Bezeichnung „*Cascode*“-Verstärker eingeführt. Die Schaltung hat den hohen Eingangswiderstand der Kathodenbasisstufe und die Rückwirkungsfreiheit der Gitterbasisstufe, also die Eigenschaften einer Pentode, dabei aber nur das Rauschen der Triode.

Es ist nicht erforderlich, in die Kathodenleitung der zweiten Röhre einen Kreis zu legen. Die beiden Röhren können auch unmittelbar in Reihe geschaltet, d. h. die Anode der ersten und die Kathode der zweiten gleichstrommäßig verbunden werden (Abb. IX.17). Die erste Röhre arbeitet dann als normaler Widerstandsverstärker mit dem niedrigen Eingangswiderstand der folgenden Gitterbasisstufe als Anodenwiderstand. Durch den Gitterstrom in einem Gitterableitwiderstand passender Größe erzeugt sich die zweite Röhre ihre Gittervorspannung selbst. Überlastet kann sie nicht werden, weil nie mehr Strom fließen kann, als von der unteren Röhre geliefert wird. Die Verstärkung der Cascode ist:

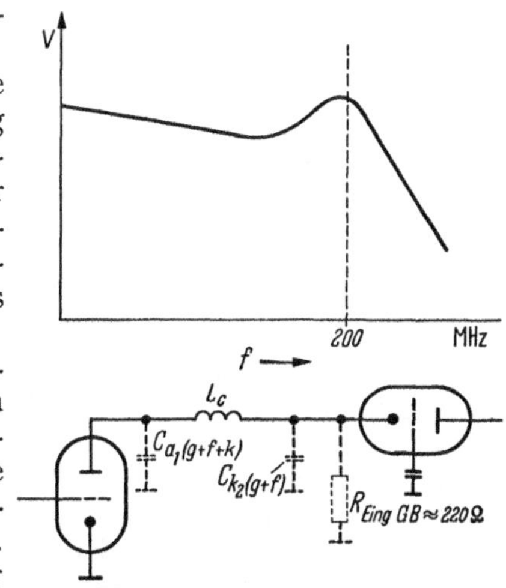

Abb. IX.17. Anhebung der hohen Frequenzen in dem durch die beiden Systeme der Cascode gebildeten Widerstandsverstärker bei Einschalten einer Längsinduktivität L_e und Ergänzung der Ersatzschaltung zu einem Reihenresonanzkreis.

$$V_{\mathrm{Cascode}} = V_{KB}\, V_{GB} = S_1 \frac{S_2 R_{i2} + 1}{R_{i2} + R_{a2}} \frac{R_{i2} + R_{a2}}{S_2 R_{i2} + 1} R_{a2} = S_1 R_{a2}. \qquad \text{(IX.13)}$$

Das ist die Verstärkung einer einfachen Triode mit der Steilheit S bei vernachlässigtem Durchgriff unter der Voraussetzung, daß beide verglichenen Systeme gleiche Steilheit besitzen. Praktisch ist V_{Cascode} etwas kleiner, weil als Arbeitswiderstand für die erste Triode die Parallelschaltung des Kathodeneingangswiderstandes zur zweiten Triode mit dem Innenwiderstand der *ersten* Triode wirksam ist. Diese Verstärkungsminderung beträgt aber nur wenige Prozent, weil der Innenwiderstand der ersten Stufe groß ist gegen den Eingangswiderstand der zweiten.

Die Verstärkung in der ersten Stufe ist gleich S mal dem Anodenwiderstand $1/S$, daher $= 1$. Infolge dieser fehlenden Verstärkung ist auch die Anodenrückwirkung über C_{ga1} äußerst gering. Wie im Widerstandsverstärker fällt auch in der Cascode die Verstärkung bei sehr hohen Frequenzen ab. Mit einem R_a von $2\,\text{k}\Omega$ ergibt sich an der Kathode der zweiten Stufe ein Eingangswiderstand von

$$R_{\text{Eing}\,GB} \cong 220\,\Omega,$$

dem die Kapazitäten an der Anode der ersten Röhre, $C_{a1(k+f+g)}$, und an der Kathode der zweiten Röhre, $C_{k2(g+f)}$, parallel liegen. Zusätzlich zur Schaltkapazität muß man für die Summe aller dieser Teilkapazitäten mit $6 \cdots 7$ pF rechnen. Bei 200 MHz sinkt die Verstärkung auf fast die Hälfte ab. Zwischen der Anode der ersten Stufe und der Kathode der zweiten Stufe wird eine Induktivität von solcher Größe eingeschaltet, daß das entstehende π-Glied mit den Kapazitäten bei 190 MHz in Resonanz kommt. Dann ergibt sich eine Amplitudenanhebung im oberen Teil des Frequenzbandes (Abb. IX.17).

1.3b. Anpassung und Symmetrierung. Die beste Lösung stellt für jeden Kanal ein Eingangstransformator dar, der sowohl die Anpassung als auch die Symmetrierung bewirkt. Letztere muß sehr gut sein, damit die Gleichtaktwellen auf der Antennenzuleitung vom Gitter ferngehalten werden. Bei hohen Frequenzen ist dies mittels eines Resonanztransformators allein nicht zu erreichen, weil die Streukapazität stark eingeht. Daher wird auch die Gitterseite des Transformators fast immer symmetrisch ausgeführt, indem ein Kondensator C_2 von der Größe der Röhreneingangskapazität C_e noch einmal zusätzlich an eine zweite Wicklungshälfte gelegt wird (Abb. IX.18). Es sind dann ein kapazitiver und ein induktiver Transformator hintereinandergeschaltet.

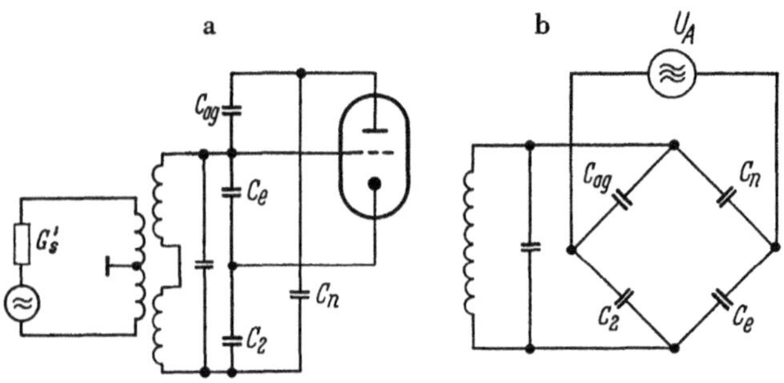

Abb. IX.18a u. b. a) Verbesserung der Symmetrie der Eingangsschaltung durch Gegentaktwicklung auch auf der Sekundärseite des Eingangstransformators und Neutralisation von C_{ag} mittels C_n; b) Ersatzbild der Neutralisationsbrücke.

Beispiel: Röhre PCC 88.

$C_e = C_2 = 9$ pF (3,3 pF Röhreneingangs-, 1,7 pF Trimmer- und 4 pF Schaltkapazität),

Kapazitiver Übertrager $\ddot{u}_2 = \dfrac{C_e}{C_2} + 1 = 2$,

Kreisleitwert G_{kr}' 0,2 mS, ist am Gitter $G_{kr} = \ddot{u}_2^2\, G_{kr}' = 0{,}8$ mS,

somit G_s für Leistungsanpassung $G_s = G_e + G_{kr} = 1{,}2 + 0{,}8 = 2$ mS.

Antennenseits ist $G_s' = \dfrac{1}{240\,\Omega} = 4{,}16$ mS, also folgt für $\ddot{u}$:

$$\ddot{u} = \sqrt{\frac{G_s'}{G_s}} = \sqrt{\frac{4{,}16}{2}} = 1{,}44,$$

so daß $\ddot{u}_1 = \ddot{u}\,\ddot{u}_2 = 1{,}44 \cdot 2 = 2{,}88$ werden muß.

Ein weiterer Vorteil der Gegentaktschaltung auch auf der Sekundärseite ist die einfache Neutralisation von C_{ga} mit der gegenphasigen Spannung. Starke Kurzwellensender können durch die Streukapazität zwischen Primärwicklung und Sekundärwicklung noch in solchem Maße auf das Gitter einwirken, daß Kreuzmodulation entsteht, die sich als Modulationsstreifen oder Störmoiré im Bilde bemerkbar macht. Abhilfe bringt eine Drossel D_r parallel zu C_2. Sie bildet für diese Frequenzen bereits einen Kurzschluß und leitet sie nach Erde ab.

1.3c. π-Transformation. Die Ausbildung als Resonanztransformator kann man nun nicht nur benutzen, um einen Übertrager besser zu symmetrieren, sondern man kann damit auch die ganze Anpassung von der Antenne auf das Gitter der HF-Röhre durchführen. In diesem Falle ist der Resonanztransformator wie ein π-Glied geschaltet (Abb. IX.19), und es ist:

$$\ddot{u} = \frac{C_1}{C_2} = \sqrt{\frac{G_1}{G_2}}.$$

Eine solche Transformation ergibt einen sehr einfachen Kanalwähler, da alsdann nicht mehr ein Zweiwicklungstransformator umgeschaltet werden muß, sondern

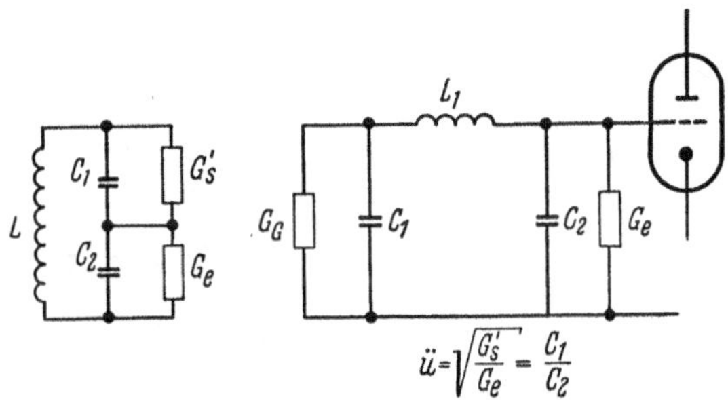

Abb. IX.19. π-Transformation, erklärt durch die Widerstandstransformation am Resonanzkreis.

lediglich eine einfache Induktivität mit zwei Anschlüssen, mit der für jeden Kanal das π-Glied auf Resonanz gebracht wird. Auf die Veränderung der Anpassung bei den verschiedenen Kanälen verzichtet man. Für einen mittleren Kanal wird die Anpassung optimal gemacht und das Verhältnis C_1/C_2, das die Transformation bestimmt, für sämtliche Kanäle unverändert belassen. Das bedeutet ein etwas höheres Stehwellenverhältnis (Fehlanpassung) bei den Endkanälen. Bei den untersten Kanälen im Band I hilft gegen allzu große Fehlanpassung eine zusätzliche Bedämpfung der Induktivität, die ohnehin notwendig ist, um genügend Bandbreite zu haben.

1.3d. Symmetrierglieder. Beim π-Transformator werden Symmetrierung und Anpassung getrennt vorgenommen. Für die Symmetrierung verwendet man heute ausschließlich ein Transformationsglied, das auf G. Guanella [*9*] zurückzuführen ist. In seiner Ursprungsform bestand es aus zwei Paralleldrahtleitungen von je 120 Ω, auf je einen Körper aufgewickelt. Ein solches Glied wirkt für die Gleichtaktwelle als Drossel, so daß die einzelnen Enden beliebig geerdet werden können, ohne daß die Spannungsausbreitung auf der Paralleldrahtleitung gestört wird. Abb. IX.20 zeigt verschiedene Schaltmöglichkeiten der Leitung. Hierbei ist eine Transformation von 240 Ω symmetrisch auf 240 Ω unsymmetrisch ebenso möglich wie von 240 Ω symmetrisch auf 60 Ω unsymmetrisch und umgekehrt.

Bei neuesten Ausführungen werden die Bandleitungen einfach durch ein Ferritröhrchen gezogen, um auf diese Weise die erforderliche Induktivität bei kleinster Abmessung zu schaffen (Abb. IX.21). Die Symmetrierung eines solchen

Übertragers ist so gut, daß sie gelegentlich auch in Verbindung mit einem induktiven Transformator benutzt wird (Abb. IX.22) [*10*].

Einen besonders verlustlosen Symmetrierübertrager erhält man mit einer $\lambda/2$-Umwegleitung (Abb. IX.20d). Für Band I und III hat eine solche Leitung zu große Abmessungen, für Band IV und V wird sie aber viel benutzt, da die durch Ferritröhrchen gezogenen Leitungen bei diesen hohen Frequenzen bereits merkliche Verluste haben.

Bei Kanalwähler-Eingangsschaltungen mit π-Transformation ist infolge ihrer Breitbandigkeit die ZF-Selektion sehr schlecht. Es müssen daher ZF-Sperren vorgesehen werden. Sie sind hier besonders einfach, weil sie ja nicht symmetrisch ausgeführt zu werden brauchen. Meist genügt ein einfacher Sperrkreis in Reihe mit

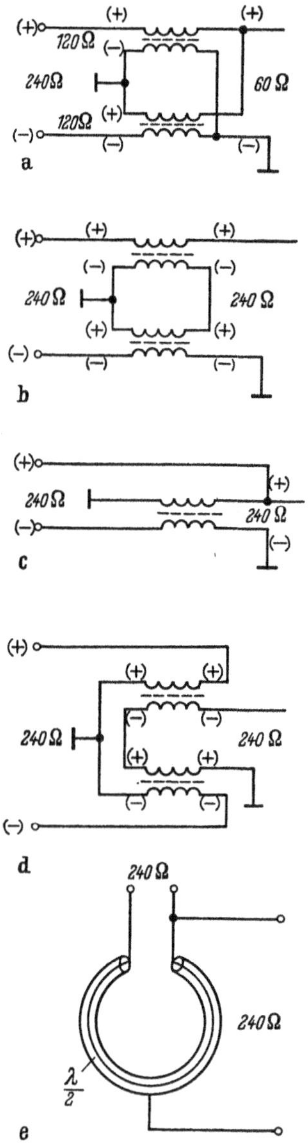

Abb. IX.20 a—e. Verschiedene Symmetriertransformatoren, wie sie in Fernsehempfängern angewendet werden.

a) für die Transformation von 240 Ω symmetrisch auf 60 Ω unsymmetrisch; b), c), d) und e) für die Transformation von 240 Ω symmetrisch auf 240 Ω unsymmetrisch.

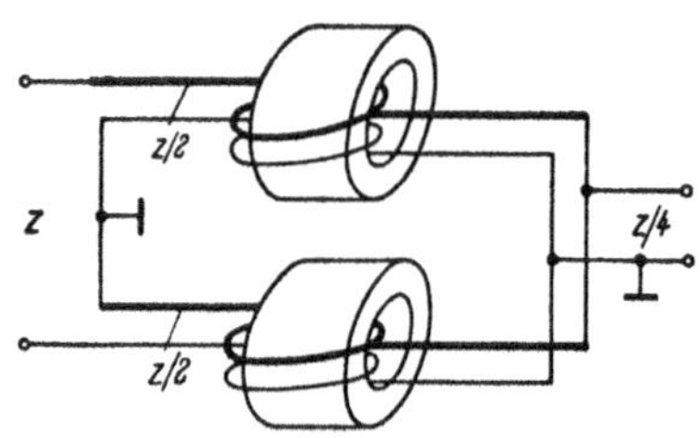

Abb. IX.21. Durch Ferritröhrchen gezogene Bandleitungen, geschaltet als Symmetriertransformator.

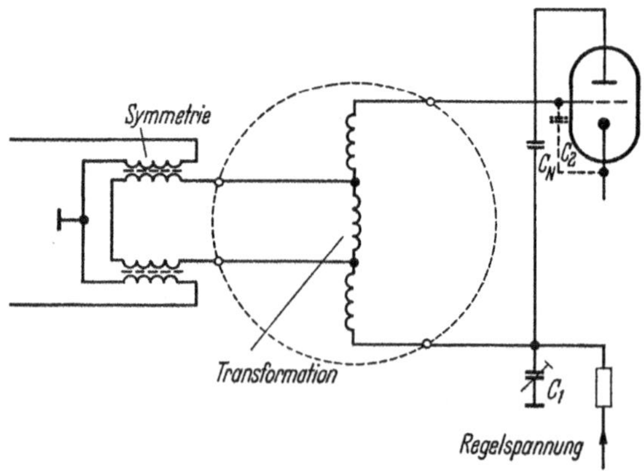

Abb. IX.22. Hintereinanderschaltung von Symmetriertransformator und Autotransformator in der Eingangsschaltung eines Kanalwählers. Der Autotransformator eignet sich besser für die Herstellung der Spulen in gedruckter Schaltung als der Zweiwicklungstransformator.

dem π-Filter. Oft wird aber auch ein komplizierter Hochpaß als Sperre — auch für Kurzwellensender — verwendet, und gelegentlich wird noch eine Sperre für den UKW-Rundfunk hinzugefügt (Abb. IX.24a). Die Ausführung eines Hochpasses mit ZF-Sperre für symmetrischen Eingang zeigt Abb. IX.23. In

Abb. IX.24b sind für einen neuen amerikanischen „Nuvistor"-Tuner entsprechend der Schaltung Abb. IX.24a die Durchlaß- und Dämpfungskurve dargestellt. Abb. IX.24b zeigt gleichzeitig die Neutralisationsschaltung, wie sie beim π-Eingang, bei dem ja eine symmetrische Spannung nicht zur Verfügung steht, durchgeführt werden muß. (Auch für die Neutralisation ließe sich ein Symmetrierglied zur Gewinnung der gegenphasigen Spannung einsetzen.) (Neutralisation s. S. 364f.)

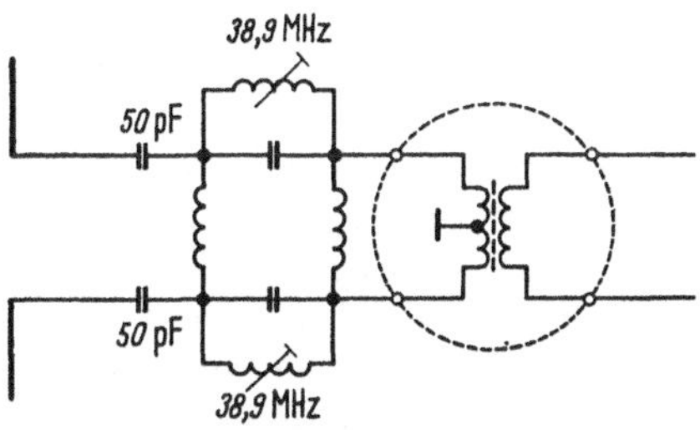

Abb. IX.23. Doppel-ZF-Sperre im symmetrischen Antenneneingang angeordnet.

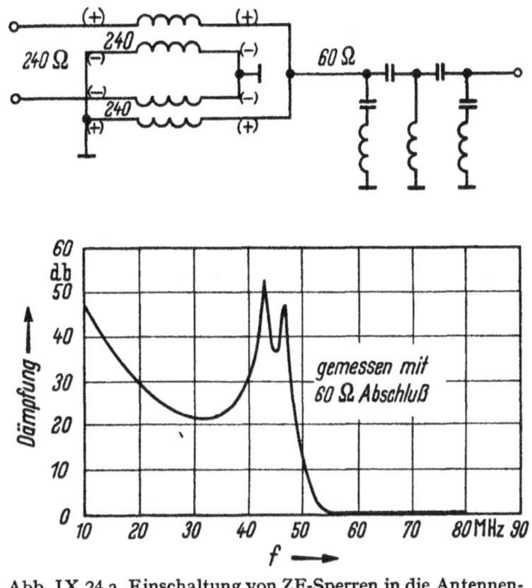

Abb. IX.24 a. Einschaltung von ZF-Sperren in die Antennenzuleitung. Transformator und Hochpaß mit Meßkurve.

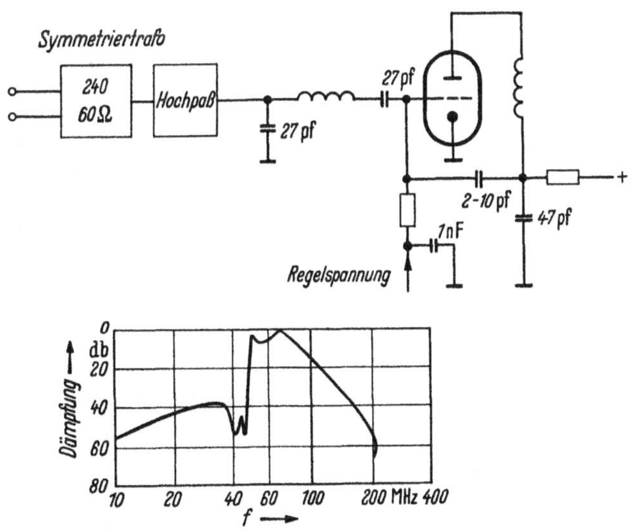

Abb. IX.24b. Eingangsschaltung eines amerikanischen Kanalwählers mit Symmetriertransformator, darauffolgendem Hochpaß als ZF-Sperre und π-Glied fur die Eingangstransformation. Meßkurve der gesamten Eingangsschaltung.

Als Zahlenbeispiel sei noch einmal nach der Rauschformel von H. Rothe [8] für die Röhre PCC 88 im Beispiel S. 364 der Wert von F_z berechnet:

Für 200 MHz ist

$$G_h = 1{,}5 \text{ mS}, \quad R_n = 0{,}235 \text{ k}\Omega, \quad \Delta C_{\min} = 1{,}7 \text{ pF}.$$

Die zusätzliche Rauschzahl F_z wird dann

$$F_z = \frac{0{,}8 + 1{,}5}{2} + 0{,}235\left(2 + 1{,}6 + \frac{0{,}64 + 4{,}58}{2}\right) = 2{,}61\,k\,T_0.$$

1.4. Mischung (Bildung der ZF).

1.4a. Mischsteilheit und äquivalenter Rauschwiderstand. Die Mischsteilheit einer Röhre läßt sich in bekannter Weise durch eine FOURIER-Analyse der vom Oszillator durchgesteuerten Steilheitskurve bestimmen.

E. W. HEROLD [*11*] hat sehr vereinfachte Beziehungen abgeleitet, die in der Praxis viel verwendet werden. Abb. IX.25 und IX.26 zeigen das Prinzip der Mischung. Die maximale Steilheit, die beim Durchsteuern der Kennlinie erreicht wird, sei S_0. Sie ist gewöhnlich etwa 20% höher als die in den Röhrentabellen angegebene mittlere Steilheit S (bei der Pentode bezogen auf I_K). S_c ist vom Stromflußwinkel α abhängig. Es gilt daher, bei der additiven Mischschaltung, bei der die Oszillatorspannung kapazitiv angekoppelt wird, über den Bereich sämtlicher Kanäle den Stromflußwinkel konstant zu halten. Die Röhren werden zu diesem Zweck mit Kathodenwiderstand betrieben, und die Signalspannung wird an ein über hohen Widerstand abgeleitetes Gitter gelegt. Beide Maßnahmen wirken stabilisierend auf den Stromflußwinkel. Die Mischsteilheit für die Triode ist für $\alpha = 90°$

$$S_c \approx 0{,}3\, S_0 .$$

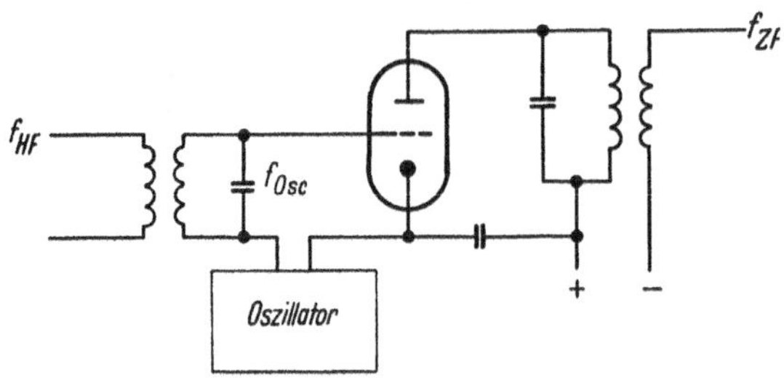

Abb. IX.25. Grundprinzip der additiven Mischung.

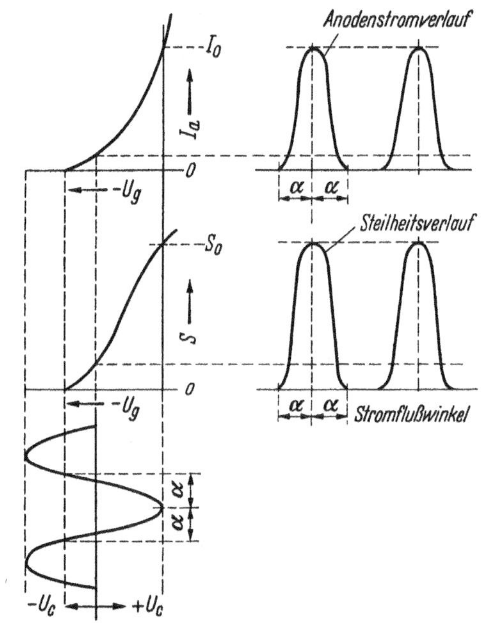

Abb. IX.26. Aussteuerung der Triodenkennlinie mit der Oszillatorspannung bei der Mischung und entstehende Steilheitsvariation. Der Stromflußwinkel α gibt an, in welchem Gebiet die Röhre geöffnet ist.

Eine gemessene Kurve für die in Kanalwählern meist verwendete PCF 82 zeigt Abb. IX.27 (S_c in Abhängigkeit von der Oszillatoramplitude, die den Stromflußwinkel bestimmt).

Auch die Rauschleistung der Mischröhre wird im Takte der Oszillatorfrequenz verändert. Dies wirkt sich derart aus, daß der äquivalente Rauschwiderstand etwa ebenso viele Male herauf- wie die Mischsteilheit gegen die Ursprungssteilheit herabgesetzt wird. Praktisch ist der äquivalente Rauschwiderstand R_{nc} einer Röhre in additiver Mischschaltung etwa 3- bis 4mal so groß wie bei HF-Verstärkung. In Anbetracht der einfachen Entkopplung von ZF-Kreis und HF-Eingang sowie der geringen Rückmischung werden für VHF-Kanalwähler Pentoden gegenüber Trioden als additive Mischer bevorzugt, obwohl ihre Geräuschzahl schon im Geradeausbetrieb mehr als doppelt so hoch ist. Der Rauschwiderstand einer Pentode als Mischröhre wird dann also fast 8mal größer sein als der einer HF-Triode, und auch bei großer HF-Verstärkung wird die Mischröhre noch ihren Beitrag zum Rauschen des Gesamtgerätes liefern.

Ist die Rauschzahl der Mischschaltung z. B. $F_{z2} = 8F_{z1}$, so ist das gesamte zusätzliche Rauschen des Empfängers, wenn die erste ZF-Stufe nichts mehr dazu beiträgt (Abb. IX.28):

$$F_z = F_{z1}\left(1 + \frac{8}{V_1}\right). \tag{IX.14}$$

Der Eingangsleitwert der Mischröhre nimmt mit der Frequenz zu, denn der elektronische Eingangswiderstand der Mischröhre R_e ist über die Oszillator-

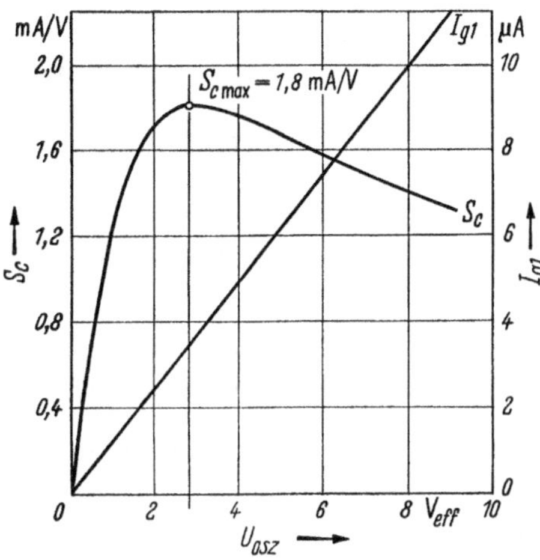

Abb. IX.27. Die Mischsteilheit der im Fernsehen viel verwendeten Pentode PCF 82 in additiver Mischschaltung als Funktion der Oszillatorspannung. Sie ist vom Stromflußwinkel α abhangig, der wieder mit der Oszillatorspannung zusammenhangt. Bei der PCF 82 ergibt sich ein flaches Maximum bei etwa 2,8 U_{eff} Oszillatorspannung (optimaler Arbeitspunkt).

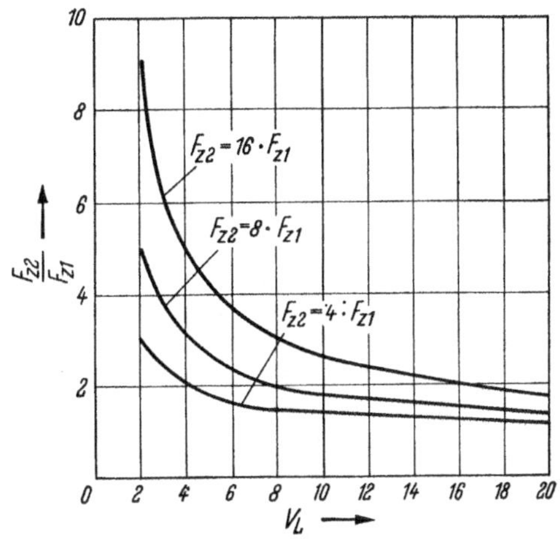

Abb. IX.28. Abhangigkeit des Rauschens einer Eingangsschaltung von der Verstarkung V_L des Hochfrequenzverstarkers, bei einem Zusatzrauschen der Mischstufe, das 4-, 8- oder 16mal größer ist als das Rauschen der Hochfrequenzstufe.

periode zu mitteln, entsprechend dem Durchsteuern der Steilheit. Ebenso sind die Anodenrückwirkung und die durch die Kathodeninduktivität in das Gitter transformierte Größe zu behandeln. Auch die Raumladungskapazität muß über die Oszillatorperiode gemittelt werden. Zum elektronischen Eingangswiderstand kommt bei der Mischröhre noch eine ebenfalls über die Oszillatorperiode zu mittelnde Widerstandsbelastung hinzu, hervorgerufen durch die Gitterstromspitzen der Mischröhre (besonders bei selbstschwingender Mischung nicht zu vernachlässigen).

Im Bereich hoher Frequenzen gibt R. Cantz [12] für die Rauschkenngrößen der Triode bei additiver Mischung im Verhältnis zu den Kenngrößen der gleichen Röhre bei Geradeausbetrieb folgende Werte an:

$$R_{nc} \approx 3 \cdots 4 R_n,$$
$$G_{nc} \approx 1 \cdots 1{,}5\, G_n + \frac{20}{V} J_g.$$

Das letzte Glied drückt das durch Gitterstrom verursachte Zusatzrauschen aus. An der Mischpentode FE 80 bei 100 MHz ge-

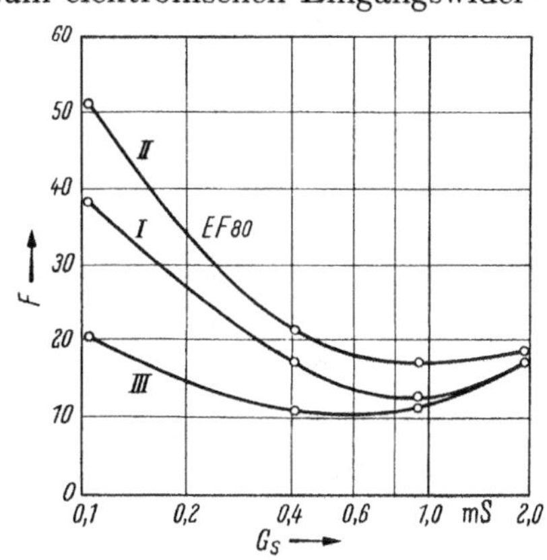

Abb. IX.29. Verlauf der Rauschzahl F einer Mischpentode EF 80 in Abhangigkeit von G_s. Kurve *I*: beide Kathodenanschlusse an Masse. Kurve *II*: nur ein Kathodenanschluß an Masse. Kurve *III*: mit Kathodenkondensator 60 pF.

messene F-Zahlen s. Abb. IX.29. (Wenn keine Vorselektion vorhanden ist, wie es bei Diodenmischung vorkommen kann, resultiert Rauschen sowohl vom Nutzband her wie vom Spiegelband, und die F_z-Zahl wird vergrößert.)

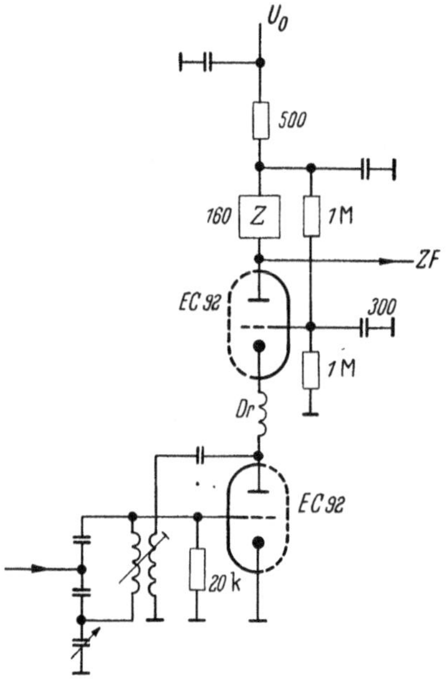

Abb. IX.30. Selbstschwingende Mischcascode.

1.4b. Die Schaltung der additiven Mischung mit getrenntem Oszillator. Multiplikative Mischung kommt für Fernsehempfänger der hohen Rauschzahl wegen kaum in Frage. Wohl sind vor Jahren multiplikative Mischschaltungen benutzt worden, heute verwenden aber alle VHF-Kanalwähler additive Mischung mit getrennter Oszillatorröhre. Der ankommenden HF wird additiv, über einen Kondensator, die Oszillatorspannung superponiert. Als Mischröhre dient dann eine Pentode, z. B. PCF 82 (oder PCF 80). Sie erlaubt eine gute Entkopplung von Anoden- und Gitterkreis und verhindert allzu große Rückwirkung [*13*].

1.4c. Selbstschwingende Mischung. Die Anwendung einer selbstschwingenden Mischanordnung, wie sie heute beim UKW-Rundfunkempfang allgemein eingeführt ist, findet man beim VHF-Tuner nirgends (wohl aber bei UHF, s. S. 375). Die Rückwirkungen der ZF wären beim Empfang von Band I-Sendern zu groß, da dann die ZF von etwa 40 MHz und die HF von etwa 50 MHz unmittelbar beieinanderliegen und die HF-Kreise die ZF noch nicht sperren. Die Anwendung der Cascode erlaubt aber auch eine selbstschwin-

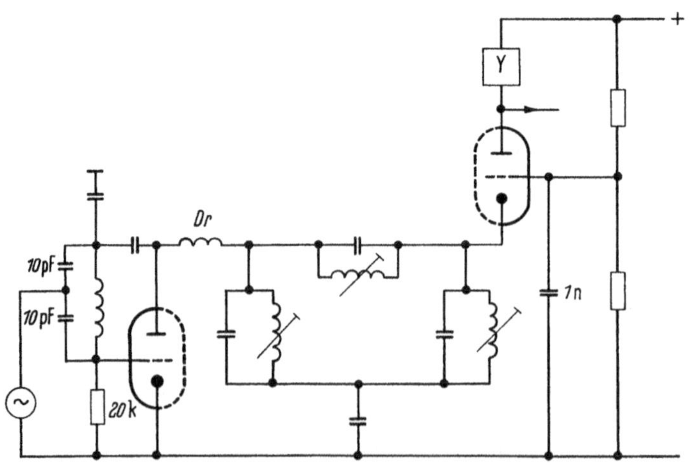

Abb. IX.31. Selbstschwingende Mischcascode, mit einem Teil der ZF-Selektion in die niederohmige Leitung zur Kathode der zweiten Röhre eingefugt.

gende Mischschaltung. Dabei ist der ZF-Ausgang vom Eingang gut getrennt und die an der Anode der schwingenden Mischröhre entstehende ZF noch so klein, daß merkliche Rückwirkungen nicht entstehen. Abb. IX.30 gibt diese Schaltung für induktive Rückkopplung an, und Abb. IX.31 für einen Dreipunktoszillator.

In den niederohmigen Gitterbasiskreis läßt sich leicht ein Tief- oder Hochpaß für die ZF oder auch ein Bandpaß einbauen (Abb. IX.31).

Die übliche Schaltung des Oszillators im VHF-Gebiet zeigt Abb. IX.4a. Eine Triode ist als kapazitiver Dreipunktoszillator geschaltet, wobei die Röhrenkapazitäten wesentliche Teile der Kreiskapazität darstellen. Zur Kanalwahl wird die Induktivität umgeschaltet; jede Oszillatorspule ist mit einer Abgleichschraube zur Einstellung der Mittenfrequenz versehen. Zur Feinabstimmung der Frequenz dient ein Drehkondensator oder ein Widerstandspotentiometer, das die Spannung an einer Diode zur Frequenznachregelung verändert.

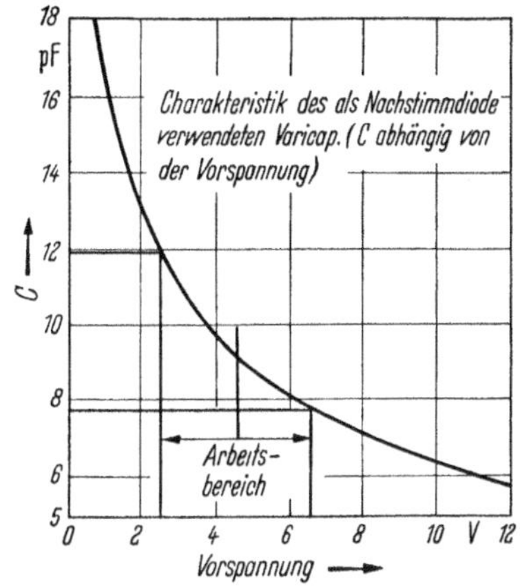

Abb. IX.32. Kapazitatsvariation C einer Nachstimmdiode als Funktion der angelegten Vorspannung.

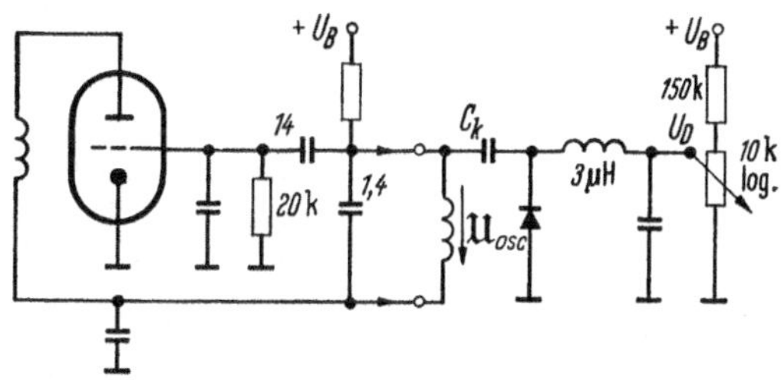

Abb. IX.33. Schaltung zur Nachstimmung eines Oszillators mit einer Nachstimmdiode.

1.4d. Frequenzverstimmung durch eine Diode. Für die automatische Nachstimmung des Oszillators verwendet man fast immer eine Diode, vorzugsweise eine Siliziumdiode, die im Sperrgebiet arbeitet. Die Grenzschichtkapazität ist eine Funktion der angelegten Spannung (Abb. IX.32). Man erreicht im Band III bei 1 V Spannungsänderung eine Verlagerung der Oszillatorfrequenz von etwa 1 MHz. Aber auch mit einer normalen Gleichrichterdiode in Reihe mit einem Kondensator kann die Verstimmung durchgeführt werden, wenn die Diode so betrieben wird, daß die Spitzen der Hochfrequenz sie öffnen und den Kondensator kurzzeitig dem Schwingkreis parallelschalten. Nach Maßgabe des durch eine angelegte Gleichspannung veränderten Stromflußwinkels wird der Kondensator für kürzere oder längere Dauer angelegt und damit eine mehr oder weniger große Verstimmung bewirkt. Durch die im Durchlaßbereich arbeitende Diode wird in den Schwingkreis ein unerwünschter Dämpfungswiderstand eingeführt, der zum Absinken der Oszillatorspannung führt (Rückkopplung nicht mehr phasenrein), Abb. IX.33 zeigt die Schaltung, Abb. IX.34a die Oszillatorverstimmung, Abb. IX.34b die Oszillatordämpfung. Spulen auf vormagnetisierten Ferritstäbchen sind elektronisch veränderliche

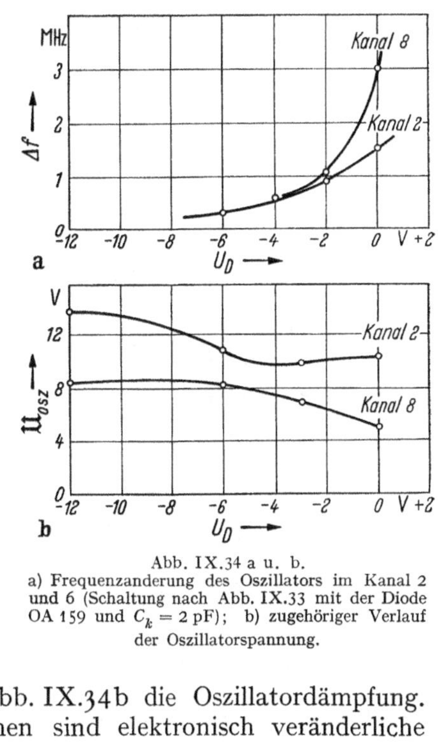

Abb. IX.34 a u. b.
a) Frequenzanderung des Oszillators im Kanal 2 und 6 (Schaltung nach Abb. IX.33 mit der Diode OA 159 und $C_k = 2$ pF); b) zugehöriger Verlauf der Oszillatorspannung.

Induktivitäten und lassen sich zur Nachregelung der Oszillatorfrequenz einsetzen (Abb. IX.35). Bekanntlich verändert sich die Permeabilität eines solchen Kernes

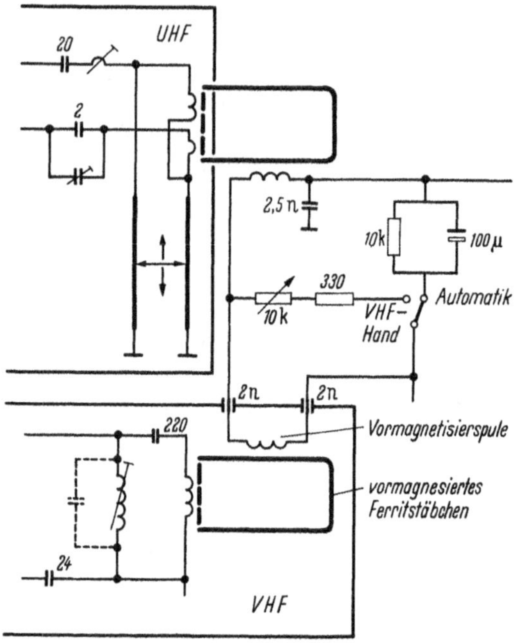

Abb. IX.35. Magnetische Abstimmschaltung für VHF und UHF. Im magnetischen Kreis eines Eisenkernes, erregt mittels einer von der Nachstimmschaltung gespeisten Spule, liegt ein vormagnetisiertes Ferritstäbchen, auf das zur Nachstimmung eine Wicklung aufgebracht ist, die der Oszillatorspule parallel liegt. Durch die Vormagnetisierung wird die Induktivität dieser Spule geändert. Die Nachstimmung eines UHF-Kanalwählers auf die gleiche Weise, durch Einfügung einer zweiten solchen Anordnung im gleichen Stromkreise, ein Ferritstäbchen im UHF-Oszillatorkreis vormagnetisierend, ist angedeutet, vgl. S. 382 (nach Grundig-Unterlagen).

in Abhängigkeit von der Vormagnetisierung. Liegt das Stäbchen, bewickelt mit einem Teil der Oszillatorspule, im gleichstromerregten magnetischen Kreis eines *U*-Kernes, der vom Diskriminator oder über ein Handregelpotentiometer von der Anodenspannung gespeist wird, so lassen sich damit automatische Nachstimmung oder Handregelung durchführen. (Steuerdiskriminator zur Gewinnung des Regelstromes s. S. 398.)

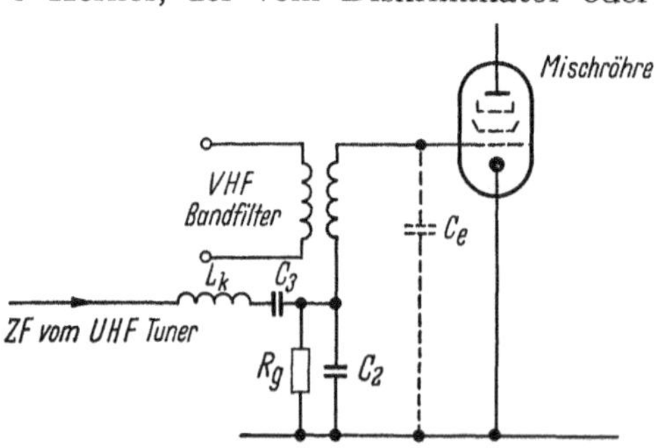

Abb. IX.36. Einspeisung von UHF in den auf Masse gelegten Kondensator der kapazitiven Transformation beim VHF-Bandfilter. (Auch der Gitterableitwiderstand R_g liegt hier am Fußpunkt der Bandfilterspule.) L_k dient zur Trennung der VHF-Spannung von der UHF-Schaltung.

1.4e. Die Ankopplung der Mischröhre an die HF-Stufe. Sie erfolgt über ein Bandfilter. Infolge der ungleichen Kapazität auf beiden Seiten des Bandfilters würde dies bei hohen Frequenzen sehr ungünstig wirken. (Hier liegt nicht die gleiche Symmetrieforderung vor wie beim Antennentransformator.) Daher wird in ähnlicher Weise wie bei der HF-Eingangsschaltung induktive und kapazitive Transformation gleichzeitig benutzt. Bei der Mischröhre wird ohnehin eine *C*-Ankopplung benötigt, um dem Gitter einen hohen Ableitwiderstand für die Stabilisierung des Stromflußwinkels geben zu können. Abb. IX.36 und IX.37 zeigen zwei Ausführungen. Diejenige nach Abb. IX.36 ist besonders vorteilhaft, da der Ableitwiderstand nicht am Gitter liegt und seine zusätzliche Kapazität eingespart wird. Auf besonders einfache Art kann dann in den Fußpunkt die von einem UHF-Tuner kommende ZF eingekoppelt werden.

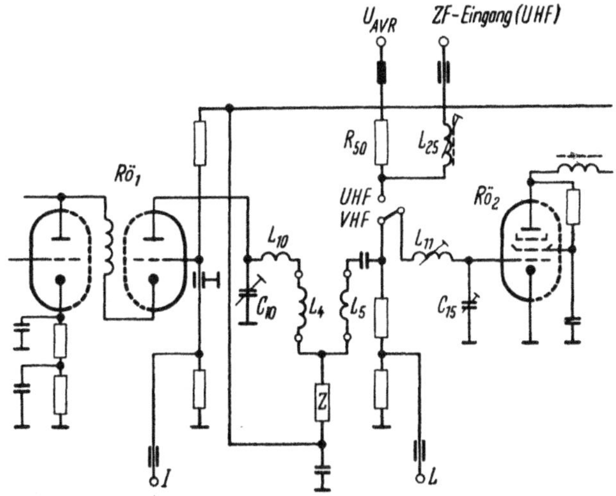

Abb. IX.37. Fußpunktgekoppeltes Bandfilter für die Ankopplung der Mischstufe im VHF-Kanalwähler (Schaltung von Philips für Bandfilterstreifen in gedruckter Schaltungstechnik).

Eine Art des Bandfilters, die auch in Kanalwählern verwendet wird, benutzt Fußpunktkopplung (Abb. IX.37). Das Koppelnetzwerk Z ist zweckmäßig so auszuführen, daß eine wirksame ZF-Unterdrükkung erreicht wird. Dies ist besonders für Kanal 2 wichtig, denn über den Fußpunkt wird sonst die ZF durchgeschaltet.

Die Gesamt-HF-Durchlaßkurve von der Antenne bis zur Mischröhre (Bandfilter + Antennenkreis) soll so breit und so geebnet sein, daß die Form der Empfängercharakteristik am Ausgang lediglich durch die ZF bestimmt wird (Abb. IX.38).

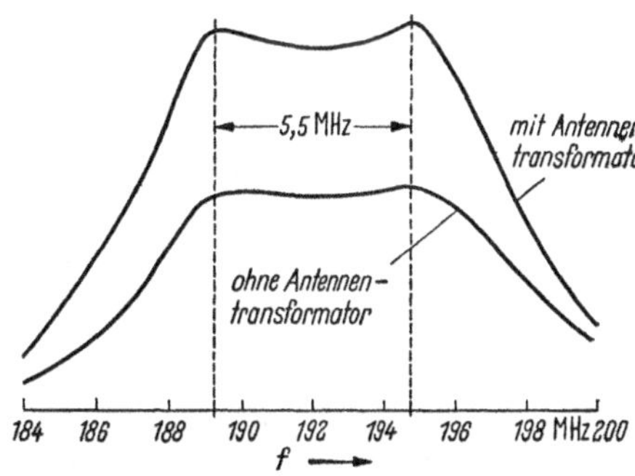

Abb. IX.38. Gemessene HF-Durchlaßkurve eines Kanalwählers bis zur Mischstufe.

1.5. UHF-Kanalwähler[1].

Von zwei Möglichkeiten der Kanalwahl wird hier Gebrauch gemacht. Entweder wird in einem getrennten Eingangsteil die ankommende UHF auf einen am Empfangsort nicht benutzten VHF-Kanal transponiert und diese „Converter“ genannte Einheit *vor* den Eingang des normalen Fernsehempfängers gesetzt (Doppelumsetzung), oder es wird parallel zum VHF-Kanalschalter eine zweite Eingangsschaltung für UHF angeordnet. Diese bildet aus dem ankommenden Signal die Zwischenfrequenz des Empfängers (38,9 MHz) direkt (Abb. IX.39). Wechselweise wird beim Empfang von UHF oder VHF jeweils einer der beiden Empfangsteile durch Abschalten der Anodengleichspannung außer Betrieb gesetzt.

Da 39 Kanäle vorgesehen sind (Tabelle), ist ein Kanalwähler mit Umschalter wie bei VHF nicht mehr ökonomisch; es muß kontinuierliche Abstimmung eingeführt werden. Die technischen Forderungen zur Unterdrückung der Oszillator-

[1] Transistoren für UHF konnten nicht behandelt werden. In der Zeit zwischen Abfassung und Drucklegung des Buches ist der Transistor auch im UHF-Gebiet vollwertig einsatzfähig geworden, so daß Röhrentuner und Transistortuner gleichwertig nebeneinander bestehen werden. Mit Transistoren im Tuner können heute in diesem Gebiet sogar günstigere Signal/Rausch-Eigenschaften erreicht werden als mit Röhren.

störstrahlung bestimmen weitgehend die Schaltung. Bei Einfachumsetzung auf die genormte ZF von 38,9 MHz darf in Deutschland auf der Grundwelle des

Tabelle 1.
Die in der Bundesrepublik benutzten bzw. vorgesehenen Fernsehübertragungskanäle sowie die zugehörige Oszillatorfrequenz für die genormte Bildzwischenfrequenz von 38,9 MHz.

	Kanal	Bildträger (MHz)	Tonträger (MHz)	Oszillatorgrundfrequenz (MHz)
Bereich I:				
Kanal 2	47 ··· 54 MHz	48,25	53,75	87,15
Kanal 3	54 ··· 61 MHz	55,25	60,75	94,15
Kanal 4	61 ··· 68 MHz	62,25	67,75	101,15
Bereich II:				
UKW-Rundfunkband mit je 300 kHz Kanalabstand 87,5 ··· 100 MHz				
Bereich III:				
Kanal 5	174 ··· 181 MHz	175,25	180,75	214,15
Kanal 6	181 ··· 188 MHz	182,25	187,75	221,15
Kanal 7	188 ··· 195 MHz	189,25	194,75	228,15
Kanal 8	195 ··· 202 MHz	196,25	201,75	235,15
Kanal 9	202 ··· 209 MHz	203,25	208,75	242,15
Kanal 10	209 ··· 216 MHz	210,25	215,75	249,15
Kanal 11	216 ··· 223 MHz	217,25	222,75	256,15
Bereich IV/V[1]*:*				
Kanal 14/21	470 ··· 477 MHz	471,25	476,75	510,15
Kanal 15/22	478 ··· 485 MHz	479,25	484,75	518,15
Kanal 16/23	486 ··· 493 MHz	487,25	492,75	526,15
Kanal 17/24	494 ··· 501 MHz	495,25	500,75	534,15
Kanal 18/25	502 ··· 509 MHz	503,25	508,75	542,15
Kanal 19/26	510 ··· 517 MHz	511,25	516,75	550,15
Kanal 20/27	518 ··· 525 MHz	519,25	524,75	558,15
usw. im Kanalabstand 8 MHz bis				
Kanal 34/41	630 ··· 637 MHz	631,25	636,75	670,15
Kanal 35/42	638 ··· 645 MHz	639,25	644,75	678,15
Kanal 36/43	646 ··· 653 MHz	647,25	652,75	686,15
Kanal 37/44	654 ··· 661 MHz	655,25	660,75	694,15
Kanal 38/45	662 ··· 669 MHz	663,25	668,75	702,15
Kanal 39/46	670 ··· 677 MHz	671,25	676,75	710,15
Kanal 40/47	678 ··· 685 MHz	679,25	684,75	718,15
Kanal 41/48	686 ··· 693 MHz	687,25	692,75	726,15
Kanal 42/49	694 ··· 701 MHz	695,25	700,75	734,15
Kanal 43/50	702 ··· 709 MHz	703,25	708,75	742,15
Kanal 44/51	710 ··· 717 MHz	711,25	716,75	750,15
Kanal 45/52	718 ··· 725 MHz	719,25	724,75	758,15
Kanal 46/53	726 ··· 733 MHz	727,25	732,75	766,15
Kanal 47/54	734 ··· 741 MHz	735,25	740,75	774,15
Kanal 48/55	742 ··· 749 MHz	743,25	748,75	782,15
Kanal 49/56	750 ··· 757 MHz	751,25	756,75	790,15
Kanal 50/57	758 ··· 765 MHz	759,25	764,75	798,15
Kanal 51/58	766 ··· 773 MHz	767,25	772,75	806,15
Kanal 52/59	774 ··· 781 MHz	775,25	780,75	814,15
Kanal 53/60	782 ··· 789 MHz	783,25	788,75	822,15

[1] Die Numerierung der Kanäle im Bereich IV/V erfolgt ab 1. 9. 1962 mit 21 ··· 60 (statt von 14 ··· 53).

Oszillators keine größere Störleistung als 10^{-7}W von der Antenne ausgestrahlt werden. Das heißt, es dürfen in 10 m Entfernung 450 µV/m nicht überschritten werden. Für Mehrfachüberlagerung (Converter) verschärfen sich diese Bedingungen bis zu 90 µV/m in 10 m Abstand (Strahlungsleistung $4 \cdot 10^{-9}$W). Hält man die Chassisstrahlung klein gegen die Antennenstrahlung, und zwar durch konstruktive Maßnahmen, wie Guß- oder verlötete Gehäuse, hochfrequent abgedichteten, aufschraubbaren Deckel und Verdrosselung der Speiseleitung mit über diese gezogenen Ferritperlen (zur Erhöhung der Längsinduktivität) sowie durch Herausführung über keramische Durchführungskondensatoren (solche Filter geben 60 ··· 80 dB Dämpfung bei UHF), so braucht man sich nur um die schaltungstechnische Entkopplung des Oszillators vom Eingang zu kümmern [*13*] bis [*17*].

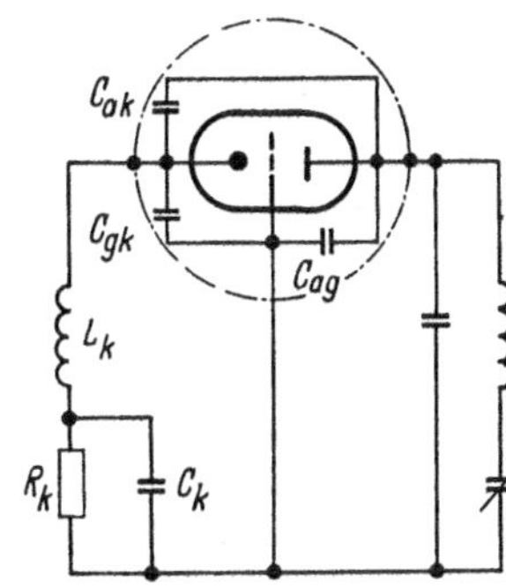

Abb. IX.39. Ersatzbild der selbstschwingenden Mischstufe in Gitterbasisschaltung.

1.5a. Mischung. Die im VHF-Tuner angewendeten Mischschaltungen (Mischpentode in Kathodenbasisschaltung) lassen sich nicht auf den UHF-Bereich übertragen. Man unterscheidet:

A. Röhrenmischung. Eine selbstschwingende Mischschaltung mit einer Röhre in Gitterbasisanordnung (PC 86) ist günstig (Ersatzschaltbild Abb. IX.39 und IX.40). Der Oszillator arbeitet in einer kapazitiven Dreipunktschaltung. Der kapazitive Abgriff wird durch C_{ak} und C_{gk} gebildet. L_k, C_{ak} liefern eine Parallelresonanz, die unterhalb der tiefsten Frequenz des Oszillators liegen muß, damit der Blindwiderstand kapazitiv bleibt. R_k begrenzt die Schwingamplitude. Die HF-Spannung wird in der Kathodenleitung eingekoppelt, die ZF über eine Drossel an der Anode ausgekoppelt. Die Mischverstärkung beträgt 10 dB, wenn auf der Anodenseite ein ZF-Bandfilter von etwa 10 MHz Bandbreite liegt. Die F_z-Rauschzahlen der Mischschaltung haben die Größenordnung von 20 ··· 30 kT_0.

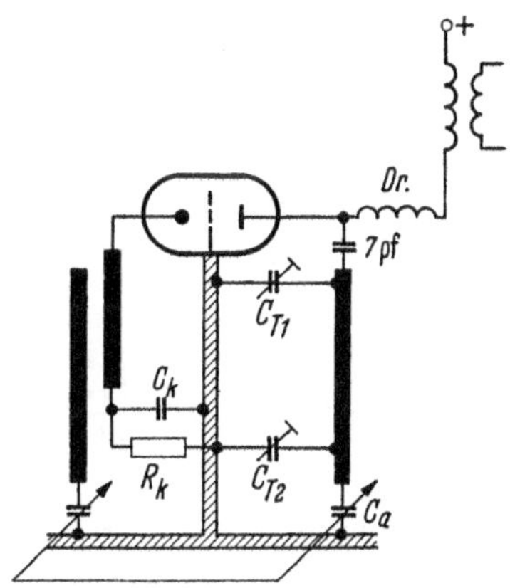

Abb. IX.40. Schaltung der selbstschwingenden Mischstufe in Gitterbasisschaltung mit Leitungskreisen.

B. Kristallmischung. Kristalldioden werden ebenfalls zur Mischung verwendet, vorzugsweise die amerikanischen Siliziumdioden 1 N 82 bzw. 1 N 82a. Während die Röhre eine Misch*verstärkung* ergibt, entsteht im Kristall ein Misch*verlust* von etwa 6 dB. Mit einer Eigenrauschzahl F_z von nicht unter 4 kT_0 und einer Rauschzahl des nachfolgenden ZF-Verstärkers von 2 kT_0 liegt die Gesamt-Eigenrauschzahl bei 12 ··· 14 kT_0; aber die Dioden streuen sehr, und im Mittel erhält man 20 ··· 30 kT_0. Eine Oszillatorspannung von 200 mV an der Mischdiode reicht aus; im Vergleich dazu erfordert die Röhre mindestens 1,5 V. Bei 220 Ω Arbeitswiderstand des Mischkristalls und Zweikreiseingangsfilter ließe sich der Störstrahlwert von 10^{-7}W an der Antenne gerade noch ohne Vorröhre erreichen. Mit Rücksicht auf Gleichlaufstörungen und Streuung der maximalen Oszillatorspannung ist aber auch hier eine Vorstufe erforderlich, um den gestellten Bedingungen mit Sicherheit zu genügen. Bei einer Brückenschaltung mit zwei Dioden und Ankopplung der Antenne im „Brückennull" (Abb. IX.41) können die Störstrahlgrenzwerte ohne eine solche Vorröhre gewährleistet werden.

C. Mischung mit Esaki-Diode. Gegenüber normalen Dioden mit linearer Kennlinie besitzt die Esaki- oder Tunneldiode (sehr stark dotierter *p-n*-Übergang in Ge oder GaAs) [*19*] auf ihrer Stromspannungscharakteristik einen fallenden Bereich mit negativem Leitwert (Abb. IX.42), der unter anderem zum Entdämpfen verlustbehafteter Schwingkreise dienen kann. Bei Verwendung als Mischer verspricht die Esaki-Diode eine Herabsetzung des Mischverlustes, in günstig dimensionierter Schaltung sogar eine Mischverstärkung. Demnach läßt sich eine merkliche Verbesserung der Störabstände für Frequenzumsetzer erwarten [*19*]. Hinzu kommt, daß zur Mischung

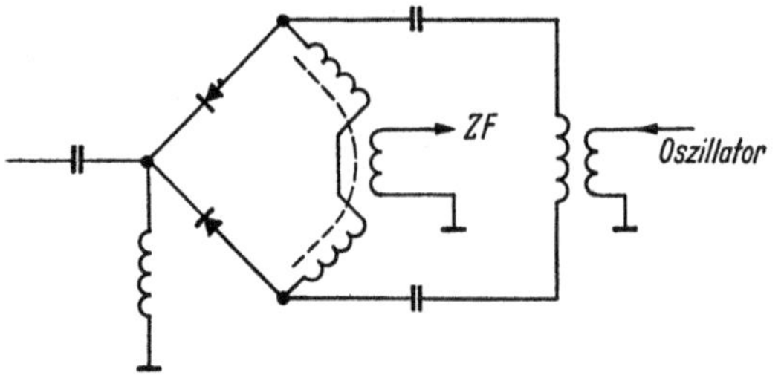

Abb. IX.41. Störstrahlfreie Diodenmischung in Gegentaktschaltung.

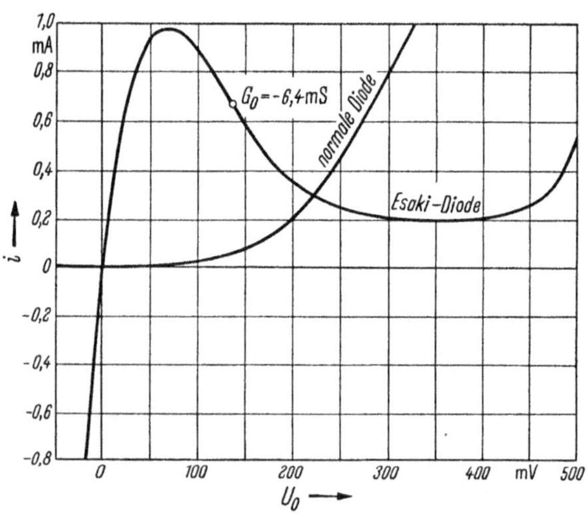

Abb. IX.42. Kennlinie einer normalen Halbleiterdiode und einer Esaki- oder Tunneldiode [*18*].

die Nichtlinearität eines Ohmschen Leitwertes benutzt wird, wodurch auch bei Abwärtsumsetzung nicht, wie etwa bei parametrischen Mischern (mit Kapazitätsdiode), der Störabstand verschlechtert wird.

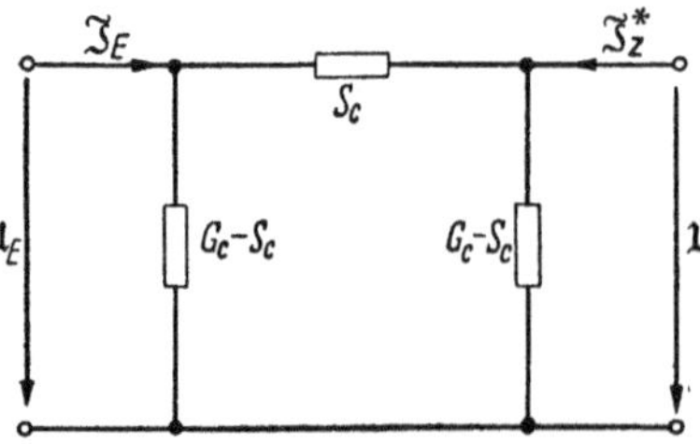

Abb. IX.43. Mischersatzbild für die Esaki-Diode.

Die Mischparameter der Esaki-Diode lassen sich zwar aus der statischen Kennlinie rein rechnerisch bestimmen. Vorteilhafter ist aber ein kombiniertes theoretisch-empirisches Verfahren, bei dem die Theorie Meßvorschriften für die Parameter eines einfachen Diodenmischer-Ersatzbildes liefert [*20, 21*]. Das Ergebnis einer solchen Betrachtung ist z. B. ein für die Ströme und Spannungen am Ein- und Ausgang des Mischers definierbarer linearer symmetrischer Ersatzvierpol in π-Schaltung (Abb. IX.43), dessen Koeffizienten durch Messungen bestimmt werden können. Dabei entstehen Kurvenblätter ähnlich Abb. IX.44, die den Eingangsleitwert G_c einer Esaki-

Mischdiode in Abhängigkeit von der Oszillatoramplitude U_1 und der Vorspannung U_0 zeigen.

Die Anpassung der Schaltung an eine Mischdiode läßt sich mit Hilfe der Vierpoltheorie über einen Ersatzvierpol nach Abb. IX.43 in den wesentlichen Punkten bestimmen. Bei der Esaki-Diode sind aber wegen der möglichen Entdämpfung von Eingangs- und Ausgangsschaltung des Mischers durch negative Leitwerte gewisse Stabilitätsbedingungen zusätzlich zu berücksichtigen, um Selbsterregung auf der Eingangs- und der Zwischenfrequenzseite zu vermeiden [*21*].

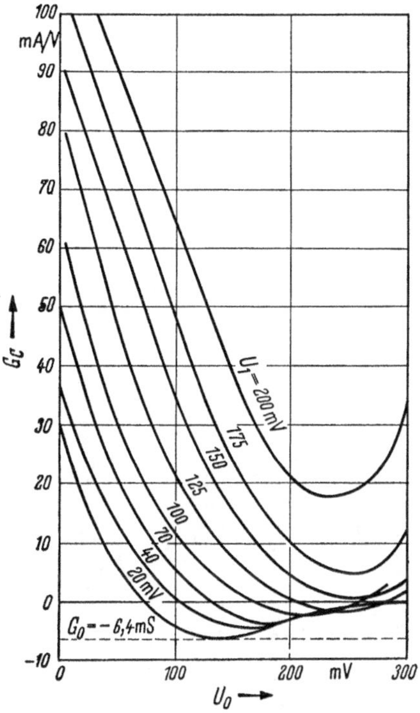

Abb. IX.44. Gemessene Kurven für den Eingangsleitwert G_e einer Esaki-Diode in Mischschaltung als Funktion der Oszillatoramplitude U_1.

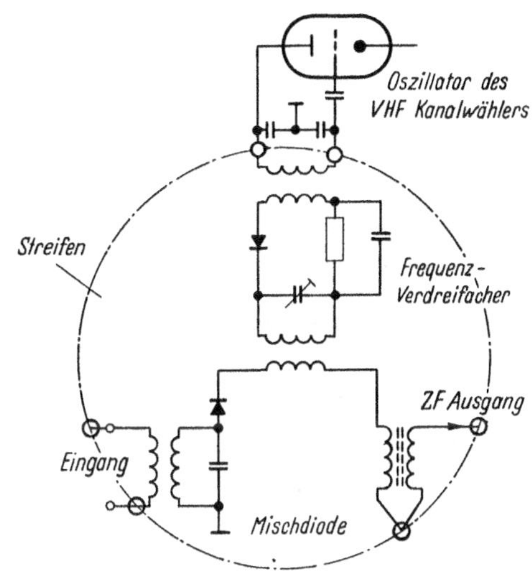

Abb. IX.45. Einsatzstreifen für einen VHF-Kanalwähler mit Oberwellenmischung. Die dritte Harmonische des geeignet abgestimmten VHF-Oszillators ermischt in einer Diode mit der UHF-Eingangsspannung die ZF.

Infolge der für einen „aktiven" Halbleiter sehr hohen Grenzfrequenz ($\geqq$ 1 GHz) kann eine Esaki-Diode, als Oszillator geschaltet, unter gewissen Bedingungen (Schwingleistung, -spannung) einen Röhrengenerator ersetzen. Dabei wird die Oszillatorspannung gegenüber den 2 ··· 3 V am Gitter einer Röhrenschaltung auf etwa 0,1 V herabgesetzt; die Störstrahlung läßt sich besser beherrschen.

Grundsätzlich läßt sich der Esaki-Diodenmischer auch selbstschwingend aufbauen. Dabei müssen dann allerdings einige Einschränkungen, z. B. bezüglich der Schaltungsdimensionierung auf besten Signal/Rauschabstand, in Kauf genommen werden, weil unter Umständen das Rauschminimum nur bei Fremdsteuerung des Mischers erreichbar ist, d. h. außerhalb des Vorspannungsbereiches liegt, in dem Selbstschwingen auf der Oszillatorfrequenz möglich ist.

D. Oberwellenmischung. Gelegentlich wird von der Möglichkeit Gebrauch gemacht, die Oberwellen der geeignet abgestimmten VHF-Oszillatorröhre (gewonnen über eine Verdreifacherschaltung) als Oszillatorspannung für einen UHF-Kristallmischer auszunutzen. Dann kann ein einfacher Streifen, in die Trommel eines VHF-Schalters eingesetzt, den Empfang eines UHF-Senders ermöglichen (Abb. IX.45).

1.5b. Ausführung des Tuners. *A. Selbstschwingende Mischung* (Abb. IX.46 und IX.47). Bei den hohen Frequenzen des UHF-Bereiches werden als Induktivitäten keine Spulen mehr benutzt, sondern Leitungsstücke in Kammern des unterteilten Gehäuses, deren Wände als Rückleitung dienen. Es besteht dann eine Art koaxialer Leitung, die ein- oder doppelseitig durch Kapazitäten belastet ist (Topfkreis).

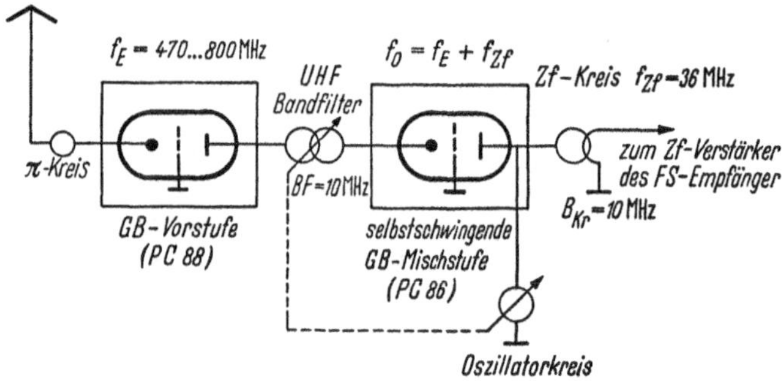

Abb. IX.46.
Prinzipschema eines UHF-Kanalwählers mit Gitterbasisvorstufe und selbstschwingender Gitterbasismischstufe.

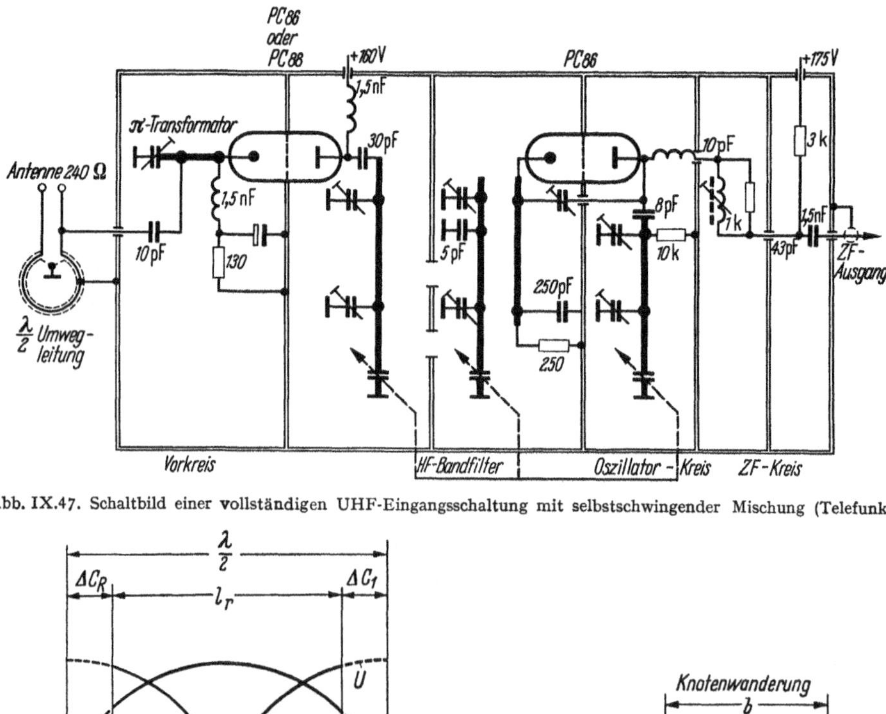

Abb. IX.47. Schaltbild einer vollständigen UHF-Eingangsschaltung mit selbstschwingender Mischung (Telefunken).

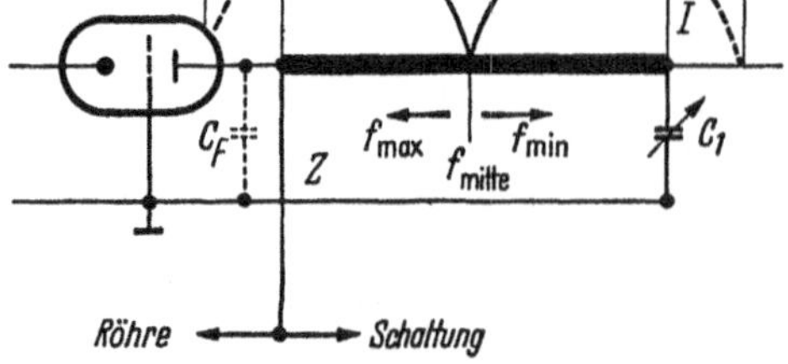

Abb. IX.48. Kapazitiv beschwerter Leitungskreis für die Abstimmung.

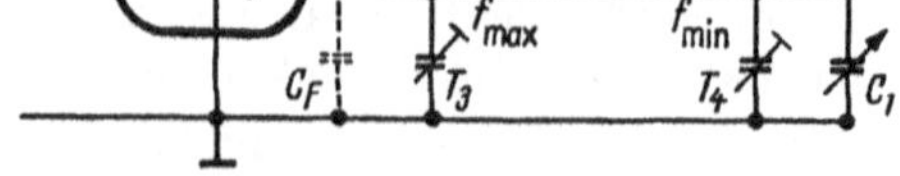

Abb. IX.49. Knotenwanderung auf dem Leitungskreis und Funktion der Gleichlauftrimmer für die oberen und unteren Bereichsenden.

vgl. Abb. IX.48. Am einen Ende der Leitung liegt die Röhre, am anderen Ende der Drehkondensator, so daß eine Art π-Schaltung resultiert; sie wird oft mit „$\lambda/2$-Kreis“ bezeichnet. Der Spannungsknoten befindet sich etwa in der Mitte der Leitung, er wandert beim Abstimmen. Dies erlaubt, getrennte Abgleichtrimmer für das obere und untere Ende des Abstimmbereichs einzufügen, derart, daß bei Einstellung des unteren Bereichs der Trimmerkondensator für den oberen Bereich im Spannungsknoten liegt, damit also unwirksam ist, und umgekehrt (Abb. IX.49). Die Trimmer beeinflussen sich gegenseitig nur unwesentlich.

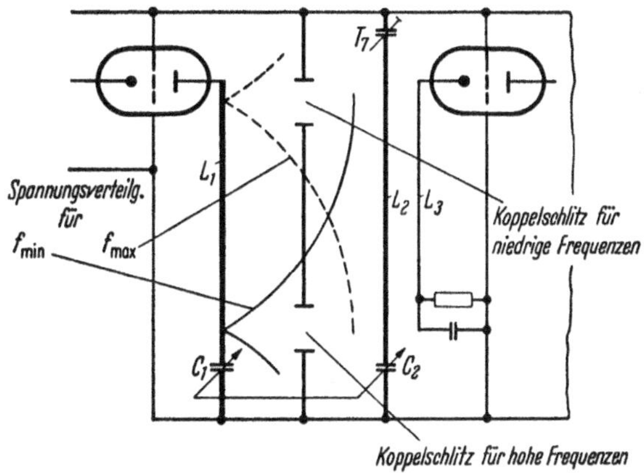

Abb. IX.50. Koppelbandfilter für UHF.

B. Vorselektion. Der Eingangskreis ist ein π-Filter, breitbandig für alle Kanäle (abgestimmt auf eine Mittenfrequenz von 650 MHz, Stehwellenverhältnis am oberen Ende von Band V und am unteren von Band IV $S \leqq 2$).

Zwischen Vorröhre und Mischschaltung liegt ein Bandfilter, bestehend aus zwei Kreisen. Die Kopplung erfolgt durch Schlitze in der Trennwand zwischen beiden Kammern, manchmal auch durch induktive Koppelschleifen (Abb. IX.50). Mehrere Schlitze, an geeigneter Stelle angeordnet, erlauben die Kopplung über den gesamten Frequenzbereich so zu gestalten, daß eine konstante Breite der Filterkurve eingehalten wird. Abb. IX.51 zeigt eine HF-Durchlaßkurve bei Verwendung eines derartigen Filters.

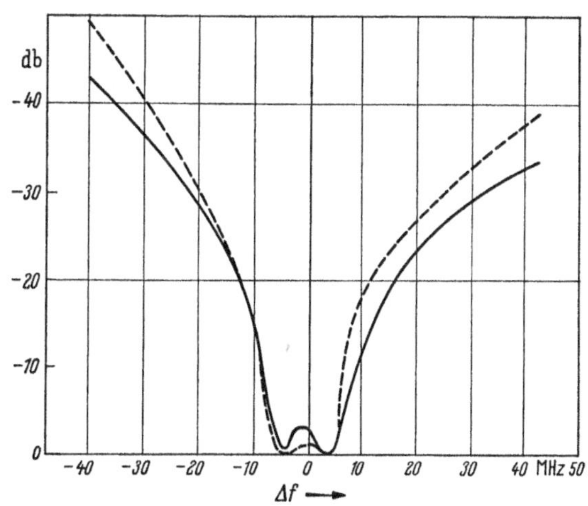

Abb. IX.51. Gemessene Hochfrequenzselektion eines UHF-Kanalwählers nach Abb. IX.50.

Die Breite des HF-Bandfilters ist größer als die Gesamtdurchlaßkurve des Empfängers, also im Mittel etwa 10 MHz. Bei kritischer Kopplung ergibt sich eine Selektion für die Spiegelfrequenz von >40 dB und für die Oszillatorfrequenz von >30 dB (Abb. IX.51). Das wirksamste Mittel zur Entkopplung von Antenneneingang und Mischstufe bildet eine HF-Vorröhre wie bei VHF. In kommerziellen Empfängern werden für diesen Frequenzbereich Scheibentrioden (z. B. 6 BY 4) verwendet. In Deutschland wurde 1958 durch speziellen Aufbau eine Stifttriode in Spanngittertechnik mit einer Steilheit von 14 mA/V (PC 86) zum Gebrauch als Gitterbasisverstärker in HF- und Mischschaltung geeignet gemacht (1961 folgte die noch günstigere PC 88).

Im UHF-Gebiet sind zur Verhinderung von Selbsterregung eine außerordentlich kleine Gitterinduktivität und eine ausreichende Entkopplung von Ausgang und

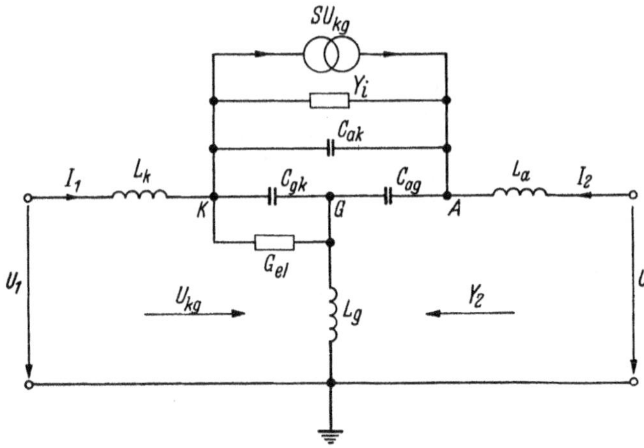

Abb. IX.52. Ersatzbild der Gitterbasisstufe für höchste Frequenzen.

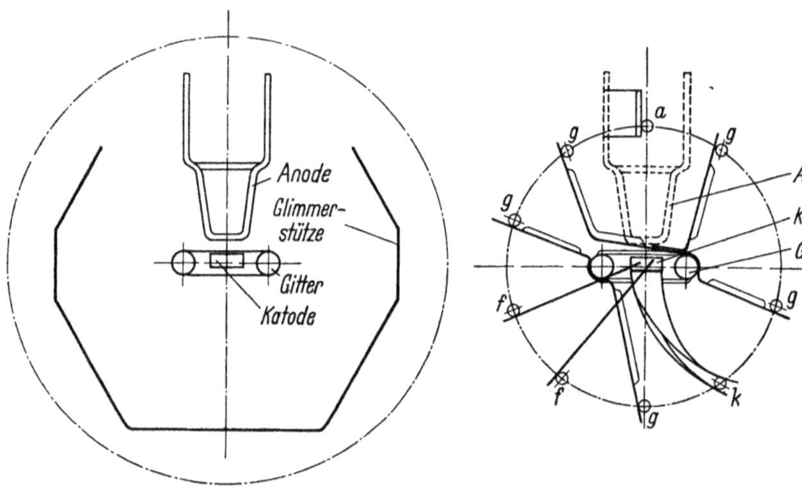

Abb. IX.53. Ausfuhrung einer modernen Spanngitterstiftröhre fur UHF mit Mehrfachherausführung des Gitters.

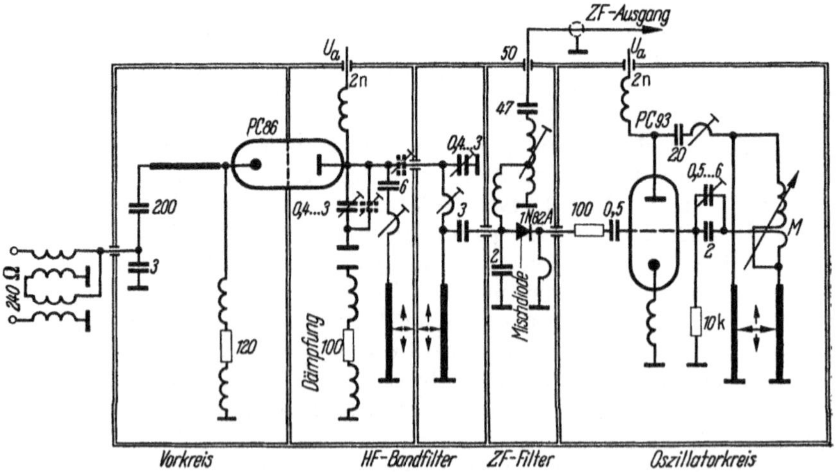

Abb. IX.54. Schaltbild einer UHF-Eingangsschaltung mit Diodenmischung (Ausführung GRUNDIG).

Eingang erforderlich. Der Rückwirkungsleitwert kennzeichnet die Eignung der Röhre (Abb. IX.52, Ersatzschaltbild). Ausführliche Rechnungen s. [*23, 24*]. Es sind drei Rückwirkungswege vorhanden:

1. Kathoden-Anoden-Kapazität C_{ak},

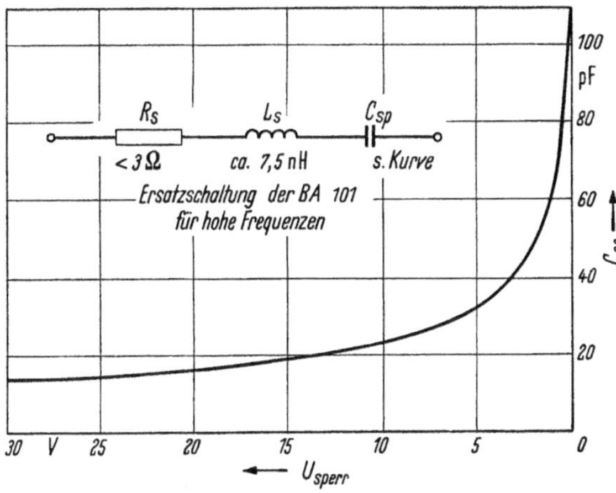

Abb. IX.55. Sperrschichtkapazitat der Siliziumdiode BA 101 in Abhangigkeit von der angelegten Sperrspannung.

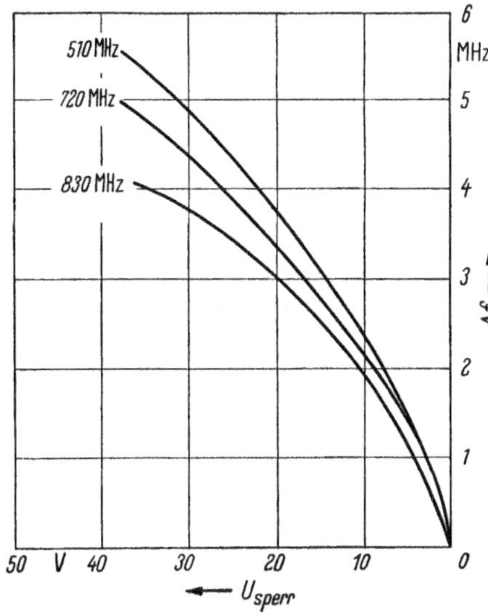

Abb. IX.56. Die Nachstimmfunktion einer Siliziumdiode BA 101 im UHF-Oszillator als Funktion der angelegten Spannung bei verschiedenen Empfangsfrequenzen.

2. Kopplung über die Eingang und Ausgang gemeinsame Induktivität L_g,

3. Kopplung über den Innenleitwert Y, der infolge der endlichen Elektronenlaufzeit komplex ist.

Die kleine Gitterinduktivität wird bei der Scheibenröhre durch den allseitigen Anschluß des Gitters, bei der Spanngitterspezialröhre PC 86 durch Dreifach-Herausführung und bei der PC 88 durch Fünffach-Herausführung erreicht (Abb. IX.53). Mit der PC 88 erhält man eine stabile Leistungsverstärkung des ganzen Tuners über den UHF-Bereich von 470 ··· 790 MHz in Höhe von 10 ··· 12 dB und eine Abschwächung der Oszillatorspannung auf unter 1,5 mV an der Antennen-

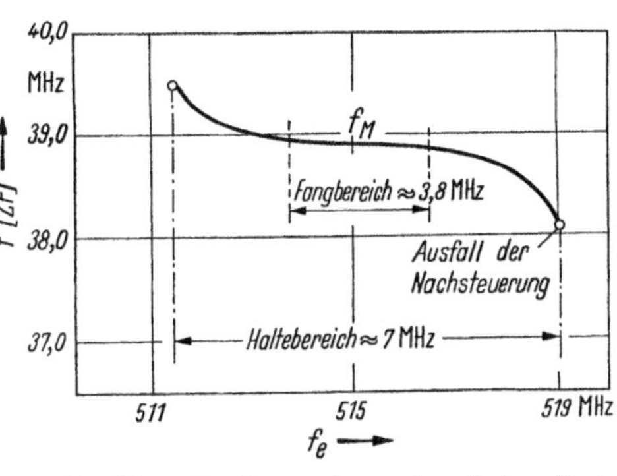

Abb. IX.57. Regelkurve einer automatischen Nachstimmschaltung.

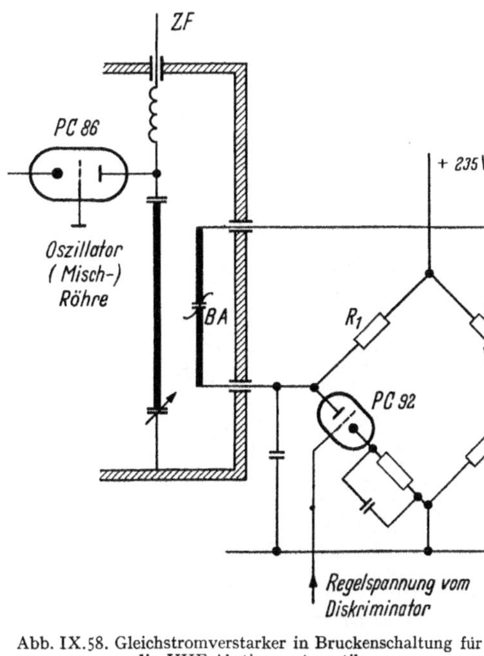

Abb. IX.58. Gleichstromverstarker in Bruckenschaltung für die UHF-Abstimmautomatik.

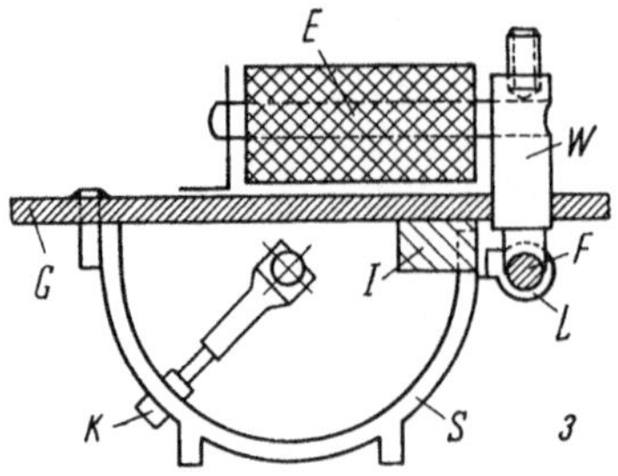

Abb. IX.59.
Anordnung einer elektronischen Nachstimmeinheit mit einem vormagnetisierten Ferritstäbchen im Felde des Oszillatorleitungskreises im UHF-Kanalwahler. (Leitungskreis mit Abstimmung durch Schleiferabgriff.)

E Erregerwicklung, *W* Weicheisenkern, *F* Ferritstäbchen, *L* Leiterschleife, *I* Isolator, *S* Schwingkreis des Oszillators, bestehend aus einem halbkreisförmigen Messingstreifen, *K* Kurzschlußschieber, *G* Gehause (Ausfuhrung GRUNDIG).

klemme von 60 Ω (Störfeldstärke also unter 250 μV in 10 m Abstand), bei Eigenrauschzahlen von 11 ··· 12 dB. Einen Tuner mit Diodenmischung ohne Vorröhre zeigt Abb. IX.54. Hier wird induktive Abstimmung benutzt, d. h. Leitungen, die durch einen Kurzschlußkontakt abgestimmt werden.

C. Automatische Nachstimmung bei UHF. Für stabilen Betrieb ist noch mehr als bei VHF automatische Nachstimmung wünschenswert. Dies geschieht hier mittels einer Siliziumdiode, deren Sperrschichtkapazität spannungsabhängig geregelt wird (Abb. IX.32). Die Diode bildet mit ihren Anschlußenden eine Schleife zum Ankoppeln an den Oszillatorkreis. Eine mittlere Kopplung, als Kompromiß zwischen Frequenzhub und Bedämpfung des Oszillatorkreises, gibt,

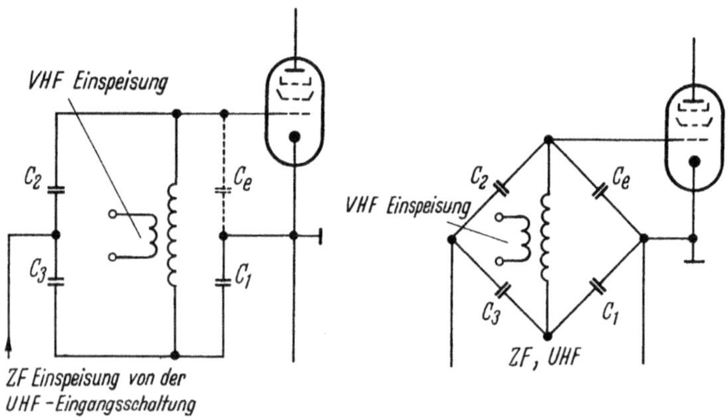

Abb. IX.60. Einspeisung der ZF von der UHF-Eingangsschaltung uber eine Brucke zur Trennung von ZF und UHF.

je nach dem Diodentyp, einen Frequenzhub von maximal ±3 MHz beim Verändern der Spannung an der gesperrten Diode um etwa ±20 V (vgl. Abb. IX.56 und IX.57).

Die Steuerung erfolgt von dem gleichen Diskriminator wie für VHF aus über eine Gleichstromverstärkerröhre (Abb. IX.58). R_3 stellt dort eine mittlere Vorspannung von z. B. 20 V ein. Auch Verstimmung mit einem vormagnetisierten Ferritstückchen, an geeigneter Stelle zwischen die Zweige der Oszillatorleitung gebracht, wird zum Nachregeln der Frequenz verwendet (Magnetvariometer), Abb. IX.59.

D. Ankopplung UHF an das Gerät. Die VHF-Mischröhre wird als zusätzlicher

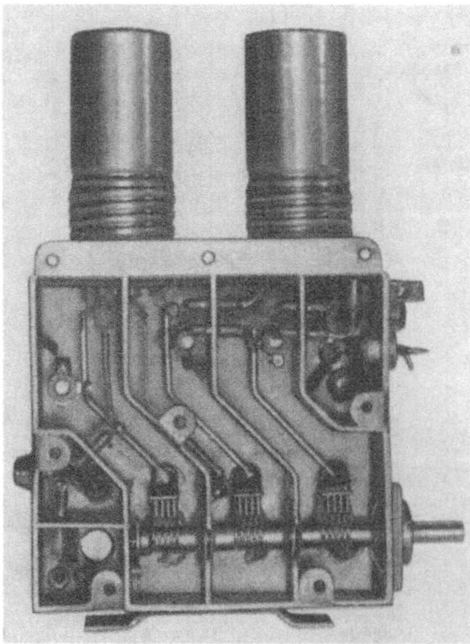

Abb. IX.61. UHF-Tuner (Telefunken).

ZF-Verstärker benutzt. Eine Brücke entkoppelt die VHF-Kreise und ZF-Kreise des UHF-Tuners (Abb. IX.60). Umschaltung UHF/VHF erfolgt nur durch Unterbrechen der Gleichspannung an den jeweils unbenutzten Röhren.

2. Der Zwischenfrequenzverstärker.

2.1. Die Wahl der Zwischenfrequenz.

Die Festlegung einer geeigneten Zwischenfrequenz (ZF) ist außerordentlich schwierig. Sie soll niedrig genug sein, damit Spulen geeigneter Güte hergestellt werden können und die elektronischen Eingangswiderstände beim Regeln noch keinen zu großen Einfluß haben, andererseits soll sie hoch genug sein, um eine genügende Spiegelselektion zu ergeben. Dem sind aber wieder Grenzen gesetzt durch die niedrigste Frequenz, die noch empfangen werden muß. Außerdem darf für die ZF kein Frequenzgebiet gewählt werden, in dem starke Sendedienste liegen, die über die Eingangsfilter durchschlagen und in Direktverstärkung zur Videodiode gelangen. (Gefährliche Störer sind z. B. Amateursender, Hochfrequenzindustrieanlagen, Hochfrequenzheilgeräte.)

2.1a. Pfeifstellen. Den größten Einfluß auf die Auswahl der ZF hat aber die Möglichkeit der Bildung von sog. „Pfeifstellen" (vom Hörrundfunk her so genannt).

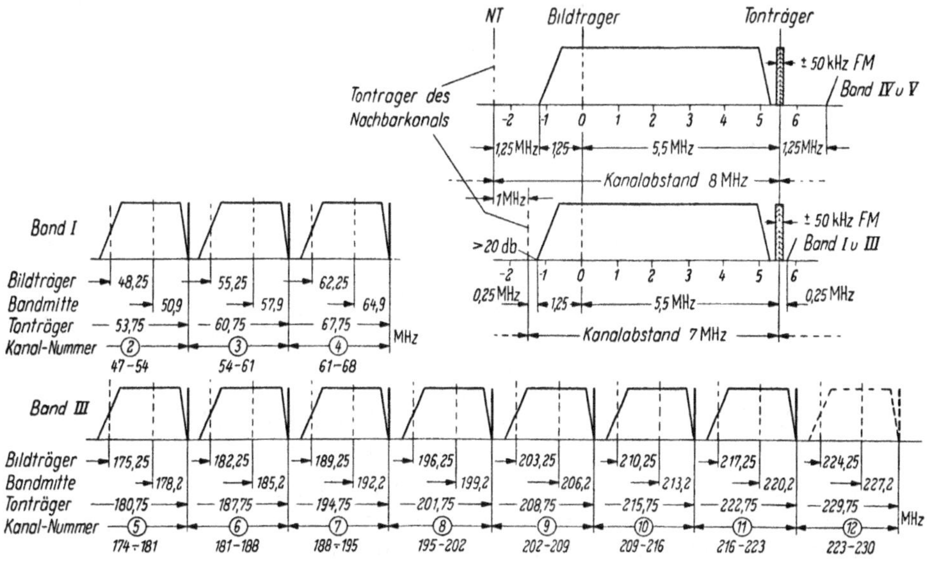

Abb. IX.62. Kanalaufteilung im 7 MHz-Kanalraster (Band I und III) und 8 MHz-Raster für Band IV und V (vgl. dazu die Tabelle der Senderkanäle).

Bei der Videogleichrichtung wird ja die ZF-Schwingung in Halbwellen zerhackt, in deren Fourier-Spektrum die Amplitude nur langsam nach höheren Frequenzen abklingt, so daß leicht Harmonische der ZF abgestrahlt und bei der großen für Fernempfang benötigten Verstärkung von der Eingangsschaltung wieder aufgenommen werden. Die ZF ist daher so zu wählen, daß keinesfalls Harmonische derselben in die Kanäle des Bandes I fallen und möglichst auch nicht in die weniger empfindlichen Kanäle von Band III. An Hand von Pfeifstellendiagrammen [*25*, *26*] wird die ZF festgelegt. In verschiedenen Ländern hat man sich auf eine einheitliche ZF geeinigt, in Deutschland z. B. auf 38,9 MHz für den Bildträger und 33,4 MHz für den Tonträger. Bei einer Kanalbreite von 7 MHz ist der Kanalabstand in Europa 7 MHz im Band I und III, 8 MHz im Band IV und V. Internationale Vereinbarungen, notwendig in Anbetracht der abweichenden Standardisierung in den Nachbarländern (OIR-Norm, franz. Norm), haben zu dieser Ungleichheit des Kanalabstandes in den verschiedenen Bändern geführt. Bei der Formung der ZF-Selektionskurve ist darauf Rücksicht zu nehmen. Abb. IX.62 gibt einen Überblick über die Verhältnisse in den Bändern I, III, IV und V. Abb. IX.63 zeigt das Überlagerungsschema und damit die Stellung des Oszillators auch für die Doppelüberlagerung bei UHF.

Pfeifstellen können übrigens auch von der Ton-ZF von 5,5 MHz herrühren. Obwohl es sich hier um recht hohe Ordnungszahlen der Harmonischen handelt,

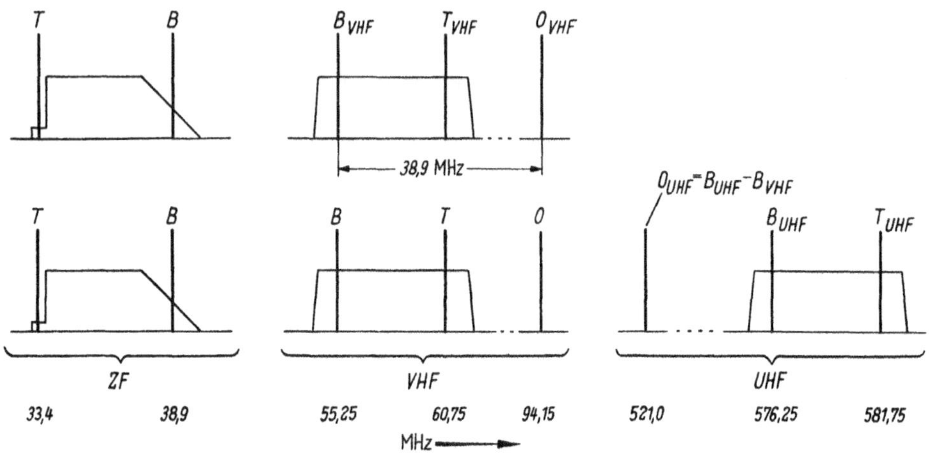

Abb. IX.63. Bildung der ZF in einem Fernsehempfänger.
Oben: Einfachuberlagerung beim VHF-Empfang (und UHF-Empfang mit Einfachuberlagerung). Unten: Doppelüberlagerung beim UHF-Empfang mit Konverter.

können sie noch stören, weil am Ratiodetektor sehr große Spannungsamplituden auftreten. Geschickte Abschirmung muß verhindern, daß Oberwellen ausgestrahlt werden und in den Eingang dringen.

2.2. Form der ZF-Durchlaßkurve. Einheitsdurchlaßkurve, Form der Nyquistflanke und Phasenvorentzerrung.

Bei der geringen zur Verfügung stehenden Kanalbreite ist im Fernsehen eine Restseitenbandübertragung, wie sie zuerst von Nyquist [*28*] vorgeschlagen wurde, unbedingt nötig. Sie erfordert eine ganz spezielle ZF-Durchlaßkurve des Empfängers, bei welcher die Bildträgerfrequenz auf 50% Amplitude abgesenkt wird, Abb. IX.64b. Ein einfaches Zeigerdiagramm erlaubt nach R. Urtel [*27*], den Einschwingvorgang zu berechnen und die entstehenden Verzerrungen zu bestimmen. Wie man sieht, werden die tiefen Frequenzen in Zweiseitenbandtechnik übertragen, während bei steigender Modulationsfrequenz durch die Nyquist-Flanke das eine Seitenband mehr und mehr abgeschwächt, das andere also bevorzugt wird. Nehmen wir einen linearen Verlauf der Phase an, so ergibt lineare Amplitudengleichrichtung ein demoduliertes Signal gleich dem resultierenden Vektor R. Dessen Spitze beschreibt eine Ellipse, deren eine Halbachse gleich der Summe und deren andere gleich der Differenz der Amplituden der beiden Seitenbandfrequenzen ist. *Die Resultierende erfährt auch bei linearer Phase des Übertragungssystems eine Phasendemodulation,* und ihre Größe schwankt nichtsinusförmig mit der Zeit. Die Verzerrung eines Sprunges ist außer vom Modulationsgrad noch abhängig von der Modulationsrichtung und der Steilheit der NYQUIST-Flanke. Hat das System nun selbst noch eine Phasenverzerrung, so wird die Ellipse in Abb. IX.64d schräg, und es treten zusätzliche Phasenverzerrungen auf

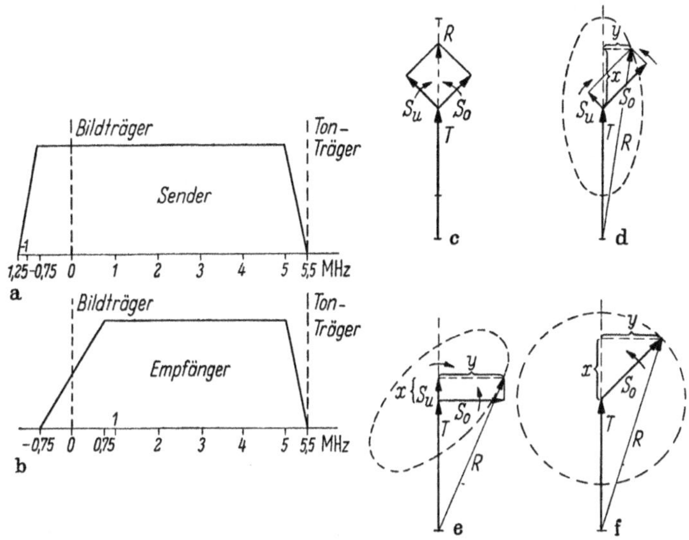

Abb. IX.64 a—f. Schema der Restseitenbandübertragung, Zeigerdiagramme.

(Abb. IX.64e). Abb. IX.65 zeigt Einschaltsprünge an einem Verstärker mit maximal geebneter Durchlaßkurve bei verschieden steiler NYQUIST-Flanke. Man beachte die Unsymmetrie bei großer Flankensteilheit. Die *Übertragungsfunktion* $w(p)$ eines Filtersystems, das sich aus Kondensatoren, Widerständen

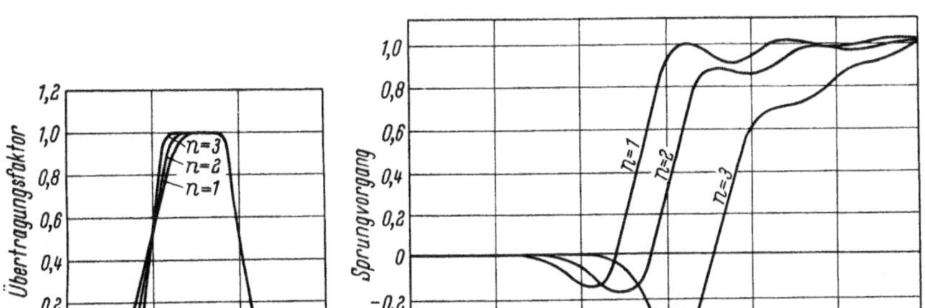

Abb. IX.65. Einhullende des Sprungvorganges beim Bandpaßfilter mit verschieden steiler NYQUIST-Flanke.

und Spulen zusammensetzt, ist eine rationale Funktion der komplexen Frequenz p:

$$w(p) = \frac{a_0 + a_1 p + a_2 p^2 + a_3 p^3 + \dots}{b_0 + b_1 p + b_2 p^2 + b_3 p^3 + \dots}. \tag{IX.15}$$

Ihre Zerlegung in Linearfaktoren:

$$w(p) = \frac{(p - p_1')(p - p_2')(p - p_3')(p - p_4') \dots}{(p - p_1)(p - p_2)(p - p_3)(p - p_4) \dots} \tag{IX.16}$$

gibt uns die Polnullstellen in der komplexen Ebene, aus der sämtliche Eigenschaften des Systems abgelesen werden können.

In der Praxis interessieren der Amplitudengang

$$A(\omega) = |w(j\omega)|$$

und der Phasengang

$$\varphi(\omega) = \arg |w(j\omega)|$$

bzw. die Gruppenlaufzeit

$$\frac{d\varphi(\omega)}{d\omega}.$$

Aus den obigen Zusammenhängen hat H. W. Bode [29] bewiesen, daß bei Erfüllung bestimmter Bedingungen im Schaltungsaufbau, die in der Praxis fast

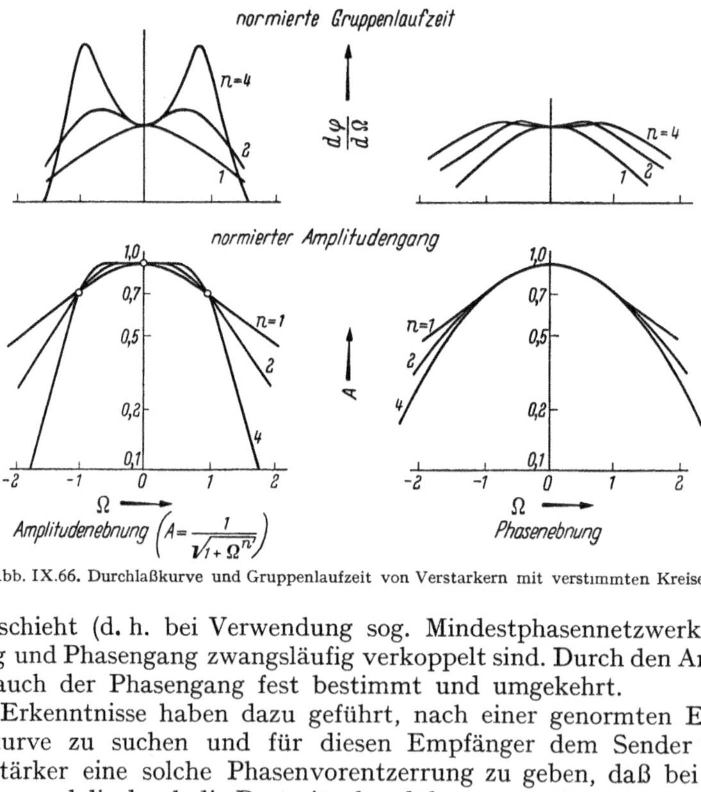

Abb. IX.66. Durchlaßkurve und Gruppenlaufzeit von Verstarkern mit verstimmten Kreisen.

immer geschieht (d. h. bei Verwendung sog. Mindestphasennetzwerke), Amplitudengang und Phasengang zwangsläufig verkoppelt sind. Durch den Amplitudengang ist auch der Phasengang fest bestimmt und umgekehrt.

Diese Erkenntnisse haben dazu geführt, nach einer genormten Empfängerdurchlaßkurve zu suchen und für diesen Empfänger dem Sender in seinem Videoverstärker eine solche Phasenvorentzerrung zu geben, daß bei mittlerem Modulationsgrad die durch die Restseitenbandübertragung bedingte Unsymmetrie beseitigt wird [30]. In internationalen Abmachungen (CCIR, Los Angeles, 1959) wurde beschlossen, nur die Hälfte des Phasenfehlers eines Norm-Empfängers beim Sender zu kompensieren und den Rest der Entzerrung dem Empfänger selbst zu überlassen. Daher rührt die Notwendigkeit, die Empfängerdurchlaßkurve mit so geringer Phasenverzerrung wie möglich zu gestalten. In Abb. IX.66 sind sog. „maximal flache" Verstärker und die dazugehörigen Phasenkurven dargestellt sowie sog. „phasengeebnete" Verstärker [31] bis [33], also solche mit fast ebener Gruppenlaufzeitkurve und zugehöriger Amplitudenkurve. Sichtlich wird ein solcher Phasenverlauf durch eine etwa glockenförmige Durchlaßkurve erreicht. Bei modernen Fernsehempfängern wird daher die Nyquist-Flanke so flach wie möglich gemacht, wobei die Grenze durch den Nachbartonkanal gegeben und die Kurve oben sehr weit gerundet ist, damit sie einer

Glockenkurve möglichst nahekommt und entsprechend minimale Phasenverzerrung liefert [34] bis [36] (Abb. IX.67); ferner werden phasenebnende Filter verwendet.

Abb. IX.67 zeigt Durchlaßkurve und Phasenkurve eines Empfängers, der etwa demjenigen entspricht, welcher für die Phasenentzerrung bei den Fernseh-

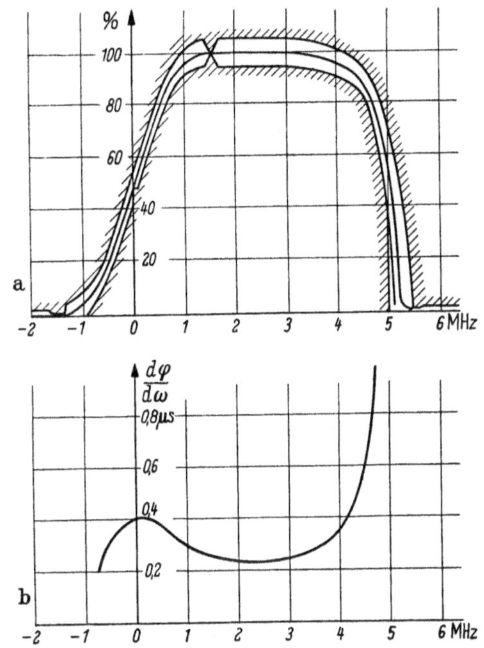

Abb. IX.67 a u. b. Typische Amplituden- und Laufzeitkurve eines 625 Zeilen-Fernsehempfangers, mit Filtern minimaler Phase. a) Amplitudenkurve; b) Laufzeitkurve.

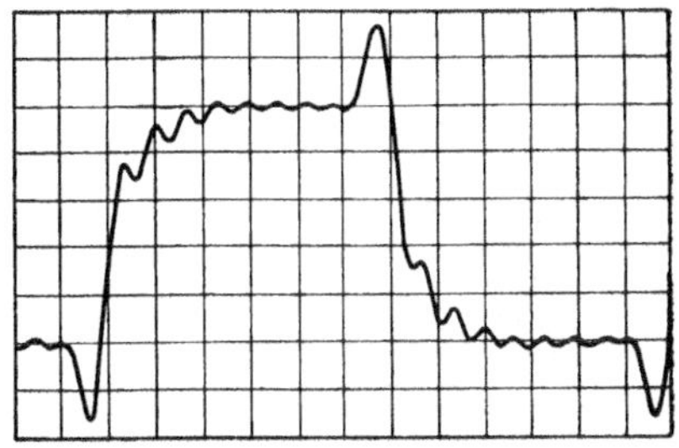

Abb. IX.68. Berechneter Einschwingvorgang eines Fernsehempfangers ohne Entzerrung.

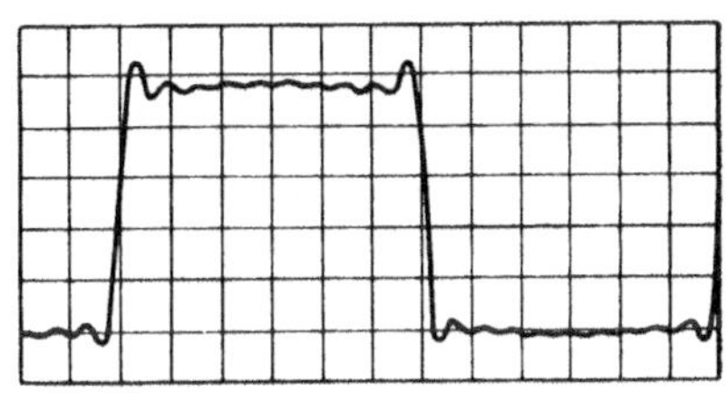

Abb. IX.69. Berechneter Einschwingvorgang mit idealem Phasenausgleich.

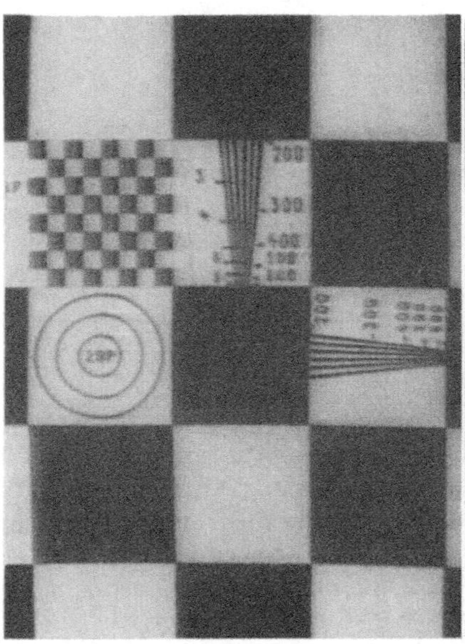

Abb. IX.70.

Abb. IX.71.

Abb. 70. Ausschnittphoto eines uber einen Fernsehsender ohne Phasenvorentzerrung ausgestrahlten Testbildes, aufgenommen mit einem normalen Fernsehempfanger.

Abb. 71. Aufnahme wie Abb. IX.70 mit Phasenvorentzerrung im Sender.

sendern zugrunde gelegt wird, Abb. IX.68 gibt den Sprung und seine durch NYQUIST-Flanke und Phasenverzerrung entstehende Unsymmetrie wieder, Abb. IX.69 den gleichen Sprung, mit voller Phasenkompensation im Sender, berechnet. Abb. IX.70 zeigt, über einen normalen Fernsehsender und Emp-

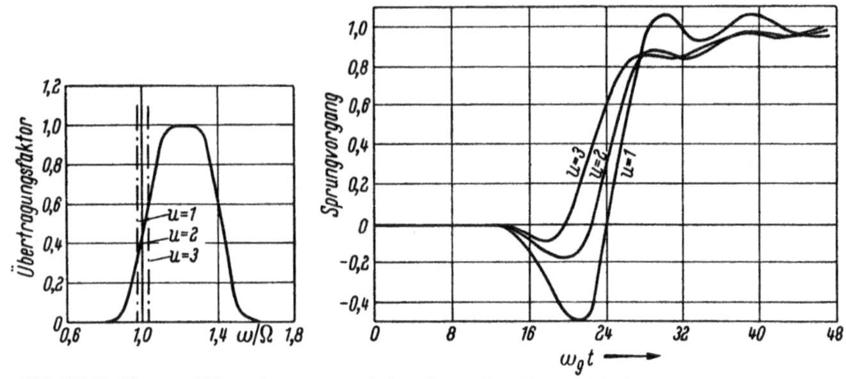

Abb. IX.72. NYQUIST-Filter mit unsymmetrischer Trägereinstellung, Einhüllende des Sprungvorganges.

fänger aufgenommen, das Photo eines Testbildes, übertragen ohne Phasenvorentzerrung und Abb. IX.71 dasselbe Bild, übertragen mit Phasenvorentzerrung.

Durch Verstimmung des Bildträgers gegen den 50%-Amplitudenwert der NYQUIST-Flanke kann man eine Bevorzugung der hohen Frequenzen erreichen

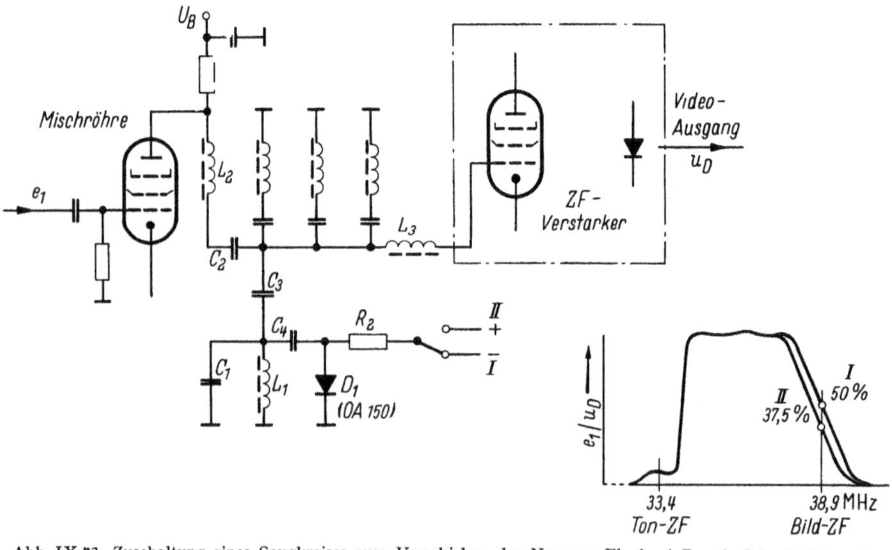

Abb. IX.73. Zuschaltung eines Saugkreises zum Verschieben der NYQUIST-Flanke („Pseudo-Scharfzeichner“).

(Abb. IX.72) [37]. Davon wird oft Gebrauch gemacht. Bei Fernsehempfängern mit automatischer Abstimmung ist diese Verstimmung nicht möglich, und es bleibt nur die Möglichkeit, die NYQUIST-Flanke im ZF-Kanal zu verschieben. Zum Beispiel kann das mit einem zugeschalteten Saugkreis (Abb. IX.73) geschehen und damit die Wirkung eines Pseudoscharfzeichners erreicht werden. Die *Gesamtdurchlaßkurve* des ZF-Verstärkers bei Normalbetrieb wird durch den Saugkreis, dessen Eigenfrequenz im Gebiet der NYQUIST-Flanke liegt, schmaler gemacht. Über den Kondensator $C\,3$ wird der aus $C\,1$ und $L\,1$ bestehende Saugkreis angekoppelt. Seine Frequenz liegt bei gesperrter Diode außerhalb des

Durchlaßbereichs des ZF-Verstärkers, hat also keinen Einfluß auf diesen. Bei leitender Diode *D* 1 (Schalterstellung II) wird *C* 4 in Nebenschluß zur Kapazität *C* 1 gelegt und die Frequenz des Saugkreises in das Gebiet der NYQUIST-Flanke verlagert. Dadurch entsteht die Durchlaßkurve II mit der parallel verschobenen NYQUIST-Flanke. Während vorher der Bildträger in üblicher Weise bei 50% Amplitude lag, liegt er jetzt bei 37,5% [*38*].

2.3. Zwischenfrequenzverstärker.

Lange Zeit waren die Zwischenfrequenzverstärker der Fernsehempfänger mit verstimmten Kreisen, wie sie R. SCHIENEMANN in die Fernsehtechnik eingeführt hat [*39*], ausgerüstet. Die einzelnen Verstärkerstufen hatten je eine angekoppelte „Falle“, d. h. Sperrkreise zur Versteilerung der Flanken bzw. zur Herstellung der Nachbarkanalselektion oder der Tontreppe (s. Abb. IX.66). Solche Fallen bewirken aber eine Anhebung des außerhalb liegenden Frequenzbandes (Abb. IX.74a), so daß die Weitabselektion dieser Empfänger bei der heutigen Senderdichte nicht ausreicht.

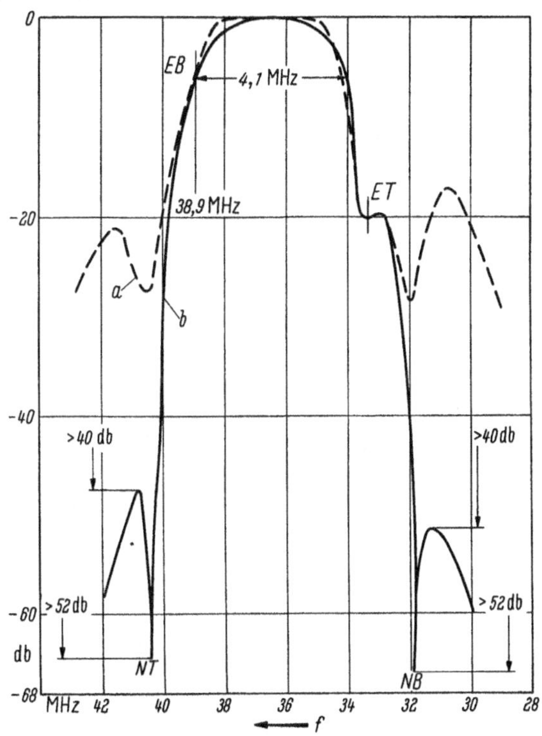

Abb. IX.74. ZF-Durchlaßkurve eines modernen Fernsehempfängers mit hoher Nachbarkanalselektion durch Nullstellenfilter und verbesserte Weitabselektion mittels Bandfilterkopplung in allen Stufen. Gestrichelt eingezeichnet: alterer Fernsehempfänger mit verstimmten Kreisen, Nachbarkanalselektion durch angekoppelte Fallen.

Daher wird neuerdings ausschließlich Bandfilterkopplung verwendet. Mit Bandfilterverstärkern läßt sich eine bessere Weitabselektion erreichen. Die heutigen ZF-Verstärker haben fast ausschließlich drei Stufen. Rechnet man die Mischröhre hinzu, so können vier Filter untergebracht werden.

Bei der Dimensionierung als „maximal-flacher“ Verstärker erhält man mit verstimmten Einzelkreisen eine Durchlaßkurve der Form:

$$\frac{u_1^2}{u_2} = \frac{1}{1+x^8} \qquad \text{(IX.17)}$$

(x = Verstimmung), s. Kap. I, und bei Bandfiltern:

$$\frac{u_2^2}{u_1} = \frac{1}{1+x^{16}}. \qquad \text{(IX.18)}$$

Im Vergleich mit dem Einzelkreisverstärker ergibt sich eine im Mittel um

$$\frac{2}{\sqrt[2\mu]{2^{2\mu-1}}}$$

(u = Zahl der Filter) größere Verstärkung.

Noch steileren Abfall der Flanken und etwas erhöhte Verstärkung erhält man bei TSCHEBYSCHEFFscher Dimensionierung.

Bei der praktischen Auslegung werden oft nur Bandfilter benutzt, um die Durchlaßkurve zu formen; anderenfalls werden die Flanken zu steil, besonders die NYQUIST-Flanke.

Das 4. Bandfilter wird kritisch gekoppelt, und zwar mit einer solchen Bandbreite, daß die Form der Durchlaßkurve durch dieses Filter nicht mehr merklich bestimmt wird. Wir erinnern uns, daß bereits in der Ausführungsform des

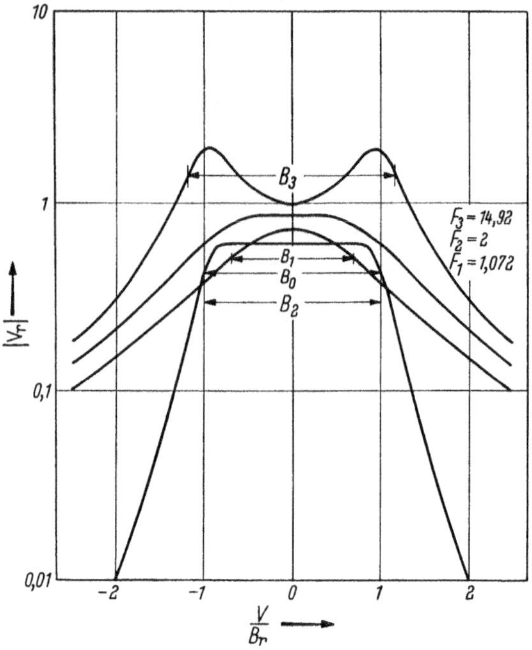

Abb. IX.75. Die drei Einzelkurven eines dreistufigen Bandfilterverstarkers, aus denen sich die resultierende Gesamtdurchlaßkurve eines Fernseh-ZF-Verstärkers (ohne Sperren und Tontreppe) mit maximal flacher Dimensionierung zusammensetzt.

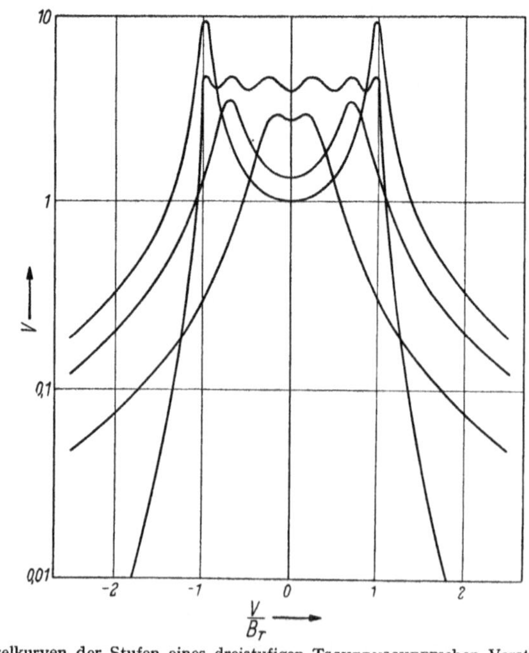

Abb. IX.76. Die drei Einzelkurven der Stufen eines dreistufigen TSCHEBYSCHEFFschen Verstärkers sowie die Gesamtdurchlaßkurve (nach HARMANS [51]).

Kanalschalters im HF-Verstärker ein solches breitbandiges Filter eingebaut ist. Abb. IX.75 zeigt einen dreistufigen, maximal flachen Bandfilterverstärker und Abb. IX.76 einen solchen mit TSCHEBYSCHEFFschem Verhalten. Einzelheiten sind hierzu im Kapitel I, S. 1ff. und in [*40*] nachzulesen. Man kann aber auch, um nicht zu steile Flanken zu erhalten (Phasengang der NYQUIST-Flanke),

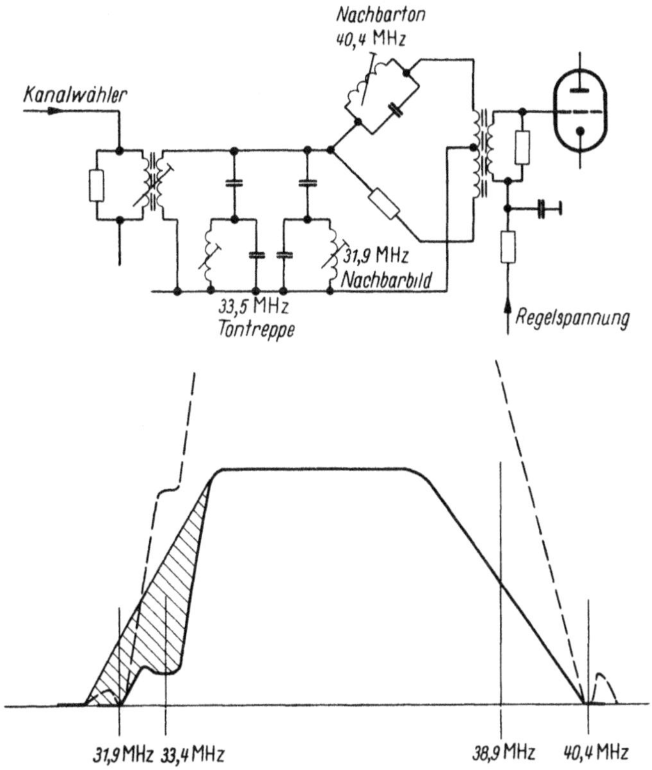

Abb. IX.77. Aus der Durchlaßkurve eines symmetrischen Bandfilterverstärkers wird durch Fallen und Sperren die Tontreppe und die steilere Flanke in der Nähe des Tonsenders gebildet sowie die starke Dämpfung beim Nachbarbildträger (31,9 MHz) und Nachbartonträger von 40,4 MHz erhalten. Gestrichelt: die gleiche Kurve mit größerer Verstärkung gezeichnet.

zwei hintereinandergeschaltete Filter so aufteilen, daß sie gemeinsam die Durchlaßkurve eines der Filter nach Abb. IX.75 oder IX.76 haben.

Die spezielle Formung der unsymmetrischen Kurve für die Bedingungen des Fernsehempfangs erfolgt durch zusätzliche Siebkreise. Diese werden jetzt sämtlich in einem Filter untergebracht, und zwar zweckmäßigerweise in demjenigen, welches zwischen Kanalschalter und ZF-Verstärker liegt. Da dieses eine Abwärtstransformation auf den Wellenwiderstand eines Kabels und eine anschließende Aufwärtstransformation auf das folgende Gitter enthält, können die Filterelemente in den niederohmigen Zweig eingebaut werden. Drei bis vier solcher Sperrkreise sind notwendig, und zwar einer für die Tontreppe (s. 2.5), je einer für Nachbartonträger-Selektion und Nachbarbildträger-Selektion und evtl. der vierte für die Formung der NYQUIST-Flanke. Aus der Durchlaßkurve werden dann durch diese Sperren entsprechende Teile herausgeschnitten (Abb. IX.77). Da die Sperren abgeschirmt werden müssen, ist es aus räumlichen Gründen oft vorteilhaft, sie in zwei Bandfilterbechern mit unterzubringen. Einen Verstärker dieser Art zeigt Abb. IX.78.

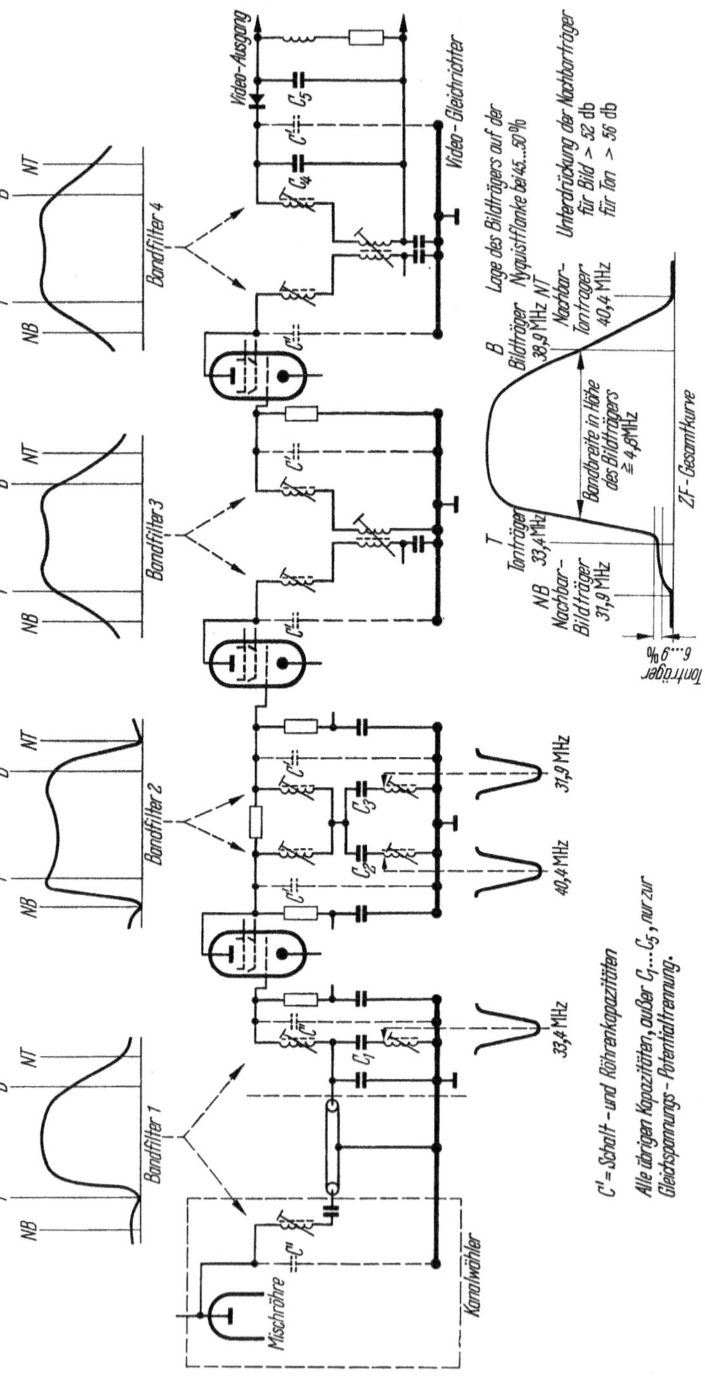

Abb. IX.78. Die Bildung der Durchlaßkurve im ZF-Verstarker eines Fernsehempfangers (Telefunken). Die Sperren sind hier in den ersten beiden Bandfiltern mit enthalten.

2.3a. Sperren (Nullstellenfilter). Die klassischen Sperrkreise, in der Fernsehtechnik zum Sperren des Nachbartonsenders und Nachbarbildsenders benutzt und als „Fallen“ bezeichnet, haben heute sog. „Nullstellenfiltern“ Platz gemacht, die einen sehr steilen und theoretisch unendlich tiefen Sperrverlauf aufweisen. Nullstellenfilter sind keine Filter mit minimaler Phase im Sinne von H. W. BODE [29]; Amplitude und Phase sind nicht mehr nach den BODEschen Formeln berechen-

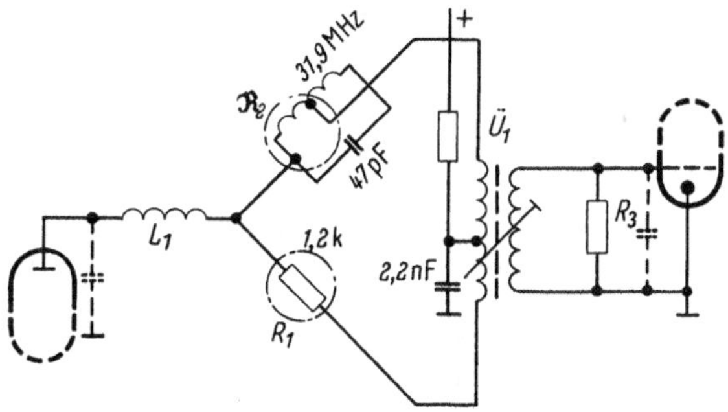

Abb. IX.79. Nullstellenbandfilter. Bei Resonanz der Sperre ist der transformierte Resonanzwiderstand von $\mathfrak{R}_2$ gleich R_1, so daß die über beide Wege der Brücke den Transformator speisenden Ströme sich im Übertrager aufheben, wodurch für die Resonanzfrequenz der Weg gesperrt ist.

bar. VAN WEEL hat aber nachgewiesen [32], daß solche Sperren keinen merkbaren Beitrag zum Gesamtphasenverlauf liefern, wenn sie nur genügend schmal sind.

Die Theorie der Nullstellenfilter kann nachgelesen werden [41]. Ein sehr typisches Filter zeigt Abb. IX.79. Zwei genau gegenphasige Spannungen werden über einen Parallelresonanzkreis und den Widerstand R_1 einem bifilar gewickelten

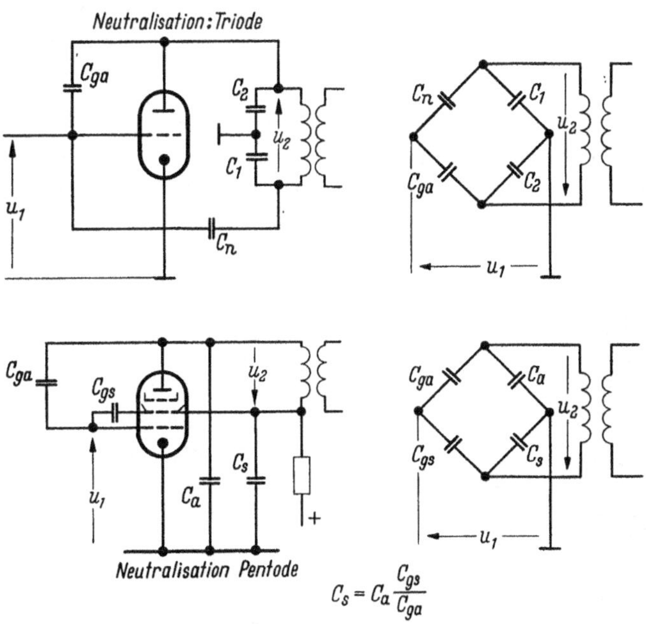

Abb. IX.80. Schirmgitterneutralisation der Pentode und Neutralisation einer ZF-Triode.

Gegentakttransformator zugeführt. Die so entstandene Brücke wird in der Mitte gespeist und ist abgeglichen für die Resonanzfrequenz der Falle, wenn diese rein ohmisch ist. Wird also der Widerstand R_1 dann gleich dem am Abgriff der Falle wirksamen, transformierten OHMschen Resonanzwiderstand, so heben sich die beiden Ströme über die bifilar gewickelte, genau symmetrische Auskoppelspule im Sekundärkreis des Gegentakttransformators auf. Es entsteht praktisch eine fast vollkommene Sperrung der Frequenz, auf welche die Falle abgestimmt ist.

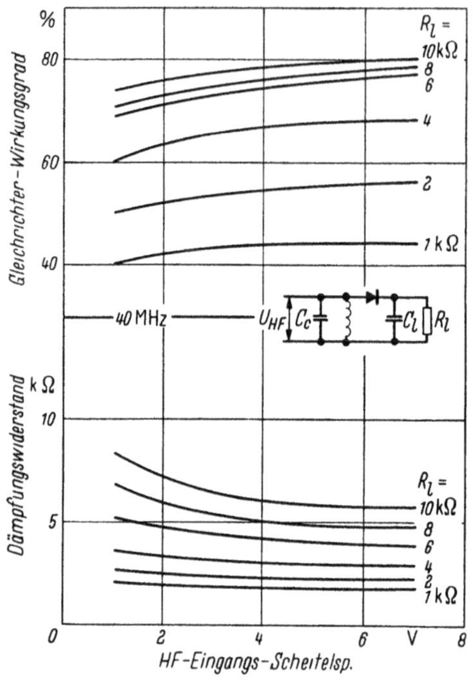

Abb. IX.81. Wirkungsgrad eines Halbleiter-Dioden-Videogleichrichters für verschiedenen Lastwiderstand. Meßfrequenz 40 MHz.

2.3b. Neutralisation. Sie ist bei einer ZF von 30 ··· 40 MHz auch für Pentoden notwendig. Abb. IX.80 zeigt in Anlehnung an die entsprechende Schaltung bei Trioden, wie die gleiche Maßnahme am Schirmgitter einer Pentode durchgeführt wird. Der Verblockungskondensator C_g wird so verkleinert, daß gerade Neutralisation eintritt.

2.4. Videogleichrichter.

Mit Germaniumdioden, die linear arbeiten, wird ein maximaler Pegel von 3 ··· 4 V_{ss} Videosignal erzielt. Das Bandfilter muß in der Kopplung so bemessen werden, daß die relativ niederohmige Belastung die richtige Dämpfung ergibt. Der Wirkungsgrad einer Germaniumdiode ist bei Frequenzen in der Gegend von 40 MHz nicht nur durch die statischen Daten der Diodenstrecke bestimmt, sondern auch durch ihre hochfrequenten Eigenschaften. Die speziell für Videogleichrichtung hergestellten Dioden sind von der Industrie für einen guten Gleichrichtungswirkungsgrad bei 40 MHz bemessen.

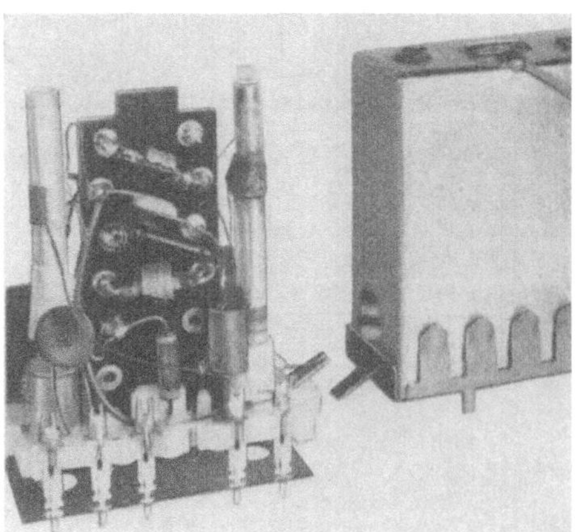

Abb. IX.82.
Diodenbandfilter mit Diode und Oberwellensperren.

Für die Bestimmung des Wirkungsgrades und der Bedämpfung sind die für die gewählte Diodentype gemessenen Kennlinien zu benutzen (Abb. IX.81). Der Arbeitswiderstand des Videogleichrichters, dem ja störende Kapazitäten parallel liegen, ist mit Hilfe von Entzerrungsgliedern für das Videofrequenzband genauso konstant zu machen wie der Ausgangswiderstand eines Video*verstärkers*. Es gelten die gleichen Bemessungsregeln. Sorgfältigst dimensionierte Drosseln, wirksame Abschirmung und geschickte Wahl des Erdpunktes verhindern die Ausstrahlung von Hochfrequenzschwingungen. In der Qualität dieser Verdrosselungen unterscheiden sich beim extremen Fernempfang mit Behelfsantennen die gut und weniger gut dimensionierten Fernsehempfänger. Abb. IX.82

zeigt einen Abschirmbecher mit den eingebauten ZF-Spulen und Drosseln, Abb. IX.83 die Ansicht eines ZF-Bandfilters.

Aus der Endstufe des ZF-Verstärkers ist bei Spitzenempfängern neben dem Videogleichrichter die Zwischenfrequenz für eine Reihe weiterer Schaltungen auszukoppeln. Abb. IX.84 zeigt die Endstufe eines solchen Empfängers mit mehreren Übertragern ($\ddot{u}$), von denen bewirken: $\ddot{u}_1$ die Auskopplung für die Videoendstufe, $\ddot{u}_2$ diejenige für die Bildung der Zwischenträger-Ton-ZF in der Diode D_2, $\ddot{u}_3$ die Auskopplung für einen hochfrequenten Störinverter (vgl. Abb. IX.108). Ferner erfolgt von $\ddot{u}_2$ aus noch die Kopplung zum Nachstimmdiskriminator (vgl. Abb. IX.88).

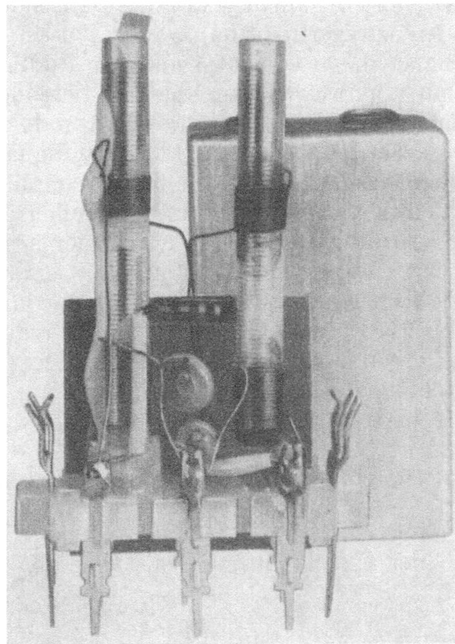

Abb. IX.83.
ZF-Bandfilter aus einem Fernsehempfanger (Telefunken).

2.5. Ton-ZF-Verstärker nach dem Differenzträgerverfahren.

Grundsätzlich gibt es zwei Möglichkeiten für die Gewinnung der Ton-ZF im Fernsehempfänger. Nach dem klassischen Verfahren wird der in den ZF-Bereich umgesetzte Tonträger am Eingang des Bild-ZF-Verstärkers herausgesiebt, über einen schmalbandigen ZF-Verstärker (Frequenz 33,4 MHz) verstärkt und von einem Ratiodetektor auf der gleichen Frequenz demoduliert. Dieses Verfahren wird heute kaum noch angewendet, da die Ton-ZF von der Abstimmung abhängig und ein Verstimmen über die NYQUIST-Flanke zur Korrektur der Bildschärfe nicht möglich ist.

Bei der von L. W. PARKER erfundenen Zwischenträgermethode [42] wird am Videodetektor die Differenzfrequenz zwischen Bild- und Tonträger herausgesiebt und einem ZF-Verstärker und Demodulator zugeführt. Diese Frequenz von 5,5 MHz ist konstant und von der Abstimmung unabhängig

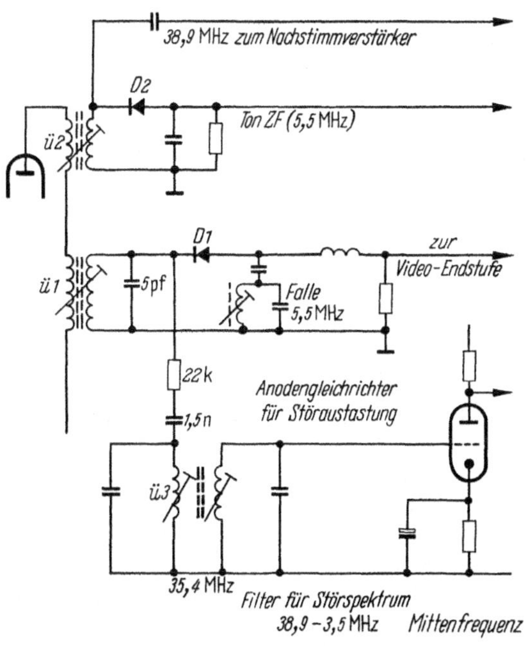

Abb. IX.84. Vollstandige Schaltung eines Diodenbandfilters mit Videodiode D_1 und getrennter Diode D_2 fur die Bildung der Ton-ZF (s. Abb. IX.87), Ankopplung fur einen HF-Störinverter (s. Abb. IX.108) und Ankopplung fur die AFR (vgl. Abb. IX.88).

Hier wirkt der quarzgesteuerte Bildsender als Oszillator für die Gewinnung der Differenzträgerfrequenz (zweite Ton-ZF aus der ersten Ton-ZF von 33,4 MHz). Da aber dieser Oszillator mit dem Bildinhalt moduliert ist, sind bestimmte Maßnahmen notwendig, um die resultierende Zwischenfrequenz von diesen Modulationen frei zu machen. Das Mischprodukt ist in seiner Amplitude im wesentlichen durch die Amplitude des kleineren Signals bestimmt. Daher ist nur erforderlich, dem Videogleichrichter die bei FM amplitudenkonstante erste Ton-ZF (33,4 MHz) mit einer im Vergleich zum unmodulierten Rest des Bildträgers kleineren Amplitude zuzuführen. Da der Restträger des Bildsenders 10% nicht unterschreitet, genügt es, wenn der Tonträger, der seiner geringeren Senderleistung wegen schon mit kleinerer Amplitude ankommt, durch eine Treppe in der Durchlaßkurve (Abb. IX.74 und IX.78) auf $<5\%$ reduziert wird. (Der Bildträger wird durch die NYQUIST-Flanke wie 2 : 1 reduziert.) Die Schwebungswelle, die sich bei der Mischung auf einer Diodenkennlinie aus einem FM-modulierten und einem AM-modulierten Träger ergibt, kann vereinfacht etwa folgendermaßen dargestellt werden:

Gehorcht der amplitudenmodulierte Bildsender der Gleichung:

$$X(t) = A\big(1 + m(t)\big)\cos\omega_B t \qquad \text{(IX.19)}$$

und der FM-modulierte Tonsender der Gleichung:

$$Y(t) = n\,A\cos\big(\omega_T t + \varphi(t)\big), \qquad \text{(IX.20)}$$

so wird, wenn ω_d die Differenzträgerfrequenz bezeichnet, mit $\omega_d = \omega_B - \omega_T$,

$$X(t) + Y(t)$$
$$= A\{[1 + m(t) + n\cos(\omega_d t + \varphi)]\cos\omega_B t - n\sin(\omega_d t + \varphi)\sin\omega_B t\}. \qquad \text{(IX.21)}$$

Nach Gleichrichtung dieses Signals entsteht die resultierende Schwingung:

$$|X(t) + Y(t)| = A[1 + m(t)]\sqrt{1 + 2n\frac{\cos(\omega_d t + \varphi)}{1 + m(t)} + \frac{n^2}{[1 + m(t)]^2}}, \qquad \text{(IX.22)}$$

die sich, wenn das Amplitudenverhältnis Tonträger/Bildträger n genügend klein gegen 1 gemacht wird, durch eine Reihenentwicklung, mit Berücksichtigung der quadratischen Glieder von n, in die Form bringen läßt:

$$n\,A\left[1 + \frac{n^2}{[1 + m(t)]^2} + \cdots \quad \cos(\omega_d t + \varphi)\right]. \qquad \text{(IX.23)}$$

Das Glied, das die Störmodulation der Differenzträgerfrequenz ω_d, verursacht durch die Bildmodulation $m(t)$, enthält, hat die Form:

$$\frac{n^2}{[1 + m(t)]^2}.$$

Man sieht, daß die Störmodulation sich quadratisch mit abnehmendem n vermindert. Dies beweist die Notwendigkeit, die Tonträgeramplitude an der mischenden Diode klein zu halten.

2.5a. Die Auskopplung der Ton-ZF. Es gibt drei grundsätzliche Möglichkeiten:

A. Die Videoendstufe wird als erster Ton-ZF-Verstärker mitbenutzt. An der Anode der Videoendröhre werden Bildsignal und Ton-ZF getrennt. Letztere wird über ein Filter direkt zur Treiberröhre des Ratiodetektors geführt (Abb. IX.85). Diese Schaltung wird in allen billigeren Empfängern angewendet, hat aber den Nachteil, daß eine zusätzliche Amplitudenmodulation entsteht, indem der Tonträger von 5,5 MHz durch das Videosignal an verschieden steile Stellen der Röhrenkennlinie geschoben wird. Ein Sperrkreis verhindert das Eindringen von 5,5 MHz in die Bildröhre.

B. Hinter der Videodiode werden Bildsignal und Ton-ZF getrennt. Eine Weiche leitet das Tonsignal zu dem jetzt zweistufigen Ton-ZF-Verstärker und sperrt andererseits die Ton-ZF am Gitter der Videoendstufe (Abb. IX.86).

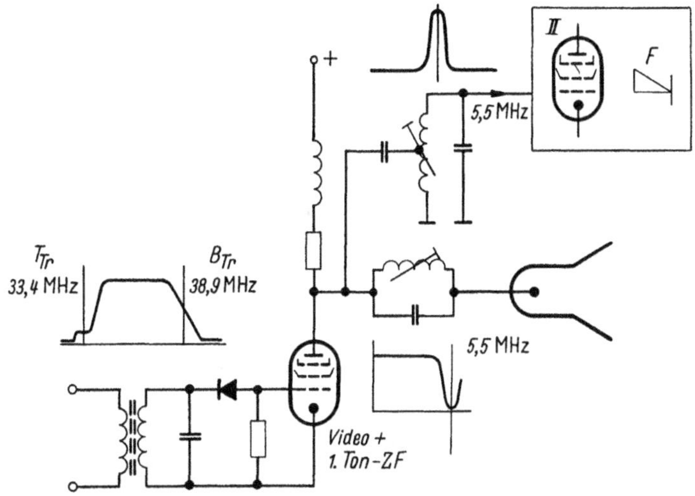

Abb. IX.85. Abspaltung der Ton-ZF nach der Videoendstufe. Videoendstufe als erster Ton-ZF-Verstärker.

C. An der Anode der letzten ZF-Röhre werden Ton-ZF und Bild-ZF selektiv abgespalten und einer eigenen Diode zur Ermischung der Ton-ZF von 5,5 MHz zugeführt. Vor dem Videogleichrichter liegt eine auf 33,4 MHz abgestimmte

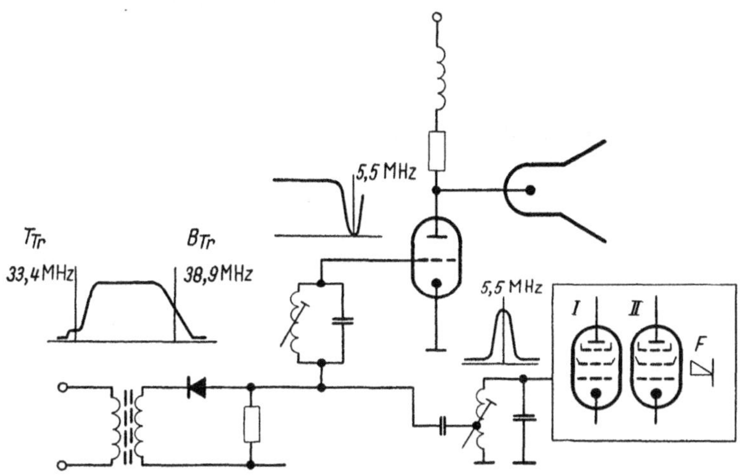

Abb. IX.86. Abspaltung der Ton-ZF direkt am Videogleichrichter.

Sperre, so daß die erste Ton-ZF von ihm ferngehalten wird und die Differenzfrequenz (5,5 MHz) in ihm nicht entstehen kann. Diese etwas aufwendigere Schaltung hat eine Reihe von Vorteilen. Die Mischung der beiden Träger kann vor der Videodemodulation erfolgen, und da im Bildverstärker keine Treppe mehr notwendig ist, erlaubt sie für die Bildwiedergabe ein etwas breiteres Frequenzband. Nicht zuletzt verhindert sie aber Kreuzmodulationseffekte zwischen starken Spektrallinien des Bildinhalts und dem Tonträger, was ganz besonders wichtig ist hinsichtlich Interferenzen zwischen Tonträger und Farbträger bei Farbfernsehempfang (Abb. IX.87).

Zur Vermeidung dieser gefürchteten Störung wird daher die Zweidiodenmethode beim Farbempfänger ausschließlich angewandt.

Die weitere Ausführung des Ton-ZF-Verstärkers, des Ratiodetektors, kann

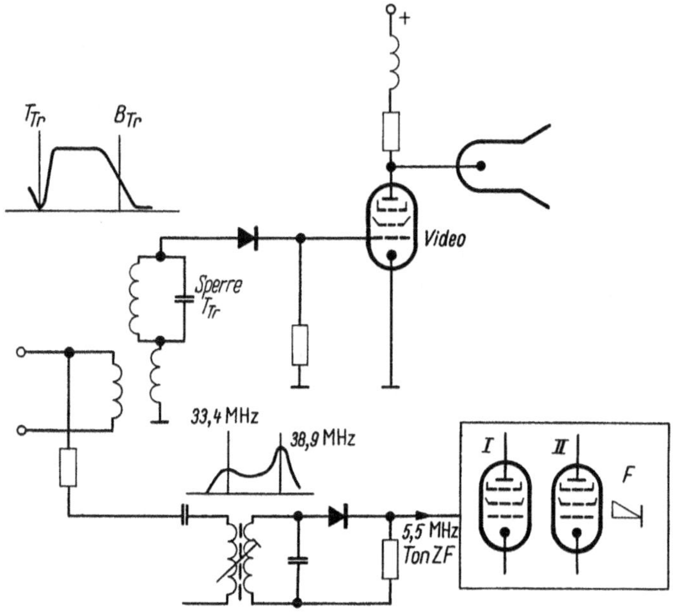

Abb. IX.87. Bildung der Ton-ZF uber getrennte Mischdiode.

im Rahmen dieses Buches nicht behandelt werden, da sie nicht zur eigentlichen Fernsehübertragungstechnik gehört.

2.6. Diskriminator für die automatische Frequenzregelung (AFR) des Kanalwählers.

Dieser Diskriminator soll eine von der Verstimmung abhängige Regelspannung zur Nachsteuerung des Oszillators auf die Sollfrequenz liefern und an die Nach-

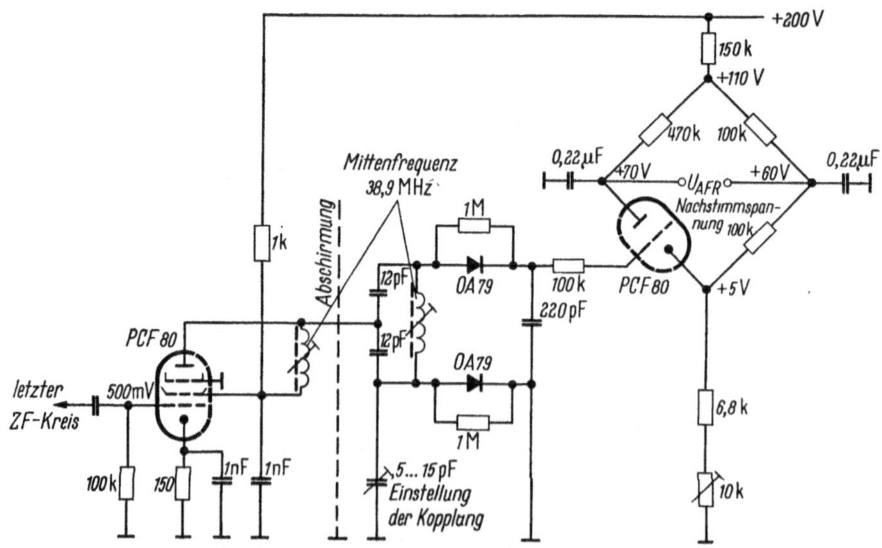

Abb. IX.88. Nachstimmschaltung für die automatische Frequenzregelung.

stimmdiode weitergeben. Beispiel in Abb. IX.88. Die im Anodenkreis einer als HF-Verstärkerstufe geschalteten PCF 80 liegende Diskriminatorschaltung soll möglichst dämpfungsarm ausgeführt werden, um große Regelsteilheit und hohe HF-Verstärkung zu erzielen. Die Diodenableitwiderstände betragen daher 1 MΩ. Um Streuungen der Kopplung (und damit der Amplitude und der Bandbreite) klein zu halten, sollen die Streukapazitäten des Sekundärkreises gegen Masse möglichst gering sein. Die Kopplung ist kapazitiv ausgeführt, die Bandbreite 0,8 ··· 1 MHz, gemessen von Höcker zu Höcker. Die Diskriminatorausgangsspannung wirkt über einen Regelspannungsverstärker, der mittels seiner Brückenschaltung gegenüber Netzspannungsänderungen kompensiert werden kann.

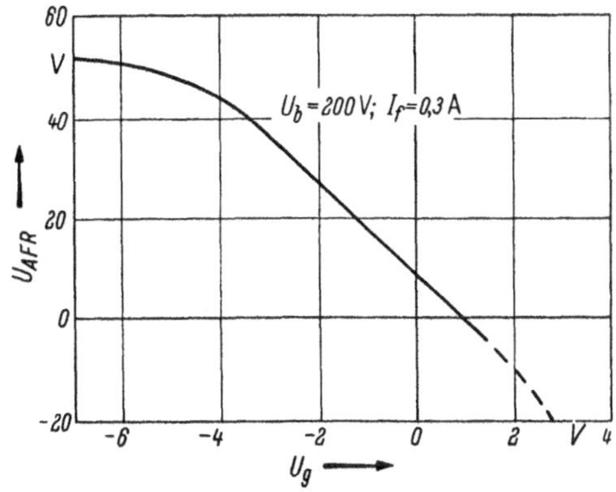

Abb. IX.89. Kennlinie des Regelspannungsverstärkers der Schaltung Abb. IX.88.

Der 150 kΩ-Vorwiderstand der Brücke ist so gewählt, daß sich eine maximale Regelspannung $U_{AFR\,max} = 50$ V ergibt. Abb. IX.89 zeigt die Kennlinie des Regelspannungsverstärkers.

2.6a. Der Stabilisierungsfaktor der AFR-Schaltung. Das Verhältnis der ohne Frequenzregelung auftretenden Änderung Δf_1 zu dem bei Einschaltung der Regelautomatik resultierenden Δf_2 geht aus Abb. IX.90 hervor. Mit der AFR stellt sich die durch den Schnittpunkt der Kurven A und B gegebene Frequenz ein. Verstimmung des Oszillators um Δf_1 verschiebt die Kurve B von B_0 nach B_1. Bei der AFR liefert die Verschiebung des Schnittpunktes auf der Kurve A die Frequenzänderung. Der Stabilisierungsfaktor ist nun

$$K = \frac{\Delta f_1}{\Delta f_2}.$$

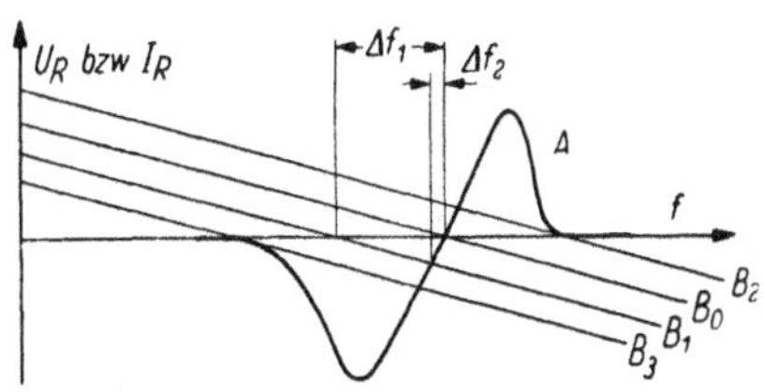

Abb. IX.90. Diskriminatorkurve (A) und Regelkurven des Oszillators mit Nachstimmschaltung (B) zur Ermittlung des Stabilisierungsfaktors (nach PHILIPS-Unterlagen).

Die Kennlinien B_2 und B_3 lassen die maximal zulässige Frequenzänderung des Oszillators erkennen. Werden diese Grenzkennlinien überschritten, so ergeben sich mehrere Schnittpunkte, wodurch unter Umständen eine Fehlabstimmung entstehen kann.

3. Regelung.

3.1. Spitzenwertregelung. Die Aufgabe ist, eine vom Bildinhalt unabhängige Regelspannung zu gewinnen und damit ZF- und HF-Verstärker auf konstante Größe des Videosignals am Ausgang der Schaltung zu regeln. Unabhängig vom Bildinhalt sind aber nur die Impulsspitzen; sie sind ein echtes Maß für die Amplitude der HF. Ein Spitzenwertgleichrichter könnte diese Spannung für den Regelzweck liefern, ist aber stets mehr oder weniger unvollkommen. Die Spannung ist nämlich vom *mittleren* Grauwert des Bildinhaltes abhängig, und dieser würde dann über das Regelsystem gegengekoppelt. Der Spitzenwertgleichrichter wird deshalb nur selten und nur bei einfachsten Empfängern benutzt.

3.2a. Getastete Regelung. Ein getasteter Regelspannungsgleichrichter ist daher zweckmäßiger. Er wird nur während der Zeilenimpulse, deren Größe vom Bildinhalt unabhängig ist, geöffnet. Außerdem wird er als Regelspannungsverstärker

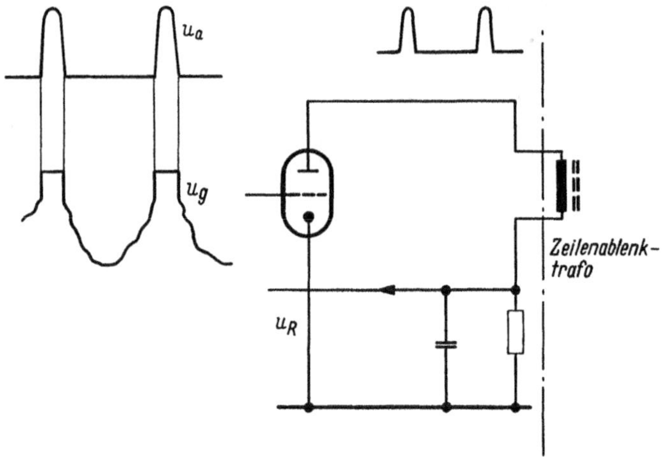

Abb. IX.91. Prinzip eines Regelspannungsverstärkers.

ausgeführt und stellt als solcher eine Form mit Trägereinführung und Selbstgleichrichtung dar. Diesen Träger bilden die Zeilenrücklaufimpulse, die in beliebiger Größe zur Verfügung stehen. Sie wirken periodisch als Anodenspannung auf eine

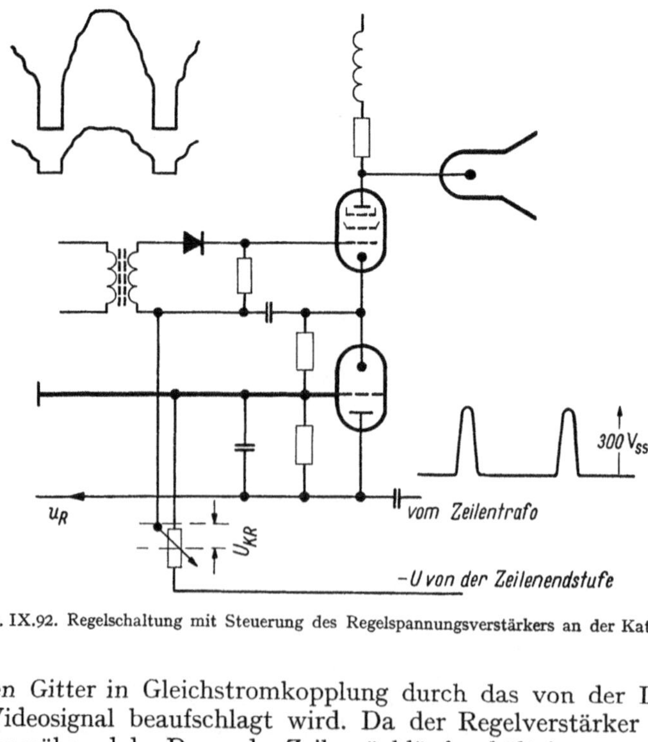

Abb. IX.92. Regelschaltung mit Steuerung des Regelspannungsverstärkers an der Kathode.

Röhre, deren Gitter in Gleichstromkopplung durch das von der Diode gleichgerichtete Videosignal beaufschlagt wird. Da der Regelverstärker die Anodenspannung nur während der Dauer der Zeilenrückläufe erhält, ist er ausschließlich in dieser Zeit aufgetastet, und die gelieferte Regelspannung wird nur auf die Synchronimpulsamplitude bezogen (Abb. IX.91). In der Praxis stehen die Synchronimpulse infolge der Kathodensteuerung der Bildröhre freilich nur mit negativer Polarität zur Verfügung. Daher wird die Regelröhre oft an der Kathode getastet (Abb. IX.92.) Ist schon im ZF-Verstärker eine Regelung vorhanden, so liegt es nahe, auch die Kontrastdosierung mit dieser durchzuführen. Es ist dafür nur nötig, dem Regelsystem eine entsprechende Einstellung zu geben (Abb. IX.93). Eine veränderbare überlagerte Gleichspannung erlaubt die Variation des Kontrastes (sie wird ebenfalls der Zeilenendstufe entnommen).

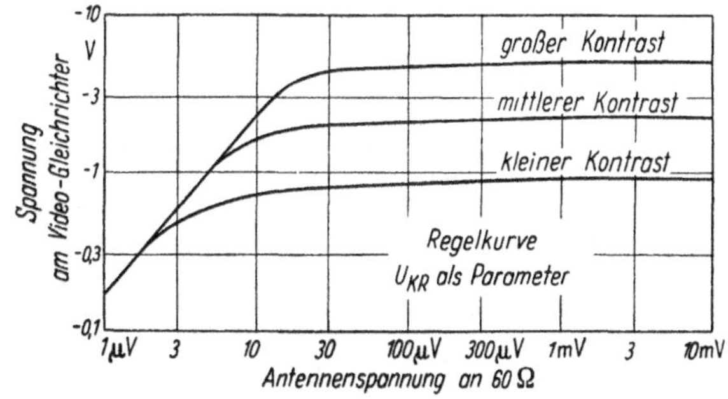

Abb. IX.93. Regelkurven eines Fernsehempfangers mit Regelung nach Abb. IX.92.

3.2b. Verzögerte Regelung der Vorstufe. Würde die HF-Vorstufe nicht mitgeregelt, so wäre bei sehr großen Eingangsspannungen die Mischröhre übersteuert. Dann würden infolge Gitterstrombegrenzung die Impulse beschnitten werden, und sie könnten die Vertikalablenkung nicht mehr synchronisieren (Abb. IX.94). Durch die Regelung ändern sich jedoch die Rauschkonstanten der Vorröhre, und auf Grund der gleichzeitig abnehmenden Leistungsverstärkung der Vorstufe erlangt der auf den Eingang transformierte Rauschanteil der Mischstufe immer größeren Einfluß. Das starke Anwachsen der Rauschzahl sowie das Auftreten von Reflexionen infolge Fehlanpassung lassen es ratsam erscheinen, den Einsatzpunkt der Regelung soweit wie möglich zu verzögern, d. h. nach negativen Regelspannungswerten zu verschieben. In Abb. IX.95 ist die Rauschzahl in Abhängigkeit von der Regelspannung für die PCC 88 aufgetragen. Der Einsatzpunkt der Regelung wurde zu $U_{R1} = -6$ V gewählt.

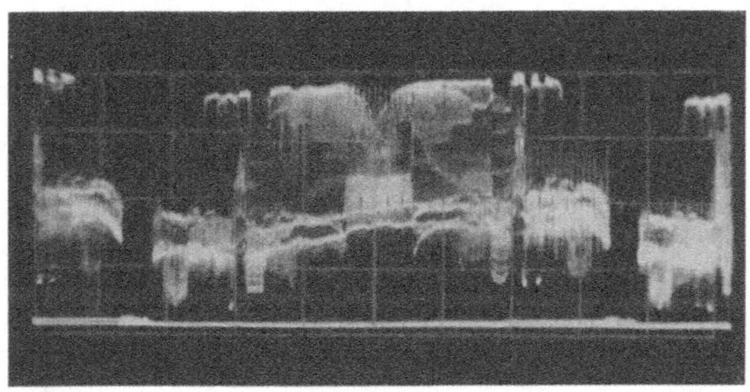

Abb. IX.94. Oszillogramm des Videosignals bei ubersteuerter Mischstufe zeigt das Beschneiden der Impulse.

Der verzögerte Einsatz der Regelung erfolgt über eine Diode, s. Abb. IX.96. Eine positive Gleichspannung muß durch die negative Regelspannung überwunden werden, wenn die geöffnete Diode, die das Gitter an Erde legt, sperren und die

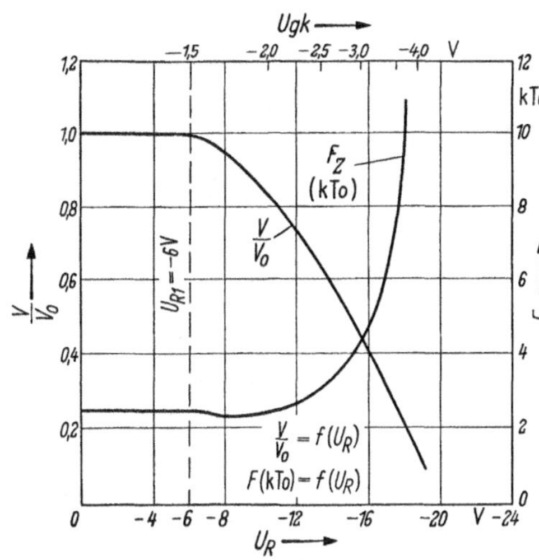

Abb. IX.95. Rauschzahl der geregelten PCC 88 in Abhängigkeit von der angelegten Regelspannung.

Regelspannung wirksam werden soll. Diese wird über den Widerstand R_3 zugeführt, von dessen Größe der Einsatz der Regelung abhängt.

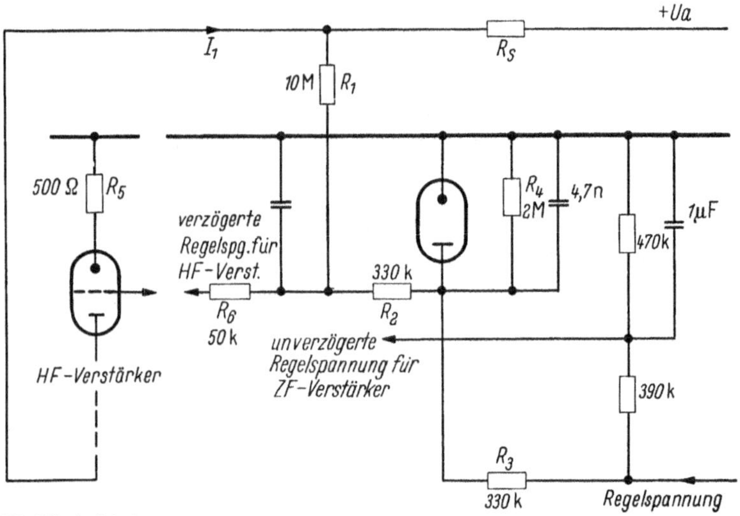

Abb. IX.96. Schaltung einer Diode für den verzögerten Einsatz der Regelung der HF-Stufe.

Die verzögerte Regelspannung steigt um so schneller an, je größer die von der getasteten Regelstufe gelieferte Spannung ist; ihrer Anode ist daher ein so hoher Tastimpuls wie möglich zuzuführen (200 ··· 300 V). Die Verzögerungsdiode ist über die Widerstände R_1, R_2 an R_S angeschaltet und positiv vorgespannt. Soll die Regelung bei U_{R1} einsetzen, so ist

$$R_3 = \frac{-U_{R1}(R_1 + R_3)}{U_1 - I_1 R_s}.$$

Für eine Verzögerung der Regelung von $U_{R1} = -6$ V und für die der Schaltung zugrunde liegenden Werte ergibt sich dann

$$R_3 = \frac{6\,\mathrm{V}\,(10\,\mathrm{M\Omega} + 330\,\mathrm{k\Omega})}{210\,\mathrm{V} - 15\,\mathrm{mA}\;1{,}5\,\mathrm{k\Omega}} = 330\,\mathrm{k\Omega}.$$

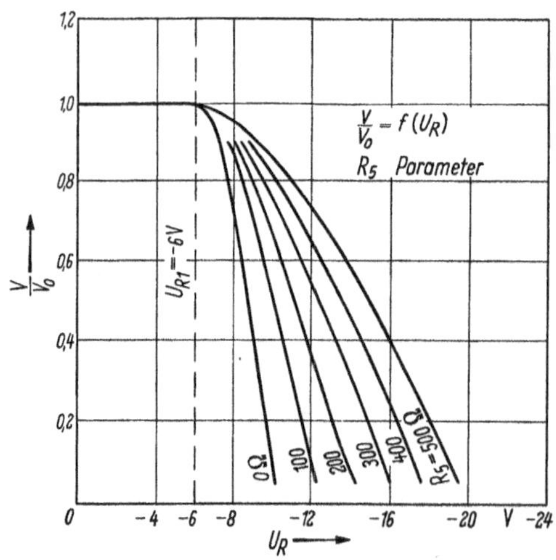

Abb. IX.97. Verstarkungsanderungen einer Cascode mit der PCC 88 in Abhangigkeit von der Regelspannung.

Wie weiter aus Abb. IX.95 hervorgeht, ist für eine Verstärkungsabnahme $V/V_0 = 0{,}1$ eine Regelspannung von etwa 20 V erforderlich; sie steht in Geräten mit getasteter Regelung ohne besondere Schwierigkeiten zur Verfügung. In Abb. IX.97 ist das Verhältnis V/V_0 der Cascodestufe über der Regelspannung U_R in Abhängigkeit von den Werten des Kathodenwiderstandes $R_5 = 0 \cdots 500\,\Omega$ aufgetragen. Der Einsatzpunkt der Regelspannung liegt entsprechend der Schaltung in Abb. IX.96 bei $U_{R1} = -6$ V. Der zulässige Gitterableitwiderstand der PCC 88 beträgt $R_{g1} = 1$ MΩ. Damit dieser beim Einsetzen der Regelung nicht überschritten wird, liegt der Widerstand R_4

parallel zur Diodenstrecke D. Seine Größe muß sein:

$$R_4 \leqq \frac{1}{\dfrac{R_1 + R_6 - R_{g1}}{(R_{g1} - R_6)(R_1 + R_2) - R_2 R_1} - \dfrac{1}{R_3 + R_L}}. \qquad \text{(IX.24)}$$

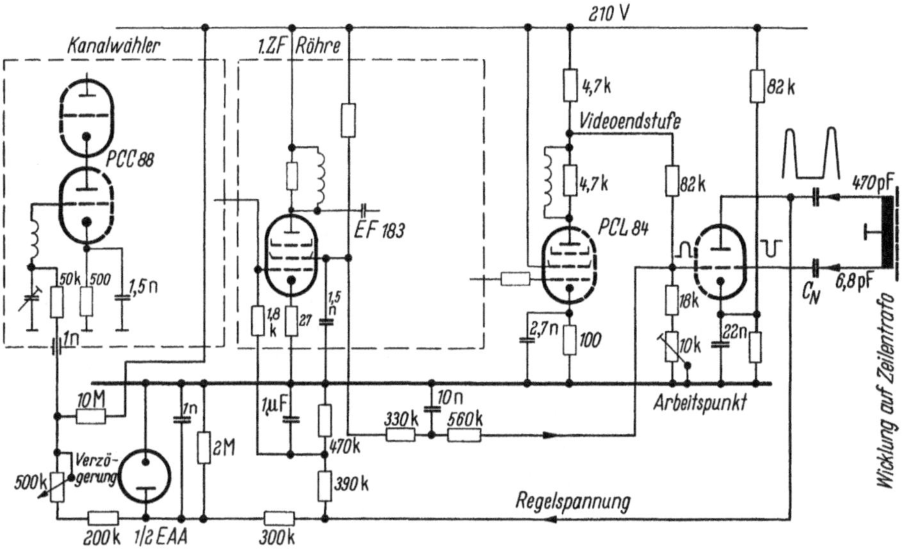

Abb. IX.98. Vollständige Regelschaltung eines Fernsehempfangers.

Ist beispielsweise der Lastwiderstand des getasteten Regelspannungsgleichrichters $R_L = 0{,}8\,\text{M}\Omega$, so wird mit $R_1 = 10\,\text{M}\Omega$, $R_2 = 330\,\text{k}\Omega$, $R_3 = 330\,\text{k}\Omega$, $R_6 = 50\,\text{k}\Omega$, $R_{G1} = 1\,\text{M}\Omega$, $R_4 = 2\,\text{M}\Omega$.

Eine moderne Schaltung mit sehr guten Regeleigenschaften läßt sich gewinnen, wenn die Verstärkung der Videoendröhre mitbenutzt wird. Der Regelverstärker liegt dann auf hoher Spannung gegen Masse (Abb. IX.98). Ein Kondensator C_N dient zur Neutralisation der Anodenrückwirkung des Impulses hoher Spannung (vom Transformator wird eine dosierte gegenphasige Spannung zugeführt). Eine Verbindung mit der gleitenden Schirmgitterspannung der geregelten ZF-Stufe bringt ebenfalls eine Verbesserung der Regelkennlinie, vgl. Regelkurven: Abb. IX.99.

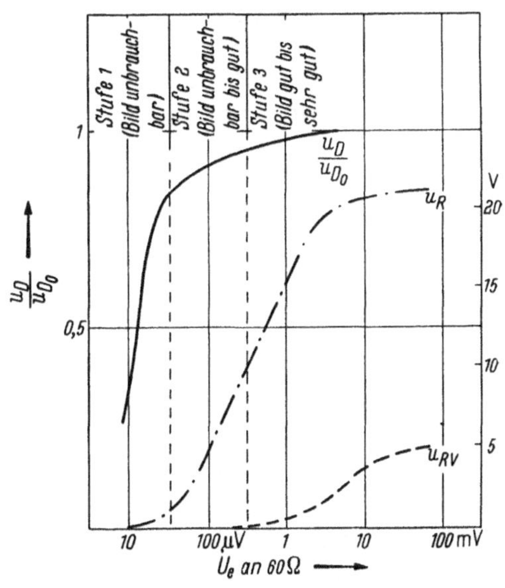

Abb. IX.99. Regelkurven des Empfangers nach Abb. IX.98.

3.2c. Einfluß der Raumladekapazität beim Regeln. Diese ist proportional der Steilheit:

$$\Delta C_e = K S_K$$

(S_K = Kathodensteilheit). (IX.25)

Beim Regeln würden sich der ZF-Verstärker verstimmen und die Kurven schief werden. Es ist daher eine Kompensation erforderlich. Diese ist möglich mittels eines kleinen unüberbrückten Kathodenwiderstandes. In die Raumladekapazität fließt ein Strom

$$i_C = u_g \gamma \omega \Delta C_e. \tag{IX.26}$$

Der Kompensationsstrom ist

$$i'_C = u_g S_k R_k \gamma \omega C_{gk} \qquad (u_g S_k R_k < u_g). \tag{IX.27}$$

Beide Ströme sind entgegengesetzt gerichtet und sollen sich aufheben:

$$\Delta C_e = S_k R_k C_{gk}, \quad \text{daraus} \quad R_k = \frac{\Delta C_e}{S_k C_{gk}}. \tag{IX.28}$$

R_k ist eine für die betreffende Röhre typische Größe und hat z. B. für die EF 80 den Wert 47 Ω.

3.3. Videoverstärker und Kontrastautomatik.

Der Videoverstärker hat die am Videodetektor entstehende Bildabtastspannung von 3 ··· 5 V auf 60 ··· 100 V für die Aussteuerung der Bildröhre zu erhöhen. Ein optimales Fernsehbild soll die mittlere Helligkeit des übertragenen Bildausschnittes voll wiedergeben, d. h. der entsprechende Gleichstromwert

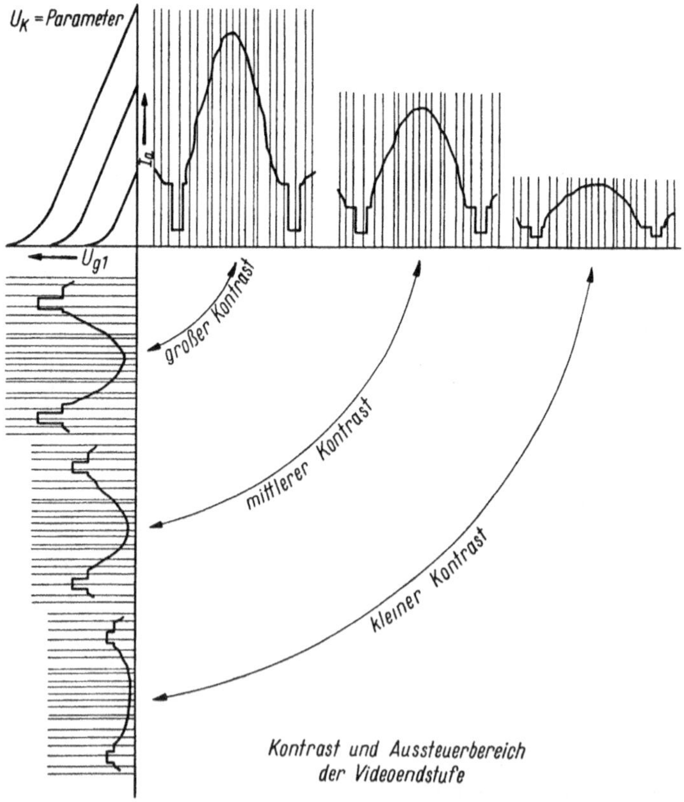

Abb. IX.100. Kontrast- und Aussteuerbereich der Videoendstufe mit Gleichstromankopplung, wenn keine zusätzlichen Mittel zur Haltung des Schwarzwertes aufgewendet werden.

muß unverzerrt bis zur Bildröhre durchkommen. Die beste und billigste Lösung benutzt Gleichstromverstärkung bis zum Steuersystem der Bildröhre. Leider haben alle diese Schaltungen einen Nachteil: Bei Regelung des Kontrastumfanges muß die Helligkeit mitgeregelt werden. Abb. IX.100 veranschaulicht dies.

Die Automatisierung dieser Regelschaltung ist ziemlich schwierig. Es sollen hier drei Varianten mit mehr oder minder optimaler Lösung der Aufgabe herausgegriffen werden.

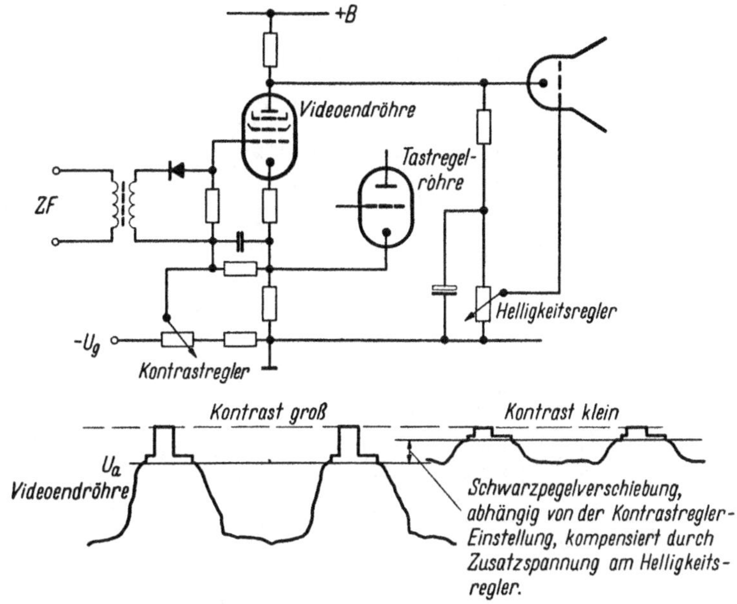

Abb. IX.101. Eine sehr einfache Pseudoautomatik für den Schwarzwert. Der mittlere Gleichstromwert liegt am Helligkeitspotentiometer und gleicht die Schwarzpegelverschiebung bei der Kontrastregelung aus. Der Schwarzpegel verschiebt sich bei veranderter Kontrasteinstellung.

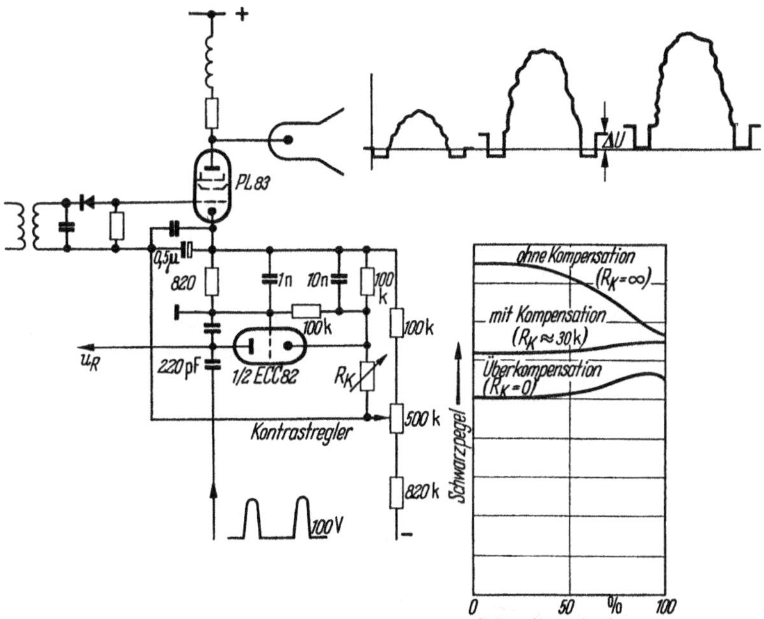

Abb. IX.102. Kompensationsschaltung zum Erreichen einer Kontrastautomatik, d. h. von konstantem Schwarzwert bei Regelung des Kontrastes und Gleichstromankopplung der Videoendröhre.

Eine einfache, sehr viel angewendete Schaltung (Abb. IX.101) bildet den Mittelwert der Amplitude des Videosignals an einem Kondensator und legt einen Teil dieser Spannung zur Korrektur mit an den Helligkeitsregler.

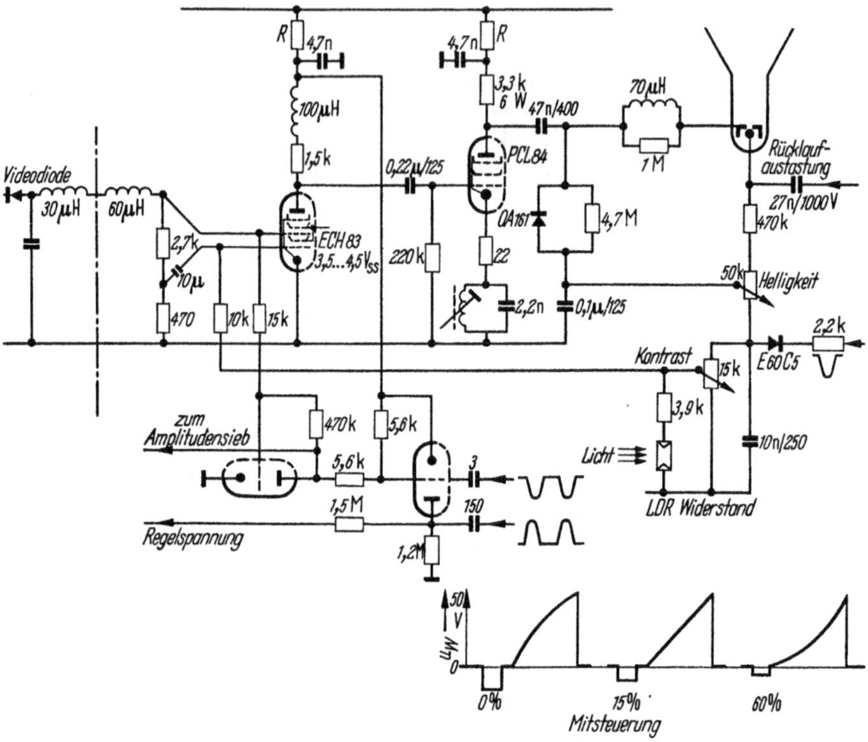

Abb. IX.103. Zweistufiger Videoverstarker mit Linearisierung durch Mitsteuerung und Raumlichtautomatik unter Verwendung eines LDR-Widerstandes (Schaltung Nordmende).

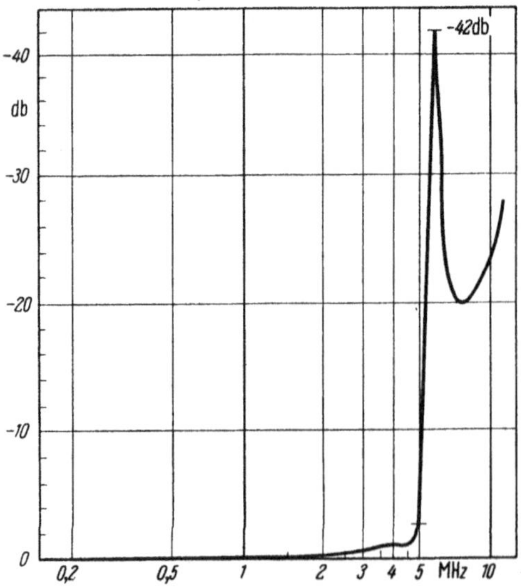

Abb. IX.104. Durchlaßkurve eines Videoverstärkers mit Sperre fur die Ton-ZF (5,5 MHz).

Eine vollkommene Schaltung führt eine einstellbare echte Kompensationsspannung ein, Abb. IX.102. Es ist genaue Kompensation möglich, ja sogar Über- oder Unterkompensation, die praktisch Vorteile haben kann [42].

Bei diesen Schaltungen wird die Kontrastregelung durch Einwirkung auf den ZF-Verstärker vorgenommen. Das hat zur Folge, daß bei sehr klein eingestelltem Kontrastintervall die Impulsabtrennstufe wenig Signal erhält und nicht mehr ständig optimal arbeitet. Es ist daher wünschenswert, den ZF-Verstärker, mit konstantem Ausgangspegel arbeiten zu lassen und hinter dem Videogleichrichter den Ausgang in einen Weg zur Abtrennstufe und einen zweiten zum Videoverstärker aufzuspalten, der dann regelbar sein muß. Abb. IX.103 zeigt die beschriebene Schaltung aus einem deutschen Fernsehempfänger. Die erste Röhre, eine ECH 83, ist regelbar und wird außerdem doppelt gesteuert, um die Krümmung der Endröhrenkennlinien zu kompensieren (Mitsteuerung). Die Endstufe hat in der Kathode einen Sperrkreis für 5,5 MHz, und eine Diode OA 161 führt hier die Gleichstromkomponente wieder ein. Ferner ist ein lichtabhängiger Widerstand angebracht (LDR), der den Kontrast von der Raumhelligkeit aus automatisch steuert. Ausführliche Beschreibung vgl. [*43*]. Die Wiedereinführung der Gleichstromkomponente mit einer einfachen Diode ist ausreichend, aber nicht vollkommen (dazu wäre „clamping" erforderlich, s. Kap. III 2a, S. 92 ff.).

4.1. Die Impulsabtrennstufe.

Normalerweise werden die Synchronisierimpulse aus dem Videosignal am Gitter einer Röhre über ein RC-Glied abgetrennt (s. Kap. II, S. 35 ff.). Hierzu muß das Signal mit positiv gerichteten Impulsen an der Anode der Videoendstufe abgenommen werden. Dies bedeutet aber Steuerung des Strahlstromes der Bildröhre an der Kathode und nicht an der WEHNELT-Elektrode.

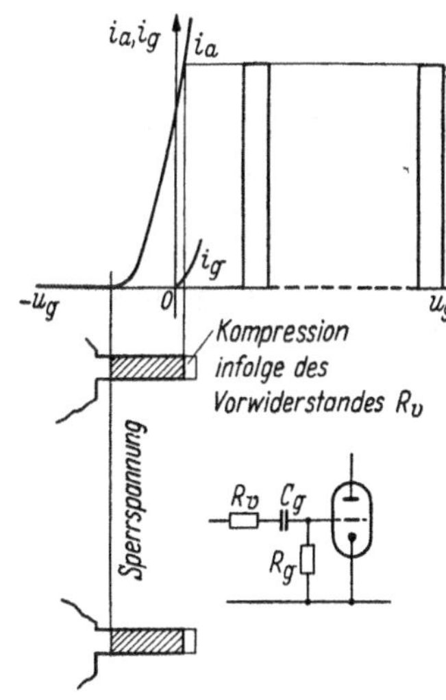

Abb. IX.105. Arbeitsweise der Impulsabtrennstufe.

Die Impulsspitzen des Videosignals steuern die Abtrennstufe in positiver Richtung, bis einsetzender Gitterstrom im Ableitwiderstand eine negative Spannung erzeugt, die den Ankoppelkondensator auflädt und das Gitter negativ vorspannt. Passende Dimensionierung der Zeitkonstanten und Form des Gitterstromverlaufs gestatten, aus dem Impulsteil des Videosignals einen schmalen Bereich zur Weiterverarbeitung für die Synchronisierung herauszuschneiden. Seine Breite bestimmen im Zusammenwirken mit der Gitterstromkennlinie der Gitterableitwiderstand R_g auf der einen Seite, der Vorwiderstand R_v auf der anderen Seite.

Zusätzliche Kunstgriffe, die hier nicht beschrieben werden sollen (Doppelzeitkonstantenglied [*44*]), vervollkommnen die Wirkungsweise der Schaltung. Bei normalem Videosignal ist der Abtrennbereich so gelegt, daß im ganzen Intervall des für den Empfänger zulässigen Kontrastumfanges die herausgeschnittene schmale Scheibe innerhalb der Breite der Synchronisierungsimpulse bleibt.

Enthält das Videosignal in den Impulsbereich hineinragende Störungen, so werden sie, wenn sie einzeln und nur sporadisch auftreten, bei geeigneter Zeitkonstante keinen großen Einfluß auf die Abtrennschärfe haben. Sie werden wohl an der Anode der Abtrennstufe zusätzlich neben den herausgeschnittenen Impulsen erscheinen und so fallweise die Synchronisierung beeinträchtigen; vgl. Teilband 1, Anhang IV. Kommen sie dagegen sehr häufig vor, so können sie, da sie ebenfalls einen Gitterstrom hervorrufen, den Kondensator C_g zusätzlich aufladen und dadurch den Abtrennbereich verschieben. Bei großer Stördichte und -intensität können sie sogar das gesamte Nutzsignal „wegdrücken", und aus der Abtrennstufe werden dann nur noch Störimpulse herauskommen. Diesen „Wegdrück"-Effekt (Abb. IX.106) kann man vermeiden, indem man die Störungen vorher abschneidet. Von dazu geeigneten Schaltungen wollen wir auch Gebrauch machen. Wir werden später bei der Beschreibung der Kontrastautomatik eine

Schaltung kennenlernen, die neben ihrer Aufgabe, eine automatische Einstellung des Kontrastes und der Helligkeit vorzunehmen, des weiteren die Funktion hat, alle Störungen oberhalb des Synchronpegels abzuschneiden. Bei größerer Intensität und Häufigkeit derselben genügt freilich das Abschneiden nicht mehr, weil auch die Regelung der Verstärkung, d. h. der Synchronpegel selbst, auf Störungen anspricht, die während der Impulszeiten des BAS-Signals einfallen.

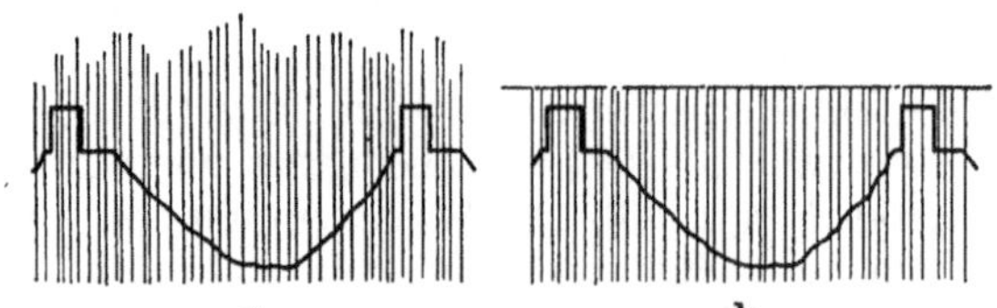

Abb. IX.106 a u. b. Zündstörungen auf dem Videosignal. a) unbegrenzt; b) begrenzt und abgeschnitten.

Die Störsicherheit kann zusätzlich vergrößert werden, indem man die Abtrennstufe während der Dauer der Störimpulse sperrt. Da hierzu die gleichgerichteten und umgekehrten (invertierten) Störimpulse benutzt werden, bezeichnet man eine solche Schaltung als „Störinverter".

4.2. Hochfrequenter Störinverter.

Das Problem, die Störungen vom Nutzsignal zu trennen, wird durch Schaltungen, die auf Amplituden als Trennkriterium beruhen, stets nur mangelhaft gelöst, weil eben die Einwirkung der Störungen auf die Verstärkungsregelung das genaue Einhalten der Amplitudeneinstellung vereitelt. Es bedarf daher der im folgenden beschriebenen Methode, die vollautomatisch und unabhängig von der Größe des Nutzsignals und der Störungen arbeitet. Das Fernsehsignal hat ein vom Bildinhalt abhängiges Frequenzspektrum, das im wesentlichen aus einem starken Bildträger und nach höheren Frequenzen zu abfallenden Seitenbändern besteht. Deren eines wird im Sender durch das Restseitenbandfilter von etwa 1 MHz ab unterdrückt. Wird nun z. B. als Testbild ein Schachbrett übertragen, so kann am Ausgang des Fernsehempfängers das in Abb. IX.107 dargestellte Spektrum, das auf einen hochfrequenten Kanal umgerechnet wurde, gemessen werden. (Infolge der endlichen Durchlaßbreite des Meßempfängers ist die Feinstruktur verwischt, und es kann lediglich auf die resultierende Einhüllende des Spektrums geschlossen werden; etwa auftretende scharfe Spitzen höherer Amplitude tragen zur Gesamtenergie wenig bei.) Man ersieht den energetischen Abfall der Spektralfunktion bei hohen Frequenzen. Im Gegensatz dazu hat eine Störung, die von einer Zündkerze, einem Kollektor (z. B. von einer elektrischen Eisenbahn) oder anderen „Funkensendern" herrührt, ein nahezu kontinuierliches Frequenzspektrum, das in einem Fernsehkanal als konstant angenommen werden kann. Dieses Spektrum ist ebenfalls in Abb. IX.107 dargestellt, wobei eine Normierung der gemessenen Ausgangsspannung auf den Wert 1 vorgenommen wurde. Störungen führen in einem Fernsehempfänger, da sie meist wesentlich stärker sind als das Sendersignal, zu kurzzeitigen Übersteuerungen. Diese verändern das Spektrum der Störungen.

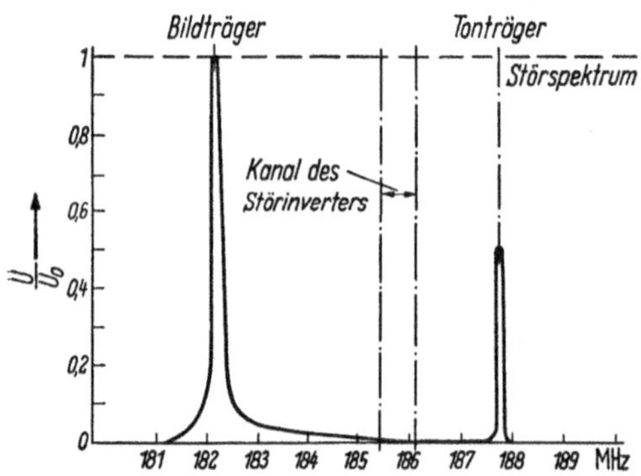

Abb. IX.107. Schematisiertes hochfrequentes Spektrum des Sendertestbildes und einer Funkstörung.

Durch einen selektiven Verstärker kleiner Bandbreite wird ein Frequenzgebiet ausgewählt, in dem der Bildanteil eine geringere Amplitude besitzt, nämlich aus der Zwischenfrequenz im Abstand 3,5 MHz vom Bildträger ein Bereich des Störspektrums von etwa 500 kHz. Dieses schmale Frequenzband wird gleichgerichtet

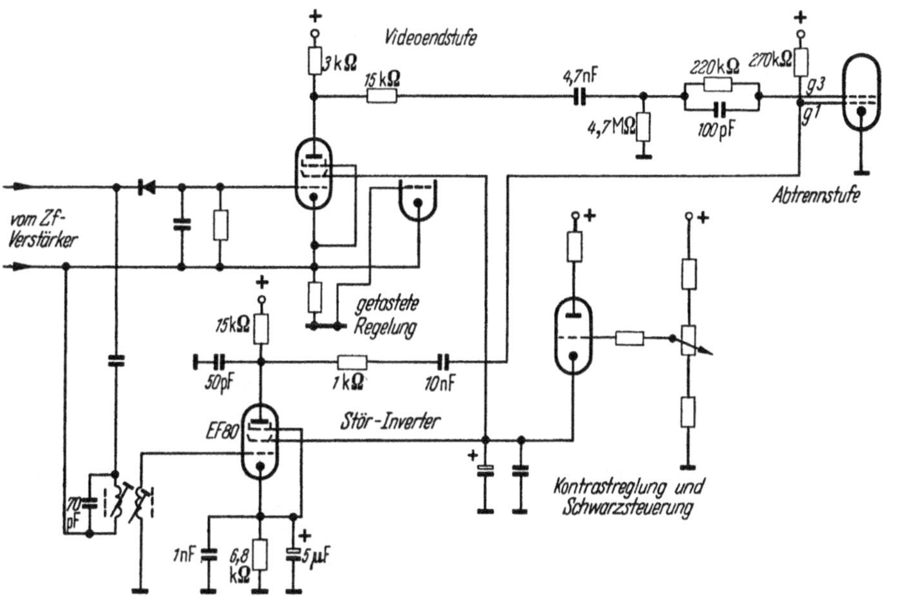

Abb. IX.108. Schwarzsteuerung und Störinverter (*g 1*, *g 3* Gitter der Heptoden-Abtrennstufe).

und in geeigneter Polarität der Abtrennstufe zur Invertierung zugeführt; es ergibt in Anbetracht seiner geringen Breite und der vorher erwähnten höchstfrequenten Störspitzenbegrenzung ein genügend getreues Abbild der mitsamt dem Bildsignal an das Gitter der Abtrennstufe gelieferten Störimpulse. (Infolge des für die Abtrennung erforderlichen Vorwiderstandes wird auch die Bandbreite des Nutzsignals am Gitter der Abtrennstufe etwas herabgesetzt.)

Bei dieser Aussiebung eines schmalen Frequenzbereichs aus dem hochfrequenten Seitenband des empfangenen Störspektrums kann am Gleichrichter auch nur eine sehr geringe Spannung entstehen. Sie muß also verstärkt werden. Günstig ist für beide Zwecke, Gleichrichtung und Verstärkung, ein Anodengleichrichter.

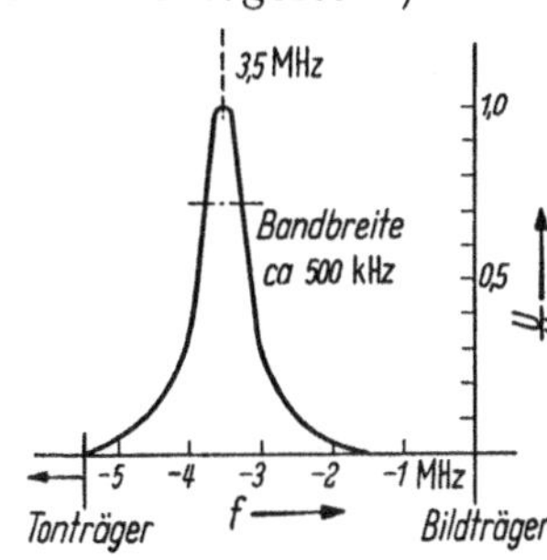

Abb. IX.109. Frequenzgang des Störinverters.

In Abb. IX.108 ist die Schaltung eines solchen Störinverters dargestellt. Ein relativ schwach an den Diodenübertrager angekoppeltes Bandfilter sorgt dafür, daß nur das gewünschte Frequenzband durchgelassen wird (Abb. IX.109). Die Heptode, gesteuert am Gitter *3*, übernimmt die Abtrennung der Synchronimpulse. Das erste Gitter dieser Röhre wird während der Störimpulse zur Austastung benutzt. Hierbei müssen bestimmte Voraussetzungen erfüllt sein, wenn im Falle kleiner Störamplituden die Synchronisierung durch die Störaustastung nicht verschlechtert werden soll. Besonders an der Stelle des Vertikalsynchronimpulses kann die Störaustastung in solchem Falle leicht schädlich wirken. Tritt hier nämlich ein Störimpuls mit einem Anteil von z. B. 5% der Amplitude zwischen Weiß und Ultraschwarz auf, so würde er nach Umkehrung der Phase den geringen Steuerbereich am Gitter *1* der Heptode bereits aussteuern und die aus Gitter *3* und Kathode gebildete Diodenstrecke, also auch den Anodenstrom, sperren. Dadurch erführe der Vertikalimpuls eine Unterbrechung. Nur wenn die Störenergie noch nicht zur Austastung hinreicht, ist die Übertragung des Vertikalimpulses unbehindert. Die besonders günstige Gitterstromkennlinie am dritten Gitter der Heptode ist geeignet, das vorerwähnte „Wegdrücken" der Synchronimpulse bei geringem Störanteil zu vermeiden. Daß die gefilterten Störimpulse in Dauer und Phase unverfälscht — in bezug auf die Synchronimpulse am Gitter *3* — an das Gitter *1* gelangen, geht schon aus der Beschreibung des Störinverterprinzips am Ende von 4.1. hervor.

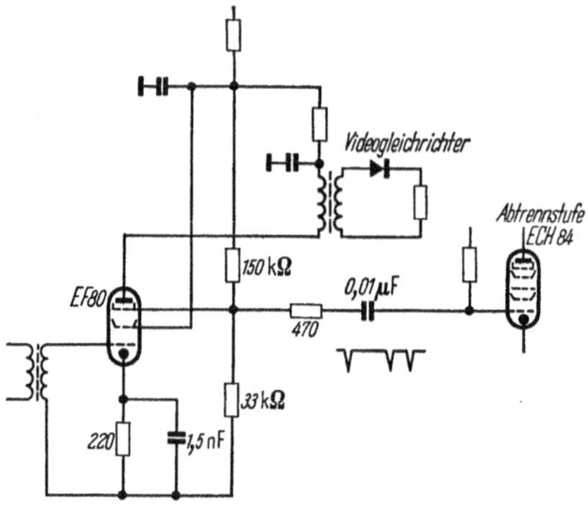

Abb. IX.110. Gewinnung der Störinverterimpulse aus der letzten ZF-Verstärkerstufe durch Anodengleichrichtung am Bremsgitter bei Übersteuerung durch die Störungen.

Die angeführten Dimensionierungsmaßnahmen sollen hauptsächlich verhindern, daß bei kleinen Störungen Nachteile durch Störaustastung auftreten. Bei großer Stördichte und -amplitude wird die Automatik der Austastung, wie beabsichtigt, voll wirksam und liefert unter schwierigsten Empfangsbedingungen noch ruhigstehende Bilder. Die Störimpulse können auch direkt aus einer übersteuerten ZF-Röhre entnommen werden, Abb. IX.110. Das Bremsgitter der Treiberstufe für den Videogleichrichter wird als Anodengleichrichter geschaltet. Bei starker Übersteuerung durch die Störungen entstehen gleichgerichtete negative Impulse, die der Abtrennstufe als Sperrimpulse hinzugefügt werden.

4.3. Horizontaloszillator, Schwungradschaltung und automatische Fangschaltungen.

Die Wirkungsweise der Schwungradschaltung ist im Kap. II beschrieben, vgl. auch [*45*]. In der praktischen Ausführung erzeugt ein Diskriminator die für die Phasennachregelung erforderliche Steuerspannung. In der bevorzugten Anordnung wird dieser Phasendiskriminator nur in unmittelbarer Umgebung des nachzuregelnden Synchronimpulses eingeschaltet, während Störimpulse, die während des Ablaufs der Zeile eintreffen, unwirksam gemacht werden. Zu diesem Zweck werden durch Differenzieren der Zeilenrücklaufimpulse fleischerhakenähnliche Additionsimpulse abgeleitet (Abb. IX.111 b) und dem Videosignal superponiert, um eine phasenabhängige Spannung zu gewinnen. In Abb. IX.112 ist das Grundprinzip der

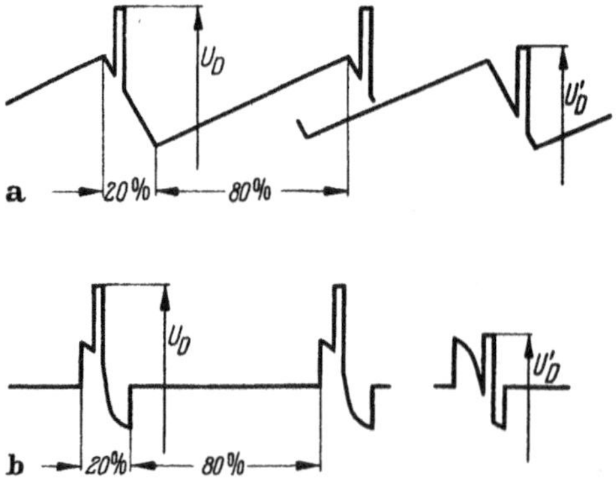

Abb. IX.111 a u. b. Ableiten der Regelspannung am Phasendiskriminator durch Verschieben des Vergleichsimpulses auf einer schrägen Flanke.
a) bei Sägezahnvergleich; b) bei „Fleischerhaken"-Vergleich.

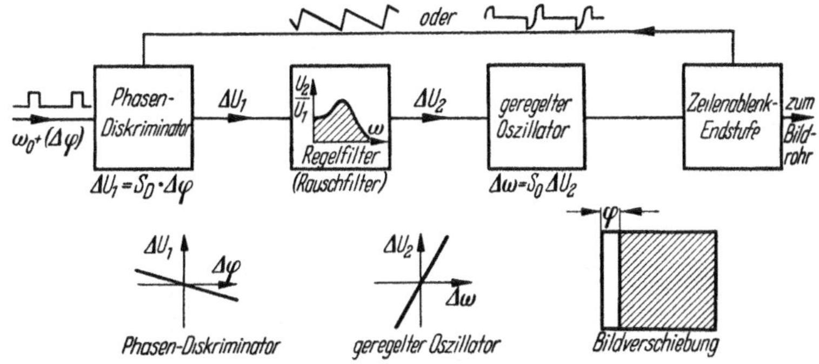

Abb. IX.112. Prinzipschema der Phasenregelung.

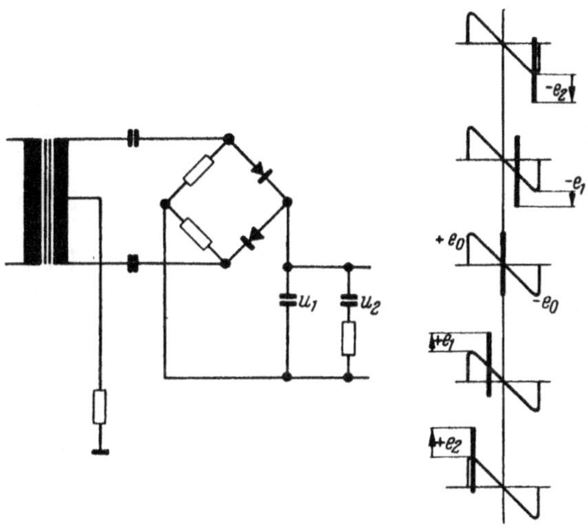

Abb. IX.113. Prinzip eines Phasendiskriminators.

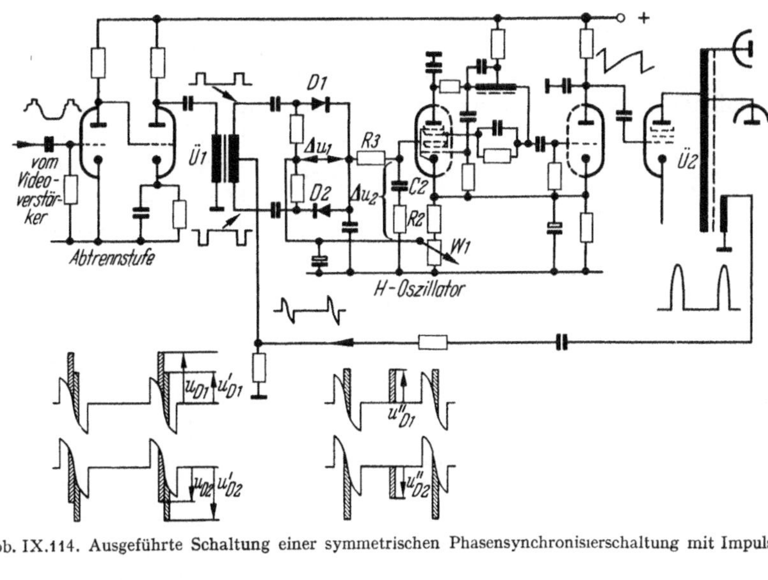

Abb. IX.114. Ausgeführte Schaltung einer symmetrischen Phasensynchronisierschaltung mit Impulsbild.

Regelschaltung noch einmal erläutert. Ein Diskriminator (Abb. IX.113) liefert die phasenabhängige Spannung u_1, und ein Oszillator wird mit der Spannung u_2 in seiner Eigenfrequenz so nachgeregelt, daß im Fangzustand die Phasendifferenz sich verkleinert.

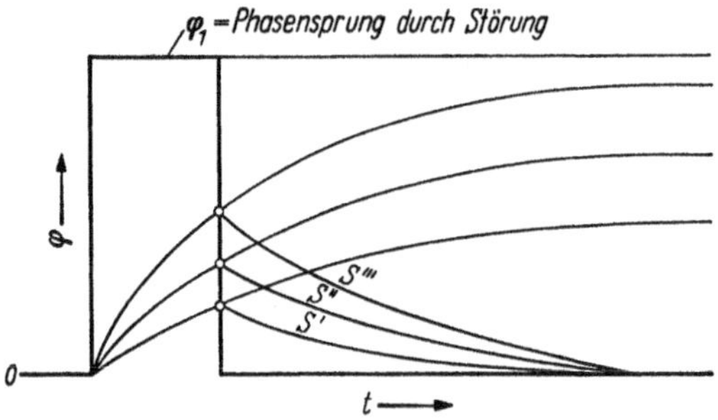

Abb. IX.115. Zeitantwort des Winkels φ eines Regelsystems mit verschiedener Regelsteilheit auf eine kurze Störung φ_1 bei auf gleiche Zeitkonstante und Dämpfung gebrachtem Regelverlauf. (S' kleinste, S'' mittlere und S''' größte Regelsteilheit.)

Abb. IX.114 zeigt eine Ausführungsform des Prinzips. Ein Sinusoszillator wird in der Frequenz über eine Blindwiderstandsröhre nachgeregelt, seine Ausgangsspannung in der gleichen Röhre zu einem für die Steuerung der Endröhre geeigneten Sägezahn verzerrt. Bezüglich Einzelheiten muß auf die Literatur verwiesen werden. Kennzeichnend für eine solche Schaltung ist ihr Einschwingverhalten (Abb. IX.115) sowie das Verhalten gegen Rauschen [*45*]. Abb. IX.116 zeigt Frequenzkurven, gemessen mit einer Anordnung nach Abb. IX.118, und Abb. IX.117 die dazugehörigen Einschaltvorgänge bei verschiedener Dimensionierung.

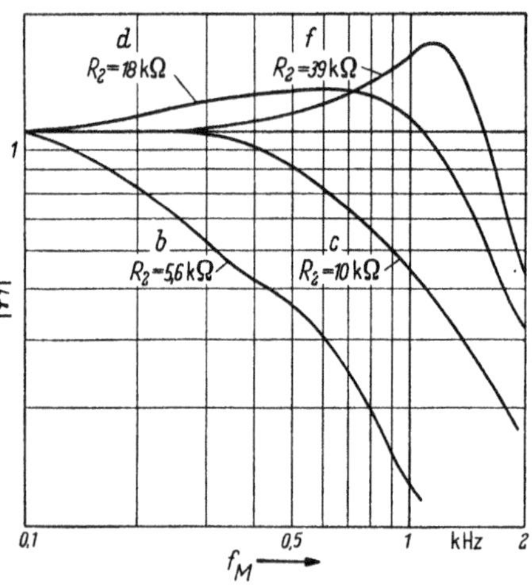

Abb. IX.116. Abhangigkeit der Rauschdurchlaßkurve vom Dämpfungswiderstand entsprechend Abb. IX.117 b—f.

Ein spezielles Merkmal aller Regelschaltungen ist ihr Fang- und Haltebereich, d. h. der Bereich, über den die Frequenz der ankommenden Impulse (oder auch die Eigenfrequenz des örtlichen Oszillators) verstimmt werden kann, ohne daß das System aus dem geregelten Zustand herausfällt, und der Abstand der Grenzen, innerhalb deren der örtliche Oszillator im herausgefallenen Zustand von der Senderimpulsfrequenz noch selbsttätig wieder eingefangen wird. Der Fangbereich ist immer wesentlich kleiner als der Haltebereich, er darf im Interesse optimaler Störbefreiung nicht zu groß gemacht werden. Man sucht daher in neuerer Zeit das Einfangen, das sonst mit einem Regelknopf von Hand vorgenommen werden muß, zu automatisieren. Aus der Fülle der selbsttätigen Fangschaltungen sei eine besonders einfache herausgegriffen, Abb. IX.119.

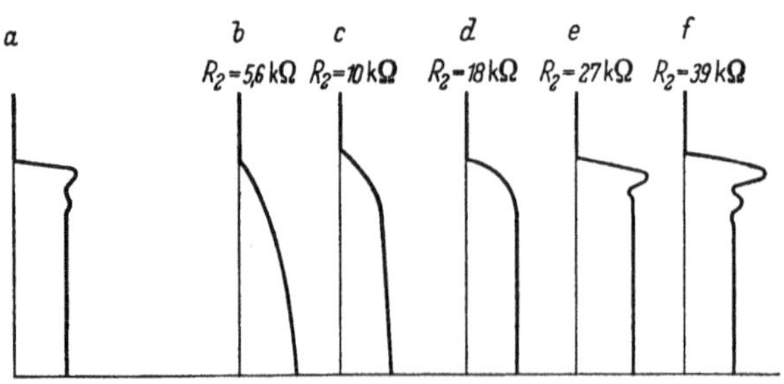

Abb. IX.117 a—f. Vom Bildschirm abgezeichnete Einschaltvorgänge für zwei verschiedene Fernsehempfänger. a) ein für schnelle Einschaltvorgänge dimensionierter Fernsehempfänger; b) bis f) Variationen des Dampfungswiderstandes R_2 (Abb. IX.114) bei einem Telefunken-Fernsehempfänger.

Der Fangbereich kann in dieser Schaltung durch Vergrößern des Dämpfungswiderstandes R_2 wesentlich erweitert werden. Das bedingt aber den Verzicht auf optimales Einschaltverhalten, jedoch interessiert dieses während des Einfangens nicht. Die angestrebte Automatisierung dieser Umschaltung auf breiteren Fangbereich im nichtsynchronisierten Zustand wird durch Ableiten einer Schaltspannung aus der Koinzidenz des vom Sender kommenden Impulses mit dem

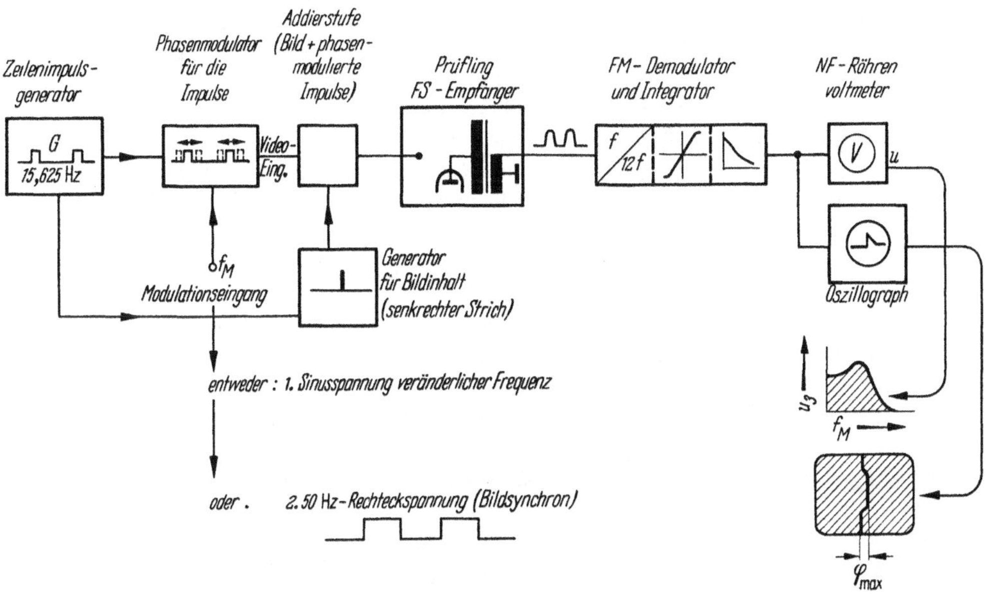

Abb. IX.118. Prinzipschema einer Meßanordnung zur Bestimmung des Frequenzganges bzw. des Einschwingverhaltens einer Regelschaltung.

Zeilenrücklauf erreicht. Die Umschaltung selbst wird über eine Diode vorgenommen. Eine Triode dient als getasteter Regelspannungsverstärker. Zu diesem Zweck werden ihrem Gitter die vom Sender kommenden, von der Abtrennstufe herausgesiebten positiven Zeilensynchronisierimpulse zugeführt. Auf die Anode werden über einen Kondensator positive Zeilenrücklaufimpulse vom Zeilentransformator aus gegeben. Bei Koinzidenz (gefangener Zustand) wirkt die Strecke Kathode–Anode der Röhre wie eine Diode mit kleinem Innenwiderstand, in der die Zeilenrücklaufimpulse gleichgerichtet werden. An der Anode entsteht so eine negative Spannung, genau wie bei der getasteten Regelung im Fernsehempfänger. Sie öffnet die Schaltdiode $D3$, und das aperiodische Dämpfungsglied R_2 wird dadurch über den Ohmschen Widerstand dieser Diode, der klein ist gegen den des Dämpfungsgliedes, an Masse gelegt. Diese Schaltung hat einen natürlichen Fangbereich von etwa ± 100 Hz und hinsichtlich der Stör-

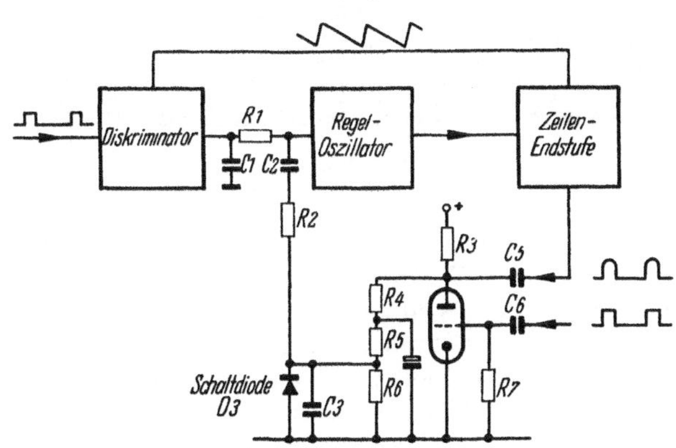

Abb. IX.119. Erweiterung des Fangbereichs durch gesteuerte Entdampfung. Die Triode wirkt als Umschalter vom schmalen zum breiten Fangbereich.

unterdrückung alle Eigenschaften einer gut dimensionierten Phasensynchronisierung. Wird die Koinzidenz zwischen Sender- und Empfängerimpuls durch Überschreiten des Haltebereichs aufgehoben, dann wächst der Innenwiderstand der Anode–Kathode-Strecke stark an, die Gleichrichtung der Zeilenrücklaufimpulse wird beinahe ausgeschaltet, und da jetzt die Spannung an der Anode durch Spannungsteilung über den Widerstandszweig parallel zur Röhre positiv erhalten wird, sperrt die verbleibende positive Teilspannung die Diode. Das aperiodische Dämpfungsglied R_2 ist ausgeschaltet. Der Fangbereich ist auf ± 500 Hz erweitert, allerdings bei nichtaperiodischem Verhalten der Schaltung, was jedoch beim Einfangen nicht stört. Die getastete Triode wirkt also wie ein Umschalter, der bei Koinzidenz eine negative und bei Nichtkoinzidenz eine positive Spannung zur An- und Abschaltung des aperiodischen Dämpfungsgliedes zuführt.

4.4. Stabilisierung der Ablenkung.

Der Spannungs- und Stromablauf an einer normalen Zeilenendstufe und die Hochspannungsgewinnung durch Gleichrichten des hinauftransformierten Zeilenrücklaufimpulses sind an anderer Stelle (Kap. II, S. 35ff.) beschrieben. Für den optimalen Betrieb eines Empfängers sind aber noch Stabilisierungsmittel erforderlich. Ohne diese ändert sich mit der Belastung der Hochspannungsquelle durch den Strahlstrom der Bildröhre, z. B. beim Aufdrehen des Helligkeitsreglers, die auf die Strahlelektronen wirkende Beschleunigungsspannung und dementsprechend die Rastergröße. Bei älteren Schaltungen wird das Raster stabilisiert bzw. ein kleiner Innenwiderstand der Hochspannungsquelle durch Hineinsteuern in die Stromübernahme von der Anode zum Schirmgitter erreicht. Die Anodenspannung wird dazu so weit heruntergesteuert, daß hochfrequente Störschwingungen, sog. *Barkhausen-Kurz-Schwingungen* (BK-Schwingungen), entstehen können. Wenn diese Schwingungen auf der Empfangswelle liegen oder mit Oberwellen des Oszillators Mischprodukte ergeben, die in den ZF-Bereich des Empfängers fallen, können sie über die Verdrahtung oder die Antenne in den Verstärker gelangen und auf dem Bildschirm in Form von mehr oder minder breiten Störungszonen sichtbar werden. Da nun die in dem empfangenen Kanal angefachten BK-Schwingungen nur bei ganz bestimmten Spannungsverhältnissen zwischen Schirmgitter und Anode der Zeilenendröhre angeregt werden und diese Bedingung in jeder Zeile immer an der gleichen Stelle — vom Zeilenanfang ab gerechnet — eintritt, liegen die Störstellen senkrecht untereinander. Sie zeigen sich als vertikale Streifen, die ihre Lage bei Umschaltung auf einen anderen Kanal ändern können, und entstehen vorzugsweise bei schwachem Empfangssignal, d. h. bei maximaler Verstärkung, und bei Empfang mit eingebauter Antenne, ferner gewöhnlich dann, wenn die Anodenspannung wesentlich kleiner als die Schirmgitterspannung wird.

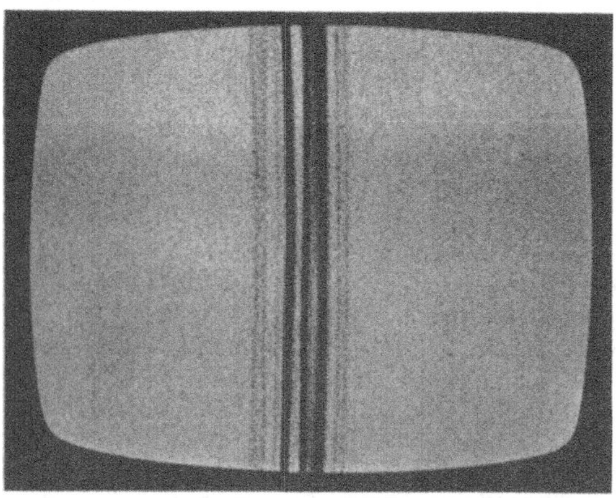

Abb. IX.120.
BK-Schwingung, Aufnahme bei Fernempfang mit Einbauantenne.

In diesem Zustande fließt ein beträchtlicher Teil des Kathodenstromes zum Schirmgitter statt zur Anode (Störschwingungen sind in einem Frequenzbereich von 20 ··· 1000 MHz beobachtet worden).

4.4a. Rückwärtsregelung der Zeilenendstufe. Eine Schaltung, bei der die Zeilenendröhre niemals im Übernahmegebiet arbeiten und der Momentanwert

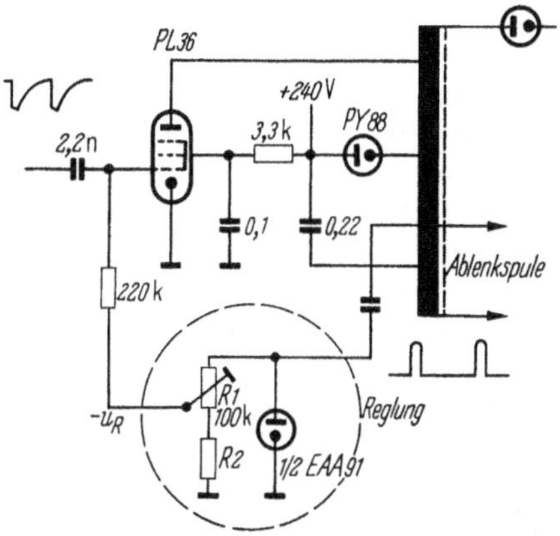

Abb. IX.121. Diodenregelung.

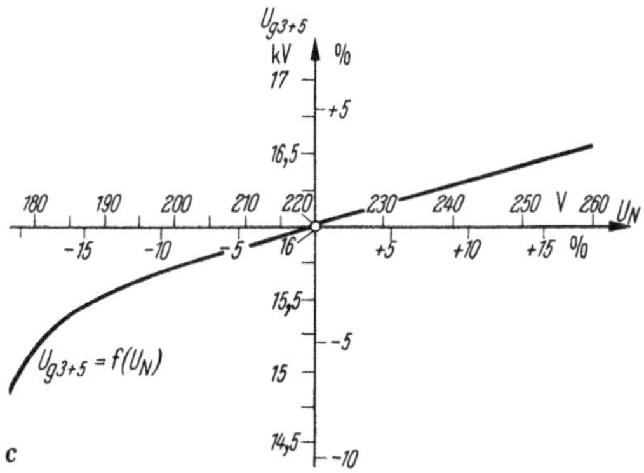

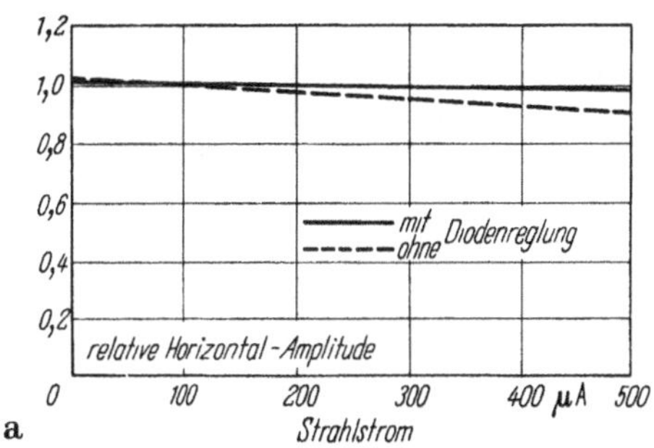

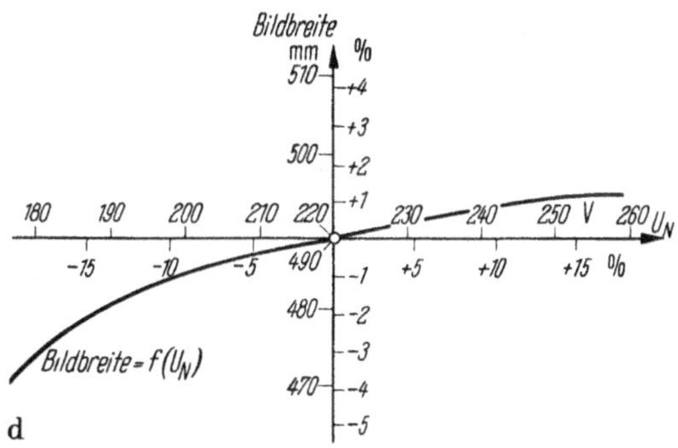

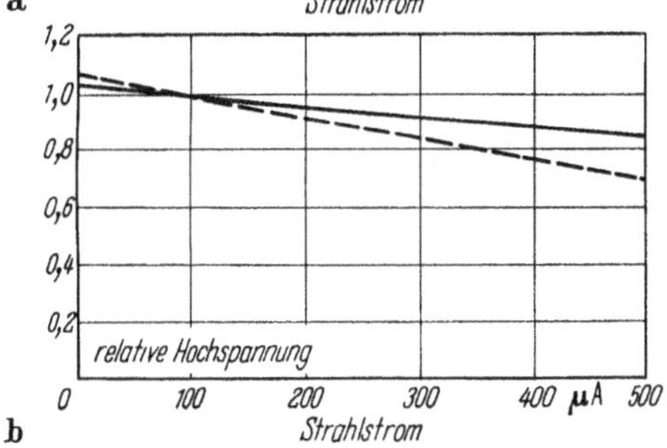

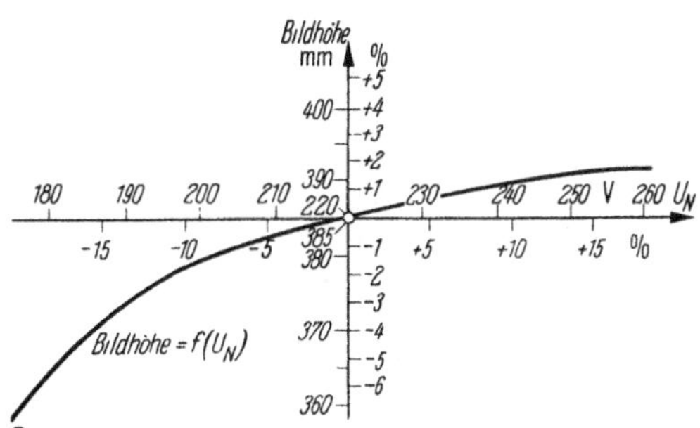

Abb. IX.122a–e.

a) Relative Horizontalamplitude, in Abhangigkeit vom Strahlstrom. b) Relative Hochspannung, in Abhangigkeit vom Strahlstrom. c) Hochspannung als Funktion der Netzspannung (gemessen an der Bildrohre AW 59–90). d) Bildbreite als Funktion der Netzspannung (gemessen an der Bildrohre AW 59–90). e) Bildhohe als Funktion der Netzspannung (gemessen an der Bildröhre AW 59–90).

der Anodenspannung stets so groß bleiben soll, daß die zuvor beschriebenen Bedingungen für das Auftreten von BK-Schwingungen nicht erfüllt sind, erfordert eine zusätzliche Regelung für die Stabilisierung des Arbeitspunktes. Die einfachste Ausführung ist die Diodenregelung, Abb. IX.121. An einem Abgriff des Zeilentransformators wird eine Teilspannung der Rücklaufimpulse abgenommen und anschließend gleichgerichtet. An den Teilerwiderständen $R\,1$, $R\,2$ liegt dann eine negative Spannung, deren Höhe proportional der des Rücklaufimpulses ist; sie wird dem Steuergitter der Zeilenendröhre zum Zwecke der Stabilisierung zugeführt. Mit dem Abgriff am Potentiometer $R\,1$ kann der Arbeitspunkt der Zeilenendröhre eingestellt und der Einfluß von Röhren- bzw. Übertragerstreuungen auf die Zeilenamplitude ausgeglichen werden.

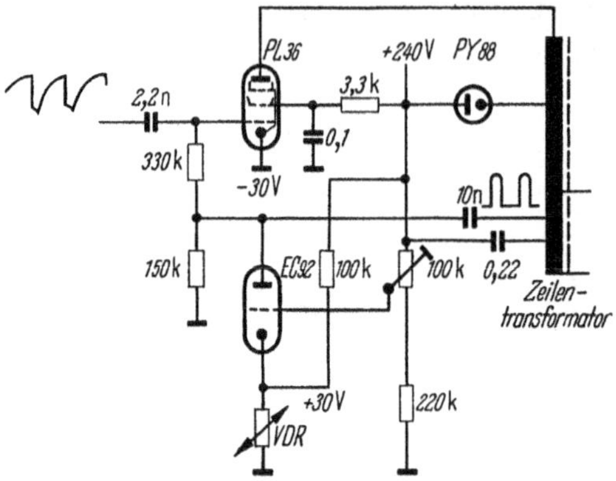

Abb. IX.123. Zeilenbreitenstabilisierung mit Regelröhre.

Tritt eine größere Belastung der Hochspannungsquelle auf (stärkerer Strahlstrom), so wird mit der Hochspannung die Impulsspannung und folglich auch die Gleichspannung an der Endröhre sinken. Deren Arbeitspunkt wird in ein steileres Gebiet verlegt, und die Röhre gibt dann eine höhere Ablenkleistung ab, wodurch die gesteigerte Belastung kompensiert wird. Das ist gleichbedeutend mit einer Herabsetzung des Innenwiderstandes, Abb. IX.122a und b.

Eine Verbesserung dieser Regelwirkung bringt ein Regelspannungsverstärker, Abb. IX.123, oder die sog. VDR-Regelung, Abb. IX.124. Mit einem VDR-Widerstand (Voltage Depending Resistor, Leitwertkennlinie, Abb. IX.125) kann, wie

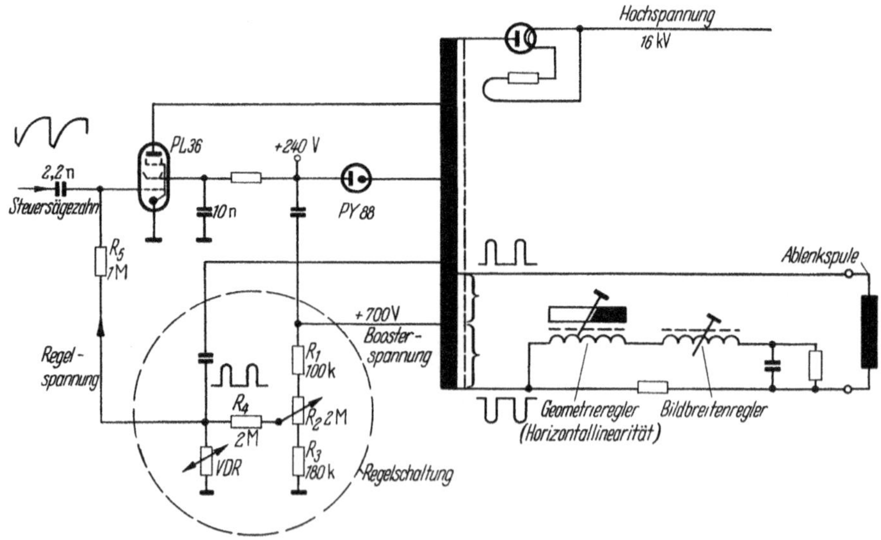

Abb. IX.124. Zeilenbreitenstabilisierung mit VDR-Widerstand.

mit einem Gleichrichter, die am Zeilentransformator stehende Impulsspannung gleichgerichtet werden, aber je nach Ausführung und Belastbarkeit läßt er sich für beliebig hohe Impulsspannungen einsetzen. In der Schaltung nach Abb. IX.124 werden Impulse von 1000 V an den VDR-Widerstand gelegt, und es wird die erzeugte, zunächst zu große negative Spannung mit einer von der Boosterspannung über den Spannungsteiler R_1, R_2 und R_3 eingestellten positiven Gegenspannung so weit kompensiert, daß die Röhre PL 36 im optimalen Bereich arbeitet (—40 V).

Diese Schaltung ist außerordentlich wirksam. Mit der Vergrößerung der angelegten Impulse ist zugleich die Regelsteilheit erhöht, obwohl eine gewisse Kompensation dieses Effektes eintritt, weil die Boosterspannung sich ebenfalls ändert. Auch Netzspannungsschwankungen werden fast vollkommen ausgeregelt. Wird der Steuersägezahn für die Vertikalablenkung in einem aus der Boosterspannung gespeisten Generator erzeugt, so bleibt diese Spannung mit

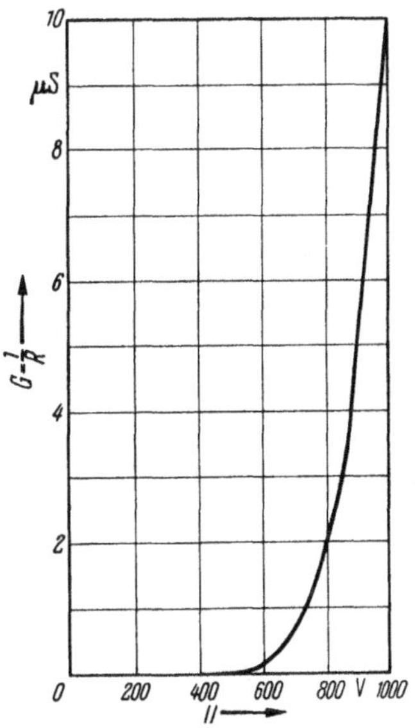

Abb. IX.125. Leitwertkennlinie des in der Zeilenbreiten-Stabilisierungsschaltung verwendeten VDR-Widerstandes.

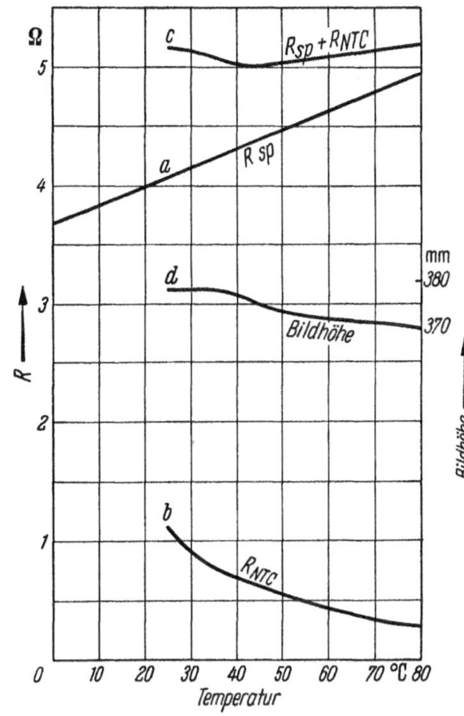

Abb. IX.126. Bildhöhenstabilisierung durch NTC-Widerstand bei Erwarmung im Betrieb.
a Temperaturabhängigkeit der Wicklung; *b* Kurve des NTC-Widerstandes zur Kompensation; *c* Temperaturabhängigkeit des Widerstandes der Spule plus NTC-Widerstand; *d* Abhängigkeit der Bildhöhe von der Temperatur bei der kompensierten Spule.

der Zeilenablenkung konstant und daher das Bildformat in weiten Grenzen von Strahlstrom- und Netzspannungsänderungen unabhängig, Abbildung IX.126*a*, *b* und *c*.

Die Ablenkspule erwärmt sich infolge der Verluste, insbesondere im Ferritkern, ganz erheblich. Widerstandsänderung und damit Anpassungs- und Bildhöhenänderung sind die Folge. Starke Gegenkopplung, direkt von der Vertikalablenkspule her, reduziert diesen Einfluß genügend. Häufiger wird von der Kompensation durch einen NTC-Widerstand Gebrauch gemacht („Negative Temperature Coefficient"). Dieser, in die Spule eingelegt und mit ihr in Reihe geschaltet, hält die Anpassung konstant, Abb. IX.126*d*.

4.5. Zeilenstörstrahlung.

Die Harmonischen der Zeilenrücklaufimpulse verursachen eine Störung benachbarter Rundfunkempfänger (Abb. IX.127: gerechnetes Fourier-Spektrum des Zeilenimpulses für 20% Rücklaufzeit). Viele irrtümlich auf Interferenz mit anderen Sendern zurückgeführte Pfeifstörungen im Hörrundfunk rühren von Fernsehempfängern her.

Die direkte Strahlung des magnetischen Ablenkfeldes klingt mit der Entfernung relativ schnell ab und ist nur mit Antennen aufnehmbar, die auf die magnetische Komponente ansprechen, z. B. Ferritantennen. Ihr wird keine große Bedeutung beigemessen, weil in der Regel bei Rundfunkempfängern die Ferritantenne abgeschaltet werden kann. Die Strahlung, die durch das elektrische Feld der Ablenkspule und über den Kathodenstrahlstrom durch den Bildschirm in den

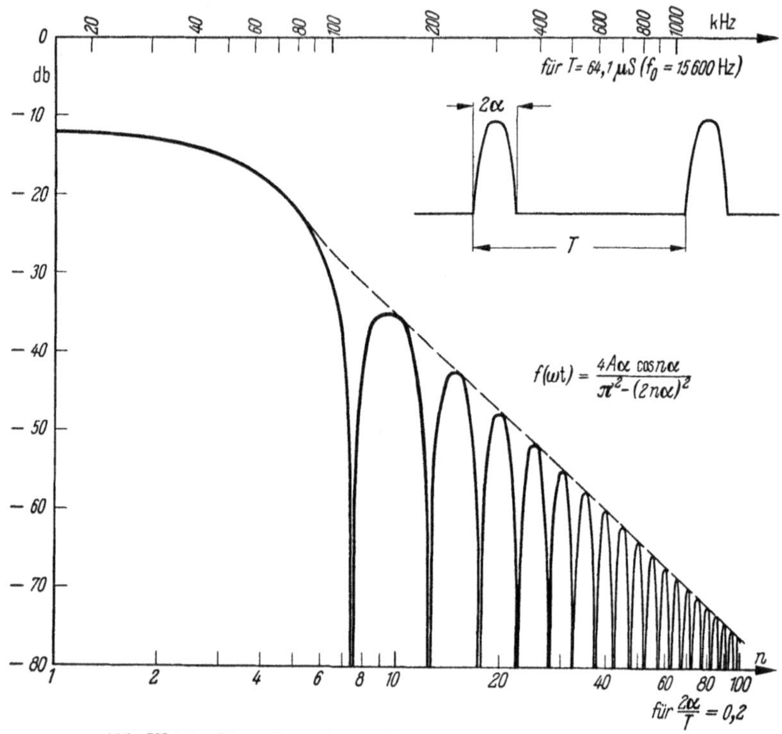

Abb. IX.127. Oberwellenspektrum der Zeilenrücklaufimpulse (gerechnet).

Raum gesendet wird, ist bedeutender. Auch über die Netzzuleitungen breiten sich die Störungen aus. Ihr symmetrischer Anteil läßt sich mit relativ einfachen Mitteln reduzieren; alle modernen Fernsehempfänger sehen Verblockungseinrichtungen dafür vor. Der Gleichtaktanteil läuft über das Netz weiter, das ja als Verbindung des ganzen Gerätes zur Erde betrachtet werden kann. Die über die Antenne und das Chassis abgegebene Strahlungsleistung muß über diesen Weg abgeleitet werden. Moderne Meßverfahren; wie sie jetzt vom VDE vorgeschrieben sind [VDE-Vorschrift 0872], messen daher die Störstrahlung an den Netz- und Antennenklemmen gegen Erde.

Die wirksamste Maßnahme, um die Störstrahlung absolut klein zu halten, besteht darin, die Zeilenablenkung symmetrisch durchzuführen. Dann wird nämlich die eine Hälfte der Zeilenspule mit einem positiven Impuls gesteuert, die andere Hälfte mit einem negativen Impuls gleicher Größe. Rein theoretisch müßte sich die von den beiden Impulsen hervorgerufene Störstrahlung herausheben (Abb. IX.128). In der Praxis ergibt sich im allgemeinen eine Verminderung derselben um den Faktor 4 bis 5. Das ist eine Größenordnung, die es ermöglicht, zusammen mit den anderen bekannten Maßnahmen, die hier nicht erwähnt werden sollen, auch bei größeren Bildröhren die vom VDE vorgeschriebene Mindestentstörung zu erreichen. Abb. IX.129 zeigt Messungen an einem gut entstörten Empfänger mit den eingetragenen VDE-Grenzwerten für Antenne und Netz. Es ist nur die Umhüllende dargestellt, die gezeichnete Störumrandung muß man sich als Linienspektrum, d. h. in einem sehr feinen Maße unterteilt, vorstellen. Absolute Unterdrückung der Störstrahlung ist natürlich nicht möglich, ebenso wie es keine restlose Beseitigung von Zünd- und anderen Motorstörungen gibt. Aber die heute erreichte Störunterdrückung im Fernsehempfänger ist so vollkommen, daß Rundfunk- und Fernsehgerät im gleichen Hause gleichzeitig klaglos betrieben werden können.

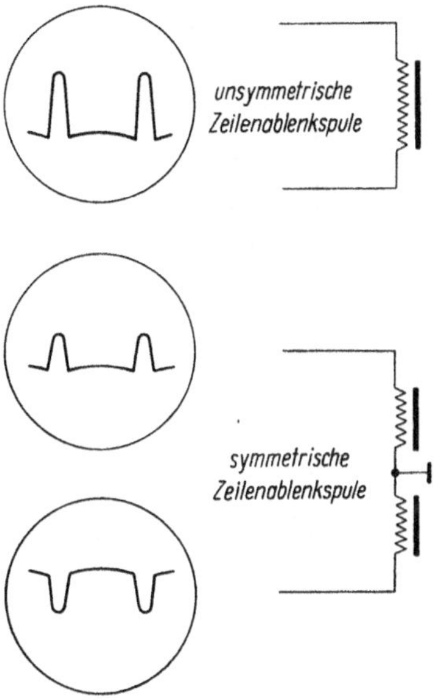

Abb. IX.128. Kurvenverlauf bei unsymmetrischer und symmetrischer Zeilenablenkspule.

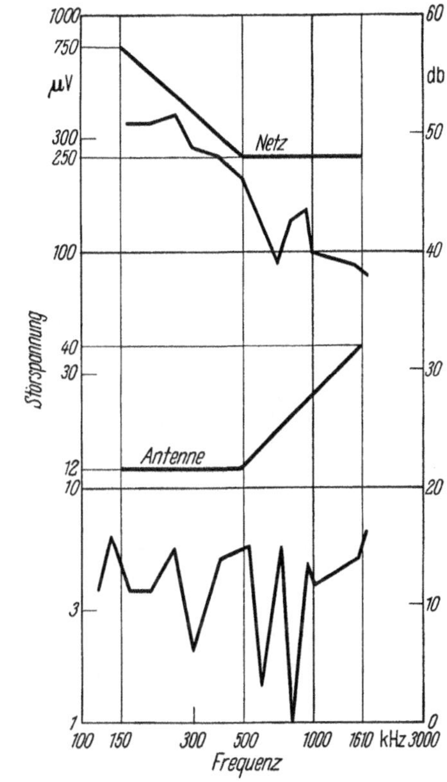

Abb. IX.129. Messung des Störspektrums eines Fernsehempfängers nach VDE-Vorschrift 0872. Meßergebnisse an einem Mustergerät; zum Vergleich sind die VDE-Grenzwerte für Antenne und Netz eingetragen.

5. Bildröhre.

Seit dem Erscheinen des ersten Bandes haben sich die Abmessungen der Bildröhren und ihre Eigenschaften geändert. Der absolute Übergang zur elektrostatischen Fokussierung, die 110°-Ablenkung und die rechteckigere Ausführung des Bildschirmes, verkürzter Hals und Wegfall der Ionenfalle sind die wesentlichen Kennzeichen dieser Wandlung. Abb. IX.130 zeigt am Beispiel der 43 cm-Bildröhre den Verlauf der Entwicklung in den letzten Jahren. Die Linsen- und Schirmgitterspannungen sind bei den modernen Röhren so gelegt, daß sie von der Boosterspannung durch Spannungsteilung gewonnen werden können. Die Boosterspannung ist ja bei den modernen Geräten in gleicher Weise wie die Hochspannung stabilisiert (vgl. Abb. IX.124). Das Strahlsystem ist eine einfache Beschleunigungslinse, die aus dem zwischen Schirmgitter, Linse und Anodenelektrode befindlichen elektrostatischen Feld gebildet wird. Dieses System, das wegen des nur einmaligen Hochspannungs-Potentialsprungs eine große Spannungssicherheit aufweist, läßt sich wesentlich kürzer aufbauen als die bisherigen elektrostatischen Strahlgeber, Abb. IX.131. Damit ist es möglich geworden, auch den Hals der Röhre zu verkürzen, und demzufolge können heute Geräte gebaut werden, deren Tiefe etwa der eines größeren Rundfunkgerätes entspricht.

Neue Bestrebungen [*47, 48*], die bei den UHF-Röhren eingeführte Spanngittertechnik für Bildröhren anzuwenden, haben zu sogenannten steilen und halbsteilen Bildröhren geführt. Diese benötigen nur noch einen Teil der Steuerspannung

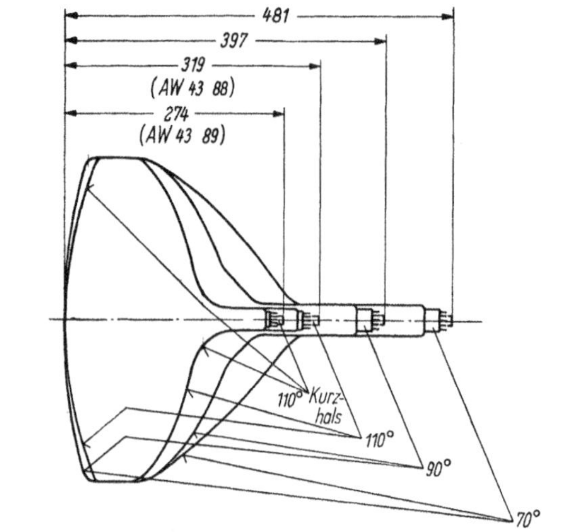

Abb. IX.130. Die Verkürzung der Bildröhre seit Erscheinen des ersten Bandes. Der Bildröhre mit 70° Ablenkwinkel folgte die mit 90° und dann die mit 110° Ablenkwinkel.

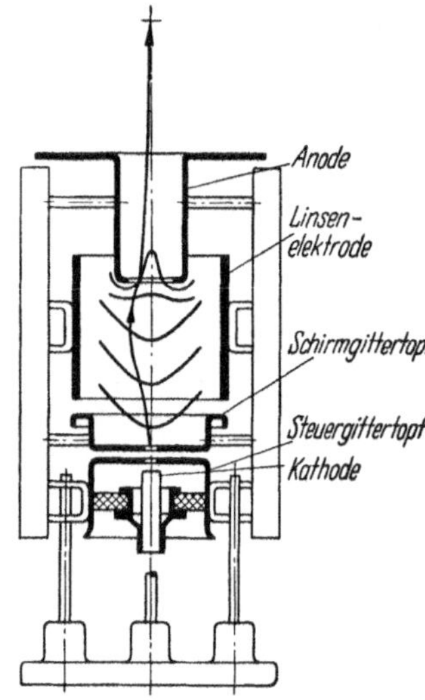

Abb. IX.131. Das elektronenoptische System der 110°-Bildröhre mit elektrostatischer Fokussierung.

der bisherigen Typen, so daß bei der halbsteilen Ausführung der Aufwand in der Videoendstufe verkleinert werden kann, während die steile Bildröhre für den Einsatz in Transistorgeräten vorgesehen ist und dort von einem Transistor-Videoverstärker gespeist werden kann, der mit der normalen Batteriespannung von 12 V arbeitet.

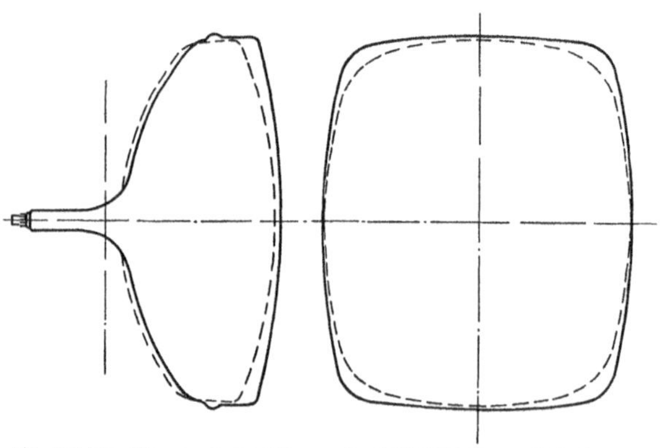

Abb. IX.132. Die neueste Ausführung der 110°-Bildröhre mit flacherem Bildschirm und rechteckigerem Bildformat. Da die Bildgröße über die Diagonale gemessen wird, ist aus der 21″-Bildröhre eine 23″-Bildröhre bzw. aus der 53 cm-Bildröhre eine von 59 cm geworden. Der Ablenkwinkel, ebenfalls über die Diagonale gemessen, ist dann nicht mehr 110°, sondern 114°. Die Röhre kann aber mit einer 110°-Ablenkspule betrieben werden, wenn nur bestimmte zusätzliche Mittel vorgesehen sind, die zur Behebung der Kissenverzeichnung als Folge der geringeren Schirmkrummung dienen.

Kontrastfilter. Die Bildröhren enthalten in ihrer vorderen Glasfläche ein Graufilter zur Hebung des Kontrastes im beleuchteten Raum. Zusätzlich zu diesem Filter werden neuerdings die Schutzscheiben vor der Bildröhre ebenfalls noch als Kontrastfilter ausgebildet. Man unterscheidet *Graufilter:* ohne irgendwelche Farbwirkung; *Pigmentfilter:* Schutzscheiben aus Verbundglas enthalten zwischen beiden Scheiben eine plastische Masse, mittels welcher durch Einfärbung mit Pigmentmaterial eine in ziemlich weiten Grenzen einstellbare Filterung erreicht werden kann; *Selektivfilter* heißen diese neuen, wenn die Zwischenschicht mit Materialien eingefärbt ist, die eine charakteristische Abhängigkeit der Transparenz von der Wellenlänge ergeben. Das Hauptmaximum liegt dabei so, daß es sich etwa mit dem Maximum der Augenempfindlichkeitskurve deckt, während alle links und rechts neben diesem Bereich auftretenden Lichtanteile wirksam unterdrückt werden.

Neben den Selektivfiltern haben sich die Pigmentfilter besonders in ihrer Ausführung als sog. „Goldfilter" durchgesetzt. Diese ergeben, obwohl die Transparenz von der Wellenlänge praktisch unabhängig ist (Abb. IX.133), bei ausgeschaltetem Fernsehempfänger einen angenehmen, warmen Goldton.

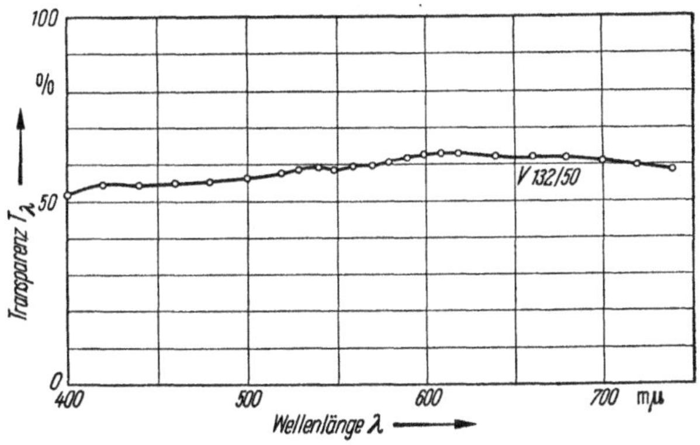

Abb. IX.133. Transparenz T_λ eines „Goldfilters" V 132/50 (gemessen).

6. Videoverstärker des Farbfernsehempfängers (Dekodierung des NTSC-Signals).

In vielen Teilen seiner Schaltung ist der Farbfernsehempfänger identisch mit einem Schwarz-Weiß-Empfänger. Bei Berücksichtigung gewisser Forderungen, die auch ein Schwarz-Weiß-Spitzenempfänger erfüllen muß, bleiben Eingangsschaltung, ZF-Verstärker, Videogleichrichter, Tonteil, Abtrennstufe und die Steuerschaltungen der Ablenkung unverändert. Der zusätzliche Aufwand für die Ablenkung des oder der Elektronenstrahlen in der Farbbildröhre bedingt keine neue Technik, abgesehen etwa von den besonderen Mitteln, die für die Einstellung und Einhaltung der Konvergenz bei der RCA-Maskenröhre erforderlich sind, vgl. Teilband 1, Kap. X, S. 672 bis 682. In jedem Falle sind derartige Mittel so spezifisch der benutzten Farbbildröhrentype angepaßt, daß wir hier auf ihre Beschreibung verzichten müssen. Der einfache, meist nur aus einer Stufe bestehende Videoverstärker des Schwarz-Weiß-Empfangsgerätes, der auf den Videogleichrichter folgt, wird beim Farbfernsehempfänger durch eine verhältnismäßig komplizierte Dekodierungsschaltung ersetzt, die das kombinierte Farbvideosignal wieder in die drei additiven Teilsignale für die Steuerung der Grundfarbenanteile in der Farbbildröhre umwandelt, z. B. in der Maskenröhre mit Hilfe der drei zugeordneten Strahlerzeugersysteme (vgl. Kap. XI, S. 473 ff.).

Aus dem NTSC-Videosignal hat also die Farbdemodulationsschaltung die Signale für Rot, Grün und Blau in der richtigen Größe und Relation zu bilden. (Wir beschränken uns hier auf Wiedergabevorrichtungen mit drei Kathodenstrahlsystemen bzw. drei getrennten Röhren; Einstrahlröhren benötigen etwas andere Dekodierschaltungen.) Ausführliche Beschreibung s. [*52*]; über einen Demodulator für die europäische Norm hat F. Jaeschke [*50*] berichtet.

6.1. *I*- und *Q*-System.

Beim vollständigen NTSC-Signal ist (vgl. Kap. XI) einem Farbträger von 4,43 MHz (vorläufige europäische Norm 4,4296875 MHz) neben einem schmalbandigen *Q*-Signal (in Zweiseitenbandmodulation, ± 700 kHz) ein breiteres *I*-Signal (in Restseitenbandmodulation, $-1{,}5$ MHz und $+700$ kHz) aufmoduliert. Nach der Synchrondemodulation dieser beiden Signale werden sie durch einen Tiefpaß von 700 kHz Durchlässigkeit für das *Q*-Signal und von 1,7 MHz für das *I*-Signal vom Träger befreit und müssen nun durch Umsatz mit dem Helligkeitssignal Y in einer Matrixschaltung zu den Signalen R, G und B umgewandelt werden. Y- und I-Signal müssen durch getrennte Verzögerungsleitungen der Laufzeit des infolge kleinster Bandbreite am meisten verspäteten Q-Signals

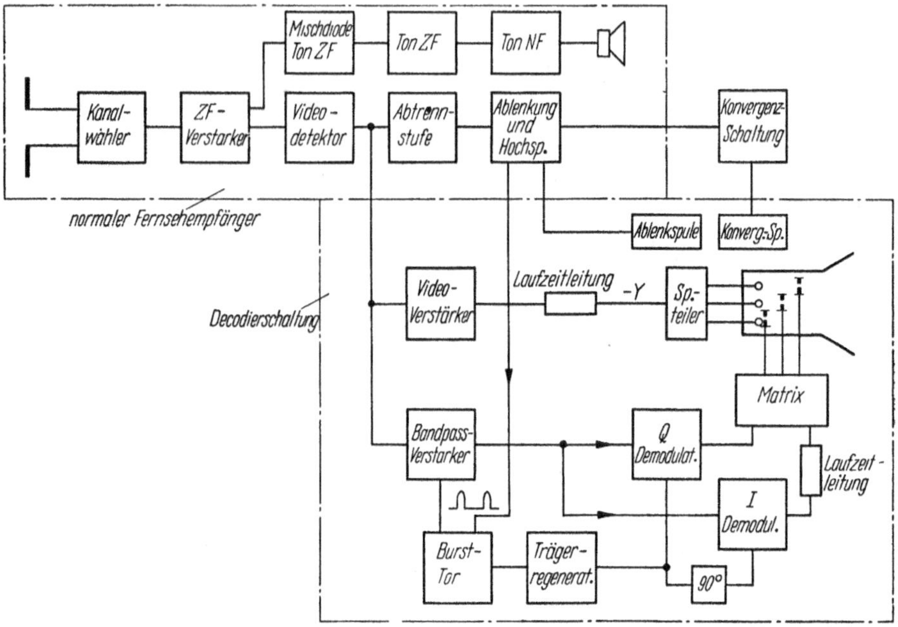

Abb. IX.134. Blockschaltbild eines Farbfernsehempfängers mit I- und Q-Demodulation.

angeglichen werden. Die Regeneration der Farbsignale R, G, B selbst wird im Fernsehempfänger gewöhnlich erst in der Bildröhre vorgenommen. In der Matrix sind dazu nach den Gleichungen[1]

$$B - Y = 1{,}70Q - 1{,}10I$$
$$R - Y = 0{,}62Q + 0{,}96I$$
$$G - Y = 0{,}65Q - 0{,}28I$$

die Farbdifferenzsignale zu bilden, die den Gittern der drei Strahlerzeugersysteme zugeführt werden, während an die Kathoden $-Y$ gelegt wird. Bei Rot z. B. erhält das Gitter des „roten" Systems das Signal $(R - Y)$, seine Kathode das Signal $(-Y)$. Infolge des umgekehrten Steuersinnes an der Kathode wirkt dort $-Y$ wie ein $+Y$ am Gitter, so daß die Röhre gesteuert wird mit

$$(R - Y) + Y = R.$$

6.2. Synchrondemodulation.

Nach Kap. XI, S. 473 ff., werden aus den Farbdifferenzsignalen $R - Y$ und $B - Y$ durch lineare Transformation die beiden Signale Q und I gewonnen, die, auf zwei um 90° gegeneinander verschobene Träger moduliert, durch Addition

[1] Mit Rücksicht auf die Nichtlinearität der Bildröhrenkennlinien, d. h. Gammaverzerrungen, wird am Abtaster (Kameraausgang) in den drei Farbkanälen eine entgegengesetzte Verzerrung eingeführt, die einen über das ganze Übertragungssystem linearen Amplitudenverlauf ergibt. Es ist üblich, die gammakorrigierten Spannungen in der Form E'_R, E'_Y usw. zu schreiben. Da wir beim Empfänger nur mit solchen entzerrten Spannungen arbeiten, wurde diese Kennzeichnung weggelassen. (Mit R ist also immer E'_R gemeint usw.)

derselben ein Gesamtsignal mit folgenden Eigenschaften ergeben: Die Amplitude des resultierenden Farbträgers wird von der Farbsättigung bestimmt, so daß sie bei voll gesättigten Farben maximal und bei Weiß gleich Null wird. Die Phase in bezug auf den unmodulierten Träger (Burst) übermittelt den Farbton. Die Demodulation liefert die $I(t)$ und $Q(t)$ im Empfänger verhältnisrichtig wieder, vgl. Abb. IX.135 rechts. Das wird durch die *Synchron*demodulation erreicht. Analog zur multiplikativen Modulation im Geber (Kap. XI, S. 473 ff.) arbeitet die multiplikative Demodulation im Empfänger. Obwohl diese Demodulationsschaltung, die Mehrgitterröhren erfordert, nur bei Kontrollempfängern

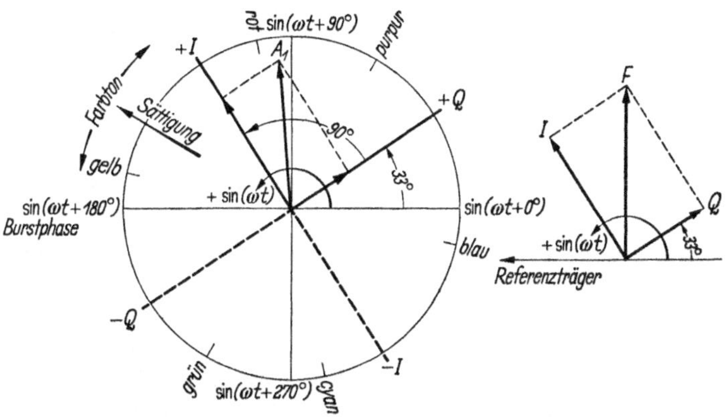

Abb. IX.135. Vektordiagramm des NTSC-Systems. Der aus I und Q resultierende Vektor stellt den Vektor des Farbträgers dar, dessen relative Phasenlage zum Referenzträger (Burst) den Farbton bestimmt, während seine Amplitude die Farbsättigung darstellt. In dem Kreisdiagramm sind für verschiedene Vektorlagen des Farbträgers, bezogen auf den Referenzträger, die Farbtöne eingezeichnet.

benutzt wird, während in den Heimempfängern meist Dioden oder Trioden, also Gleichrichtdemodulatoren, für den gleichen Zweck verwendet werden, lohnt sich doch die Durchrechnung ihrer Wirkungsweise, da sie die Funktion der Farbträgerdemodulierung verständlich macht. Diese einfache Operation ist in Kap. XI, Gln. (XI.1) bis (XI.4), durchgeführt.

6.3. „Äquiband“-Empfänger.

Die komplizierte Matrix, die Einseitenbandtechnik für die I-Komponente und die zwei getrennten Verzögerungsleitungen haben überall, wo Fernsehfarbempfänger serienmäßig gefertigt werden, dazu geführt, auf die I-, Q-Technik zu verzichten und sog. „Äquiband“-Empfänger zu bauen, in denen beiden Demodulatoren das Signal in gleicher Bandbreite, die etwa der des Q-Signals entspricht (± 700 kHz), zugeführt wird. Dann kann, wenn man nach $(B - Y)$ und $(R - Y)$ demoduliert und in der Bildröhre mit Y die Farbsteuersignale B und R regeneriert, für die zwei Farbkanäle B und R auf eine Matrix und auf die Verzögerungsleitung im I-Kanal ganz verzichtet werden. $(G - Y)$ wird dabei meist aus $-(B - Y)$ und $-(R - Y)$ in einer einfachen Additionsschaltung gewonnen, z. B. nach der Gleichung:

$$(G - Y) = -0{,}51\,(R - Y) - 0{,}19\,(B - Y)\,. \qquad \text{(IX.29)}$$

Alternativ werden auch Schaltungen mit drei Synchrondemodulatoren verwendet, denen der Referenzträger zur Synchrondemodulation entweder in den Phasenlagen wie in Abb. IX.138 oben oder mit je 120° Verschiebung zugeführt wird, so daß bei entsprechender Wahl der Verstärkungen die drei Farbdifferenz-

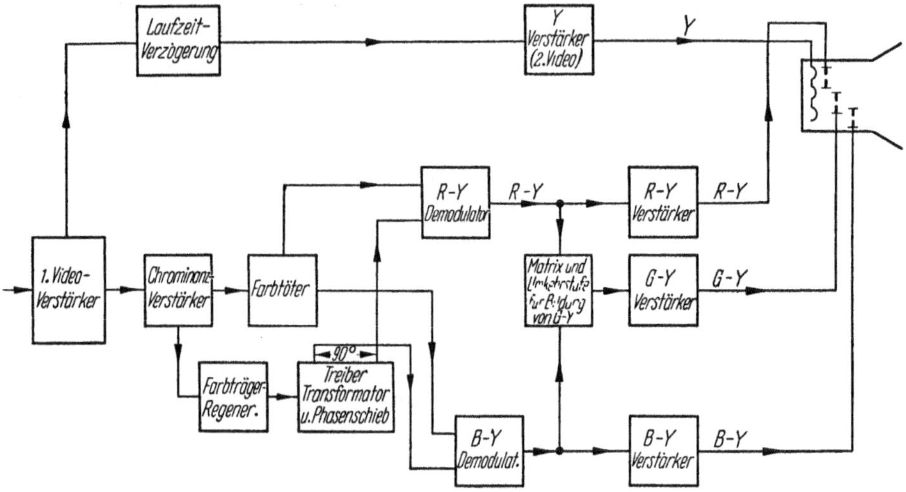

Abb. IX.136. Blockschema eines Äquibanddemodulators, bei dem die Farbsignale nach dem Vektordiagramm von Abb. IX.138 gebildet werden.

signale $R - Y$, $G - Y$ und $B - Y$ direkt erhalten werden und es keinerlei Addierschaltung bedarf. (In Anbetracht der schwierigen Einstellung der Trägerphasen wird allerdings fast ausschließlich die 90°-Demodulation von $R - Y$ und $B - Y$ und die Gewinnung von $G - Y$ aus der Addierschaltung benutzt.) Beide Äquiband-Demodulationsschaltungen be-

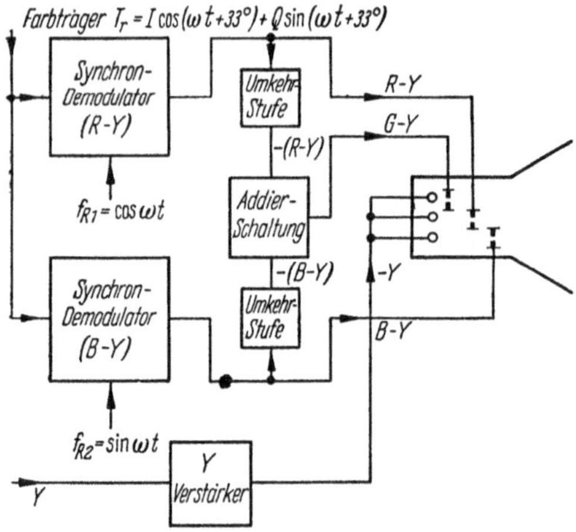

Abb. IX.137. Blockschaltbild einer Dekodierschaltung mit Äquibanddemodulation.

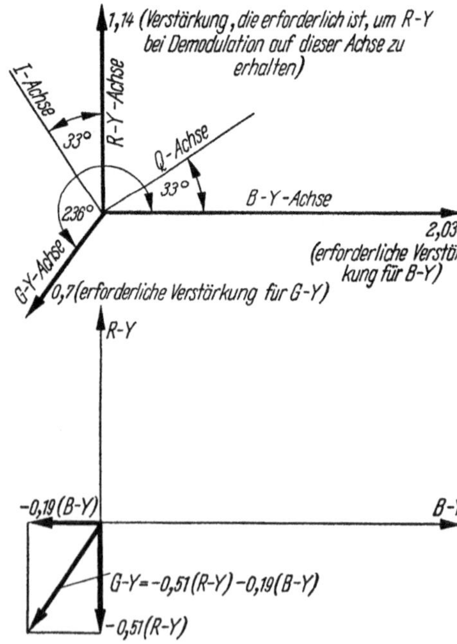

Abb. IX.138. Vektordiagramm für die Demodulation nach R–Y und B–Y. Oben: Wie man sieht, ist bei Demodulation auf der R–Y-Achse mit 1,14 zu multiplizieren, bei der Demodulation auf der B–Y-Achse mit 2,03 und bei der Demodulation auf der G–Y-Achse mit 0,7. Unten: Bildung von G–Y, wenn R–Y und B–Y durch Demodulation gewonnen wurden. Wie man sieht, sind $-0{,}19$ (B–Y) und $-0{,}51$ (R–Y) zu addieren, damit G–Y entsteht.

nötigen nur *eine* Verzögerungsleitung im Y-Signal. Der Schärfeverlust im Vergleich mit einem I, Q-Demodulator ist unwesentlich und vom normalen Beobachter nicht festzustellen. Dank

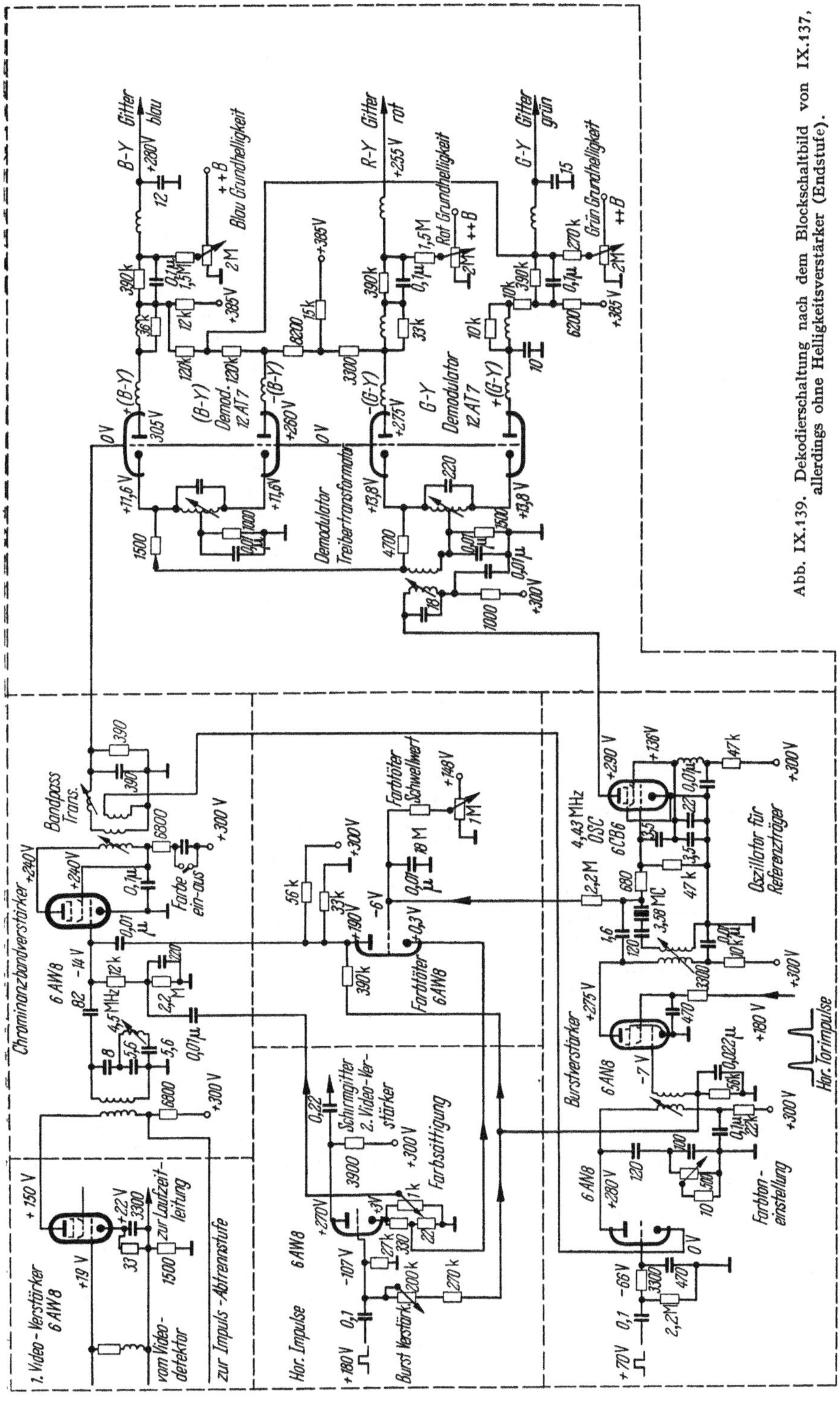

Abb. IX.139. Dekodierschaltung nach dem Blockschaltbild von IX.137, allerdings ohne Helligkeitsverstärker (Endstufe).

der einfacheren Einregelbarkeit ist sogar das Bild oft naturgetreuer als bei Empfängern, die von der echten I, Q-Demodulation Gebrauch machen.

Abb. IX.138 oben zeigt für diese Äquibanddemodulation ein vereinfachtes Vektorschema des Farbsignals, mit den eingetragenen Demodulationsrichtungen für $R - Y$ und $B - Y$ und den zugehörigen Amplitudenwerten, die durch die Endverstärkerstufen von $R - Y$ und $B - Y$ einzustellen sind. Abb. IX.138 unten erläutert vektoriell die Gewinnung von $G - Y$ aus $-(B - Y)$ und $-(R - Y)$. Abb. IX.137 gibt ein vereinfachtes Schema der Äquibanddemodulation, Abb. IX.136 das Blockschema eines vollständigen Demodulators und Abb. IX.139 ein ausgeführtes Schaltbild ohne Y-Endstufe, da diese ja bis auf die Laufzeitverzögerung der eines Schwarz-Weiß-Empfängers entspricht. Im Gitter der ersten Videoverstärkerstufe sind Helligkeits- und Chrominanzsignal noch gemeinsam enthalten; sie werden dort in ein vom Farbträger befreites Helligkeitssignal und in das vom Helligkeitssignal befreite Farbsignal auf-

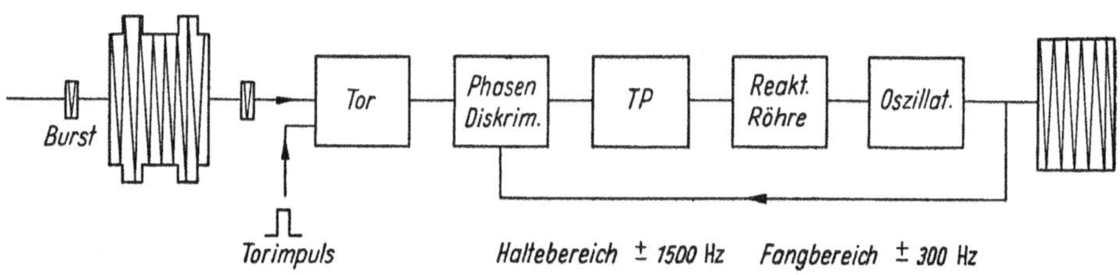

Abb. IX.140. Blockschema der Farbträger-Regenerierung in einem vom Burst her geregelten Oszillator.

gespalten (Farbträgerdämpfung im Helligkeitssignal mindestens 9 dB). Aus dem Farbsignal wird nach Verstärkung der „Burst“ durch eine von der Zeilenablenkung gesteuerte Torschaltung abgetrennt und einem Trägergenerator zugeführt. Dieser liefert, von den kurzzeitig durch das Tor strömenden Trägerpaketen des Burst (jeweils etwa 12 Perioden) synchronisiert, einen örtlichen, entstörten, durchlaufenden Träger (Abb. IX.140), den man mit 90° Phasenverschiebung den beiden Demodulatoren zum Zwecke der Synchrondemodulation zuleitet. Die für die Bildung von $G - Y$ erforderlichen Signale $-(B - Y)$ und $-(R - Y)$ werden in dieser Schaltung gleichzeitig mit den entsprechenden Signalen positiver Polarität an eigenen Demodulationstrioden beider Synchrondemodulatoren gewonnen. (Der besonderen Anschaulichkeit halber wurde gerade diese Schaltung ausgewählt.)

Um die Steuersignale R, G und B in der Maskenbildröhre aus den Farbdifferenzsignalen $(R - Y)$, $(G - Y)$ und $(B - Y)$ durch Addition von Y zu regenerieren, ist allen drei Kathoden der Strahlerzeugersysteme gleichzeitig das Helligkeitssignal $-Y$ zuzuführen. Da aber die drei Leuchtphosphore (zumindest bei den älteren Farbröhren) verschieden empfindlich sind, muß dieses Signal $-Y$ den ihnen zugeordneten Kathoden mit verschiedener Verstärkung angeliefert werden. Diese Bedingung erfüllt ein Spannungsteiler, z. B. im Anodenkreis des Helligkeitsverstärkers (in Abb. IX.134 symbolisch angedeutet). Auch die Grundhelligkeit muß über diesen Spannungsteiler für jeden Strahlerzeuger richtig dosiert werden, wenn die Grautöne bei veränderter Helligkeitsregelung nicht farbverfälscht erscheinen sollen. (Das gilt sinngemäß auch für die Helligkeitseinstellung beim Schwarz-Weiß-Empfang.)

Ein „Farbtöter“ schaltet, solange in der Sendung keine Farbe vorhanden ist, den Chrominanzverstärker ab. Dies geschieht einfach durch Gleichrichtung des vom Tor (Abb. IX.140) durchgelassenen Burstsignals. Bei dessen Ausbleiben wird der Chrominanzverstärker gesperrt. Die Durchlaßkurven eines RCA-Empfängers nach Abb. IX.139 zeigt symbolisch Abb. IX.141. Man entnimmt daraus die Einführung einer Amplitudenabsenkung des Farbträgers schon im ZF-Kanal, und damit auch im Helligkeitskanal, sowie die Kompensation der ungleichen Verstärkung beider Seitenbänder im Farbkanal mittels einer entgegengesetzt geformten Durchlaßkurve. Andere Empfänger verwenden einen geebneten ZF-Verstärker und bewirken die erforderliche Dämpfung der Amplitude des Farbträgers nur im Helligkeitsvideoverstärker.

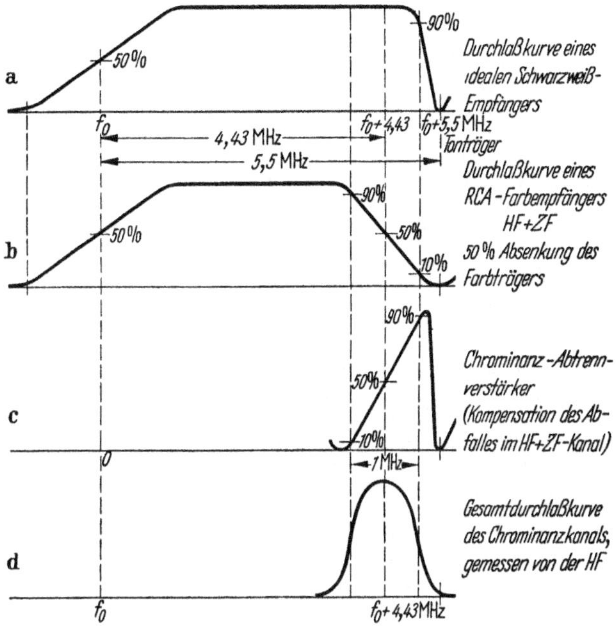

Abb. IX.141 a–d. Durchlaßkurven eines RCA-Farbempfängers nach Abb. IX.139.

Schrifttum zum Kap. IX.

[1] DILLENBURGER, W.: Einführung in die deutsche Fernsehtechnik. Fachverlag Schiele & Schön 1953.

[2] KERKHOF, F., u. W. IR. WERNER: Fernsehen, Einführung in die physikalischen und technischen Grundlagen der Fernsehtechnik unter weitgehender Berücksichtigung der Schaltungen. Eindhoven: N. V. Philips' Gloeilampenfabrieken 1951.

[3] MANN, H., u. H.-J. FISCHER: Fernsehtechnik Bd. II, Fernsehsender- und Fernsehempfänger-Schaltungstechnik sowie industrielles Fernsehen. Leipzig: Fachbuchverlag 1959.

[4] DEUTSCH, S.: Theory and design of television receivers. New York: McGraw-Hill Book Comp., Inc. 1951.

[5] NYQUIST, H.: Thermal agitation of electric charge in conductors. Phys. Rev. Bd. 32 (Juli 1928) S. 110—113.

[6] FRIIS, H. T.: Noise figures of radio receivers. Proc. Inst. Radio Engrs., N. Y. Bd. 32 (1944) S. 419—422.

[7] FRÄNZ, K.: Über die Empfindlichkeitsgrenze beim Empfang elektrischer Wellen und ihre Erreichbarkeit. Elektr. Nachr.-Techn. Bd. 16 (1939) S. 92—96.

[8] ROTHE, H. u. Mitarbeiter: Theorie rauschender Vierpole und deren Anwendung. Telefunkenröhre (1956) H. 33. — Besonders die Kap. 2—4 mit Arbeiten von H. ROTHE und W. DAHLKE. Dort auf S. 143—145 ein ausführliches Literaturverzeichnis.

[9] GUANELLA, G.: New methode of impedance matching in radiofrequency circuits. Brown Boveri Rev. Bd. 31 (1944) S. 327 — Spulenähnliches Leitungsgebilde mit stetig verteilten Leitungskonstanten. DBP 857648 vom 20. 10. 1943.

[10] RUTHROFF, C. L.: Some broad-band transformers. Proc. Inst. Radio Engrs., N. Y. (1959) H. 8, S. 1337—1342.

[11] HEROLD, E. W.: The operation of frequency converters and mixers for superheterodyne reception. Proc. Inst. Radio Engrs., N. Y., Febr. 1942.

[12] CANTZ, R.: Das Rauschen gittergesteuerter Mischröhren. Telefunkenröhre (1960) H. 33a, S. 63—104.

[13] BAUER, H.: Rauschkennwerte einer Pentode im UKW-Gebiet. Telefunkenröhre (1960) H. 33a, S. 43—62.
[14] SCHAFFSTEIN, G.: Fernseher-Eingangsschaltungen im Band IV und V. Radio Mentor Jg. 24 (1958) H. 2, S. 94/95.
[15] MAURER, R.: Die Stifttriode im Frequenzbereich der Fernsehbänder IV und V. Telefunkenröhre (1958) H. 35, S. 43—62.
[16] MAURER, R., u. H. OCKER: Die Anwendung und Schaltung der Röhre PC 88 im Tuner für Band IV und V. Funkschau Bd. 33 (1961) H. 5, S. 109—111.
[17] MEBELMANN, CH.: A comparison of several R. F. amplifier tubes for UHF-TV. Telefunkenröhre (1960) H. 37, S. 71—78.
[18] HORTON, C. E.: Development of a UHF grounded-grid amplifier. Proc. Inst. Radio Engrs., N. Y. (1953) Vol. 41, Nr. 1, S. 73—79.
[19] CHANG, K. K. N. et. al.: Low noise tunnel-diode down converter having conversion gain. Proc. Inst. Radio Engrs., N. Y. Vol. 48 (Mai 1960) Nr. 5, S. 854ff.
[20] MEINKE-GUNDLACH: Taschenbuch der Hochfrequenztechnik. Berlin/Göttingen/Heidelberg: Springer 1956, S. 916/17.
[21] WOHLBERG, K.: Zur Darstellung der Eigenschaften einer Esakidiode als Oszillator und Mischer in Form von Kennlinienfeldern. Telefunkenztg. Bd. 34 (Juni 1961) Nr. 132, S. 114—121.
[22] SITTNER, R.: Das Rauschen und die Stabilität einer nicht neutralisierten Triode als Hochfrequenzeingangsstufe. Telefunkenröhre (1960) H. 33a, S. 147—206.
[23] MAURER, R.: Die Stifttriode im Frequenzbereich der Fernsehbänder IV und V. Telefunkenröhre (1958) H. 35, S. 43—62.
[24] METELMANN, CH.: A comparison of several RF amplifier tubes for UHF-TV. Telefunkenröhre (1960) H. 37, S. 71—78.
[25] BRODERSEN, R.: Ein Vorschlag für eine Zwischenfrequenz für Fernseher. Radio Mentor Bd. 14 (1953) S. 216—219.
[26] BUCHTA, K.: Gesichtspunkte zur Aufstellung eines Fernsehsenderplanes für den Bereich IV. Frequenz Bd. 8 (1954) H. 5, S. 137—143.
[27] URTEL, R.: Bemerkungen zum Einseitenbandbetrieb im Fernsehen. Telefunkenztg. Bd. 20 (Juli 1939) H. 81, S. 80.
[28] NYQUIST, H.: Certain topics in telegraph transmission theory. J. Amer. Inst. electr. Engng. Vol. 47 (März 1928).
[29] BODE, H. W.: Network analysis and feedback amplifier design. New York: B. van Nostrand Comp. 1945.
[30] GRIESE, H. J.: Möglichkeiten zur Entzerrung der Restseitenbandübertragung des Fernsehens. FTZ (1955) H. 2, S. 94—103.
[31] SCHAFFSTEIN, G.: Frequenzabhängigkeit der Gruppenlaufzeit in Resonanzverstärkern. Hochfrequenztechn. u. Elektroakustik (1943) S. 6—14.
[32] VAN WEEL, A.: The design of phase-linear intermediate-frequency amplifiers. J. Brit. Inst. Radio Engrs. Vol. 17 (Mai 1957) Nr. 5.
[33] VAN WEEL, A.: Phase-linear television Receivers. Philips Res. Rep. (1955) Aug., S. 281—298.
[34] ZIMMERMANN, H.: Der Anteil des Zwischenfrequenzverstärkers am Einschwingvorgang des Fernsehempfängers. FTZ, Bd. 4 (1951) H. 12.
[35] KIRSCHSTEIN, F., u. H. BÖDEKER: Die Verformung der Modulation beim Fernsehempfang und die Möglichkeit ihrer Entzerrung. FTZ (1952) H. 8, S. 357—361.
[36] GRIESE, H. J.: Die Kontrolle der Fernsehsender mit dem NYQUIST-Meßdemodulator. A. E. Ü. (1955) H. 5, S. 201—206.
[37] KIRSCHSTEIN, F., u. A. KRUG: Die Bildwiedergabe durch Fernsehempfänger bei ungenauer Abstimmung. FTZ (1954) H. 6, S. 273—278.
[38] BRUCH, W.: Neue Anwendungen von Germaniumdioden im Fernsehempfänger als Schalter, Begrenzer und Störinverter. Elektron. Rdsch. Bd. 13 (1959) H. 2, S. 39—45.
[39] SCHIENEMANN, R.: Trägerverstärker mit großer Bandbreite. Telegr.- u. Fernspr.-Techn. (1939) S. 1—7.
[40] JAESCHKE, F.: Berechnung des Breitband-Resonanzverstärkers. Funk und Ton (1953) H. 10, S. 508—516.
[41] TRZEBA, E.: Nullstellenfilter und deren theoretische Behandlung. Hochfrequenztechn. u. Elektroakustik Bd. 66 (1958) H. 3, S. 90—94; H. 4, S. 95—107.
[42] PARKER, L. W.: DBP 970147.
[43] FÖRSTER, G.: Ein neuartiger Videoverstärker. Funktechn. Bd. 9 (1961) S. 289 bis 291.

[44] REKER, H.: Theoretische Untersuchung an der Impulsabtrennstufe in Fernsehempfängern. NTZ H. 3 (1960), S. 147—154.
[45] BRUCH, W.: Horizontalsynchronisierung in Fernsehempfängern mit erweitertem Fangbereich. Telefunkenztg. Bd. 34 (1961) H. 132, S. 102—113.
[46] VDE 0872.
[47] GUNDERT, E., u. H. LOTSCH: Steile Fernsehbildröhren für kleine Modulationsspannungen. Telefunkenztg. Bd. 33 (1960) H. 127, S. 58—65.
[48] GUNDERT, E., u. H. LOTSCH: Entwicklung einer steilen Fernsehbildröhre. Telefunkenztg. Bd. 33 (1960) H. 129, S. 223—230.
[49] Staff of the Hazeltine Corp. Laboratories: Color television receiver practics. New York 1955.
[50] JAESCHKE, F.: Zur Schaltungstechnik von Demodulatoren für Farbfernsehsignale nach dem NTSC-Verfahren. A. E. Ü. Bd. 15 (1961) S. 187—199.
[51] HARMANS, J.: Verstärker mit Bandfilterkopplung. Elektronische Rundschau Bd. 51 (1961) H. 5, S. 203—206.
[52] DEAN, CHARLES E.: Color television receiver practics. New York, London 1955.

X. Fernsehmeßtechnik.

Bearbeitet von Dr.-Ing. H. GROSSKOPF, Neukeferloh b. München.

1. Einleitung.

Die Eigenart der Signalbildung und -formung sowie die speziellen Probleme, die mit der Übertragung des Fernsehsignals von den Produktionsstätten zu den Heimempfängern verbunden sind, haben zur Entwicklung einer eigenen Meßtechnik geführt, die es ermöglichen soll, die komplizierten Übertragungsgeräte und -anlagen der Fernsehtechnik in betriebsnaher Arbeitsweise zu prüfen, ihre Fehler und Mängel schnell und sicher zu erfassen und ihre Auswirkungen auf das Fernsehbild zuverlässig zu beurteilen. Ein wesentlicher Teil der Messungen entfällt dabei auf die Kontrolle des elektrischen Signalweges. Auf diesem Weg, der mit der Erzeugung des Signalstromes in den Bildgebern beginnt und mit der Steuerung des Strahlstromes in den Fernsehempfängern endet, müssen bis zur Ausstrahlung des Signals durch die Fernsehsender drei verschiedene Übertragungsvorgänge überprüft werden.

1. Die Erzeugung des sendereifen Videosignals in den Produktionsstätten.
2. Die Übertragung des Videosignals von den Produktionsstätten zu den Fernsehsendern.
3. Die Modulation der hochfrequenten Träger mit dem Videosignal an den Sendern.

Viele der dabei anfallenden Meßaufgaben lassen sich mit den Meßverfahren der videofrequenten Übertragungstechnik lösen. In den Produktionsstätten braucht man aber daneben eine Reihe optischer Verfahren zur Überprüfung der Bildsignalwandlung und bei den Fernsehsendern spezielle hochfrequente Verfahren zur Kontrolle des Modulationsvorganges. Andere Verfahren wiederum werden benötigt, um diejenigen Geräte zu prüfen, mit denen diese Umwandlungsprozesse im praktischen Betriebe überwacht werden: Die videofrequenten Bildkontrollempfänger und die hochfrequenten Meßdemodulatoren; beide Geräte zusammen sind mit einem hochwertigen Heimempfänger vergleichbar.

1a. Messungen an Fernsehsignalen.

Alle Probleme der Fernsehmeßtechnik laufen darauf hinaus, den zeitlichen Ablauf des Fernsehsignals in geeigneter Weise zu analysieren und auszuwerten. Hierzu wird bei der Überprüfung von Fernsehanlagen meist die Verformung spezieller Testsignale ermittelt und ihre Größe quantitativ angegeben, während im praktischen Betriebe vor allem die Signalwerte richtig eingestellt und überwacht werden. Bei der Lösung dieser Aufgaben spielt der Kathodenstrahloszillograph eine besondere Rolle.

1a.1. *Die Auswertung des Signalverlaufs.* Ein guter Fernsehmeßoszillograph muß gestatten, beliebige Zeitabschnitte vom Bruchteil einer Zeilenperiode bis zu einer Bildperiode verzerrungsfrei auf seinem Leuchtschirm abzubilden und auszumessen. Hierzu sind neben einem Breitbandverstärker ein zweckmäßiges Ablenkgerät und verschiedene Hilfsmittel zur Auswertung des Signals erforderlich.

Der Breitbandverstärker muß u. a. so dimensioniert sein, daß Spannungssprünge beliebiger Steilheit überschwingfrei wiedergegeben werden. Dabei wird eine Anstiegszeit des Verstärkers von 30 ns als ausreichend angesehen, weil die üblichen Meßapparaturen einschließlich des Oszillographen vereinbarungsgemäß nur eine Steigzeit von 100 ns besitzen sollen. Es ist jedoch zu beachten, daß bei der Messung der Anstiegszeit eines 100 ns steilen Impulses allein schon durch die Anstiegszeit des Meßoszillographen von 30 ns ein Meßfehler von etwa 5% entsteht. Eine Anstiegszeit von 30 ns erreicht man mit einer Grenzfrequenz (Abfall auf 0,7) von etwa 10 MHz; dabei sinkt jedoch die Verstärkung bis 5 MHz bereits um 8% (vgl. Abschnitt 2d) ab. Diesen Abfall nimmt man aber in Kauf, da er nur für Frequenzgangmessungen von Bedeutung ist, für die man ihn durch einschaltbare Entzerrungsmittel korrigieren kann.

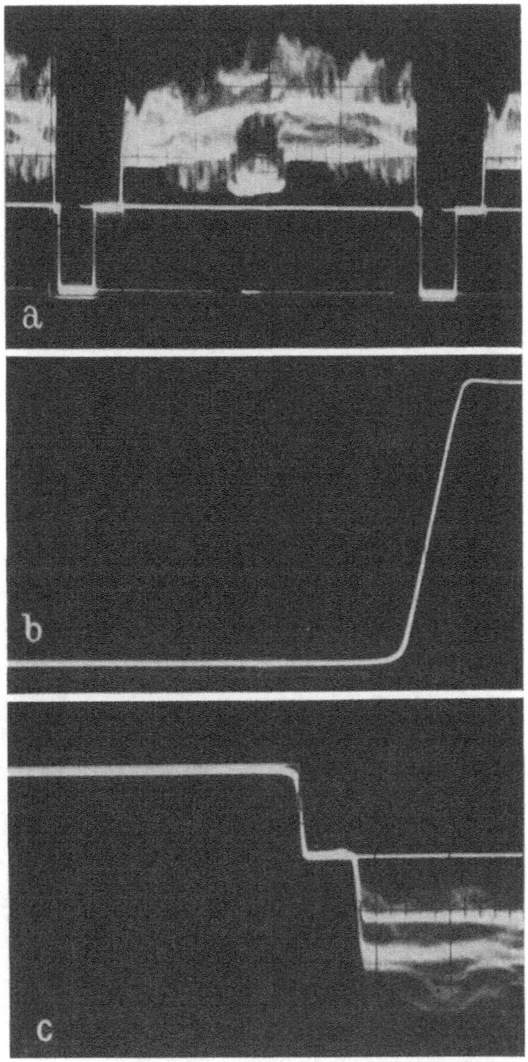

Abb. X.1a–c. *H*-Lupe.
a) *H*-Oszillogramm; b) Ablenkspannung für die Dehnung eines Zeilenabschnitts; c) gedehnter Zeilenabschnitt.

Zur Abbildung von Fernsehsignalen muß der Oszillograph mit den Horizontal (*H*)- bzw. Vertikal (*V*)-Impulsen dieser Signale synchronisiert werden können, und es müssen Kippeinsatz und Ablenkgeschwindigkeit so wählbar sein, daß die Zeit der Ablenkung mit der Dauer des abzubildenden Signalabschnitts zusammenfällt. Bei Betriebsoszillographen begnügt man sich mit zwei Ablenkgeschwindigkeiten, die Oszillogramme mit übereinandergeschriebenen *H*- oder *V*-Perioden liefern; anstelle einer Kippverzögerung wird dabei mit jedem dritten *H*- oder *V*-Impuls synchronisiert. Zum Ausmessen beliebiger Zeitabschnitte der *H*- bzw. *V*-Perioden braucht man jedoch Ablenkverzögerungen bis zu einer Periode und mehr und Ablenkgeschwindigkeiten entsprechend einigen ms/cm bis zu 0,1 μs/cm. Die Synchronisierung mit den *H*-Impulsen liefert dabei immer den gleichen Zeitabschnitt aller Zeilen übereinander geschrieben (*H*-Lupe, Abb. X.1), während man durch Synchronisierung mit den *V*-Impulsen einen beliebigen Zeitabschnitt eines Teilbildes darstellen kann (*V*-Lupe, Abb. X.2); bei der Abbildung einer oder mehrerer Zeilen spricht man auch von „Zeilenwahl" (Abb. X.3) [*1*] bis [*5*].

Neben dem Signalverlauf, der einer oder mehreren waagerechten Zeilen im Fernsehbild entspricht, interessieren gelegentlich auch diejenigen Signalwerte, die zu einer beliebigen senkrechten Linie im Fernsehbild gehören. Dieser „Verti-

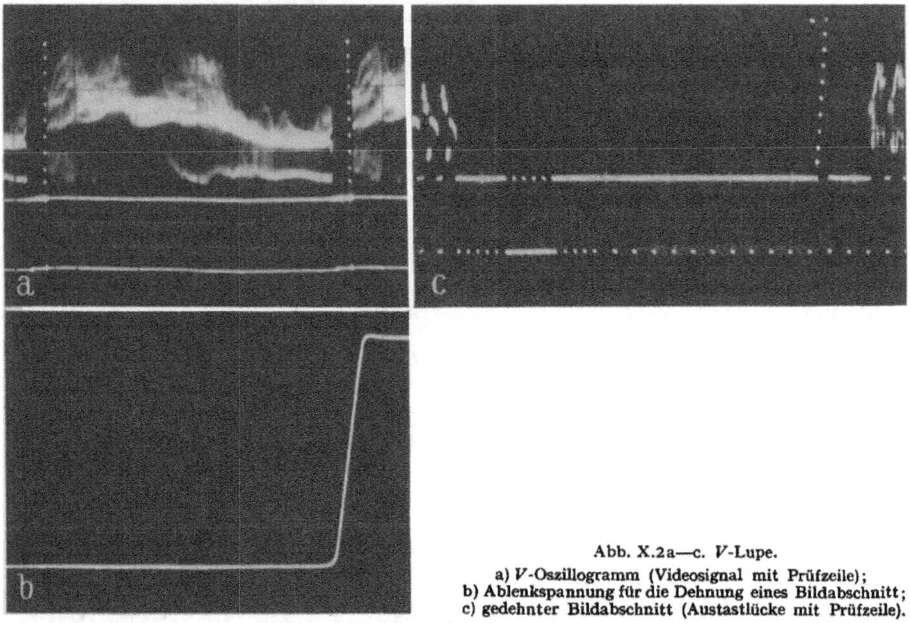

Abb. X.2a—c. *V*-Lupe.
a) *V*-Oszillogramm (Videosignal mit Prüfzeile);
b) Ablenkspannung für die Dehnung eines Bildabschnitt;
c) gedehnter Bildabschnitt (Austastlücke mit Prüfzeile).

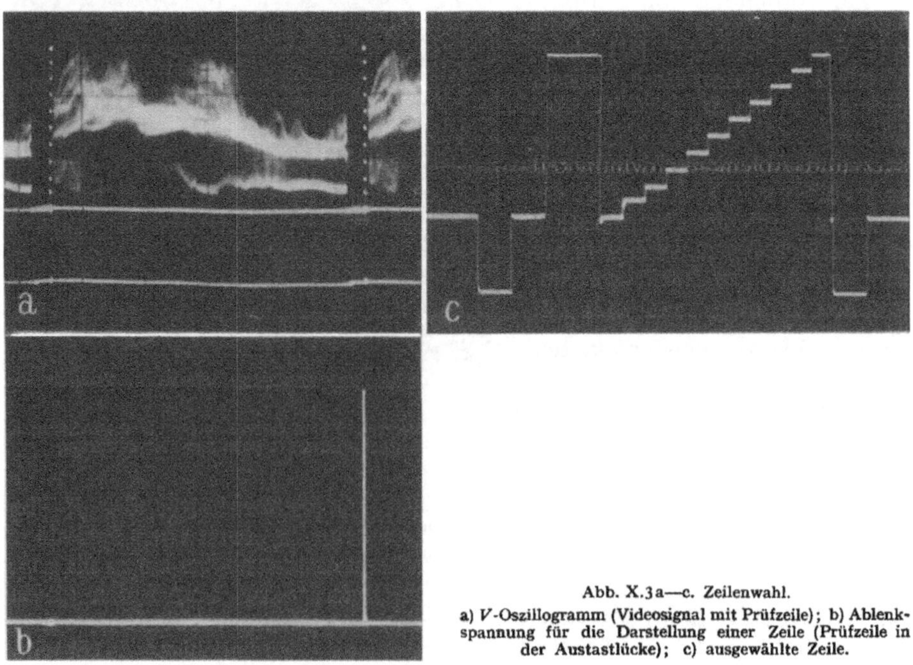

Abb. X.3a—c. Zeilenwahl.
a) *V*-Oszillogramm (Videosignal mit Prüfzeile); b) Ablenkspannung für die Darstellung einer Zeile (Prüfzeile in der Austastlücke); c) ausgewählte Zeile.

kalschnitt" entsteht, wenn man in einem üblichen V-Oszillogramm den Elektronenstrahl nur zu den Zeiten entsperrt, die der gewünschten Linie im Bilde zugeordnet sind. Hierzu benötigt man zeilenfrequente Helltastimpulse, die gegenüber den H-Impulsen bis zu einer Zeilenperiode verzögert werden können.

Zur Eichung der Vertikalauslenkung verwendet man Rechtecksignale bekannter Amplitude, die anstelle des zu messenden Signals auf den Eingang des Oszillographen geschaltet werden. Im unmittelbaren Vergleich können dann Signalamplituden mit einer Meßgenauigkeit von einigen Prozent bestimmt werden. Das Eichsignal wird zweckmäßigerweise durch periodisches Unterbrechen einer Gleichspannung erzeugt, da seine Amplitude dann mit einem Gleichspannungsinstrument gemessen werden kann. Der Amplitudenvergleich von Eichsignal und Fernsehsignal wird dabei erleichtert und die Meßgenauigkeit erhöht, wenn man das Eichsignal in das Oszillogramm des zu messenden Signals einblendet (Abb. X.4). Hierzu müssen wechselweise das zu messende Signal und

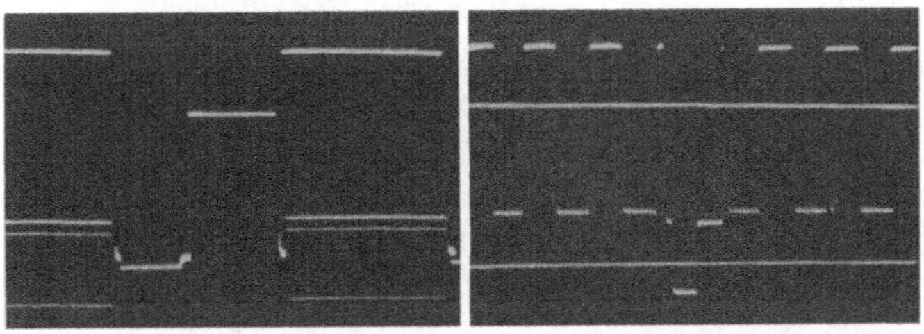

Abb. X.4. V- und H-Oszillogramm eines Rechtecksignals mit eingeblendetem Eichsignal [6].

das einstellbare Eichsignal auf den Eingang des Verstärkers geschaltet werden. Auf diese Art wird die Meßgenauigkeit nur noch durch die der Gleichspannung und deren Konstanz bestimmt [6].

Zur Eichung des Zeitmaßstabes werden Zeitmarken eingeblendet, die durch Hell- oder Dunkelsteuerung des Elektronenstrahls gewonnen werden. Es sollten mindestens Zeitmarken im Abstand von 20 ns, 100 ns und 1 µs zur Verfügung stehen, um die praktisch interessierenden Impulsflanken und -breiten mit der Genauigkeit von einigen Prozent messen zu können. Die Zeitmarkengeneratoren müssen mit den Startimpulsen für die Ablenkung synchronisiert werden, damit im Oszillogramm ein stehendes Bild der Zeitmarken erscheint.

1a.2. Die Messung von Signalwerten. In einem videofrequenten Signalgemisch (BAS-Signal) werden zwei Nachrichten übertragen: das ausgetastete Bildsignal (BA-Signal) und das Synchronsignal (S-Signal). Diese Tatsache muß auch bei der Messung von Signalwerten berücksichtigt werden. Für einwandfreie Bildwiedergabe ist nämlich die richtige Amplitude des BA-Signals wesentlich wichtiger als z. B. eine korrekte Amplitude des gesamten BAS-Gemisches. Deshalb sollte man die Signalanteile immer getrennt messen; als Nullwert dient dabei zweckmäßigerweise ihre Trennlinie, der Austastwert.

Im Synchronbereich ist die Signalamplitude, der Synchronwert, eindeutig meßbar; im Bildbereich muß man jedoch zwischen den festgelegten Grenzwerten und den tatsächlich auftretenden Signalamplituden unterscheiden. Die Grenzen für das Bildsignal, die bei der Abtastung schwarzer bzw. weißer Bildteile erreicht werden sollen, sind der „Schwarzwert" und der „Weißwert", die tatsächlich auftretenden kleinsten und größten Amplituden des BA-Signalanteiles die „Schwarzspitze" und die „Weißspitze" (Abb. X.5) [7, 8].

Zur Messung von Signalwerten dient eine Skala, die den Bildbereich zwischen Austastwert und Weißwert in 100 gleiche Teile teilt und für den Synchronbereich entsprechend ergänzt ist (Abb. X.5) [*7*, *8*]. Auf diese Weise wird jeder Signalwert im BAS-Gemisch in Prozenten des Weißwertes gemessen; bei Absolutmessungen werden die entsprechenden Spannungen abgelesen.

Besonders schwierig war bei der Messung der Signalamplituden während einer Sendung lange Zeit die Ermittlung des Weißwertes, da dieser Wert mit den Weißspitzen des Signals nicht identisch ist. Seine Kenntnis ist aber für die richtige Einstellung der Signalwerte an den Kontrollpunkten einer Übertragungsstrecke unerläßlich. Zwar sollte der Weißwert in einem festen Verhältnis zum Synchronwert stehen und auf diese Weise auch bestimmt werden können, wenn weiße Bildstellen nicht vorhanden sind, doch ist dieses Verfahren sehr unsicher, weil

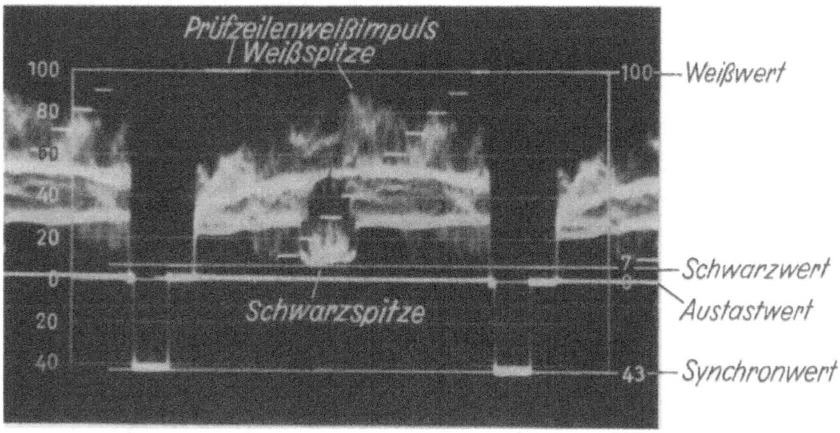

Abb. X.5. Definition der Signalwerte im Videosignal [*8*].

nichtlineare Verzerrungen auf dem Übertragungswege das Verhältnis von Synchronwert zu Weißwert ändern können.

Zur Beseitigung dieser Schwierigkeiten hat man in neuerer Zeit die ständige Mitübertragung des Weißwertes in Form eines Impulses eingeführt. Dieser Impuls wird am Ausgang des Studios in eine Zeile der Vertikalaustastlücke (Prüfzeile) eingeblendet und übermittelt allen nachfolgenden Kontrollstellen den für das Bildsignal festgelegten Weißwert.

Lage und Dauer des Weißimpulses in der Austastlücke sind so gewählt, daß er im Fernsehbild nicht sichtbar wird. Als günstigster Ort hat sich hierfür die Lage der 19. Zeile nach Beginn der *V*-Austastung erwiesen (Abb. X.2c). Hierbei erscheint auf dem Bildschirm in der linken oberen Ecke des Rasters ein kurzer Strich, der bei normal ausgeschriebenem Bildfeld hinter der Maske des Empfängers verschwindet. Die Dauer des Impulses sollte mit Rücksicht auf mögliche Bildstörungen kurz sein, jedoch im Hinblick auf seine Verwendung für eine automatische Weißwertregelung [*9*, *10*] am Ende der Übertragungsstrecke einige μs nicht unterschreiten. Im Rahmen der EBU (European Broadcasting Union) hat man deshalb eine Impulsdauer von 10 μs vereinbart; etwa die gleiche Breite hat auch ein von der FCC (Federal Communications Commission) für die USA genormter Bezugsimpuls, der jedoch abweichend von den europäischen Vereinbarungen am Ende einer Zeile liegt [*11*]. Im Fernsehbetrieb der Bundesrepublik wurde eine Zeitlang zusätzlich in dem Zeitraum hinter den Weißimpuls noch ein

Treppensignal eingeblendet, um grobe nichtlineare Verzerrungen oder Übersteuerungen auf dem Übertragungswege leicht erkennen zu können. Abb. X.3 zeigt ein Oszillogramm dieser Prüfzeile.

2. Messen an videofrequenten Übertragungsanlagen.

Ein besonderes Merkmal aller Messungen an Fernsehübertragungsanlagen ist die Verwendung von BA- oder BAS-Meßsignalen [*3*], [*12*] bis [*16*]. Auf diese Weise wird eine betriebsnahe Arbeitsweise erreicht und sichergestellt, daß Schwarzsteuerschaltungen auch während der Messung einwandfrei arbeiten. Die meisten in der Praxis verwendeten Meßsignale sind international gebräuchlich und gehen auf Empfehlungen der CMTT (Commission Mixte des Transmissions Télévisuelles), eines gemischten Ausschusses der CCIR (Comité Consultatif International des Radiocommunications) und des CCITT (Comité Consultatif International Téléphonique et Télégraphique) zurück. Sie sind im Dokument 31 E-rev. (Monte Carlo 1958), einem Pflichtenheft für internationale Übertragungsstrecken, niedergelegt [*17*]. Eine Zusammenstellung dieser Signale siehe am Ende dieses Abschnittes. In der Deutschen Bundesrepublik hat die Funkbetriebskommission (FuBK) in den „Meßtechnischen Richtlinien für die Fernsehübertragungstechnik" Entsprechendes festgelegt. Diese FuBK-Richtlinien enthalten jedoch neben den Empfehlungen der CCI-Komités auch Vereinbarungen über die bereits erwähnte Prüfzeile und über die Messung von Signalwerten sowie verbindliche Daten für die wichtigsten Meßgeräte der Fernsehübertragungstechnik.

Mit den BA- oder BAS-Meßsignalen, die in der Regel einem einzigen Gerät, dem Prüfsignalgeber, entnommen werden können [*18*], mißt man die linearen und nichtlinearen Verzerrungen sowie den Störabstand; dabei werden lineare Verzerrungen vorwiegend durch den Frequenzgang der Amplitude und durch das Sprungverhalten, nichtlineare Verzerrungen durch die Übertragungskennlinie erfaßt. Da lineare Verzerrungen nur in linearen Systemen eindeutig definiert sind, wird hier zunächst die Messung nichtlinearer Verzerrungen behandelt.

2a. Nichtlineare Verzerrungen.

Das einfachste Signal zur Messung nichtlinearer Verzerrungen ist eine in jeder Zeile mit der Zeit linear ansteigende, sägezahnförmige Spannung (Abb. X.40) die am Ausgang des Meßobjektes dessen Übertragungskennlinie im Aussteuerungs, bereich liefert. Bei diesem Signal ist jedoch die Auswertung einer im Oszillogramm-sichtbaren Kennlinienkrümmung schwierig. Auch muß die Linearität der Ablenkung im Oszillographen sehr gut sein [*19*]. Für quantitative Angaben ist es deshalb zweckmäßiger, statt des Sägezahnes eine treppenförmige Spannung zu verwenden (Abb. X.6a), deren Stufenhöhen am Ausgang des Prüflings bei hinreichender Linearität der vertikalen Ablenkung eindeutige Meßwerte liefern. Aber selbst auf diese Weise ist nur ein relativ grober Überblick zu erreichen, denn bei einer zehnstufigen Treppe sind Unterschiede von etwa 10% der Stufenhöhe eben meßbar.

Die Meßgenauigkeit läßt sich wesentlich erhöhen, wenn man das Treppensignal am Ausgang des Meßobjektes nicht unmittelbar auswertet, sondern zunächst differenziert. Man erhält dann eine Folge von Impulsen, deren Amplitude den entsprechenden Stufenhöhen proportional ist (Abb. X.6b). Da die Stufenhöhen von der Steilheit der Kennlinie im Aussteuerungsbereich der betreffenden Treppenstufe abhängen, mißt man auf diese Weise die Steilheit der Kennlinie im Aussteuerungsbereich des Treppensignals. Zu ähnlichen Ergebnissen gelangt man mit einem Sägezahnsignal, dem eine hochfrequente Schwingung kleiner Amplitude (etwa 10% des Weißwertes) überlagert ist (Abb. X.6c). Bei diesem Verfahren wird die Steilheit kontinuierlich abgetastet. Man erhält eine Amplitudenmodulation der überlagerten Schwingung, deren Modulationstiefe sich sehr genau messen läßt, wenn man die Schwingung am Ausgang des Meßobjektes mit einem Filter vom übrigen Prüfsignal trennt und im Oszillogramm sichtbar macht (Abb. X.6d). Auf diese Weise können Steilheitsänderungen bis herab zu 1% ermittelt werden.

Mit den beschriebenen Verfahren erfaßt man nur den Aussteuerungsbereich des Meßsignals. Im praktischen Betrieb verschiebt sich aber das Fernsehsignal

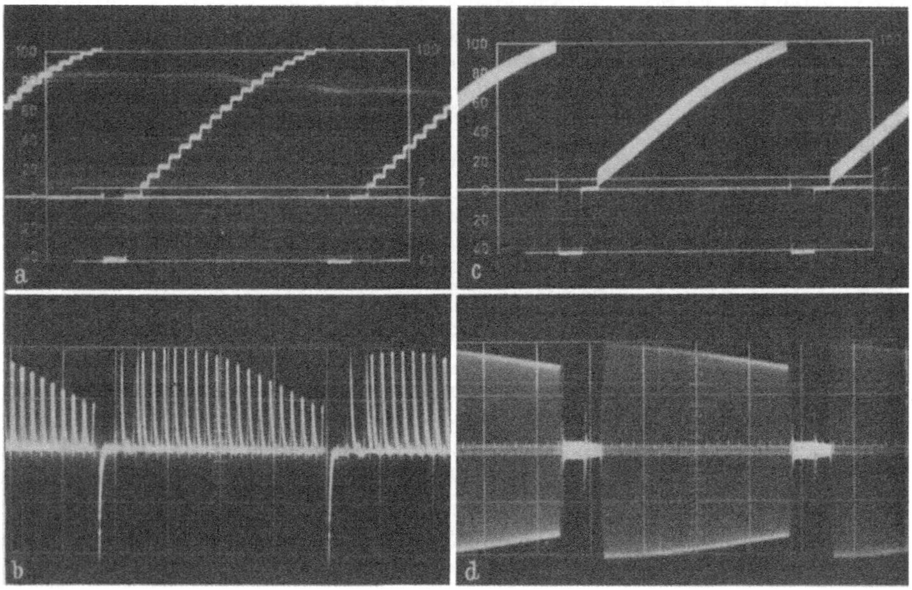

Abb. X.6a—d. Linearitatsmeßsignale am Ausgang des Meßobjektes.
a) Treppensignal; b) Treppensignal, differenziert; c) Sagezahnsignal mit uberlagerter HF; d) HF-Schwingung des Sagezahnsignals, abgesiebt.

in nicht schwarzgesteuerten Verstärkerstufen bei jeder Änderung seines Mittelwertes auf der Kennlinie (Abb. X.7), so daß der tatsächliche Aussteuerungsbereich größer ist als die Signalamplitude. Diese Verschiebung des Arbeitspunktes kann man bei der Messung dadurch erfassen, daß man das Sägezahnsignal nur in einige Zeilen einmischt und in den übrigen Zeilen ein Signal mit veränderbarem Mittelwert überträgt. Die üblichen Linearitätsprüfsignale enthalten daher in jeder 4. Zeile den Sägezahn und in den übrigen Zeilen entweder den Schwarzwert oder den Weißwert (Abb. X.22).

Außer der Mittelwertabhängigkeit findet man bisweilen auch eine Frequenzabhängigkeit der Aussteuerungskennlinie. Man erfaßt sie durch Messen mit verschiedenen Überlagerungsfrequenzen, üblicherweise zwischen 1 und 5 MHz.

Zur Kennzeichnung nichtlinearer Verzerrungen dient das Linearitätsmaß. Im Bildbereich versteht man darunter das Verhältnis von minimaler zu maximaler Steilheit *im* jeweiligen Aussteuerungsbereich (vgl. Abb. X.22). Es wird gewöhnlich für eine Überlagerungsfrequenz von 1 MHz angegeben. Im Synchronbereich bestimmt man das Linearitätsmaß aus den Änderungen des Synchronwertes, die bei Änderungen des Signalmittelwertes als Folge der damit verbundenen Verschiebungen des Signals auf der gekrümmten Kennlinie eintreten. Man gibt das Verhältnis der Synchronwerte S_b/S_a bei den beiden erwähnten Linearitätsmeßsignalen an. S_b bedeutet den Synchronwert bei weißem und S_a den bei schwarzem Umfeld. Leider ist diese Definition wenig zweckmäßig, denn bei gleicher Änderung des Synchronwertes ergeben sich zwei verschiedene und außer-

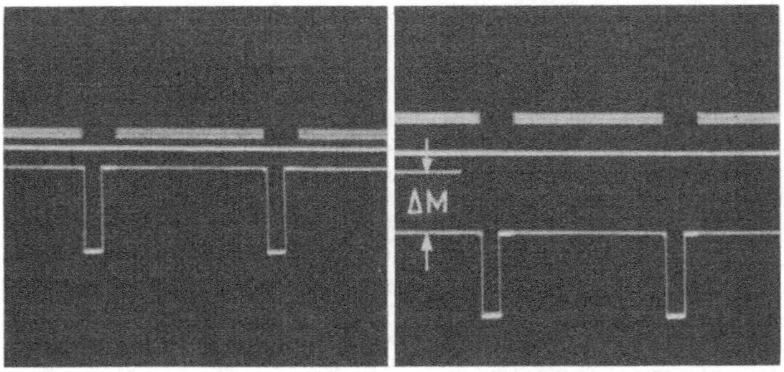

Abb. X.7. Verschiebung des Videosignals mit dem Signalmittelwert in nicht schwarzgesteuerten Verstarkerstufen (*H*-Oszillogramm mit eingeblendeter Nullinie).

dem von Eins unterschiedlich abweichende Zahlen, je nachdem, ob S_b oder S_a größer ist. Passender wäre auch in diesem Falle das Verhältnis von minimaler zu maximaler Impulsamplitude, unabhängig vom Änderungssinn des Signalmittelwertes.

2b. Der Frequenzgang der Amplitude.

Unter dem Frequenzgang der Amplitude, auch „Amplitudengang“ oder nur „Frequenzgang“ genannt, versteht man die Frequenzabhängigkeit des Übertragungsfaktors. Man mißt sie mit einem Fernsehsignal, das als Bildinhalt eine sinusförmige Schwingung enthält, deren Frequenz sich periodisch, gewöhnlich im Rhythmus der Zeilen- oder Bildfrequenz, ändert (Wobbeln) und deren Amplitude konstant gehalten wird. Das Ausgangssignal des Meßobjektes wird dabei meist unmittelbar einem Oszillographen zugeführt, auf dessen Bildschirm die Wobbelschwingung mit dem Frequenzgang moduliert als leuchtendes Band (Abb. X.8) erscheint.

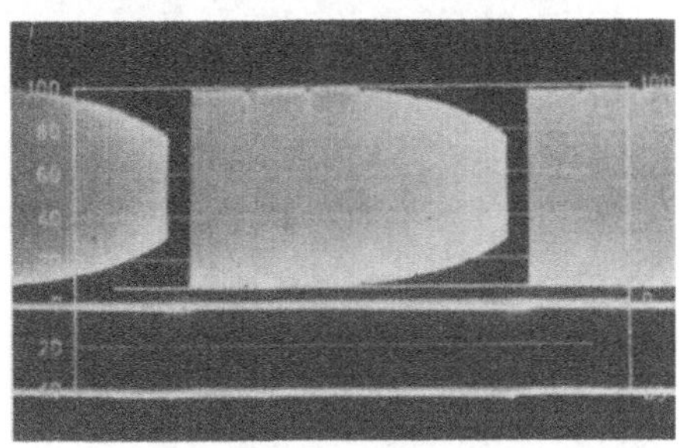

Abb. X.8. Amplitudengangprüfsignal mit gewobbelter Meßfrequenz (*V*-Oszillogramm).

Die hohen Anforderungen an die Bandbreite des Oszillographen versucht man gelegentlich durch Zwischenschaltung eines besonderen Empfangsgerätes zu umgehen, in dem die gewobbelte Schwingung zunächst gleichgerichtet wird; zum Oszillographen gelangen dann nur relativ tiefe Frequenzen, deren Verstärkung keine Schwierigkeiten bereitet. Im Oszillogramm erscheint jetzt nur die Hüllkurve der Wobbelschwingung (Abb. X.9). Nachteilig sind bei diesem Verfahren die Verzerrung der Amplitudenskala infolge der Krümmung der Gleichrichterkennlinie und die Abhängigkeit des Meßergebnisses von der Polarität der gleichgerichteten Halbwellen, falls das Ausgangssignal infolge nichtlinearer Verzerrungen unsymmetrisch geworden ist.

Der Wobbelbereich umfaßt mindestens die Frequenzen zwischen 500 kHz und 6 MHz. Vorteilhaft ist eine zeitlineare Frequenzänderung, weil dann bei Verwendung üblicher Oszillographen auch die Frequenzskala im Oszillogramm linear ist. Zur Eichung dieser Skala dienen Frequenzmarken, die man entweder durch additive Überlagerung des Meßsignals mit entsprechenden Eichfrequenzen (Abb. X.9) oder durch eine synchronisierte Hell- oder Dunkeltastung des Elektronenstrahls im Oszillographen gewinnt (Abb. X.43). Eine Eichung erübrigt sich, wenn man mit einer Folge diskreter Frequenzen mißt (Abb. X.10). Derartige Meßsignale haben den Vorteil, daß sie bei entsprechender Synchronisation im Fernsehbild Strichraster liefern, die zusätzlich eine visuelle Beurteilung der Bildverzerrung ermöglichen (s. 2f). Dieses Verfahren wird man jedoch nur anwenden, wenn im Frequenzgang keine scharfen Resonanzspitzen oder -senken zu erwarten sind. Derartig schnelle Schwankungen des Frequenzganges können aber auch bei einer kontinuierlichen Wobbelung nur aufgelöst werden, wenn die Meßfrequenz entsprechend langsam geändert wird [*20*], [*21*]. Als Maß der bei einer bestimmten Änderungsgeschwindigkeit der Meßfrequenz erhältlichen Auflösung kann man die kleinste Bandbreite derjenigen Resonanzkurve festsetzen, deren Verlauf im Oszillogramm gerade noch einwandfrei wiedergegeben wird. Sie ist durch die Bedingung definiert, daß die Verweilzeit der Meßfrequenz im Durchlaßbereich der Resonanzkurve etwa das 20fache der Einschwingzeit beträgt [*21*]. Daraus ergibt sich bei einer Wobbelfrequenz f_w und einem Wobbelbereich Δf die Auflösung:

$$A = \sqrt{10 \Delta f f_w}. \tag{X.1}$$

Sie beträgt bei einer Wobbelung des Videobereiches (5 MHz) im Rhythmus der Teilbildfrequenz etwa 50 kHz und geht bei zeilenfrequenter Wobbelung auf 880 kHz zurück. Es hat also wenig Sinn, mit Zeilenfrequenz kontinuierlich zu wobbeln, da man mit Meßfrequenzen im Abstand von 1 MHz nahezu die gleiche Auflösung erreicht.

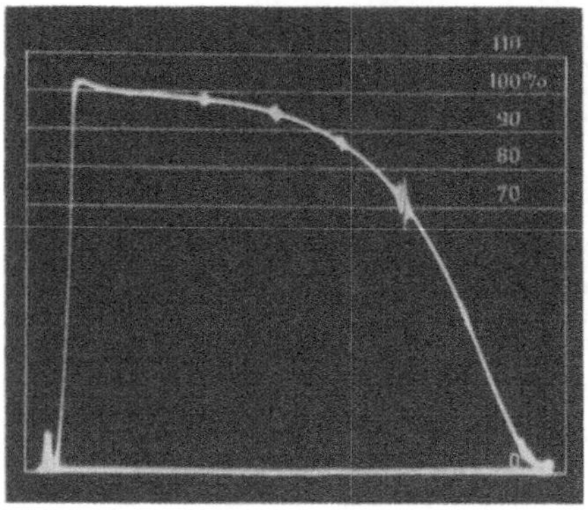

Abb. X.9. Demoduliertes Amplitudengangprufsignal (Hullkurve der Meßschwingungen).

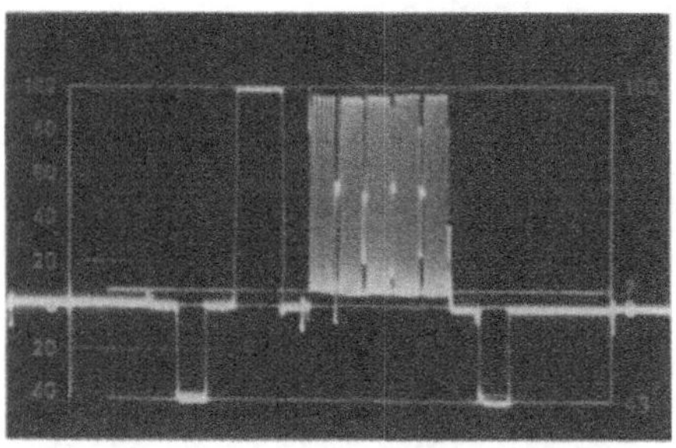

Abb. X.10. Amplitudengangprufzeile als Beispiel fur ein Prufsignal mit diskreten Meßfrequenzen [*9*].

Eine besondere Fehlerquelle bei der Ermittlung des Frequenzganges der Amplitude sind mitunter nichtlineare Verzerrungen. Die durch sie entstehenden Oberwellen können das Ergebnis merklich verfälschen, wenn sie am Ausgang des Prüflings bei verschiedenen Meßfrequenzen mit anderer Phasenlage zur Grundwelle erscheinen. Ihr Einfluß läßt sich für die quadratische Kennlinie leicht abschätzen. In diesem Falle gilt nämlich zwischen dem Linearitätsmaß M (vgl. Abschnitt 2a) und dem Klirrfaktor k die Beziehung:

$$M = \frac{1-k}{1+k}. \tag{X.2}$$

Nichtlineare Verzerrungen wirken sich besonders unangenehm aus, wenn sie frequenzabhängig sind. Zwar macht sich dies bei mäßigen Verzerrungen nur als Unsymmetrie des Wobbelsignals bemerkbar (Abb. X.11a), bei starken Nichtlinearitäten erhält man aber mitunter Wobbelbilder, die eine sinnvolle Auswertung kaum noch ermöglichen (Abb. X.11b) [22]. Man darf deshalb Frequenzcharakteristiken nur mit so kleinen Amplituden messen, daß Nichtlinearitäten im Aussteuerungsbereich der Meßschwingung das Ergebnis nicht beeinträchtigen. Den gesamten Aussteuerungsbereich des Fernsehsignals kann man dabei durch Messen in verschiedenen Signalbereichen erfassen; die hierzu notwendige Verschiebung des Meßsignals im Aussteuerungsintervall erreicht man durch eine entsprechende Vergrößerung der Schwarzabhebung. Dabei ist es zweckmäßig, ähnlich wie bei der Messung nichtlinearer Verzerrungen, das Meßsignal nur in wenigen Zeilen einzublenden, damit die Variation der Schwarzabhebung keine nennenswerte Änderung des Signalmittelwertes verursacht; sie könnte in nicht schwarzgesteuerten Verstärkerstufen die gewünschte Verschiebung nahezu wiederaufheben (vgl. Abb. X.7).

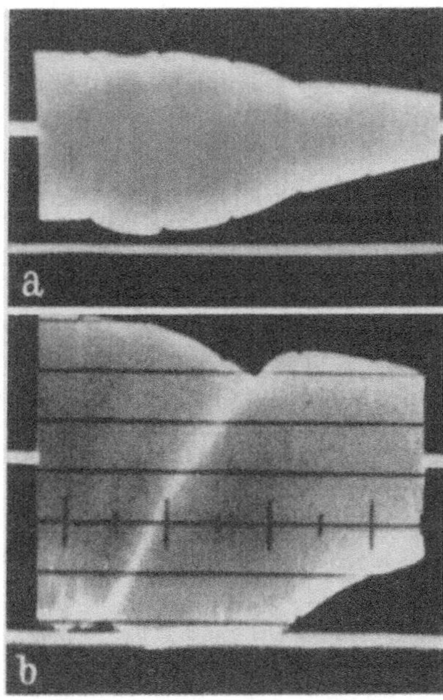

Abb. X.11 a u. b. Amplitudengangprufsignal bei geringen (a) und bei starken (b) nichtlinearen Übertragungsverzerrungen [22].

2c. Der Frequenzgang der Phase.

Obwohl in der Fernsehtechnik — im Gegensatz zur Tontechnik — Phasenverzerrungen eine wichtige Rolle spielen, mißt man in der Praxis meist nur den Frequenzgang der Amplitude. Dies liegt daran, daß viele Übertragungseinheiten des Fernsehens Netzwerke minimaler Phase (s. Kap. I) sind, bei denen der Einschwingvorgang bereits durch den Übertragungsfaktor eindeutig bestimmt ist. Der Übertragungswinkel interessiert gewöhnlich nur dort, wo Phasenfehler entzerrt werden sollen. Der für die Signalverzerrungen maßgebende Frequenzgang der Phase, d. h. die Abweichung des Phasenwinkels vom frequenzproportionalen Verlauf, ist nur schwer unmittelbar zu erfassen; deshalb wird in der Praxis meist sein Differentialquotient, der Frequenzgang der Gruppenlaufzeit, gemessen. Bei der Auswertung dieser Messungen ist jedoch zu beachten, daß Schwankungen der Phase im Gruppenlaufzeitgang sehr viel stärker in Erscheinung treten als im Phasengang, und dies um so mehr, je schneller sie erfolgen; die Aussage des Gruppenlaufzeitganges ist etwa vergleichbar mit der Aussage eines differenzierten Amplitudenganges [23]. Für eine verläßliche Beurteilung von Phasenfehlern empfiehlt es sich immer, durch Integration der Gruppenlaufzeitschwankungen die entsprechenden Phasenschwankungen zu ermitteln. Hierzu muß allerdings der Gruppenlaufzeitgang bis zu hinreichend tiefen Frequenzen bekannt sein oder sein Verlauf bis zu diesen Frequenzen einigermaßen sicher geschätzt werden können.

Alle modernen Verfahren zur Bestimmung der Gruppenlaufzeitschwankungen beruhen auf Ermittlung der Phasendrehung φ einer Schwingung der konstanten Frequenz ω, die eine veränderliche Meßfrequenz Ω z. B. in der Amplitude moduliert [23] bis [27]. Dieses Verfahren entspricht, wenn der Frequenzgang der Amplitude in dem schmalen Bereich $\Omega \pm \omega$ als konstant angenommen werden kann, einer Messung der Phasendifferenz φ zwischen den beiden Seitenschwingungen $\Omega + \omega$ und $\Omega - \omega$, also einer Winkelmessung im Frequenzintervall 2ω; denn Phasendrehungen α der Seitenbänder drehen die Phase der Modulationsschwingung zwischen Eingang und Ausgang um den Winkel [21]:

$$\varphi = \tfrac{1}{2}\left(\alpha_{\Omega+\omega} - \alpha_{\Omega-\omega}\right). \tag{X.3}$$

Diese Phasendrehung ist wegen

$$t_g = \frac{d\varphi}{d\Omega}$$

bei hinreichend kleinem ω der Gruppenlaufzeit t_g proportional.

Die Modulationsfrequenz ω, die das Frequenzintervall bestimmt, in dem der Phasenwinkel gemessen wird, nennt man auch Spaltfrequenz, da sie, wie ein Spalt bei der Abtastung optischer Vorlagen, die Grenze der Auflösung, im vorliegenden Falle von Schwankungen der Gruppenlaufzeit, bestimmt. Sie liegt gewöhnlich zwischen 10 kHz und 100 kHz und richtet sich einerseits nach der gewünschten Auflösung, andererseits nach dem zugestandenen Aufwand. Denn die zu messenden Phasenwinkel werden um so kleiner, je niedriger die Spaltfrequenz ist. Zur Bestimmung von Laufzeitdifferenzen von beispielsweise 30 ns ($^1/_3$ Bildpunkt) müssen bei einer Spaltfrequenz $\omega = 100$ kHz bereits Phasenwinkeländerungen von 1° mit entsprechender Genauigkeit angezeigt werden.

Nimmt man eine mit der „Periode" ω_0 sinusförmig schwankende Gruppenlaufzeit an, so wird die Schwankung richtig gemessen, wenn

$$\frac{\sin\frac{\omega_0}{\omega}}{\frac{\omega_0}{\omega}} \approx 1$$

gesetzt werden kann [27]. Das bedeutet z. B., daß sinusförmige Gruppenlaufzeitschwankungen mit der Schwankungsperiode $\omega_0 = 100$ kHz bei einer Spaltfrequenz $\omega = 10$ kHz nur auf 10% genau gemessen werden können. Bei dieser Spaltfrequenz drehen aber Laufzeitdifferenzen von 30 ns die Phase der Modulationsschwingung um nicht mehr als 0,1°. Das Hauptproblem jeder Gruppenlaufzeitmessung ist daher eine einwandfreie Phasenmessung, insbesondere dann, wenn Laufzeitdifferenzen von wenigen ns beobachtet werden sollen.

Bei der Messung des Frequenzganges der Gruppenlaufzeit wird das Signal am Ausgang des Meßobjektes zunächst demoduliert und dann die Phase der rückgewonnenen Spaltschwingung mit der Phase einer Bezugsschwingung verglichen. Diese Bezugsschwingung gewinnt man, wenn bei der Messung eine Schleife geschaltet werden kann, aus der modulierenden Spaltfrequenz des Meßsenders. Bei größeren Entfernungen muß man sie vom Sende- zum Empfangsort übertragen, oder man muß dort eine neue Schwingung gleicher Frequenz erzeugen. Die Übertragung der Bezugsschwingung kann dadurch geschehen, daß man am Eingang des Meßobjektes Spaltfrequenz und Meßfrequenz überlagert [27]; eine neue Schwingung erhält man aus einem Generator sehr hoher Frequenzkonstanz oder aus einem phasengesteuerten Generator, der sich mit Hilfe einer Vergleichsschaltung auf den Mittelwert der Phase der demodulierten Spaltschwingung einstellt. Schließlich kann man die Bezugsphase aber auch dadurch gewinnen, daß man die modulierte Meßschwingung während des Wobbelvorganges wiederholt auf eine geeignete Bezugsfrequenz zurückschaltet.

Obwohl eine exakte Messung der Phase grundsätzlich nur mit ununterbrochenen Sinusschwingungen möglich ist, kann man unter einer gewissen Einbuße an Genauigkeit den Frequenzgang der Gruppenlaufzeit auch mit einem Fernsehsignal messen. Die Störung durch das Fernsehsignal wird besonders gering, wenn man eine geeignete zeilenfrequente Austastung und eine dazu passende Spaltfrequenz wählt. Im Spektrum eines zeilenfrequenten Austastimpulses, also auch im Spektrum einer ausgetasteten Meßschwingung, fehlen nämlich einige Oberwellen, an deren Stelle eine Spaltfrequenz weitgehend ungestört übertragen werden kann. Mittels eines selektiven Empfängers kann man sie als kontinuierliche Schwingung wiedergewinnen [*29*]. Nachteilig ist bei diesem Verfahren, daß es auf eine relativ hohe Spaltfrequenz beschränkt bleibt, die eine verhältnismäßig hohe untere Grenze des Wobbelbereichs (500 kHz) zur Folge hat. Dadurch wird die Ermittlung des Phasenganges unsicher.

2d. Sprungcharakteristik.

Dämpfungs- und Phasenverzerrungen eines Übertragungssystems äußern sich in seiner Sprungcharakteristik, d. h. im zeitlichen Verlauf des Ausgangssignals bei einem Spannungssprung am Eingang. Wie in der Theorie, so interessiert auch in der praktischen Fernsehtechnik vor allem der Ausgleichsvorgang in unmittelbarer Nähe des Sprunges; man spricht gewöhnlich vom „Einschwingverhalten". Es wird durch die Frequenzabhängigkeit des Übertragungsfaktors im oberen Frequenzbereich bestimmt. Darüber hinaus ist im Fernsehen aber auch der anschließende Verlauf der Sprungcharakteristik, das „Impulsverhalten", von Bedeutung. In diesem etwa eine Teilbildperiode umfassenden Abschnitt wirkt sich der Übertragungsfaktor im unteren Frequenzbereich aus, der beim Wobbeln der Frequenzcharakteristiken nicht erfaßt wird. Seine Messung ersetzt daher gleichzeitig die Messung der Frequenzcharakteristiken im Gebiet unterhalb einiger 100 kHz.

Da von der Sprungcharakteristik sehr unterschiedliche Zeitabschnitte ausgewertet werden müssen, mißt man sie mit Impulsen verschiedener Dauer und Folgefrequenz. Das CCIR empfiehlt, bis zur Dauer von etwa einer halben Zeilenperiode mit einem zeilenfrequenten Rechteckimpuls und in dem darauffolgenden Abschnitt mit einem ähnlichen teilbildfrequenten Signal zu messen (vgl. Abb. X.22). Für die Messung des Einschwingverhaltens werden jedoch auch gern Rechteckimpulse mit einer Folgefrequenz von 250 kHz verwendet [*30*].

Die Anstiegszeit der Meßimpulse (für die Meßapparatur im Kurzschluß) hat man unter Berücksichtigung der Flankensteilheiten, die im Signal guter Bildgeber beim Abtasten von Schwarz-Weiß-Kanten auftreten, auf 100 ns festgelegt.

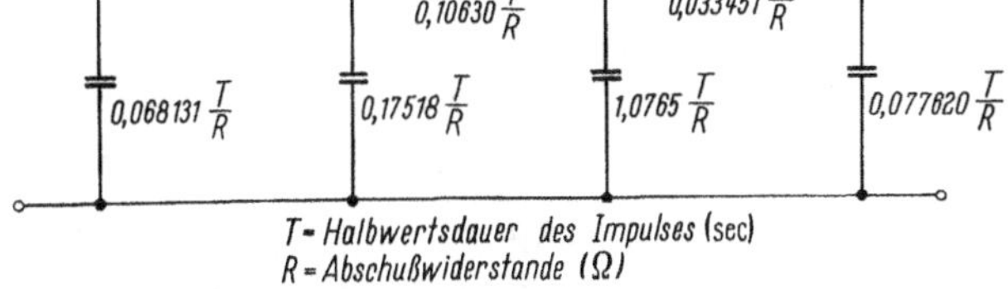

Abb. X.12. Tiefpaßfilter zur Erzeugung uberschwingfreier Meßimpulse mit definierten Impulsflanken [*31*].

Dieser Wert gilt zwischen 10% und 90% der Sprungamplitude; er entspricht etwa der Einschwingzeit des gesamten Fernseh-Übertragungssystems. Diese Anstiegszeit soll mit Tiefpässen erzeugt werden, deren Sprungfunktion dem Integral eines quadrierten Cosinus entspricht (Abb. X.12). Hierzu gehört theoretisch ein Übertragungsfaktor entsprechend Abb. X.13a, Kurve *3*, der sich angenähert mit einer Schaltung nach Abb. X.12 erreichen läßt [*31*]. Bei gleicher mittlerer Bandbreite ω_m weicht sein Verlauf aber nur wenig von der cosinusförmig (Kurve *2*) oder der exponentiell (Kurve *1*) abfallenden Charakteristik ab; entsprechend gering sind auch die Unterschiede zwischen den dazugehörigen Sprungfunktionen (Abb. X.13b) und Stoßfunktionen (Abb. X.13c) [*21, 32*]. Es ist also ziemlich

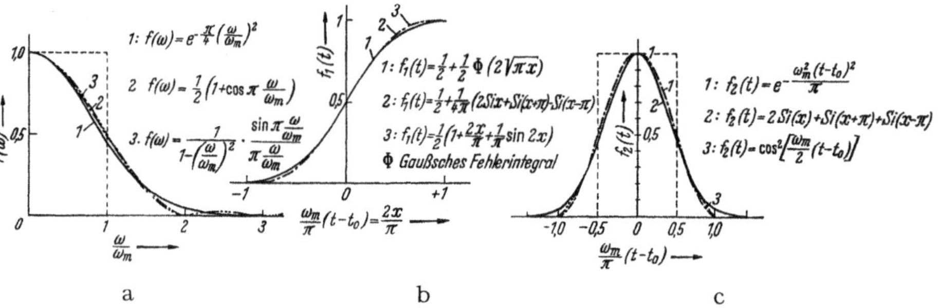

Abb. X.13a—c. Vergleich verschiedener Übertragungsfunktionen (a), deren Sprungfunktionen (b) überschwingfrei verlaufen, (c) die entsprechenden Stoßfunktionen [*21, 32*].

gleichgültig, welche der drei mathematischen Funktionen man mit dem Filter der Abb. X.12 als verwirklicht ansieht.

Das Spektrum der Meßimpulse enthält, wie man aus dem Verlauf des Übertragungsfaktors entnimmt, im wesentlichen Frequenzkomponenten, die bis zum doppelten der mittleren Bandbreite reichen; das ist bei der geforderten Steigzeit von 100 ns eine Frequenz von 10 MHz.

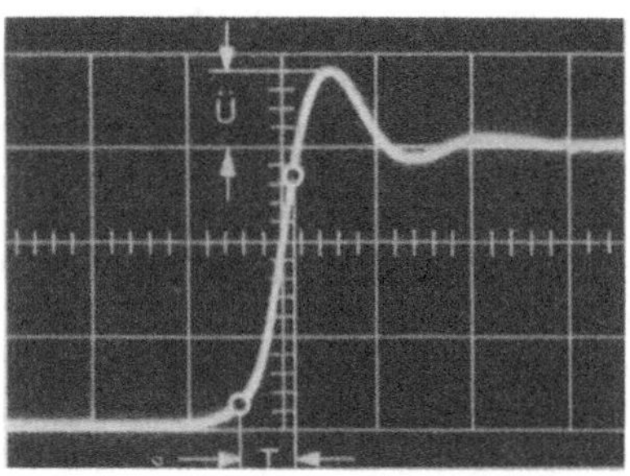

Abb. X.14. Definition des Überschwingens (*U*) und der Steigzeit (*T*).

Zur Kennzeichnung des Einschwingvorganges von Übertragungssystemen mißt man das Überschwingen und die Steigzeit zwischen 10% und 90% der Sprungamplitude (Abb. X.14). Bei langen Übertragungsstrecken müssen die Verzerrungen innerhalb eines vorgeschriebenen Toleranzschemas liegen (Abb. X.22). Dieses Schema gründet sich auf subjektive Untersuchungen über die Wahrnehmbarkeit von Einschwingvorgängen [*33*] und berücksichtigt die Tatsache, daß ein Überschwingen um so weniger stört, je geringer seine Entfernung von der Sprungkante ist.

Ähnlich wie beim Amplitudengang können auch bei der Sprungcharakteristik nichtlineare Verzerrungen das Meßergebnis verfälschen. Frequenzabhängige Verzerrungen äußern sich z. B. häufig in verschiedener Steilheit und Form der ansteigenden und der abfallenden Impulsflanke [*22*]. Liegen solche Verzerrungen vor, so ist es auch in diesem Falle zweckmäßig, mit kleinen Sprungamplituden zu messen.

Zur Messung des Einschwingverhaltens kann man anstelle des rechteckigen Spannungssprunges auch einen Spannungsstoß verwenden, wie in England üblich [*34*]. Dort hat der Spannungsstoß die Form eines quadrierten Cosinus, dessen mittlere Breite — wie anderswo die Einschwingzeit der Sprungfunktion — dem Reziprokwert der doppelten Bandbreite, d. h. der Einschwingzeit des Fernsehsystems, entspricht. Dieser Impuls — in der englischen Literatur als „*T*-Impuls" bekannt — wird gewöhnlich in Verbindung mit dem zeilenfrequenten

Rechtecksignal verwendet (Abb. X.15a). Seine Auswertung am Empfangsort erfolgt mit Spezialgeräten nach einem festgelegten Plan und erlaubt sehr genaue Rückschlüsse auf die Eigenschaften des Übertragungssystems. Betriebsmessungen erfolgen jedoch meist mit einem Impuls doppelter Breite. Sein Spektrum liegt also vollständig innerhalb des Fernsehkanals. Die Messung mit diesem „2 *T*-Impuls" geschieht mit einem normalen Oszillographen und umfaßt vor allem die Ermittlung der Impulshöhe, bezogen auf die Amplitude des zeilenfrequenten Rechtecksignals, sowie die Kontrolle des Einschwingverhaltens mit Hilfe eines Toleranzschemas entsprechend Abb. X.15b.

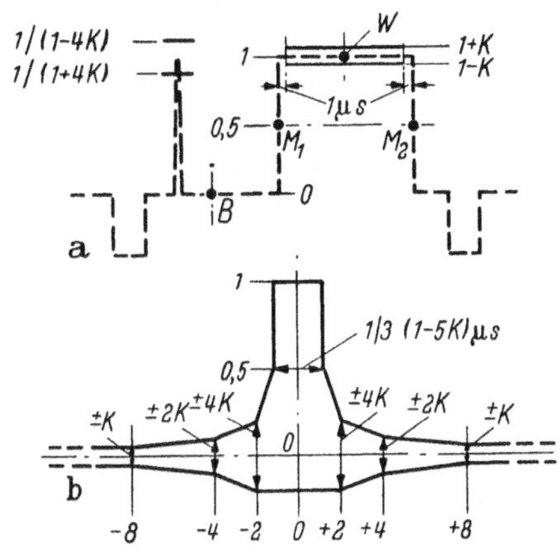

Abb. X.15a u. b. Zeilenfrequentes Rechtecksignal mit Meßimpuls (a) und Toleranzschema (b) für die Auswertung der Impulsverzerrungen [*34*].

Das Impulsverhalten eines Übertragungssystems wird in allen Ländern einheitlich aus den Verzerrungen des Meßimpulses an seinem Dach und an seinem Boden bestimmt. Man mißt den Abfall oder den Anstieg der Impulsamplitude während der Impulsdauer und gibt sie in Prozent der Sprungamplitude an. Bei langen Übertragungswegen müssen die Verzerrungen der beiden Meßimpulse wieder innerhalb vorgegebener Toleranzschemata liegen (Abb. X.22); in diesen Schemata ist jeweils der Teil nicht toleriert, der bei der Messung des kürzeren Zeitabschnitts der Sprungfunktion genauer erfaßt werden kann.

2e. Störspannungen.

In einem Nachrichtenkanal hat man grundsätzlich zwei Arten von Störungen zu unterscheiden: die physikalisch bedingten unvermeidlichen statistischen Schwankungen, die ihren Ursprung im Übertragungssystem haben, und die periodischen oder impulsartigen Störungen, die von außen eindringen.

Der Eigenart eines Fernsehsignals entsprechend wäre es sinnvoll, die Störungen in gleicher Weise zu messen wie das Signal: von Spitze zu Spitze. Das ist jedoch bei statistischen Störspannungen schwierig. Zwar kann man deren Größe im Oszillogramm ablesen, bei einiger Übung sogar recht genau; es ist aber nicht einfach, selten auftretende Spitzen immer gleichartig zu bewerten. Insofern also ist dieser Meßwert — man nennt ihn auch Quasispitzenwert — unsicher; er hängt von der Zahl der vernachlässigten Spitzen ab. Nimmt man an, daß die Störung sich gleichmäßig über das gesamte Frequenzband Δf erstreckt und bei der Ablesung des Meßwertes n Spitzen je Sekunde außer acht gelassen werden, so ist das Verhältnis c von Quasispitzenwert zu Effektivwert durch folgende Beziehung gegeben [*35*]:

$$c = 2\sqrt{\ln \frac{\Delta f^2}{3 n^2}}. \qquad (X.4)$$

Dieser Zusammenhang zwischen c und n ist in Abb. X.16 dargestellt. Wie ersichtlich, darf n nicht mehr als im Verhältnis 1 : 5 schwanken, wenn eine Meßsicherheit von etwa 10% erreicht werden soll.

Da es kein sicheres Kriterium für das Vernachlässigen einer bestimmten Anzahl von Spitzen gibt, ist es in der Praxis sehr schwierig, bei der Bestimmung des

Quasispitzenwertes zu übereinstimmenden Ergebnissen zu gelangen; dies gilt besonders dann, wenn die Messungen unabhängig voneinander durchgeführt werden. Zur Erhöhung der Meßgenauigkeit ist verschiedentlich vorgeschlagen worden, die seitliche Ablenkung des Oszillographen abzuschalten [*36*] oder der Störspannung Rechteckwellen einstellbarer Amplitude zu überlagern [*37*], doch bleibt auch bei Anwendung dieser Hilfsmittel der Quasispitzenwert immer nur ein Schätzwert.

Aus diesem Grunde empfiehlt das CCIR, bei statistischen Störungen den Störabstand durch das Verhältnis vom Weißwert des Signals (s. Abschnitt 1) zum Effektivwert der Störung anzugeben. Brauchbare Meßverfahren zur Bestimmung des Effektivwertes statistischer Schwankungen, die Fernsehsignalen überlagert sind, wurden jedoch erst in neuerer Zeit entwickelt. Bei diesen Verfahren wird ein BA- bzw. BAS-Signal verwendet, das in jeder Zeile den gleichen konstanten Signalwert aufweist, bei dem also in den einzelnen Zeilen keine Bildmodulation auftritt. Am Ausgang des Meßobjektes ist diesem Signal die Störspannung überlagert.

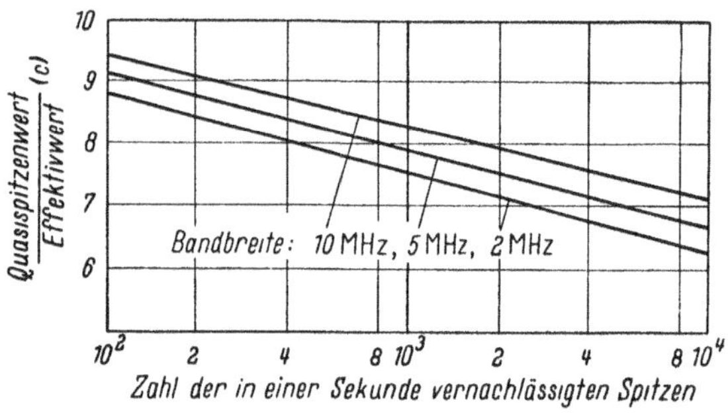

Abb. X.16.
Der Einfluß von Bandbreite und Zahl der vernachlässigten Spitzen auf den Quasispitzenwert einer statistischen Störspannung [*35*].

Um diese Störspannung zu messen, kann man verschiedene Wege gehen. Eine Meßgenauigkeit von wenigen Prozent erreicht man z. B. mit einem optischen Verfahren, bei dem mit einem schmalen Spalt die Leuchtdichteverteilung der statistischen Störungen im Oszillogramm ausgemessen und dann aus der Breite der Verteilungskurve der Effektivwert der Störung bestimmt wird. Dieses Verfahren ist jedoch nur bei relativ kleinen Störabständen anwendbar, da andernfalls für ein hinreichend großes Oszillogramm eine sehr hohe Verstärkung erforderlich wäre.

Größere Störabstände kann man nach einem Verfahren messen, bei dem die Lücken im Frequenzspektrum eines zeilenfrequenten Prüfsignals ausgenutzt werden [*39*]. Die in diesen Lücken vorhandene Störenergie wird mit einem selektiven Empfangsgerät gemessen, indem man sie mit der Störenergie einer geeichten Störquelle vergleicht. Auf diese Weise erhält man die Spektralverteilung der Störenergie, aus der man durch Integration den Effektivwert errechnen kann. Dieses Verfahren ist recht genau, doch umständlich.

Als Betriebsmeßverfahren dürfte sich in den nächsten Jahren eine Methode durchsetzen, bei der das Ausgangssignal des Meßobjektes einer Torschaltung zugeführt wird, die im Rhythmus des Synchronsignals nur für diejenigen Zeiträume öffnet, in denen keine Austastlücken vorkommen. Am Ausgang der Torschaltung tritt dann allein die im Takt der Torimpulse unterbrochene Störspannung auf. Ihr Effektivwert läßt sich in üblicher Weise messen. Er unterscheidet sich vom Effektivwert der ununterbrochenen Störspannung nur um einen konstanten Faktor, der bei der Eichung der Meßgeräte berücksichtigt werden kann. Durch Vorschalten eines entsprechenden Filters ermöglicht dieses Verfahren in einfacher Weise auch eine visuelle Bewertung der Störungen.

Eine visuelle Bewertung der Störungen ist nötig, weil infolge des begrenzten Auflösungsvermögens von Auge und Bildröhre verschiedene Frequenzkomponenten unterschiedlich wahrnehmbar sind. Diese Frequenzabhängigkeit der Störwirkung ist sowohl theoretisch als auch experimentell erforscht worden. Ergebnisse derartiger Untersuchungen gibt Abb. X.17 wieder. Hier ist die Wahrnehmbarkeit eines schmalen Frequenzbandes in Abhängigkeit von der Lage seiner Mittenfrequenz dargestellt. Die Meßwerte sind, soweit sie für andere Fernsehsysteme ermittelt wurden, im Frequenzmaßstab auf die 625-Zeilen-Norm umgerechnet

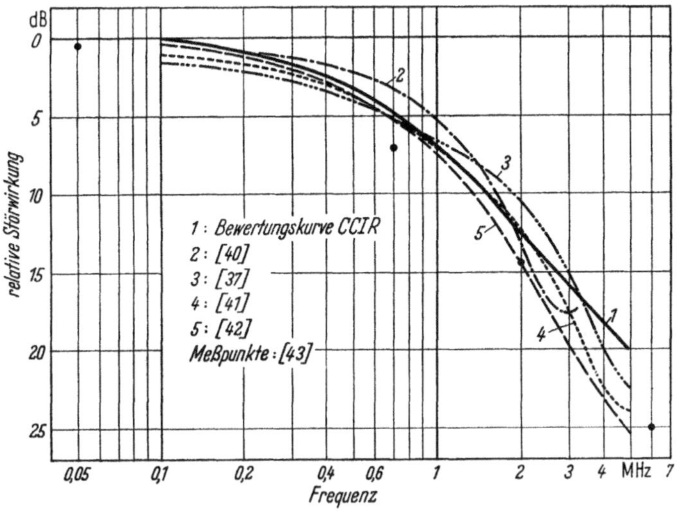

Abb. X.17. Vergleich der Ergebnisse verschiedener Untersuchungen uber die Wahrnehmbarkeit statistischer Störschwankungen mit der CCIR-Bewertungskurve.

worden; der Kurve *5* liegen theoretische Überlegungen zugrunde. Die Übereinstimmung der auf verschiedene Weise gewonnenen Resultate kann man als befriedigend ansehen.

Obwohl es von vornherein nicht sicher ist, daß die für einzelne Frequenzbereiche geltenden Bewertungsfaktoren auch die Wirkung einer über das gesamte Videoband verteilten Störung richtig einschätzen lassen, haben Untersuchungen mit einem Filter entsprechend Abb. X.17, Kurve *1*, gezeigt, daß praktisch auftretende Störspektren auf diese Weise recht gut bewertet werden. Das Übertragungsmaß dieses Filters ist:

$$A = \frac{1}{1 + \omega^2 T^2} \quad (T = 0{,}33\ \mu\text{s}). \qquad \text{(X.5)}$$

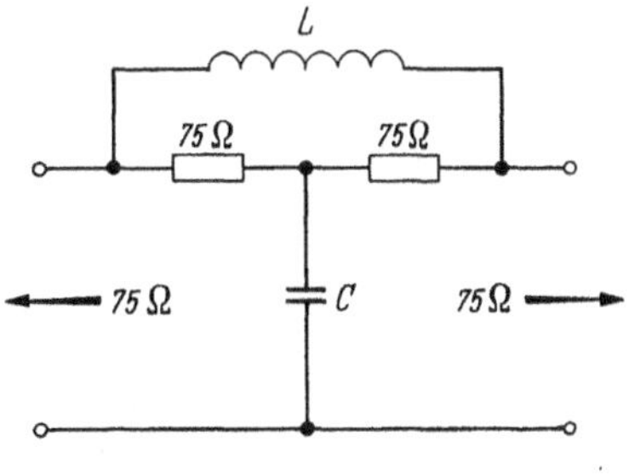

Abb. X.18. Tiefpaß zur Erzeugung eines der CCIR-Bewertungskurve entsprechenden Amplitudenganges.

Es läßt sich mit einer Schaltung nach Abb. X.18, oder — wenn ein hochohmiges Meßgerät zur Verfügung steht — durch ein einfaches RC-Glied mit der Zeitkonstanten $T = 0{,}33\ \mu$s verwirklichen und wird auch vom CCIR für die Bewertung statistischer Schwankungen empfohlen. Mit zusätzlichen Filtern sollen jedoch Störfrequenzen unter 10 kHz und über 5 MHz unterdrückt werden, um eine Verfälschung des Meßergebnisses durch netzfrequente Störungen zu vermeiden und um das zu messende Frequenzband eindeutig zu begrenzen.

Im Gegensatz zu den Schwierigkeiten der Einführung eines einheitlichen Meßverfahrens für statistische Störschwankungen ist die Bestimmung des Störabstandes für periodische Störungen einfach: Die Störamplituden werden von Spitze zu Spitze gemessen und auf den Weißwert des Signalgemisches bezogen. Da jedoch geringfügige Frequenzänderungen eines sinusförmigen Störers den visuellen Eindruck grundsätzlich verändern, ist die subjektive Wirkung periodischer Störungen sehr viel schwerer zu durchschauen als die der statistischen Schwankungen.

Charakteristisch für die Frequenzabhängigkeit der Störwirkung sind stark ausgeprägte Maxima und Minima in Abständen der halben Teilbild- und der halben Zeilenfrequenz. Die für die Festlegung von Toleranzen wichtigen Maxima liegen bei Frequenzen in der Nähe der Vielfachen der Zeilenfrequenz $m f_z$ und bei den davon um Vielfache der Bildfrequenz abweichenden Frequenzen $m f_z \pm n f_b$. An diesen Stellen erscheinen leicht erkennbare bewegte Streifen. Die Streifen verschiedener Störfrequenzen unterscheiden sich in Breite und Neigung, doch läßt sich zu einem beliebig geneigten Streifen bestimmter Breite ein gleich breiter

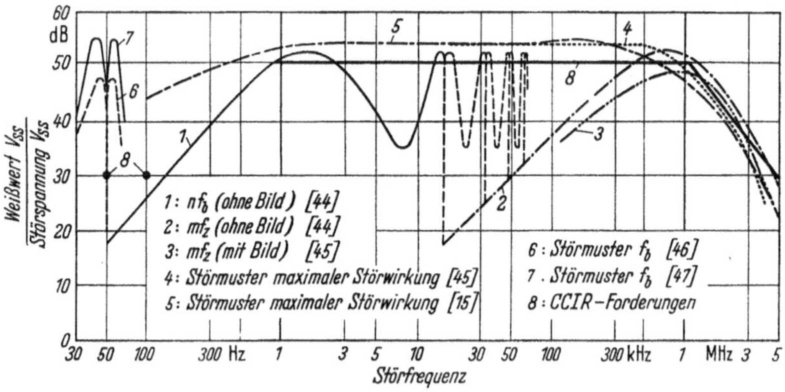

Abb. X.19. Vergleich der Ergebnisse verschiedener Untersuchungen über die Wahrnehmbarkeit periodischer Storungen mit dem vom CCIR zugelassenen Störabstand.

senkrechter Streifen der Frequenz $m f_z$ finden [40]. Diese Tatsache ist wichtig, da für die Störwirkung nur Breite und Bewegung der Streifen maßgebend sind, nicht aber ihre Neigung. In Abb. X.19 ist das Ergebnis einiger Untersuchungen über die Wahrnehmbarkeit periodischer Störungen wiedergegeben. Die Kurven gelten für stehende Störmuster der Frequenzen $n f_b$ und $m f_z$ oder für bewegte Störmuster von Frequenzen, die einige Hz daneben liegen. Sie wurden teilweise mit und teilweise ohne Fernsehbild ermittelt. Zum Vergleich ist die vom CCIR empfohlene Toleranzgrenze eingezeichnet. Sie umfaßt den Frequenzbereich von 1 kHz bis 5 MHz sowie die Netzfrequenz und ihre 1. Oberwelle.

2f. Elektrische Testbilder und Prüfzeilen.

Bei den bisher geschilderten Verfahren geschieht die Messung von Fernsehanlagen mittels einzelner, vorzugsweise zeilenfrequenter Prüfsignale, die während der gesamten Dauer eines Bildes übertragen werden. Dadurch erhält man einfache Oszillogramme, die sich mit großer Genauigkeit auswerten lassen. Verschiedene Übertragungseigenschaften können jedoch mit diesen Signalen nur nacheinander gemessen werden, so daß es recht zeitraubend ist, auf solche Weise die Anlage vollständig zu überprüfen.

Um in der Praxis schnell einen Überblick über den Betriebszustand einer Übertragungseinheit zu erhalten, läßt man gern verschiedene Prüfsignale während einer Bilddauer unmittelbar aufeinanderfolgen. Dann kann man aus einem Oszillogramm alle wichtigen Übertragungseigenschaften entnehmen. Diese kombinierten Signale haben aber noch einen weiteren Vorteil: Bei zweckmäßiger Gestalt liefern sie Testbilder, die sich sehr gut zur visuellen Beurteilung der verschiedenen Übertragungsverzerrungen oder zur Einstellung von Kontrollempfängern und Bildaufzeichnungsgeräten eignen. Daher ihr Name: *Elektrisches Testbild* [*48, 49*]. Auswahl und Anordnung der Prüfsignale erfolgen jedoch vor allem im Hinblick auf ein übersichtliches Zeilen- und Bildoszillogramm; denn bei schnellen Prüfungen ist es wichtig, Signalverformungen leicht und sicher zu erkennen. Die Dauer der einzelnen Signale wird durch die notwendige Helligkeit im Oszillogramm bestimmt.

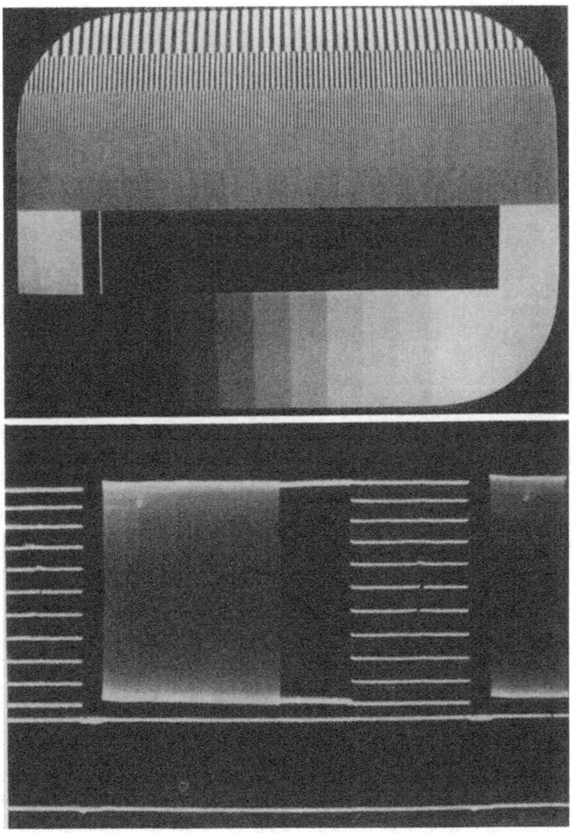

Abb. X.20.
Einfaches elektrisches Testbild mit übersichtlichem *V*-Oszillogramm [*48*].

In den Abb. X.20 und X.21 sind zwei praktische Ausführungsformen elektrischer Testbilder mit ihren Oszillogrammen dargestellt. Das Testbild der Abb. X.20 ist betont im Hinblick auf ein klares und einfaches Oszillogramm zusammengestellt worden; bei dem Testbild der Abb. X.21 ist das Bestreben ersichtlich, auch ein ansprechendes Bild zugewinnen. Beide Testbilder enthalten Signale zur Prüfung der nichtlinearen Verzerrungen, des Amplitudenganges und der Sprungcharakteristik. Der feine helle Strich im Testbild der Abb. X.20 soll auftretende Reflexionen erkennen lassen. Das Strichgitter im Testbild der Abb. X.21 dient zur Kontrolle geometrischer Verzerrungen bei Fernsehempfängern, sein Umfeld kann von „Schwarz" auf „Weiß" geändert werden, um Einflüsse von Änderungen des Signalmittelwertes zu erfassen. Neuerdings sind beide Testbilder durch einen Kreis ergänzt worden, der geometrische Verzerrungen besser augenfällig macht als ein Gitter.

Der Vorteil, den die Zusammenfassung mehrerer Prüfsignale in einem elektrischen Testbild bietet, liegt in der Möglichkeit, in kurzen Betriebspausen eine Übertragungsanlage schnell und zuverlässig durchprüfen zu können. In dieser Richtung kann man aber noch einen Schritt weitergehen: Blendet man nämlich die Prüfsignale nur in einzelne Zeilen des Signalgemisches ein, so wird es möglich, sie aus dem Bildbereich herauszunehmen und in die Vertikalaustastlücke zu legen, wo sie neben dem Nutzsignal übertragen werden können. Auf diese Weise kann man Messungen auch während einer Sendung durchführen. Diese „Prüfzeilentechnik" [*50*] bis [*55*] spielt eine besondere Rolle bei der Kontrolle von Signalwerten (vgl. Abschnitt 1b). Man kann sie aber in gleicher Weise auch zur Messung von Übertragungseigenschaften verwenden. Als Beispiel dieser Möglichkeit ist in Abbildung X.10 [*9*] das Oszillogramm einer Prüfzeile zur Kontrolle des Amplitudenganges wiedergegeben.

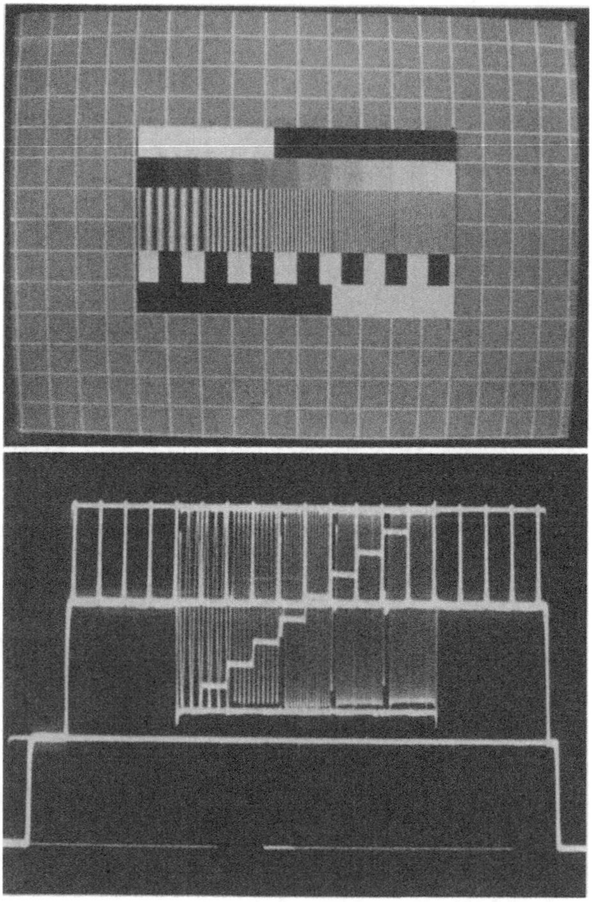

Abb. X.21. Universelles elektrisches Testbild und sein H-Oszillogramm [*49*].

Es sind zahlreiche Vorschläge für die Ausgestaltung derartiger Prüfzeilen gemacht worden, und die Experimente zum Herausfinden der zweckmäßigsten Formen sind noch nicht abgeschlossen. Man gewinnt jedoch den Eindruck, daß für den praktischen Betrieb die Verwendung der Prüfzeile zur Überwachung und automatischen Regelung des Weißwertes wesentlich wichtiger ist als eine ständige Kontrolle der Übertragungseigenschaften während der Sendung. Der Grund hierfür liegt darin, daß man Mängel, die im Laufe einer Sendung festgestellt werden, nur schwer sofort beheben kann, für Messungen in Betriebspausen aber andere Verfahren ausreichen. Hinzu kommt, daß die Technik des Prüfzeilenverfahrens sehr aufwendig ist und bei der Übertragung mehrerer Prüfzeilen besondere Vorkehrungen getroffen werden müssen, um die Signale vor der Ausstrahlung über die Sender wieder auszutasten. Messungen der Übertragungseigenschaften mit Hilfe von Prüfzeilen werden deshalb auf Ausnahmefälle beschränkt bleiben.

Größeres Interesse als beim Schwarz-Weiß-Fernsehen hat die Prüfzeilentechnik für die Kontrolle von Farbfernsehsendungen gefunden. Dies ist verständlich, da für die Übertragungseigenschaften im Bereich des Farbträgers sehr hohe Forderungen gelten, die u. U. bei schnellen Umschaltungen der Strecken nur durch Korrekturen während der Sendung eingehalten werden können. Darüber hinaus scheint beim Farbfernsehen eine Prüfzeile für den Abgleich der Farbkanäle in den Studiogeräten und für die Einstellung der Heimempfänger Vorteile zu bringen [*53*] bis [*55*].

Meßgrößen	*Meßsignal*	*Bedingungen*
Signalamplituden (am Eingang)	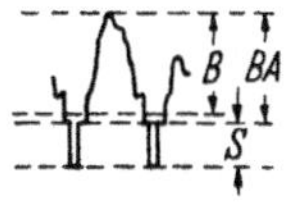	*BA* : 0,7 V_{SS} an 75 Ω *S* : 0,3 V_{SS}
Übertragungsdämpfung		$\frac{B_{Ausg.}}{B_{Eing}}$: 0 ± 1 dB (0 ± 3 dB *kurzzeitig)*
Synchronwert (am Ausgang)		*S* · 0,21 V_{SS} … 0,33 V_{SS}
nichtlineare Verzerrungen	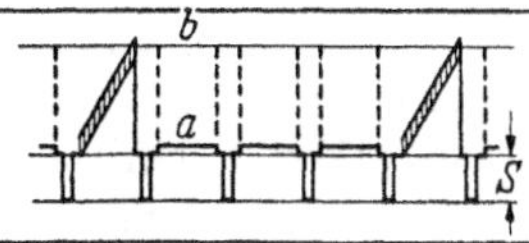	$\frac{S_b}{S_a}$: 0,64 … 1,57 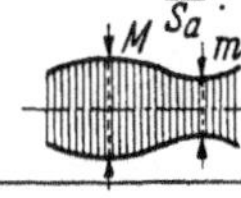 $\frac{m}{M}$ ≧ 0,8
Einschwingverhalten	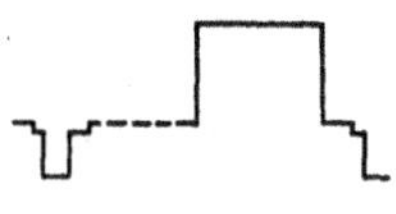	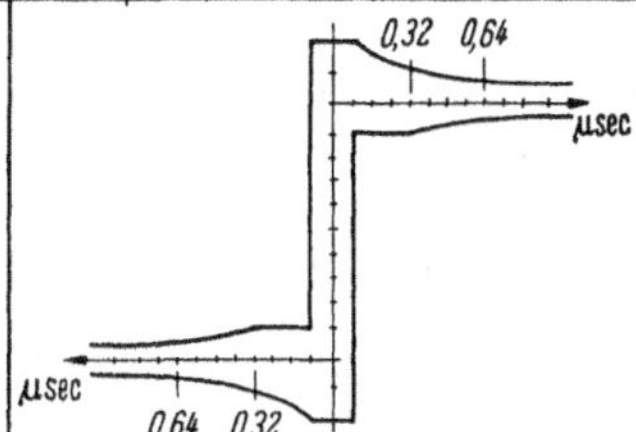
Impulsverhalten 15 kHz	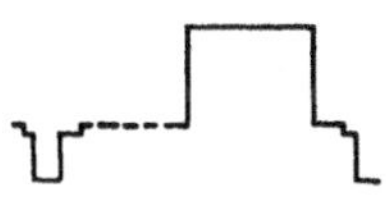	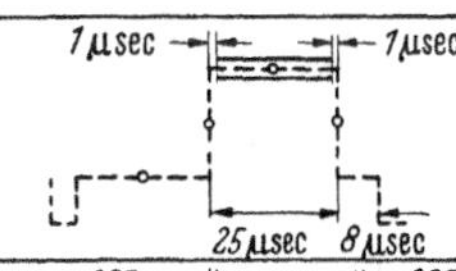
Impulsverhalten 50 Hz	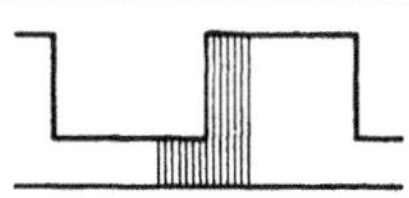	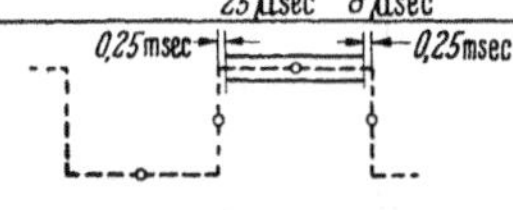
Amplitudengang	—	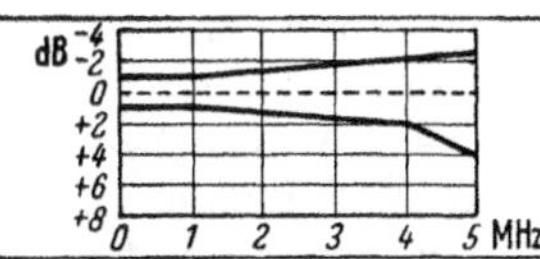
Gruppenlaufzeitgang	—	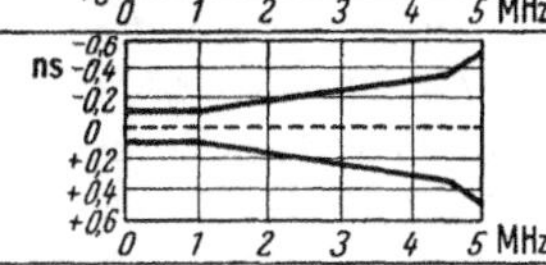
statistische Störungen	—	$\frac{\textit{Weißwert } V_{SS}}{\textit{Störspannung } V_{eff}}$ ≧ 52 dB
periodische Störungen	—	$\frac{\textit{Weißwert } (V_{SS})}{\textit{Störspannung} (V_{SS})}$: 30 … 100 Hz ≧ 30 dB 1 kHz … 1 MHz ≧ 50 dB 1 MHz … 5 MHz *linear abfallend auf* 30 dB
Impulsstörungen	—	$\frac{\textit{Weißwert } V_{SS}}{\textit{Störspannung } V_{SS}}$ ≧ 25 dB

Abb. X.22. Vom CCIR empfohlene Messungen und Meßverfahren für Fernseh-Übertragungseinrichtungen.

3. Messungen an Bildgebern.

Die Bildgeber der Fernsehtechnik enthalten neben den optisch-elektrischen Wandlersystemen einen umfangreichen elektrischen Schaltungsteil, in dem aus dem Signalstrom der Kameraröhre oder der Photozellen das normgerechte BA-Signal entsteht. Die Prüfung dieses Kanals erfolgt grundsätzlich in gleicher Weise wie bei rein elektrischen Übertragungsanlagen; es sind jedoch zur Einspeisung des Meßsignals in die Vorverstärker spezielle Adapter erforderlich, die den hohen Innenwiderstand der Kameraröhren oder Photozellen nachbilden [*56*]: Der Realteil des Adapterinnenwiderstandes muß groß gegen den Innenwiderstand der Vorverstärker sein und seine Ausgangskapazität derjenigen des Wandlersystems entsprechen. Ferner müssen alle Schaltungen zur Korrektur der optisch-elektrischen Umwandlung (Gradationsentzerrer, Auflösungsentzerrer) unwirksam gemacht werden. Wenn die auf diese Weise ermittelten Übertragungseigenschaften des elektrischen Kanals innerhalb der üblichen Toleranzen liegen, werden die Verzerrungen „über alles“ praktisch nur durch die Unvollkommenheiten der Wandlersysteme bestimmt. Man ermittelt sie aus den Verzerrungen des BA-Signals bei der Abtastung einfacher Testvorlagen.

3a. Testbilder zur Prüfung der optisch-elektrischen Umwandlung.

Als Testvorlagen zur Prüfung der Bildgeber dienen vorwiegend Diapositive. Sie werden bei Filmgebern in die Filmbahn der Maschine eingelegt und bei Kameras in geeignetem Format vor Leuchtkästen gesetzt. Testfilme verwendet man fast nur zur allgemeinen Beurteilung von Filmgebern oder — in Form von Schleifen mit ausgewähltem Bildinhalt — zur Untersuchung spezieller filmtechnischer Eigenschaften, wie Bildstand, Teilbildflimmern, Verhalten der Regelverstärker. Bei Messungen an Kameras bieten Diapositive gegenüber den gelegentlich auch verwendeten Papierbildern den Vorteil des höheren und durch die Schwärzung genau definierten Kontrastes sowie der gleichmäßigen Ausleuchtung der Testfläche.

Das Grundelement aller Testbilder sind verschiedene Figuren, deren jede zur Untersuchung einer bestimmten Übertragungseigenschaft bestimmt ist. Die Figuren zur Messung der linearen und nichtlinearen Verzerrungen liefern Signale, die den Meßsignalen der Übertragungstechnik sehr ähnlich sind. Sie werden durch andere ergänzt, mit denen die Gleichmäßigkeit der Signalerzeugung im gesamten Bildfeld geprüft werden kann. Eine dritte Art dient zur Ermittlung der geometrischen Verzerrungen, die durch nichtlineare Ablenkung des Elektronenstrahls im Bildgeber entstehen. Man findet sowohl Testbilder, die einzelne dieser Figuren enthalten, als auch solche, bei denen mehrere Figuren miteinander kombiniert sind (Abb. X.23 bis X.28). Im folgenden wird ihre Anwendung für die Untersuchung der Übertragungsverzerrungen der optisch-elektrischen Umwandlung behandelt, vorzugsweise am Beispiel der Messung von Kameraanlagen.

3b. Übertragungskennlinie.

Die Übertragungskennlinie eines Bildgebers gibt den Zusammenhang zwischen der Leuchtdichte der Vorlage und der entsprechenden Amplitude im BA-Signal wieder. Diese Kennlinie ist — infolge der Ungleichmäßigkeit der Signalerzeugung in den Wandlersystemen — nur für ein kleines Flächenelement exakt definiert und infolge der Wechselwirkung benachbarter Bildteile abhängig vom Bildinhalt. Der Kennlinienverlauf in einem Meßpunkt wird deshalb auch durch die Leuchtdichte des Umfeldes beeinflußt. Zur eindeutigen Charakterisierung eines

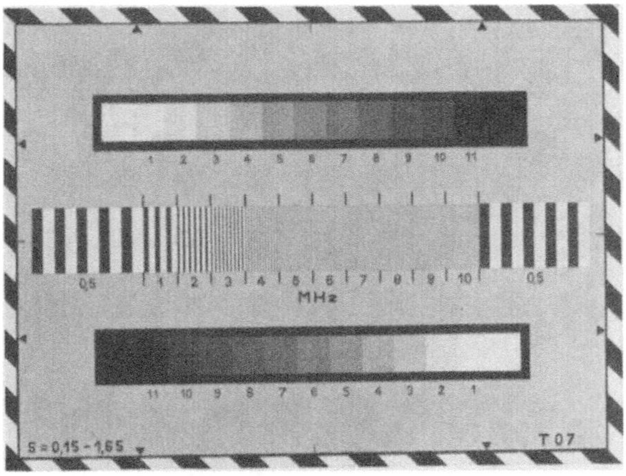

Abb. X.23.

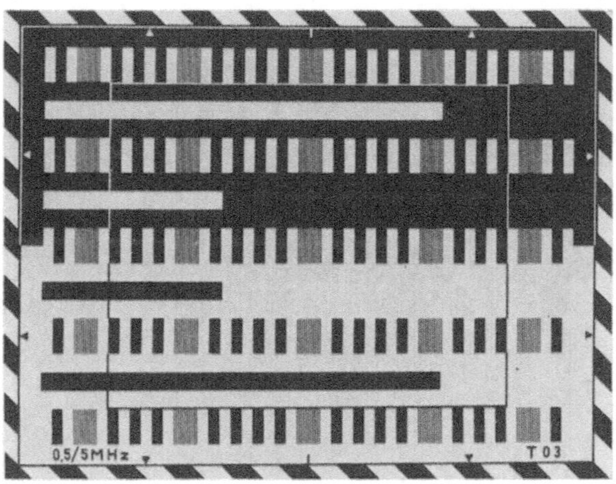

Abb. X.24.

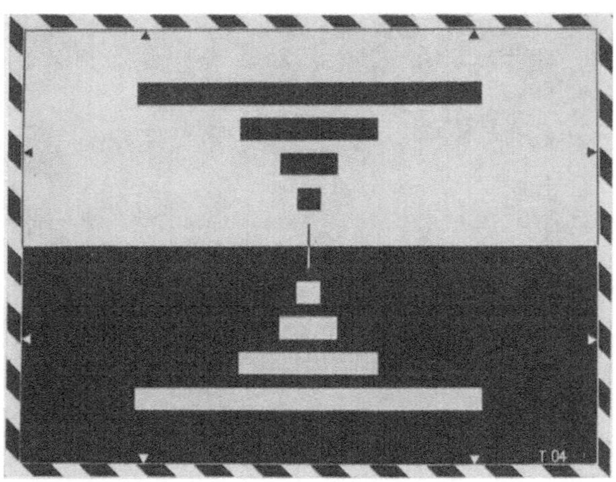

Abb. X.25.

Abb. X.23—25. Testbilder zur Prufung von Bildgebern.

Abb. X.26.

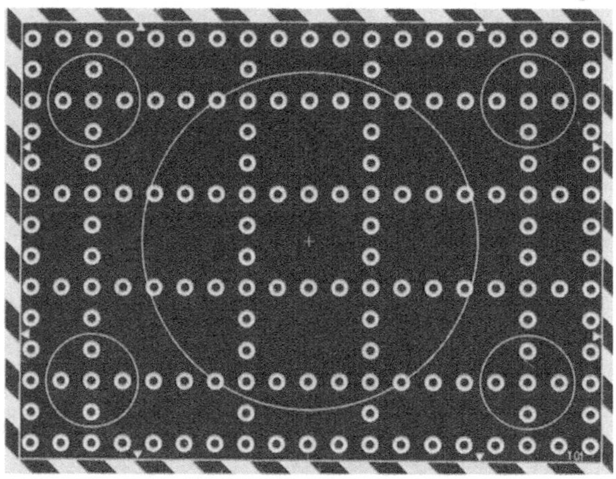

Abb X.27.

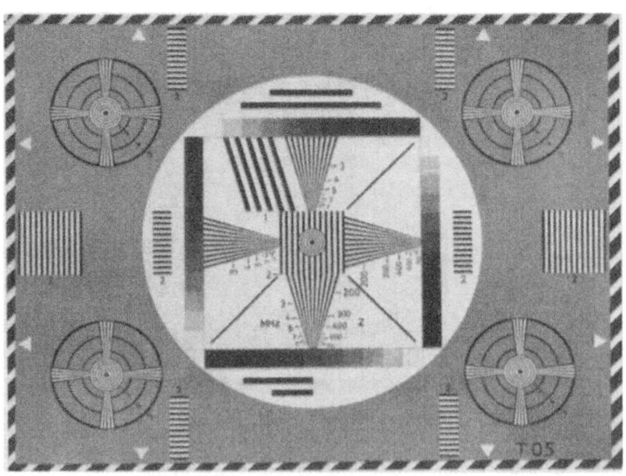

Abb. X.28.

Abb. X.26—28. Testbilder zur Prüfung von Bildgebern.

Bildgebers sollten deshalb grundsätzlich mehrere Kennlinien bei verschiedenen Umfeldleuchtdichten gemessen werden.

In der Praxis begnügt man sich jedoch im allgemeinen mit der Ermittlung einer einzigen Kennlinie und mißt sie bei Umfeldleuchtdichten, die etwa der mittleren Leuchtdichte üblicher Fernsehbilder entsprechen. Man verzichtet gewöhnlich auch auf die etwas umständliche Messung der Kennlinie in einem Flächenelement und verwendet Grautreppen, die sich über einen mehr oder weniger großen Teil des Bildes erstrecken (vgl. Abb. X.23 und Abb. X.27). Das bedeutet zwar eine Einbuße an Genauigkeit, bringt aber den Vorteil eines einfachen Meßverfahrens: Durch Zeilenwahl läßt sich die Kennlinie unmittelbar im Oszillogramm abbilden (Abb. X.29).

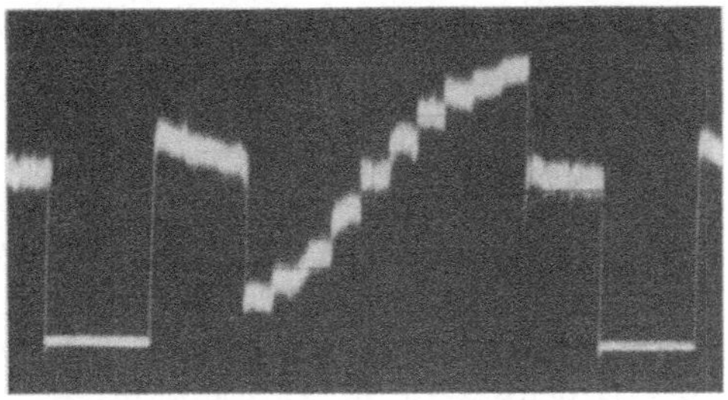

Abb. X.29. Kennlinie eines Superikonoskops, gemessen mit Grautreppe [*61*].

Die Grautreppen zur Messung von Übertragungskennlinien enthalten meist zehn Stufen, deren Transparenz T von Stufe zu Stufe exponentiell wächst, so daß der Schwärzungsunterschied zwischen zwei benachbarten Stufen, $\Delta S = -\log T$, konstant ist. Er beträgt gewöhnlich 0,15; die gesamte Treppe umfaßt daher einen Kontrast von 1 : 30. Gelegentlich werden aber auch Grautreppen mit Schwärzungsstufen von 0,2 und einem Gesamtkontrast von 1 : 100 verwendet.

Eine Grautreppe mit von Stufe zu Stufe exponentiell ansteigender Leuchtdichte hat den Vorteil, daß sie beim Betrachten den Eindruck einer annähernd gleichmäßigen Helligkeitsabstufung bewirkt, so daß die Empfindungsbereiche Dunkelgrau, Hellgrau und Weiß mit etwa gleicher Stufenzahl geprüft werden. Eine solche Grautreppe liefert im Zusammenhang mit der linearen Ablenkung im Oszillographen die Übertragungskennlinie mit logarithmischem Maßstab für die Leuchtdichte. Die Spannungskoordinate ist linear, da die Treppenstufen gleich breit sind. Dieser halblogarithmische Maßstab ist für die Darstellung der Übertragungskennlinie besonders zweckmäßig [*58*], denn er berücksichtigt sowohl die dem logarithmischen Verlauf angenäherte Helligkeitsempfindung unseres Gesichtssinnes als auch die üblicherweise mit linearer Skala durchgeführten Spannungsmessungen im elektrischen Kanal. Hinzu kommt, daß die der Wiedergaberöhre angepaßte Übertragungskennlinie in dieser Darstellung annähernd linear verlaufen sollte, da ein Treppensignal konstanter Stufenhöhe im Fernsehbild eine Grautreppe liefert, deren Abstufung vom Gesichtssinn als annähernd gleichmäßig beurteilt wird [*73*].

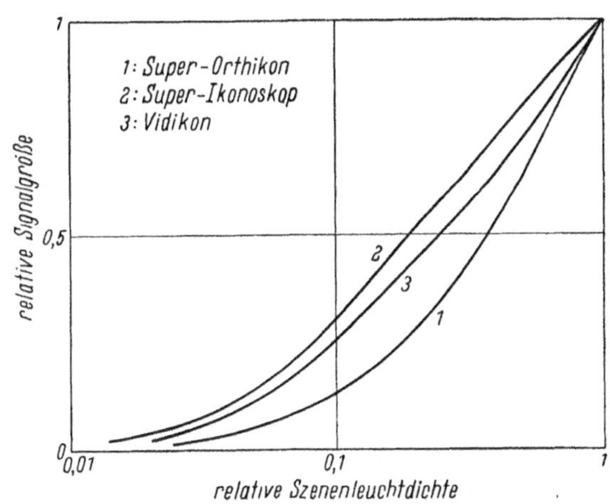

Abb. X.30. Normierte Kennlinien verschiedener Bildgeber.

In Abb. X.30 sind Kennlinien von verschiedenen Bildgebern im halblogarithmischen Maßstab wiedergegeben. Als Ordinate ist die Spannung, bezogen auf den Weißwert des BA-Signals, aufgetragen, als Abszisse die Leuchtdichte, bezogen auf ihren für Bildweiß erforderlichen Wert. In dieser normierten Darstellung, die nur den praktisch genutzten Kennlinienbereich wiedergibt, wird der Verlauf der Kennlinien der Superorthikonkamera (*1*) und der Superikonoskopkamera (*2*) sehr wesentlich durch den Ort des Weißwertes auf der Gesamtkennlinie, d. h. durch den Aussteuerungsbereich, bestimmt. Dieser Weißpunkt ist zwar nicht exakt definiert, doch liegt er für ein gutes Bild innerhalb relativ enger Grenzen. Die entsprechende Aussteuerung kann man mit Hilfe von Halbtonbildern einstellen, die zusätzlich eine Grauskala enthalten; geeignet ist z. B. das Universaltestbild nach Abb. X.27.

Die Leuchtdichte der Vorlage, die erforderlich ist, um den Weißwert auf der Kennlinie zu erreichen, charakterisiert die Empfindlichkeit einer Kamera. Da sie aber auch von der relativen Öffnung der Optik abhängt, wird gewöhnlich der entsprechende Lichtstrom auf der Photokathode des Wandlersystems angegeben; als Vorlage dient dabei eine weiße Fläche. Der Lichtstrom läßt sich aus der Leuchtdichte des Testbildes mit Hilfe folgender Beziehung errechnen:

$$\Phi = \frac{1}{4} B F \left(\frac{d}{f}\right)^2 \cdot T \cdot 10^{-4}. \qquad \text{(X.6)}$$

Hierin bedeuten: Φ Lichtstrom zur Photokathode (Lm), B Leuchtdichte der Vorlage (asb), F Fläche der Photokathode (cm²), d/f relative Öffnung der Optik, T Transmissionsfaktor der Optik.

3c. Auflösung.

Die Auflösung einer Fernsehübertragungsanlage ergibt sich aus dem Frequenzgang der Amplitude bei der Abtastung eines Strichrasters. Dieses Strichraster besteht aus Gruppen unterschiedlicher Strichbreiten, die bei der Abtastung Schwingungsgruppen entsprechender Frequenzen liefern (Abb. X.23). Dabei muß das Testbild in der richtigen Größe auf der Photokathode der Wandler abgebildet werden, damit die Frequenzen eindeutig durch die Strichgruppen bestimmt sind. Hierzu dient die Randmarkierung der Testbilder: Bei richtiger Einstellung soll die schraffierte Umrandung im Fernsehbild verschwinden, die Pfeile sollen aber sichtbar bleiben.

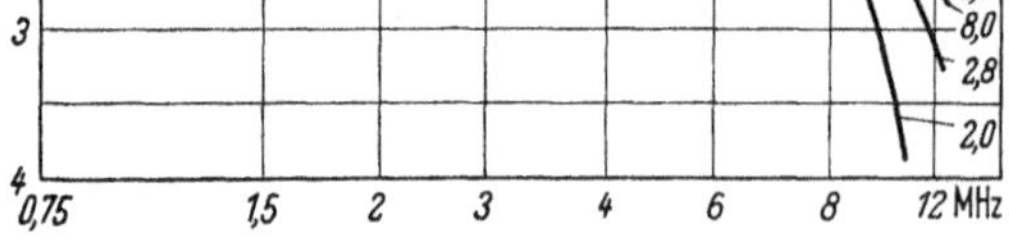

Abb. X.31. Auflösung einer Optik bei verschiedenen Blendeneinstellungen [*59*].

Bei der Messung von Bildgebern ist zu berücksichtigen, daß die Auflösung nicht nur durch den elektronischen Bildwandler, sondern auch durch die Optik bestimmt wird. Der Einfluß der Optik ist von der relativen Öffnung abhängig und erreicht bei einer mittleren Blendeneinstellung ein Minimum (Abb. X.31). Deshalb ist es zweckmäßig, die Auflösung von Fernsehkameras bei einer mittleren Blende zu messen und die Nummer dieser Blende anzugeben.

Auflösungsmessungen mit Hilfe von Strichrastern entsprechen weitgehend Messungen des Amplitudenganges in einem elektrischen Gerät. Während für die Amplitudengangmessung jedoch Schwingungsgeneratoren mit sinusförmiger Spannung zur Verfügung stehen, ist es bei Auflösungsmessungen schwierig, Testvorlagen mit sinusförmiger Leuchtdichteverteilung herzustellen. Abweichungen von der Sinusform verursachen aber erhebliche Meßfehler, wenn die Oberwellen der feineren Raster nicht übertragen werden. Bei einer rechteckigen Leuchtdichteverteilung erzeugen z. B. Liniengruppen, die infolge der Bandbegrenzung nur noch mit der Grundwelle übertragen werden, $4/\pi$ mal größere Signalamplituden als bei Mitübertragung der Harmonischen. Damit wird dann eine erheblich bessere Auflösung vorgetäuscht, als sie das Gerät besitzt.

Neben diesen Oberwellen aus der Testvorlage spielen bei Auflösungsmessungen auch die durch die Krümmung der Übertragungskennlinie entstehenden Oberwellen eine Rolle. Sie können das Meßergebnis merklich beeinflussen, wenn die gekrümmte Kennlinie zu weit ausgesteuert wird. Dies erkennt man meist an einer Unsymmetrie des Oszillogramms (Abb. X.32), ähnlich derjenigen, die bei der Messung nichtlinearer elektrischer Kanäle zu beobachten ist (Abb. X.11). Es

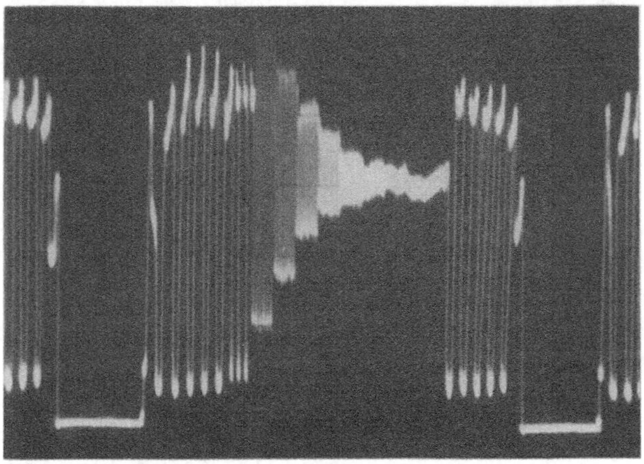

Abb. X.32. Auflösung eines Superikonoskops, gemessen mit einem Strichraster [*57*].

ist daher zweckmäßig, den Kontrast der Strichraster nicht größer zu machen, als für gute Auswertbarkeit nötig, und — in Analogie zu den üblichen Meßverfahren für nichtlineare elektrische Systeme — die Auflösung der Bildgeber mit Strichrastern geringen Kontrastes in verschiedenen Leuchtdichtebereichen zu messen.

Die meisten praktisch benutzten Strichraster besitzen jedoch nicht nur einen hohen Kontrast, sondern auch annähernd rechteckförmige Leuchtdichteverteilung. Das Meßergebnis ist deshalb mit erheblichen Fehlern behaftet. Dennoch sind diese Raster für vergleichende Messungen gut geeignet, wenn nur die Auflösung stets bei gleicher Aussteuerung der Übertragungskennlinie gemessen wird und auch sonst vergleichbare und reproduzierbare Bedingungen vorliegen. Seit einiger Zeit bemüht man sich erneut um die Herstellung besserer Raster, die auch höheren meßtechnischen Anforderungen gerecht werden [*60*]. In Ergänzung der Strichraster entsprechend Abb. X.23, mit denen man den Frequenzgang der Auflösung in der Mitte des Bildfeldes erfaßt, verwendet man zur Ermittlung von Ungleichmäßigkeiten der Schärfe ein sog. Doppelstrichtestbild (Abb. X.24). Es enthält, über die gesamte Bildfläche verteilt, neben einem relativ groben Raster (0,5 MHz) ein feines, das einer hohen Frequenz, 4 MHz bzw. 5 MHz, entspricht. Als Maß für die Auflösung an den verschiedenen Stellen des Bildfeldes gilt die Signalamplitude des feinen Rasters, bezogen auf die des groben Rasters. Sie wird in üblicher Weise durch Zeilenwahl gemessen, um die Ungleichmäßigkeit der Signalerzeugung zu eliminieren.

3d. Verzerrungen bei der Übertragung von Schwarz-Weiß-Kanten und gleichmäßig hellen Flächen.

Bei der Abtastung von Schwarz-Weiß-Figuren mit senkrechten oder waagerechten Kanten erhält man Signale, die weitgehend den Meßimpulsen der elektrischen Übertragungstechnik entsprechen. Der andersartigen Ursachen wegen sind jedoch die auftretenden Verzerrungen kaum vergleichbar. Zwar findet man bei senkrechten Kanten Verzerrungen, die an die Einschwingverzerrungen in elektrischen Kanälen erinnern, doch gibt es ähnliche Verzerrungen auch bei niederfrequenten Impulsen, wie sie beim Abtasten waagerechter Kanten entstehen [*61*]. Man muß deshalb bei Bildgebern das Einschwingen in waagerechter und senkrechter Richtung unterscheiden.

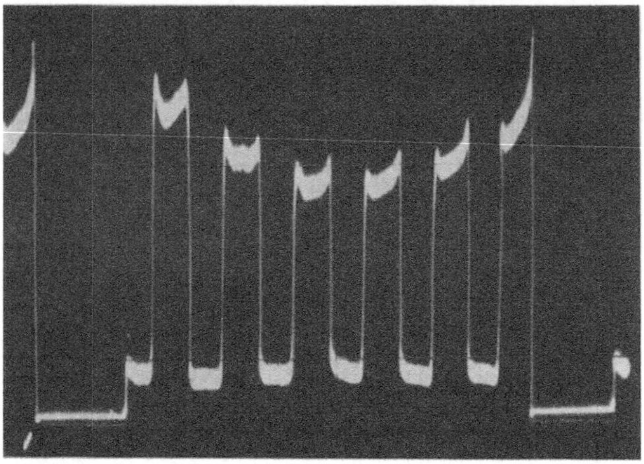

Abb. X.33. Ungleichmaßigkeit der Signalerzeugung, gemessen mit einem Schachbrett-Testbild [*57*].

a

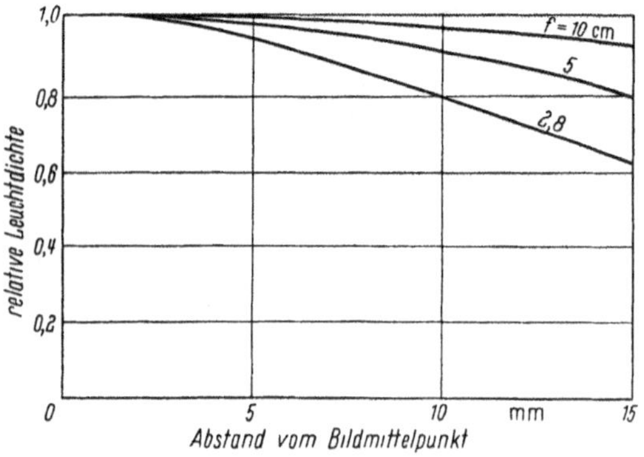

b

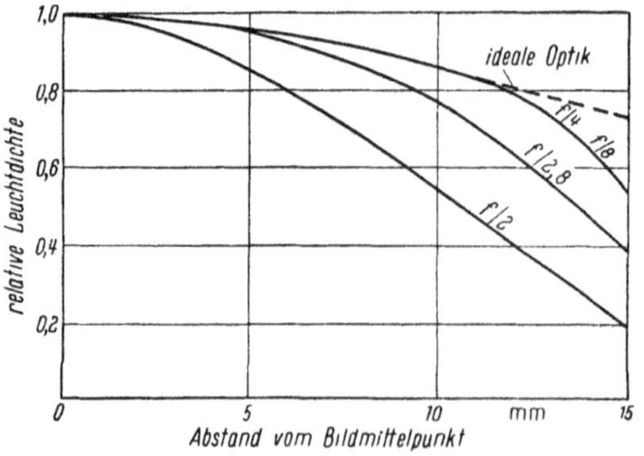

Abb. X.34a u. b. Einfluß der Brennweite (a) und der Blendeneinstellung (b) auf die Randabschattierung einer Optik [*62*].

Ähnliche Unterschiede ergeben sich zwischen dem Impulsverhalten der Fernsehübertragungstechnik und den Impulsverformungen bei der Abtastung von Schwarz-Weiß-Figuren. Bemerkenswert ist vor allem, daß die Impulsverformungen in Bildgebern von der Lage der Testfiguren im Bilde abhängen; sie entstehen nämlich durch ungleiche Signalerzeugung an verschiedenen Stellen des Bildes.

Zur Kennzeichnung der Übertragungsverzerrungen bei der Abtastung von Schwarz-Weiß-Figuren mißt man die Steigzeit und das Überschwingen längs einer waagerechten und einer senkrechten Schwarz-Weiß-Kante sowie die Ungleichmäßigkeiten bei verschiedenen Signalamplituden. Dabei ist es zweckmäßig, den Bildgeber vor der Messung mit Hilfe eines Universaltestbildes oder eines geeigneten Halbtonbildes optimal einzustellen, weil solche Verzerrungen auch von der Aussteuerung der Übertragungskennlinie abhängig sein können.

Für die Messung der Kantenverzerrungen kann man jedes Testbild mit geeigneten Schwarz-Weiß-Übergängen verwenden, für die Erfassung von Ungleichmäßigkeiten ist besonders ein Schachbrett-Testbild geeignet. Es liefert bei Zeilenwahl Oszillogramme, aus denen die Mängel in schwarzen und weißen Bildteilen unmittelbar entnommen werden können (Abb. X.33). Man gibt gewöhnlich die Abweichungen des Bildsignals vom Schwarzwert und vom Weißwert, bezogen auf den Schwarz-Weiß-Sprung in der Mitte des Bildes, an. Wie bei Messungen der Auflösung, so spielt auch beim Ermitteln der Ungleichmäßigkeiten in der Signalerzeugung der Einfluß der Optik eine Rolle. In diesem Falle ist es die Randabschattierung durch die Vignettierung. Abb. X.34a zeigt den Einfluß der Brennweite bei einer idealen Optik, Abb. X.34b den Einfluß der Blende bei einem Objektiv, Xenon 1 : 2/35. Man ersieht daraus, daß es zweckmäßig ist, für die Messung der Ungleichmäßigkeiten in der Signalerzeugung eine langbrennweitige Optik zu verwenden und sie möglichst stark abzublenden.

3e. Störspannungen.

Die Störspannungen der Bildgeber sind meist statistische Schwankungen, deren Messung und Bewertung in gleicher Weise erfolgt wie bei rein elektrischen Übertragungssystemen. Angesichts des Aufwandes, den die Verwendung von Bewertungsfiltern erfordert, mißt man die Störungen jedoch gern ohne Filter und korrigiert die Ergebnisse mit den für die verschiedenen Bildgebertypen bekannten Bewertungsfaktoren (Superorthikon: 0,37; Superikonoskop und Vidicon: 0,18 [*63*]). Dieses Verfahren ist aber nicht allgemein anwendbar, da die Korrekturfahnen nur für eine frequenzunabhängige Verstärkung im elektrischen Kanal gelten. Für exakte Messungen, insbesondere bei eingeschalteter Auflösungsentzerrung, kann man auf die Verwendung von Filtern nicht verzichten.

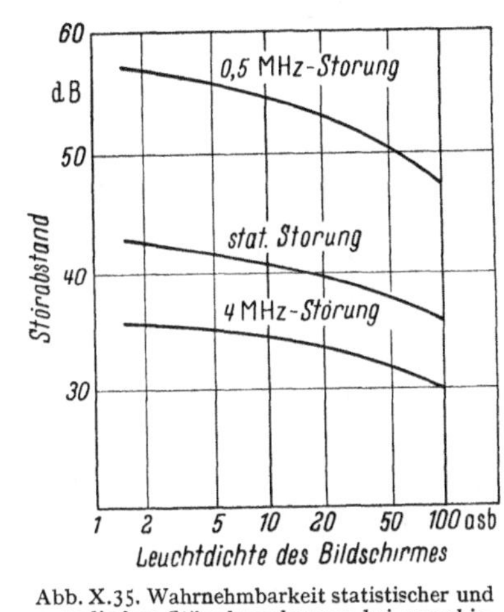

Abb. X.35. Wahrnehmbarkeit statistischer und periodischer Störschwankungen bei verschiedenen Grauwerten [*64, 44*].

Neben unterschiedlichen Störspektren zeigen Bildgeber aber auch ungleiche Störamplituden bei verschiedenen Signalwerten [*40, 63*], ein Effekt, den man ebenfalls nach dem subjektiven Eindruck bewerten müßte, da im Fernsehbild Störspannungen gleicher Amplitude sich bei verschiedenen Grauwerten verschieden stark auswirken (Abb. X.35). Das ist aber nicht lohnend, weil die Abhängigkeit der Störung von der Signalamplitude bei keinem Bildgeber mehr als 20% beträgt, sofern die Übertragungskennlinie mit einem Gradationsentzerrer optimal korrigiert ist. Die Messung mit entzerrter Kennlinie ist aber notwendig, wenn die Störwerte verschiedener Bildgeber vergleichbar sein sollen.

Zweckmäßige Testvorlagen für die Messung der Störspannungen sind Grautreppen; sie ermöglichen eine optimale Gradationsentzerrung. Besonders geeignet ist das Graustufentestbild nach Abb. X.23, da hiermit gleichzeitig die Auflösungsentzerrung eingestellt werden kann, deren Wirkung auf die Störamplitude, besonders beim Vergleichen verschiedener Bildgeber, berücksichtigt werden muß.

Zur Kennzeichnung der Störwirkung eines Bildgebers werden gewöhnlich die Störamplituden beim Schwarzwert und beim Weißwert, bezogen auf den Weißwert, angegeben. Dabei bleiben bei Punktlichtabtastern die durch die Nachleuchtkompensation verursachten Störfahnen hinter Schwarz-Weiß-Sprüngen unberücksichtigt; sie werden am besten mit dem Testbild Abb. X.25 erfaßt.

3f. Schwarzwerthaltung.

Um eindeutige Zuordnung der Signalwerte zu den entsprechenden Leuchtdichten im Bilde zu erhalten, muß der auf die Photokathode des Wandlersystems wirkende Lichtstrom ein *einseitig* gerichtetes elektrisches Signal liefern. Das ist der Fall, wenn schwarze Teile in der Szene unabhängig von der mittleren Leuchtdichte des Bildfeldes immer den gleichen, einmal eingestellten Signalwert ergeben.

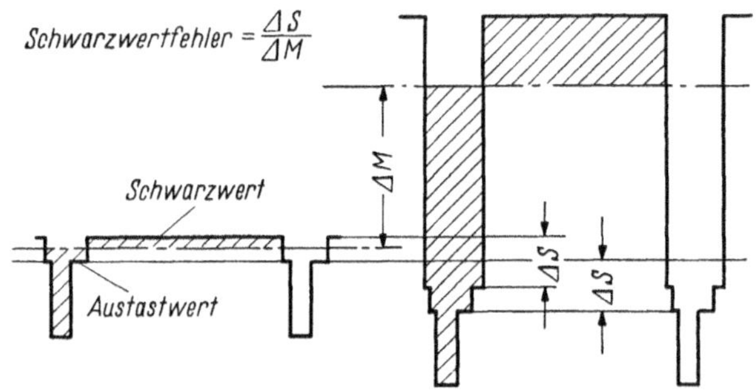

Abb. X.36. Definition des Schwarzwertfehlers [75].

Die Ausdrucksweise „wenn die mittlere Bildhelligkeit übertragen wird“ ist nicht korrekt, denn, abgesehen von der verschwommenen subjektiven Bedeutung des Begriffs der Helligkeit, übertragen Fernsehanlagen nicht die Mittelwerte der Szenenleuchtdichte, sondern nur deren Änderung. Die richtige Übertragung aller Änderungen der mittleren Leuchtdichte ist aber lediglich eine Voraussetzung für ein einseitig gerichtetes Bildsignal und damit für eine gute Schwarzwerthaltung.

Zur Prüfung der Schwarzwerthaltung überträgt man nacheinander ein Weißbild und ein Schwarzbild und mißt die dabei auftretende Änderung der Schwarzabhebung ΔS; man bezieht sie zweckmäßigerweise auf die damit verbundene Signalmittelwertänderung ΔM, da die Änderung der Schwarzabhebung gleich der Änderung des Signalmittelwertes ist, wenn Änderungen der mittleren Leuchtdichte überhaupt nicht übertragen werden. Die Änderung des Signalmittelwertes kann man auf dem Schirm von RC-gekoppelten Oszillographen aus der Verschiebung des Oszillogramms unmittelbar ablesen.

Das Verhältnis

$$F = \frac{\Delta S}{\Delta M} 100\,\% \tag{X.7}$$

ist der Schwarzwertfehler, die Größe

$$H = \left(1 - \frac{\Delta S}{\Delta M}\right) 100\,\% \tag{X.8}$$

die Schwarzwerthaltung (Abb. X.36).

3g. Geometrische Verzerrungen.

Geometrische Verzerrungen der Bildgeber mißt man mit Testvorlagen, die ein Schachbrettmuster (Abb. X.26) oder ein entsprechendes Liniengitter enthalten. Die bei der Abtastung einer solchen Vorlage von dem zu untersuchenden Bildgeber erzeugten Signale werden durch einen Kontrollempfänger abgebildet und einem gleichartigen, jedoch elektrisch hergestellten Liniengitter überlagert; dabei wird der Bildgeber so eingestellt, daß sich beide Testfiguren möglichst gut decken. Die Abweichungen der Schnittpunkte bzw. der entsprechenden Feldecken der abgetasteten Figur von den Schnittpunkten der elektrisch erzeugten Gitterlinien sind dann ein Maß für die geometrischen Verzerrungen des Bildgebers. Gewöhnlich wird die Entfernung der entsprechenden Schnittpunkte voneinander in Prozenten der Bildhöhe angegeben.

Da in der Praxis die geometrischen Verzerrungen lediglich ein bestimmtes festgelegtes Maß nicht überschreiten sollen, kontrolliert man sie gern mit Toleranzschemata. Ein solches Schema ist das Ringtestbild (Abb. X.28): Es enthält eine Anzahl von Kreisringen mit einem Innendurchmesser von 2% der Bildhöhe, deren

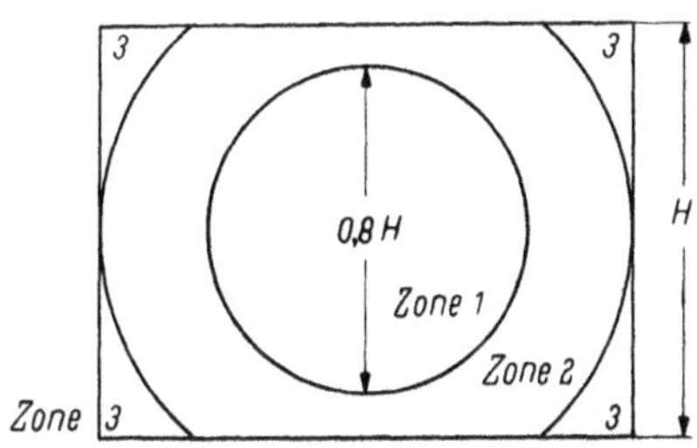

Abb. X.37. Bewertungszonen der BBC bei der Messung geometrischer Verzerrungen [60].

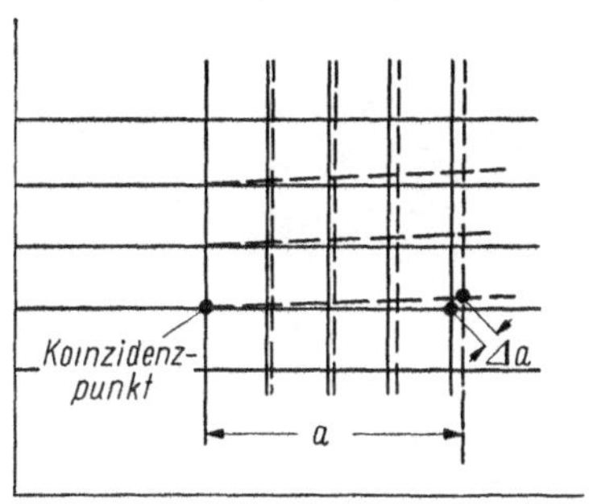

Abb. X.38. Verfahren zur Messung der differentiellen geometrischen Verzerrungen [60].

Mittelpunkte sich bei idealer Geometrie mit den Schnittpunkten des elektrischen Testgitters decken. Die geometrischen Verzerrungen werden als tragbar erachtet, wenn alle Schnittpunkte des Testgitters innerhalb der Kreisringe liegen. Eine solche gleichartige Bewertung des gesamten Bildfeldes führt jedoch zu Forderungen, die im Hinblick auf die unterschiedliche Bedeutung geometrischer Verzeichnungen, je nach der Lage im Bilde, als sehr hart erscheinen. Diese Tatsache kann man durch individuell bemessene Toleranzen für verschiedene Zonen des Bildfeldes berücksichtigen. In Abb. X.37 ist eine von der British Broadcasting Corporation (BBC) verwendete Einteilung des Bildfeldes in drei Zonen wiedergegeben [60].

Toleranzschemen der erwähnten Art haben den Nachteil, daß die für den subjektiven Eindruck wichtigen differentiellen Verzerrungen nicht erfaßt werden. Deshalb können trotz der Einhaltung enger Toleranzen maximale geometrische Verzerrungen im Fernsehbild störende Verzeichnungen hervorrufen, wenn sie in benachbarten Feldern auftreten. Aus diesem Grunde ist es notwendig, durch eine zusätzliche Tolerierung die Verzerrungen in benachbarten Feldern auf tragbare Werte zu begrenzen.

Diesen Nachteil der Toleranzschemen kann man vermeiden, wenn man die Abweichungen der Schnittpunkte nicht auf die Bildhöhe, sondern auf die Entfernung des Meßpunktes von den nächstgelegenen koinzidierenden Schnittpunkten bezieht (Abb. X.38). Auf diese Weise werden die Verzerrungen nahezu differentiell bewertet, wie es im Hinblick auf den subjektiven Eindruck von Bildverzeichnungen zweckmäßig ist.

4. Messungen an Fernsehsendern.

4a. Videofrequente Messungen.

Wie bereits zu Beginn dieses Kapitels erwähnt, wird das trägerfrequente Signalgemisch jedes Fernsehsenders über einen Demodulator kontrolliert, dessen Durchlaßkurve der eines normgerechten Fernsehempfängers entspricht. Dieser „Einseitenband-Meßdemodulator" dient auch zur Messung des Senders selbst: Meßeingang ist der videofrequente Eingang des Senders, Meßausgang der videofrequente Ausgang des Meßdemodulators. Auf diese Weise erfaßt man das Zusammenwirken des Senders mit einem normgerechten Fernsehempfänger [*65, 66*].

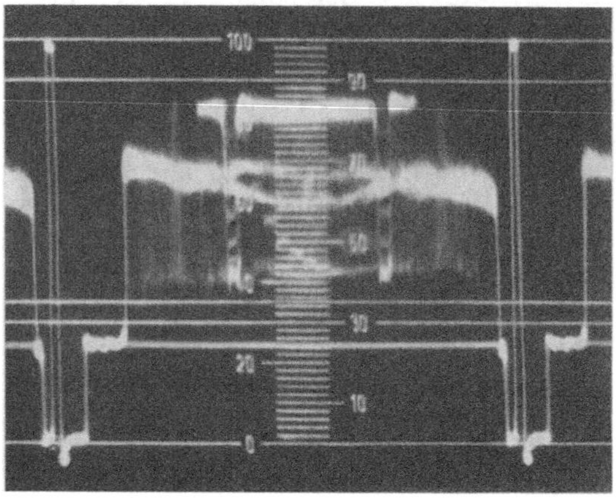

Abb. X.39. Videooszillogramm am Ausgang eines Meßdemodulators mit eingeblendetem Nulltastimpuls.

Ein besonderes Problem bei der Messung mit Meßdemodulatoren ist die Einstellung der Signalwerte im trägerfrequenten Signalgemisch. Zwar lassen sich diese Signalwerte auch in Videooszillogrammen erkennen, wenn man z. B. durch periodisches Abschalten des Mischoszillators im Meßdemodulator die Trägeramplitude Null markiert (Abb. X.39), doch setzt eine verläßliche Messung nach diesem Verfahren eine sehr lineare Demodulationskennlinie voraus. Die hierzu erforderlichen hohen HF-Amplituden am Videogleichrichter lassen sich mit den im Meßdemodulator gebräuchlichen Zwischenfrequenzverstärkern nicht erreichen, weil die Röhren mit Rücksicht auf eine hinreichend lineare Verstärkung nur mäßig ausgesteuert werden können. Daher ist die Demodulationskennlinie des Einseitenband-Meßdemodulators im Bereich kleiner Trägeramplituden gekrümmt. Zur Messung der Signalwerte im trägerfrequenten Gemisch verwendet man deshalb besondere Demodulatoren, in denen das trägerfrequente Signal unmittelbar einem Gleichrichter mit so hoher Spannung zugeführt wird, daß der gekrümmte Teil der Kennlinie nur einen vernachlässigbar kleinen Signalbereich einnimmt. Diese Demodulatoren sind unter dem Namen „Zweiseitenband-Demodulatoren" bekannt.

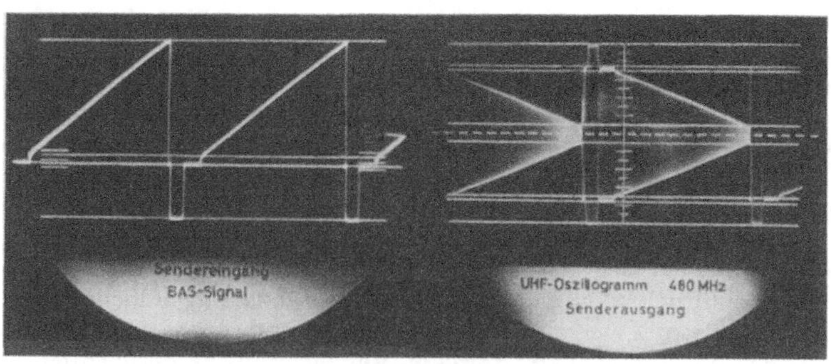

Abb. X.40. Zeilenfrequentes Oszillogramm des Fernsehbildträgers [*67*].

In neuerer Zeit geht man jedoch immer mehr dazu über, die Signalwerte mit Hochfrequenzoszillographen zu messen, die unmittelbar den modulierten Bildträger im Oszillogramm abbilden (Abb. X.40).

Die Messung der videofrequenten Übertragungseigenschaften von Sendern mit dem normgerechten Meßdemodulator unterscheidet sich nur wenig von derjenigen rein videofrequenter Übertragungssysteme; es müssen lediglich bei der Wahl und Einstellung der HF-Signale die Eigenarten eines Fernsehsenders berücksichtigt werden. Bei der Ermittlung der nichtlinearen Verzerrungen ist es z. B.

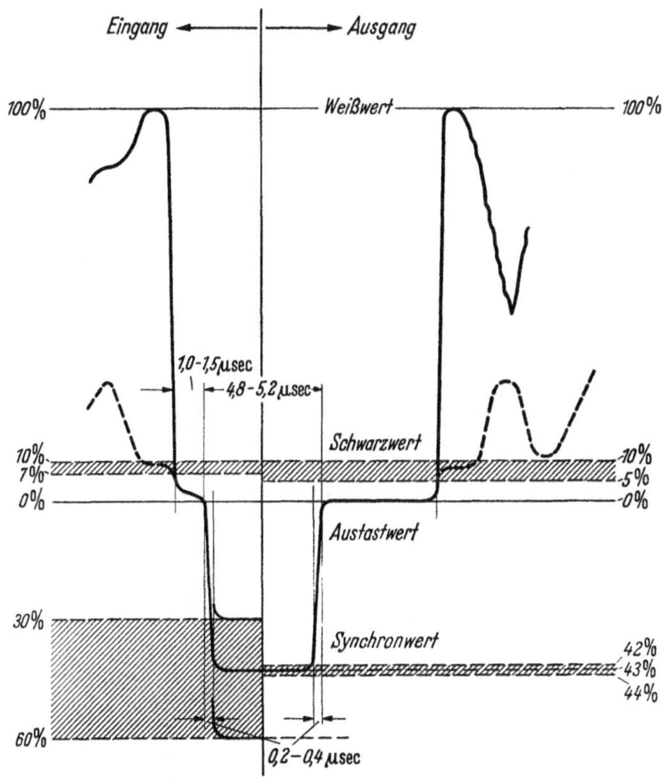

Abb. X.41. Toleranzgrenzen fur die Signalwerte am Eingang und Ausgang eines Fernsehsender-Eingangsverstarkers.

zweckmäßig, dem Sägezahnsignal HF-Schwingungen verschiedener Frequenz zu überlagern, da die Modulationskennlinie der Sender häufig frequenzabhängig ist. Aus dem gleichen Grunde, aber auch in Anbetracht der Restseitenbandverzerrungen, ist es notwendig, den Frequenzgang der Amplitude mit kleinen Sinusamplituden, zweckmäßigerweise in verschiedenen Signalbereichen, zu messen (vgl. Abschnitt 2d). Die Restseitenbandverzerrungen bewirken aber vor allem, daß die Einschwingverzerrungen von der Aussteuerung der Modulationskennlinie abhängig werden. Deswegen wird für die Tolerierung des Einschwingvorganges von Fernsehsendern immer ein definierter Signalsprung zugrunde gelegt, meist ein Sprung von 50% auf 70% der maximalen Trägeramplitude. Er entspricht im Videosignal etwa einem Sprung des BA-Anteiles von 7 ··· 40% des Weißwertes.

Von besonderer Bedeutung für den Senderbetrieb ist die Kontrolle der trägerfrequenten Signalwerte. Fernsehsender müssen nämlich ein normgerechtes Signalgemisch abstrahlen, auch wenn das angelieferte Signal in der Amplitude und in den Signalwerten von der Norm abweicht. Diese Forderung erfüllen eine vom Prüfzeilen-Weißimpuls gesteuerte „Weißwertautomatik“ [*9, 10*] und Impulsregenerationsschaltungen [*68*].

Die Konstanz der Signalwerte prüft man meist mit den Linearitätsmeßsignalen, indem man sie bei verschiedenen Signalmittelwerten am Eingang des Senders in den tolerierten Grenzen ändert und ihnen zusätzlich ein Störsignal additiv überlagert. Die Pflichtenhefte für Fernsehsender-Eingangsverstärker schreiben vor, Schwankungen des Weißwertes um $\pm 30\%$ auf 1% und Schwankungen der Signalwerte im Eingangssignal entsprechend Abb. X.41 auszuregeln.

4b. Spezielle Hochfrequenzmessungen.

Neben den oben behandelten videofrequenten Messungen werden bei Sendern auch hochfrequente Messungen, vor allem zur Ermittlung der Modulationskennlinie und der Durchlaßcharakteristik, durchgeführt. Hierzu wird der Bildträger mit einem Signalgemisch moduliert, das als Bildinhalt eine videofrequente Sinusschwingung kleiner Amplitude enthält, die durch Ändern der Schwarzabhebung über den gesamten Bildbereich der Modulationskennlinie und darüber hinaus bis zum Verschwinden des hochfrequenten Trägers verschoben werden kann. Die Amplituden der beiden dabei entstehenden trägerfrequenten Seitenbänder sind der Steilheit der Modulationskennlinie im Aussteuerungsbereich der videofrequenten Schwingung proportional. Mit einem selektiven HF-Empfänger wird die Amplitude der in das übertragene Band fallenden Seitenbandschwingung bei verschiedenen Überlagerungsfrequenzen in Abhängigkeit von der Schwarzabhebung gemessen. Dabei werden summarisch die Modulationskennlinie der Modulatorröhre und die Aussteuerungskennlinien derjenigen Vorstufen erfaßt, in denen der Austastwert geklemmt wird (vgl. Abschnitt 2d).

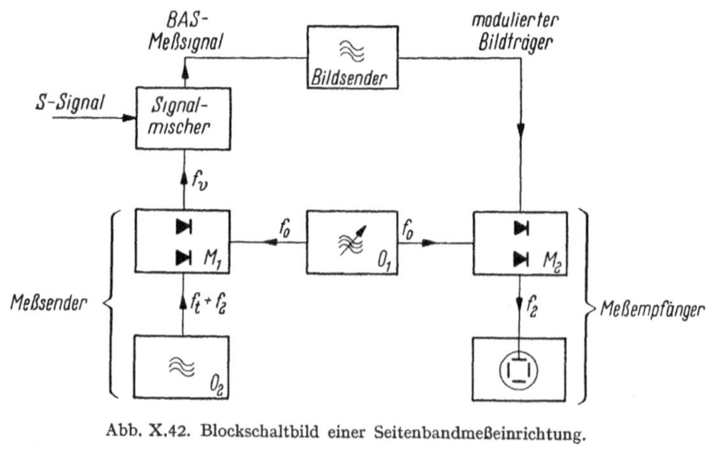

Abb. X.42. Blockschaltbild einer Seitenbandmeßeinrichtung.

Mit dem Aufbau zur Messung der Modulationskennlinie kann man auch die Durchlaßcharakteristik, meist „Seitenbandcharakteristik“ genannt, ermitteln; es muß lediglich anstelle der Schwarzabhebung die Frequenz der überlagerten Sinusschwingung geändert werden; dann ändern sich die Seitenbandamplituden entsprechend der Durchlaßcharakteristik des Senders. In Anbetracht der Restseitenbandverzerrungen werden auch diese Messungen mit relativ kleiner Sinusamplitude, meist 10% des Weißwertes, durchgeführt und Einflüsse des Arbeitspunktes durch Änderung der Schwarzabhebung erfaßt. Dabei muß man für

Messungen in der Nähe des Bildträgers die Meßfrequenz auf die Lücken des Spektrums der Austast- und Synchronimpulse abstimmen, damit das Ergebnis durch dieses störende Spektrum nicht beeinflußt wird.

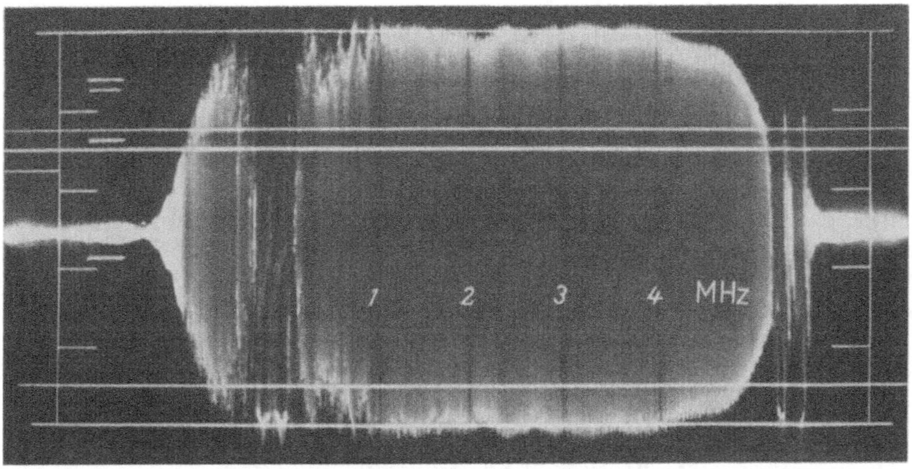

Abb. X.43. Gewobbelte Durchlaßkurve (Seitenbandcharakteristik) eines Fernsehsenders.

Die Messung der Seitenbandcharakteristik wird sehr erleichtert, wenn man die Abstimmung des Empfängers mit der Einstellung des Meßsenders koppelt. Dies läßt sich erreichen, indem man die videofrequente Modulationsschwingung mit Hilfe von zwei Oszillatoren erzeugt, von denen der eine gleichzeitig Misch-

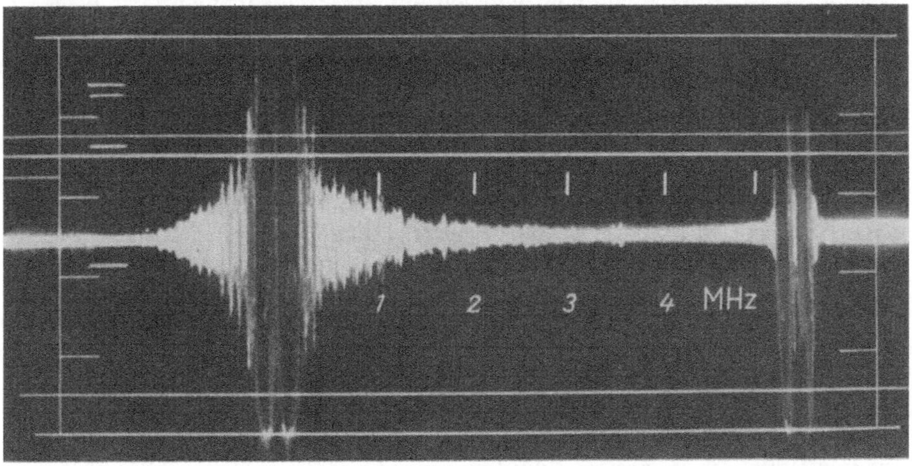

Abb. X.44. Störspektrum der Synchronimpulse bei der Wobbelung der Seitenbandcharakteristik.

oszillator des selektiven Empfängers ist (Abb. X.42). Einer der Oszillatoren wird dabei so abgestimmt, daß seine Frequenz, um den Betrag der Zwischenfrequenz f_2 des Empfängers verschoben, neben der Bildträgerfrequenz f_t liegt. Mit dem anderen Oszillator (f_0) wird die videofrequente Modulationsfrequenz eingestellt, die sich aus der Differenz beider Oszillatorfrequenzen ergibt. Auf diese Weise moduliert die Videofrequenz f_v den Bildträger stets so, daß eine der Seitenfrequenzen im Abstand der Zwischenfrequenz neben der gemeinsamen Oszillatorfrequenz f_0 liegt. Damit ist aber der Empfänger für jede Einstellung des gemeinsamen Oszillators auf eine Seitenbandfrequenz abgestimmt. Diese automatische Abstimmung des Empfängers macht es möglich, die Seitenbandcharakteristik zu wobbeln. Hierzu muß lediglich die Frequenz des gemeinsamen Oszillators periodisch den Bereich beiderseits des Bildträgers überstreichen und die Wobbelschwingung zugleich den Elektronenstrahl des Meßoszillographen ablenken; die Seitenbandcharakteristik erscheint dann als Hüllkurve der empfangenen Seitenbandamplitude (Abb. X.43).

Ein besonderes Kennzeichen der gewobbelten Seitenbandcharakteristik ist eine Unsauberkeit des Oszillogramms für Frequenzen in Trägernähe; sie rührt daher, daß bei der kontinuierlichen Änderung der Empfängerabstimmung auch das Spektrum der Austast- und Synchronimpulse erfaßt wird. Diese Tatsache erkennt man, wenn man unter sonst gleichen Bedingungen, wie sie dem Oszillogramm der Abb. X.43 zugrunde liegen, die sinusförmige Meßfrequenz abschaltet, so daß der Empfänger nur das Störspektrum abtastet (Abb. X.44). Ein Vergleich von Abb. X.43 mit Abb. X.44 zeigt deutlich, daß man bei der Wobbelung verläßliche Werte nur im oberen Frequenzbereich, etwa ab 1 MHz, erhält.

5. Messungen an Kontrollempfängern.

5a. Messungen an videofrequenten Bildkontrollempfängern.

Videofrequente Bildkontrollempfänger sollen bei einwandfreiem Signal gute Fernsehbilder liefern. Das ist zunächst eine Frage der Gradation und Auflösung, die man mit Hilfe von Prüfsignalen am Empfänger optimal einstellen kann. Die damit festgelegte Grundhelligkeit wird jedoch nur dann für alle Bilder erhalten bleiben, wenn der Kontrollempfänger auch eine gute Schwarzwiedergabe besitzt, d. h. wenn er bei einer Folge von Signalen mit unterschiedlichem Mittelwert den Schwarzwert ohne Nachstellen der Grundhelligkeit immer in gleich schwarze Bildteile umsetzt [*69*]. Für die Empfängerbeurteilung sind deshalb Auflösung, Gradation und Schwarzwiedergabe besonders wichtig.

Objektive Messungen dieser Übertragungseigenschaften sind nicht einfach; sie lassen sich vor allem nicht mit Verfahren durchführen, die auch im praktischen Betriebe verwendet werden können. Das ist indessen kein schwerwiegender Nachteil; denn beim Betrachten des Bildes wirken ohnehin mancherlei subjektive Einflüsse mit, die bei objektiven Prüfungen unberücksichtigt bleiben. Ein typisches Beispiel hierfür ist die Schwarzwiedergabe. Sie wird bei modernen Kontrollempfängern mit geeigneten Prüfsignalen (Abb. X.45) [*70*] so abgeglichen, daß schwarze Bildteile unabhängig von ihrer Größe gleich schwarz erscheinen. Hierzu dienen spezielle Schwarzsteuerschaltungen, in welchen dem Signalgemisch ein einstellbarer Anteil des Signalmittelwertes (Gleichstromanteil) zugesetzt wird [*71*]. Dieser Abgleich erweist sich als notwendig, weil der Gleichstromanteil, der zu einer optimalen Schwarzwiedergabe führt, nicht genau der Signalmittelwert ist — dessen Addition zum Signalgemisch ein völlig einseitiges Signal ergäbe —, sondern ein etwas größerer Wert. Dies ist u. a. dadurch bedingt, daß bei der Betrachtung dunkler Flächen gleicher Leuchtdichte eine große Fläche stets heller erscheint als eine kleine. Diesem Effekt wirkt der höhere Gleichstromanteil, den die größere Fläche liefert, durch eine mittelwertabhängige Verschiebung des Arbeitspunktes für „Schwarz" auf der Kennlinie der Bildröhre entgegen.

Obwohl durch den Abgleich der Kontrollempfänger Messungen zur Beurteilung der Schwarzwiedergabe weitgehend uninteressant geworden sind, sei doch erwähnt, daß der *subjektive Abgleich* mit den Prüfsignalen nach Abb. X.45 auch für solche Messungen geeignet ist; man muß nur nach einer Änderung der Größe der Schwarzfläche anstelle des Gleichstromanteils im Empfänger die Schwarzabhebung

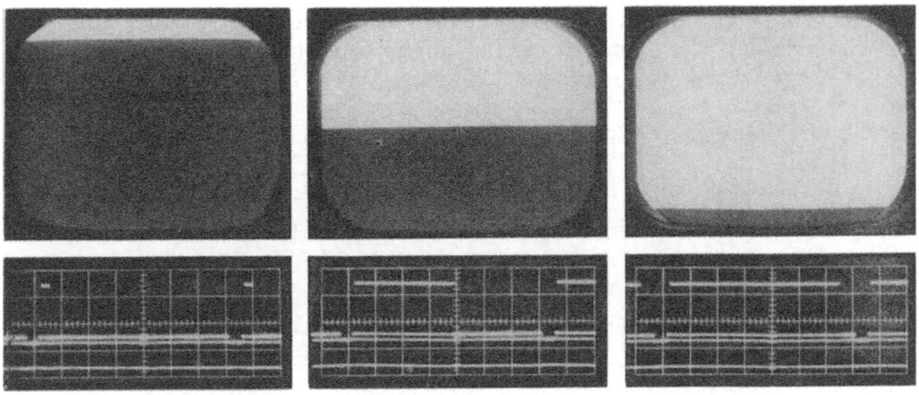

Abb. X.45. Prufsignal zum Abgleich der Schwarzwiedergabe von Kontrollempfängern [71].

des Prüfsignals nachstellen. Die notwendige Änderung der Schwarzabhebung — bezogen auf die Änderung des Signalmittelwertes — gibt dann den Schwarzwertfehler (vgl. Abschnitt 3e) des Empfängers an. Bedingt durch die erwähnten physiologischen Einflüsse ist der Schwarzwertfehler der Schaltung jedoch nicht genau Null, wenn der Empfänger auf optimale Schwarzwiedergabe abgeglichen ist.

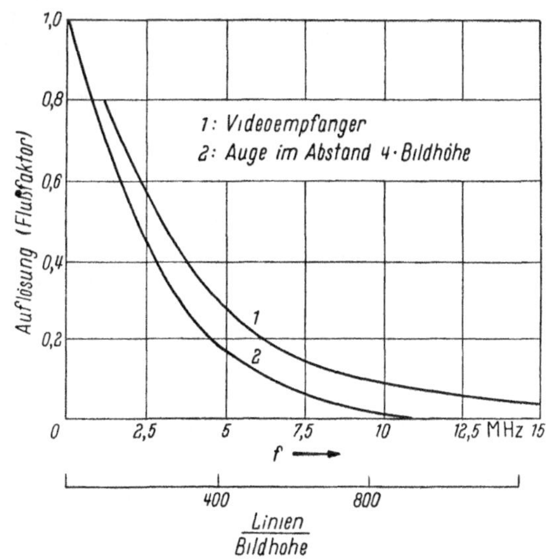

Abb. X.46.
Auflösung eines Fernsehempfangers (*1*) und Auflösung des Auges bei einem Betrachtungsabstand von 4mal Bildhöhe (*2*) [*72*].

Durch subjektiven Abgleich eines Prüfsignals kann man auch die Auflösung messen; man benötigt hierzu nur ein Signalgemisch, das, ähnlich wie die elektrischen Testbilder, ein elektrisch erzeugtes Strichraster enthält. Die Amplitude dieses Signals muß sehr klein sein, etwa 1% des Weißwertes, und ablesbar eingestellt werden können; dann läßt sich die Auflösung aus den Signalamplituden ermitteln, bei denen die verschiedenen Strichgruppen gerade sichtbar werden (Methode der konstanten Ausgangsspannung) [*72*]. Auf diese Weise kann man bei hinreichend breitem elektrischem Kanal den Frequenzgang einer Bildröhre bis zu ihrer Auflösungsgrenze messen. Ein entsprechendes Ergebnis zeigt Abb. X.46, Kurve *1*. Für die Auswertung sehr feiner Raster muß dabei eine Lupe zu Hilfe genommen werden, um Einflüsse des Auges auszuschalten. Das Auflösungsvermögen des Auges (Frequenzgang der Auflösung), das man mit geeigneten optischen Vorlagen in gleicher Weise messen kann, hat einen sehr ähnlichen Verlauf (Kurve *2* in Abb. X.46).

Genauere Ergebnisse als diese Schwellwertmessungen liefern rein objektive Verfahren. Hierzu gehören z. B. Messungen mit Einrichtungen nach Art der Punktlichtabtaster, in denen der Leuchtfleck der Bildröhre in definiertem Abbildungsmaßstab ein Testraster überstreicht [*71*]. Die Striche dieses Rasters verlaufen jedoch — im Gegensatz zur üblichen Anordnung — parallel zur Abtastrichtung, so daß der Leuchtfleck in aufeinanderfolgenden Zeilen die Vorlage (Abb. X.47a) schrittweise abtastet. Auf diese Weise vermeidet man Fehler durch

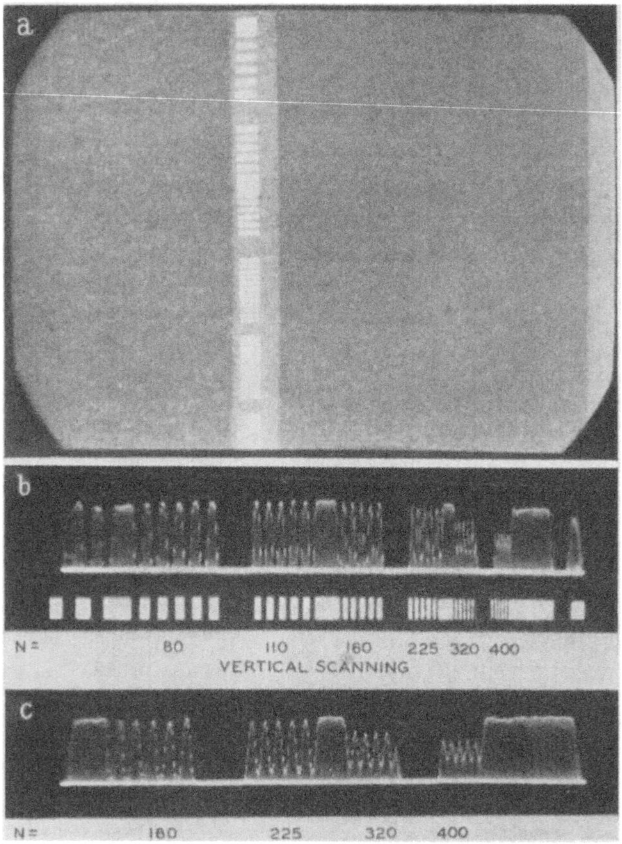

Abb. X.47 a—c.
Testvorlagen zur Messung der Auflosung von Fernsehempfangern (a) und Oszillogramme der Auflösung (b, c) [*72*].

Nachleuchten des Leuchtschirmes. Durch starke Verkleinerung der Bildrasterhöhe kann sichergestellt werden, daß auch feine Testraster in hinreichend kleinen Schritten abgetastet werden. Bei diesem Verfahren erscheint der Frequenzgang der Auflösung als Hüllkurve horizontalfrequenter Impulse (Abb. X.47b).

In der Praxis wird die Auflösung von Empfängern nur selten gemessen, da sie, abgesehen von Randunschärfen, im allgemeinen recht gut ist; man begnügt sich meist mit einer kritischen Betrachtung elektrischer Testbilder, aus denen man Mängel der Auflösung leicht erkennt.

Obwohl die elektrischen Testbilder auch Grautreppen enthalten, ist eine gleich einfache und verläßliche Beurteilung der Gradation nicht möglich. Gradationsverzerrungen können nämlich visuell nur sehr unsicher bestimmt werden. Die Grautreppe im elektrischen Testbild ist deshalb auch nur eine Hilfe für die

Einstellung von Grundhelligkeit und Kontrast; die Gradation selber kann aber nur auf dem Wege über eine photometrisch ermittelte Kennlinie bestimmt werden.

Wie die Bildgeberkennlinien, so sind auch die Lichtsteuerkennlinien der Empfänger nur für ein Flächenelement des Bildschirmes exakt definiert. Sie hängen von der Leuchtdichte benachbarter Flächenelemente und vom Raumlicht ab; und wenn der Empfänger eine mangelhafte Schwarzsteuerung besitzt, kommt noch eine Abhängigkeit vom Mittelwert des Signalgemisches hinzu. Diese Parameter müssen deshalb bei der Messung von Lichtsteuerkennlinien konstant gehalten werden.

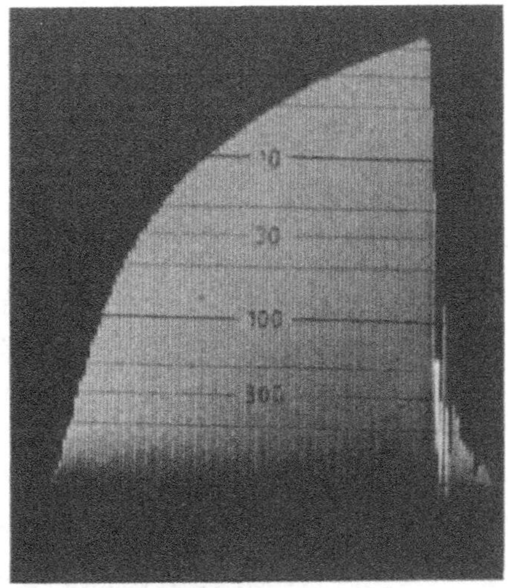

Abb. X.48. Lichtsteuerkennlinie eines Fernsehempfangers im dunklen Raum, dargestellt als Hullkurve von Gleichstromimpulsen.

Um die Leuchtdichte in einer kleinen Testfläche unabhängig von der Leuchtdichte des übrigen Bildfeldes zu ändern, blendet man zweckmäßigerweise aus dem Bildfeld, dessen Leuchtdichte durch ein Signalgemisch mit veränderlicher Schwarzabhebung bestimmt wird, ein kleines Fenster aus, worin die Leuchtdichte durch die zugehörigen Amplituden eines in das Signalgemisch eingeblendeten Prüfsignals bestimmt wird. Als Prüfsignal eignet sich besonders ein Treppensignal, dessen Grundfrequenz etwas von der Vertikalfrequenz abweicht; die Graustufen laufen dann mit der Differenz dieser beiden Frequenzen durch das Fenster, so daß die Lichtsteuerkennlinien mit Hilfe eines Photometers gemessen und oszillographisch abgebildet werden können [*73*]. In Abb. X.48 sieht man eine Lichtsteuerkennlinie als Hüllkurve eines zerhackten und dann logarithmierten Gleichstromes, dessen Größe der Leuchtdichte im Testfenster proportional ist. Ein weiteres Beispiel derartiger Messungen, Abb. X.49, sind die für verschiedene Bildfeldleuchtdichten ***Bu*** gewonnenen Kennlinienscharen, die die Abhängigkeit der Empfängerkennlinie vom Bildinhalt veranschaulichen. Ähnliche Kennlinienscharen erhält man bei unterschiedlicher Raumbeleuchtung. Diese Parameterdarstellung der Lichtsteuerkennlinie von Empfängern ist besonders zweckmäßig, weil sie den Anschluß an physiologische, unter sehr ähnlichen Bedingungen durchgeführte Untersuchungen über die Wahrnehmbarkeit von Leuchtdichteunterschieden liefert (Abb. X.50) [*74*, *75*]. Ein bemerkenswertes Ergebnis dieser Untersuchungen ist die Tatsache, daß auch vom Gesichtssinn Leuchtdichten, die nur um wenig mehr

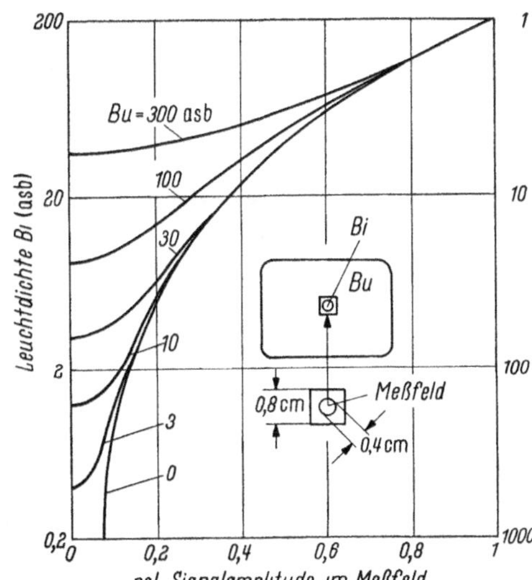

Abb. X.49. Lichtsteuerkennlinien eines Fernsehempfangers bei verschiedenen Bildfeldleuchtdichten *Bu*.

als den Faktor 10 unter der Umfeldleuchtdichte liegen, als Schwarz wahrgenommen werden.

In der Praxis ist die Messung von Lichtsteuerkennlinien nicht üblich; man setzt vielmehr voraus, daß ein bestimmter Kontrast auf dem Bildschirm auch

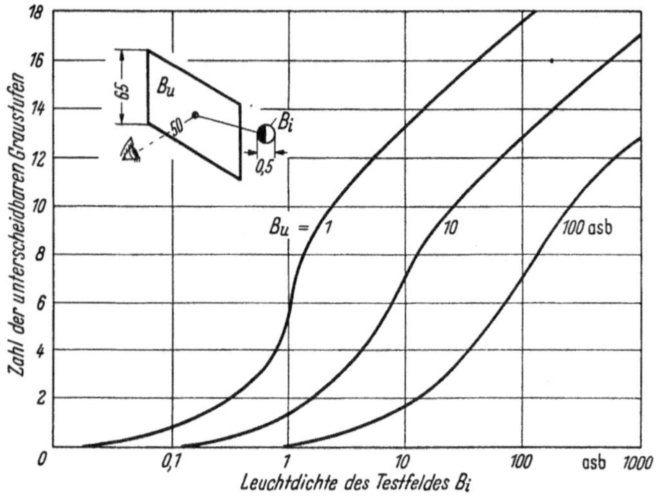

Abb. X.50. Zahl der erkennbaren Graustufen bei verschiedenen Adaptationsleuchtdichten B_u [73, 74].

zu einer definierten Gradation führt. Diese Annahme ist berechtigt, selbst wenn Raumlicht auf den Leuchtschirm fällt; es muß nur der grundsätzliche Verlauf der Lichtsteuerkennlinien durch die Potenzkennlinien des Strahlstromes bestimmt werden [76]. Das ist der Fall, wenn die Versorgungsspannungen der Bildröhre unabhängig vom Signalmittelwert sind und keine merklichen Verzerrungen des Bildsignals auftreten. Zur Ermittlung dieser Verzerrungen kann man in allen Kontrollempfängern das Signalgemisch, das die Bildröhre steuert, rückwirkungsfrei, jedoch mit verkleinerter Amplitude, an einem Meßpunkt abnehmen (Abb. X.51). Die Verzerrungen des Signals vom Eingang des Empfängers bis zu diesem Meßpunkt sollen innerhalb der für Einzelgeräte üblichen Toleranzen liegen. Wenn dies zutrifft, kann man auch mit einer guten Wiedergabe von Schwarz-Weiß-Kanten und gleichmäßig hellen Flächen rechnen, da die praktisch vorkommenden Inhomogenitäten der Leuchtdichte des Bildschirmes meist von untergeordneter Bedeutung sind. Mängel erkennt man leicht bei der Betrachtung eines elektrischen Testbildes.

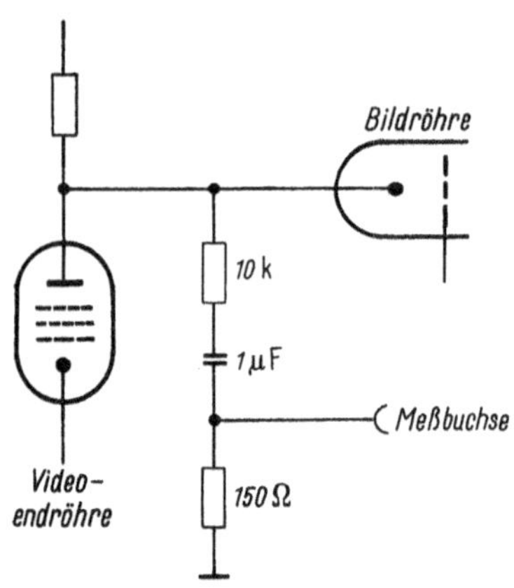

Abb. X.51.
Schaltung zur Messung der Bildröhren-Steuerspannung in Kontrollempfangern [76].

Schließlich sei noch erwähnt, daß geometrische Verzerrungen von Empfängern ähnlich wie bei Bildgebern untersucht werden: Es wird lediglich das dort von der Kamera aufgenommene Toleranzschema oder Schachbrett-Testbild hier mit Hilfe eines Diaprojektors optisch auf dem Schirm der Empfängerbildröhre abgebildet. Einen guten Überblick kann man sich auch durch die Betrachtung eines elektrisch erzeugten Kreises verschaffen.

5b. Messungen an hochfrequenten Meßdemodulatoren.

Die Meßdemodulatoren der Sender sollen das trägerfrequente Signalgemisch normgerecht im Frequenzband begrenzen und linear gleichrichten. Damit alle Sender einheitlich gemessen werden, müssen sehr enge Toleranzen eingehalten werden: Für die Durchlaßkurve gilt das Toleranzschema der Abb. X.52; das Linearitätsmaß der Demodulationskennlinie muß zwischen 8% und 100% der maximalen HF-Amplitude besser als 0,95 sein. Für die Kontrolle dieser Bedingungen hat sich ein eigenes Meßverfahren herausgebildet: die Zweisendermeßmethode [*65*]. Bei diesem Verfahren werden anstelle der üblichen modulierbaren Meßsender eine konstante Trägerwelle und eine additiv überlagerte Seitenbandschwingung verwendet (Abb. X.53). Dies gibt die Möglichkeit, die Trägerwelle unmittelbar dem Bildsender zu entnehmen und den Meßdemodulator in betriebsmäßiger Arbeitsweise mit der genauen Trägerfrequenz zu prüfen. Der Sender arbeitet dabei unmoduliert, gewöhnlich mit 70% seiner maximalen Ausgangsspannung, und die Seitenbandschwingung wird am Eingang des Meßdemodulators

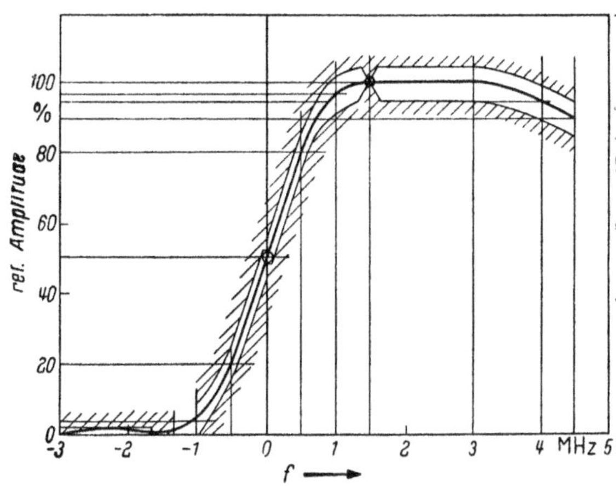

Abb. X.52. Toleranzgrenzen fur die Durchlaßkurve eines Einseitenband-Meßdemodulators.

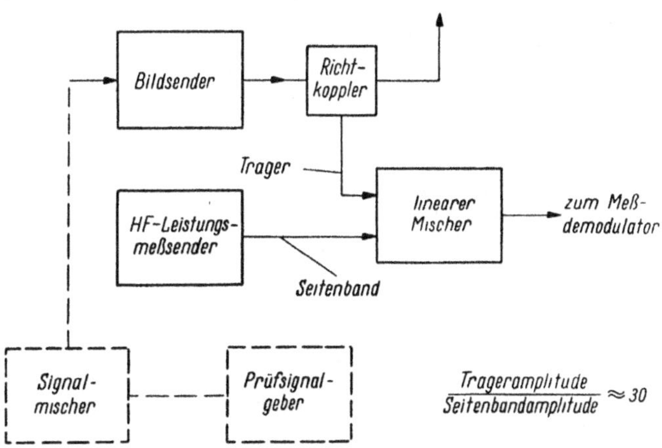

Abb. X.53. Prinzip der Zweisender-Meßmethode.

mit einer etwa 30 mal kleineren Amplitude überlagert. Eine so große Amplitudendifferenz soll die Gewähr geben, daß Meßfehler infolge von Verzerrungen der Modulation hinreichend klein bleiben; sie betragen nicht mehr als 2%. Am videofrequenten Ausgang des Meßdemodulators, also nach der Demodulation, erscheint bei diesem Verfahren eine Schwingung mit der Differenz von Bildträger- und Seitenbandfrequenz, deren Amplitude derjenigen der Seitenschwingung vor der Gleichrichtung proportional ist. Zur Ermittlung der Durchlaßcharakteristik ändert man die Frequenz der Seitenbandschwingung und mißt am videofrequenten Meßausgang Amplitude und Frequenz der demodulierten Schwingung. Zur Darstellung des gesamten Verlaufs der Durchlaßkurve einschließlich der Fallen ist es dabei nötig, netzfrequente Störungen durch Filter oder durch selektive Spannungsmessung genügend zu unterdrücken.

Zur Messung der Demodulationskennlinie des Senders wird der Träger mit einem Sägezahnsignal von 10 ··· 100% seiner maximalen Amplitude durchmoduliert und diesem Signal wieder eine Seitenbandschwingung kleiner Amplitude zugesetzt. Diese Seitenbandschwingung bewegt sich dann mit der Periode des Sägezahnsignals auf der Demodulationskennlinie hin und her, so daß die Amplitude der demodulierten Schwingung sich entsprechend der Steilheit der Demodulationskennlinie ändert. Der Steilheitsverlauf kann dann, wie bei videofrequenten Messungen, im Oszillogramm als Hüllkurve sichtbar gemacht werden. Eine Abhängigkeit des Steilheitsverlaufs von der Videofrequenz erfaßt man mit verschiedenen Seitenfrequenzen.

Schrifttum zum Kap. X.

[1] Abrahams, I. C., u. R. C. Thor: A precision line selector for television use Convention. Record of the IRE, Teil 4 (1953) S. 45—50.

[2] Buyer, E. M.: Line selector checks television waveforms. Electronics, N. Y. Vol. 26 (1953) H. 9, S. 153—155.

[3] Mangold, H., H. Fix, W. Köppe u. a.: Fernsehmeßverfahren und Meßgeräte. Rohde & Schwarz-Mitt. (1954) H. 5, S. 318—323.

[4] Macek, O.: Ein Zeilenwähler mit Eigensynchronisierung für die Fernsehtechnik. Frequenz Bd. 10 (1956) H. 6, S. 193—197.

[5] Legler, E.: Oszillographen für den Fernsehsendebetrieb. Elektronik (1956) H. 8, S. 206—209.

[6] Bödeker, H.: Die videofrequente Pegelmessung bei Fernsehübertragungsanlagen. FTZ Bd. 8 (1955) H. 3, S. 3—5.

[7] —: Standards on Television: Methods of Measurement of Television Signal Levels Resolution, and Timing of Video Switching Systems, 1950. Proc. Inst. Radio Engrs., N. Y. Vol. 38 (1950) S. 551—561.

[8] —: Meßtechnische Richtlinien für die Fernsehübertragungstechnik. Herausgegeben vom Fernsehausschuß der FuBK. Juli 1959.

[9] Springer, H.: Anwendung und Weiterentwicklung der Prüfzeilentechnik. RTM Bd. 3 (1959) H. 1, S. 40—50.

[10] Popkin-Clurmann, J. R., u. F. Davidoff: An automatic TV level control using vertical interval test signals. IRE National Convention Record 6 (1958) Teil 7, S. 5—11, Referat in Proc. Inst. Radio Engrs., N.Y. Vol. 46 (1958) S. 629/30.

[11] Morris, R. M., u. J. Serafin: Progress report on vertical interval television test signals. Bericht Seventh Annual IRE-PEGBTS-Fall-Symposium Sept. 1957, Washington.

[12] Kühnemann, K., u. W. Kopainsky: Meßgeräte für die Fernsehübertragungstechnik. Siemens-Z. Bd. 29 (1955) H. 3, S. 120—122.

[13] Demus, E.: Die betrieblichen Meßverfahren und Meßeinrichtungen im Fernsehübertragungsdienst. Der Fernmelde-Ingenieur Bd. 10 (1956) H. 12, S. 1—28.

[14] Legler, E.: Meßgeräte der Fernsehtechnik. Techn. Hausmitt. NWDR Bd. 7 (1955) S. 71—76.

[15] Müller, J.: Die Eigenschaften von Fernsehleitungen und deren Messung. Der Fernmeldeingenieur Bd. 10 (1956) H. 9, S. 1—32.

[16] Müller, H., u. E. Demus: Betriebsprüfverfahren für internationale Übertragungslinien. Fernmeldetechn. Z. Bd. 8 (1955) H. 3, S. 1—3.

[17] Laett, H. A.: Die bisherigen Ergebnisse der Arbeiten der Commission mixte CCIR/CCITT des transmissions télévisuelles (CMTT). Techn. Mitt. PTT, Nr. 6 (1959) S. 1—8.

[18] Macek, O.: Ein Prüfsignalgeber für Messungen an Fernsehübertragungssystemen. Frequenz Bd. 9 (1955) H. 11, S. 380—386.

[19] Bödeker, H.: Verfahren zur Beurteilung und Kennzeichnung der Verformung des „Sägezahn"-Testsignals bei der Prüfung von Fernsehleitungen. Fernmeldetechn. Z. Bd. 8 (1955) H. 6, S. 1/2.

[20] FELDKELLER, R., u. H. WILDE: Gleitfrequenzen in Schwingungskreisen. Telegr.- u. Fernspr.-Techn. Bd. 30 (1941) H. 12, S. 347—352.
[21] KÜPFMÜLLER, K.: Die Systemtheorie der elektrischen Nachrichtentechnik. Stuttgart: S. Hirzel 1952.
[22] MÜLLER, J.: Über die nichtlinearen Verzerrungen von Fernsehleitungen. Archiv der elektrischen Übertragung Bd. 11 (1957) H. 12, S. 485—494.
[23] GROSSKOPF, H.: Über die Messung und Beurteilung von Phasenfehlern mit Hilfe der Gruppenlaufzeit. NTZ Bd. 14 (1961) H. 11, S. 1—10.
[24] NYQUIST, H., u. S. BRAND: Measurement of Phase Distortion. Bell Syst. techn. J. Bd. 9 (1930) S. 522—549.
[25] DEUTSCHMANN, W.: Phasenlaufzeit und Gruppenlaufzeit und ihre Messung. Funk und Ton Bd. 2 (1948) H. 12, S. 607—621.
[26] DILLENBURGER, W.: Ein neues Meßgerät zur Laufzeitmessung. Frequenz Bd. 4 (1950) S. 10—13.
[27] HUNT, L. E., u. W. J. ALBERSHEIM: A Scanner for Rapid Measurement of Envelope Delay Distortion. Proc. Inst. Radio Engrs., N. Y. Bd. 40 (1952) H. 4, S. 454—459.
[28] KAISER, W., u. H. WILDE: Direkte Anzeige der Gruppenlaufzeit für den Frequenzbereich 100 kHz ··· 5 MHz. FTZ, Bd. 7 (1954) H. 8, S. 401—405.
[29] LEGLER, E.: Das Video-Gruppenlaufzeitmeßgerät PLO-76. Demnächst veröffentlicht in den Kurzmitt. der Fernseh-GmbH.
[30] MÜLLER, J.: Die Prüfung von Fernsehübertragungssystemen mit Hilfe von Rechteckwellen. Funk u. Ton Bd. 6 (1952) S. 617—631.
[31] THOMSON, W. E.: The Synthesis of a Network to have a Sine-squared Impulse Response. J. Instn. electr. Engrs. III Bd. 99 (1952) S. 373—376.
[32] FETZER, V.: Einschwingvorgänge in der Nachrichtentechnik. München: Porta-Verlag, Berlin: Verlag Technik 1958.
[33] MÜLLER, J.: Über den Zusammenhang von Einschwingverhalten und Bildgüte bei Fernsehübertragungssystemen. FTZ Bd. 6 (1953) S. 320—324.
[34] MACDIARMID, J. F.: A Testing Pulse for Television links. Proc. Inst. Radio Engrs., N. Y., Teil IIIA, Bd. 99 (1952) S. 436—444.
[35] KILVINGTON, T., D. L. JUDDS u. L. R. MEATYARD: An investigation of the visibility of noise in television picture. Radio Report Nr. 2289 of the British Post Office Engineering Deptt., Juli 1953.
[36] RASCH, R.: Rauschmessungen bei Fernsehübertragungen. FTZ Bd. 5 (1952) S. 440—444.
[37] MÜLLER, J., u. E. DEMUS: Ermittlung eines Rauschbewertungsfilters für das Fernsehen. NTZ Bd. 12 (1959) H. 4, S. 181—186.
[38] WEAVER, L. E.: The Measurement of Random Noise in the Presenpe of a Television Signal. Design Department Technical Memorandum, London: British Broadcasting Corp. 1958..
[39] WEAVER, L. E.: Einige neue Verfahren und Geräte der Fernsehmeßtechnik. RTM Bd. 5 (1961) H. 1, S. 8—14.
[40] MAURICE, R. D. A., M. GILBERT, G. F. LEWELL u. J. E. SPENCER: The visibility of noise in television. Monograph Nr. 3 of the British Broadcasting Corp. (1955) H. 10.
[41] BARSTOW, J. N., u. H. N. CHRISTOPHE: Measurement of random monochrome video interference. Trans. Amer. Inst. electr. Engrs. Vol. 73, Part 1, Comm. and Electr. (1954) H. 1, S. 735—741.
[42] —: CCIF-Beitrag der kubanischen Telefongesellschaft Standard Telephone and Cables (S. T. C.), Grünbuch der 17. Vollversammlung des CCIF, Genf, Okt. 1954.
[43] MAARLEVELD, F.: Measurements on the visibility of random noise in a 625-Line monochrome television system. Report Nr. 107 R. L. der holländischen PTT, Aug. 1957.
[44] GROSSKOPF, H., u. R. SUHRMANN: Über die Sichtbarkeit sinusförmiger Störungen im Fernsehbild. RTM Bd. 1 (1957) H. 2, S. 45—52.
[45] MAYER, N.: Störabstandswerte im NTSC-Farbfernsehverfahren. RTM Bd. 4 (1960) H. 3, S. 130—138.
[46] BOEDEKER, H.: Interferenz und Flackererscheinungen im Fernsehbild durch Störfrequenzen in der Nähe der Halbbildfrequenz. Techn. Ber. des FTZ der Deutschen Bundespost Nr. 5300 vom 1. 3. 1957.
[47] FOWLER, A. D.: Observer Reaction to low Frequency Interference in TV-Pictures. Proc. Inst. Radio Engrs., N. Y. Bd. 39 (1951) H. 10, S. 1332—1336.

[48] GOLDMANN, J.: Elektrischer Testbildgeber für Betriebszwecke. Arch. elektr. Übertragung Bd. 10 (1956) H. 4, Beiheft Fernsehtechnische Anlagen des Bayrischen Rundfunks, S. 37—41.
[49] PILZ, F.: Die Schaltungstechnik zur Erzeugung elektrischer Testbilder im Fernsehen. Arch. elektr. Übertragung Bd. 9 (1955) H. 12, S. 547—558.
[50] FRÖLING, H. E.: Das Prüfzeilenverfahren beim Fernsehen. Techn. Hausmitt. NWDR Bd. 7 (1955) S. 129—138.
[51] —: National Convention Record 1958 Bd. 5, Teil 7, S. 1—50 (10 Einzelberichte).
[53] KENNEDY, R. C.: Test signal for measuring „On the air" Color television performance. RCA-Rev. Bd. 17 (1956) S. 553—557.
[54] KENNEDY, R. C.: Simultaneous color television test signal. Electronics, N. Y. Bd. 30 (1957) H. 5, S. 146—149.
[55] WENTWORTH, J. W.: Proposed reference signals for broadcast television transmission. Broadcast News Bd. 97 (1957) H. 10, S. 46—49.
[56] DILLENBURGER, W.: Beitrag zur Meßtechnik an Fernsehkamera-Vorverstärkern. Frequenz Bd. 11 (1957) H. 5, S. 137—142.
[57] PILZ, F.: Prüf- und Meßverfahren von Superorthikon-Kameraröhren. RTM Bd. 1 (1957) S. 125—138.
[58] GILBERT, M.: The subjective grey scale selected to television transfer characteristics. Report Nr. T 050 Serial 1954/55 des Research Department der British Broadcasting Corp.
[59] FRENZEL, D.: Der Einfluß der Optik eines Fernsehaufnahmegerätes auf den Frequenzgang des Fernsehsystems. RTM Bd. 2 (1958) H. 1, S. 20—28.
[60] BROTHERS, D. C.: The Testing and Operation of $4^1/_2$-inch. Image Orthicon-Tubes. J. Brit. Inst. Radio Engrs.-Doc. (1959) S. 777—801.
[61] THEILE, R., u. F. PILZ: Übertragungsfehler der Superorthikon-Kameraröhre. Arch. elektr. Übertragung Bd. 11 (1957) H. 1, S. 17—32.
[62] GRABKE, H.: Unveröffentlichter Bericht der Fernsehabteilung der Zentraltechnik des NWDR 1955.
[63] FIX, H., u. A. KAUFMANN: Die spektrale Zusammensetzung der statistischen Schwankungen bei zur Zeit üblichen Fernsehkameraanlagen. RTM Bd. 4 (1960) H. 2, S. 60—65.
[64] THEILE, R., u. H. FIX: Zur Definition des durch statistische Schwankungen bestimmten Störabstandes im Fernsehen. Arch. elektr. Übertragung Bd. 10 (1956) H. 3, S. 98—104.
[65] GRIESE, J.: Die Kontrolle der Fernsehsender mit dem NYQUIST-Meßdemodulator. Arch, elektr. Übertragung Bd. 9 (1955) H. 5, S. 201—206.
[66] THIELCKE, H.: Prüfung von Fernsehmeßdemodulatoren und Fernsehballempfängern. RMT Bd. 1 (1957) H. 6, S. 221—231.
[67] MANGOLD, H., H. W. SCHULZ u. H. KNIRSCH: Ein neuer Oszillograph zur Pegelmessung an Fernsehsendern. Vortrag, gehalten auf der 7. Jahrestagung der Fernsehtechnischen Gesellschaft in Darmstadt, Sept. 1959.
[68] DRÖSCHER, G.: Anlage zur Impulsregenerierung bei Fernsehsignalen. Techn. Hausmitt. NWDR Bd. 5 (1953) S. 148/49.
[69] THEILE, R., u. H. GROSSKOPF: Zur Schwarzwerthaltung im Fernsehen. Radio Mentor Bd. 24 (1958) H. 2, S. 98—101.
[70] DILLENBURGER, W., u. J. WOLF: Elektronischer Videotestbildgeber mit kontinuierlich veränderbarem Bildinhalt. Elektron. Rdsch. Bd. 10 (1956) H. 11, S. 293—296.
[71] GROSSKOPF, H.: Wege zur einwandfreien Schwarzwiedergabe im Fernsehen. Radio Mentor Bd. 26 (1960) H. 1, S. 41—43.
[72] SCHADE, O. H.: Electro-Optical characteristics of television systems. RCA-Rev. Bd. 9 (1948) S. 5—37.
[73] GROSSKOPF, H.: Eine Bewertung verschiedener Einflüsse auf die Gradation von Fernsehbildern. RTM Bd. 5 (1961) H. 6, S. 287—294.
[74] KERN, E.: Der Bereich der Unterschiedempfindlichkeit des Auges bei festgehaltenem Adaptionszustand. Z. Biol. Bd. 105 (1952) S. 237—245.
[75] RANKE, O. F.: Die optische Simultanschwelle als Gegenbeweis gegen das Fechnersche Gesetz. Z. Biol. Bd. 105 (1952) S. 224—231.
[76] GROSSKOPF, H.: Die Bedeutung des Videoempfängers für die Schwarzwertübertragung im Fernsehen. RTM Bd. 2 (1958) S. 64—74.
[77] GRIESE, J.: Verfahren zur Messung der Selektions- und Laufzeiteigenschaften von Fernsehempfängern. Arch. elektr. Übertragung Bd. 9 (1955) H. 4, S. 167 bis 170.

XI. Farbfernsehen.

Bearbeitet von Dr. rer. nat. habil. ERICH SCHWARTZ, Hamburg.

1. Einleitung.

Im folgenden werden im wesentlichen nur *Verfahren* der Farbübertragung im Fernsehen behandelt. Die zugehörige Gerätetechnik wird insoweit berücksichtigt, als dies für das Verständnis erprobter Methoden förderlich erscheint. Die Aufnahmevorrichtungen für die Farbsendung (Farbkameras, Farbfilm- und Farbdiapositivabtaster) sind im Kap. III, S. 91ff., der Farbfernsehempfänger ist im Kap. IX, S. 354ff., besprochen.

Einer der ersten Vorschläge zum Farbfernsehen geht auf O. v. BRONK zurück, dessen Ideen 1928 vom Bell-Laboratorium unter H. IVES aufgegriffen wurden. Ein mittels NIPKOW-Scheibe erzeugter Abtastlichtstrahl wurde über das Objekt in Zeilen hinwegbewegt und das reflektierte Licht von 24 großflächigen Photozellen aufgefangen. Davon waren 8 für die gelbgrüne Farbkomponente empfindlich, 2 für die blaue, 14 für die rote. Das benutzte Prinzip, sog. „Flying Spot Scanning", wird noch heute im Farbfernsehen unter der Bezeichnung „Vitascan" angewendet. Auf der Empfangsseite der Übertragungseinrichtung des Bell-Labors dienten zur Bildwiedergabe verschiedenfarbig leuchtende Glimmentladungsröhren für Rot, Grün, Blau, die über getrennte Kanäle gesteuert wurden, in Verbindung mit vorgeschalteten farbselektiven Korrektionsfiltern. Halbdurchlässige Spiegel bewirkten die Mischung der drei Lichtströme vor dem Durchgang durch eine synchron mit dem Geber rotierende NIPKOW-Scheibe, deren Öffnungen den Zeilenaufbau des Empfangsbildes besorgten. Etwa zur gleichen Zeit unternahm in England J. L. BAIRD seine Farbfernsehexperimente unter Benutzung ähnlicher Anordnungen. Diese ebenfalls mit mechanischen Bildfeldzerlegern arbeitenden Einrichtungen haben hier nur insoweit Interesse, als bei ihnen rotierende Farbfilter verwendet wurden, die in der modernen Technik (CBS, Farbeidophor) noch eine gewisse Rolle spielen.

Die ersten bekannt gewordenen deutschen Experimente orientierender Art zum Farbfernsehen sind seit 1935 besonders unter Leitung von H. PRESSLER bei der Deutschen Reichspost angestellt worden. Sie konnten sich schon auf ein brauchbares elektronisches Projektionsverfahren stützen. Damals war noch ungewiß, ob ein wirkliches Bedürfnis für die Mitübertragung der Farbe im Fernsehrundfunk bestände. Man sah deshalb die Aufgabe ausschließlich darin, die optischen, physiologischen und elektrischen Grundlagen für ein etwaiges Farbfernsehen zu klären und seine praktischen Möglichkeiten abzuschätzen. Aus den Erfahrungen der Farbfilmtechnik konnten einige farbmetrische Lösungen übernommen werden, aber typisch fernsehtechnische Fragen blieben zunächst ungeklärt. So nahm man z. B. an, daß zum Aufbau eines naturfarbigen Fernsehbildes mit der definierten Schärfe eines reinen Schwarz-Weiß-Bildes drei Farbauszüge *der gleichen Auflösung* nötig seien. Das hieß, für die Übertragung die dreifache Frequenzbandbreite aufzuwenden.

Man übertrug diese Farbauszüge zeitlich aufeinanderfolgend durch den gleichen Nachrichtenkanal. Vor dem Objektiv der Aufnahmekamera rotierten drei abgestimmte Farbfilter, die wechselweise das rote, grüne und blaue Teilbild aussonderten. Dieses sog. „Field Sequential"-Verfahren nennen wir hier „Feldsequenzverfahren". Der Empfänger arbeitete dabei in der Regel mit einer analog ausgebildeten, synchron umlaufenden Farbfilterscheibe, die zwischen den weiß leuchtenden Bildschirm und das Auge des Betrachters geschaltet war.

HATZINGER schlug 1936 vor, mit Hilfe der Spiegelschraube [*1*] eine Farbmischung im Zeilensprung zu bewirken. Die ungeradzahligen Zeilen (Nr. 1, 3, 5, ...) des ersten Bildes wurden über ein Rotfilter beleuchtet, die geradzahligen (2, 4, 6, ...) über ein Blaufilter, die ungeradzahligen (1, 3, 5, ...) des nächsten Bildes über ein Grünfilter und so in zyklischer Folge weiter. Ähnliche Methoden sind später in Gestalt der „Line Sequential"-Verfahren ("Zeilensequenzverfahren"), s. 2c, benutzt worden.

Schon früh empfand man die mechanisch angetriebenen umlaufenden Farbfilter als unbequem und geräuschvoll, und deshalb versuchte 1938 G. OTTERBEIN, diese rotierenden Scheiben durch ruhende, elektrisch umsteuerbare Farbselektoren zu ersetzen. Man kann nämlich mit einer KERR-Zellenoptik durch Spannungsänderungen Farbumschläge des polarisierten Lichtes weitgehend trägheitsfrei steuern. Als technisches Farblichtrelais ist diese Anordnung jedoch unbrauchbar geblieben, weil man keine reinen gesättigten Farben erzielt und unbequem hohe Spannungen an die Elektroden legen muß.

Der Fehlschlag des Versuchs, die Verdreifachung der Frequenzbandbreite durch geringere Auflösung zu umgehen, führte zu Vorschlägen, sich mit zwei Farbkomponenten zu begnügen. Jedoch zeigten sich dabei im Gebiet ungesättigter Farben erhebliche Mängel, und im Zusammenhang mit dem später zu beschreibenden NTSC-Verfahren hat sich herausgestellt, daß man zwar im Auswirkungsbereich der mittleren bis höheren Frequenzen, also in den Zonen des Bilddetails, eine wirklich dreifarbige Übertragung entbehren kann, daß aber zwei Farbkomponenten nicht ausreichen, um größere Flächen farb- und empfindungsrichtig wiederzugeben.[1]

Im heutigen Farbfernsehempfänger mit BRAUNscher Röhre sind allgemein Leuchtschirme mit Phosphoren üblich, welche in den drei verschiedenen Primärfarben fluoreszieren und, nach einem komplizierten Herstellungsverfahren mosaikartig oder rasterförmig ineinandergedruckt, räumlich eng nebeneinander auf der gleichen Schirmfläche sitzen. Die Erregung dieser Schirmelemente durch Strahlelektronen muß dann verhältnisrichtig gesteuert werden, um eine bestimmte Mischfarbe zu erhalten; hierin besteht die Problematik der verschiedenen Arten von Farbbildröhren. Im Bestreben, einfachere Lösungen dafür zu finden, hat man versucht, einen aus einheitlichem Leuchtstoff bestehenden Leuchtschirm in verschiedenen Farben anzuregen, indem man die Anodenspannung, also die Energie der Strahlelektronen, periodisch stark veränderte. Abgesehen von den schaltungstechnischen Schwierigkeiten dieses Verfahrens umfassen aber nach den bisherigen Erfahrungen die Farbumschläge einen zu kleinen Wellenlängenbereich, als daß man damit drei in dosierter Mischung jeden natürlichen Farbton liefernde Spektralgebiete hätte herstellen können, und die Frage der Intensitätsdosierung selbst blieb vollständig offen, zumal die jeweils erregte Leuchtfarbe auch von der Strahlstromdichte abhängt.

Im Wettbewerb mit diesem Vorschlag erwies sich ein anderes Verfahren als geeigneter, bei dem die drei Grundfarbenbilder in drei Elektronenstrahlröhren

[1] Wir sehen hier ab von praktisch noch ungeklärten Vorschlägen, mit einer fest bestimmten Grundfarbe, z. B. Rot, und einer variablen, steuerbaren Mischfarbe, im gedachten Falle Blaugrün, zu arbeiten. Es ist dann außer dem Signal für den Rotanteil nur ein zweites erforderlich, welches den Schwerpunkt innerhalb eines von Grün bis Violett reichenden Farbfächers an die gewünschte Stelle legt. Im Grunde ist der Gedanke eng verwandt mit der Methodik des später beschriebenen NTSC-Systems (Bildung des I'- und des Q'-Vektors).

getrennt erzeugt und durch sich überdeckende Projektion genau aufeinander entworfen werden. Derartige Anordnungen haben sich im Farbfernsehen in Großformat bis heute erhalten. Vgl. Teilband 1, Kap. X, S. 671/72.

Frühzeitig hat man auch versucht, das farbige Bildfeld nicht durch *rasterweise* nacheinander erfolgenden Aufbau aus den drei Grundfarbenbildern herzustellen (d. h. im Feldsequenzverfahren), sondern es in *zeilenweise* stattfindendem Farbwechsel zu erzeugen (Zeilensequenzverfahren) oder gar aus *Tripeln von Leuchtpunkten* zusammenzusetzen, deren jeder eine der drei farbigen Teilinformationen überträgt (Punktsequenzverfahren).

Mit diesen Einzelschritten der Entwicklung sind wir an den Beginn der neuzeitlichen Farbfernsehtechnik herangekommen. Welche Farbfernsehsysteme haben nun seither praktische Fortschritte erbracht und Bausteine für die heute üblichen Übertragungsweisen der Farbinformation geliefert?

2. Nicht oder nicht voll kompatible Systeme.

Unter „Kompatibilität" versteht man im Farbfernsehen die Möglichkeit, daß ein Fernsehteilnehmer mit normalem Schwarz-Weiß-Empfänger eine die Farbinformation enthaltende Sendung ohne Farbe mit unverminderter Bildgüte störungsfrei empfangen kann. Dazu gehört, daß die Frequenzbandbreite der Sendung den für das unfarbige Bild zugestandenen Wert nicht überschreitet.

„Rekompatibilität" bedeutet, daß ein Farbfernsehempfänger auf dem Leuchtschirm der Bildröhre überall dort eine rein schwarz-weiße Wiedergabe liefert, wo das Übertragungsobjekt momentan unfarbig ist, also nur Grautöne aufweist.

2a. Das Simultanverfahren.

Wir beginnen mit dem Simultanverfahren. Es ist dadurch gekennzeichnet, daß die drei Farbkomponenten des Bildes gleichzeitig abgetastet, übertragen und wiedergegeben werden. Auf die visuellen Vorzüge eines solchen Verfahrens wurde schon im Teilband 1, S. 61 bis 74, hingewiesen.

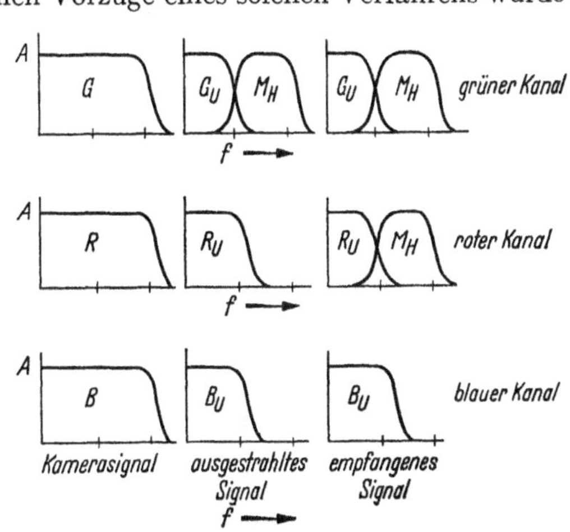

Abb. XI.1. Frequenzschema fur Simultanfarbfernsehen mit „Mixed Highs" (M_H).
A Amplitude, *f* Frequenz; Index *U* bezeichnet das reduzierte Frequenzband.

Farbsäume, Farbzerfall und Farbflimmern, die beim Feldsequenzverfahren in der Natur des Übertragungsvorganges begründet sind und gelegentlich auftreten, schließt die simultane Anfärbung jedes Bildpunktes in den drei Grundfarben prinzipiell aus. Bei der klassischen Form dieses Verfahrens wurden, wie gesagt, alle drei Primärfarbenbilder mit der vollen Auflösung und dem entsprechenden Frequenzbande übertragen. Sehr bald entsann man sich aber der Erfahrung des Dreifarbendruckes, nämlich, daß das Auge für Farbunterschiede ein wesentlich geringeres Auflösungsvermögen besitzt als für Helligkeitsunterschiede. Man beschränkte also zunächst die Bandbreite für jeden Farbkanal auf die Hälfte, wie dies im linken Teile der Abb. XI.1 gezeigt ist. Die feinen Bilddetails übertrug man in einem Frequenzabschnitt, den man im Grünkanal additiv hinzusetzte, als Gemisch der hohen Frequenzen, die von dem grünen und dem roten Farbauszug gemeinsam geliefert wurden. Dieser Bereich ist im oberen Teile der Abb. XI.1 mit M_H bezeichnet; er wurde, wie ersichtlich, nur dem Grünkanal überlagert. Insofern trat schon beim klassischen Simultanverfahren zum erstenmal das Prinzip der „Mixed Highs" auf, bei dem man im Gebiet der hohen Frequenzen, d. h. der jähen Leuchtdichteänderungen, auf die Farbunterscheidung ganz oder weitgehend verzichtet. Empfängerseits wurden drei Primärfarbröhren mit den drei auf halbe Bandbreite begrenzten Modulationen gesteuert. Das Band M_H wurde sowohl der rot wie der grün leuchtenden Empfängerröhre zugeführt, während die blau leuchtende überhaupt keine hohen Steuerfrequenzen erhielt. Auch unter Benutzung des Mixed Highs-Prinzips in dieser vorläufigen Form benötigte das klassische Simultanverfahren immer noch die doppelte Bandbreite wie das entsprechende Schwarz-Weiß-Bild ($3f/2$ für jede Grundfarbe, $+f/2$ für die farblich vermengten hohen Frequenzen, die außerdem keinen blauen Anteil enthielten). Es war ein weiterer Nachteil des alten Simultanverfahrens, daß die drei empfangsseitigen Primärfarbbilder durch sich genau deckende Projektion auf dem Wiedergabeschirm zum resultierenden Gesamtbild überlagert werden mußten. Dadurch entstanden die Probleme der exakten Lagenkoinzidenz dreier Raster („Register" im Englischen), die sich durch die ganze Entwicklung des Farbfernsehens hindurch immer wieder als aktuell erwiesen haben, wenn auch die besondere Form, in der die Aufgabe jeweils auftrat, tiefgreifende Wandlungen durchgemacht hat.

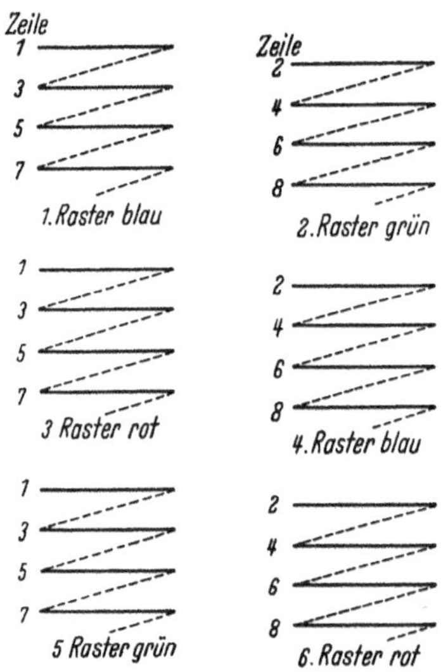

Abb. XI.2.
Zeilenzugschema des Feldsequenzverfahrens.

2b. Das Feldsequenzverfahren.

Parallel zum Simultanfarbfernsehen entwickelte sich das Feldsequenzververfahren, bei dem man die im Takte des Filterwechsels nacheinander erhaltenen Farbauszugsignale durch den gleichen Kanal übertrug. Das so entstehende Zeilenzugschema ist unter Berücksichtigung des Zeilensprungverfahrens in Abb. XI.2 wiedergegeben. Wie dort ersichtlich, benötigt man dann sechs Raster (= Felder), damit jedes Bildelement einmal in allen drei Primärfarben abgetastet wird. Im 1. Halbbild werden die ungeradzahligen Zeilen blau, im 2. Halbbild die geradzahligen grün abgetastet, im 3. Halbbild die ungeradzahligen rot, im 4. Halbbild die geradzahligen wieder blau. Im 5. Halbbild trifft die grüne Abtastung die ungeradzahligen Zeilen, im 6. Halbbild die rote Abtastung die geradzahligen. Dann beginnt der beschriebene Zyklus von neuem.

Stellt man sich nun beispielsweise ein monoton grünes Bildfeld vor oder auch nur ein solches, in welchem große zusammenhängende Flächen rein grün sind, so fällt in diesen Bereichen beim roten und beim blauen Farbauszug die Modulation völlig aus. Dann geht die Anzahl der wiedergegebenen Raster auf den dritten Teil zurück, und es treten gegenüber einem Schwarz-Weiß-Bild gleicher Auflösung ein erheblicher Verlust an Schärfe, Helligkeit und Kontinuität sowie ein unerträgliches Flimmern auf. So ergab sich die Konsequenz, die Anzahl der Raster/s im Verhältnis zum normierten Schwarz-Weiß-Bilde zu verdreifachen, um die gleichen maximalen Helligkeiten und die gleiche Flimmerfreiheit wie bei diesem unabhängig von der besonderen Art des farbigen Bildes zu gewährleisten. Die entsprechende, untragbare Verdreifachung der Bandbreite vermied ein Kompromiß: Man hat sich bei dem Feldsequenzverfahren der CBS (Columbia Broadcasting System) mit insgesamt 144 Rastern/s begnügt, was einer effektiven Bildwechselzahl von $144/6 = 24$ Farbbildern/s entsprach. Das ist die normale Bildfrequenz des Kinofilms. Um hierbei aber das CBS-Verfahren ohne Überschreitung der für den einzelnen Fernsehkanal in den USA zugestandenen Bandbreite durchführen zu können, mußte man die Zeilenzahl von 525 auf 405 herabsetzen. Doch ist selbst dann noch der KELL-Faktor, das Verhältnis zwischen der theoretisch erforderlichen und der tatsächlich benutzten Bandbreite, unerwünscht hoch (vgl. Teilband 1, S. 269 bis 280). Vor allem aber hat man mit diesen Abweichungen von der Schwarz-Weiß-Norm auf die Kompatibilität verzichtet. Ein weiterer wesentlicher Nachteil aller Feldsequenzverfahren ist, daß man sender- wie empfängerseits auf die Verwendung rotierender und synchronisierter Farbfilter angewiesen bleibt. Man schaltet also in den Strahlengang einer sonst normalen Fernsehkamera, die nur eine, jedoch im ganzen optischen Spektrum abgeglichen empfindliche Bildgeberröhre enthält, ein rotierendes Dreifarbenfilter ein, so daß das zu übertragende Bildfeld unter rasterweise erfolgender zyklischer Umschaltung in den drei Primärfarben abgetastet wird. Im Empfänger läuft vor dem weiß emittierenden Leuchtschirm einer BRAUNschen Röhre ein entsprechendes Dreifarbenfilter, das den Strahlengang zum Auge durchkreuzt, in Phase mit dem senderseitigen um. Die Übertragung aller drei Primärfarben mit verschiedenen, dem visuellen Auflösungsvermögen in jedem Farbbereich angepaßten Bandbreiten, wie sie das Simultanverfahren gestattet, ist beim Feldsequenzverfahren ausgeschlossen. Nachrichtentechnisch ist dies eine Schwäche des Prinzips. Die Methode der rotierenden Farbfilter zwingt nämlich dazu, synchron mit dem Ablauf der Zeilenraster in der Elektronenstrahlröhre auch die Umschaltung der Filtersektoren vorzunehmen. Für die blaue Komponente wird daher der Übertragungskanal ebenso lange beansprucht wie für die grüne und die rote, obgleich während der Dauer des zugehörigen Rasters viel weniger Detail übermittelt zu werden braucht.

Zwei wesentliche Vorteile des Feldsequenzverfahrens seien aber erwähnt: 1. Das Problem des Registers (Indeckungbringen mehrerer Raster) tritt nicht auf, weil stets das gleiche Raster in der einen Aufnahme- bzw. Wiedergaberöhre verwendet wird; 2. die Möglichkeit, durch identische Farbfilter auf der Sende- und der Empfangsseite eine sehr farbtreue Übertragung zu erzielen, vorausgesetzt, daß das Weiß des Leuchtschirmes der Bildschreibröhre dem Weiß der Objektbeleuchtung in seiner kolorimetrischen Zusammensetzung genügend nahekommt. Aber die Verwendung schnell bewegter mechanischer Elemente in Gestalt rotierender Farbfilter und die wachsende Gewißheit kommender kompatibler Lösungen unter Einschluß des Prinzips der Mixed Highs haben doch dazu geführt, daß im amerikanischen Fernsehrundfunk das Feldsequenzverfahren wieder verlassen wurde. In geschlossenen Systemen (z. B. Farbeidophorprojektor für Unterricht, s. Kap. XII, S. 504ff.) hat es sich dagegen bisher erfolgreich behauptet.

2c. Das Zeilensequenzverfahren.

Ein erster, unvollständiger Schritt in Richtung auf ein kompatibles Farbfernsehen wurde durch das Zeilensequenzverfahren („Line-Sequential") getan. Auch bei ihm wird die Farbe in zeitlichem Zyklus durch den gleichen Kanal übertragen. Aber der Wechsel der Farbauszüge findet nicht im Rhythmus ganzer Raster (Felder) statt, sondern entsprechend rascher, synchron mit dem Zeilenwechsel. Das sich ergebende Zeilenzugschema zeigt Abb. XI.3. Auch hier braucht man sechs Raster zum vollständigen Bildaufbau. Im Gegensatz zu Abb. XI.2 sind dabei die sechs Raster so dargestellt, daß die linke Hälfte untereinander das 1., 2. und 3. Raster, die rechte Hälfte in gleicher Weise das 4., 5. und 6. Raster wiedergibt. Während der ersten drei Raster werden stets nur die ungeradzahligen Zeilen (Nr. 1, 3, 5, ...), während der restlichen drei Raster stets nur die geradzahligen Zeilen (Nr. 2, 4, 6, ...) in den drei Primärfarben Grün (*g*), Blau (*b*) und Rot (*r*) abgetastet. Die Farbfolge ist im 1. Raster *g*, *b*, *r*, im 2. Raster *r*, *g*, *b*, im 3. Raster *b*, *r*, *g*, so daß jede ungeradzahlige Zeile in zyklischem Wechsel die drei Farbauszüge liefert bzw. empfängt. Mit dem 4. Raster setzt dann die Abtastung der geradzahligen Zeilen ein, die das gleiche Gesetz des Farbzyklus befolgt.

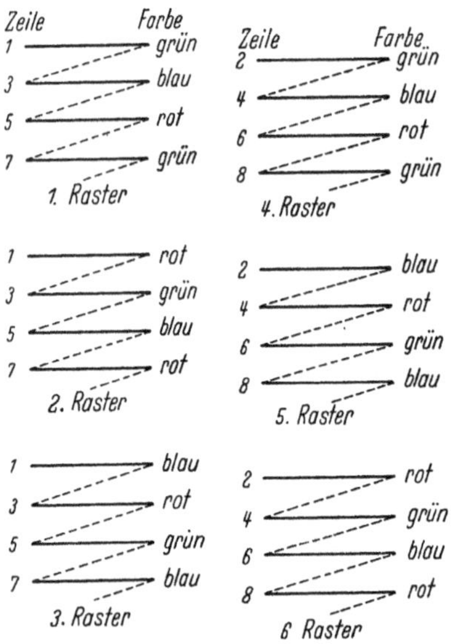

Abb. XI.3.
Zeilenzugschema des Zeilensequenzverfahrens.

Dieses Verfahren brachte gegenüber dem Feldsequenzverfahren den erheblichen Vorteil, daß auch bei einfarbigen Bildern keines der Farbauszugsraster völlig ohne Modulation blieb; es trat vielmehr in jedem derselben ein Videogehalt auf. Immerhin aber fallen bei einem einfarbigen Bilde in jedem Teilraster die beiden anderen Primärfarben wiederum völlig aus. Wenn also auch kein Feld vollkommen unbenutzt und unaufgehellt bleibt, sinkt in solchen Fällen doch die Anzahl der übertragenen und wiedergegebenen Zeilen pro Raster auf den dritten Teil, verglichen mit einem Schwarz-Weiß-Bild gleicher Rasterwechselzahl. Zwar wird der Modulationsinhalt der ausgefallenen Zeilen in den Folgerastern nachgeliefert, aber dies führt zu einem auffälligen Zeilenflimmern, das sich augenphysiologisch als recht störendes Zeilenkriechen auswirkt. Immerhin kann man bei Inkaufnahme dieses Nachteils die Anzahl der Rasterwechsel/s auf dem für Schwarz-Weiß-Fernsehen normierten Wert halten (60 Raster/s in den USA, 50 Raster/s in Europa). Insofern ist das Zeilensequenzverfahren der erste Schritt in Richtung einer bedingt kompatiblen Farbübertragung gewesen, bei der sich also auch Schwarz-Weiß-Empfänger beteiligen konnten.

Abgesehen vom störenden Zeilenkriechen bestand beim Zeilensequenzverfahren ein weiterer, der vollen Kompatibilität entgegenstehender Nachteil darin, daß, wie das Schema der Abb. XI.3 zeigt, das 2. Raster im Schwarz-Weiß-Empfänger in die Spur der geradzahligen Zeilen und das 5. Raster in die Spur der ungeradzahligen Zeilen fiel, während es im normierten Schwarz-Weiß-Betrieb gerade umgekehrt sein soll. Dies führte dazu, daß der kompatibel teilnehmende Schwarz-Weiß-Empfänger ein Bild mit erheblich verringerter Auflösung lieferte.

3. Kompatible Verfahren.

Wir kommen zu den Systemen, bei denen unter Aufrechterhaltung der für Schwarz-Weiß-Betrieb genormten Zerlegungsdaten jeglicher Ausfall von Zeilen, mit seinen störenden augenphysiologischen Folgen, vermieden wird, indem der Farbzyklus *r*, *g*, *b* sich im Raume des einzelnen Flächenelements und so schnell abspielt wie die Strahlablenkung um Bildpunktbreite. Hierzu gehören auch solche

Verfahren, bei denen durch Mehrstrahl-Bildschreibröhren und Leuchtphosphormosaike erreicht wird, daß alle drei Primärfarben auf dem Empfangsschirm wirklich *gleichzeitig* erregt werden.

3a. Das Punktsequenzverfahren („Dot Sequential").

Der volle Durchbruch zur echten Kompatibilität wurde erst durch das Punktsequenzverfahren („Dot Sequential") möglich, bei dem man das farbige Bild wiederum in zeitlichem Zyklus einzelner Farbauszüge aufbaut, jedoch so, daß die Farbschritte schon innerhalb der Übertragungsdauer eines Bildelements durchmessen werden. Zum Verständnis des folgenden genügt es, an das Zwischenpunktverfahren („Dot Interlace") zu erinnern, das an sich mit dem Farbfernsehen nichts zu tun hat, aber doch wegweisend für die Durchführung des Dot-Sequential-Verfahrens war. Das Zwischenpunktverfahren ist im Rahmen des Schwarz-Weiß-Fernsehens entwickelt worden und eine logische Weiterführung des Zwischenzeilen- oder Zeilensprungprinzips („Line Interlace") bis zum Zwischenpunkt- oder Punktsprungprinzip („Dot Interlace"). Vgl. hierüber Teilband 1, S. 250 bis 256.

3b. Farbmultiplex.

Um ein Punktsequenzverfahren der Farbübertragung verwirklichen zu können, denken wir uns aus dem Grünauszug der Kamera eine Impulsgruppe nach Abb. XI.4a ausgesondert und stets um 120° gegenüber dem gleichartigen Impulszug des Rotkanals voreilend. Analog soll der Impulszug des Blaukanals dem des Rotkanals um 120° nacheilen (Abb. XI.4b, XI.4c). Durch Superposition entsteht der Verlauf nach Abb. XI.4d. Abb. XI.5 zeigt, wie man durch solche Lückenstellung diese regelmäßige Ineinanderflechtung auch bei Verkämmung zweier Zeilendurchläufe zur Gesamtgruppe wahren kann. Abb. XI.5a deutet oberhalb der Grünzeitachse mit aufwärtsgerichteten Pfeilen das Impulsschema eines 1. Durchlaufs und mit abwärtsgerichteten Pfeilen das des 2. Durchlaufs, samt einer zeitlichen Versetzung, an. Entsprechend geben die Abb. XI.5b und XI.5c die Impulsgruppen der beiden anderen Farbkanäle in ihrer zeitlichen Relativlage wieder. Abb. XI.5d stellt die Gesamtheit der zusammengefügten Impulse des vollständigen Farbmosaiks dar. Auch dann kommt also eine Interlace-Stellung der Impulsfolge zustande.

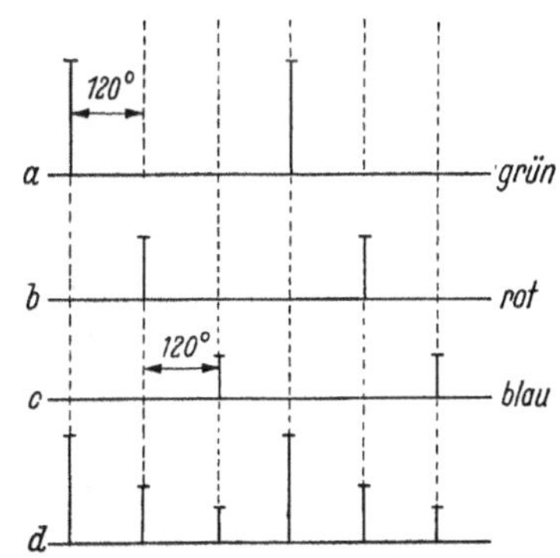

Abb. XI.4a—d. Farbmultiplex beim Zwischenpunktverfahren. Ausnutzung des Verlaufs der Funktion $\sin x/x$.

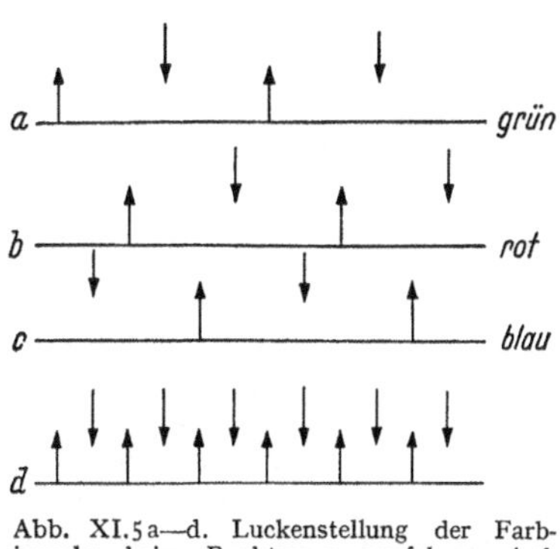

Abb. XI.5a—d. Luckenstellung der Farbimpulse beim Punktsequenzverfahren. Aufwarts gerichtete Pfeile bezeichnen den ersten und abwärts gerichtete den zweiten Durchlauf.

Nun geht, wenn die Impulsfolgefrequenz jeder Primärfarbengruppe wenig unter der oberen Frequenzgrenze des Übertragungskanals liegt, von jedem Impuls nur die Grundperiode und der Gleichstromanteil hindurch. Die Impulszüge verformen sich daher empfängerseits zu den Sinusschwingungen nach Abb. XI.6. Abb. XI.6a gibt die am Empfänger ankommende Sinusschwingung für den grünen

Auszug, Abb. XI.6b diejenige für den roten und Abb. XI.6c diejenige für den blauen wieder. Abb. XI.6d zeigt die aus diesen drei Sinusschwingungen addierte Gesamtschwingung, die natürlich ebenfalls sinusförmig von der gleichen Frequenz, aber anderer Phasenlage und Amplitude sowie von anderem Gleichstromgehalt ist.

Ist der aus dem Kamerasignal herausgetastete Samplingimpuls hinreichend schmal, so sind die beiden Nulldurchgänge zwischen den benachbarten Maxima der ausgewählten Farbkomponente, wie in Abb. XI.6a, um 120° bzw. 240° gegen die Lage dieses Einzelimpulses versetzt. Theoretisch gilt dies exakt nur bei einem Nadelimpuls. Aber die Restamplitude, die sich bei endlicher Impulsbreite für 120° bzw. 240° Phasenverschiebung ergibt, ist kleiner als 1% des Maximums, wenn diese Impulsbreite 12% des zeitlichen Impulsabstandes nicht überschreitet. Da nun die Impulszüge für die rote und die blaue Komponente (Abb. XI.4b und XI.4c) mit 120° bzw. 240° Phasenwinkel zu den Grünimpulszügen getastet wurden, liegen die Maxima der Rot- bzw. der Blauamplitude immer gerade da, wo die Kurve nach Abb. XI.6a ihre Nulldurchgänge hatte (Abb. XI.6b und c). Das aus den drei Impulsreihen gebildete, verkämmte Sendesignal nach Abb. XI.6d ist daher, als Summe dreier Sinusschwingungen gleicher Frequenz, wiederum eine Sinuswelle mit der Samplingimpulsfrequenz. Gleichstromkomponente, Phase und Amplitude des resultierenden Verlaufs ergeben sich aus den Momentanamplituden der einzelnen Farbimpulsgruppen. Wird dann im Empfänger ein synchron laufender Impulsgenerator vorgesehen, so ist es damit möglich, aus der Form des Summensignals die augenblicklichen Intensitäten der drei Farbanteile getrennt wieder herauszutasten und sie in der richtigen zyklischen Zeitfolge auf drei Steuerkanäle für die Primärfarben zu verteilen. Das gesamte empfängerseitige Bildpunktschema zeigt Abb. XI.7. Die arabischen Ziffern geben die Reihenfolge der Bildpunkte und ihre Registrierung in den vier einzelnen Teilrastern an.

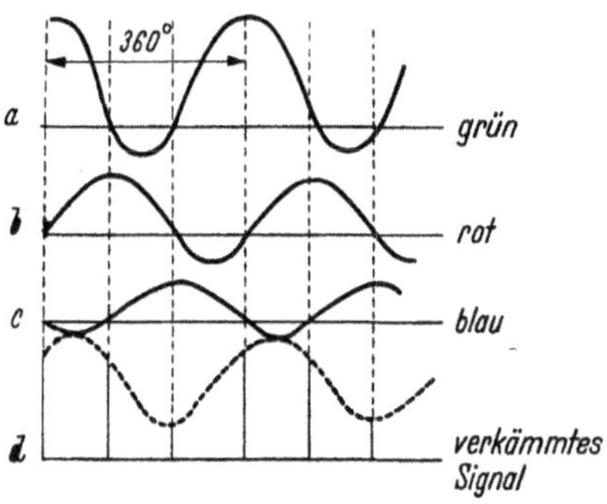

Abb. XI.6a—d. Signalmischung aus drei Farbgrundkomponenten und ihren Gleichstromkomponenten beim Punktsequenzverfahren.

grün		rot		blau		grün		rot		blau		grün		rot	a
	blau		grün		rot		blau		grün		rot		blau		b
I			II			III			IV			V			
1	3	1	3	1	3	1	3	1	3	1	3	1	3	1	
2	4	2	4	2	4	2	4	2	4	2	4	2	4	2	
3	1	3	1	3	1	3	1	3	1	3	1	3	1	3	
4	2	4	2	4	2	4	2	4	2	4	2	4	2	4	
1	3	1	3	1	3	1	3	1	3	1	3	1	3	1	
2	4	2	4	2	4	2	4	2	4	2	4	2	4	2	
3	1	3	1	3	1	3	1	3	1	3	1	3	1	3	

Abb. XI.7. Aufbauschema des farbigen Bildrasters beim Punktsequenzverfahren.

In den beiden oberen Zeilen ersieht man die Farbschrittfolge und erkennt, daß sich die roten, grünen und blauen Bildpunkte hier in senkrechten Kolonnen ordnen, so daß drei nebeneinanderliegende Farbpunkte visuell zu einem Gesamtbildpunkt verschmelzen.

3c. „Mixed Highs" beim Punktsequenzverfahren.

Abb. XI.8 zeigt einen Farbfernsehempfänger, der nach dem Punktsequenzverfahren arbeitet. Auf den Videodetektor folgt ein Tastimpulsgenerator, der die drei Impulsgruppen für Rot, Grün und Blau zyklisch auf die zugehörigen Farbwiedergabekanäle verteilt. Deren Bandbreite wird auf 2 MHz beschränkt, aber es wird im Nebenschluß zum Tastimpulsgenerator über einen Bandpaß mit dem

Durchlaßbereich 2 MHz bis 4 MHz die dem Bild*detail* entsprechende Modulation übertragen und vermittelst zweier Addiergeräte dem Grün- und dem Rotkanal gleichzeitig beigemischt. Der Gedanke der Mixed Highs, im Hinblick auf die

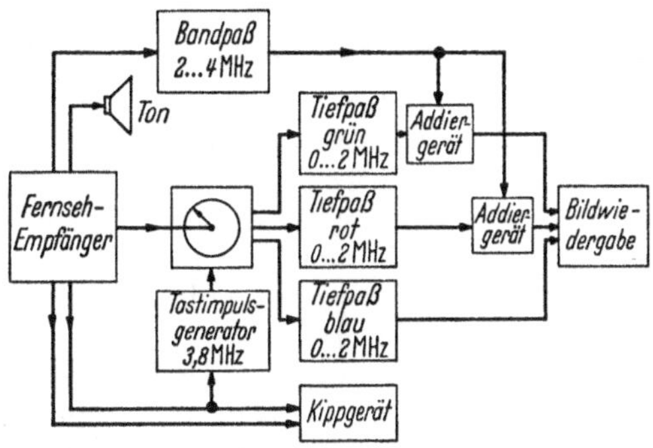

Abb. XI.8. Empfänger mit „Mixed Highs" für das Punktsequenzverfahren.

Durchführung des Simultanbetriebes entstanden, tritt hier als Bestandteil eines nach dem Punktsequenzverfahren arbeitenden Empfangsprinzips wieder auf.

3d. Zwischenformen zwischen Punktsequenzverfahren und Frequenzverschachtelung.

Ein Versuch zum Umgehen der in 3c beschriebenen verwickelten Impulstechnik liegt vor in Gestalt von Schaltungen, bei denen man einen Farbhilfsträger von der Frequenz des ursprünglichen Impulserzeugers, der aber *sinus*förmig schwingt, in drei um je 120° gegeneinander versetzte Komponenten aufspaltet und jede Komponente für sich mit dem Videosignal einer Primärfarbgeberröhre moduliert. Diese drei modulierten Anteile werden zu einer Summenfarbschwingung überlagert und passende Gleichstromamplituden hinzugefügt. Empfängerseits muß man dann einen Farbträgeroszillator synchron zum Sender schwingen lassen und nach dem Prinzip einer Dreiphasenmodulation die Videoinformation jeder Primärfarbe wieder heraustrennen. In dieser Ausführung wird das Punktsequenzverfahren dem anschließend beschriebenen NTSC-System, abgesehen von Schaltungsfragen, schon äußerlich ähnlich. Tatsächlich sind auch die Frequenzspektren beider praktisch identisch, und die Übertragungsprinzipien entsprechen einander trotz des grundsätzlichen Unterschiedes von Sequenz- und Simultanerregung der Bildpunktfarbtripel weitgehend (Farbträgergenerator auf der Sender- und der Empfängerseite, Synchronisierung derselben durch ein besonderes Farbsynchronisierzeichen und mehrphasige Modulation des Trägers der gesamten Farbinformation).

4. Das NTSC-Verfahren.

Bezüglich der Koordinatendarstellung einer physikalisch reellen Farbe nach Sättigung und Farbton, unter Benutzung des Farbdreiecks, wird auf den Teilband 1, Kap. II, Abschnitte 9a bis 9c, S. 60 bis 68, verwiesen. Die dortigen Ausführungen über Farbsehen und über die Rolle der Kolorimetrie bei der Farbübertragung werden im folgenden unter 4d ergänzt und vertieft.

Die Theorie der bei der Fernsehbildzerlegung entstehenden Frequenzspektren und ihre experimentelle Bestätigung haben für das NTSC-System die wichtigste nachrichtentechnische Grundlage geliefert, indem sie die innerhalb der normalen

Bandgrenzen bestehenden, für zusätzliche Information, hier die Farbe, aufnahmebereiten Energielücken offenbarten. Vgl. Teilband 1, Kap. V, Abschnitte 1c und 1d, S. 288 bis 299.

4a. Nutzanwendung der Linienstruktur des Zerlegungsspektrums.

Das heute als das fortgeschrittenste geltende Farbfernsehsystem, welches seit 1954 in den USA offiziell eingeführt ist, trägt den Namen NTSC (= National Television Standards Comittee). Es basiert auf dem Gedanken der Frequenzverschachtelung („Frequency Interlace"), und dieser wiederum geht auf R. B. Dome zurück [3]. Schon bei bildtelegraphischen Untersuchungen im Bell-Laboratorium hatten P. Mertz und F. Gray [4] die ebenso für das Fernsehsignal geltende Tatsache bestätigen können, daß die Sendeenergie nicht als spektrales Kontinuum über das ganze Frequenzband des Videokanals verteilt ist, sondern sich an den Orten der ganzzahligen Vielfachen der Zeilenfrequenz verdichtet. In Abb. XI.9 ist mit durchgezogenen Linien die spektrale Struktur einer Fernsehsendung schematisch angedeutet. Die dazwischen punktiert gezeichneten Linien könnten von einer fremden Nachricht herrühren, die man daher in das Bildspektrum ohne gegenseitige Beeinflussung und ohne Inanspruchnahme eines über dieses hinausgehenden Frequenzbereichs einbauen kann („Frequenzverschachtelung"). Die Energie des Fernsehbildes selbst konzentriert sich in Abb. XI.9 beim 4,0-, 5,0-, 6,0fachen der Zeilenfrequenz f_z, während bei $4{,}5 f_z$, $5{,}5 f_z$, $6{,}5 f_z$ keine vom Bilde herrührende Leistung auftritt. Die Lücken liegen also bei den *ungerad*zahligen Vielfachen der *halben* Zeilenfrequenz. Nutzt man sie aus, wie vorstehend gedacht, so fragt sich natürlich, wie ein normaler Schwarz-Weiß-Fernsehempfänger auf die Mitübertragung solcher beigemengten Fremdmodulation reagieren wird. Abb. XI.10a zeigt den Fall, daß längs der Fernsehzeile eine Intensitätsschrift registriert wird, deren Frequenz einem ungeradzahligen Vielfachen von $f_z/2$ entspricht. Dann liegen die Helligkeitsmaxima des einen und die Helligkeitsminima des nächsten Durchlaufs der Zeile an der gleichen Stelle, und ihre Intensitäten kompensieren sich im Auge dank dessen Trägheit zu Null. Diese visuelle Kompensation hat jedoch drei Voraussetzungen: Es muß 1. der empfangsseitige Leuchtschirm eine hinreichend lange Nachleuchtdauer besitzen, 2. die Helligkeitsempfindung während der Dauer des Einzelbildes hinreichend konstant bleiben, was freilich gegen die Grundlagen der Kinematographie verstößt (die ja der Bewegungsübertragung wegen ein genügend rasches Abklingen binnen $^1/_{24}$ s fordert), 3. die Aussteuerungskennlinie der Bildempfangsröhre weitgehend linear verlaufen. Denn ohne Erfüllung der dritten Bedingung wäre die Höhe der Maxima beim ersten Durchlauf größer als die Tiefe der Minima beim zweiten, und dadurch entstände im

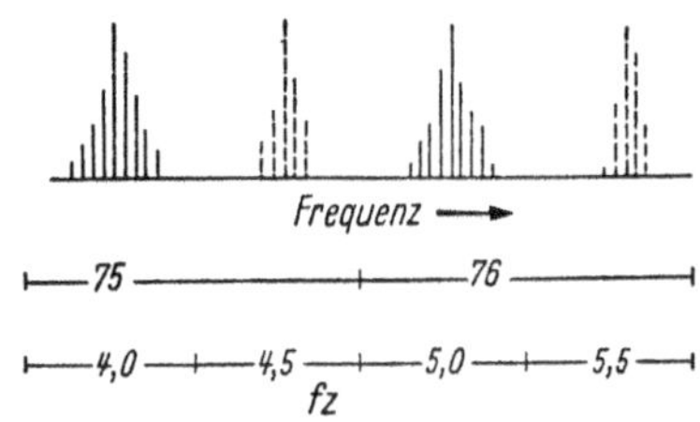

Abb. XI.9. Aufbau des Fernsehabtastspektrums mit seinen charakteristischen Frequenzlücken nach Mertz und Gray.

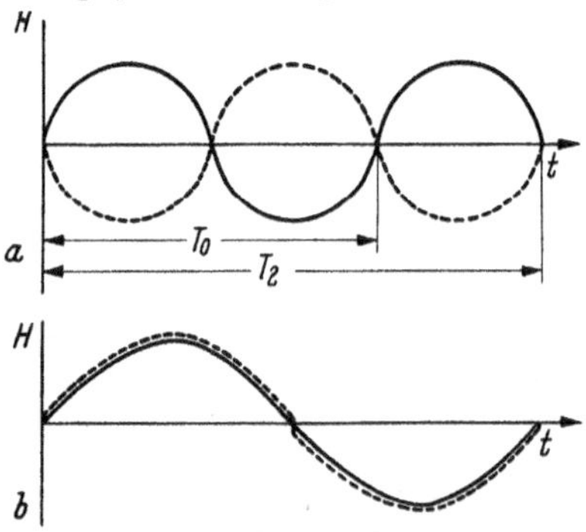

Abb. XI.10a u. b.
Visuelle Kompensation des Farbhilfsträgers.
H Aufhellung, t Zeit, f_z Zeilenfrequenz.
Fall a: $f_0 = 3\frac{f_z}{2}$; Fall b: $f_0 = 2\frac{f_z}{2}$.

Schwarz-Weiß-Empfangsbild eine störende Struktur, ähnlich einer längs der Zeile aufgereihten Perlenschnur. Abb. XI.10b veranschaulicht im Gegensatz zu Abb. XI.10a den Fall, daß die Intensitätsschrift einem geradzahligen Vielfachen von $f_z/2$ entspricht. Dann addieren sich die Intensitäten zweier aufeinanderfolgender Zeilendurchläufe.

Nun gibt es Bildinhalte, bei denen die von MERTZ und GRAY geforderten spektralen Lücken auch rein mathematisch nicht existieren oder doch mindestens in Bereichen liegen, die nicht völlig mit den ungeraden Vielfachen von $f_z/2$ übereinstimmen. Aus einer jüngeren Untersuchung von J. PIENING [5] ergibt sich, daß bei schrägen Konturen im Fernsehbilde durch den eingeblendeten Farbhilfsträger Verwirrungsgebiete hervorgerufen werden. Derartige Bildinhalte treten jedoch mit einer statistisch geringen Wahrscheinlichkeit auf. Überdies haben im Überlappungsbereich beider Spektren die hohen Vielfachen von f_z bereits sehr kleine Energie, weil die Amplituden der $n f_z$ mit $1/n^2$ abfallen. Vgl. hierzu auch Teilband 1, Kap. V, S. 321 bis 324 und 327.

Legt man nun in die spektral leeren Zwischenräume einer Schwarz-Weiß-Fernsehsendung die Seitenbänder eines modulierten Farbhilfsträgers hinein, der selbst in einer der Lücken hoher Ordnungszahl liegt — wobei diese Seitenbänder jetzt dadurch entstehen, daß die dem Farbträger aufgedrückte Modulation aus dem gleichen Bilde herrührt, dessen Hell-Dunkel-Verteilung die geraden Vielfachen von $f_z/2$ liefert —, so fallen auch die Seitenbandfrequenzen des Farbträgers sämtlich in die Lücken zwischen den Harmonischen von f_z. Sie haben dabei, weil f_z die Zerlegungsgeschwindigkeit identisch für den Farbgehalt bestimmt und somit die Kadenz für das Hell-Dunkel- und das Farbsignal die gleiche ist, ebenfalls den Frequenzabstand f_z untereinander, liegen also an den Stellen der ungeraden Vielfachen von $f_z/2$ und interferieren grundsätzlich — sofern die weiter oben angeführten Voraussetzungen erfüllt sind — nicht mit den geradzahligen Vielfachen von $f_z/2$, die als Träger der reinen Hell-Dunkel-Modulation fungieren.

So ergibt sich eine Verkämmung („Frequency Interlace") von Schwarz-Weiß- und von Farbinformation im Sendespektrum, ohne daß die Mitübertragung der letzteren eine Vergrößerung der Bandbreite des Kanals erfordert. Und dies ist von großer praktischer Tragweite, indem eben die angewandte Methode volle Kompatibilität, d. h. unbeeinträchtigte Weiterbenutzung der reinen Schwarz-Weiß-Empfänger trotz Einschachtelung der Farbmodulation in das ausgestrahlte Signal, gewährleistet.

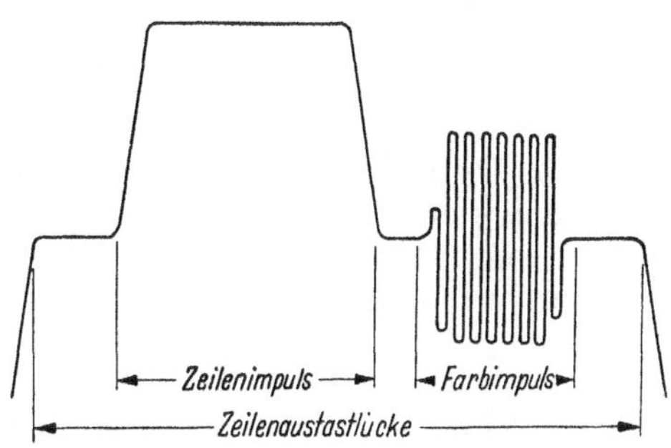

Abb. XI.11. Lage des zusätzlichen Farbsynchronimpulses beim NTSC-System.

4b. Farbsynchronisierung.

Um im Empfänger die Farbinformation aus dem übertragenen Frequenzgemisch auszusondern, braucht man, ähnlich wie beim Punktsequenzverfahren, einen synchron schwingenden Farbträgergenerator. Zur Steuerung seines Gleichlaufs mit dem der Senderseite wird in der Zeilenaustastlücke, an den normalen Zeilenimpuls für Schwarz-Weiß-Empfänger unmittelbar anschließend, ein Puls getastet, der aus acht oder mehr Perioden der Farbträgerfrequenz besteht. Abb. XI.11 zeigt dessen Lage. Die Schwingungen liegen mit ihrer oberen Hälfte im Synchronisierpegel, mit ihrer unteren im Helligkeitspegel.

Ursprünglich hatte man den Puls für die Farbsynchronisierung völlig in den Amplitudenbereich der Gleichlaufsteuerung verlegt. Damit vermied man Auftastungen des Elektronenstrahls beim Zeilenrücklauf, vergrößerte aber die Gefahr von Fehlsynchronisierungen. Unterbringung des Farbsynchronpulses ganz im Helligkeitspegel führte zu störenden Leuchtschirmaufhellungen während des Zeilenrücklaufs. Die Lage nach Abb. XI.11 ist daher ein Kompromiß, bei dem man damit rechnet, daß die Aufhellungskennlinie normaler Bildröhren in der Nähe des unteren Knickes eine erhebliche Krümmung besitzt. Neuerdings wurde leichtes Eindringen des Farbsynchronpulses in den Aufhellungsbereich weniger bedenklich, weil diese Überschreitung im Intervall der Schwarzabhebung bleibt.

4c. Frequenzwahl des Farbträgers.

Die Frequenz des Farbhilfsträgers entspricht in den USA dem 455fachen von $f_z/2$. Das führte zu seiner vorläufigen Festlegung auf 3,583125 MHz. Da es aber erforderlich war, auch die Frequenzdifferenz zwischen Farbträger und Tonträger einem ungeradzahligen Vielfachen von $f_z/2$ gleichzumachen (im amerikanischen Falle dem 117fachen), so ergab sich zwischen beiden ein Abstand von 0,921375 MHz. Dies hatte zur Folge, daß der Tonträger relativ zum Bildträger um 4,5 kHz aus der normierten Lage von 4,5 MHz Frequenzabstand herausrückte, und machte es ferner nötig, die Zeilenfrequenz, die Feldfrequenz und die Farbträgerfrequenz um 0,1% zu erniedrigen. Die für den Farbfernsehrundfunk in den USA daraufhin festgelegten Normwerte sind in Tab. 1 wiedergegeben.

Tabelle 1. *Wahl der Frequenz des Farbhilfsträgers in den USA.*

Zeilenfrequenz-Ausgangswert	= 15750 Hz
Halbe Zeilenfrequenz, daher	= 7875 Hz = $f_z/2$
Farbträger	= 455mal halbe Zeilenfrequenz
	= $5 \cdot 7 \cdot 13 f_z/2$ = 3,583125 MHz
Abstand Farbträger–Tonträger soll sein	= $117 f_z/2$ = 0,921375 MHz
Demnach Abstand Bildträger–Tonträger	= 4,504500 MHz
Daher Fehllage des Tonträgers	= 4,5 kHz
Folglich Reduktion der Zeilenfrequenz, der Bildwechselfrequenz und der Frequenz des Farbhilfsträgers um etwa 0,1%. Das führt zu:	
Farbträger	= 3,579545 MHz
Zeilenfrequenz	= 15734 Hz
Rasterfrequenz	= 59,94 Hz

Für künftige europäische Anwendungen des NTSC-Systems kann man die Lage des Farbhilfsträgers verschieden wählen. Umfangreiche Untersuchungen über das Optimum der Hilfsträgerfrequenz bei der CCIR-Norm von 625 Zeilen sind bereits aufgenommen worden. Die Entwicklung tendiert nach den höheren Frequenzen. Heute ist es bereits praktisch sicher, daß man eine Farbhilfsträgerfrequenz von 4,4296875 MHz festlegen wird.

4d. NTSC-Verfahren und Farbmetrik.

Das NTSC-Verfahren erfüllt die Bedingung der Kompatibilität weit besser als die übrigen Farbfernsehsysteme. Die Leuchtdichtemodulation, deren das normale Schwarz-Weiß-Empfangsgerät bedarf, wird als sog. Luminanzsignal voll übertragen, und es wird als Farbinformation (sog. Chrominanz) nur die unentbehrliche Zusatzmodulation in die Lücken des Luminanzfrequenzspektrums eingeflochten.

Abb. XI.12 veranschaulicht ein für alle Simultansysteme gültiges Prinzip der Hinzufügung von Farbton und Farbsättigung zur Luminanz, ohne zunächst die Besonderheiten des NTSC-Verfahrens zu berücksichtigen. Der in der Ebene des Farbdreiecks R, G, B umlaufende Vektor C definiert durch seinen Phasenwinkel φ relativ zu einer gewählten Achse den Farb*ton* und durch seine Länge *W–S* die *Sättigung* dieser Farbe. Von der Leuchtdichte derselben hängt die Höhe des im Weißpunkt *W* errichteten Lotes *W–L* ab. Die Strecke *W–L* gibt im Bildsignal den Helligkeitsgrad (die Luminanz) an, deren Übertragung durch die vom normalen Schwarz-Weiß-Empfänger allein verarbeitete Hauptträgerschwingung besorgt wird.

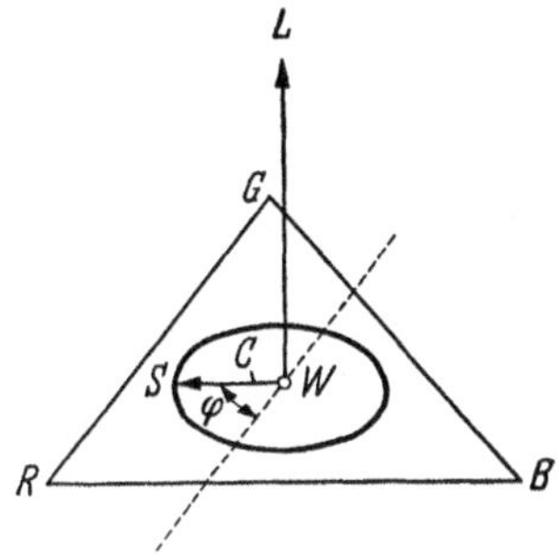

Abb. XI.12. Vereinfachtes Schaumodell für Simultanfarbubertragung. Der Vektor *C* definiert durch seinen Phasenwinkel φ relativ zu einer bestimmten Achse *S–W* den Farb*ton* und durch seine Länge dessen Sättigung. Von der Leuchtdichte der Farbe hängt die Höhe des im Weißpunkt errichteten Lotes, Vektor *W–L*, ab. Eine diesem entsprechende Spannung moduliert den ausgestrahlten Bildträger (Haupt- oder Luminanzträger).

Für das folgende beziehen wir uns auf Teilband 1, Kap. II.9a bis 9c. Es wird daran erinnert, daß im IBK-Farbdreieck jeder Farbton durch zwei Koordinaten, x, y, eindeutig definiert ist ($x + y + z = 1$). Für die Übermittlung der Farbinformation brauchen also im Prinzip zur Luminanz nur zwei weitere Größen hinzugefügt zu werden, wie auch aus Abb. XI.12 ersichtlich.

Der Schritt vom Farbdreieck zum Farb*raum* ist durch die Berücksichtigung der Luminanz gegeben. Abb. XI.13 zeigt eine der allgemeinsten farbmetrischen Darstellungen. Die Achsen *OX*, *OY*, *OZ* eines Dreikants schließen Farbdreiecke ein, deren Ecken denen des Normaldreiecks der IBK, vgl. Teilband 1, Kap. II, Abb. 22, entsprechen. Nur die einbeschriebenen, von der krummen Linie der Spektralfarben und der Purpurgeraden *r–v* umfaßten Farbörter sind reell. Nahe bei *O* gilt infolge des Überganges vom Zapfen- zum Stäbchensehen die Farbmetrik nicht mehr.

Während im zweidimensionalen Farbdreieck nur Farborte bestimmt werden, gestattet die Farbraummetrik die zusätzliche Ermittlung der *Leuchtdichte* jeder Farbe wie folgt: Zunächst gilt es, nach Abb. XI.13 die *Lage* des Farbortes, also Abstand von *O* und Richtung im Raume zu finden. Das geschieht durch Aneinandersetzen der auf die genormten Eichreize *r, g, b* (7000, 5461 und 4358 ÅE) bezogenen und auf den entsprechenden Achsen *Or, Og, Ob* als Strecken abgemessenen Leuchtdichten B_r, B_g, B_b. Es wird also z. B. die Strecke B_r von *O* aus auf der Achse *Or* aufgetragen, an ihren Endpunkt die Strecke B_g parallel zur Achse *Og* angesetzt und schließlich in gleicher Weise die Strecke B_b parallel zu *Ob* hinzugefügt. Das Ende des so resultierenden Vektors gibt den Farbort *F* im Raume an. Das *Verhältnis* $B_r : B_g : B_b$ bestimmt also den Punkt, wo der Farbvektor *OF* ein Farbdreieck durchstößt, und damit auch die Koordinaten von *F in der Dreieckebene*. Die Länge *O–F* ist aber nicht die resultierende Leuchtdichte in *F*; diese ist vielmehr durch die *algebraische* Summe der drei Einzelleuchtdichten gegeben, $B_F = B_r + B_g + B_b$.

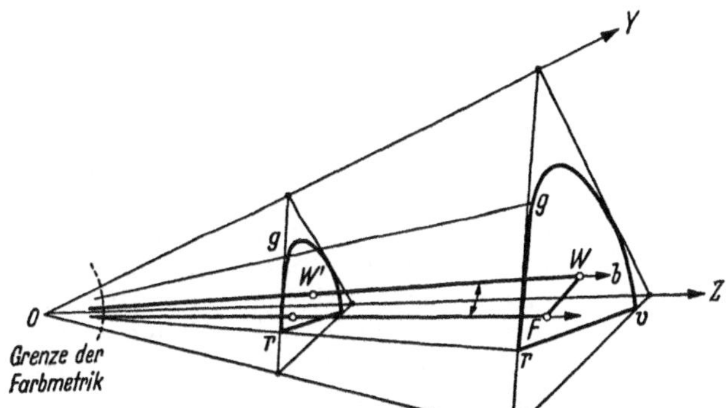

Abb. XI.13. Zur Farbübertragung beim NTSC-System. Übliche Darstellung des Farbraumes. *O–W* Achse des Weißpunktes, *O–F* Achse des Farbpunktes. Für die eingezeichneten Dreiecke gilt $r + g + b =$ konst.

Sind die X-, Y- und Z-Koordinaten (durch eine lineare Transformation zur Unterdrückung negativer Werte) passend gewählt, so gilt für die ganze Dreieckfläche auch $B_X + B_Y + B_Z =$ konst., wo die B_{ind} die auf den Achsen X, Y, Z bezogenen individuellen Leuchtdichten bedeuten, bzw. es ist im realisierbaren Gebiet $B_r + B_g + B_b =$ konst. Ferner gilt jetzt für den Weißpunkt $X = Y = Z$. Er liegt im Dreieckschwerpunkt und ist der Farbort der Gesamtstrahlung des energiegleichen Spektrums. In diesem hängt bekanntlich die Leuchtdichte stark von der Wellenlänge λ ab. Bei Integration über das ganze energiegleiche Lichtspektrum und bei Einsetzen der Augenreizkurve — der die Kurve des Normalreizbetrages $\bar{y}$ angeglichen ist, vgl. Teilband 1, Kap. II, Abb. 23 — gibt das Integral

$$B_s = \int\limits_{4000\,\text{ÅE}}^{7000\,\text{ÅE}} S(\lambda)\,\bar{y}(\lambda)\,d\lambda$$

unmittelbar an, wie groß die Leuchtdichte in F im Vergleich mit der bei W ist (die man willkürlich $= 1$ setzen kann).

Es gilt nun, auf möglichst einfache Weise eine Übertragungsgröße zu erhalten, die der Strecke W–L in Abb. XI.12 entspricht und eine Funktion der Leuchtdichte B_F des abgetasteten Farbbildpunktes ist. Durch die erwähnte lineare Transformation der Koordinaten und die den Achsen X, Y, Z in Abb. XI.13 zugeordneten Eichreize ergibt sich, wie hier nicht näher begründet werden soll [*6*]: $B_F =$ konst. Y.[1] Die Luminanz des Farbpunktes ist auf der Y-Achse durch die Ecke des Farbdreiecks bestimmt, in dessen Ebene der Farbvektor OF endet. Damit sind sämtliche Übertragungsgrößen, deren das NTSC-System bedarf, definiert. Nach Abb. XI.13 würde bei einem reinweißen Bildpunkt der Chrominanzvektor O–F mit der Weißgeraden O–W zusammenfallen, d. h. verschwinden. Dies geht deutlich auch aus Abb. XI.12 hervor. Für Farben mit schwacher Sättigung, also hohem Weißgehalt, ist die Strecke W–F sehr kurz; sie erreicht ihre größte Länge bei voll gesättigten Farbarten. Demnach stellt der Vektor W–F nach Länge und Phase ein Maß für das vom Ergebnis „Weiß" abweichende Dosierungsverhältnis der Primärfarbleuchtdichten im abgetasteten Lichtgemisch dar. Folglich kommt es auf die Übertragung der entsprechenden Leuchtdichtedifferenzen an. Da, wie wir sahen, im Farbdreieck jeder Farbton durch zwei Koordinaten eindeutig festgelegt ist, genügen zwei derartige Differenzen. Nun ist die Luminanz auf der Y-Achse gemessen, in deren Nahbereich die Grünanteile der betreffenden Mischfarbe liegen. Wir erinnern uns, daß im energiegleichen Spektrum (Kurve der Normalreizbeträge $\bar{y}$) die Gesamtleuchtdichte hauptsächlich von den grünen Wellenlängen herrührt. Man überträgt deshalb im NTSC-System, wenn R und B den roten bzw. blauen Anteil an der Weißleuchtdichte W bezeichnen, die Differenzen (R–W) und (B–W) zusätzlich zur Luminanz, deren Symbol Y (bzw. Y') ist. Vgl. Tab. 2 ($W = Y$).

Am Ausgang der Dreifarbenkamera haben wir die Signalspannungen R, G, B zur Verfügung. Sie entstehen aus der getrennten photoelektrischen Abtastung der durch optische Filter erzeugten drei Farbauszüge. Die resultierende Intensitätsverteilung ist also für jedes einzelne Farbauszugssignal durch das Produkt aus der λ-Durchlaßkurve des zugeordneten Filters und der spektralen Empfindlich-

[1] Man kann zeigen, daß die Transformation eine Beziehung

$$B_F = k_1 X + k_2 Y + k_3 Z$$

liefert, wo die k_{ind} Summen von je drei Raumkoordinaten bedeuten. Durch geschickte Wahl, die eben zu dem Farbraum nach Abb. XI.13 führt, werden k_1 und k_3 zu Null.

keitsverteilung der Photoschicht in den Bildgeberröhren bestimmt. Selektive Verstärkung im Ausgang der Röhren ist nur begrenzt durchführbar.

Man muß daher, wie Tab. 2 zeigt, jede der Spannungen R, G, B mit einem Gewichtsfaktor multiplizieren, um das Helligkeitssignal Y zu bilden. Die Gewichtsfaktoren sind so gewählt, daß aus der Summe der drei gefilterten Empfindlichkeitskurven der Kameraausgänge die Augenempfindlichkeitskurve $= \overline{y}$ resultiert. Damit ist das Luminanzsignal gewonnen, das durch die Gammakorrektur in Y' übergeht. Dieses Y' liefert dem kompatibel teilnehmenden Schwarz-Weiß-Empfänger das tönungsgetreue Bild. Auf die Notwendigkeit, sämtliche Ausgangsspannungen der Farbkamera auf richtiges Gamma der Übertragung zu korrigieren, kommen wir noch zurück. Durch sie werden die R-, G-, B-Werte in Tab. 2 zu R', G', B'.

5. Dimensionierung der drei NTSC-Elementarsignale.

Tab. 2 zeigt die Dimensionierung des Leuchtdichtevektors Y' und der beiden zusätzlich erforderlichen Farbdifferenzvektoren sowie die weiteren, für das NTSC-System kennzeichnenden Umformungen.

Tabelle 2. *Dimensionierung von Y', I', Q'.*

(1) $Y' = +0{,}30R' + 0{,}59G' + 0{,}11B'$,

(2) $R'-Y' = +0{,}70R' - 0{,}59G' - 0{,}11B'$,

(3) $B'-Y' = -0{,}30R' - 0{,}59G' + 0{,}89B'$;

aus Pegelhaltungsgründen wird reduziert:

$R'-Y'$ auf 87,7%,

$B'-Y'$ auf 49,3%.

Außerdem werden $(R'-Y')$ sowie $(B'-Y')$ um 33° gedreht. Das liefert insgesamt:

(4) $I' = 0{,}877 \cos 33° (R'-Y') - 0{,}493 \sin 33° (B'-Y')$,

(5) $Q' = 0{,}877 \sin 33° (R'-Y') + 0{,}493 \cos 33° (B'-Y')$,

(6) $I' = 0{,}74 (R'-Y') - 0{,}27 (B'-Y')$,

(7) $Q' = 0{,}48 (R'-Y') + 0{,}41 (B'-Y')$,

(8) $I' = 0{,}60 R' - 0{,}28 G' - 0{,}32 B'$,

(9) $Q' = 0{,}21 R' - 0{,}52 G' + 0{,}31 B'$.

Aus Gl. (1) der Tab. 2 entstehen die Differenzen $(R'-Y')$ und $(B'-Y')$ durch Subtraktion, Gln. (2) und (3). Aus Pegelhaltungsgründen werden diese noch mit den angegebenen Reduktionsfaktoren multipliziert. Jedoch empfiehlt es sich nicht, $(R'-Y')$ und $(B'-Y')$ direkt zu übertragen. Aus der Physiologie des Farbsehens ist bekannt, daß unser Auge sein maximales Farbunterscheidungsvermögen im Bereich solcher Farbdifferenzen besitzt, die von Orange über Weiß nach Blaugrün verlaufen, derart, daß dabei die Unterschiedsempfindlichkeit vom Höchstwert aus langsam abfällt. Diese Übergangsrichtung ist nun im Farbdreieck gegen $(R'-Y')$ um 33° geneigt. Zusätzlich zur Reduktion der Differenzspannungen mit den angegebenen Pegelfaktoren hat man daher die Koordinatenachsen für $(R'-Y')$ und somit auch für $(B'-Y')$ um 33° gedreht, um optimale Bedingungen für das Sehen von Farbänderungen zu erzielen. Das führt zu den Gln. (4) und (5) der Tab. 2. Diese Ausdrücke stellen das sog. I- bzw. Q-Signal dar, die man dem Helligkeitssignal hinzufügen muß, um die gesamte Farbinformation zu erhalten. Rechnet man die Faktoren der Gln. (4) und (5) aus (Pegelreduktion plus Koordinatendrehung), so sind durch (6) und (7) I' und Q' in Abhängigkeit von $(R'-Y')$ bzw. $(B'-Y')$ eindeutig gegeben. Setzt man außerdem (2) und (3) in (6) und (7) ein, so entstehen die Gln. (8) und (9). Die Paare (6), (7) bzw. (8), (9) sind die in der Literatur am meisten benutzten.

5a. Tönung und Sättigung bei der Farbinformation.

Rechnet man für die Primärfarben *r*, *g*, *b* sowie für die drei Hauptmischfarben Gelb, Blaugrün und Blaurot die Werte I' und Q' aus, so kann man die Chrominanzvektoren, als Vektorsummen der I'- und Q'-Komponenten, in Abb. XI.14 eintragen. Hier liegt senkrecht die I-Achse, waagerecht die Q-Achse. Wir nehmen jetzt als Bildinhalt eine Reihe von vertikalen Farbbalken an (Abb. XI.15), die den in Abb. XI.14 angeschriebenen Farbtönungen entsprechen. Dann springt die Phase des Chrominanzvektors im Zeigersinne durch die sechs dargestellten Momentan-Lagen. Um 33° gegen die I'- bzw. die Q'-Achse gedreht sind noch die $(R'-Y')$- bzw. die $(B'-Y')$-Achse gezeichnet. Tab. 3, die im Zusammenhang mit Abb. XI.14 zu lesen ist, gibt außerdem den *Betrag* des Chrominanzvektors für die sechs Farbwerte an. Damit sind beide Bestimmungsstücke, Phase und Amplitude, für die sechs abgetasteten Farbbalken des gedachten Bildes gewonnen.

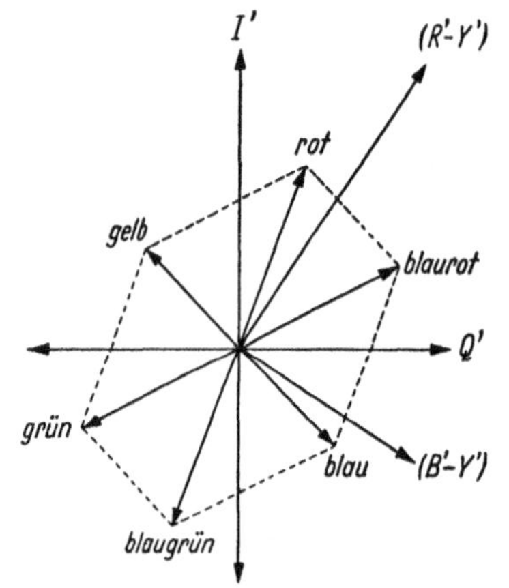

Abb. XI.14. Drehung des Chrominanzvektors im I–Q-Diagramm beim NTSC-System. $(R'-Y')$ und $(B'-Y')$ sind um 33° gedreht, um die I- und Q-Achse zu erhalten.

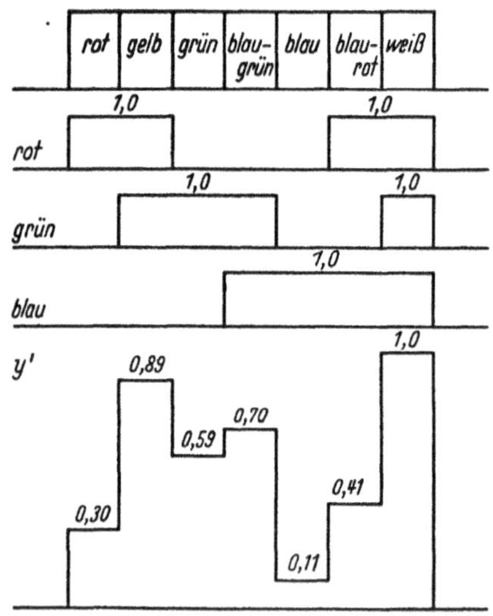

Abb. XI.15. Synthetische Erzeugung eines Farbbalkenmusters durch drei Impulsfolgen gleicher Amplitude.

Tabelle 3.

Farbe	Rot	Gelb	Grün	Blaugrün	Blau	Blaurot	Weiß
Länge des I-Vektors	+0,60	+0,32	−0,27	−0,60	−0,34	+0,27	0
Länge des Q-Vektors	+0,22	−0,31	−0,53	−0,22	+0,32	+0,52	0
Betrag des Chrominanzvektors	0,635	0,455	0,598	0,635	0,455	0,595	0
Phasenwinkel (gegen Q-Achse)...	70° 20′	135° 40′	207° 50′	250° 35′	315° 35′	26° 55′	—

Die Vektorlänge ist unter der Voraussetzung ermittelt, daß die sechs Intensitäten für die rot, grün, blau bzw. gelb, blaugrün, blaurot gefärbten Zonen des

Farbbalkenmusters durch synthetische Überlagerung dreier Impulsgruppen nach Abb. XI.15 entstanden sind. Wenn man den Rotauszug der Abtastung durch eine Impulsgruppe entsprechend der 2. Zeile in Abb. XI.15, den Grünauszug durch eine Impulsgruppe entsprechend der 3. Zeile und den Blauauszug durch eine Impulsgruppe entsprechend der 4. Zeile ersetzt, so ergibt sich ein Helligkeitssignal Y' gemäß dem untersten Kurvenzug der Abbildung. Die Intensität der drei Mischfarben $(0{,}89 + 0{,}70 + 0{,}41)$ beträgt also das Doppelte der Primärfarbenintensität $(0{,}30 + 0{,}59 + 0{,}11)$.

5b. Bandbreiten für *I*- und *Q*-Signal.

Überträgt man die Tatsache, daß unser Auge für Übergänge in der I-Richtung sein maximales Farbunterscheidungsvermögen besitzt, ins Nachrichtentechnische, so bedeutet dies für das I-Signal eine relativ große Frequenzbandbreite und folglich für die Q-Komponente, also Farbübergänge, für die das Auge relativ unempfindlich ist, nur geringe Bandbreite. Die sich hieraus ergebenden Frequenzkurven zeigt Abb. XI.16. Die Kennlinie für das Y'-Signal (Helligkeitssignal) entspricht etwa dem in den USA für Schwarz-Weiß-Sendungen normierten Verlauf, wobei aber zu beachten ist, daß man den linearen Bereich bis zu 4,2 MHz ausgeweitet hat. Die Kennlinie für I' beginnt bei 1,0 MHz zu fallen, hat bei etwa 1,3 MHz eine Dämpfung von -2 dB und muß bei 3,6 MHz um mindestens -20 dB abgesunken sein. Die Kennlinie für Q' ist bei 400 kHz auf wenigstens -2 dB, bei 500 kHz auf weniger als -6 dB und bei 600 kHz auf mindestens -6 dB abgefallen.

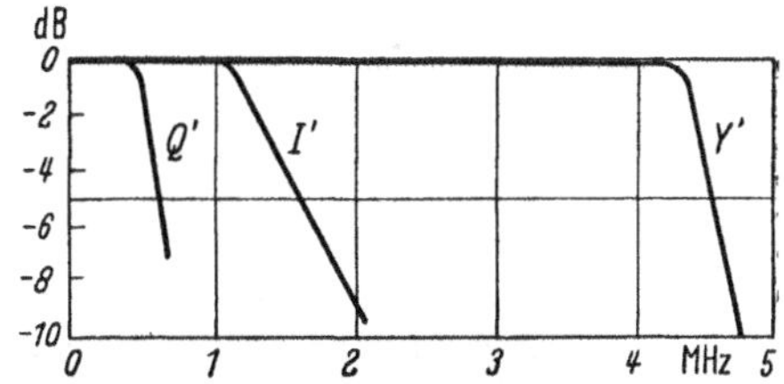

Abb. XI.16. NTSC-System, Frequenzkennlinien für die Größen Y', I', Q'.

Abb. XI.17 zeigt die Frequenzkurve des gesamten Bildsignals. Für Y' gilt etwa die bekannte Schwarz-Weiß-Kennlinie, während der Durchlaßbereich für I' links und rechts vom Farbhilfsträger unsymmetrisch ist, so daß die höheren Frequenzen im I'-Kanal nach dem Einseitenbandprinzip übertragen werden. Der Durchlaßbereich für Q' liegt mit $\pm 0{,}5$ MHz symmetrisch zum Farbhilfsträger.

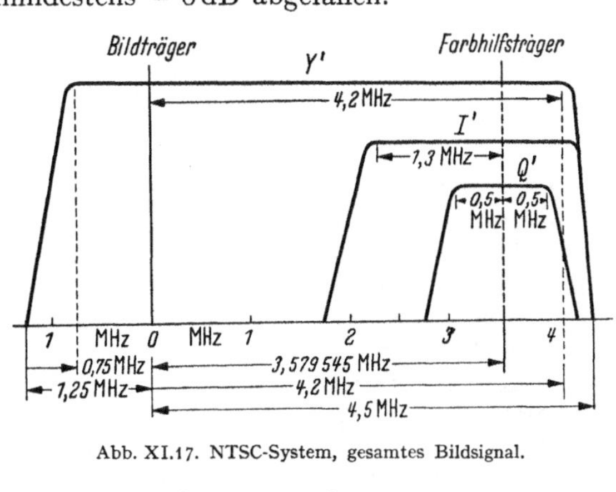

Abb. XI.17. NTSC-System, gesamtes Bildsignal.

Bei größeren einheitlichen Farbflächen, die Frequenzen von 0,5 MHz und darunter entsprechen, wird sowohl I' als auch Q' gesendet. Bei mittelgroßen, mehr als 0,5 MHz erfordernden Zonen definierter Farbe gelangt nur noch das I'-Signal zur Übertragung, wodurch die Methode in eine solche mit nur zwei Grundfarben übergeht. Für diese Flächen, denen die mittleren Frequenzen zugeordnet sind, hat sich demnach im durchentwickelten NTSC-System die Vermutung bestätigt, von der man in der Frühzeit des Farbfernsehens geglaubt hatte, sie werde für das gesamte Frequenzgebiet gelten.

Bei noch höheren Frequenzen, also feineren Bildeinzelheiten, geht das NTSC-Verfahren in Übereinstimmung mit der Feststellung, daß unser Auge bei steilen Gradienten farbuntüchtig wird, in eine reine Schwarz-Weiß-Sendung über. Der Aufbau des gesamten Bildsignals nach Abb. XI.17 ist die letzte Abwandlung, die das Prinzip der Mixed Highs im Farbfernsehen erfahren hat.

5c. Sender und Empfänger nach dem NTSC-Verfahren.

Von schaltungstechnischen oder konstruktiven Einzelheiten absehend, sollen hier nur schematische Bilder gebracht werden, die zum Verständnis der Notwendigkeit und des funktionellen Zusammenwirkens der wesentlichen Aufbauelemente genügen. Abb. XI.18 zeigt das Blockschema eines Farbfernsehsenders nach dem NTSC-System. In den von der Dreifarbenkamera ausgehenden Kanälen für Rot, Grün und Blau liegen zunächst die Gammakorrekturen zur Kompensation der Krümmung des Kennlinienverlaufs der empfangsseitigen Dreifarben-Wiedergaberöhre. Anschließend folgt ein hier schematisch aus drei Gruppen von

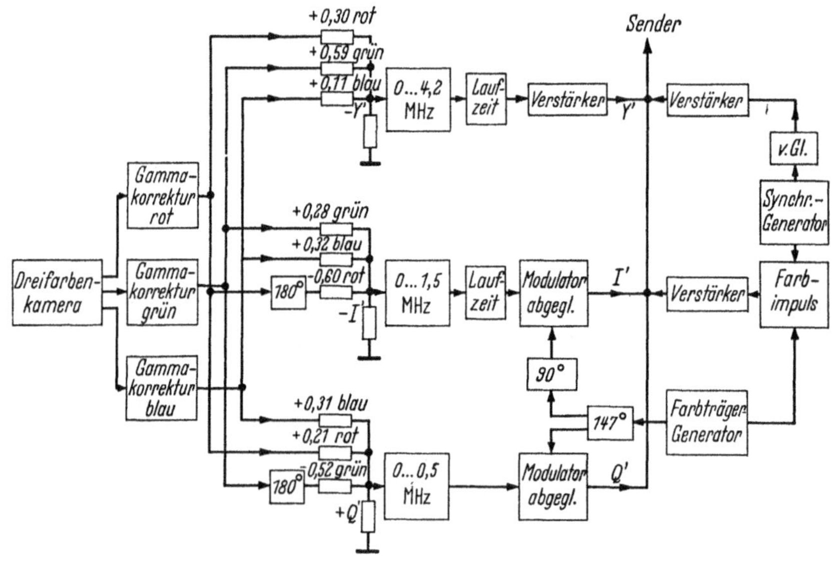

Abb. XI.18. Blockschema des NTSC-Senders.

je vier Widerständen aufgebautes Netzwerk, die senderseitige „*Matrix*", zum Zwecke, die Farbanteile für *r*, *g*, *b* so zusammenzusetzen, daß sich aus ihnen das I- und das Q-Signal nach den Gln. (8) und (9) der Tab. 2 ergeben. Da in den Ausdrücken für I' und Q' negative Vorzeichen vorkommen, müssen Umkehrglieder die Phase der Rotkomponente im einen Falle und die der Grünkomponente im anderen Falle um 180° drehen. Hinter der senderseitigen Matrix eingeschaltete Tiefpässe begrenzen die Signale für Y', I' und Q' auf 4,2 MHz bzw. 1,5 MHz bzw. 0,5 MHz. Das Y'-Signal wird über ein Laufzeit-Ausgleichsglied und einen Verstärker direkt zum Modulator des Helligkeitsträgers der Sendung geleitet; die Signale I' und Q' werden dem Farbträger aufmoduliert, dessen resultierendes Frequenzspektrum dann in die Lücken des Helligkeitsspektrums fällt und somit zusätzlich zum Hell-Dunkel-Verlauf die Farbinformation, ebenfalls als Modulation des Helligkeitsträgers, übermittelt. Dessen gesamten Nachrichteninhalt kann aber nur der Farbfernsehempfänger wiedergeben, während der Schwarz-Weiß-Empfänger aus der Sendung lediglich die Hell-Dunkel-Verteilung des Bildes entnimmt, diese allerdings mit der vollen, durch das „Luminanzband" von 4,2 MHz gegebenen Auflösung und ohne Störung durch Sichtbarwerden des Chrominanzträgers.

In Abb. XI.18 erkennt man unten rechts den Farbträgergenerator, dessen Ausgangsspannung zunächst um 147° gedreht ist. Dieser Winkel ergibt sich daraus, daß die Phasenlage im Farbsynchronimpuls um 180° gegen das Signal für $(B'-Y')$ verdreht sein muß. Mit Rücksicht auf den vorstehend (Tab. 2) erwähnten Drehwinkel von 33° zwischen I' und Q' bzw. $(R'-Y')$ und $(B'-Y')$ folgt daraus die Phase 147°. Sie ist für den Farbträger die richtige zur Aufnahme der Q-Komponente, und es kann daher in einem abgeglichenen Modulator dem soweit gedrehten Farbträger die Q-Komponente direkt aufmoduliert werden. Eine um weitere 90° gedrehte Farbträgerkomponente wird mit der negativen I-Signalspannung moduliert. Die Drehwinkelsumme 147° + 90° für die Phase des unmodulierten Farbträgers bringt ihn mit 237° gegenüber der Phase des

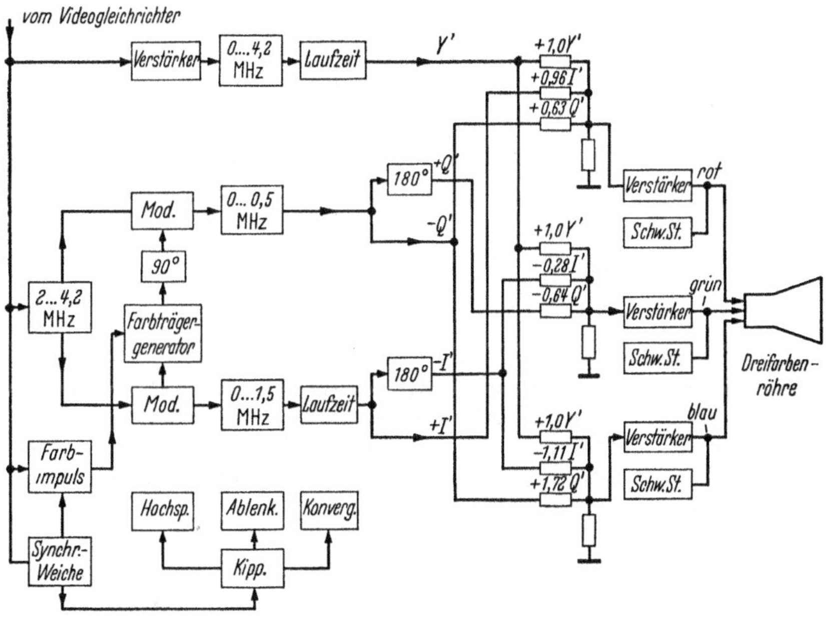

Abb. XI.19. Blockschema des NTSC-Empfängers.

Farbsynchronimpulses in eine Lage, die um 180° versetzt ist gegenüber derjenigen, in der man die I-Komponente aufmodulieren müßte. Da aber über die Matrix die I-Komponente angeliefert wird, ist die genannte Phasenlage richtig für eine um 180° gedrehte I-Spannung. Aus dem Strom des Farbträgergenerators wird ein Anteil zum Heraustasten des Farbsynchronimpulses im Gesamttaktgeber direkt abgezweigt.

Abb. XI.19 zeigt das Blockschema eines Farbfernsehempfängers nach dem NTSC-Verfahren. Die vom Videogleichrichter kommende Spannung tritt links oben in die Schaltung ein. Die Modulation wird über einen Tiefpaß von 0 ··· 4,2 MHz als M-Signal direkt zur empfängerseitigen Matrix geführt, einer zur Senderseite reziproken Anordnung von wiederum drei Gruppen aus je vier Widerständen, die umgekehrt aus Y', I' und Q' die Werte für Rot, Grün und Blau ableitet. Über ein Bandfilter für 2 ··· 4,2 MHz wird nun der die I'- und die Q'-Komponente enthaltende Modulationsanteil herausgegriffen.

In Abb. XI.19, links unten, sieht man, wie über die Synchronisierweiche der Farbsynchronpuls zur Intakthaltung des empfängerseitigen Farbträgergenerators abgezweigt wird. Dessen Spannung wird direkt mit dem aus dem Bandfilter entnommenen Frequenzbereich zwischen 2 MHz und 4,2 MHz moduliert. Dies liefert unmittelbar die demodulierte I'-Komponente. Ein zuvor um 90° gedrehter Anteil des Farbträgers wird ebenfalls mit dem gleichen Band von 2 ⋯ 4,2 MHz moduliert und so die demodulierte Q'-Komponente gebildet. Das im Empfänger einfallende Chrominanzsignal hat, da sein Träger ω_c unterdrückt ist, die Form:

$$Q'(t)\cos\omega_c t + I'(t)\sin\omega_c t. \tag{XI.1}$$

Multipliziert man dieses mit einer ersten Komponente des örtlich erzeugten Farbträgers von der Form $k\sin\omega_c t$, so ergibt sich:

$$k\,Q'(t)\sin\omega_c t\cos\omega_c t + k\,I'(t)\sin^2\omega_c t. \tag{XI.2}$$

Daher kommt:

$$\tfrac{1}{2}k\,Q'(t)\sin 2\omega_c t - \tfrac{1}{2}k\,I'(t)\cos 2\omega_c t + \tfrac{1}{2}k\,I'(t). \tag{XI.3}$$

Nach Ausfilterung der doppelten Farbträgerfrequenz $2\omega_c$ erhält man so als Demodulationsprodukt:

$$\tfrac{1}{2}k\,I'(t).$$

Entsprechend wird im zweiten abgeglichenen Modulator des Empfängers das Chrominanzsignal mit einer zweiten Komponente des örtlichen Trägers von der Form $k\cos\omega_c t$ multipliziert, mit dem Ergebnis:

$$k\,Q'(t)\cos^2\omega_c t + k\,I'(t)\sin\omega_c t\cos\omega_c t. \tag{XI.4}$$

Nach erneuter Ausfilterung der doppelten Trägerfrequenz resultiert:

$$\tfrac{1}{2}k\,Q'(t).$$

Die drei Ausgänge der Empfangsmatrix geben gleichzeitig die Signale für Rot, Grün und Blau ab, die über Verstärker mit den zugehörigen Schwarzsteuerungen zur Dreifarben-Bildwiedergaberöhre geleitet werden. Deren Aufbauprinzip und Arbeitsschema bestimmen die Wirkungsweise der isolierten Farbsignale bei der Zusammensetzung des übertragenen Bildes.

6. Die Dreifarben-Fernsehröhren.

Im Laufe der Entwicklung von Empfangsbildröhren für Farbfernsehen ist deren Technologie, besonders was den Leuchtschirm betrifft, immer verwickelter und schwieriger geworden, und dies erklärt wohl (vor allem bei der Apple-Tube, s. später) einen gewissen Hang, die Problematik von der Röhrenbau- und Vakuumtechnik hinweg auf die Schaltungstechnik zu verlagern.

Unter den Ausführungsformen, die praktische Bedeutung erlangt haben, ist die Ausblendröhre der RCA („Shadow Mask"-Type) bei weitem die erfolgreichste. Sie ist die einzige, die mit voller Fabrikationsreife hergestellt und mit zuverlässiger Funktion im Betrieb der Empfangsgeräte eingesetzt wird. Sämtliche in den USA auf dem Markte befindlichen Farbfernsehempfänger benutzen diese Röhre. Auch fast alle Entwickler neuer, vom NTSC-System unabhängiger Farbübertragungsverfahren waren bisher darauf angewiesen, sich zur Darstellung des Empfangsbildes der Shadow Mask-Röhre zu bedienen und ihrem Steuerschema den Ausgang der Übertragungsgeräte eigens anzupassen.

Aus diesen Gründen wird im folgenden die Behandlung der RCA-Ausblendröhre vorangestellt. Da aber ihr Prinzip bereits im Teilband 1, Kap. X, Abschn. 2e, S. 675 bis 682, eingehend erläutert worden ist, dürfen wir uns hier darauf beschränken, an die Grundlagen kurz zu erinnern, um im Anschluß daran seither bekannt gewordene Verbesserungen von Einzelheiten und Neuerungen im Herstellverfahren zu betrachten.

Die Ausblendröhren mit Bremsfeld nach P. K. Weimer, H. B. Law und N. Rynn [7] sowie nach E. O. Lawrence [8], deren Prinzipien bereits im Teilband 1, Kap. X.2e, beschrieben sind, haben bisher keine praktische Bedeutung erlangt und sollen uns deshalb hier nicht weiter beschäftigen.

6a. Die Ausblendröhre der RCA.

Diese Ausführungsform verwendet ein System von drei getrennt steuerbaren Elektronenstrahlen, die unter leichter Neigung gegeneinander durch die feinen Löcher einer vor dem Leuchtphosphor-Mosaikschirm ausgespannten Metallfolie (Maske) hindurchtreten. Vgl. Abb. 558 und 559 in Teilband 1. Die Anzahl der Löcher ist gleich derjenigen der Bildpunkte, sie bilden ein regelmäßiges Muster nach Art regulärer Dreiecke, vgl. Abbildung XI.20. Diese Folie befindet sich unmittelbar vor der aus Tupfen von abwechselnd rot, grün und blau emittierendem Leuchtstoff bienenwabenförmig zusammengesetzten Schirmfläche. Die drei getrennten Strahlerzeugungssysteme schicken ihre Elektronenbündel durch die Löcher der Maske und erzeugen infolge ihrer geringen gegenseitigen Neigung örtlich genau definierte, dreieckförmig nebeneinander gruppierte Schattenprojektionen der Durchtrittsöffnungen, dergestalt, daß jeder Elektronenstrahl über die ganze Ablenkfläche hinweg stets nur die ihm zugewiesene Farbe erregen kann, unabhängig von etwaigen Nichtlinearitäten der Ablenkbewegung.

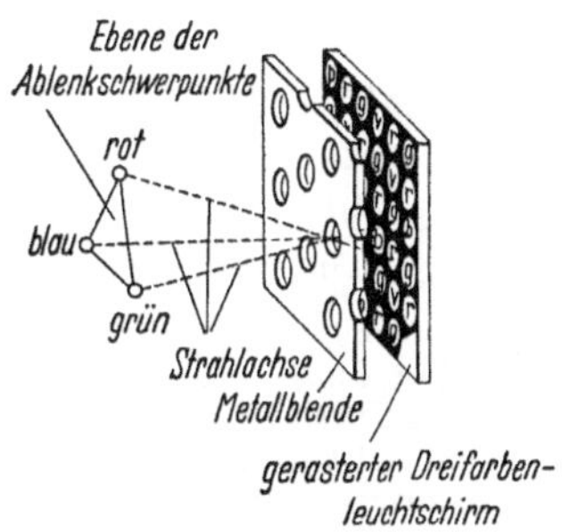

Abb. XI.20. Prinzip einer Dreifarben-Fernsehbildröhre mit Strahlenausblendung (RCA-„Shadow Mask"-Röhre).

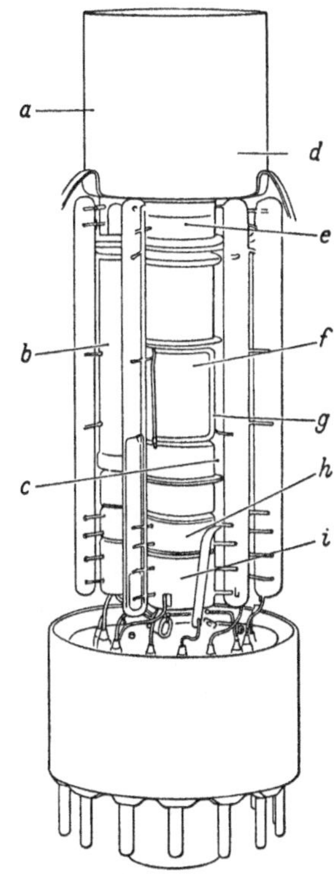

Abb. XI.21. Elektrodenaufbau für die Dreifarben-Ausblendröhre nach Abb. XI.20, bestehend aus drei Elektronenstrahlerzeugern.

Abb. XI.21 läßt in der Shadow Mask-Röhre die drei Elektronenstrahlerzeuger erkennen: im Vordergrund den für die Rotkomponente, rechts und links dahinter die für Grün bzw. Blau. Jeder Einzelstrahl wird durch eine eigene elektrostatische Sammellinse auf die Löchermaske fokussiert. Die auf die drei Sammellinsen folgende gemeinsame Konvergenzlinse vereinigt die Strahlen in der gleichen Durchlaßöffnung der Lochblende.

Die älteren Formen der Dreistrahl-Ausblendröhre enthielten einen eingebauten ebenen Leuchtschirm mit einer parallel vor diesem angeordneten, gleichfalls ebenen Löchermaske. Es erschien damals unmöglich, einen unmittelbar auf den gewölbten Kolbenboden aufgetragenen Leuchtschirm zu verwenden, d. h. die Maske dessen Krümmung so gut anzuschmiegen und so formstabil zu haltern, daß trotz der hohen, bei der Herstellung der Röhre auftretenden Temperaturen die Abstandstoleranzen auf der ganzen Bildfläche eingehalten werden könnten. Man nahm daher das ebene System mit seinen optischen, elektronenoptischen und technologischen Mängeln in Kauf und gab sich mit der Notwendigkeit zufrieden, das Bild durch die verzerrend wirkende gewölbte Glaswand des Röhrenkolbens hindurch zu betrachten.

In neuerer Zeit ist es aber doch gelungen, die Schwierigkeiten der Justierung bei der Herstellung der Röhren mit gekrümmtem Leuchtschirm und entsprechend geformter Löchermaske zu überwinden. Abb. XI.22 zeigt einen sektorförmigen Ausschnitt aus dem Endteil zum Zwecke der Veranschaulichung des Prinzips der Verschmelzung des Glasfensters, das den unmittelbar darauf angebrachten Dreifarbenleuchtschirm trägt, sowie der stabilen Halterung der anschmiegend gewölbten Maske. Man sieht am oberen Ende eine geschweifte, ringförmige Andrückzone für den einzuschmelzenden Schirmträger und darunter die Montage für den

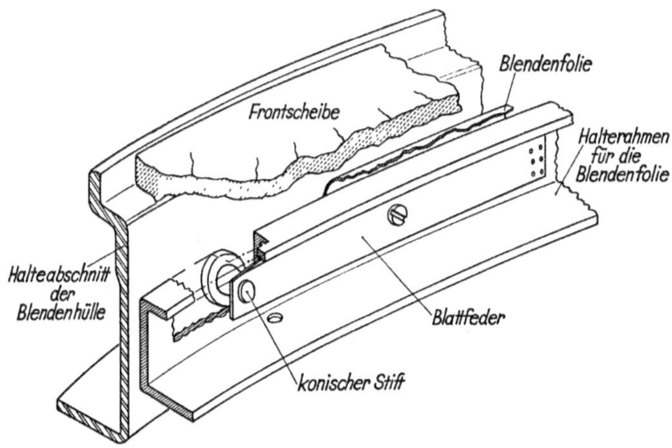

Abb. XI.22. Haltevorrichtung fur den gewölbten Leuchtschirm und die Löchermaske am Endteil des metallenen Röhrenkonus der RCA-Shadow Mask-Farbbildröhre.

Einfassungsring der Maske. Dieser Aufbauteil wird mittels des am unteren Rande erkennbaren ausgebördelten Flansches auf den Röhrenkolben aufgeschweißt.

Es ist vor kurzem auch gelungen, durch elektronenoptische Verbesserungen der Form des in den Maskenöffnungen sich ausbildenden Feldes deren Elektronentransparenz und damit den ausgenutzten Anteil der Strahlintensität, d. h. die Helligkeit des Leuchtschirmes, bedeutend zu vergrößern. Korrekturen der Lochverteilung in den peripheren Gebieten der Maske erbrachten Fortschritte bei der Beseitigung früherer Farbfehler in der Randzone des Bildes, vor allem eine recht gute Gleichmäßigkeit der einem bestimmten NTSC-Signal zugeordneten Farbtönung auf der gesamten Schirmfläche.

Natürlich sind im Fabrikationsgang der Ausblendröhre kleine Fehljustierungen der drei Strahlerzeugungssysteme relativ zueinander immer möglich. Sie werden durch Hufeisenelektromagnete ausgeglichen, die sich außerhalb des Vakuumraumes auf dem zylindrischen Röhrenhals befinden und deren Kraftflüsse nach innen durch sechs auf dem Elektrodensystem befestigte Polschuhpaare fortgesetzt werden. Näheres über diese Technik, einschließlich der Maßnahmen zur Kompensation der durch das erdmagnetische Feld erzeugten Registerfehler, findet der Leser im Teilband 1, Kap. X.2e, S. 680 bis 682, weil derartige Mittel grundsätzlich Bestandteile der Bildröhre selber sind.

Im gleichen Kapitel, S. 678 bis 680, ist das komplizierte, aber bewährte Verfahren zur Herstellung des Dreifarben-Leuchtphosphormosaiks beschrieben.

6b. Dreifarbenröhre mit Führungsstrahl („Apple-Tube").

Neben den besprochenen Ausführungsformen der Ausblendröhre ist in neuerer Zeit eine Röhre mit Führungsstrahl bekannt geworden, bei der die Phosphore der drei Primärfarben in zur Zeilenrichtung *senkrechten* Streifen angeordnet sind. Der abgelenkte Führungsstrahl überstreicht ein gitterartig in das Phosphorstreifensystem und parallel zu dessen Richtung eingelagertes feines Elektrodenraster. Dadurch entstehen impulsartige Taktgebersignale, die auf eine Schaltung wirken, mittels welcher die zeitliche Koinzidenz zwischen dem auf den WEHNELT-Zylinder des Schreibstrahlerzeugers geschalteten Primärfarbsignal und dem Auftreffen des Strahls auf dem zum Signal farbrichtigen Phosphorstreifen herbeigeführt wird.

Die Entwicklung dieses Prinzips hat nach verschiedenen Wandlungen bei der eigentlichen „Apple-Tube" zu folgender Anordnung geführt: Zwischen benachbarten Streifen von Primärphosphoren befinden sich nichtleuchtende, äußerst schmale Bahnen, die das Auge im normalen Betrachtungsabstande nicht wahrnimmt. Der Leuchtschirm ist, wie üblich, mit einer Aluminiumhaut bedampft. Auf deren dem einfallenden Elektronenstrahl zugewandter Seite liegt, ebenfalls streifenweise angeordnet, ein dünner Überzug mit hohem Sekundäremissionsvermögen, und zwar mit solchem Streifenabstand, daß auf drei Farbstreifen immer ein SE-Streifen entfällt. Von zwei eng benachbarten, voneinander unabhängigen Elektrodensystemen gehen Elektronenstrahlen aus und durch das gleiche Ablenkfeld hindurch. Der eine Strahl ist der „Führungsstrahl"; er hat eine konstante, von den Helligkeitssignalen nicht beeinflußte Stromstärke, die am WEHNELT-Zylinder mit einem Mehrfachen der höchsten Videofrequenz moduliert ist. An den SE-Streifen tritt dann bei der Zeilenablenkung des Führungsstrahls ein sekundärer Elektronenstrom aus, dessen hochfrequente Amplitude im Rhythmus der Streifenfolge schwankt. Von diesem Rhythmus werden Torimpulse abgeleitet, welche die Verstärkungskanäle für Rot, Grün und Blau zyklisch wechselnd und in richtiger Phase mit Bezug auf die Phosphorstreifen öffnen. Mit den so getasteten Ausgangsspannungen der Farbkanäle wird der zweite, das Bild schreibende Elektronenstrahl in seiner momentanen Intensität derart moduliert, daß jeder Phosphorstreifen nach Maßgabe des Farb- und Helligkeitsgehaltes des übertragenen Bildpunktes zum Leuchten kommt.

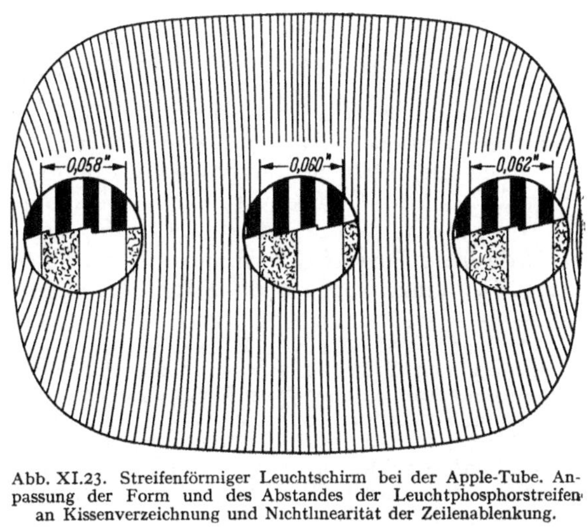

Abb. XI.23. Streifenförmiger Leuchtschirm bei der Apple-Tube. Anpassung der Form und des Abstandes der Leuchtphosphorstreifen an Kissenverzeichnung und Nichtlinearität der Zeilenablenkung.

Die Stromstärke des Führungsstrahls muß so gering gehalten werden, daß die zusätzliche Leuchtdichte, die er selbst erzeugt, klein bleibt im Verhältnis zu der vom Schreibstrahl erregten Intensität. Andererseits dürfen die steuernden Torimpulse ausschließlich von der Einwirkung des *Führungs*strahls auf die SE-Streifen abhängen; der synchron abgelenkte, soviel stärkere *Schreib*strahl, der auf den SE-Streifen eine entsprechend größere Zahl von Elektronen auslöst, muß durch Selektion unschädlich gemacht werden. Dadurch, daß die Stromstärke im Führungsstrahl hochfrequent, im Schreibstrahl hingegen nur videofrequent schwankt, kann die langsamere Periode der SE des Schreibstrahls mittels elektrischer Filter ausgeschaltet werden, so daß der Führungsmechanismus nicht gestört wird.

Abb. XI.23 zeigt eine vergrößerte schematische Wiedergabe des Leuchtschirmes der Apple-Tube, Abb. XI.24 ein Strahlerzeugungssystem für dieselbe mit zwei

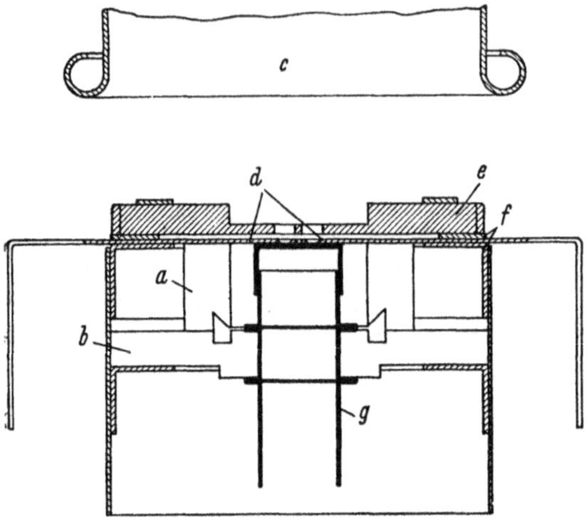

Abb. XI.24. Elektronenstrahl-Erzeugungssystem fur Schreibstrahl und Fuhrungsstrahl bei der Apple-Tube.

getrennten WEHNELT-Zylindern vor einer gemeinsamen Oxydkathode. Diese dient zur Erzeugung der beiden beschriebenen Elektronenstrahlen. Die Primärphosphorstreifen und natürlich auch die auf der Aluminiumhaut anzubringenden SE-Streifen müssen einer kissenförmigen Verzeichnung des magnetischen Ablenkfeldes Rechnung tragen, d. h. zu den beiden senkrechten Bildfeldrändern hin gekrümmt verlaufen. Zugleich wird dabei die Nichtlinearität der Zeilenablenkung durch die etwas verschiedene Breite der Phosphorstreifen und der SE-Streifen längs der Zeile ausgeglichen.

7. Neuere Verfahren und Erkenntnisse.

Das wohl auf längere Zeit tonangebende Verfahren der Farbfernsehtechnik ist das NTSC-System, über dessen Anpassung und Übernahme in die europäische CCIR/625-Zeilen-Norm umfangreiche Planungen und Versuche im Gange sind [*9*] bis [*12*]. Es sind darüber auch im deutschen Schrifttum bereits mehrere wertvolle Berichte erschienen, die sich auf wichtige Einzelfragen beziehen (vgl. die Schrifttumsliste, S. 502f.).

Die augenphysiologischen Erkenntnisse über Farbempfindung und der Einbau farbmetrischer Gesetze in die nachrichtentechnische Methodik des Fernsehens haben bei den Untersuchungen zum NTSC-Verfahren zweifellos die beste Synthese zwischen Farblehre und Übertragungstechnik gezeitigt.

Auch die Verschachtelung des Chrominanzsignals mit dem Schwarz-Weiß-Signal, d. h. die Einflechtung der zur Farbübertragung benötigten Information in solcher Art, daß die für die Hinzufügung der Farbe bei gleicher Bildschärfe erforderliche Frequenzbandbreite nicht größer ist als für die klassische Schwarz-Weiß-Sendung, wurde beim NTSC-Verfahren bisher am besten gelöst.[1]

[1] Neuere Versuche von E. H. LAND [*13*] haben, ohne die Theorie der Farbwahrnehmung von YOUNG-HELMHOLTZ zu widerlegen, bei bunt gemischten Farbbildern die Möglichkeit aufgezeigt, mit zweierlei monochromatischem Licht von genügender Wellenlängendifferenz subjektiv die Empfindung nahezu sämtlicher Farben zwischen den beiden Enden des Spektrums hervorzurufen [*14*]. Projiziert man den Rotauszug eines bunten Bildes mit Licht größerer, den Grünauszug mit Licht kleinerer Wellenlänge, so tritt dieser Effekt besonders deutlich ein. Verwendet man für die Projektion des Rotauszuges Wellenlängen $\lambda > 588$ mμ, so ist für die des Grünauszuges weißes Licht erforderlich; ein Farbfilm gibt dann angeblich den okularen Eindruck richtig wieder, zeigt also die gleiche Mannigfaltigkeit der Farbe, die dem Auge als objektiv bestehend erscheint. Obwohl betont wird, daß relativ erhebliche Änderungen des Intensitätsverhältnisses beider Projektionslichtquellen den Effekt nicht beeinflussen, bedeutet doch die geringe erreichbare Farbsättigung im Verein mit der Einschränkung auf den Fall von Bildern mit ausgesprochen komplexer Farbverteilung, daß nach dem derzeitigen Stande keine begründete Hoffnung besteht, mit Hilfe dieses sog. „Zweifarben"-Verfahrens ein neues Farbfernsehsystem entwickeln zu können [*15*]. Trotzdem sind die Versuche von LAND sehr aufschlußreich hinsichtlich der überraschenden Transformationen des Farbeindrucks, die bei gleichzeitiger Einwirkung stark kontrastierender Spektralbereiche auf die Netzhaut zustande kommen können.

7a. Zwei getrennte Farbhilfsträger.

Versuche der Firma Philips zielten darauf ab, die Zweifarbenmodulation eines und desselben Hilfsträgers dadurch zu vermeiden, daß getrennte Farbträger zur Übertragung der I- und der Q-Komponente, beide in reiner Amplitudenmodulation, vorgesehen werden. Eine solche Lösung würde zwar Nebensprechprobleme zwischen dem I- und dem Q-Signal weitgehend ausschalten, müßte aber zu anderen Schwierigkeiten führen, die sich daraus ergeben, daß im Gesamtspektrum bei korrekter Lückenstellung beider Farbträger der Frequenzabstand zwischen diesen wiederum ein *geradzahliges* Vielfaches der halben Zeilenfrequenz werden würde. Dieses Dilemma zwingt entweder zu einer Kompromißlage der getrennten Farbträger oder zu einer relativ komplizierten Steuerung beider mit Phasensprung. Das Verfahren scheint aufgegeben worden zu sein.

7b. Codierungsverfahren nach Valensi.

Ein weiterer Vorschlag, die Schwierigkeiten der Zweifarbenmodulation bei einem einzigen Farbhilfsträger zu vermeiden, stammt von G. Valensi [*16*]. Er stützt sich auf die Unfähigkeit des Auges, sehr feine Tönungs- und Sättigungsunterschiede zu erkennen. Man kann deshalb das IBK-Farbdiagramm in einzelne diskrete Bereiche teilen, innerhalb deren das Auge vermutlich keine Farbtondifferenzen wahrnimmt. Abb. XI.25 zeigt das normale Farbdiagramm der IBK. Die Eckpunkte R_1, B_1, G_1 des umschlossenen Dreiecks entsprechen den Farborten der Leuchtphosphore, die zur Herstellung der Primärfarben in einer normalen RCA-Ausblendröhre benutzt werden. Alle auf dem Schirm dieser Röhre erhältlichen Farben sind durch das gezeichnete Dreieck eingegrenzt.

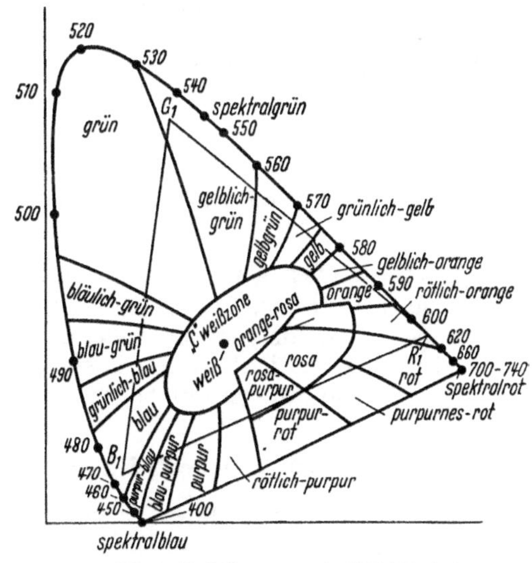

Abb. XI.25. Farbdiagramm mit NTSC-Dreieck.

Das gesamte Farbdiagramm ist nach Valensi in Sektorfelder unterteilt, wie sie auf Grund augenphysiologischer Untersuchungen etwa den von ihm postulierten Bereichen entsprechen. Im gleichen Sektorfeld sieht man also weder nach Tönung noch nach Sättigung deutliche Unterschiede. Erst der Übergang zum benachbarten Feld würde als eine Farbänderung wahrgenommen werden. Valensi beschränkt sich nun darauf, die jeweiligen Sektornummern durch Codes zu übertragen, aus denen empfängerseits die Farbinformation so weit rekonstruiert werden kann, wie sie vom Auge unterscheidbar verarbeitet wird. Diese Quantisierung der physikalisch realisierbaren Farben in N physiologisch nicht mehr differenzierbaren Stufen erscheint bis zu einem gewissen Grade plausibel. Strittig ist dabei jedoch die Größe von N. Die Sektorabgrenzung nach Abb. XI.26 zeigt nämlich, daß die Bereiche im Gebiet von Gelb-Orange und um Blau-Grün herum am feinsten unterteilt sind, zwischen Gelb-Grün und Purpur-Rot am gröbsten. Das deckt sich etwa mit der Lage der I- und der Q-Achse beim NTSC-Verfahren, wo ja auch die I-Achse dem schärfsten Farbunterscheidungsvermögen entspricht.

Praktisch will VALENSI wie folgt verfahren: eine Codierröhre ermittelt nach Maßgabe der Farbe des abgetasteten Bildpunktes Sektornummer und zugehörigen Code und drückt diesen dem Farbhilfsträger als diskrete Stufe einer quantisierten, einphasigen Amplitudenmodulation auf. Dadurch kommt man zu relativ störfreien Übertragungsverhältnissen. Nachteilig wäre aber, daß man die Farbinformation auf $N = 15$ Tönungswerte beschränken müßte und nur zwei Sättigungsstufen übertragen könnte. Dieser Spielraum ist im Verhältnis zum Variationsbereich der praktisch vorkommenden Sättigungsgrade viel zu grob quantisiert. Auch bleibt einzuwenden, daß unabhängig von der Numerierung der Farbsektoren immer Trennstellen auftreten werden, wo Sektoren hoher und niedriger Codierungsnummer zusammenstoßen, wie z. B. nach Abb. XI.26 vor allem in den Bereichen Purpur, Purpur-Rot und Rosa-Purpur. Bei jedem derartigen Codierungsschema führt dann die Abtastung bei Anwesenheit von Rauschen leicht zur Wahl einer mittleren Codierungsnummer, der gemäß Abb. XI.26 weder 1 oder 2 noch 28 oder 29 entsprechen, sondern ein etwa bei 15 liegender Mittelwert. Somit würden als Folge der Schwankungserscheinungen Farben aus dem Bereich Purpur-Rot als Grün-Gelb wiedergegeben werden.

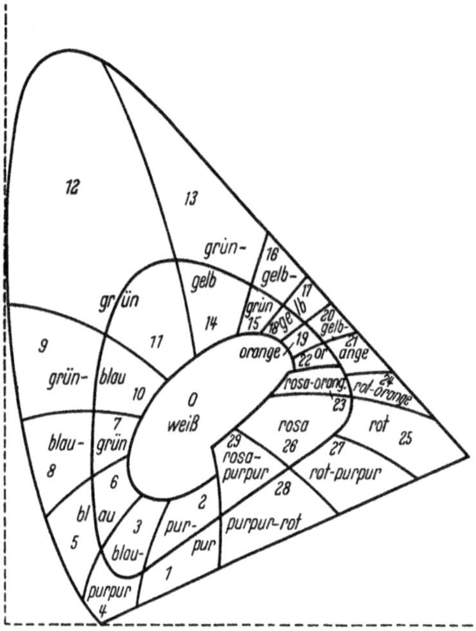

Abb. XI.26. Farbdiagramm mit diskreten Codierungsbereichen nach G. VALENSI.

Es ist indessen nicht ausgeschlossen, daß der Gedanke der Farbquantisierung in anderer Ausführungsform befriedigend realisiert werden könnte.

7c. Das System „Séquentiel à Mémoire“ (HENRI DE FRANCE/SECAM).

Während der letzten Jahre ist in Frankreich ein Farbfernsehverfahren durchgebildet und vorgeführt worden, welches sich freilich eng an die übrige französische Fernsehentwicklung anlehnt und zunächst dazu bestimmt war, in die Norm mit 819 Zeilen und 10 MHz Bandbreite übernommen zu werden [*17*]. Es ist daher eigentlich keine selbständige Lösung. Indessen sind die Ergebnisse der Vorführungen recht ermutigend, und aus diesem Grunde wird das Verfahren hier ausführlicher besprochen.

Die Grundkonzeption von HENRI DE FRANCE erhebt sich über das NTSC-Verfahren insofern, als bei diesem letzteren außer dem Helligkeitsverlauf auch die I- und die Q-Komponente, trotz ihrer wesentlich verringerten individuellen Bandbreiten, mit einer Rasterung von je 525 Zeilen übertragen werden, was bei Übernahme in die europäische Norm auf ein äquivalentes Schema von vollen 625 Zeilen führen würde. Infolgedessen sind die KELL-Faktoren (Verhältnis der horizontalen zur vertikalen Auflösung) für I und Q sowohl im amerikanischen Falle als auch bei der europäischen Anpassung beträchtlich kleiner als für das Luminanzsignal, denn die Auflösung senkrecht zur Zeilenrichtung entspricht für alle drei Signale derjenigen des Schwarz-Weiß-Rasters von 625 bzw. 525 Zeilen. Es ist ein Nachteil des NTSC-Verfahrens, daß das verminderte Farbauflösungsvermögen des Auges senkrecht zur Zeile nicht in gleichem Maße genützt wird wie längs derselben. Anders ausgedrückt, wäre es günstiger, wenn man die Farbinformation in das Schwarz-Weiß-Bild mit einer Rasterung hineinschreiben könnte, die geringerer Zeilenzahl entspricht.

Diesem Bedürfnis kommt das auf DE FRANCE zurückgehende Farbfernsehsystem „Séquentiel à Mémoire (SECAM)“ bis zu einem gewissen Grade entgegen, indem es darauf hinausläuft, aus dem Raster von 819 Zeilen durch Zeilensequenzaufbau ein solches zu machen, welches für die Farbe 409 Zeilen äquivalent ist, während die Schwarz-Weiß-Auflösung den Wert von 819 Zeilen behält. Das Übertragungsprinzip umfaßt die Erzeugung eines Luminanzsignals, das dem beim NTSC-Verfahren benutzten Y-Signal entspricht, und eines einfachen Chrominanzsignals. Das Luminanzsignal liefert die Hell-Dunkel-Struktur mit den gleichen Qualitätsmerkmalen wie ein normales Schwarz-Weiß-Bild. Damit erfüllt das Verfahren zunächst korrekt die Bedingungen für die kompatible Benutzung von Schwarz-Weiß-Empfängern. Das Chrominanzsignal

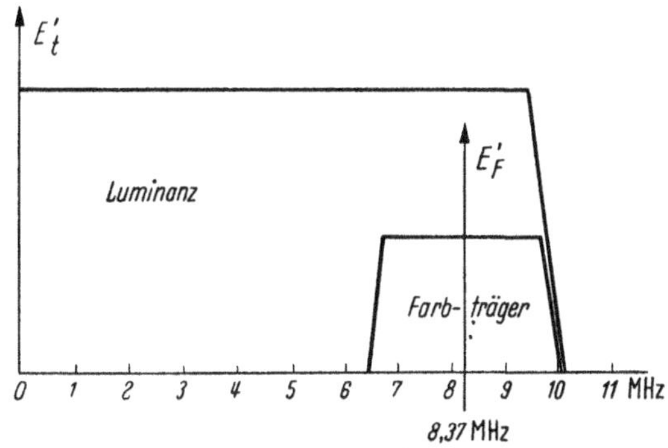

Abb. XI.27.
Frequenzspektrum des Gesamtsignals beim Farbfernsehverfahren „Séquentiel à Mémoire (SECAM)“ nach der französischen Norm.

Zeilen	Luminanzsignal Feld 1 3	Feld 2 4	Farbsignal Feld 1	Feld 2	Feld 3	Feld 4	Gesamtsignal
1	L		rot		blau		$L_{13}+r_1+b_3$
2		L		blau		rot	
3	L		blau		rot		$L_{13}+r_3+b_1$
4		L		rot		blau	
5	L		rot		blau		
6		L		blau		rot	
7	L		blau		rot		
⋮							
814		L		blau		rot	
815	L		blau		rot		
816		L		rot		blau	$L_{24}+r_2+b_4$
817	L		rot		blau		
818		L		blau		rot	$L_{24}+r_4+b_2$
819	L		blau		rot		
	1/50 s	1/50 s	1/50 s	1/50 s	1/50 s	1/50 s	

Abb. XI.28. Übertragungsschema der Luminanz- und der Chrominanzinformation beim Farbfernsehsystem „Séquentiel à Mémoire (SECAM)“. $L\,(=E_y)$ Luminanzsignal, r_{ind} Rot-, b_{ind} Blausignal.

liegt, wie Abb. XI.27 zeigt, im Frequenzabschnitt zwischen 6 ··· 10 MHz und hat die Form eines nur amplitudenmodulierten Hilfsträgers, dessen Frequenz ein ungeradzahliges Vielfaches der halben Zeilenfrequenz ist. Insofern entspricht das SECAM-Verfahren völlig den Grundlagen des NTSC-Verfahrens. Die Notwendigkeit, zwei unabhängige Farbinformationen zu übertragen, führt nun aber zur Benutzung eines speziellen Signals, welches mit Zeilenfrequenz wechselnd nur das $(R-Y)$- oder das $(B-Y)$-Signal enthält und auf 2 MHz-Bandbreite beschränkt ist. In bezug auf die Zeit entspricht also die Umschaltung zwischen den beiden Farbinformationen tatsächlich einem Zeilensequenzverfahren. Beim Geber stehen zwar beide Farbauszüge gleichzeitig am Ausgang der Kamera zur Verfügung; es wird aber zeilenfrequent alternierend immer nur der eine derselben übertragen. Dadurch ergibt sich das Sendeschema der Abb. XI.28, wo L (oder auch E'_y) das Luminanzsignal bedeutet, dessen Zusammensetzung weiter unten angegeben wird. Die Indizes im rechten Teil der Übertragungsmatrix bezeichnen die Zeilennummern. Die Umschaltung des Rot- und des Blauauszuges auf den Modulator, der seinerseits auf das Mischgerät zum Einblenden des modulierten Farbträgers in das Luminanzsignal arbeitet (Abb. XI.29), bewirkt ein elektronischer Kommutator, der von einem besonderen Generator im Takt gehalten wird. Damit im Empfänger (Abb. XI.30) die korrespondierende Umschaltung phasenrichtig erfolgt, d. h. ein ankommendes Rotsignal dem zugehörigen Strahlerzeuger für Rot in der von DE FRANCE benutzten RCA-Ausblendröhre zugeführt wird und ebenso ein Blausignal dem entsprechenden Strahlerzeuger für Blau, muß ein besonderes Zeichen mit übertragen werden, das vom Generator der Umschaltfrequenz (= halbe Zeilenfrequenz) durch Differenzieren abgeleitet wird. Es fällt in die Zeit des Zeilenrücklaufs und stellt einen vom Schwarzwert des Farbträgers aus in negativer Richtung getasteten Impuls dar. Der Farbträger wird also kurzzeitig unterdrückt. Das Vorhandensein eines Schwarzwertes auch bei fehlender Farbe im Bilde geht aus der letzten der folgenden Gleichungen des Systems hervor (nebenbei bemerkt ist dies ein Nachteil im Vergleich zum NTSC-System, bei dem im gleichen Falle der Farbträger verschwindet, mit Sicherheit also im Schwarz-Weiß-Empfänger unsichtbar bleibt).

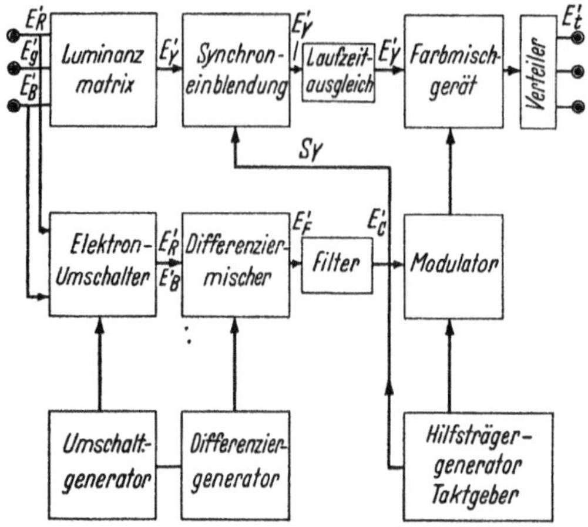

Abb. XI.29. Codierungsschaltung des Senders für Farbübertragung beim SECAM-Verfahren, mit Kommutierung der Rot- und Blau-Farbdifferenzen, Laufzeitausgleich für das Farbsignal E'_C und das Luminanzsignal E'_Y, Kommutierung mittels Taktgeber.

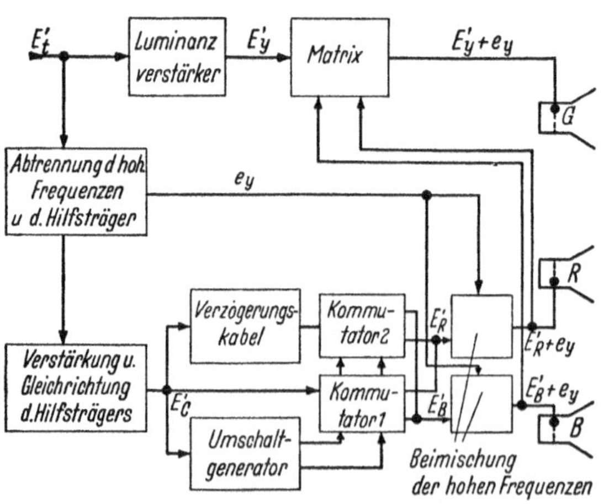

Abb. XI.30. Decodierungsschaltung des Empfängers für Farbübertragung beim SECAM-Verfahren, mit Verzögerungsleitung und synchronisierten Umschaltern zur Wiederholung jedes Farbsignals in der nächsten Zeile des Zeilensprungrasters.

Wir betrachten jetzt die Arbeitsweise des Empfängers. Hier muß natürlich *jede* Bildzeile den richtigen Anteil sowohl der roten wie der blauen Farbinformation erhalten. Da aber während der Zeilendauer t_z immer nur entweder das Rot- oder das Blausignal gesendet wird, muß eine Speicherung, besser ausgedrückt eine Verdopplung, jedes Farbauszuges durch Verzögerung um den Betrag t_z zu Hilfe genommen werden. Jeder ankommende Farbauszug wird daher dem ihm zugeordneten Strahlerzeugungssystem der Ausblendröhre unmittelbar zugeführt, gleichzeitig aber wird er durch ein Laufzeitorgan geschickt, das ihn mit der Verspätung t_z in der nächstfolgenden Bildzeile wiederholt. So treffen in jeder Zeile zwei Modulationsverläufe in örtlicher Superposition zusammen, derart nämlich, daß der eine derselben vom unverzögerten Farbsignal der einen Art und der andere vom verzögerten Farbsignal der anderen Art herrührt. Daß dieses letztere der Abtastung der vorhergehenden Zeile entstammt, spielt nach den voraufgehenden Betrachtungen über die für die Farbinformation gebotene Anpassung der Vertikalauflösung an die Horizontalauflösung keine Rolle.

Die Farbauflösung ist demnach längs und quer zur Zeile gleichmäßig reduziert, ohne daß ein Verlust an geometrischer Auflösung im Schwarz-Weiß-Bild bzw. beim Luminanzsignal eintritt. Dieses letztere nutzt die Bandbreite von 10 MHz, also die französische Kanalkapazität, im ganzen Umfange aus. Im übrigen ist keine besondere Eigenschaft des Übertragungsweges in bezug auf den Phasengang erforderlich, und die Schaltungstechnik im Empfänger bleibt im Rahmen des Üblichen. Auch besteht keine Möglichkeit eines Übersprechens zwischen den beiden Chrominanzinformationen, und schließlich führt das Chrominanzsignal keine bemerkbare Störung in den Schwarz-Weiß-Empfänger ein.

Abschließend schreiben wir noch die Formeln für das kombinierte Farbsignal des SECAM-Verfahrens an: Das gesamte Übertragungssignal hat, wenn die E'_g, E'_r und E'_b die gammakorrigierten Spannungen und f_H die Frequenz des Farbträgers bedeuten, die Form [*18*]:

$$E'_t = E'_y + E'_F \cos 2\pi f_H t. \qquad \text{(XI.5)}$$

Dabei hat das Helligkeitssignal die vom NTSC-Verfahren her bekannte Gestalt:

$$E'_y = 0{,}59 E'_g + 0{,}30 E'_r + 0{,}11 E'_b, \qquad \text{(XI.6)}$$

und die Farbinformation ist definiert durch:

$$\left.\begin{aligned} E_{C1} &= 0{,}125\,[1 + 1{,}43\,(E'_R - E'_y)],\\ E_{C2} &= 0{,}125\,[1 + 1{,}12\,(E'_B - E'_y)]. \end{aligned}\right\} \qquad \text{(XI.7)}$$

In der letzten Zeile erkennt man das Bestehen eines Schwarzwertes des Hilfsträgers bei $(E'_r - E'_y)$ und $(E'_b - E'_y)$ gleich Null, ein Umstand, der, wie oben ausgeführt, für die Synchronisierung der Farbsignalumschaltung im Empfänger ausgenutzt wird. Alle in den Gln. (XI.5) bis (XI.7) bestehenden E-Werte haben die obere Grenze 1 bei hellstem Weiß und die untere 0 bei tiefstem Schwarz.

Versuche haben im Vergleich mit dem NTSC-System ergeben, daß die Anfälligkeit des ursprünglichen Verfahrens von DE FRANCE gegen äußere und innere Empfangsstörungen (Brummspannungen u. a.) merklich größer ist. Sie äußert sich in stärkeren Farbfehlern. Es ist gelungen, den Farbträger statt in der Amplitude in der Frequenz zu modulieren, was aber vom Standpunkt der Spektraltheorie des Fernsehsignals (vgl. 4a) wohl nur dadurch möglich wird, daß die Amplituden der beiden interferierenden Seitenbänder, des Luminanz- und des Chrominanzträgers, im Verwirrungsgebiet schon relativ gering sind. In der Praxis hat sich diese Änderung ohne Störungen durchführen lassen. Durch den Übergang auf die zeilensequentielle Übertragung der beiden Farbsignalkomponenten nach dem SECAM-Verfahren kann der Einfluß von differentiellen Phasenfehlern, wie sie in einer Kette von Teilstrecken auftreten können, weitestgehend eliminiert werden.

Solange man mit dem zeilensequentiellen Signal den Farbträger in seiner *Amplitude* modulierte, ergab sich allerdings eine gegenüber dem NTSC-Verfahren erheblich größere Abhängigkeit von differentiellen *Amplituden*-Fehlern (statische und dynamische Nichtlinearitäten). Bei neueren Formen des SECAM-Verfahrens verwendet man deshalb, wie oben erwähnt, einen *frequenz*-modulierten Farbträger. In diesem Falle haben sowohl Phasenänderungen als auch nichtlineare Verzerrungen des Übertragungskanals einen nur noch sehr geringen Einfluß auf die übertragene Qualität. In einer Versuchsanlage für das SECAM-Verfahren [*19*] bestätigte der Vergleich mit dem schon fast konventionellen NTSC-System die Überlegenheit der SECAM-Übertragungstechnik bei differentiellen Phasen- und Amplitudenfehlern im Übertragungskanal. Von einiger Bedeutung ist auch die relativ geringe Beeinflussung des SECAM-Signals durch Reflexionsstörungen. Eine Gegenüberstellung zeigt, daß die für beide Übertragungsverfahren zulässigen Verzerrungen bei SECAM wesentlich geringere Anforderungen stellen.

Eine etwas ungünstigere Beurteilung ergibt sich jedoch bei Betrachtung der Eigenfehler des SECAM-Systems (Systemfehler). Für die geträgerte Farbinformation steht nur eine geringe Bandbreite zur Verfügung, so daß mit Rücksicht auf die Signalverzerrungen auch nur ein kleiner relativer Frequenzhub gewählt werden kann. Die bei den üblichen frequenzmodulierten Systemen besonders verminderte Störanfälligkeit kann deshalb hier nicht erreicht werden. Das gilt vor allem für die Eigeninterferenzen des Farbträgers mit dem Luminanzsignal (Cross-Color). Experimentelle Untersuchungen dieser Beeinflussung der Farbübertragung in Abhängigkeit von der Bandbreite des Farbkanals ergaben in allen Fällen ein ungünstigeres Verhalten im Vergleich zum NTSC-Verfahren. Das gleiche gilt für die Farbträgerstörungen des Luminanzsignals.

Schrifttum zum Kap. XI.

[*1*] Hatzinger, H.: DRP 675256.

[*2*] Glenn, W. E.: Thermoplastic Recording. J. appl. Phys. Bd. 30 (1959) Nr. 12, S. 1870—1873.

[*3*] Dome, R. B.: High Definition Television. New Bandwidth Compression System. Wireless Wld. Bd. 57 (1951) S. 156.

[*4*] Mertz, P., u. F. Gray: Theory of Scanning. Bell Syst. techn. J. Bd. 13 (1934) S. 464—515.

[*5*] Piening, J.: Über die Wahl eines Farbfernsehsystems für die „Gerber-Norm" und die Auswirkung des Farbhilfsträgers auf das schwarzweiß empfangene Farbbild. NTZ Bd. 9 (1956) S. 365—370.

[*6*] Uyterhoeven, W.: Elektrische Gasentladungslampen, S. 155—171. Berlin: Springer 1938.

[*7*] Law, H. B.: A Three-Gun Shadow Mask Color Kinescope. RCA-Rev. Bd. 12 (1951) S. 466—468. — P. K. Weimer u. N. Rynn: A 45-Degree Reflection Type Color Kinescope. RCA-Rev. Bd. 12 (1951) S. 503—526.

[*8*] Ohne Verfasser: Electronics, N. Y. Bd. 20 (Dez. 1951) S. 89.

[*9*] Below, F., u. E. Schwartz: Zur Lage des Farbhilfsträgers im Falle einer Übertragung des NTSC-Verfahrens auf die CCIR-Norm mit 625 Zeilen. Techn. Hausmitt. NWDR Bd. 7 (1955) S. 229—232. — F. Kirschstein, J. Müller u. K. O. Schmidt: Die Bemühungen des CCIR um eine europäische Norm für das farbige Fernsehen. NTZ Bd. 10 (1957) S. 20—27. — J. Davidse: Versuche über die Anpassung des NTSC-Farbfernsehsystems an die europäische 625-Zeilen-Norm. NTZ Bd. 11 (1958) S. 461—466.

[*10*] Schönfelder, H.: Übertragungsfehler im NTSC-Kanal. A. E. Ü. Bd. 12 (1958) S. 497—509. — J. Kaashoek: Gradationsentzerrung im Farbfernsehen. NTZ Bd. 11 (1958) S. 515—518. — W. Dillenburger: Über die Pegelhaltung und einige Störeinflüsse in Farbfernsehübertragungsanlagen. A. E. Ü. Bd. 11 (1957) S. 195—213. — F. Jaeschke: Zur Dimensionierung des Farbträgers in einem europäischen Farbfernsehsystem nach dem NTSC-Verfahren. Techn. Hausmitt. NWDR Bd. 7 (1955) S. 224—228. — E. Schwartz: Die Analogiefrequenz für den Farbhilfsträger bei einer Übernahme des NTSC-Verfahrens in die CCIR-Norm mit 625 Zeilen. Rundfunktechn. Mitt. Bd. 1 (1957) S. 191—195.

[11] MAYER, N.: Farbfernsehen nach dem NTSC-Verfahren. Elektron. Rdsch. Bd. 11 (1957) S. 1—6 u. 38—42. — N. MAYER: Experimente zum Farbfernsehen. Rundfunktechn. Mitt. Bd. 2 (1958) S. 75—85. — H. SCHÖNFELDER: Die Restseitenbandentzerrung des Farbsignals beim NTSC-System. A. E. Ü. Bd. 14 (1960) S. 37—46. — H. SCHÖNFELDER: Die Farbträgerdämpfung beim Farbfernsehen nach dem NTSC-Verfahren. A. E. Ü. Bd. 13 (1959) S. 383—392.

[12] SCHÖNFELDER, H.: Vektorschreiber — ein Kontrollgerät für das NTSC-Farbstudio. Elektron. Rdsch. Bd. 14 (1960) S. 14—18., G. BOLLE: Farbbalkengeber für die NTSC-Norm. Telefunkenztg. Bd. 32 (1959) H. 126, S. 237—243. — H. F. LELGEMANN: Ein Gerät zur subjektiven Prüfung von Fernsehempfängern. Telefunkenztg. Bd. 32 (1959) H. 126, S. 244—250. — P. NEIDHARDT: Informationsinhalt und Frequenzbandbreite des Chrominanzsignals im Farbfernsehverfahren mit einem Zwischenträger. Nachrichtentechn. Bd. 6 (1956) S. 529—533.

[13] LAND, E. H.: Experiments in Color Vision. Proc. nat. Acad. Sci., Wash. Bd. 45 (1959) Nr. 1, S. 115, u. Nr. 4, S. 636; Sci. Amer. (1959) S. 84—94 u. S. 96, 99.

[14] WOOLFSON, M. M.: Some Aspects of Color Perception. IBM-J. Res. Developm. Bd. 3 (1959) Nr. 4, S. 312—325.

[15] NEIDHARDT, P.: Bildet die Theorie des Farbfernsehens von Dr. EDWIN H. LAND die Grundlage für ein neues Farbfernsehsystem? Elektron. Rdsch. Bd. 13 (1959) S. 451—457.

[16] VALENSI, G.: Codage optimum pour la télévision industrielle en couleurs. Acta Electronica Bd. 2 (1957/58) No. 1—2, S. 352—362 (Colloque International, Problémes Physiques de la Télévision en Couleurs).

[17] DE FRANCE, H.: Le système de télévision en couleurs ,,séquentiel-simultané". Acta Electronica Bd. 2 (1957/58) No. 1—2, S. 392—397.

[18] CHASTE, R., u. P. CASSAGNE: Arbeitsweise und Vorteile des Farbfernsehverfahrens SECAM. Elektron. Rdsch. Bd. 14 (1960) S. 361—366.

[19] SCHÖNFELDER, H.: Der Einfluß von System- und Übertragungsfehlern bei einer Farbfernsehübertragung nach dem SECAM-Verfahren. Arch. Elektr. Übertr. Bd. 16 (1962) S. 385—399.

XII. Sonderanwendungen des Fernsehens.

Bearbeitet von Prof. Dr.-Ing. E. h. Dr. phil. F. SCHRÖTER, Neu-Ulm/Donau.

1. Einleitung.

Im Gegensatz zum Rundfunkfernsehen, bei dem ein zentraler Sender auf eine sehr große Zahl von Empfängern arbeitet, handelt es sich hier gewöhnlich um eine Verbindung von Punkt zu Punkt, zwischen einem Bildaufnahmegerät und dem ihm zugeordneten Bildwiedergabegerät; ja es gibt Fälle, in denen die Einrichtung eine größere Zahl von räumlich verteilten Kameras umfaßt, die abwechselnd auf einen und denselben Empfänger geschaltet werden können (Industriefernseher zur Überwachung von zusammenhängenden Arbeitsvorgängen von einer Beobachtungsstelle aus). Es liegt dann geradezu eine Umkehrung des Rundfunkprinzips vor.

Man bezeichnet derartige, nicht der Bildverbreitung „an alle" dienenden Anlagen als in sich „geschlossene" Systeme, und es ist klar, daß für ihren Aufbau und ihre Arbeitsweise andere Bedingungen und Möglichkeiten bestehen als im rundfunkartigen Unterhaltungsfernsehen sowie auch eine unterschiedliche Verteilung von Aufwand und Kosten. Im Fernsehrundfunk handelt es sich darum, den Empfänger mit geringstem Aufwand, also billigst, zu konstruieren, während der Sender um so komplizierter und teurer sein darf, je mehr er den Empfängerpreis durch Einsparen von Schaltmitteln zu senken erlaubt. Bei den geschlossenen Systemen hingegen stellen Sender- und Empfängerteil zumeist ein organisches Ganzes dar; der Kostenträger ist für beide der gleiche, und den Wertmaßstab der Anlage bildet lediglich der wirtschaftliche oder sonstige Nutzen, den ihr Einsatz erbringt.

Soweit sich die Anwendungszwecke solcher Einrichtungen mit der heutigen, den Ansprüchen des Rundfunks genügenden Technik und im Rahmen der für diese geltenden Zerlegungsnormen befriedigend erfüllen lassen, bedarf es keiner neuen Grundlagen. Die Aufgaben betreffen dann vielmehr im wesentlichen die konstruktive Anpassung des Gerätes an die Verhältnisse, unter denen es arbeiten soll, an die Gegenstände und das Milieu der Übertragung, an den verfügbaren Leitungsweg usw. Bisweilen lassen sich diese Verhältnisse günstig beeinflussen, so z. B. durch extreme Beleuchtungsstärke im Bildfeld oder durch Empfangsspeicherung. Eine Unterwasser-Fernsehkamera benötigt oft die Zuhilfenahme starker künstlicher Lichtquellen. Kontrastmangel infolge Nebenlicht am Empfangsort läßt sich mit Hilfe komplementär gewählter spektraler Zusammensetzung der Leuchtschirmstrahlung und der Raumbeleuchtung weitgehend vermindern, weil stark monochromatische Emission des Schirmphosphors eher hingenommen werden kann. Da der Unterhaltungszweck entfällt, sind ästhetische Bedürfnisse kaum zwingend.

Unter den vorstehend entwickelten Gesichtspunkten dürfen wir hier davon absehen, im einzelnen Fernsehgeräte und -anlagen zu beschreiben, die sich nur durch speziellen Auf- oder Zusammenbau, d. h. durch rein konstruktive Züge, von ihren für den Rundfunk zugeschnittenen Vorläufern unterscheiden, im übrigen aber infolge Benutzung der gleichen Normen auch nur etwa ebensoviel leisten wie jene. Zu dieser Gattung gehören in der Regel Ausführungsformen für Verkehrsüberwachung, eine zukunftsreiche Anwendung der Fernsehtechnik, für Bergbaubetriebe, für direkte okulare Fernbeobachtung von Meßgrößen (Ofentemperaturen, Pegelstände u. a.) in Kraftwerken, Wasserwerken und Industriestätten, für Tiefsee- und Höhlenforschung, als Hilfe bei Taucherarbeiten und zur Auffindung von Fischgründen, für den Einbau in Beobachtungsbunkern an Orten, wo Explosionsgefahr, radioaktive Strahlung oder Giftgase die Annäherung des Menschen verbieten, ferner für den Einsatz im Unterricht u. a. m., kurzum sämtlich Installationen des „Closed Circuit“-Typus, bei denen also Geber und Empfänger als selbständiges Ganzes in einer geschlossenen Schleife liegen.

Gegenstand des folgenden sind daher nur solche Geräte und Sonderanwendungen, deren Funktion von den Fernsehrundfunknormen in charakteristischer Weise abweicht und/oder stark spezialisierte Entwicklungen erforderlich gemacht hat bzw. für die Zukunft wünschen läßt. In einzelnen Fällen war es dazu notwendig, der grundlegenden Forschung neue Aufgaben zu stellen, sofern es nicht genügte, deren jüngste Ergebnisse in geeigneter Form heranzuziehen.

Die wesentlichsten Merkmale der hier interessierenden Verfahren und Einrichtungen sind nun folgende:

1. Es besteht keine Forderung nach Verträglichkeit (Kompatibilität) der Zerlegungsdaten mit denen des Fernsehrundfunks oder fremder, anderen Zwecken dienender Systeme; Zeilenzahl, Abtastrichtung, Frequenz der Rasterfelder, Übertragungsmethode, Format u. a. sind grundsätzlich frei wählbar.

2. Von der Austauschbarkeit: Zeit gegen Frequenzband [s. Gl. (XII.1)] kann in weiten Grenzen Gebrauch gemacht werden, insbesondere bei Benutzung von Bildspeicherung im Empfänger; Beispiele sind die „Slow Scan“-Systeme, vgl. 1a.

3. Mittel zur Vergrößerung des Kontrastes (Expander) und der Verschärfung von Hell-Dunkel-Übergängen sind in breiterem Umfange anwendbar als beim Fernsehrundfunk; die Differenzierentzerrung der Einschwingvorgänge (Konturenbetonung) kann weiter getrieben werden als bei diesem; selektive Verstärkung im Übertragungskanal ermöglicht weitgehende willkürliche Beeinflussung der Bildeigenschaften (Gamma, Auflösung, Farbtönung) auf rein elektrischem Wege.

4. In der Mehrzahl der Fälle handelt es sich um verhältnismäßig kurze Übertragungsstrecken. Der Verstärkeraufwand wird weniger entscheidend als bei der Überbrückung weiter Räume. Laufzeitentzerrung kommt selten in Frage. Die Auswahl der Modulationsart (AM, FM, PPM, PCM) wird breiter. Die Verwendung besonders hochwertiger, auch mehradriger Spezialkabel ist wirtschaftlich tragbar. Ein für Geber und Empfänger (Monitor) gemeinsamer Teil, der die Generatoren für die Ablenksägezahnströme, Austastimpulse usw. enthält, reicht aus und verbilligt die Anlage. Beispiel: Mikroskopie mit Fernsehübertragungsmitteln, Abschnitt 2a.

5. Unter den gleichen Voraussetzungen wie in 4. kann z. B. eine getrennte Leitung für die Synchronisierimpulse oder für die fertig gebildeten Sägezahnströme zugestanden werden. Es ist also kein genormtes BAS-Signal erforderlich, was den Schaltungsaufwand im Empfängerteil vereinfacht.

6. Die Vorschaltung von Lichtverstärkern im optischen Teil der Bildaufnahmeröhren ist für Sonderfälle diskutabel und erscheint als tragbarer Aufwand.

7. Für die Hinzufügung der Farbe (getrennte Kanäle!) bestehen weitergehende Möglichkeiten als beim NTSC-System des Farbbildrundfunks.

8. Bildaufnahmeröhren mit spektral selektiven Halbleiterschichten oder Schirmen erlauben die Sichtbarmachung von unsichtbar, z. B. nur infrarot oder

ultraviolett strahlenden bzw. reflektierenden Objekten (Vidicon mit Bleisulfid- oder Bleioxydschichten, UV-Mikroskopie; UV-Personenabtaster nach dem Flying Spot-Prinzip ohne Blendung).

Abb. XII.1 zeigt ein Aufnahmegerät für vorwiegend industrielle Anwendungen mit zwei beweglich auf Stativen sitzenden, umschaltbaren Kameras (die größere

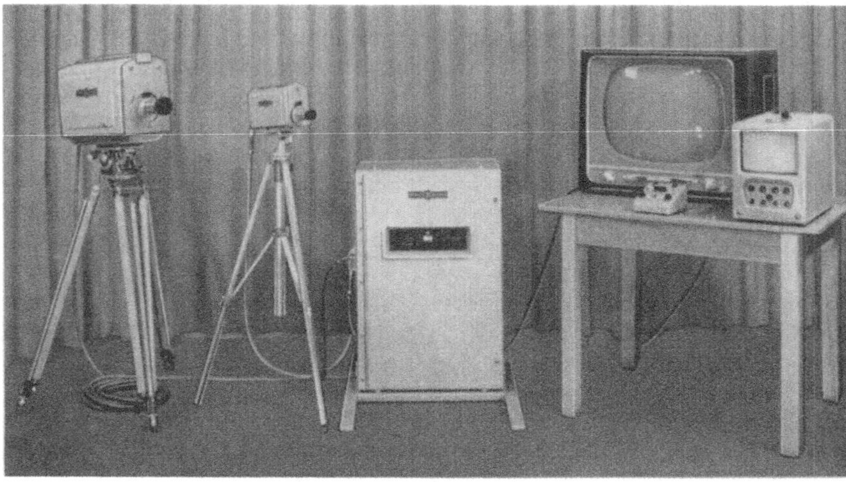

Abb. XII.1.
Grundsatzlicher Aufbau einer Kameraanlage für industrielles Fernsehen; Kamera auf Stativ, mit Steuergerät und Bedienungskastchen. Werkaufnahme der Fernseh-GmbH., Darmstadt. Auflösung mindestens 500 Zeilen, Kontrast bis 1 : 100, Empfindlichkeit 100 Lux bei Objektivöffnung 1 : 2 und etwa 8% Reflexionsvermögen der hellsten Bildstellen.

mit Superorthikon, die kleinere mit Vidicon ausgerüstet). In der Mitte erblickt man das gemeinsame Universalsteuergerät, rechts auf dem Tisch einen normalen Fernsehrundfunkempfänger, einen kleinen Monitorempfänger sowie ein Kästchen mit Bedienungsschaltern.

1a. Fernsehsprechen und „Slow Scan"-Verfahren.

Die Zielsetzung des „Fernsehsprechens", eines gleichzeitigen Fernsehens und Fernsprechens in den beiden Verkehrsrichtungen, besteht seit vielen Jahren. Vor dem 2. Weltkrieg waren in Deutschland postalische Verbindungen über Breitbandkabel in Betrieb; als Bildaufnahmegerät diente anfangs der von E. Mechau entwickelte Linsenkranzabtaster [*1*], der später durch einen Kathodenstrahlabtaster mit Zinkoxydleuchtschirm (der kleinen Abklingzeitkonstante, $<2\,\mu$s, wegen) ersetzt wurde. Zum Empfang diente die Braunsche Röhre. Die Bildzerlegung erfolgte mit 180 Zeilen und 50 Zeilensprungfeldern/s. Übertragen wurde das untere Seitenband einer nahe bei 4 MHz liegenden Trägerfrequenz.

Trotz guter technischer Ergebnisse mußte die öffentliche Benutzung dieser Einrichtung auf die als Fernsehsprechstellen bezeichneten Endpunkte des HF-Breitbandkabels beschränkt bleiben, dessen hoher Materialpreis und kostspielige Verstärkerausrüstung ein Verteilungsnetz, zur Weiterführung der Leitung zu einzelnen Teilnehmern hin, als wirtschaftlich untragbares Projekt erscheinen ließ.

Ein Kompromiß zwischen Bildgüte und Aufwand, der die Verwendung normaler Telephonadern in bestehenden Netzen ermöglicht, ist verschiedentlich experimentell verfolgt worden. Als Beispiel sei eine Versuchsanordnung des

Bell-Laboratoriums („Picturephone") erwähnt, die auch auf weite Entfernungen (New York – Los Angeles) erprobt wurde. Das Bild besteht aus 60 Zeilen mit 40 Punkten, insgesamt also aus 2400 Punkten. Eine einfache Vidiconkamera tastet das Bildfeld, das nur Kopf und Schultern des Gesprächspartners umfaßt, 20mal je Sekunde ab und liefert daher binnen 2 s volle 40 Bildsignalzüge, von denen aber nur einer benutzt und auf einer rotierenden magnetischen Trommel gespeichert wird. Von dieser wird die Modulation durch ein System von Leseköpfen und Umschaltkreisen verlangsamt, während 2 s, abgegriffen. Das ergibt ein Videoband von 0 ··· 600 Hz, das auf einer Trägerfrequenz von 1200 Hz übertragen wird (Zweiseitenbandverfahren). Empfangsseitig wird die Folge der demodulierten Bildimpulse auf dem Steuergitter einer Sichtspeicherröhre registriert und dadurch auf deren Leuchtschirm das Bild im Rhythmus von 2 s erneuert. Die benutzten Bildgrößen erreichen bis zu 50 mm × 76 mm, Grautöne werden gut wiedergegeben, und der Kontrastumfang ist befriedigend.

Die magnetische Speicherung kann durch die Speicherwirkung der Photohalbleiterschicht des Vidicons ersetzt werden. In diesem Falle wird die Röhre alle 2 s kurzzeitig belichtet und ihr Speicherschirm in den Zwischenzeiten langsam abgetastet.

Ähnliche „Slow Scan"-Verfahren, die also nur in Abständen von der Größenordnung der Sekunde gemachte *Momentaufnahmen*, aber keine flüssige Bewegung zu übertragen gestatten, sind mit der gleichen Bestimmung, Ergänzung der Telephonie durch das Bild des Teilnehmers, von mehreren anderen Firmen (General Electric Co., Hughes Aircraft Ltd. u. a.) entwickelt worden. Während aber der benötigte Aufwand für eine breitere praktische Anwendung in Fernsprechnetzen noch zu hoch erscheint, kommen derartige Anlagen für industrielle Zwecke durchaus in Frage, sofern die Stetigkeit des Bildeindrucks entbehrt werden kann. Denn der verlangsamte Rhythmus der Wiederholung des Bildes bietet natürlich nicht nur die Möglichkeit der Frequenzbandersparnis, sondern kann auch dazu benutzt werden, über Kanäle mit breiterer Frequenzdurchlässigkeit Bilder von sehr großer Zeilenzahl, also besonders hoher Auflösung, zu übertragen.

Als Beispiel diene eine von Telefunken [*2*] mit Kathodenstrahlröhren von höchster elektronenoptischer Präzision entwickelte Bild-Sende-Empfangsanlage nach dem Prinzip des Lichtstrahlabtasters, die dank besonderen Regelverfahren bei 100 mm Bildhöhe auf dem Empfangsleuchtschirm eine Auflösung bis zu 2000 Zeilen gestattete. Über Fernsehkanäle mit 5 MHz Durchlaßbreite konnten 1200 Zeilen-Bilder einmalig binnen $^1/_{12,5}$ s übertragen werden, um sie empfangsseitig zu speichern. Meistens wurde jedoch mit periodischer Sendung bei einer Bildwechselzahl von 1 Hz oder 0,5 Hz und mit entsprechend schmälerem Frequenzband gearbeitet und das Empfangsbild durch Schirme mit sehr langem Nachleuchten (kupferaktiviertes Zinksulfid) in seinem visuellen Effekt verlängert. Abb. XII.2 zeigt das Schema des Gebers für die Abtastung von undurchsichtigen Dokumenten mittels Reflexion an der Auftreffstelle der optischen Projektion des bewegten Leuchtschirmlichtpunktes von nur 60 ··· 70 μ Durchmesser. Die Anlage war für die Übertragung von Fliegerkameraaufnahmen über Richtfunkstrecken bestimmt; Wiedergabe und Original waren hinsichtlich Auflösung völlig äquivalent.

In amerikanischen Anlagen für Produktions- oder Verkehrsüberwachung arbeitet die gleiche Aufnahmekamera einerseits über kurze Verbindungen mit der für den Fernsehrundfunk genormten Zeilenzahl (k) und Bildwechselzahl (n), d. h. „kompatibel", auf örtliche Monitorempfänger, die dann stetige Bilder mit 525 Zeilen darbieten, andererseits über lange *Fernsprechkabel*strecken mit kleiner

Bandbreite ($\Delta f'$) und stark verminderter Bildwechselzahl ($n' = 1/\tau \ll n$) nach dem Slow Scan-Prinzip, unter Verwendung besonderer Wiedergabeverfahren, die der großen Übertragungsdauer τ des einzelnen Bildes angepaßt sind. Hierzu bedarf es beim Geber einer Umformung der ursprünglichen Videobandbreite Δf, entweder durch Zwischenspeicherung und verlangsamte Wiederabnahme des Signals vom Speicher oder aber, mit einer gewissen Einschränkung (s. weiter unten), durch einen Converter, der von dem Gesetz

$$\Delta f \tau = \text{konst. für gleiche Auflösung} \tag{XII.1}$$

Gebrauch macht. Eine Variante dieses Systems sieht am Ende der langen Übertragungsstrecke die Wiederherstellung der genormten k- und n-Werte mittels intermediärer Speicherung vor, zum Zwecke, herkömmliche Fernsehempfänger zu benutzen und kontinuierliche Bilder gewohnter Auflösung zu reproduzieren, die jedoch ihren Inhalt jeweils nur in dem τ entsprechenden Rhythmus ändern können. Grundsätzlich eignen sich daher solche Anlagen lediglich für Bildfelder, in denen schnelle Veränderungen entweder nicht vorkommen oder mindestens für den Anwendungszweck unwesentlich sind.

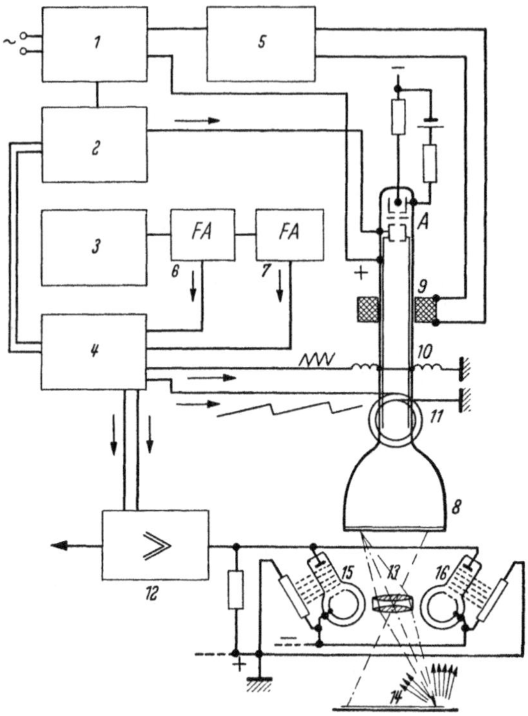

Abb. XII.2.
Kathodenstrahlgeber für Dokumentenübertragung, 2000 Zeilen.
1 Hochspannungsgerät, *2* Nachfokussierung, *3* Schwingquarzgenerator, *4* Ablenkgerät, *5* automatische Scharfeinstellung des Strahls, *6* und *7* Abnahmestellen für Zeilen- bzw. Bildablenkfrequenz aus Frequenzteilern *FA*, *8* Leuchtschirm der Kathodenstrahlröhre *A*, *9* Fokussierspule, *10* Zeilenablenkspule, *11* Bildablenkspule, *12* Nachverstärkung, *13* Objektiv, *14* reflektiertes Licht, *15*, *16* Vervielfacherphotozellen.

Allgemein kann man die für „Slow Scanning“ tauglichen Verfahren und Mittel folgendermaßen einteilen:

1. Geberseite.

a) Direkte verlangsamte Abtastung ohne Speicher;

b) normale Abtastfrequenz (n Bilder/s), Festhalten aller Einzelbilder als elektrische Signale auf einem Speicher und äquidistant-periodisches Herausgreifen eines derselben („Snap-Shot Pick-Up“) in verlangsamter Abtastung;

c) Abfragen des normalen Videobandes nach dem weiter unten beschriebenen Conversionsschema.

2. Übertragung mit reduziertem Δf.

a) Nur das Grundband der Abtastung;

b) Trägerfrequenz mit dem Grundband moduliert.

3. Empfängerseite.

a) Verlangsamtes direktes Schreiben des Bildes auf dem Leuchtschirm einer Monitorröhre oder äquivalenten Vorrichtung;

b) Zwischenspeicherung zur Rückumformung in ein Breitbandsignal mit normalem k und n zwecks Wiedergabe durch Rundfunk-Fernsehempfängertype in gewohnter Form;

c) Speichern des übertragenen schmalen Bandes mit einer Sichtspeicherröhre, z. B. nach Kap. XIII, 2c.

Die Prinzipien der Speicherung von Fernsehsignalen sind eingehend in Kap. XIII behandelt, auf das verwiesen wird. Daher soll hier nur die vorstehend unter 1c angeführte interessante Methode der ohne Speicherung im Gebergerät stattfindenden Ableitung des Schmalbandsignals aus dem Breitbandsignal der Kamera beschrieben werden. Sie wurde unter der Bezeichnung „Intra Tel“ von der General Electric Co. in Syracuse, N. Y., entwickelt und hat folgende Zwecke bzw. Voraussetzungen:

I. Benutzbarkeit normaler Fernsehrundfunkkameras und -empfänger, d. h. beiderseits kompatibler Endapparate ($k = 525$ Zeilen, $2n = 60$ Felder/s, $n = 30$ Bilder/s);
II. Übertragung mit schmalem Band $\Delta f'$ über lange Kabelstrecken bis zu 800 km;
III. Dauer der Übertragung des Einzelbildes $\tau \approx 10$ s;
IV. Auflösung im fernen Empfänger etwa 200 Zeilen;
V. stetig leuchtendes Empfangsbild, d. h. 30 Einzelbilder/s;
VI. Rechteckrasterform des Urbildes mit horizontalen Zeilen;
VII. Bildinhalt nur sehr langsam veränderlich.

Aus dem Kamerasignal $A = f(t)$ werden durch sehr kurze periodische Abfrageimpulse Intensitätswerte herausgetastet, die räumlich nahezu vertikal untereinanderliegenden Punkten des Urbildes entsprechen. Binnen $^2/_{60}$ s können so die ersten Bildpunkte sämtlicher 525 Zeilen abgegriffen, übertragen und im Wiedergabegerät in einer senkrechten Reihe angeordnet werden. Dicht an diese anschließend baut man in den nächsten $^2/_{60}$ s die zweite Vertikalreihe auf usw. Der Kunstgriff besteht also darin, daß die aus der horizontalen Zeilenabtastung des Urbildes gewonnene Zeitfunktion *annähernd* zeilenfrequent abgefragt wird; nämlich in solchem Rhythmus, daß die herausgeschnittenen Intensitätswerte nahezu senkrecht untereinanderliegenden Bildfeldelementen zugehören. Eine geringe Frequenzdifferenz ist dabei nötig, um nach Abwicklung der ersten Vertikalreihe nunmehr mit richtiger Phase die zweiten Bildpunkte jeder Zeile des Urbildes herauszugreifen und so fort. Abb. XII.3 zeigt das Aufbauschema des Fernbildes, Abb. XII.4 die Blockschaltung des Sendegerätes. Aus dem genormten BAS-Signal der Kamera wird der Vertikalsynchronimpuls der Frequenz $2n = 60\,s^{-1}$ ausgesondert und durch Elektronenzähler im Verhältnis 600 : 1 abgebaut, wodurch $n' = 0{,}1\,s^{-1}$ entsteht.

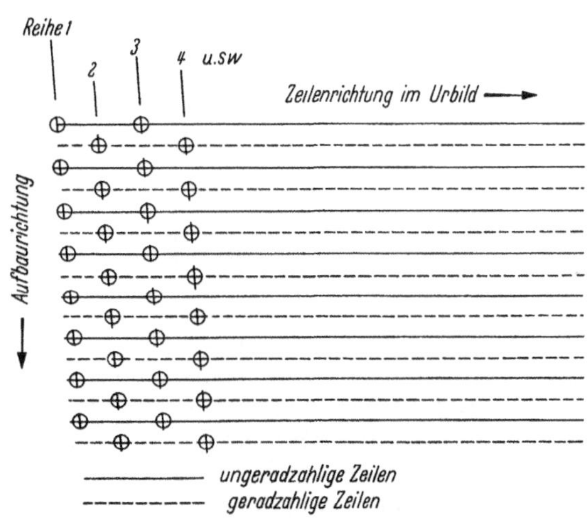

Abb. XII.3. Aufbauschema des Bildrasters bei dem Slow Scan-Schmalband-Fernsehsystem der General Electric Co., Syracuse, N. Y. USA. Herausgreifen senkrechter Punktreihen aus dem Signal der Horizontalabtastung.

Durch Mischen mit der Horizontalfrequenz $h = n\,k$ resultiert $h - n'$ als Steuertakt einer periodischen Folge von sehr kurzen Abfrageimpulsen, deren Einhüllende bereits ein Schmalbandsignal darstellt. Vor dessen Ausfilterung im Tiefpaß werden die neuen Gleichlaufzeichen der Frequenzen $2n$ und n' hinzuaddiert.

In dem Intra Tel-System ist nach D. M. KRAUSS $n = 30$, $k = 525$, also $h = n\,k = 15{,}75$ kHz. Somit wird $h - n' = h - 2n/600 = 15\,749{,}9$ Hz. Nach dem Übertragungsschema der Abb. XII.3 ergeben sich bei $\tau = 10$ s und 8% Impulsausfall während des Bildrücklaufs

$$0{,}92\,\tau(h - n') = 0{,}92 \cdot 10 \cdot 15\,749{,}9 = 145\,000 \qquad \text{(XII.2)}$$

Abfragewerte. Durch sie werden infolge $1/2n = 60\,\text{s}^{-1}$ im ganzen 600 vertikale Punktreihen aufgebaut, so daß im Empfang bei einem KELL-Faktor von 0,75

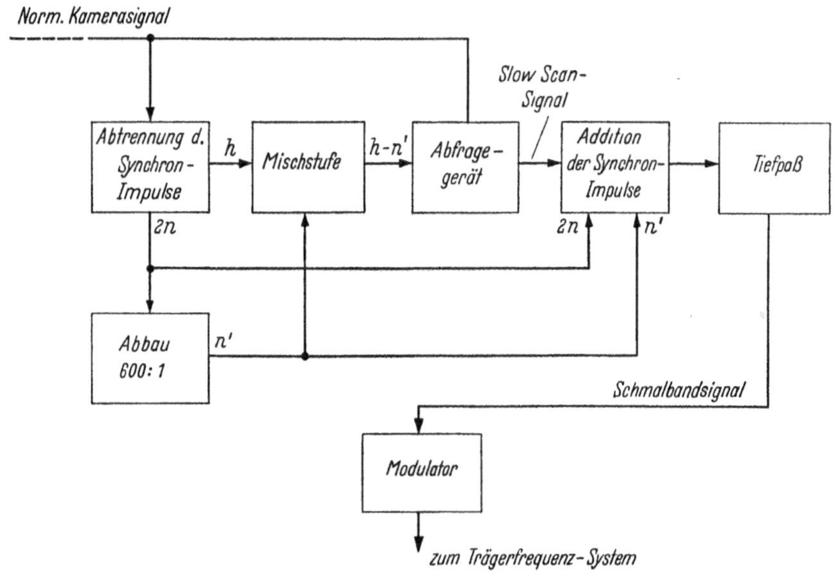

Abb. XII.4. Blockschema des Gebers fur das Verfahren nach Abb. XII.3 mit Abfrageschaltung zur Überfuhrung des normalen 525 Zeilen-Breitbandsignals in das Schmalbandsignal.

eine horizontale Auflösung von 450 Zeilen resultieren würde, wenn der Vorgang ideal verliefe. Die maximal erhältliche Auflösung beträgt, da 145000 Leuchtdichtewerte auf 600 senkrechte Punktreihen verteilt sind, 242 Zeilen. Die für das Schmalbandsignal benötigte Bandbreite muß theoretisch mindestens halb so groß sein wie die Abfragefrequenz, d. h. $\Delta f'' = 15{,}75/2 = 7{,}87$ kHz. Praktisch erreicht man etwa 200 Zeilen Vertikalauflösung bei $\Delta f'' = 7{,}2$ kHz als Kompromißwert und bei üblicher Definition des Amplitudenabfalls an der Durchlaßgrenze des Kabels. Mit Rücksicht auf die Punktstruktur erzielt man auch in waagerechter Richtung nur erheblich unterhalb 450 Zeilen liegende Auflösungen; subjektiv gemessen wurden 250 Zeilen. In Anbetracht der Länge der Übertragungsstrecke muß auf sauberen Laufzeitausgleich geachtet werden (Toleranz $\pm 25\,\mu$s).

Abb. XII.5 zeigt das Blockschema des Empfängers, wo aus dem Schmalbandsignal das genormte 525-Zeilen-Signal mit $n = 30$ wiederhergestellt wird. Hierzu muß die ankommende Modulation erneut durch schmale Impulse der Folgefrequenz $h - n'$ abgefragt, also zunächst wiederum durch einen örtlichen Generator (mit niederfrequenter Taktung) eine Gleichlauffrequenz h erzeugt und diese dann mit n' gemischt werden. Die genormte Feldfrequenz $2n$ ist im übertragenen Band enthalten. Das maßgebende Bauelement des Empfängers ist nun eine Gegentaktanordnung von zwei RAYTHEON-Speicherröhren der Type QK-464 A (vgl. Kap. XIII). Diese Kathodenstrahlröhren dienen wechselweise zum Aufschreiben (A) des Schmalbandsignals und zum Ablesen (B) des zu reproduzierenden Breitbandsignals.

Die Funktion A umfaßt Löschen, Einregeln des Arbeitspunktes und Beschriftung der Speicherfläche, während B die Ablesung der eingespeicherten Modulation darstellt. Jeder Röhre obliegt alternativ jeweils nur die eine der beiden Funktionen. Infolgedessen kann das normierte Breitbandsignal zur Speisung üblicher Fernsehrundfunkempfänger kontinuierlich aus dem Speicherröhrenpaar abgenommen werden. Es enthält hierbei bereits die Synchronisierfrequenz $2n$, so daß dem verstärkten Ausgangssignal des Speichersystems ergänzend nur noch die Gleichlaufimpulse für die Zeilenfrequenz h hinzuaddiert werden müssen.

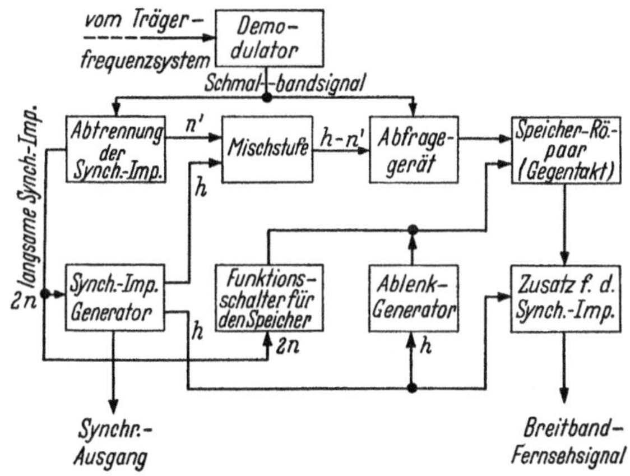

Abb. XII.5. Blockschema des Empfängers für das Verfahren nach Abb. XII.3 mit Gegentaktspeicherröhrenpaar zur Ruckgewinnung des normalen 525-Zeilen-Signals aus dem Schmalband-Slow Scan-Signal.

Das so wiederhergestellte 525-Zeilen-Bild ist stetig und flimmerfrei, kann aber naturgemäß seinen Informationsgehalt nur einmal binnen 10 s ändern. Hierin liegt zweifellos eine Beschränkung der Verwendbarkeit solcher Anlagen; jedoch gibt es eine große Anzahl von industriellen Fertigungsprozessen oder Verkehrssituationen, bei denen ein so langsamer optischer Nachrichtenfluß genügt.

Nach dem beschriebenen Prinzip, das ohne Speicherung beim Geber, einfach nur mittels phasenrichtiger Torimpulse, aus dem Zeilenabtastsignal die Bildstruktur in Form eines stark verschmälerten Frequenzbandes zu entnehmen und sie aus diesem empfangsseitig durch Schreiben senkrechter Punktreihen wiederaufzubauen erlaubt, könnten über Kanäle größerer Durchlaßbreite auch Bilder mit entsprechend besserer Auflösung übertragen werden. Die Grenze ist dafür augenblicklich durch die noch mangelhafte Schärfe der Bildaufzeichnung und Signalwiedergabe im Elektronenstrahl-Speichersystem des Empfängers gegeben.

1b. Breitbandfernsehgeräte für Industriezwecke und Verkehrsüberwachung.

Maßgebende Gesichtspunkte für die moderne Entwicklung und den Einsatz dieser Geräteklasse, die gewöhnlich mit den genormten Zerlegungsdaten und Übertragungsbandbreiten des Rundfunkfernsehens arbeitet, sind: [*3*].

1. Verstärkung und Impulserzeugung erfolgen zunehmend durch *Transistoren* in entsprechenden Stromkreisen [*4*]. Das bedeutet eine beträchtliche, oft entscheidende Verminderung von Raumbedarf, Gewicht und Betriebsleistung (Wegfallen der Kathodenheizung) im Vergleich zu den früheren Ausführungen mit Röhrenbestückung. Das Tempo dieser Entwicklung ist weitgehend von der Preisgestaltung der Transistoren abhängig.

2. Bei den Bildaufnahmeröhren sind, falls eine begrenzte Auflösung — etwa 200 statt 400 Zeilen — ausreicht, *Kleinstformate* in Gebrauch (Beispiel: Miniaturkameras der Grundig-Werke für die Untersuchung von Rohrinnenwänden, Bohrlöchern u. a.; hierbei Verwendung von Subminiaturröhren in der Verstärker- und Ablenkschaltung) [5] bis [7]. Dank seiner einfachen Bauart ist hierfür das Vidicon bevorzugt, zumal seine Photohalbleiterschicht der erregenden Strahlung (Infrarot, UV, Gammastrahlung) angepaßt werden kann. Vgl. Abb. XII.6 und nachstehende Tabelle. Für die Übertragung schwach beleuchteter Bildfelder tritt zweckmäßig an die Stelle des Vidicons das Superorthikon (Gerät KUO 100/1 der Fernseh-GmbH, Darmstadt). Vgl. weiter unten bei 5.

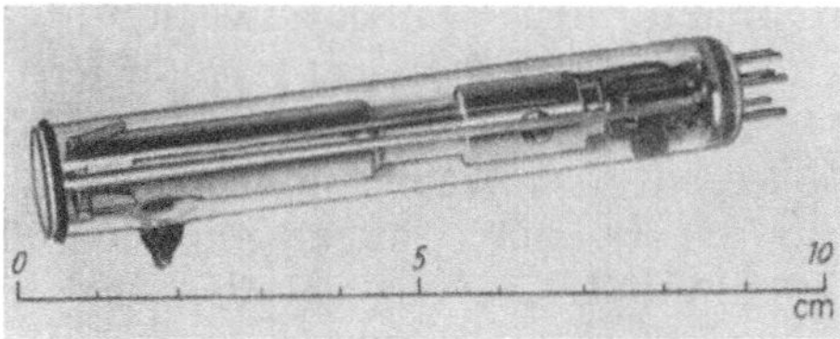

Abb. XII.6.
Kleinste Spezialausführung des Resistrons (Vidicontypus), hergestellt von den Physikalisch-Technischen Werkstatten, Prof. Dr. W. HEIMANN, Wiesbaden-Dotzheim.

Technische Daten des Vidicons 255 und des Miniaturvidicons 135.

	255	135
Heizung	6,3 V 0,3 A	6,3 V 0,3 A
Kapazität der Signalelektrode gegen alle Elektroden	4 pF	2 pF
Sockel	8polig	6polig
Gewicht	50 g	10 g
Nutzbare Bildfläche	9,6 × 12,8 mm	4,5 × 6 mm
Spannung an der Signalplatte für 0,02 μA Dunkelstrom	10 ··· 100V	10 ··· 50 V
G_1 (Sperrspannung)	−30 ··· −100 V	−30 ··· −100 V
G_2	300 V	300 V
G_3 und G_4	230 ··· 300 V	230 ··· 300 V
Signalstrom bei 50 lx Beleuchtung auf der abgetasteten Fläche	0,15 ··· 0,25 μA	0,08 ··· 0,15 μA
Mindestbeleuchtung auf der abgetasteten Fläche für 0,02 μA Signalstrom in lx	1 lx	2 lx
Maximale Beleuchtung auf der abgetasteten Fläche in lx	3000 lx	3000 lx
Maximale Temperatur der Frontplatte	80 °C	80 °C
Amperewindungen der Fokussierspule etwa	240	220
Auflösung (Zeilen)	400	250

3. Wo eine *Mehrzahl* von Kameras umschaltbar auf *einen* (oder wenige) Monitorempfänger arbeitet, z. B. für zentralisierte Fernüberwachung von Fließbandvorgängen, Walzenstraßen, Minengängen, Schaltzentralen, Wasserstands- und anderen, räumlich verteilten Anzeigern, Verkehrsknotenpunkten, Eingangstoren und dergleichen, ist es zum Zwecke der Ersparnis am gesamten Verstärkeraufwand angebracht, das Verteilungsnetz von der Kamera bis zum Empfangsort mit möglichst kleinem Pegel zu speisen, falls große Störungssicherheit und geringe Dämpfung der Leitungen selber sowie ein primär ausreichender Rauschabstand

des Videosignals gewährleistet sind. Die Hauptverstärkung ist dann in den einen oder in die wenigen gemeinsamen Empfänger bzw. in die Verzweigungsstelle des Empfängeranschlusses verlegt.

4. Bisweilen tritt die Forderung automatischer Begrenzung des auf die lichtempfindliche Fläche der Bildaufnahmeröhre gelangenden Lichtstromes neben

Abb. XII.7. Industriefernsehkamera mit Fernsteueranbau fur Blendenöffnung und Scharfstellung des Objektivs, Werkphoto Siemens & Halske A.-G.

der Notwendigkeit der Ferneinstellung des Kameraobjektivs auf. Man kann die zusätzliche Aufgabe örtlich durch direkte Steuerung der Eintrittsblende mittels photoelektrischen Belichtungsmessers, alternativ mit Hilfe begrenzend wirken-

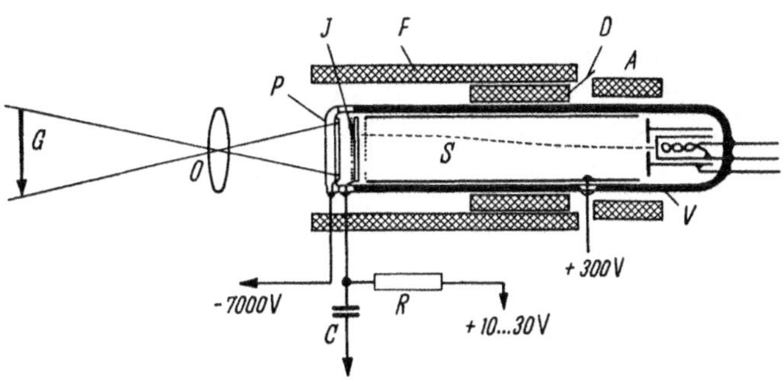

Abb. XII.8. Vorverstärkung der einfallenden Lichtenergie durch Aufbau eines von langsamen Elektronen abgetasteten Potentialbildes.

V Vidiconröhre, *G* Abbildungsgegenstand, *O* Objektiv, *P* Photokathode, *J* Leuchtschirmspeicherschicht, *S* Abtaststrahl langsamer Elektronen, *F* magnetisches Führungsfeld, *D* Ablenksystem, *A* Ausrichtspule, *C* Kondensator, *R* Widerstand.

der Schaltungen lösen. Fernsteuerung von Scharfstellung der Optik *und* Blendenöffnung zeigt Abb. XII.7. Objektive mit kontinuierlich veränderlicher Brennweite, sog. Transfokatoren oder Gummilinsen, die bei üblichen Öffnungsverhältnissen

(z. B. 1 : 2,4) einen Brennweitenhub von 1 ··· 4 (z. B. 25 ··· 100 mm) gestatten, können nötigenfalls auch für Fernbedienung adaptiert werden; desgleichen Objektivrevolver und andere optische Mittel.

5. Die Kombination des Vidicons oder einer ihm ähnlichen Abtaströhre mit einem Lichtvorverstärker, s. Abb. XII.8, zielt auf die Einsetzbarkeit des Fernsehens für Zwecke, bei denen die Beleuchtungsstärke des Bildfeldes sehr kleine Werte annehmen kann (Beispiel: Eisenbahnrangierbetriebs-Fernüberwachung zur Nachtzeit). Die Wirkungsweise der in Abb. XII.8 dargestellten Röhre ist in Kap. XIII, Abschn. 2b.2, S. 541ff., näher erklärt. Bildphotoelektronen werden stark beschleunigt und erregen einen Leuchtschirm, der in die Maschen einer netzförmigen Signalelektrode eingebettet ist. Auf deren Rückseite ist eine Photohalbleiterschicht aufgetragen, die wie beim Vidicon von langsamen Elektronen punktweise abgetastet wird. Die Bedeutung von Speicheranordnungen für schwache Lichtströme wird in diesem Zusammenhang klar. Obwohl es sich dabei um sehr spezielle Anordnungen handelt, ist nicht ausgeschlossen, daß die ihnen zugrunde liegende physikalische Möglichkeit bei Bestehen analoger Beleuchtungsverhältnisse auch in industriellen Geräten ausgenutzt werden könnte.

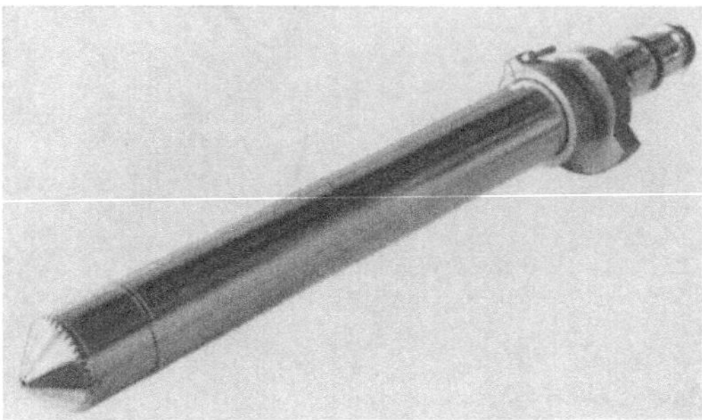

Abb. XII.9. Spezialblendenobjektiv zur fernen Beobachtung von Feuerraumen (Brennvorgang). Werkphoto Siemens & Halske A.-G.

Abb. XII.10. Wasserkühlschutzmantel fur Vidiconkameraeinbau zur Verwendung bei Fernbeobachtung von Vorgängen in hochtemperierten Raumen. Werkphoto Grundig-Werke Fürth.

6. Sinnvolle Schutzvorrichtungen und Armierungen sind oft entscheidend für den praktischen Erfolg, z. B. für die Verwendung der Vidiconkamera bei sehr hohen Temperaturen (Überwachung von Feuerungen) oder unter Wasser (Taucherarbeiten, biologische Meeresforschung u. a.). Vgl. Abb. XII.9 und XII.10.

7. Es interessiert die Aufgabe, in Zusammenarbeit mit speichernden Empfangsvorrichtungen (Magnetbändern, speichernden Oszillographen, Sichtspeicherröhren, s. Kap. XIII.2c) durch synchron gesteuerte Stromtore Einzelphasen schneller Abläufe als Momentaufnahmen über sehr kurze Zeiten festzuhalten. Grundsätzlich ist es auch möglich, mittels geeigneter Zusatzschaltungen und ohne Speicher auf dem Leuchtschirm einer BRAUNschen Röhre stroboskopische

Abb. XII.11.
Anlage zur polizeilichen Überwachung und Lenkung des Straßenverkehrs. Werkphoto Siemens & Halske A.-G.

Dauerbeobachtungen anzustellen, indem man den Takt einer periodischen Öffnung des Stromtores richtig regelt.

8. Für Verkehrsüberwachung tritt zunehmend die Forderung auf, zur Vermeidung des Einsatzes mehrerer Kameras und zugehöriger Empfänger (s. Abbildung XII.11) in der Einzahl arbeitende *Weitwinkel*geräte zu schaffen, die nach dem Vorbild moderner Kinos eine gewisse Breitwandwirkung liefern. Aufnahmeseits dürfte die Lösung der Aufgabe im Bereich der optischen Möglichkeiten (Anamorphotlinsen) liegen, während das Problem einer angemessenen, scharfen Wiedergabe mit den Schwierigkeiten eines mehrfachen Frequenzbandbedarfs verknüpft bleibt.

2. Sonderanwendungen im Dienste der Wissenschaft.

Bildfelder, die dem unbewaffneten Auge nicht zugänglich sind, können durch ein Fernsehübertragungssystem aufgenommen und vergrößert, lichtstark, auch vervielfacht, wiedergegeben werden (Wärmebilder, mikroskopische Präparate). Wissenschaft und Lehre machen von dieser Möglichkeit zunehmend Gebrauch, nutzen sie aber auch dort aus, wo viele Personen ein begrenztes Gesichtsfeld nicht gleichzeitig aus normalem Augenabstand betrachten könnten oder dürften (chirurgische Operationen). Die Kamera wird hier zu dem einen (unbedenklichen und objektiven) Auge, das seine Wahrnehmungen vervielfacht weitergibt.

Für den Unterricht in Hörsälen empfiehlt sich die Großbildwiedergabe. Besonders hat sich dafür, dank seiner hohen Lichtstromleistung und seiner

Eignung zur Mitübertragung der Farbe, der Eidophor-Projektor (vgl. Teilband 1, Kap. X, S. 691 bis 696) bewährt. Die Notwendigkeit guter Raumausnutzung erfordert beim Großbild öfters die Rücksichtnahme auf weite Bildwinkel (vordere Sitzreihen), also höhere Auflösung, als nach den CCIR-Normen erhältlich.

Für die Beobachtung schwacher Strahlungsquellen, etwa in der astronomischen Forschung, ist die Möglichkeit der *Speicherung* des Lichteffektes über eine gewisse Zeit entscheidend wichtig. Daher wird dieser Fall zweckmäßigerweise im Kap. XIII (S. 526ff.) behandelt.

Die Verstärkung von Bildfeldern sehr geringer Leuchtdichte (z. B. Röntgen-Durchleuchtungsschirme) sowie die Sichtbarmachung primär unsichtbarer Energieverteilungen oder Ladungsbilder, durch Zwischenschaltung fernsehartiger Abtastung, Signalverstärkung und Wiedergabe, ist Gegenstand von XII.2b.

2a. Fernsehverfahren zur Übertragung mikroskopischer Objekte.

Anstelle unmittelbarer Betrachtung biologischer oder medizinischer Mikroskoppräparate bietet die Verbindung von Objekttisch, Objektiv, Vidiconkamera und Bildwiedergaberöhre (oder Großbildprojektor) eine Reihe von Vorteilen: Möglichkeit starker Vergrößerung der Abmessungen und der Leuchtdichte des Bildfeldes, Kontraststeigerung, Scharfzeichnung von Konturen durch selektive Verstärkung der hohen Frequenzen und differentielle Entzerrung an Dunkelkanten. Zur Sichtbarmachung von Strukturen kann man mit spektral gefiltertem Licht, mit Infrarot oder UV (höhere Auflösung) arbeiten, wobei die verschiedene Abhängigkeit der Absorption von der Wellenlänge ausgenutzt wird, die für gewisse organische Stoffe, Zellen oder Kleinstlebewesen — besonders in der Gegend von 2600 ··· 2800 ÅE — charakteristisch ist (Anwendung zur Zählung von Krebszellen, Blutkörpern u. a.).

Bei gleichförmig beleuchtetem mikroskopischem Bildfeld ist die durch Zeilenabtastung resultierende Signalamplitude der örtlichen Durchlässigkeit des Präparates direkt proportional, so daß dieses Verfahren ein quantitatives Bild der Transparenzverteilung des Objektes liefert.

Die Verbindung von Mikroskop und Vidicon- bzw. Superorthikonkamera gewinnt besondere Bedeutung durch die Möglichkeit farbiger Übertragung lebender Gebilde, so z. B. von durchbluteten Geweben, vorzugsweise für den medizinischen Unterricht in Hörsälen. Hierfür hat das Fernsehgroßbild nach dem Eidophorverfahren besondere Bedeutung: Das Gerät läßt sich verhältnismäßig einfach auf Farbübertragung nach dem Feldsequenzrhythmus umstellen, ermöglicht durch seine große Lichtstromleistung unvergleichlich hohe Leuchtdichten auf Bildschirmen von Kinoformat, wodurch die optischen Verluste in den Farbfiltern weitgehend ausgeglichen werden, und läßt in dem geschlossenen System von der Kamera bis zum Projektor Auflösungen bis zu 1000 Zeilen erhoffen.[1]

Man kann so die verschiedensten Reaktionen des Blutkreislaufs, etwa die verlangsamende Wirkung von Adrenalin, dem ganzen Auditorium sichtbar machen. Ein vom Leib des betäubten Tieres abgehobenes Hautstück wird über den Objekttisch des Mikroskops gezogen, wobei es aber im Kreislauf verbleibt. Das Gesichtsfeld wird unter Zwischenschaltung einer rotierenden Farbfilterscheibe nach der Feldsequenzmethode auf die Speicherfläche der Bildgeberröhre projiziert, die das Signal für die synchrone Wiedergabe erzeugt.

---

[1] Vorführung der CIBA-AG., Basel, mit Wiedergabe im Farbsequenz-Eidophor-Großprojektor, 1959.

Besser benutzt man hierzu statt der umlaufenden Filter drei mit Feldsequenz umschaltbare komplementäre Lichtquellen in ruhender Anordnung, die das Präparat durchleuchten, und kommutiert am Ausgang des Videoverstärkers im gleichen Takt und in gleicher Phase die drei Elektronenstrahlerzeuger für Rot, Grün und Blau einer RCA-Dreifarbenbildröhre.

Eine sehr vollkommene Einrichtung des Rockefeller-Instituts für medizinische Forschung arbeitet mit Beleuchtung des Objekttisches durch zyklisch wechselnde Impulse von drei verschiedenen Bereichen monochromatischen Lichtes, das aus der Strahlung einer Quecksilberdampflampe ausgewählt wird. Zur Wiedergabe dient wiederum eine RCA-Farbbildröhre, deren Elektronenstrahlen im gleichen Zyklus wie die Lichtströme der Monochromatorspalte aufgetastet werden. Auf

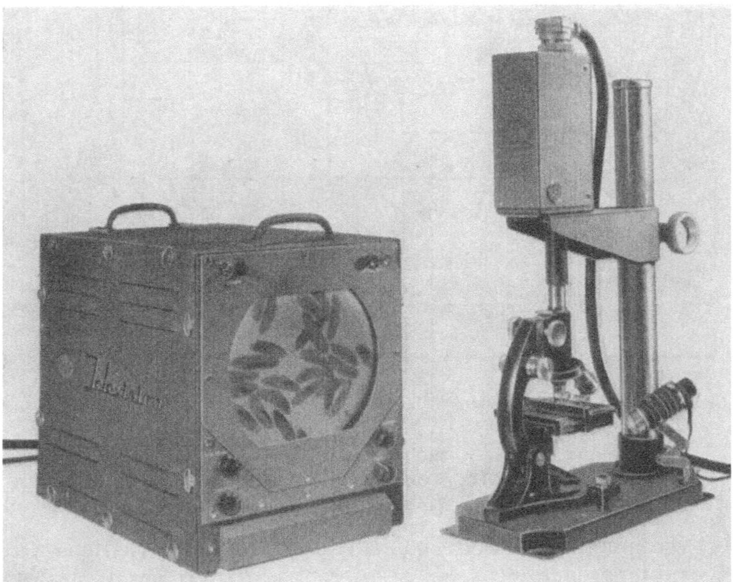

Abb. XII.12. Gerät für Fernsehübertragung von Mikroskopbildern mit Vidiconkamera und Monitorempfänger (links) Nach V. K. ZWORYKIN, E. G. RAMBERG und L. E. FLORY, Television in Science and Industry, J. WILEY & Sons Inc. 1958 [3].

dem Leuchtschirm der RCA-Röhre erscheinen dann, je nach Wahl der drei Spektralbanden und durch die speziellen Absorptionswerte des Objektes bestimmt, charakteristische Farbtönungen, aus denen Schlüsse über die Struktur und chemische Zusammensetzung komplexer Präparate gezogen werden können. Man bezeichnet derartige Apparate als „Farbübersetzer“, weil sie den individuellen chemisch-optischen Lebensäußerungen des Mediums charakteristische Mischfarben zuordnen, die über verschiedene Zustände und Eigenschaften desselben eindeutig Auskunft geben [3].

Die Abtastung des mikroskopischen Objektes kann auch mittels Lichtstrahlabtaster vorgenommen werden. Dabei wird dann Punkt für Punkt des Bildfeldes nacheinander sehr intensiv belichtet und der durchgelassene Lichtstrom durch eine Vervielfacherphotozelle in das Videosignal umgesetzt. Das Verfahren ergibt einen größeren Störabstand als das Vidicon, ist aber weniger handlich als dieses. Abb. XII.12 zeigt die Verbindung von Mikroskop und darüber angebrachter Vidiconkamera. Links daneben steht der Empfänger, auf dessen Leuchtschirm das Bild des Objektfeldes stark vergrößert und sehr hell erscheint. Abb. XII.13

veranschaulicht die Schaltung des Farbübersetzers mit drei abwechselnd impulsgetasteten Lichtquellen (Monochromatoren), denen die drei Elektronenstrahlerzeuger des Dreifarbenkineskops der RCA („Shadow Mask Tube“) über einen Gleichlaufschalter zugeordnet sind.

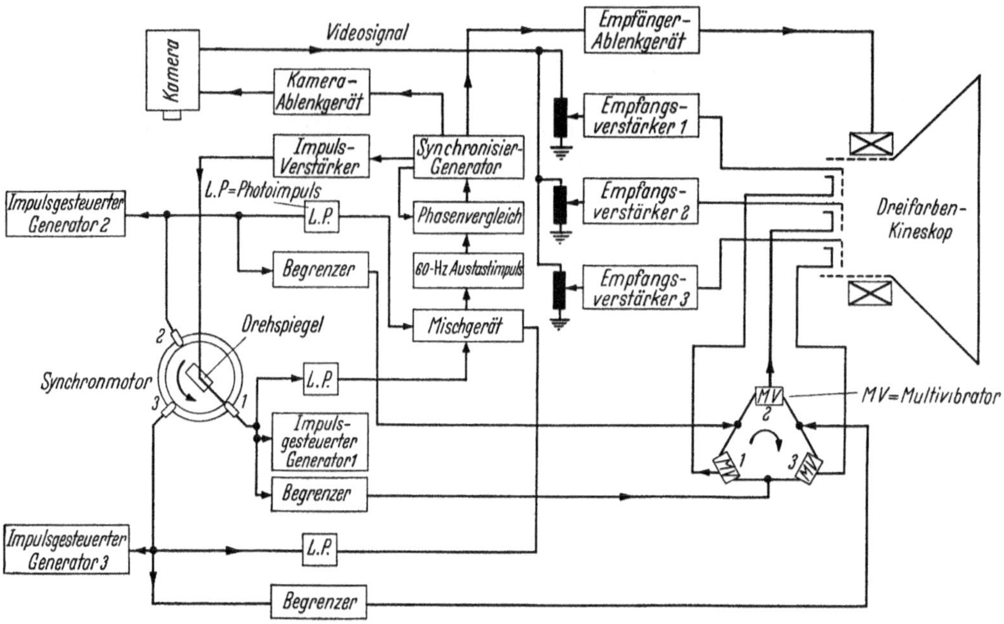

Abb. XII.13. Blockschaltbild des Farbübersetzer-Mikroskops mit fernsehartiger Übertragung auf eine Dreifarbenbildröhre; Objektbeleuchtung durch drei impulsgetastete Lichtquellen. Nach [3].

2b. Übertragungsverfahren für Lichtverstärkung und für visuelle Darstellung unsichtbarer Bilder.

Äußerer wie innerer Photoeffekt (Teilband 1, Kap. VI) werden durch Absorption von Strahlungsenergie ausgelöst, deren spektrale Zusammensetzung vom Infrarot bis zum Röntgen-Bereich variieren kann. Beide Effekte sind zur Verstärkung lichtschwacher bzw. zur Transformation primär unsichtbarer Bildfelder auf verschiedene Weise ausnutzbar. Man läßt z. B. die ursprüngliche Energieverteilung im Vakuum auf eine Photokathode einwirken, deren elektronisches Emissionsbild durch Verbindung von 1. Beschleunigung mit hoher Spannung, 2. elektronenoptischer Verkleinerung auf einem Fluoreszenzschirm die Wiedergabe mit vielfach (1000fach und darüber) gesteigerter Leuchtdichte ermöglicht (Röntgen-Bildwandler, vgl. Teilband 1, Kap. VI, S. 450 unten). Dieses sehr lichtstarke, aber kleine Bild kann durch eine Lupe für direkte Betrachtung wieder bis zum 2,5fachen vergrößert werden bzw. man projiziert es zum Zwecke kinematographischer Aufnahme auf einen Film [8]. Nochmalige Steigerung der Leuchtdichte erhält man bei Ersatz der Lupe durch eine Bildgeberröhre vom Typus des Vidicons oder des Superorthikons, deren Speicherschirm durch Abtastung ein in üblicher Weise zu verarbeitendes Fernsehsignal liefert. Dieses steuert, ausreichend verstärkt, die Wiedergabe auf dem Leuchtschirm einer Braunschen Röhre oder, für Großprojektion, auf der Bildwand eines Eidophorgerätes.[1]

[1] Nach den beschriebenen Methoden wurden besonders aufschlußreiche Röntgen-Kinofilme von Prof. Dr. Janker in Bonn hergestellt.

Sensibilisierte Photohalbleiter, wie Cadmiumsulfid (CdS) oder Bleioxyd (PbO), werden auch durch RÖNTGEN-Strahlung unmittelbar zur Trägerbildung angeregt und eignen sich in nach dem Vidiconprinzip arbeitenden Röhren als Material für deren Speicherschirme, die durch langsame Elektronen abgetastet werden. Man gelangt so zur *unmittelbaren* Erzeugung eines Videosignals, das, wie vorstehend beschrieben, ein Fernseh-Übertragungssystem speist.

Zu diesen Möglichkeiten gesellt sich die Verwertung der im Teilband 1, Kap. VI, S. 431/32, behandelten gesteuerten Elektrolumineszenz von im elektrischen Wechselfeld befindlichen Leuchtstoffen. Man kann dabei auf Grund neuerer Forschungen zwei Methoden anwenden:

1. Absorption der erregenden Strahlung in einem Photohalbleiter, der in Reihe mit der Leuchtstoffschicht als örtlich veränderlicher Widerstand geschaltet ist.
2. Unmittelbare Einwirkung der erregenden Strahlung auf die Elektrolumineszenzschicht beim Eindringen in diese.

Beide Methoden führen bei geschickter Wahl der Arbeitsbedingungen (Schichtdicken, Spannung, Leuchtstoffaktivierung, Auftragungsweise u. a.) zu beträchtlicher Lichtverstärkung, definiert durch das reziproke Leuchtdichte- bzw. Strahlungsdichteverhältnis der einfallenden und der abgegebenen Emission. Eine derartige Anordnung kann daher auch als Vorverstärker dienen, der den auf ein nachgeschaltetes Fernsehsystem wirkenden Leuchtdichtepegel genügend anhebt.

Methode 1:

Abb. XII.14 zeigt die Struktur eines Elektrolumineszenz-Flächenverstärkers („Amplificon") [*9*] bis [*11*]. Man erkennt die charakteristische Riffelung der Photohalbleiterschicht zum Zwecke, die absorbierende Oberfläche möglichst groß und trotzdem die Kapazität des Halbleiterkondensators möglichst klein zu machen; letzteres ist entscheidend wichtig [*9*]. Die von der einfallenden Strahlung ausgelösten Ströme fließen nur in einer etwa 15 μ dicken Außenhaut des CdS und gelangen am Boden der Riffelungstäler unmittelbar zu einer Zwischenschicht, die durch seitliche Diffusion den Stromweg in der Leuchtstoffschicht auf die Lineardimension des Bildelements verbreitern soll. Gemäß Abb. XII.15 wird der Halbleiter von Gleichstrom, der Leuchtstoff von Wechselstrom durchflossen (Gegentaktschaltung von Gleichstromquellen oder Dioden). Dieser Kunstgriff ist durch die Dynamik der Trägerbildung und -rekombination im CdS bedingt; seine günstige Wirkung zeigt Abb. XII.16. Abb. XII.17 veranschaulicht den Einfluß der Feldstärke bei konstanter Beleuchtung des Halbleiters. Wie man leicht daraus entnehmen kann, wächst der Strom in der Kadmiumsulfidschicht mit der 4. Potenz der angelegten Gleichspannung. Ein derartiger Festkörperverstärker ist daher als Zwischenglied zwischen dem RÖNTGEN-Leuchtschirm- oder dem Infrarotbild und der Bildaufnahmekamera des Fernsehsystems geeignet, eine beträchtliche Vorverstärkung der Leuchtdichte zu erzielen, und praktisch schon vielfach mit Erfolg für diesen Zweck verwendet worden.

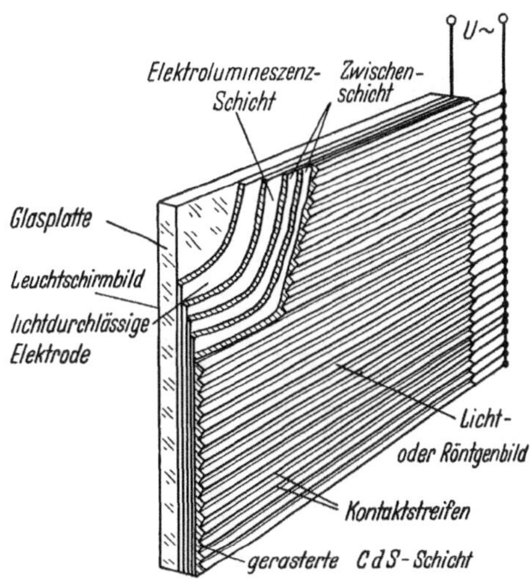

Abb. XII.14. Aufbau des Elektrolumineszenz-Bildverstärkers nach B. KAZAN und F. H. NICOLL. Die Zwischenschicht verhindert optische Ruckkopplung von der Leuchtstoffschicht auf den Photohalbleiter [*10*].

Methode 2:

Nach D. A. CUSANO, General Electric Co., Schenectady [*12*], gibt eine 10 μ dicke Schicht von manganaktiviertem Zinksulfid (ZnS[Mn]), an der etwa 100 V

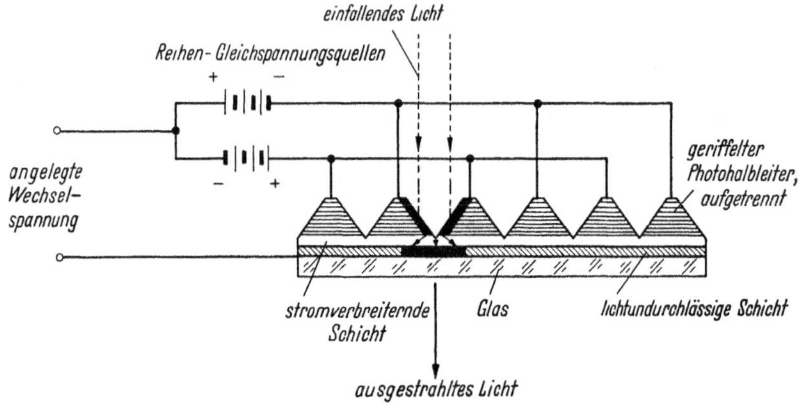

Abb. XII.15. Schaltung für den Betrieb des Elektrolumineszenz-Bildverstärkers nach Abb. III.14. Die geriffelte CdS-Schicht wird von gleichgerichteten Impulsen durchflossen [*10*].

Gleichspannung liegen, für ein Photon einfallender ultravioletter Strahlung (Wellenlänge nicht angegeben, vermutlich Resonanzlinie der Quecksilberdampflampe, 2537 ÅE) zehn Photonen oder mehr gelbgrünen Lichtes ab. ZnS mit

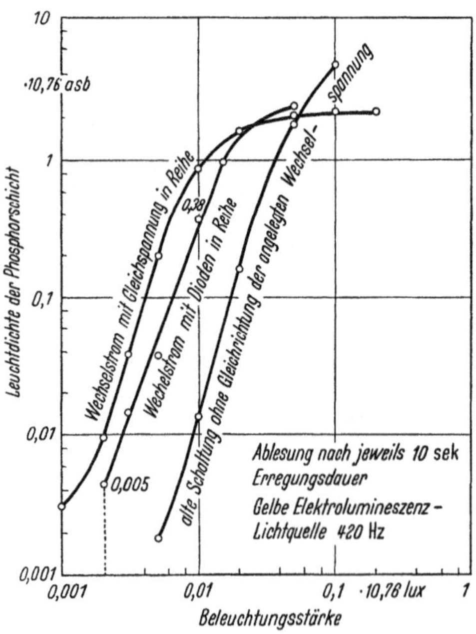

Abb. XII.16. Abgestrahlte Leuchtdichte der lichtverstärkenden Luminophorschicht als Funktion der einfallenden Beleuchtungsstärke beim Elektrolumineszenz-Bildverstärker nach Abb. XII.14.

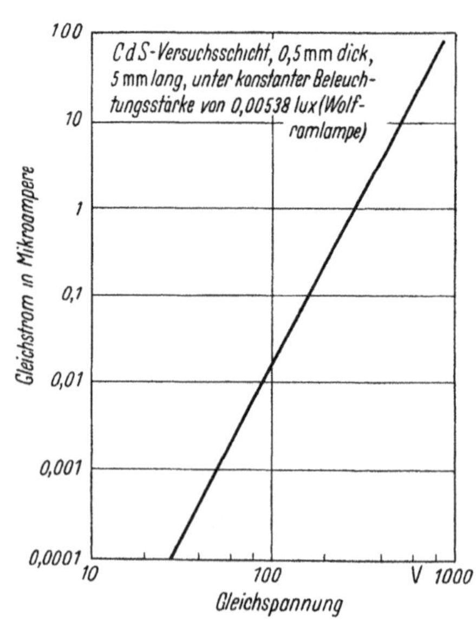

Abb. XII.17. Gleichstromanstieg in einer CdS-Schicht als Funktion der anliegenden Gleichspannung nach B. KAZAN und F. H. NICOLL [*10*].

Aktivierung durch Phosphor oder Arsen liefert noch höhere Photonenvervielfachungen. Jedoch ist die Zeitkonstante des Abklingens der Lumineszenz nach Aufhören der UV-Erregung so hoch (Größenordnung 4 s), daß ein solcher Lichtverstärker zwar für Slow Scan-Fernsehen oder für die Verlängerung des Nachleuchtens von Radarschirmbildern, nicht aber für die Bildwechselzahl des Rundfunkfernsehens in Betracht kommen kann.

Im Laboratorium der Philips-Gesellschaft, Eindhoven, haben G. DIEMER, H. A. KLASENS und J. G. VAN SANTEN rechnerisch gezeigt, daß der Elektrolumineszenzschirm als Lichtverstärker oder -vorverstärker dem Bildwandler trotz der bei diesem viel höheren Beschleunigungsspannungen für die lichterzeugenden Elektronen erheblich überlegen ist [9].

Das Verhältnis beider Wirkungsgrade hängt von dem Quotienten A_2/A_1 ab, d. h. von dem Vergleich der Leistungszufuhren zur Leuchtstoffschicht:

$$\frac{A_2}{A_1} = \frac{n_2}{n_1} \frac{\mu \tau E^2}{U_a}, \tag{XII.3}$$

wo bedeuten: n_1 die Anzahl der von der Strahlungseinheit in 1 s aus der Photokathode des Bildwandlers befreiten Elektronen, die von der Spannung U_a beschleunigt werden, n_2 die Anzahl der cet. par. im CdS erzeugten Stromträger mit der Beweglichkeit μ und der mittleren Lebensdauer τ. E ist die auf die CdS-Schicht wirkende Feldstärke. Der Schubweg der Stromträger im Halbleiter wird als mindestens gleich der Schichtdicke d gesetzt [9]. $d \leq \mu \tau E$. Tatsächlich kann der Schubweg sehr viel größer als d sein.

Für die Antimon-Cäsium-Photokathode ist $n_1 = 0{,}04/\text{eV}$, für CdS $n_2 = 0{,}4/\text{eV}$ anzunehmen. Zulässige Höchstwerte für E sind bei Halbleitern $3 \cdot 10^6$ V/m, während U_a beim Bildwandler praktisch auf maximal 10^5 V begrenzt ist. Das liefert als theoretischen Bestwert:

$$\left(\frac{A_2}{A_1}\right)_{\max} = 10 \cdot \frac{9 \cdot 10^8}{10^5} \cong 10^5. \tag{XII.4}$$

Nun treffen aber die Photoelektronen im Bildwandler mit max. 10^5 eV auf den Leuchtstoff, die Elektronen im Elektrolumineszenz-Bildverstärker hingegen mit höchstens $1{,}5 \cdot 10^3$ eV. Nimmt man in der LENARDschen Gleichung (Teilband 1, Kap. VI, S. 453/54) den Exponenten von U_a innerhalb des hier betrachteten eV-Bereiches als konstant $= 2$ an, so reduziert sich das Verhältnis $(A_2/A_1)_{\max}$ um den Faktor

$$\left(\frac{1{,}5 \cdot 10^3}{10^5}\right)^2 = 2{,}25 \cdot 10^{-4},$$

so daß zugunsten des Festkörper-Lichtverstärkers noch der Faktor 22,5 übrigbleibt. Die experimentell, z. B. von KAZAN [11], gefundenen Werte lassen sogar auf eine noch größere Überlegenheit schließen.

Die Strahlungsleistung einer elektrolumineszierenden Schicht, an der die Wechselspannung $U_t = U_m \cos \omega t$ steht, kann für alle $\omega > 10^4$ Hz ausgedrückt werden durch:

$$S = \omega K_1^{-K_2/\sqrt{U_m}}, \tag{XII.5}$$

wo K_1 und K_2 charakteristische Konstanten des Leuchtphosphors darstellen. Mögliche Werte sind z. B.:

$$K_1 = 1\ \text{lm/m}^2\text{Hz}; \quad K_2 = 60\ \text{V}^{1/2}.$$

Wir kommen auf die Frage der Eignung von Elektrolumineszenz-Zellenrastern für Bildspeicherung in Kap. XIII zurück.

Die engste Begrenzung der Anwendung des Elektrolumineszenzbildes liegt zur Zeit in der schon erwähnten langen Abklingdauer. Eine scharfe Übertragung selbst mäßig rascher Bewegungen ist dadurch ausgeschlossen. In erster Linie wendet man daher den Elektrolumineszenz-Lichttransformator oder -Lichtverstärker bei unbewegten Objekten an; im Falle der Röntgendurchleuchtung also zur Materialuntersuchung oder zur Aufnahme von Werkstücken, ferner in der medizinischen Diagnostik zur Beobachtung ruhender Organe, z. B. bei Knochenbrüchen oder Schußverletzungen.

2c. Röntgenbildübertragung mit magnetischer Speicherung.

TH. G. SCHUT und W. J. OOSTERKAMP [13] (Philips-Labor.) haben ein Zwischenspeicherverfahren entwickelt, das mit der Schärfe der RÖNTGEN-Photographie die Möglichkeit *sofortiger* und *anhaltender* Betrachtung eines Durchleuchtungsbildes vereinigt. Ein RÖNTGEN-Bildwandler verstärkt statisch die geringe Leuchtdichte des primären, während $^1/_{50}$ s aufgenommenen Schirmbildes. Das verstärkte Fluoreszenzbild wird in einer Fernsehkamera mit Vidiconröhre abgetastet und das entstehende Videosignal mittels magnetischen Schreibkopfes auf der Peripherie einer rotierenden, magnetisierbaren Scheibe gespeichert. Von dieser kann es dann beliebig oft wiederholt mit normaler Bildwechselzahl abgegriffen und in einer Fernsehempfangsvorrichtung auf dem Leuchtschirm der BRAUNschen Röhre permanent und bequem auswertbar dargestellt werden. Durch selektive Verstärkung der hohen Frequenzen lassen sich dabei Konturen hervorheben und gesteigerte Kontraste erzielen.

Bei diesem Verfahren ist die Beanspruchung des durchleuchteten Objektes kurz im Verhältnis zur anschließenden Betrachtungsdauer, da die Aufnahmezeit $^1/_{50}$ s beträgt. Die Begrenzung auf die Speicherung eines einzigen vollen Bildes erfolgt durch eine Torschaltung im Verstärker.

Die magnetische Speicherscheibe hat einen Durchmesser von 300 mm und eine Breite von 30 mm. Die Spurweite der Aufzeichnung ist 2 mm; es können deshalb auf dem Umfang 10 Bilder nebeneinander aufgeschrieben werden, mit einem Abstand von 1 mm untereinander. Von einem Synchronmotor angetrieben, macht die Scheibe 50 U/s. Das ergibt eine Schreibgeschwindigkeit von 50 m/s. Während $^1/_{50}$ s wird auf dem Scheibenumfang ein volles 300-Zeilen-Bild gespeichert. Nimmt man längs der Zeile 300 Bildpunkte an, so beträgt die Wellenlänge der Magnetisierung je Bildpunkt etwa 10 μ. Die beanspruchte Frequenzbandbreite ist 2 MHz. Der Schreibkopf besteht aus einem Ferroxcubekern mit Bewicklung.

Seither ist ein verbessertes Speichergerät dieser Art für 4 ··· 5 MHz Bandbreite entwickelt worden. Das Prinzip dieser einleuchtend einfachen und eleganten Zwischenspeicherung auf magnetischer Scheibe oder Trommel hat für die Radiologie unzweifelhaft große Bedeutung. SCHUT und OOSTERKAMP haben Parallelversuche mit elektrostatischen Bildspeicherröhren (vgl. Kap. XIII) gemacht, die sich noch im Entwicklungsstadium befinden.

3. Herstellung von Filmen mit Fernsehmitteln.

Es ist erwogen worden, die Filmaufnahmekamera durch die Fernsehkamera zu ersetzen und die Wiedergabe des abgetasteten Bildfeldes auf dem Leuchtschirm einer besonders scharf zeichnenden Spezialform der BRAUNschen Röhre zur Exposition des Filmstreifens zu benutzen. Dabei wäre eine Auflösung von mindestens 1300 Fernsehzeilen zu fordern, was 15 ··· 20 MHz Bandbreite entspräche. Ein Kontrastverhältnis 1 : 50 wäre möglich und ausreichend. Der Verstärkerzug zwischen Fernsehkamera und BRAUNscher Röhre bietet günstige elektrische Einblend- und Aufbereitungsmöglichkeiten für das Videosignal.

Als Vorteile dieses Verfahrens wären ferner zu buchen: Sofortige visuelle Monitorkontrolle des momentan von der Fernsehkamera aufgenommenen Bildes, direkte Gewinnung des Positivs oder, in Parallelschaltung, mehrerer Positive durch Umkehr im Verstärker, stetiger Filmtransport, Wegfallen des Zeilensprungverfahrens, da der fertige Film im Kinoprojektor wie üblich verwendet wird.

Das heißt, Abtastung und Wiedergabe erfolgen mit 24 Bildern/s in kontinuierlicher Zeilenreihe 1, 2, 3, 4, ...

Trotz dieser unbezweifelbaren technischen Vorteile ist eine derartige Entwicklung bisher nicht bekannt geworden.

4. Zukunftsaufgaben.

Als Grundlagen für weitere Sonderanwendungen des Fernsehens bzw. für seine stärkere Heranziehung auf den bereits erschlossenen Einsatzgebieten seien vor allem die Forschung über neue Mittel der Bildspeicherung nach elektrostatischen oder magnetischen Methoden (s. Kap. IV und XIII) und die Steigerung der Lichtempfindlichkeit der Aufnahmekamera genannt. Ferner bestehen folgende Entwicklungsaufgaben: Konstruktion einer möglichst einfachen und billigen Kamera, Durchbildung eines Zweifarbensystems nach dem Sequenzverfahren (Kap. XI), Ausführungen von Bildgeberanordnungen für die Übertragung und Sichtbarmachung von Wärmebildern im langwelligen Infrarot, stereoskopische und Weitwinkelübertragungssysteme für Verkehrsüberwachung, Anpassung an die Aufgaben der Photogrammetrie.

Das von der RCA entwickelte Teleransystem, die Fernsehübertragung einer Radarbildleitkarte zu Flugzeugen mit Darstellung der Strecke bzw. der Landungssituation im Raume des Flughafens, wurde bisher des großen Bedarfs an Frequenzbandbreite wegen abgelehnt, obwohl die Piloten die Anzeigemethode bejahen. Die Weiterentwicklung dieses Prinzips führt über Sichtspeicherröhren der im Kap. XIII beschriebenen Art in Verbindung mit Bandverengung und Slow Scan-Verfahren, unter Ausnutzung der Tatsache, daß neue Bildinformation immer nur im Umlaufrhythmus der Radarantenne anfällt [*14*].

Auch auf dem Gebiet des Fernsehsprechens werden Fortschritte erwartet. Hier besteht vor allem die Hoffnung, die in Entwicklung begriffene Technik der in Hohlleitern geführten Millimeterwellen, deren enorme Übertragungskapazität der Vielkanaltelephonie ganz neue Möglichkeiten durch die Verwendung der Pulscodemodulation (PCM) eröffnet, gleichfalls für das Gegensehen beim Fernsprechen auszunutzen. Hand in Hand damit muß aber die Vervollkommnung der Abtast- und Wiedergabeapparatur gehen. Im folgenden wird dafür ein Beispiel gegeben.

4a. Fernsehsprechanlagen mit normaler Bildwechselzahl ($n = 25\ s^{-1}$).

Bei den nach dem Slow Scan-Verfahren betriebenen Fernsehsprechanlagen wird auf Kontinuität der Bewegungen verzichtet. Dieses Zugeständnis ermöglicht die geringe Breite des Übertragungsfrequenzbandes, d. h. die Benutzung schmalbandiger Leitungskanäle. Wo diese Bedingung nicht gestellt ist (kurze Leitungen, Richtfunkstrecken) und demnach mit $n = 25$ Bildwechseln/s gearbeitet werden kann, fällt die Notwendigkeit speichernder Vorrichtungen weg, und es ist dann möglich, für das „Gegensehen" der beiden Partner des Ferngesprächs die klassischen Mittel der elektronischen Fernsehtechnik einzusetzen [*15*]. Zum Beispiel werden diese Anlagen so aufgebaut, daß zur Abtastung ein Flying Spot-Geber, zur Darstellung des Fernbildes eine normale BRAUNsche Bildschreibröhre dient. Dabei besteht die wichtige Aufgabe, die Visierachsen der Abtast- und der Wiedergaberöhre miteinander in Deckung zu bringen, ohne daß eine dadurch im Gesichtsfeld erscheinende Überlagerung des sehr hellen Leuchtschirmabtastrasters die Wahrnehmung des Empfangsbildes durch Blendung und Kontrastverwischung stört. Die Gesprächspartner können sich nur dann gegenseitig und dauernd frei ins Gesicht sehen, wenn eine solche Deckung hergestellt ist; anderenfalls zwingt sie die Neigung beider Achsen zu einem unnatürlichen Hin und Her der Blickrichtung.

Diese Aufgabe wird durch eine Lichtstrahlabtaströhre gelöst, deren Leuchtschirm reich an UV, also unsichtbarer Emission ist (IR-Emission wäre ungeeignet, weil die meisten der in Frage kommenden Übertragungsgegenstände in diesem langwelligen Spektralgebiet einen Verlauf des Reflexionsvermögens aufweisen, der weitab von „orthochromatischer“ Wiedergabe läge. Im nahen UV ist dies nicht der Fall, und allfällige Fluoreszenz — z. B. des Zahnschmelzes — läßt sich spektral ausfiltern). Als gut geeigneter Phosphor hat sich bleiaktiviertes Calcium-

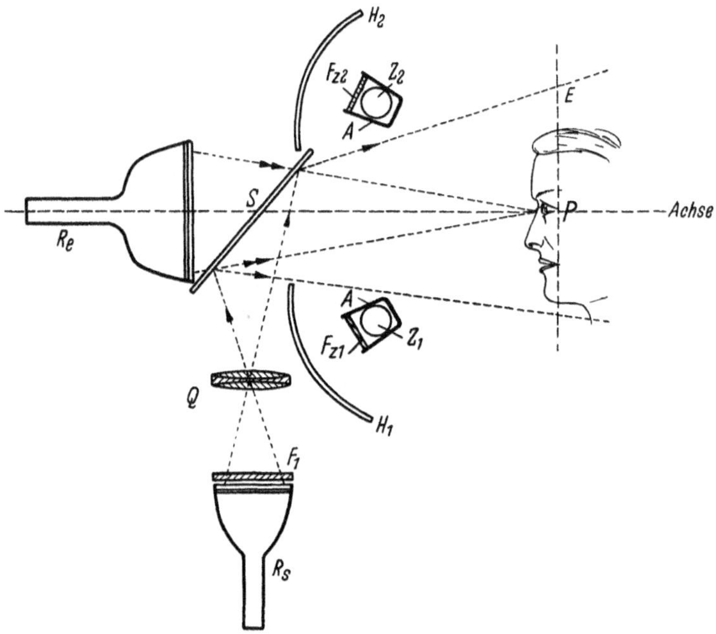

Abb. XII.18. Abtast- und Wiedergabevorrichtung fur Fernsehsprechen unter Benutzung von ultraviolettem Abtastlicht, mit geradsichtiger Anordnung.

R_s Abtaströhre, R_e Bildempfangsröhre, F_1, F_{z1}, F_{z2} Filter, S Umlenkspiegel, Q Objektiv, H_1, H_2 Hohlspiegel zum Sammeln der reflektierten Strahlung, Z_1, Z_2 UV-empfindliche Photozellen bzw. Photomultiplier, A Abschirmung, P abgetastete Person.

oxyd oder -silikat erwiesen. Beispielsweise liegen etwa 45% der Emission von CaO [Pb] im UV. Auch Zirkonphosphat ZrP_2O_7 erscheint in Anbetracht seiner bei $\lambda = 300$ mμ konzentrierten Fluoreszenz als brauchbar, trotz seines geringen Strahlungswirkungsgrades als Leuchtschicht endlicher Dicke. Der sichtbare Teil der Emission muß in jedem Falle durch Nickeloxydfilter unterdrückt werden. Diese werden unmittelbar vor dem Leuchtschirm der Abtaströhre angebracht, während die UV-empfindlichen Photozellen, die nur die vom Übertragungsobjekt (Gesicht) reflektierte Abtaststrahlung empfangen und in das Fernsehsignal umsetzen sollen, gegen Störstrahlung im UV durch Abschirmung und gegen UV-erregte Fluoreszenz im sichtbaren Gebiet durch Filter geschützt werden, die im Reflexionsweg direkt vor jeder Zelle liegen.

Abb. XII.18 zeigt in rein schematischer Anordnung die Sende-Empfangs-Anlage. Die in F_1 gefilterten UV-Strahlen des Elektronenflecks der Abtaströhre R_s mit Quarzfenster werden durch den halbdurchlässigen Spiegel S umgelenkt, treffen, durch das Objektiv Q (Quarz) in der Ebene E fokussiert, das Gesicht P, tasten es infolge der Ablenkung des Elektronenstrahls in R_s nach beiden Koordinaten ab und werden nach Maßgabe des örtlichen Reflexionsvermögens von P über Hohlspiegel H_1, H_2 teilweise auf die UV-Photozellen bzw. Photomultiplier Z_1, Z_2 zurückgeworfen. Vor diesen sitzen die Filter F_{z1}, F_{z2} zur Zurückhaltung etwaiger sichtbarer Fluoreszenzbeimengung der von P kommenden Strahlen. R_e ist eine normale Bildempfangsröhre, auf deren Leuchtschirm das Gesicht des fernen Gesprächsteilnehmers nunmehr ohne Blendung und ohne Kontrastnivellierung durch überlagertes Leuchtschirmraster der Röhre R_s bei natürlicher Augenstellung beider Partner betrachtet werden kann. A bedeutet die Abschirmung von Z_1, Z_2 gegen gestreutes UV. Versuche haben erwiesen, daß nach diesem Verfahren durch die reine UV-Abtastung befriedigend orthochromatische Gegensehbilder übertragen werden, falls die beschriebene spektrale Abgrenzung sauber durchgeführt ist.

Schrifttum zum Kap. XII.

[1] Schröter, F.: Die Technik der Fernsehsprechgeräte. Telefunkenztg. Nr. 81 (1939) S. 30—50.

[2] Knoll, M.: Zur Begrenzung des Auflösungsvermögens der Braunschen Röhre. Telegr.- u. Fernspr.-Technik Bd. 31 (1942) S. 213—216. — F. Schröter: Neue Methoden der Schnellbildtelegraphie. Bulletin SEV Bd. 39 (1948) Nr. 25, S. 819 bis 827.

[3] Zworykin, V. K., E. G. Ramberg u. L. E. Flory: Television in Science and Industry. New York: John Wiley & Sons 1958.

[4] Legler, E.: Transistorgeräte in der Fernseh-Studiotechnik, Radio Mentor Bd. 25 (1959) H. 3, S. 166—169. — H. Stierhof: Ein einfacher Impulsgeber und ein Impulsverteiler mit Transistoren. Rundfunktechn. Mitt. Bd. 3 (1959) Nr. 2, S. 81—90. — H. Fix: Die Verwendung von Transistoren in der Videotechnik. Rundfunktechn. Mitt. Bd. 2 (1958) S. 10—17. — H. Anders: Ein Transistor-Videoverstärker mit getasteter Schwarzsteuerung, Austastung und einstellbarer Schwarzabhebung. Rundfunktechn. Mitt. Bd. 2 (1958) Nr. 5, S. 224—233.

[5] Spiegel, E. F.: Neuentwicklungen auf dem Gebiet des industriellen Fernsehens. Elektron. Rdsch. Bd. 11 (1957) H. 9, S. 261—263 — Kommerzielles und industrielles Fernsehen. Z. VDI Bd. 96 (1954) Nr. 27, S. 924—926.

[6] Mayer, W.: Aufbau von industriellen Fernsehanlagen. Elektron. Rdsch. Bd. 10 (1956) H. 5, S. 129—132.

[7] Heimann, W.: Eigenschaften und Anwendungen von Fernseh-Bildaufnahmeröhren mit Widerstandsphotoschichten. A. E. Ü. Bd. 9 (1955) Nr. 1, S. 13—19.

[8] Schröter, F.: Über Grenzgebiete der Fernsehforschung. Telefunken-Mitt. Nr. 85 (1940) S. 7—23.

[9] Diemer, G., H. A. Klasens u. J. G. van Santen: Solid-State Image Intensifiers. Philips Res. Rep. Bd. 10 (1955) S. 401—424.

[10] Kazan, B., u. F. H. Nicoll: An Electroluminescent Light Amplifying Picture Panel. Proc. Inst. Radio Engrs., N. Y. Bd. 43 (1955) S. 1888—1897.

[11] Kazan, B.: An Improved High-Gain Panel Light Amplifier. Proc. Inst. Radio Engrs., N. Y. Bd. 45 (1957) S. 1358—1364.

[12] Cusano, D. A.: The Light Amplifier. Tele Tech and Electronic Ind., Febr. 1955, S. 75 — Anonymer Bericht: Phosphor Sandwich Brightens Pix. Electronics, N. Y. Bd. 28 (1955) Nr. 2, S. 12 u. 178.

[13] Schut, Th. G., u. W. J. Oosterkamp: Die Anwendung elektronischer Gedächtnisse in der Radiologie. Elektron. Rdsch. Bd. 14 (1960) Nr. 1, S. 19/20.

[14] Schröter, F.: Möglichkeiten der Verminderung des Frequenzbandaufwandes beim Teleransystem, Bücherei der Funkortung, herausgeg. v. Staatssekretär Prof. Dr. Dr. L. Brandt, Bd. 5, Teil VI (Stand 1955) S. 43—51.

[15] Schröter, F.: Die Technik der Fernsehsprechgeräte. Telefunken-Hausmitt. Bd. 20 (1939) Nr. 81, S. 30—50.

XIII. Bildspeicherung und Frequenzbandbedarf im Fernsehen.

Bearbeitet von Prof. Dr.-Ing. E. h. Dr. phil. F. Schröter, Neu-Ulm/Donau.

1. Einleitung.

In den Kap. VIII und IX des 1. Teilbandes sind die Formen und Anwendungen der Bild*geber*röhren mit Speicherwirkung beschrieben. Sie sind daher nicht Gegenstand dieses Kapitels, das die Speicherung bereits fertig gebildeter bzw. übertragener Videosignale behandelt. Es ist dabei gleichgültig, ob der Übertragungsweg eine kurze Leitung zwischen Aufnahmegerät (Kamera, Lichtstrahlabtaster) und Speicherorgan (gegebenenfalls Zwischenspeicher) auf der Sendeseite darstellt oder ob er in räumlicher Ferne bei einem speichernden Empfänger bzw. Zwischenempfänger endet. Das Problem der haltbaren Aufzeichnung des Bildsignals tritt in beiden Fällen auf. Stets aber ist dieses Signal die elektrische Reproduktion der vom Bildgeber durch Abtastung in eine zeitliche Impulsfolge aufgelösten örtlichen Leuchtdichteverteilung des Bildfeldes; es ist also Träger eines wirklichen „Fernsehbildes". Wir sprechen daher in diesem Kapitel von „Fernsehbildspeicherung" im Gegensatz zur „Lichtstromspeicherung" in den Geberröhren der Aufnahmevorrichtung.

Handelt es sich darum, eine im Prinzip beliebig lange Reihe von aneinander anschließenden Einzelbildern einer Fernsehsendung zu speichern, so läßt sich dieses Verfahren treffend als „Programmspeicherung" bezeichnen. Die heute dafür fertig durchgebildeten Mittel der magnetischen oder photographischen Konservierung auf ablaufendem Trägerband bzw. Film sind im Kap. IV dieses Teilbandes, Abschnitte 1 und 2, behandelt. Noch nicht vollkommen anwendungsreife, aber aussichtsreiche elektrostatische Methoden der Programmspeicherung von Fernsehbildern werden zweckmäßig im folgenden besprochen, weil eine weitgehende Verwandtschaft der physikalischen Grundlagen mit denen besteht, die wir im Hinblick auf das allgemeine Problem der elektrostatischen „Gedächtnisröhren" (französisch „Tubes à mémoire") erörtern müssen.

Von der Aufgabe, ganze Bildprogramme auf wirtschaftliche Weise haltbar aufzuspeichern, um das Videosignal vom Träger der Aufzeichnung später wieder abnehmen zu können, unterscheidet sich grundsätzlich die seit langer Zeit bekannte Zielsetzung, die mittlere Leuchtdichte des Schirmes der Fernsehbildempfangsröhre durch Verlängern der Wirkungsdauer jedes Flächenelementes bis zu der durch die Periode seiner Abtastung oder, besser noch, durch den Zeitpunkt seiner Intensitätsänderung gezogenen Grenze zu vergrößern (vgl. Teilband 1, S. 29, 234, 452, 693, 697 bis 700). Sämtliche Bildpunkte sollen also die Anfangsleuchtdichte, die sie beim Einfall des Elektronenstrahls annehmen, während eines möglichst hohen Bruchteils von $^1/_{25}$ s voll bewahren, trotzdem aber bei der nächsten Erregung ohne Trägheit auf eine andere Intensität umgesteuert werden können, falls im Sendebild eine entsprechende Veränderung eingetreten ist. Es handelt sich hier um das alte Problem, das Speicherprinzip, das bei den Bildgeberröhren durch Ausnutzung des Photoeffektes während der Periodendauer der Abtastung erstmals beim Ikonoskop bahnbrechend gewirkt hatte, auf den Empfangsvorgang zu übertragen.

Die hiervon zu erwartenden Vorteile sind bei der BRAUNschen Röhre folgende: 1. Bedeutende Zunahme der mittleren Leuchtdichte B_m des Bildschirmes durch *dauernden* gleichzeitigen Elektronenbeschuß der *ganzen* Bildfläche mit vergrößerter mittlerer Leistungsdichte, begrenzt nur durch Sättigung der Fluoreszenz oder deren Abfallen bei höherer Temperatur. B_m wird gesteigert durch besseren Nutzeffekt der Anregungsenergie dank stark verminderter spezifischer Beanspruchung des einzelnen Leuchtschirmelementes, vgl. Teilband 1, Kap. VI, S. 451 bis 453. 2. Größere Bildschärfe in den Lichtern, weil auch die hellsten Stellen mit verhältnismäßig geringer Stromdichte, d. h. mit kleinerem Querschnitt des sie erzeugenden Elektronenbündels, beaufschlagt werden. Als Folgerungen ergeben sich daraus: Flimmerfreiheit selbst bei sehr großen Leuchtdichten und bei erniedrigter Bildwechselzahl (n) je Sekunde; Möglichkeit, n bis zur Grenzfrequenz der kinematographischen Verschmelzung zu reduzieren, Verschwinden der Störschwankungen des heutigen Fernsehbildes („Rauschen", „Grieß"), Anwendbarkeit des Überblendungsverfahrens, Verschmälerung des Übertragungsfrequenzbandes (behandelt im Abschnitt 6). Infolge der gleichzeitigen und permanenten Erregung sämtlicher Bildpunkte in der gedachten „Sichtspeicherröhre" hat der visuelle Eindruck den Charakter eines Überblendungsbildes, in welchem jeweils nur eine Minderzahl von Flächenelementen ihre Intensität kontinuierlich, ohne Zwischenverdunklung und trägheitslos ändert, während die überwiegende Mehrzahl der Bildpunkte ihre Leuchtdichte zeitweilig konstant beibehält.

Beim Eidophorsystem, vgl. Teilband 1, Kap. X.3b, S. 691 ff., liegt eine Teillösung des Empfangsspeicherproblems vor: Die bedeutenden Werte der auf der Bildschirmwand meßbaren Lichtmengen, die ein solches Gerät liefert, sind nicht allein darauf zurückzuführen, daß der Lichtstrom einer im Prinzip beliebig intensiven Fremdlichtquelle (im Gegensatz zur BRAUNschen Röhre, deren Elektronenstrahl selbst die Lichtleistung hergeben muß) gut ausgenutzt wird. Sie rühren vielmehr auch daher, daß die durch Aufladung verformte Ölschicht eine relativ hohe Zeitkonstante der Einebnung besitzt, derzufolge die Aufhellung jedes Bildpunktes nur langsam zurückgeht.

Für die Empfangsbildspeicherung im Sinne einer Verlängerung der Leuchtdauer jedes Bildpunktes hat das elektrostatische Verfahren entscheidende Vorzüge, z. B. Fehlen mechanisch bewegter Teile bei der synchronen Ablenkung und der Modulation des Elektronenstrahls, Möglichkeit, die gespeicherte Ladungsverteilung trägheitsfrei umzusteuern und sie unmittelbar, in der gleichen Röhre, als Leuchtschirmbild sichtbar zu machen. Magnetische Speicherung zum gleichen Zwecke bedarf eines motorischen Synchronantriebs für den Magnetisierungsträger und erfordert für Schreiben, Lesen und Umsetzen des Videosignals ins Sichtbare einen größeren Aufwand. Sie ist daher nur in Spezialfällen gebräuchlich.

Ein Sonderfall von Bildspeicherung liegt bei den sog. Normenwandlern vor. Sie dienen dazu, die nach einer Norm I, z. B. 819 Zeilen/Bild (Frankreich), erfolgende Ursprungssendung für eine Sendenorm II, z. B. 625 Zeilen/Bild (Deutschland), umzuformen.[1] Eine solche Notmaßnahme ist zur Zeit unvermeidbar, wenn bei europäischen Fernsehprogrammen Länder zusammengeschaltet werden sollen, die sich nicht sämtlich auf die gleiche Zeilenzahl einigen konnten. Daher wollen wir hier auch kurz auf Zeilenumsetzer eingehen, jedoch nur insoweit,

[1] Dieser Zeilenzahlumsetzer darf nicht mit dem für die Zeilenablenkung in Fernseh-Bildschreibröhren benutzten „Zeilentransformator" verwechselt werden. Es ist leider nicht mehr möglich, diese bei den Ablenktechnikern eingebürgerte irreführende Bezeichnung auszumerzen.

wie die Bildfolgefrequenz $n = 25\ s^{-1}$ bzw. die Feldfrequenz $2n = 50\ s^{-1}$ starr festliegt, was im ganzen Kontinentalbereich (Eurovisionsbereich) der Fall ist.[1]

Beim Normenwandler soll die auswertbare Speicherdauer von der Größenordnung $1/n$ sein. Darum kommen die meisten Vorrichtungen, die sich als Speicher für direkten oder Zwischenempfang eignen, auch für die Umsetzung der Zeilenzahl in Frage. Auf die besondere Bedeutung hoher Abklingzeitkonstanten in Photohalbleitern, z. B. in der lichtelektrischen Speicherschicht des Vidicons (vgl. Teilband 1, Kap. VI, S. 413ff.; Kap. IX, S. 608 bis 612), soll in diesem Zusammenhang nur hingewiesen werden.[2]

Die Zielsetzung eines Bildpunktempfangsspeichers ist aber nicht nur für die beschriebene Vervollkommnung des Fernsehbildes schlechthin von Bedeutung. Sie ist auch eng gekoppelt mit dem nicht minder wichtigen Problem der Frequenzbandverschmälerung (oft unzutreffend „Bandkompression" genannt), einer Zukunftsaufgabe, die zwei verschiedenen Motiven entspringt. Ein *praktischer* Anlaß war die Notwendigkeit, die Zahl der Fernsehkanäle, die in den zugeteilten Wellenbändern I, III und IV untergebracht werden können, zu vergrößern, natürlich ohne Verminderung der Bildgüte. Ein *theoretischer* Beweggrund entstammt der modernen Lehre von der Informationsübertragung, einem Teil der Kybernetik, dessen Beziehungen zur Fernsehtechnik im Abschnitt 6a dieses Kapitels kurz berührt werden. Wie bereits im Teilband 1, z. B. Kap. IV, S. 234 bis 241, erwähnt, bedeutet die derzeitige Zerlegungs- und Übertragungsmethode vom Standpunkt der Informationstheorie aus eine erhebliche Verschwendung an Frequenzbandbreite. Als geeignetes Abhilfsmittel erscheint die Bildspeicherung. Sie kann in verschiedener Weise, teils beim Geber, teils beim Empfänger durchgeführt werden und tritt zumeist in der Form einer zwischenzeitlichen Speicherung auf, zum Zwecke, informationsleere, überflüssige („redundante") spektrale Bestandteile aus der Sendung auszumerzen. Umgekehrt kann eine solche Zwischenspeicherung auch dazu dienen, ein mit verengtem Frequenzbande übertragenes Fernsehsignal, das sich nicht ohne weiteres zur Erzeugung des Empfangsbildes verwerten läßt, in die klassische, normierte Form zurückzuverwandeln, wobei das Bandbreiteproblem nur örtlich auf der Empfangsseite besteht. Dieses Vorgehen entspricht dem Wunsche, Geräte der herkömmlichen Art weiterbenutzen zu können. Endlich kann jede Vergrößerung des Quotienten Auflösung/Bandbreite bei unverändertem Wert der letzteren für die Vermehrung des Bilddetails nutzbar gemacht werden.

---

[1] Verschiedenheit der Normung von n erschwert die Aufgabe außerordentlich [*1*]; dieser Fall träte bei Zusammenschluß der Fernsehnetze von Nordamerika ($n = 30\ s^{-1}$) und Europa ($n = 25\ s^{-1}$) ein.

[2] Im weiteren Sinne sind Normenwandler auch solche Speicherröhren, die im Farbfernsehen dazu dienen, aus einer im Sequenzverfahren arbeitenden Kamera, die demgemäß nur eine Bildgeberröhre enthält, drei gleichzeitige selektive Farbsignale für die Simultanübertragung und -wiedergabe abzuleiten. Eine im Strahlengang der Optik umlaufende Farbfilterscheibe, s. Teilband 1, Kap. II, S. 60ff., bewirkt, daß auf der lichtempfindlichen Schicht der Geberröhre in schneller Folge der Rot-, Grün- und Blauauszug des zu übertragenden Bildes entworfen werden. Dies muß mit der 3fachen Feldfrequenz des genormten unfarbigen Bildes geschehen, sofern das System „kompatibel" sein soll (vgl. Teilband 1, Kap. II, S. 68, 72), und ist auch zur Vermeidung von Farbsäumen bei der Wiedergabe rasch bewegter Objekte notwendig. Durch Speichern aller drei Farbauszüge auf getrennten Flächen, deren Ladungsbeschriftung synchron mit dem Filterwechsel kommutiert wird, erhält man die gewünschten, gleichzeitig ablesbaren Farbsignale, die dann z. B. nach dem NTSC-Verfahren übertragen werden. Ein früher Lösungsvorschlag war der „Chromacoder", der zur Speicherung Braunsche Röhren mit langem Schirmnachleuchten benutzte [*2*]. Die drei Zeilenraster derselben wurden optisch auf die Speicherschirme von drei korrespondierenden CPS-Emitrons (Teilband 1, Kap. IX, S. 583ff.) abgebildet.

Da ein Zwischenspeicher der gedachten Art nicht zur unmittelbaren Darstellung des Bildes dient, können die auf seinem Speicherschirm erfolgenden Umladungs- und Auffüllvorgänge (Zeilensprung, Punktsprung, „Dot Interlaced") sowie die für einige Vorschläge charakteristische Verwendung von zweierlei Abtastgeschwindigkeit augenphysiologisch nicht störend in Erscheinung treten, wenn vom Potentialrelief des Speichers anschließend ein Leuchtschirmbild gesteuert wird. Dies ist auch für die in 6d und 6e besprochenen Systeme von entscheidender Bedeutung, falls die Entwicklung bis zur unmittelbaren Verarbeitung derartiger Signale im Heimempfänger selbst fortschreitet. Es darf dann die Bildschreibröhre keine der Codeform des Videosignals eigentümlichen zeitlichen Verläufe mehr — z. B. als Flimmern, Flackern, Helligkeitsschwankungen und dergleichen — ins Optische übertragen.

Bei den folgenden Ausführungen beachte man, daß die Speicher für Breitbandsignale bisher hauptsächlich den Zweck hatten, in der Radartechnik die Sichtbarkeit der Rückstrahlechos weit über die Nachleuchtdauer hinaus zu verlängern, die impulsartig erregte Phosphore in der Kathodenstrahlröhre bestenfalls zu erzielen gestatten. Die Speicherung sollte also ein während des Antennenumlaufs viele Male wiederholtes, konstantes Ablesen der gleichen, vorhergehenden PPI-Aufzeichnung ermöglichen. Geschieht dies mit einer Frequenz oberhalb der Flimmergrenze, so kann man die abgelesenen Signale fernsehmäßig übertragen und zur visuell-stetigen Wiedergabe des Radarbildes auf dem Leuchtschirm einer gewöhnlichen Bildschreibröhre benutzen.

Die im Fernsehen selbst bestehenden Speicherprobleme erheischen eine in verschiedener Hinsicht anders geartete Arbeitsweise, deren Verwirklichung weitere Anstrengungen nötig macht, aber doch durchaus im Rahmen des physikalisch und technisch Möglichen liegt.

Zur Einführung in die Grundlagen und die Systematik der elektrostatischen Bildspeicherung seien folgende zusammenfassenden Darstellungen empfohlen:

1. M. Knoll und B. Kazan, Storage Tubes and their Basic Principles New York: J. Wiley & Sons, Inc. 1952;
2. M. Barbier, Dépôt et retrait de charges électriques sur des isolants par émission secondaire, Thèse 1 présentée à la Faculté des Sciences de l'Université de Paris. Paris: Gauthier-Villars 1954;
3. H. G. Lubszynski: A Survey of Image Storage Tubes. Journal of Scientific Instruments Vol. 34, März 1957, S. 81—89.

2. Die Technik der elektrostatischen Bildspeicherung.

Gleichviel, ob die Aufbewahrung von Fernsehprogrammen oder gespeicherte Aufhellung im direkten Empfang bezweckt ist, besteht das Gemeinsame beider Anwendungen in der Ablenkbewegung eines Kathodenstrahls auf der Oberfläche eines Isolators, an dem die aufprallenden Elektronen haltbare, sofort oder später auswertbare Veränderungen hervorrufen. Wir betrachten im folgenden die Arten dieser Veränderungen und ihre technische Nutzbarmachung. Ist infolge hoher Beschleunigungsspannung U_a die kinetische Energie der Elektronen groß und demnach die Eindringtiefe im bestrahlten festen (oder flüssigen), meist *dünnschichtigen* Medium erheblich, so kann sich die Wirkung auf die ganze Dicke des Nichtleiters erstrecken. Die beim Elektroneneinfall ausgelöste Emission von Sekundärelektronen (SE) wurde schon im 1. Teilband, Kap. VI.5b, S. 387/88, besprochen.

Wir können hier bei weitem nicht alle bekannten Vorschläge für technische Lösungen auf dem Gebiet der elektrostatischen Bildspeicherröhren anführen, müssen uns vielmehr auf solche Erkenntnisse, Elemente und Verfahren beschränken, die bei ihrer weiteren Entwicklung geeignet erscheinen, für die besonderen Anforderungen beim Schreiben und Lesen dès breitbandigen Fernsehsignals positive Beiträge zu leisten. Das zum physikalischen Verständnis der Erscheinungen Notwendige wird gebracht, der historische Werdegang (ältere Formen von Speicherröhren) aus Raumgründen beiseite gelassen. Die bestehenden Grenzen werden aufgezeigt, ungelöste Probleme angedeutet.

2a. Elektronische Aufladung (Beschriftung) und Entladung (Ablesung) von Nichtleitern.

Die elektrostatischen Ladungsspeicher sind Kondensatoren, deren Dielektrikum von dünnen nichtleitenden Überzügen metallischer Platten, Folien oder Gewebe gebildet wird. Die vom Schreibstrahl aufgeladene Isolatoroberfläche ist der eine, der leitende Schichtträger der andere Kondensatorbelag. Entstehen (Schreiben) oder Verschwinden (Lesen) einer isolierten Punktladung ΔQ irgendwo auf der Speicherfläche hat also einen Verschiebungsstrom $i = d(\Delta Q)/dt$ im Dielektrikum zur Folge, der sich in einem Außenwiderstand als Leitungsstrom fortpflanzen und dadurch eine Potentialdifferenz hervorrufen kann. Geben wir dem metallischen Schichtträger ein festgehaltenes Potential U_0, so bewirkt die enge kapazitive Kopplung durch das dünne Dielektrikum, daß sich auf dessen Oberfläche sofort das gleiche Potential U_0 überträgt. Das geschieht rein additiv zu dem dort vorhandenen U'. Wir können nun durch die Tätigkeit des Schreibstrahls gemäß den unter IV erörterten Bedingungen für jeden Bildpunkt eine seiner zu übertragenden Leuchtdichte entsprechende Potentialdifferenz ΔU zwischen Träger und Schichtoberfläche zusätzlich aufbauen, so daß bei konstantem U_0, wenn wir der Einfachheit halber $U' = 0$ annehmen, auf dem bestrahlten Flächenelement des Isolators das gespeicherte Potential $U_s = U_0 + \Delta U$ verbleibt. Jede willkürliche Veränderung des zunächst festen Potentials U_0 des metallischen Gegenbelages ändert dann U_s um den gleichen Betrag. Wir können daher mit Hilfe von U_0 die Arbeitsbedingungen auch für einen Lesestrahl (bzw. „lesenden" Elektronenfluß) passend einstellen.

Das Lesen jedes gespeicherten Bildpunktes ist demnach die (ins Optische zu übersetzende) Messung seiner vom Schreibstrahl fixierten jeweiligen Differenz gegen den einer definierten Leuchtdichte B_0, beispielsweise $B_0 = 0$, zugeordneten Potentialgrundwert.

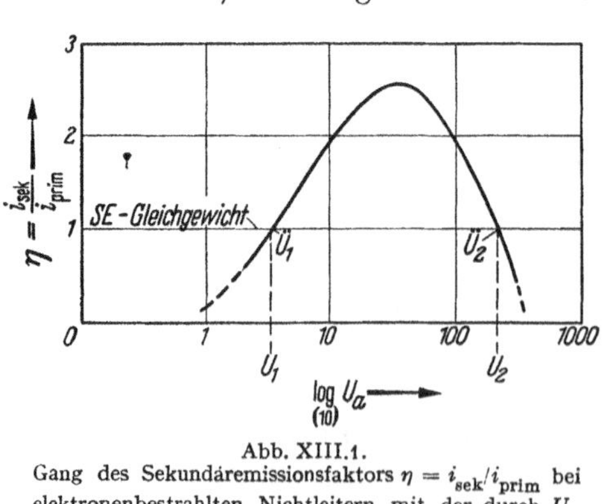

Abb. XIII.1.
Gang des Sekundäremissionsfaktors $\eta = i_{sek}/i_{prim}$ bei elektronenbestrahlten Nichtleitern mit der durch U_a gegebenen Elektronengeschwindigkeit. $\ddot{U}_1$ erster, $\ddot{U}_2$ zweiter (stabiler) „Überkreuzungspunkt" bei $\eta = 1$.

Für den beim Schreiben (oder Lesen) des Videosignals auf Isolatorflächen der beschriebenen Art entstehenden Aufladungszustand ist nun die kinetische Energie $\frac{1}{2} m v^2 = e U_a$ bzw. die Geschwindigkeit v der Strahlelektronen, die sie nach Durchlaufen der Potentialdifferenz U_a gemäß der Gleichung $v = \sqrt{\frac{2 e U_a}{m}}$ erlangt haben, von entscheidender Bedeutung (e = Elektronenladung).

I. Kleine Elektronengeschwindigkeiten ($U_a < 30 \cdots 70$ V). Ein Strahl „langsamer" Elektronen, deren maßgebender U_a-Wert nach Abb. XIII.1 den zur Überschreitung des ersten Überkreuzungspunktes $\ddot{U}_1$ der SE-Charakteristik bei $\eta = (i_{sek}/i_{prim}) = 1$ erforderlichen Betrag U_1 nicht erreicht, wird den Isolator negativ aufladen, bis dieser selbst auf Kathodenpotential gelangt ist und demzufolge kein absaugendes Feld mehr besteht.[1] Je nach der physikalisch-chemischen Beschaffenheit des Nichtleiters liegt der erste Überkreuzungspunkt der η-Kurve bei 30 ··· 70 V.

II. Mittlere Elektronengeschwindigkeiten ($U_a > 100$ V bis zu einigen 1000 V). Nach Abb. XIII.1 ist der erste Überkreuzungspunkt überschritten, $\eta > 1$. Solange dann ein Absaugfeld für die SE vorhanden ist (Kollektoranode, positives Hilfsgitter), wird sich der Isolator an der Auftreffstelle des Elektronenstrahls positiv aufladen, vgl. Kap. VI des 1. Teilbandes, S. 387. Die Geschwindigkeit der Aufladung wächst mit i_{prim} und $(\eta - 1)$. Die maximale Höhe des Aufladepotentials ist gegeben durch das zwischen Isolator und Absauganode entstehende Bremsfeld, sobald jener positiver wird als diese; s. unter IV.

III. Sehr große Elektronengeschwindigkeiten ($U_a >$ einige 1000 V). Geht nach Abb. XIII.1 U_a über den zum zweiten Überkreuzungspunkt $\ddot{U}_2$ der η-Kurve gehörenden Wert U_2 hinaus, so tritt, analog *I*, negative Aufladung des Isolators ein. Durch die damit verbundene Abnahme der beschleunigenden Potentialdifferenz verläuft der Vorgang in Richtung zu kleinerem U_a bis zu dem $\ddot{U}_2$ entsprechenden Spannungspunkt U_2. Ein $U_a < U_2$ ist jedoch ausgeschlossen, weil dann der Zustand $\eta = (i_{\mathrm{sek}}/i_{\mathrm{prim}}) > 1$, also Positivwerden des Isolators, einträte und infolge Wiederanstieges der Beschleunigung das System nach U_2 zurückkehren müßte. U_2 ist somit ein stabiler Punkt. Will man mit großen Elektronengeschwindigkeiten (Strahlschärfe!) auf Nichtleiterschichten negative Aufladepotentiale $< |U_a - U_2|$ erzielen, so muß daher die Kapazität des beaufschlagten Flächenelements eine ausreichende Elektrizitätsmenge aufnehmen können, bevor der an ihm entstehende Spannungshub $-\Delta U$ die Geschwindigkeit der einfallenden Elektronen bis auf den U_2 zugeordneten Wert abbremst.

Mit der Beschleunigung wächst bei gegebenem Medium die Eindringtiefe der Elektronen; sie nimmt mit U_a^2 zu. Der abfallende Verlauf von η jenseits $\ddot{U}_2$ rührt daher, daß die weiter innen ausgelösten SE durch die Raumladung der näher zur Oberfläche befindlichen im Material zurückgehalten werden. Gute Isolatoren, insbesondere homöopolare Nichtleiter organisch-chemischer Natur (Kunststoffe, Öle), werden durch schnelle Elektronen ($U_a = 10 \cdots 30$ kV) stark negativ aufgeladen.

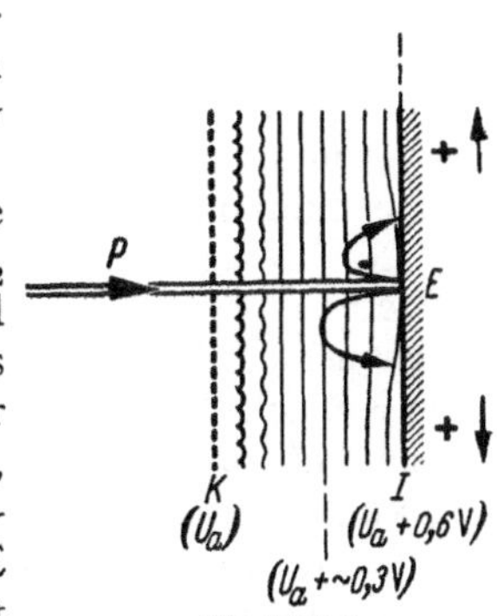

Abb. XIII.2. Rückkehr von Sekundärelektronen (SE) verschiedener Geschwindigkeit im Bremsfeld. *P* einfallender Primärstrahl, *K* als Kollektor der übergehenden SE wirkendes Netz, *I* Isolatorschicht auf leitender Unterlage *E*.

IV. Begrenzungswirkungen im Aufladevorgang. Die positive Aufladung des Isolators im Gebiet $U_1 < U_a < U_2$ ist begrenzt durch das Unvermögen der SE, auf Grund ihrer (in e-Volt gemessenen) Austrittsenergie gegen das entstehende Bremsfeld der Kollektorelektrode weiter anzulaufen als bis zu derjenigen Äquipotentialfläche, an der diese Eigenenergie aufgezehrt und damit die Geschwindigkeit Null geworden ist. Hier kehren diese SE um und zur Oberfläche des Nichtleiters zurück, mit einer Richtungstendenz zu den positivsten Stellen hin („Störsignal", s. weiter unten), vgl. Abb. XIII.2. Es bildet sich das SE-Gleichgewicht aus, bei dem das Flächenelement *E* des Isolators *I* ebenso viele Elektronen als SE abgibt, wie es vom Schreibstrahl *P* zugeführt erhält: $i_{\mathrm{sek}} = i_{\mathrm{prim}}$.

[1] Vom Einfluß des Kontaktpotentials — Größenordnung 2 V — wird hier und im folgenden der Einfachheit halber abgesehen.

Damit ergeben sich für die Ausnutzung der SE-Aufladung in Speicherröhren wichtige Schlüsse, für die zunächst ein konstanter Strahlstrom angenommen wird:

a) Solange mehr SE zur Kollektorelektrode K oder zu einem zwischen dieser und I befindlichen Hilfsgitter übergehen können, als der Schreibstrahl P primäre Ladungen an I abgibt, hält dessen positive Aufladung am Orte des beaufschlagten Flächenelements an. Der Steuersinn ist positiv, die Grenze der Aufladung durch den Gleichgewichtswert bei $U_{k1} \approx U_a + \Delta U$ bestimmt.

b) Zufuhr negativer Spannung nach K (bzw. zum Hilfsgitter) zwingt die von E unter fortwährendem Strahleinfall emittierten SE zur Rückkehr auf I. Sie senken dort das Potential von I zu negativen Werten hin ab, bis mit der Zeit E durch Umladung relativ zu K wieder genügend negativ geworden ist, um ebensoviel SE abzugeben, wie zur Kompensation der Primärstrahlladung erforderlich sind: negativer Steuersinn, neuer Gleichgewichtswert bei U_{k2}.

c) U_{k1} und U_{k2} sind bedingt durch die an K oder das Hilfsgitter gelegte Steuerspannung: „Grid Barrier"-Prinzip. Diese einzigartige Möglichkeit, ein örtliches Isolatorpotential in *beiderlei* Richtung zu modulieren, hat für die Bildempfangsspeichertechnik große Bedeutung. Man legt einfach bei konstanter Strahlstromstärke an K oder an das Hilfsgitter die Signalspannung, deren Auf und Ab das SE-Gleichgewichtspotential auf der Nichtleiterfläche I Punkt für Punkt praktisch trägheitslos folgt, wenn die Strahlstromstärke ausreichend hohe und die Kapazität des Flächenelements richtig dosierte Werte hat [3].

d) Um bei der Rückkehr der SE zum Isolator das bereits erwähnte Störsignal möglichst zu unterdrücken, sind geometrische Bedingungen für eine günstige Feldverteilung im Absaugraum zu erfüllen [4]. Je näher die Kollektorelektrode bzw. das positiv vorgespannte Hilfsgitter an I (Abb. XIII.2) herangerückt werden kann, desto geringer wird in E die Wirkung der auf zurückfallende langsame SE von positiveren Nachbarstellen ausgeübten seitlichen Feldkraft, mit ihrer Tendenz, durch Abzug solcher SE die bildgetreue Aufladungsverteilung zu verfälschen. Nach M. Barbier [4] müßte auf der ganzen Bildspeicherfläche von I die Beziehung

$$\frac{\text{Abstand } K - I}{\text{Leardimension des Bildelements}} \leqq 1$$

bestehen, um in örtlicher Modulation das SE-Gleichgewicht überall voll zu erreichen (ungestörtes Ladungsbild). Man sucht neuerdings ein steuerndes Hilfsgitter unmittelbar auf die Nichtleiterschicht aufzudampfen, um dieser Forderung nahezukommen.

Nachteilig kann dabei die große Kapazität zwischen einem solchen Hilfsgitter und der Speicherfläche sein, derzufolge bei den höchsten Videofrequenzen erhebliche Blindströme zum Aufladen der von Gitter und Schichtträger gebildeten Kapazität aufgebracht werden müssen. Dieser Umstand erschwert die beschriebene Auf- und Abwärtssteuerung von Speicherpotentialen mit Hilfe des Grid Barrier-Prinzips nicht unbeträchtlich, jedenfalls soweit es sich um Fernsehbilder mit mehreren MHz Bandbreite und nicht um Slow Scan-Systeme handelt, bei denen dieses Prinzip neuerdings mit Erfolg angewendet wird.

Große Blindstromstärken und Scheinleistungen sind bei dem unter f) besprochenen Verfahren nicht vonnöten.

e) Während die zum Speicherschirm zurückkehrenden SE dessen *maximales* Aufladepotential begrenzen, sind dem Steuervermögen von Potential*unterschieden* innerhalb des Ladungsreliefs Schranken gesetzt durch den Sperreffekt, den stärker negative Flächenelemente auf benachbarte positivere in der Schirmebene ausüben („Coplanar Grid Effect", „Coplanar Bias"). Abb. XIII.3 erläutert einen einfachen typischen Fall. Vor dem Sitz der positiven Ladung bildet sich ein Potentialsattel aus, der nur von solchen Elektronen des unter dem Strahleinfall zur Emissionsquelle gewordenen Flächenelements bzw. von solchen Photoelektronen überschritten werden kann, die mehr e-Volt Austrittsenergie besitzen, als Volt an der Äquipotentialfläche des Minimums angeschrieben sind. So erklärt sich auch die Unmöglichkeit, auf der Speicherfläche durch SE ein Ladungsgebirge herzustellen, innerhalb dessen mehr als $\Delta U \approx 2 \cdots 3$ V Höhendifferenz erreicht werden. Die beim Lesevorgang je Bildpunkt in das Signal umsetzbare Ladung bleibt demnach in den Grenzen, die durch jenes ΔU und die elementare Kapazität gegeben sind. Wie dann auch immer der Abtastvorgang

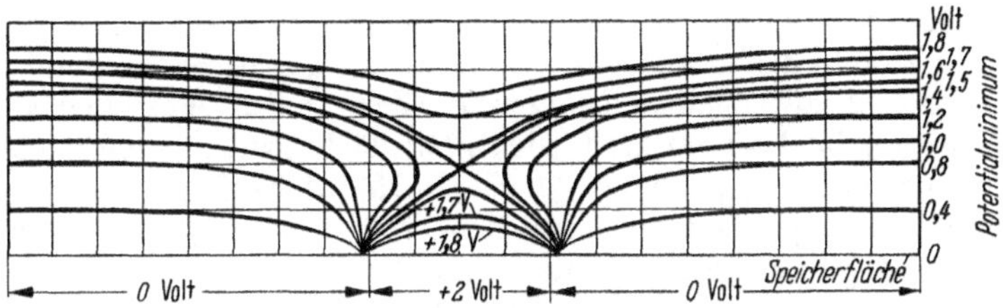

Abb. XIII.3. Veranschaulichung des „Coplanar Grid Effect“, Sperrwirkung durch die Potentialverteilung vor einem gegen die Umgebung positiv geladenen Speicherelement. Potentialgradient 80 V/cm; 1 Teilintervall ≙ 50 μ.

beim Wiedergewinnen des gespeicherten Videosignals geartet sein mag, stets wird für die hohen Frequenzen das am angepaßten Außenwiderstand durch den Entladestrom erzeugte Modulationsintervall klein und daher die Erzielung eines genügenden Rauschabstandes ein Problem erster Ordnung der Speichertechnik bleiben (in übertragenem Sinne gelten diese Grenzen auch für die in 2b1 behandelten Sichtspeicherröhren).

f) Statt bei konstanter Strahlstromstärke die Spannung am Kollektor oder Hilfsgitter zu modulieren, kann man die bildgetreue Potentialverteilung auf der Nichtleiterschicht durch Steuern der Stromstärke des Schreibstrahls selber, d. h. durch Anlegen des Videosignals an die WEHNELT-Elektrode des Strahlerzeugers, herstellen. Bedeuten C_e die Kapazität je Flächenelement auf der Speicherschicht, gemessen gegen deren auf konstantem Potential gehaltenen Träger, t_e die Dauer des Strahleinfalls und U_s den gewünschten Potentialhub an C_e, so wird mit $C_e = 0{,}1$ pF, $t_e = 10^{-7}$ s, $\eta = 2$ und $U_s = 1$ V die benötigte Strahlstromstärke:

$$i_{st} = \frac{C_e\, U_s}{t_e} = \frac{0{,}1 \cdot 10^{-12}}{10^{-7}}\;[\mathrm{A}] = 1{,}0\,\mu\mathrm{A}. \qquad \text{(XIII.1)}$$

Die 10^{-7} s entsprechen einem 625zeiligen Bild. Im allgemeinen liegen die technischen C_e-Werte höher, weil man zugunsten der Auflösung Schichtdicken des Isolators anstrebt, die klein sind im Vergleich zur linearen Ausdehnung des Bildelements. Soll aber eine derartige Röhre zur Speicherung und anschließenden, viele Male wiederholten Abtastung eines PPI-Radarbildes dienen, zum Zwecke, während der Antennenumlaufzeit ein kinofrequentes Lesesignal von praktisch gleichbleibender Helligkeit auf den Bildschirm einer Fernsehanlage zu übertragen, so erweisen sich hohe C_e-Werte als nützlich, weil sie, zumal beim Lesen mit langsamen Elektronen (s. später), den auswertbaren Ladungsvorrat je Bildpunkt vergrößern. Die Löschzeit („Erasure Time“) einer solchen Röhre wäre dann aber für Fernsehbildspeicherung zu lang, weil dabei ja die geltenden Zerlegungsnormen die Umladbarkeit des Flächenelements binnen 10^{-7} s erfordern, sogar zwischen Extremwerten beim Wechsel von Schwarz zu Weiß oder umgekehrt.

g) Die für Fernsehen bei den heutigen Auflösungen notwendige Umladungsgeschwindigkeit würde ein konstanter Hilfselektronenstrahl auf folgende Weise ermöglichen [5]: Der an der WEHNELT-Elektrode auf- und abwärts modulierte Schreibstrahl kann durch SE-Auslösung im Bereich $U_1 < U_a < U_2$ das Potential auf dem (als ideal gedachten) Isolator nur in positivem Sinne verlagern. Läßt man ihm aber ein zweites, kräftiges, unabhängig ablenkbares Elektronenbündel mit gleicher Ablenkgeschwindigkeit um die Dauer einiger Bildpunkte in der Zeile vorauslaufen und wählt man für diesen Hilfsstrahl ein U_a weit jenseits von U_2 in Abb. XIII.1, so werden nach 2aIII die sehr schnellen, energiereichen Elektronen das Potential an der jeweiligen Auftreffstelle augenblicklich in *negativer* Richtung auf einen Wert herabdrücken, von dem aus der nacheilende Schreibstrahl durch dosierten *positiven* Hub die ganze Skala der erreichbaren Potentialabstufung zwischen Schwarz und Weiß richtig einstellen kann [6].

V. Wirkungen im Inneren der Schicht. Die Tiefenwirkung einfallender schneller Elektronenstrahlen ($U_a = 10 \cdots 30$ kV) in Nichtleiterflächen geringer Schichtdicke ($d = 0{,}5 \cdots 50\,\mu$) bietet verschiedene Möglichkeiten zur Gewinnung und Auswertung von gespeicherten Bildern, nämlich:

a) Durch örtlich induzierte Leitfähigkeit (L. PENSAK [7]), die in sehr dünnen ($d = 0{,}5 \cdots 1\,\mu$) Aufdampfschichten von hochisolierenden anorganischen Oxyden (SiO_2, MgO), Fluoriden (MgF_2) und anderen Salzen praktisch trägheitslos erregt wird, ein Vielfaches der Strahlstromstärke auslösen kann, aber nach Unterbrechen des Strahls mit merklicher Zeitkonstante abklingt.

b) Durch Aufbau stationärer Raumladungen, die mit der leitenden Schichtunterlage elektrische Dipole bilden. Ist die beschriftete Schicht viskos-flüssig, so tritt durch mechanische Deformation ihrer Oberfläche infolge Kontraktionswirkung der Dipole der Eidophoreffekt ein (Teilband 1, Kap. X.3b, S. 691 bis 696). Der gleiche Vorgang entsteht in thermoplastischen Medien bei deren Erwärmung bis zum Fließpunkt, s. weiter unten 3a.

c) Durch elektrochemische Prozesse, z. B. Blaufärbung von Kaliumchloridschirmen, herrührend von den sog. F-Zentren [8], Grundlage der „Blauschriftröhren". Die Bildung der F-Zentren unter Strahleinfall ist bei höheren Temperaturen reversibel; dieses „Löschen" erfordert ebenso wie das Schreiben beträchtliche Energiezufuhr, die im zweiten Falle vom Elektronenstrahl bestritten werden muß. Mit $v_s = 20 \cdots 50\ \mathrm{ms}^{-1}$ Schreibgeschwindigkeit ist die Blauschriftmethode für Fernsehbildspeicherung unzulänglich.

VI. Halbleiterschichten als Bildspeicher. Beim Vidicon (Teilband 1, Kap. IX.3e, S. 608 bis 612), dessen Verwendung als Bildgeber durch die bekannten Nachzieherscheinungen beschränkt ist, kann eben diese Eigenschaft vorteilhaft zur Speicherung und Wiederabnahme von Videosignalen, z. B. in Normenwandlern, ausgenutzt werden. Die wirksame Schicht ist ein Photowiderstand, in welchem absorbiertes Licht durch inneren Photoeffekt (Teilband 1, Kap. VI.6a, S. 411 bis 428) freie Elektrizitätsträger erzeugt. Vom Material bedingt, zeigt deren Rekombination nach Aufhören der Belichtung eine erhebliche Trägheit (Zeitkonstante). Dieses Phänomen kann mit Erfolg auch in der Weise hervorgerufen werden, daß in einem gewöhnlichen Vidicon, zweckmäßig einem solchen mit Bleioxyd als Halbleiterschicht [9], ein vom Videosignal modulierter Strahl langsamer Elektronen die Elementarkapazitäten C_e der Schicht auflädt, während diese zugleich dosiert beleuchtet ist. Man hat so ein Mittel zur Hand, die parallel zu den C_e liegenden R_e, deren Produkt $C_e R_e$ die Entladezeitkonstante bestimmt, nach Wunsch zu beeinflussen.

Die hierbei bestehenden Zusammenhänge sind von K. TEER [10] geklärt worden, soweit es sich um den technischen Anwendungszweck handelte. Da ein solcher Vidiconsignalspeicher sich als geeignet zur Differenzbildung zwischen aufeinanderfolgenden, dem gleichen Bildpunkt zugeordneten Signalen erwiesen hat, sollen Arbeitsweise und Anwendung desselben erst an späterer Stelle im Zusammenhang mit der Frage der Frequenzbandverengung im Fernsehen besprochen werden.

VII. Raumladung und andere Störeinflüsse, Rauschabstand. Begrenzungen der Auflösung treten bei elektrostatischen Speichern vor allem im Lesevorgang ein, wenn dabei mit langsamen, vor der Speicherfläche auf Geschwindigkeit Null abgebremsten Elektronen gearbeitet wird. Diese Begrenzungen sind eine Folge der Elektronen*raumladung*, die den Strahl verbreitert. Gleiches geschieht durch die SE, die der Schreibstrahl bei hohem η auslöst. Diese Verhältnisse sind von M. BARBIER [*1*] quantitativ untersucht worden. An der Mitwirkung der Raumladungsbegrenzung der Strahlschärfe liegt es auch, daß die bisher im Handel befindlichen Speicherröhren eine für die heutige Fernsehnorm noch unzureichende Auflösung liefern, die kaum über 400 Zeilen hinausgeht.[1]

Die günstigsten Ergebnisse erzielt man nach BARBIER durch Schreiben mit mittelschnellen ($\eta > 1$)-Elektronen und Lesen mit langsamen ($\eta < 1$)-Elektronen, wie weiter unten im Zusammenhang mit Abb. XIII.6 näher erörtert. BARBIER hat auch angegeben, wie durch elektronenoptische Mittel eine Trennung des Lesesignals vom Schreibsignal in der Speicherröhre erzielt werden kann.[2] Abb. XIII.4 zeigt einen solchen Flächenspeicher. Die vom Schreibstrahl ausgelösten SE durchfliegen das nahe Gitter senkrecht zu diesem, da sie geringe Geschwindigkeiten haben und das Saugfeld stark ist. Sie lassen sich daher hinter dem Gitter durch eine Kollimatorlinse in die Röhrenachse fokussieren, während die schräg ankommenden und z. T. spiegelnd reflektierten Primärelektronen des Lesestrahls (Geschwindigkeit entsprechend 20 V) zur symmetrisch angeordneten Kollektorelektrode gelangen.

Linsenfehler, Ablenkfehler, störende Wandeinflüsse und mangelhaftes Vakuum ($p < 10^{-6}$ Torr) müssen auch bei Speicherröhren sorgfältig vermieden werden. Entstehung positiver Ionen des Gasrestes führt zu beschleunigtem Abbau negativer Ladungsreliefs. In der britischen Technik wurde zur Abhilfe

---

[1] Hier und im folgenden sei beachtet, daß die bloße Angabe der Zeilenzahl eines Fernsehrasters nichts Genaues über die erhältliche Auflösung (Detailerkennbarkeit) aussagt. Dies gilt auch für die von einer Speicherröhre im Lesevorgang wiedergegebenen Bilder. Maßgebend ist stets die objektive Schärfe der Zeilenspur, die vom Modulationsgrade der Zeilenzwischenräume abhängt. Zum Beispiel können beim Metrechon (s. später) in einem Raster mit nur 10% Modulation, d. h. 90% der Zeilenleuchtdichte in den Zeilenlücken, subjektiv 550 Zeilen gerade noch getrennt wahrgenommen werden, ohne eine dieser Zahl entsprechende Auflösung von Einzelheiten zu gestatten, wogegen auf dem gleichen Schirm 250 Zeilen mit 100% Modulation, also voller Verdunklung in den Zwischenräumen, wiedergegeben werden können. Vom Einfluß des Rauschens sei dabei abgesehen.

In der Bildspeichertechnik kommt hinzu, daß die Auflösung im abgelesenen Raster von der Kongruenz der Zeilenpakete beim Schreiben und Lesen abhängt, einer schwer einzuhaltenden Bedingung, die äußerst präzise Ablenkgeometrie voraussetzt. Im ungünstigsten Falle sind Schreib- und Leseraster so weit gegeneinander verschoben, daß der Lesestrahl die Lücken des geschriebenen Speicherrasters abtastet. Jedoch wird man dies in der Praxis durch Nachregeln auf beste Auflösung zu vermeiden suchen.

[2] Diese Maßnahme ermöglicht gleichzeitiges Schreiben und Lesen. Eine Röhre, die diesen Zweck mit einem einzigen Elektronenstrahl zu erreichen gestattet, aber naturgemäß für jeden Bildpunkt nur in zeitlicher Koinzidenz — was ihre Benutzung als Normenwandler ausschließt —, ist die von der CSF, Paris, hergestellte Speichertype TCM 13. Sie arbeitet nach dem GRID BARRIER-Prinzip und mit einer sehr wirksamen kapazitiven Abschirmung der Kollektoranode (Leseanode) gegen die Speicherfläche [*11*].

das sog. „Ionenfanggitter" entwickelt. Als Beispiel sei die Speicherröhre VCRX 350 [*12*] genannt, deren Daten den Anforderungen eines Fernsehzwischenspeichers am nächsten kommen; vgl. Abb. XIII.5. Das elektrische Eingangssignal moduliert den Schreibstrahl bei $U_a = 1{,}5 \cdots 4$ kV. Ein nur auf der Schreibseite isolatorüberzogenes Netz wird durch SE positiv geladen. Durch seine Maschen geht,

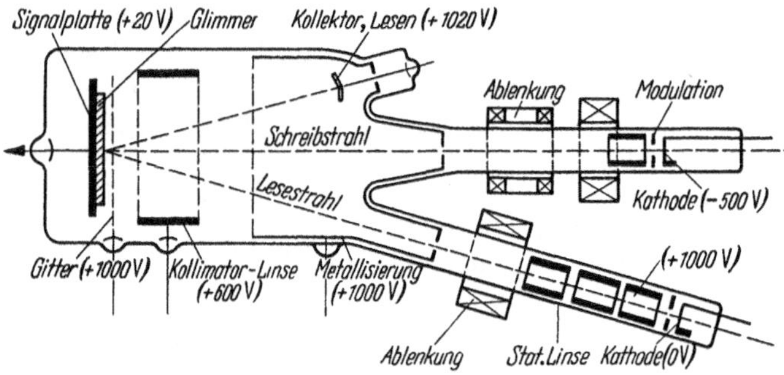

Abb. XIII.4. Flächenspeicherröhre nach M. Barbier [*4*], Beschriftung mit schnellen, Lesen mit langsamen Elektronen; Trennung der Leseelektronen von den Schreibelektronen durch Kollimatorlinse auf Grund des Geschwindigkeitsunterschiedes der SE und der am Glimmer reflektierten 20 V-Elektronen des Lesestrahls.

von der Rückseite kommend, ein Lesestrahl langsamer Elektronen, vom positiven Ladungsbild gesteuert, partiell hindurch (Halbtonwiedergabe!), um am Löschgitter zu landen. Der nicht durchgelassene Anteil kehrt in Richtung zum Lesestrahlerzeuger zurück und erscheint dort an einem Auffänger als abgelesenes Signal. Zum Ausradieren des Ladungsbildes wird das Löschgitter negativ gegen das Speichergitter vorgespannt. Daher wenden sich im Raume zwischen diesen

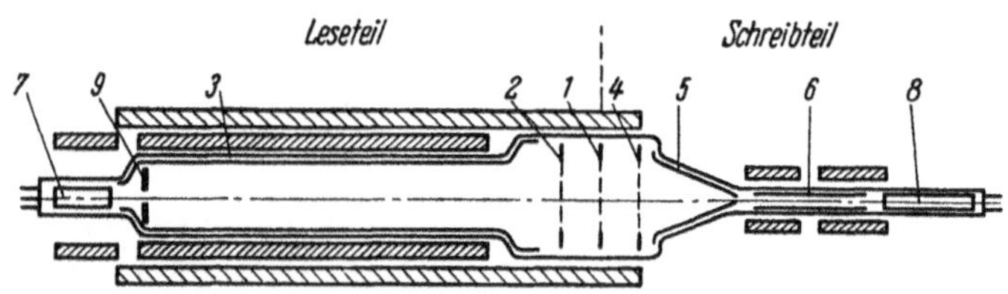

Abb. XIII.5. Schnitt durch die Speicherröhre VCRX 350 [*12*].
1 Speichernetz, 0 bis +4 V, *2* Ionenabfanggitter, 10 V positiv gegen Wandanode, *3* (+400 bis 500 V), *4* Löschgitter, −5 bis +1000 V, *5* und *6* zweite Wandanode, +50 V, *7* Lesestrahlsystem: Kathode 0 V, Anode +500 bis 600 V, *8* Schreibstrahlsystem: Kathode −1,5 bis −4 kV, Anode +50 V, *9* Strahlabfangblende.

beiden Elektroden die Leseelektronen zurück, fließen zur Speicherschicht und bringen diese überall auf Kathodenpotential (Ladungsgrundzustand). Das Ionenfangnetz erzeugt ein Feld, welches die im Laufraum des Lesestrahls erzeugten positiven Ionen am Erreichen des Speichernetzes verhindert.

Die VCRX 350 steht zwar mit nur etwa 500 Zeilen Auflösung den mit Photohalbleitern arbeitenden Speicherröhren z. T. erheblich nach; ihre Schreibgeschwindigkeit kommt aber mit 0,3 μs/Bildpunkt bereits dem für Fernsehen notwendigen Wert von 0,1 μs nahe, und die noch zu große Löschzeit (3 s) könnte wohl auf $^1/_{25}$ s herabgesetzt werden, weil es ja hierbei nicht darauf ankommt, Kenn- und Arbeitsdaten auf vielfach wiederholbares Lesen abzustimmen. Von großem Vorteil ist ferner die geringe Kopplung zwischen Ein- und Ausgang; sie ermöglicht gleichzeitiges Schreiben und Lesen. Der Anfangswert des Rauschabstandes im Lesesignal beträgt 25 dB.

Für alle bisher beschriebenen Zwischenspeicherröhren liegt dieser Rauschabstand in der gleichen Größenordnung, $25 \cdots 30$ dB. Der Schroteffekt und in minderem Maße Stromverteilungsrauschen sind die Ursachen dieser sehr mäßigen Werte, die verständlich werden, wenn man bedenkt, daß im einzelnen Lesevorgang Anfangsstromstärken von nur etwa 10^{-8} A und Endstromstärken von 10^{-9} A die Regel sind, bedingt durch die Forderung zahlreich wiederholter Abtastungen des gespeicherten Ladungsvorrates. Für Fernsehen soll aber der Zwischenspeicher als Normenwandler mit konstanter Bildperiode oder als Mittel zur Verlängerung der Bildpunktdauer auf etwa $^1/_{25}$ s dienen. Im Prinzip ist daher eine bedeutende Vergrößerung der Stromstärke des Lesestrahls bis zu der Grenze möglich, die durch die für die Auflösung nachteilige Raumladung gezogen wird. Damit könnten auch angemessene Löschzeiten erzielt werden, zumal wenn während der Rückläufe eine momentane Entladung durch Hochtasten der Berieselung eines positiven Ladungsreliefs mit langsamen Elektronen erzwungen würde. Es sei ferner auf die in IVg beschriebene Methode des Hilfsstrahls verwiesen, der dem Schreibstrahl kurz vorauseilt. Nach alledem scheint es so, als könne die Aufgabe, Fernsehzwischenspeicher zu entwickeln, auf der Grundlage der in der Radarbildspeichertechnik bewährten Elemente und Prinzipien lediglich durch Anpassung der Betriebsdaten und Dimensionierungen gelöst werden, ohne daß neue physikalische Effekte gefunden werden müssen.

2b. Zwischenspeicherung, allgemeine Kennzeichen.

Das Lesen des gespeicherten Ladungsbildes folgt entweder einem zeitlich, z. B. durch die Periode des Einzelbildes, n^{-1} s, streng definierten Schreib-Lese-Arbeitszyklus (Speicherbildempfang, Normenwandler), insbesondere bei den sog. Zwischenspeichern, die das elektrische Signal nur zu verzögern und/oder umzuformen haben; oder es stellt einfach die beliebig spätere Wiederabnahme eines geschlossenen Fernsehprogramms dar (Programmspeicherung). Wir behandeln zunächst die Regeneration des Videosignals aus einem *Ladungs*bild, das auf einer isolierenden Schicht geschrieben wurde.

Der Arbeitszyklus des Speicherempfanges führt entweder, wie bei den Bildgeberröhren mit Speicherwirkung, mit konstanter Periode über einen Ladungsgrundzustand (Teilband 1, Kap. VIII, S. 556), oder er bewegt sich für jeden Bildpunkt im Rhythmus der Leuchtdichteänderungen desselben zwischen den Grenzen der Potentialniveaus der Schwarz-Weiß-Dynamik, wie bei der unter IVc) beschriebenen Steuermethode.

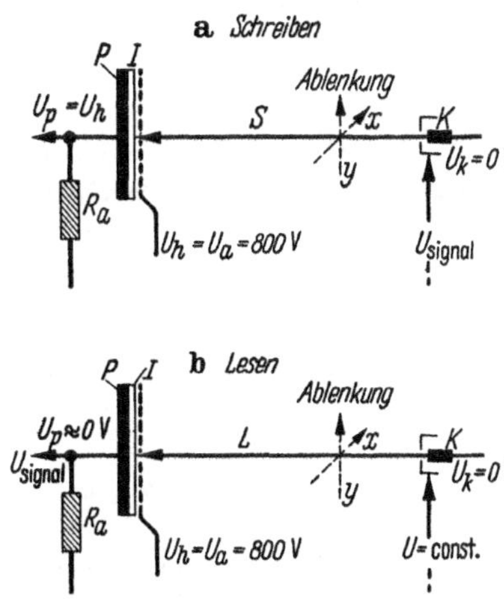

Abb. XIII.6a u. b. Prinzipschema für a) Schreiben mit schnellen ($\eta > 1$)-Elektronen; b) Lesen mit abgebremsten ($\eta < 1$)-Elektronen. Regelung der Elektronengeschwindigkeit durch das Potential U_p der leitenden Platte *P*.
I Isolierschicht, *H* Hilfsnetz (Kollektor), U_p, U_h entsprechende Potentiale, *K* Kathode, *S* Schreibstrahl, *L* Lesestrahl, *x*, *y* Koordinaten der Ablenkung.

2b.1. Ausgeführte Zwischenspeicher. Soll ein gespeichertes Videosignal in elektrischer Form wieder abgegriffen werden — normaler Fall der Zwischenspeicherung —, so ist eine oft bevorzugte Arbeitsweise, die wir in Abb. XIII.6 nur schematisch betrachten wollen, folgende: Der Schreibstrahl *S* besteht aus Elektronen mittlerer Geschwindigkeit ($U_a = 800 \cdots 1000$ V, $\eta = \frac{i_{sek}}{i_{prim}} > 1$). Das ΔU der Isolatorschicht *I* ist positiv, begrenzt durch zurückkehrende SE. Zum Lesen dient ein Abtaststrahl L von „langsamen" Elektronen, vgl. Abb. XIII.6b. Hierbei kann man das Potential U_P des Schichtträgers P relativ zu dem der Abtaststrahlkathode K so einstellen, daß deren Elektronen die Schichtoberfläche von I eben noch erreichen. Dann werden die mehr oder weniger positiven Punktladungen neutralisiert, und es fließen signalbildende Verschiebungsströme über den Außenwiderstand R_a. Deren Stärke entspricht bei jedem Flächenelement dem örtlichen $+\Delta U$, die Verteilung der Leuchtdichte im übertragenen Bildfeld wird als Videosignal exakt reproduziert. Am Ende dieses Lesevorganges ist auf der ganzen Speicherfläche der Ladungsgrundzustand = Kathodenpotential U_k wiederhergestellt, und mit der nächsten Schreibperiode beginnt der neue Arbeitszyklus.

Eine derartige Anordnung wirkt als Laufzeit- oder Verzögerungsvorrichtung mit möglichst genauer Rückbildung des Ursprungssignals. Sie kann dieses aber auch in eine andere Zeilennorm übertragen (Normenwandler), falls die Zahl der Einzelbilder/s unverändert bleibt und zwei Speicherröhren im Gegentakt arbeiten, um in diesen beiden Schreib- und Leseperiode zeitlich interferenzfrei zu trennen.

Die Umkehrung, Schreiben mit langsamen ($\eta < 1$), Lesen mit energiereicheren ($\eta > 1$) Elektronen, ist gleichfalls durchführbar, und man kann auch mit sehr schnellen Elektronen ($U_a > U_2$ in Abb. XIII.1; $\eta < 1$) bildgetreue Ladungsreliefs herstellen. Der Ladungsgrundzustand wird dann beim Lesen durch einen Strahl im Beschleunigungsbereich $U_1 < U_{al} < U_2$, also $\eta > 1$, reproduziert und liegt nahe beim SE-Gleichgewicht ($\approx U_{al}$) der Speicherschicht in bezug auf das gewählte Potential des absaugenden Kollektors oder Hilfsgitters.

Beim *Graphechon*prinzip [13] wird an den zu speichernden Bildpunkten durch den Schreibstrahl S bei $U_a = 6000 \cdots 10000$ V in einer Isolierschicht induzierte Leitfähigkeit erzeugt. Mittels dieser wird die vorher vom Lesestrahl L bei $U_{al} = 800 \cdots 1000$ V homogen auf das entsprechende SE-Gleichgewicht in positivem Sinne aufgeladene Oberfläche des Nichtleiters, der eine sehr dünne, von den Elektronen des Schreibstrahls durchschlagbare Leichtmetallfolie (mit stützendem Netz) bedeckt, örtlich entladen. Die Folie ist hierzu genügend negativ gegen U_{al} vorgespannt. Der Lesestrahl muß also die zur Folie abgeleitete Punktladung durch SE bei $\eta > 1$ wieder auffüllen und bewirkt so den nach außen abnehmbaren Signalhub.

Die in Abb. XIII.7 dargestellte Bauart des Graphechons gestattet bei zusätzlicher hochfrequenter Modulation des Lesestrahls gleichzeitiges Schreiben und

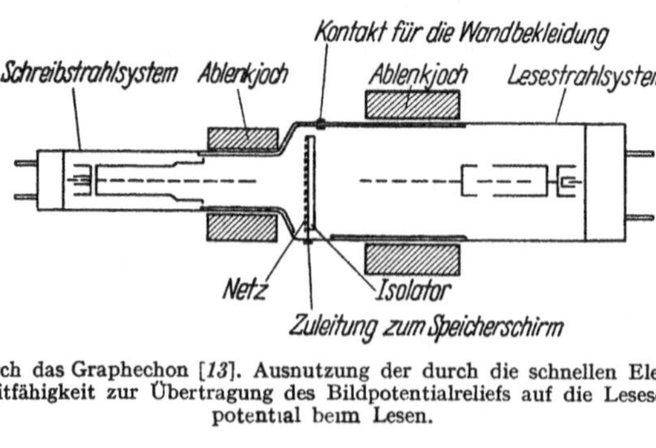

Abb. XIII.7. Schnitt durch das Graphechon [13]. Ausnutzung der durch die schnellen Elektronen des Schreibstrahls erzeugten induzierten Leitfähigkeit zur Übertragung des Bildpotentialreliefs auf die Leseseite. U_{al} Beschleunigungspotential beim Lesen.

Lesen (Trennung beider Signale im Außenkreis durch die Frequenzlage) und vermeidet durch die koaxiale Anordnung beider Strahlen bei exakter Zentrierung derselben die Notwendigkeit des Korrigierens der verzerrten Ablenkungsgeometrie, die bei einseitigem Strahleinfall auf der Speicherfläche infolge der Schrägstellung des einen Strahles einträte (Trapezentzerrung). Die Wiedergabe von Halbtönen ist jedoch nur unter einschränkenden Bedingungen für den Betrieb der Röhre möglich.[1]

Das Graphechon hat sich als Speicher für Radarsignale in Verbindung mit fernsehmäßiger Übertragung der schnell repetierten Ablesungen und stetiger Wiedergabe derselben durch die Fernseh-Bildschreibröhre besonders bewährt.

Beim *Radechon* der RCA [*15*], dessen Funktionsschema Abb. XIII.8 zeigt, dienen zum Lesen wie zum Schreiben nur schnelle Elektronen ($U_a = 800 \cdots 1000\,\mathrm{V}$, $\eta > 1$). Unter verschiedenen möglichen Betriebsarten dieser sehr einfach gebauten Röhre sei folgende ausgewählt: Beim Schreiben (linke Stellung der Schalter *A* und *B*) moduliert das zu speichernde Signal die Stromstärke J_s des von der Kathode *K* ausgehenden Strahls, während das dicht vor der Isolatorschicht *I*

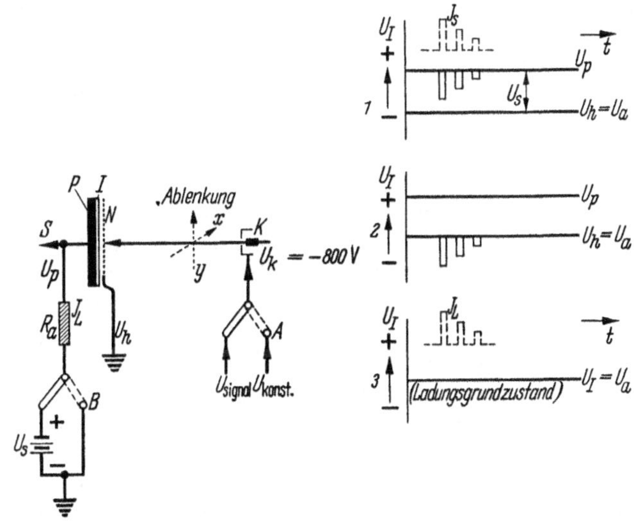

Abb. XIII.8. Funktionsbeispiel eines Radechons [*15*].
Diagramme rechts: *1* Schreiben, J_S Schreibstrom, an der Wehnelt-Elektrode gesteuert, *2* Umschalten, *3* Lesen, J_L Lesestrom, bei *S* abnehmbar, *P* Signalplatte, *I* Isolierschicht, *N* Absaugnetz, *K* Kathode, R_a Außenwiderstand, U_s positive Zusatzspannung beim Schreiben, um die SE festzuhalten. Beim Lesen $U_p = U_h = U_a$, Rückkehr zum Ladungsgrundzustand durch Absaugen der SE nach *N*.

angebrachte, gut durchlässige Netz *N* auf Erdpotential gehalten wird. Es wirkt zugleich als Anode. Die metallische Trägerplatte *P* liegt dabei auf einem um den Betrag U_s positiveren Potential. In dem in Abb. XIII.8 rechts dargestellten Diagramm *1* bedeutet J_s die Modulation der Strahlstromstärke. Da *N* gegen *P* und folglich auch gegen *I* erheblich negativ ist, können die vom Strahl befreiten

[1] Beim *Metrechon* von Pensak [*14*] bewirkt ein Schreibstrahl von 2000 V-Elektronen auf der Rückseite einer Nichtleiterfolie im SE-Gleichgewicht mit dem passend gewählten Steuerpotential eines feinmaschigen Absauggitters negative Aufladungen, die durch die enge kapazitive Kopplung auf der Vorderseite der Folie Bremsfelder für die langsamen Elektronen des Lesestrahls ($\eta < 1$) erzeugen. Ein die Vorderseite der Nichtleiterfolie bedeckendes leitendes Netz ist fest so weit vorgespannt, daß es den Lesestrahl dort nicht aufnimmt, wo der Isolator rückseitig vom Schreibstrahl stark negativ aufgeladen wurde. Sitz dieser Repulsionswirkung sind die Isolatorinseln in den Netzmaschen. Die abgewiesenen Elektronen laufen wie beim Superorthikon (1. Teilband, Kap. VIII.3b) in Richtung zur Kathode zurück, wo ihr Strom in einem Vervielfachersystem verstärkt wird. Das Metrechon gestattet gleichzeitiges Schreiben und Lesen mit Halbtonwiedergabe (Triodenkennlinie); das gespeicherte Signal kann viele Male ohne merkliche Schwächung abgelesen werden, da die negativen Punktladungen in den isolierenden Maschen bestehenbleiben.

SE den Isolator nicht verlassen, und dieser wird proportional mit J_s in negativer Richtung aufgeladen, siehe den Verlauf von U_I im Diagramm *1*. Zum Lesen legt man die Schalter A und B, die natürlich elektronischer Art sein können, nach rechts. Damit erhält P das gleiche Potential wie N, und es sinkt (Diagramm *2*) U_I auf Werte unterhalb U_h ab. An der Steuerelektrode des Strahls liegt jetzt ein konstantes Gleichpotential, das in speziellen Fällen durch ein hochfrequentes Wechselpotential ersetzt werden kann. Nunmehr können die vom Strahl auf I ausgelösten SE zu N übergehen, und damit stellt sich durch positive Auffüllung der betreffenden, stark ins Negative abgesenkten Flächenelemente überall auf I der Ladungsgrundzustand für die nächste Beschriftung ein (Löschen). Dies zeigt Diagramm *3*. Der durch Neutralisierung der negativen Speicherladungen auf I entstehende Verschiebungsstrom J_L baut am Außenwiderstand R_a das Lesesignal auf, das bei S abgenommen werden kann.

Ein Vorteil aller Zwischenspeicherröhren, die, wie das Radechon, den gleichen Elektronenstrahl zum Schreiben und zum Lesen benutzen, ist bei Voraussetzung konstant gehaltener Sägezahnamplitude die Übereinstimmung der Rastergeometrie beim Auftragen und Wiederabnehmen des Signals. Alle geometrischen Ablenkverzeichnungen kompensieren sich heraus. Dies gilt aber exakt nur im Falle *elektrostatischer* Ablenkung, bei der die Ablenkfrequenz praktisch den Bahnverlauf der Strahlbewegung nicht beeinflußt.

Einen auf beiden Seiten stets das gleiche Potential aufweisenden Speicherschirm, in dem statt der kapazitiven Übertragung ein metallisches Leitungsraster den Potentialausgleich von der Vorder- zur Rückseite rein galvanisch bewirkt, haben H. R. Day, H. J. Hannan und P. Wargo [*16*] entwickelt. In die Maschen eines feinen Glas- oder Keramiknetzes sind durchgehende Metallfüllungen eingebracht. Erreicht sind bisher 350 Maschen/Zoll, sie messen im Quadrat $\sim 50\,\mu$, die isolierenden Stege sind 25 μ dick, das ganze Speichersystem hat die Dicke von $75 \cdots 125\,\mu$. Angestrebt werden 750 Maschen/Zoll, was für die heutigen Fernsehnormen ausreichen würde. Die isolierende Speicherschicht ist ein Magnesiumoxydfilm. Man schreibt auf der einen Seite mit schnellen Elektronen (ΔU positiv) und liest und löscht auf der Gegenseite gleichzeitig oder verzögert, je nach Anwendungszweck, mit langsamen Elektronen ($\eta < 1$). Es ist aber auch möglich, auf der *gleichen* Seite zunächst zu schreiben und anschließend viele Male wiederholt die gespeicherte Information abzulesen (Radar, Normwandler, Slow Scan-Fernsehen). In diesem Falle wirkt ein auf der Rückseite einfallender diffuser Kegel von langsamen Elektronen als berieselnder „Haltestrahl", indem er das Ladungsrelief so weit ins Negative absenkt, daß die Leseelektronen nirgends landen können. Einzelheiten über diese interessante aber technologisch problematische Lösung siehe in der zitierten Veröffentlichung.

Die von der Firma Raytheon in USA für abwechselndes Schreiben und Lesen entwickelte Speicherröhre RK 6835/QK 464 [*17*] arbeitet in beiden Betriebszuständen mit dem gleichen, magnetisch abgelenkten Elektronenstrahl bei $\eta > 1$ (Abb. XIII.9). Das Speichernetz trägt die Isolierschicht nur auf der von der Strahlkathode abgewandten Seite. Nach Passieren der Maschen dieses Netzes wird der vom Videosignal in seiner Stromstärke modulierte Strahl durch ein konstantes Gegenfeld zur Umkehr gezwungen und trifft die Isolierschicht, die wegen $\eta > 1$ in positiver Richtung mehr oder minder aufgeladen wird (Schreibvorgang). Eine als Elektronenlinse wirkende Elektrodenanordnung sorgt dafür, daß der Strahl bei jedem Ablenkwinkel senkrecht auf das Speichernetz fällt (Abhängigkeit der Sekundäremission vom Einfallswinkel, vgl. Teilband 1, S. 386). Zugleich wird die Geschwindigkeit der Strahlelektronen auf einen etwa 300 V entsprechenden Wert abgebremst, was mittels eines vor dem Speichernetz angebrachten Bremsgitters geschieht. Zum Lesen wird das Speichernetz auf etwa -10 V gegen Kathodenpotential geschaltet und das Gegenfeld der Schreibperiode in ein Absaugfeld verwandelt ($+300$ V statt -300 V). Das auf der Isolatorschicht aufgebaute Potentialrelief steuert jetzt triodenartig den durch die Maschen des Speichernetzes zur Absaugelektrode gelangenden Anteil des konstant eingestellten Strahlstromes. Löschen kann durch SE am Speichernetz bei passender Spannungsverteilung zwischen den Elektroden erfolgen. Die Löschzeit ist bei dieser Röhre $<0{,}12\,\mu$s; die Zeit für die Umladung eines Bildpunktes wäre daher für Fernsehen ausreichend. Die Auflösung beträgt aber nur etwa 400 Zeilen, genügt also nicht. Bei geeigneter Potentialeinstellung können die Elektronen des Lesestrahls die Speicherfläche nicht erreichen, so daß 20000 ··· 30000 konstante Ablesungen, z. B. für Radarzwecke, möglich sind.

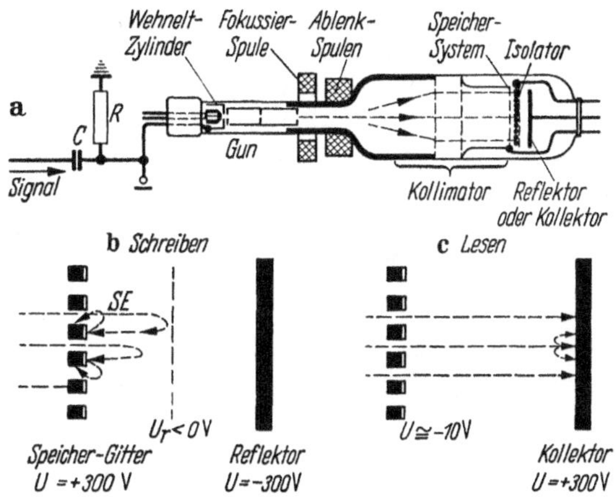

Abb. XIII.9a—c.
Schnitt durch die Raytheon-Speicherröhre RK 6835/QK 464.
a) Schematische Darstellung des Aufbaus; b) Weg der Elektronen beim Schreiben; c) Weg der Elektronen beim Lesen.

2b.2. Lichtgesteuerte Speicherröhren. In den derzeit benutzten Normenwandlern der Fernsehtechnik (Einzelheiten s. unter 5) wird das elektrische Übertragungssignal durch eine Bildschreibröhre mit besonders hoher Auflösung [*18*] in ein Leuchtschirmbild übergeführt, das mittels des Photoeffektes den Speicherschirm einer normalen Bildgeberröhre, vorzugsweise eines Vidicons, auflädt. Durch Abtastung dieses Schirmes nach einem anderen Zerlegungsschema wird das umgeformte elektrische Signal zur Weiterübertragung abgegriffen. Dabei sind entweder die Bildschreib- und die Speicherröhre getrennte, nur optisch gekoppelte Organe — diese Anordnung ist die heute übliche [*19*] — oder beide Funktionen sind in einer komplizierteren Röhreneinheit miteinander verbunden.

Als zur erstgenannten Klasse gehöriges Beispiel sei an dieser Stelle die Röhre VCRX 326 der E.M.I. [*12*] erwähnt, weil sie für Schreiben und Lesen ausschließlich mit langsamen Elektronen arbeitet. Beide Funktionen können aber nur abwechselnd erfolgen, so daß zwei im Gegentakt tätige Röhren notwendig sind. Das zu speichernde Signal schreibt in einer Lichtstrahlabtaströhre ein Leuchtschirmbild, das, auf die Photokathode einer bildwandlerartig gebauten Röhre projiziert, dort Photoelektronen befreit. Diese laden, wenig beschleunigt, ein isolatorbedecktes Speichernetz negativ auf. Zum Lesen wird die gleiche Lichtstrahlabtaströhre mit konstanter Strahlstromstärke rasterschreibend betrieben; ihr projizierter Lichtfleck löst dann an der Photokathode einen ebenfalls konstanten, in Zeilen bewegten Abtaststrahl aus, dessen Elektronen bei passender Spannungseinstellung durch die Maschen des Speichernetzes, wie in einer Triode, gittergesteuert hindurchgehen. Die durchgelassenen Photoelektronen bilden an einer Anode das Lesesignal. Löschen erfolgt durch SE bei stark negativ vorgespannter Photokathode ($\eta > 1$). Dank der Benutzung der gleichen Lichtstrahlabtastvorrichtung für das Schreiben (mittels Leuchtschirmbild) und das Lesen (mittels Abtastraster) entfallen geometrische Verzerrungen. Die Auflösung erreicht 800 Zeilen bei 30 dB Rauschabstand, falls man sich mit kurz dauernder Ablesemöglichkeit begnügt. Für den Einsatz als kontinuierliche Normwandler sind natürlich außer den 2 VCRX 326 auch zwei Lichtstrahlabtaströhren, jede derselben abwechselnd mit moduliertem und unmoduliertem Strahl arbeitend, unerläßlich.

Die Entwicklung der modernen Bildwandlerröhren weist neue Wege für die Konstruktion derartiger Speicher. Dünne Nichtleiterfolien, die auf der einen Seite einen Leuchtschirm, auf der anderen eine Photokathodenschicht tragen, sind das Übertragungselement. Abb. XIII.10 zeigt ein Schema der Anordnung, die für Fernsehnormenwandler besonders geeignet erscheint und im Kaskadenaufbau mehrerer Stufen bereits als Lichtverstärker erfolgreich verwendet wird. Die Dicke der durchsichtigen Folie *2* (Abb. XIII.10a), die den Leuchtschirm *1* und auf der Gegenseite das Mosaik von Mikrophotozellen *3* trägt, kann bis etwa zum 0,4fachen der linearen Bildpunktweite messen, ohne daß durch Totalreflexion und Absorption merkliche Schärfe- bzw. Intensitätsverluste zusätzlich eintreten. Schreibstrahl *S* und Lesestrahl *L* bestehen aus schnellen bzw. mittelschnellen Elektronen, z. B. $U_{a\,\text{Schr}} = 20\,\text{kV}$, $U_{a\,\text{Les}} \cong 1\,\text{kV}$ $(\eta > 1)$. Die Funktion der Anordnung entspricht dynamisch und quantitativ derjenigen des Ikonoskops (Teilband 1, Kap. IX, S. 608). Da aber die dem Flächenelement zugeführten Bildpunktlichtströme hier viel größer gemacht werden können, als dies bei der Vorsatzoptik des in der Aufnahmekamera arbeitenden Ikonoskops möglich ist, würde das bekannte „Störsignal" des Ikonoskop-Systems minimal und voll kompensierbar sein. Die Kapazität der Mikrophotozellen wäre von der gleichen Größenordnung wie beim Ikonoskop, so daß erfahrungsgemäß der Lesestrahl den getroffenen Bildpunkt jedesmal voll auf den Ladungsgrundzustand zurückführen würde.

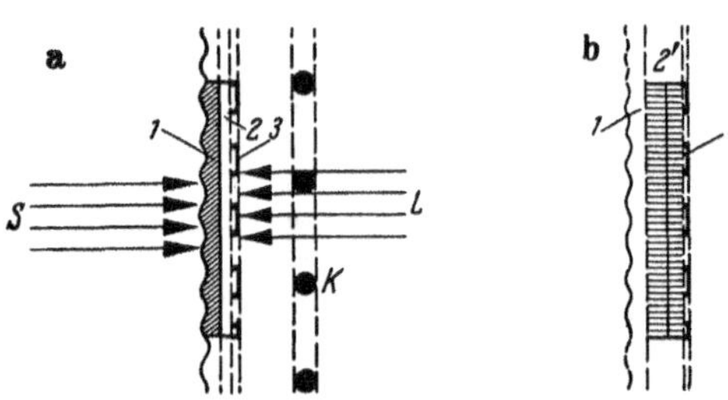

Abb. XIII.10a u. b. Neuere Formen für Speicherfolien in lichtgesteuerten Speicherröhren.

a) *S* Schreibstrahl, *L* Lesestrahl, *K* Kollektornetz, *1* Leuchtschirm, *2* transparente Trennschicht, *3* Photozellenmosaik; b) anstelle der Trennschicht *2* in a ist zwischen *1* und *3* die Fiberglasschicht *2'* eingeschaltet.

Abb. XIII.10b zeigt den Ersatz einer einfachen homogenen Trägerfolie *2* durch eine Schicht von „Fiberglas", bestehend aus zahllosen, durch Totalreflexion fast verlustlos lichtleitenden zylindrischen Glasfasern, einem modernen Erzeugnis von großer Bedeutung für den künftigen Röhrenbau. Die Fiberglasschicht *2'* kann z. B. die Kolbenwand einer Braunschen Röhre bilden, aus der die Leuchtschirmemission bei voller Erhaltung der innenseitig vorhandenen Bildschärfe auf die Außenfläche verlegt wird.

Die Kopplung von Ein- und Ausgang ist bei dem durch Abb. XIII.10 dargestellten Prinzip so klein, daß zur gleichen Zeit geschrieben und gelesen werden kann. Statt eines Photozellenmosaiks, wie in Abb. XIII.10a, kann auch eine Halbleiterphotoschicht, wie beim Vidicon, im direkten optischen Kontakt mit dem durch Photoelektronen einer Vorstufe erregten Leuchtschirm stehend, zur Lichtvorverstärkung, s. weiter unten, dienen; vgl. Abb. XII.8.

Grundsätzliche Nachteile der lichtgesteuerten Speichervorrichtungen sind der relativ große Aufwand an Verstärkerleistung für die primäre Umwandlung des Videosignals in das Leuchtschirmbild und der geringe photoelektrische Wirkungsgrad.

Die erwähnten Kaskadenanordnungen von Systemen nach Abb. XIII.10 liefern dennoch bis zu >1000facher Lichtverstärkung, wenn das Bild auf eine

Eingangsphotokathode fällt und die Photoelektronen stark gegen den ersten Leuchtschirm beschleunigt werden, der die angrenzende Photokathode (zusammenhängende Schicht) erregt usw. Die Elektronen werden durch ein axiales Magnetfeld in achsenparallelen Bahnen gehalten (Bildschärfe!). Derartige mehrstufige Bildwandler kommen auch als Vorsatzgeräte für Bildgeberröhren, besonders für industrielles, wissenschaftliches und militärisches Fernsehen in Betracht, allgemein immer dann, wenn es sich um die Vorverstärkung sehr schwacher Bildfeldhelligkeiten handelt.

2c. Sichtspeicherröhren. Die Lösung der in der Einleitung zu diesem Kapitel beschriebenen Aufgabe, im Fernsehempfänger das dosierte Weiterleuchten jedes Bildpunktes während mindestens eines erheblichen Bruchteils der Abtastperiode von $^1/_{25}$ s zu unterhalten, führt zur „Sichtspeicherung". Dieser Effekt kann entweder unmittelbar in einer Sichtspeicherröhre verwirklicht oder durch Zwischenspeicherung des Videosignals in einer der unter VII.2a und 2b.1 behandelten Vorrichtungen indirekt herbeigeführt werden. Im zweiten Falle wird das vom Schreibstrahl unter dem Einfluß des Videosignals erzeugte Ladungsrelief während $^1/_{25}$ s viele Male wiederholt abgelesen, der dabei erhaltene Spannungszug verstärkt und zur Steuerung einer gewöhnlichen BRAUNschen Bildschreibröhre benutzt, deren Bildfeld mit entsprechend erhöhter Frequenz $\gg 25$ Hz aufleuchtet. Die integrale Wirkung ist die gleiche wie bei der Sichtspeicherröhre, der Aufwand jedoch für die Praxis zu groß und im Fernsehempfänger untragbar, abgesehen von der unvermeidlichen Qualitätseinbuße durch zweimaligen Umsatz des rauschbehafteten elektrischen Signals.

In den Sichtspeicherröhren steuert ein als Triodengitter wirkendes Speichernetz mittels der vom Schreibstrahl auf einem isolierenden Überzug durch SE erzeugten permanenten Ladungsverteilung quantitativ den Durchgang langsamer Flutelektronen, die anschließend stark beschleunigt einen Leuchtschirm treffen und dort unmittelbar das optische Empfangsbild mit stetigem Weiterleuchten bis zur Löschung des steuernden Potentialreliefs auf dem Isolator herstellen. Mit der Beschleunigung dieser gesteuerten Elektronen ist eine Fokussierung des Speichernetzes auf den Leuchtschirm verbunden, d. h. es wird auf ihm jede Masche mit einer ihrer Elektronendurchflutung entsprechenden Leuchtdichte punktartig abgebildet. Abb. XIII.11 zeigt einen Längsschnitt durch die von M. KNOLL, B. KAZAN, P. RUDNICK, H. O. HOOK, R. P. STONE und Mitarbeitern entwickelte und elektronenoptisch hochgezüchtete RCA-Sichtspeicherröhre („Viewing Storage Tube with Halftone Display") [*20, 21*]. Abb. XIII.12 gibt die Steuerfunktion des Speichergitters wieder. Einzelheiten über den Aufbau und die elektronenoptischen Probleme dieser Röhre siehe in den angeführten Veröffentlichungen. Nach dem gleichen Prinzip arbeiten sämtliche später unter anderen Namen erschienenen Nachbauten. Hier interessieren vor allem folgende Eigenschaften der KNOLLschen Röhre, wobei zu berücksichtigen ist, daß diese zunächst nicht für Zwecke des genormten Rundfunkfernsehens, sondern für die Speicherung von Radarbildern, Oszillogrammen, Impulsverteilungen, Slow Scan-Fernsehen und dergleichen entwickelt wurde.

Hat das Speichergitter, und damit auch die Isolatorschicht, gegen die Kathode der Flutelektronen eine genügend negative Vorspannung, so können selbst an den Stellen, wo das Gitterpotential relativ am positivsten ist, keine Elektronen auf ihm landen. Man kann also das gespeicherte Bild im Prinzip beliebig lange mit konstanter Leuchtdichte aufrechterhalten. Entstehen jedoch in der Röhre infolge unzureichenden Hochvakuums positive Ionen der Restgase, so wird durch diese Ladungsträger die negative Aufladung des Gitters mehr oder weniger rasch neutralisiert; Speicher- und Steuerwirkung hören auf. Durch zurücktreibende

Felder, die mittels eines passend vorgespannten Hilfsgitters erzeugt werden (vgl. VII.2a), können solche Ionen vom Speicherschirm abgehalten werden („Ion Repeller Grid").

Gegen äußere Magnetfelder sind allgemein Permalloyabschirmungen im Gebrauch. Wichtig ist in Anbetracht der Winkelabhängigkeit des SE-Faktors η,

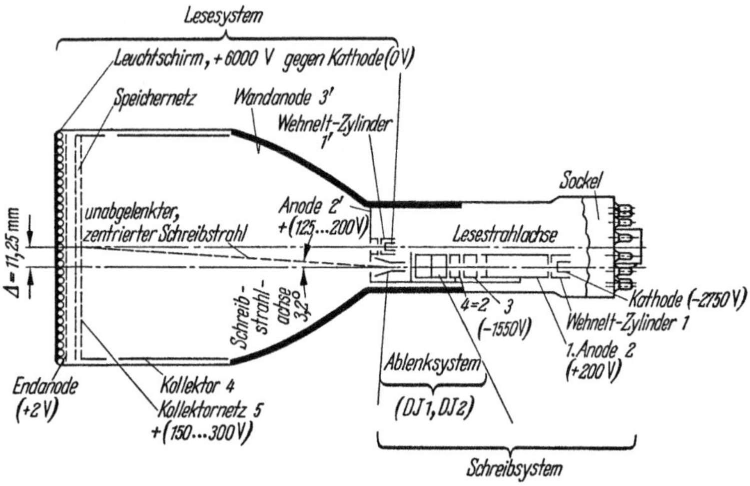

Abb. XIII.11. Schnitt durch die Sichtspeicherröhre 7315 der RCA. Die eingetragenen, unter Abb. XIII.12a u. b von Kreisen umschlossenen Ziffern des Schreib- und des Lesesystems bezeichnen die Folge der Elektroden mit Gitterfunktion, für die in Abb. XIII.12 passende Werte der Spannungseinstellung im Lesesystem angegeben sind.

daß der abgelenkte Schreibstrahl die Isolatorschicht des Speichernetzes auf dessen ganzer Fläche stets senkrecht trifft. Dies wird durch die sog. Kollimatorelektrode (Abb. XIII.9) erreicht, deren Feld dafür sorgt, daß der zur Achse der Röhre geneigte Strahl in die Parallelrichtung zurückgebogen wird.

Die Leuchtphosphorschicht ist zum Schutz gegen Ionenbombardement aluminisiert und besteht meist aus einem Stoff mit sehr langem Nachleuchten

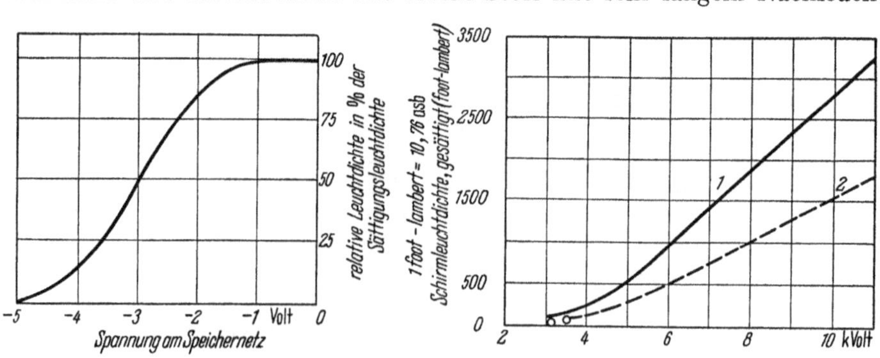

a b

Abb. XIII.12a u. b. Steuerkennlinien der Sichtspeicherröhre nach Abb. XIII.11.

a) Schirmleuchtdichte als Funktion der Spannung am Speichernetz. Spannungseinstellung im Schreibsystem, wie in Abb. XIII.11 angegeben. Im Lesesystem sind alle Spannungen auf die Kathode = 0 V bezogen: Spannung am Leuchtschirm 10 kV, Endanode +2 V; Elektroden (1'), (3') und (4) für beste Kollimation der Leseelektronen auf der Nutzfläche des Leuchtschirmes eingestellt. An (2') liegen +125 V, an (5) +150 V. b) Schirmleuchtdichte als Funktion der Energie der Leseelektronen. Spannungseinstellung im Schreibsystem, wie in Abb. XIII.11 angegeben. Im Lesesystem sind alle Spannungen auf die Kathode = 0 V bezogen. Beim Lesen: Endanode +2 V, (1'), (3'), (4) Spannung auf größte und gleichmäßigste Schirmleuchtdichte eingestellt. Bei Kurve *1* liegt (5) an +210 V, (2) an +150 V; bei Kurve *2* (5) an +150 V, (2) an +125 V.

Tabelle 1.

Hersteller und Type	Ablenkung Fokussierung	Schreibgeschwindigkeit (m/s)	$U_{a\,max}$ der Leseelektronen am Schirm (V)	Maximaler Strom auf dem Schirm (mA)	Maximaler Kolbendurchmesser (cm)	Maximale ausnutzbare Bildhöhe (cm)	Maximale Leuchtdichte des Schirmes (*asb*) und Leuchtfarbe	Mittlere Auflösung in Fernsehzeilen je ″ = 2,5 cm	Löschzeit bei Einzelimpuls (ms)	Anzahl der unterscheidbaren Graustufen	Bemerkungen
RCA 6866	elektrostatisch / elektrostatisch	7500	11 000	0,6	12,5	10	etwa 18 000 gelb	50	20 bis 40	5	Auflösung 200 Fernsehzeilen bei 10 cm Bildhöhe
RCA 7315	desgleichen	75	10 000	0,75	13,3	9,5	16 000 bis 28 000 (Sättigung) gelbgrün (P 20)	50	?	5	desgleichen; Löschzeit etwa 9 s bei Pulsfolge 200 Hz, Pulsdauer etwa 10 μs
RCA C 73959	desgleichen	75	5 000	0,75	13,3	9,5	etwa 2150 (Sättigung) gelbgrün (P 20)	110 (1000 bei halber Sättigung auf 9,5 cm Bildhöhe)	?	20	Daten sind vorläufige, da noch in Entwicklung
Hughes Aircraft Tonotron 7033	magnetisch / elektrostatisch	2500	4 000 bis 8 000	0,5	13,4	10	etwa 18 000 gelbgrün (P 20)	65	125	5	—
Desgleichen 21″-Tonotron H 1020	magnetisch / magnetisch	1000	10 000	?	52	44,6	etwa 2150 gelbgrün (P 20)	(475 auf volle Bildhöhe 44,6 cm)	300	?	—

(gewöhnlich Phosphor P 20 der amerikanischen Normalisierung). Durch die, wenn auch sehr dünne, Aluminiumhaut entsteht naturgemäß ein fühlbarer Absorptionsverlust an kinetischer Energie der lichterregenden Elektronen; die Sättigungsleuchtdichte wächst etwa quadratisch mit der Spannungsdifferenz, die die Leseelektronen bis zum Schirm durchlaufen haben. Bei $U_a = 8000$ bis 10000 V werden aber, wie die Tab. 1 zeigt, sehr beträchtliche Leuchtdichten erzielt.

Hinsichtlich Schreibgeschwindigkeit, Halbtonwiedergabe (vgl. Abb. XIII.12a), Auflösung und Löschzeit gibt Tab. 1 ebenfalls Auskunft. Einige dieser Daten müssen mit Rücksicht auf die ständige Weiterentwicklung derartiger Röhren als vorläufig betrachtet werden.

Das Löschen erfolgt entweder durch einen einzigen positiven Spannungsimpuls („Single Pulse Erasure"), der die Flutelektronen zwingt, auf der Speicherschicht zu landen und auf ihr einen homogenen Ladungsgrundzustand herzustellen, oder man benutzt dazu eine periodische Folge kurzer Spannungsstöße, die mit einer dem Verwendungszweck der Röhre angepaßten Frequenz dem Speichergitter zugeführt werden („Continuous Erasure"). Das zweite Verfahren gestattet, die Lebensdauer einer Speicherkonfiguration willkürlich zu begrenzen und den Abklingverlauf des Lesesignals zu steuern, doch kann man durch Pulshöhe, Pulsfrequenz und Tastverhältnis auch die Beständigkeit des Kontrastes und das Flimmern günstig beeinflussen. Bedeutet P die Nachleuchtdauer in Sekunden an den hellsten Stellen des Bildes, f_p die Pulsfrequenz, T_p die Pulsdauer in Sekunden und L_s die Mindestlöschzeit in Sekunden im Falle der Verwendung eines Dauerimpulses gleicher Amplitude wie bei dem periodischen Vorgang, so gilt nach dem Prospekt des Tonotrons 7033 folgende Beziehung:

$$P = \frac{L_s}{f_p T_p}.$$

Erfahrungsgemäß läßt sich mit dreieckigen oder sägezahnförmigen Impulsen ein gleichmäßiges Löschen für alle Halbtonwerte unabhängig von der Leuchtdichte, d. h. vom Aufladungsgrade des Speichergitters, erzielen [*22*].

Aus der Tab. 1 ergibt sich, daß abgesehen von der RCA-Röhre C 73959 die Auflösung der Sichtspeicherröhren für Fernsehen noch unzureichend ist. Jedoch hat die C 73959 andere Mängel, z. B. zu geringe Schreibgeschwindigkeit. Angenommen, daß 625 · 600 Bildpunkte auf der Speicherschicht für gute Auflösbarkeit nicht mehr als 50 mm Zeilenlänge erfordern, würde bei 625 Zeilen und 25 Bildern/s unter Einbezug der Rückläufe eine Schreibgeschwindigkeit von über 800 m/s notwendig sein. Die Röhrentypen, die dies leisten, sind aber durchweg hinsichtlich Auflösung, Halbtonskala und Löschzeit für die Ansprüche des Rundfunkfernsehens, im Gegensatz zum hoffnungsvolleren Stande gewisser unter 2a.VII und 2b.I behandelter Zwischenspeicherröhren, noch unzulänglich.

Immerhin stellt das Tonotron H 1020 (Abb. XIII.13) durch die erzielte Bildgröße (vgl. Tab. 1) und durch die Auflösung von 475 Zeilen ($>{}^2/_3$ von 625) einen Fortschritt dar, der seine Anwendung als Sichtspeicherröhre für industrielles Fernsehen, Slow Scan-Fernsehen, pantographische Bildschrift und ähnliche Zwecke interessant macht, ganz abgesehen von seiner Bedeutung für die Radartechnik. Mit diesen Anwendungen ist die Löschzeit von 300 ms (die aber vielleicht erheblich verkürzt werden kann) verträglich. Die Anforderungen, die diesbezüglich für die Sichtspeicherung eines normalen Rundfunkfernsehbildes gestellt werden müßten, sind durch die Bedingung Löschgeschwindigkeit = Schreibgeschwindigkeit gegeben. Eine Speicherdauer von $^1/_{25}$ s, also für einmalige Ablesung, genügt, wenn jedes Einzelbild voll übertragen wird und seine Einspeicherung das Weiterleuchten jedes Bildpunktes dann nur für die Dauer des Einzelbildes bezweckt. Gegenüber dem hochentwickelten Stande der heutigen Bildempfangsröhren in der herkömmlichen Betriebsweise wäre aber ein solches Bemühen nur sinnvoll, wenn dadurch die Komplikation des Zeilensprunges, bei absoluter Flimmerfreiheit, vermieden, der lichttechnische Nutzeffekt des Schirmleuchtens (z. B. auch für Projektionszwecke) vergrößert und womöglich sogar eine Verminderung der Bildwechselzahl auf $n = 16^2/_3 \cdots 20\,s^{-1}$ erreicht werden könnte, die sinngemäß zu entsprechender Herabsetzung der zu übertragenden Frequenzbandbreite führen würde.

Der Versuch liegt nahe, dem einzelnen Isolatorelement eine passend dosierte Zeitkonstante der spontanen Ableitung seiner Aufladung zu verleihen; jedoch

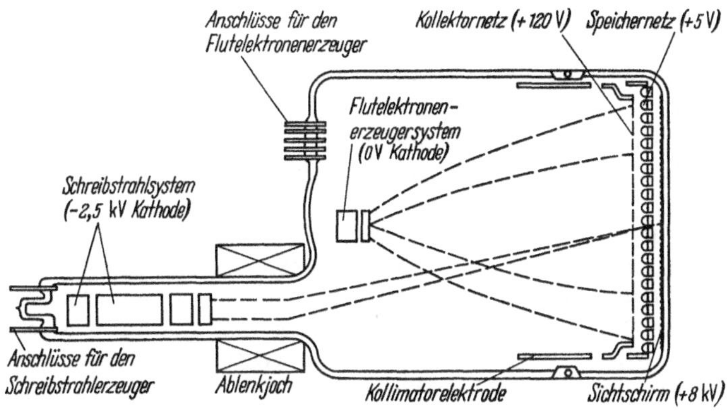

Abb. XIII.13. Schnitt durch das Tonotron der Hughes Aircraft Co. für Speicherung von Halbtönen. Prinzip wie in Abb. XIII.11.

würde der exponentielle Verlauf einer solchen Abklingkurve den Zeilensprung nicht entbehrlich machen. Das Beispiel des Eidophors (vgl. Teilband 1, Kap. X, S. 691 bis 696) macht dies klar: Der Ölfilm dieses Sichtspeichers besitzt eine so bemessene Leitfähigkeit, daß die elektrostatisch erzeugte Deformation der Oberfläche während $^1/_{25}$ s nach einer sehr günstigen Funktion zurückgeht. Der Speichereffekt, der bei den heutigen Kathodenstrahlbildröhren mit kurz nachleuchtendem Schirm höchstens 10% ausmacht, erreicht bei der Eidophorschicht 65% [*23*]. Trotzdem erlaubt der Kurvenlauf der Aufhellungsfunktion beim Eidophorsystem nicht die Preisgabe des Zeilensprunges, weil der einzelne Bildpunkt immer noch mit einer merklichen Restmodulation der Frequenz 25 Hz behaftet bleibt und daher das Bild flimmern würde. Bei den im Gegensatz zum viskosen Ölfilm festen, nicht deformierbaren Isolatorschichten kann es sich nur darum handeln, entweder durch den Schreibstrahl selbst binnen der Übergangszeit über das einzelne Bildelement die volle Umladung desselben auf das neue Einstellpotential nach 2a.IVc (Modulationsgitter) zu erzielen oder für diesen Prozeß einen sehr schnell löschenden Hilfsstrahl nach 2a.IVg (bzw. auf ähnliche Art) einzuführen, was freilich für Fernseh-Heimempfänger eine beträchtliche Komplikation der Röhre bedeutet. Trotzdem sind Lösungsversuche nach dem zweiten Verfahren im Gange, deren Ergebnis abgewartet werden muß.

3. Programmspeicherung mittels Sichtspeicherverfahren.

Vom Wesen der in Kap. IV (S. 156ff.) behandelten Konservierung von Fernsehprogrammen auf Magnetband oder photographischem Film unterscheidet sich die elektrostatische Programmspeicherung vor allem dadurch, daß sie eine unmittelbar nach dem Schreibvorgang greifbare optische Reproduktion des bildlichen Geschehens liefert. Während das vom Magnetband abgelesene Videosignal erst wieder in einem Monitor- oder Heimempfänger in ein Bild umgesetzt werden kann und andererseits der photographische Film erhebliche Zeit für Entwickeln und Fixieren benötigt, hat das elektrostatische Verfahren den Vorzug der direkten Bildfixierung und praktisch sofortigen Lesbarkeit in Gestalt einer Steuerung elementarer Lichtströme, hervorgebracht von einer auf transparentem Trägerband aufgeschriebenen elektrischen Ladungsverteilung durch plastische Oberflächendeformation oder Adhäsion mikroskopischer Staubpartikel (Xerographie).

Infolge der hierbei sehr geringen Zeitdifferenz zwischen dem Schreiben des Ladungsbildes und dem Sichtbarwerden des optischen Bildes ist auch eine sozusagen mit dem Sendevorgang „gleichzeitige“ Darbietung desselben als laufend empfangenes Projektionsgroßbild mit Kinoschirmleuchtdichte vom Trägerband aus möglich. Die Verzögerung kann weniger als 1 s betragen, so daß die Übertragung an Aktualität nichts einbüßt. Für die akustische Begleitung kann die gleiche Verzögerung mittels Tonbandaufnahme und -wiedergabe bei entsprechendem Abstand zwischen Schreib- und Lesekopf leicht erreicht werden.

Ein solches Verfahren arbeitet, sofern der Bildträger voll regenerierbar ist, ohne fortlaufenden Materialverbrauch, weil es sich nicht um die Dauerspeicherung eines ganzen Fernsehprogramms, sondern um sofortige, nur einmalige Darbietung des optischen Geschehens handelt: Man schreibt eine Anzahl aufeinanderfolgender, vom Videosignal erzeugter Bilder als Ladungsverteilung auf eine durchsichtige, in geschlossenem Kreislauf bewegte Bandschleife, deren Antriebsgeschwindigkeit durch die Geschwindigkeit der Vertikalzerlegung gegeben ist und synchron zu dieser geregelt wird. Die Zeilen stehen quer zur Transportrichtung des Bandes. Unmittelbar nach der Beschriftung folgt, Bild für Bild, die Entwicklung desselben nach einem der in den nächsten Abschnitten erläuterten Verfahren und gleich anschließend die Projektion. Diese muß, wie beim Eidophorsystem (Teilband 1, Kap. X, S. 691 bis 696), mit einer Schlierenoptik erfolgen, wenn die Oberflächendeformation einer thermoplastischen Schicht ausgenutzt wird. Im Falle der xerographischen Bestäubung genügt eine gewöhnliche Kinooptik mit Maltheserkreuzgetriebe. Eine Durchhangstrecke des Bandes dient zum Auffangen des Gangunterschiedes vom kontinuierlichen Transport zur Schrittbewegung, zwischen Schreib- und Projektionszone. Aus letzterer gelangt die Schleife in eine Regeneriervorrichtung, wo die Oberfläche durch Erwärmen geglättet bzw. der Staubniederschlag abgesaugt wird; von hier kehrt die Schleife in die Beschriftungszone zurück usw.

Nach diesem Verfahren ist es grundsätzlich auch möglich, Farbfernsehbilder in Großformat wiederzugeben, und zwar sowohl nach der Deformations- wie nach der Bestäubungsmethode, jedoch sind die dahingehenden Entwicklungen nicht abgeschlossen [*24, 6*].

Für die Dauerspeicherung von Fernsehprogrammen oder -reportagen muß der Zustand, den der Bildträger nach der Beschriftung annimmt, in bleibender Form „fixiert“ werden. Beim Schreiben auf thermoplastischen Folien geschieht dies durch sofortige rasche Abkühlung der bei Erwärmung deformierten Oberflächenschicht bis zur Erstarrung des Reliefs, während bei der xerographischen Bildspeicherung das Bestäubungspulver z. B. durch Aufbringen eines Lackes gebunden wird. Diese Verfahren sind Teilaufgaben bei der im folgenden Abschnitt gegebenen *vollständigen* Darstellung der Schreib- und Lesemethoden, die sich für die Programmspeicherung in fortgeschrittenen Entwicklungsstadien befinden und geeignet erscheinen, mit der magnetischen wie auch mit der filmphotographischen Aufzeichnung fallweise ernstlich in Wettbewerb zu treten.

3a. Thermoplastische Programmaufzeichnung (TPR).

Die elektrostatischen Speicherverfahren für die Aufzeichnung von Bildreihen auf beliebig langen bandförmigen Trägern, die wie beim Film ab- und aufwickelbar sind, beruhen auf der Erzeugung von isolierten Ladungspunkten oder -inseln auf nichtleitendem Material, deren Feld sich an nahen beweglichen Materieteilchen in mechanischen Schubkräften (Deformationen) oder durch Coulombsche Anziehungskraft bei entsprechendem Vorzeichenunterschied auswirkt. Die erstgenannte Wirkung tritt bei flüssigen oder plastisch-viskosen Isolierstoffen als Folge von elektrischer Polarisation und Dipolbildung auf. Sie kommt beispielsweise in einem dünnen, fließend weichen Nichtleiterfilm auf leitender Unterlage dadurch zustande, daß jener die entgegengesetzte Ladung trägt wie diese, an deren Oberfläche die gleiche Ladungsmenge des anderen Vorzeichens durch Influenz festgehalten wird. Die gegenseitige Anziehung beider Ladungen bewirkt an deren Sitz durch Mitführen der beweglichen Materie eine Kontraktion der Schicht, die von Hinausdrängen (Aufwölben) der Masse zu den ungeladenen Stellen hin begleitet ist. Dies geht so weit, bis die mechanische Rückstellkraft, die wieder eine ebene Oberfläche herzustellen sucht, mit der elektrischen Kontraktionskraft im Gleichgewicht ist. Das Phänomen ist vom Eidophor-Fernsehprojektor her bekannt (vgl. Teilband 1, Kap. X, S. 691 bis 696). Läßt sich der Deformationszustand gewissermaßen „einfrieren", bevor die Ladungen sich ausgeglichen haben oder infolge einer Restleitfähigkeit abgeflossen sind, die Oberfläche der Speicherschicht also wieder glatt geworden ist, so bleibt die aus ihrer Aufrauhung resultierende, in einer Schlierenoptik zur Helligkeitssteuerung ausnutzbare Beugungsstruktur als ein bildgetreuer Abdruck des Originals erhalten. Sehr geeignet sind für dieses Verfahren gewisse thermoplastische Kunststoffe. Daher die Bezeichnung „Thermoplastic Recording" (TPR).

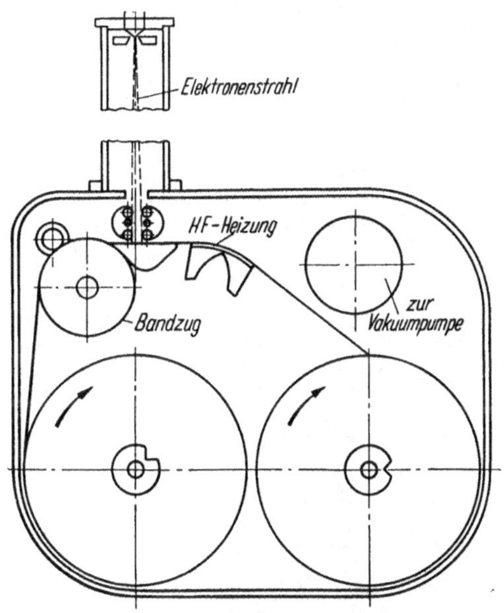

Abb. XIII.14. Elektrostatisches Programmspeichergerat fur „Thermoplastic Recording" [24]. Der Bildträgerfilm läuft im Hochvakuum, das durch eine Pumpe aufrechterhalten wird. Lesen mittels Licht in Beugungsoptik.

Nach W. Glenn (General Electric Co., USA) [24] schreibt der vom Videosignal modulierte Elektronenstrahl in einer Hochvakuumapparatur, s. Abbildung XIII.14, quer zur Transportrichtung des durchsichtigen Trägerbandes das Ladungsbild in Zeilen auf einer thermoplastischen Deckschicht, unter der sich eine ebenfalls transparente, leitende Zwischenschicht befindet. Diese wird sofort nach der Beschriftung durch Hochfrequenzheizung (dielektrische Verlustwärme) während 0,01 s auf eine Temperatur gebracht, bei der die thermoplastische Deckschicht fließt; die Dipolkräfte wirken sich in der gewünschten Deformation der Oberfläche aus, und es wird anschließend das gebildete Relief durch Kühlen und Festwerden der Masse konserviert. Dadurch, daß der Elektronenstrahl in sich aufgesplittert ist, Abb. XIII.15, kommt eine Gitterstruktur zustande, deren Gitterkonstante zum Zwecke der Wiedergabe von Farbtönen durch ein statisches

Feld mit Zylinderlinsenwirkung gesteuert werden kann (s. weiter unten). Zur Rückgewinnung des Videosignals kann das Trägerband z. B. einen Lichtstrahlabtaster durchlaufen. Die den einzelnen Bildpunkten entsprechenden elementaren Zonen der Beugung bewirken dann in der Zeitfolge ihrer Abtastung eine Lichtmodulation durch Abbeugung der Strahlen vor einem Schirm. Diese Schwankung des umgelenkten Lichtstromes läßt sich durch eine Photozelle in den elektrischen Signalzug umwandeln.

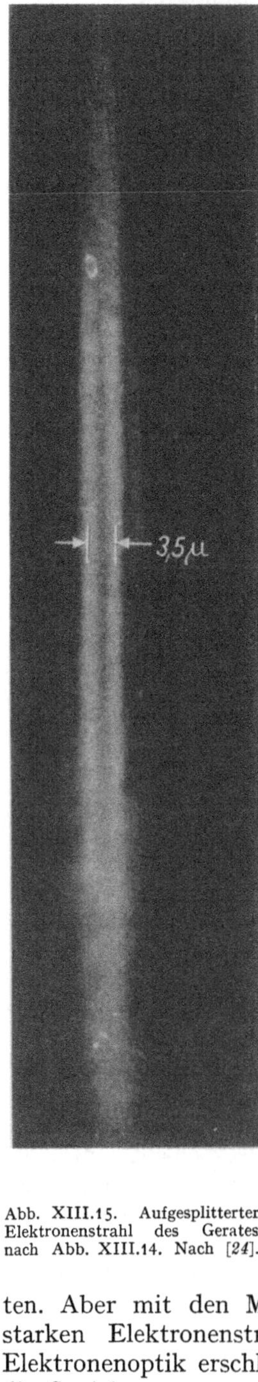

Abb. XIII.15. Aufgesplitterter Elektronenstrahl des Gerates nach Abb. XIII.14. Nach [24].

Um nach dem TPR-Verfahren farbige Fernsehbilder zu speichern und zu übertragen, werden mittels einer besonderen, hochfrequent-periodischen Modulation der Ablenkgeschwindigkeit des schreibenden Elektronenstrahls zwei oder drei einander überlagerte Beugungsgitter verschiedener optischer Konstante hergestellt. In Verbindung mit passend abgestuften Barrensystemen (s. Eidophor) können auf diese Weise alle realisierbaren Farbtöne aus einem Rotanteil konstanter spektraler Zusammensetzung und einem im Mischungsverhältnis steuerbaren Grün-Blau-Anteil additiv erzeugt werden. Diese Anwendung des thermoplastischen Schreibverfahrens steht noch in den Anfängen ihrer Entwicklung, erscheint aber als sehr aussichtsreich.

Ein Vorzug des beschriebenen TPR-Systems ist die leichte Regenerierbarkeit des Bildträgerbandes, das immer wieder verwendet werden kann. Durch kurz dauerndes Erwärmen auf die Fließtemperatur der thermoplastischen Deckschicht wird deren oberflächliches Relief eingeebnet. (Über die Anwendung zur Sofortwiedergabe von Fernsehbildern in Großformat s. weiter vorn unter 3.)

3b. Elektronenstrahlxerographie.

Ein zweiter gangbarer Weg ist die xerographische Ladungsbildschrift, erzeugt durch Aufstäuben von isolierenden, mikroskopisch feinen Pulverteilchen, die an den Ladungsinseln durch die elektrostatische Adhäsionskraft festgehalten werden und sich in diesem Zustande durch chemische Mittel „fixieren" lassen. Dieses Prinzip ist frühzeitig von P. Selenyi [*25*] zum Zwecke der speichernden Oszillographie und der telegraphischen Bildübertragung entwickelt worden. An die hier interessierende Nutzbarmachung seines Verfahrens für die Fernsehprogrammspeicherung war seinerzeit trotz gelungener tastender Experimente nicht ernstlich zu denken, weil bei den notwendigerweise beschränkten Bildformaten auf dem Speicherband weder die Auflösung noch die binnen 0,1 µs erhältlichen Aufladungen genügten. Aber mit den Möglichkeiten, die seither für die Erzeugung von stromstarken Elektronenstrahlen minimaler Querschnitte durch die geometrische Elektronenoptik erschlossen worden sind, hat die Adhäsionsmethode auch für die Speicherung von Fernsehbildern der heutigen Zeilenzahlen Bedeutung erlangt. Die erforderlichen Werte der Schreibgeschwindigkeit und Bildschärfe sind erreicht, und für die Übertragung von Halbtönen sind befriedigende Lösungen in Ausarbeitung begriffen [*6*]. Vorzüge dieser Methode gegenüber TPR sind das sofortige direkte Sichtbarwerden eines schwarz-weißen Bildes auf dem Träger (Monitorkontrolle) und die bequemere Möglichkeit, das Bestäubungsbild durch einen Lichtstrahlabtaster auf einfachste Weise in das Videosignal zurückzuverwandeln. Mechanische Mängel der Oberfläche des Trägers (Kratzer, Unebenheiten) sind weit weniger störend als bei TPR.

Wie bei TPR ist auch bei dem vorstehend erläuterten Verfahren der Transport des zu beschriftenden Bildträgers durch das Vakuum nicht unvermeidbar. Grundsätzlich kann mit Hilfe eines spaltförmigen LENARD-Fensters der Elektronenstrahl in die freie Luft hineingeschossen werden und dort das am Austrittsspalt vorbeigeführte Trägerband aufladen. Jedoch ist das Arbeiten mit einem LENARD-Fenster schwierig und bei industriellen Anlagen noch nicht in vollkommener Weise gelöst, so daß man bisher vorzog, die Beschriftung — und bei TPR auch die anschließende Behandlung — im Hochvakuum vorzunehmen. Der Bildträger kann hierfür durch Druckstufenschleusen ein- und ausgeführt werden; das ist eine heute gangbare Technik.

Eine dritte grundsätzliche Möglichkeit der Ladungsspeicherung von Fernsehprogrammen beruht auf dem Electrofaxverfahren der RCA [*26*] bis [*28*], einer Art von Trockenphotographie, die sich ebenfalls der xerographischen Methode bedient und direkt Positive liefert. Das aufzunehmende oder zu reproduzierende Bild wird auf den Träger des Abbildes, bestehend aus ganz schwach leitendem Papier mit einer Deckschicht von in isolierender Bindemasse fein verteiltem Zinkoxyd, projiziert. Zuvor ist diese Schicht im Dunklen durch Coronaeffekt einer Gleichspannungsquelle (Drahtharfe) von etwa 6000 V stark negativ gegen Erdpotential (geerdete Auflageplatte) geladen worden. Das Zinkoxyd wirkt an Luft als Photohalbleiter. An den belichteten Stellen fließt daher die Ladung durch das Papier zur Erde ab, an den unbelichteten bleibt sie erhalten. Um die so resultierende Ladungsverteilung in ein sichtbares Bild überzuführen, wird die elektrostatische Anziehung von mikroskopisch kleinen geschwärzten Harzkügelchen („Toner") benutzt, die sich in Mischung mit Eisenpulver reibungselektrisch positiv laden, während das Eisen negativ wird. Die Auftragung auf dem Electrofaxpapier erfolgt mittels magnetischen „Pinsels", eines Stabmagneten, an dem das Gemisch von Eisen und Toner als „Bart" hängenbleibt. Bestreicht man mit diesem die belichtete Fläche nach der Exposition, so überwiegt dort, wo noch Ladung sitzt, deren Anziehungskraft: es gehen positive Tonerteilchen auf das Electrofaxpapier über und schwärzen es. Wo dieses keine Ladung mehr trägt, wird der Toner (+) von dem Eisenpulver (—) wieder fortgenommen.

Das Electrofaxverfahren hat bereits hohe Vollkommenheit erreicht und liefert Bilder von überraschender Schärfe selbst auf kleinen Flächen, z. B. eine 1000 Fernsehzeilen entsprechende Qualität auf $2{,}5 \times 3$ cm. Es lag daher nahe, zu untersuchen, ob dieses Verfahren sich zur Speicherung von Fernsehprogrammen auf Electrofaxpapierband eignet. Zu diesem Zweck mußte das Videosignal zunächst auf dem Leuchtschirm einer Elektronenstrahlröhre in ein Lichtbild übergeführt werden, das auf das vorher aufgeladene Speicherband einwirkt. Es zeigte sich, daß die für den einzelnen Bildpunkt, also binnen 0,1 μs, erforderliche Lichtmenge nur mittels einer Spezialkonstruktion der BRAUNschen Röhre gewonnen werden kann [*28*]: Der Leuchtschirmträger ist eine sehr dünne Glas- oder Glimmerfolie und bedeckt einen schmalen Spalt in der Wand der Röhre, dessen Länge der Zeilenlänge entspricht (Abb. XIII.16). Entlang diesem Spalt wird der vom Videosignal modulierte Elektronenstrahl zeilenfrequent abgelenkt; der

Transport des Electrofaxpapierbandes erfolgt rechtwinklig dazu und erzeugt das Zeilenraster. Hierbei schleift das Band an der Außenfläche des Leuchtschirmes, ist also von diesem nur um die Dicke der Folie, die den Phosphor trägt, d. h. $\sim 75\,\mu$ bei Glimmer, entfernt. Eine solche Anordnung mit direktem optischem Kontakt besitzt eine hohe Apertur im Vergleich zu einer Projektionsoptik mit abbildendem Objektiv; Abb. XIII.16b. Das Verhältnis der Nutzwinkel betrug

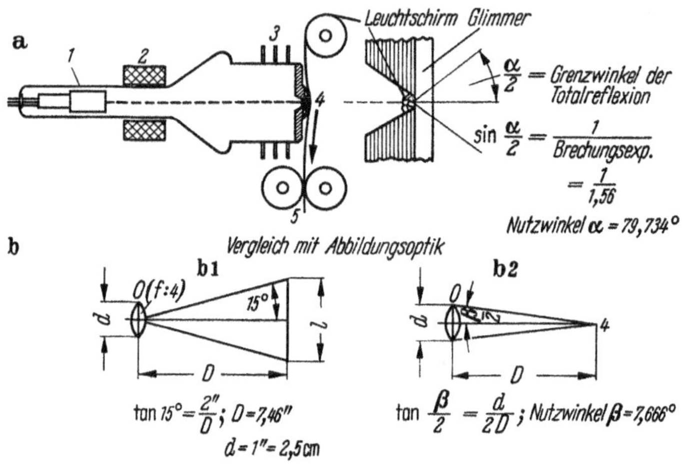

Abb. XIII.16a u. b. Prinzip der „Thin Window"-Elektronenstrahlröhre nach [28].
a) *1* Elektronenstrahlerzeuger, *2* Fokussier- und Ablenksystem, *3* Kuhlrippen, *4* spaltförmiges Leuchtschirmfenster, *5* Papiertransport; rechts vergrößerter Ausschnitt der Fensterzone. Nutzwinkel α hierbei 79,734°.
b) Veranschaulichung des beschrankten Nutzwinkels bei optischer Projektion; 1 Zeilenlange = 4″, *d* Durchmesser des Objektivs O (f: 4), *D* Abstand Objektiv–Leuchtzeile 4; β = 7,666°.

bei einer phototelegraphischen Versuchsausführung 79, 734°/7,666° = 10,4, d. h. die für die Belichtung des Electrofaxpapiers verfügbare Lichtmenge war auf das 108fache vergrößert.

Außer der Anwendung des vorstehend beschriebenen Gerätes für Faksimileübertragung wird auch diejenige zur Registrierung von Fernsehprogrammen in Betracht gezogen. Mit 44000 Zoll/s = 1100 m/s genügt die erzielbare Schreibgeschwindigkeit den hier zu stellenden Anforderungen reichlich, aber die Strahlstromstärke müßte dabei Werte haben, die selbst bei bester Kühlung des Schirmes keine befriedigende Lebensdauer der stets in der gleichen Zeilenbahn beaufschlagten Leuchtphosphorschicht erhoffen lassen. Es bleibt abzuwarten, ob die Technik dieser Schwierigkeit, z. B. durch Verbesserung der Empfindlichkeit des Electrofax-Bildträgers, Herr wird.

4. Bildschirme in Zellenaufbau; Elektrolumineszenzspeicher.

Der oft als ein Endziel der Fernsehempfangstechnik bezeichnete flache Wandschirm, auf dem das Bild durch ein dichtes Mosaik von trägheitslos steuerbaren Leuchtzellen dargestellt wird, ist durch frühe Bemühungen von A. Karolus [*29*], J. L. Baird [*30*] u. a. bekannt geworden. Seine Verwirklichung, nicht als Großbild für Sonderzwecke, sondern zum Gebrauch im Heim als Nachfolger des Empfängers mit Braunscher Röhre, begegnet bei den heutigen Anforderungen an die Bildschärfe, den Kontrastumfang, die Gradation und die Freiheit von störenden Nachzieherscheinungen immer noch so erheblichen physikalischen und technischen Schwierigkeiten, daß selbst vom derzeitigen Stande ausgehend mit lang dauernder Entwicklungsarbeit gerechnet werden muß. Die heikelste Problematik läge hierbei in der synchronen und nebensprechfreien Umschaltung des Videosignals auf einige 100000 einzelne, mit den Leuchtzellen besetzte Flächenelemente, deren Zahl in Zukunft vermutlich noch steigen würde.

Bei derartigen Stückzahlen zusammenzubauender und zu justierender „Mosaiksteine" muß die wirtschaftliche Herstellbarkeit solcher Vorrichtungen selbst im Zeitalter der gedruckten Schaltungen bezweifelt werden. Hinzu kommt, daß nicht selten mit dem gedanklichen Entwurf des Wandschirm-Heimempfängers, unter Nichtbeachtung der Wahrnehmungsgesetze (Sehschärfe, Auflösung, Bildwinkel), die Forderung nach wesentlich größeren Schirmflächen einhergeht, als sie die heutige Bildröhre zuläßt. Bei unveränderter Zeilenzahl müßte ja der Betrachtungsabstand proportional der Bildhöhe wachsen, wenn der optimale Verschmelzungseindruck des Rasters gewahrt bleiben soll. Damit wäre also nichts gewonnen. Besagte Forderung hätte nur Sinn bei gleichzeitiger Erhöhung von Zeilenzahl und Bildpunktschärfe. Dies würde jedoch eine Verbreiterung des genormten Frequenzbandes mit sich bringen, für die im Wellenbereich des Fernsehens kein Raum mehr vorhanden ist. Und die ebenso zwangsläufige Vermehrung der Anzahl leuchtender Flächenelemente auf dem vergrößerten Schirm verringert die wirtschaftlichen Aussichten einer solchen Entwicklungsrichtung noch mehr, wenn man sich die erwähnte Problematik der kommutativen Verteilung des Steuersignals vergegenwärtigt.

Wie gesagt, gelten diese Bedenken der Anwendung von Zellentafeln im Heimempfang des Rundfunkfernsehens. Handelt es sich dagegen um Spezialausführungen, etwa für geschlossene Fernsehsysteme, und hat die Kostenfrage nur sekundäre Bedeutung, so erscheint die Fortsetzung der nachstehend beschriebenen Bemühungen durchaus als angebracht, zumal jedes Zugeständnis hinsichtlich des Aufwandes die Erzielung einer tragbaren Lösung näherrückt.

Seit mehreren Jahren sind nun Versuche im Gange, den grundsätzlich sehr einfachen Vorgang der *Elektrolumineszenz* (EL) zum Aufbau großflächiger Zellenmosaike zu verwenden. Das Phänomen und gewisse Arten seiner Ausnutzung sind im 1. Teilband, Kap. VI, S. 431/432, beschrieben. In neueren Anordnungen ist jede EL-Zelle mit einem eigenen Impedanzregler gekoppelt, der vom Videosignal jedesmal für die Dauer der Abtastperiode eingestellt wird und während dieser ganzen Zeit einen konstanten lichterregenden Stromfluß durch die EL-Schicht — vorzugsweise kupferaktiviertes Zinksulfid, ZnS[Cu] — aufrechterhält. Sämtliche Paare, gebildet aus Leuchtzelle und Regelwiderstand, liegen an der gemeinsamen Wechselspannungsquelle von einigen 1000 Hz Frequenz; die Zuführung der videofrequenten Einstellimpulse erfolgt über ein Sammelschienen- („Cross Bar"-) System, dessen gekreuzte Leiter der Reihe nach durch elektronische Kommutierung mit Zeilen- bzw. Bildfrequenz auf den Ausgang des Videoverstärkers geschaltet werden. Der Speichereffekt der Impedanzregler kann durch das relativ lange Nachleuchten ($R\,C \approx 0{,}1$ s) der meisten Elektroluminophore, d. h. durch die Abgabe ihrer gespeicherten Lichtsummen, wirksam unterstützt werden. Die mit den beschriebenen Mitteln arbeitenden EL-Schirme liefern mit $50 \cdots 300$ asb voll ausreichende Leuchtdichten; der Wirkungsgrad der im Wechselfeld erregten Phosphore ist stark frequenzabhängig, wächst mit der Frequenz bis zu etwa 20 kHz und fällt dann wieder ab (R. B. Lochinger und M. J. O. Strutt [*31*]).

Wie bereits im 1. Teilband, l. c., ausgeführt, kann die Kommutierung der EL-Zellen im Prinzip am einfachsten durch einen über das Mosaik abtastend bewegten, vom Videosignal modulierten Lichtstrahl bewirkt werden, wenn in Reihe mit jeder Zelle eine Photohalbleiterschicht vorgesehen ist, deren Widerstandsabnahme der Belichtung folgt. Damit dies schnell genug geschieht, ist eine besondere Profilierung des Halbleiterrasters erforderlich [*32*], und die zeitliche Steilheit des Ansprechens der Photoleitung, z. B. in dem meist benutzten Cadmiumsulfid, CdS, wird nach B. KAZAN [*32*] durch eine Schaltung verbessert, bei der an der EL-Schicht die reine Wechselspannung, am Photowiderstand dagegen die in beiden Phasen gleichgerichtete Wechselspannung liegt (Gegenspannungen oder Dioden im Hin- und Rückweg des Stromes). Für die Wiedergabe von Halbtönen muß die optische Rückkopplung von der EL-Zelle auf den Photohalbleiter durch eine dünne lichtabsorbierende Zwischenschicht verhindert werden. Ferner ist der seitlichen Ausbreitung der Zellenströme, die zu rasch wachsender Unschärfe der hellen Bildpunkte führen würde, durch geschickten Aufbau des Zellenverbandes zu begegnen (Anordnungen von B. KAZAN [*33*]).

Abb. XIII.17 zeigt die lichtverstärkende Eigenschaft von EL-Zellen bei spektral günstig zusammengesetzter Einstrahlung. Der erzielte Gewinn reicht aber nicht aus, um die Nachteile einer Zellenumschaltung durch videofrequent moduliertes Abtastlicht wettzumachen. Folgende Mängel bleiben bestehen:

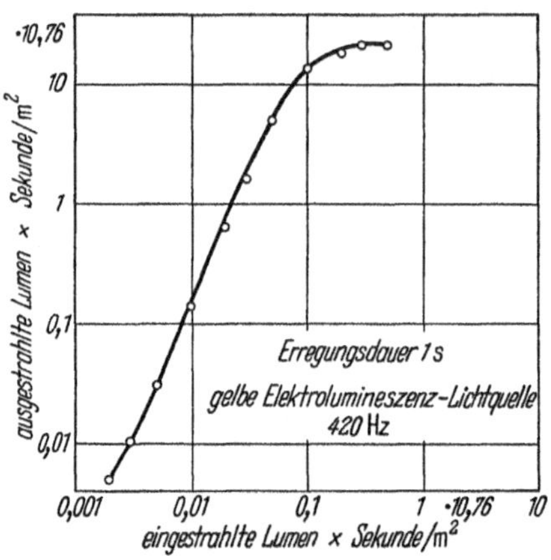

Abb. XIII.17. Verstärkungskennlinie eines Elektrolumineszenzschirmes nach [*32*]. Erregerfrequenz des eingestrahlten gelben Lichtes 420 Hz, Erregungsdauer 1 s. Verstärkung zwischen 10 bis > 100fach.

1. Die Kommutierung der steuernden modulierten Lichtimpulse geschieht mit Fernsehabtastgeschwindigkeit und erfordert daher eine BRAUNsche Röhre, deren in Zeilen- und Bildrichtung abgelenkter Lichtfleck auf die Photowiderstände optisch projiziert wird. Jedes Bildpunktmosaikelement empfängt dabei je Abtastzyklus die dosierende Belichtung nur während 0,1 μs. Diese Zeit reicht trotz der erwähnten Verbesserungen nicht aus, um eine genügende Zunahme der Photoleitung hervorzurufen. Maximale Leuchtdichte und Kontrastumfang bleiben unbefriedigend.

2. Bei diesem Verteilungsmodus kann die je Abtastzyklus von der einzelnen EL-Zelle abgegebene Lichtmenge nur gering sein; sie ist bestimmt durch den An- und Abklingverlauf der Photoleitung gemäß 1. und durch die während dieses Verlaufs von der Leuchtschicht a) momentan und b) nach Aufhören des Stromflusses als Nachleuchten ausgestrahlte Leistung.

3. Die räumliche Anordnung, mit BRAUNscher Röhre und Projektionsoptik, entspricht im Falle des Heimempfängers nicht der Vorstellung eines mit der hinteren Fläche — die hier ja von den zu bestrahlenden Widerstandselementen gebildet würde — der Zimmerwand flach anliegenden Schirmes. Die Projiziereinrichtung bedingt, wenn Komplikationen optischer und elektrischer Art vermieden werden sollen, ungehindertes Auftreffen des Abtaststrahlenbündels auf die Schirmrückseite. Diese Bedingung ist mit der räumlichen Konzeption der Aufgabe nicht vereinbar.

Nur eine Ausführungsform kann in dieser Hinsicht befriedigen: Die Speisung der Flächenelemente des EL-Zellenmosaiks über gekreuzte Sammelschienen, die sich, ebenso wie die den einzelnen Zellen zugeordneten Steuerorgane, ohne viel Raumbedarf auf der rückwärtigen Schirmfläche anbringen lassen. Wir kommen damit auf die weiter vorn beschriebene Verbindung von Leuchtzelle und Impedanzregler zurück; sie allein gewährleistet durch den gut ausnutzbaren Speichereffekt eine ausreichende Leuchtdichte der angegebenen Größenordnung. Daher hat sich auch die Forschung in den letzten Jahren stark auf die Entwicklung solcher Einstellelemente konzentriert. Von ihnen seien zwei Vertreter erwähnt: die ferromagnetischen Transfluxoren und die ferroelektrischen Kondensatoren.

Mit Mitteln der ersten Art haben J. A. RAJCHMAN, G. R. BRIGGS und A. W. LO [34] experimentiert. Das Bildsignal wird durch magnetische Koordinatenschalter über ein Kreuzschienensystem auf die Flächenelemente verteilt. Jedes derselben besteht aus einem Transfluxor, der durch den Videoimpuls auf eine bestimmte Induktanz eingestellt wird, und einer EL-Zelle, deren Erregerstrom durch die vom Transfluxor gesteuerte Ankopplung an die Wechselspannungsquelle während der jeweiligen Abtastperiode konstant geregelt bleibt. Bei Ferrittransfluxoren ist die Einstellung innerhalb 1,5 μs möglich. Jedes Flächenelement strahlt dann während $^{29}/_{30}$ der Abtastperiode mit gleichbleibender Leuchtdichte; $^{1}/_{30}$ dieser Zeit genügt zur Umsteuerung der Induktanz. Ein Mosaik von $40 \times 30 = 1200$ Bildpunkten lieferte bei 12 kHz Erregerfrequenz maximal 43 asb, wobei Halbtöne gut übertragen wurden. Bei höheren Frequenzen wurden bis zu 538 asb erreicht. Als vorteilhaft erwies sich die Einschaltung kleiner Resonanztransformatoren zwischen den Transfluxoren und den kapazitiven EL-Zellen. Man arbeitet dann mit Resonanzabstimmung und -verstimmung der so gebildeten Schwingkreise und erweitert auf diese Weise den Aussteuerbereich der Schirmhelligkeit. Transfluxoren sind verhältnismäßig billig herstellbare Schaltmittel. Über Einzelheiten, insbesondere die magnetischen Koordinatenschalter s. [34].

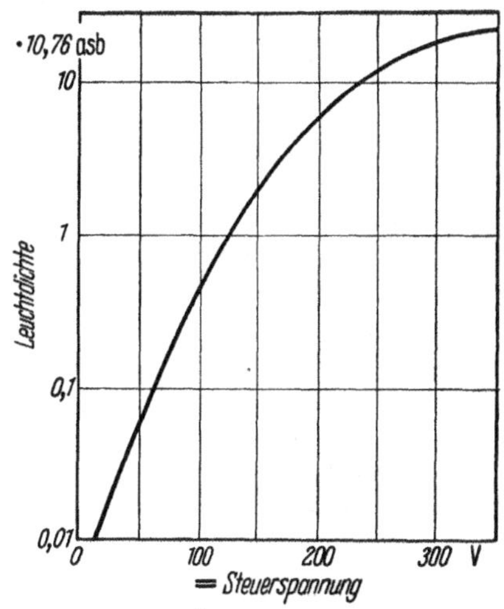

Abb. XIII.18. Steuerkurve der Leuchtdichte einer ELF-Elektrolumineszenz-Zelle nach [35], bei Anlegen einer Gleichspannung an die ferroelektrische Reihenimpedanz. Frequenz der Erregung 10 kHz.

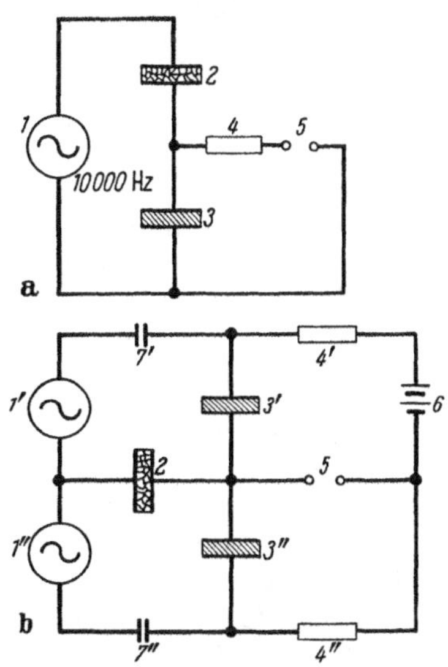

Abb. XIII.19a u. b. Steuerkreise der ELF-Zelle nach [35].

a) Grundschaltung zur Erregung der veränderlichen Emission in Abhängigkeit von der Gleichspannung am ferroelektrischen Reihenkondensator; b) Brückenschaltung mit zwei derartigen Kondensatoren; *1, 1', 1''* Wechselstromquellen; *2* ELF-Leuchtzelle; *3, 3', 3''* ferroelektrische Reihenkondensatoren; *4, 4', 4''* Schutzwiderstände; *5* Steuergleichspannung, *6* Vorspannung, *7', 7''* Blockkondensatoren.

E. A. SACK (Westinghouse Electric Corp.) [35] benutzt für sein „ELF"-System ferroelektrische Kondensatoren als speicherfähige Impedanzregler; ihr Dielektrikum besteht aus Barium–Strontiumtitanat. Bekanntlich hängt der *C*-Wert derartiger Kapazitäten stark von der angelegten Gleichspannung, d. h. von der gespeicherten Ladung, ab, mit deren Zunahme er kleiner wird. Die steuernde Gleichspannung wird vom Videosignal geliefert. Die Einstellzeit beträgt <1 μs. Abb. XIII.18 zeigt die Kennlinie der Leuchtdichte. In der aus Abb. XIII.19a ersichtlichen Schaltung wird die an der EL-

Schicht wirksame, geteilte Wechselspannung (~200 V, 10 kHz) quantitativ moduliert (gute Halbtonwiedergabe); $\Delta U = 200$ V Änderung der Gleichspannung genügen zur Aussteuerung eines Kontrastes 100 : 1. Die Leuchtdichte ist mit maximal 270 asb angegeben. Eine Steigerung des Steuereffektes wird durch die Brückenschaltung nach Abb. XIII.19b erreicht. Sie wirkt durch die Vorspannung *6* so, daß von den beiden ferroelektrischen Kapazitäten *3'*, *3''* die eine zunimmt, wenn die andere abfällt, so daß infolge der Störung des Brückengleichgewichts die Änderung der an der EL-Zelle auftretenden Potentialdifferenz versteilert wird (Kippvorgang). Auch bei diesem System ist Ausnutzung von Resonanzüberhöhung möglich.

Die Einheiten, bestehend aus EL-Zelle, ferroelektrischem Dielektrikum und Zuleitungselektroden, sind einfach durch Aufeinanderschichten herzustellen; Mosaike mit 50 ··· 100 Bildpunkten je Zoll wurden versuchsweise entwickelt und in BRAUNsche Röhren eingebaut, deren Elektronenstrahl durch direkte Aufladung die videofrequent veränderliche Gleichspannung an den ihm zugewandten Belägen der ferroelektrischen Kondensatorschichten aufbaut. Derartige Röhren wären unter den Sichtspeicherröhren einzureihen.

5. Normwandler — Röhrenschaltungen.

Die Bedeutung des Normwandlers für den Zusammenschluß nationaler Fernsehnetze mit unterschiedlichen Zeilenzahlen wird innerhalb des kontinentalen europäisch-asiatischen Bereichs in dem Maße geringer werden, wie die auf einheitliche Normung gerichteten Bestrebungen des CCIR, gefördert durch die technische Vorsorge für das Farbfernsehen, sich durchsetzen. Hingegen bleibt die Forderung, für die künftige transatlantische Fernsehbrücke ein betriebssicheres Zwischenglied zu besitzen, das in beiden Richtungen den Übergang von der einen zur anderen Norm ohne erhebliche Einbuße an Übertragungsgüte ermöglicht, durchaus zeitgemäß; denn in diesem Falle sind auch die Bildwechselzahlen n ungleich, und mit ihrer Vereinheitlichung kann nicht gerechnet werden.

Im europäischen Raume wurde die Entwicklung für die Normenumformung geeigneter speicherfähiger Anordnungen durch die allgemein akzeptierte Festlegung $n = 25\ s^{-1}$ beträchtlich erleichtert; die Änderung betraf nur die Zeilenzahl, und es galt, die dabei auftretenden Störeffekte zu beseitigen. Vom rein technischen Standpunkt aus muß aber selbst dieses Bemühen Dienst an einer verkehrten Sache genannt werden; es wäre sinnvoller gewesen, von vornherein die internationale Einheitsnormung durchzuführen, der wir uns allmählich nähern.

Vorausgeschickt sei ferner, daß die neuzeitlichen Verfahren zur trägheitsfreien Aufzeichnung von Videosignalen auf magnetischen oder elektrostatischen Trägern (vgl. Kap. IV und dieses Kap., Abschnitt 3) auch für die Normwandlung Interesse bieten. Es erscheint im Zuge ihrer Weiterentwicklung durchaus möglich, die Wartezeit zwischen Einspeicherung und Abgriff — mit den geänderten Daten — auf genügend kleine Bruchteile von 1 s zu verringern. Derartige Vorrichtungen würden nach dem Prinzip der umlaufenden Schleife (dieses Kap., 3) arbeiten; der Schreib- und der Lesevorgang wären völlig entkoppelt.

In Anbetracht aller dieser Umstände soll im folgenden die bisherige, im europäischen Fernsehbereich bewährte, aber zweifellos vergängliche Normwandlertechnik nur im grundsätzlichen besprochen werden. Eingehender müssen wir uns im Hinblick auf das kommende transatlantische Fernsehen über Satelliten oder Scatterstrecken mit der Aufgabe befassen, nicht nur die Zeilenzahlen 625 (Europa) und 525 (USA) gegenseitig ineinander überzuführen, sondern auch die Frequenzen des Bildwechsels, $n_1 = 25\ s^{-1}$ bzw. $n_2 = 30\ s^{-1}$.

5a. Normwandler für gleichbleibende Bildwechselzahl $n = 25\,\mathrm{s}^{-1}$.

Die unter 2a, 2b beschriebenen Speicherröhren haben für Normwandler bisher nur geringe Verwendung gefunden. Man hat vielmehr die in Abb. XIII.20 schematisch dargestellte Lösung durch länger bekannte und erprobte Mittel bevorzugt und schrittweise verbessert: Das Videosignal der Zeilenzahl k_1 erzeugt auf dem Schirm einer BRAUNschen Röhre mit langsam abklingendem Leuchtphosphor das entsprechende Bild. Dieses wird durch ein Objektiv auf die photoempfindliche Fläche einer speichernden Kamera-Bildgeberröhre entworfen. Deren Ladungsrelief wird mit k_2 Zeilen abgetastet; dabei entsteht das Videosignal der gewandelten Zeilennorm. Es sind daher sowohl das Nachleuchten des umzusetzenden (k_1-) Rasters als auch die Aufladekapazität der Kameraröhre an der Speicherwirkung beteiligt.

Beide Vorgänge, das „Schreiben“ in der BRAUNschen Röhre und das gleichzeitige „Lesen“ durch die Bildgeberröhre, müssen starr synchronisiert sein. Man muß daher vor allem Störimpulse vom Umsetzer fernhalten, wofür geeignete Amplitudensiebschaltungen entwickelt worden sind [*18*].

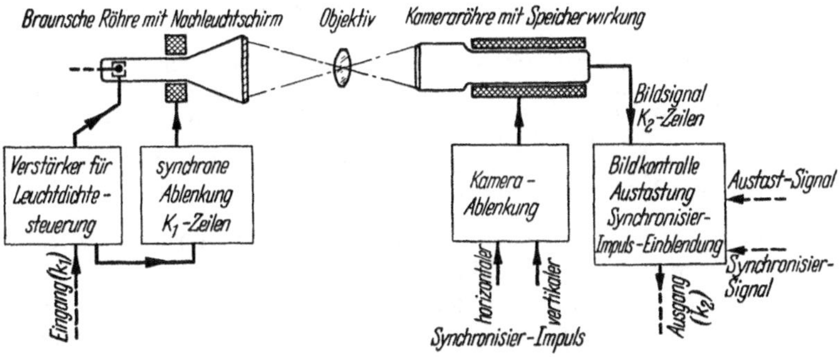

Abb. XIII.20. Prinzip eines Normwandlers mit Nachleuchtröhre, optischer Abbildung des Rasters auf dem Speicherschirm einer speichernden Kameraröhre und Abtastung desselben nach der anderen Norm.

Da in der Kameraröhre ein Bild von k_1 Zeilen gespeichert ist, dieses aber mit $k_2 \neq k_1$ Zeilen abgetastet wird, sind im normgewandelten Bilde horizontale optische Interferenzstreifen zu erwarten, deren Anzahl auf dem Schirm bei einfachem Zeilensprung durch die Differenz $\frac{1}{2}(k_2 - k_1)$ gegeben ist. Sie treten in der Tat auf, wobei aber die Wahrnehmbarkeit der Schwebungsmaxima und -minima stark davon abhängt, wieviel Ladung in den Zeilenlücken des gespeicherten Bildes sitzt. Bei vollkommener Ladungsfreiheit dieser Zwischenräume müßte, ein genügend scharfer Abtastquerschnitt vorausgesetzt, auf der ganzen Bildhöhe die Intensität des abgenommenen Videosignals $\frac{1}{2}(k_2 - k_1)$ mal exakt durch Null gehen. Man hilft der Interferenzstörung durch „Zeilenwobbeln“ ab, indem man dem abtastenden Elektronenstrahl eine geringe, senkrecht zur Zeile gerichtete, periodische Hilfsablenkung erteilt. Ist deren Frequenz hoch genug, so bestreicht der gewobbelte Strahlquerschnitt während seines Durchganges über jeden Bildpunkt eine elementare Zone von etwa doppelter Zeilenbreite. Folglich kann die jeweilige Sollamplitude nirgends erheblich geschmälert werden; die Maxima und Minima der Leuchtdichte gleichen sich durch Mittelung der erfaßten Ladung aus, und bei geschickter Einstellung der Wobbelamplitude werden sie praktisch unauffällig. Naturgemäß bringt dieses Verfahren einen Verlust an Vertikalschärfe mit sich, während die Horizontalschärfe fast unverändert bleibt.

Von großer Wichtigkeit ist ferner die Erhaltung eines Gammawertes nahe bei 1 im Umwandlungsprozeß. Die gekrümmte Steuerkennlinie der BRAUNschen

Röhre ($\gamma = 2 \cdots 2{,}5$) muß durch eine entgegengesetzt gekrümmte Amplitudencharakteristik der Kameraröhre auf $\gamma \cong 1$ entzerrt werden. Als solche diente bei früheren Entwicklungen das Superikonoskop, dessen γ nahe bei 0,5 liegt und daher allein schon gut kompensierend wirkt. Aber weder das Superikonoskop noch das Superorthikon, das später an dessen Stelle trat [*18*], haben voll befriedigt; ersteres liefert ein Abtastsignal, dem sich der Photoeffekt des Leuchtschirmbildes störend überlagert; er ist um so stärker, je rascher dessen Nachleuchten abklingt, je größer daher der Hub der Leuchtdichte beim Schreiben des nächsten Einzelbildes wird. Beim Superorthikon erwiesen sich die im oberen Bereich geknickte Kennlinie, die Begrenzung der Arbeitstemperatur, der zu kleine Rauschabstand sowie die Notwendigkeit absoluter Gleichphasigkeit der Vertikalablenkung in der BRAUNschen Röhre und der Bildgeberröhre als nachteilig. Aus diesen Gründen hat sich in der neueren Entwicklung das *Vidicon* durchgesetzt, trotz der nicht ganz behobenen Nachzieherscheinungen bei bewegten Objekten. Seine wichtigsten Vorteile sind im Vergleich mit dem Superorthikon:

1. Geringere Temperaturabhängigkeit;
2. größerer (+ ~6 dB) Rauschabstand;
3. günstigerer Kennlinienverlauf ($\gamma \cong 0{,}6 \cdots 0{,}7$ in einem weiten Aussteuerungsbereich);
4. besserer Speichereffekt, der die Intensität der Interferenzstreifen abschwächt und die Wobbelamplitude zu reduzieren erlaubt (verbesserte Vertikalschärfe);
5. mindere Empfindlichkeit des Speicherschirmes gegen das „Einbrennen" länger auf ihm stehender, ruhender Bilder;
6. keine Notwendigkeit phasenstarrer Vertikalablenkung in den beiden zusammenarbeitenden Röhren dank der guten Speicherwirkung.

Die Wandlergeräte werden vorzugsweise in Kofferform gebaut, um ihren Transport zum Einsatz an verschiedenen Orten bequemer zu gestalten.

Die BRAUNsche Röhre muß, abgesehen von dem erwünschten langen Nachleuchten, eine möglichst große Zeichenschärfe über die ganze Bildfläche aufweisen. Gute elektronenoptische Durchbildung und Arbeiten mit hoher Anodenspannung sind wesentlich. Bei 5 MHz soll die Modulationstiefe in einem Schwarz-Weiß-Strichraster, das dieser Frequenz entspricht, möglichst noch fast 100% betragen. Die geometrischen Ablenkverzerrungen müssen sehr klein sein. Eine für die Normwandlung von der Fernseh-GmbH. [*18*] entwickelte Röhre (Bmp 10/6) ergibt eine Leuchtdichte von $> 3 \cdot 10^4$ asb bei geringer Körnigkeit ($\Phi_{max} \sim 10\,\mu$) der Phosphorschicht; ihre Anodenspannung ist rd. 28000 V. Bei 5 MHz werden noch 64% der bei 1 MHz gemessenen Modulationstiefe erreicht.

5b. Normwandler für ungleiche Bildwechselzahl ($n_1 \neq n_2$).

Bei Normwandlung mit unverändert bleibendem n fallen die Bildwechsel zeitlich zusammen. Eine während $1/n$ s mit k_1 Zeilen beschriftete Speicherfläche wird in der gleichen Zeit mit k_2 Zeilen abgelesen. Bei Zuhilfenahme des Wobbelns wird daher die je Abtastperiode von der Speicherfläche aufgenommene Ladung während des vollen Bildzyklus auch wieder an allen Flächenelementen quantitativ abgetragen, und es bleibt als einzige potentielle Störungsquelle nur die in 5a besprochene Interferenzerscheinung übrig, die aus der Verschiedenheit von k_1 und k_2 resultieren kann, wenn infolge fehlenden oder unzureichenden Wobbelns sich in regelmäßigen Zeilenabständen noch unverbrauchte Ladung befindet [$\frac{1}{2}(k_1 - k_2)$ Maxima und Minima der Leuchtdichte auf die ganze Rasterhöhe].

Sind aber, bei gleichen oder ungleichen Zeilenzahlen, die Bildwechselzahlen verschieden, z. B. $n_1 = 30\,\text{s}^{-1}$ in USA; $n_2 = 25\,\text{s}^{-1}$ in Europa, so erfolgen Auftragung und Abtragung der Ladung beiderseits ohne Koinzidenz der Abtastperiode, und es tritt ein neues Störphänomen auf. V. K. ZWORYKIN und E. G. RAMBERG [37] haben diesen Fall wohl als erste systematisch untersucht und Möglichkeiten diskutiert, wie die aus $n_1 \neq n_2$ herrührenden Schwierigkeiten überwunden werden können. Die Wichtigkeit dieser Aufgabe wurde im Hinblick auf künftigen direkten Austausch von Fernsehprogrammen zwischen Europa und Amerika bereits betont. Eine neuere Veröffentlichung von A. V. LORD [38] gibt eine klare Übersicht über das Problem und beschreibt die bereits praktisch erprobte Lösung eines universell verwendbaren Normwandlers für die k- und/oder die n-Umformung. Im folgenden sei diese Publikation Grundlage der Betrachtung. Wir fassen dazu irgendeinen Bildpunkt auf der Speicherfläche ins Auge, der beim Betriebe des Wandlers, wie alle übrigen Bildpunkte auch, abwechselnd geschrieben und gelesen wird, jedoch mit der aus $n_1 \neq n_2$ herrührenden Verschiedenheit der Frequenz von Be- und Entladung, wodurch auch die Phasenlage dieser beiden Vorgänge zueinander periodisch schwankt. Abb. XIII.21 erklärt die dabei entstehende Störmodulation. Die Schreibfrequenz ist dort mit f_S, die Lesefrequenz mit f_L bezeichnet. Abb. XIII.21 a veranschaulicht den Fall $f_L > f_S$, d. h. die Lesedauer T_L ist kürzer als die Schreibdauer T_S. In Abbildung XIII.21 b sind die Verhältnisse umgekehrt, $f_L < f_S$, daher $T_L > T_S$. Zur Erläuterung des Geschehens kommen wir auf Abb. XIII.20 zurück und beziehen die in Abb. XIII.21 veranschaulichten Vorgänge auf die BRAUNsche Röhre und die Kameraröhre (Vidicon) des Normwandlers. Das Abklingen der Leuchtdichte B_L des betrachteten Bildpunktes auf dem Schirm der BRAUNschen Röhre sei in Abb. XIII.21 a und b, über mehrere Abtastperioden T_S durch den Kurvenzug S gegeben. Der diesem Verlauf folgende Photoeffekt in der Kameraröhre lädt deren Speicherschirm nach der gleichen Zeitfunktion auf, so daß der über den einzelnen Abschnitten T_S liegende Kurveninhalt auch das Quantum der jeweils gespeicherten Bildpunktladung darstellt. Der von ihr beim Lesevorgang jeweils ausgewertete Anteil ist in der Folge von Abgriffperioden durch den Inhalt der von der

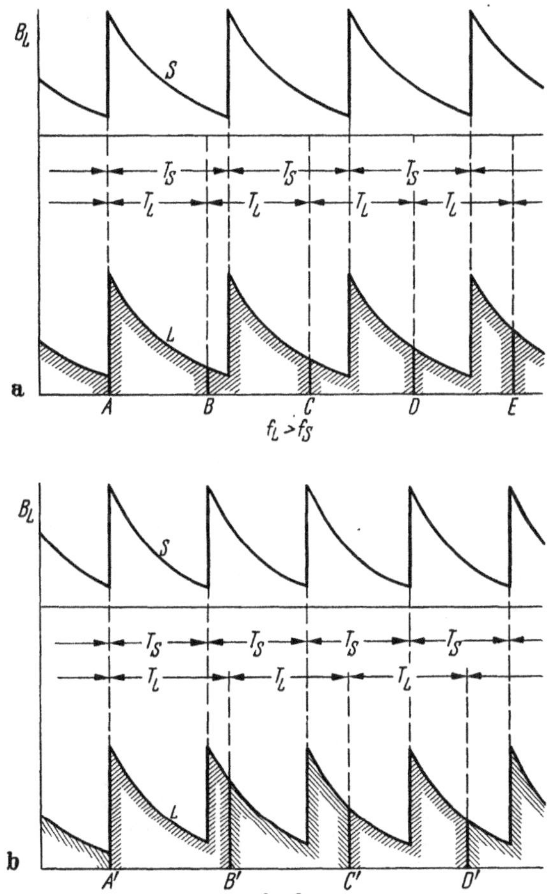

Abb. XIII.21 a u. b. Störmodulation bei Normwandlung mit verschiedener Zahl der Bildwechsel je s:
f_S Schreibfrequenz, f_L Lesefrequenz, T_S, T_L Periodendauern des Schreibens bzw. Lesens, S Verlauf der Leuchtdichte, B_L eines bestimmten Bildpunktes; abgelesene Ladung = Inhalt der schraffierten, ungleichen Flächen L.

L-Kurve über den Zeitlängen $T_L = AB = BC = CD$ bzw. $A'B'$, $B'C'$, $C'D'$ eingeschlossenen schraffierten Flächen definiert. Wie ersichtlich, sind diese Flächenstücke keineswegs untereinander gleich. Wird mit höherer Frequenz gelesen als geschrieben (Abb. XIII.21a), so geht im abgegriffenen Signal ein periodisch schwankender Prozentsatz der verfügbaren Bildpunktladung verloren. Im gegenteiligen Falle (Abb. XIII.21b) überschreitet — gleichermaßen periodisch schwankend — die abgenommene Ladungsmenge die je Schreibzyklus gespeicherte. Das Ergebnis, begleitet von einer Störmodulation, führt zu dem in Abb. XIII.22 dargestellten Effekt: In der Umformrichtung 60/50 Hz wird das gewandelte Signal stärker als bei 50/60 Hz. Das hat sich in der Praxis bestätigt.

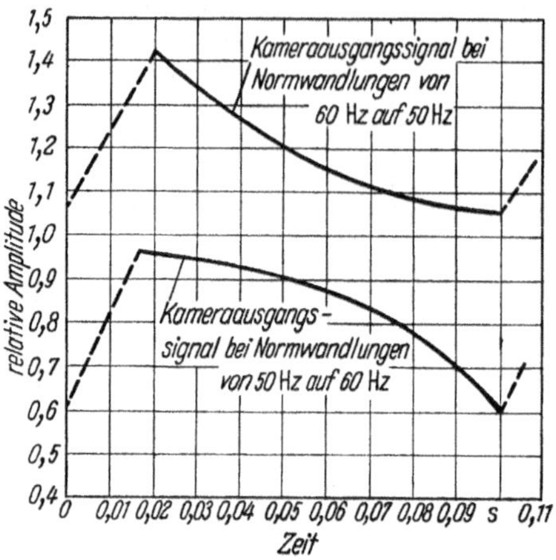

Abb. XIII.22.
Dem Ausgangssignal überlagerte Störfunktion bei der Normwandlung zwischen 50 Hz- und 60 Hz-Fernsehsystemen ($2n_1 = 50\,\mathrm{s}^{-1}$; $2n_2 = 60\,\mathrm{s}^{-1}$). Nach [38].

Zur Kompensation der Störmodulation, die sich als Flimmern äußert, wird in jede Zeilenaustastlücke des Eingangssignals ein etwa 3% der Zeilenperiode breiter Bezugsimpuls konstanter Amplitude eingeblendet. Er erzeugt auf dem Leuchtschirm der BRAUNschen Röhre eine helle Bildkante, deren Leuchtdichte die Schwankung nach Abbildung XIII.22 mitmacht. Hängt von dieser Leuchtdichte die Ausgangsamplitude der Kameraröhre linear ab, so kann von letzterer eine Regelspannung für die Verstärkung des umgenormten Ausgangssignals abgeleitet werden.

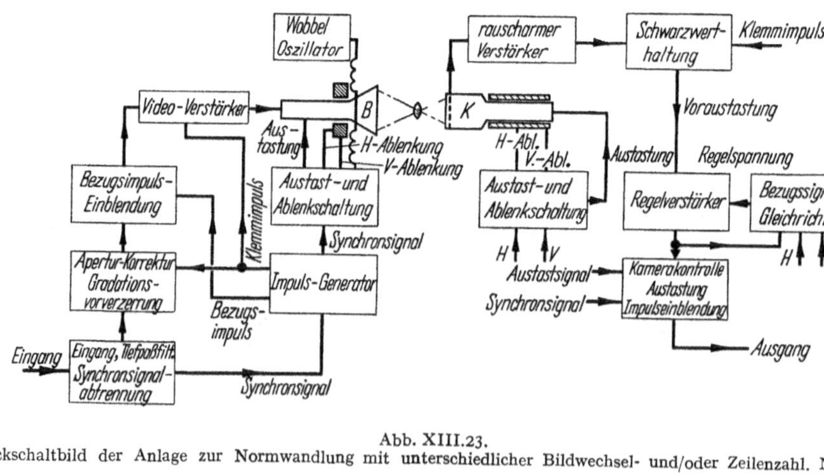

Abb. XIII.23.
Blockschaltbild der Anlage zur Normwandlung mit unterschiedlicher Bildwechsel- und/oder Zeilenzahl. Nach [38].

Abb. XIII.23 ist das Blockschaltbild des beschriebenen Normwandlers. Ein phasenkorrigierter Tiefpaß schneidet aus dem ankommenden BAS-Gemisch alle Signal- und Rauschanteile oberhalb der genormten Bandbreite ab. Es folgen, in üblicher Technik, die Abtrennung der Synchronimpulse für die Zwecke der Einblendung der Bildkante zur Steuerung des Regelgenerators, für Ablenkung und Klemmschaltung; Gamma- und Aperturkorrektur sind ebenfalls vorgesehen. Die

BRAUNsche Röhre arbeitet mit 25 kV Strahlspannung (Punktschärfe), mit Wobbeln (20 kHz) und mit Willemitschirm ($Zn_2SiO_4[Mn]$) bei 7 ms Abklingkonstante des Nachleuchtens und 300 asb Spitzenleuchtdichte. Die Kameraröhre ist vom Orthikontyp und besitzt eine Photoschicht aus Antimon-Trialkalilegierung (Sb, K, Na, Cs). Ihr Ausgangsstrom hängt linear von der gespeicherten Ladung ab. Zur Wiedereinführung der mittleren Helligkeit dient die Klemmschaltung. Vor dem Ausgang liegt die Anordnung zur Verstärkungsregelung des umgenormten Videosignals durch die mitübertragenen Bezugsimpulse. Abb. XIII.24 zeigt die wesentlichsten Elemente dieser Schaltung. Als Ergebnis wird berichtet: Die durch den Quotienten

$$\frac{A_{max} - A_{min}}{A_{max} + A_{min}}$$

bestimmte Intensität des Flimmerns im Ausgangssignal wird von ~30% auf ~1% reduziert. Bei der Umformung 405 Zeilen/50 Hz in 525 Zeilen/60 Hz beträgt die Auflösung: horizontal 420 Zeilen mit ~80% Modulationstiefe und vertikal, infolge Halbierung durch das Wobbeln, ~200 Zeilen. Der Störabstand ist zu 35 dB gemessen (effektive Rauschamplitude gegen die A_{ss} des Videosignals). Das Rauschspektrum steigt nach den höheren Frequenzen etwa dreieckförmig an, die Übertragungskennlinie ist in dem ganzen benötigten Aussteuerbereich linear. Rasche Bewegungen erscheinen ruckartig, jedoch nicht in störendem Ausmaß. Das System wurde durch Übertragung zwischen England und den USA erprobt.

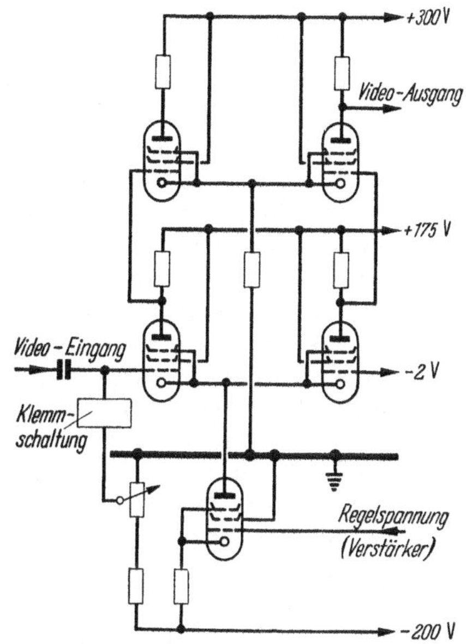

Abb. XIII.24. Regelverstarker fur die Unterdrückung der Störmodulation nach Abb. XIII.21 bei der Normwandlung mit $n_1 \neq n_2$. Nach [38].

Die Normwandlung mittels Zwischenfilms (Photographie des Leuchtschirmbildes der vom Eingangssignal modulierten BRAUNschen Röhre auf Film, dessen anschließende Lichtstrahlabtastung das umgenormte Ausgangssignal liefert, s. auch Teilband 1, Kap. X, S. 685 bis 691) haben ZWORYKIN und RAMBERG [37] speziell für den Fall der Umformung 525 Zeilen/60 Hz ⇌ 625 Zeilen/50 Hz untersucht. Sie geben Zeitpläne für den Wechsel von Exposition und Vorschub des Zwischenfilms an, um in beiden Richtungen mit normalem Gerät, mit 24 Bildern/s und Ruckbewegung arbeiten zu können. Dabei müssen die Vorschubzeiten mit dem Ablauf bestimmter halber oder ganzer Zeilenfelder, die währenddessen abgeblendet werden, exakt koinzidieren; betr. Einzelheiten vgl. die zitierte Veröffentlichung. Alternativ kommt der MECHAU-Bildausgleichsprojektor mit kontinuierlichem Filmtransport in Frage; er würde durch das stehende Überblendungsbild erhebliche Vereinfachungen im Zeitschema des Aufzeichnungs- und Ableseverfahrens ermöglichen. Daß dieser Technik, in Anbetracht der nach Minuten zählenden Entwicklungsdauer des Bromsilberfilms, die verzögerungsfreie Normwandlung über Röhren vorgezogen wurde, leuchtet ein. Die Methode des Zwischenfilms erfordert überdies Vorkehrungen für eine mit der Bildlaufzeit synchrone Verschiebung des akustischen Teiles der Fernsehsendung. Die jüngsten Fortschritte der magnetischen wie der elektrostatischen Speicherung (Kap. IV und dieses Kap. 3a, 3b) können jedoch zu qualitativ hochwertigen Lösungen der

Zwischenspeicherung für universell verwendbare Normwandler führen, wobei die Zeitdifferenz zwischen Aufnahme und Wiederabnahme der Bildinformation praktisch unmerklich wird und die Tonverzögerung daher entfällt. Die Regenerierbarkeit bzw. der im Vergleich zum photographischen Film geringe Preis des Aufzeichnungsträgers sind bei diesen Überlegungen nicht zu vernachlässigende Pluspunkte.

6. Möglichkeiten der Bandverschmälerung im Fernsehen.

Das Bedürfnis, die mindest notwendige Frequenzbandbreite (Δf) des Fernsehbildes ohne Verlust an Informationsgehalt erheblich zu verkleinern, wurde bereits im 1. Teilband dieses Buches mehrfach gestreift (Kap. II.3b, Kap. IV.9d bis 9g, Anhang, 2, S. 710ff.). Zahlreiche Veröffentlichungen haben sich seither auf der Grundlage der modernen Theorie der Informationsübertragung mit diesem Problem auseinandergesetzt. Es wurden Möglichkeiten untersucht, die Redundanz im Fernsehbilde zu vermindern [*39*], der Entropiebegriff darauf angewendet [*40*] und auf Grund der Autokorrelation in der Einzelbildfolge statistische Methoden der Vorhersage („prediction") des für jeden Bildpunkt wahrscheinlichsten Leuchtdichteverlaufs entwickelt [*41*] bis [*44*], wodurch jeweils nur die Übertragung des Irrtums, d. h. der Differenz zwischen der wahren und der vorhergesagten Leuchtdichte B, erforderlich wird. Werden die Steueramplituden für B durch Impuls-Codes („bits") ausgedrückt, so setzt ein solches Verfahren die mittlere Anzahl benötigter bits je Bildpunkt, d. h. die Bandbreite, herab [*42, 45*], insbesondere bei geschickter unterschiedlicher Quantisierung des Amplitudenbereichs der Grauskala in Anpassung an die physiologischen Gesetze der Kontrastwahrnehmung [*46*].

Andere Untersuchungen gehen von der Trägheit der Perzeption von bildlichen Lichteindrücken [*10, 47*] oder von Möglichkeiten des Codierens der zufälligen Verteilung und Gruppierung hoher und tieferer Frequenzen im Fernsehsignal aus [*48*] bis [*51*]. Maßgebend ist dabei die praktische Anwendung der erstrebten Bandverengung. Die Zielsetzung ist, wie weiter unten gezeigt wird, für die mit Puls-Code-Modulation (PCM) betriebenen Richtfunkstrecken sehr verschieden von der Aufgabe, in den gegebenen UKW-Bändern des drahtlosen Fernsehens eine größere Zahl von Programmkanälen als bisher interferenzfrei unterzubringen.

Bezeichnet $\varrho = \varphi(\Delta f)$ den Auflösungsgrad des Bildes als Funktion der Frequenzbandbreite, so kann das informationstheoretische Problem ganz allgemein so formuliert werden: $\varrho/\Delta f$ soll einen Optimalwert erreichen, bei konstantem ϱ also Δf ein Minimum, bei konstantem Δf dagegen ϱ ein Maximum werden.

Die in der Normwandlertechnik gesammelten Erfahrungen können bei der praktischen Durchführung von Methoden zur Verminderung von Δf bei unverändertem ϱ wertvolle Hilfe leisten. Insofern nämlich, als diese Aufgabe, besonders bei der drahtlosen Fernsehsendung, die wirtschaftlich gebotene ungeschmälerte Weiterbenutzung der vielen Millionen in Gebrauch befindlicher, auf die derzeitige Übertragungsform und Bandbreite angewiesener Empfangsgeräte niemals aus dem Auge verlieren darf. Daher ist die Zwischenschaltung von ad hoc spezialisierten Normwandlern an geeigneter Stelle der einzig mögliche Übergang zu jenem noch fernen Endstadium, in welchem das codierte Fernsehsignal reduzierter Bandbreite von jedem einzelnen Empfänger unmittelbar aufgenommen, verarbeitet und für den Betrieb einer speichernden Überblendungsbildröhre [*52*] direkt benutzt werden wird. Auf diese Zukunftstechnik darf jedoch unser Bemühen, den im Äther beanspruchten Frequenzbereich Δf wirksam zu verschmälern, nicht warten, denn von der Lösung dieses Problems hängt nicht allein der Gewinn neuer Programmkanäle für den kontinentalen Fernsehrundfunk, sondern auch das transozeanische Fernsehen über (möglichst schmalbandige) SCATTER-Strecken oder über Satelliten und der Erfolg zahlreicher industrieller und wissenschaftlicher Anwendungen des Fernsehens ab.

Die Methode des sog. „Blockempfangs", auf die hier nur hingewiesen sei [*53*], erscheint als ein gangbarer Weg, um durch Einsatz von Umformern an bestimmten Knotenpunkten das mit reduziertem Δf eintreffende und codierte drahtlose Bildsignal in das übliche, normgerechte zurückzuverwandeln und in dieser Form über — relativ kurze — Kabel- oder Mikrowellenstrecken auf eine Vielheit von Empfängern herkömmlicher Art zu verteilen (r_{max} etwa 3 km). Zentrale, besonders richtungsselektive, abgeschirmte Gemeinschaftsantennen in einem von Umweg- und Rückstrahlungen freien, weiten Umfeld, spezielle dämpfungsarme Hochfrequenzleitungen und periphere Entzerrer für Laufzeit und Amplituden-Frequenzgang versprechen dabei, vornehmlich in Großstädten, einen höheren Grad von Störfreiheit des Empfanges, als er heutzutage durchschnittlich erreicht wird. Die Erörterung der einschlägigen organisatorischen und wirtschaftlichen Fragen muß hier unterbleiben.

6a. Beziehungen zur Informationstheorie.

Jedes Einzelbild des Fernsehvorganges stellt in seiner Urform eine bestimmte Menge von Nachrichteneinheiten („bit") dar, die binnen $n^{-1} = {}^1/_{25}$ s dem Empfänger angeboten werden müssen. Aus n und k (Zeilenzahl der Abtastung) folgt die Breite Δf des zu übertragenden Frequenzbandes. Bei quantisiertem Leuchtdichteumfang gibt der Quotient aus Signalleistung (P) und Rauschleistung (R) die Zahl der möglichen Graustufen an. Für $P \gg R$ kann dann die erforderliche Übertragungskapazität C des Fernsehkanals gemäß der Theorie von HARTLEY-SHANNON [*54*] vereinfacht ausgedrückt werden durch:

$$C = 2\Delta f \log_{(2)} \sqrt{P/R}. \tag{XIII.2}$$

Wenn hiernach im Prinzip eine Verkleinerung von Δf durch entsprechende Vergrößerung von P/R kompensiert und damit C unverändert erhalten werden kann, so zeigt doch der logarithmische Zusammenhang der beiden Tauschgrößen, daß ein solches Verfahren in der Fernsehtechnik nur beschränkte Möglichkeiten böte. Der Bandbreiteverlust durch Bestehen einer Grenzfrequenz des Kanals beträchtlich unterhalb des Δf der Abtastung würde hinsichtlich der ihn kompensierenden Erweiterung des Dynamikumfanges P/R zu Forderungen führen, die mit den heutigen Übertragungsmitteln nicht verträglich sind.

Zu einer praktisch realisierbaren Bandersparnis ohne Einbuße an Bildgüte gelangt man dagegen durch Unterdrückung redundanter (= überflüssiger, den Nachrichtenfluß nicht vergrößernder) Bestandteile der Sendung. Jedoch ist der Redundanzbegriff mit Vorsicht anzuwenden, wie sich im folgenden zeigen wird. In der Theorie der Informationsübertragung hängt er mit der „Entropie" H der Nachrichtenquelle zusammen, also jener Größe, die das Maß des Unbestimmtseins der erwarteten Nachricht darstellt, d. h. deren Informationsgehalt proportional ist. Dessen mittlerer H-Wert ist bei einem (ruhenden) Bilde mit x Quantenstufen der Leuchtdichte seiner Punkte nach C. SHANNON:

$$H = -\sum_x P_{ind} \log_{(2)} P_{ind}, \tag{XIII.3}$$

wo P die Wahrscheinlichkeit jedes der individuellen x-Niveaus angibt. Bei Gleichheit aller P_{ind} geht (XIII.3) über in den Höchstwert der Entropie,

$$H_{\max} = -\log_{(2)} \frac{1}{x} = \log_{(2)} x. \qquad \text{(XIII.4)}$$

Dieser Informationsgehalt muß dann voll übertragen werden, um im Empfänger die Ungewißheit in Auskunft zu verwandeln; er bestimmt daher das notwendige Minimum von C derart, daß

$$H_{\max} = C = \log_{(2)} x \qquad \text{(XIII.5)}$$

wird. Die in Wirklichkeit stets ungleiche Verteilung der diskreten Leuchtdichtestufen besitzt kleinere Werte der Entropie, aus denen man durch Beziehen auf $H_{\max}$ die „relative Entropie" $H/H_{\max} = H_{\text{rel}}$ und die Redundanz

$$\text{Rez} = 1 - \frac{H}{H_{\max}} = (1 - H_{\text{rel}}) < 1 \qquad \text{(XIII.6)}$$

ermittelt. Die Ungleichung $H_{\text{rel}} < 1$ ist dadurch gegeben, daß ein Bild nicht nur eine Vielheit voneinander unabhängiger Flächenelemente, sondern infolge der realen Gegenständlichkeit und der organischen Komposition des Inhalts eine Summe von gesetzmäßigen Beziehungen zwischen räumlich (und bei bewegten Bildern auch zeitlich) koordinierten Leuchtdichtewerten darstellt. Diese Beziehungen werden unter dem Begriff der „Korrelation" zusammengefaßt. In einer Folge von Einzelbildern der Fernsehsendung ist die Korrelation beträchtlich, und diese Tatsache ist der eigentliche Ansatzpunkt für eine Reihe von Vorschlägen zur Frequenzbandersparnis im Übertragungskanal.

Die durch (XIII.6) ausgedrückte Redundanz des ruhenden Bildes kann sehr verschiedene Beträge annehmen. In einer einfachen Schwarz-Weiß-Strichzeichnung mögen z. B. nur 10% aller Bildpunkte leuchtend, d. h. mit Information besetzt, die restlichen 90% dunkel, also ohne Aussage sein. Dann sind: $x = 2$, die beiden $P_{\text{ind}} = 0{,}9$ bzw. $0{,}1$, und wir erhalten:

$$H = -0{,}9 \log_{(2)} 0{,}9 - 0{,}1 \log_{(2)} 0{,}1 = 0{,}47. \qquad \text{(XIII.7)}$$

Folglich beträgt die Redundanz des zu 90% „leeren" Bildes:

$$\text{Rez} = (1 - H/H_{\max}) = 0{,}53.$$

Bei einem noch kleineren Hundertsatz des unbesetzten Flächenanteiles würde Rez rasch gegen 1 ansteigen.

Industrielles und verkehrstechnisches Fernsehen erfordert bisweilen nur Strichbilder ohne Halbtöne zur Übertragung von Meßwerten, Objektbewegungen, Schaltzuständen u. a. m. Als Beispiel sei das von der RCA entwickelte TELERAN-System der Führung von Flugzeugen, auf der Strecke und beim Landen, erwähnt. Durch Fernsehen im UKW-Bereich werden dem Piloten laufend mittels Radar gewonnene Übersichtsbilder der Luftlage, Navigationsmarken, die eigene Position usw. in einfacher Zeichnung auf dem Leuchtschirm seines Empfängers dargeboten. Er sieht gewissermaßen sich selber über markiertem Gelände fliegen, unbehindert durch Nebel, Regen oder Nacht. Der große Frequenzbandaufwand und die damit einhergehende Störanfälligkeit standen bisher der Einführung dieses, im übrigen positiv beurteilten Systems im Wege. Da die praktisch vorkommenden Bilder ein Verhältnis der unbesetzten zu den besetzten Flächenelementen wie 50 : 1 und noch mehr aufweisen, Rez also nahe bei 1 liegt, lohnt es, eine ausgiebige Banderparnis durch Redundanzminderung anzustreben. Dies wäre unter den Arbeitsbedingungen des TELERAN-Senders (Dauer der Abtastperiode, Löschzeit) empfangsseitig mit Hilfe der in Kap. XIII.2c beschriebenen Sichtspeicherröhren durchführbar.

Im Gegensatz zu vorstehendem Beispiel haben Halbtonbilder mit vielen Einzelheiten und voller Ausnutzung der Fläche nur eine relativ geringe Redundanz. P. NEIDHARDT [*55*] fand unter der Bedingung, daß die P_{ind} bei $x = 10$ Leuchtdichtestufen durch 0,15; 0,14; 0,13; 0,12; 0,11; 0,10; 0,09; 0,08; 0,05 und 0,03 gegeben sind, wegen $H_{\max} = \underset{(2)}{\log} 10 = 3{,}33$, die Redundanz zu

$$\text{Rez} = 0{,}0359, \text{ d. h. } 3{,}6\,\%,$$

ein Ergebnis, das — einen genügenden Aussteuerbereich der Leuchtdichte voraussetzend — auch bei Annahme wesentlich anderer Verteilungen der Leuchtdichtestufen nur in mäßigem Umfange schwankt (z. B. wird bei fünf Stufen mit $P_{\text{ind}} = 0{,}37;\ 0{,}22;\ 0{,}17;\ 0{,}13$ und $0{,}11$ die Entropie $H = 2{,}1673$; mit $H_{\max} = \underset{(2)}{\log} 5 = 2{,}322$ ergibt sich daraus Rez $\cong 6{,}66\,\%$).

Wie man sieht, ist bei der Übertragung von Halbtonbildern der gewohnten Gradation und Detaillierung eine lohnende Bandbreiteersparnis nur von der Ausnutzung der beträchtlichen zeitlichen und flächenhaften *Korrelation* zu erwarten, die — wie in der Kinematographie, so auch im Fernsehen — von Einzelbild zu Einzelbild besteht. Sie kann nach Messungen im Bell-Laboratorium [*42, 43*], die an mit 24 Bildern/s aufgenommenen Filmen erfolgten, bis zu $k > 0{,}8$ gehen; k ist hier der Korrelationskoeffizient normaler Definition [*56*]. Da sich nach KRETZMER die Entropie H etwa um den Faktor

$$\Delta H = -\tfrac{1}{2} \underset{(2)}{\log}(1 - k) \quad [\text{bit}] \tag{XIII.8}$$

vermindert, ist zu erkennen, daß die hochgradige Autokorrelation in der Bildfolge eine sehr erhebliche Zunahme der Redundanz bedeutet. Man muß darunter aber — zum Unterschied gegenüber dem einzelnen ruhenden Bilde — verstehen, daß die sture Wiederholung von bereits zum Empfänger übertragenen Abtastwerten keine neue Information vermittelt, wenn und solange die Leuchtdichtewerte der betrachteten Bildelemente im gesendeten Bildfeld ungeändert bleiben. Solche Bildpunkte sind daher in der periodischen Signalfolge des Fernsehvorganges die eigentlich redundanten Teile.

Nach P. NEIDHARDT beträgt die mittlere Entropie H_m der heutigen hochzeiligen Fernsehbilder 4,2 ··· 4,5 Nachrichteneinheiten [bit]. Die räumliche und zeitliche Korrelation setzt dieses H_m auf 3 ··· 3,8 bit herab. Mit $k = 625$ Zeilen und $n = 25$ Bildern/s, einem Amplitudenverhältnis des Signals (S) zum Rauschen (N) wie 100 : 1, entsprechend 40 dB Störabstand, ergibt sich für $H_m = 3$ unter Berücksichtigung von Gl. (XIII.2):

$$\Delta f = \frac{25 \cdot 625^2 H_m}{2 \underset{(2)}{\log} S/N} \cong 2{,}6 \cdot 10^6 \text{ Hz} = 2{,}6 \text{ MHz}$$

als Mindestbandbreite des Kanals, d. h. etwa eine Halbierung des heutigen Wertes. Die Vorhersagemethoden, wie grundsätzlich jedes bandsparende Verfahren, das auf Ausnutzung der Korrelation beruht, führen zur gleichen Größenordnung des Gewinnes. Eine wesentlich weitergehende Verschmälerung dieses Δf ist nur denkbar durch Zuhilfenahme

1. von Mitteln zur Beseitigung einer subjektiven, „physiologischen" Redundanz in der kinematographischen Fernsehbildfolge, worauf in 6c eingegangen wird;
2. durch Vergrößern von S/N, einen mit den heutigen Mitteln noch nicht gangbaren Weg (bei $S/N = 1000$ ergäbe sich ein $\Delta f = 1{,}73$ MHz);
3. durch Leuchtdichte-Verteilungsstatistiken, wie in 6d, 6e, 6f kurz beschrieben;
4. durch Kombinationen dieser Wege, was jedoch zweifellos eine sehr aufwendige Technik wäre.

Eine bedeutende Rolle spielt in den Vorschlägen zur „Bandkompression“ die Möglichkeit trägheitsloser Signalspeicherung in zeilen- oder flächenhafter Anordnung der registrierten bits. Von einem derartigen Speicher aus gesehen bedarf eben bei den bildfrequenten Wiederholungen des Rasters jedes Flächenelement, solange es nach erstmaliger Einspeicherung seines Steuersignals unverändert hell weiterleuchten soll, grundsätzlich keiner neuen Information. Die auf es verwendeten wiederholten Stromschritte sind redundant.

Im folgenden gehen wir zu Ergebnissen über, die als Ausgangspunkte für erfolgversprechende Entwicklungen gelten dürfen. Vorschläge, die rein theoretisches Interesse besitzen und z. Z. keinen Ansatz zur technischen Verwirklichung mit vernünftigem Aufwande erkennen lassen, bleiben unberücksichtigt. Der Leser findet weitere Anregungen im Schrifttumsverzeichnis am Ende dieses Kapitels [*10*, *39*, *57*, *58*]. Das Prinzip der Frequenzbandverflechtung („frequency interleaving“) von R. B. Dome [*57*] wurde im Zusammenhang mit der Theorie des Fernseh-Abtastspektrums bereits im 1. Teilband, Kap. V.4a, S. 320, beschrieben; es genüge, hier darauf zu verweisen. Besondere Bedeutung hat es für das Farbfernsehen erlangt (NTSC-System, s. diesen Teilband, Kap. XI). Das „Dot Arresting“-Verfahren von K. Schlesinger ist ebenfalls im 1. Teilband, Kap. IV.9b, S. 225 bis 227 und Anhang 1, besprochen.

6b. Leitlinien der Entwicklung frequenzbandsparender Fernsehsysteme.

Entwurf, Erprobung und Einsatz bandsparender Fernsehsysteme haben sich bisher nach zwei verschiedenen Richtungen orientiert:

1. Übertragung längs vielgliedriger Richtfunkstrecken oder spezieller Hochfrequenzleitungen mit zahlreichen Zwischenverstärkern (Programmübermittlung auf weite Entfernungen);

2. drahtlose Ausbreitung als Rundfunk, unter Verwendung von Ultrakurzwellen oder Mikrowellen.

Auf Strecken der unter 1. genannten Art, die über eine sehr große Zahl von Relais führen, beginnt in den USA die Codemodulation mit Amplitudenquantelung und binären Impulsen (PCM) sich gegenüber der Frequenzmodulation durchzusetzen. Dies geschieht im Hinblick auf die fortschreitende Entwicklung der Mikrowellenhohlleiter als Basis einer nachrichten- und vermittlungstechnisch universell anwendbaren Übertragungsmethode. Für die Bevorzugung der PCM spricht die Möglichkeit, das ursprüngliche Signal am Ende jeder Teilstrecke (Verstärkerfeldlänge) mit optimalem Rauschabstand vollkommen zu regenerieren, so daß die Gesamtlänge der Fernleitung fast beliebig wird.

Dieser Tendenz folgt die Fernsehtechnik: Der mit einer Frequenz $\geqq 2\Delta f$ abgetastete kontinuierliche Amplitudenverlauf des Kamerasignals wird in 2^N diskrete Niveaus übersetzt, die durch N-stellige Gruppen von binären Impulsen übertragen werden. Das bedeutet primär unbequem große Werte von N, um in Zonen weicher Abtönung des Bildes keine Helligkeitssprünge störend sichtbar werden zu lassen. Man hat nämlich gefunden, daß 128 Leuchtdichtestufen, also $N = 7$ Impulse je Bildpunkt, gerade genügen. Daraus ergäbe sich ein Δf von der Größenordnung 30 MHz (!) [*59*]. So wird das Bestreben verständlich, durch redundanzmindernde Verfahren einen stark verkleinerten Mittelwert von N zu erhalten und dadurch das entsprechende Δf beträchtlich zu reduzieren. Dies ist schon mit Rücksicht auf wirtschaftlichste Ausnutzung der Übertragungskapazität, d. h. der Anlagekosten, geboten. Zur Klasse derartiger Untersuchungen gehört als interessantester Vertreter die Vorhersagemethode.

Beim drahtlosen Fernsehrundfunk strahlt die Antenne frei in den Äther. Die begrenzte Reichweite der quasioptischen Wellen (vgl. Kap. VIII) bedingt in großflächigen Territorien ein dichtes Sendernetz, und der Wellenmangel nötigt dabei sogar zum Einsatz der gleichen Wellenlänge bei Senderabständen, die zu gegenseitigen Interferenzstörungen beim Auftreten übernormaler Reichweite führen können. Die im üblichen Restseitenbandbetrieb beanspruchte Breite des normierten Bild- und Tonkanals beträgt heute volle 7 MHz. Das Wachsen der Zahl gewünschter unabhängiger Programme und der Senderdichte stellt nach alledem die Aufgabe, in den einzig verfügbaren Bändern I, III, IV und V mehr Fernsehkanäle als bisher interferenzfrei unterzubringen. Dies aber erfordert wiederum die Lösung des Problems einer ausgiebigen Bandverengung, die außerdem durch die Absicht künftigen Einsatzes von Vorwärts-Scatterstrecken für Überhorizont-Fernsehverbindungen sowie von Satelliten (transatlantisches Fernsehen) geboten erscheint. Weiterhin ist zu bedenken, daß Bandbreite und Verstärkeraufwand miteinander verknüpft sind und eine radikale Verkleinerung von Δf auch die Benutzbarkeit von Übertragungskanälen minderer Durchlaßweite erschlösse.

Im Rahmen dieser Aufgabe kommt für die Ausstrahlung in den Raum nur eine amplitudenmodulierte Trägerwelle in Betracht, um das Frequenzspektrum der Seitenbandenergie optimal zu begrenzen.

Für europäische Verhältnisse ist die Bandverengung im Fernsehrundfunk ein vordringliches Problem. Es wird daher zunächst auf Systeme eingegangen, bei deren Konzeption die Verkleinerung des im Äther für das Bild beanspruchten Frequenzbereichs der leitende Entwicklungsgedanke war.

6c. Bandverengung auf physiologischer und psychologischer Grundlage.

Unter Voraussetzung eines Empfangsbildspeichers, wie in diesem Kapitel in den Abschnitten 2a bis 2c beschrieben, wird das momentane Übertragungsfrequenzband für alle stationären Bildteile Null [*47*]. Nur solche Flächenelemente, deren Leuchtdichte sich seit der voraufgehenden Abtastung wahrnehmbar geändert hat, rufen ein endliches Δf hervor. Wie groß muß dessen Breite sein, wenn wir die Perzeptionsdauer des menschlichen Gesichtssinnes, die Laufzeit zwischen Netzhautreiz und assoziativer Erfassung der neuen Bildinformation, berücksichtigen? Ohne die Trägheit der visuellen Reaktion wären ja Stroboskop, Kinematographie und Fernsehen unmöglich (vgl. Teilband 1, Kap. II.3a bis 3c).

Wie anderenorts begründet [*47*], gehen im Überblendungsspeicher die Konstanten a und b der FERRY-PORTERschen Gleichung:

$$f_v = a \log E + b$$

(f_v Grenzfrequenz des Flimmerns, E Beleuchtungsstärke) gegen Null, weil das a und b bestimmende Verhältnis der Aufhellungsdauer α zur Abtastperiode t_n für die große Mehrzahl der jeweils erregten Bildpunkte $\geqq 1$ wird. Folglich wird für den überwiegenden Anteil der Schirmfläche auch $f_v \approx 0$; er ist flimmerfrei. Daraus ergibt sich zunächst die Möglichkeit, die Bildwechselzahl n auf die Mindestfrequenz der kinematographischen Verschmelzung herabzusetzen, d. h. auf $\sim 16\ \mathrm{s}^{-1}$. Infolge der Proportionalität von n und Δf vermindert sich so die Bandbreite im Verhältnis 16/25.

Der Überblendungsspeicher leistet aber noch mehr [*60*]: Gehen wir wieder vom maximalen Informationsfluß aus, den unser Gesichtssinn erfahrungsgemäß verarbeiten kann, ohne uns damit aufzuhalten, die Kette der zwischen Netzhauterregung und Bewußtwerden der Bildnachricht verlaufenden physiologischen und psychologischen Einzelvorgänge näher zu beschreiben. Gestützt auf die Meßwerte der Kinematographie, dürfen wir die visuelle Perzeptionsdauer zu $t_p = 0{,}1 \cdots 0{,}2\,\mathrm{s}$ annehmen. Dies muß auch für das Fernsehen gelten. Der Bewegungseindruck im Filmbild ist ein psychologischer Kompensationseffekt: eine diskontinuierliche Reihe verschiedener Augenblickslagen des Objektes läßt dasselbe als stetig bewegt erscheinen. Diese stroboskopische Verschmelzung hat zur Voraussetzung, daß dem Auge innerhalb der Zeit t_p mindestens zwei getrennte Objektbilder dargeboten werden. Die Kinematographie arbeitet mit $n = 24$ Aufnahmen/s, und folglich ist $2\,\mathrm{s}/24 \lesseqgtr t_p$. Auf das Fernsehen übertragen, bedeutet dies, daß wir während der Abtastung eines Bewegungsvorganges — jedoch nicht an den momentan stationären Stellen des Bildfeldes! — die Auflösung und damit Δf halbieren können, ohne die objektiv entstehende Unschärfe subjektiv zu empfinden. Geht also eine Gruppe von bisher ruhenden Bildpunkten, die mit voller, der Zeilenzahl entsprechender Auflösung wahrgenommen wurden, von einem Orte A des Bildfeldes nach einem Orte B über, so muß sie, dort wieder stationär geworden, binnen einer Zeit $t_{\max} \lesseqgtr t_p$ von neuem scharf eingestellt sein; während ihrer Verschiebung darf sie aber, ohne eine Beeinträchtigung der Bildgüte hervorzurufen, so unscharf wiedergegeben werden, wie es bei der halbierten Bandbreite $\Delta f/2$ zu erwarten ist.

Das Zeilensprungverfahren (Teilband 1, Kap. IV.10a) ist ein einfaches Mittel zur Nutzbarmachung der in dieser Erkenntnis beruhenden Möglichkeit einer Bandbegrenzung auf $\Delta f/2$. Man überträgt auf den Empfangsspeicher binnen $^1/_{25}$ s z. B. das ungeradzahlige Feld von $k/2$-Zeilen und während der nächsten $^1/_{25}$ s das geradzahlige, eingeflochtene Feld mit ebensoviel Zeilen. Auf dem Speicherschirm steht dann ein an allen stationären Stellen die volle, durch k gegebene Auflösung besitzendes Bild als ruhender Hintergrund, vor dem sich die Bewegungen abspielen. Dies sind die Änderungen der Leuchtdichte an den beteiligten Bildpunkten, und wir können sie mit dem Gesichtssinn bestenfalls in der Zeit $t_p > 2/25\,\mathrm{s} = 0{,}08\,\mathrm{s}$ erfassen und deuten.

K. Teer [*10*] hat durch systematische Versuche die Möglichkeit der Frequenzbandhalbierung bestätigt. Er ermittelte an Hand eines im Bildfeld mit regelbarer Geschwindigkeit beweglichen vertikalen Balkens die Mindestzahl der diskreten Augenblickslagen je Sekunde, die dem Auge dargeboten werden müssen, um noch eine befriedigende Kontinuität der Bewegung zu empfinden (zwei Beobachter). Der Leuchtdichtekontrast zwischen dem Balken und dem Hintergrund geht dabei stark in das Ergebnis ein. Bei $12^1/_2$ Objektlagen je Sekunde, die in Übereinstimmung mit den voraufgehenden Überlegungen zur Bandverengung auf $\Delta f/2$ führen, waren die meisten Bilder annehmbar. Teer diskutiert die Möglichkeit, die visuelle Verschmelzung der durch Lücken getrennten stroboskopischen Einzelpositionen durch eine Art von „Interpolation" zu vervollkommnen. Bei Voraussetzung eines Empfangsbildspeichers mit Überblendung wird dieser Effekt flimmerfrei durch die vorstehend beschriebene Zeilensprungabtastung erreicht, die statt $12^1/_2$ Augenblickslagen deren 25 je Sekunde, zwar mit halber Auflösung, darbietet. Wegen $t_p > 0{,}08\,\mathrm{s}$ könnten aber diese Momentbilder der bewegten Punktgruppe ohnehin nicht deutlich perzipiert werden.

Dieses Verfahren erfordert cet. par. die Halbierung der z. Z. normierten Vertikal-Ablenkgeschwindigkeit und könnte deshalb nur Bestandteil einer zukünftigen, auf entscheidende Fortschritte der Empfangsspeicherung gegründeten Umgestaltung der Fernsehtechnik sein. Gegenwartsnäher ist folgender Vorschlag von Teer: Er geht davon aus, daß infolge der Bandverengung auf $\Delta f/2$ in den normierten Fernsehkanälen statt eines Programms gleichzeitig deren zwei ohne Verlust an Bildqualität im Duplexbetrieb übertragen werden könnten. Abtastperiode und Frequenz der Vertikalablenkung behalten dann die alten Werte; aber es wird nach dem Schema von Abb. XIII.25 aus beiden Programmen abwechselnd je ein volles Einzelbild gesendet und jedes zweite Einzelbild weggelassen (bei der Realisierung des Gedankens unter Beibehaltung des Zeilensprungverfahrens ergaben sich einige, gewiß überwindbare Schwierigkeiten, die hier nicht erörtert werden sollen). Durch Vermittlung eines synchronisierten elektronischen Umschalters werden die alternierend empfangenen Videosignale *1*, *2* den zugeordneten Bildröhren *1*, *2* unmittelbar zugeführt, gleichzeitig aber auch in Vidiconspeichern (vgl. dieses Kap. 2a, VI) aufgezeichnet. Speicher *1* ist gegen weitere Aufnahme gesperrt, solange das Bild aus Kanal *2* eintrifft, und umgekehrt. Von diesen Speichern werden die Zeitlücken, die in den beiden Wiedergabekanälen durch das Ausbleiben jedes zweiten Einzelbildes im Gegentakt entständen, ausgefüllt, und so liefern beide Bildröhren ein kontinuierlich leuchtendes, flimmerfreies Raster von normaler Zeilenzahl, jedoch mit dem Nachrichtenfluß von nur je 12,5 Bildern/s, soweit Bewegungen stattfinden.

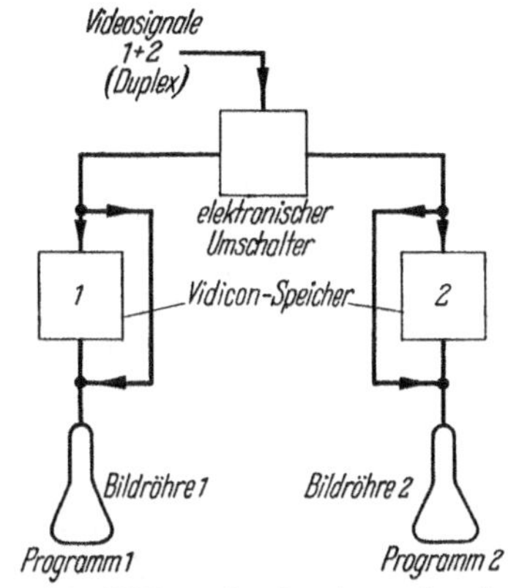

Abb. XIII.25. Speicherschema fur den Videoteil eines Fernsehsystems mit Duplexubertragung und normaler Vertikal- und Horizontalablenkfrequenz nach K. Teer [*10*]. Das zugefuhrte Videosignal entstammt abwechselnd einem Einzelbild von Programm 1 oder 2; in beiden Programmen wird im Gegentakt jedes 2. Einzelbild ausgelassen und bei der Wiedergabe durch das gespeicherte vorhergehende Einzelbild ersetzt. Speicherröhren vom Vidicontypus.

Die Vidiconspeicher (Abb. XIII.26) gehorchen, wie Teer theoretisch erkannt und experimentell bewiesen hat, mit guter Näherung folgender Bedingung: Die Speicher sollen für jeden Bildpunkt jeweils die Potentialänderung gegenüber dem bei der voraufgehenden Registrierung bestehenden Wert übertragen. Es bedeute n die Ordnungszahl in der Reihe der sukzessiven Ablesungen, i den Strom, der am Außenwiderstand R_s die Steuerspannung für die Bildröhre erzeugt, C die Kapazität je cm² Speicherfläche, h die Breite des rechteckig gedachten abtastenden Elektronenstrahlquerschnitts, v dessen Ablenkgeschwindigkeit in Zeilenrichtung und V_k die jeweils der Kathode des Vidicons zugeführte Video-Eingangsspannung. Dann gilt die Beziehung:

$$i_n = C\,h\,v(\delta V - \Delta V_{k_n}) \qquad \text{(XIII.9)}$$

mit $\Delta V_{k_n} = V_{k_n} - V_{k_{n-1}}$.

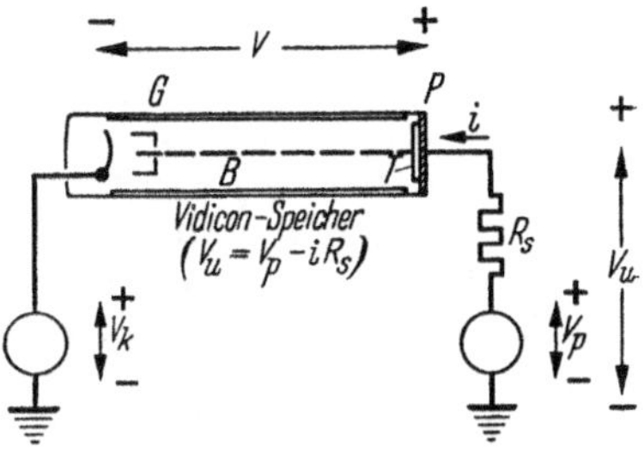

Abb. XIII.26. Schema der Funktion eines Vidicons als Speicherröhre.

G Elektronenstrahlerzeuger, B Elektronenstrahl, T speichernde Photohalbleiterfläche, P Signalelektrode, R_s Signalwiderstand, V_k Eingangsspannung, i Signalstrom, V_p Spannung an P, V_u Ausgangsspannung.

$C\,h\,v\,\delta V$ ist der infolge konstanter Beleuchtung des photoempfindlichen Speicherschirmes dauernd gleichmäßig vorhandene Gleichstromanteil, der unberücksichtigt bleibt, weil nur die im Signal enthaltenen Änderungen verwertet werden. Damit ergibt sich:

$$i_n = C\,h\,v(V_{k_{n-1}} - V_{k_n})\,, \qquad \text{(XIII.10)}$$

woraus hervorgeht, daß ein solcher Speicher tatsächlich die von Einzelbild zu Einzelbild eingetretenen *Änderungen* überträgt (der bei aufeinanderfolgenden Abtastungen des Speichers stattfindende Wechsel des Vorzeichens des maßgebenden ΔV_k wird durch eine Matrixschaltung im Ausgangssignal aufgehoben).

6d. Bandverengung durch Differenzverfahren.

Auch wenn wir im Besitz eines Empfangsbildspeichers den optischen Informationsfluß gemäß 6c bei 25 Zeilensprungrastern/s der visuellen Perzeptionsgeschwindigkeit anpassen, bleibt in bezug auf den Speicherinhalt die große Mehrheit der Signale, die von länger als t_p konstant leuchtenden Bildpunkten herrührt, redundant. Es werden ja *sämtliche* Flächenelemente aller Zeilen immer wieder vom Elektronenstrahl abgetastet, also auch diejenigen, deren Intensität empfangsseitig bereits eingespeichert ist. Könnten wir diese redundanten Anteile überspringen, so wäre von $\Delta f/2$ ausgehend weitere Bandersparnis möglich. Würden sich z. B. binnen t_p von $4 \cdot 10^5$ Bildpunkten volle $2 \cdot 10^5$ ändern, so könnte theoretisch die Reduktion bis zu $\sim\Delta f/4$ gehen.

Nun hat R. D. Kell schon 1929 [*61*] vorgeschlagen, nur die von einer Abtastung zur nächsten bemerkbaren *Änderungen* der Bildpunktleuchtdichte (ΔB) zu übertragen, was natürlich ein „Empfangsgedächtnis" voraussetzt. An diesen Gedanken, der zwar eine Ersparnis an Sendeleistung bzw. eine günstigere Verwertung derselben, aber noch keine Bandverengung erwarten ließ, knüpft folgendes Verfahren an [*62*]: Es beruht auf einer Umschaltung der Zeilenablenkgeschwindigkeit v zwischen zwei festen Werten gemäß der Beziehung:

$$v_1 > v_0 > v_2 \qquad (v_0 = \text{konst. derzeitige Norm}).$$

Jedes Einzelbild wird bei der Abtastung über einen Speicher punktweise mit seinem Vorgänger verglichen und bei Auftreten jedes ΔB, das einen Schwellwert der Kontrastempfindung überschreitet, die Zerlegung durch Rückwirkung dieses Signals auf die Zeilenablenkung von der schnellen Abtastung (v_1) auf die langsame (v_2) umgeschaltet. Nur die im v_2-Zustande auftretenden B-Werte (nicht deren Differenzen!) werden vom Sender übermittelt; dieser bleibt untätig, solange v_1 besteht. Im Empfänger schaltet das eintreffende Videosignal synchron mit dem Geber von v_1 auf v_2 um und zurück zu v_1, sobald es aufhört. Eine graphische Untersuchung dieser Vorgänge beweist, daß die Geschwindigkeitsumschaltung des abgelenkten Elektronenstrahls keine geometrische Verzerrung im übertragenen Bildfeld hervorruft. Über Einzelheiten der Durchführung siehe das Literaturverzeichnis am Schluß [*60*], [*63*] bis [*65*]. Die Übertragung der Absolutwerte von B an Stelle der ΔB ermöglicht im Empfangsspeicher eine regelmäßige Berichtigung der allmählich durch Störeinflüsse verfälschten eingespeicherten Werte dort, wo sich über längere Zeiten stationäre Bildpunkte befinden, also kein Sendezeichen ankommt. Man überlagert senderseits ein schwaches, visuell unauffälliges, das Bildfeld zonenweise langsam überstreichendes Zusatzsignal und täuscht so der Vergleichsschaltung Leuchtdichteänderungen ΔB vom Betrage einer Kontraststufe vor. Sie spricht dann wie beschrieben an und löst die Sendung des momentan richtigen B-Wertes aus.

Wieder setzen wir nun folgendes voraus: 1. Empfang mittels Überblendungsspeicher (bei Fernsehrundfunk als Zwischenspeicher zur Normrückwandlung, wie weiter vorn dargelegt), 2. Halbierung der normierten Abtastgeschwindigkeit v_0, so daß jetzt gilt:

$$v_1 > \frac{v_0}{2} > v_2,$$

3. Zeilensprung, einfach. Die Frequenz der vollständigen Zeilenraster, $n = 25\,\text{s}^{-1}$, ist demnach auf $n' = 12{,}5\ \text{s}^{-1}$ herabgesetzt. Dann wird die resultierende Höchstfrequenz im Videosignal:

$$f'' = \frac{v_2}{2d} < \frac{v_0}{4d}, \qquad \text{(XIII.11)}$$

wo d die wirksame Weite des Abtastquerschnittes in Zeilenrichtung bedeutet. Aus der anderen Ortes [*64*] mitgeteilten Berechnung ergibt sich das optimale Verhältnis σ der erzielbaren Bandbreite $\Delta f''$ zur Bandbreite Δf der Sendung nach der CCIR-Norm wie folgt:

$$\sigma_{\text{opt}} = \frac{\Delta f''}{\Delta f} = \frac{n'}{n} \frac{100 - p(1 - v_1/v_2)}{100\, v_1/v_2}, \tag{XIII.12}$$

wenn p der Prozentsatz der in $^1/_{12,5}$ s von Änderungen der Leuchtdichte befallenen Bildpunkte ist. Es sei z. B. $p = 40\% = 160000$ Bildpunkte, und wir wählen $v_1 = 6v_2$. Dann wird

$$\sigma_{\text{opt}} = \frac{1}{2} \frac{100 - 40 \cdot (1-6)}{600} = \frac{1}{4},$$

mit $v_2 = v_0/4$ und $v_1 = 3v_0/2$. Für kleinere p findet man noch weit günstigere Werte von σ_{opt}.

Das Schema Abb. XIII.27 veranschaulicht das Verfahren unter Weglassung nebensächlicher Schaltungselemente, wie Verstärker, Entzerrungs- und Lauf-

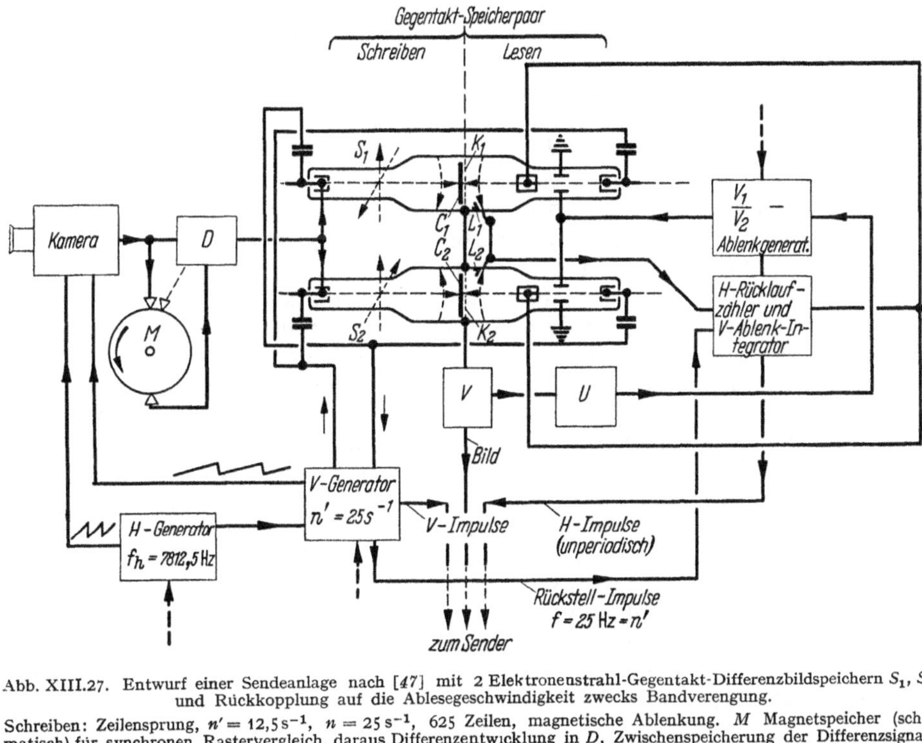

Abb. XIII.27. Entwurf einer Sendeanlage nach [*47*] mit 2 Elektronenstrahl-Gegentakt-Differenzbildspeichern S_1, S_2 und Rückkopplung auf die Ablesegeschwindigkeit zwecks Bandverengung.

Schreiben: Zeilensprung, $n' = 12{,}5\,\text{s}^{-1}$, $n = 25\,\text{s}^{-1}$, 625 Zeilen, magnetische Ablenkung. M Magnetspeicher (schematisch) für synchronen Rastervergleich, daraus Differenzentwicklung in D, Zwischenspeicherung der Differenzsignale erfolgt koordinatengetreu abwechselnd auf den Schirmen C_1, C_2. Lesen und Codieren: Elektrostatische Ablenkung. K_1, K_2 Kollektornetze für das Videosignal verringerter Bandbreite, U elektronischer Umschalter für den v_1/v_2-Wechsel durch Entstehen bzw. Verschwinden eines Abtastsignals. Strahlfänger L_1, L_2 am Zeilenende lösen die H-Rückläufe aus, deren Integration im Zähler die Vertikalverschiebung der Zeilenlage bewirkt. Rückstellung des Zählers durch Impulse der konstanten Periode n', die auch die alternierende Strahlsperrung auf der Schreib- und der Leseseite steuert.

zeitglieder, Austastkreise u. a. m. Die bestehenden Kamerabildgeberröhren verlangen auch hier konstante Ablenkgeschwindigkeit ihres Elektronenstrahls. Die so erhaltenen Rastersignalzüge werden in D laufend mit ihren in M magnetisch gespeicherten Vorgängern Punkt für Punkt verglichen und durch Subtraktion die ΔB-Orte mit ihren Flächenkoordinaten ermittelt. Dieses Vergleichsbild wird als „Ladungszwischenklischee“ im Gegentaktspeichersystem S_1, S_2 mit konstanter Zeilen- (H-) Geschwindigkeit v_0 aufgezeichnet. Es werden aber nur die Absolutwerte der Abtastamplitude an den Bildpunkten, deren B sich geändert hat, gespeichert, im übrigen bleibt dieses Klischee leer. Anschließend wird es zum Ablesen dort, wo Bildladungen sitzen, mit der ebenfalls konstanten H-Geschwindigkeit $v_2 < v_0/2$ abgetastet, an den ladungsfreien Punkten dagegen mit $v_1 =$ konst. $> v_0/2$ überfahren, und so entsteht das verengte Frequenzband für die Sendermodulation. Die Laufzeit für die v_1/v_2-Umsteuerungen durch Rückwirkung der auf der Speicherfläche angetroffenen Ladungen auf die Ablenkgeschwindigkeit des Strahls muß klein sein gegen die Abtastdauer des einzelnen Bildelementes. Die Zeilendauer ist naturgemäß mit dem Inhalt des Differenzbildes stark veränderlich, aber die Periode des Vertikalrücklaufes bleibt konstant $n' = 25\ \text{s}^{-1}$ (Zeilensprung). Bei simultanem Schreiben und Lesen in der gleichen Speicherröhre würde der Lesevorgang in typisch „leeren" Bildfeldzonen den Schreibvorgang überholen; deswegen hier die Notwendigkeit des Gegentaktsystems mit der Möglichkeit des Wartens des Lesestrahls am unteren Bildrande bis zum Rückstellimpuls (Zählerschaltung für die V-Ablenkung, gesteuert durch die H-Rückläufe).

An der Empfangsstelle (Blockverteilungszentrale) dient eine Zwischenspeicherröhre der in 2b beschriebenen Art als Normwandler, um das herkömmliche Fernsehsignal, wie weiter vorn schon erläutert, über spezielle Hochfrequenzleitungen oder Zentimeterwellen-Ortssender von beschränkter Reichweite den Heimempfängern der heutigen Bauart und Arbeitsweise zuzuführen.

Des Einflusses der Rauschkomponenten wegen erfordert das Differenzverfahren mit Geschwindigkeitswechsel zwar eine Sendeleistung, die bei der untersten Leuchtdichtestufe empfangsseitig noch um etwa 9 dB über der mittleren Rauschleistung liegen muß. Aber das ist leicht zu erreichen, da infolge der zeitlichen Seltenheit der Emission deren Momentanleistung stark gesteigert werden kann. Um die Synchronisierung des Empfängers möglichst störungssicher zu machen, sorgt eine von der eigenen H-Ablenkamplitude abhängige Sperrschaltung dafür, daß die stark unperiodischen Zeilenimpulse nur in der Nähe des Kippunktes zur Wirkung kommen können (Koinzidenz der gesendeten H-Impulse mit den Kippimpulsen der Strahlfänger L_1, L_2 in Abb. XIII.27).

Beim reinen Leitungsbetrieb über homogene und dämpfungskonstante Kanäle und bei durch sehr hohe Korrelationswerte gekennzeichneten bildlichen Vorlagen, z. B. im Fernsehsprechen oder in industriellen Überwachungs-Fernsehanlagen, kann die Differenzmethode mit Geschwindigkeitswechsel auf große Verhältnisse v_1/v_2 hinaufgehen. Damit ergibt sich die Möglichkeit besonders weitgehender Verringerung der beanspruchten Bandbreite, also auch des Entfallens von Laufzeitausgleichsgliedern; im ganzen eine erhebliche Vereinfachung des Übertragungssystems, für das sogar an die Benutzung normaler und billiger Leitungstypen gedacht werden könnte.

6e. Bandersparnis auf Grund der Detailverteilung.

Das teilweise schon im 1. Teilband, Kap. IV.9g behandelte Verfahren von Cherry und Gouriet [*66*] ist durch den Übergang von der kontinuierlich, durch den jeweiligen Betrag des „Detailfaktors" gesteuerten H-Ablenkgeschwindigkeit zu nur zwei diskreten Werten (v_1, v_2) derselben dem unter 6d beschriebenen Arbeitsprinzip weiter angeglichen worden. Die Erfinder haben mittels 1. Quantisierung, 2. Speicherung des dadurch treppenförmig gemachten Signals, 3. Ableitung von gleich langen Impulsen aus diesem Signal durch Differenzierung und 4. Begrenzung der Impulshöhe eine *Umcodierung* vorgenommen, bei der das Steuerkommando für die Verminderung der Abtastgeschwindigkeit allein an den

Sprungstellen der Helligkeit entsteht. Es gibt dann für v nurmehr zwei bestimmte Werte, den übernormalen bei örtlich langsam veränderlichen Graustufen und den unternormalen bei den Konturen. Das führt wiederum zur Frequenzbandkompression, indem für die Abtastung des Details Zeit gewonnen wird: Abbildung XIII.28 und XIII.29 veranschaulichen das Verfahren. Die augenphysiologischen Mängel des Rasteraufbaus mit ungleichförmiger Schreibgeschwindigkeit könnten auch hierbei durch einen Empfangsbildspeicher mit Zwischenschirm beseitigt werden, der die Störung durch die ständige Emission aller Bildpunkte am Leuchtschirm ausgleicht.

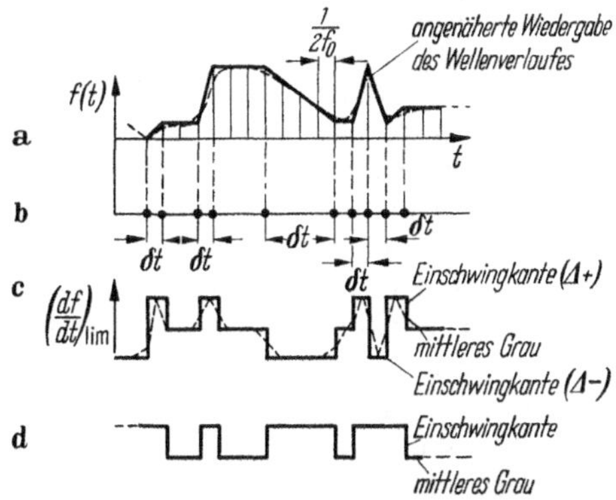

Abb. XIII.28 a—d. Signalumformung zur Umsteuerung der Abtastgeschwindigkeit an den Helligkeitssprungen nach [66]. Erzielung steiler Einschwingkanten durch die im Text beschriebenen Umwandlungen.

Später hat Gouriet einen anderen Weg zur Redundanzminderung eingeschlagen [67]: Das Videosignal wird ebenfalls nach ΔB-Intervallen quantisiert und in zwei Impulsreihen codiert. Deren erste zeigt durch ihren Amplitudenverlauf dem Empfänger an, über wieviel Bildpunkte hinweg das gleiche B anhält, bevor ein anderer Wert desselben auftritt; die zweite Impulsreihe übermittelt die jeweilige B-Stufe. Die Schrittfrequenz beider Reihen soll, unabhängig von der variablen Schrittweite, die durch die veränderliche Amplitude ausgedrückt wird, konstant gehalten werden und kann daher erheblich niedriger sein als die Frequenz der abgetasteten Bildpunkte bei dem heutigen Verfahren. Es ist also

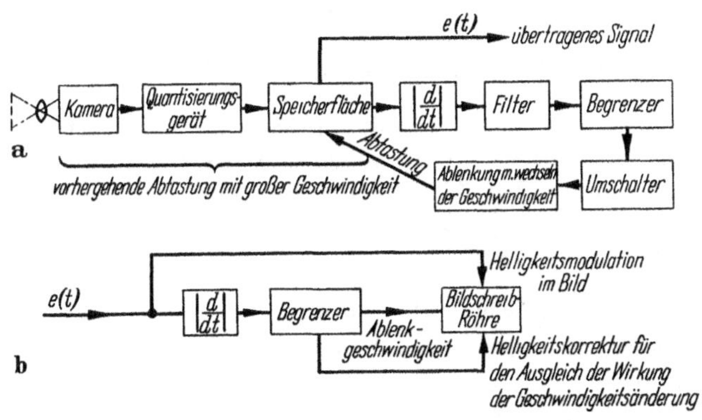

Abb. XIII.29 a u. b. Schaltungsschema der Anordnung nach [66] und Abb. XIII.28.
a) Geberseite; b) Empfangerseite mit Helligkeitskorrektur für den Ausgleich der wechselnden Abtastgeschwindigkeit.

im Prinzip eine bedeutende Bandersparnis möglich. Bedenken bestehen hinsichtlich Störanfälligkeit der Koordinatenübertragung bei geringem Rauschabstand im Empfangssignal. Der apparative Aufwand für die Codierung und Decodierung ist ein weiteres Gegenargument.

Im Grunde ist dieser Vorschlag, wie auch ihm ähnliche von Jesty [49] und von Toulon [50], auf die hier aus Raumgründen nicht eingegangen wird, nur eine Anpassung des von Korn 1911 [68] im Hinblick auf die transozeanische Bildtelegraphie erörterten Schreibmaschinenprinzips, durch bloße Zahlen a) die Anzahl der Punktschritte gleicher Graustufe und b) die Skalennummer dieser Stufe wiederzugeben, an die Arbeitsbedingungen des Fernsehens.[1]

Den theoretisch-statistisch durchaus positiven Aussichten derartiger Entwicklungen steht die bisher allzu große Komplikation und funktionelle Unübersichtlichkeit der erforderlichen Schaltungen, besonders auf der Empfangsseite, hinderlich entgegen. Dies gilt auch für den im folgenden beschriebenen Lösungsversuch [*48*], der aber doch schon seine praktische Durchführbarkeit bewiesen hat und Möglichkeiten erkennen läßt, die der weiteren Forscher- und Erfindertätigkeit durch bessere Kombinationen von Frequenzbandaufteilung, Codierung und Speicherung noch offenstehen.

Die Bandaufteilung kennzeichnet das von W. F. SCHREIBER, C. F. KNAPP und N. D. KAY entwickelte System von Technicolor [*48*]. Ein niederfrequenter Abschnitt wird unverändert (analog), z. B. in Amplitudenmodulation, übertragen. Die abgespaltenen höheren Frequenzen, die von den schroffen Helligkeitsübergängen ΔB herrühren, treten nach der Statistik nicht öfter als $9 \cdot 10^5$ mal je Sekunde auf. Man übermittelt sie (störungssicher!) digital: Die beim Abtasten des Bildes mit 8 MHz erfaßten Sprünge der Leuchtdichte B werden in wenigen groben Stufen quantisiert und zusätzlich ihre Zeilenkoordinaten in Form binärer Impulscodes gesendet. Dazu ist freilich eine sehr aufwendige Anordnung von Speicherröhren erforderlich. Um für diese Koordinatenübertragung nicht mehr als 5 bit zu benötigen, wird die Zeilenlänge aus Teilstrecken von maximal $2^5 = 32$ Bildpunkten zusammengesetzt. Jede voll durchlaufene Teilstrecke wird im Speicher registriert. Rechnet man mit nur $2^3 = 8$ differenzierten Stufen von B, so ergeben sich, zusätzlich zum NF-Frequenzband, für die Übermittlung von Höhe und Ort sämtlicher innerhalb 1 s höchstens anfallenden Sprünge von B im Grenzfalle $8 \cdot 9 \cdot 10^5 = 7{,}2 \cdot 10^6$ bit/s, folglich eine Mindestkanalbreite von 3,6 MHz. Das ist eine bedeutende Ersparnis im Vergleich zu der für die digitale Übertragung jedes einzelnen Bildpunktes in PCM notwendigen Breite, die bei 250000 Flächenelementen und 7 bits $= 2^7 = 128$ B-Stufen 28 MHz betragen würde [*59*] (in Amplitudenmodulation wäre für ein solches Bild ein 4 MHz-Kanal ausreichend).

Bei Hinzunahme der in 6c behandelten Methoden zur Unterdrückung physiologischer Redundanz könnte das Band von 3,6 MHz noch mehr, also unter Einschluß des niederfrequenten Abschnittes von 350 kHz vielleicht auf ~ 2 MHz, reduziert werden; doch liegt die Hauptaufgabe zunächst wohl in der Vereinfachung des Speicheraufwandes.

6f. Die Methode der Vorhersage beim Fernsehbild.

In der Frage der Bandverengung beim Fernsehen sind im BELL-Laboratorium gründliche, systematische Untersuchungen vom Standpunkt der Informationstheorie aus durchgeführt worden [*42, 43*].

[1] TOULON unterteilt die Zeile in Gruppen von vier Bildpunkten. In normalen Bildern sollen über 80% dieser Gruppen so beschaffen sein, daß darin die Leuchtdichte, d. h. die Amplitude, konstant bleibt (Zustand 1). Für die Speicherung und Übertragung des Informationsquantums jeder derartigen Gruppe genügt ein einziger Impuls, der die Übertragungszeit besser auszunutzen gestattet. So entsteht ein entsprechend schmäleres Δf. Wo sich innerhalb einer Vierergruppe infolge stärkerer Detaillierung die Amplitude ändert — Zustand 2 —, müssen natürlich alle vier Werte einzeln übermittelt werden. Trotzdem wird die effektive Bandverengung erheblich. Freilich sind besondere Signale zusätzlich nötig, um dem Empfänger den Übergang von dem einen in den anderen Zustand anzuzeigen und die Ablenkgeschwindigkeit in der Bildröhre umzusteuern, weil hier ja alle Einzelimpulse, die den Zustand 1 übertragen, wieder zur Länge von vier Bildpunkten auseinandergezogen werden müssen.

Die Redundanz ist im Fernsehsignal n. V. durch die Korrelation der Leuchtdichteverteilung von Punkt zu Punkt, von Punktgruppe zu Punktgruppe und von Bild zu Bild gegeben. Auf Grund von optischen Messungen der Korrelation wurden verschiedene Methoden der Voraussage entwickelt und experimentell geprüft. Die Ergebnisse beweisen trotz der außerordentlichen Komplexität des

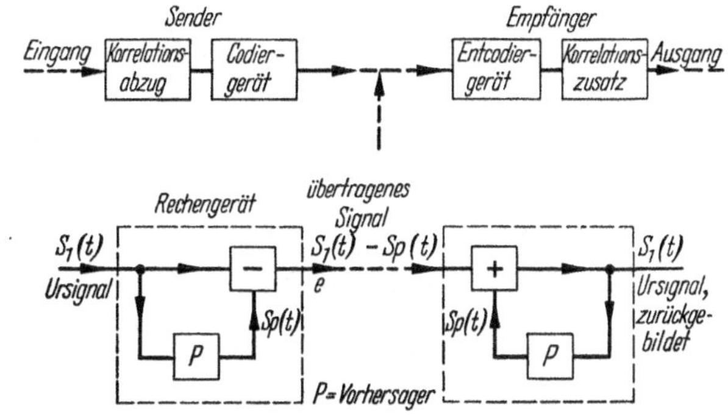

Abb. XIII.30. Schema der Übertragung von Leuchtdichtewerten nach der Vorhersagemethode, Abzug der korrelierten Abtastwerte beim Sender und Wiedereinführung derselben beim Empfanger. Nach [42], [43].

Problems, daß die „prediction"-Methode auch praktische Aussichten hat. Da der Sender stets nur die Differenz zwischen der tatsächlich vorhandenen, abgetasteten Bildpunkthelligkeit und deren durch Extrapolation vorausgesagtem Wert, d. h. nur die Größe des Irrtums, als elektrische Korrekturamplitude auf den Empfangsbildspeicher zu übertragen hat, sinkt die mittlere Sendeleistung beträchtlich. Das Signal wird durch einen binären Impulscode ausgedrückt, und so folgt aus der Wahrscheinlichkeitsverteilung in der Amplitudenskala die Möglichkeit, die mittlere Impulszahl für das einzelne Sendezeichen zu verkleinern. Die Methode ist also im Prinzip leistungs- und frequenzbandsparend.

Eine vollkommene Lösung dieser Art würde den Idealfall ergeben, nämlich die Verteilung der Sendeamplituden nach einer gewöhnlichen Fehlerkurve. Große Amplitudenwerte wären demnach sehr selten.

Zur Vorhersage der für einen Bildpunkt zu erwartenden Leuchtdichte kann man eine Folge zuvor abgetasteter Bildpunkte heranziehen, deren Einzelwerte mit individuellen statistischen Gewichten, entsprechend dem Bildcharakter, multipliziert werden. Zum Beispiel kann man dazu die Bildpunkte in der Nachbarzeile oder bestimmte Gruppen angrenzender Flächenelemente benutzen. Die Abb. XIII.30 und XIII.31 zeigen das Prinzip des Verfahrens bei der „linear prediction". Ein Laufzeitorgan gestattet, die Signalimpulsfolge einer ganzen Zeile um deren Dauer (63,5 μs, USA-Norm) zu verzögern. Dadurch wird es möglich, die Bildpunkte der folgenden Zeile, im richtigen zeitlichen Abstand

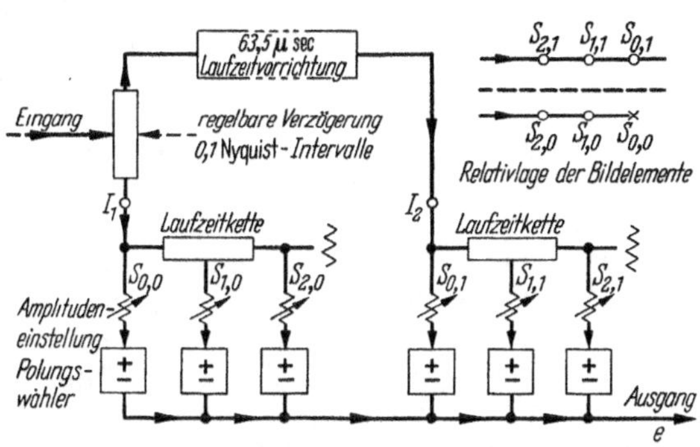

Abb. XIII.31. Schaltung für die lineare Vorhersage nach [42], [43], durch Auswertung der Vorgeschichte angrenzender Zeilenelemente. Verzögerung jeder Bildpunktfolge um 1 Zeilenperiode durch Laufzeitkette mit $\Delta\tau = 63{,}5\,\mu$s, Vergleich der bei I_1 und I_2 auftretenden zeitverschobenen Amplitudenfolgen und statistisch begründete Modelung von Amplitude und Vorzeichen der einzelnen Punktsignale S_{ind} entsprechend den Werten ihrer Vorganger.

individuell zur Wirkung gebracht, mit den ihnen entsprechenden der vorhergehenden Zeile statistisch zu kombinieren und so das Fehlersignal zu bilden. Als Laufzeitorgan und Speicher dient ein aus geschmolzenem Quarz hergestellter, durch einen Schwingquarz erregter Stab. Die Größe des Aufwandes wäre empfangsseitig wohl nur am Ende einer Fernsehprogramm-Zubringerleitung tragbar. Bei Rundfunkfernsehen mit Sammelempfang käme das Verfahren lediglich für eine Art von gemeinsamem Zwischenspeicher in Frage. Man könnte schließlich an den Einsatz beim Fernsehsprechen denken, dessen beschränkte und stereotype Bildfeldvariation im Verein mit der Langsamkeit der Bewegungen sich für die Vorhersagemethode gut eignet. Für diesen Fall ist die Frequenzbandverengung lohnend, um Leitungen geringerer Durchlässigkeit benutzen zu können.

6g. Halbierung der Bandbreite durch Multiplexverfahren.

Die hierher gehörenden Verfahren zur Verflechtung unabhängiger Videosignale im gleichen Frequenzkanal, nämlich 1. die Hilfsträger- („Subcarrier"-) Methode (beschrieben im 1. Teilband, S. 320), 2. die Zwischenpunkt- („Dot Interlaced"-) oder Punktsprungmethode (1. Teilband, S. 250 bis 256) hat K. Teer [*10*] unter exakter Herausarbeitung der übertragungstechnischen Minimalforderungen und der augenphysiologischen Ansprüche miteinander verglichen. Aus räumlichen Gründen kann hier auf diese interessante Studie nicht näher eingegangen werden, insbesondere nicht auf deren mathematischen Teil.

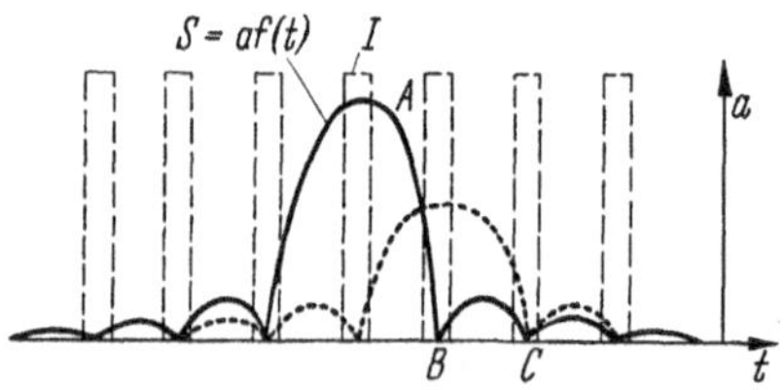

Abb. XIII.32. Übertragung von zwei unabhängigen Bildsignalen nach der „Sampling"-Methode. Die entstehende Funktion $S = a\,f(t)$ hat die Form $\sin x/x$. Wiederabtastung mit sehr kurzen Impulsen im Empfänger ermöglicht dank der Verschiebung der Nullstellen und Maxima die Trennung beider Signale.

Die Dot-Interlaced-Methode macht von Shannons „Sampling Theorem" Gebrauch, wonach es möglich ist, je Periode des Videofrequenzbandes zwei voneinander unabhängige Bildpunkte interferenzfrei zu übertragen: Wenn man die Ausgangsspannung (Signal *1*) einer Kamera mit sehr kurzen Impulsen im Zeitabstand $1/2 f_{gr}$ abtastet und diese durch ein ideales Filter mit konstanter Laufzeit und scharfer Durchlaßgrenze bei f_{gr} leitet, hat das gefilterte Signal die bekannte $\sin x/x$-Form (vgl. Teilband 1, Kap. III.3c, 3d). Zwischen dem Maximum bei A in Abb. XIII.32 und dem 1. Null bei B liegt eine halbe Periode von f_{gr}. Wird nun im Empfänger wiederum die übertragene Kurve $S = a\,f(t)$ mit möglichst schmalen Abfrageimpulsen I analysiert, wie in Abb. XIII.32 dargestellt, so kommt allein der bei A liegende Impuls zur Wirkung, und bei $B, C, \ldots$ geht die Signalenergie (*1*) gegen Null. Man kann also ein zweites, unabhängiges Kamerasignal (*2*) (punktierte Kurve) in gleicher Weise abfragen, indem man sein Maximum mit B zusammenfallen läßt, wo Signal *1* die Amplitude Null hat, während bei A eine Nullstelle von Signal *2* liegt. Beide Signale interferieren dann im Idealfalle überhaupt nicht. In den örtlichen Abtast- und Verstärkerkreisen muß natürlich die Bandbreite mit Rücksicht auf die Steilheit der kurzen Abtastimpulse sehr groß sein; im Übertragungskanal genügt dagegen die durch das Δf der Zerlegungsdaten geforderte Durchlaßweite, um im gleichen Bande simultan zwei voneinander unabhängige Bilder zu übertragen, und zwar jedes mit voller, dem Δf entsprechender Auflösung.

Teer kommt nach Entwicklung der Bedingungen, denen für diesen Zweck, im Vergleich mit der Subcarrier-Methode, das Dot-Interlaced-Prinzip genügen muß, zu folgenden Schlüssen: Bei beiden Systemen macht man im Empfang von der Visionspersistenz Gebrauch, d. h. man erhält den ungestörten Eindruck erst aus der visuellen Kombination zweier aufeinanderfolgender Bildfelder, bei der sich das nicht gewünschte Signal durch Integration herauskompensieren soll. Daher die Notwendigkeit exakter Phasenbeziehungen zwischen den verschiedenen Signalwellen. Beim Subcarrier-Verfahren kann das nicht gewünschte Signal, außer wenn es Null ist, so etwa infolge nichtlinearer Einflüsse, Ursache einer störenden Interferenz auf dem Empfangsschirm sein, aber die gesamte Bildinformation ist bereits in einem einzigen Vollraster enthalten. Dieser Fall liegt z. B. bei dem kompatiblen Schwarz-Weiß-Empfang des NTSC-Farbfernsehsignals vor.

Bei Dot-Interlaced hingegen kann nicht das fremde, sondern nur das gewünschte Signal selbst die Störquelle sein, insbesondere durch Ausfall der Hälfte aller Bildelemente in einer Abtastperiode. Übersprechen entsteht dank der Zeitaufteilung grundsätzlich nicht. Deshalb eignet sich Dot-Interlaced gut für Nachrichten mit großer Übersprechempfindlichkeit, zumal wenn diese gänzlich unkorreliert sind.

Beim Subcarrier-Verfahren werden die unabhängigen Videosignale in unterschiedlicher Weise übertragen, nämlich eines derselben ohne, die übrigen aber mit Hilfsträger(n) passend versetzter Frequenzlage. Bei zwei Bildern (Signale u_1 und u_2) hätte das Summensignal z. B. die Form: $u_1 +$ konst. $u_2 \cos \omega_s t$, mit $\omega_s =$ Kreisfrequenz des Hilfsträgers. Diese Methode ist deswegen, nach Teer, besser anpassungsfähig für die selektive Übermittlung von Signalen verschiedener Bandbreite (oder Spitzenwerte der Amplitude) (NTSC-Farbfernsehen).

Bei Dot-Interlaced ist das Operationsschema für jedes u gleich (reine Zeitaufteilung). Der Abtastprozeß muß nur die richtige Phasenlage der u zueinander gewährleisten. Dies verschafft dem Verfahren den Vorzug bei Signalen gleicher Bandbreite.

Teer hat experimentell bewiesen, daß bei Beachtung der von ihm erkannten Anforderungen ein durch Tiefpaß auf 2,5 MHz begrenzter Kanal das Bild nach dem Dot-Interlaced-Schema mit erheblich besserer Auflösung überträgt als nach dem üblichen kontinuierlichen Abtastverfahren. Die Qualität ist kaum verschieden von derjenigen des bei 5 MHz Durchlässigkeit normal gesendeten und empfangenen Bildes. Es wäre also wohl möglich, in einem solchen 5 MHz-Kanal nach dem Zwischenpunktverfahren zwei unabhängige Programme mit gewohnter Güte simultan zu übermitteln.

Schrifttum zum Kap. XIII.

[1] Zworykin, V. K., u. E. G. Ramberg: Standards Conversion of Television Signals. Electronics, N. Y. (Jan. 1952) S. 86—91.

[2] Fink, D. G.: Television Engineering Handbook, 1957.

[3] Jensen, A. S., J. P. Smith, M. H. Mesner u. L. E. Flory: Barrier Grid Storage Tube and its Operation. RCA-Rev. Vol. IX (1948) Nr. 1, S. 112—135.

[4] Barbier, M.: Dépôt et Retrait de Charges Electriques sur des Isolants par Emission Secondaire. Diss. Univ. Paris, 4. 12. 1954. Paris: Gauthier-Villars 1955.

[5] Schröter, F.: Bildspeicherung im Fernsehempfang. Optik Bd. 1 (1946) S. 406 bis 409.

[6] Schröter, F.: Elektronenstrahlröhren als Nachrichtenvermittler. Telefunkenztg. Bd. 30 (1957) Nr. 118, S. 251—263.

[7] Pensak, L.: Conductivity Induced by Electron Bombardment in Thin Insulating Films. Phys. Rev. Bd. 75 (1949) S. 472—478.

[8] Rosenthal, A. H.: A System of Large—Screen Television Reception and on certain Electrical Phenomena in Crystals. Proc. Inst. Radio Engrs., N. Y. Bd. 28 (1940) S. 203—312.

[9] HEIJNE, L.: The Lead Oxide Vidicon. Acta Electronica Bd. 2 (1957/58) Nr. 1—2, S. 124—131 (Sonderheft über das Pariser Colloque International „Problèmes Physiques de la Télévision en Couleurs"). — L. HEIJNE, P. SCHAGEN u. H. BRUINING: Eine experimentelle Aufnahmeröhre für Fernsehen mit Anwendung von Photoleitung. Philips techn. Rundsch. Bd. 16, H. 2 (1954) S. 43—45.
[10] TEER, K.: Investigations into Redundancy and possible Bandwidth Compression in Television Transmission, Philips Res. Rep. Bd. 14 (1959) S. 501—556 u. Bd. 15 (1960) S. 30—96.
[11] Tube à Mémoire TCM 13 X der Compagnie Générale de Télégraphie sans Fil, Paris (8e), Kennblatt 5903-D 2—1/4—4/4.
[12] LUBSZYNSKI, H. G.: Survey of Image Storage Tubes. J. sci Instrum. Bd. 34 (1957) S. 81—89. — R. S. WEBLEY, H. G. LUBSZYNSKI u. J. A. LODGE: Some Half-Tone Charge Storage Tubes. Proc. Inst. electr. Engrs. Bd. 102 (1955) Part B, Nr. 4, S. 401—411.
[13] PENSAK, L.: The Graphechon — A Picture Storage Tube. RCA-Rev. Bd. X (1949) S. 59—73.
[14] PENSAK, L.: The Metrechon — A Halftone Picture Storage Tube. RCA-Rev. Bd. XV (1954) S. 45—162.
[15] JENSEN, A. S.: The Radechon. A Barrier Grid Storage Tube. RCA-Rev. Bd. XVI (1955) S. 197—215.
[16] DAY, H. R., H. J. HANNAN u. P. WARGO: Targets for Storage and Camera Tubes. IRE-Transactions on Electron Devices Vol. ED-7 (April 1960) Nr. 2, S. 78—83.
[17] Raytheon Recording Storage Tube, Type RK 6835/GlK 464. Waltham Mass. USA: Raytheon Manufacturing Co. Prospect Nr. 3325 — 4.55; Electronics, N. Y. (1953) H. 3, S. 126.
[18] DILLENBURGER, W.: Normwandler mit Vidikonkamera. A. E. Ü. Bd. 12 (1958) S. 209—224, insbes. S. 210ff.
[19] DILLENBURGER, W.: Normwandler für Fernsehübertragungssysteme. Kurzmitt. der Fernseh-GmbH, Sonderheft 1 (Jan. 1955). Abgedruckt in „Veröffentlichungen aus der Fernsehtechnik", zusammengestellt von der Fernsehtechnischen Gesellschaft, H. 4 (1955).
[20] KNOLL, M., P. RUDNICK u. H. HOOK: Viewing Storage Tube with Halftone Display. RCA-Rev. Bd. XIV (1953) S. 492—501.
[21] KNOLL, M., u. B. KAZAN: Viewing Storage Tubes. Advances in Electronics and Electron Physics Vol. VIII (1956) S. 447—501.
[22] Tonotron — Magnetic Deflection Type 7033, Techn. Informationsschrift über Hughes Products, S. 7. Los Angeles: Hughes Aircraft Co.
[23] SCHRÖTER, F.: Neuere Entwicklungen im Fernsehen. Sci. Electrica, Bd. VI (1960) H. 1, S. 28—52, insbes. S. 33.
[24] GLENN, W. E.: Thermoplastic Recording. J. Appl. Phys. Bd. 30 (1959) Nr. 12, S. 1870—1873.
[25] SELENYI, P.: Methoden, Ergebnisse und Aussichten des elektrostatischen Aufzeichnungsverfahrens (Elektrographie). Z. techn. Phys. Bd. 16 (1935) S. 607—614.
[26] SCHAFFERT, R. M., u. C. D. OUGHTON: Xerography: A new Principle of Photography and graphic Reproduction. J. opt. Soc. Amer. Bd. 38 (1948) Nr. 12, S. 991—998.
[27] SUGARMAN, JR., u. L. MEYER: „Electrofax", A new Tool for the graphic Arts, Proc. of the 7. annual Meeting of the technical Association of the graphic Arts, Mai 1955.
[28] OLDEN, R. G.: A Thin-Window Cathode Ray Tube for High-Speed Printing with „Electrofax". RCA-Rev. Bd. XVIII (1957) Nr. 3, S. 343—350.
[29] KAROLUS, A.: Das Großbildproblem beim Fernsehen, Kap. VIII, S. 228—248, in „Schröter, Fernsehen". Berlin: Springer 1937.
[30] Television to-day and to-morrow, by Sidney A. MOSELEY and H. J. BARTON-CHAPPLE, Kap. XII. London: Verlag Sir Isaac Pitman & Sons, Ltd. 1934.
[31] LOCHINGER, ROLF B., u. M. J. O. STRUTT: Electroluminescent Cell Applications. Electron. Radio Engineer Bd. 36 (1959) S. 398—406.
[32] KAZAN, B.: An improved high-gain panel light-amplifier. Proc. Inst. Radio Engrs., N. Y. Bd. 45 (1957) S. 1358—1364.
[33] KAZAN, B.: A feedback light-amplifier panel for picture storage. Proc. Inst. Radio Engrs., N. Y. Bd. 47 (1959) S. 12—19.
[34] RAJCHMAN, J. A., G. R. BRIGGS u. A. W. LO: Transfluxor Controlled Electroluminescent Display Panels. Proc. Inst. Radio Engrs., N. Y. Bd. 46/2 (1958) S. 1808—1824.

[35] SACK, E. A.: ELF — A New Electroluminescent Display. IRE National Convention Record, Part 3, Electron Devices, S. 31—38.
[36] JOSEPHS, JESS J.: A Review of Panel Type Display Devices. Proc. Inst. Radio Engrs., N. Y. Bd. 48 (1960) Nr. 8, S. 1380—1395.
[37] ZWORYKIN, V. K., u. E. G. RAMBERG: Standards Conversion of Television Signals. Electronics, N. Y. (1952) Nr. 1, S. 86—91.
[38] LORD, A. V.: Normwandler für den Programmaustausch zwischen Europa und Nordamerika (deutsche Übersetzung aus Revue de l' UER 63 A (Okt. 1960) S. 209—213. Rundfunktechn. Mitt. Bd. 4 (1960) Nr. 5, S. 201—204.
[39] NEIDHARDT, P.: Methoden zur Redundanzminderung im Fernsehen. Nachrichtentechn. Bd. 4 (1954) H. 6, S. 254—258, H. 7, S. 305—309 u. 332.
[40] NEIDHARDT, P.: Der informationstheoretische Wirkungsgrad (Wiedergabefaktor) einer Fernsehkette. NTF Bd. 3 (1956) S. 56—62.
[41] POWERS, K. H., u. H. STARAS: Some Relations between Television Picture Redundancy and Bandwidth Requirements. Trans. Amer. Inst. electr. Engrs. Bd. 76 (1957) Part 1; Commun. & Electronics, Nr. 32, S. 492—496.
[42] KRETZMER, E. R.: Statistics of Television Signals. Bell Syst. techn. J. Bd. 31 (1952) Nr. 4, S. 751—763.
[43] HARRISON, C. W.: Experiments with linear Prediction in Television. Bell Syst. techn. J. Bd. 31 (1952) Nr. 4, S. 764—783.
[44] SCHREIBER, W. F.: The Measurement of Third Order Probability Distributions of Television Signals, Trans. Professional Group on Information Theory. Inst. Radio Engrs., N. Y. Vol. I T-2 (Sept. 1956) S. 94—105.
[45] OLIVER, B. M.: Efficient Coding. Bell Syst. techn. J. Bd. 31 (1952) Nr. 4, S. 724 bis 750.
[46] GRAHAM, R. E.: Communication Theory applied to Television Coding. Acta Electronica Bd. 2 (1957—1958), Nr. 1, 2 (Colloque International, Problèmes Physiques de la Télévision en Couleurs), S. 333—343 (Revue d'Electronique et de Physique Appliquée).
[47] SCHRÖTER, F.: Speicherung und Frequenzbandverengung im Fernsehen. Bull. SEV, Bd. 51 (1960) Nr. 20, S. 999—1004.
[48] SCHREIBER, W. F., C. F. KNAPP u. N. D. KAY: Synthetic Highs — An Experimental TV Bandwidth Reduction System. 84th SMPTE-Convention, Detroit, Michigan, Oct. 1958.
[49] JESTY, L. C.: Television as a Communication Problem. Proc. Inst. electr. Engrs. Bd. 99 III (1952) S. 761—770 und 860—866.
[50] TOULON, P. M. G.: USA-Patentanmeldung vom 22. 5. 1952; D. Pat.-Anm. vom 21. 5. 1953, Auslegeschrift 1016752, Anmelder: Interessengemeinschaft für Rundfunkschutzrechte GmbH, Düsseldorf.
[51] DCM-System (Differenzcodemodulation für die Übertragung von Fernsehbildern) der Colorado Research Corp. Broomfield Heights, Colo. USA, referiert Elektron. Rdsch. Bd. 14 (1960) Nr. 2, S. 58.
[52] SCHRÖTER, F.: Gedanken über die weitere Entwicklung des Fernsehens, Generalreferat der I. Sektion ,,Fernsehen" des Consiglio Nazionale delle Ricerche, 4. Sessione, Convegno di Elettronica e Televisione, Milano 1954, 12.—17. April, S. 11—14 und S. 24.
[53] SCHRÖTER, F.: Ebenda, S. 25. — H. O. ROOSENSTEIN: Über den Gemeinschaftsempfang im Fernsehen. Telefunken-Hausmitt. Bd. 20 (1939) Nr. 81, S. 25—29.
[54] SHANNON, C. E.: A Mathematical Theory of Communication. Bell Syst. techn. J. Bd. 27 (1948) S. 379—424 u. 623—657.
[55] NEIDHARDT, P.: Der Informationsinhalt der Farbfernsehsendung als Funktion der Nachrichtenkapazität des Übertragungskanals. Nachrichtentechn. Bd. 4 (1954) H. 2, S. 54—62.
[56] NEIDHARDT, P.: Korrelation, Redundanz und Rauschen im Fernsehsignal. Nachrichtentechn. Bd. 5 (1955) S. 341—346.
[57] DOME, R. B.: High Definition Television. New Bandwidth Compression System. Wireless Wld. Bd. 57 (1951) S. 156.
[58] BELL, D. A.: Economy of Bandwidth in Television. J. Brit. Inst. Radio Engrs. Bd. 13 (1953) Nr. 9, S. 447—470.
[59] GOODALL, W. M.: Television by Pulse Code Modulation. Bell Syst. techn. J. Bd. 30 (1951) S. 33—49.
[60] SCHRÖTER, F.: in Teilband 1, Kap. II.3b, S. 28/29.
[61] KELL, R. D.: Brit. Pat. Nr. 341811 von 1929.

[*62*] Schröter, F.: Procédé de transmission des images, en particulier de télévision. Französ. Telefunken-Pat. Nr. 825833 vom 16. 12. 1937, D. Prior. v. 29. 8. 1936.
[*63*] Schröter, F.: Bildspeicherprobleme (Internationaler Fernsehkongreß, Zürich 1948). Bull. SEV Bd. 40 (1949) S. 564—566.
[*64*] Schröter, F.: Speicherempfang und Differenzbild im Fernsehen. A. E. Ü. Bd. 7 (1953) S. 63—70 — Neuere Entwicklungen im Fernsehen. Sci. Electrica Bd. VI (1960) H. 1, S. 28—52.
[*65*] Schröter, F.: Fernsehen und moderne Informationstheorie. A. E. Ü. Bd. 9 (1955) S. 1—7.
[*66*] Cherry, E. C., u. G. G. Gouriet: Some Possibilities for the Compression of Television Signals by Recoding. Proc. Inst. electr. Engrs. Bd. 100 (1953) Part III, Nr. 63, S. 9—18.
[*67*] Gouriet, G. G.: Bandwidth Compression of a Television Signal. Proc. Inst. electr. Engrs. Bd. 104 (1957) Part B, Nr. 15, S. 265—271.
[*68*] Korn, A., u. B. Glatzel: Handbuch der Phototelegraphie und Telautographie S. 298—308. Leipzig: Verlag Otto Nemnich 1911.

Sachverzeichnis.

721/3/62 — III/18/203

GPSR Compliance

The European Union's (EU) General Product Safety Regulation (GPSR) is a set of rules that requires consumer products to be safe and our obligations to ensure this.

If you have any concerns about our products, you can contact us on ProductSafety@springernature.com

In case Publisher is established outside the EU, the EU authorized representative is:

Springer Nature Customer Service Center GmbH
Europaplatz 3
69115 Heidelberg, Germany

Batch number: 10704763

Printed by Printforce, the Netherlands